ELSEVIER'S DICTIONARY OF ENGINEERING

Part 2 - Indexes

ELSEVIER'S DICTIONARY OF ENGINEERING

in
English, German, French, Italian, Spanish
and Portuguese/Brazilian

compiled by

M. BIGNAMI
Morbio Superiore, Switzerland

Part 2 - Indexes

Hartness Library
Vermont Technical College
One Main St.
Randolph Center, VT 05061

2004

ELSEVIER

Amsterdam – Boston – Heidelberg – London – New York – Oxford
Paris – San Diego – San Francisco – Singapore – Sydney – Tokyo

ELSEVIER B.V. ELSEVIER Inc. ELSEVIER Ltd ELSEVIER Ltd
Sara Burgerhartstraat 25 525 B Street, Suite 1900 The Boulevard, Langford Lane 84 Theobalds Road
P.O. Box 211 San Diego, CA 92101-4495 Kidlington, Oxford OX5 1GB London WC1X 8RR
1000 AE Amsterdam USA UK UK
The Netherlands

© 2004 Elsevier B.V. All rights reserved.

This dictionary is protected under copyright by Elsevier, and the following terms and conditions apply to its use:

Photocopying

Single photocopies may be made for personal use as allowed by national copyright laws. Permission of the Publisher and payment of a fee is required for all other photocopying, including multiple or systematic copying, copying for advertising or promotional purposes, resale, and all forms of document delivery. Special rates are available for educational institutions that wish to make photocopies for non-profit educational classroom use.

Permissions may be sought directly from Elsevier's Rights Department in Oxford, UK: phone: (+44) 1865 843830, fax: (+44) 1865 853333, e-mail: permissions@elsevier.com. You may also complete your request on-line via the Elsevier homepage (http://www.elsevier.com), by selecting 'Customer Support' and then 'Obtaining Permissions'.

In the USA, users may clear permissions and make payments through the Copyright Clearance Center, Inc., 222 Rosewood Drive, Danvers, MA 01923, USA; phone: (+1) (978) 7508400, fax: (+1) (978) 7504744, and in the UK through the Copyright Licensing Agency Rapid Clearance Service (CLARCS), 90 Tottenham Court Road, London W1P 0LP, UK; phone: (+44) 207 631 5555; fax: (+44) 207 631 5500. Other countries may have a local reprographic rights agency for payments.

Derivative Works

Permission of the Publisher is required for all other derivative works, including compilations and translations.

Electronic Storage or Usage

Permission of the Publisher is required to store or use electronically any material contained in this work.

Except as outlined above, no part of this work may be reproduced, stored in a retrieval system or transmitted in any form or by any means, electronic, mechanical, photocopying, recording or otherwise, without prior written permission of the Publisher.

Address permissions requests to: Elsevier's Rights Department, at the phone, fax and e-mail addresses noted above.

Notice

No responsibility is assumed by the Publisher for any injury and/or damage to persons or property as a matter of products liability, negligence or otherwise, or from any use or operation of any methods, products, instructions or ideas contained in the material herein. Because of rapid advances in the medical sciences, in particular, independent verification of diagnoses and drug dosages should be made.

First edition 2004

Library of Congress Cataloging in Publication Data
A catalog record is available from the Library of Congress.

British Library Cataloguing in Publication Data
A catalogue record is available from the British Library.

ISBN: 0-444-51467-8 (set)
       0-444-51735-9 (Part 1)
       0-444-51736-7 (Part 2)

∞ The paper used in this publication meets the requirements of ANSI/NISO Z39.48-1992 (Permanence of Paper).
Printed in The Netherlands.

Deutsch

Aa-Lava 1
Abaka 2
Abbau 2720, 7675
Abbau 10897
Abbaubarkeit 10893
Abbaubetrieb 10897
Abbaudynamik 4478, 9496
Abbauen 10897
abbaufähige Formation 6890
abbaufähiges Erz 6885
Abbaufähigkeit 10893
Abbaufeld 10900
Abbaufortschritt 3506
Abbaufront 3505
Abbaugeschwindigkeit 3488
Abbaugrundpunkt 3953
Abbauhohlraum 1543
Abbaukante 10898
Abbauort 8161
Abbaupfeiler 8089
Abbauraum 3405
Abbaurichtung 2709
Abbaurisse 3856, 8240
Abbauschwerpunkt 3953
Abbaustrecke 2940
Abbauvorfeld 10980
abbauwürdiges Vorkommen 6890
Abbeizen 1726
abbildendes Radarsystem mit synthetischer Apertur 9798
Abbindebeginn 5103
Abbindebeginn des Zements 5104
Abbindebeschleuniger 62, 1570
abbinden 4781
Abbinden 8644
Abbindeverzögerer 8045
Abbindewärme 4614
Abbindezeit 8671
Abbindezeitbeschleuniger 62
Abbindezeit des Zements 8672
Abbindezeitverzögerer 1571
abblättern 3746
Abblättern 3418, 8413, 8414
Abblätterung 3418
abblendendes Glas 478
abböschen
  sich ~ 4007
Abbröckelungsbrekzie 2269
Abbruch 2498
Abbruch einer Talsperre 2383
Abbruchhammer 1958
Abdämmung 844
Abdeckplatte 1417
Abdeckung 2422
Abdichten 7241
abdichten 6353, 8475
abdichtende Störung 8481
Abdichtgraben 10074
Abdichtschirm 4514
Abdichtung 2336, 10739

Abdichtungsgraben 2337, 10074
Abdichtungsinjektion 4985, 7460
Abdichtungsmauer 2339
Abdichtungsschirm 4514
Abdichtungsschlitzwand 2639
Abdichtungswand 2639, 10075
Abdichtungszement 7244
Abdichtwand 10075
Abdruck 1486
abdrücken 9951
abesteifte Baugrube 9681
Abfall 9827
Abfallbeseitigung 10681
Abfalldeponie 8387
Abfallmulde 10197
Abfallstoffdeponie 8387
abfangen 4704, 8013
Abfangkeile 8276
Abfangung 10367
Abfindung 1888
Abfluss 3868, 6735, 8321, 9832, 10633
Abfluss ausgedrückt als Teil mittleren Abflusses 3878
Abflussbecken 218
Abfluss, bei dem der Geschiebetransport einsetzt 5636
Abflussbeiwert 2880, 8322
Abflussdauerlinie 3877
Abflussdefizit 3874
Abflussdrehzapfen 3886
Abflussfaktor 2880, 8322
Abflussgraben 9834
Abfluss im Übergangsregime 10164
Abflusskanal 9834
Abflusskoeffizient 2880, 2888, 8322
Abflussmenge 8321, 10633
Abflussmessung 2728
Abfluss mit freier Oberfläche 4098
Abflussrinne 1629
Abflussspende 10941
Abflussstollen 9835
Abfluss unter Druck 7456
Abflussverhältnis 2880
Abgabe 9, 8311
Abgang 9827
Abgängesperre 9828
Abgangsperre 9828
abgebremster Bruchbau 8043
abgegrenztes Gebiet 1188
abgekürzter Versuch 58
abgekürzte
  Wetterbeständigkeitsprobe 59
abgelagert 323
abgeleitete Einheit 2544
abgeleitete Größe 2543

abgeleiteter Zufluss 5192
abgenutzter Bohrmeißel 3050
abgenutzter Meißel 3050
abgeplattetes Geröll 8772
abgeriebene Oberfläche 3798
abgeschnittenes Tal 1006
abgespannter Bohrturm 4552
abgespannter Turm 4552
abgesperrte Förderbohrung 8812
abgestufte Schichtung 4394
abgestumpftes Tal 1006
abgewichene Bohrung 2600
abgewichenes Bohrloch 2600
abgewichene Sondierbohrung 2600
abgezogene Oberfläche 8452
Abgießung 2417
Abgreifpunkt 9861
Abgrenzungsbohrung 2487
abgründig 48
abgrundtief 48
Abgrusung 6191
Abguss 3474
Abhang 8991, 10545
abhängige Größe 2542
Abhauen 2696
Abholzung 2456
abkippen 10042
abklingen 2650
Abkommen 602
Abkühlungskurve 2130
Abkühlungsturm 2133
abkuppeln 784
Ablagerung 943, 2524, 8517, 8519, 8526
Ablagerung am Rechen 8460
Ablagerungsgestein 5542, 8523
Ablass 6696
Ablassdurchlass 2921
Ablassgraben 9833
Ablasskegel 6739
Ablassrohr 2923
Ablassschleuse 9019
Ablassstollen 2922
Ablassventil 2897, 10540
Ablation 13
Ablauf 3868, 8321, 9832, 10633
Ablaufmenge 8321, 10633, 10941
Ablehnung 7871
Ableitturm für dekantiertes Wasser 2418
Ableitung 9832
Ableitungsbecken 218
Ableitungsgraben 9834
Ableitungskanal 9834
Ableitungsstollen 9835
Ableitungsverhältnis 5194
Ablemkhaube 2453
ablenken 2444
Ablenker zum Anspringen 2452

Ablenkplatte 792
Ablenkung 2603
Ablenkungsmesser 2451
Ablenkungsprisma 2607
Ablenkungsschlucht 14
Ablenkungsventil 9778
Ablesefehler 3360
Ablesegenauigkeit 91
Ablesegenauigkeit eines
   Messgerätes 7797
Ableselupe 5900
Ablesen des Piezometers 7800
Ableseprisma 7799
Ablesestrich 4407
Ablesevorrichtung 7798
Ablesung 7794
abloten 7245
Abnahme 65
Abnahmebedingungen 1794
Abnahmedatum 1870
Abnahme der Helligkeit, Schärfe
   usw. 2428
Abnahmeprüfung 65
Abnahmeregeln 1794
Abnahme von Maschinen 67
Abnützung 10775
Abnutzungsgrad 2482
Abpfänden 9188
Abplattung 3773
abplatzen 9152
abrammen 7747
Abrasion 17, 5972
Abrasionsfläche 7164
Abrasionsküste 1788
abrasives Wasser 235
Abraum 6753
Abraumboden 6753
Abraumdecke 6753
Abraumerde 6753
Abraumhalde 9217
Abrieb 689
Abrisspunktmarke 979
Abruf
   auf ~ 967
abrutschen 8984
Absackung 9022
Absatz 8526
Absatzgestein 5542, 8523
Absatzgesteine 9508
Abschätzung 3379
abscheren 8732
Abscherfestigkeit 8741
Abscherfläche 8740
Abscherkluft 8739
Abscherspannung 8742
Abscherungsfestigkeit 8741
Abscherungsfläche 8740
Abscherungskluft 8739
Abscherungsspannung 8742
Abscherungswelle 8749

Abschiebung 6523, 8986
Abschiefern 3418, 9154
abschiefern 3417
Abschlämmen 2524
Abschleifung 689
Abschliff 689
Abschlussdamm 3384
Abschlussorgan am Beginn einer
   Druckleitung 10479
Abschlussorgan am
   Pumpenauslass 10480
Abschlussorgan am
   Pumpeneinlass 10480
Abschlussorgan am
   Turbineneinlass 10481
Abschlussventil 5299
Abschlusswand 1303, 2159,
   2339, 10075
Abschmelzen 13
Abschmelzung 2472
Abschmelzung und Verdunstung
   13
abschnittweise Packer-Injektion
   von "oben nach unten" 9298
abschnittweise Packer-Injektion
   von "unten nach oben"
   Manschettenverpressung
   10441
abschnittweises aufsteigendes
   Injizieren 10441
Abschrauben 783
abschrauben 784
Abschraubgestängezange 1239
Abschuppen 3418, 8414, 9154
Abschuppung 3418
Abschwemmung 8753
Absehfehler 1847
Absehlinie 5666
Absenkbereich 2908
Absenken 2904
absenken 2902, 8895
Absenkkurve 2906
Absenkung 2904, 2905, 9022
Absenkungsfaktor 6931
Absenkungsgeschwindigkeit
   8686
Absenkungshalbmesser 7724
Absenkungsmulde 9630
Absenkungsradius 7724
Absenkungsziel 6208
Absenkung zur Inspektion 2907
Absenkziel 6208
Absenkzone 2909
Absetzbecken 8685
Absetzen 2524
absetzen
   sich ~ 8676
Absetzprobe 8527
Absetzprüfung 8527
Absetzungsprobe 8527

Absetzungsprüfung 8527
Absetzungsversuch 8527
Absetzversuch 8527
Absichtserklärung 5584
Absichtsporn 10075
absinkend 9662
absitzen 8984
absolute Beständigkeit 30
absolute Dehnung 23
absolute Flughöhe 25
absolute Geochronologie 20
absolute Geschwindigkeit 33
absolute Höhe 3221
absolute Höhe über dem
   Meeresspiegel 3221
absolute Kontrollmessung 31
absolute Permeabilität 5252
absolute Porosität 28
absoluter Druck 29
absoluter Fehler 24
absoluter Wert des Fehlers 32
absolute Unbeständigkeit 26
absolute Viskosität 34, 3079
absolute Zähflüssigkeit 34
Absolutwert des Fehlers 32
Absonderungskluft 2614
Absorption 36
Absorptionsfaktor 38
Absorptionsgrad 38
Absorptionskapazität 37
Absorptionskoeffizient 38
Absorptionsspektrum 39
Absorptionsvermögen 38
Abspalten 9154
Abspaltung 9154
Abspannstation 393
Abspannstempel 392
Absperrdamm 6510
Absperrhahn 5298
Absperring 9442
Absperrschieber 4232, 6009
Absperrung 2336
Absperrventil 1760, 5299
Absperrwand 10075
Absplittern 8414, 9154
absplittern 3417
abspreizen 9586
abspreißen 9586
Abspülung 8753, 10674
Abstammung 3398
Abstand 7760
Abstandbrücke 2787
Abstandsbrücke 2787
Abstandselemente 2782
Abstandsfehler 2783
Abstandsgeld 1888
Abstandshalter 7906, 9226
Abstand vom Ansatzpunkt 2605
abstecken 5989
Abstecken 8667

Absteckpfahl 7769
Absteckpflock 6911
Absteckstab 7769
Absteckungslinie 8668
Absteckzeichen 5985
Absteifung 7580
absteigendes Injizieren 9298
Abstellen und
    Außerbetriebsetzung 9841
Abstellplatz 3342
Abstellsolenoid 9443
Abstellung 9841
abstreben 9586
Abstreifring 10876
abstufen 4393
Abstufung 9108
Abstützen 8787
Abstützplatten 4461
Abstützung 7579, 7580
Abszisse 19
Abtaster 8415
Abteilung für Luftbildwesen 282
abteufen 8895
Abteufen einer Erdölbohrung
    7035
Abteufen einer Ölbohrung 7035
Abtrag 3459
Abtragen 3351
Abtrag und Aufschüttung 2331
Abtrag und Auftrag 2331
Abtragung 2521, 3351
Abtragungsstufe 2303
Abtragungszyklus 3352
Abtragzyklus 3352
Abtriftwinkel 2933
Abtropfstein 9305
abvisieren 8842
abwalzen 9269
Abwasser 2770, 10684
Abwasserauslauf 8688
Abwassergraben 9833
Abwasserpumpe 8687
Abweichen 2603
abweichend um 90° von der
    horizontalen Lage 10546
Abweichung 2602, 2603
Abweichung der Bohrung 2606
Abweichung des Meißels 1047
Abweichungsgeräte 2446
Abweichungsmessung 2449
Abweichungsrichtung 2704
Abweichungswinkel 2448
Abweichung von der Lotrechten
    2605
Abweichwinkel 2448
Abweiser 2827
Abwurf 9
abyssal 48
abyssale Zone 52
abyssisch 48

abyssische Ablagerung 2438
abyssische Ablagerungen 50
abyssische Gesteine 54
abyssische Region 49
abyssische Sedimente 50
abyssisches Sediment 2438
abyssische Tiefe 51
abyssische Zone 52
abyssopelagisch 55
Abzäunung 3592
Abzimmerung 10054
Abzugsstollen 2922
Abzugstollen 2922
Abzweigdose 5380
Abzweigung 1011
Achsabstand 2780
Achse 1592, 8694
Achse der Perspektive 6987
Achsenabstand 1597, 2780
Achsenbild 5204
Achsenkreuz 9805
Achsenschnittpunkt 1577
Achslast 747
Achslastmessgerät 758
Achsmaße 2780
Achsmutter 3759
achteckige Mitnehmerstange
    6590
Additif 146
Ader 8488
Adhärenz 1118
Adhärenzgrenze 148
Adhäsion 149
Adhäsionswasser 6915
Adobe 169
adsorbiertes Wasser 170
Adsorption 171
Adsorptionsbehandlung 172
Adsorptionswasser 170
Adular 173
Adularisation 174
Adularisierung 174
Adventivkegel 182
Adventivstörung 6218
AEA-Beton 245
Aerationszone 10981
aërische Erosion 10859
Aerobildaufnehmen 195
Aerobildvermessen 195
Aerodynamik 199
Aeronautik 202
Aerophotogrammetrie 194
Aerophotographie 196
Aerotopographie 213
aerotopographisch 212
Aerotriangulation 214
Agglomerat 225
Aggregat 6906
aggressiv 233
aggressives Wasser 235

Aggressivität des Grundwassers
    234
Aggressivwasser 235
Ähnlichkeit 8872
Ähnlichkeitsfaktor 8402
Ähnlichkeitskriterien 8873
Aichpfahl 5985
Amplitude 364
Amplitudengang 365
Akkumulator 86
Akrylharz 116
Aktionshalbmesser einer
    Erdölförderbohrung 2887
Aktionshalbmesser einer
    Ölförderbohrung 2887
Aktionsradius 7761
Aktionsradius einer
    Erdölförderbohrung 2887
Aktionsradius einer
    Ölförderbohrung 2887
Aktiva 656
aktive BohrSpülung 119
aktive Gleitfläche 130
aktiver Erddruck 120
aktiver Mazeral 124
aktiver Spülungstank 125
aktive Rutschungsfläche 130
aktiver Vulkan 131
aktives Maceral 124
aktive Spülung 119
aktives System 126
aktive Störung 121
aktive Verwerfung 121
Aktivitätskoeffizient 132
Aktivschlamm 119
aktualisierter Wert 2739
Aktualisierungsfaktor 2740
Aktuopaläontologie 139
Akustik 112
Akustikbaustoff 103
Akustikbohrlochmessung 102
Akustikdiagramm 109
Akustiklog 109
Akustikmessung 102
akustisch 101
akustische Einbruchsicherung 106
akustische Impedanz 105
akustische Kavitation 10582
akustischer Einbruchschutz 106
akustisches Lokalisierungssystem
    108
akustisches messmodul 110
akustisches Signal 113
akustische Tomographie 114
akustische Vermessung 111
Alabaster 289
Alabastergips 291
Alarmanlage 292
Alarmapparat 293
Alarmvorrichtung 3252

Alaunstein 352
Albertit 294
Albit 295
Aleurites 296
Alexandrit 297
Algen 298
Algentextur 299
Algodonit 300
Alhidade 301
Alhidadenachse 10551
alkal 306
Alkaliböden 307
Alkalifeldspatsyenit 309
alkalihaltig 306
alkaline Böden 307
alkalisch 306
alkalische Böden 307
alkalische Reaktionsfähigkeit 308
Alkalizellulose 305
Allanit 310
alleinstehender Vulkan 9124
Allemontit 312
allgemeine Anordnung der
  Werkanlage 4249
allgemeine Geologie 7088
allgemeine Kosten 6770
allgemeine Mechanik 4251
allgemeiner Aushub 3407
allgemeiner Normalfall 4252
allmählicher Übergang 4403
allmählich sich ändernde
  Strömung 4402
allmählich veränderliches Fließen
  4402
allochthon 315
allochthone Ablagerung 316
allochthoner Kalkstein 317
allochthones Gestein 318
Allonge 142
allothigen 319
allotriomorph 10923
allseitig gleicher Druck 1995
alluvial 323
Alluvialanker 4472
alluviale Ablagerung 325
Alluvialkegel 324
Alluvialsand 326
Alluvialterrasse 327
Alluvium 325
Almandinspinell 328
alpiner Gletscher 333
alpines Relief 332
Alstonit 334
alte österreichische Tunnelbau-
  Methode 6611
alte österreichische
  Tunnelbauweise 6611
Alterationshof 338
alter Mann 4374
alternative Sperrenstelle 344

alternative Sperrstelle 344
Altersbestimmung 2401
Alterung der Sperre 223, 2578
Alterung der Talsperre 223, 2578
alterungsbeständiger Stahl 224
Alterungsbeständigkeit 8016
Alterungswiderstand 8016
Altfläche 6921
Altgrad 2474
Altschiene 6612
Aluminit 350
Aluminiumoxid 348
Aluminiumoxydzement 351
Aluminos-Zement 351
Alunit 352
Ambursen-Sperre 3732
Ambursen-Staumauer 3772
Ambursen-Wehr 3732
Ammeter 355
Ammoniumkarbonat 356
Ammonkarbonat 356
amorph 357
Amortisation 358, 359
Amortisationsfonds 8898
Amperemeter 355
Amphibolisierung 362
Amphibolit 361
Amphibolitbildung 362
Amphibolitisierung 362
Amt für Bodenforschung 4282
amtlicher Höhenfestpunkt 6681
Amygdale 367
anaklinal 368
Analcim 369
analoge Registrierung 372
analoges Modell 370
Analogmodell 370
Analogmodelluntersuchung 371
analysieren 373
analytische Fortsetzung nach
  unten 2867
analytische Lösung 379
analytische Mechanik 9959
Anauxit 380
anbauen 4704
anbohren 9253
Anbohren des Ölträgers 2970
Anbohrer 9254
Andalusit 396
Änderung der Topographie 10096
Andesin 397
Andesit 398
Andesitlinie 399
Andesit-Linie 399
Andrang 10699
Andruckzylinder 7750
aneinander gereihte Baumstämme
  10196
Anfahrbeiwert 9334
Anfahrdrehmoment 9336

Anfahren 9333
Anfahren des Ölträgers 2970
Anfahrmoment 9336
Anfahrventil 9337
Anfang eines Trübestroms 6533
Anfangpunkt 10968
Anfangsdruck 5101
Anfangsdurchlässigkeit 5100
Anfangsfestigkeit 5106
Anfangsförderrate 5102
Anfangskonsolidation 5096
Anfangskonsolidierung 5096
Anfangsmessung 5099
Anfangspermeabilität 5100
Anfangsplanung
  in der ~ 685
Anfangspunkt 10968
Anfangsstadium der Kavitation
  5009
Anfertigung eines Prototyps 3415
Anforderung für die Fischerei
  3693
Angebot 9912
Angebotsanalyse 377
Angebotsentwurf 9913
Angebotsunterlagen 9914
angebrannte Kohle 9415
Angeln 3696
angepeilte Richtung 925
angeschärft 8728
angeschnittene Schichten 9492
angeschwemmt 323
Angeschwemmte 325
angeschwemmte Uferbank 2525
angewandte Geologie 513
angewandte Mechanik 514
Anglesit 428
angreifend 233
angreifendes Wasser 235
Angriffsküste 1788
Angriffspunkt 7270
anhaften 147
Anhaften 149
Anhaftung 1118
Anhaftwasser 6915
Anhaltspunkt 2404
Anhängefahrzeug 10148
Anhängen 149
Anhänger 10148
Anhängewalze 10150
Anhangwasser 6915
anhydrischer Gips 443
Anhydrit 442, 443
Anion 444
anisotrop 445
anisotroper Boden 448
anisotroper Druck 447
anisotroper Grundwasserleiter
  446
Anisotropie 449

Anker 382
Ankerausbau 8239
Ankerbolzen 8236
Ankergurt 10656
Ankerit 450
Ankerkopf 8238
Ankerpfahl 9252
Ankerpfeiler 386
Ankerplatte 391
Ankerplatz 1003
Ankersitz 383
Ankerstahl 385
Ankerstrecke 8237
Ankervermörtelung 387
Ankerwand 390
Anlage 7190
Anlagerung 36
Anlagerungswasser 170
anlanden 227
Anlassdrehmoment 9336
Anlassen 9333
Anlasser 9331
Anlassmoment 9336
Anlassschalter 9332
Anlassventil 9337
Anlasswiderstand 9335
Anlauf 9333
Anlaufbeiwert 9334
Anlaufdrehmoment 9336
Anlaufen 7502
Anlaufventil 9337
Anlegerahmen 7880
Anlegestelle 7095
Anleihe 5729
anliegen 966
Anmachwasser 6237
Anmeldung 7882
Annabergit 6486
Annahme 662
anodischer Überzug 461
Anomalie 462, 4260
Anordnung 7892, 8659, 9801
anorganischer Boden 5127
anorogen 463
Anorthit 464
Anorthoklas 465
Anpeilung 925
anreichern 7811
Anreicherung 4955, 9133
Anreicherungsbrunnen für
  Grundwasser 7812
Anreicherungsfläche 529
Anreicherungshorizont 4954
Anritzen des Ölträgers 2970
Ansammlung von Bohrgut 82
Ansatzpunkt 9228
Ansaugventil 9648
Anschlag 5483
anschlagen 10035
Anschließen an die

Druckluftleitung 267
Anschlussbohrung 3610
Anschlussdose 5380
Anschlussklemmen 9931
Anschlussmessung 6063
Anschlusstableau 5165
anschneiden 2335
Anschnitt 2331
Anschüttung 629, 3625
Anschwellen 9770, 9771
anschwellen 9768
anschwemmen 227
Anschwemmung 8485
Anschwemmungssand 326
Ansicht 3220, 10589
Ansichtsfläche 3504
anspitzen 8727
Anspringen 7502
Ansprunghöhe 7505
Ansprungtiefe 7504
Ansprüche von Dritten 10001
anstehend 699
Anstehende 6727
Anstehende 959
anstehende Kohle 4379
anstehender Fels 959, 6727
anstehendes Erdöl 7018
anstehendes Gestein 959, 6727
anstehendes Öl 7018
Anstoßheber 7506
Anstrengung des Materials 3156
Anstrich gegen Austrocknen 2315
antarktischer Kreis 466
Anteil der luftgefüllten Poren 248
Anteil der wassergefüllten Poren
  10692
Anthophyllit 467
Anthrazenöle 468
Anthrazit 469
Antigorit 483
Antiklinalachse 470
Antiklinale 474, 8326
  nicht entwickelte ~ 605
antiklinale Lagerstätte 471
Antiklinalfalte 474
Antiklinallinie 470
Antiklinalspeicher 471
Antiklinalstruktur 472
Antiklinorium 475
Antimonglanz 485
Antimonit 485
Antirutschüberzug 6516
Antischaummittel 481
Antischaumzusatz 481
antithetische Verwerfung 488
Antlerit 490
Antriebspumpe 3018
Antriebsrad 3011
Antriebsscheibe 3014
Antriebswelle 3019

Antwort des Untergrundes 4484
Antwort-Spektrum 8032
Anvisieren 8838
Anwachsen 80
Anweisungen an die Bieter 5156
Anwendbarkeit 510
Anwendung 511, 10459
Anwendungsgrenzen 5643
Anzeichen der Kavitation 8848
Anzeichen für Erdöl 7017
Anzeichen für Gas 4218
Anzeichen für Öl 7017
Anzeige 184
Anzeiger 7820
Anzielen 8838
anzielen 8842
Anzugsmoment 10036
äolisch 3311
äolische Ablagerung 10857
äolische Erosion 10859
äolischer Sand 1099
Apatit 491
Aphanit 493
aplitisch 494
apomagmatisch 495
Apophyllit 496
appalachische Orogenese 311
appalachisches Relief 497
Apparat 499
Apparatur 498
Apside 522
Apsis 522
Aquädukt 524
äquatorständige
  Azimutalprojektion 10920
aqueoglazial 526
Aqueoglazialschutt 3931
Äquidistanz der Höhenkurve
  2081
Aquifer 528
Aquifer-Wärmespeicherung 541
Äquipotentiallinie 3334
Äquipotentiallinienmethode 3335
Äquipotentiallinienverfahren
  3335
Äquivalentmodell 3337
Äquivalenzprinzip 7520
aragonischer Kalkspat 546
Aragonit 546
Aräometer 200, 2504
Arbeit
  nicht garantierte ~ 8502
Arbeitgeber 3254
Arbeitplattform 10903
Arbeitsausführungszeichnung 512
Arbeitsbeschreibung 2552
Arbeitsbühne 2548, 9301
Arbeitsfugen 2037
Arbeitsgemeinschaft 5374
Arbeitsgerüst 8399

Arbeitskraft 5946
Arbeitskräfte 5946
Arbeitsmethode 6654
Arbeitsprüfung 9944
Arbeitsschicht 8768
Arbeitsspiel einer Wirkung 6948
Arbeitszeichnung 512
Arbitrage 547
Archäozoikum 559
Archetypus 560
Architekt 564
Architektur 567
Architektur der Landschaft 5486
Architrav 568
Arealausbruch 582
Arealeruption 582
Arenit 587
Arge 5374
Ärgernis 183
Argillit 6358
arithmetisches Mittel 596
Arkade 549
Arkose 597
arktischer Kreis 577
Armaturenbrett 5165
armes Gas 5559
Armgas 5559
armierte Erde 7898
armierter Boden 7898
armiertes Erdbauwerk 7900
armiertes Steinschüttmaterial 7902
Armierung 7903
Armierungseisen 9374
Armierungsplan 7904
aromatischer Kohlenwasserstoff 600
Aromatisierung 601
Arsenikkies 608
Arsenkies 608
Arsenopyrit 608
Art 9161
artesisch 610
artesische Quelle 614
artesischer Brunnen 615
artesischer Grundwasserleiter 611, 612
artesischer Grundwasserspeicher 613
artesischer Wasserspeicher 613
artesisches Becken 613
Asbest 636
Asbestbeton 637
Asbestfaser 638
Asbesthandschuhe 639
Aschenstrom 4368
Aschenwolke 641
Aschestrom 4368
Aschewolke 641
Asphalt 644

Asphaltbeton 647
Asphaltbetonaufbereitungsanlage 650
Asphaltbetonmischanlage 650
Asphaltbinderschicht 9687
Asphaltbitumen 645
Asphalterdöl 646
Asphaltgestein 1058
asphaltischer Kohlenwasserstoff 651
Asphaltit 654
Asphaltkalkstein 652
Asphaltkaltbeton 1828
Asphaltöl 646
Asphaltsandstein 653
Assimilation 5871
Assistent des Projektmanagers 659
astatischer Schweremesser 663
astatischer Schwerkraftmesser 663
astatisches Gravimeter 663
astatisches Magnetometer 664
Ästhetik 215
astronomische Ortbestimmung 665
Ästuar 3383
Ästuarablagerung 3381
Ästuarium 3383
Ästuariumablagerung 3381
Ästuarium-Ozeanographie 3382
asymmetrische Antiklinale 666
asymmetrische Falte 667
asymmetrische Schichtung 5276
asymmetrische Synklinale 669
atlantische Gesteinsvergesellschaftung 670
atlantische Sippe 670
atlantische Sippe mit K-Vormacht 6091
Atmosphäre 671
atmosphärische Bedingungen 673
atmosphärische Feuchte 674
atmosphärische Feuchtigkeit 674
atmosphärischer Druck 842
atmosphärisches Wasser 675
atmosphärische Verhältnisse 673
Atomenergie 6542
Atomkraftwerk 6540
Atomstromerzeugung 6541
Atrium 677
Atterberg-Grenzen 680
Atterberg-Probe 682
Atterberg-Prüfung 682
Atterbergsche Fließgrenze 683
Atterbergsche Konsistenzgrenzen 680
Atterberg'sche Konsistenzgrenzen 680

Atterbergscher Versuch 682
Atterberg-Skala 681
Atterberg-Versuch 682
Attika 8252
attraktive Sperrenstelle 688
attraktive Sperrstelle 688
ätzend 1510
Ätznatron 9066
Aufbau 6329, 9667
Aufbaudamm 1913
Aufbaustaudamm 1913
Aufbereitungsanlage für Zuschlagstoffe 231
aufblasbarer Packer 5076
aufbocken 5328
aufbohrbarer Packer 2942
aufbohren 1132, 2999, 3000, 7803
Aufbrechen 1244, 4804
Aufbruch 1244, 7743
aufeinander senkrechte Richtungen 6715
Aufeishügel 7132
auffahren 3007
Auffahrgeschwindigkeit 7775
Auffahrleistung 7775
Auffaltung 10449
Auffangbecken 218
Auffangbecken am Auslauf 9825
Auffangbohrloch 2883
Auffangbohrung 2883
Auffangdrain 1497
Auffangedrain 1497
Aufforderung, die Arbeit zu beginnen 5157
Aufforderung zu bieten 5270
Aufforstung 216
Auffrieren 4148
auffüllen 3623
Auffüllung 629, 3625
Aufgabe 9
aufgeben 4
Aufgeben einer Talsperre 10
Aufgeber 3578
aufgebrochener Schacht 7743
aufgefächertes Delta 5730
aufgeflockter Ton 3816
aufgegliedertes Talsystem 2756
aufgelockertes Volumen 1298
aufgelöste Feststoffe 2776
aufgelöste Gewichtsperren 1332
aufgelöste Gewichtssperren 1332
aufgelöste Mauern 1332
aufgelöster Stoff 9129
aufgelöstes Talsystem 2756
aufgelöste Staumauern 1332
aufgemessene Mengen 136
aufgenommene Energie 5129
aufgenommene Last 69
aufgesattelter Anhänger 620

aufgesattelter Damm 8328
aufgeschütteter Strand 7742
aufgesetzter Vulkan 9703
Aufhängegestell 9761
Aufhänger des Bohrgestänges 8212
Aufhänger des Gestänges 8212
Aufhängestange 4016
Aufhauen 8128, 8130
aufholen 1867
Aufkeilen des Laufrades auf die Welle 8808
aufklaffen 4194
aufladen 8869
Aufladungsmethode 6229
Aufladungsverfahren 6229
Auflagefläche 937
Auflager 41
Auflagerdruck 44, 9695
Auflagerkraft 9695
Auflagerquader 2834
Auflagerschwelle 8860
Auflagerwiderstand 9695
Auflanden 8485
auflanden 227
Auflandung 8864
Auflassung 9
Auflast 9704
Auflastung 5720
Auflaufen 9732
auflegen
  sich ~ 963
auflockern 8418
Auflockern durch Rühren 237
Auflockerung 1236, 1305
Auflockerungsdruck 1237
Auflockerungsfaktor 1300
Auflösen 8939
Auflösung des Vertrages 9932
Aufmasslinie 6888
Aufmaßtechniker 7674
Aufmass und Abrechnung 2086
Aufnahme 7066
Aufnahmeanordnung 604
Aufnahmebildweite 7511
Aufnahmeblatt 3615
Aufnahmebrennweite 3949
Aufnahme eines Neutron-Gamma-Logs 6476
Aufnahme eines Neutron-Neutron-Logs 6478
Aufnahmegegenstand 6559
Aufnahmegerät 9746
Aufnahmekammer 9747
Aufnahmeleistung 6949
Aufnahmemaßstab 8412
Aufnahmeort 1388
Aufnahmepunkt 4479
Aufnahme radioaktiver Profile 7719

Aufnahmerichtung 933
Aufnahmesektion 3615
Aufnahmetechnik 9873
Aufnahmetheodolit 7077
Aufnehmer 2575
Aufquellen 4616
aufquellen 2209
aufrechte Antiklinale 3338
aufreiben 7803
Aufreiber 7804
Aufreißen 4804
Aufreißer 8125, 9214
aufreißen 8418
Aufriss 3220
aufrollen 10908
Aufsattelung 473
Aufsaugung 4964
Aufschichtung 603
Aufschiebung 8069
Aufschlämmung 9025
aufschlicken 8869
Aufschließungsbohrung 3437, 3442
Aufschließungsgeologe 3438
Aufschließungsgeologie 3439
Aufschließungsgeophysik 3440
Aufschließungsgraben 3441
Aufschluss 6727
Aufschlussbohrung 516, 3437, 3442
Aufschlussbohrung für tiefer liegende Vorkommen 2432
Aufschlussbohrung zur Erschließung neuer Erdölfelder 6479
Aufschlussbohrung zur Erschließung neuer Ölfelder 6479
Aufschlussgeologe 3438
Aufschlussgeologie 3439
Aufschlussgeophysik 3440
Aufschlussgraben 3441
Aufschmelzung 6818
aufschottern 6340
Aufschrumpfen des Laufrades auf die Welle 8808
Aufschüttkegel 324
Aufschüttung 854
Aufschüttungsebene 3932
Aufschüttungskegel 324
Aufschüttungssand 326
Aufschüttungsterrasse 327
aufschwemmen 227
Aufschwimmen 4617
Aufschwimmen von Sand 8371
Aufseher 3997
Aufsetzen des Laufrades auf die Welle 8808
Aufsicht 9668
aufsichtsführender Ingenieur

2990
aufsitzen 4383
Aufsitzer 9117
aufspeichern 9457
Aufspeicherung 3629
Aufspülung 4818
Aufstandpfahl 3261
Aufstandspfahl 3261
Aufstau durch plötzliches Schließen 7911
Aufstauhöhe 9451
Aufstellung der originalen Gegebenheiten 9338
Aufstellung einer Maschine am Einbauort 3339
Auftauboden 123
Auftauen 9955
Auftaulage 123
Auftauschicht 123
Auftrag 2084
  durch Wettbewerb zustandegekommener ~ 1893
  einen ~ an X vergeben 7156
Auftrag aufgrund einer Ausschreibung 1893
Auftrag auf schlüsselfertige Herstellung 10302
Auftraggeber 3254
Auftrag gemäß Aufmaß 6051
Auftrag mit Kostennachweis 2178
Auftrag nach Aufwand 2178
Auftragnehmer 2087
Auftragsbeschreibung für den beratenden Ingenieur 9933
Auftragserteilung 741
Auftreten der Kavitationserscheinung 5006
Auftrieb 1316, 10426
Auftriebkraft 1316
Auftriebsangriffspunkt 1594
Auftriebskraft 1316, 10426
Auftropfstein 9306
Aufwältigungsarbeit 10910
Aufwärtsbruch 7743
Aufweichen eines Materials 9075
Aufweichung 9074
Aufweiter 3288, 7804
Aufwickelseil 6648
Aufwölbung 3858
Aufzugsgeschwindigkeit 10862
Aufzugsmaschine 2917
Aufzugswinde 4699
Aufzugvorrichtung 9785
Augenabstand 5234
Augenbasis 5234
augenblickliche Messung 5150
Augenpunkt 7279
Augenscheinnahme 10605
Augit 696

Aureole 4567
Auripigment 6709
Ausarbeitung 3162
ausbaggern 2926
Ausbalancierung 799
Ausbau 2590, 9676, 10730
Ausbaubock 7379
Ausbaubogen 8174
Ausbaudichte 9680
Ausbaueinheit 9700
Ausbauelement 9682
ausbauen 1867, 8657
Ausbaugeschwindigkeit der Bohrgestänge 7620
Ausbaugespann 4070
Ausbaugestell 7378
Ausbaukennlinie eines Stempels 5726
Ausbaukennwerte 9679
Ausbaukette 5665
Ausbauleistung 9689
ausbauloser Streb 3515
Ausbau mit Schwenkschritt 4067
Ausbaurahmen 9683
Ausbauregel 9694
Ausbauring 9697
Ausbauschema 9693
Ausbauschild 9698
Ausbaustafette 8621
Ausbaustützkraft 9696
Ausbauwassermenge 2564
Ausbauwiderstand 6043
Ausbauzeit des Bohrgestänges 7619
Ausbauzeit des Gestänges 7619
Ausbauzug 7650
ausbeutbare Formation 6890
ausbeutbares Erz 6885
Ausbeutung der Erdölfelder 7012
Ausbeutung der Ölfelder 7012
Ausbeutungsgeschwindigkeit 7540
Ausbeutungszone 6886
Ausbildungsweise 3516
Ausblasen von Bohrklein 7616
Ausblasung 10018
Ausblühung 3155
ausbohren 3000
Ausbrechprobe 3534
Ausbreitprobe 9024
Ausbreitungsbedingung 7717
Ausbreitversuch 9024
ausbringbare Vorräte 7823
Ausbringen 10897
Ausbruch 1541, 3372, 6339, 6725
Ausbruchbeben 10614
Ausbrucherdbeben 10614
Ausbruch im vollen Profil 4157
Ausbruchmaterial 10285
Ausbruchsfläche 868

Ausbruchskapazität zu einem bestimmten Zeitpunkt 5433
Ausbruchsmechanismus 6089
Ausbruchsöffnung 1106
Ausbruchsquerschnitt 3402
ausdehnen 3422
Ausdehnung 2675
Ausdehnungsklüfte 3468
Ausdehnungskraft 3432
Ausdehnungsmesser 2676
Ausdehnungsvermögen 3426
Ausdruck 3462
Auseinandernehmen 2720
Ausfachen 8787
Ausfachung 5462
ausfahren 1867
Ausfall 3523, 6724
ausfallen 9436
Ausfäller 3203
Ausfallkörnung 4195
Ausflocken 3818
ausflocken 3815
ausflockend 3821
Ausflockung 3818
Ausflockungsgrenze 3819
Ausflockungsmittel 3817
Ausflockungsstoff 3817
Ausflockungsverhältnis 3820
Ausflockungswert 3820
Ausfluss 3868, 6735, 8321
Ausflussrate 6736
Ausflussrohr 2729
Ausführbarkeitsstudie 3576
Ausführbarkeitsuntersuchung 3576
Ausführungsbedingungen 9162
Ausführungsgarantie 6947
Ausführungskosten 3414
Ausführungspläne 512
Ausführungszeichnung 512
Ausfüllen einer Erdölbohrung 7243
Ausfüllen einer Ölbohrung 7243
Ausfüllung 1486
ausfuttern 1451
ausfüttern 1451
Ausgaben 1462
Ausgasung 4212
ausgebeutete Lagerstätte 2523
ausgeerzter Raum 10894
ausgefahrene Länge 4165
ausgefülltes Leistungsverzeichnis 7489
ausgefuttertes Bohrloch 1452
ausgefüttertes Bohrloch 1452
ausgeglichenes Gefälle 7546
ausgehandelter Vertrag 6454
ausgelaugt 5546
ausgerundetes Auslassrohr 970
ausgespültes Material 10669

ausgespülte Zone 3918
ausgesuchtes Füllmaterial 8573
ausgewaschene Zone 3918
ausgezogene Länge 4165
ausgleichen 1883, 5586
ausgleichend 1884
Ausgleich mit einem Kragträger im Hauptschnitt 2259
Ausgleichrechnung 1885
Ausgleichsbecken 219, 1886
Ausgleichsbeton 947, 2520
Ausgleichskammer 9734
Ausgleich-Speicher 1886
Ausgleichsschacht mit oberer Expansionskammer 9736
Ausgleichsschicht 5592
Ausgleichsspeicher 7979
Ausgleichssperre am Ende einer Speicherkette 217
Ausgleichsstaubecken 7979
Ausgleichsturm 9737
Ausgleichsvorrat 800
Ausgleichswasser 1890
Ausgleichsweiher 7889
Ausgleichung 1887
Ausgleichweiher 7889
Ausguss 1486
ausheben 3400
Aushebevorrichtung 9785
Aushöhlung 1527
Aushub 2329, 3404, 6339
Aushub auf ganzer Breite 4157
Aushubböschung 2345
Aushubgeräte 3410
Aushub im offenen Einschnitt 3408
Aushub in großem Umfang 3407
Aushubmaterial 1161, 3403
Aushubplan 3406
Aushubsohle 3409
Aushubtiefe 2532
Aushub über ein beabsichtigtes Maß 10353
Aushub und Aufschüttung 2331
Auskehlung 6535
Auskleidung 5462, 5675
ausklingen 2650
Ausknicken 1282
auskohlen 1768
Auskolken 8440, 8441
auskolken 10351
Auskolkung 8440, 8441, 8442
auskragend 6769
Auskragung 1396
Auslängung 3230
Auslass 6178, 6696, 6737, 6738
Auslass auf mittlerer Höhe 6178
Auslassbauwerke 6741
Auslassbauwerke für Ausgleichswasser 1891

Auslassbauwerke für Bewässerungszwecke 5283
Auslassbauwerke zur Hochwasserregulierung 3831
Auslasskegel 6739
Auslassrohr 2729, 6695, 6696, 10536
Auslassschieber 6740
Auslassverschlussorgan 6740
Auslauf 9832
Auslaufbauwerke zur Hochwasserregulierung 3831
auslaufen 9191
auslaugen 5545
Auslaugen 5703
Auslaugung 5547, 5703
Auslaugungshorizont 3233
Auslegerdrehkran 8117
Auslesen 9133
Auslösebalken 1663
Auslösemechanismus 10242
Auslöser 7923
Auslöseventil 7926
ausmauern 5674
ausmessen 6049
Ausmessverfahren 6136
Ausnagen 3351
ausnagungsanfällig 3348
Ausnagungszyklus 3352
Ausnutzung 2591
Ausnutzungsfaktor 8915
Ausnutzungsfaktor des Abflusses 10462
Ausnutzungsziffer 8915
Ausnutzung von Wasservorkommen 10730
Auspressbarkeit 4506
Auspressbarkeit der Zementschlämme 3910
Auspressbohrloch 4515
Auspressen 4511
Auspressherdwand 4508
Auspressmörtel 4518
Auspressnatronsilikat 9068
Auspressnatronwasserglas 9068
Auspressschleier 4514
Auspressstollen 4517
Auspressteppich 4512
Auspresswasserglas 9068
Auspuffrohr 3419
ausrauben 2918
ausrichten 303
Ausrichten der Bohrung 4707
Ausrichtungs- und Vorrichtungsarbeiten 2597
Ausrollgrenze 5814, 7205
Ausrüstung 498, 3333
Aussagewert 10460
Aussaigerung 5677
ausschalen 9561

Ausschlämmen 2524, 3231
Ausschlämmgerät 3232
Ausschlämmungsgerät 3232
Ausschreibung 5270
Ausschreibungsprojekt 9913
ausschwemmen 9015
Ausschwemmen 9021
Ausschwitzen 1081
ausschwitzendes Erdöl 8542
ausschwitzendes Öl 8542
Ausseigerung 5677
Außenbaustoff 3477
Außenbesichtigung 3472
Außendruck 3480
außen gestauchtes Bohrgestänge 3481
außen gestauchtes Gestänge 3481
außen glattes Bohrgestänge 3924
außen glattes Futterrohr 3923
außen glattes Gestänge 3924
außen glatte Verrohrung 3923
Außengroden 8357
außenliegend 3473
Außenrohrschneider 3479
Außensitzplatz 6729
Außentür 4140
Außenwand 6734
Außerbetriebnahme 9841
Außerbetriebsetzung 9841
Außerbetriebzeit 4948
äußere Kraft 3475
äußere Orientierung 6731
äußere Orientierung des Messbildes 6732
äußerer Druck 3480
äußere Reibungsverluste 3476
äußeres Gezeitendelta 10029
äußeres Kernrohr 6730
außerirdische Körper 3492
äußerlich 3473
Außermittigkeit 3115
aussparen 1443
Aussparung zum Injizieren 4509
Aussparung zum Verpressen 4509
Ausspülen 3919, 9021
ausspülen 9015
Ausspülung 3919, 10674
Ausstattung 3333
Ausstattung mit Messinstrumenten 5161
aussteifen 8782
Aussteifung 1207
ausstreichen 2241
austauschbarer Bestandteil 5197
Austausch der abgenutzten Bestandteile 7953
Austauschfähigkeit 5271
Austauschteil 5197
Austauschvermögen 5271

Austreten von Wasser aus frisch eingebrachtem Beton 1081
Austritt 8039
Austritterdöl 8542
Austrittöl 8542
Austrittserdöl 8542
Austrittsgefälle 3420
Austrittsöl 8542
Austrittsstelle 8039
Aus- und Einbauzeit 10245
auswalzen 9269
auswandern 2208
auswaschen 5545
Auswaschen 9021
Auswaschung 3234, 10675, 10676
Auswaschungsebene 3932
Auswaschungshorizont 3233
auswechselbar 5196
auswechselbarer Bestandteil 5197
ausweichen 3864
ausweichend unter Belastung 5025
Ausweitung 3760
Ausweitungsstörung 9927
auswertbar 7229
Auswertbrennweite 3948
Auswertegerät 7230
Auswertegeschwindigkeit 5956
Auswerteleistung 6747
Auswertemaßstab 7236
Auswerteobjektiv 7234
Auswerteverfahren 7235
Auswertgerät 7230
Auswertung 1894, 5238
Auswertungsgerät 7230
Auswuchten 799
Auswurfmaterial 7661
Auszementierung 1166
ausziehbarer Bohrturm 9891
ausziehbarer Turm 9891
Ausziehbarkeit 3464
ausziehen 3463
Ausziehlänge 4165
Ausziehweg 3466
Auszimmerung 10054
autallotriomorph 494
authigen 697, 698
Autobahn 6323
autochthon 699
autochthone Ablagerung 700
autochthones Gestein 701
Autokollimation 702
Autokorrelation 703
Autokovarianz 703
Autokran 8591, 10840
automatische Bohrgestängezange 7395
automatische Gestängezange 7395

automatische
 Nachlassvorrichtung 707
automatische Registrierung 714
automatischer Gasspürer 711
automatischer Kippverschluss
 719
automatische Rohrzange 7395
automatischer selbstschreibender
 Gasspürer 715
automatisches Bohren 707
automatisches Gestängelager 713
automatisches Regelsystem 706
automatisch regulierender
 Schieber 716
automatisierte Aufzeichnung 714
automatisierte Auslösung 720
automatisiertes
 Überwachungssystem 704
Automatisierung 721
Automatisierungstechnik 717
Automobil 1418
automorph 3387
Autragserteilung 158
axiale Belastung 747
axiale Schubkraft 750
Axialkolbenpumpe 6372
Axialkugellager 10022
Axialpumpe 748
Axialrad 745
Axialrollenlager 10024
Axialspannung 749
Axialturbine 746
Axialventilator 744
axonometrische Projektion 759
Azimut 760
Azimut bezogen auf die
 Hauptvertikalebene der
 Aufnahme 4481
Azimut der Aufnahmerichtung
 761
Azulejo 762
Azurit 763

Bach 1268, 9515
 unter dem Eis fließender ~
 9604
Bachsedimentprospektion 9520
Backenbrecher 5336
Backenmeißel 9254
Backstein 1248
Backsteinbau 1249
Baddeleyit 790
Badewanne 902
Badezimmer 901
Bagger 3411, 8801
Baggerkran 3411
Baggern 2929
baggern 2926
Baggerpumpe 2928
Baggerschute 833

Baggerung 2929
Bahn eines Flüssigkeitselements
 6877
Bahnhof 7731
Bajonettverbindung 913
Bajonettverschluss 913
Bake 918, 7768
Balken 919
Balkenflansch 920
balkentragende Mauer 939
Balkenuntersicht 9071
Balkon 801
Balkongeländer 802
Ballast 803
Ballastfundament 805
Ballasttank 806
ballig 2750
Baltimorit 483
Balustrade 816
Band 6076
bandagierte Leitung 818
Bandauflader 975
Bänderkalkstein 817
Bänderton 10517
Bänderung 1100, 10516
Bandförderer 974
Bandkalkstein 817
Bandlader 975
Bandmaß 6076
Bandstrecke 1182
Bank 942, 5541, 9514
Bankett 1001
bankförmiger Fels 8752
bankig 944, 9505
bankiger Fels 8752
bankparallel 6850
bankparallele Verschiebung 5513
bankrecht 6520
bankschräg 6573
Baptisterium 825
Bar 826
Bär 7749
Barchan 831
Barchandüne 831
Bärenfallenwehr 8255
Bariumbeton 860
Bariumzement 836
Barock 843
Barograph 840
Barometer 841
Barometerdruck 842
barometrischer Druck 842
Barranco 847
Barre 829
Barrels je Jahr 850
Barrels je Produktionstag 853
Barrels pro Betriebstag 853
Barrels pro Jahr 850
Barrels pro Kalendertag 851
Barrels pro Monat 852

Barrels pro Tag 851
Barrierepfeiler 856
Barriereriff 854
Barwert 7433
Baryt 859
Barytbeton 860
Barytzement 836
Basalgrundwasser 862
Basalkonglomerat 861
Basalt 864
Basaltbeton 865
Basaltlava 866
Basenaustauschvermögen 870
Basilika 890
basischer Zement 886
basisches Gestein 889
Basisstärke einer Staumauer 2370
Basisstärke eines Dammes 885
Basisstation 4487
Basistunnel 882
Batholith 899
Bathometer 904
Bathroklase 900
bathyale Ablagerungen 903
Bathyalfacies 6914
Bathymeter 904
Bathymetrie 905
bathymetrische Untersuchung 905
Batteriekabel 909
Bau 9582, 9700
 am ~ 6623
 im ~ 10349
 im ~ befindliche Anlage 2590
Bauarbeiten 10912
Bauart eines Messgerätes 10320
Baubewilligung 1293
Baubuden 2090
Baueinrichtung 5354
bauen 1287
Bauen im Trocknen 2035
Baufachmann 564
baufähige Formation 6890
baufähiges Erz 6885
Baufähigkeit 10893
Baufahrzeuge 6624
Baufeld 6823
Baufugen 2037
Baugenehmigung 1293
Baugeräte 5354
Baugerätehersteller 4622
Baugerüst 8399
Baugeschäft 1289
Baugrund 4034, 8159
Baugrundgefrierung 4032
Baugrundstückabmessungen 8909
Baugrunduntersuchung 5355
Baugrundvereisung 4032
Bauherr 6790
Bauhochwasser 2034
Bauholz 5846, 9580

Baukantine 8907
Baukörper 10911
Baukunst 567
Bauland 1291
Bauleistungsumfang 8435
Bauleiter 2089
Bauleitplanung 5495
Bauleitung 2038, 8914
  die am Ort angeworbenen
  Mitarbeiter der ~ 5737
bauliche Lösung 2030
Baumaterial 1292
Baumeister 564
Bauméskala 911
baumlose Kältesteppe 10272
Baune 4527
Baunorm 2042
Baunutzholz 5846
Bauphasen 2039
Baupiste 8913
Bauplatz 2041
Bauprogramm 2040
Baupumpen 2088
Baureihe 8308, 8309
Baustahlgewebe 10807
Baustelle 2041, 10912
  auf der ~ 6623
Baustellenbegrenzung 3110
Baustellenbüro 8911
Baustelleneinrichtung 5354
Baustelleneisenbahn 8912
Baustellenhochwasser 2034
Baustellenkantine 8907
Baustellenmanagement 2038
Baustellenorganisation 7567
Baustellenunterkunft 2090
Baustellenuntersuchung 5355
Baustil 9589
Baustoff 1292
Bautischlerei 5356
Bauüberwachung 2043
Bauumleitungsmaßnahmen 8143
Bauunternehmer 1290, 2087
Bauunternehmung 1289
Bauvertrag 2032
Bauwerk 9582
Bauwerke 10911
Bauwesen 565, 2033
bauwürdiges Erz 6885
bauwürdiges Vorkommen 6890
Bauxit 912
Bauxitlandzement 5441
Bauzeichnung 512
Bauzeit 10065
Bauzeithochwasser 661
Bauzeitverlängerung 3469
Bauzinsen 5199
beabsichtigte Nadiraufnahme
  10549
Beanspruchung 5705

Bearbeitbarkeit 10893
bearbeiteter Naturstein 642
Beaufortskala 940
Beaufortwindskala 940
Beben 3099
Bebenanzeichen 7416
Bebenherd 3956
Bebenmesskunde 8571
Bebennachläufer 221
Becken 891
Beckensohle 892
Bedachung 8243
bedeckter Karst 2193
Bedienung der Maschine 8634
Bedienungsanleitung 8633
Bedienungsanweisung 8633
Bedienungsregeln 6649
bedingt abbauwürdige Lagerstätte
  5966
bedingt bauwürdige Lagerstätte
  5966
beeinflusster Abfluss 5084
befestigen 381, 9283
Befliegungsphotographie 196
Begießen 10708
beginnende Kavitation 5009
begrenzter Horizont 5637
begrenzte Schicht 5637
Begrenzungsbohrung 2487
Begrünung durch Ansaat 9145
Behälter 1015, 2053, 7972
Behelfsausbesserung 3247
Behelfsbauten 9910
Behelfsreparatur 3247
Beherrschung der Decke 8242
Beherrschung der Firste 8242
Beherrschung des Gebirges 9491
Beherrschung des Hangenden
  8242
behinderte Strömung 3028
beiderseits eingespannter Träger
  923
Beilegerung 8771
Beilegung des Streites 8682
Beileitungen 1840
Bein 5566, 7125, 8089
Beipassventil 1342
Beiwert 1795
bekanntes Gebiet 7598
Belag 6880
Belastbarkeit 5710
Belastung 5704, 5705
Belastungsanzeiger 2971
Belastungsfaktor 5719
Belastungsgeschwindigkeit 7777,
  7779
Belastungsmesser 2971
Belastungsplatte 934
Belegen mit Rasenplatten 10299
Belegschaft 5946

Beleuchtung 5621
belichten 3456
Belichtung 3458, 5619
Belichtungsdauer 3059, 10066
Belichtungsmesser 3460
Belüfter 192
belüftete Bohrschlammspülung
  187
belüfteter Beton 245
belüfteter Bohrschlamm 187
belüfteter Mörtel 259
belüfteter Überfallstrahl 585
belüftete Schlammspülung 187
belüftetes Wasser 188
Belüftung 189, 10537
Belüftungs-Absatz 190
Belüftungsnute 191
Belüftungsrampe 190
Belüftungsrohr 268
Belüftungsschlitz 191
Belüftungsventil 285
Bemessung der
  Erdbebensicherheit 3106
Bemessungsbeben 2561
Bemessungserdbeben 2561
Bemusterung 8365
benachbart 155
Benetzbarkeit 10833
benetzte Fläche 10834
benetzter Umfang 10835
Benetzung 10708, 10836
Benetzungsfähigkeit 10833
Benetzungsmittel 10725
Benetzungsvermögen 10833
Benne 4527
benthonisch 995
Bentonit 996
bentonithaltiger Ton 999
Bentonitschlämme 998
Bentonit-Wasser-Schlämme 998
Bentonitzement 4245
Bentonit-Zement Injektionsgut
  997
Bentonit-Zement Schlämme 997
Benzol 1000
beobachteter Abfluss 6579
Beobachtungsbohrung 6578
Beobachtungsbrunnen 6578
Beobachtung verschiedener
  Messpunkte von einer
  Messstation aus 6575
beplaggen 9058
Berasung durch Ansaat 9145
beratender Ingenieur 2044, 3276
Berechnung 374
Berechnung im elastisch-
  plastischen Bereich 3180
Berechnungsmethode 375
Berechnungsverfahren 1372
Beregnung 9247

Beregnungsanlage 9250
Beregnungsmaschine 9248
Beregnungsplan 9249
Bereich 7762
Bereitschaftsplan 2071
Bereitschaftsstellung 967
bergbaufremd 6536
Bergbauingenieur 6212
bergbaulicher Hohlraum 6214
Bergbausenkung 6217
Bergbausicherheit 8341
Bergbautechnik 6213
Bergbau über Tage 2407
Bergbau-Umweltschutztechnik 3300
Bergbau-Umwelttechnik 3300
Bergbauwesen 6213
bergbehördliche Zulassung 9359
Bergblau 763
Berge 4374, 7874, 10021
Bergedamm 6797
Bergefeste 7126
Bergekasten 2719
Bergeklein 2716, 7874
Bergemauer 6797, 6800
Bergemittel 2717
Bergerippe 9688
Bergewirtschaft 7875
Bergezwischenlage 2717
Bergfeste 8346
Bergflanke 8993
Bergfrohn 8311
Bergfrohne 8311
Berggrün 1679
Bergingenieur 6212
Bergkristall 7685
Bergmannhelm 8340
Bergmannkappe 8340
Bergmannshelm 8340
Bergmannskappe 8340
Bergrecht 6216
Bergrutsch 5490
Bergschaden 6211
Bergschutt 9843
Bergschuttböschung 9845
Bergschuttkegel 9844
bergseitiger Fangedamm 10444
Bergsenkung 6217
Bergsturz 8184
Bergsturzrelief 5491
Bergtechnik 6213
Bergversatz 6800
Bergwachs 6793
Bergwasseroberfläche 4500
Bergwasserspiegel 4500
Bergwerkluft 6187
Bergwerksicherheit 8341
Bergwerkspumpen 6189
berichtigen 8656
Berichtigung 2167

Berichtigung durch thermische Dispersion 2129
Berichtsentwurf 2869
Bericht über Vorstudie 5007, 7424
Berme 1001
Bernoullisches Theorem 1002
Bernstein 353
Berstdruck 1321
Berstfestigkeit 1322
Berststrecke 4176
Berstungsdruck 1321
Berührungsfläche 9716
berührungsfreie Dichtung 2048
Berührungslinie 9488
Beryll 1004
Besatz 9382
Beschädigung 2366, 3523
Beschicker 1015
Beschleuniger 62
Beschleunigungsmesser 64
beschleunigte Erosion 57
beschleunigter Verwitterungsversuch 56, 59
Beschleunigungsschreiber 63
Beschleunigungsseismogramm 60
beschränkt vorgespannter Beton 6864
beschreibende Stratigraphie 5694
Beschwerden 4458
beschwerte Bohrspülung 5716, 10798
beschwerte Spülung 5716, 10798
Beseitigung der Betriebsstörungen 3224
Besichtigung am Einbauort 6625
besoden 9058
beständige Emulsion 9289
beständige Strömung 9361
Beständigkeit 3055
Bestandsaufnahme der Wasservorkommen 5261
Bestandskarte 5954
Bestandspläne 640
Bestandsplänesatz 8650
Bestandszeichnung 640
Bestandszeichnungssatz 8650
Bestdurchfluss 6673
Bestdurchflussmenge 6673
Besteg 3562
bestellen 6678
Bestimmung der Korngrößenanteile 4412
Bestimmungsgleichung 3330
Bestleistung 6677
Bestvolumendurchfluss 6673
Bestvolumenstrom 6673
Bestwirkungsgrad 6674
Beton 1956
in ~ festgießen 8487

Betonanker 1558
Betonaufbereitungsanlage 1970
Betonbankett, in welchem die Injektionsbohrungen ansetzen 4513
Betonbogenmauer 557
Betonbogensperre 557
Betonbogenstaumauer 557
Betonbogentalsperre 557
Betonbohrinsel mit perforierter Wand 1969
Betonbrecher 1958
Beton der ersten Phase 3688
Beton der zweiten Phase 8513
Betondichtungswand 1963
Beton einbringen 1487
Betoneinbringung 1959
Beton-Fertigpfahl 7402
Betonfertigpfahl 7402
Betonfertigteil 7403, 7417
Betonfertigteile 7399
Betonfertigteilpfahl 7402
Betonformstahl 4658
Betonformsteinausbau 7400
Beton für Seebauten 8497
Betongewichtsstaumauer mit Mauerwerksverblendung 1966
Betonieranlage 1970
betonieren 1487, 7368
Betonieren bei Frost 1833
Betonierfuge 2036
Betonierschicht 1967
Betonierung ohne Schalung 7159
Betonlochziegel 4709
Betonmischanlage 1957, 1970
Betonmischer 1968
Betonmischer mit geneigter Achse 5017
Betonmischer mit horizontaler Achse 4734
Betonmischmaschine 1968
Betonnachbehandlung 1962
Betonprobewürfel 1972
Betonpumpe 1971
Betonrippenstahl 4759
Betonrüttler 1973
Betonschalung 4019
Betonschlitzwand 1963
Betonschüttung 1959
Betonskelettbau 1965
Betonsperren 1964
Betonsperrmauern 1964
Betonstahl 7165
Betonstaumauern 1964
Betontrockenmischung 3034
Betonüberdeckung 1961
Betonverdichter 1973
Betonverflüssiger 7204
Betonwürfel 1972
Betonzertrümmerer 1958

Betonzusammensetzung 1960
Betonzuschlagstoff 228
Betracht
 in ~ kommende Sperrenstelle 2011
 in ~ kommende Sperrstelle 2011
Betrachtungsgerät 10590
Betrachtungsparallaxe 6577
Betrachtungswinkel 410
Betrieb 6652
 in ~ 5126
 in ~ befindlicher Streb 10899
 in ~ setzen 1256
Betriebsanlage 5862
Betriebsanleitung 6647
Betriebsanweisung 8633
Betriebsausgaben 8319
Betriebsauslässe zur Hochwasserregulierung 3831
Betriebsbeben 6646
Betriebsbedingungen 8632
Betriebsbereich 2908
betriebsbereit
 nicht ~ 6744
Betriebsdauer 3436
Betriebsgrenzen 5644
Betriebskosten 8319
Betriebspause zur jährlichen Überholung 9440
Betriebspersonal 6655
Betriebsregeln 6649
Betriebssicherheit 7928
Betriebsstörung 2799
Betriebsstudien 6143
Betriebsverhalten 6946
Betriebsversuch 3435
Betriebsversuche 1869
Betriebswasserleitung 6927
Betriebswasserrohrleitung 6927
Betriebswasserstollen 7396
Betriebverschluss 8636
Betrieb von hydraulischen Maschinen 3454
Bett 943, 1628, 1629
Bettschicht 949
Bettungsmodul 1811, 1812
Bettungsmörtel 950
Bettungsschicht 949
Bettungszahl 1811
Bettungsziffer 1811, 1812
Be- und Entlüftungsschacht 278
Beurteilung der Eigenschaften einer Sperrenstelle 8906
Beurteilung der Eigenschaften einer Sperrstelle 8906
Beurteilung nach Augenschein 10605
bevorzugter Weg 7418
bewachsene Fläche 4429

bewachtes Kraftwerk mit Fernbedienung 7943
Bewahrung der Umwelt 2009
Bewässerung 5280
Bewässerung durch Oberflächenüberflutung 9710
Bewässerung durch Überstauung 3842
Bewässerung durch Unterwassersetzen 3842
Bewässerungsabgabe 3062
Bewässerungskanal 3912
Bewässerungsnetz 5281
Bewässerungspumpe 5282
bewegliche Arbeitskammer 2812
bewegliche Bohranlage 6244
bewegliche Bohreinheit 6244
bewegliche Bohrinsel 6243
bewegliche Bohrplattform 622
bewegliche Bohrplattform 6243
bewegliche Druckluftkammer 2812
bewegliche Kosten 5031
bewegliche Mannschaft 6242
bewegliches Ausgleichsgewicht 8931
bewegliches Baugerät mit Fahrer 6624
bewegliches Wehr 844
bewegliche Trennwand 6330
Bewegung 6319, 6332
Bewegungsfuge 6333
Bewegungskomponente 1908
Bewegungslehre 5429
Bewegungsmaßstab 6334
Bewegungsstudien 6320
bewehrte Erde 7898
bewehrter Beton 7897
bewehrter Boden 7898
bewehrtes Erdbauwerk 7900
Bewehrung 7903
Bewehrungsabstand 7907
Bewehrungsplan 7904
Bewehrungsstäbe 9374
Bewehrungsstahl 9374
Beweissicherung 9338
Bewerber 9915
Bewertung 6203
Bewertung der Folgekosten aufgrund von Umwelteinflüssen 3120
Bewertung von Bergwerkseigentum 6203
Bewirtschaftung der Wasservorkommen 10731
Bewitterungskurzprüfung 59
Beziehung zwischen Ursache und Wirkung 1508
Bezifferung 6551
bezogene Lagerungsdichte 2514

Bezugsnetz 4456
Bezugspunkt 880, 2403, 2404, 7856
Bezugspunktsystem 7857
Bezugsraster 7855
Bezugssystem 7857
Bidalotit 467
Biegeachse 983
Biegearmierung 986
Biegeauslenkung 3781
Biegebeanspruchung 990
Biegebewehrung 986
Biegedruckfestigkeit 984
Biegefestigkeit 3786
Biegegleitfalte 9485
Biegegleitfaltung 9485
Biegegrenze 10948
Biegeliste 988
Biegemoment 985
Biegeplan 988
Biegeprobe 991
Biegeprüfung 991
Biegespannung 989
biegestarr 8022
biegesteif 8022
Biegesteife 987
Biegesteifigkeit 987
Biegeversuch 991
Biegewechselversuch 8065
Biegewellen 992
Biegezugfestigkeit 3786
Biegezugprüfung 991
biegsames Rohr 3780
Biegsamkeit 3776
Biegung 982, 2447
Biegungsmoment 985
biegungssteif 8022
Bieter 9915
Bild 7066
Bildabtaster 8415
Bildauswertung 7233
Bildbetrachtungsgerät 10590
Bildfeld 4958
Bildfußpunkt 4960
Bildhauersmarmor 9358
Bildhauptpunkt 7514
Bildhauptsenkrechte 5907
Bildhauptvertikale 5907
Bildhauptwaagerechte 757
Bildhorizont 4752
Bildkartiergerät 7230
Bildkartiergeräte für Bildpaare 7231
Bildkartiergeräte für Einzelbilder 8888
Bildkoordinate 4957
Bildkoordinaten 7216
Bildkoordinatensystem 1843
Bildlotpunkt 4960
Bildmarke 1844

Bildmaßstab 4962
Bildmessgeräte 4959
Bildmesstheodolit 7077
Bildnadir 4960
Bildpaar 9394
Bildpunkt 4961
Bildpunktverlagerung 2666, 7706
Bildrand 5971
Bildraum 4963
Bildsamkeit 7200
Bildsamkeitsbereich 7206
Bildschärfe 2443
bildseitiger hinterer Knotenpunkt 7807
bildseitiger Knotenpunkt 7807
bildseitiger Objektivhauptpunkt 5228
Bildskizze 7070
Bildstrahl 7790
Bildstreifen aufeinanderfolgender Aufnahmen 9562
Bildtheodolit 7077
Bildtriangulation 10220
Bildung von Gips 4554
Bildvergrößerung 5899
Bildverlagerung 7706
Bildverzerrung 2467
Bildweite 7510
Bildwerfer 7566
Bildwinkel 437
Bims 7623
Bimsbeton 7624
Bimsstein 7626
bimssteinartig 7625
Bindemittel 1016, 1551, 1563, 6015
Bindemittelsilo 1572
Binder 1016
Binderbalken 1018, 5902
Binderiegel 10656
Binderschicht 869, 1019
bindiger Boden 1823
Binnenwasserstraße 10758
binokular 1021
Bioerosionsstruktur 1026
Biofazies 1027
biogene Gesteine 1030
biogener Hornstein 1029
Biogenese 1028
biogenes Schichtgefüge 1036
biogeochemische Prospektion 1031
biogeochemischer Aufschluss 1031
biogeochemisches Aufschließen 1031
bioklastisch 1023
bioklastisches Gestein 1024
biokorrosive Umwelteinflüsse 1025

Biolith 1032
Biolithe 1030
biologische Abwasserbehandlung 1034
biologische Produktivität 1033
Biosphäre 1035
Biostratigraphie 1037
Biostrom 1038
biotisch 1039
Biotit 1040
Biotitisation 1041
Biotitisierung 1041
Biotop 1042
Bioturbation 1043
Bitterspat 5878
Bitumen 645
Bitumen im engeren Sinne 649
Bitumenkalkstein 652
Bitumenmergel 1055
Bitumen-Mineralgemisch 645
Bitumensandstein 653
Bitumenschlämme 1054
bituminierter Splitt 1790
bituminöser Kalkstein 652
bituminöser Mergel 1055
bituminöser Sand 1056
bituminöser Sandstein 653
bituminöses Bindemittel 1016
bituminöses Gestein 1058
bituminöses Injektionsgut 1054
B-Kluft 9557
Blähgrad 4099
Blähton 9772
Blähungsgrad 4099
Blähzahl 4099
Bläschenbeton 186, 245
Bläschenmörtel 259
Blase 1271
blasige Struktur 10566
Blasschatten 1545
blassroter Beryll 10639
Blasversatz 7261
blättchenartig 5477
blätterig 3748, 5471, 5477
Blätterserpentin 483
Blättertellur 6402
Blätterung 1100, 5478
Blattfeder 5550
Blattgeschiebe 9558
Blattmeißel 1060
blättrig 5471, 5477
Blattverschiebung 3775, 4740, 9558
Blattverwerfung 9558
Blaublätterstruktur 1100
blaues Vitriol 1618
Blaustein 1618, 10607
bleibende Bauwerke 6970
bleibende Verformung 6968
bleibende Verrohrung 6965

Bleifahlerz 1196
Bleispat 428, 1612
Bleivitriol 428
Blei-Zink-Grube 5549
Blendarkade 1083
Blende 2631, 9182
Blendenöffnung 492
Blendschutzglas 478
blenfreies Glas 478
Blickebene 7176
Blickrichtung 5669
blind endende Überschiebung 6784
blindes Tal 1084
blinde Strecke 269
blindes Wehr 3735
Blindort 269
Blindortversatz 3052
Blindschacht 5333, 9330
Blindtal 1084
Blinkeinrichtung 1086
Blinkfeuer 1085
Blinkmikroskop 1088
Blinkverfahren 1087
Block 1090
Blockbau 1092
Blockbruchbau 1092
Blockmeer 1197
Bloßlegung 2521
blumenkohlförmige Wolke 1507
Bluten 1081
Blutstein 7842
Bocca 1106
Bockausbau 1665
Bockkran mit Rädern 10203
Bockstempel 1662
Bockzimmerung 10211
Boden 877, 3852, 7883, 9083
   den ~ aufbohren 3584
   im ~ gespeichertes Wasser 822
Bodenaggregat 6906
Bodenaufschließung 9091
Bodenaufschluss 9091
Bodenbelag 3857
Bodenbeprobung 8365
Bodenbeschreibung 9107
Bodenbesitzkarte 3621
Bodenbesitzstandkarte 3621
Bodenbewegung 4477
Bodenbildung 9092
Bodenbindemittel 9084
Bodenbinder 9084
Bodencatena 1499
Bodenchemie 9086
Bodendifferentialdruck 1167
bodeneigen 699
Bodeneigenschaft 9099
Bodenentleerung 1168
Bodenentnahmestelle 1160

Bodenentwicklung 9092
Bodenerkundung 9107
Bodenerosion 9090
Bodenfeuchte 9096
Bodenfeuchtigkeit 9096
Bodenfeuchtigkeitszone 10981
Bodenfließen 3091, 9122
Bodenfördergerät 3093
Bodenforschungsamt 4282
bodenfremder Kalkstein 317
Bodenfrost 4152
Bodengas-Kohlenwasserstoff-
 Anomalie 5556
Bodengefrierung 4032
Bodengefüge 9105
Bodengewölbebildung 563
Bodenhebung 5494
Bodenhorizont 9093
Bodenkartierung 9107
Bodenklassifikation 9087
Bodenklassifikation nach
 Casagrande 1449
Bodenkolloid 9088
Bodenkriechen 2207
Bodenkrume 9128
Bodenkunde 6910
Bodenluftkapazität 9097
Bodenmassenausgleich 796
Bodenmechanik 9094
Bodenmechanik und Grundbau
 4313
Bodenmischanlage 9095
Bodenmoräne 4476
Bodenmulde 8351
Bodennutzungsplanung 5495
Bodenporendruck 7327
Bodenporenwasserdruck 7327
Bodenporosität 9097
Bodenprobeentnahmegerät 9100
Bodenprobeentnahmegerät mit
 längsgeteiltem Rohr 9213
Bodenprobeentnahmerohr 8363
Bodenprobenahme 8365
Bodenprobenehmer 9100
Bodenprobenentnahmegerät 9100
Bodenprobenentnahmegerät mit
 längsgeteiltem Rohr 9213
Bodenprobenentnahmerohr 8363
Bodenprobennahme 8365
Bodenprobennehmer 9100
Bodenprofil 9098
Bodensatzlagerstätte 5966
Bodenschichtenprofil 9098
Bodenschlitz 9026
Bodensenkung 5492, 9629
Bodensenkung 6217
Bodensetzung 5492
Bodenstabilisator 9104
Bodenstabilisierung 9103
bodenständig 699

Bodenstruktur 9105
Bodensystematik 9087
Bodentypenreliefsequenz 1499
Bodenunruhe 6166
Bodenuntersuchung 9091
Bodenuntersuchung im Felde
 9107
Bodenventil 1184
Bodenverdichtung 9089
Bodenverdichtung durch
 Einschlämmen 9020
Bodenvereisung 4032
Bodenverfestigung 9103
Bodenvermessung 9107
Bodenvertiefung 8351
Bodenwasser 1185, 4489, 9096
Bodenwissenschaft 9102
Bodenzapfen 9306
Bodenzement 9085
Bodenziffer 1811
Bogen 548, 551, 980
Bogenansatz 9233
Bogenausbau 572
Bogenbetonsperre 557
Bogenbetontalsperre 557
Bogendelta 578
Bogendüne 831
Bogenfeld 10318
Bogenfenster 558
Bogengang 549
Bogengewichtsmauer 561
Bogen-konsolen Methode 552
Bogenleibung 5249
Bogenmaß 576
Bogenmauer gleicher Dicke 2025
Bogenmauer konstanter Dicke
 2025
Bogenmauer mit aus Korbbögen
 gebildeten Horizontalschnitten
 6364
Bogenmauer mit konstantem
 Mittelpunkt 2022
Bogenmauer mit konstantem
 Radius 2022
Bogenmauer mit konstantem
 Winkel 2020
Bogenmauer mit veränderlichem
 Bogenradius 10513
Bogenmauer mit veränderlichem
 Mittelpunkt 10513
Bogenmauer mit von elliptischen
 Bögen begrenzten
 Horizontalschnitten 3229
Bogenmauer mit von
 logarithmischen Spiralen
 begrenzten Horizontalschnitten
 5760
Bogenmauer mit von
 parabolischen Bögen
 begrenzten

Horizontalschnitten 6833
Bogenmauern 556
Bogenmauer veränderlicher
 Dicke 10514
Bogen mit veränderlichem
 Mittelpunkt 6363
Bogen mit veränderlicher
 Krümmung 10508
Bogenrücken 3491
Bogenscheitel 2258
Bogensetzkolonne 569
Bogensetzmannschaft 569
Bogensetztrupp 569
Bogensperre gleicher Dicke 2025
Bogensperren 556
Bogensperrmauer gleicher Dicke
 2025
Bogensperrmauer konstanter
 Dicke 2025
Bogensperrmauern 556
Bogenstaumauern 556
Bogentalsperre gleicher Dicke
 2025
Bogentalsperren 556
Bogen- und Hauptkonsolträger-
 Methode 552
Bogen- und Hauptkonsolträger-
 Verfahren 552
Bogenwirkung 562
Bogenzwickel 4593
Bohle 1102, 9995
Bohlwerk 1302
Bohrabteilung 2986
Bohrabteilungsleiter 2949, 2989
Bohranlage 2984
Bohranlageleiter 8115
Bohransatzpunkt 2972
Bohrarbeiter 2948, 3859, 8103
Bohrarm 5377
Bohraufseher 2949
Bohrausrüstung 2963
Bohrbär 694
Bohrbarkeit 2941
Bohrbericht 1142
Bohrbetriebsführer 2989
Bohrbetriebsinspektor 2989
Bohrbock 2985, 8368
Bohrbühne 2548, 2981
Bohrdauer 2991
Bohrdrehtisch 8279
Bohrdrehtischgeschwindigkeit
 8280
Bohrdreibock 2985
Bohrdruckanzeiger 2971
Bohrdruckmesser 2971
Bohrdruckmessgerät 2971
Bohreinheit 2994
Bohreinrichtung 2984
bohren 1132
 zu schnell ~ 1320

Bohren
  mit ~ beginnen 9253
Bohren im Moorgebiet 9764
Bohren im Morast 9764
Bohren im Sumpfgebiet 9764
Bohren mit Düsenbohrmeißel
  5340
Bohren mit Düsenmeißel 5340
Bohren mit elektrischer
  Bohrturbine 3182
Bohren mit Gasspülung 4210
Bohren mit lokalem
  Bohrspülungskreislauf 2998
Bohren mit lokalem
  Spülungskreislauf 2998
Bohren mit Luftspülung 263
Bohren mit Sprengstoffen 2997
Bohren mit Zementeinpressung
  4521
bohren nach Drehbohrverfahren
  1132
bohren nach Schlagbohrverfahren
  6939
Bohrer 1146, 3004
Bohrerdruck 747
Bohrerprobe 2954
Bohrflüssigkeit 2976
Bohrflüssigkeitsingenieur 2964
Bohrfortschritt 2973
Bohrfortschrittänderung 2955
Bohrfortschrittbeschleunigung
  2955
Bohrfortschrittsänderung 2955
Bohrfortschrittsbeschleunigung
  2955
Bohrfortschrittsgerät 2983
Bohrfortschrittsregelung 2960
Bohrfortschrittsregistrier-
  vorrichtung 2983
Bohrfortschrittsrichtung 2708
Bohrfortschrittsschreiber 2983
Bohrfortschrittswechsel 2955
Bohrfortschrittwechsel 2955
Bohrführer 2989
Bohrgarnitur 2988
Bohrgerät 2984
Bohrgerüst 2985
Bohrgestänge 3004
  das ~ aufbrechen 1240
  das ~ auseinandernehmen
    5540
  das ~ demontieren 5540
  das ~ einlassen 5818
  das ~ herunterlassen 5818
  das ~ lösen 1240
Bohrgestängeabfangkeil 8276
Bohrgestängeabfangkeile 8276
Bohrgestängeablage 8213
Bohrgestängeabstellkapazität
  7694

Bohrgestängeaufzug 8211
Bohrgestängebühne 8213
Bohrgestängeelevator 3003
Bohrgestängefahrstuhl 3003
Bohrgestängefangvorrichtung
  1198
Bohrgestängegabel 5605
Bohrgestängehänger 8212
Bohrgestängekeilfänger 8276
Bohrgestänge mit
  Außenstauchung 3481
Bohrgestänge mit linksgängiges
  Gewinde 5565
Bohrgestänge mit Linksgewinde
  5565
Bohrgestänge mit rechtsgängigem
  Gewinde 8108
Bohrgestänge mit Rechtsgewinde
  8108
Bohrgestängerückschlagventil
  3005
Bohrgestängeschlüssel 7141
Bohrgestängestrang 2988
Bohrgestängeverbindung 8209
Bohrgestängeverbindungsmuffe
  3002
Bohrgestängezange 1239, 2979,
  7141
Bohrgestängezug 3006
Bohrgestell 2953
Bohrgezähne 2992
Bohrgut 2343
Bohrhaken 2968
Bohrhebewerk 8268
Bohr-Hubinsel 8586
Bohringenieur 2961
Bohrinsel 6595
  an gespannten Stahlseilen
    schwimmende ~ 3811
Bohrinspektor 2989
Bohrinstallation 2984
Bohrkern 2944, 9941
  den ~ verschmutzen 4025
Bohrkernanalyse 2945
Bohrkerndurchmesser 2946
Bohrkernhalter 2155
Bohrkernuntersuchung 2945
Bohrklein 2343
Bohrkleinansammlung 82
Bohrkleinmessung 2344
Bohrkrätzer 7108
Bohrkreuz 1669
Bohrkrone 1045, 1061, 1151
Bohrladeloch 1069
Bohrleistung 2958, 2973
Bohrloch 693, 1134, 1135, 2950,
  6938
  ein ~ totpumpen 5426
  ein ~ zurückverfüllen 7238
Bohrlochabstand 1144, 9151

Bohrlochachse 10810
Bohrlochanordnung 1143
Bohrlochaufnahme 10820
Bohrlochausräumer 7804
Bohrlochauszementierung 1166
Bohrlochbedingungen 1138
Bohrlochbündel 4503
Bohrlochdistanz 1144
Bohrlochdurchmesser 1139
Bohrlochdurchmessermessung
  1382
Bohrlochentspannungsversuch
  1145
Bohrlocherweiterer 8223
Bohrloch-
  Gammastrahlungsmessung
  4189
Bohrlochkontrolleinrichtung
  10811
Bohrlochkopfdruck 10819
Bohrlochkopf mit
  Sicherungsschieber 1669
Bohrlochlängsgeber 1136
Bohrlochmessung 2967, 10820
Bohrloch mit sehr kleiner
  Förderung 5970
Bohrlochmund 1838
Bohrlochprobe 2158
Bohrlochprobenahme 10822
Bohrlochpumpe 1174
Bohrlochquergeber 1140
Bohrlochquerschnittsdiagramm
  1381
Bohrlochquerschnittsmessung
  1382
Bohrlochrichtung 2966
Bohrlochschablone 2931
Bohrlochschema 1143
Bohrlochsiebrohr 10823
Bohrlochsohle 1137
Bohrlochsohlenausrüstung 1171
Bohrlochsohlendruck 1172
Bohrlochsohlengerät 1171
Bohrlochsohlentemperatur 1175
Bohrlochsonde 5253
Bohrlochspülung 1141
Bohrlochstimulierung 10825
Bohrlochteufe 2965
Bohrlochtiefe 2965
Bohrlochtiefstes 1137
Bohrlochverhältnisse 1138
Bohrlochversenkmessung 10824
Bohrlochwandkerngerät 8829
Bohrlochwandkernrohr 5510
Bohrlochweitenmessung 1382
Bohrlochzementierung 1166
Bohrmast 1157
Bohrmehl 2343
Bohrmeißel 1045, 4570
  den ~ schärfen 8729

Bohrmeißelnachlassvorrichtung 3577
Bohrmeißelvorschubregelung 2960
Bohrmeißelvorschubregler 3577
Bohrmeister 1152
Bohrmeisterlog 1142
Bohrmeterleistung 2973
Bohrmeter pro Bohrmeißel 3978
Bohrmeter pro Meißel 3978
Bohrmethode 2974
Bohrmusterzug 9996
Bohrparameter 2978
Bohrplattform 2981, 6595
Bohrprobe 1156
Bohrprobenahme 8366
Bohrprobennahme 8366
Bohrprofil 7545
Bohrprogramm 2982
Bohrprotokoll 1142, 1153
Bohrraster 1143
Bohrrohr 1464
Bohrrohrhänger 1471
Bohrrohrklemme 7137
Bohrrohrkolonne 1481
Bohrrohrkopf 1472
Bohrrohrmuffe 1466
Bohrrohrpacker 1478
Bohrrohrschneider 1467
Bohrrohrschuh mit Schwimmerventil 1470
Bohrrohrstrang 2988
Bohrrohrzange 1483
Bohrrohrzentrierkorb 1465
Bohrsäule 2988
Bohrschappe 690, 1273, 8761
Bohrschiff 2987
Bohrschlamm 2976
Bohrschlamm mit Ergas durchsetzt 4208
Bohrschlammspülung 2976
Bohrschlammspülungszusatz 2977
Bohrschlammspülungszusatzmittel 2977
Bohrschlammspülungszusatzstoffe 2977
Bohrschlammzusatzmittel 2977
Bohrschlammzusatzstoffe 2977
Bohrschlauch 2969
Bohrschmant 2343
Bohrschnecke 691
Bohrschneide 5676
Bohrschuh 1155
Bohrschwengelbock 8368
Bohrschwengelpfosten 8368
Bohrseil 2957
Bohrseilrolle 2261
Bohrsprengloch 1069
Bohrspülingenieur 2964

Bohrspülmittel 8270
Bohrspülschlamm 2976
Bohrspülschlamm mit Ergas durchsetzt 4208
Bohrspülschlauch 2969
Bohrspülung 8270
  durch ~ abdichten 6353
Bohrspülung mit grenzflächenaktiven Stoffen 9731
Bohrspülung mit hohem Feststoffanteil 4680
Bohrspülung mit hohem pH-Wert 4675
Bohrspülung mit niedrigem Feststoffanteil 5836
Bohrspülungsansammlung 83
Bohrspülungsdruck 6355
Bohrspülungsdruckmesser 6349
Bohrspülungsingenieur 2964
Bohrspülungskreislauf 6344
Bohrspülungsmischanlage 6352
Bohrspülungsmittel 8270
Bohrspülungsrinne 6347
Bohrspülungsschlamm 2976
Bohrspülungsumlauf 1696
Bohrspülungsverlust 1695
Bohrspülungsverlustdetektor 5800
Bohrspülungsverlustzone 5801
Bohrspülungsviskosimeter 6359
Bohrspülungswaage 6342
Bohrspülungswasser 2996
Bohrspülverlust 1695
Bohrspülverlustdetektor 5800
Bohrspülverlustzone 5801
Bohrspülwasser 2996
Bohrstandort 2972
Bohrstange 3004
Bohrstelle 2972
Bohrsystem 2974
Bohrtechnik 2962
Bohrteufe 2947
Bohrtiefe 2947
Bohrton 2959
Bohrturbine 2993
Bohrturm 1157
  einen ~ abbauen 8099
  einen ~ demontieren 8099
Bohrturmarbeiter 3859
Bohrturmbühne 2548
Bohrturmdemontage 2547
Bohrturmfundament 2549
Bohrturmkeller 2545
Bohrturmkronenbühne 2260
Bohrturmmontagezeit 8102
Bohrturmrolle 2261
Bohrturmschacht 2545
Bohrturmsockel 2549
Bohrung 1135, 1148

eine ~ ablenken 2445
eine ~ abteufen 1133
eine ~ abweichen 2445
eine ~ ansetzen 9253
eine ~ aufgeben 5
eine ~ auflassen 5
eine ~ aufwältigen 10909
eine ~ einstellen 5
eine ~ fertigstellen 1897
eine ~ gerade ausrichten 9474
eine ~ leerpumpen 7641
eine ~ niederbringen 1133
eine ~ totdrücken 5426
eine ~ totpumpen 5426
eine ~ überwachen 8654
eine ~ wiederaufwältigen 10909
nicht frei ausfließende ~ 6507
nicht gewinnbringende ~ 6504
nicht verrohrte ~10338
Bohrungabstand 1144
Bohrung auf dem Festland 6622
Bohrungfertigstellung 1901
Bohrung in tiefem Wasser 2439
Bohrung mit kleinem Durchmesser 8978
Bohrung mit sehr kleiner Förderung 5970
Bohrungsdiagramm 1142
Bohrungserschöpfung 10812
Bohrungskopfausrüstung 10818
Bohrungslog 1142
Bohrungsohle 1137
Bohrungsprobe 1154
Bohrungsprofil 7545
Bohrungsteufe 2534
Bohrungstiefe 2534
Bohrung voll Erdöl 4705
Bohrung voll Öl 4705
Bohrung voll Wasser 4706
Bohrvariable 2995
Bohrverfahren 2974
Bohrverfahren mit Verkehrtspülung 2975
Bohrverfahren nach dem Gegenstromprinzip 2975
Bohrversuch 1156
Bohrwasser 2996
Bohrwasserschlauch 2969
Bohrwerkzeug 1045
  das ~ ausbauen 4703
  das ~ herausziehen 4703
Bohrwerkzeuge 2992
Bohrwirbelhaken 8278
Bohrzeit 2991, 8101
Bohrzeug 2992
Bolzen 1115
Bolzenschrotzimmerung 9267
Bonus 1123
Bootsfahrvergnügen 7222

Boracit 1130
Bornit 1158
Boronatrokalzit 1159
borsaurer Kalk 1159
Böschung 8991
　eine ~ begradigen 10239
　eine ~ säubern 1729
Böschung im Abtrag 2345
Böschung im Einschnitt 2345
Böschungsabsteckpflock 9002
Böschungsbruch 8995, 8996
Böschungsfuß 10073
Böschungskrone 10093
Böschungsoberkante 10093
Böschungspflock 9002
Böschungsschutz 8999
Böschungsstandfestigkeit 9001
Böschungsstandsicherheit 9001
Böschungsverhältnis 9000
Böschungswinkel 420
Bossenmauerwerk 8325
Boudinage 1186
Bournonit 1196
Brachyantiklinale 1205
Brachysynklinale 1206
Brackwasser 1208
Bradyseismus 1210
Brandbekämpfungsausrüstung 3673
Brandschiefer 1424
Brandtreppe 3250
Brandung 9705
Brandungsabtrag 5972
Brandungsabtragung 5972
Brandungserosion 5972
Brandungshöhle 8472
Brandungsplattform 7164
Brandungsufer 10781
brasilianischer Druckversuch 1220
Brauchbarkeit eines Projektes 10461
Brauneisensteinbeton 5650
brauner Jura 6172
Braunerz 5649
Braunkalk 450
Braunkohle 5627
Braunspat 450
Bravaisgitter 2290
Breccie 1246
Brechanlage 2276
Brecheisen 6269
brechen 3815
Brecher 2274
Brechstange 6269
Brechung 7866
Brechungsgesetz 7868
Brechungsvermögen 7869
Brechungswinkel 7306, 7867
Breitauffahren 8791

Breite der Staumauer 10848
Breite des Sperrenbauwerkes 9992
Breitenkreis 6848
breite Öffentlichkeit 4253
Breitflanschträger 4656
breitkantiges Messwehr 1264
breitkantiges Wehr 1264
breitkroniges Messwehr 1264
breitkroniges Wehr 1264
breitsattelförmige Struktur 472
Brekzie 1246
Bremsbacke 1217
Bremse 1211
Bremshebel 1216
Bremskammer 1213
Bremsseil 1212
Bremstrommel 1215
Bremszylinder 1214
Brennebene 3950
Brennpunktabstand 3943
Brennschiefer 1424
Brennstoffkosten 4153
Brennweite 3943, 3947
Brennweiteneinstellung 8666
Bresche 1246
Bretschie 1246
Brett 1102
Bretterdach 1104
Brinellhärteprüfung 1255
brisanter Sprengstoff 4664
Brochanthit 1265
bröckelig 4121
bröckeliges Gestein 4122
Bröckeltuff 7652
Brockenlava 1
Bronze 1267
Bruch 2366, 3522, 3528, 4053, 4054
　zu ~ gehen 1221
Bruchabschirmung 3922
Bruchbau 1524
Bruchbeanspruchung 1235
Bruchbedingung 3524
Bruchbelastung 1231
Bruchberge 1515
Bruchbild 4057
Bruchbildung 4060
Bruchdehnung 9479, 10327
Bruch durch Zugbeanspruchung 9926
Brucherscheinungen 1241
Bruchfalle 3570
Bruchfalte 3967
Bruchfaltengebirge 1269
Bruchfeld 1514
bruchfest 9911
Bruchfestigkeit 1234, 2277
Bruchfläche 3526, 7172
Bruchgestein 7676

Bruchgrenze 1228
Bruchhaufwerk 1513
Bruchkante 1227
Bruchkantenpfeiler 10682
Bruchkantensicherung 10683
Bruchkriterium 2226
Bruchlast 1231, 3525
Bruchlinie 1230, 6267
Bruchlinienküste 3565
Bruchmassen 1515
Bruchmechanismus 1835
Bruchmuster 4057
Bruchporosität 4058
Bruchscholle 3556
Bruchsicherung 480
Bruchspannung 1235
Bruchspannungskreis 1229
Bruchstauchung 9479
Bruchsteinbeton 2350
Bruchstempel 1233
Bruchstempelreihe 1224
Bruchstücke 4064
Bruchtektonik 3568
Bruchverformung 2461
Bruchwinkel 405
Bruchzone 1526, 3574
Brückenplatte 2421
Brückenkran 4192
Brückenpfeiler 7096
Brückenpfeilergründung 7097
Brückenwaage 10796
Brücke über die Entlastungsanlage 9193
Brunnen 10809
　einen ~ aufwältigen 10909
　einen ~ wiederaufwältigen 10909
Brunnenabweichung 2606
Brunnenachse 10810
Brunnenbeeinflussung 5205
Brunnenenergiebigkeit 10826
Brunnenenergiebigkeitsmessung 10815
Brunnenfilter 10823
Brunnenfluten 10814
Brunnengreifer 4570
Brunnengruppe 4503
Brunnenkopf 10817
Brunnenkopfausrüstung 10818
Brunnenmund 10817
Brunnenöffnung 10817
Brunnenprobeentnahme 10822
Brunnenprobenahme 10822
Brunnenseiher 10823
Brunnensiebrohr 10823
Brunnenstelle 2972
Brunnenstimulierung 10825
Brunnenteufe 2534
Brunnentiefe 2534
Brustlehne 816

Brüstung 521
Brüstungsmauer 6853
Brutplatz 1247
Bruttoarbeit 4467
Bruttofallhöhe 4465
Bruttoförderung 10128
brutto Speichervolum 4468
brutto Speichervolumen 4468
Bücherschrank 1125
Büchsbohrer 10264
Buckelsteinmauer 8325
Bügel 1017, 9427
Buhn 4527
Buhne 4527
Bühnloch 4696
Bulldozer 1310
Bulldozer mit Schwenkschild 402
Bundbalken 1018
Bündelzeolith 9422
bündig abschneidend 3927
Bunter 5819
Buntkupfer 1158
Buntkupfererz 1158
Buntkupferkies 1158
Buntsandstein 5819
Buntton 6325
Büroarbeit 6591
Büßereis 6926
Büßerschnee 6926
Bussole 1200
Bussoleninstrument 9957
BV-Stoff 7204
Bysmalith 1343
Bytownit 1344

CAD 1945
Calcit 1369
Caldera 1373
Camp 2031
Cancrinit 1392
carbonatarm 6502
carbonatfrei 6502
Carraramarmor 1440
Cash-Flow 1460
Cash-Flow Kurve 1460
Cassiterit 1485
CBR 1378
CBR-Verhältnis 1378
CBR-Wert 1378
Cerargyrit 1609
Cererit 1610
Cerinstein 1610
Cerit 1610
Cerussit 1612
Ceylon-Peridot 6952
Chabasit 1613
Chalkanthit 1618
Chalkantit 1618
Chalkopyrit 1619
Charakteristik 7879

Charakteristik eines Stempels 5726
Charge 897
Chef-Bohrmeister 1152
Chelatbildung 1646
Chemiefaser 9799
Chemiepumpen 1652
chemische Abflussmessung 1649
chemische Kompaktion 1647
chemische Kontrollmethoden 1648
chemische Schlämme 1650
chemisches Injektionsgut 1650
chemische Verwitterung 1653
chemische Zerlegung 1653
Cherry-picker 1654
Chessylit 763
Chlorargyrit 1609
Chlorcalcium 1370
Chloritisation 1661
Chloritisierung 1661
Chlorsilber 1609
Chlorzink 10975
Chroma 1670
chromatische Aberration 1671
Chromeisenerz 1673
Chrom-Eisen-Oxid 1673
Chromeisenstein 1673
Chromit 1673
Chron 1674
Chronometer 1675
Chronostratigraphie 1676
Chronozone 1677
Chrysoberyll 1678
Chrysokoll 1679
Chrysolit 6952
CIF-Preis 1684
Cipolletti Wehr 1686
Climax 1740
Clivage 1734
Coda 1793
Coelestin 1548
Cölestin 1548
Colluvium 1853
computerunterstütztes Zeichnen 1945
Container 2053
Cordierit 2142
Couch 2180
Coulombsches Gesetz 4127
Coulombsches Reibungsgesetz 4127
Coulomb'sche Theorie 10790
Covellin 2191
Covellit 2191
Cro-Magnon-Mensch 2239
Cuesta 2303
Cuprit 2312
Curie 2313
Cuvelage 1360

Cymophan 1678

Dach 765, 8247, 8233, 8234
Dachbalken 8235
Dachberge 2925, 7752
Dachbinder 8254
Dachdeckmaterial 2194
Dachdeckung 8243
Dachdeckungsmaterial 2194
Dachdeckungsstoff 2194
Dacheindeckung 8243
Dach einer Schicht 10092
Dachfirst 1863
Dachfläche 10092
Dachgarten 8244
Dachgeschoss 8252
Dachraum 686
Dachrinne 8246
Dachschichten 6467
Dachschiefer 8941
Dachsparren 7727
Dachstube 686
Dachstuhl 8254
Dachstuhlbalken 7648
Dachträger 8235, 8254
Dachwehr 8245, 8255
Dachziegellagerung 4965, 4966
Dachzimmer 686
Dalben 2827
dalmatischer Küstentypus 2363
Damm 2364, 3237, 6800
Dammachse 2369
Damm aus Abfällen 9828
Damm aus bewehrter Erde 7899
Damm aus Erdschüttung 3090
Dammbalken 9438
Dammbalkenlagerplatz 9439
Dammbalkenschlitz 4463
Dammbalkenschwelle 8860
Dammbalken setzen 5147
Dammböschung 8997
Dammbreite 9992, 10848
Dammerhöhung 4631
Dammfundament 4034
Dammgraben 10074
Damm in Blockbauweise 2225
Damminhalt 10632
Dammkern 2145
Dammkörper 1108
Dammkrone 2217, 2372
Dammkronenhöhe 3222
Dammkronenkote 3222
Damm ohne Überlauf 6510
Dammriff 854
Dammscheitel 2217
Dämmschicht 5168
Dammschüttung 3236
Dammstempel 1233
Dämmstoffe 5172
Dammtafel 1304

Dammverstärkung 9524
Dammwärter 2386
Damm zur Ablagerung von schlammförmigem Bergwerksabraum 6202
dämpfen 2376
Dämpfer 35, 2378
Dampferhärtung 9366
Dampfhärten 9366
Dampfkavitation 10504
Dämpfung 2379
Dämpfung für modale Analyse 6249
Dämpfungsmatrix 2380
Darcy 2391
Darcy-Einheit 2391
Darcyscher Bodendurchlässigkeitswert 6972
Darcyscher Durchlässigkeitswert 6972
Darcysches Gesetz 2394
Darcysches Widerstandsgesetz 2392
Darlehen 5729
Darlehen mit niedrigen Zinsen 9078
darstellende Geometrie 2553
darunter liegend 10365
Daten der äußeren Orientierung 2399
Daten der inneren Orientierung 2398
Datenerfassung 2397
Datenverarbeitung 2400
Datierung 2401
Dauerbaustelle 7278
Dauerbeanspruchung 2078
Dauerbruch 3549
Dauer des Abbindebeginns 5105
Dauerfestigkeit 3055, 3550
Dauerfestigkeitsversuch 3552
Dauerfrost 6964
Dauerfrostboden 6964
Dauerhaftigkeit 3055
Dauerhaftigkeit der Konstruktion 3056
Dauerlast 9762
dauernde, ununterbrochene Aufzeichnung 2077
Dauerprüfstand 9348
Dauerstandfestigkeit 3268
Dauerstandversuch 5768
Dauerverrohrung 6965
Dauerzustand 9363
Dazit 7680
Deckanstrich 3666
Deckbrett 824
Decke 1547, 6409, 9707, 9730
Deckenabbauriss 8240

Deckenabriss 8240
Deckenanker 8236
Deckenfertiger 3667, 6883
Deckenkohle 8241
Deckenspalt 1656
Deckenspalte 1656
Deckenstufe 8251
Deckentektonik 6412
Deckentektonikbau 6412
Deckenträger 7727
Deckenüberschiebung 6409
Deckenverankerung 8239
Deckenzapfen 9305
Deckgebirge 6752
Decklage 9707
Deckschicht 6752, 9707, 10776
Deckschutt 6752
Deckung 1825
  zur ~ bringen 1257
Deckwalze 9709
Defekt 1286, 2366
Defekte in der Wirkung 5277
definierte Fließgrenze 10951
Deformation 2460
Deformationsgefüge 2464
Deformationsmaßstab 2468
Deformationsmesser 3471
Deformationsmessung 2465
Deformations-Modul 2466
Deformationsstruktur 2464
Deformeter 2469
Deglaziation 2472
dehnbar 3048
Dehnbarkeit 3049, 3424
Dehnbeton 4663
Dehngrenze 10951
  0,2-~ 10951
Dehnriss 3468
Dehnstück 3429
Dehnung 2675, 3230, 9478
Dehnungsbruch 9918
Dehnungsfuge 3428, 3468
Dehnungsgrösse 7578
Dehnungsmesser 3471, 9483
Dehnungsmessstreifen 3471
Dehnungsmessung 2465
Dehnungsmodul 6264
dehnungsoptische Schicht 7047
Dehnungsriss 3468
Dehnzahl 7578
Dehnzement 4662
Deich 2672
Dejektionskegel 324
Dekantation 2417
Dekapieren 1726
Deklination 5883
Deklinationswinkel 412
Dekoration 2425
Dekorationsmarmor 2426
Dekorativbeton 6705

Dekorieren 2425
Delta 2494
Deltaschichtung 2495
Demontage 2720
Demontageflansch 8987
Demontagegerät 2755
Demontierung 2720
Dendrit 2499
Dendrochronologie 2500
Dendrohydrologie 2501
Denudation 2521, 3351
Deponie 9217
Depressionswinkel 407
Derrick-Kran 2546
deskriptive Stratigraphie 5694
Desmin 9422
desorbiertes Gas 5603
destilliertes Bitumen 649
Destruktionsstufe 2303
deszendent 9662
detaillierte technische Ausführungsvorschriften 2571
Detailplan 2570
Detailzeichnung 2570
Detektor 2575
Detonation 2581
Detonator 1074
detritische Ablagerung 2584
detritisches Sediment 2584
deutliche Spaltbarkeit 2791
deutscher Türstock 4322
Deviation 2601
Deviator 2608
Deviatorspannung 2609
Devon 2610
Diagenese 2615
diagenetische Differentiation 2616
diagenetisches Milieu 2617
Diagnose der Betriebsstörungen 2618
diagonale Umkehrturbine von Dériaz 2541
Diagonalpumpe 2620
Diagonalschichtung 3537
Diagonalverwerfung 6570
Diagrammauswertung 5764
Diaklase 2614, 5358
Diamant 2626
Diamantbohren 2630
Diamantbohrkrone 2627
Diamantbohrkrone für Drahtseilkernrohr 10878
Diamantbohrkrone für Seilkernrohr 10878
Diamantkernbohren 2628
Diamantkernbohrer 2627
Diamantkernen 2628
Diamantkernkrone 2627
Diamantkernrohr 2629

Diamantkrone 2627
Diamantspat 2172
Diamantsprenglochbohren 1070
Diaphragma-Pumpe 2637
Diaphragmaventil 2638
Diaphthorese im neueren Sinne 8053
Diapir 2640
Diapirfalte 2641
Diapirfaltung 2641
Diapirismus 2642
Diapositiv 2643
Diapyr 2640
Diastem 2644
diastrophische Terrasse 2645
Diastrophismus 2646
Diatomeen-Hornstein 2647
Diatrema 2648
dicht 1755, 10748
Dichte 2506, 2507, 2508, 2509, 2510, 2511
Dichte des wassergesättigten Bodens 2518
Dichte eines Gases 2516
Dichte-Feuchtigkeitsgehaltskurve 2515
Dichtelog 4009
Dichtemesser 200, 2504, 2505
Dichten 7241
dichter bituminöser Beton 2502
Dichteschrift-Aufzeichnung 10509
Dichteschritt 10509
dichtes, festes Wehr 4982
dichtes Gestein 1881
dichtes Negativ 2503
Dichteströmung 2513
Dichteströmung durch Schwebstoffsuspension 10288
Dichtgraben 10074
Dichtheit 10038
Dichtigkeit 4981, 10038
Dichtigkeitsprüfung 10039
Dichtschirm 4514
Dichtsporn 10075
Dichtung 2336, 4351, 6798
nicht berührende ~ 2048
Dichtung durch nachgiebige Hülle 8478
Dichtungsarbeiten 8486
Dichtungsgraben 10074
Dichtungshaut 2315
Dichtungsindex 1932
Dichtungsinjektion 7460
Dichtungslage 10751
Dichtungsmittel 7242
Dichtungsplatte 8482
Dichtungsring 5371, 6801, 8483
Dichtungsscheibe 8482
Dichtungsschicht 10751

Dichtungsschirm 4514, 10749
Dichtungsschlitzwand 2639
Dichtungsschnur 8484
Dichtungsschürze 520, 1062
Dichtungsüberzug 8479
Dichtungswand 2336, 2339, 2639, 10075
Dichtwand 10075
dickbankig 9505
dicke Bogenmauer 9988
dicke Bogenstaumauer 9988
Dicke der Staumauer 9992
Dickit 2649
Dickspülung 2976
Diele 1102
Dieselmotor 2651
Differdinger-Breitflanschträger 2652
Differdinger-Träger 2652
Differentialdruckmesser 2660
Differentialmanometer 2660
Differentialthermoanalyse 2664
Differential-Thermo-Analyse 2664
Differenzdruckmesser 2660
Differenzthermoanalyse 2664
Diffusor 2667
digitale Registrierung 2670
digitaler Kurvenzeichner 2668
digitales Aufnahmegerät 2669
Digitalplotter 2668
Dilatanz 2674
Dilatation 2675
Dilatometer 2676
Dilatometer-Test 2677
diluviales Geschiebe 6305
Diluvium 2936, 7224
Dimension einer Größe 2682
Dimensionierung 2680
Dimensionsgleichung 2679
dimensionslose Größe 2681
Dimorphismus 2683
Ding 6559
Dingbrennpunkt 4142
Dingebene 6566
Dingpunkt 6567
Dingraum 6566
dingseitiger Brennpunkt 4142
dingseitiger Hauptpunkt 3478
dingseitiger Knotenpunkt 4137
dingseitiger Objektiv-Hauptpunkt 3478
dingseitiger vorderer Knotenpunkt 4137
Dingweite 6560
Diopsid 2686
Dioptas 2687
Diopter 8835
Diopterlineal 8841
Dioptrie 2688

Dioptrik 2690
dioptrische Einteilung 2689
Diorit 2691
direkte Messmethode 2712
direkter Piezoeffekt 7100
direkter piezoelektrischer Effekt 7100
direkter Scherversuch 2714
direkte Scherprobe 2714
direkte Scherprüfung 2714
direktes Lot 2713
direkte Spülung 9476
direktes Spülen 9476
direkte Wirkung 2702
direkt gesteuertes Ventil 2711
Direkt-Rotaryspülung 9476
Direktscherversuch 8733
Direktspülung 9476
disharmonische Falten 2749
disharmonische Faltung 2748
Diskontinuität 2735, 8553
Diskontinuität großer Erstreckung 2764
Diskontinuum 2735
diskordant 2736
diskordantes Alter 2737
diskordante Schicht 2738
Diskordanz 2733
Dislokation 2764
Dislokationsbeben 9877
Dislokationserdbeben 9877
Dispergierungsmittel 2454
Dispersion 2759
Dispersionshof 4567
Dispersionshof im Nebengestein 10661
Dispersionsmittel 2454
dispersiver Boden 2762
dispersiver Ton 2761
Disposition 602
distal 2777
Distanzbolzen 2781
Distanzlatte 5594
Distanzmesser 7763
Distanzschraube 2788
divergente Aufnahmen 2806
Divergenzfall 1458
Divergenzwinkel 408
Dockpumpe 2820
Dogger 6172
Doline 2821, 8897
Dolinenkarst 1986
Dolomit 2823, 2824
Dolomitgestein 2825
dolomitischer Kalk 2825
dolomitischer Kalkstein 2825
Dolomitisierung 2826
Dolomitkalkstein 2825
Dom 1503, 1205
Doppelaufnahmetheodolit 7051

Doppelbild-Entfernungsmesser
2842
Doppelbildtheodolit 7051
Doppelblattmeißel 3712
Doppelbrechung 2850
Doppelfernrohr 1022
Doppelfototheodolit 7051
Doppelhaus 10313
Doppelkeilanker 8975
Doppelkernrohr 2838
Doppelklappenwehr 8255
doppelkohlensaueres Natron 9061
Doppelkopfstaumauer mit
    Hohlpfeilern 4710
Doppelkrater 10305
doppelläufige Treppe 10314
Doppelphototheodolit 7051
Doppelprojektion 2848
Doppelprojektor 2849
Doppelpunkteinschaltung im
    Raum 2846
Doppelrahmen 2841
Doppelsägeblattanordnung 2851
Doppelschneidenmeißel 3712
Doppelschütz 2844
doppelsitziges Ventil 2852
Doppelsitzventil 2852
Doppelspat 1369
Doppelspitzhammer 5935
doppelt ausziehbarer Stempel
    2854
doppelt gekrümmte Bogenmauer
    2839
doppeltkohlensaueres Natron
    9061
Doppel-T-Profil 4769
Doppelventil 2858
Doppelverhältnis 2249
Doppelvulkan 10308
Dorn 7237
Dornfänger 3701
Dornfangwerkzeug 3701
Dosenlibelle 1691
Dosenniveau 1691
Dosieranlage 3580
Dosieranlage nach Gewicht
    10795
Dosierapparat 898
Dosiereinrichtung 898
Dosierpumpe 2833, 6133
Dosierung 897
Dotierauslass 1891
Dotierwasser 1890
Dotierwasserablass 1891
Draht-Extensometer 4045
Drahtseil 1345
Drahtseilbahn 1355
Drahtseilkernbohren 10877
Drahtseilkernen 10877
Drahtspitzenverzug 9372

Drahtwalze 4178
Drainageschirm 2889
Drallpumpe 10107
Drän 2873
Dränabflussmenge 2893
Dränage 2611
Dränage-Bohrung 2882
Dränagefläche 2890
Dränage Kanal 2877
Dränagerohr 2896
Dränageschirm 2879
Dränagesystem 8910
Dränanlage 2884
Dränbrunnen 2892
Dränurchfluss 2893
Dränierpumpe 2885
dräniertes Gebiet 2522
Dränöffnung 10794
Dränrohr 2895, 2896
Dränrohre 2896
Dränschirm 2879
Dränsystem 2891
Dränteppich 2876
Dränung 2611
Dränvorhang 2879
Drehbohren 8269
Drehbohrung 2956
Drehdiodenbrücke 8284
Drehkeil 8287
Drehklappe 3758
Drehkopf 8277
Drehkopfhaken 8278
Drehkran 8117
Drehmoment 10105
Drehmoment des Pumpenrades
    4980
Drehmoment des Turbinenrades
    10293
Drehmoment-Kennlinie 10106
Drehmomentschlüssel 10108
Drehpunkt 1596
Drehradius 7723
Drehrichtung 8604
Drehschlagbohren 8272
Drehschuh 8275
Drehspannung 10115
Drehspulenseismograph 6337
Drehtisch 8279
Drehtischgeschwindigkeit 8280
Drehtischsperrung 9815
Dreh- und Wippkran 2546
Drehung 8288
Drehungsachse 752
Drehventil 8283
Drehverwerfung 8291
Drehviskosimeter 8293
Drehwinkel 418
Drehwirbel 8277
Drehwirbelhaken 8278
Drehzahlmessung mit einem

    elektrischen Frequenzmesser
    6056
Drehzahlmessung mit einem
    elektrischen Tachymeter 6057
Drehzahl-Synchronisator 9179
Dreiachsialerdruckbelastung
    10227
Dreiachsialerscherbelastung
    10227
dreiachsiale Spannung 10228
dreiachsige Spannung 10228
dreiaxiale Druckfestigkeit 10226
Dreibein 4329
Dreibeinstativ 10243
Dreibock 2985, 4329
dreidimensional 9158
dreidimensionale Berechnung
    10009
dreidimensionale Strömung
    10010
dreidimensionale Wirkung 9404
Dreieck 10216
Dreieckaufnahme 10218
Dreieckkontaktgeber 2496
Dreieckmessung 10218
Dreieckmessung mit
    unabhängigen Modellen
    10219
Dreiecksanordnung 2621
Dreiecksausbau 10217
Dreiecksschalter 2496
Dreieckskette 1615
Dreiecksnetz 10221
Dreieckspunkt 10222
Dreieckvermessung 10218
Dreieckvermessung mit
    unabhängigen Modellen
    10219
Dreiflügelmeißel 10006
Dreifuß 10243
Dreifußzwischenstück 10230
Dreigelenkbogen 575
Dreikantwinkel 10237
Dreikegeldüsenrollenmeißel
    10233
Dreikegelmeißel 10006
Dreikegelunterschneider 10007
Dreinasenbogen 10206
Dreipassbogen 10206
Dreischneidenmeißel 10006
dreiteiliger Bogen 10012
Dreiwegventil 10013
Dreizylinder-Kurbelpumpe 10241
Drilling 10111
Drillwiderstand 8020
Drosselklappe 1327, 10016
Drosselklappenventil 1327
Drosselrückschlagventil 8813
Drosselventil 1327, 8036, 10016
Druck 7438

auf ~ geprüft 7478
Druckabfall 7449
Druckabfall im Bohrgestänge 7621
Druckabfall im Gestänge 7621
Druck am Brunnenkopf 10819
Druck an der Bohrlochsohle 1173
Druckarmierung 1933
Druckaufnehmer 4889
Druckausgleichrohr 9326
Druckbank 4625
Druckbanklinie 4626
Druckbeanspruchung 1935
Druckbegrenzer 7464
Druckbegrenzungsventil 7471
Druckbehälter 2492
Druck bei geschlossenem Schieber 8811
Druck bei Produktionseinstellung 11
Druckbelastung 1935
Druckbewehrung 1933
Druckdifferenz 7452
Druckdifferenzmanometer 2660
Druckdifferenzventil 2661
Druckdose 3098, 7444
drückend 9608
drückender Schieferton 4618
Druckenergie 7454
Druckentlastungsdrän 7470
Druckentlastungsventil 7471
Druckerhalt der Lagerstätte 7465
Druckerhaltung der Lagerstätte 7465
Druckfeder 1934
Druckfestigkeit 1937, 1938, 2300
Druckfestigkeit bei behinderter Seitendehnung 1990
Druckfestigkeit bei unbehinderter Seitenausdehnung 10342
Druckfestigkeitsversuch 1939
Druckflüssigkeit 4803, 7457
Druckfühler 7474
Druckgefälle 4809, 7459
Druckgefälleventil 2661
Druckgewölbe 7441
Druckgleiche 5284
Druckgradient 7459
druckhaft 9608
Druckhöhe 7461
Druckhöhenverlust 4602
Druck im Austrittsquerschnitt der Turbine 7443
Druck im Eintrittsquerschnitt der Turbine 7442
Druckinjektion 3984, 7460
Druckkammer 2424
Druckkammerversuch 7445
Druckkarte 5285
Druckkissenversuch 3771

Druckklotzlagen 10885
Druckkolben 7748
Drucklage 1770
Druckleitung 1747, 2489, 6927
Druckleitungsschacht 7475
Druckleitung-Wasserkraftwerk 2382
Drucklinie 7105
Drucklinienhöhe 4812
Drucklösung 7476
Druckluftakkumulator 4891
Druckluftanlage 1921
Druckluftbohrhammer 255
Druckluftbohrung 263
Druckluftbremsen 7257
Druckluftcaisson 7258
Drucklufthammer 264
Druckluftkasten 7258
Druckluftleitung 1920
Druckluftpegel 7458
Druckluftsammler 4891
Druckluftsenkkasten 7258
Druckluftspeicher 4891
Druckmessdose 3098, 7444
Druckmesser 5713, 7101, 7458, 7466
Druckminderventil 7469, 7849
Druckplansteuerung 7450
Druck-Porenzahldiagramm 7482
Druck-Porenziffer-Linie 7482
Druckprobe 1939
Druckprüfung 1939
Druckprüfung bei unbehinderter Seitenausdehnung 10343
Druckpumpe 3990
Druckreduzierer 7469
Druckreduzierventil 7469
Druckregler 7447
Druckrohr 2489
Druckröhre 7480
Druckrohrleitung 6927
Druckschacht 7475
Druckschalter 1330, 7477
Druckschieferung 5057
Druckschlauch 7462
Druckschlechten 7446
Druckschraube 7473
druckseitige Ausgleichskammer 10447
druckseitige Wasserschlosskammer 10447
Drucksonde 1988
Drucksondieren 9351
Drucksondierung 7451, 9351
Druckspannung 1935
Druckspeicher 7472
Druckspitze 7468
Drucksteuerventile 7448
Druckstollen 7396, 7481
Druckstollenkraftwerk 2381

Druckstoß 10706
Druckstrebe 9584
Druckübersetzer 7479
Druckübertragungsrohr 7480
Druckunterschied 7452
Druckunterschied an der Bohrlochsohle 2903
Druckventil 2493, 7447
Druckverlauf 2595
Druckverlust 4602
Druckverpressen 7460
Druckverstärker 7440
Druckverstärkerpumpe 1129
Druckversuch 1939
Druckversuch bei unbehinderter Seitenausdehnung 10343
Druckwächter 7477
Druckwasserschacht 7475
Druckwasserspeicher 613
Druckwasserstollen 7396
Druckwirkung 7453
Druckzelle 7444
Druckzone 1936
Druckzuwachs 5029
Druckzwiebel 1295
Druse 4265, 10649
Drusenzement 3033
Dübel 5984
Dübeleisen 2860
Dückdalbe 2827
Düne 3054
Düneninsel 855
Dünger 3597
Dunkelkammer 2396
dünnbankig 9506
dünne Abschieferung 8414
dünne Bogenmauer 9998
dünne Bogenstaumauer 9998
dünne Sedimentschicht 5474
dünnes Negativ 10000
dünnschichtig 5471
dünnwandiger Bodenprobenehmer 8759
dünnwandiger Bodenprobennehmer 8759
dünnwandiger Probenehmer 8759
dünnwandiger Probennehmer 8759
dünnwandiger Zylinder 8759
dünnwandiges Bodenprobeentnahmegerät 8759
dünnwandiges Bodenprobenentnahmegerät 8759
dünnwandiges Entnahmerohr 8759
dünnwandiges Probeentnahmegerät 8759
Dunst 4595

Dünung 9769
Dural 3058
Duraluminium 3058
durchbauen 7955
Durchbiegung 3784
durchbohren 1132
Durchbohren des Ölträgers 2970
Durchdringbarkeit 6971
Durchdringungszwilling 5235
durchfahren 10913
Durchfließmessgerät 7776
Durchfluss 2725, 10122
Durchflussanzeiger 7776
Durchflusscharakteristik 4599
Durchfluss der Turbine 2731
Durchflusseinrichtung zur Prüfung zerstörender Wirkung der Kavitation 3875
Durchflussgeschwindigkeit 3890
Durchfluss-Kennlinie 4599
Durchflusskurve 3891
Durchflussmenge 2725, 10122
Durchflussmenge der Turbine 2731
Durchflussmengenmessung 2728
Durchflussmengenschreiber 3892
Durchflussmessapparat 3887
Durchflussmesser 7776
Durchflussmessgerät 3887
Durchflussmessstelle 2730
Durchflussmessung 2728
Durchflussmeter 3887
Durchflussprofil 10759
Durchflussvolumen 10122
Durchführbarkeitsbericht 3575
Durchführbarkeitsstudie 3576
Durchgang 2170
Durchgang für schwimmenden Unrat 3803
Durchgangskennlinie 2325
Durchgehen 6783
Durchhang 8351
Durchhieb 1242, 10204
Durchkreuzungsfaltung 2244
Durchkreuzungszwilling 5235
Durchlass 2306
Durchlass für Flößerei 5766
durchlässiger Boden 6994
durchlässige Schicht 6976
durchlässiges Gestein 6977
durchlässiges Wehr 6978
durchlässige Zone 6995
Durchlässigkeit im engeren Sinne 6971
Durchlässigkeitsapparat mit abnehmendem Wasserdruck 3532
Durchlässigkeitsbeiwert 6972
Durchlässigkeitsgerät 6979
Durchlässigkeitsgerät mit abnehmendem Wasserdruck 3532
Durchlässigkeitsgrad 3154
Durchlässigkeitskoeffizient 6972
Durchlässigkeitsmesser 6979
Durchlässigkeitsprofil 6973
Durchlässigkeitstest 6974
Durchlässigkeitsversuch 6974
Durchlässigkeitsversuch mit abnehmendem Wasserdruck 3531
Durchlassstollen 2305
Durchlaufkraftwerk 8323
Durchlaufträger 2072
durchlöchern 1132
durchlüftete Bohrschlammspülung 187
durchlüfteter Bohrschlamm 187
durchlüfteter Schlamm 187
durchlüftete Schlammspülung 187
Durchlüftung 189
durchörtern 10913
Durchreißwiderstand 9868
Durchschlag 1222
durchschlagbares Fernrohr 10165
Durchschlagröhre 2648
Durchschlagsröhre 2648
Durchschnitt 6036, 9839
durchschnittliche Bohrgeschwindigkeit 735
durchschnittliche Probe 739
durchschnittliche tägliche Einpressmenge 734
Durchschnittsprobe 739
Durchschnittswert 9839
durchsenken 2684
durchsichtig 10182
durchsickern 6628, 8535
Durchsickerung 6937, 8537
Durchsickerungswasser 6936
Durchsickerungsweg 6879
Durchspießung 2641
Durchstoßpunkt 7274
durchtränkter Sand 4995
Durchtränkungsfließen 9122
durchwachsene Kohle 1122
Durchwachsungszwilling 5235
Dürre 3027
Düse 6539
Düsenblattbohrmeißel 5341
Düsenblattmeißel 5341
Düsenöffnung 5347
Düsenrotarybohren 5348
Dyas 6980
Dyke 2671
Dynamik 3077
Dynamikbereich 3076
Dynamik der Fluide 3896
Dynamik der tropfbaren Flüssigkeiten 4859
dynamische Abkühlung 3069
dynamische Belastung 3074
dynamische Berechnung 3066
dynamische Bettungsziffer 1803
dynamische Depression 3070
dynamische Klimatologie 3068
dynamische Korrektur 6526
dynamischer Grenzwinkel 3067
dynamische Scherwiderstandsziffer 1804
dynamische Stabilität 3078
dynamische Viskosität 3079
Dynamo 3080
Dynamometer 3081
Dynamometer-Stempel 3082

Ebbe 3536, 5839
Ebene 3766, 7168
ebene Bildtriangulation 7715
ebene Formänderung 7179
ebene Koordinaten 7170
Ebenenzwilling 2051
ebener Rückwärtseinschnitt 7177
ebener Spannungszustand 7178
ebenes Gelände 3769
Echolot 3116
Echoloten 1127
Echolotung 1127
echte Geosynklinale 6713
Ecke 2163
Eckeisen 401
Eckfenster 2164
Eckholz 7832
eckig 431
Eckpfeiler 2834
Eckstein 2163
Eckventil 430
Edelberyll 1004
Edelgrossular 4469
Edelstein 4248
Edelsteinkunde 4247
Edeltopas 10087
Edelzement 836
edler Feldspat 173
EDM 3212
effektive Durchlässigkeit 3140
effektive Förderhöhe 3138
effektive Korngröße 3137
effektive Leistung 3142
effektive Permeabilität 3140
effektive Porosität 3141
effektiver Druck 5210
effektiver Durchmesser 3137
effektiver Korndurchmesser 3137
effektives Speichervermögen 128
Effloreszenz 5465
Effusivgestein 3157
Effusivstadium 3158
EGL 10391

eichen 4234
Eichen 1375
Eichkurve 1376
Eichrinne 6066
Eichung 1375, 10541
Eierstein 3159
Eigenbedarf 7191
Eigenfehler eines Messgerätes 5250
Eigenfeuchtigkeit 9714
Eigenfrequenz 6422
Eigengewicht 2412, 8597
Eigengewichtswalze 3774
Eigenmasse 8597
Eigenpotential-Bohrlochaufnahme 9220
Eigenpotential-Bohrungsmessung 9220
Eigenpotentialkurve 9221
Eigenpotentialmethode 8590
Eigenpotentialverfahren 8590
Eigenrisiko 6791
Eigenschwingung 6422
Eigenspannung 5229
Eigentragfähigkeit 8596
Eigentümer 6790
Eigenvektor 3161
Eigenwert 3160
Eignung 12
Eignungskontrolle eines Messgerätes 3399
Eimerbagger 3223
Eimerkettenbagger 1614
Eimerkettenförderer 1276
Eimerkettengrabenbagger 1277
Eimerketten-Nassbagger 3223
Eimerketten-Schwimmbagger 3223
Eimerkettentrockenbagger 1277
Eimernassbagger 3223
Eimertrockenbagger 1277
einachsige Beanspruchung 10382
einachsiger Vulkan 8874
einaxiale Druckfestigkeit 10381
Einband 9763
Einbau der Oberflächendichtung 7160
Einbau der Verrohrung 5812
Einbau des Bohrgestänges 3001
Einbau des Gestänges 3001
Einbauschicht 1967
Einbauschrank 1758
Einbauwassergehalt 7157
Einbildmessung 8887
einbringen 8657, 9462
Einbruch 1226, 2330
Einbruch der Erdoberfläche 3089
Einbruchschnitt 2330
Einbruchskaldera 1834
Einbruchstelle 1517

Einbruchstörung 8986
einbühnen 8648
eindeutige Ergebnisse 2015
eindimensionale Konsolidierung 6619
eindringen 6922
Eindringen der Bohrspülung 6354
Eindringen der Spülung 6354
Eindringen in durchlässige Schichten 5260
Eindringgerät 6925
Eindringkegel 1988
Eindringmesser 6925
Eindringtiefe 2533
Eindringtiefenmesser 6925
Eindringungskegel 1988
Eindringungsmesser 6925
Eindringungstiefe 2533
Eindringungsversuch 6924
Eindringungswasser 10699
Eindringungswiderstand 6923
Eindringversuch 6924, 9317
Eindringwasser 10699
Eindringwiderstand 6923
Eindringwiderstand beim Standard Penetration Test 9316
Eindrücken der Verrohrung 1836
Eindrückplattentest 3771
einebnen 5586
einfacher Rundstahl 7165
einfacher Vulkan 8874
einfaches Kernrohr 8882
einfaches Ventil 8893
einfach gekrümmte Bogenmauer 8883
Einfachheit der Konstruktion 8876
Einfachkernrohr 8882
Einfachmesskammer 7055
Einfallen 2693, 5010
  im ~ 330
einfallen 1221
einfallender Streb 2694
Einfallen der Verwerfung 2698
einfallfrei 100
Einfallinie 5662
Einfallshöhe 4636
Einfallswinkel 2692, 414
Einfallwinkel 2692
Einfallwinkel auf die Schicht 415
Einfaltung 3969
Einfamilienhaus 8885
einfarbig 5288
einfassen 1451
einflügeliger Abbau 10383
einflügelige Tür 8884
Einflussbereich 7724
Einfriedigung 3592
einfrieren 4104

Einfüllen 771
Einfüllmaterial 772
Einfüllungsmaterial 772
Eingangstür 4140
eingebaute Betontrockenmischung 3039
eingebettet 3239, 3259
eingebettete Kühlrohre 3240
eingedrehter Pfahl 8467
eingedrungenes Gestein 5254
eingefahrene Länge 1750
eingefasstes Bohrloch 1452
eingegrabenes Kraftwerk 1318
eingelagert 3239
eingelagerte Erzlagerstätte 946
eingelagerte Schicht 5189
eingeprägte Kraft 122
eingeschlossen 3259
eingeschlossene Luft 3292
eingeschlossenes Gas 3293
eingeschnittener Mäander 10475
eingeschraubter Pfahl 8467
eingesenkter Mäander 10475
eingesprengtes Erz 2772
eingespülter Damm 4801
eingestampfte Betontrockenmischung 3043
eingetaucht 4969
eingetauchtes Wehr 3030
eingewachsener Mäander 5092
eingezogene Länge 1750
Einheit der Messgröße 10393
Einheitengleichung 3329
Einheitensystem 9812
Einheitsbelastung 5185
Einheitsdrehzahl 10396
Einheitsganglinie 10391
Einheitslast 5185
Einheitspreis 10395
Einheitspreisvertrag 6051
Einheitsverdichtung 9310
Einheitsverformung 10397
Einheitsvolumendurchfluss 10390
Einheitsvolumenstrom 10390
Einkanal-Spektrometer 2663
Einkorngerüst 8890
Einkornstruktur 8890
einladen zur Angebotsabgabe 1380
Einlage 2275, 8771
Einlagerung 4955, 5024, 5191
Einlagerungshorizont 4954
einlagige Auskleidung 8886
Einlass 5117, 5177
Einlassbauwerk 5179
Einlassen 3742
Einlassen der Verrohrung 5812
Einlassgeräuschdämpfer 5119
Einlasspass-Stück 5118
Einlassverschluss 5178

Einlauf 5177
Einlaufbauwerk 5179
Einlaufbecken 3993
Einlaufkrümmer 9645
Einlauföffnung
  die ~ verlegen 1667
  die ~ verstopfen 1667
Einlaufturm 2924
Einlaufverschluss 4600, 5178
einmessen 5738, 7133
Einnahmen 1461
einpassen 159, 160
Einpassen 5864
Einpassverfahren 6135
einphasige Bauumleitung 8891
einphasig entstandener Vulkan 6298
Einpressbohrloch 4515
Einpressdruck 2490, 5113
Einpressen 4511
einpressen 4504, 5108
Einpressleitung 5111
Einpressloch 4510
Einpressmittel 4505
Einpressmörtel 4518
Einpressnatronsilikat 9068
Einpressnatronwasserglas 1650, 9068
Einpresspumpe 2491, 4524
Einpressrohr 4520
Einpressschleier 4514
Einpressstollen 4517
Einpressteppich 4512
Einpresswasser 5115
Einpresswasserglas 1650, 9068
Einpresszement 1560
Einrammen 3016
Einrichtung zum Einbauen des Bohrgestänges unter Druck 9055
Einrichtung zum Einbauen des Gestänges unter Druck 9055
einrüsten 8782
Einsackung 9022
Einsatzstahl 1454
Einsatzzeit des Bohrgerätes 8101
Einschaltung 5024
Einschalung 4019
Einscharungsmoräne 4476
einschiebbar 8051
Einschlagen 3016
Einschlämmen 9020
einschließen 9638
Einschließung 3291
Einschmelzung von Fremdgestein 5871
Einschneidebildmessung 7181
einschneiden 5241
Einschneiden 2473
Einschneidephotogrammetrie 7064
Einschnitt 2329, 5036
Einschnittböschung 2345
einschnittiger Ausgleich 2259
Einschnitt und Damm 2331
Einschnürung 2027
Einschnürungsquerschnitt 10533
Einschub 10938
Einschublast 10947
Einschubweg 10938
Einschubwiderstand 8021
einseitig eingespannter Träger 1398
einseitiger Druck 7463
einseitig wirkender Rückzylinder 8880
Einsickerfähigkeit 5073
einsickern 8535
Einsickern von Wasser 10733
Einsickerung 5072, 8537
Einsickerungsfläche 529
Einsickerungsgeschwindigkeit 5074
Einsinkungsweg 10938
Einsinkungswiderstand 8021
Einsinkweg 10938
Einsinkwiderstand 8021
Einspannung 1702
Einspielen der Blasé 1272
Einspielen der Libellenblase 1272
Einspielenlassen der Blasé 1272
Einspielenlassen der Libellenblase 1272
Einsprengungslagerstätte 8419
Einspritzgerät 5116
Einspritzpumpe 4524
Einspritzventil 4154, 5114
Einspüldruck 5350
Einspülen 9020
Einspülverdichtung 5349
Einspülwasser 5351
einstationärer Entfernungsmesser 8892
Einstau 3629
Einstaubewässerung 3842, 9710
Einstauhöhe 9451
Einsteigloch 5938
Einstellast 7436
einstellbarer Bohrmeißel 3425
einstellbarer Meißel 3425
Einstellebene 3962
einstellen 239, 3955, 8642
Einstellfehler 3359
Einstelllupe 3959
Einstellmarke 3960
Einstellmikroskop 3961
Einstellschraube 163
Einstellskala 3963
Einstellung 9, 3958, 5075, 8659, 8661
Einstellungsbereich 79
Einstellungsfehler 3359
Einstellungslupe 3959
Einstellungsmarke 3960
Einstellungsmikroskop 3961
Einstellungsschraube 163
Einstellungsskala 3963
Einstellwert 8649
Einstrich 1315
Einströmung 5079
einstufiges Zementieren 6620
Einstufungstest 1713
Einsturz 4250
Einsturzbau 5789
einstürzen 1221
Einsturzkaldera 1834
Einsturzstelle 1517
Einsturztrichter 1573
Eintauchung 9623
Eintiefung der Fahrrinne 6757
Eintreiben 3016
Eintrittsspirale 9674
einvisieren 239, 8842
Einvisieren 8838
Einwaschung 4955
Einwaschungshorizont 4954
Einwässern 10708
Einwegstempel 6514
Einwegventil 6621
Einweihung 5004
Einwirkungsbereich 5081, 10982
Einwirkungsfaktor 7783
Einwirkungsfläche 2230
Einwirkungsschwerpunkt 3952
Einwirkungszone 10982
Einzäunung 3592
Einzelfundament 3980, 5297
Einzelgründung 5297
Einzelkornbodenstruktur 8890
Einzelkornstruktur 8890
Einzellast 7269
einzelner Rundstahl 8881
Einzelpumpanlage 5055
Einzelpumpeinpressverfahren 5054
Einzelrad-Wasserturbine 8889
Einzelrahmen 5052
Einzelschritt 5037
Einzelstempel 5053
Einzelwelle 9125
einziehbar 8051
Einziehvorrichtung 8052
Einzielen 8838
Einzimmerwohnung 764
Einzugsgebiet 1493, 1494
Einzugsgebietsgrenze 1495
Einzugsgebietsoberfläche 1494
Einzugshalbmesser 2886
Einzugsradius 2886
Eisabführungskanal 4934

Eisablagerung 6305
Eisaufbruch 4929
Eisbaum 4927
Eisbereich 4112
Eisbrecher 4928
Eisbrei 4074
Eisbruch 4929
Eisdecke 4932, 8754
Eisdruck 4940
Eisenbahn 7730
eisenhaltig 3596
Eisenkies 7657
Eisenkruste 5274
Eisenliste 988
Eisenortstein 5274
eisenschüssig 3596
Eisenspat 8825
Eisenstein 5275
Eisenunterschicht 5274
Eisenwolframit 3594
Eisgang 4942
Eiskaskade 4935
Eiskristallabdruck 4933
Eiskunde 4350
Eislawine 4926
Eislinse 4939
Eismantel 4941
Eismethode 4109
Eisnadelabdruck 4933
Eispfeiler 8623
Eispunkt 4110
Eisrutsche 4930
Eisspat 2279
Eisstau 4937
Eisstausee 4337
Eisstiel 8623
Eisüberzug 4932, 4938
Eisversetzung 4937
Eiswehr 4931
Eiszeit 4335
Eiszeitalter 4332
eiszeitlich 7549
Eiszerfall 4929
elastische Deformation 3165
elastische Formänderung 3165, 3176
elastische Linie 3171
elastische Nachwirkung 3163
elastischer Druckmesser 3174
elastischer Körper 3164
elastischer Straßenbelag 3779
elastischer Zustand 3175
elastisches Erdharz 3181
elastisches Rohr 3172
elastische Verformung 3165, 3176
Elastizität 3166, 3167
Elastizität der Befestigung 3169
Elastizitätsgrenze 3170, 10952
Elastizitätskoeffizient 7578

Elastizitätskonstanten 3168
Elastizitätslehre 9960
Elastizitätsmodul 6262, 6264
Elastomer 3179
elastoplastische Verformung 3173
Elaterit 3181
Elektriker 3194
elektrische Messsonde 3186
elektrische Methode 3189
elektrische Offshore-Prospektion 6596
elektrische Prospektion im Meer 6596
elektrische Prospektionsmethode 3189
elektrischer Antrieb 3192
elektrischer Widerstand 3197
elektrisches Bohren 3182
elektrisches Filter 3199
elektrisches Hygrometer 3193
elektrisches Kernen 3183
elektrisches Prospektionsverfahren 3189
elektrische Stromstärke 3191
elektrisches Verfahren 3189
elektrisches Widerstandsdiagramm 3196
elektrisch gesteuertes Ventil 3187
Elektroantrieb 3192
Elektrodenanordnung 3198
Elektrodenkonfiguration 3198
elektrodynamischer Höhenmesser 21
elektrohydraulisches Antriebssystem 3200
Elektrohydrometrie 3202
elektrohydrometrische Methode 3201
Elektro-Installation 3184
Elektrokernen 3183
elektrokinetisches Potential 9518
Elektrolog 3185
Elektrolyt 3203
elektromagnetische Aufschließungsmethode 3208
elektromagnetische Aufschlussmethode 3208
elektromagnetische Bohrlochaufnahme 3207
elektromagnetische Bohrlochmessung 3207
elektromagnetische Dichtung 3209
elektromagnetische Fangvorrichtung 3205
elektromagnetischer Antrieb 3204
elektromagnetischer Durchflussmeter 3206
elektromagnetischer Flussmeter 3206

elektromagnetischer Geschwindigkeitsmesser 3211
elektromagnetisches Aufschließungsverfahren 3208
elektromagnetisches Aufschlussverfahren 3208
elektromagnetisches Spektrum 3210
Elektromagnetventil 9114
Elektronikingenieurwesen 3213
elektronische Entfernungsmessung 3212
elektronisches Entfernungsmessungsgerät 3212
elektronisches Voltmeter 3214
elektro-optisches Distanzmessgerät 2789
elektro-optisches Entfernungsmesser 2789
Elektroosmose 3215
Elektro-Osmose 3215
elektroosmotischer Fluss 3216
elektroosmotisches Strömen 3216
Elektrophorese 3217
Elektropumpe 3188
Elektrowiderstands-Messsystem 5162
Elektrozement 5458
elliptischer Bogen 3228
elliptisches Gewölbe 3228
Eluvialhorizont 3233
Eluvialschutt 3235
Eluviation 3234
Eluvium 3235
Emergenzstelle 8039
Emissionsspektrum 3253
Empfangsstation 2576
empfindlich 8605
Empfindlichkeit 8606
Empfindlichkeit eines Messgerätes 8610
Empfindlichkeit für Frostsprengung 4246
Emulgator 2758
emulgiertes Erdöl 10828
Emulgierungsversuch 3257
Emulsionsanstrich 2315
Emulsionsspülung 3258
enallogener Einschluss 10922
Endabbinden von Zement 3649
Endabbindung von Zement 3649
Endabsenkung 3646
Endbearbeitung 3664, 3665
Enddruck 11
Ende des Abbindens 3648
Ende eines Trübstroms 9831
Endgültige Abbindezeit 3650
endgültige Abnahme 3642

endgültige Abrechnung 3643
endgültige Bergbausenkung 3646
endgültige Bergsenkung 3646
endgültige Fertigstellung einer Bohrung 6967
endgültige Komplettierung einer Bohrung 6967
endgültiger Ausbau 6969
endgültiger Bericht 3647
endgültiger Entwurf 3645
endgültiges Abbinden 3648
endgültige Streckensicherung 8175
Endkasten 9931
Endmastfahrbahn 9830
Endmoräne 3263
Endmuffe 3266
Endomorphose 3264
Endoskop 5253
Endstadium der Kavitation 2567
Endteufe 9863
Endteufe der Bohrung 3644
Endtiefe des Bohrlochs 3644
Endzustand der Kavitation 2567
energetisches Speichervermögen des hydraulischen Systems 3270
Energie 3269
Energiebedarf 7373
Energie bezogen auf die Einheit der Masse 10388
Energiedissipation 2773
Energiegewinnung 7381
Energiekapazität des Hydrosystems 3270
Energielinie 3273
Energieliniengefälle 4809
Energieprinzip 7519
Energiequelle 9141
Energiesammler 86
Energiesatz 7519
Energiespeicher 86, 7980
Energieumwandler 3271
Energieumwandlung 3272
Energievernichter 3271
Energievernichtung 2773
Energievernichtungsblock 793
Energiewirtschaft 7376
Energiezerstreuung 2773
Engbohrloch 8978
Engbohrung 10037
enge Grubenbaue 6415
englische Tunnelbauweise 3286
engständig 1757
Engstelle 10037
Entblößung 2521
Entdeckung eines Vorfalles 5008
Entdeckung eines Vorganges 5008
Entenschnabelwehr 3047

Entfernung 2778, 7760
Entfernung der Muttererde 9568
Entfernung des Bebenherdes 3943
Entfernungsbrücke 2787
Entfernungsfehler 2783
Entfernungslatte 5594
Entfernungsmesser 7763
Entfernungsmessung 2784
Entflockung 2455
Entfrosten 2470
Entgasen 2471
Entgasung 2471
Entgletscherung 2472
Entkalkung 2416
entkohlte Zwischenschicht 837
Entkupplung 2747
Entladung 10409
entlasten 10407
entlastetes Ventil 10125
Entlastung 2726, 10409
Entlastungsanlage in einem Geländesattel 8329
Entlastungsbohrloch 7931
Entlastungsbohrung 2882, 7931
Entlastungsbrunnen 7937
Entlastungsgerinne 9196
Entlastungskanal 9195
Entlastungskluft 7924
Entlastungskurve 7809
Entlastungsleistung 9194
Entlastungsmethode 7919
Entlastungsrinne 9196
Entlastungsrohrdurchlass 9197
Entlastungs-Schussgerinne 9196
Entlastungs-Schussrinne 9196
Entlastungsstollen 9200
Entlastungsstrecke 7935
Entlastungsüberlauf 9192
Entlastungsventil 7926, 7936, 10408
Entlastungsverschluss 2215
entleerbarer Stauraum 5701
entleeren 3255
Entleerung 3256
Entleerungsventil 10540
Entlüfter 1245
Entlüftungsschieber 284
Entlüftungsventil 241, 10540
Entnahme 10879
Entnahme auf mehreren Höhen 6370
Entnahmegerät 9100
Entnahmegrube 1160
Entnahmematerial 1161
Entnahmepunkt 9861
Entnahmestelle von Schüttmaterial 1160
Entnahmestutzen 8363
Entnahmeturm 2924

Entnahmeturm mit Einlässen in verschiedenen Höhen 6369
entnehmen 2919
Entölung durch Teilverbrennung in situ 7825
Entölungsfläche 2890
Entölungshalbmesser 2887
Entölungsradius 2887
Entregelung 2757
Entsalzung 2550
Entsander 2551, 2566
Entsandung der Bohrung 10813
entschädigen 5034
Entschädigung für die temporäre Landbenutzung 1889
Entschädigung für die vorübergehende Landbenutzung 1889
Entschädigung für temporäre Landbenutzung 1889
Entschädigung für vorübergehende Landbenutzung 1889
entspannen 7922
entspanntes Gebirge 7921
Entspannungsbohrloch 7931
Entspannungsbrunnen 7937
Entspannungsort 7935
Entstehung 2588
entwässern 2872, 10423
entwässerter Versuch 2894
Entwässerung 2611, 2875
Entwässerungsbohrloch 2883
Entwässerungskanal 2877
Entwässerungsloch 10793
Entwässerungsöffnung 10794
Entwässerungspumpe 2612
Entwässerungsschlitz 10793
Entwässerungsstollen 2881
Entwässerungssystem 8910
Entwässerungsteppich 2876
entwerfen 2555
Entwerfen von Maschinen 5858
entwickeln 2586
Entwickler 2587
Entwicklung 2588, 2589
Entwiklungskurve 2593
Entwurf 2554, 2556
Entwurfsannahme 2557
Entwurfsbezugssystem 7189
Entwurfsdurchfluss 2564
Entwurfshochwasser 2563
Entwurfsingenieurbau 2562
Entwurfskriterien 2560
Entwurfslast 2565
Entwurfsphase in der ~ 684
Entwurfsplanung 8426
Entwurfsverfahren 6139
Entwurfswettbewerb 2558

entzerren 7837
Entzerrer 7834
Entzerrung 7833
Entzerrungsbildmesskunst 7835
Entzerrungsgerät 7834
Entzerrungsphotogrammetrie 7835
Eozän 3310
EP-Additif 3493
Epeirogenese 3312
epeirogenetische Bewegungen 3312
Epidot 7145
Epigenese 3315
epigenetisch 3316
epigenetischer Vulkanismus 3317
epigenetisches Tal 1319
epikontinentaler Meerbereich 3314
epikontinentaler Meeresbereich 3314
Epilimnion 3318
Epimagma 3319
Epizentrum 3313
Epoxidschutzanstrich 3327
Epoxy-Beton 8010
Epoxydharzeinpressschlämme 3326
Epoxydharzschlämme 3326
Epoxydschlämme 3326
Epoxy Harz 3325
EP-Schmiermittel 3494
Equivalentmodell 3337
Erbebenhäufigkeitsmessung 8554
Erbewegungsmaschine 3093
erbohrte Teufe 2947
erbohrte Tiefe 2947
Erbskies 6891
Erdanker 4472
Erdanziehungskraft 4445
Erdarbeiten 3109
Erdarbeiten mit Massenausgleich 796
Erdbaugeräte 3093
Erdbeben 3099
Erdbebenanzeichen 7416
Erdbebenanzeiger 8565
Erdbebenaufzeichnung 8564
erdbebenberatender Ingenieur 3101
Erdbebendonner 3107
Erdbebenerscheinung 8554
Erdbebengeräusch 3107
Erdbebenhäufigkeit einer Sperrenstelle 8555
Erdbebenherd 3956
Erdbebenherdtiefe 3942
Erdbeben-Ingenieurwesen 3100
Erdbebenintensität 5735
Erdbebenkraft 8551

Erdbebenmesser 8565
Erdbebenmesskunde 8571
Erdbebenmessung 3102
Erdbeben mittlerer Tiefe 3103
Erdbebennachläufer 221
Erdbebenrisiko 8560
Erdbebenschreiber 8565
erdbebensichere Konstruktion 3106
erdbebensicheres Bauen 3104
erdbebensicheres Bauwerk 3104
erdbebensicheres Bauwesen 3100
Erdbebenstärke 5735
Erdbebentechnik 3100
Erdbebentechnikberater 3101
Erdbebenwelle 8563
Erdbebenwiderstand 3105
Erdbeschleunigung 4442
Erdbeton 9085
Erdbewegung 4477
Erdbewegungsgerät 3093
Erdbildaufnahme 9938
Erdbildaufnahmegerät 3605
Erdbildmessung 9937
Erdbohrer 690, 691
Erdbohrer mit hohlem Schaft 4713
Erddamm 3090
Erddruck 3096
Erddruckbeiwert 1796
Erddruckmessdose 3098
Erde 3087
mit der ~ gleich 3927
Erd-Erschütterung 3108
Erdfall 2821, 3089
Erdfließen 9122
Erdgasbohrung 6425
Erdgasfeld 6424
Erdgasgewinnung 6426
erdgashaltige Rotaryspülung 4208
erdgashaltige Spülung 4208
Erdgaslagerstätte 6424
Erdgasvorräte 6427
Erdgeschoss 4473
Erdgroßmulde 4310
Erdharz 644, 6793
Erdhobel 8448
Erdhöhe
in ~ 3927
Erdkratzer 8448
Erdkrümmung 2320
Erdloch 5335
Erdmagnetfeld 4289
erdmagnetische Aufnahme 4291
erdmagnetische Messung 4291
erdmagnetischer Äquator 4288
erdmagnetischer Pol 4290
erdmagnetisches Feld 4289
erdmagnetische Vermessung 4291

Erdmagnetismus 4292
Erdmantel 5948
Erdmassenausgleich 796
Erdmittelalter 6115
Erdneuzeit 1359
Erdoberfläche 9719
Erdöl 2265, 7000
nicht paraffinisches ~ 6511
Erdölakkumulation 84
Erdölanalyse 2266
Erdölanreicherung 84
Erdölansammlung 84
Erdölanwesenheit 6584
Erdölanzeichen 7017
Erdölaustritt 7028
Erdölbecken 7002
Erdölbergbaugeologie 7021
Erdölbohrturm 7034
Erdölbohrung 7010
eine ~ verdämmen 7238
eine ~ verfüllen 7238
eine ~ verstopfen 7238
nicht schwefelhaltiges ~ 9766
nicht stabilisiertes ~ 10417
Erdölbohrungsausbruch 7033
Erdöldurchsickerung 7028
Erdölemulsion 2267
Erdölenteckung 7011
Erdölfazies 7004
Erdölfeld 6601
Erdölfeldleitungssystem 7013
Erdölfeldwasser 7014
Erdölfernleitung 7022
Erdölförderbohrung 7010
Erdölförderbohrungsausbruch 7033
Erdölfördertechnik 7023
Erdölförderung durch unterirdische Verbrennung 3675
Erdölforschung vor der Meeresküste 6600
erdölführender geologischer Horizont 7003
erdölführender Kalkstein 7005
erdölführender Sandstein 7008
erdölführender Schiefer 1057
erdölführende Schicht 7003, 7974
erdölführendes Gebiet 7598
Erdölfundbohrung 7010
Erdölfundbohrungsausbruch 7033
Erdölfundstelle 6584
Erdölgas 1473, 1865
Erdölgebiet 7019
Erdölgeologe 7015
erdölgesättigter Bohrkern 7025
erdölgesättigter Sand 7027
Erdölgewinnung 3486
erdölhaltiger Sand 7016
erdölhaltige Sandlinse 7007

Erdölhorizont 7003
Erdöl in die angelassene Bohrung
    pumpen 10673
Erdöllager 7001
Erdöllagerdruck 1751
Erdöllagerstätte 7001
    eine ~ ausbeuten 7537
Erdöllagerung 7030
Erdölleitung 2268
Erdölleitungspumpe 6605
erdölliefernde Schicht 7544
Erdöllinse 7007
Erdölmigration 7020
Erdöl mit Asphaltbasis 646
Erdöl mit Paraffin- und
    Asphaltbasis 6233
Erdölmuttergestein 6318
Erdölprobenehmer 7032
Erdölpumpe 6607
Erdölquelle 7029
Erdölreserve 7018
Erdölsammlung 84
Erdölschiefer 1057
Erdölsickerung 7028
Erdölsondenbohren 7035
Erdölspeicher 7001, 7974
Erdölspeichergestein 7006
Erdölspuren 7017
Erdöltanker 7031
Erdölträger 7009, 7974
Erdölträgergestein 7006
Erdölvorkommen 6584, 7001
Erdölvorräte 7024
Erdölwanderung 7020
Erdpech 644
erdpechhaltiger Kalkstein 652
Erdphotogrammetrie 9937
Erdplanie 871
Erdplanum 871
Erdplattform 3095
Erdpunkt 7280
Erdruhedruck 3097
Erdrutsch 5490
Erdschlitz 9026
Erdschüttungsdamm 3090
Erdschüttungssperre 3090
Erdschüttungsstaudamm 3090
Erdschüttungstalsperre 3090
Erdschwere 4445
Erdsperre 3090
Erdstaudamm 3090
Erdstoß 3108
Erdstrom 9895
Erdstrommethode 9896
Erdstromverfahren 9896
Erdtalsperre 3090
Erdtrog 4310
Erdungskabel 3088
Erdwachs 6793
Erdwärmeenergie 4317

Erdwärmemesser 4321
Erdwiderstand 6872
Erd-Zittern 3108
Erfolgsrate 9643
ergänzen 7811
Ergänzungsbrunnen für
    Grundwasser 7812
Ergänzungsfläche 529
Ergasspeicher 6424
Ergebnisanalyse 376
ergebnisloses Bohrloch 3045
ergiebige Schicht 7544
Ergiebigkeit 2725
Ergiebigkeitsdauer einer Bohrung
    5607
Ergonomie der Konstruktion
    3346
Ergussgestein 3157, 3496
Erhaltung der Umwelt 7435
Erhaltung des
    Schichtenzusammenhanges
    5919
Erhärten 4584
erhärtet 5061
    noch nicht ~ 10415
erhärteter Ton 1724
Erhärtung 4584
Erhärtungsdauer 8671
Erhärtungszeitbeschleuniger 62
Erhärtungszeitverzöger 8045
Erhebung 4777
Erholung 7827
Erholungsgebiet 7828
Erholungszentrum 7829
Erkundung 7817
Erkundung des Untergrundes
    4030
Erkundung einer Sperrenstelle
    7818
Erkundung einer Sperrstelle 7818
Erkundungsgraben 3441, 3446
Erkundungsstollen 152
erloschener Vulkan 3482
Erlöse 1461
Ermittlung wasserwirtschaftlicher
    Kennlinien und Kurven von
    Becken 7978
Ermüdung 3548
Ermüdung infolge Vibration
    10578
Ermüdungsfestigkeit 3551
Ermüdungsgrenze 3550
erneuern 6258
erneute Ablagerung 7841
erodierbar 3348
erodierbares Material 3349
Erodierbarkeit 3347
Erosion 3350, 3351
Erosion durch Gletscher 4336
erosionsanfällig 3348

Erosionsbasis 872
Erosionsdiskordanz 2733
erosionsempfindlich 3348
Erosionsmäander 10475
Erosionstiefsee-Ebene 7164
Erosionszyklus 3352
Erratiker 3353
erratischer Block 1187, 3353
Erregerkraft 3413
erreichte Genauigkeit 678
Errichtung 6329
Ersatzteile 9156
Erschließungsgeophysik 3440
erschöpfte Lagerstätte 2523
erschöpftes Gebiet 2522
erschöpftes Vorkommen 2523
erschöpfte Zone 2522
erschütterungsfest 10580
erschütterungsfrei 4087
erschütterungsfreies Sprengen
    2098
Erschütterungsmesser 8567
Erschütterungswelle 8563
Ersetzung 6129
ersoffenes Tal 3029
Erstarren 4584
Erstarrungsgestein 4949
Erstarrungsverzöger 8045
Erstarrungswärme 4614
Erstarrungszeit 8671
Erstarrungszeitbeschleuniger 62
Erstarrungszeit des Zements
    10654
Erstarrungszeitverzöger 8045
erste Inbetriebnahme 7503
erster Setzdruck 3689
erster tragender Gewindegang
    3686
erstes Feld 5098
Erteilung des Auftrages 741
ertrunkenes Tal 3029
Eruption 3372, 6725
Eruptionskreuz 1669
Eruptionssäule 3373
Eruptions-Vorzeichen 7428
eruptiv ausfließen 3866
eruptive Förderrate 3926
eruptive Förderung 3925
eruptive Phase 3374
Eruptivgang 3064
Eruptivgestein 10618
Eruptivmarmor 1426
Erweiterer 3288, 7804
erweitern 7803
Erweiterung 3760
Erweiterungsbohren 2594
Erweiterungsbohrer 3288
Erweiterungsbohrmeißel 7804
Erweiterungsbohrung 2596
Erweiterungsmeißel 3288, 7804

Erweiterungszone 2599
Erz 6682
Erzausscheidungsperiode 6121
Erzbildungsperiode 6121
erzeugte Energie 6746
Erzfall 1117
Erzfeld 6193
Erzgang 6687
Erzkörper 6683
Erzlager 6120, 6684
Erzlagerstätte 6120, 6684
Erzmineral 6685
Erzpetrologie 6686
Erzprovinz 6123
Erzrevier 6192
erzwungener Wirbel 3988
erzwungene Schwingung 3987
erzwungene Schwingungen 3985
Esker 3376
ET 3396
Etage 9459
Eudiometer 3385
Eugeosynklinale 3386
euhedral 3387
Eulersche Gleichung 3388
eulitoraler Bereich 3389
Eutrophie 3390
Evaporation 3391
Evaporimeter 3394
Evaporit 3395
Evapotranspiration 3396
Evapo-Transpiration 3396
Evapotranspirometer 3397
Evolution 3398
Exhaustor 261
exogener Einschluss 10922
Exogeologie 3421
Expansifzement 3423
Expansion 2675
Expansionsventil 3431
Expansivbeton 4663
Expansivzement 4662
Experimentalprüfung 3434
Experimentaluntersuchung 3434
Experimentalversuch 3434
experimentell 3433
Explosionsbrekzie 3447, 10612
explosionsgeschützte Ausrüstung 3449
Explosionsherd 3448
Explosionsstoffdichte 2510
Explosivausbruchsbrekzie 3447
explosive Erscheinungen 3453
explosive Phase 3452
exponentiell 3455
exponieren 3456
exponiertes Ufer 10781
Exposition 3458
Extensometer 3471
extrahierbare Metalle 3484

Extrakosten 3483
Extremtiefe 51
Extrusivgestein 3496
Exzenterbohrmeißel 3112
Exzentermeißel 3112
Exzenter-Schneckenpumpe 6338
exzentrisch 3111
exzentrischer Ausbruch 3114
exzentrischer Bohrmeißel 3112
exzentrischer Meißel 3112
exzentrisches Dipolfeld 3113
Exzentrizität 3115

Fabrikschornstein 9293
Fachausdrücke im Talsperrenbau 2385
Fächer 5529
Fächerantiklinale 3541
Fächerbogen 6366
Fächerbohrung 8877
Fächergewölbe 3543
Fächermulde 9795
Fachmann für krumme Bohrungen 2240
Fachwerk 5329
Fackelkohle 5342
Faden 3547
Fadenkreuz 8049
fähiger Fluss 1892
Fähigkeit 12
Fahlerz 9953
Fahrbahnbefestigung 6880
fahrbare Pumpe 10183
fahrbarer Brückenkran 10203
fahrbarer Endmast 9829
fahrbarer Kran 8591
fahrbarer Montagebock 2822
fahrbarer Portalkran 10203
fahrbare Schalung 10202
Fahrer 7195
Fahrer von Erdbewegungsmaschinen 3094
Fahrfeld 10204
Fahrseil 6648
Fahrtrum 10200
Fahrweg 10204
Fall 10701
Fallbär 7749
Fallbeschleunigung 4442
Fallen 2693, 5010
fallen 1516
fallend 1491
fallender Abbau 2705
Fallhärteprüfer 8434
Fallhöhe 4597
Fallhöhenbereich 7764
Fallhöhenverlust 4602
fällig werden 6020
Fallinie 5662

Fall-Linie 5662
Fallrichtung 4398
in der ~ 4398
in ~ 330
Fallschütz 3021
Falltor 3022
Fallwinkel 2692, 2693
falsche Grundwasseroberfläche 503
falscher Grundwasserleiter 6933
falscher Grundwasserspiegel 503
falsches Abbinden 3538
falsches Grundwasser 6934
Falte 3966, 8216, 10449
Faltendom 1205
Faltenflanke 8819
Faltenflügel 8819
Faltenschenkel 8819
Faltensystem 3971
Faltentektonik 3972
Faltenverwerfung 3559, 3967
Faltung 3966, 10449
Faltungstektonik 3972
Fangarbeit 3697
Fangausrüstung 3698
Fangdorn 3701, 8281
Fangedamm 1813
Fangedammentfernung 1816
Fangedammerstellung 1814
Fangedamm-Umschließung 1815
Fangelektromagnet 3205
fangen 3690
Fangen 3697
Fänger 3691, 3705
Fangfachmann 3691
Fanggerät 3705
Fanggeräte 3698
Fanggestänge 3702, 3703
Fanggestängestrang 3703
Fangglocke 6781, 8267
Fanghaken 1048, 3699, 9211
Fanghülse 4133
Fanginstrument 3705
Fangklaue 7092
Fanglomerat 3539
Fangmagnet 3700
Fangmuffe 6781, 8266
Fangnippel 8281
Fangstempel 1233
Fangwerkzeug 3705
Fangzapfen 5932
Fangzeit 3704
Farbblutentest 3063
farbenempfindlich 6711
Farbenempfindlichkeit 1672
farbenrichtig 6711
Farbfilm 1856
Farbintensität 1670
Farbluftbild 1854

Farbphotographie aus der Luft
1855
Faschine 3545
Faserbeton 3600
faseriger Torf 3602
Faserplatte 10890
Fasersiedestein 6419
Faserstoffpumpe 3601
Fässer oder Pontons zur
  Umleitung von
  Geschwemmsel 10196
Fasslager 848
Fassung eines Objektivs 5574
Fassungsvermögen des
  Bohrgestängeraumes 7694
Fassungsvermögen des
  Gestängeraumes 7694
Fassungswehr 2808
Fastebene 6921
Faulbecken 8617
Faulbehälter 8617
Fäulnis 7651
fäulnisbeständig 2419
Faulschlamm 8390
Faulschlammkohle 8391
Fauna 10854
Fazies 3516
Fazieskarte 3517
Faziesverzahnung 5212
Feder 9227
Federakkumulator 9238
Federauflage 9241
federbelastetes Rückschlagventil
  9239
Federbüchse 9242
Federfangglocke 9242
Federgehäuse 9232
Federmanometer 3174
Federspeicher 9238
Federstahlkappe 9245
Federstahlschwelle 9244
Federventil 9240
Fehlausrichtung des
  Servosystems 6228
Fehlbohrloch 3045
Fehlbohrung 3045
Fehler 1286, 3354
Fehlerausgleich 167
Fehlerausgleichsrechnung 1943
Fehlerausgleichung 167
Fehlerbaum 3571
Fehler der Messmethode 3367
Fehler des Messverfahrens 3367
Fehler eines Messergebnisses
  3366
Fehlereinfluss 3148
Fehlerellipse 3225
Fehlerfortpflanzungsgesetz 5538
Fehlergleichung 6576
Fehlerkurve 3355

Fehlerkurve eines Messgerätes
  3356
Fehlerquelle 9142
Fehlertafel 3371
Fehlerverteilungskurve 3355
Feinbewegung 9009
Feinbewegungsschraube 9010
fein einstellen 159, 7282
Feineinstellung 3652
Feineinwägung 7410
feinerdiges Trümmergestein 5849
feiner Zuschlagstoff 3653
feingekörnt 3654
feingeschichtet 3657
feingliederige Hangfurchen 791
feingliedrige Hangfurchen 791
Feinheitsmodul 3659
Feinkorn 3660
feinkörnig 1755, 3654
feinkörniger Sand 3655
feinkristalline Kieselsäure 3791
Feinmessung 7411
Feinnivellement 7410
Feinnivellierung 7410
Feinrechen 3661
Feinsand 3655
feinschichtig 5471
Feinschichtung 5478
Feinschlämme 5465
Feinstdetritus 5849
feinster Staubsand 8863
Feinstoffe 3660
Feinstzement 10328
Feinzerkleinerungsmaschine 4460
Feld 3603, 10144
  nicht aufgeschlossenes ~
    10380
  zu ~e rücken 7649
Feldarbeit 3617
Feldarbeiten 3617
Feldaufnahmeblatt 3615
Feldaufzeichnungen 3609
Feldausrüstung 3611
Feldbeobachtungen 3609
Feldbetrieb 3617
Feldbreite 10146
Feldbuch 3606
Felddaten 3609
Feldesbreite 10146
Feldesteil 6823
Feldgeologie 3612
Feldgeophysik 3613
Feldjustiervorrichtung 3604
Feldkern 3608
Feldleistung 3618
Feldmesser 5493
Feldmesskunde 9744
Feldmessung 9744
Feldoriginal 3615
Feldphotogrammeter 3619

Feldphototheodolit 3620
Feldprobe 5128
Feldprüfung 5128
Feldspat 3585
feldspatführender Sandstein 3586
Feldspatisierung 3587
Feldspule 3607
Feldstecher 3614
Feldsteinstrom 1197
Feldtisch 7180
Feldtischphotogrammetrie 7181
Feldvermessung 9744
Feldversuch 5128
Feldwärtsbau 10901
Fels 8177
Felsanker 4472, 8180, 8195
Felsbaumechanik 8193
Felsblock 1187
Felsboden 958
Felsbrockendamm 8186
Felsbrockensperre 8186
Felsbrockenstaudamm 8186
Felsbrockentalsperre 8186
Felsdamm 8186
Fels der Erdkruste 2278
Felsenmeer 1197
Felsenwüste 8207
Felsfestigkeit 8203
Felsfundament 4039
Felsfußfläche 6909
Felsgerüstdamm 8186
Felsgerüststaudamm 8186
Felsgestein 8191
Felsglimmer 5583
felsisch 3588
felsisches Gestein 3589
Felsit 3589
Felsmatrix 8192
Felsmechanik 8193
Felsnagel 8195
Felsnagelung 8196
Felspediment 6909
Felsplattform 3095
Felsquarzit 7686
Felsschicht 8202
Felsschlucht 4548
Felsschutt 9843
Felsschuttböschung 9845
Felsschuttkegel 9844
Felsschüttungsstaudamm 8185
Felssporn 8199
Felsstaudamm 8186
Felssturz 8184
Felsuntergrund 958
Felsvernagelung 8196
Felsvorsprung 8199
Felswiderlager 8178
Fenster 10864
Fensterbrett 824
Fensterbrüstung 521

Fensterrose 8261
Fensterstollen 151, 152
Fenstertür 1455
Ferberit 3594
Fergusonit 3595
Fernbedienungs-Computersystem 7940
Ferndatenverarbeitungs-Computersystem 7940
Ferndecke 6409
Ferner 4344
Fernerkundung 7945
fernes Infrarot 3544
ferngesteuerter Streb 7944
Fernmeldeeinrichtung 9881
Fernmessung 9884
Fernobjektiv 9887
Fernpunkt 2790
Fernrohr 9888
Fernrohrleistung 6666, 6668
Fernsehstein 1159
Fernsteuerung 7941
Fernübertragung 9884
Fernwasserstandanzeiger 9886
Fernwasserstandsanzeiger 9886
Fertigbauteil 7417
Fertigbearbeitung 3664
Fertigbehandlung 3664, 3665
Fertigbeton 7194, 7801, 10172
Fertigbetonteil 7417
Fertiger 6883
Fertigpfahl 7402
Fertigstellung 1900
Fertigstellung einer Bohrung 1901
Fertigstellungf als verrohrte Bohrung 1453
Fertigteilpfahl 7402
Feste 7126, 8346
feste Installationen 3737
feste Kosten 3734
fester Bogen 3730
fester Gesteinsuntergrund 958
fester Mast 4603
festes Gestein 959, 1881
festes Kronenwehr 3735
festgefahren 4378
festgeklemmte Verrohrung 4151
festgelagert 3679
Festgestein 8191
Festgesteinsprospektion 8201
Festigkeit 9523
Festigkeit gegen Durchstanzung 7646
Festigkeitsgrenze 1232, 9525
Festigkeitslehre 9390, 9965
fest installierte Geräte 3737
festklemmen 9413
Festklemmen 9414
Festlandkruste 2059

Festlandsockel 2065
Festlandsvulkan 9593
Festlandtafel 2065
Festmacher 2827
Festmeter 2302
Festpunkt 386, 979, 3739
Festpunktebene 4687
Festpunktmarke 979
Festpunktmarkierung 918
Festpunktnetz 3740
feststehende Bohrinsel 3738
feststehende Plattform 3738
Feststoffe 8519
Feststoffeintrag 8528
Feststoffförderung 8532
Feststofffracht 8529, 10129
Feststoffrückhaltebecken 8533
Feststofftransport 8532
Festvolumen 5139
fetter Beton 8091
fetter Ton 3546
feucht 2477
Feuchteanteil 6271
Feuchte-Dichte-Kurve 7532
Feuchtegehalt 6271
feuchtes Erdgas 1473
feuchtes Naturgas 1473
Feuchtigkeit 4775
Feuchtigkeits-Dichte-Kurve 7532
Feuchtigkeitsgehalt 6270, 6271
Feuchtigkeitsgehaltsüberwachung 6272
Feuchtigkeitsgradient 6273
Feuchtigkeits-Trocknung Test 10829
Feuchtigkeits-Trocknung Versuch 10829
Feuchtraum 4776
Feuchtschnee 8124
Feuerball 10621
feuerbeständiger Leichtziegel 349
feuerfester Leichtziegel 349
feuerfester Ton 3670
Feuergefahr 3676
Feuerleichtstein 349
Feuerlöschgeräte 3673
Feuerlöschpumpe 3674
Feuermelder 3672
Feuerregen 4950
Feuersee 5532
Feuerstein 3791
Feuertreppe 3250
Feuerwehr 3677
figuriertes Gewölbe 6706
Film 3430
Filmaufnahmeapparat 3631
Filmaufwickelspule 3636
Filmebene 7174
Filmfläche 9720
Filmformat 3635

Filmkamera 3631
Filmrahmen 3944
Filmrolle 3634
Filmspule 3636
Filmträger 3632
Filmtransport 4023
Film-Wechselkassette 3633
Filter 3640
Filter am luftseitigen Dammfuß 10076
Filterbrunnen 3639
Filterbrunnen kleinen Durchmessers 10821
Filterdrän 9434
Filtereinsatz 3637
Filterelement 3637
Filtergeschwindigkeit 8545
Filterrohr 8461
Filterschicht 1062, 3638
Filterung 3641
Filterzone 3640
Filtration 3641
Filtrationspotential 9518
Filtrieren 3641
finanzielle Vorsorge für die Erneuerung 3651
Findling 1187
Findlingfeld 1197
Findlingsfeld 1197
Findlingsstein 1187
Findlingsstrom 1197
Findlingstrom 1197
fingerförmige Dränanlage 3662
fingerförmig vorgebautes Delta 5730
Finsternis 2395
Fiorit 4328
Firn 9045, 9047
Firnfeld 9045
Firnfeldgletscher 333
Firngebiet 9045
Firnkesselgletscher 10300
Firnmulde 9045
Firnmuldegletscher 333
Firnstromgletscher 6398
First 765
Firstabbauriss 8240
Firstabriss 8240
Firstanker 8236
Firstbalken 8094
Firste 765, 2257, 8234
Firstenabbauriss 8240
Firstenabriss 8240
Firstenanker 8236
Firstendruck 8249
Firstengewölbe 8250
Firstenkohle 8241
Firstenläufer 2262
Firstenschussloch 779
Firstensegment 2263

Firstenstempel 3511
Firstenstufe 8251
Firstenverankerung 8239
Firstkohle 8241
Firststufe 8251
Firstverankerung 8239
Fischaufzug 3707
Fischauge 173
Fischaugenstein 496
fischen 3690
Fischen 3696, 3697
Fischereiangelegenheiten 3692
Fischgrätenparkett 4647
Fischöffnung 3694
Fischpass 3709
Fischschleuse 3708
Fischschwanzbohrmeißel mit
    Düsen 5345
Fischschwanzmeißel 3712
Fischschwanzmeißel mit Düsen
    5345
Fischtreppe 3706
Fischweg 3694, 3709
Fischzucht 3695
fixer Kohlenstoff 3733
Fixierbad 3743
fixieren 3727
Fixkosten 3734
Fixpunkt 386, 979
Fjord 3744
Fjorde 3744
flach 3765
Flachaufnahme 7071
Flachbau 5807
Flachbeben 8712
Flachbogen 2526
Flachbohrung 8717
Flachbrunnen 8717
Flachdichtung 3768
Fläche 7168, 10746
    unter Wasser liegende ~ 9619
flache Bauhöhe 7564
flache Hebewinde 3770
flache Länge 7167
flache Luftaufnahme 4674
Flächenaufnahmen 583
Flächenausbruch 582
Flächendruck 2050
Flächenerosion 8753
Flächeneruption 582
Flächengründung 7728
flächenhaft auftretender
    Grundwasserhemmer 545
flächenhafte Abtragung 2521
flächenhafte hydroakustische
    Meerbodenmessung 8826
flächenhafte hydroakustische
    Meeresbodenmessung 8826
Flächeninhalt 579
Flächenmaß 9264

Flächenmaßstab 9265
Flächenmessung 7187
Flächennutzungsplanung 5495
Flächenschritt 10507
Flächenschrift-Aufzeichnung
    10507
Flächenteilung 7163
Flächentektonik 7219
Flächenverhieb 581
Flächenvermessung 7187
flacher Karst 8715
flaches Einzelfundament 8713
flache Sprunghöhe 507
flaches Randmeer 3314
flaches Ufer 914
flache Verwerfung 5805
Flachfundament 8714
Flachgründung 8714
Flachland 3766
Flachnippel 10672
Flachrelief 895
Flachrundbolzen 1329
Flachschacht 8717
Flachseebezirk 2065
Flachseismik 8716
Flachtalrelief 6921
Flachwasserseismik 8716
Flanke 8819
Flankeneruption 3754
Flansch 3750
Flanschenrohr 3753
Flanschkupplung 3752
Flanschrohr 3753
Flanschverbindung 3751
Flaschenzug 1091
flaues Negativ 3527
Flaumschnee 3060
Flechtwerk 6018
fleckig 6324
flexible Dichtungsmauer 2633
flexible Innendichtung 2632
flexible oberwasserseitige
    Dichtung 10445
Flexur 3783
Flexurküste 6295
Fliegerkarte 201
Fließbarkeit 3902
Fließdehnung 10950
Fließdruck 3883
Fließeigenschaften der
    Zementschlämme 3910
fließen 3863
Fließen 7689
Fließerscheinung 7689
Fließfähigkeit 3902
Fließgeschwindigkeit 3890
Fließgrenze 683, 9929, 10952,
    10953
Fließgrenzengerät nach
    Casagrande 1448

Fließgrenzenindex 3881
Fließgrenzenkurve 3873
Fließkurve 3873
Fließmesser 7776
Fließmittel 9664
Fließprobe 3893
Fließrutsch 3092
Fließrutschung 3091, 3092
Fließsand 7691
Fließtest 3893
Fließton 7688
Fließvermögen 3902
Fließversuch aus freiem
    Querschnitt 6638
Fließzahl 3881
Fließzone 10984
Flint 3791
Flockenbildung 3818
Flockenstruktur 3822
Flockentextur 3822
flockig 3748, 3821
Flockungsgrenze 3819
Flockungsmittel 3814, 3817
Flockungsstoff 3817
Flora 3862
Floß 7726
Floßdurchlass 5766
Flotation 2288
Flotationsaufspaltung 2288
Flotationsdifferentiation 2288
Flöz 946, 8488
Flözmächtigkeit 8490
Flözstrecke 4230
Flözstreifen 1769
Flözverformung 8216
Fluchtfehler 6227
Fluchtgerade 10501
Fluchtlinie 10501
Fluchtpunkt 10502
Fluchtpunktsteuerung 10503
Fluchtstab 7768
Fluchtstange 7768
Fluchtungsfehler 6227
Flug 3787
Flugasche 3935
Flugaschebeton 3936
Flugasche mit tiefem Kalkgehalt
    5830
Flugbildaufnehmen 195
Flugbildvermessen 195
Flügel 4527, 8819
Flügel 2387
Flügelbohrer 10868
Flügeldichtung 10869
Flügelfenster 1456
Flügelmauer 10872
Flügelmutter 10870
Flügelradwassermesser 10500
Flügelschraube 10871
Flügelsonde 10498

Flügelsondentest 10499
Flügelsondenversuch 10499
Flügelventil 1327
Flügelwand 45, 10872
Fluggeschwindigkeit über Grund 4486
Flughöhe 3937
Flughöhe über Grund 3938
Fluglinien 3789
Flugmagnetometer 242
Flugphotograph 1387
Flugphotographie 196
Flugplan 7429
Flugrichtung über Grund 2707
Flugsand 1099
Flugweg 3790, 6878
Flugzeug 211
Flugzeugphotographie 196
Fluid 3895
Fluidbewegung 3908
Fluidelement 3897
Fluidmasse 3905
Fluidströmung 3898
Fluktuation des Wassersspiegels 3894
Fluoreszenzmessung am Bohrklein 3916
Fluorit 3915
Fluraufnahme 3622
Flurkarte 3621
Flurmessung 3622
Flurnamen 6407
Flurschaden 2367
Flurvermessung 3622
Fluss 9515
flussab 2861
Flussablagerung 3929
Flussablagerung 325
Fluss-Abschluss-Operation 8142
Flussabschnitt 9548
flussabwärts 2861
Flussachse 754
Flussarm 1218
flussauf 10442
flussaufwärts 10442
Flussbereich 7791
Flussbett 9516
Flussbettachse 755
Flussbett mit steil abfallenden Ufern 8141
Flussbettverlagerung 8769
Flussbettwechsel 8769
Flüsschen 1268
Flussdamm 8157
Flussdeich 8157
Flusseinlauf 8149
Flussgabelung 4003
flüssige Masse 3905
Flüssigerdgas 5680
flüssiger Kohlenwasserstoff 5684

Flüssigkeit 3902
Flüssigkeit-Probenahme 9997
Flüssigkeit-Probennahme 9997
Flüssigkeitsdämpfer 4840
Flüssigkeitsdichtung 3911
Flüssigkeitsdruckmessung 3909
Flüssigkeitselement 3897
Flüssigkeitsfeder 4840
Flüssigkeitsfilter 5682
Flüssigkeitskontaktpotential 5686
Flüssigkeitsmesser 3901
Flüssigkeitsmischung 6239
Flüssigkeits-Probenahme 9997
Flüssigkeits-Probennahme 9997
Flüssigkeitsreibung 3899
Flüssigkeitsringpumpe 5688
Flüssigkeitsstandschreiber 5589
Flüssigkeitsströmung 5683
Flüssigkeitsverlust 3904
Flusskies 9517
Flusskraftwerk 8323
Flusslauf 8144
Flusslaufwechsel 1623
Flussmethode der Untersuchung zerstörender Wirkung der Kavitation 3888
Flussmorphologie 9519
Flussmündung 8152
Flussmündung-Ablagerung 3381
Flussnetz 8153
Flussrandgebiete 9740
Flussregelung 8156
Flussregulierung 8156
Flussschwinde 7366
Flusssohle 941, 9516
Flussstahl 6182
Flussterrasse 9521
Flusstrübe 9758
Flussufer 820
Fluss- und Strombeschreibung 7355
Fluss- und Stromkunde 7356
Flussverfahren der Untersuchung zerstörender Wirkung der Kavitation 3888
Flut 3823
flutbare Bohrinsel 9624
flutbare Bohrplattform 9624
fluten 3824
Fluten 3841
Fluten einer Bohrung 10814
Flutmarke 5985
Flutmesser 9294
Flutwelle 3851, 10258
fluviale Ablagerung 325, 3929
fluviatile Fazies 3930
fluviatiler Zyklus 3928
fluvioglazial 526
Fluvioglazialablagerung 3931

Fluvioglazialterrasse 3933
fluviomarine Ablagerung 3934
Flysch 3940
Flyschgestein 3940
FOB-Preis 4094
Fokalpunkt 3951
Fokalpunktstriangulation 3954
Fokalpunktstriangulierung 3954
Fokalpunkttriangulation 3954
Fokalpunkttriangulierung 3954
fokussieren 3955
fokussierende Widerstandsmessungsgeräte 3957
Fokussierlupe 3959
Fokussiermarke 3960
Fokussiermikroskop 3961
Fokussierskala 3963
fokussierte laterale Widerstandsmessung mit drei Elektroden 3946
fokussierte laterale Widerstandsmessung mit sieben Elektroden 3945
fokussierte Laterologmessung 3945
fokussierte Laterologmessung mit drei Elektroden 3946
Fokussierungslupe 3959
Fokussierungsmarke 3960
Fokussierungsmikroskop 3961
Fokussierungsskala 3963
Folgefluss 2007
Folgekosten aufgrund von Umwelteinflüssen 3121
folgendes Tal 2008
Folgerahmen 8944
Folgeschaden 2006
Folgeschaltung 8619
Folgesteuerung 8619
Folgetal 2008
Fontäne 10702
Förderabgabe 8311
Förderband 974
Förderbohrung 2596
Förderbrunnen 2596
Förderdruck 3883
Förderdruckverlust 4602
Förderer 2123
Förderfähigkeit 7634
Förderfeld 2125
Fördergefäß 5709, 8927
Fördergeologie 7543
Fördergerät 2123
Förderhaken 1476
Förderhorizont 6884, 6886
Förderkosten 5612
Förderkübel 5709
Förderkurve 7542
Fördermaschine 2917

Fördermenge 2724
Förderrate 7540
Fördersonde 7538
Förderstromgenerator 3880
Fördertiefe 7539
Fördertrommel des Hebewerks 4701
Förderung bei gleichbleibendem Druck 2021
Förderungsbeginn 3925
Förderungspumpe 2491
Förderung von Erdöl 3486
Förderung von Öl 3486
Förderversuch bei vollgeöffnetem Bohrlochschieber 6638
Förderwagen 10246
Förderzins 8311
Förderzone 6886
Form 8719
Formaldehyd 4006
Formänderung 2460
Formänderungsarbeit 2463
Formänderungsellipse 9482
Formänderungsenergie 3177
Formänderungsfähigkeit 2459
Formänderungsvermögen 2459
Format 8917
Formation 4008
Formationsbeiwert 4011
Formationsdichtelog 4009
Formationsdruck 1751
Formationsfaktor 4011
Formationsfolge 4280
Formationskunde 9512
Formationslog 3185
Formationsprobe 4012, 4013
Formationsprüfung 4013
Formationsversuch 4013
Formationswasser 4014
Formbarkeit 3049
Formbeiwert 8720
Form des Speichers 8721
Formen 6326
Formgebung der Aushubsohle 8722
Forschungsmethode 6140
Forstvermessung 4000
Fortpflanzung 7569
Fortpflanzungsgeschwindigkeit einer Welle 9177
Fortschrittsbericht 7553
Fortsetzung nach unten 2867
Fossil 4024
fossiler Boden 6812
fossile Spur 4943
fossiles Wasser 2002
Fossil-Kammern 9131
fotografisches Infrarot 7069
Fotosynthese 7076
Fouriertransformierte 4049

Frac-Behandlung 4804
Francisturbine 4071
Franklinit 4072
Fräse 6183
Fräse für Nuten 4464
Fräser 6183
Fräsrad 2342
Fräswerkzeuge 6186
freibohren 6755
Freibord 4076, 4077, 10123
freie Feuchte 4093
freie Feuchtigkeit 4093
freie Höhe 10421
freie Lüftung 6432
freier Einlauf 4090
freier Grundwasserstand 7083
freier Massenpunkt 4096
freier Überfallstrahl 4083
freier Wirbel 4100
freies Bohrloch 10338
freie Schwingung 4095
freies Gas 4088
freies Gerinne entsprechend dem natürlichen Profil 4091
freies Grundwasser 7082
freie Sondierbohrung 10338
freie Strömung 4086
freies Wasser 4101
Freifallbohren 1353
Freifallkernbohrer 4082
Freifallmeißel 4081
Freifallmeißelbohren 1353
Freifeldbewegung 4085
frei fließen 3866
freigelegt 3457
freigemachtes Gas 5603
Freiheitsgrad 2479
Freilaufrad 4946
Freilegen 3459
Freilegen der Deckgebirgeschicht 3459
Freilegung 3459
Freiluftschaltanlage 9781
Freiluftschwere 4075
Freispiegelströmung 4098
freistehende Verrohrung 4097
freitragend 6769
freitragende Pfeilerstaumauer 1399
freitragende Trennwand 8595
freitragend vorgebaut 1400
Freizeit 7827
Freizeitgebiet 7828
Freizeitgelände 7828
Freizeitzentrum 7829
Fremdberge 4989
Fremdeinschluss 10922
Fremdimpulsmethode 631
Fremdversatz 4989
Frequenz 4113

Frequenzbereich 4114
Frequenzgang 4117
Frequenzmesser 4115
Frequenzmodulation 4116
Frequenzspektrum 4049
Freske 4118
Fresko 4118
Freskomalerei 4118
frisch 10424
frisch aufgeführte Versatzrippe 4453
frischer Beton 4452
Frischwasser 4119
Frohn 8311
Frohne 8311
Frontal-Wasserturbine 4139
Frontdamm 4141
Frontdeich 4141
Frontispiz 4143
Fronträumer 1310
Frost 4107, 4144
frost/tauempfindlicher Boden 4146
frostanfällig 4150
Frostaufbrechen 4148
Frostaufbruch 4148
Frostbereich 4112
Frostbeständigkeit 4149
Frostbeule 4147
Frosteinwirkung 4145
frostempfindlich 4150
frostempfindlicher Boden 4146
Frostglättung 2282
Frosthebung 4147, 4148
Frosthub 4148
Frostlehre 2280
Frostlinse 4939
Frostpunkt 4110
Frostschutzmittel 482
Frostverfahren 4109
Frostvorgang 4111
Frostwechsel 4106
Frostwechselzone 123
Frostwirkung 4145
Frostzone 4112
frühfester Portlandzement 4661
Frühgotik 3084
frühhochfester Beton 4660
frühhochfester Portlandzement 4661
frühhochfester Zement 7770
frühmagmatische Lagerstätte 3085
frühromanik 609
frühtragend 3083
frühtragfester Beton 4660
Fuge 5357
Fugenband 10739
Fugenmesslehre 5364
Fugenverpressung 5365

Fuge zum Beherrschen von Spannungzuständen in potentiell kritischen Bereichen 2096
Fühler 8615
Fühlfinger 10142
Fühlstift 10142
Führungsglocke 969
Führungshülse 4540
Führungskabel 4542
Führungsmuffe 9271
Führungsschuh 3981, 4545
Führungswand 10152
Füllbeton 5930
Fülldichte 2478
Füllen 3627
füllen 3624
Füller 1016, 3626
Füllinjektion 1544
Füllkorb 8927
Füllmaterial
  nicht ausgesuchtes ~ 7756
Füllort 7153
Füllstandanzeiger 3903
Füllstand-Schutzschalter 5829
Füllstand-Sicherheitsschalter 5829
Füllstandsschalter 5598
Füllstoff 3626
Fülltiefe 7504
Füllung 9447
Fumarole 4166
Fumarolenstadium 4167
Fumarolestadium 4167
Fundament 4040
Fundamentbehandlung 4042
Fundamentbohren 4028
Fundamentfuge 4033
Fundamentgraben 4043
fundamentieren 4026
Fundamentierung 4040
Fundament in geklüftetem Fels 5361
Fundamentmauer 4044
Fundamentpfeiler 4035
Fundamentplan 4037
Fundamentplatte 4031, 4038, 4041
Fundamentrost 4459
Fundamentsockel 5297
Fundamentsohle 9605
Fundamenttiefstpunkt 5821
fundieren 4026
Fundierung 4040
Fundierungsgraben 4043
Fundierungstechnik 4029
Fünfkegelunterschneider 3786
funikulares Wasser 4170
Funikularwasser 4170
Funkmessschatten 7698

Funkmesstechnik 7696
Funkmessung 7695
Funkortung 7695
Funkortungsschatten 7698
Funkortungstechnik 7696
Funktionsprüfung 6653, 9944
Furnier 10534
Furnierholz 10534
Fuß 10073
  in ~ ausgedrückter Bohrfortschritt 3977
Fußauflast 10078
Fußbrücke 3979
Fußdrän 10076
Fußfläche 6909
Fußlager 1164
Fußpfade 10657
Fußteil 9424
Futterrohr 1464
  die ~e einbauen 5134
Futterrohrabsetztiefe 1477, 1479
Futterrohraufhänger 1471
Futterrohrbirne 1482
Futterrohreinbautiefe 1477, 1479
Futterrohre mit kleinem Durchmesser 8979
Futterrohrfahrt 1481
Futterrohrfangdorn 1468
Futterrohrgestänge 1464
Futterrohrglätter 1482
Futterrohrhaken 1476
Futterrohrhänger 1471
Futterrohrkolonne 1481
Futterrohrkopf 1472
Futterrohrkopf mit Stopfbüchse 1475
Futterrohrmuffe 1466
Futterrohrpacker 1478
Futterrohrquetschung 1836
Futterrohrschneider 1467
Futterrohrschuh 1480
Futterrohrschuh mit Schwimmerventil 1470
Futterrohrspitzfänger 1468
Futterrohrstrang
  den ~ heben und senken 7814
Futterrohrtour 1481
Futterrohrtreibebirne 1482
Futterrohrverbindungsstück 1469
Futterrohrzange 1483
Futterrohrzentrierkorb 1465

Gabbro 4177
Gabel 10954
Gabelgehäuse 4004
Gabelkopf 1736
Gabelstapler 4005
Gabelung 1010, 1011
Gagathkohle 5342
Gagatkohle 5342

Galaxit 4179
Galerie 549, 4180
Gall'sche Kette 9251
Galmei 9028
galvanisiert 4181
Gammabohrlochlog 4190
Gamma-Bohrlochstrahlungsmessung 4189
Gamma-Gamma-Diagramm 4184
Gamma-Gamma-Dichtelog 4184
Gamma-Log 9170
Gammalog 4190
Gamma-Ray-Log 4190
Gammasonde 4187
Gammastrahlendetektor 4186
Gammastrahlensonde 4187
Gang 2170, 3064, 6687, 8488, 10893
  in ~ setzen 5425
Gangart 4191
Ganggestein 2671, 3065, 4191
Ganghöhe 7154
gängig 4103
Gangletten 3562
Ganglinie 4870
Gangstrecke 4596
Gangtrum 3025
ganzjährig fließender Fluss 6943
Garantie 4529
Garantie der Betriebskennwerte 4531
Garantiedrehzahl 4530
Garantiefrist 4532
Garantieprüfung 4533
garantierte Arbeit 3683
garantierte Drehzahl 4530
garantierte Leistung 3681
garantierter Abfluss 3682
garantierter Durchfluss 3682
garantierte Spitzenleistung 3684
Garantieversuch 4533
Garbensiedestein 9422
Garten 4198
Gas 4199
  mit ~ durchtränkter Kalkstein 4225
Gasanalysengerät 4200
Gasanwesenheit 6583
Gasanzeichen nach einem Roundtrip 10240
Gasanzeigegerät 4209
Gasausbruch 6726
Gasbecken 4201
Gasbenzin 1474
Gasbeton 186
Gasbohren 4210
Gas-Chromatographie 4205
Gasdetektor 4209
Gasdruckmesser 4223

Gaseinlagerung 4226
Gaserscheinung 4218
Gasfilter 4216
gasförmiger Kohlenwasserstoff 4214
gasförmiges Medium 4199
gasfreies Erdöl 4217
gasfreies Öl 4217
gasführender Horizont 4202
gasführendes Gestein 4203
Gasgewinnung 6426
gashaltige Bohrspülung 4208
gashaltige Rotaryspülung 4208
gashaltiger Sand 4204
gashaltiges Öl 5700
gashaltige Spülung 4208
Gashauptleitung 4220
Gasindikation 4218
Gaskavitation 4213
Gaskernen 4207
Gaskompressor 4206
Gaskondensatlagerstätte 1976
Gasliftbohrung 4219
Gasmessung an Bohrkernen 2573
Gasmessung an Kernen 2573
Gasnest 4222
Gas-Öl-Berührungsfläche 4221
Gas-Öl-Grenzfläche 4221
Gasolin 1474
Gas-Öl-Kontaktfläche 4221
Gas-Öl-Verhältnis 4215
Gasprobeentnehmer 4224
Gasprobenahmeapparat 4224
Gasprobenahmegerät 4224
Gasprobenehmer 4224
Gasprobenentnehmer 4224
Gasprospektion 10505
Gasprüfgerät 4200
Gasrohr 8468
Gasse 10144
Gasspeicherung 4226
Gasspülungsbohren 4210
Gasspur 4218
Gasspürer 4209
Gasspürgerät 4209
Gasstrom 6181
Gasströmung 6181
Gastasche 4222
Gastreibverfahren 4211
Gastriebverfahren 4211
Gasverdichter 4206
Gasvorräte 6427
gebändert 944
gebänderter Eisenquarzit 5324
gebänderter Kalkstein 817
gebankt 944
Gebäude 1288
  unter Denkmalschutz stehende ~ 4695
  unter Denkmalschutz

stehendes ~ 4695
gebaute Flözmächtigkeit eines Erdölträgers 3145
gebaute Flözmächtigkeit eines Ölträgers 3145
gebaute Mächtigkeit 9994
Geber 10179
Gebiet zur Wildhuhnjagd 10853
Gebirge 958, 4470
Gebirgsanker 8236
Gebirgsbeherrschung 9491
Gebirgsbewegung 4478
Gebirgsbildung 6708
gebirgschonendes Sprengen 9032
Gebirgsdruck 8198
Gebirgsdruckmessung 6055
Gebirgsdynamik 4478, 9496
Gebirgsfestigkeit 1120
Gebirgs-Gelände 4690
Gebirgsgletscher 6328
Gebirgskörper 8191
Gebirgsmechanik 4475
Gebirgsmodell 9495
Gebirgssattel 474
Gebirgsstock 8191
gebirgsumschlossener Gletscher 5222
Gebirgsverband 8191
Gebirgsverhalten 8182
Gebirgswasser 4014
Gebirgszugfestigkeit 9921
Gebläse 1095
geblasenes Erdöl 1098
geblasenes Öl 1098
gebogener Rundstahl 994
gebohrtes Dränloch 2883
gebräch 2270, 4121
Gebrauch 511, 10459
  nicht in ~ 6745
Gebrauchsbeständigkeit 3057
gebrauchtes Gerät 8512
gebrech 4121
gebrochener Schotter 8162
gebrochener Zuschlagstoff 2272
gebrochenes Dach 5947
gebrochenes Material 7676
gebundener Massenpunkt 2026
gebundenes Wasser 170
Gedankenmodell 4945
gedeckter Zuschlaglagerplatz 8862
gediegen 6416
gedrehter Betonrippenstahl 4759
gedrückter Bogen 2526
gedrückter Bogen aus Kettenlinie 1500
Gefahr der Überhitzung 2390
Gefälle 4398, 8994
Gefällehöhe 4597
Gefällmesser 1744, 5023

gefleckt 6324
geflutete Zone 3918, 5257
Gefrierbereich 4112
gefrieren 4105
Gefrierlehre 2280
Gefrierprozess 4111
Gefrierpunkt 4110
Gefrierschutzmittel 482
Gefrierteufe 4108
Gefriertiefe 4108
Gefrierung 4032
Gefrierverfahren 4109
Gefriervorgang 4111
Gefrierzone 4112
gefrorener Boden 4152
Gefrornis 4107, 6964
Gefrornisboden 6964
Gefrornisschicht 6964
Gefüge 3503, 9105
Gefügeanalyse 9579
Gefügebestandteil 5853
Gefügeerweiterung durch Flüssigkeitsverpressung 4804
Gefügekunde 6169, 9579
Gegendruckaufschüttung 5722
Gegengewicht 2184
gegenklinal 368
Gegenmutter 1644
Gegenort 2182
Gegenpfeiler 1331, 2183
gegenseitige Brunnenbeeinflussung 5205
gegenseitige Orientierung der Mehrfachkamera 7813
gegensinnige Verwerfung 8069
Gegen-Standpunkt 6658
Gegenstandspunkt 6567
Gegenstandsweite 6560
Gegenstrommeißel 8068
Gegenstromrollenmeißel 8068
Gegenstromspühlbohren 8067
Gegenstromspülbohrverfahren 2975
Gegenstromspülung 8066
Gegenstromspülungsbohr-verfahren 2975
Gegenströmung 8058
Gegenstütze 1331
Gegenwagenfahrbahn 9830
Gegenwirkung 7793
geglättete Oberfläche 10252
gegliederte Schwerstange 618
Gehängelehm 9003
Gehängeschutt 1853, 9003
gehärtete Erde 7898
gehemmte Spülung 5094
gehobener Strand 7742
Geiger-Müller-Zähler 4242
Geiser 4327
Geisir 4327

gekippte Falte 6787
geklüfteter Fels 3717
gekörnt 4419
gekrümmte Strömung 10298
gekrümmte Verwerfung 2322
Gel 4243
Gelände 4471
Geländeaufnahme 9752
Geländeausschnitt 4502
Geländedarstellung 7963
Geländeebene 4480
Geländeform 4474
geländegängiger Kran 8299
Geländekontrolle 6290
Geländekran 8299
Geländenadir 4479
Geländenadirpunkt 4479
Geländephotogrammetrie 9937
Geländeprofil 4483
Geländepunkt 4482
Geländepunkthöhe 4635
Geländer 816, 4535, 6853
Geländesenke 3572
Geländestreifen 9549
Geländeverlauf 4483
gelartig 1851
gelbe Arsenblende 6709
gelbgrüner Turmalin 6952
Gelbildung 4244
Gelbkupfererz 1619
Gelenk 626
Gelenkband 4691
Gelenkbogen 616, 623
Gelenkbohrbär 618
Gelenkbohrkragen 618
Gelenkigkeit 3776
Gelenkkappe 617
Gelenkkappenzug 8304
Gelenkplattform 622
Gelenkschwerstange 618
Gelenkverbindung 619
Gelenkverschluss 4692
Gelierung 4244
gelöste Feststoffe 2776
gelöste Gase 2774
gelöster Sauerstoffgehalt 2775
gelöste Sauerstoffkonzentration 2775
Gelzement 4245
Gemarkung 1188
gemeiner Vulkan 9513
Gemeinschaftvereinbarung 6651
Gemengeteil 5853
Gemengteil 5853
gemessener Abfluss 4235
gemessene Schwere 6580
gemietetes Gerät 4693
gemischter Ausbau 6235
gemischter Vulkan 9513
Gemmologie 4247

Genauigkeit 87
Genauigkeit eines Messgerätes 88
Genauigkeitsklasse eines Messgerätes 1714
Genauigkeitsuntersuchung 5269
Genehmigung der Pläne 518
Genehmigungsplanung 9626
geneigt 5014
geneigte Antiklinale 5015
geneigte Erdöl-Wasserkontaktfläche 5021
geneigte Falte 5020
geneigte oberwasserseitige Ansicht 9004
geneigte oberwasserseitige Oberfläche 9004
geneigte Öl-Wasserkontaktfläche 5021
geneigter Bogen 5016
geneigter Pfahl 908
geneigtes Bohren 8940
geneigtes Tonnengewölbe 5018
Generalreparatur 5927
Generalüberholung 5927
Generator 4257
Generator hydraulischer Leistung 4831
generierte Daten 4256
genormte Verdichtung 9310
Genotypus 4258
genutzte Quelle 10463
geobotanische Aufschließung 4259
geobotanische Aufsuchung 4259
geobotanische Prospektion 4259
geobotanischer Aufschluss 4259
geobotanische Suche 4259
Geochemie 4263, 6997
geochemische Anomalie 4260
geochemische Aufsuchung 4262
geochemische Bodenprospektion 9101
geochemische Prospektion 4262
geochemische Suche 4262
Geochronologie 4264
Geodäsie 4267
Geodät 4266
geodätisch 4268
geodätische Förderhöhe der Pumpenanlage 4269
geodätische Messstation 4270
geodätische Schnellaufnahme 9823
geodätische Schnellvermessung 9823
geodätische Überwachung der Bewegung von Geländepunkten 6290
Geode 4265
geodetische Null-Linie 6549

Geodynamik 4271
geoelektrische Bohrlochmessung 3183
Geographie 4275
geographische Barriere 4272
geographische Breite 5522
geographische Koordinaten 4273
geographischer Horizont 4274
Geohydrologie 4276
Geologe 4286
Geologie 4287
geologische Aufschlussbohrung 4278
geologische Formation 4008
geologische Großmulde 4310
geologische Karte 4285
geologischer Aufbau 4281
geologischer Bau 4281
geologischer Horizont 4279
geologischer Körper 958
geologischer Querschnitt 4280
Geologisches Amt 4282
geologisches Profil 4280
geologische Störung 2764
geologische Struktur 4281
geologische Thermometrie 4284
geologische Untersuchung 4283
geologische Zeitrechnung 4264
geomagnetische Aufnahme 4291
geomagnetische Messung 4291
geomagnetischer Äquator 4288
geomagnetischer Pol 4290
geomagnetisches Feld 4289
geomagnetische VerMessung 4291
Geomagnetismus 4292
Geomechanik 4293, 8193
geomechanisches Modell 4294
Geomembrane 4295
Geometer 5493, 9753
Geometrie 4300
geometrisch 4296
geometrische Ähnlichkeit 4298
geometrische Dämpfung 7718
geometrische Grundlagen 4297
geometrische Nivellierung 5591
geometrischer Ort 5755
geometrisches Mittel 4299
geomorph 4301
Geomorphologie 4302
geomorphologisch 4301
Geoökologie 3302
geopetales Gefüge 4303
Geophon 4304, 8567
Geophonanordnung 8568
Geophotogrammetrie 9937
Geophysik 4308
geophysikalisch 4305
geophysikalische Methoden 4306

geophysikalisches Diagramm 4307
geophysikalisches Verfahren 4306
geophysikalische Technik 3282
geophysikalische Wissenschaft 4308
Geophysiktechnik 3282
Geostatistik 4309
Geosynklinale 4310
Geosynkline 4310
Geotechnik 4313
geotechnisch 4311
geotechnische Bohrung 4312
Geotextil 4315
geothermal 4316
geothermale Energie 4317
Geothermik 4317, 4320
geothermisch 4316
geothermische Energie 4317
geothermischer Gradient 4318
geothermisches Diagramm 4319
geothermische Tiefenstufe 4318
Geothermometer 4321
Geothermometrie 4284
Gerade 9472, 9475
gerade Bohrung 9473
gerader Bogen 7211
geradlinige Anordnung 5120
geradlinige Bewegung 7838
Gerät 499, 3333
Geräte 3332
  mit Rädern versehene ~ 6245
Gerät mit kreisender Scheibe zur Prüfung zerstörender Wirkung der Kavitation 8285
Gerätschaften 498
Gerät wird gewartet 10398
Gerät wird repariert 10399
Gerät zum Stollenbau 10283
Gerät zur Bestimmung der Fließgrenze 5687
Gerät zur Messung der Biegewinkel 3785
gerauhte Belagplatte 8324
gerauhte Fliese 8324
Geräuschfilter 6360
Geräuschuntersuchungen 107
geregelte Kavitation 2099
gerichteter Druck 7463
gerichtete Reflexion 9173
gering alkalischer Zement 5804
geringe Förderung 9567
geringe Verwerfung 5805
Geringleiter 527
Gerinne für Grubenabgänge 9833
Gerinne für unhältiges Grubengut 9833
Gerinne unterhalb einer Durchflussöffnung 9019

gerissener Fels 3717
gerissener Ton 3716
Geröll 6903, 6904
Gerölle 6903, 6904
Geröllhalde 6904
Gerüst 8399, 9301
gerüttelter Beton 10569
Gesamtbarwert 10126
Gesamtdruckmessdose 10127
Gesamtenergie 10119
Gesamtenergiehöhe 10120
gesamtes Lagerstättenvolumen 1307
Gesamtförderung 2307, 10128
Gesamtfreibord 10123
Gesamtgewinn 10326
Gesamthöhe 10124
Gesamtkosten 6749
Gesamtporenvolumen 9097
Gesamtporosität 28
Gesamtproduktion 2307, 10128
Gesamtsedimentlast 10129
Gesamtstauraum 7975
Gesamtstützkraft 232
Gesamtverdunstung 3396
Gesamtwirkungsgrad 6750
gesättigter Boden 8394
gesättigter Kohlenwasserstoff 6632
gesättigte Zone 8397
gesättigt nass 8393
geschätzte Gesamtproduktion 3378
geschichtet 944, 5477
geschichtete Erzlagerstätte 9507
geschichtete Lagerstätte 945
geschichteter Abfluss 9504
geschichteter An-Ort-Fossilkalk 1038
geschichteter Ton 3656, 8708
geschichtete Steinschüttung 2189
Geschiebe 955
Geschiebebewegung in Rippelform 9596
Geschiebefang 8533
Geschiebeführung 955
Geschiebelehm 10041
Geschiebetransport 956
geschlitztes Rohr 6945
geschlossene Antiklinale 1745
geschlossene Förderbohrung 8812
geschlossene Leitung 1747
geschlossene Mulde 1752
geschlossener Kreislauf 1746
geschlossener Polygonzug 1753
geschlossener Sattel 1745
geschlossenes Förderbohrloch 8812
geschlossenes Kapillarwasser 1410

geschlossene Synklinale 1752
geschlossene Verwerfung 1749
Geschmeidigkeit 3049
Geschoss 9459
geschossener Fels 1065
Geschossfläche 3855
geschützte Landschaft 7591
geschweißtes Futterrohr 10805
geschweißte Verrohrung 10805
Geschwemmsel 3802
Geschwemmselauslass 3803
Geschwemmsel-Mulde 10197
Geschwindigkeit des Bohrgestängeaufholens 7620
Geschwindigkeit im Austrittsquerschnitt 10525
Geschwindigkeit im Eintrittsquerschnitt 10529
Geschwindigkeitsbegrenzer 10528
Geschwindigkeitsdiagramm 9174
Geschwindigkeitsfaktor 9175
Geschwindigkeitsflügel 4883
Geschwindigkeitsfunktion 10526
Geschwindigkeitsgefälle 10527
Geschwindigkeitshöhe 10527
Geschwindigkeitsisochrone 5291
Geschwindigkeitslog 109
Geschwindigkeitsplan 9174
Geschwindigkeitspotential 10530
Geschwindigkeitsprofil 10531
Geschwindigkeitsregler 9178
Geschwindigkeitsschaubild 9174
Geschwindigkeitsseismograph 10532
Geschwindigkeit über Grund 4486
Geschwistervulkan 10308
Gesenk 9330
Gesetz der dynamischen Ähnlichkeit 5539
gesetzliche Haftpflicht 5567
gesicherte Leistung 3681
Gesichtsfeld 3616
Gesichtswinkel 410
Gespann 4070
gespanntes Grundwasser 1992
gesprengter Fels 8797
gesprengter Fels 1065
gesprengtes Gestein 8797
gesprenkelter Ton 6325
gesprießter Aushub 9681
gespülte Probe 10679
gespülter Damm 4801
Gestalt 8719
gestampfter Tonkern 7615
Gestänge 3004
  das ~ auseinandernehmen 5540
  das ~ demontieren 5540

das ~ einlassen 5818
das ~ herunterlassen 5818
Gestängeabfangkeile 8276
Gestängeablage 8213
Gestängeabstellkapazität 7694
Gestängeaufzug 8211
Gestängebohren 8210
Gestängebruch 10309
Gestängebühne 8213
Gestängeelevator 3003
Gestängefahrstuhl 3003
Gestängefangvorrichtung 1198
Gestängegabel 5605
Gestängehänger 8212
Gestängekeilfänger 8276
Gestänge mit Außenstauchung 3481
Gestänge mit linksgängiges Gewinde 5565
Gestänge mit Linksgewinde 5565
Gestänge mit rechtsgängigem Gewinde 8108
Gestänge mit Rechtsgewinde 8108
Gestängerückschlagventil 3005
Gestängeschlüssel 7141
Gestängestrang 2988
Gestängeverbindung 8209
Gestängeverbindungsmuffe 3002
Gestängezange 1239, 2979, 7141
Gestängezug 3006
Gestängezug aus vier Bohrstangen 4046
Gestein 8177
Gesteine der Kalkalireihe 6794
Gesteine der Natronreihe 670
Gestein mit sandiger Struktur 587
Gesteinsbalken 8181
Gesteinsbildung 6998
Gesteinsbohrmeißel 8273
Gesteinsbrücke 9490
Gesteinschale 5692
Gesteins-Chemie 6997
Gesteinseigenschaften 8200
Gesteinsfaktor 1077
Gesteinsfeste 8197
Gesteinsfestigkeit 8203
Gesteinsgenesis 6998
Gesteinsklassifizierung 8183
Gesteinskunde 6999
Gesteinslauf 9433
Gesteinslösungs-Porosität 10650
Gesteinsmagnetismus 8190
Gesteinsmantel 2185
Gesteinsmechanik 8194
Gesteinsmeißel 8273
Gesteinsmetamorphismus 6127
Gesteinsmetamorphose 6127
Gesteinsrinde 5692
Gesteinsrollenmeißel 8273

Gesteinsschicht 8202
Gesteinsschmelze 5868, 6101
Gesteinsschutt 2585
Gesteinsspalte 3715
Gesteinsstratigraphie 5694
Gesteinsstrecke 9433
Gesteinsstreckenvortrieb 10282
Gesteinsumbildung 6127
Gesteinsumprägung 6127
Gesteinsumwandlung 6127
Gesteinsuntersuchung 8204
Gesteinswissenschaft 7036
gestelzter Bogen 9425
gesteuerter Überlauf 2101
gestört 2801
 sehr ~ 141
gestörte Lagerstätte 2753
gestörte Probe 2802
gestörter Boden 7947
gestörtes Vorkommen 2753
gestricktes Geotextil 5437
gestricktes Material 5438
gestufte Schichtung 4394
gestundeter Streb 9323, 9354
gestützte Last 69
gesund 3680
gesunder Fels 10336
Gesundheitstechnik 8386
gesunkener Flügel einer Verwerfung 3024
geteilte, aufklappbare Entnahmesonde 9213
Getriebearbeit 9188
Getriebegehäuse 4236, 4237
Getriebekasten 4237
Getriebezimmerung 9188
Gevier 4065
Geviert 4065
gewachsen 699
gewachsener Boden 9635
gewachsener Fels 959
gewachsener Untergrund 958
gewährleistete Drehzahl 4530
Gewährleistung der Betriebsdaten 4531
Gewährleistung der Wirkungsparameter 4531
Gewährleistungsfeld 10082
gewaltsames Austreten 6725
gewaschenes Steinschüttmaterial 10671
Gewässerbett 1628
Gewässerkunde 4874
Gewässerrinne 1628
Gewicht 10797
Gewicht einer Messung 10802
gewichtete Nettofallhöhe 10799
Gewichtmauern 4443
Gewichtsanzeiger 2971
gewichtsbelastetes

Rückschlagventil 4092
Gewichts-Bogenmauer 561
Gewichtskontrollmesser 2971
Gewichtsmauer 4443
Gewichtsperren 4443
Gewichtsperrmauern 4443
Gewicht-Stützmauer 4447
Gewichtsverlust 5798
Gewichts-Widerlager 4441
Gewinderohr 8468
Gewindeschneidemuffe 8266
Gewindeschneidenippel 8281
Gewinn 7548
gewinnbares Erdöl 2874
gewinnbares Öl 2874
gewinnbare Vorräte 7823
gewinnbringende Bohrung 1868
gewinnbringende ErdölBohrung 1868
Gewinnschwelle 1225
Gewinnung 4326, 10897
Gewinnung durch Wasserfluten 10696
Gewinnung durch Wassertrieb 10696
Gewinnung im Steinbruch 7675
Gewinnungsfeld 10874
Gewinnungsgrad 7577
Gewinnungshorizont 6884
Gewinnungsschicht 10873
Gewinnungsverfahren 3487
Gewitter 10025
gewobenes Geotextil 10917
gewobenes Material 10918
gewogenes Mittel 10801
Gewölbe 550
Gewölbeachse 470
Gewölbebildung in Böden 563
Gewölbekern 555
Gewölbemauern 556
Gewölbemauerung 574
Gewölbereihen-Pfeilerstaumauer 6373
Gewölbereihenstaumauer 6374
Gewölberücken 10519
Gewölbespeicher 471
Gewölbestaumauern 556
Gewölbestein 571
Gewölbetheorie 573
Gewölbeziegel 553
gewölbt 10520
gewölbte Kappe 1384
gewundene Strömung 10298
gewünschte Wirkung 2568
Geyserit 4328
Geysir 4327
gezahnter Rohrschuh 8275
Gezeitenbecken 10026
Gezeitendelta 10029
Gezeitenfall 3536

Gezeitenminderungssperre 3384
Gezeitenschichtung 10027
Gezeitensediment 10030
Giebelfeld 10318
Gießbach 10109
Gießbachrinne 847
Giftkies 608
Giobertit 5878
Gipfelflur 9656
Gips 4555
Gipsalabaster 291
Gipserspachtel 3794
Gitterfaltung 2244
Gitterrost 4430
Gittersieb 4462
Gitterwalze 4457
Glacis 6909
Glanzbraunkohle 7155
glänzender Harnisch 7300
glänzender Rutscharnisch 7300
glänzende Tonhaut 8956
Glasachat 6581
Glasbedachung 4359
Glasdachkonstruktion 4358
Glasfaser 4352
Glasfaserbeton 4353
Glasfüllungsplatte 4356
Glaskanal 3913
Glaslava 6581
Glasmessgefäß 4355
Glasmesskolben 4354
Glasschiebetür 4360
Glastrennwand 4357
glatt 9029
Glätten 3665, 3799
glatte Pfeilerstaumauer 3772
glatte Rundstahlstäbe 7165
glattes Sprengen 9032
Glättkelle 9031
Glattmantelwalze 3774
Glättmaschine 10253
Glattputz 9030
Glättputz 9030
Glattputzen 3798
Glattsprengen 9032
Glattverputz 9030
Glattwalze 3767, 3774, 9033
Glattwandsprengen 9032
glazial 4331
Glazialablagerungen 4334
glaziale Kiesablagerung 3376
Glazialerosion 4336
glazialer See 7550
glazialer Seeabsatz 4349
glazialer Zyklus 4333
glaziales Geschiebe 6305
Glazialgeologie 4348
Glazialschutt 4334
Glazialschüttungen 4334
Glazialsee 7550

glazial überformter Riegel 4342
Glazialzeit 4335
glazilimnischer Absatz 4349
glaziofluvial 526
Glaziofluvialablagerung 3931
Glaziofluvialterrasse 3933
Glaziologie 4350
glaziomarin 4339
Gleichachsigkeit 1791
Gleichdrucklinie 5284
gleicher allseitiger Druck 1995
Gleichflanschprofil 5375
gleichförmig abgestufter Boden 10386
gleichförmige Bewegung 10387
gleichförmige Dilatation 10384
gleichförmiger Boden 10386
gleichförmiges Fließen 10385
gleichförmige Strömung 10385
Gleichförmigkeitsbeiwert von Kramer 5439
Gleichförmigkeitsfaktor von Kramer 5439
Gleichförmigkeitsgrad 313
Gleichförmigkeitszahl 313
Gleichförmigkeitsziffer 313
Gleichgestaltigkeit 5302
Gleichgewicht 3331
Gleichgewichtsprofil 7546
Gleichgewichtszustand 9339
Gleichheitsprüfer 2625
gleichkörniger Boden 10386
gleichmäßige Grundwasserspiegel-absenkung 8054
gleichmäßige Grundwasserspiegelsenkung 8054
gleichmäßige Produktionsrate 8677
gleichmäßig geneigte Aufnahmen 9790
Gleichmittigkeit 1950
Gleichradienbogenmauer 2022
Gleichrichter 7836
gleichsinnige Verwerfung 2243, 2695
Gleichstrom 2701
Gleichwinkelbogenmauer 2020
gleichzeitiges Bohren 8877
Gleißschotter 804
Gleißschotterbett 804
Gleitbogen 8974
Gleitebene 8988
gleiten 8984
Gleiten 8958
Gleitextensometer 8968
Gleitfeder 9231
Gleitfestigkeit 8003
Gleitfläche 8963, 8990, 9718

Gleitfuß 9424
Gleitkappenausbau 8961
Gleitkeilberechnung 10786
Gleitkeiltheorie 10790
Gleitkreis 8985
Gleitkufe 8921
Gleitlager 7161
Gleitlinie 8990
Gleitlösen 8989
Gleitmikrometer 8972
Gleitmodul 6263
Gleitreibung 3071
Gleitringausbau 10946
Gleitschalung 8970
Gleitschicht 6616, 8989
Gleitschütz 9017
Gleitsicherheit 8922
Gleittektonik 4362
Gleitung 8958
Gleitungsbruch 10309
Gleitwinkel 419
Gletscher 4344
Gletscherabfluss 13
Gletscherablagerung 2936
Gletscherabrasion 4340
Gletscher Abschmelzen 13
Gletscherausnagung 4336
Gletscherbrekzie 2935
Gletscherbruch 8623
Gletschereisstiel 8623
Gletschererosion 4336
Gletscherfall 4935
Gletschergeröllablagerung 10476
gletscherhaft 7549
Gletscherkartierung 4338
Gletscherkratzen 4341
Gletscherkunde 4350
Gletscherlawine 4926
Gletschermassentransport 4336
Gletscher mit mehreren Zuströmen 1911
Gletschermühle 4346, 6327
Gletscherritzen 4341
Gletscherrückgang 4347
Gletscherrückzug 4347
Gletscherschrammen 4341
Gletscherschutt 10041
Gletscherschwund 2472
Gletscherspalt 2220
Gletscherspalte 2220
Gletscher-Spalte 2220
Gletschertopf 6327
Gletschertrichter 4346
Gletschervorrücken 4345
Gletschervorschub 4345
Gletschervorstoß 4345
Glimmer 1040, 6145
glimmerartig 6146
glimmerhaltig 6146
glimmerig 6146

Glimmerschiefer 6147
Glimmerton 4951
globale Berechnung 4363
globale Koordinate 4364
Globaltektonik 7219
Globulit 4367
Glockenfänger 8267
Glockenturm 972
Glockenventil 973
Glückshaken 3699
glühende Schuttlawine 4368
Glühverlust 5799
Glutflussgestein 4949
Glutlawine 4368
Gluttuff 4950
Glutwolke 6548
Gneis 4369
gneisähnlich 4370
Gneisgestein 4369
gneisig 4370
gnomonische Karte 4371
gnomonische Projektion 1585, 4372
gnomonische Reziprokalprojektion 4373
Goethit 4376
Golderzbergwerk 4377
Golf 47, 4547
Goniometer 4380
Goniometrie 6053
gothische Architektur 4384
gothisches Gewölbe 4386
Göthit 4376
Gotik 4384
GÖV 4215
GPS 4365
Graben 4391, 8096
 unter dem Eis befindlicher tiefer schmaler ~ 9602
Grabenaushub 10208
Grabenbagger 10209
Grabengürtel 8097
Grabenstörung 8986
Grabensystem 8097
Grabenverfüllgerät 770
Gräben ziehen 10207
Grabkettenbagger 10209
Grad 4392
Grad der Ausnutzung des Kraftwerkes 7192
Grad der Füllung 6928
Grad der Intensität 5183
Grad der Luftsättigung 287
Gradeinteilung 4406
Gradient 4396
Gradienten-Verfahren 4399
gradierte Schichtung 4394
Gradierung 4394
Gradteilung 4406
Granatit 9360

Granit 4415
Granitisation 4417
Granitisierung 4417
Granittektonik 4416
granophyrische Struktur 4418
granulometrisch 4423
graphische Aufzeichnung der Ergebnisse 4427
graphische Auswertung 4426, 1894
graphische Fehlertafel 3358
Graphit 4428
Grasaussaat 9145
Grasbewehrter-Hochwasserüberlauf 7901
Grasplagge 9057
Grat 607
Gratbalken 8094
Grauspießglanz 485
Grauwacke 4449
Grauwackegebirge 10169
Gravimeter 4436
Gravimetrie 4438
gravimetrische Analyse 4437
Gravitation 4439
Gravitationsfeld 4444
Gravitationsgradient 4446
Gravitationskraft 4445
Gravitationstektonik 4362
gravitativer Gradient 4446
Greifbagger 1709
Greifer 4461
Grenzabfluss, bei dem der Geschiebetransport einsetzt 5636
Grenzbelastung 2233, 9537
Grenze 1192, 5635
Grenzfläche 5202, 5642
grenzflächenaktive Bohrspülung 9731
grenzflächenaktive Spülung 9731
Grenzflächenspannung 9725
Grenzfluss 7792
Grenzgeschwindigkeit 2237
Grenzgleichgewicht 5638
Grenzkosten 5031
Grenzlinie 1192
Grenzpfeiler 856
Grenzschalter 5645
Grenzschicht 1190, 10751
Grenzschicht-Kavitation 1191
Grenzschichtradioaktivitäts-diagramm 4184
Grenzspannung 5639
Grenzstein 918, 5985
Grenztiefe 2229
Grenzwert 5635
Grey-Träger 2652
griechische Architektur 4450
Grießschnee 4422

Griffigkeit 8922
Grobaushub 3407
grobbankig 9505
Grobbrecher 7494
grobe Feuchtigkeit 4093
grob einstellen 7284
grober Sand 1783
grober Steinwurf 599
grobe Zuschlagstoffe 1782
grobkörniger Sand 1783
Grobmahlgestein 10331
Grobmylonit 10331
Grobrechen 1784
Grobsand 1783
Großbohrloch 1012
Großbohrlochbohren 1013
Größe 5901, 7673
Größenfaktor 8918
Größenordnung 5901
Größensystem 9810
größere Hauptspannung 5926
große Talsperre 5500
Großgraben 8097
Großloch 1012
Großlochbohren 1013
Großpore 5866
Großreparatur 5927
größter Volumendurchfluss 6026
größter Volumenstrom 6026
größtes Trockenraumgewicht 7535
größtes wahrscheinliches Beben 6024
größtes wahrscheinliches Erdbeben 6024
Größtwert 6900
Grossular 4469
Großwasserkraftwerk 4659
Großzyklus 6097
Grube 1841
Gruben 6187
Grubenausbau 9676
Grubenbau 2932
Grubengas 6134, 6187
Grubengasabsaugung 3671
Grubengebäude 10361
Grubenhelm 8340
Grubenkappe 8340
Grubenkranz 765
Grubenlampe 8342
Grubenluft 6187
Grubenschreitausbau 7377
Grubensicherheit 8341
Grubensohle 6881
Grubenwasser 10362
Grubenwetter 617
Grundablass 1178
Grundablassschieber 1183
Grundauslass 1178
Grundbau 4029

Grundbautechnik 4029
Grundbegriffe der Mechanik 887
Grundbruch 4810
Grundbruch im engeren Sinne 4617
Grundbruch infolge Durchsickerung 8539
Grundbuch 5485
Grundeinheit 884
Grundeis 863
gründen 4026
Grunderwerbs- und Entschädigungskosten 5481
Grundfehler 5250
Grundflächenzahl 8915
Grundgebirge 877
Grundgeräusch 354, 6166
Grundgeschwindigkeit 4486
Grundgestein 877
Grundgrößen 881
Grundlastkraftwerk 876
Grundlinie 873, 874
Grundmauer 4044
Grundmoräne 4476
Grundplatte 4038
Grundriss 7187
  im ~ gekrümmte aufgelöste Staumauer 554
  im ~ gekrümmte Gewichtsmauer 2323
  im ~ gekrümmte Gewichtsstaumauer 2323
Grundrissaufnahme 7185
Grundrisslage 7184
Grundschwelle 8861, 8947
Grundsohle 1176
Grundstellung 10972
Grundstrecke 1176
Grundstückabmessungen 8909
Grundstückentwässerungssystem 8910
Gründung 4040
Gründungen 4040
Gründung in geklüftetem Fels 5361
Gründungsbau 4029
Gründungsbehandlung 4042
Gründungsbohren 4028
Gründungseigenfrequenz 6423
Gründungsfels 4039
Gründungsfuge 4033
Gründungsgestein 4039
Gründungsgraben 4043
Gründungsmauer 4044
Gründungssohle 3980
Gründungspfahl 4036
Gründungspfeiler 4035
Gründungsplan 4037
Gründungsplatte 4031, 4041, 7728

Gründungsrost 4459
Gründungssohle 9605
Gründungsstabilität 9279
Gründungstechnik 4029
Gründungstiefe 4027
Gründungswand 4044
Gründungswesen 4029
Gründungszeichnung 4037
Grundvermessungsplan 888
Grundverschluss 1170
Grundwasser 4489
Grundwasserabfluss 4492, 4498
Grundwasserablauf 4492, 4498
Grundwasserabsenkung 2904, 4494, 4495
Grundwasserabstand 4501
Grundwasserader 4490
Grundwasseranreicherung 4496
Grundwasser-Anreicherungsbrunnen 7812
Grundwasseranstieg 4497
Grundwasserbett 528
Grundwasserdeckschicht 1994
Grundwasserdicke 4501
Grundwasserdurchlässigkeit 2393
Grundwassereinsickerung 4496
Grundwasserentnahme 4494, 4495
Grundwasserentziehung 4495
Grundwasserentzug 4495
Grundwasserergänzung 4496
Grundwasserführende Schicht 528
Grundwassergeringleiter 527
Grundwasserhemmer 527
Grundwasserhöhenkurve 3334
Grundwasserhöhenlinie 3334
Grundwasserhorizont 528, 4500
Grundwasser im Grundwasserleiter 535
Grundwasserisohypse 3334
Grundwasserkörper 1989, 4489
Grundwasserleiter 528, 10688
Grundwasserleiteraufschluss 533
Grundwasserleiterdicke 542
Grundwasserleiterleckage 536
Grundwasserleiterleistung 538
Grundwasserleitermächtigkeit 542
Grundwasserleiter mit artesischem Wasser 611
Grundwasserleiter mit gespanntem Wasser 1989
Grundwasserleiter mit schwebendem Wasser 6933
Grundwasserleiterreinigung 539
Grundwasserleitersäuberung 539
Grundwasserleitersohle 530
Grundwasserleiterstollen 534
Grundwasserleitersystem 540

Grundwasserleiterverdichtung 531
Grundwasserleiterverschmutzung 532
Grundwasserleiterverunreinigung 532
Grundwassermächtigkeit 4501
Grundwasserneubildung 4496
Grundwassernichtleiter 544
Grundwasseroberfläche 4500
Grundwasserpumpe 10364
Grundwasserscheide 4491
Grundwassersenkung 4495
Grundwasserspiegel 4500
Grundwasserspiegelanstieg 4497, 5028
Grundwasserspiegelhöhe 4493
Grundwasserstandsgleiche 3334
Grundwasserstauer 544
Grundwasserstockwerke 4499
Grundwasserversickerung 4496
Grünfläche 4429
Grünflächen 4429
Grungbestandteil 5853
Grüngürtel 4451
Grunkörper 958
Grunwasserdruck auf Bauwerkssohle 10426
Gruppenbau 8878
Gruppenfolgesteuerung 821
gruppenweise Fernsteuerung 7939
Guano 4528
Gufferlinie 6090
Gummiradwalze 7262
Gummireifenvielfachwalze 7262
Gummiring 8313
Gummivielrad-Verdichtungswalze 7262
Gummiwalze 7262
Gurt 7648, 10656
Gurtgewölbe 8090
Gurtlader 975
Gussasphalt 6102
Gussblock 1967
gut abgestuft 10816
gut abgestufte Kornverteilung 10816
Güte der Konstruktion 7670
gütegesicherter Beton 7669
Gütegrad 3150
Gütegrad der Konstruktion 7670
Güteindex für den Gesteinskerngewinn bei Aufschlussbohrungen 8312
Güteüberwachung 7668
gut sortiert 10816
Gyroskop 4558

Haareis 6449

Haarriss 6152
Haarröhrchenanziehung 1407
Haarröhrchensaum 1410
Haarröhrchenzone 1410
hadal 4562
Hafenbecken-Pumpe 2820
Haften 149
Haftfestigkeit 1119
Haftgrenze 9416
Haftkraft 1118
Haftpflicht 5600
Haftpflichtrisiko 10003
Haftpflichtversicherung 5601, 10002
Haftreibung 9344
Haftung 384, 1118, 5600
Haftvermögen 1119
Haftwasser 6915
Haftwasseranteil 9166
Haftwassersättigung 8007
Hahnenbalken 10088
Hainbalken 10088
Hakenbügel 10325
Hakenfänger 3699
halbautomatisch 8599
Halbfreiluft-Kraftwerk 8602
halbgefrorenes Eis 4073
Halbgezeitenbecken 10026
Halbkarst 8715
Halbraum 4565
halbsphärisches Gewölbe 2310
Halbtauchanlage 9624
Halbtauchbohranlage 9624
halbtauchende Bohrinsel 8603
Halbtidebecken 10026
halbversenkbare Bohrplattform 8603
Halloysit 4714
Halo 4563
Haltbarkeit 3055
Haltbarmachung 7434
Haltebolzen 5749
Haltefeder 5752
Haltepfahl 9252
Halter 8040
Haltungstor 5613
Hämatit im engeren Sinne 7842
Hammer 4568
hammerbar 3048
Hammermühle 4571
Hämmern des Läufers 7367
handbetätigtes Ventil 5949
Handdrehbohrung 692
Handkurbel 4572
Handmesskamera 4574
Handmesskammer 4574
Handpumpe 4577
Handregister 3606
Handstück 4578
Handversatz 4575

Handvollversatz 9118
Hang 8993
Hangdrän 1497
Hängebrücke mit großer Spannweite 5785
Hängegletscher 4580
Hangendausbruch 3535
Hangende 4581, 8247
Hangendes 4581, 8247
hangendes Flöz 6779
hängendes Tal 4582
Hangendgeber 8253
Hangendkohle 8241
Hangendpacken 2925
Hangendstufe 8251
Hangendwulst 8215
Hängetal 4582
Hängewerk 8254
Hangkrater 9640
Hangschutt 2585
hangseitige Schüttung 4688
harmonischer Abbau 4591
Harnisch 8956
Harnischfläche 7300
Hartbraunkohle 5627
Härte 4587
Härten 4584
Härteprüfgerät 4589, 8434
Härteprüfung 4588
Härter 4585
harter Giftkies 608
hartes Gestein antreffen 4325
hartes Gestein bohren 4324
hartes Negativ 4586
Hartmetallmeißel 10275
Hartstahl 4590
Härtung 4584, 9484
Harz 6430
Harz-Kleber 8008
Harz-Mörtel 8012
Haufenschüttung 7116
Haufwerk 1128, 6339, 8797
Hauptachse 7492
Hauptachsen 7507
Hauptachsenkreuz 9811
Hauptarbeiten 5925
Hauptarm 5903
Hauptbalken 5902
Hauptbewehrung 5909
Hauptbinder 5902
Hauptebene des Objektivs 7513
Hauptentlastungsanlage 5912
Hauptfalte 5905
Hauptformänderung 7509
Hauptgang 5924, 6316
Hauptgasleitung 4220
Haupthangendes 5910
Haupthorizont 4752
Haupthorizontale 757
Haupthorizontalebene 4746

Hauptinjektionsschirm 5906
Hauptkippachse 5921
Hauptkontrollverschluss 5904
Hauptläufer 5934
Hauptlotebene 7512
Hauptmast 4603
Hauptmulde 9795
Hauptpunkt 7514
Hauptpunktstriangulation 7516
Hauptquerschnitt des Sperrenbauwerkes 6025
Hauptrahmen 6010
Hauptsattel 475
Hauptschieber 6009
Hauptsenkrechte 5907
Hauptspannung 7517
Hauptspannungsachsen 742
Hauptspannungstrajektorien 10153
Hauptstörung 2828
Hauptstromrinne 10028
Hauptträger 5902
Haupttriangulation 7500
Haupttür 4140
Hauptventil 5922
Hauptverformungen 7509
Hauptverschwindungspunkt 5923
Hauptversuch 5920
Hauptvertikale 5907
Hauptverwerfung 2828
Hauptwaagerechte 757
Hauptwand 5708
Haus 4763
Häutchenwasser 6915
Havariebehebung 3697
hawaianische Tätigkeit 4594
Hawaiitätigkeit 4594
Hebekabel 5614
Hebekran 4700
Hebelarm 5599
heben 4615
  sich ~ 2209
Heben der Sohle 4616
Heberauslauf 2727
Hebereinlauf 8901
Heberüberfall 8902
Heberwasserturbine 8903
Heberwehr 8904
Hebetraverse 5611
Hebevorrichtung 5327
Hebewerk 8268
Hebewerkstrommel 4701
Hebewinde 5327
Hebezeuge 4702
Heißteerbeton 4760
Heißwasserpumpe 4761
Heizkessel 1110
Heizungskessel 1110
Helikoaxialpumpe 2620
Helikoidalradpumpe 4639

Helligkeit 1732
Hemimorphie 4643
hemimorphischer Kristall 4642
Hemisphäre 4644
herausdrücken 3495
Herauslösen 5703
Herauslösung 5703
herausquetschen 9268
Herausziehen der Verrohrung 1484, 7826
Herausziehen des Bohrgestänges 2980
Herausziehen des Gestänges 2980
herbeigeführte Wirkung 5058
Herd 3956, 5869
Herdasche 1163
Herdgraben 10074
Herdmauer 2159, 2339
Herdtiefe 3942
hereinbrechen 1516
Hereinbrechen des Hangenden 1517, 1525, 3535
hereinfalten
  sich ~ 3970
Hereinrollen 3920
hereinschieben
  sich ~ 3865
Hering 8674
Heringsgrätenparkett 4647
herkömmliches Bohrverfahren 2110
Herrichtung einer Bohrung 1901
Hersteller 5950
Herstellung von Maschinen 5861
herunterbringen 8895
heterogen 4648
heterogene Mischung 4650
heterogenes Feld 4649
heterogenes Gestein 4651
Hetz-Jagd 4779
hexagonales Muster 4653
Hiatus 2644, 4196
Hilfsbasis 723
Hilfsbohrloch 7931
Hilfsbohrmeister 658, 8103
Hilfsmesseinrichtung 725
Hilfssprengstoff 1072
Hilfsstempel 1496
Hilfsüberlauf 728
Hilfsventil 729
Hilfsvorrichtungen 724
Hilfswehr 9632
Hindernis 795
Hinterdrän 1497
hinterer Kämpferdruck 7805
hinterer Objektivhauptpunkt 5228
Hinterfüllen 769
hinterfüllen 768
Hinterfüllmaterial 772
Hinterfüllung 769

Hinterfüllungsmaterial 772
Hinterkipper 7806
Hintermörteln 773
hinterpacken 768
hinterpressen 774
historische Geologie 4694
Hitzeblitz 9655
Hitzebohren 9972
HL 4602
Hochbau 565
Hochbild 7930
Hochbohrung 8134
Hochbruch 7743
Hochdruckanlage 4666
Hochdruckbohrloch 4678
Hochdruckbohrung 4678
Hochdruckkraftwerk 2381
Hochdruckpumpe 4677
Hochdruckspülpumpe 4676
Hochdruck-Turbine 4668
Hochdruckwasserkraftwerk 2381
Hochdruck-Wasserkraftwerk 4667
Hochdruck-Wasserturbine 4668
hochfester Beton 4684
Hochflut 3823
Hochgebirge 4673
Hochgebirgsrelief 332
hochgebrochener Schacht 7743
Hochgeschwindigkeitsklimaanlage 4686
Hochgeschwindigkeitsmischer 4681
Hochhaus 8932
hochheben 5328
Hochleistungs-Verflüssiger 9664
Hochlöffelbagger 3512
Hochmoortorf 4672
Hochofen-Portlandzement 7337
Hochofenschlacke 1067
Hochofenschlackenzement 7337
Hochofenzement 1068, 7337
Hochpuffen 1113
Hochsee 2436
Höchstdruckzusatzstoff 3493
Höchst-Einsickerungsgeschwindigkeit 5073
höchstes Hochwasser 5501
höchstes monatliches Hochwasser 6300
höchstes Stauziel 6035
höchstes Trockenraumgewicht 7535
höchstes verzeichnetes Hochwasser 5501
höchstes wahrscheinliches Beben 6024
höchstes wahrscheinliches Erdbeben 6024

höchstes wahrscheinliches Hochwasser 7529
Höchstförderung 6899
Höchstschaden 6030
Höchst-Versickerungsgeschwindigkeit 5073
Höchstwirkungsgrad 6892
höchstzulässige Bauhöhe 6023
Hochwasser 3823
Hochwasserabfluss 3836
Hochwasserabflussberechnung mit Rückhalt in und außerhalb des Flusses 8146
Hochwasserabflussberechnung mit Rückhalt in und außerhalb des Gerinnes 8146
Hochwasserabflussberechnung mit Speicherrückhalt 7978
Hochwasserabflussmenge 3836
Hochwasserabwehr 3834
Hochwasserauffangbecken 3830
Hochwasseraufzeichnungen 3848
Hochwasserbauten 3833
Hochwasserbecken 3830
Hochwasserberechnung mit Becken 7978
Hochwasserberechnung mit Speichern 7978
Hochwasserbett 3845
Hochwasserdeich 3835
Hochwasserentlastung mit Fächereinlauf 3542
Hochwasserentlastung mit kreuzenden Wurfstrahlen 2246
Hochwasserentlastungsanlage 9192
Hochwasserentlastung unter Druck 9621
Hochwasserganglinie 3840
Hochwassermarke 3843
Hochwasserregelung 3828
Hochwasserreglung 3828
Hochwasserregulierung 3828
Hochwasserregulierungsbauten 3833
Hochwasserrückhalt 3832
Hochwasserrückhaltebecken 3830
Hochwasserrückhaltung 3832
Hochwasserscheitel 3844
Hochwasserschutz 3834
Hochwasserschutzbauten 3833
Hochwasserschutzdamm 2672
Hochwasser-Schutzraum 3832
Hochwasserschutztalsperre 3829
Hochwasserspeicher 3830
Hochwasserspeicherbecken 3830
Hochwasserspitze 3844
Hochwasserstaubecken 3830

Hochwasserstatistik 3848
Hochwasserüberlauf 9723
Hochwasserufer 3827
Hochwasservorhersage 3837
Hochwasservorhersage-System 3838
Hochwasservorhersagesystem 3846
Hochwasserwahrscheinlichkeit 3847
Hochwasserwarnung 3850
hochwertiger Portlandzement 4661
hochwertiger Stahl 4685
Hof 2190, 4567
Hofablauf 10928
Hofeinlauf 10928
Höhe 347
Höhe der Drucklinie 4812
Höhe der Piezometerlinie 4812
Höhenaufnahme 5591
Höhenberechnung 4630
Höhenbestimmung 2579
Höhenbolzen 5595
Höhendiagramm 2623
Höhenfehler 3364
Höhenfestpunkt 979
Höhenindex 7798
Höhenkarte 7934
Höhenkontrollpunkt 6289
Höhenkreis 10552
Höhenkurve 5296
Höhenlinie 5296
Höhenlinienplan 2082
Höhenlinienabstand 2081
Höhenmarke 4632
Höhenmesser 345
Höhenmessung 346
Höhenmessvorrichtung 4633
Höhenparallaxe 10559
Höhenschichtlinie 5296
Höhenstufe 2081
Höhenunterschied 2654
Höhenvermessung 346, 5591
Höhenwinkel 409, 10550
Höhenzeiger 7798
höhere Gewalt 3989
hoher Einlass 4670
Höhe über dem Meeresspiegel 3221
Höhe über dem Meerspiegel 3221
Höhe über Gelände 4628
Höhe über NN 3221
Höhe über Normalnull 3221
Hohlbetonziegel 4709
Hohldeich 1550
Höhle 1512
Höhleninhalt 9181
Höhlenkunde 9180
höhlenreich 1519

Hohlkastenträger 1201
Hohlkehlmeißel 4388
Hohlpfeiler-Mauer 4710
Hohlpfeilerstaumauer 4710
Hohlraum 1542, 7325
Hohlraumanteil 6929
Hohlräumer 4712
Hohlraumgehalt 7329
Hohlrauminhalt 10634
Hohlraumprozente 6929
Hohlraumvolumen 10634
Hohlsteinboden 4708
Hohlstrahlschieber 4711
Hohlvolumen 7325
holländischer Dachziegel 3061
Holm 10656
Holokarst 2434
Holozän 4715
Holsog 1527
Holz 10052, 10883
Holzausbau 10889
Holzeinlage 5543
Holzfaserplatte 10890
Holzkappe 10888
Holzkasten 10884
Holzläufer 5781
Holzpfahl 10055, 10886
Holzpfeiler 9121
Holzpflock 10886
Holzschrank 10884
Holzstempel 10887
Holzverbau 10054
Holzwehr 10056
Homo erectus heidelbergensis 4627
homogen 4717
Homogenbereich 4722
homogene Mischung 4720
homogenes Feld 4719
homogenes Gemisch 4720
homogenes Gestein 4721
homogene Zone 4722
homolog 4723
Hookesches Gesetz 4727
Horizont 4279, 4729, 5202, 9093
horizontal 100
Horizontalachse 4733
horizontal Arbeitsfuge 4741
Horizontalaufnahme 7072
Horizontalebene 4745
horizontale Durchlässigkeit 4744
horizontale Parallelschichtung 6701
horizontale Permeabilität 4744
horizontales Bohren 4739
horizontale Schublänge 4737
horizontales Kontrollnetz 4736
horizontale Verwerfung 4740
horizontale Wasserturbine 4750, 4751

Horizontalfuge 4741
Horizontalkreis 4735
Horizontal-Magnetometer 4742
Horizontalparallaxe 4743
Horizontalprojektion 4747
Horizontalpumpe 4748
Horizontalschichtung 7169
Horizontalsteife 9585
Horizontalverschiebung 4740
Horizontalwinkel 4732
Horizontalwinkelmessung 6072
Horizontebene 4731
Horizonthauptpunkt 7276
Horizontierung 8673
Horizont-Schrägluftaufnahme 4674
Horizont-Schrägluftbild 4674
Hornfels 1655, 4753
Hornstein 1655, 3791
Horst 4754
Hosenrohr 1010
Hub 5610, 9569
Hubbard-Gletscher 4770
Hubbegrenzungsloch 1080
Hubbohranlage 8586
Hub-Bohrinsel 8586
Hubbohrplattform 8586
Hubfähigkeit 5711
Hubgeschwindigkeit eines Wippkrans 5615
Hubhöhe 9569
Hubinsel 8585
Hublader 3219
Hübnerit 4771
Hubplattform 8585
Hubschrauberdeck 4640
Hubschrauberlandedeck 4640
Hubseil 5614
Hubsystem 5330
Hubtor 5613, 10557
Hubventil 5616
Hubventil mit nachgiebiger Rundscheibe 3777
Hufeisenbogen 5790, 6792
Hufeisendüne 831
Hufeisenkrümmung 6792
Hügel 4777
hügeliges Gelände 10376
Hüllkurve 6267
Hülsenventil 8950
Humbolt-Gletscher 4773
Humboltstrom 6992
Huminsäure 4774
Humus 4778
Hüttenportlandzement 7337
Hüttenzement 1068, 8936
Hydrat 4780
Hydratation 4782
Hydratation des Zementes 4783
Hydratationswärme 4614

Hydrationszeit 8671
hydratisieren 4781
Hydraulik 4835
Hydraulikanlage 7246
Hydraulikfluid 4803
Hydraulikmodell 4823
Hydraulikpiezometer 4828
Hydraulikpumpe 4833
Hydraulikstrahlperforation 4814
Hydrauliksystem 4842
hydraulisch betätigtes Ventil 4786
hydraulische Auffüllung 4818
hydraulische Axialturbine 746
hydraulische Dichtung 4827
hydraulische Energie 4798
hydraulische Höhe 4812
hydraulisch einschiebbarer Stempel 2835
hydraulische Kreiselmaschine 4845
hydraulische Leistung 4830
hydraulische Leistungsfähigkeit 4797
hydraulische Leitfähigkeit 2393, 4790, 6971
hydraulische Maschine 4822
hydraulische Maschine in Großausführung 4159
hydraulische Motoren 4826
hydraulisch entlastetes Ventil 4785
hydraulischer Akkumulator 4784
hydraulischer Antrieb 4793
hydraulischer Drehmomentwandler 4843
hydraulischer Druckhöhenunterschied 4811
hydraulische Reibung 4806
hydraulischer Filter 4802
hydraulischer Generator 4807
hydraulischer Grundbruch 4810
hydraulischer Grundbruch im engeren Sinne 4617
hydraulische Rissbildung 4804
hydraulische Rohrturbine 7142
hydraulischer Piezometer 4828
hydraulischer Radius 4834
hydraulischer Speicher 4784
hydraulischer Stempel 4832
hydraulischer Steuerkreis 4837
hydraulischer Stoßdämpfer 4840
hydraulischer Turbogeneratorensatz 4863
hydraulischer Umformer 4791
hydraulischer Verlust 4819
hydraulischer Verstärker 4813
hydraulischer Verteiler 4792
hydraulischer Verteilerblock 4792
hydraulischer Vibrator 4846

hydraulischer Wirkungsgrad 4796
hydraulischer Zement 4788
hydraulisches Antriebssystem 4795
hydraulisches Aufbrechen 4804
hydraulisches Aufreißen 4804
hydraulisches Bindemittel 4787, 4788
hydraulische Servomotoren 4838
hydraulisches Gefälle 4809
hydraulisches Leitvermögen 2393
hydraulisches Leitvermögen 6971
hydraulisches Modell 4823
hydraulisches Moment 4824
hydraulisches Potentiometer 4829
hydraulisches Rissbildungsverfahren 4805
hydraulisches Risserzeugungsverfahren 4805
hydraulisches System 4842
hydraulische Steuersysteme 4839
hydraulische Strömungsmaschine 4845
hydraulische Trennvorrichtung 2349
hydraulische Turbine 4847
hydraulische Turbogeneratorengruppe 4863
hydraulische Verluste 4820
hydraulische Verlusthöhe 4821
hydraulische Vorschubregelung 4800
hydraulische Zentrifugalturbine 6748
hydraulische Zentripetalturbine 1605
hydraulisch gesteuertes Ventil 4786
hydraulisch glatte Leitung 4882
hydraulisch rauhe Leitung 4881
Hydrierung 1774
hydroakustische flächenhafte Meerbodenmessung 8826
hydroakustische flächenhafte Meeresbodenmessung 8826
Hydroantriebssystem 4795
Hydrobau 4799
Hydrobautechnik 4799
hydrochemisch 4851
Hydrodynamik 4859
hydrodynamisch 4854
hydrodynamische Antwort 4858
hydrodynamische Druckkraft 4860
hydrodynamische Gleichung 4855
hydrodynamische Kraft 3073
hydrodynamische Leitfähigkeit 4856

hydrodynamischer Druck 4857
hydrodynamischer Schub 4860
hydroelektrische Energiegewinnung 4864
Hydroenergetik 4892
Hydroexplosion 4865
Hydrogenerator 4807
Hydrogeochemie 4868
hydro-geochemische Prospektion 4852
Hydrogeologie 4869
Hydrogetriebe 4844
Hydroglimmer 4951
Hydrograph 4870
hydrographischer Einheitswert 10391
Hydrolakkolith 7132
Hydrologie 4874
Hydrologie des Grundwassers 4276
hydrologische Aufzeichnungen 4873
hydrologische Daten 4872
hydrologischer Kreislauf 4871
hydrologischer Zyklus 4871
Hydrolyse 4875
Hydromagnetik 5894
Hydromechanik 4877
hydromechanisches Antriebssystem 4876
Hydrometeorologie 4879
hydro-meteorologische Methode 4878
Hydrometer 200
Hydrometeranalyse 4880
Hydrometrie 4887
hydrometrische Messstation 4886
hydrometrischer Apparat 4885
hydrometrischer Flügel 4883
hydrometrischer Schwimmer 4884
hydrometrisches Instrument 4885
hydrometrisch glatte Leitung 4882
hydrometrisch rauhe Leitung 4881
Hydromotoren 4826
hydrophile Emulsion 4888
hydrophober Zement 10722
Hydrophon 4889
Hydrophorpumpe 4890
hydropneumatische Bohrgestängezange 7395
hydropneumatische Gestängezange 7395
Hydropotentiometer 4829
Hydropumpe 4833
Hydrostatik 4898
hydrostatisch 4894
hydrostatische Druckkraft 9346

hydrostatische Kraft 9346
hydrostatische Druckverteilung 4897
hydrostatischer Druck 4896
hydrostatischer Überdruck 3412
hydrostatisches Getriebe 4844
hydrostatisch gestützter Aufbau auf Sand 4895
Hydrosystem 4842
hydrothermal begründete Metamorphose 4902
hydrothermale Durchblutung 4900
hydrothermale Entstehung 4903
hydrothermale Lagerstätte 4901
hydrothermale Lösung 4904
hydrothermale Metamorphose 4902
hydrothermaler Vorgang 4903
hydrothermale Synthese 4905
Hydrothermalumsetzung 4899
Hydroventil 4792
Hydroverstärker 4813
Hydrovibration 10586
Hydrozyklon 4853
Hyetograph 7734
Hygrometer 4906
hygroskopischer Wassergehalt 5093
Hygroskopizität 4908
Hyperbel 4909
Hyperbelauslenkung 6526
Hyperbelcotangens 4911
Hyperbelinversor 4913
Hyperbelkosinus 4910
Hyperbelsekante 4914
Hyperbelsinus 4915
Hyperbeltangens 4916
hyperbolische Differentialgleichung 4912
Hyperstereoskopie 4918
Hyperzyklothem 4917
hypoabyssisches Ganggestein 3065
hypogen 4919
hypogene Quelle 4920
Hypolimnion 4921
Hypomagma 4922
hypothermaler Gang 4923
Hypothese 662
Hypozentrum 3956
Hypsometrie 346
Hysterese 4924
Hysteresis-Schleife 4925

Ic 2013
Ichnofossil 4943
Ichnologie 4944
idiomorph 3387
Idokras 10567

I-Eisenflansch 920
Ignimbrit 4950, 10808
Implikationsstruktur 4418
Illit 4951
Illuvialhorizont 4954
Illuviation 4955
Ilmenit 4956
Imprägnationslagerstätte 4996, 8419
imprägnieren 4993
imprägniert 4994
Impuls der Kraft 5000
inaktive Verwerfung 2410
Inbetriebnahme, Abstellen und Außerbetriebsetzung 8663
Index 8839
Indexeigenschaft 5040
Indexfehler 1847, 3368, 5039
Indikator 5041
Indikatorelement 6876
Indikatorpflanze 5043
indirekte Messmethode 5048
indirekter Schaden 5046
indirekte Spülung 8066
indirekte Wirkung 5044
indirekt gesteuertes Ventil 5047
individueller Drehtischantrieb 5056
Indizierungseigenschaft 5040
Induction-Log 5060
Induktionsbohrlochlog 5060
Induktionslog 5060
induktives Messsystem 1338
Industrieabfall 5064
Industriediamant 5062
Industriemineral 5063
Ineinandergreifen 230
Ineinandergreifen 5214
Infiltration 5072, 5259, 8537
infiltrierte Zone 5257
Informationskernen 9224
infraglazial 9601
Infrarot-Abstandsmessvorrichtung 5087
Infrarotdetektor 5086
Infrarot-Film 5088
Infrarot-Kartierung 5089
Infrarotstrahlung 5090
Infraschall 5091
Ingenieurgeologie 3280
ingenieurgeologische Karte 3279
Ingenieurgeomorphologie 3281
Ingenieurgeophysik 3282
Ingenieurvertrag 2559
Ingenieurwesen 3277
inglazialer Bach 3285
inhomogen 5095
Injektion 4511
Injektionsabschnitt 4507

Injektionsbereich 584
Injektionsbohrloch 4510, 4515
Injektionsbrekzie 5109
Injektionsdiaphragma 4508
Injektionsdichtungswand 4508
Injektionsdüse 5112
Injektionsgerät 4516
Injektionsgut 4505
Injektionsgutaufnahme 4525
Injektionskolonne 4522
Injektionsmittel 4505
Injektionsmörtel 4518
Injektionspacker 4519
Injektionspumpe 4524, 5116
Injektionsrohr 4520
Injektionsschirm 4514
Injektionsschleier 4514
Injektionsstollen 4517
Injektionsteppich 4512
Injektionswasser 5115
Injektionszement 1560
Injizierdüse 5112
Injizieren 4511
injizieren 4504, 5108
Injizierpumpe 4524
Injizierrohr 4520
Inklinometer 1744, 5023
Inkohlung 1772
Inkohlungsgrad 1777
Inkohlungsgradient 1773
inkompetent 5025
Inkrustation 5033
Innenbesichtigung 5123
Innenbogen 606
innen gestauchtes Bohrgestänge 5230
innen gestauchtes Gestänge 5230
Innengewölbe 606
innen glattes BohrGestänge 5224
innen glattes Gestänge 5224
Innenhof 2190
Innenkernrohr 5122
Innenmauer 5213
Innenmoräne 3284
Innenrohrabschneider 5135
Innenrüttler 4972
Innenstempel 5125
innen verstärktes Bohrgestänge 5230
innen verstärktes Gestänge 5230
innere Flüssigkeitsreibung 5227
innere Kraft 5225
innere Orientierung 5124
innere Reibung 5226, 10599
innerer Ertragssatz 7778
inneres Gezeitendelta 10029
inneres Kernbohrrohr 5122
inneres Kernrohr 5122
innere Streckgrenze 5231
Insekt 5133

Insel 7
Inselhang 5167
Inselschelf 5166
in situ 5136
In-Situ-Verbrennungsprozess 3675
Inspektion 5141
Inspektionsstollen 5143
Installation der Maschinen 5145
installierte Leistung 5146
Instandhaltung 5915
Instandsetzung 7954
Instandsetzungs-Anleitung 7956
Instandsetzungs-Anweisung 7956
Instandsetzungsbedingungen 7956
instationärer Abfluss 10418
instationäres Fließen 10418
Instrument 5158
Instrumentarium 5161
Instrumentationszeit 3704
Instrumentenausrüstung 5161
Instrumentenbrett 5165
Instrumentenfehler 5163
Instrumentenhöhe 5159
Instrumentieren 3697
instrumentieren 3690
Instrumentierung 5160
intakte Probe 5176
Integral-Diskriminator 5181
Integralverbindungsstück 5180
Intensität der Kavitation 5184
Intensitätskoeffizient der kritischen Spannung 4059
Interferenz 5203
Interferenzbild 5204
Interferenzfigur 5204
Interferenz-Rippel 5206
Interferometrie 8430
interkontinentaler Gürtel 8097
intermediäres Gestein 5218
intermittierende Arbeitsweise 5220
intermittierende Funktionierung 5220
intermittierende Gasliftförderung 5219
intermittierende Leistung 5220
intermittierende Wirkung 5220
intermontaner Gletscher 5222
Internationales Einheitensystem 5233
internationales geomagnetisches Referenzfeld 5232
interne Erosion 5223
Interpartikel-Porosität 5209
Interpolationsfehler 5237
Interpolieren 5236
Interpretation der Ergebnisse 5239

Intervallgeschwindigkeit 5248
Intrusivbrekzie 2045
Intrusivgestein 5254
Intrusivlager 8857
Intrusivwasser 10699
Invar 5258
invers 5264
Inversion des Reliefs 7933
Inversor 5262
Ionenaustauschfähigkeit 5271
Ionenaustausch-Kapazität 5271
Ionenaustauschvermögen 5271
ionische Ordnung 5272
Ionit 380
Implosion der Kavitationsblasen 4988
I-Profil 4769
I-Profilflansch 920
irdischer Magnetismus 4292
Irisblende 5273
Irrtumsellipse 3225
isländischer Achat 6581
isländischer Kristall 1369
Isobare 5284
Isobarenkarte 5285
isochemische Metamorphose 5286
isochemischer Metamorphismus 5286
Isochore 5287
isochrom 5288
Isochromatenordnung 6679
isochromatische Kurve 5289
Isochrone 5291
Isohyete 5294
Isohyetenkarte 5295
Isohypse 5296
Isoklinalfalte 1437
isoklinalgefaltete Antiklinale 1436
Isoklinalkamm 4698
Isokline 5292, 5293
Isolation 5169
Isolieren 5170
Isolierschicht 5168
Isolierstoffe 5172
Isolierung 5169, 5461
Isolierung zwischen Schichten 5171
Isomorphie 5302
Isomorphismus 5302
Isopache 5303
isoparametrische Elemente 5304
isoseismische Linie 5305
Isoseiste 5305
Isostasie 5306
Isostate 5312
isostatische Anpassung 5307
isostatische Berichtigung 5309
isostatische Kompensation 5308

isostatische Korrektur 5309
isostatischer Ausgleich 5307
isostatischer Druck 5311
isostatisches Gleichgewicht 5310
Isotopenaufbau 5314
Isotopenaustausch 5316
Isotopenfraktionierung 5317
Isotopengeochronologie 5318
Isotopengeologie 5319
Isotopensondierung 5321
Isotopentausch 5316
Isotopenverdünnungsanalyse 5315
Isotopenverhältnis 5320
Isotopenwirkung 5313
Isotopenzusammensetzung 5314
isotrop 5322
isotroper Halbraum 8601
Isotropie 5323
Isozentrum 3951
Istwert der Größe 10256
Itabirit 5324
italienische Bauweise 5325
italienische Tunnelbauweise 5325
It-Platte 8482

Jade 5334
Jadeit 5334
Jagd 4779, 8779
Jagdrevier 4183
Jahr der Fertigstellung 10936
Jahresdurchfluss 453
Jahresdurchflussmenge 453
Jahreshochwasser 451
Jahresschicht 10516
Jahresschichtung 452
Jahresspeicherung 8495
Jahresvolumendurchfluss 453
Jahresvolumenstrom 453
jahreszeitlich bedingtes Hochwasser 8493
jahreszeitliche Schwankung 8494
jährliche Abflusssumme 10934
jährliches Hochwasser 451
 10 ~ 10930
 100 ~ 10931
 1 000 ~ 10932
 10 000 ~ 10933
Joch 10954
Jochholz 5769
Jumboausleger 5377
Jungesellenwohnung 764
jungfräulich 10844
Jura 5383
jurassisches Relief 5382
justierbar 161
justieren 159
Justiermarke 166
Justierschraube 163
Justierung 164

Justierungskurve eines
  Messgerätes 1377
Justiervorrichtung 162
juveniles Wasser 5385
Juxtapositionszwilling 2051

Kabel 1345
Kabelführung 1349
Kabelkern 2143
Kabelkran 1093
Kabelschuh 1350
Kabelseele 2143
Kabelstollen 1354
Kabelstumpf 1348
Kabelverbinder 1347
Kabelvereisung 4936
Kachel 762
Kahlkarst 6405
Kai 7095
Kaimauer 10839
Kalait 10304
Kalamin 9028
Kaldera 1373
kaledonische Faltung 1374
kaledonische Phase 1374
Kaliberlog 1381
Kalibermessdiagramm 1381
Kalibermessung 1382
Kalibrieren 1375
Kalibrierung 1375
kalifornischer Tragfähigkeitswert
  1378
kalifornisches
  Tragfähigkeitsverhältnis 1378
kalifornische Zungenweiche 1379
Kaliumbentonit 5412, 6117
Kalk 5631
Kalkablagerung 1364
Kalkalgen 1363
Kalkarenit 1361
kalkarm 6502
kalkenthaltend 1362
kalkfrei 6502
kalkführend 1362
Kalkgehalt 5633
kalkhaltig 1362
kalkhaltige Flugasche 4671
kalkhaltiger Sand 1365
kalkhaltiger Schiefer 6147
kalkig 1362
kalkiger Mergel 5651
kalkiger Sandstein 1366
Kalklutit 1368
Kalkpelit 1368
Kalkplateau 1509
Kalksand 1365
Kalksandstein 1366
Kalkspat 1369
Kalkspülung 5632
Kalkstein 5634

Kalksteinschicht
  durch Erdöl durchtränkte ~
  7026
  durch Öl durchtränkte ~ 7026
Kalktonerdesprödglimmer 5962
Kalktonschiefer 6147
Kalktuff 10270
Kalkzementmörtel 896
Kalorimeter 1383
Kaltasphaltbeton 1828
kalte Lavine 2934
Kältelehre 2280
Kältekompressor 7870
Kältemittelkompressor 7870
Kältesteppe 10272
kalthumid 6954
Kaltmischgut 1053
Kaltstart 1830
Kaltwasserleitung 1831
Kaltwasserpumpe 1832
Kaltwetterbetonierung 1833
Kaltzeit 4335
Kalzit 1369
Kalziumchlorid 1370
Kambrium 1385
Kame 5386
Kamin 1656
Kamindrän 1657, 5195
Kammeis 6449
Kammer 1620
Kammerbau 8258
Kammergestell 9761
Kammerpfeilerbau 8257
Kammersprengung 1621
Kammschüttung 8093
Kammweschießen 1621
Kampanile 972
Kämpfer 41, 9233
Kämpferdruck 43
Kämpferdruckzone 46
Kämpferlinie 9234, 9237
Kämpferpunkt 9233
kanadisches Bohren 1353
Kanal 1391, 1627, 6635
Känozoikum 1359
Kante 607
Kantenpressung 3130
Kantholz 7832
kantig 431
Kantine 8907
Kantung 9776
Kantungsfehler 9777
Kantungswinkel 418, 422
Kaolin 589, 5387
Kap 7568
kapillar 1405
Kapillaranziehung 1407
Kapillarbeton 1408
Kapillardruck 1413
kapillare Einsaugung 4964

kapillare Steighöhe 4634
kapillare Strömung 1412
Kapillarhohlraum 1411
Kapillarität 1406
Kapillarkonstante 1409
Kapillarsaum 1410
Kapillarwanderung 1412
Kapitalkosten 1415
Kapitalrückflusszeit 6889
Kapitell 1414
Kaplanturbine 5388
Kappe 827
Kappenkette 8306
Kappenreihe 8305
Kappenstempel 7589
Kappenzug 8305
Kappschuh 5367
Kappwinkel 403
Kapselmutter 1416
Kar 1697
Karbon 1429
Karbonatablagerung 1425
karbonathaltig 1362
karbonatisches Sediment 1425
Karbonatit 1426
Karbonatsediment 1425
Kardan 1434
Kardanachsen 1435
kardanisch aufgehängter Kreisel
  4558
Karenzzeit bis zum Beginn der
  Rückzahlung 3416
Karniesbogen 8799
Karst 1509
Karstbildung 5396
Karstbrücke 5389
Karstbrunnen 5335
Karstdoline 8897
Karstebene 5407
Karsterscheinung 5406
Karstfenster 5395
Karstfluss 10360
Karstformation 5401
Karstgasse 5392
Karstgebiet 1509
Karsthöhle 5335
Karsthohlraum 5390
Karsthydrogeologie 5397
Karsthydrographie 5398
Karsthydrologie 5399
Karstinselberg 4772, 6265
Karstkalksteinquelle 5409
Karstkegel 5391
Karstkorridor 5392
Karstlandschaft 5404
Karstquelle 5409
Karstreservoir 5403
Karstrestberg 4772, 6265
Karstschlauch 5400
Karstschlot 5335, 8897

Karstsee 5403
Karstsystem 5405
Karsttasche 5408
Karsttopographie 1509
Karsttrichter 2821, 8897
Karstwanne 5394, 7301, 10464
Karstwasser 5410
Karstzyklus 5393
Karte 5951
Karte, aus der Kontrollpunkte ersichtlich sind 5740
Karte des Restfeldes 7998
Karte nach Luftbildaufnahmen 204
Kartenebene 5955
Kartenherstellung 2913
Kartenkoordinatensystem 5952
Kartenlage 7346
Kartenmaßstab 5959, 8409
Kartennadir 5957
Kartennetz 5953
Kartenzeichner 1445
kartesische Koordinaten 1444
Kartieren 2913
kartieren 7228
Kartierung 2913
Kartierung des Ökosystems 3125
Kartierungsgeschwindigkeit 5956
Kartierungsleistung 6747
Kartierungsmaßstab 7236
Kartmulde 10464
Kartograph 1445
Kartographie 1447
Kaskade 1450
Kassiterit 1485
Kastenbalken 1201
Kastenbalkenträger 1201
Kastengründung 1202
Kastenprofil 1203
Kastenschergerät 8737
Kastenträger 1201
Katagenese 5411
kataklastisches Gestein 1490
kataklinal 1491
Katarakt 1492
Kataster 1358
Katasteramt 1358
Katasteraufnahme 1357
Katasterkarte 1356, 3621
Katasterplan 1356
Katastervermessung 1357
Kategorie der Messgeräte 1498
Kathedrale 1503
Kationen-Austauschkapazität 1504
Katzenauge 1505
Katzenbalken 10088
Kausalhaftung 9551
kaustisch 1510
kaustische Soda 9066

Kaustobiolit 1511
Kaustobiolith 1511
Kaution 6947
Kaverne 1518
Kavernenkrafthaus 1520
Kavernenkrafthaus mit einem Druckstollen gespeist 1522
Kavernenkrafthaus mit einer Druckleitung gespeist 1521
Kavernenkraftwerk 1520
Kavernenkraftwerk mit einem Druckstollen gespeist 1522
Kavernenkraftwerk mit einer Druckleitung gespeist 1521
Kavernenturbinenhaus 1520
Kavernenwasser 5410
Kavernen-Wasserkraftwerk 1520
kavernös 1519
Kavitation 1527
kavitationelle Schnellläufigkeit 1538
Kavitationsbeginn 5006
Kavitationsblase 1528
Kavitationserosion 1532
Kavitationserscheinung 7041
Kavitationsforschung 5268
Kavitationsgeräusch 1534
Kavitationsgrad 2475
Kavitationshohlraum 1529
Kavitationshysteresis 1533
Kavitationskeim 1535
Kavitationskennlinie 1530
Kavitationskern 1535
Kavitationskriterium 1536
Kavitationsparameter 1537
Kavitationsprüfung 5268
Kavitationstunnel 1539
Kavitationswolke 1531
Kavitationszahl 1536
Kavitationszeichen 8848
K-Bau 5440
K-Beton 5876
Kees 4344
Kegelbrecher 8265
Kegeldruckversuch 9342
Kegeleindringungsapparat 1988
Kegeleindringungsgerät 1988
Kegeleindringungsversuch 9342
Kegeleindringversuch 9342
Kegelfräse 9859
Kegelgerät 1988
kegeliges Saugrohr 1999
Kegelkarst 1986
Kegelmeißel 1982
Kegelnippel 1983
Kegelradgetriebe 1008
Kegelrollenlager 9858
Kegelrollmeißel 1982
Kegelschnitt 2000
Kegelsitzventil 6396, 7319

Kegelstrahlschieber 4768
Kegelventil 6395
Kegelverbindung 9860
Kehlenkelle 1622
Kehrbild-Entfernungsmesser 5265
Kehrbildentfernungsmesser 5265
Kehre 982
Keilbruch 10789
Keilbruchprüfung 1220
Keilbruchversuch 2745
Keildoppelanker 8975
Keilkranz 10792
Keilneigung 9857
Keilriemen 10521
Keilriemenantrieb 10522
Keilschieber 10788
Keilstein 571
Keilziegel 553
Kenndurchmesser der Francisturbine 1633
Kenndurchmesser der Peltonturbine 1634
Kenndurchmesser der Propellerturbine 1635
Kennkurve einer hydraulischen Maschine 1637
Kennlinie 1632
Kennlinie eines Hydrauliksystems 1638
Kennlinie eines Hydrosystems 1638
Kennlinie eines Stempels 5726
Keramikbelagplatte 1608
Keramikfliese 1608
keramische Belagplatte 1608
keramische Bodenfliese 1608
keramische Fliese 1608
keramische Wandfliese 1608
Kerargyrit 1609
Kerb 823
Kerbe 823
Kerbempfindlichkeit 8612
Kerbschlagzähigkeit 4977
Kern 2144, 2145
    den ~ verschmutzen 4025
Kernachse 3320
Kernbohren 2153, 2160
Kernbohren mit Diamantkronen 2628
Kernbohrkrone 2154
Kernbohrloch 2151
Kernbohrung 2151, 2152, 2153
Kernbrecher 2150
Kernbüchse 2146
Kernebene 3322
Kernen 2160
Kernen aus der Bohrlochwandung 5511
Kernenergie 6542

Kernentnahme 2160
Kernentnahmegerät 8829
Kernfänger 2150
Kernfängerring 2150
Kernfanghaken 9211
Kernfangring 2150
Kernfeder 2150
Kerngewinn 2160
Kerngewinnung 2153, 2160
Kernit 5418
Kernkasten 2149
Kernkiste 2149
Kernkraftwerk 6540
kernmagnetische
　Resonanzmessung 6544
Kernmauer 2159
Kernnahme 2160
Kernprobe 2158
Kernprozesspumpen 7642
Kernpunkt 3324
Kernreaktorpumpe 6546
Kernresonanzmagnetometer 6545
Kernrohr 2146
Kernrohr für kleinen
　Durchmesser 8980
Kernrohr für Seilbohren 1351
Kernrohrkopf 2147
Kernrohr mit Gummischlauch
　8314
Kernrohr mit kleinem
　Durchmesser 8980
Kernrohrschuh 2148
Kern-Steinschüttdamm 8185
Kern-Steinschüttsperre 8185
Kern-Steinschütttalsperre 8185
Kern-Steinschüttungsdamm 8185
Kern-Steinschüttungssperre 8185
Kern-Steinschüttungstalsperre
　8185
Kernstrahl 3323
Kernstrahlenbüschel 3321
Kernstromerzeugung 6541
Kernung 2160
Kernverlust 2156
Kernwalze 1991
Kernzone 9670
Kerogenit 5419
Kessel 1110, 1373, 1506, 5420
Kesselbruch 1506, 3554, 3564
Kesselspeisepumpe 1111
Kessel-Wasserturbine 10755
Kettenfahrzeug 10154
Kettenrohrzange 1616
Kettenzange 1616
Keuper 10437
Kielbogen 5413
Kies 4431
Kiesabscheider 4435
Kiesel 6903
kieseliges Sediment 8854

Kieselmalachit 1679
kieselsäurehaltig 8853
Kieselsäurekonkretion 3791
Kieselschiefer 5850, 8855
Kieselsinter 4328
Kieselspat 295
Kieselstein 6903
Kieselziegel 8850
Kieselzinkerz 10855
Kiesfang 4435
Kiesfilter 4432
Kiesfilterlage 4432
Kiesfilterschicht 4432
Kiesgrube 4434
Kiesnest 4725
Kiespackung 4432
Kies von Erbsengröße 6891
Kimm 4274
Kimmlinie 4274
Kimmtiefe 2699
Kinematik 5429
Kinematik der Fluide 5430
kinematisch 5427
kinematische Viskosität 5431
kinematische Zähigkeit 5428
Kinetik der materiellen Systeme
　5435
Kinetik des Massenpunktes 5434
kinetische Ausbruchsenergie
　5433
kinetische Energie 5432
Kippachse 757
Kippachsenfehler 3369
kippbar 10045
kippbarer Füllkorb 10051
Kippbelastung 5712
Kippe 10071
kippen 10043, 10069, 10070
Kippen 6788
Kipper 3053
Kipplast 5712
Kippmoment 6789
Kippregel 9893
Kippschalenverwerfung 2326
Kippschalter 10079
Kipptrommelmischer 10047
Kippungsachse 757
Kippungsanzeiger 10049
Kippungsschraube 10050
Kippungswinkel 425
Kippverschluss 10048
Kippwinkel 425
Kirche 1680
Kirchturm 972
kissenförmige Verzeichnung
　2328
kissenförmige Verzerrung 2328
Klamm 4382
Klammer 1700
Klammerlasche 3710

Klappbohrmast 5332
Klappbrücke 867
Klappe 3756
　nicht rückschlagbare ~ 7865
Klappenventil 3758
Klappverschluss 3757, 3758
Klärbassin 1710
Klärbecken 1710
Klärteichsperre 9828
Klassierzyklon 4853
Klassifikation von Maschinen
　1712
Klassifizierungseigenschaft 5040
Klassifizierungstest 1713
Klassifizierung von Maschinen
　1712
klassische Erddrucktheorie 10790
klassisches Wasserkraftwerk
　2112
Klassizismus 1711
klastisch 4061
klastisches Sediment 1715
Klebanker 8009
Klebegrenze 9416
Klebgrenze 9416
klebriges Fluid 10602
Klebstoffpatrone 366
Kleebogen 10206
kleinere Hauptspannung 6220
kleiner LKW 10497
kleine Sedimentationslücke 2644
kleine
　Sedimentationsunterbrechung
　2644
kleines Tal 9027
kleine Verwerfungsterrasse 3555
Kleintektonik 6169
Kleintriangulation 5833
Kleinunterseeboot 906
Kleinwasserkraftwerk 5806
Klemmbacken 1708
Klemme 10954
klemmen 1701
Klemmlast 1705
Klemmlaststempel 4967
Klemmring 1707
Klemmschelle 1700
Klemmschraube 1020
Klemmvorrichtung 1703
klettern 1741
Kliff 1737
Kliffhöhle 8472
Klimaänderung 1738
Klimagerät 246
Klimakunde 1739
Klimalehre 1739
Klimatisierungsgerät 246
Klimatologie 1739
Klinometer 1744, 5023
Klippe 1737

Kloster 2109
Kluft 2198, 2614, 5358
Kluftabstand 5247, 5372
Kluftdichte 1756, 5363
Kluftfläche 5370
Kluftfüllungsbeton 2520
klüftig 2221
Klüftigkeit 5366
Klüftigkeitsziffer 5363
Kluftkörper 958, 1089
Kluftmuster 5369
Kluftnetz 5369, 5373
Kluft-Porosität 4058
Kluftschar 9807
Kluftstellung 2706
Kluftsystem 5373
Klüftung 5366
Kluftweite 5360
knallen 2197
Knallzündschnur 2580
Knapp 9426
Knappe 5455
kneten 7946
knicken 1280
Knickfalte 1281
Knickfestigkeit 1284
Knicklast 1283
Knickpunkt 7271
Knickspannung 1285
knistern 2206
Knochenbreccie 1121
Knochenbrekzie 1121
Knolle 6492
Knoten 6490
Knotenpunkt 6490, 6491
koaxiale Ausrichtung 743
Koazialität 1791
Kochpunkt 1112
Kochsalz 9063
Koeffizient 1795
Koeffizient der Transmissivität 543
Komplementärfarben 1895
komplexe Messmethode 1905
komplexe Rippel 5206
Komplexität der Konstruktion 1904
Kofferdamm 1813
kohärente Maßeinheit 1818
kohärentes Einheitensystem 1817
Kohäsion 1819
Kohäsionsdichtung 1821
kohäsionslos 6503
kohäsionsloses Gestein 5791
kohäsionsloses Material 1820
kohäsives Material 1822
Kohle 1767
Kohleformation 1778
Kohlehydrierung 1774
Kohlekappe 4022

Kohlenart 1781
Kohlenausbruch 1771
Kohlenbein 8089
Kohlen-Eigenschaft 1776
Kohlenflözoberbank 8241
Kohlenformation 1778
Kohleninsel 6
Kohlenkalkstein 1428
Kohlenlagerstätte 1421
Kohlenpetrographie 1775
Kohlensandstein 1430
kohlensaures Wasser 188
Kohlenschiefer 1424
Kohlenserie 1778
Kohlenstahl 1433
Kohlenstoff-14-
    Altersbestimmung 1427
kohlenstoffhaltig 1420
kohlenstoffhaltiger Sandstein 1423
kohlenstoffhaltiges Gestein 1422
kohlenstoffreiches Gestein 1422
Kohlenstoffzahl 1432
Kohlenstruktur 1779
Kohlenteerpech 1780
Kohlentyp 1781, 5695
Kohlenwasserstoff 4848
Kohlenwasserstoff-Bodengas-
    Anomalie 5556
Kohlestruktur 1779
Kohleverflüssigung 1774
kohlig 1420
Koinzidenz-Entfernungsmesser 2334
Kompliziertheit der Konstruktion 1904
Koks 1826
Kokskohle 1827
Kokungsgradbestimmung 2677
Kolbenakkumulator 7150
Kolbenbolzen 4537
Kolbenentnahmegerät 7146
Kolbenhub 9569
Kolbenkernprobenehmer 7146
Kolbenkernprobennehmer 7146
Kolbenmanometer 7147
Kolbenring 7148
Kolbenstange 7149
Kolbenventil 7151
Kolk 6327, 7366, 8442
Kolkbecken 8447
Kolkbildung 8440
Kolken 8440, 8441
Kolkloch 8439
Kolkung 8441, 8442
kollektive Messmethode 1905
Kollimation 1846
Kollimationsachse 1848
Kollimationsachsenfehler 1847, 3368

Kollimationsfehler 1847, 3368
Kollimationsmarke 1844
Kollimator 1849
Kolloid 1850
kolloidal 1851
kolloidale Dispersion 1852, 9109
kolloidale Suspension 1852, 9109
kolloidal gelöste Feststoffe 9760
kolluviale Ablagerung 1853
Kolluvium 1853
Kolmatierung 7241, 8485
Kolmatierung 226
Kolumbit 1857
Kombi-Kühler 1864
kommen
    zum Tragen ~ 9840
kommutierter Strom 1871
kompakt 3679
kompakter Kalkstein 1878
kompaktes Gestein 1881, 8177
Kompaktion 1875
Komparator 1882
Kompass 5882
Komponente 4408
Kompressibilität 1922, 1923
Kompressibilitätsbeiwert 1927
Kompressibilitätsfehler 1926
Kompressibilitätsturbulenz 1924
Kompression 1930
Kompressionsapparat 2019
Kompressionsgerät 2019
Kompressionsmodul 1306
Kompressionsprüfapparat 2019
Kompressionsprüfgerät 2019
Kompressionsverwerfung 1931
Kompressorenstation 1940
Kompressorsatz 1942
Kompressorstütze 1941
komprimierbare Strömung 1928
Komprimierbarkeit 1927
Komprimierbarkeitsfehler 1926
Kondensatgaslagerstätte 1976
Kondensatlagerstätte 1976
Kondensator 1402, 1977
Kondensatpumpe 1975
konforme Abbildung 1997
konformer Körper 1955
konforme Verwerfung 2695
Konglomerat 1998, 7614
konisches Abtasten 1690
Konizität 9857
konkordante Lagerung 1954
konkordanter Körper 1955
konkordantes Alter 1953
Konkretion 1974
konnates Wasser 2002
konsequenter Fluss 2007
konsequentes Tal 2008
Konservierung 7434
Konsistenz 2012

Konsistenzbeiwert 1800
Konsistenzgrenze 2014
Konsistenzgrenzen nach
 Atterberg 680
Konsistenzzahl 2013
Konsolbogen 8799
Konsole 1396, 2141
konsolidiert
 nicht ~ 10416
Konsolidation 2016
Konsolidationskoeffizient 1801
Konsolidierung 2016
Konsolidierung durch
 Elektroosmose 2017
Konsolidierungsbeiwert 1801
Konsolidierungsgrad 2476
Konsolidierungsinjektion 2018
Konsolidierungskoeffizient 1801
Konsolidierungsmesser 2019
Konsolidierungsverhältnis 2476
Konstant-Drosselventil 6500
konstante Brennweite 3736
Konstanz eines Messgerätes 9273
Konstruktionsannahmen 2028
Konstruktionseigenschaft 2029
Konstruktionsglied 10392
Konstruktionshöhe 4629
Konstruktionsmerkmal 2029
Konstruktionsparameter 1636
Konstruktionsprinzip 7518
Konstruktionsqualität 7670
Konstruktionsvoraussetzungen
 2028
konstruktive Ausführung 2030
konstruktive Kenngröße 1636
Kontaktbrekzie 2045
Kontaktfels 2047
Kontaktgang 2052
Kontaktgestein 2047
Kontaktinjektion an der
 Gründungsfläche 4512
Kontaktmetamorphose 2049
Kontaktverpressung 2046
Kontaktzone 5201
Kontaktzwilling 2051
Kontamination 2055
kontaminierte Bohrspülung 2054
kontaminierte Spülung 2054
Kontermutter 1644
kontinental 2056
Kontinentalbildung 3312
kontinentale Kruste 2059
Kontinentalformation 2069
Kontinentalgletscher 2062
Kontinentalhang 2066
Kontinentalinsel 2063
Kontinentalklima 2058
Kontinentalrand 2064
Kontinentalschelf 2065
Kontinentalsockel 2065

Kontinentalstruktur 2067
Kontinentaltafel 2065
Kontinentalterrasse 2068
Kontinentalverschiebung 2060
Kontinentalverschiebungstheorie
 2061
Kontinentformation 2069
Kontinentrand 2064
kontinuierliche Arbeitsweise
 2076
kontinuierliche Funktionierung
 2076
kontinuierliche Kornabstufung
 2074
kontinuierliche Leistung 2076
kontinuierlicher
 Spülungsgewichtsschreiber
 2075
kontinuierliche Wirkung 2076
Kontinuummechanik 2079
Kontinuumsmechanik 2079
Kontrollbohrloch 2094, 5142
Kontrollbohrung 2094
Kontrolle 1640, 7891
Kontrolle durch laufende
 Messungen 6285
kontrollierte Dehnung 9481
kontrollierte Formänderung 9481
kontrollierte Kavitation 2099
kontrollierte Spannung 9533
kontrollierte Sprengung 2098
kontrollierte Stauseefüllung 3629
Kontrollnetz 2103
Kontrollpunkt 1643, 2404, 6288
Kontrollstation 4229
Konturierungsbohrung 3610
Konusfangbüchse 4133
Konusmeißel 1982
konventionelle Wasserkraftanlage
 2112
konventionell wahrer Wert der
 Größe 2111
Konvergenz 2114, 2116
Konvergenzfall 1457
Konvergenzfehler 3362
Konvergenzgeber 2117
Konvergenzmesser 2117
Konvergenzschreiber 2118
Konvergenzwinkel 406
Konvergenz-Zeit-Kurve 2119
konvex 2750
Konvexlinse 2120
Konzentrationspotential 5686
konzentrierte Last 1948, 7269
konzentrisch 1949
Konzentrizität 1950
Konzessionsrohöl 3336
Koordimeter 2135
Koordinaten 2137
Koordinatenberechnung 1944

Koordinatenbestimmung mit
 Laser 1946
Koordinaten der modalen
 Analyse 6248
Koordinatenmessgerät 2136
Koordinatenparallaxe 6847
Koordinatensystem 9806
Koordinatentransformation 10157
Koordinatenursprung 6702
Kopf
 vor ~ 6618
Kopfplatte 7110, 8248
Kopfbecken 3993, 3994
Kopfbecken am Einlauf 3993
Kopfholz 5604
Kopfschüttung 4598
Kopfsteine 1792
Kopfstrecke 9826
Kopfverschluss 4600
Kopie 2140, 7966
kopieren 2139, 7523
korinthische Ordnung 2161
korinthische Säulenordnung 2161
Korn 4408
Kornanalyse 4412
Kornaufbau 4424, 9108
Korndruck 4411
Korndurchdringung 4409
Korn einer photographischen
 Schicht 4410
Korngefüge-Analyse 4414
Korngefügedruck 5210
Korngröße 6868
Korngrößenanalyse 4412
Korngrößenaufbau 4424, 9108
Korngrößenhäufigkeitsverteilung
 4413
Korngrößenkurve 4400
Korngrößenverteilung 4413, 9108
Korngrößenzusammensetzung
 4424
Kornhäufigkeitsverteilung 4413
körnig 4419
körniger Kalkstein 4420
körniger Zerfall 6191
körniges Material 4421
Kornschnee 4422
Körnung 9108
Körnungskurve 4400
Körnungslinie 4400
Kornverteilung 4413, 9108
Kornverteilungsfaktor 4401
Kornwichte 10400
Kornwichte der wassergesättigten
 Probe 10965
Korn-zu-Korn-Druck 5210
Kornzusammensetzung 4424
Kornzusammensetzungsfaktor
 4401
Körperschall 9137

Korrektion 2166
Korrektionseinrichtung 2168
Korrektur 2166
Korrektur durch thermische
  Dispersion 2129
Korrekturfaktor des
  Verdunstungskessel 6825
Korrelation der geologischen
  Profile 2169
Korridor 2170
korrigieren 2165
Korrosionsbasis 872
Korrosionsschutzauskleidung 476
Korrosionsschutzmittel 477
korrosiv 1510
Korund 2172
Kosten/Nutzen-Verhältnis 2175
Kosten bei Gleichwertigkeit 1225
Kosten für Erwerb von Grund
  und Rechten 5481
Kostenschätzung des Projektes
  7559
Kostenvoranschlag 2177
Kote 3221
Kotflügel 6351
Kraft 3982
Kräfte aus modaler Analyse 6250
Kräftezerlegung 8028
Kräftezusammensetzung 1912
Krafthaus 7388
Kraftlinien 5673
Kraftmesser 3081
Kraftstofffförderpumpe 4156
Kraftstoffpumpe 4156
Kraftstoffstandfühler 4155
Kraftsystem 9808
Kraftwasserleitung 6927
Kraftwasserrohrleitung 6927
Kraftwasserschacht 7475
Kraftwerk 7388
Kraftwerkanlage 7388
Kraftwerke einer Kette 7391
Kraftwerk in das Sperrenbauwerk
  eingegliedert 7389
Kraftwerk in Freiluftbauweise
  6728
Kraftwerk mit Fernbedienung
  7942
Kraftwerk mit Jahresspeicher
  7393
Kraftwerk mit nicht überdachten
  Maschineneinheiten 6728
Kraftwerk mit Saisonspeicher
  7393
Kraftwerk mit überdachten
  Maschineneinheiten, aber
  außenliegendem Kran 8602
Kraftwerk ohne Fernbedienung
  5734
Kraftwerksgebäude 7382

Kraftwerkskette 8628
Kraftwerkspumpen 7390
Kraftwerk zur Deckung der
  Grundlast 876
Kraftwerk zur Deckung des
  mittleren Bereiches 8600
Kraftwerk zur Deckung des
  Spitzenbedarfes 6898
Kragarm 1396
Kragen zur Verhinderung der
  Sickerung 8538
Kragstein 2141
Kragträger 1398
Kran 2202
Kranausleger 5353
Kranbagger 3411
Krankheit
  durch Wasser übertragene ~
  10689
Krankheitsträger 2746
Krankheitsüberträger 2746
Krater 2204
Kraterauswurf 7661
Kraterauswürflinge 7661
Krater mit zentralen Bocchen
  1984
Kratersee 2205
kratogene Sippe 670
Krätzer 7108
Kreide 2219
Kreidezeit 2219
Kreisabschnittbogen 8546
Kreisbewegung 1689
Kreisbogen 1688
Kreisel 4558
Kreiseleffekt 4559
Kreiselgerät 4558
Kreiselkompass 4556
Kreiselpumpe 1602, 4979
Kreiselradwassermesser 5068
Kreiselstellung 7345
Kreiseltheodolit 4560
Kreiseltochterkompass 4557
Kreiselwirkung 4559
kreisende Marke 1687
kreisförmiger Wirbel 1692
Kreislauf einer Wirkung 6948
Kreisringscherapparat 8119
Kreisringschergerät 8119
Kreissprengung 8294
kretazeische Formation 2219
kretazische Formation 2219
kreuzen 3010
Kreuzfaltung 2244
kreuzgeschichtet 2316
Kreuzgewölbe 2255
Kreuzlibellen 2247
Kreuzmeißel 2250
Kreuzpunkt 2245
Kreuzrollenmeißel 2250

Kreuzschichtung 2253, 3537,
  4645
Kreuzstein 9360
Kreuzung 2245
Kreuzwerk 4459
Kriechbeiwert 1802
Kriechen 2207, 2210
Kriechgrenze 2213
Kriechweg 360
Kriechzahl 1802
Kriechzelle 2211
Kristall 2287
Kristallausbildung 2289
Kristallgitter 2290
Kristallhabitus 2289
kristallin 2291
kristalliner Schiefer
  magmatischer Herkunft 2293
kristalliner Schiefer sedimentärer
  Herkunft 2294
kristallines Gestein 4949
kristallinisches Aggregat 2292
Kristallisation 2296
Kristallisationsschieferung 3973
Kristallisationswasser 10717
Kristalloblastese 2297
Kristallographie 2298
Kristallstruktur 2295
Kristallsystem 2299
Kristalltextur 2295
Kristallwasser 10717
kristallwasserhaltiger Glimmer
  4951
Kristallzwillinge 10306
Kriterium der Strömung 2227
Kriterium der Strömungsart 2227
kritische Druckhöhe 2232
kritische Geschwindigkeit 2237
kritische Last 2233
kritischer Außendruck 1837
kritischer Druck 2235
kritischer Weg 2234
kritisches Pressungsmaximum
  2228
kritische
  Strömungsgeschwindigkeit
  2231
kritische Temperatur 2236
kritische Tiefe 2229
Krokoisit 2238
Krokoit 2238
Kronenbohrer 454
Kronenbreite einer Staumauer
  10103
Kronenbreite eines Dammes
  10104
Kronenhöhe 3222
Kronenlänge 2216
Kronenventil 973
Kronenverschluss 2215

Krume 9128
Krümme 982
krummlinige Bewegung 2327
Krümmung 982, 2319
Krümmungsgrad 2477
Krümmungshalbmesser 5756
Krümmungsradius 5756
Krümmungsverhältnis 7784
Krustenfels 2278
Krustengestein 2278
Kryolith 2279
Kryologie 2280
Kryopedologie 2281
Kryoturbation 2283
Krypte 2284
kryptogen 2285
Kryptolith 6283
Kryptovulkanismus 2286
Küche 5436
Kufe 8921
Kugelfallviskosimeter 3529
kugelförmig 4366
Kugelgelenk 810
Kugelgelenkkappe 812
Kugelhahn 815
kugelig gelagert 811
Kugellager 807
Kugelmühle 813
Kugelpfanne 814
Kugelschieber 9183
Kugeltiefenmesser 808
Kugelventil 815
Kugelverschluss 9185
Kühlelement 2132
Kühler 2126
Kühlmittel 2127
Kühlschlange 2128
Kühlstoff 2127
Kühlturm 2133
Kühlwasserpumpe 2134
Kühlwirkung 2131
Kühl-Zement 5441
Kulmkalkstein 1428
Kultivator 2304
Kulturdenkmal 4695
kumulative Arbeit 6007
kumulativer Cash-Flow 2308
Kunstfaser 9799
Kunstharz-Injektion 8011
Kunstharzleim 9800
künstlich 9797
künstliche Daten 4256
künstliche Dichtung 2632
künstliche
   Grundwasseranreicherung 630
künstliche Insel 632
künstliche Kühlung 628
künstliche Oberflächendichtung
   3518
künstlicher Satellit 634

künstliche Schwingung 635
künstliches Dach 633
künstliches Gelände 629
künstliches Terrain 629
künstliches Widerlager 627
künstliche Verdichtung 1876
Kunststoffdrän 2895
Kunststoffrohrdrän 2895
Kupfergrün 1679
Kupferindigo 2191
Kupferkies 1619
Kupferlasur 763
Kupferlebererz 1158
Kupferoxydul 2312
Kupferpecherz 2312
Kupferpyrit 1619
Kupferschiefer 5442
Kupfersmaragd 2687
Kupfertagebau 6530
Kupfervitriol 1618
Kuppe 4777
Kuppel 2310, 5452
Kuppeldach 2309, 2310
Kuppelmauer 2311
Kuppelsattel 1205
Kuppelstaumauer 2311
Kupplung 4126
Kupplungen 5381
Kupplungsflansch 2186
Kuprit 2312
Kurbelstange 2004
Kurbelwelle 2203
Kurs 2188
Kurslinie 3788
Kurve 2321
kurzer Felsanker 8195
kurzer Übergang 8731
Kurzgewindefutterrohre 8790
Kurzgewindeverrohrung 8790
Kurzzeichen der Maßeinheit
   9788
kurzzeitiges Hochwasser 3762
Küstenaufnahme 1786
Küstenaufnahmekamera 1787
Küstenaufnahmekammer 1787
Küstenbereich oberhalb der
   mittleren Hochwasserlinie
   9702
Küstendrift 5697
Küstendüne 5698
Küstenkliff 1737
Küstenlängstransport 5697
Küstenlinie 1785
Küstenmessung 1786
küstenparallele Meeresströmung
   329
Küstenströmung 329
Küstenterrasse 5980
Küstenvermessung 1786
Küstenzone im Tidebereich

10032
KW 4848
Kybernetik 2347
Kymophan 1678

Labor 5443
Laboratorium 5443
Laboratoriumseinrichtung 5444
Laborausrüstung 5444
Laboruntersuchung 5445
Laborversuch 5445, 5446
Labradorfeldspat 5447
Labradorit 5447
Labradorspat 5447
Labyrinthdichtung 5449
Labyrinthkarst 5448
Labyrinthstopfbuchse 5451
Labyrintwehr 5450
Laccolith 5452
Ladeband 975
Ladebaum 2546
Ladefähigkeit 1639
Ladeinhalt 5711
Ladeloch 1069
laden 7501
Lader 5717
Laderaum 5711
Laderauminhalt 5711
Ladeschaufel 8800
Ladestrecke 5718
Lafargezement 5458
Lage 942, 5541, 9514
Lagebestimmung 7344
Lage des Dammes 5741
Lagefehler 7341
Lagefehler durch
   Geländehöhenunterschied
   7706
Lagefehler durch
   Geländehöhenunterschiede
   7706
Lagefehler durch
   Höhenunterschiede 7706
Lagekarte 5740
Lageplan 7186
Lager 9458
Lagerfuge 954
Lagergang 8857
Lagergehäuse 931
Lagerhalde 9429
Lagerhaus 9458
Lagerholz 7727
Lagerquader 2834
Lagerraum 9458
Lagerschild 936
Lagerstätte 1107
   nicht abbauwürdige ~ 10425
   nicht bauwürdige ~ 10425
Lagerstätte mit Randwassertrieb
   3131

Lagerstätte mit Wassertrieb 10697
Lagerstätten 1107
Lagerstättenarchiv 7822
Lagerstättenbewertung 6203
Lagerstättenbezirk 6192
Lagerstättendruck 1751
Lagerstättendruckerhalt 7465
Lagerstättendruckerhaltung 7465
Lagerstättenfeld 6193
Lagerstättenmächtigkeit 7989
Lagerstättenmodell 7983
Lagerstättenprovinz 6123
Lagerstättenwasser 1185, 2770
Lagerung 8526, 9503
Lagerungsdichte 1879
Lagerungsverhältnisse 4277
Lagerunterkünfte 2090
Lahar 5464
Laie 5544
Lake 1254
Lakkolith 5452
lakustrischer Kalk 5469
lakustrischer Kalkstein 5469
Lamellenmethode 8955
Lamellenstempel 5472
Lamellenverfahren 8955
lamelliert 5471
Lamésches Problem 5473
laminare Grenzschicht 5475
laminares Fließen 5476
laminare Strömung 5476
Landaufnahme 3622
Landbohren 6622
Landdrännetz 5482
Land einzäunen 3593
Landesaufnahme 10098
Landhaus 2179
Landhebung 5494
Landklima 2058
Landmesser 5493, 9753
Landmessung 3622
Landnutzungsplanung 5495
Landschaftgestaltung 5488
landschaftlich schöne Route 8421
Landschaftsgestaltung 5489
Landschaft-Techniker 5487
Landvermessung 3622
Landzunge 9209
Länge 5570, 5770
Länge des Absperrbauwerks 2216
Längendurchschnitt 5778
Längenfehler 5657
Längenkreis 6106
Längenmaß 5784
Längenmaßstab 8408
Längenmesser 5164
Längen-Schrumpffuge 5773
Längenverstellbarkeit 3464
langer Übergang 4403

langsam abbindender Beton 9012
langsam abbindender Zement 9011
langsam bindender Zement 9011
Langsambinder 9011
langsame diagenetische Substitution 7961
langsamhärtender Beton 9008
langsamläufige Pumpe 5837
langsamläufige Turbine 5838
langsamläufige Wasserturbine 5838
Längsarmierung 5777
Längsbewehrung 5777
Längsdruck 5775
Längsdüne 8549
Längsfuge 954, 5773
Längsholz 8318
Längskluft 9557
Längsküste 6795
Längsküstentypus 6795
Längsmauer 5782
Längsneigung 3991
Längsprofil 5776
Längsschieber 8965
Längsschnitt 5776
Längs-Schrumpfung 5779
Längsschwingungen 5774
Längsstörung 5772
Längsträger 8318
Längstraverse 10656
Längsverformung 5771
Längsverwerfung 5772, 9556
Längswelle 5783
Längzeitverhalten 5786
Lanzettbogen 5479
Lapillikegel 5496
Lapillikrater 5496
Lärm 6493
Lasche 3711
Lasche der Sprießung 9112
Laser 5502
Laseraltimeter 5503
Laser-Distanzmessgerät 5506
Laser-Entfernungsmesser 5506
Laserextensometer 5505
Laser-Extensometer 5505
Laserhöhenmesser 5503
Laser-Radar 5456
Laserstrahl 5504
Laser-Theodolit 5507
Last 5705
Lastaufnahme 66
Last aufnehmen 70
Lastdose 5713
Lastenumkehr 8070
Lastfahrzeug 722
Lasthebeschlinge 8981
Lastkahn 833
Lastkombination 5714

Lastkraftwagen 722
Lastmessdose 5713
Lastplatte 934
Lastplattenversuch 7214
Lastsenkungsschreiber 5727
Last-Setzungslinie 5724
lasttragende Wand 5708
Lastübertragung 10156
Lastverteilungsplatte 934
Lastwagen 722
Lastwechsel 5721
Lastwegkurve eines Stempels 5726
Lastzelle 7444
Lasurmalachit 763
laterale Durchlässigkeit 5515
laterale Permeabilität 5515
Lateralkegel 182
Laterisierung 5521
Laterit 5520
lateritische Roterde 5523
Lateritisierung 5521
Latosol 5523
Latte 9756
Lattenmessung 6064
Lattenpegel 9294
Laubengang 549
Lauf 8166
laufende Instandsetzung 2317
laufende Reparatur 2317
laufende Überholung 2317
Läufer 8295, 8318
Läufersatz 8296
Laufkraftwerk 8323
Laufkran 6771, 10201
Laufrad mit in Betrieb verstellbaren Schaufeln 10512
Laufwasserkraftwerk 8323
Laufzeit 10174
Laufzeitmessung 102, 10175
Laugen 5703
Laugepumpe 5851
Laughöhle 5548
Laugung 5703
Lautstärkebereich 3076
Lautstärkeumfang 3076
Lava 5524
Lavabombe 5525
Lavadecke 5530
Lavadelta 5527
Lavaeffusion 5530
Lavafächer 5529
Lavafluss 5530
Lavafontäne 5531
Lavagang 3064
Lavakrater 5533
Lavakugel 5525
Lavaorgel 5526
lavaporenbildende Struktur 10566
Lavaröhre 5537

Lavasäule 5872
Lavaschild 5528
Lavaschlauch 5537
Lavasee 5532
Lavaspringbrunnen 5531
Lavastalagmit 5535
Lavastalaktit 5534
Lava-Steinchenkegel 5496
Lava-Steinchenkrater 5496
Lavastrom 5530
Lavatunnel 5537
Lavazapfen 5534
Lavazunge 5536
Lavinenkegel 733
Lawine 732
Lebensdauer 5609, 10902
Lebensdauer des freien
 Ausflusses 3882
Lebensdauer einer Bohrung 5607
Lebensraum 3124, 4561
Lebensspur 4943
Leck 5551, 5554
Leckage 5553, 5554
Leckverlust 5553
Lectotypus 5561
Leerlaufventil 4947
Leerung für Inspektion 2907
Lehm 5728
Lehmannsche Trogtheorie 5569
Lehmdichtungswand 1720
Lehmschlag 7617
Lehmschlagkern 7615
Lehrgerüst 1575
Leibung 9071
leicht auswaschendes Material
 3349
Leichtbetonblock 5618
leicht einfallende Lagerstätte
 8976
leichter Gebirgsschlag 1311
leichter LKW 5626
leichter Nebel 4595
leichter Prahm 833
Leim 150
Leistung 7370
Leistung der Wasserturbine
 10754
Leistung des Reservoirs 7985
Leistung eines Wasserlaufes
 10720
Leistungsaufnahme 7373
Leistungsbedarf 7373
Leistungsbegrenzer 7383
Leistungsbeschreibung 9162
Leistungskennlinie 7375
Leistungskurve bei
 gleichbleibender Fallhöhe und
 geregelter Beaufschlagung
 7372
Leistungsverzeichnis 1014, 9914

Leitapparat 4546
Leitbank 5421
Leitbaum 4543, 8960
Leitbohle 10656
Leitergang 5457
Leitfähigkeit 1979, 3190
Leitfernrohr 9888
Leitflöz 4544
Leitfossil 4541
Leithorizont 5421, 5986
Leitnivellement 2402
Leitrad 4546
Leitradpumpe 2665
Leitung 5652
Leitung mit teilweise benetztem
 Querschnitt 1981
Leitung mit vollständig
 benetztem Querschnitt 1980
Leitungsbruchventil 8581
Leitungsdruck 5670
Leitungsmolch 7108
Leitvermögen 1979
Leitvorrichtung 4546
Leitwand 10152
Leitwerk 10152
lenkbar 9378
Lenkbarkeit 2097
Lenker 4538
Lenkerfeder 9243
Lenkerführung 4539
Lenkhebel 9379
Lenkspiegel 621
Lenkstange 9380
Lenkverbindungsstange 9380
lepidoblastisch 5582
Lepidolith 5583
Lettenbesteg 1717, 3562
Lettenschicht 3562
Lettenschlag 7617
Lettenschlagkern 7615
lettig 1718
leuchtende Marke 4953
Leuchtgerät 4952
Lias 5602
Libelle 5588
Libellenblase 1271
Libellenempfindlichkeit 8607
Lichtabfall 2429
Lichtbild 7066
Lichtbildgerät 7068
Lichtbildkoordinate 4957
Lichtbildkoordinaten 7216
Lichtbildkunst 7073
Lichtbildnerei 7073
Lichtbildtheodolit 7077
lichtdicht 5622
lichtempfindlich 8609
lichtempfindliche Schicht 5624
Lichtempfindlichkeit 8608
lichte Öffnung zwischen den

Stäben 1733
lichter Bauabstand 1731
lichter Querschnitt 3663
Lichtfunkendetektor 8433
Lichthof 4563
lichthoffrei 484
Lichtpause 4641
Lichtquelle 5625
lichtschwach 6602
lichtstark 9572
Lichtstärke eines Objektivs 9526
Lichtstrahl 5623
Lichtverlust 5797
Lichtverstärkung durch angeregte
 Strahlungsemission 5502
Lichtwerfer 7863
Lichtwirkung 5617
Lido 855
Lieferant 9671
Lieferfrist 2488
Lieferung und Montage 9672
Lieferwagen 10497
liegend 10365
Liegende 3854
liegender Wasserhorizont 5069
Liegendes 3854
Liegendpacken 3860
Liegendwasser 1185
Liegenschaftskarte 3621
Lignit 5627
Lignit Stufe A 5628
Lignit Stufe B 5629
Lignit Stufe C 5630
Limnimeter 5646
limnischer Kalk 5469
limnischer Kalkstein 5469
Limnologie 5647
Limnoplankton 5648
Limonit 5649
Limonitbeton 5650
linear 5653
Linearausbruch 3718
Linearbeschleunigung 5654
lineare Elastizität 5656
lineäre Erosion 3350
lineare Exzentrizität 5655
lineare Transformation 5658
Lineargeschwindigkeit 5659
Lineationen 5660
Linie
 eine ~ ziehen 2901
Linie gleicher Bebenstärke 5305
Linie gleicher Erdbebenstärke
 5305
Linie gleicher Gehalt 4261
Linie gleicher Mächtigkeit 5303
Linienausbau 5120
linienhafte Erosion 3350
Linienlast 5661
Liniennetz 8317

links 5564
linkshändige Blattverschiebung 8894
linkshändige Transversalstörung 8894
linksverschwenkte Aufnahmen 5562
Links-Verschwenkung 5563
Linse 5573
Linsendicke 9993
Linsenfassung 5578
linsenförmige Lagerstätte 5580
linsenförmiger Speicher 5580
linsenförmiges Vorkommen 5580
Linsengang 5581
Linsengleichung 5577
Linsenraumglas 5579
Linsensatz 8651
Linsenstereoskop 5579
Liparit 8086
Liquation 5678
Liquefaktion 5679
liquide Entmischung 5678
Liquiditätszahl 3881
liquidmagmatische Entmischung 5678
Liste der ausgewählten Firmen 8580
listrische Verwerfung 2322
Lithifikation 5690
Lithifizierung 5690
Lithionglimmer 5583
lithisch 5689
Lithiumglimmer 5583
Lithofazies 5691
Lithogenese 6998
lithologische Einheit 4008
Lithosphäre 5692
Lithostratigraphie 5694
lithostratigraphische Klassifikation 5693
Lithotyp 5695
litoral 5696
litoraler Zyklus 5975
litorales Hängetal 1006
Litoralströmung 329
Litze 9487
LKW 722
LKW-Anhänger 10148
LKW mit Rührwerk 236
LNG 5680
löcherig 4725
lochloser Liner 1063
lochloses Rohr 1063
Lochung 8166
locker 5025
lockere Erde 5792
lockere Formation 5793
lockeres Gebirge 5793
lockeres Gestein 10344

lockere Versatzrippe 4453
Lockergestein 7883, 10344
Lockermaterial 5792
lockern
 sich ~ 10905
Lockerschneelawine 9036
Lockerung der Bestandteile 5794
Löffelbohrer 8761, 9222
Löffelprobenehmer 9222
Löffelprobennehmer 9222
Logarithmentafel 9816
Logarithmus 5759
Logauswertung 5764
lokale Koordinate 5732
Lokalkavitation 5731
Lokomotive 5754
Longitudinalwelle 5783
Löschen 8939
löschen 8937
lose 2743
lose Erde 5792
lösen 4323, 7922
 sich ~ 1238
Lösen 783, 10896
loser Block 2744
loser Boden 5792
loser Zement 1296
loses Gebirge 5793
loses Gestein 10344
lose Trümmersedimente 2751
Löseventil 7927
Lösevorrichtung 727
löslicher Fels 9127
lösliches Gestein 9127
Löslichkeit 9126
Löß 5757
losschrauben 784
Lösung 9130
Lösung-Hohlraum 9131
Lösung-Porosität 9131
Lot 6983, 7247
Lotabweichung 2605
Lotlinie 7248
lotrecht 10546
lotrechte Verwerfungshöhe 3569
Love-Wellen 5803
Lücke 4193
Lücke in der Schichtenfolge 4196
lückenhaft 5026
Luft 671
Luftabsauger 261
Luftabsaugvorrichtung 261
Luftabscheider 262
Luftbase 286
luftbereifter Räumer 10841
luftbereifte Walze 7262
Luftbeton 186, 245
Luftbild 272
Luftbildabteilung 282
Luftbildaufnahmegerät 208

Luftbildaufnehmen 195
Luftbildauswertung 7232
Luftbildkarte 209
luftbildmäßige Erfassung 193
Luftbildmesskamera 280
Luftbildskizze 210
Luftbildvermessen 195
Luftbildwesen 196
Luftblasen 3292
Luftbohrspülung 187
luftdicht 283
Luftdruck 274, 842
Luftdruck-Manometer 275
Luftdruckmesser 275
luftdurchlässig 271
Lufteinlass 266
Lufteinleitungsrohr 273
Lufteinpressen 256, 270
lüften 7938
Luftfahrt 202
Luftfarbbild 1854
Luftfarbphotographie 1855
Luftfeuchtemesser 4906
Luftfeuchtemessung 4907
Luftfeuchtigkeit 674
Luftfeuchtigkeitsmesser 4906
Luftfeuchtigkeitsmessung 4907
Luftfilter 262
Luftgehalt 249
luftgehärteter Beton 252
luftgetrocknet 254
Lufthebebohrverfahren 2975
Lufthebeverfahren 270
Luftkissenbohranlage 253
Luftkissenbohrinsel 253
Luftkompressor 244
Luftkühler 250
Luftkühlung 251
Luftleitung 257, 273
Luftmessaufnahme 281
Luftmessbild 281
Luftmessphoto 281
Luftmörtel 259
luftphotogrammetrische Aufnahme 206
Luftphotograph 1387
Luftphotographie 196
luftphotographisch 207
Luftpore 286
Luftporenanteil 287
Luftporenbeton 186, 245
luftporenbildender Zusatzstoff 260
Luftporenbildner 260
Luftporenmörtel 259
Luftreifenschlepper 10841
Luftreiniger 243
Luftschacht 278
Luftschlauch 265
Luftschutzraum 276

luftseitige Bogenfläche 5249
luftseitiger Fuß der Talsperre 10077
luftseitiger Kämpfer 9236
luftseitiger Sperrenfuß 10077
luftseitiger Talsperrenfuß 10077
Luftspülbohren 263
Luftspülung 187, 7616
Luftspülungsbohren 263
Luft-Streifenaufnahme 197
Lufttriangulierung 214
Lufttriebverfahren 256
lufttrocken 254
Lüftungsschacht 278
Luftventil 284
Luftverdichter 244
Luftverhältnisse 247
Luftvermessung 279
Luftwiderstand 277
Luftziegel 169
Lugeoneinheit 5844
Lugeonversuch 5845
Lupe 5900
Lutit 5849
Luvbreite 3599
lydischer Stein 5850
Lydit 5850

Mäander 6038
Mäandergürtel 6039
Mäanderstreifen 6039
Maceral 5853
Machbarkeitsbericht 3575
Machbarkeitsstudie 3576
Mächtigkeit 9990
Mächtigkeitlinie 5303
Mächtigkeitslinie 5303
Mächtigkeitsverringerung 2113
Magazinbau 8807
Magerbeton 5558
magerer Ton 5557
Magma 5868
Magmaentwickelung 5874
Magmaentwicklung 5874
Magmagestein 4949
Magmaherd 5869
Magmakammer 5869
Magmasäule 5872
magmatische Differentiation 5873
magmatische Erzlagerstätte 5875
magmatische Evolution 5874
magmatische Lagerstätte 5875
magmatisches Geothermischessystem 5870
Magmatit 4949
Magmenkammer 5869
Magnesiaglimmer 7042
Magnesiakalkstein 5877
Magnesit 5878
Magnesitbeton 5876

Magnesiumsilikat 5879
Magnetfilter 5884
magnetische Anisotropie 5880
magnetische Permeabilität 5889
magnetische Polarisierung 5251
magnetischer Fluss 5886
magnetischer Sturm 5891
magnetischer Widerstand 5890
magnetisches Fangwerkzeug 5885
Magnetisch-Nord 5888
Magnetisierungsstärke 5251
Magnetit 5892
Magnetitbeton 5893
Magnetkies 7664
Magnetkompass 5882
Magnetnadel 5887
Magnetohydrodynamik 5894
Magnetometer 5895
Magnetopyrit 7664
Magnetostriktionsgerät 5896
Magnetostriktionsverfahren 5897
magnetostriktiver Schwinger 5896
Magnetotellurik 5898
Magnetventil 9114
Magnetverschluss 5881
Magnitude MI 5735
Magnitudenskala 8092
Mahlfeinheit 3658
Mahlgestein 6399
Mahlmühle 4460
Mahlwerk 4460
Makadam 5852
Makadamdecke 5852
makrokristallin 5865
makroporöser Boden 5867
makroseismische Intensität 5735
makroseismische Stärke 5735
makroskopisch 5865
Malachit 5931
Malacolit 2686
Malaspinatypusgletscher 7094
Malm 10430
Malpeil 9294
Mandel 367
Manganit 5936
Manganosit 5937
Mangel 1286, 8789
Manilahanf 2
Manilahanfseil 5940
Mannloch 5938
mannloser Streb 5942
Mann von der Straße 5941
Manometer 5943, 7458
manometrische Druckhöhe 5944
Manostat 5945
Mansarddach 5947
Mansarde 686
Mansardendach 5947

Mansardenzimmer 686
Manschette 8483
Manschetteneinpressung 8948
Manschettenrohr 8949
Manschettenrohreinpressung 8948
Manschette zur Verhinderung der Sickerung 8538
Mantel 5948, 8693, 9739
Manteldruck 1993, 6962
Manteldruckfestigkeit 9527
Mantelfläche 6733
Mantelhaftung 8695
Mantelreibung 8924
MantelReibungspfahl 8926
Mantelrohr 4536
manueller Rechenreiniger 7746
Mappierung 10098
Margarit 5962
marine Abrasion 5972
marine Erosion 5972
mariner Zyklus 5975
marine Terrasse 5980
Markasit 5961
Marke 5983
Markierung 5985
Markierung des außergewöhnlichen Hochwassers 4665
Markscheidinstrument 6200
Markscheider 6201
Markscheidesicherheitspfeiler 1193
Markscheidewesen 6199
Markstein 918
Marmor 5960
Marshtrichter 5994
Marshviskosimeter 5994
Masche 6109
Maschensieb 8831
Maschenweite 8833
Maschine 5855
Maschinenauswertung 5860
Maschinenbau 5857
Maschinenbauindustrie 5856
Maschinenbauwesen 5856
Maschinenblock 10389
Maschinenhalle 5859
Maschinenhaus 7382
Maschinenkartierung 5860
Maschinenkonstruktion 5857
Maschinenkoordinatensystem 2138
Maschinenmaßstab 8411
Maschinenpflege 5918
Maschinensaal 5859
Maschinensatz 4621
Maschinensatzanzahl 6553
Maschinensatz benutzt als Entlastungsauslass 10394

Maschinenstall 6485
Maschinenteile 5863
Maschinenwesen 5856
Maschinerie 5862
Maschine zur Rohrverlegung 7138
Maschinist 7195
Maß 6050
Masse 5997
Masse der Raumeinheit 2509
Maßeinheit 10393
Massenausgleich 796, 799
Massenbeton 6001
Massenkraft 5999
Massenmatrix 6006
Massenmittelpunkt 1576
Massenträgheitsmoment 6281
massig 6000
massige Erzlagerstätte 6004
massige Gesteine 6005
massive Gewichtsmauer 4443
massiver Fels 6005
massiver Innenstempel 9120
massive Schwergewichtsmauer 4443
massive Schwergewichtsstaumauer 4443
massives Feld 6002
Massivkopf-Pfeilermauer 6003
Massivkopf-Staumauer 6003
Massiv-Wehr 4448
Maßstab 8400, 8409
Maßstab der Intensität 5186
Maßstab der Luftbildaufnahme 8406
Maßstabeffekt 8401
maßstabgerecht 10255
maßstäblich 10255
Maßstabsdifferenz 2655
maßstabsgerecht 10255
Mastenkran 2546
Mastixinjektion 648
Mastspitze 6012
Materialstrecke 9673
Materialumschlaggeräte 4573
mathematisches Modell 6014
Matrix 6015
Matrix-Porosität 6016
matt 6017
Matte 6013, 8454
Mauerabsatz 8745
Mauerdamm 2365
Mauerkronenhöhe 3222
Mauern in aufgelöster Bauweise 1332
Mauerung 1252
Mauerwerk-Dichtungsteppich 9435
Mauerwerksperre 5996

Mauerwerktalsperre 5996
Mauer zum Schutz vor Wellen 10773
Maurer 1250
maurischer Hufeisenspitzbogen 6308
Mausoleum 6021
maximal aufzeichenbares Amplitudenverhältnis 3076
maximale Bodenbewegung 6895
maximale Bruttofallhöhe 6028
maximale Erdbewegung 6895
maximale Erosionstiefe 872
maximale Höhe der Talsperre 4628
maximale Höhe des Dammes 4628
maximale Höhe über Gründung 4629
maximale Leistung 6032
maximale Leistungsaufnahmefähigkeit 6029
maximale Leistungsfähigkeit 6033
maximale Nettofallhöhe 6031
maximaler Korndurchmesser 6022
maximales Trockenraumgewicht 7535
maximales wahrscheinliches Beben 6024
maximales wahrscheinliches Erdbeben 6024
Maximalfehler 6027
maximal nutzbarer Durchfluss 6034
Maximal-Volumendurchfluss 6026
maximal zu erwartendes Erdbeben 6024
Mazeral 5853
Mazeration 5854
Mechanik 6088
Mechanik der Kontinua 2079
mechanische Grundlagen 6078
mechanische Kupplung 6080
mechanisch entlastetes Ventil 6083
mechanische Pumpen 6086
mechanischer Rechenreiniger 8458
mechanischer Versatz 7394
mechanischer Wirkungsgrad 6081
mechanisches Filter 6082
mechanisches Kernen 6079
mechanisches Modell 9578
mechanische Verwitterung 6087
mechanische Zerlegung 6087
mechanisch gesteuertes Ventil

6084
mechanisch wirkender Packer 6085
mechanisierter Ausbau 7377
mediterrane Gesteinsvergesellschaftung 6091
mediterrane Sippe 6091
Meer 8470
Meerbeben 8474
Meerbohrturm 8473
Meererdbeben 8474
Meeresarm 3383
Meeresbeben 8474
Meeresbodenprobeentnahme 8471
Meeresbodenprobenahme 8471
Meeresbodenprobenentnahme 8471
Meeresbodenprobennahme 8471
Meeresbohrturm 8473
Meereserdbeben 8474
Meeres-Facies 6914
Meeresforschung 6589
Meeresgeologie 5977
Meeresgraben 2437
Meereshöhe 3221, 8476
Meereskunde 6589
Meeresniveau 6046
Meeresrinne 2437
Meeressand 5978
Meeresspiegel 8476
Meeresströmung 6586
meerestechnisches Bohren 6594
Meeresufer 8783
Meeresumwelt 5976
Meereswasser 8359
Meereswasserbeton 8497
Meereswasserspülung 8498
Meereszuschlagstoffe 5973
Meergraben 2437
Meerniveau 6046
Meerrinne 2437
meertechnisches Bohren 6594
Meerton 5974
Meerufer 8783
Meerwasser 8359
Meerwasserspülung 8498
megakristallin 5865
Megarippel 6098
megaskopisch 5865
Megazyklothem 6097
Mehlschnee 4422
mehrachsiger Vulkan 1916
Mehrbildmessung 6054
Mehreck 7305
mehrfache Wasserturbine 6388
Mehrfachmesskamera 6379
Mehrfachmesskammer 6379
Mehrfachreflexion 6384, 8062

Mehrfachüberdeckung 6376
Mehrflözbau 6389
Mehrkanal-Aufnahmegerät 6365
Mehrkolbenpumpe in axialer
    Anordnung 6372
Mehrlinsenkamera 6368
mehrlinsige Kamera 6368
mehrphasige Bauumleitung 6391
mehrphasig entstandener Vulkan
    7304
Mehrschichtenisolierstoff 6367
mehrschichtiger Erddamm 1910
Mehrwegventil 6392
Mehrzweckbecken 6383
Mehrzweckspeicher 6383, 6387
Mehrzweckspeicherbecken 6383
Mehrzweckstaubecken 6383
Mehrzweckwasserkraftanlage
    6380
Mehrzweckwasserkraftprojekt
    6381
Mehrzweckwasserkraftsystem
    6382
Mehrzweckwasserkraftwerk 6380
Mehrzylinderpumpe in axialer
    Anordnung 6372
meißel 1045
Meißel 1045
    den ~ schärfen 8729
Meißelblatt 1046
Meißelbohrer 1660
Meißeldruck 747
Meißeldurchmesser 1051
Meißelfanghaken 1048
Meißelfortschritt 1050
Meißelhaken 1048
Meißelnachlassvorrichtung 3577
Meißelschenkel 1049
Meißelschneide 1046, 1660
Meißelvorschub 1050
Meißelvorschubregelung 2960
Meißelvorschubregler 3577
Melanit 6099
melanokrat 6100
Meliorationspumpen 5484
Membranakkumulator 2635
Membrandensimeter 6103
Membrandruckmesser 2636
Membranepotential 6104
Membranpotential 6104
Membranpumpe 2637
Membranspeicher 2635
Membranventil 2638
Menge 897
Mengenkurve 5998
Mengenlinie 5998
Mensur 4405
Mergel 5990
mergeliger Ton 5992
Mergelschiefer 5993

Mergelstein 5991
Mergelton 5992
Meridian 6106
Meridianebene 6107
Mesokarst 8715
mesokrat 6110
mesokristallin 6111
Mesolithikum 6113
mesothermaler Gang 6114
mesotyp 6110
Mesozoikum 6115
Messablauf 7531
Messapparat 6070
Messapparatur 6062
Messband 6076
messbar 6048
Messbehälter 6074
Messbereich 6058, 7766
Messbeständigkeit eines
    Messgerätes 9273
Messbild 7052, 7066
Messbildverfahren 7063
messen 4234, 6049
messen von geometrischen
    Größen 6060
Messergebnis 8038
Messfehler 3366
messfliegerobjektiv 203
Messflug 7058
Messfühler 8615
Messgeber 2575
Messgehilfe 9295
messgenauigkeit 90
Messgerät 6070
Messgerät für laterale
    Verformung 5518
Messgerät für Seitendehnung
    5518
Messgerinne 6067
Messinstrument 4233, 6070
Messinstrumente 6065
Messkamera 1446
Messkammer 1446
Messkanal 6067
Messkunst 6144
Messlabor 5763
Messlaboratorium 5763
Messlatte 9756
Messmarke 1844
Messmethode 6136
Messmittel 6070
Messprinzip 7521
Messpunkt 6073
Messrechteckwehr 1264
Messrinne 6066, 6067
Messstation 6073, 9757
Messstation für Durchführung
    einer Eichmessung 2730
Messstation zur Triangulation
    10223

Messstelle 2730, 6073
Messstereoskop 6075
messtechnische Ausrüstung 6069
Messtisch 7180
Messtischphotogrammetrie 7181
Messuhr 2625
Messumformer 6077
Messumwandler 6077
Messung 5762, 6061
Messung bei offenem Bohrloch
    6638
Messung der Abweichung 2659
Messung der Durchflussmenge
    2728
Messung der Durchflussmengen
    2728
Messung für die Eichung 3879
Messunsicherheit 10339
Messverfahren 6136
Messverfahren 1905, 6071
Messvorgang 7531
Messvorrichtung 6062
Messwehr 6059
Messzentrale 1586
Messzylinder 4405
Meta-Anthrazit 6116
Metabentonit 6117
Metalimnion 6118
metallisch 6119
Metallmanometer 3174
metallogenetische Karte 6122
Metallprovinz 6123
metamorph 6124
metamorphe Fazies 6125
metamorpher Quarzit 7686
metamorphes Gestein 6126
metamorphes Gestein
    magmatischer Herkunft 2293
metamorphes Gestein
    sedimentärer Herkunft 2294
Metamorphit 6126
Metamorphose
    nicht umkehrbare ~ 5278
Metamorphose-Fazies 6125
metamorphosiertes Gestein
    magmatischer Herkunft 2293
metamorphosiertes Gestein
    sedimentärer Herkunft 2294
metasomatische Lagerstätte 6128
Metasomatose 6129, 7961
Metazentrum 1594
meteorisches Wasser 6130
Meteorit 6131
Meteorologie 6132
Methan 6134
Methanabsaugung 3671
Methode der Anfangsspannungen
    5107
Methode der finiten Differenzen
    3668

Methode der induzierten
  Polarisation 5059
Methode der kleinsten
  Fehlerquadrate 6141
Methode der kleinsten Quadrate
  6141
Methode der kreisenden Scheibe
  8286
Methode der Zuwachsspannungen
  5032
Methode des Alignement 304
Methode des Anschlusses von
  Folgebildern 6137
Methode endlicher Elemente
  3669
Methode finiter Elemente 3669
Methode luftseitige Schüttung
  2863
Methode wasserseitige Schüttung
  10446
Methode zentrale Schüttung 1593
metrisches Dezimalsystem 2420
Michell-Blockdrucklager mit
  Segmentklötzchen 6148
Michell-Drucklager mit
  Kippsegmenten 6148
Microlog 6157
Migmatisierung 6180
Migmatit 6179
Mikrobruch 6151
Mikrodehnung 6168
Mikrohärte 6154
Mikroklin 6149
mikrokristallin 6150
Mikrolith 6155
Mikrolithotyp 1781, 6156
Mikrolog 6157
Mikrometer 6158
Mikrometermikroskop 6159
Mikrometerschraube 6160
mikrometrisch 6161
Mikroorganismus 6162
Mikropaläontologie 6163
Mikropfahl 6164
Mikropfählung 6153
Mikropfahlwerk 6153
Mikroriss 6152
Mikroseismik 6166
mikroseismische Bodenunruhe
  6166
Mikrosilica 8851
Mikroskop 6165
Mikroskopablesung 7795
mikroskopischer Riss 6152
Mikrospore 6167
Mikrotektonik 6169
Mikrowellen 6170
mild 9072
mildes Gebirge 9077
mildes Sprengen 9032

milieu-bezogene Diagenese 3298
Millerit 6185
Mindestdruckventil 6209
Mindestwohnfläche 6204
Minensohle 6881
Mineral 6190
Mineralaufbereitung 6196
Mineralfüller 3626
Mineralfüllstoff 3626
Mineralhärte 4587
Mineralienvergesellschaftung
  6839
mineralischer Boden 5127
mineralisiertes Gestein 6890
Mineralisierung 6194
Minerallagerstätte 6120
Mineralogie 6195
Mineralprovinz 6123
Mineralquelle 6198
Mineralressourcen 6197
Mineraltürkis 10304
Mineralvergesellschaftung 6839
Mineralwachs 6793
Minette 5275
Minimalabfluss 6205
minimale Bruttofallhöhe 6206
minimale Eintauchtiefe für
  Laufrad 6210
minimale Nettofallhöhe 6207
minimale nutzbare Stauhöhe 6208
Minus-Zement-Porosität 6221
Miogeosynklinale 6223
Miozän 6222
Mischer 238
Mischerfahrzeug 10173
Mischer für Injektionsgut 4523
Mischgestein 6179
Mischlagerstätte 6234
Mischung 897, 6238
Mischzeit 6236
Mischzement 1082
Mispickel 608
Missstand 183
Missweisung 5883
Mist 4595
mit-folgendes Tal 2008
mitgeborenes Wasser 2002
mitnehmen 1442
Mitnehmereinsatz 5416
Mitnehmerstange 5415
Mitnehmerstangenbuchse 5416
Mitnehmerstück 5416
Mittel 6036
  das ~ bilden 9839
Mittel-Devon 6171
Mitteldruckanlage 6094
Mitteldruck-Staukraftwerk 2381
Mitteldruck-Wasserkraftwerk
  6095
Mittelebene des Objektivs 1584

Mittelgebirge 6232
Mittel gegen Flockenbildung
  2454
mittelgroßes Wasserkraftwerk
  6092
Mittellastkraftwerk 8600
Mittellinie 1592
Mittelmoräne 6090
Mittelpunkt 1577
Mittelpunkttriangulation 1598
Mittelsand 6096
Mittelschiff 6437
Mittelsteinzeit 6113
Mittelstrecke 1591
Mittelung 9839
Mittelwellen 6093
Mittelwert 6036
Mittelwertbildung 9839
Mittel zur Herabsetzung der
  Anmachwassermenge 10725
Mittenabstand 1597
mittige Belastung 1582
Mittigkeit 1950
mittlere Bruttofallhöhe 6042
mittlere Geschwindigkeit 6047
mittlere Hauptspannung 5217
mittlere Nettofallhöhe 6044
mittlerer Abfluss 6041
mittlerer Ablauf 6041
mittlerer Druck 736
mittlerer Fehler 6040
mittlerer Flussbereich 6175
mittlerer Jura 6172
mittlerer Maßstab 6045
mittlerer Niederschlag 738
Mittleres Ordovicium 6174
mittlere Tiefe 6037
mittlere Trias 6176
Möbiusnetz 6247
modale Reaktion 6251
modale Superposition 6252
Modell 6253
Modell der Architektur 566
Modellieren 6254
Modellierung der
  Kavitationserscheinung 6255
Modell mit beweglicher Sohle
  6241
Modell mit fester Sohle 3731
Modell mit fixer Sohle 3731
Modell mit verzerrtem Maßstab
  2793
Modellprüfstand 8100
Modellprüfung 8405
Modelluntersuchung 8404, 8405
Modellverbiegung 6256
Modellversuch 6257, 8404, 8405
Modellversuche 6257
modernisieren 6258
Modulbauelement 6259

Modulbaukörper 6259
Modulbohrinsel 6260
Modulbohrplattform 6260
Modul der kubischen
    Ausdehnung 1306
Modulelement 6259
mögliche gewinnbare
    Erdölvorräte 7349
mögliche gewinnbare Ölvorräte
    7349
mögliche Sperrenstelle 7357,
    10568
mögliche Sperrstelle 7357
Möglichkeit der Stromversorgung
    7380
Mohno-Pumpe 6338
Mohrsche Hüllkurve 6267
Mohrscher Kreis 6266
Mohrscher Spannungskreis 6266
Mohsit 4956
Mohssche Härteskala 6268
Mohssche Skala 6268
Molasse 6275
Molch 7108
Mole 7095
Molekularwasser 2002
Mollisol 123
Moment an der Pumpenwelle
    4980
Moment an der Turbinenwelle
    10293
momentane Fördermenge 5152
momentane Geschwindigkeit
    5154
Momentanzünder 5148
Momentanzündkapsel 5148
Momentaufnahme 5151
Moment des Kräftepaares 6279
Moment-Verschluss 5153
monatliche Regenverteilung 6299
monatliches höchstes Hochwasser
    6300
monatliche Situationsrechnung
    6302
monatliche Zahlung 6301
Monazit 6283
Mondstein 173
Monoblockpumpe 6294
monogenetischer Vulkan 6298
Monoklinalfalte 6296
Monoklinalfaltenküste 6295
Monokline 6296
monoklines Kristallsystem 6297
monoklines System 6297
Monolithbeton 5137
Montage 3340, 6329
Montageablaufplan 3344
Montageanweisung 5155
Montageausführungsplan 3344
Montagebewehrung 1617

Montageeisen 1617
Montagegerät 3343
Montagehalle 655
Montageort 7158
Montageplatz 3342
Montageraum 655
Montageschaltbild 3344
Montageschema 3344
Montagespannung 3345
Montagestelle 7158
Montage- und Demontageplatz
    3341
Montagewerkstatt 655
Montagewerkzeug 3725
Montagezeichnung 3344
Montanwachs 6793
Montanzement 7337
Monzonit 6303
Moor 3591
Moräne 6305, 10041
Moränenamphitheater 6306
Moränengürtel 6307
Moränenschutt 5386, 10041
Morast 1109, 3591
Morganit 10639
Morkill Formel 6309
Morphologie 6310
Morphotektonik 6311
morsch 6463
Mörtel 6312
Mörtelbett 954
Mörtelschicht 6313
Mosaik 6314
Moskito 6315
Motor 3274
Motorbootfahren 7371
Motorflansch 6321
Motor-Straßenplanierer 6322
Motorstraßenhobel 6322
Motorwegehobel 6322
Muffe 1325, 1466
Muffe mit Rückschlagventil 3797
Muffenreduzierstück 1204
Muffenrohr 1839
Muffenstück mit verengter
    Durchflussöffnung 794
Mühle 4460
Mulde 5420, 9793
Muldenachse 756
Muldenfalte 9793
Muldengewölbe 10251
Muldenkern 2157
Muldental 9793
Muldentiefstes 10249
Müllbeseitigung 10681
Mülldeponie 8387
Müllkippe 8387
mulmig 6875
Multiplikationskonstante 6386
multispektraler Abtaster 6390

Multispektralkamera 6375
Multispektral-System 6362
Mundloch 7336
Mündung der Bohrung 10817
Mündungsgebiet 3383
Mündungskegel 2494
Munsell Farbtafeln 6393
Münster 1503
mürbe 4121
Muriacit 442
muscheliger Bruch 1951
Muschelkalk 6176
Muschelkurven 8762
Muschelsandstein 1952
Muschelschieber 6395
Museum 6394
Mustaggletschertypus 6398
Muster-Leistungsverzeichnisse
    9318
Musterzug 9997
Mutter 6556
Mutterboden 10102
Mutterbodenentfernung 1730
Muttergang 5924
Mutterschlämme 6858
Mylonit 6399
Mylonitbildung 6400
Mylonitisierung 6400

Nachbarfolgesteuerung 5051
Nachbargestein 156
Nachbarschichten 157
nachbauen 785
Nachbeben 221
Nachbecken 218, 9825
Nachbehandlungsfilm 2315
nachbohren 10350
Nachbruch 2925, 7752
nacheilender Kämpferdruck 7805
Nacherdbeben 221
Nachfall 2925, 7752
nachfallen 1516, 3974
nachfallende Formation 1523
nachfallendes Gebirge 1523
nachfälliges Gebirge 1523
Nachforderungen 1699
nachführen 1258
nachgeben 10939
nachgewiesene gewinnbare
    Erdölvorräte 7600
nachgewiesene gewinnbare
    Gasvorräte 7599
nachgewiesene gewinnbare
    Ölvorräte 7600
nachgezogener Rahmen 8944
nachgiebig 10943
nachgiebiger Gelenkbogen 625
nachgiebiges Gestein 9080
nachgiebiges Rohr 3780
Nachgiebigkeit 1404, 1906

Nachgiebigkeitskonstante 1907
Nachgiebigkeitsmodul 1907
nachgiebig und gelenkig 10944
nachklingende Setzung 8509
Nachlassregistriervorrichtung 2983
Nachläufer 221, 1793
nachnehmen 2685
nachräumen 10350
Nachräumer 8223
Nachrutschen einer Böschung 9007
Nachrutschen eines Einschnitts 9007
Nachschneider 3288
Nachsenkung 2486
Nachsetzung 8509
nachspannen 8050
nachstellen 7992
Nachstoß 221
Nachstromkavitation 1540
Nachsturz 2925, 7752
nachstürzen 1516
nachstürzendes Gebirge 1523
nachteilige Wirkung 183
nachtragen 1896
Nachtschicht 6487
nachverdichten 7815
Nachweisen von Unregelmäßigkeiten 2574
Nachweisgrenze 2572
Nachwirkung 220
nachziehen 3729
Nachziehrahmen 8944
nackter Karst 6405
Nadelbrunnen 10821
Nadeleis 4073, 6449
Nadellager 6448
Nadelrüttler 4972
Nadelschieber 6450
Nadelventil 6451
Nadelvibrator 4972
Nadir 4479
Nadiraufnahme 10549
Nadirdistanz 6401
Nadirdistanz in Flugrichtung 3991
Nadirdistanz zur Flugrichtung 5519
Nadirpunkt 4479
Nadirpunkttriangulation 7249
Nadirwinkel 424
Nagel 6403
nageln 6404
Nagyagit 6402
Näherungsfühler 7605
Näherungslösung 519
Näherungsschalter 7606
nahe zu fertiggestellt 6444
Nahfeldbewegung 6445

Nährschicht 3318
Nährstoffanreicherung 6557
Nährstoffrückhalt in Speichern 8046
Nahrungskette 3975
Nahrungsmittelpumpen 3976
nahtlose Verrohrung 8489
Name der Staumauer 6406
Name der Talsperre 6406
Name des Dammes 6406
N-A-Modell 7408
Narrengold 1619
Nassbagger 2927
nassbaggern 2926
Nassbohren 10827
nasser Strand 3999
nasses Erdgas 1473, 1865
nasses Jahr 10838
nasses Naturgas 1473, 1865
Nassgas 1865
Nassmotor-Tauchpumpe 10830
Nasssiebung 10831
Nass-Trockentest 10829
Natriumbichromat 9065
Natriumbikarbonat 9061
Natriumchlorid 9063
Natriumchromat 9064
Natriumdampflampe 9070
Natriumdichromat 9065
Natriumhydroxyd 9066
Natriumkarbonat 9062
Natriumlampe 9070
Natriummontmorillonit 9067
Natriumsilikatbohrspülung 9069
Natriumsilikatspülung 9069
Natrolith 6419
Natron 9062
Natronfeldspat 295
Natronkalkborat 1159
Natronsalpeter 9060
Natronwasserglasbohrspülung 9069
Natronwasserglasspülung 9069
Naturasphalt 1058
Naturbeschreibung 7091
Naturbims 7626
Naturbimsbeton 7624
Naturbitumen 6417
Naturgasbohrung 6425
Naturgasfeld 6424
Naturgasgewinnung 6426
Naturgaslagerstätte 6424
Naturgasspeicher 6424
Naturgasvorräte 6427
Naturharz 6430
Naturkoks 6420
natürliche Belüftung 6432
natürliche Bergwerkbewetterung 6429
natürliche Größe 6431

natürliche Bewetterung 6429
natürliche Grubenbewetterung 6429
natürlicher Abfluss 6421
natürlicher Böschungswinkel 423
natürlicher Horizont 4274
natürlicher hydraulischer Mörtel 6428
natürlicher Wassergehalt 6434
natürlicher Wassermörtel 6428
natürliches Harz 6430
natürliches Wasser 6433
natürliches Zinkoxid 10976
natürliches Zinksulfid 9182
Naturpark 6435
Naturpfad 6436
Natursalzsole 1254
Naturschacht 5335
Naturschutzgebiet 6435
Natursole 1254
Naturstein 9431
Navigation 6441
Nebellampe 3965
Nebenanlagen 395
Nebenarm 1218
Nebenbauwerke 394
Nebendamm 8328
nebeneinander 155
Nebenfalte 6219
Nebenfluss 10231
Nebengang 3025
Nebengestein 156, 2185
Nebengrundwasserspiegel 503
Nebenläufer 3590
Nebenrahmen 8944
Nebenschlechten 1326
Nebenstelle 718
Nebenstollen 154
Nebentrum 3025
Negativ 6452
negative Mantelreibung 6453
negative Reibung 6453
Nehrung 855, 9209
neigen 5012
Neigeventil 9778
Neigung 907, 2693, 4398, 5010, 8992
Neigung der Kamera 5011
Neigung der Kammer 5011
Neigung der Verwerfung 2698
Neigungsachse 757
Neigungsanzeiger 5042
Neigungsfehler 3370
Neigungsgleiche 5293
neigungslos 100
Neigungsmesser 1744, 5023
Neigungsmessung 2697
Neigungspfahl 908
Neigungsschreiber 1743
Neigungswinkel 2448, 2692

Neigungswinkel der Kamera 416
Nenndrehzahl 6499
Nenndurchfluss 6494
Nenndurchflussmenge 6494
Nennförderhöhe 6496
Nennlast 6497
Nennleistung 7774
Nennvolumendurchfluss 6494
Nennvolumenstrom 6494
Neo-Darwinismus 6457
Neodarwinismus 6457
Neogothik 4385
Neopren 6458
Neoprenanstrichfarbe 6459
Neoprenfarbe 6459
Neovulkanismus 6460
Neozoikum 1359
Neptunismus 6461
neritisch 6462
Nettoarbeit 6469
Nettofallhöhe 6466
Nettosetzung 6470
Netz 6464
netzartiges Gewölbe 6706
Netzbelastungsfaktor 9804
Netzgewölbe 6471
Netzlastspitze 9813
Netzpunkt 4454
Netzverfahren 4455
Netzzusammenbruch 1222
Neubarock 6455
neubohren 7844
neue globale Tektonik 7219
Neue Österreichische
    Tunnelbauweise 6418
neues Gerät 6480, 6481
Neugewinnung 5480
Neugothik 4385
Neugrad 4392
Neuklassizismus 6456
Neukristallisation 7830
Neupunkt 6482
Neurenaissance 7952
neutrale Achse 6472
neutrale Faser 6473
neutraler Druck 6474
neutrale Spannung 6474
neutrale Zone 6475
Neutro-Log 6477
Neutron-Gamma-Messung 6476
Neutron-Neutron-Impulsmessung
    4999
Neutron-Neutron-Messung 6478
nichtbindig 6503
nicht-entwässert 10375
nichtgewobenes Geotextil 6518
nichtgewobenes Material 6519
nichtkohäsiv 6503
Nichtleiter 544
nichtmetallisch 6509

nichtperiodische Schwingung
    7759
nichtstandfest 5025
nichtzerstörende Prüfung 6506
Nickelblüte 6486
Nickelsmaragd 10956
niederbringen 8895
Niederbringen einer
    Erdölbohrung 7035
Niederbringen einer Ölbohrung
    7035
Niederbruch 7752
Niederdruckanlage 5825
Niederdruckstollen 5834
Niederdruck-Turbine 5826
Niederdruck-Wasserkraftanlage
    8323
Niederdruck-Wasserkraftwerk
    5824
Niederdruck-Wasserturbine 5826
niedere Geodäsie 9744
Niederschlag 7406
Niederschlags/Abfluss-Modell
    7408
Niederschlags/Ablauf-Modell
    7408
Niederschlagsgesamtmengen-
    anzeiger 7409
Niederschlagsgleiche 5294
Niederschlagshöhe 7407
Niederschlagshöhenkurve 5294
Niederschlagshöhenlinie 5294
Niederschlagsintegrator 7409
Niederschlagsmesser 7739
Niederschlagssammler 7409
Niederschlagsschwankung 10515
Niederschlagstotalisator 7409
Niederschlags-
    Verdunstungsbilanz 7736
Niederschlagswasser 6130
Niederwasser 5839
niedrigstes Angebot 5822
Niedrigwasser 5839
Niobit 1857
Nische 6483, 6484
Nitronatrit 9060
Niveau 5585
Niveaudifferenz 4597
Niveauunterschied 4597
Nivellement 5591
Nivellementszug 5664
Nivellier 5593
nivellieren 5587
Nivellierinstrument 5593
Nivellierlatte 5594
Nivellierung 5591
Nivellierwaage 9755
nivellitische Höhenvermessung
    5591
NMO-Korrektur 6526

NN 6046
nominelle Leistung 7774
nominelle Nettofallhöhe 6498
nomineller Durchfluss 6495
Nonius 10544
Noniusnullpunkt 6508
Noniusteilstrich 10543
Nordpolarkreis 577
normal abbindender Zement 6529
Normalaufnahme 6527
Normalbedingungen 9315
normale Betriebsbedingungen
    9315
normale Lagerstätte 6528
normale Last 6525
Normalerdöl 737
normaler Gebirgsdruck 2195
normaler Speicher 6528
normales Stauziel 8048
Normalfall 6521
Normalgleichung 6522
Normaljahr 10935
Normalkraft 6524
Normal-Null 6046
Normalöl 737
Normalspannung 6531
Normalspannung auf die
    Gleitfläche 6532
Normalspiegel 8048
Normalstereogramm 6530
Normalwasserspiegel 8048
Normung 9314
N.Ö.T. 6418
Notausbesserung 3247
Notentlastungsanlage 3249
Notfall 3243
Notfallbedingungen 3244
Notfallplan 2071
Notfallsituation 3248
Notreparatur 3247
Notschieber 3245
Notstromversorgung 3246
Nottreppe 3250
Notüberlauf 3249
Notverschluss 3245
Novaculit 6538
Novakulit 6538
Nukleo-Densimeter 6547
Nullmomentenmethode 10967
Nullmomentenverfahren 10967
Nullniveau 6046
Nullpunkt 10968
Nullpunktabweichung 10966
Nullpunkteinstellung 10969
Nullpunktfehler 10966
Nullpunktkonstanz 10970
Nullspannungssensor 6534
Nullstellung 10971
Null-Teleformeter 6534
numerische Analyse 6554

nutzbare Bildgröße 10458
nutzbare Bodenfläche 3855
nutzbare Fläche 3855
nutzbare Förderhöhe 3138
nutzbare Porosität 4169
nutzbarer Bildwinkel 3134
nutzbarer Stauraum 128
nutzbares Fassungsvermögen 129
nutzbare Speichermenge 129
Nutzbarmachung von Land 5480
Nutzdruck 3143
Nutzeffekt 3146
Nutzen 993
Nutzfallhöhe 6466
Nutzfläche 3855
Nutzlast 5699
Nutzleistung 3142
Nutzung 10730
Nutzungsdauer 10902

Obelisk 6558
ober 10428
Oberbank eines Kohlenflözes 8241
Oberbau 6880, 9667
Oberbauschotter 804
Oberbecken 10436
Oberdamm 4679
obere Abtragungsniveau 10091
obere Bodenschicht 9128
obere Erhebungsgrenze 10091
obere Plastizitätsgrenze 10433
oberer Flussbereich 10435
oberer Heizwert 4466
Oberer Jura 10430
oberes Denudationsniveau 10091
oberes Strebende 10090
obere Streckgrenze 10438
obere Trias 10437
Oberflächenabfluss 8321, 9711, 10633
Oberflächenabflussmenge 8321, 10633
Oberflächenablauf 8321, 9711, 10633
Oberflächenablaufmenge 8321, 10633
Oberflächenabsiegelung 8480
Oberflächenbehandlung 3665
Oberflächenbehandlung einer Betonierfuge 7430
Oberflächenbelastung 9713
Oberflächeneinlass 9712
Oberflächenfeuchte 9714
Oberflächengeber 9724
Oberflächengehärter Stahl 1454
Oberflächenglätte 9727
Oberflächenkriechbewegung 9708
Oberflächenmagma 5524

oberflächennahe Bohrung 8717
oberflächennahes Erdbeben 8712
Oberflächenrückhaltung 9722
Oberflächenspannung 9725
Oberflächenüberzug 3666
Oberflächenversiegelung 8480
Oberflächenwelle 9728
Oberflächenwellen 9729
Oberflächenwirbel 9709
Oberflächenstruktur 9726
Obergraben 4604
oberirdischer Abfluss 9711
oberirdischer Ablauf 9711
oberirdisches Kraftwerk 15
Oberkante einer Schicht 10092
Oberkohle 8241, 10089
Oberkreide 10429
Oberlage 6752
Oberlauf 4608
Obermoräne 9715
Oberpacker 10101
Oberperm 10432
Oberstempel 10434
oberster Speicher 10431
oberstes Staubecken 10431
Oberstollen 4606
Obertriebwasserstollen 4606
Oberwasser 3992, 4608
Oberwasserbucht 3992
Oberwasserkanal 4604
oberwasserseitig 10442
oberwasserseitige Abdeckung 10443
oberwasserseitige Oberflächendichtung 10445
oberwasserseitiger Dichtungsteppich 10443
oberwasserseitiger Fangedamm 10444
oberwasserseitiger Kofferdamm 10444
Oberwasserspiegel 4607
Oberwasserstollen 4606
Objektraum 6568
Objekt 6559
Objektbrennpunkt 4142
Objektiv 6561
Objektivdeckel 5575
objektives Gesichtsfeld 6565
Objektivfassung 5574
Objektivglas 6561
Objektivhauptpunkt 3478
Objektivknotenpunkt 6491
Objektivöffnung 6562
Objektivring 6564
Objektivsatz 8652
Objektivträger 6563
Objektiv-Verschluss 1007
Objektpunkt 6567
Obsidian 6581

Ödland 791
Ödometer 2019
offen abgestufter Asphaltbeton 6639
offene Balkendecke 6637
offene Leitung 6635
offener Überströmdamm 6645
offenes Gerinne 6633
offenes Kapillarwasser 4170
offenes Standrohr 6644
offenes Standrohrpiezometer 6644
offenes Steigrohrpiezometer 6644
offenes System 6634
offenes Wehr 6645
offen halten 5914
offenkettiger Kohlenwasserstoff 6632
öffentliche Ausschreibung 2558, 7612
öffentliche Bauarbeiten 7613
öffentliche Bauten 7613
öffentliche Sicherheit 7611
Offerte 9912
Offertformular 4017
Öffnung 6640, 6641
Öffnung der Angebote 6643
Öffnung des Ventils 6642
Öffnungsverhältnis 7785
Öffnungsweite 5360
Öffnungswinkel 433, 9639
Offshore-Erdöl 6599
Offshore-Erdölfeld 6601
Offshore-Erdölforschung 6600
Offshore-Hubarbeiten 6597
Offshore-Öl 6599
Offshore-Ölfeld 6601
Offshore-Ölforschung 6600
Offshore-Verladeeinrichtung 6598
Ohrenklammerlasche 1704
Ökologe 3117
Ökologie 3118
ökologische Nischen 6483
ökonomischer Wert eines Projektes 3122
ökonomische Wertbestimmung eines Projektes 3119
Ökosystem 3124
Ökosystems-Kartierung 3125
Ökoton 3126
Ökotypus 3127
Okular 3499
Okularauszug 3498
Okularmarke 3500
Okularmikrometer 3501
Okularschraube 3502
Öl 2265, 7000
  nicht paraffinisches ~ 6511
  nicht schwefelhaltiges ~ 9766

Ölabsperrventil 6609
Ölakkumulation 84
Ölanalyse 2266
Ölanreicherung 84
Ölansammlung 84
Ölanwesenheit 6584
Ölanzeichen 7017
Ölaustritt 7028
Ölbecken 7002
Ölbehälter 6603, 6610
Ölbergbaugeologie 7021
Ölbohrturm 7034
Ölbohrung 7010
    eine ~ verdämmen 7238
    eine ~ verfüllen 7238
    eine ~ verstopfen 7238
Ölbohrungsausbruch 7033
Öldrosselventil 6608
Öldurchsickerung 7028
Ölemulsion 2267
Ölemulsionsspülung auf
    Wasserbasis 10686
Ölenteckung 7011
Ölfazies 7004
Ölfeld 6601
Ölfeldleitungssystem 7013
Ölfeldverrohrung 1464
Ölfeldwasser 7014
Ölfernleitung 7022
Ölfilter 6604
Ölförderbohrung 7010
Ölförderbohrungsausbruch 7033
Ölfördertechnik 7023
Ölförderung durch unterirdische
    Verbrennung 3675
Ölforschung vor der Meeresküste
    6600
ölführender geologischer
    Horizont 7003
ölführender Kalkstein 7005
ölführender Sandstein 7008
ölführender Schiefer 1057
ölführende Schicht 7003, 7974
ölführendes Gebiet 7598
Ölfundbohrung 7010
Ölfundbohrungsausbruch 7033
Ölfundstelle 6584
Ölgas 1473
Ölgebiet 7019
Ölgeologe 7015
ölgesättigter Bohrkern 7025
ölgesättigter Sand 7027
Ölgewinnung 3486
ölhaltiger Sand 7016
ölhaltige Sandlinse 7007
Ölhorizont 7003
Oligoklas 6615
Oligozän 6614
Öl in die angelassene Bohrung
    pumpen 10673

Öl-in-Wasser-Emulsion 10738
Olisthostrom 6616
Olivinfels 6953
Öllager 7001
Öllagerstätte 7001
    eine ~ ausbeuten 7537
Öllagerung 7030
Ölleitung 2268
Ölleitungspumpe 6605
ölliefernde Schicht 7544
Öllinse 7007
ollkommenem Überfall 4084
öllöslich
    nicht ~ 5121
Ölluftfeder 6613
Ölmigration 7020
Öl mit Asphaltbasis 646
Öl mit Paraffin- und Asphaltbasis
    6233
Ölmuttergestein 6318
Ölprobenehmer 7032
Ölpumpe 6606, 6607
Ölquelle 7029
Ölreserve 7018
Ölring 5842
Ölsammlung 84
Ölsand 7016
Ölsandstein 7008
Ölsättigung 4849
Ölschiefer 1057
Ölsickerung 7028
Ölsondenbohren 7035
Ölspeicher 7001, 7974
Ölspeichergestein 7006
Ölspuren 7017
Ölstoßdämpfer 6613
Öltanker 7031, 7974
Ölträger 7009
    den ~ anbohren 2951
    den ~ anfahren 2951
    den ~ durchbohren 2951
Ölträgergestein 7006
Ölvorkommen 6584, 7001
Ölvorräte 7024
Ölwanderung 7020
ombrogen 6617
Omissionsfläche 2644
Omissionsschichtung 5276
omogener Erddamm 4718
Onshore-Bohrung 6622
Ontogenese 6626
Ontogenie 6626
Onyx 6627
Oolith 3159
oolithische BraunEisenerze 5275
oolithische Eisenerze 5275
opalisierender Feldspat 173
Operment 6709
Optik 6672
Optiker 6671

optimale Dimensionierung der
    Zuleitungsanlagen 6676
optimale Fallhöhe 6675
optimale Kraftwerksgröße 8919
optisch 6659
optische Grundlagen 6660
optische Kristallographie 6663
optische Leistung 6668
optische Marke 6664
optischer Rahmenmittelpunkt
    6662
optisches Kardangelenk 6661
optisches Lot 6665, 6667
optisches Pyrometer 6669
optische Streckenmessung 6670
Ordinate 6680
Ordovician 5817
Ordovizium 5817
organische Metamorphose 6689
organogener Boden 3591
organogener Kalkstein 6690
organogener Sand 6691
Orgelstempel 910
orientalischer Alabaster 290
orientierter Bohrlochkern 6692
orientierter Kern 6692
Orientierung 6693
Orientierungselemente 3218
Original 6697
Originalbild 6697
originales Gelände 6699
Originalmaßstab 6700
"O"-Ring 6703
"O"-Ring-Dichtung 6704
Ornament 3289
orogener Vulkanismus 6707
Orogenese 6708
orogene Sippe 6794
Orpiment 6709
Ort 8161
Ortbestimmung 7342
Ortbeton 5137
Ort der Setzung 8496
Ort des Dammes 5741
Örter 3295
Örterbau 2256, 3296
ortfeste Teile,npl 8964
Orthit 310
Ortho 6710
orthochromatisch 6711
Orthogeosynklinale 6713
Orthogeosynklinalpaar 6713
Orthogestein 2293
orthogonale Parallel-Projektion
    6716
Orthoklas 6712
orthorhombischer Pyroxen 6718
orthoskopisch 6719
Orthotropie 6720
örtlicher Horizont 4274

örtliche Taleinengung 5736
Ortpfahl 1488
ortsbewegliche Pumpe 6246
Ortsbrust 4601
ortsfeste Bohrinsel 3738
ortsfeste Plattform 3738
ortsfeste Pumpe 9355
ortsfremder Kalkstein 317
Ortung 5739
Os 3376
österreichische Tunnelbau-
  Methode 6611
österreichische Tunnelbauweise
  6611
ostindischer Schwarzboden 7894
Oszillationsrippel 6722
Oszillograph 6723
Ozean 6585
ozeanische Insel 6587
Ozeanographie 6588
Ozeanologie 6589
Ozeanstrom 6586
Ozeanströmung 6586
Ozeantiefenmessung 905
Ozeanwissenschaft 6589
Ozokerit 6793

paarweise angeordnete
  Ausbaurahmen 6804
Packeis 6799
Packer 6798
Packlage mit Mörtel ausgefüllten
  Fugen 9435
Packlage mit Mörtelbett 3241
Paket 6796
Palagonittuff 6816
Paläoboden 6812
Paläobotanik 6807
paläogeologische Karte 6810
Paläoklimatologie 6809
Paläontologie 6811
Paläosol 6812
Paläotemperatur 6817
Paläovulkanismus 6813
Paläozän 6808
Paläozoikum 6814
Paläozoologie 6815
Palette 6819
Palingenese 6818
Palmengewölbe 3543
panchromatisch 6820
panchromatischer Film 6821
pankratische
  Linsenzusammensetzung 6822
Panorama 6827
Panoramaaufnahme 6829
Panoramakamera 6828
Panoramakammer 6828
Pantograph 6830
Para 6832

Parabelspiegel 6835
Parabelträger 6834
parabolischer Spiegel 6835
Paradoxverschluss 8118
Paraffinablagerung 6837
paraffinbasisches Erdöl 6836
paraffinbasisches Öl 6836
paraffinischer Kohlenwasserstoff
  6838
Paragenese 6839
Paragenesis 6839
Paragestein 2294
parakinematisch 6854
Paraklase 3553, 3561
paralisch 6840
parallaktischer Winkel 6841
parallaktisches Netz 6842
Parallaxe 6844
Parallaxenbewegung 6843
Parallaxenfehler 6845
Parallaxenmikroskop 6846
parallele Aufnahmen 6849
Parallelführung 175
Parallelkreis 6848
Parallelschichtung 7169
Parallelschritt 6851
Parameter 6852
Parasitärkegel 182
Parasitenplan 6857
paratektonisch 6854
Parforce-Jagd 4779
Partiallastfaktor 6861
Partikelgeschwindigkeit 6869
Partikellösung-Porosität 6276
Parzelle 5802
Parzellenplan 6857
Parzellierung 6856
Passbolzen 3722
passiver Erddruck 6872
passives System 6874
Passpunkt 7277
Paulitfels 4177
Pauschalsummenauftrag 5847
Pazifikküstentypus 6795
pazifische
  Gesteinsvergesellschaftung
  6794
pazifischer Küstentypus 6795
pazifische Sippe 6794
Pechblende 10450
Pechkohle 5342, 7155
Pediment 6909
Pedologie 6910
Pegel 6052, 9294, 10703, 10704
Pegel-Abflusskurve 9297
Pegelhöhe 10705
Pegellatte 9294
Pegelmessfühler 5597
Pegelmessstation 2730
Pegelmessstelle 2730
Pegelschlüssel 3891

Pegelstand 10705
Pegelstation 2730
Pegelstelle 2730
Pegmatitisierung 6912
Pegmatolith 6712
Peil 9294
Peilgewicht 9140
Pektolith 6905
pelagisch 6913
pelagische Ablagerung 2438
pelagische Facies 6914
Pelit 5849
Peltonrad 6916
Peltonturbine 6917
Pelton-Turbinenlaufrad 6916
Pendelrollenlager 848
Penetrationsmesser 6925
Penetrationszwilling 5235
Penetrometer 6925
Perforator zum Schneiden der
  Steigrohre 10263
perforierte Futterrohre 6944
perforierte Futterrohrkolonne
  6944
perforiertes Rohr 6945
Pergelisol 6964
Peridot 6951
Peridotit 6953
periglazial 6954
periglazialer Zyklus 6955
Periglazialgebiete 6956
Periklas 6950
Periodenabsenkung 6959
Periodendruck 6960
periodische Instandsetzung 6958
periodischer Frostboden 123
periodisches Nachsehen 6957
periodische Übersicht 6957
Peripheralpumpe 6963
Perkolation 6937
Perkolationswasser 6936
Perkolationsweg 6879
Perlglimmer 5962
Perlsinter 4328
Perm 6980
Permafrost 6964
Permafrostboden 6964
Permafrosteisschicht 4938
permanente Bauten 6970
Permeabilität 6971
Permeabilitätskoeffizient 6972
Permeabilitätsprofil 6973
Permettivität 6981
persischer Bogen 5413
Personalunterkunft 679
Personenkraftwagen 1418
Perspektive 6985
perspektivisch 6986
perspektivische Ansicht 6989
perspektivische Lage 6990

Peru-Salpeter 6993
Petrefakt 4024
Petrogenese 6998
Petrogenesis 6998
Petrographie 6999
Petroleum 2265, 7000
Petrologie 7036
Petrologie der metamorphen Gesteine 7037
Petrologie der Metamorphiten 7037
Petromechanik 8193
petrostatischer Druck 4411
Petrostratigraphie 5694
petrostratigraphische Klassifikation 5693
Pfadfinderelement 6876
Pfahl 7109, 7350
Pfahlbelastungsprüfung 7121
Pfahlbelastungsversuch 7121
Pfahlbündel 2827, 7118
Pfahlbündelplatte 7110
Pfähle 7109
Pfahlgründung 7117
Pfahlgruppe 7118
Pfahlkopfplatte 7110
Pfahllast 7120
Pfahllastprüfung 7121
Pfahllastversuch 7121
Pfahlramme 7111
Pfahlrammen 7112
Pfahlrammformel 7114
Pfahlrammtechnik 7113
Pfahlrostplatte 7110
Pfahlschlagen 7112
Pfahlschuh 3015
Pfahlspitze 10072
Pfahlstandfestigkeit 7872
Pfahltragfähigkeit 9685
Pfahlwand 8499
Pfahlwehr 7122
Pfänden 9188
Pfeiler 1331, 7096, 7126, 8346
Pfeilerabstand 1333
Pfeileraussteifung 1335
Pfeilerbau 7127
Pfeilerbruchbau 8256
Pfeiler der Entlastungsanlage 9199
Pfeilerdicke 9991
Pfeilergründung 7097
Pfeilerklotz 1664
Pfeilerkopf-Staumauer 2423
Pfeilerkuppel-Staumauer 6377
Pfeilerlänge 5571
Pfeilermauern 1232
Pfeilernase 2346, 7098
Pfeilerscheibe 1336
Pfeilersperren 1332
Pfeilerspreizung 1334

Pfeilerstaumauer mit T-förmigem Kopf 9880
Pfeilerstaumauern 1332
Pfeilertalsperren 1332
Pfeiler-Wehr 3732
Pferdestall 10419
Pfette 7648
Pflanzenpaläontologie 6807
Pflanzenwelt 3862
Pflästerung 917
Pflege des Hangenden 8242
Pflock 6911
Pfosten 7350
Pfostenlochbohrer 7351
Pfostenwehr 7122
Pfropf 1343
Pfropfen 1303
Phänotypus 7038
Phasengang 7040
Phasenverschiebung 7039
Phlogopit 7042
Phosphatisierung 7043
Phosphorblei 7663
Phot 7044
Photo 7066
Photoachsenschnittpunkt 1577
photo-elastisches Modell 7049
Photogramm 7052
Photogrammeter 7053, 7059
Photogrammetrie 7063
photogrammetrisch 7054
photogrammetrische Aufnahme 7061
photogrammetrische Entzerrungsmesskunst 7835
photogrammetrische Geschwindigkeitsmessung 7060
photogrammetrische Ortbestimmung 7057
photogrammetrisches Koordinatensystem 7062
photogrammetrisches Koordinationssystem 7062
Photographie 7073
Photographieren 7073
photographieren 7065
photographisch 7067
photographische Raumdarstellung 9399
photographisches Bild 7066
photographisches Messbild 7052
Photokartograph 7045
Photokoordinate 4957
Photokoordinaten 7216
photomechanisch 7074
Photometer 7075
Photomittelpunkt 1577
Photosynthese 7076
Phototheodolit 7077

Phototopographie 7078
phototopographische Bildvermessung 7063
phreatische Diagenese 7080
phreatischer Ausbruch 7084
phreatisches Gas 7081
phreatisches Niveau 7083
phreatisch gebildete Kaldera 7079
phreatomagmatischer Ausbruch 7085
Phyllit 7086
Phylogenese 7087
Phylogenie 7087
physikalische Geologie 7088
physikalische Größen und Maßeinheiten 7090
physikalisches Modell 7089
Physik der Erde 4308
Phytopaläontologie 6807
Piezoeffekt 7100
piezoelektrisch 7099
piezoelektrischer Effekt 7100
Piezometer 7101
Piezometeranlage 7102
Piezometerlinie 7105
Piezometerlinienhöhe 4812
Piezometerrohr 9327
Piezometerröhre 7480
Piezometersystem 7102
Piezometerüberwachung 7107
piezometrische Höhe 7103, 7106
piezometrische Kote 7103
piezometrische Linie 7105
piezometrischer Druck 7104
piezometrisches Niveau 7103
Pikett
 auf ~ 967
Pikotage 10787
Pikrolit 483
Pilot 7109
Pilzfels 6908
Pilzkopf-Staumauer 8300
Pilzventil mit flacher Sitzfläche 6397
Pilzventil mit kegelförmiger Sitzfläche 6396
Pinge 1506, 5733
Pingo 7132
Pinsel 1270
Pipeline-Pumpe 6605
Pistazit 7145
Plan 205, 2911
Planausarbeitung 7431
Planetologie 7182
Planie 871
planieren 5586
Planier-Gleiskettengerät 1310
Planierschlepper 1310
Planierschlepper mit horizontal drehbarem Schild 10046

Planimetrie 7187
planimetrisch 7183
Planke 1102, 9995
Plankton 7188
planparallele Teilbarkeit 8429
Planspiegel 7171
Planum 871
Planumsmodul 1811
Planvorbereitung 7431
plastiche Verformung 7209
Plastifiziermittel 7204
Plastifizierungsmittel 7204
plastisch 7197
plastische Deformation 7199
plastische Formänderung 7199
plastischer Beton 7198
plastisches Gebirge 7207
plastische Verformung 7199
plastische Zone 10984
Plastizität 7200
Plastizitätsbereich 7206
Plastizitätsdiagramm 7201
Plastizitätsgrenzen 7202
Plastizitätsindex 7203
Plastizitätszahl 7203
Plastizitätsziffer 7203
Plastomer 7210
Plastosphäre 10984
Plateaugletscher 7212
Platte 8933
Plattenbelastungsversuch 7214
Plattenbiegungssteifigkeit 3782
Plattendruckversuch 7214
Plattendurchbiegung 2450
Plattenfedermanometer 2636
plattenförmige Lagerstätte 9817
Plattengründung 4041, 7728
Plattenkoordinaten 7216
Plattenlastversuch 7214
plattenlose Staumauer 2423
Platten-Pfeilerstaumauer 3772
Plattenrandküstentypus 6795
Plattenreihenbildkamera 8625
Plattenreihenbildner 8625
Plattenreihenkamera 8625
Plattenreihenkammer 8625
Plattenrüttler 10571
Plattentektonik 7219
Plattentheorie 9961
Plattenversuch 7214
Plattenvibrator 10571
Plattenwechselkassette 7215
Platten-Wechselkassette 7215
Plattenwehr mit scharfkantiger Krone 8724
Plattformfachwerk 7220
plattig 7218
Platz 9258
Platzregen 10110
Pleistozän 7224

Pleuel 2004
Pleuelstange 2004
Plexiglas 7225
plinianische Tätigkeit 7226
Pliozän 7223
plötzliche Absenkung 9650
plötzlich einsetzendes Hochwasser 3762
plötzlicher Schauer 9651
plötzlicher Übergang 8731
plötzliches Abbinden 3763
plötzliches Zusammenfallen der Kavitationsblasen 9649
plötzliches Zusammenstürzen der Kavitationsblasen 9649
plutonische Brekzie 7252
plutonische Gesteine 2440
plutonisches Gestein 5254, 7253
plutonische Theorie 7254
Plutonismus 7254
Plutonit 7253
Plutonit 5254
pneumatischer Antrieb 7259
pneumatischer Packer 5076
pneumatischer Pegel 7458
pneumatischer Piezometer 7260
pneumatisches Wehr 5077
pneumatisch gesteuertes Ventil 7256
pneumatisch versetzen 9471
Pneumatolyse 7263
Pneuwalze 7262
Podest 4566
Poebing-Wehr 7266
Poissonsche Konstante 7286
Poisson'sche Querkontraktionskonstante 7286
Poissonsche Zahl 7286
Poissonzahl 7286
Pol 7298
Polarbreite 7296
Polardiagramm 7291
Polarisation 7293
Polarisationsfilter 7295
polarisationsoptisch 7046
Polarisator 7294
Polaritätsepoche 7292
Polarkoordinate 7289
Polarkoordinaten 7290
Polarkreis 7288
Polder 7297
Polhöhe 7287
Polier 3997
Polierschiefer 10244
Polje 7301
Polyäthylen 7303
polygenetischer Vulkan 7304
Polygon 7305
Polygonausbau 7309

Polygonboden 7307
Polygonmessung 7308
Polygonzug 10205
 einen geschlossenen ~ einmessen 5928
Polymer 7310
Polymer-Beton 7311
Polymerisat 7310
Polymerisationsprodukt 7310
Polymorphie 7312
Polymorphismus 7312
Polyurethan 7314
Polyurethanhartschaum 7315
Polyurethanschaumstoffisolierung 7316
Polyvinylchlorid 7317
polyzentrischer Vulkan 1916
Pontonkran 3801
Pore 7321
Porenanteil 6929, 7329
Porenbeton 186
Porendruck 7327
Porenfüllung 7322
Porengehalt 7329
Porengrößenverteilung 7324
Porenleichtbeton 258
Porenprozente 6929
Porenprozentsatz 6929
Porenraum 7325
Porenschluss 8480
Porenschlussmittel 2314
Porenvolumen 7325, 10634
Porenwasser 7326
Porenwasserdruck 7327
Porenwasserdruckmesser mit Filterstein 7331
Porenwasserüberdruck 3412
Porenwasserwiderstand 4015
Porenzahl 7323
Porenziffer 7323
Porenziffer-Druck-Linie 7482
poriger Beton 186
Porigkeit 7329
Porigkeitsverhältnis 7323
poröser Fels 7330
poröses Gestein 7330
Porosimeter 7328
Porosität 7329
Porosität in situ 5138
Porositätsmesser 7328
Porositätsverhältnis 7323
Porosität vor Beginn der Zementation 6221
Porosität vor der Zementbildung 6221
Porphyrit 7333
porphyritischer Rhyolith 8086
porphyroblastisch 7332
Portal 3290, 7336
Portalkran 4192

Portikus 549
Portlandzement 7338
Portlandzement mit
 Puzzolanzuschlag 7339
Portlandzement-
 Puzzolangemische 7339
Porzellanit 7320
Positionsbestimmung 7344
Positionsfehler 7341
postkinematisch 7352
postorogen 7352
postorogene Sippe 6091
postvulkanische Erscheinungen 7354
Potamographie 7355
Potamologie 7356
Potentialdifferenz 7358
Potentialgradient 7362
Potential-Gradientenverfahren 7360
Potentialhöhe 7363
Potentialkartierung 3335
Potentiallinie 3334
Potentialwirbel 1692, 3128
potentielle Energie 7361
Potentiometer 7364
Prahm 833
Prämie 1123
Präqualifikation 7432
Präzisionsausdehnungsmesser 7412
Präzisionsextensometer 7412
Präzisionsklasse eines
 Messgerätes 1714
Präzisionsnivellement 7410
Präzisionsnivellierung 7410
Prehnit 7422
Preis ab Werk 3497
Preise gültig zu bestimmten
 Zeitpunkt 7491
Preisniveau 7490
Preis und Lieferzeit 2174
Preisverzeichnis 8423
Prellblock 793
Prellwand 795
preromanico 609
Presplitting 7437
Presse 5327, 8664
Pressenversuch 5331
Pressluftanlage 1921
Pressluftbohren 256
Pressluftbohrer 255
Pressluftbohrhammer 264
Pressluftcaisson 7258
Presslufthammer 264
Pressluftkasten 7258
Pressluftleitung 1920
Pressluftpegel 7458
Pressluftsenkkasten 7258
Pressluftventil 7256

Pressschnee 2937
Presstest 5331
Primärbitumen 649
primäre Ablagerung 7495
primäre Durchlässigkeit 7496
primäre Erdöllagerstätte 7497
primäre horizontale Schichtung 6701
primäre Lagerstätte 7495
primäre Öllagerstätte 7497
primäre Porosität 7498
Primärerdöl 6317
primäre Sedimenttextur 7499
primäres Sedimentgefüge 7499
primäre Zementation 7493
Primäröl 6317
Primärschlämme 6858
Prismafernrohr 7526
prismatisches Zinkerz 10976
prismatoidischer Granat 9360
Prismengefüge 7524
probabilistische
 Dimensionierungsmethode 7527
Probe 8361
Probebelastung 9947
Probebelastung des Pfahls 7121
Probeentnahme 8365, 9997
Probeentnahmegerät 8362, 8363, 9100
Probeentnahmegerät mit
 längsgeteiltem Rohr 9213
Probeentnahmerohr 8363
Probegewinnung 8365
Probekern 2158
Probekörper 8361
Probeloch 10214
Probenahme 8365
Probenahme durch Bohrungen 8366
Probenahmegerät 8362
Probenahme mit zufälligen
 Abständen 7758
Probenehmer 8362, 9100
Probenentnahme 8365
Probenentnahmegerät 8362, 8363, 9100
Probenentnahmegerät mit
 längsgeteiltem Rohr 9213
Probenentnahmerohr 8363
Probengewinnung 8365
Probnnahme 8365
Probnnahme durch Bohrungen 8366
Probennahmegerät 8362
Probennehmer 8362, 9100
Probenraster 8364
Probestück 8361
Proctordichte 7535
Proctor-Gerät 7534

Proctorkurve 7532
Proctornadel 7536
Proctorprobe 7533
Proctorprüfung 7533
Proctorsche Plastizitätsnadel 7536
Proctorverdichtungsprobe 7533
Proctorverdichtungsprüfung 7533
Proctor Verdichtungsversuch 7533
Proctorverdichtungsversuch 7533
Proctorversuch 7533
Produktion
 in ~ bringen 1256
 in ~ gehen 1866
Produktionsgeologie 7543
Produktionshorizont 6886
Produktionskreuz 1669
Produktionskurve 7542
Produktionssonde 7538
Produktionsverrohrung 7541
Produktionszone 6886
Produktion von Maschinen 5861
produktive Erdölbohrung 7538
produktive Ölbohrung 7538
produktiver Horizont 6884
produktive Zone 6886
Produktivitätskurve 7542
Profil 5758, 8515, 8719
Profilaufnahmegerät 7547
Profildurchlässigkeit 543
profilieren 4393
Profilieren der Aushubsohle 8722
programmäßige Bohrung 2952
Programmierer 7551
progressive Metamorphose 5278
progressiver Bruch 7552
Projekt 2554, 8425
Projektbeurteilung 7557
Projektdirektor 7560
Projektgenehmigung 7558
Projektingenieur 7561
Projektion 7562
Projektionsapparat 7563
Projektionsebene 7173
Projektionseinrichtung 7563
Projektionsfläche 9717
Projektionsgerät 10590
Projektionszentrum 5228
Projektleiter 7560, 7565
Projektmanager 7565
Projektor 10590
Projektverfasser 3276
projizieren 7555
Propellerpumpe 7572
Propellerpumpe mit
 Umkehrschaufeln 7573
Propellerturbine 7574
Proportionalitätsgrenze 5641
Protonenmagnetometer 7595

Protonpräzessionsmagnetometer
7595
Prototyp 7596
Proustit 7597
provisorische Abnahme 7601
proximal 7604
prüfen 10257
Prüfkarte 1611
Prüfkörper 8361
Prüflast 9947
Prüfschein 1611
Prüfsieb 8456
Prüfstand 9950
Prüfstand für hydraulische
  Turbomaschinen in
  Großausführung 9320
Prüfstand für
  Kavitationsbeobachtungen
  9319
Prüfstand für Modellversuche an
  hydraulischen
  Turbomaschinen 9321
Prüfstand für wissenschaftlich-
  technische Versuche an
  hydraulischen
  Turbomaschinen 9322
Prüfstandversuch 5446
Prüfstand zur Untersuchung von
  hydraulischen
  Modellmaschinen 9321
Prüfung 9942
Prüfung am Objekt in natürlicher
  Größe 4160
Prüfung am Versuchsstand 5446
Prüfung an Ort und Stelle 5128
Prüfung eines Messgerätes 3399
Prüfungsbericht 1611
Prüfungsschein 1611
Prüfung von hydraulischen
  Maschinen 9943
Prüfung von Maschinen im
  Bewegungszustand 9944
Prüfverfahren 9946
Prüfvorrichtung 9940
Prunkgrab 6021
Psammit 7607
Psephit 7608
Pseudo-Bergschaden 504
pseudo-plastisch 7609
pseudo-statische Berechnung
  7610
Psychrometer 4906
Puddingstein 7614
Pulsationsdämpfer 7622
Pulverschnee 7369
Pulverschneelavine 2934
Pulversprengstoff 1079
Pulvino 2834
Pumpe
  das ~n einer Bohrung

einstellen 4579
in der Papier- und
  Zellstoffindustrie angewandte
  ~n 6831
Pumpe für Hauptentwässerung
  5908
Pumpe in Blockbauweise 6294
Pumpe mit umkehrbarer
  Drehrichtung 7644
Pumpe mit umkehrbarer
  Förderung 8075
pumpen 7627
Pumpenaggregat 7386
Pumpenanlage 7636
Pumpen der Fahrbahnplatte 6882
Pumpen der Fahrbahndecke 6882
Pumpenelement 7632
Pumpen für chemische Industrie
  1652
Pumpen für die
  Lebensmittelindustrie 3976
Pumpen für spezielle Zwecke
  7643
Pumpengrube 9657
Pumpenhaus 7636
Pumpen im Schiffbauwesen und
  in der Schiff-Fahrt 8773
Pumpeninstallation 7635
Pumpenstation 7638
Pumpenzentrale 7636
Pumpfähigkeit 7634
Pumpförderhöhe 7628
Pumpgeschwindigkeit 7637
Pumprohre 10261
Pumpspeicher 7630
Pumpspeicherkraftwerk 7631
Pumpspeicherwerk 7629
Pumpspeicherkraftwerk 7629
Pumpspeicherwerk 7631
Pumpstation 7638
Pumpstaubecken 7630
Pumpversuch 7640
Puna 7645
Punkt 7267
  zu überwachende ~e 7285
Punktbelastung 7269
Punktbrunnen 10821
Punkt der Nullgeschwindigkeit
  7281
Punkteinschaltung 7268
Punkteruption 1580
Punktlast 1948, 7269
Punktpaar 6806
Punktvermarkung 5988
Punktverschiebung durch
  Geländehöhenunterschiede
  7706
Punktverschiebung durch
  Höhenunterschied 7706

Punktverschiebung durch
  Höhenunterschiede 7706
Punktwanderung 2768
Punpenanlage 7635
Putzen 7196
Puzzolanerde 7652
Puzzolanzement 7397
Puzzolan-Zement 7397
Puzzolanzemente 7339
PVC-Rohr 7653
Pyknometer 2512
Pyramide 7654
Pyramidenverfahren 6142
Pyrargyrit 7656
Pyreneit 6099
Pyrit 7657
Pyritisierung 7658
Pyroklastika 7661
pyroklastischer Schlammstrom
  5464
pyroklastisches Gestein 7660
Pyromagma 7662
Pyromorphit 7663
Pyrrhotin 7664

Quader 642
Quadermauerwerk 643
Quadersteinmauerwerk 643
Quadrat 9259
quadratisch 9260
quadratischer Raster 9263
Quadratlochsieb 8831
Quadratsieb 8831
Quadratwurzel 9266
Quadratzahl 9261
Qualitätserdöl 3687
Qualitätskontrolle 7668
Qualitätsöl 3687
Qualitätssicherung 7667
Qualitätssicherungsprogramm
  7671
quantitative Auswertung 7672
Quarz 7679
Quarzandesit 7680
Quarzarenit 7681
Quarzbändererz 5324
Quarzbasalt 7682
Quarzbreccie 7684
Quarzbrekzie 7684
Quarzdiorit 7683
Quarzit 7686, 7687
quarzitischer Sandstein 7687
Quarzitstein 8850
Quarzkristall 7685
Quarzsandstein 6717
Quarzsyenit 9784
Quarztrachyt 8086
Quecksilberverschmutzung 6105
Quellbeton 4663
Quelldruck 9773

Quelle 9229
Quellen 9768, 9770, 9771
quellen 2209, 9768
Quellenband 5667
Quellenbildung 4810
quellender Schieferton 4618
Quellenlinie 5667
Quellenreihe 5667
Quellfassung 10463
Quellungsdruck 9773
Quellzement 3423, 4662
Querarmierung 2797, 10193
Querbau 2256, 3296
Querbewehrung 2797, 10193
Querbrechen 2248
Querbruch 10161
Querdehnung 10188
Querdehnungszahl 7286
Quereinspannung 8035
Querfaltung 2244
Querfuge 10190
Quergang 2671, 3064
Querganggestein 3065
quergefaltete Falte 1903
Querkontraktionskonstante 7286
Querkraft 8738
Querort 2248
Querprofil 10192
Querschlag 2242
Querschnitt 2251
Querschnitt im Bogenscheitel 2252
Querschnittsverminderung 7850
Quer-Schrumpffuge 10190
Quer-Schrumpfung 10194
Querstollen 8166
Querstörung 2243, 2695
Querverformung 10187
Querverwerfung 2243, 2695
Querwellen 5803
Querzahl 7286
Quetschgrenze 2277, 10949
Quetschholz 2275
Quickton 7688

Rachellandschaft 791
Radar 7695
Radar-Fernrohr 7700
Radarkarte 7697
Radarschatten 7698
Radartechnik 7696
Radar-Teleskop 7700
Radar-Theodolite 7701
Radar-Tomographie 7702
Radar-Vermessung 7699
Raddozer 10841
Rädelerz 1196
Radfenster 10842
Radial-Ausgleich 7703
radialer Fluss 7708

radiale Verschiebung 7705
Radialfließen 7708
Radialfluss 7708
Radialkugellager 7704
Radialmethode 7712
Radialpressenversuch 7711
Radialrollenlager 7713
Radialschlucht 847
Radialspannung 7714
Radialtriangulation 7715
Radialturbine 7709
Radialverwerfung 7707
Radialwasserturbine 7709
radioaktive Bohrungsmessung 7719
radioaktives Gleichgewicht 7720
radioaktives Kernen 7719
Radioaktivitätsdiagramm 6543
Radioaktivitätslog 6543
Radiokarbon-Altersbestimmung 1427
Radiokohlenstoff-Altersbestimmung 1427
Radiokohlenstoffdatierung 1427
Radiolarit 7722
radiometrische Übersichtsvermessung 7721
Radiusvektor 7725
Radschlepper 10841
Raffineriepumpen 6607
Rahmen 7880, 9428
Rahmenachsen 1842
Rahmenachsenkreuzpunkt 7275
Rahmenausbau 4066
Rahmenbau 4066
Rahmenhauptpunkt 7515
Rahmenhintergrundmarke 776
Rahmenmarke 1844
Rahmenmittelpunkt 7881
Rahmenprüfmaschine 4068
Rahmenvordergrundmarke 3995
Rahmenzimmerung 4069
Rammanlage 7124
Rammbär 7749
Rammblock 7749
Ramme 7749, 9847
Rammen 3016, 7112
Rammformel 7114
Rammgerät 7111
Rammgerüst 7111, 7123
Rammhaube 3012, 7119
Rammklotz 7111
Rammschuh 3015
Rammsonde 6925
Rammsondieren 3075
Rammsondierung 3075
Rammspitze 3015
Rammtechnik 7113
Rammwiderstand 7115
Rampenstollen 7754

Randbedingungen 1189
Randbohrung 5970
Randdruck 8820
Randfalte 5969
Randfazies 5967
randlicher Kontinentalabfall 2057
Randmoräne 1131
Randschärfe 5965
Randschleier 10524
Randspalte 5964
Randstörung 5968
Randverwerfung 5968
Randwassergrenze 3133
Randwasserlinie 3133
Randwasserübergriff 3132
Randwasservordringen 3132
Randwinkel 5963
Randzone 1194, 8798
Rang 1777
rasch abbindender Zement 7770
Raschheit 7771
Rasendecke 9057
Rasenhängebank 7152
Rasorit 5418
Rastlinien 10660
rationelle Mechanik 9959
rauben 2920
Raubschäkel 7925
Raubschicht 7571
Raubstrecke 8170
Raubventil 7927
Raubvorrichtung 9785
Rauchabzug 1658
Rauchfang 4168
Rauchkanal 1658
Rauchzug 1658
Raufrost 4697
rauh 8297
Rauheit 8298
rauh geschalter Beton 9565
Rauhreif 4697
Raumbild 9407
Raumbild-Distanzmesser 9409
Raumbild-Entfernungsmesser 9409
Raumbildmesser 9388
Raumbildmessung 9397
Raumdecke 1547
Räumen der Baustelle 8908
Raumgeometrie 6068, 9393
Raumgewicht der Volumeneinheit 2511
Raumgitter 2290
Raum-Koordinaten 9146
Raumlenker 9149
räumlich 9158
räumliche Aerotriangulation 10008
räumliche Lufttriangulation 10008

räumliche Messmarke 3808
räumlicher Lenker 9149
räumlicher Rückwärtseinschnitt 7969
räumlicher Spannungszustand 4255
räumlicher Verformungszustand 10011
räumlicher Verzerrungszustand 4254
räumliches Sehen 9410
räumliches Sehvermögen 7385
räumliche Strömung 10010
räumliche Wirkung 9404
Raummarke 3808
Räummeißel 2870
Raummessung 6068
Raummeter 2301
Raummodell 9159
raumorientierter Bohrlochkern 6692
raumorientierter Kern 6692
Raumphotogrammetrie 9148
Raumschiff 9147
Raumtriangulation 9150
Räumung der Baustelle 1728
Raumwirkung 9404
Raupenbandkappe 1501
Raupenkran 10145
Raupenschütz 1502
Rauschgelb 6709
Rautengewölbe 6471
Rayleigh Welle 7789
Rayleighwelle 7789
Reaktion 7793
Realgar 7802
Reberberation 8062
Rechen 8462
Rechenmaschine 1371
Rechenmodell 6014
Rechen reinigen 1725
Rechenweg 1372
Rechteckmesswehr 1264
Rechteckwehr 1264
rechter Nebenfluss 8107
rechter Winkel 8104
rechts 8082
rechtshändige Blattverschiebung 2613
rechtshändige Transversalstörung 2613
rechtsverschwenkte Aufnahmen 8105
Rechts-Verschwenkung 8106
rechtwinklig 6984
rechtwinklige Koordinaten 7831
Reduktionsflansch 143
Reduziermuffe 7848
Reduziernippel 7135
Reduzierring 7847

Reduzierstück 9860
Reduzierstück mit Muttergewinde 1204
Reduzierstück mit Zapfengewinde 7135
reduzierte Drehzahl 7846
reduzierter Grenzwinkel 7845
Reduzierventil 7849
Reed-Rollenmeißel 7851
reflektierte Welle 7859
Reflektionsmethode 8558
Reflektionsprospektieren 8558
Reflektionsverfahren 8558
Reflektionswelle 7864
Reflektor 7863
Reflexion 7858, 7861
Reflexionshorizont 7862
Reflexionskraft 7384
Reflexionsseismik 8558
Reflexionsverfahren 8558
Reflexionswelle 7864
Refraktion 7866
Refraktionsmethode 8559
Refraktionsschießen 8559
Refraktionsseismik 8559
Refraktionsverfahren 8559
Refraktionswinkel 7867
Regelanlasser 9335
regelloses Noise 354
regelmäßige Wartung 8302
Regelölpumpe 4390
Regelmotor 8639
Regelorgan 10478
Regelungsmethode 6138
Regelungs- und Steuerungstechnik 717
Regelungsventil 7890
Regelungsverfahren 6138
Regelung von hydraulischen Maschinen 2104
Regelventil 7890
Regelventil der Strömung 3872
Regelwiderstand 8085
Regen 7733
Regenaufzeichnungen 7738
Regendaten 7735
Regeneration 7877
Regenerationskomplex 7878
regenerierte Spülung 7876
Regenerierung 7877
Regenfälle 7733
Regenguss 10110
Regenlahar 7741
Regenmesser 7739
Regenmesser mit Fernübertragung 9885
Regenmesser mit Sammelgefäß 7409
Regenmessgerät 7739
Regenmess-Station 7740

Regenperiode 10832
Regenrinne 8246
Regensammler 7409
Regenschreiber 7737
Regenstatistik 7738
Regentage 7732
Regenverteilung 6299
Registrierbarometer 840
registrierender Messapparat 7821
registrierendes Messgerät 7821
registrierendes Messinstrument 7821
Registriergerät 7820
Registrierpegel 10712
Registrierung 7882
Regler 7893
Reglerpumpe 4390
Reglerstation 4229
Regneranlage 9250
Regnermaschine 9248
Regnerplan 9249
Regolith 7883
regressive Ablagerung 7884
regressive Lagerung 6592
regressive Metamorphose 8053
Regulierschieber 7888
regulierter Abfluss 7885
regulierter Einlauf 2100
Regulierung 7891
Regulierungsempfindlichkeit 8611
Regulierungsorgan 7888
Regulierungsspeicher 7889
Regulierungsstabilität 9280
Regulierungsstaubecken 7889
Regulierventil 7890
Regulierwehr 7093
Reibbeiwert 1807
Reibbeiwert der Bewegung 3072
Reibbeiwert der Ruhe 9345
Reibbelag 4129
Reibebrett 3794
Reibung 4123
Reibungsdrehmoment 4134
Reibungsdruckverlust 4128
Reibungsgefälle 4132
Reibungshöhe 4128
Reibungskopf 4125
Reibungskupplung 4126
Reibungspfahl 8926
Reibungsstempel 4131
Reibungsverlust 4128, 4130
Reibungswiderstand 4124
Reibungswiderstandshöhe 4128
Reibungswinkel 411, 417
Reibwinkel 417
reicher Fund 1117
Reichnaturgas 1865
Reichweite 7724, 7760, 7761, 7766

Reifen 10323
Reihe der Alkaligesteine 670
Reihenbildmesskamera 8624
Reihenfolge der Operationen 8622
Reihenkamera 8625
Reihenmesskamera 8624
Reihensprengung 8310
Reihenstempel 1223
Reindichte 22, 2507
reine Pfahlsetzung 6470
reiner Beton 10413
reiner Erddamm 4718
reiner Zement 6446
Reingas 9767
Reinhaltung 3309
Reinigung 1726
Reinigungsauslass 8445
Reinigungsdurchlass 8438
Reinigungsstollen 8444
Reinigungsverschluss 10677
Reinwasserpumpe 7647
Reißfestigkeit 9868
Reiterlibelle 9552
Rekristallisation 7830
Rektifikation 2167
relative Dehnung 7914
relative Dichte 7913
relative Durchlässigkeit 7916
relative Flughöhe 3938
relative Geschwindigkeit 7917
relative Kontrollmessungen 9743
relative Permeabilität 7916
relative Porosität 7323
relativer Fehler 7915
relativer Wassergehalt 5685
relative Viskosität 7918
relative Zähflüssigkeit 7918
Relaxation der Spannung 7920
Relief 7930
Reliefenergie 7932
Reliefinversion 7933
Reliefstärke 7932
Reliefumkehr 7933
Reliefumkehrung 7933
Reliktsee 7929
Renaissance 7951
Reparatur 7954
Repetitionsmessung 7958
Repetitionstheodolit 7959
Reproduzierbarkeit der Messungen 7965
Reptation 9708
Reptilienzeitalter 6115
Reptilzeitalter 6115
Resedimentation 7970
Reservemaschinensätze 9157
Reserveteile 9156
Reserveventil 729
Reservoirmechanik 7977

residualer Karstberg 4772, 6265
Residualmaterial 7999
Residualton 7996
Resonanz 6384, 8029, 8062
Resonanzkurve 8030
Reste 8002
Restfehler 7997
Rest-Oberflächenabfluss 8006
Rest-Oberflächenablauf 8006
Restölsättigung 8000
Restpfeiler 8001
Restscherfestigkeit 8003
Restsee 7929
Restsenkung 8005
Restspannung 8004
resultierende Last 8037
resultierende Schwingungsform 6251
Retardation 8042
Retentionsbecken 2102
Retentionsreservoir 2102
retrograde Metamorphose 8053
Retusche 10130
retuschieren 10131
reversible Verformung 8074
Revision 5123
Revisionszeichnung 8077
Revolverkamera 8078
Revolverkammer 8078
Reynolds-Ähnlichkeitszahl 8081
Reynoldsche Ähnlichkeitszahl 8081
Reynoldsche Zahl 8080
Reynolds-Zahl 8080
reziproker Piezoeffekt 7100
Rhegolith 7883
Rheologie 8084
rheologische Fließgrenze 8083
Rheostat 8085
Rhombenkopf-Pfeilermauer 2361
Rhombenkopf-Staumauer 2361
Rhyolith 8086
rhythmische Schichtung 8087
rhythmische Sedimentation 8088
Richtbohrwerkzeuge 2446
richten 302, 7995
Richten der Bohrung 4707
Richter-Skala 8092
Richterskala 8092
Richtfernrohr 9888
Richtigkeit eines Messgerätes 4078
Richtlinie 2703
Richtstrecke 5517
Richtung 926
Richtung halten 5414
richtungsabhängig 445
Richtungsfehler 3363
Richtungskosinus 2173
Richtungspunkt 935

Richtungsverschiedenheit 449
Richtungswinkel 760, 926, 5301, 7217, 7508
Richtungswinkel eines Punktes im Geländenadir, bezogen auf die Hauptlotebene 4481
Richtwirkungscharakteristik der Tonquelle 2710
Richtzylinder 8952
Riegel 4342
Riegelberg 8095
Riesenquelle 10518
Riesentanker 10329
Riesenwelle 10258
Riesenwoge 10258
Riff 7852
Rift 8096
Righeit 9480
Rille 9550
Rillenabspülung 8116
Rinde 837
Ringausbau 8120
Ringdichtungsschieber 8118
Ringdruckversuch 8121
Ringkugellager 7704
Ringraum 459
Ringraumdruck
auf ~ reagierend 460
Ringraumgeschwindigkeit 458
Ringscherapparat 8119
Ringschergerät 8119
Ringspannung 4728
Ringventil 456
Ring zum Anhalten des Bohrgestänges 9437
Ring zum Anhalten des Gestänges 9437
Rinne 1628, 4548, 8246
Rinne für unhältiges Grubengut 9833
Rinne mit stehender Welle 9325
Rinnenerosion 8116
Rinnenprofil 10250
Rippel 8126
Rippelmarke 8126
Rippengewölbe 8090
Rippentorstahl 4759
Rippenversatz 9564
Risiko 8135
Risiko-Analyse 8137
Risikozuschlag 8136
Riss 2198, 3522, 3715
Rissbildung 4804
Rissbildungsverfahren 4805
Riss-Detektor 2199
Risserzeugungsverfahren 4805
rissfester Beton 6505
Rissmessung 5368
Ritzhärte 8450
Rockwell-Härte 8205

Rockwellhärteprobe 8206
Rogenstein 3159
Rohdichte 501
Roherdöl 2265, 7000
rohes Grubenmaterial 7757
rohes Schweröl 4619
Rohförderung 10128
Rohöl 2265, 7000
Rohölanalyse 2266
Rohölanteil 3336
Rohölemulsion 2267
Rohparaffin 8935
Rohpetroleum 2265, 7000
Rohr
    nicht geschlitztes ~ 1063
Rohrablage 8213
Rohrabsetztiefe 1479
Bohrrohrabsetztiefe 1479
Rohrbettung 2201
Rohrbohrer 7139
Rohrbruchventil 8581
Bohrrohreinbautiefe 1479
Rohreinbautiefe 1479
Röhrenfedermanometer 1195
Röhrenlibelle 9552
Röhrenzieher 10260
Rohrgewinde 7140
Rohrgreifhaken 7137
Rohrhänger 1471
Rohrklemme 1700, 7137
Rohrkolonne 1481
Rohrkopf 1472
Rohrkopfbenzin 1474
Rohrleitung 5652, 7143
Rohrleitungsmolch 7108
Rohrleitungspumpe 6605
Rohrleitungssystem 7143
Rohrmolch 7108
Rohrmuffe 1466
Rohrpacker 1478
Rohrsattel 2201
Rohrschelle 1700, 7137
Rohrschneider 1467
Rohrstempel 10269
Rohrventil 8950
Rohrverbindung 8209
Rohrverbindungsstück 3724
Rohrverleger 7138
Rohrverstopfung 7136
Rohr-Wasserturbine 7142
Rohrwiege 2201
Rohrzange 1483, 7141
Rohrzentrierkorb 1465
Rohton 1716
Rohwand 450
Rohwichte 501
Rokoko 8208
Rokokostil 8208
Rollbahn 9865
Rollcrete 8219

Rollcrete-Sperre 8220
Rollcrete-Talsperre 8220
Rolle 779, 7853
Rollenbohrmeißel 8273
rollendes Gerät 6245
Rollenleiter 8653
Rollenmeißel 8273
Rollennachschneider 3288
Rollenunterschneider 8223
Rollenzug 8653
Rollfilm 8224
rollig 5791, 6503
rolliges Material 1820
Rollmaßband 6076
Rollmeißel 8218
Rolloch 779
Rollschütz mit fester Achse 3741
Rollstein 6903
Rollsteine 1792
Rolltür 8962
Romanik 8229
romanische Architektur 8229
Romantismus 8231
römische Architektur 8228
römische Ordnung 8230
Röntgen 8214
Röntgenaufnahme 8232
Röntgenbild 8232
Röntgenfotografie 10925
Röntgenogramm 8232, 10925
Röntgenphotographie 8232
Röntgenuntersuchung 10924
rosa Beryll 10639
Rosenfenster 8261, 10842
Rosette 8261
Rosiwall-Methode 8262
Rost 4462
rostfreier Stahl 9302
Rostfundament 4459
Rostgründung 4459
Rostschutzanstrichfarbe 486
Rotarybohranlage 8271
Rotarybohren 2956, 8269
Rotarybohrgerät 8271
Rotarybohrmaschine 8271
Rotarybohrspülung 8270
Rotarybohrtisch 8279
Rotarybohrtischgeschwindigkeit 8280
Rotarybohrverfahren 8269
Rotarydirektspülung 9476
Rotarydüsenbohren 5348
Rotaryhebewerk 8268
Rotarymeißel 8264
Rotaryspülung 8270
Rotaryspülung mit Erdgas
    durchsetzt 4208
Rotarytisch 8279
Rotarytischgeschwindigkeit 8280
Rotation 8289

Rotationsachse 752
Rotationsbohrmaschine 8271
Rotationsbohrung 2956, 3443
Rotationskopf 8277
Rotationskopfhaken 8278
Rotationsservomotor 8274
Rotationsviskosimeter 8293
Rotbleierz 2238
rote Arsenblende 7802
Roteisenerz 7842
Roteisenerze 5275
Roteisenstein 7842
Rötel 7842
roter Bleispat 2238
Roterde 5523
rotes Arsenglas 7802
rotes Schwefelarsenik 7802
rotes Zinkoxid 10976
rotodynamische Pumpe 4979
Rotzinkerz 10976
routinemäßige Überholung 8303
RQD Index 8312
Ruck 9034
Rückanker 10033
Rückansicht 7808
Rückbau 767
rücken 7649
rückfreies Förderfeld 7576
Rückgeschwindigkeit 7781
Rückgewinnung 7824
Rückhaltebecken 7971
Rückhaltebecken 2102, 3830,
    4990
Rückhaltefähigkeit 9166
Rückhaltespeicher 2102
Ruckhaltevermögen 9166, 9450
rückholbarer Packer 7950
Rückholvorrichtung 8059
rückkragende Kappe 766
rückläufig 8073
Rücklaufrohr 8060
Rückpfändkappe 766
Rückschlagklappe 6512, 7865
Rückschlagventil 1645, 6513
Rückschlagventil für
    Bohrgestänge 3005
Rückschlagventil für Gestänge
    3005
Rückschlitten 8770
rückschreitende Erosion 8055
rückschreitende Rutschung 8056
Rückspülung 5045
Rückstauwasser 788
Rückstellkraft 8034
Rückstrahlen 7861
Rückströmung 8058
Rückwandlung 8053
rückwärtiger Kämpferdruck
    7805
rückwärtige Verankerung 10033

rückwärts einschneiden 7968
Rückwärtseinschnitt im Raum 7969
Rückwärtseinschnitt in der Ebene 7177
Rückwärtserosion 8055
Rückwärtskipper 7806
rückwärtsschreitende Erosion 8055
ruckweises Nachgeben 5725
Rückwelle des Förderers 2124
Rückwirkung 7793
Rückzylinder 7750
Rudit 8316
Ruhedruck 3097
Ruhedruckbeiwert 1805
Ruhedruckziffer 7782
ruhend 8033
ruhende Belastung 2412
ruhender Vulkan 2832
Ruhewasserspiegel 9324
Ruhewinkel 423
Rührwerk 238
Rumpffläche 6921
Rundbild 6827
Rundbildaufnahme 6829
Rundbildkamera 6828
Rundbildkammer 6828
Rundblickfernrohr 8282
Rundeisen für Beton 7165
Rundeisen mit einem Endhaken 835
runder Klumpen 6492
Rundholz 8301
Rundkies 8772
Rundkopf-Pfeilermauer 8300
Rundkopf-Staumauer 8300
rundkörnig 4366
Rundschieberventil 2358
Rundsicht 6827
Rundstahlbündel 1314
Rundstahl mit einem Endhaken 835
Rundstahl mit zwei Endhaken 834
Ruptur 3522
Rustikabelagplatte 8324
Rustikafliese 8324
Rutschen 8958
Rutschfläche 7300, 8963
Rutschharnisch 8956
Rutschsicherheit 8922
Rutschungsbereich 8959
Rutschungsfläche 9718
Rutschungsmorphologie 5491
Rutschungszone 8959
Rüttelbeton 10569
Rütteldruckverdichtung 10587
Rütteldruckverfahren 10586
Rüttelplatte 10571

Rüttelsieb 8705
Rütteltischversuch 8706
Rüttelverdichtung 10585
Rüttelvorrichtung 10581
Rüttelwalze 10572
Rüttler 10581

Säbeldüne 8549
Sachschaden 2368, 10001
Sägeblattanordnung 8398
Sägeblattausbau 8398
Sägedach 8750
saiger stehend 10546
Saigerung 5677
Saite 10574
Salband 1717, 8598
Saline 8353
Salinität 8355
salzartig 8354
Salzdom 8356
Salzebene 8353
Salzfeste 8358
Salzgehalt 8355
salzhaltig 8354
Salzhaltigkeit 8355
Salzhorst 2640
salzig 8354
Salzigkeit 8355
Salzkuppel 8356
Salzlagerstätte 8353
Salzlake 1254
Salzlauge 1254
Salzmarsch 8357
Salzpfeiler 8358
Salzsole 1254
Salzstock 2640
Salzwasser 8359
Salzwasser-Bohrspülschlamm 8360
Salzwasser-Bohrspülungsschlamm 8360
Salzwasser-Spülschlamm 8360
Salzwasserspülung 8360
Salzwasser-Spülungsschlamm 8360
Sammeldrän 1497, 2878
Sammelleitungen 1840
Sammellinse 2120
Sammelstück 5939
Sand 8369
Sandabscheiderspülverschluss 8380
Sandarach 7802
Sandasphalt 2502
Sandaufbruch 4617, 8371
Sandauftrieb 5131
Sandbank 829
Sanddrän 8372
Sander 3932
Sanderebene 3932

Sanderfläche 3932
Sandersatzmethode 8377
Sandersatzverfahren 8377
Sandfang 8379
Sandfangverschluss 8380
Sandgrube 8376
sandhaltig 8382
sandig 8382
sandiger Kalkstein 8383
sandiger Schlamm 8384
sandiger Schlick 8384
Sandlinie 875
Sandlinse 8374
Sandpfahl 8375
Sandpfeiler 8375
Sandpfropfenbildung 8373
Sandpumpe 9014
Sandr 3932
Sandschiefer 8385
Sandstein 8378
Sandstrahlen 8370
Sandur 3932
Sanitärpumpen 8388
Saprolith 8389
Sapropel 8390
Sapropelit 8391
Sapropelkohle 8391
Sargdeckel 2569
Satellitenbild 8392
Satelliten-Geodäsie 4365
satt anliegend 3917
Sattel 474, 8326, 8327
Sattelbiegung 473
Sattelfaltenachse 470
Sattelfaltenlinie 470
Sattelschlepperanhänger 620
Sattelspeicher 471
Sattelstruktur 472
Sättigungsbereich 8397
Sättigungsgrad 2480, 8395
Sättigungslinie 8540, 10964
Sättigungszahl 6930, 8395
Sättigungszone 8397
Satz Bestandspläne 8650
Satz der Bestandspläne 8650
saubere Bohrung 4089
sauberes Bohrloch 4089
Sauberkeitsschichtbeton 947
Säuberung 1726
Sauergas 92
säuern 93
Saugbohren 8067
Saugen 9644
Saugheber-Entlastungsanlage 8902
Saugkrümmer 9645
Saugleitung 9647
Saugraum 9646
Saugrohr 9647
Saugsaum 1410

saugseitige Ausgleichskammer
  2865
saugseitige
  Wasserschlosskammer 2865
Saugspannungsmesser 9924
Saugspülbohrverfahren 2975
Saugspülungsbohrverfahren 2975
Saugventil 9648
Saugvermögen 9644
Säule 1858
Säulenbohrmaschine 1861
säulenförmige Textur 1860
Säulenfuß 878
Säulentextur 1860
säulige Textur 1860
Saum 8598
Saumdrän 1497
Säure
  mit ~ behandeln 93
säurebeständig 94
säurefest 94
saure Gesteine 96
säurehaltiges Gas 92
Säurepumpe 95
saurer Boden 97
saures Erdgas 9144
saures Erdöl 9143
saures Gas 9144
saures Wasser 99
Säurewäsche 98
S-bogenförmige
  Entlastungsanlage 6766
Schaber 7108
Schablonen 6326
schachbrettartig 5130
Schacht 8692
Schachtabteufen 8702
Schachtausbau 8704
Schachtbautechnik 8698
Schachteinbauten 8699
Schachtförderleistung 8696
Schachtgründung 7097
Schachtkapazität 8696
Schachtkraftwerk 8700
Schachtleistung 8696
Schachtquerschnittfläche 8697
Schachtsäule 1179
Schachtscheibe 8697
Schachtsicherheitspfeiler 8701
Schachtüberfall 8703
Schachtüberfall mit Einläufen auf
  verschiedenen Höhen 6371
Schachtüberlauf mit
  Entenschnäbeln 2362
Schachtumtrieb 1339
Schachtverschluss 8338
Schachtzugang 75
Schadloshaltung 5035
Schadwasser 235
Schaffußwalze 8751

Schaft 8693
Schäkel 10325
Schalbrett 7299
Schale 2721, 5675, 8709
schälen 838
Schalenberechnung 8760
Schalenbildung 3747
schalenförmige Ablösungen 8414
Schalengelenk 6278
Schalgerüst 4019
Schalholz 4564
Schallabsorption 9135
Schallbohren 9132
Schalldämmstoff 103
Schalldämmung 9136
Schalldämpfer 1094
Schallgeber 10155
Schallgeschwindigkeit 9176
Schallgeschwindigkeitsbohrloch-
  messung 102
Schallgeschwindigkeitsmessung
  102
Schallisolierstoff 103
Schallortung 104
Schallschluckung 9135
Schallvibrationsbohren 9132
Schallwelle 115
Schallwellenortung 104
Schallwiderstand 105
Schaltanlage 9781
Schalter 9779
Schalthof 9781
Schaltkasten 2095
Schalttafel 2093
Schaltuhr 9780
Schalung 4019
Schalungsanker 4018
Schalungshalter 4018
Schalungsplan 8814
Schalungsrüttler 4020
Schalungsvibrator 4020
Schanzkorb 4178
Schappe 8761, 9222
Schappenbohrer 8761
Scharen 819
Scharen von Geraden 6920
scharf 8723
Scharfabbildung 8725
Schärfe 8725
Scharfeinstellung 165
schärfen 8727
scharfes Bild 8730
scharfkantiges Auslassrohr 8726
scharfkantiges Wehr 8724
Scharnier 4691
Scharniersprung 8290
Scharnierverwerfung 8290
schätzen 3377
Schätzung 3379
Schätzung der Erdölvorräte 3380

Schätzung der Ölvorräte 3380
Schaubild 2622
Schaufellader 1277, 8801
Schaufeln 1278
Schaufelradbagger 1279, 8263
Schaumdämpfungsmittel 481
schaumig 7625
Schaumspülbohren 3941
Schaumspülungsbohren 3941
scheckiger Ton 6325
Scheelerz 8424
Scheelit 8424
Scheelspat 8424
Scheepflug 9037
Scheibe 2752, 8953
Scheibenbau 8954
Scheibenmeißel 2723
Scheidemoräne 4476
Scheidewand 2634
Scheidung 1081
scheinbare Kohäsion 500
scheinbare Porosität 505
scheinbarer Verschiebungsbetrag
  502
scheinbarer Widerstand 506
scheinbare seigere Sprunghöhe
  509
scheinbare stratigraphische
  Wechselbreite 508
Scheitel 2257, 2258
Scheitelabfluss 3844
Scheitelablauf 3844
Scheitelbruch 1243
Scheitelflur 9656
Scheitelgraben 5423
Scheitelradius 2218
Scheitelstein 555
Schelf 2065
Schelfmeer 3314
Schema zur geodätischen
  Überwachung 6291
Schenkel 8819
Scherbeanspruchung 8742
Scherbruch 8735, 8736
Scherbüchse 8737
Scherdehnung 8747
Scherebene 8740
scheren 8732
Scherfestigkeit 8741
Scherfestigkeitsmesser 10498
Scherfestigkeitsprobe 10499
Scherfestigkeitsprüfung 10499
Scherfestigkeitsversuch 10499
Scherfläche 8740, 8748
Scherfuge 8739
Schergrenze 10953
Scherkluft 8738, 8739
Scherriss 8734
Scherspannung 8742
Scherung 8747

Scherungsfestigkeit 8741
Scherungsfläche 8740
Scherungskluft 8739
Scherungsmodul 6263
Scherungsspannung 8742
Scherverformung 8747
Scherversuch 8743
   nichtentwässerter ~ 7693
Scherverzahnung 8745
Scherwelle 8749
Scherzone 8744
Schicht 942, 5541, 8768, 9514
   nicht aufgeschlossene ~ 10379
Schichtausbiß 957
Schichtbau 4314
Schichtebene 952, 2083
Schichten 9503
   in ~ spaltbarer Fels 3745
   mit den ~ geneigt 1491
Schichtenablösung 961
Schichtenabstand 2081
Schichtenaufbau 9500
Schichtenaufblätterung 961
Schichtenbau 4314
Schichtendruck 1751
Schichtenfallen 6698
Schichtenfolge 8618
Schichtengestein 5542
Schichtenkunde 9512
Schichtenlagerstätte 945
Schichtenlehre 9512
Schichtenlinie für
   Grundwasseraustritt 5667
Schichtenpaket 8629
schichtenparallele Verwerfung
   953
Schichtenprofil 9497
Schichtenreihe 8618
Schichtenschnitt 9499
Schichtensenkungstheorie 9501
Schichtenströmung 5476
Schichtenverwerfung 3553
Schichtenwechsel 340
Schichtenzusammenhang 5919
Schichtfallen 6698
Schichtfalte 3783
Schichtfläche 952
Schichtflußerosion 8753
Schichtfolge 4280, 8618
Schichtfuge 948, 951
Schichtgestein 5542, 8519, 8523,
   9508
Schichthochwasser 3762
Schichthöhe 2081
schichtige Lagerstätte 945
Schichtlagerstätte 945
Schichtlinie 2080
Schichtlinienplan 2082
Schichtlinienabstand 2081
Schichtlinienkarte 2082

Schichtlücke 4196, 9494
Schichtneigungsmessung 2697
Schichtquelle im Karst 6935
Schichtreihe 8618
schichtstreichend 331
Schichtstufe 2303
Schichtung 9502, 9503
Schichtungsfläche 952
Schichtungslagerstätte 945
Schichtungsvorgang 9503
Schichtunterdrückung 9701
Schichtverwerfung 953
Schichtvulkan 9513
Schiebekappe 8960
Schieber 4232, 10478
Schieberhalle 10490
Schieberhaus 4228
Schieberkammer 4228, 4231
Schieberkaverne 10490
Schieber mit Ringblende 8118
Schieberschacht 4231
Schieberschütz 4227
Schieberventil 4232
Schieberventil mit
   eingeschnürtem Querschnitt
   10539
Schiebetür 8962
Schiebevorpfändkappe 8966
Schiebung 10019
Schiebungsfläche 7175
Schiedsgerichtsverfahren 547
Schiedsspruch 547
schiefe Ebene 5013
schiefe Falte 5020
Schiefer 593, 8427, 8708
Schieferabdachung 8942
schiefer Bogen 6569
Schieferdach 8942
Schieferfläche 1735
schieferig 3713, 8718
schieferiger Bleiglanz 8428
Schieferkohle 1424
Schieferlinie 8710
Schieferstein 8708
Schieferton 6358, 8708
Schiefertoneinlage 8711
schiefertonig 8718
Schiefertonlinie 8710
Schiefertonzwischenlage 8711
Schieferung 1734, 3973, 8429
Schieferungsebene 1735
Schieferungsfläche 1735
Schieflage 10044
schiefrig 3713, 8718
Schiefrigkeit 1734
Schiefstellung 2604, 10044
Schielfehler 3357
Schienenprofil 7729
Schienenschotter 804
Schießen 8780, 9661

Schießloch 8795
Schießpatrone 1075
Schießpunktabstand 8796
schiffbare Gewässer 6440
schiffbarer Fluss 6439
schiffbarer Kanal 6438, 6442
schiffbares Gewässer 6440
Schifffahrtfluss 6439
Schifffahrtsfluss 6439
Schiffsschleuse 6443
Schikane 3271
Schild 8763
Schildausbau 8764
Schildbauweise 8765
Schildtunnelbau 8765
Schildvortrieb 8765
Schildvulkan 5528
Schillerfels 4177
Schirmgewölbe 10335
Schirmwand 8455
Schlacke 1, 8437
Schlackenportlandzement 7337
Schlackenzement 8936
schlafender Vulkan 2832
schlaffe Bewehrung 8506
Schlafzimmer 960
Schlagbelastung 4974
Schlagbiegefestigkeit 8775
Schlagbohren 1148
Schlagbohrer 1147, 1681, 4569
Schlagbohrgerät 6940
Schlagbohrmeißel 6941
Schlagbohrung 1148, 6938
Schlagbohrverfahren 6942, 8272
schlagen 8895
Schlagen 3016, 7367
schlaggefährlich 9609
Schlagloch 7365
Schlagschappe 695
Schlagschrauber 4978
Schlagsondieren 3075
Schlagwetterabsaugung 3671
Schlagwetterlampe 8342
Schlamm 2976, 6341, 6629
   mit ~ verkleiden 6353
Schlämmanalyse 4880, 8527
Schlämmapparat 3232
Schlammbildung 2283
Schlämme 4505, 9025
Schlämmen 2524, 3231
Schlammfangspülverschluss 8868
Schlamm-Fließen 6348
Schlämmgerät 3232
Schlammpumpe 9013, 9014
Schlämmschicht 5465
Schlammsprudel 6350
Schlammspülung 2976
Schlammspülungszusatz 2977
Schlammspülungszusatzstoffe
   2977

Schlammstrom und
  Gesteinsstrom 3092
Schlämmungsgerät 3232
Schlämmversuch 3231
Schlämmvorrichtung 3232
Schlammzusatz 2977
Schlammzusatzmittel 2977
Schlammzusatzstoffe 2977
Schlangkeit 8951
Schlankheitsgrad 8951
Schlankheitsverhältnis 8951
Schlauch 4755
Schlauchkupplung 4756
Schlauchstutzen mit
  Außengewinde 5933
Schlauchwaage 4757
Schlauchwehr 5077
schlecht abgestuft 7318
schlecht abgestufte
  Kornverteilung 7318
Schlechte 4054
Schlechten 780
Schlechtenrichtung 3265
schlecht gekörnt 7318
Schleier 3964
Schleife 5790
Schleifmaschine 16
Schleifstein 4460
Schleppkeil 2871
Schleuderbeton 9256
Schleuderpumpe 1602
Schleuderversatz 8983
Schleusenbedienungsanleitung
  3839
Schleusenkammer 5743
Schleusenkanal 5744
Schleusenschwelle 5751
Schleusentor 5745
Schleusenvorhafen 5748
Schleusenwand 5753
Schleusenwärter 5747
Schleusungswasser 5742
Schlichtung 547
Schlick 6341, 6629
Schlierenoptik 8430
Schließdauer einer Bohrung 1761
Schließdruck 8811
Schließen der Bohrung 8816
Schließventil 5299
Schliffgrenze 5640
Schlinge 6038, 8981
Schlitten 8945
Schlitzkeilanker 9005
Schlitzprobe 1630
Schlitzwand 2339, 9026
Schloss 1489, 5216
Schlosseisen 5216
Schlotmündung 1106
Schlucht 4382, 4548
Schluckbrunnen 7812

Schluckfähigkeit der
  Hochwasserentlastungsanlage
  9194
Schluckloch 7366
Schluff 296, 8863
Schluffablagerung 8864
Schluffanschwemmung 8864
Schluffauflandung 8864
Schluff-Fraktion 8866
schluffig 8870
Schluffkorn 8866
Schluffprobenehmer 8865
Schluffprobennehmer 8865
Schluffstein 8867
Schlumberger-Photoklinograph
  8431
Schlumberger-Photoklinometer
  8431
Schlundloch 7366
Schlüpfrigkeit 5843
Schlussabnahme 3642
Schlussabrechnung 3643
Schlüsselschalter 5424
Schlussflansch 3262
Schlussstein 555
Schlussteufe 9863
Schmalspurbahn 6413
Schmant 2343
Schmelzbohren 9972
Schmelze 6101
Schmelztuff 4950, 10808
Schmelzwasserablagerung 3931
Schmelzwasserabsatz 3931
Schmelzwasserbach 9663
Schmelzwasserebene 3932
Schmelzwasserzufluss 9663
Schmiedestahl 4002
Schmiernippel 5841
Schmierpacken 5840
Schmierring 5842
schmirgelartig 18
Schmitz 1769
Schmutzwasserpumpe 7633
Schnecke 10914
Schneckenbohren 692
Schneckenbohrer 691
Schnecken-bohrloch 693
Schneckengetriebe 10915
Schneckenloch 693
Schneckenrad 10916
Schnee 9035
Schneeaufzeichnungen 9051
Schneeausstecher 9052
Schneebelastung 9039
Schneedecke 9040
Schneedichte 9041
Schneefall 9044
Schneefräse 9037
Schneegrenze 3685, 9047
Schneehöhe 9042

Schneehöhemesskasten 9046
Schneehöhenmesskasten 9046
Schneelast 9039
Schneelawine 9036
Schneemessgerät 9046
Schneemessung 9053
  eine ~ machen 5929
Schneepegel 9046
Schneeprobenehmer 9052
Schneeprobennehmer 9052
Schneerate 9043
Schneeschmelze 9048
Schneeschmelzesystem 9049
Schneeschmelzwasser 9048
Schneeschutz 9038
Schneespeicher 9050
schneiden
  sich ~ 5241
Schneidkopf 2340, 2342
Schneidwerkzeuge 10085
Schnellabbinden des Zements
  3764
Schnellbinder 7770
Schnelle 7772
schnelle Absenkung 9650
Schnellenströmung 7772
schnell erhärtender Zement 7770
schnellerhärtender Zement 7770
Schnellerhärter 4661, 7770
schnelles Abbinden 3763
schnellhärtender Zement 7770
Schnelligkeit 7771
Schnellkupplung 7690
Schnell-Läufer 4683
schnellläufige Pumpe 4682
schnellläufige Turbine 4683
schnellläufige Wasserturbine
  4683
Schnellprobe 58
Schnellprüfung 58
Schnellscherversuch 7693
Schnellstraße 6323
Schnellverbinder 7690
Schnellversuch 58
Schnitt 5244, 5245, 5758, 8516
Schnittbild-Entfernungsmesser
  2334
Schnittfläche 6921
Schnittholz 2121
Schnittlinie 5244, 5663
Schnittmeridian 10191
Schnittpunkt 7273
Schnittweite 2786
Scholle 3556
Schollengleichgewicht 5306
schonen 2010
schonendes Sprengen 2098, 9032
Schornsteinschaft 1659
Schornsteinzug 1658
Schott 1301, 1303, 1304, 9328

Schotter 2273, 6903, 8162
Schotterbett 804
Schotterkegel 324
schottern 6340
Schotterschüttung 804
Schotterterrasse 327
Schottertragschicht 9432
Schrägaufnahme 6572
schräg aufschiebende Verwerfung 6570
Schrägbau 7655
Schrägbelastung 6571
Schrägbohren 8940
Schrägbohrloch 5019
Schrägbohrung 5019
schräge Bohrung 5019
Schrägloch 5019
Schrägpfahl 908
Schrägriemenparkett 4647
Schrägschichtung 2253, 3537, 4645
Schrägstellung 6574
Schrägstörung 6570
Schram 823
schrämen 10366
Schrämgasse 2341
Schramme 9550
Schrapper 8448
Schrapperversatz 8449
Schraubbohrer 8463
Schraubbohrpfahl 8467
Schraubenmikroskop 8466
Schraubenmutter 6556
Schraubenrad-Kreiselpumpe 4639
Schraubenwassermesser 4638
Schraubenzieher 8464
Schraubpfahl 8467
Schraubstempel 8465
Schreibbarometer 840
Schreiber 7820
Schreibpegel 10712
Schreinerei 5356
Schreitbewegung 179
Schreiten 179
schreitender Ausbau 7377
Schreitfolge 9678
Schreitvorgang 179
Schreitwelle 180
Schreitzylinder 7750
Schrittschalter 1872
Schrotbohren 1150
Schrumpfen 3038, 8802
Schrumpffuge 2085
Schrumpfgrenze 8805
Schrumpfindex 8804
Schrumpffriss 6345
Schrumpfung 3038, 8803
Schrumpfungsgrenze 8805
Schrumpfungsindex 8804
Schub 8747, 10019, 10020, 10021
Schubbeanspruchung 8742
Schubbewegung 8973
Schubbruch 8736
Schubfestigkeit 8741
Schubfläche 7175
Schubladeneffekt 2910
Schubmodul 6263, 8746
Schubspannung 8742
Schubstange 2004
Schuh 1155, 1480
Schuhführung 8778
Schuh mit Schwimmerventil 1470
Schulter 8798
Schulterbogen 8799
Schuppenstruktur 3749
schuppig 3748
Schurf 3444
Schürfe 9948
Schürferkundung 9948
Schürfgrube 9948
Schürfloch 10214
Schürfschacht 9948
Schürze 520
Schussbohrloch 8795
Schüssel 1206
Schüsseldoline 10464
Schüsselsinkloch 10464
Schusskanal 2648
Schuss-Noise 8794
Schusspunktabstand 8796
Schute 833
Schutt 2585
Schuttbreccie 2269
Schüttdamm 3238
Schüttdämme 3238
Schuttdecke 8451
Schüttelprobe 8707
Schüttelprüfung 8707
Schüttelsieb 8705
Schüttelversuch 8707
schütten 7368
Schutter 6339
schuttern 6340
Schuttfeld 3932
Schutthalde 2585, 9845
Schutthang 8451, 9845
Schüttloch 779
Schüttung 3625
Schüttungszahl 1797
Schüttwinkel 423
Schuttwüste 8207
Schutz 4227, 7592
  mit ~ verschließbarer Auslauf 9016
Schützabschnitt 9018
Schutzdach 1394
Schütze 4227
Schützenführung 4463
Schützenkammer 4228
Schutzflöz 8491
Schutzgeländer 4535
Schutzhaube 10485
Schutzhelm 8340
Schutzkappe 10485
Schutzmaßnahmen 7593
Schutzmatte 6019
Schutzpfeiler 856
Schutzraum 276
Schutzschicht 520
Schutzzone 7594
schwach einfallende Lagerstätte 8976
schwach explosiver Sprengstoff 5823
schwach geneigte Verwerfung 5805
schwachsandiger Tonschiefer 8977
Schwachstelle 10774
Schwalgloch 7366
Schwall 9732
schwammig 7625
schwammiger Ton 9218
Schwarte 8934
Schwartz-Weisstorfkontakt 7839
Schwarzboden Ostindiens 7894
schwarze Glaslava 6581
schwarzer Flint 5850
schwarzer Granat 6099
schwarzer Jura 5602
Schwarzspießglanzerz 1196
Schwärzung 1059
Schweb 9758
Schwebe 7744, 9758
Schwebebahn 1355
Schwebebau 7745
Schwebegründung 3804
schwebende Grundwasseroberfläche 503
schwebende Markenskala 4361
schwebende Pfahlgründung 3810
schwebender Abbau 7745
schwebender Abfluss 9637
schwebender Ausbau 9691
schwebender Grundwasserleiter 6933
schwebender Grundwasserspiegel 503
schwebender Pfahl 3809
schwebender Streb 8129
schwebendes Grundwasser 503, 6934
Schwebstoff 9758
Schwebstoffbewegung 9759
Schwebstoffe 9760
Schwebstoffprobeentnahmegerät 8865
Schwebstofffracht 9758
Schwebstofftransport 9759

Schwebstoffverfrachtung 9759
Schwedischer Türstock 9765
Schwefeleisen 7657
schwefelfreies Erdöl 9766
schwefelfreies Öl 9766
schwefelhaltiges Erdöl 9143, 9652
schwefelhaltiges Öl 9652
schwefeliges Erdöl 9143
Schwefelkies 7657
schwefelwasserstoffhaltiges Erdgas 9144
schwefelwasserstoffhaltiges Gas 9144
schwefelwasserstoffhaltiges Naturgas 9144
schwefelwasserstoffreies Erdgas 9767
schwefelwasserstoffreies Gas 9767
schweißen 10804
Schweißnaht 10806
Schweißtuff 10808
Schwell 9769
Schwellast 7960
Schwellbereich 2908
Schwellbeton 4663
Schwelle 8859, 8947
Schwellewert 10014
Schwellfaktor 1806
Schwellfestigkeit 3267
Schwellkraft 3432
Schwellkurve 7809
Schwellung 4616
Schwellungshügel 7132
Schwellvermögen 3424
Schwellzement 4662
Schwemmkegel 324
Schwemmsand 326
Schwemmsel 3802
Schwengelbock 8368
Schwengelpfosten 8368
Schwengelpumpe 921
schwenkbare Bohrplattform 622
schwenken 9775
schwenkendes Doppelkernrohr 2838
Schwenkfall 1459
Schwenkkeil 10080
Schwenkung 8660
Schwenkungsfall 1459
Schwenkungsfehler 9782
Schwenkungswinkel 413
Schwenkviskosimeter 6721
schwerdurchlässige Schicht 545
Schwere 4445
Schwerebeschleunigung 4442
Schwerefeld 4444
Schweregleitung 4362
Schweregradient 4446

Schweremesser 4436
Schweremesstechnik 4438
schwerer Bohrschlamm 4620
schwerer Böschungsschutz 598
schwerer Gebirgsschlag 1312
schweres Erdöl 4619
schweres Öl 4619
Schweretektonik 4362
Schwergewichts-Bogenmauer 561
Schwergewichtsmauer 4443
Schwergewichtsperrmauern 4443
Schwergewichtssperren 4443
Schwergewichtssperrmauern 4443
Schwergewichtsstaumauern 4443
Schwergewichtstalsperren 4443
Schwergewichtstaumauern 4443
Schwergewicht-Stützmauer 4447
Schwergewichts-Wehr 4448
Schwerkraft 4445
Schwerkraftbeschleunigung 4442
Schwerkraftfeld 4444
Schwerkraftgradient 4446
Schwerkrafttektonik 4362
Schwermetalle 4623
Schweröl 4619
Schwerpunkt 1576, 1595, 2264
Schwerrohöl 4619
Schwerspat 859
Schwerspatbeton 860
Schwerspülung 4620
Schwerstange 8896
Schwerstange mit Spiralnuten 9207
Schwerstangenführung 2943
Schwerstangenstabilisator 2943
Schwerstbeton 5715
Schwibbogen 7753
Schwimmbad 9774
Schwimmbagger 2927
Schwimmbalken 1126, 5761
Schwimmbecken 9774
Schwimmcaisson 1199
schwimmend 10713
schwimmende Bohrinsel 8473
schwimmende Bohrplattform 8473
schwimmende Gründung 3804
schwimmender Bohrturm 8473
schwimmender Pfahl 3809
schwimmendes Gebirge 5620
Schwimmer 3793, 3805
Schwimmerhahn 809
Schwimmermessung 3812
Schwimmerpegel 3805
Schwimmerschacht 3796
Schwimmerventil 3813
Schwimmfähigkeit 3795
Schwimmhohlsenkkörper 1199

Schwimmkasten 1199
Schwimmkörper 1126, 10196
Schwimmkran 3801
Schwimmlager 3800
Schwimmlot 5267
Schwimmsand 7692
Schwimmsanderscheinung 8371
Schwimmschuh 1470
Schwimmsenkhohlkörper 1199
Schwimmsenkkasten 1199
Schwimmsenkkörper 1199
Schwimmvermögen 3795
Schwindarmierung 8806
Schwindbewehrung 8806
Schwinde 7366
Schwinden 3038, 8802
Schwinden infolge Abkühlung 9977
Schwindfuge 2085
Schwindgrenze 8805
Schwindung 8802
Schwingdrahtinstrument 10576
schwingende Saite 10574, 10575
Schwingflügelfenster mit gleitender Horizontalachse 5326
Schwingkette 5337
Schwingsaiten-Deformeter 10576
Schwingsaiten-Dehnungsmesser 10576
Schwingseitenmessgerät 10576
Schwingung 10577
Schwingungsaufnehmer 10579
Schwingungsberechnung 10163
schwingungsdämpfend 10580
Schwingungsdämpfer 489, 8776
Schwingungskavitation 10582
Schwingungsplatte 10571
Schwingungsweite 364
Schwitzen 1081
Scintillationsdetektor 8433
Scintillometer 8433
Scraper 8448
Sechskantschlüssel 4655
Sechskantschraube 4654
sechsteiliges Gewölbe 8690
Sediment 8519
sedimentär 8518
sedimentär-diagenetischer Druck 7415
sedimentäre Lagerstätte 8520
sedimentärer Quarzit 6717
Sedimentation 8526
Sedimentationseinheit 942, 9514
Sedimentationslücke 2733
Sedimentationsversuch 8527
Sedimentationszyklus 2348, 2351
Sedimenteintrag 8528
Sedimententfernung bei niedrigem Wasserstand 8443

Sedimentfracht 8529
Sedimentgefüge 8524
Sedimentgesamtlast 10129
Sedimentgestein 5542, 8523, 9508
Sedimentgesteine unter Wasser 4970
Sedimentieren 2524
Sedimentierung 8526
Sedimentierungskontrolle des Speichers 2105
Sedimentkarbonat 1425
Sedimentologie 8530
Sedimentpetrographie 8521
Sedimentpetrologie 8522
sedimentpetrologische Provinz 8531
Sedimentrohr 894
Sedimentsfazies 3516
Sedimenttextur 8524
Sedimenttransport für ~ 4021
Sedimentverfestigung 1875
Sedimentwall 829
Sediment-Wechselfolge 2351
See 5466, 8470
Seebeben 8474
Seebebenwelle 10258
Seeerdbeben 8474
Seegang 10867
Seegraben 2437
Seegras 298
Seehorizont 4274
Seekreide 5470
Seeniveau 6046
Seenkalk 5469
Seenkalkstein 5469
Seenkreide 5454
Seenkunde 5647
Seenpegel 5646
Seenton 5467
Seerinne 2437
Seeufer 8783
Seeumwelt 5976
Seevogelkot 4528
Seewasser 8359
Seewasserbeton 8497
Seewasserspülung 8498
Seezeichen 918
See zu Erholungszwecken 5468
See zum Lagern von schwimmenden Baumstämmen 5765
Segeln 8352
Segment 8167
Segmentbogen 8546
Segmentverschluss 7710
Segregationslagerstätte 8548
Sehne 1668
Sehschärfe 10604

Sehstrahl 10606
Sehwinkel 410
seichter Karst 8715
Seifenstein 9056
seiger 10547
seigere Bauhöhe 10562
seigeres Flöz 10547
seigere Sprunghöhe 3569
seigere Verwerfungshöhe 3569
seiger stehend 10546
Seigerung 5677
Seilanker 1346
Seilbahnkabine 1355
Seilbohren 1353
Seilbohrschuh 9255
Seilfahrgeschwindigkeit 10862
Seilfreifallbohren 1353
Seilfreifallmeißelbohren 1353
Seilgeschwindigkeit 10862
Seilkernbohren 1352, 10877
Seilkernen 10877
Seilkerngewinnung 1352
Seilschlagbohren 1149
Seilschlagbohrer 1681
Seilschlagbohrgerät 1681
Seilschmierer 8260
Seilschuh 9255
Seilseele 2143
Seiltrommel des Hebewerks 4701
Seilwinde 4699
seismisch bedingte Kraft 8551
seismisch bedingte Massenkraft 8550
seismische Bewegung 8557
seismische Intensität 8552
seismische Schattenzone 8691
seismische Sektion 8561
seismisches Rauschen 6166
seismisches Schießen 8780
seismisches Signal 8562
seismische Welle 8563
Seismizität 8554
seismografische Untersuchungsmethode 8556
Seismogramm 7819, 8564
Seismograph 8565
Seismograph für starke Beben 9573
Seismograph zum Messen der Beschleunigung 61
Seismograph zum Messen der Geschwindigkeit 10532
Seismograph zum Messen der Verschiebung 2769
Seismologie 8566
Seismometer 8567
Seismometerabstand 8569
Seismometeraufstellung 8570
Seismometerauslage 8570
Seismometrie 8571

Seismoskop 8572
Seitenansicht 8828
Seitendamm 8822
Seitendruck 5516
Seiteneinlass 8823
Seitenkanalpumpe 8821
Seitenmoräne 5512
Seitenprobenehmer 5510
Seitenräumer 402
Seitenreflexion 8824
Seitenreibung 8925
Seitenriss 8828
Seitenschiff 288
Seitensonar 8826
Seitenstollen 154
Seitenstollenbergbau 2939
Seitentrum 3025
Seitenüberdeckung 5514
Seitenübergreifung 5514
Seitenüberlappung 5514
Seitenüberschneidung 5514
Seitenverschiebung 9558
seitlicher Druck 5516
seitlicher Überlauf 8827
seitliches Kernen 5511
seitliche Überdeckung 5514
seitwärts schauendes Radarsystem 8830
Sekantenpfahl 8500
Sektorwehr 3031
sekundäre Durchlässigkeit 8504
sekundäre Lagerstätte 8501, 8503
sekundäre Porosität 8505
sekundäre Sedimenttextur 8508
sekundäres Sedimentgefüge 8508
sekundäre Verwerfung 6218
sekundär förderbares Vorkommen 8503
Sekundärsetzung 8509
Sekundärspannung 8510
selbstangetriebener Kran 8591
Selbstfahrwalze 8584
selbstfokussierendes Entzerrungsgerät 8587
Selbsthemmung 8589
selbstreduzierend 8593
selbstregistrierend 8592
selbstschließender Schieber 8583
selbstschreibend 8592
selbstschreibender Flüssigkeitsstandanzeiger 5589
selbstschreibendes Barometer 840
selbstspannender Zement 4662
selbsttätig 705
selbsttätig arbeitende Nachlassregelung 708
selbsttätige Schmierung 712
selbsttätiges Gestängelager 713
selbsttätiges Regelsystem 706

selbsttätiges Ventil 8582
selbsttätige Wasserspülung 709
selbsttragend 8594
selbsttragende Anlage 10149
Selbstverbrennung 9219
Selbstverriegelung 8589
Selbstversicherer 8588
selektive Entnahme 8578
selektive Gamma-Gamma-
  Messung 8575
selektive spektrometrische
  Gamma-Gamma-Messung
  8576
selektives Wassereinpressen 8577
selektive Wasserentnahme 8578
selektive Wasserinjektion 8577
Sender 10180
Senkblei 7247
Senkbolzen mit Linsenkopf 1329
Senke 3572, 4391
Senkel 7247
Senken 2904, 5492, 9627
Senkkasten 570
Senklage 6018
Senklot 7247
senkrecht 6984, 10546
Senkrechtachse 10551
Senkrechtaufnahme 10549
Senkrechtbild 10549
Senkrechtbohrloch 798
Senkrechtebene 10561
senkrechte Bohrung 9473
senkrechte Richtung 10554
senkrechtes Achsenkreuz 6714
senkrechte Verwerfung 10555
senkrechte Verwerfungshöhe
  3569
Senkrechtluftaufnahme 10549
Senkrechtluftbild 10549
Senkrecht-Reihenkamera 10565
Senkrechtstellung 10556
Senkrechtträger 9112
Senkstück 6018
Senkstütze 9424
Senkung 2904, 5492, 8678, 9627
Senkungsgraben 8098
Senkungskurve 9628
Senkungsmulde 9630
Senkungstrichter 1987
Senkungstrog 4310, 9630
Senkungswelle 9631
Sensenausbau 8469
sensitiver Ton 7688
Sensitivität 7949
Sensitometer 8613
Sensitometrie 8614
Sensor 8615, 9171
Serac 8623
Serizit 8626
Serizitbildung 8627

Serizitisierung 8627
Serpentin 8630
Serpentinit 8631
Servobremse 8638
Servogruben-Stempel 8640
Servomotor 8639
Servo-Stempel 8640
Servoventil 4792, 8641
Servowirkung 8637
Setzdehnungsmesser 3471
Setzdruck 6960, 8670
setzen 8646
  sich ~ 8676
Setzkeil 8674
Setzlast 8665
Setzpistole 8669
Setzprobe 9024
Setzung 8678
Setzungen durch
  Bergwerksarbeiten 6959
Setzungsbeobachtung 8681
setzungsempfindlicher Boden
  1929
Setzungsherd 8496
Setzungsmesser 8679
Setzungsmessgerät 8679
Setzungsmesspunkt 8683
Setzungsmessung 8680
Setzungsplatte 8683
Setzungsunterschied 2662
Setzvorrichtung 8662
Setzwinde 8675
Setzzylinder 8664
sexagesimale Kreisteilung 8689
S-Gerät 1127
Shed-Dach 8750
Shelbystutzen 8759
Shorehärte 8784
Shore-Härte 8784
Shore Härteskala 8785
Shore Skala 8785
SI 5233
Sicheldüne 831
sichelförmige Transversaldüne
  831
Sicherheit der Staudämme 2384
Sicherheit der Staumauern 2384
Sicherheit der Talsperren 2384
Sicherheitsbeamte 8345
Sicherheitsbeiwert 8335
Sicherheitsfaktor 8335
Sicherheitsfaktor gegen
  Abscheren 8336
Sicherheitsfaktor gegen Gleiten
  8337
Sicherheitsförderkorb 8331
Sicherheitsgrad 8335
Sicherheitsgrenze 8343
Sicherheitskette 8332
Sicherheitskoeffizient 8335

Sicherheitskorb 8331
Sicherheitskriterien 8334
Sicherheitslampe 8342
Sicherheitsmaßnahmen 8344
Sicherheitsmolch 8339
Sicherheitspfeiler 8346
Sicherheitssteiger 8345
Sicherheitsventil 7936, 8349
Sicherheitsverschluss 4534
Sicherheitsvorschrift 8333
Sicherheitsvorschriften 8347
Sicherheitszahl 8335
Sicherhheitsventil 3251
Sicherung 4173
Sicherungsautomat 710
Sicherungsmutter 1644
Sicherungsring 5750
Sicherungsschraube 5746, 8348
Sicherungstafel 4175
Sicht 10603
sichtbare Decke 1547
sichtbarer Horizont 4274
Sichtbeton 6705
Sichtdecke 1547
Sichtfuge 5362
sichtig 1727
Sichtigkeit 10603
Sichtlinie 5666
Sichtzeichen 8844
Sickerdrän 9434
Sickergeschwindigkeit 8545
Sickerlinie 8540
Sickerloch 10793
sickern 6628, 8535
Sickeröffnung 10793
Sickerröhrenbildung 4810, 7144
Sickerschlitz 10793
Sickerstrang 4551
Sickerströmungskraft 1413
Sickerung 8537
Sickerungsgeschwindigkeit 8545
Sickerungslinie 8540
Sickerungsverlauf 8544
Sickerungswassermenge 8536
Sickerwasser 6936
Sickerwassermenge 8536
Sickerwassermessung 8541
Sickerweg 6879, 8543
Siderit 8825
Sieb 8456, 8831
Siebanalyse 8832
Siebanlage 8459
Siebapparat 8834
sieben 8457
Siebfilterrohr 8461
Siebkurve 4400
Sieblinie 4400
Siebmaschine 8834
Sieböffnung 8833
Siebprobe 8832

Siebprüfung 8832
Siebrohr 8461
Siebsatzrüttler 8834
Siebversuch 8832
Siedepunkt 1112
Siedequelle 4327
siehe Fußnote 8534
Simplex-Zementierungsmuffe 8875
signalisieren 5982
Signallampe 8846
Sihi-Pumpe 8821
Silberglanz 588
Silicafume 8851
Silifizierung 8856
Silika 8849
Silikastein 8850
Silikatzement 8852
Silikaziegel 8850
Silizium 8849
siliziumhaltig 8853
Silos 8862
Silt 296
    nicht verfestigter ~ 296
Siltstein 8867
Silur 8871
Sinkloch 8897
Sinnbild 9787
Sinter 8899
Sintergebilde 9181
Sinterkalk 8899
Sinterkiesel 4328
sintern 8900
Sinterstein 8899
Sinussatz 8879
Siporexbeton 8905
Situation 7340
Situationsplan 7186
sitzen
    auf den Lagen ~ 10907
    auf den Schlechten ~ 10907
    unter den Lagen ~ 10906
    unter den Schlechten ~ 10906
Sitzventil 5616
Skala 8400
Skala einer Größe 8407
skalar 445
Skale einer Größe 8407
Skalenmikroskop 8403
Skalenpegel 9294
Skalenwirkung 8401
Skapolith 8416
Skipiste 8929
Skisprung-Überlauf 8923
Skizze 8920
Sklerometer 4589, 8434
Skleroskop 8434
Skultursteinkern 3474
Skutterudit 8930
sliding floor 8969

Smaltin 8930
Smaragd 3242
Smaragdnickel 10956
Smithsonit 9028
Snellsches Brechungsgesetz 7868
Snellsches Refraktionsgesetz 7868
Sockel 877, 5297, 6907, 7227, 8928
Sockelfundament 5297
Sockelfundamentkörper 5297
Soda 9062
Sodalith 9059
Sofa 2180
Sofortabfluss 5149
Sofortkonsolidierung 5096
soforttragende Stempel 4967
Sohlaufhöhung 226
Sohle 3853, 6215,
Sohlenplatte 1180
Sohleintiefung 2473
Sohlenaufbruch 1113
Sohlenaufhöhung 226
Sohlenaufquellen 4616
Sohlenauftrieb 2212
Sohlenbergbau 4730
Sohlenbewehrung 1181
Sohlenbogen 5263
Sohlendruck 1173, 4616
Sohlenfließdruck 1172
Sohlengefälle 962
Sohlengewölbe 3861
Sohlenhebung 1177, 4616
Sohlenholz 8861
Sohlenneigung 962
Sohlenschließdruck 8809
Sohlenstrecke 1176
Sohlentemperatur 1175
Sohlenwasserdruck 10426
Sohlenwasserdruckkraft 10427
Sohlenzementation 1166
Sohlenzementierung 1166
söhlig 100
söhlige Länge 4738
söhliger Verschiebungsbetrag 4737
söhliger Verschiebungsbetrag 8766
söhlige Schublänge 4737
Sohlmarke 9113
Sohlschicht 527
Sol 1852, 9109
Sole 1254
Solenoidventil 9114
Solfatara 9115
Solfatare 9115
Solifluktion 9122
soligen 9123
Söller 801
Sollwert 8649

Solum 9128
Sommerblitz 9655
Sonar 1127
Sonde 7530, 9139
Sondenstab 9139
Sondenstange 9139
Sonderzeichnung Statik 9160
Sonde zur elektrischen Bohrlochmessung 3186
Sondierbohrung 3437, 3445
Sondierbohrung 3443
Sondieren 9138
Sondierschacht 9948
Sondierstab 9139
Sondierstange 9139
Sondierung 9138
Sondierung des Untergrundes 4030
Sondierungsstab 9139
Sondierungsstange 9139
sonic Log 109
Soniclog 109
Sonnenlicht
    dem ~ ausgesetzt sein 3461
Sonnenbatterie 9110
Sonnenscheindauer 4762
Sonnenstein 173
Sonnensystem 9111
Sortieren 9133
Sortierung 9133
Spalt 3522
spaltbar 3713
Spaltbarkeit 1734, 3714
Spalte 3715, 4054
Spaltebene 1735
Spaltenausbruch 3718
Spaltenbildung 3721
Spalteneruption 3718
Spaltenfüllung 3719
Spaltengang 3720
Spaltenöl 2222
spaltfähig 3713
Spaltfähigkeit 3714
Spaltprobe 1220
Spaltprüfung 1220, 2745
Spaltrohrmotorpumpe 1393
Spaltungsfläche 1735
Spaltvermögen 3714
Spaltversuch 1220
Spaltzugfestigkeit 9215
Spaltzugversuch 2745
spanische Wand 8455
Spannarmierung 7487
Spannbeton 7484
Spannbeton-Fertigteil 7404
Spannbeton mit nachträglichem Verbund 7353
Spannbeton-Montageteil 7404
Spannbetonstaumauer 7485
Spannbeton-Staumauer 7485

Spannbewehrung 7487
Spannbolzen 9547, 9583
Spanne 7760
spannen 8645
Spannglieder 9916
Spannholz 9546
Spannring 1706
Spannrolle 9928
Spannschloss 10301
Spannstab 7486
Spannung 7358, 9528
Spannungsabweichung 2609
Spannungsanreicherung 85
Spannungsausgleich 9530
Spannungs-Dehnungs-Diagramm 9543
Spannungs-Dehnungs Gesetz 9544
Spannungsdehnungskurve 9543
Spannungsdiagramm nach Boussines 1295
Spannungsellipse 3226
Spannungsellipsoid 3227
Spannungsfeld 9541
Spannungsgefälle 9535
Spannungsgleiche 5312
Spannungsgradient 7362
Spannungs Intensitäts Koeffizient 9536
Spannungskompensator 9531
Spannungskomponenten 9532
Spannungsmesser 9539, 10630
Spannungsoptik 7048
spannungsoptisch 7046
spannungsoptischer Überzug 7047
spannungsoptischer Versuch 7050
spannungsoptisches Bild 4135
spannungsoptische Schicht 7047
Spannungsregler 10629
Spannungsregulierung 9533
Spannungsspitze 9538
Spannungsstabilisator 10629
Spannungstrajektorien 9545
Spannungsüberlagerung 9666
Spannungsunterschied 2609, 7358
Spannungs-Verformungs Gesetz 9544
Spannungsverteilung 9534
Spannungsweg 9540
Spannungszunahme 1294
Spannungszustand 9340, 9542
Spannvorrichtung 5327
Spannweite 9155
Sparbeton 5558
Sparrenholz 7727
Spateisenstein 8825
Spatenmeißel 4570
spät magmatische Lagerstätte

5509
spättragend 5508
Speicher 9455, 7971
Speicherachse 751
Speicheranlagen und Beileitungen 9453
Speicher auf einer Bergkuppe gelegen 4689
Speicherbecken 9455
Speicherbetrieb 7984
Speicherfähigkeit 9449
Speicherfassungsvermögen 9450
Speicherfläche 7973
Speicherhöhe 9451
Speicherinhaltslinie 2540
Speicherkapazität 9450
Speicherkaskade 7987
Speicherkette 7987
Speicherkraftwerk 9456
Speicherlänge 5572
Speichermenge
  nicht nutzbare ~ 5003
Speicher mit direkter Entnahme 2715
Speicher mit natürlichem Zufluss 7991
Speichermöglichkeiten 9452
Speichernutzinhalt 129
Speichernutzraum 128
Speichernutzung 128
Speicheroberfläche 7988
Speicheroberflächeninhaltslinie 586
Speicheroberflächenlinie 2529
Speicherpumpe 9454
Speicherraumvermögen 9450
Speichersee 4990, 9455
Speicherufer 7986
Speicheruferlinie 8786
Speicherung 3629, 9445
Speicherungshöhe 9451
Speicherungssee 9455
Speicherwasserkraftwerk 9456
Speicher zur Stromerzeugung 7980
Speisekobalt 8930
Speisewasserreinigung 3581
Spektralanalyse 8031
Spektral-Log 9170
Spektrometer 9171
Spektrum 9172
Speläologie 9180
Speleolit 9181
Speleothem 9181
Sperrbeton 10728
Sperre
  nicht überströmbare ~ 6510
Sperre für Bergwerksabraum 6202
Sperre für industrielles Abwasser

5065
Sperre für Industrierückstände 5065
Sperre mit Entlastung 6763
Sperre mit Entlastungsanlage 6763
Sperrenbasisbreite 885, 2370
Sperrenbauwerk 2364
Sperrenbauwerk für die Stromerzeugung 4861
Sperrenbauwerk mit Wartung 2388
Sperrenbauwerk ohne Wartung 2389
Sperrenbecken 9455
Sperrenbreite 10848
Sperrenbruch 2373
Sperrenflügel 2387
Sperrengrundbreite 885, 2370
Sperrenkraftwerk 2381
Sperrenkrone 2372
Sperrenlänge 2216
Sperrenoberkante 3222
Sperrenstelle 2375
  nicht in Frage kommende ~ 2722
  nicht rentable ~ 10377
Sperren-Wasserkraftwerk 2381
Sperre zur Wasserabflussregulierung 7887
Sperrfilter 10171
Sperrfrist 3416
Sperrholz 7255
sperrig 1309
Sperrklinke 7773
Sperrmauer 2364, 5996
Sperrmauer aus Betonfertigteilen 7401
Sperrschlitzwand 2639
Sperrstelle 2375
  nicht in Frage kommende ~ 2722
  nicht rentable ~ 10377
Sperrventil 1645, 5299
Sperrwand 2639, 10075
Sperrzone 10171
Spezies 9161
Spezifikation 9162
spezifische Energie 9163, 10388
spezifische Ergiebigkeit 9169
spezifische Masse 2509
spezifischer Produktivitätsindex 9165
spezifischer Widerstand 3197, 4010
spezifischer Widerstandsindex 8024
spezifisches Gewicht 10400, 9168
spezifisches Volumen 9167

spezifische Wärme 9164
Sphalerit 9182
Sphäre der Lebewesen 1035
sphärische Koordinaten 9184
sphärischer Hohlspiegel 1947
sphärischer Konvexspiegel 2122
sphärische Trigonometrie 9186
sphärolitisch 9187
Spiegel 7300, 8956
Spiegelablesung 7796
Spiegelabsenkung 2904
Spiegelbild 6225
Spiegelbussole 6224
Spiegelfläche 7300
Spiegelharnisch 7300
Spiegelhöhe 10745
Spiegelkompass 6224
Spiegelsenkung 2904
Spiegelstereoskop 7860
Spiegelung 7861
Spiegelverkehrung 6226
Spiegelwert 775
spießeckige Verwerfung 6570
Spindel 9201
Spindeltreppe 2162
Spinell 9202
Spiralbohrer 8463, 9205
Spiralgehäuse 9674
Spiralgehäuse-Wasserturbine 9206
spiralgeschweißtes Futterrohr 9208
spiralgeschweißtes Rohr 9208
Spiralmeißel 9205
Spitzbalken 10088
Spitzbogenfenster 4387
Spitze 9999, 10072
spitzen 8727
Spitzenbeschleunigung des Bodens 6894
Spitzenbodenbeschleunigung 6894
Spitzendruckpfahl 3261
Spitzenenergie 6893
Spitzenförderung 6899
Spitzenkraftwerk 6898
Spitzenlast 6897
Spitzenpfahl 3261
Spitzenproduktion 6899
Spitzenstunden 6896
Spitzenwiderstand 7283
spitzer Stichbogen 8547
spitzer Winkel 140
Spitzfänger 5932, 3701
Splitt 2273
SP-Log 9221
Spodumen 9216
Sporn 4527, 8199, 10075
Sportbauwerk 9223
Sportgebäude 9223

Spreize 3511, 9584
Spreizhülsenanker 3430
Spreizstempel 3511
Sprengbarkeit 1077
Sprengbohrloch 1069
Sprengbohrloch laden 7501
Sprengen 1071, 8780
sprengen 1064
Sprengen im Freien 6636
Sprenghilfsstoff 1072
Sprengkammer 6188
Sprengkapsel 1074
Sprengladeloch 1069
Spreng laden 7501
Sprengladung 3451
Sprengloch 1069, 8795
Sprengloch laden 7501
Sprengmeister 1066
Sprengmethode 1078
Sprengpatrone 1075
Sprengpulver 1079
Sprengsatz einstopfen 7751
Sprengseismik 515
Sprengstoff 3450
 nicht selbständiger ~ 1072
Sprengstoffladung 1076
Sprengladung 1076
Sprengstoffpatrone 1075
Sprengung 1071
Sprengverfahren 1078
Sprengverzögerung 2484
Sprengzünder 2582
Sprieße 9584
Sprießel 9584
sprießen 9586
Spriessung 8787
springen 3866, 10940
Springer 4550
Springquelle 4327
Sprinklerbewässerung 9247
Sprinklerfeuerlöscheinrichtung 9246
Spritzbeton 8792
Spritzer 4550
Spritzmörtel 4549
Sprödbruch 1261
sprödbruchunempfindlich 10132
spröde 1259
spröder Bruch 1261
spröder Überzug 1260
Sprödglimmer 5962
Sprödigkeit 1262
Sprödigkeitsprüfung 1263
Sprudelbohrung 4550
Sprudelbrunnen 4550
Sprühapparat 676
Sprühschmierung 6230
Sprung 4054, 6523
Sprunghöhe 3569
Sprung ins Hangende 8069

Sprungkreuzung 5243
Sprungschicht 6112
Sprungweite 507, 4749
SPT 9317
Spülauslass 8445
Spülbohren 10670
Spülbohren mit indirekter Spülung 8067
Spülbohren unter Luftzusatz 263
Spülbohrmeißel 6343
Spülbohrmethode 4789
Spülbohrmethode mit indirektem Spülungskreislauf 2975
Spülbohrung 10670
Spülbohrverfahren 4789
Spülbohrverfahren mit indirektem Spülkreislaufn 2975
Spülbohrverfahren mit indirektem Spülungskreislauf 2975
Spüldruck 5350
Spüldurchlass 8438
Spule 1824
Spülflüssigkeit 2976
Spülungsingenieur 2964
Spülingenieur 2964
Spülkanal 3921
Spülkopf 8277
Spülkopfhaken 8278
Spülmittel 8270
Spülpumpe 6356
Spülpumpendruck 6357
Spülrinne 6347
Spülrohr 8446, 10678
Spülschlamm 2976
Spülstollen 8444
Spülung 3919, 8270
 durch ~ abdichten 6353
Spülung mit Erdgas durchsetzt 4208
Spülung mit grenzflächenaktiven Stoffen 9731
Spülung mit hohem Feststoffanteil 4680
Spülung mit hohem pH-Wert 4675
Spülung mit Inhibitoren 5094
Spülung mit niedrigem Feststoffanteil 5836
Spülungsansammlung 83
Spülungsbohrmethode mit indirektem Spülkreislauf 2975
Spülungsbohrmethode mit indirektem Spülungskreislauf 2975
Spülungsbohrverfahren mit indirektem Spülkreislauf 2975
Spülungsbohrverfahren mit indirektem Spülungskreislauf 2975
Spülungsdruck 6355

Spülungsdruckmesser 6349
Spülungskreislauf 6344
Spülungsmischanlage 6352
Spülungsmittel 8270
Spülungsrinne 6347
Spülungsschlamm 2976
Spülungsschlauch 3778
Spülungsumlauf 1696
Spülungsumlaufgeschwindigkeit 455
Spülungsverlust 1695
Spülungsverlustdetektor 5800
Spülungsverlustzone 5801
Spülungsviskosimeter 6359
Spülungswaage 6342
Spülungswasser 2996
Spülventil 2898
Spülverdichtung 5349
Spülverlust 1695
Spülverlustdetektor 5800
Spülverlustzone 5801
Spülversatz 4841
Spülverschluss 2898, 10677
Spülwasser 2996, 5351, 10680
Spülwasserschlauch 2969
Spundbohle 8755, 8758
Spunddiele 8755
Spundpfahl 8755
Spundwand 1302, 8757, 8758
Spundwanddichtung 1302, 8756
Spundwandprofil 8755
Spundwandschloss 5216
Spundwandschlosseisen 5216
Spur 10139
Spurenfossil 4943
Spurenkunde 4944
Spurgerade 10140
Spurlatte 8960
Spurpunkt 10141
staatliche Talsperrenaufsichtsbehörde 4389
Stab 7768
Stababstand 857
stabil 9287
stabile Isotopengeochemie 9292
stabile Isotopengeologie 9292
stabile Schlämme 9291
stabiles Flussbett 9288
stabiles Gleichgewicht 9290
Stabilisator 9104, 10629
Stabilisator des Hydroantriebes 4794
stabilisieren 9283
stabilisierende Böschungsbelastung 10800
stabilisierte Förderrate 8677
stabilisiertes Erdöl 9284
stabilisiertes Öl 9284
Stabilisierung 9103, 9282

Stabilisierungsberme 9285
Stabilisierungsmittel 9104
Stabilität 9272
Stabilität der Böschungen eines Speichers 9281
Stabilität der Fundamente 9279
Stabilität der Fundierung 9279
Stabilität der Widerlager 9278
Stabilität eines Messgerätes 9273
Stabilitätsfaktor 9276
Stabmühle 839
Stacheldraht 830
Stachelfußwalze 8751
Stadium der Kavitationsentwicklung 9299
Städtebau 10138
Stadtentwicklung 10455
Städteplanung 10138
städtisches Abwasser 10457
städtisches Kloakenwasser 10457
Stadtkern 1698
Stadtmitte 1698
Stadtplaner 10137
Stadtplanung 10138
Stadtstraßenbau 10456
Stadtzentrum 1698
Stafettenlauf 8620
Staffelbruch 9385
Stahlausbau 9375
Stahlbandmaß 9371
Stahlbau 5356
Stahlbaugerippe 5706
Stahlbeton 7897
Stahl-Beton Beiwert 9368
Stahl-Beton Koeffizient 9368
Stahlfaser 9369
Stahlfaserbeton 9370
Stahlkappe 9367
Stahllängsträger 5780
Stahlmaßband 9371
Stahlmessband 9371
Stahlpfahl 9373
Stahlrohrgerüst 8399
Stahlseitenbeton 9370
Stahlskelett 5706
Stahltragwerk 5706
Stahlverkleidung 598
Stalagmit 9306
Stalaktit 9305
Stall 6485
Stammesgeschichte 7087
Stampfbeton 9848, 10413
Stampfer 9847
Standanzeiger 7343
Standardabweichung 9312
Standardfeldviskosimeter 9313
Standardisierung 9314
Standardkurve 9311
Standard-Penetrations-Test 9317
Standardsondierung 9317

Standard-Spezifikations 9318
Standdauer 222
Ständer 828, 1617
standfest 9286, 9287
Standfestigkeit 1403, 9272
Standfestigkeitsanalyse 9274
Standfestigkeitsanalyse nach dem Lamellenverfahren 9275
Standfestigkeitsnachweis 9274
Standlinie 873
Standort 4561
Standort des Dammes 5741
Standpfahl 3261
Standpfeiler 6966
Standplatz 10903
Standpunkt 1389, 6073
Standrohr 9326, 9327
Standrohrbefestigung 8131
Standrohrspiegelhöhe 7103
Standsicherheit 9272
Standsicherheitsanalyse 9274
Standsicherheitsnachweis 9274
Standsicherheitsuntersuchung 9274
Standsicherheitsuntersuchung nach dem Lamellenverfahren 9275
Standsicherheitszahl 9277
Standzeit 222, 10245
Stange 828
stängelig 1859
stängelige Textur 1860
Stangenextensometer 5767
Stanzfestigkeit 8019
Stapel 9329
Stapelplatte 6819
Stärke 5735
starke Flusswindung 6038
starke Karstquelle 10518
starr 8109
starre Fahrbahnbefestigung 8112
starrer Oberbau 8112
starres Fundament 8111
starres Rohr 8113
Starrheit 9417
Startpunkt 10968
Statik 9349
Statik der Fluide 9350
Station 1389, 6073, 9353
stationäre Pumpe 9355
stationärer Abfluss 9361
stationärer Strömungszustand 9364
stationärer Zustand 9363
stationäres Fließen 9361
Stationspunkt 1389
statische Belastungsprobe 9347
statische Belastungsprüfung 9347
statische Berechnung 9341
statische Bettungsziffer 1810

statische Drucksondierung 9351
statische Hydrokraft 9346
statische Korrektur 9343
statischer Belastungsversuch 9347
statischer Bodendruck 8810
statischer Schließdruck 8810, 8811
statischer Sohlendruck 8810
statische Stabilität 9352
statische Walze 3774
Stativ 9308, 10243
Stativkamera 1386
Stativkammer 1386
Stativmesskamera 7056
Stativmesskammer 7056
Stator 9356
Statoskop 9357
Stau 3629
Stauanlage 4610
Staubalken 9438
Staubecken 9455
Staubeckenachse 751
Staubecken auf einer Bergkuppe gelegen 4689
Staubeckenkaskade 7987
Staubecken mit direkter Entnahme 2715
Staubecken zur Stromerzeugung 7980
Staubewässerung 3842
Staublavine 2934
Staubohle 3761
Staubohlen 9438
Staubrett 3761
stauchen 1919
Stauchen 10439
Stauchung 5378, 9478, 10439
Stauchungszone 10440
Staudamm 3238
Staudammerhöhung 4631
Staudruck 10527
stauende Schicht 1994
Stau-Geschwindigkeitsmesser 4976
Stauhöhe 9451
Stauklappe 2214
Staukurve 789
Staulinie 789
Staumauer 2364
Staumauer aus Mauerwerk 5996
Staumauer mit konstantem Mittelpunkt 2022
staunass 10713
Stauprogramm 4991
Staurohr 4976
Staurolith 9360
Stausee 7971, 9455
Stauseeachse 751
Stausee induziertes Erdbeben

7981
Stauspiegelhöhe 7982
Stauwasser 788
Stauwehr 9738
Stauwerk 844, 2364
Stauziel 8047, 8048
Steckbügel 832
Steg 10782
Stegprofil 4330
Stehachse 10551
stehen 9307
stehende Pumpe 10563
stehender Pfahl 3261
steif 8109
Steifbetongemisch mit Nullkegelsetzmaß 10973
Steife 9585
steifes Rohr 8113
Steifezahl 1799
Steifheitskoeffizient 9421
Steifigkeit 9417, 9421
Steifigkeit der Befestigung 9420
Steifigkeitskraft 9418
Steifigkeitsmatrix 9419
steigender Bogen 7753
steigendes Tonnengewölbe 8133
Steigfähigkeit 1742
Steigrohr 8132, 9326
Steigrohrablasshahn 10262
Steigrohre 10261, 10268
Steigrohrführungsschuh 10265
Steigrohrpacker 10266
Steigrohrpumpe 10267
Steigrohrschneider 10263
Steigschacht 9735
Steigung 78, 4397, 9856
steil 9376
Steilaufnahme 5832
steile Blattverschiebung 10919
steile Böschung 2303
steile Luftaufnahme 5832
steiler Abhang 1737
steiles Luftbild 5832
Steilrelief 332
Steilwand 1737
Stein 9431
Steinabdeckung 8127
Stein aus Naturgestein 9431
Steinbelag 8127
Steinbestürzung 8127
Steinblock 1187
Steinbruch 7677
Steinbruchfeine 9827
Steinbruchfeinmaterial 9827
Steinchenkegel 5496
Steinchenkrater 5496
Steindamm 8186
Steindeckung 8127
Steindeckwerk 4576, 8127
Steinfall 3534, 8184

Steinholz 10926
Steinholzplatte 10927
Steinkohle 1767
Steinkohleneinheit 9309
Steinkohlenteer 1780
Steinkonsole 2141
Steinkorbdamm 893
Steinmann-Trilogie 9381
Steinmann-Trinität 9381
Stein-Mauerwerk-Dichtungsvorlage 9435
Steinmauerwerksperre 5996
Steinmauerwerktalsperre 5996
Steinpackung 4576
Steinpackung 917
Steinsatz 643, 917
Steinschale 5692
Steinschlag 3534, 8162, 8184
Steinschotterbelag 5852
Steinschüttdamm 8186
Steinschüttdamm mit Asphaltbetonkern 8187
Steinschüttdamm mit Betonoberflächendichtung 8188
Steinschüttdamm mit Kern 8185
Steinschüttdamm mit vertikalem oder geneigtem Lehmkern 8185
Steinschüttmaterial 1308, 7757, 8574
Steinschüttstaudamm 8186
Steinschüttungsdamm 8186
Steinschüttungsstaudamm 8186
Steinschüttungswehr 8189
Steinsetzdamm 8315
Steintragschicht 9432
Steinwurf 8127
Steinwüste 8207
Stellmotor 8639
Stellschraube 163
Stellungsanzeiger 7343
stellvertretender Bauleiter des Bauunternehmers 2091
Stelzbogen 9425
Stemmtor 6231
Stemmtor-Verschluss 6231
Stemmtür 6231
Stempel 7580
 einen ~ schlagen 8647
Stempelabstand 7588
Stempelausbau 7588
Stempelcharakteristik 5726
Stempeldichte 7582
Stempeldichtung 7586
stempelfreie Abbaufront 7583
Stempelhalterung 7585
Stempelkennlinie 5726
Stempelnippel 5568
Stempelpfeiler 1662

Stempelprüfpresse 9945
Stempelraubschicht 7571
Stempelraubstrecke 8170
Stempelreihe 8307
Stempelschloss 7590
Stempelschuh 7584
Stempelsetzdichte 137
Stempelsetzkolonne 7587
Stempeltopf 7584
Stempeltragfähigkeit 929
Stempelzähler 7581
Stempelzimmerung 8788
Steppe 9386
Stereoaufnahme 9398
Stereobild 9407
Stereogramm 9389
Stereokamera 9403
Stereokomparator 9388
Stereomechanik 9390
Stereomesskamera 9392
Stereometrie 6068, 9393
stereometrische Analyse 9391
Stereophotogrammetrie 9397
stereophotogrammetrisch 9395
stereophotogrammetrische
 Aufnahme 9396
Stereosehen 9410
Stereoskop 9400
Stereoskopie 9411
stereoskopisch 9401
stereoskopische Aufnahme 9399,
 9406
stereoskopische Betrachtung 9410
stereoskopische Messung 9406
stereoskopische Parallaxe 9408
stereoskopische Photographie
 9399
stereoskopischer Distanzmesser
 9409
stereoskopischer
 Entfernungsmesser 9409
stereoskopisches Messen 9406
stereoskopische Vermessung
 9406
stereoskopische Wirkung 9404
stereoskopisch gedeckte Fläche
 9402
Stereotop 9412
Stereotopometer 9412
sterile Bohrung 3045
Sterngewölbe 5606
stetige Durchsickerung 9362
stetiger Trübestrom 9365
Steuerblock 10483
Steuerpult 2106
Steuerrahmen 6011
Steuerstand 2107
Steuerung 7893
Steuerventil 2108, 7130, 8641
Stibnit 485

Stichbogen 2526, 8546
Stift 7237
Stifthalter 7134
Stil 9589
Stilbit 9422
stilllegen 4
Stilllegen einer Maschine 9441
Stilllegung 9
Stillsetzen einer Maschine 9441
Stillstandzeit 4948
Stirnmoräne 3263
Stirn-Wasserturbine 4139
Stock 9459
Stöckesche Plattenstatik 922
Stockwerk 9430, 9459
Stockwerksbau 9460
Stoffabtrag 2521
Stoffabtragung 2521
Stoffwanderung 9493
Stollen 153, 154, 4180, 10277
 einen ~ mit Holzeinbau
 versehen 10053
 einen ~ vortreiben 3401
Stollenaufzug 1654
Stollenausbau 10286
Stollenauskleidung 10284
Stollenbetrieb 2939
Stollenbrust 10281
stollenförmige
 Wasserschlosskammer 3427
Stoneyschütz 8222
Stopfbüchse 9588
Stopfbuchse mit
 Umkehrdrosselspalt 5451
Storchenschnabel 6830
Storchschnabel 6830
stören 7946
störende Oberflächenwelle 4485
Störgeräusch 354, 6166
Störgröße 2800
Störkörper 793
Störkörper in Schussrinnen 1682
Störung 2734
Störung bei der Probenentnahme
 8367
Störung bei der Probennahme
 8367
Störung der ökologischen
 Reihenfolge 2732
Störung des climax 2732
Störungen in der Wirkung 5277
Störung in der Wirkung 2799
Störungsbefund 2618
Störungsempfindlichkeit 7949
Störungshöhle 3557
Störungsindex 7948
Störungsquelle 3566
Störungsziffer 7948
Störungszone 3574
Stoßbaum 8960

Stoßbohrschuh 9255
Stoßdämpfer 8774
Stoßmarke 4975
Stoßrichtung 3265
stoßweise eruptierende Bohrung
 968
stoßweise fließen 3869
Stoßwelle 8777
Strafe 6918
Strafgeld 6918
Strahl 5339, 7788
Strahlablenker 5343
Strahlauflösung 5344
Strahldüse 5347
Strahldüsenbohren 9972
Strahlenbündel 6919
Strahlenbüschel 6919
Strahlengewölbe 3543
Strahlflammbohrmaschine 9975
Strahlgeschwindigkeit 5352
Strahlkies 5961
Stahlrohrleitung
 durch Bänder verstärktes ~
 818
Strahlschieber 5346
Strahlung 7716
Strahlungsheizung 4613
Strahlunterbrecher zur Belüftung
 6411
Strahlzeolith 9422
Strahlzerstreuung 5344
Strand 914, 8783
Stranddrift 915
Strandkies 916
Strandlinie 9488
Strandschotter 916
Strandwallinsel 855
Straßen-Planierer 4395
Straße auf der Dammkrone 8173
Straßenbauschotter 8162
Straßenbelag 5852
Straßendamm 8158
Straßengeologie 8160
Straßenhobel 4395
Straßenkreuzung 2245
Straßennetz 8164
Straßen- oder
 Eisenbahnverlegung 8163
Straßenschlepper 10841
Straßenschotter 8162
Straßenunterbau 8159
Straßenwalze 8217
Stratamessung 2697
Strataskop 9498
stratigrafische Diskordanz 2733
Stratigraphie 9512
stratigraphische Bohrung 9510
stratigraphische Einheiten 9509
stratigraphische
 Erkundungsbohrung 9510

stratigraphische Folge 8618
stratigraphische Reihe 8618
stratigraphische Sondierbohrung 9510
stratigraphische Sprunghöhe 9511
stratigraphische Tabelle 4280
stratigraphische Unterbrechung 4196
Stratovulkan 9513
Streb 5787
Strebausbau 3513
Strebausgang 3508
Strebbau 5788
Strebbreite 3514
Strebbruch 4624
Strebbruchbau 5789
Strebdurchgang 6871
Strebe 8781
Strebebogen 7753
Strebende 3508
Strebepfeiler 1331, 2183
Strebestempel 3511
Streblänge 3510
Strebquerschnitt 10904
Strebraum 3509
Strebstempel 3511
streckbar 3048
Strecke 2779, 8166
strecken 3422
Streckenabzweig 8171
Streckenabzweigung 8171
Streckenausbau 8175
Streckenbogen 8167, 8174
Streckendamm 8165
Streckengewölbe 8174
Streckenhohlraum 8169
Streckenkreuzung 8168
Streckenlast 5661
Streckenmantel 9739
Streckenmesstheodolit 2785
Streckennetz 8176
Streckenort 3996
Strecken-Pumpstation 7639
Streckenraum 8169
Streckensohle 6881
Streckenunterhaltung 8172
Streckenvortrieb 2938
Streckgrenze 9929
Streichbrett 3794
Streichen 9554
streichende Baulänge 5608
streichende Kluft 9557
streichender Ausbau 9692
streichender Sprung 9556
streichender Streb 9555
streichende Störung 5772, 9556
streichende Verwerfung 5772, 9556
Streichlänge des Windes 3598
Streichlinie 5668

Streichrichtung 10210
Streichungswinkel 421
Streichwehr 8827
Streichwinkel 421
Streifen 9550
Streifenabstand 5246
Streifenart 6156
Streifenbreite 10849
Streifenentfernung 5246
Streifenfundament 9560
Streifengründung 9560
Streifung 9550
Streik 9553
Streitfall 2771
Streitfrage 2771
strenge Lösung 8114
Streubereich 7767
Streuung 8420
Strich 9550
Strichdüne 8549
Strichkreuz 8049
Strom 3867, 8138
stromab 2861
stromabwärts 2861
Stromachse 754
Stromatolith 9570
stromauf 10442
stromaufwärts 10442
Stromausbau 8156
Strombautechnik 8145
Strombecken 8139
Strombegrenzventil 3884
Strombergbau 8150
strombolianische Tätigkeit 9571
Strombolitätigkeit 9571
Stromeis 8148
Strömen 9600
Stromgebiet 8139
Stromgefälle 8154
Stromhydraulik 8147
Stromkies 9517
Stromlinie 3885
Stromlinienbild 3889
Stromliniennetz 3889
Strommesser 355
Strommorphologie 8151
Strommündung 3383, 8152
Stromneigung gegen die Waagerechte 8154
Stromneigung gegen die Waagrechte 8154
Strompegel 10703
Stromregulierung 3871
Stromregulierventil 3872
Stromrücken 9596
Stromschnelle 7772
Stromsohle 8140
Stromtechnik 8145
Stromterrasse 9521
Strom- und Flussbeschreibung 7355

Strom- und Flusskunde 7356
Strömung 3867
Strömung in geschlossener Leitung 1748
Strömungsbild 3889
Strömungsdruck 1413
Strömungsdynamik 3896
Strömungsgeschwindigkeit 3890, 8545
Strömungskavitation 3870
Strömungslehre 3896, 4859
Strömungslinie 3885
Strömungsmechanik 3906
Strömungsmechanik für Bauingenieure 3907
Strömungsmedium 3895
Strömungsmesser 3887, 7776
Strömungsmesser mit waagerechter Spindel 7575
Strömungsmesser mit waagrechter Spindel 7575
Strömungsnetz 3889
Strömungspotential 9518
Strömungsrichtungventil 2798
Strömungsröhre 5537
Strömungsschichtung 3537
Strömungsspannung 9518
Strömungssteuerventil 3872
Strömungstunnel 5537
Stromunterbrechung 7374
Stromventil 3872
Stromwandler 2318
Stromwasserfassung 8149
Stromwasserstand 8155
Stromzuführungsstollen 1324
Strontianit 9574
Stropp 8981
Strosse 976
Strossenbau 978
Strudel 10640
Struktur 9581, 9954
strukturelle Geologie 9576
strukturempfindlicher Ton 7688
Strukturgeologie 9576
Strukturlehre 9576
Strukturmodell 9578
Struktur und Textur 3503
stückig 5848
Studienvertrag 2559
Stufe 976, 5030, 9383
Stufenbohrkrone 9387
stufenförmige Störungsfläche 9385
Stufenkrone 9387
Stufenmeißel 9384
stufenweise Entwicklung eines Projektes 9296
stufenweise Injektion 9298
stufenweises Einpressen 9298

stufenweises Injizieren 9298
stufenweise Zementierung 6385
stumpfer Bohrmeißel 3050
stumpfer Meißel 3050
stumpfer Winkel 6582
stunden 3
Stunde
　die ~ hängen 4583
Stunden außerhalb der
　Spitzenstunden 6593
Sturmdelta 10763
Sturzbach 10109
Sturzbecken 1274
Sturzbecken mit Schwelle 1275
Sturzbecken mit Sprungnase 3792
Sturzbecken mit Walzenbildung
　9116
Sturzbecken mit zahnförmigen
　Störkörpern 9006
Sturzbett 520
Sturzbogen 7211
Sturzflut 3762
Sturzregen 10110
Sturzstrom 8184
Sturzversatz 3026
Stützdruck 9686
Stütze 8781, 9585
Stützflüssigkeitswand 9026
Stützkörper 8798
Stützkraft 8015
Stützlinie 10023
Stützmauer 8041
Stützmauerbauweise 5325
Stützring 787
Stützwand 8041
Stylolith 9590
Styropor-Platte 7313
Styropor-Tafel 7313
subaerisch 9591
subaerischer Ausbruch 9592
subaerischer Vulkan 9593
subaquatische Rutschmasse 6616
subglazial 9601
subglazialer Ausbruch 9603
Subgrauwacke 9606
subjektives Gesichtsfeld 9607
subkapillarer Hohlraum 9597
subkritische Strömung 9600
Sublimationsprodukt 9611
sublitoraler Küstenbereich 9612
Submission 741
subnival 6954
Substitution 6129
Subterminalkrater 9640
Subunternehmer 9598
Subvulkan 9642
Suche nach Sperrenstellen 8492
Suche nach Sperrstellen 8492
Südpolarkreis 466
Sulfathüttenzement 9654

Sulfatzement 9653
Sulzeis 4074
Summenkurve 5998
Summenlinie 5998
Sumpf 1109, 3591, 9657
Sumpfgas 5995
Sümpfungspumpe 726
Sund 9134
supergen 9662
Superkavitation 9659
superkritische Strömung 9661
Superplastifikator 9664
Süßwasser 4119
Süßwasser-
　Bohrspülungsschlamm 4120
Süßwasserspülung 4120
Süßwasser-Spülungsschlamm
　4120
S-Welle 8749
SWK 7839
Syenit 9784
Symbiose 9786
Symbol 9787
Symbol der Maßeinheit 9788
symmetrische Antiklinale 9789
symptomatisches Mineral 2619
Synagoge 9791
Synchronisiergerät 9179
Syngenese 9796
Synklinalachse 756
Synklinalbecken 4310
Synklinale 9793
synklinale Verwerfung 9792
Synklinalfalte 9793
Synklinalkern 2157
Synklinaltal 9793
Synklinalwasser 9794
Synklinorium 9795
synsedimentäre Schichtenneigung
　6698
synsedimentäre Schichtneigung
　6698
synsedimentäre Störung 4440
synthetisch 9797
synthetische Apertur 9798
synthetische Faser 9799
synthetischer Leim 9800
systematische Beprobung 9803
systematischer Fehler 9802
System der kartographischen
　Projektion 5958
System eines Messgerätes 9809
System für akustische
　Lokalisierung 108
System-Sicherheitstechnik 9814
System sich kreuzender
　Kluftscharen 2001
Szaskait 9028
Szintillation 8432
Szintillations-

Gammaspektrometer 4188
Szintillations-
　Gammastrahlenspektrometer
　4188
Szintillationszähler 8433
Szintillometer 8433

Tacheometer 9819
Tacheometerzug 9822
Tachymetertheodolit 9819
Tachymetrie 9823
tachymetrisch 9820
tachymetrische Aufnahme 9821
Tafelberg 6108
Tafelspat 10882
Tag der Abnahme 1870
Tag der Inbetriebnahme 1870
Tag des Indienststellens 1870
Tag des Maximalbedarfes 2408
Tagebau 2407, 6631
Tagebaugrube 6631
Tagesanlagen 9721
Tagesförderung 2360
Tagesgang 2803
Tagesleistung 2360
Tageslicht 2406
Tageslichtfüllung 5723
Tagesoberfläche 9706
Tagesschacht 5911
Tagesschutzbezirk 7128
Tagesspeicherwerk 7387
tägliche Abflusssumme 2359
Tagschicht 2409
Tal 10471
Talaufschüttung 10473
Talbildung 10472
Talgletscher 10474
Talgletscher mit mehreren
　Zuströmen 1911
Tal-in-Tal 10316
Talk 9842
Talkum 9842
Talleiste 9521
Talmäander 10475
Tal mit steilen Flanken 9377
Talquerschüttung 2254
Talriss 847
Talschotter 10476
Talsperre 2364
Talsperre am oberen Teil eines
　Tales 4609
Talsperre mit Entlastung 6763
Talsperre mit Entlastungsanlage
　6763
Talsperrenbasisbreite 885, 2370
Talsperrenbecken 9455
Talsperrenbreite 10848
Talsperrenbruch 2373
Talsperrenbruchberechnung 2371
Talsperrendamm 3238

Talsperrenflügel 2387
Talsperrengrundbreite 885, 2370
Talsperrengründung 4034
Talsperrenkavernenkraftwerk 7389
Talsperrenkraftwerk 846, 2381
Talsperrenkrone 2372
Talsperrenlänge 2216
Talsperrenoberkante 3222
Talsperrenwärter 2386
Talsperren-Wasserkraftwerk 2381
Talsperre zur Wasserabflussregulierung 7887
Talterrasse 9521
Talweg 9846
Tandemwalze 624
Tang 298
Tangential-Ausgleich 9850
Tangentialbeschleunigung 9849
tangentiale Beanspruchung 8742
tangentiale Last 9852
tangentiale Schubkraft 9853
tangentiale Verschiebung 9851
Tangentialspannung 9854
Tank 7972
Tantalit 9855
Taschenrechner 7265
Tastdilatometer 3583
Taste 1328
Taster 3582
Tastgerät 3582
tätiger Bruch 121
tätiger Sprung 121
tätiger Verwerfer 121
tätiger Vulkan 131
tätige Störung 121
tätige Verwerfung 121
Tätigkeitsbericht 7553
Tätigkeitsperiode 3374
tatsächliche Mengen 136
tatsächlicher Volumendurchfluss 133
Taucharbeiten 2815
Tauchausrüstung 2814
tauchende Bohrinsel 9624
Taucher 2804
Taucheranzug 2817
Tauchergerät 2814
Tauchergeräte 2814
Taucherglocke 2812
Tauchergruppe 2818
Tauchgerät 2814
Tauchgeräte 2814
Tauchgleichgewicht 5306
Tauchmotorpumpe 9625
Tauchpumpe 2816, 9625
Tauchrüttlung 10586
Tauchspulenempfänger 8567
Tauchtiefe 2813

Tauchwand 2634
Taufkapelle 825
Taupunktmesser 4906
Taupunktmessung 4907
Tausendblatt 10715
Taxonomie 9866
T- Bau 858
Technik der Trinkwasserversorgung und der Trinkwasserwirtschaft 10741
technische Befundprüfung 9871
technische Begutachtung 9871
technische Einrichtungen 9869
technische Expertise 9871
technischer Zeichner 2899
technisches Büro 3283
technische Spezifikationes 9874
technische Strömungsmechanik 3907
technische Vorschriften 9874
technische Zeichnung 2911, 9870
Technologie der Erdölgewinnung 7977
Teer 1780, 9862
Teersand 9864
Teich zum Bootfahren 1105
Teilabbau 6860
Teilabdichtung 6859
Teilabnahme 68
Teilabschottung 9328
teilautomatisch 8599
Teilchengröße 6868
Teileinwirkungsfläche 9599
Teilfläche 9599
Teilkonvergenz 5027
Teilkreis 4404
Teillastbetrieb 6657
Teilsenkung 6867
Teilsicherung 6865
Teilsohlenbau 1337
Teilsohlenbruchbau 9610
Teilstück 8514
Teilung 4406
Teilversatz 6866
teilweise Abdichtung 6859
teilweise consolidiert 10348
teilweise eingetauchtes Wehr 6863
teilweise entlastetes Ventil 6862
teilweise Rohrummantelung mit Beton 2201
Tektofazies 9875
Tektonik 4314
tektonische Grenzfläche 9876
tektonische Karte 9577
tektonischer Druck 9878
tektonischer Graben 3572
tektonischer Kontakt 9876
tektonisches Beben 9877

tektonisches Becken 3554
tektonisches Erdbeben 9877
tektonisches Gefüge 2464
Telekoordimeter 9882
Telekoordinator 9882
telemagmatisch 9883
Telemeter 7763
Telemetrie 9884
Teleobjektiv 9887
Teleskopbein 9892
Teleskopbohrstange 9889
Teleskopfuß 9892
Teleskoplenker 9894
Teleskopstange 9889
Teleskopstütze 9892
Tellerbohrer 690
Tellerkappe 7213
Tellerventil 7319
Tellurik 9896
Tellurometer 9897
Tellurstrom 9895
Tellurstrommethode 9896
Tellurstromverfahren 9896
Temperatur auf der Bohrlochsohle 1175
Temperaturfühler 9901
Temperaturgradient 9900
Temperaturlog 9973
Temperaturmesser 9899
Temperaturregler 9987
Temperaturschichtung 9979
tempern 9898
temporär eingestellte Arbeiter 9909
temporärer Höhenfestpunkt 9904
temporär fließender Fluss 5221
Tensidbohrspülung 9731
Tensidspülung 9731
Tensiometer 9924
Tensor 9930
Tephra 7659, 7661
Terrainprofil 4483
Terra rossa 9934
terrassenförmiger Aushub 977
Terrassenverwerfung 9385
terrestrisch 9935
terrestrische Aufnahme 9938
terrestrische Photogrammetrie 9937
terrestrischer Torf 9936
terrestrische Triangulation 4488
Terzaghi-Konsolidationstheorie 9939
Terzaghi-Konsolidierungstheorie 9939
Tesseralkies 8930
Tethys 9952
Tetraedrit 9953
Teuerung 2176
Teufe 2528

teufen 8895
Teufenanzeiger 2530
Teufenmessung 2537
Textur 9954
Textur und Struktur 3503
Theodolit 9956
theoretische Mechanik 9959
theoretischer Volumendurchfluss 9958
theoretischer Volumenstrom 9958
Theorie der hydraulischen Modelle 9962
Theorie der hydraulischen Strukturen 9962
Theorie der plastischen Trogdecke 7208
Theorie der Plastizität 9964
Theorie der Vorzerklüftung 9963
Thermalquelle 9978
Thermalwasser 9980
Therme 9978
thermische Analyse 9966
thermische Leitfähigkeit 9968
thermische Metamorphose 9974
thermisches Bohren 9972
thermische Schichtung 9979
thermisches Leitvermögen 9968
thermisches Schwinden 9977
thermische Verschmutzung 9976
Thermistor 9981
Thermoanalyse 9966
Thermodynamik 9983
Thermoelement 9982
Thermoexpansionsventil 9971
thermohalin 9984
Thermokarst 9985
Thermokline 6118
Thermostat 9986
Thixotropie 10004
Thorianit 10005
Tidebecken 10026
Tidedelta 10029
Tidefall 3536
Tidendelta 10029
Tidensediment 10030
Tidesediment 10030
Tief 10028
Tiefanker 10034
Tiefaufreißer 8259
Tiefaufschlussbohrung 2441
Tiefbau 2033, 2435
Tiefbohranlage 2984
Tiefbohren 2430
Tiefbohrgerät 2984
Tiefbohringenieur 2961
Tiefbohrtechnik 2962
Tiefbohrung 2433
Tiefbrunnen 3639
Tiefbrunnenpumpe 1174
Tiefe 2528

tiefe Bergschlucht 1401
Tiefe bis zum Grundwasserspiegel 2539
tiefe Bohrung 2433
Tiefe der Bohrung 2534
Tiefe der Dichtung 2531
Tiefe des Bebenherdes 3942
Tiefenbau 877
Tiefenbereich 2536
Tiefenbrekzie 7252
Tiefeneindruck 4997
Tiefenerosion 2473
Tiefengestein 5254, 7253
Tiefengesteine 54, 2440
Tiefenlehre 2530
Tiefenmesser 2530
Tiefenmessung 2537
Tiefensprengung 6361
Tiefenwahrnehmung 6932
Tiefenwinkel 407
Tiefen-Zeitkurve 2538
Tiefenzone 52
tiefer Einlass 5828
tiefer Karst 2434
tiefes Erdbeben 2431
Tiefgang 2868
Tiefkarst 2434
Tieflöffelbagger 777, 778
Tiefpumpe 1174
Tiefpumpenförderung 2442
Tiefreißer 8259
Tiefsee 2436
Tiefseeablagerung 2438
Tiefseeablagerungen 50, 903
Tiefseebohren 2439
Tiefseebohrung 2439
Tiefsee-Ebene 53
Tiefsee-Ebenenzone 52
Tiefsee-Erosionsebene 7164
Tiefseegesteine 54
Tiefseelot 904
Tiefseelotung 905
Tiefseemessung 905
Tiefseesediment 2438
Tiefseesedimente 50
Tiefseetauchboot 906
Tiefseetiefe 51
Tiefseezone 52
Tierwelt 10854
Tilgungsfond 8898
Tischfelsen 6908
Tischlerei 5356
Titaneisen 4956
Titaneisenerz 4956
T-Kupplung 9879
Toleranz 10081
Toleranzfeld 10082
Ton 1716, 6688
Toneisenstein 1721
Tonerde 348

Tonerdehydrat 912
Tonerdeschmelzzement 4657
Tonerdezement 351
Tonfilter 1607
Tonglimmerschiefer 7086
tonhaltig 590
tonig 590
toniger Kalkstein 595
toniger Mergel 1719
toniger Rückstandsboden 7996
toniger Sand 591
toniger Sandstein 592
Tonkalk 595
Tonkalkstein 595
tonlägiger Schacht 2405
Tonlinie 875
Tonmineral 1722, 4714
Tonmineralien 1722
tonnenförmige Verzeichnung 849
tonnenförmige Verzerrung 849
Tonnengewölbe 457
Tonnenrollenlager 848
tonnlägiger Schacht 2405
Tonsand 591
Tonsandstein 592
Tonschiefer 593, 1723, 8941
Tonschlag 7617
Tonschlagkern 7615
Tonstein 594, 1724
Tonziegel 1248
Topas 10087
topogen 10094
Topograph 5493, 9753
Topographie 10099
Topographieumkehr 7933
Topographieumkehrung 7933
topographisch 10095
topographische Aufnahme 7166, 10098
topographische Ortsbestimmung 10097
topographische Vermessung 10098
Topotypus 10100
Torf 6901
Torfbildung 6902
Torfmoor 1109, 3591
Torf über dem Wasserspiegel gebildet 9936
Torkretbeton 4549
Torkretieren 8793
Torschwelle 8860
Torsion 10111
Torsionsausgleich 10112
Torsionsbeanspruchung 10113
Torsionsbuchse 10117
Torsionsfestigkeit 8020
Torsionslast 10113
Torsionsmoment 10105
Torsionsscherversuch 10114

Torsionsspannung 10115
Torsionsstab 10116
Torsionsversuch 10114
Tortuosität 10118
Tosbecken 7250, 9423
Tosbecken mit Störkörpern 4973
totale Porosität 28
Totalisator 7409
Total-Pressdrucksensor 10127
toter Gang 781
toter Nebenarm 6792
Totgang 781
Totmannschalter 2413
Totraum 2411, 2414
Totraum für Geschiebe 2415
Totraumspeicherung 2414
totsöhlig 27
Tourenzahl 6552
Tourmalinisation 10134
Tourmalinisierung 10134
Tragbalken 568
Tragband 9584
tragbare Pumpe 7335
tragbares gleitendes
 Piezometersystem Typ
 Piezodex 7334
Tragelement 5707
tragender Beton 9575
tragendes Element 5707
tragende Wand 5708
Träger 919, 7974
Trägerrostverfahren 552
tragfähig 927
Tragfähigkeit 928, 5711
Tragfähigkeitsprüfung 938
Trägheit 5066
Trägheitsarm 7723
Trägheitshalbmesser 7723
Trägheitskraft 5067
Trägheitsmoment 6280
Trägheitsradius 7723
Tragkabel 9690
Tragkraft 928, 1639, 5711
Tragkranz 2223
Traglast 932
Tragring 2223
Tragsäule 930
Tragschicht 869, 8159
Tragseil 9690
Tragstempel 924
Tragvermögen 928, 5711
Tragwiderstand 928
Traktor 10147
Transformator 10158
Transformatorhalle 10160
Transformatorkaverne 10160
Transformatorplattform 10159
Transformstörung 10161
Transformverwerfung 10161
Transgressionskonglomerat 861

transgressive Ablagerung 10162
Transitionszone 10170
Transition-Zone 10168
Transitionzone 10170
Translation 10176
Translationsbeschleunigung 5654
Translationsstörung 10177
Translationswelle 3851
Transmissibilitätskoeffizient 543
Transmissivität 543
Transportband 974
Transportgerät 10184
transportierter Kalkstein 317
transportiertes Gletschermaterial
 6305
Transportmischer 236
Transvaporisation 10185
transversale Azimutalprojektion
 10920
transversale
 Horizontalverschiebung 9867
transversale
 Horizontalverwerfung 9867
transversale Raumwelle 8749
Transversalverwerfung 10189
Transversalwelle 8749, 10186
Traufel 3794
Travertin 10270
Treibbirne 1482
Treibeis 3806
Treiber 5110
Treibmittel 5110
Treibrad 3020
Treibriemen 3017
Treibstoffkosten 4153
Trennbruch 8616, 9917, 9926
Trennfestigkeit 9868
Trennfläche 5202
Trennfuge 5300, 5359
Trennmauer 5213
Trennungsbruch 8616
Trennwand 2159, 6870
Treppe 9303
Treppenabsatz 4566
Treppenhaus 9304
Treppenöffnung 9304
Treppenstufe 9383
Triangulation 10218
Triangulation aus winkeltreuen
 Punkten 3954
Triangulation mit unabhängigen
 Modellen 10219
Triangulationsnetz 10221
Triangulationspunkt 10222
Triangulierung 10218
Triangulierung mit unabhängigen
 Modellen 10219
Triangulierungsnetz 10221
Trias 10224
Triasperiode 10224

Triaszeit 10224
Triaxialbelastung 10227
Triaxialdruckgerät 10225
triaxial Versuch 10229
Trichter 1015, 4171
Trichtereinlauf 10321
Trichter für Ausbreitversuch 9023
Trichter für Setzprobe 9023
Trichtermündung 3383
Trichtermündungsablagerung
 3381
Trichterüberfall 971
Trichterviskosimeter 4172
Trieb einer Lagerstätte 3013
Triebrad 3020
Triebsand 7692
Triebwasserleitung 6927
Triebwasserrohrleitung 6927
Triebwasserstollen 7396
Triebwerk 3011
Trigonometrie 10236
trigonometrische Höhenaufnahme
 10235
trigonometrische Höhenmessung
 10235
trigonometrische
 Höhenvermessung 10235
trigonometrisches Netz 6468
trigonometrisches Nivellement
 10235
trigonometrische
 Streckenmessung 10234
trikliner Kalifeldspat 6149
triklines System 10232
triklinisches Kristallsystem 10232
Trilateration 10238
Trinkwasserpumpe 7647
Trinkwassertalsperre 2374
Trinkwasserversorgungs-Technik
 10741
Tripel 10244
Triphan 9216
Triplexpumpe 10241
Trittstufe 9383
Trockenbagger 3411
Trockenbohren 3036
Trockendichte 2517
trockene Lavine 2934
trockener Strand 786
trockenes Jahr 3046
trockenes Klima 3035
trockenes Steinschüttmaterial
 3042
Trockenfluss 10652
trocken gemischter Beton 3034
trockenhalten 10423
Trockenhaltung 2611
Trockenheit 3027
trockenlegen 10423
Trockenlegung 2875

Trockenmauerung 3044
Trockenmauerwerk 643
Trockenperiode 3041
Trockenschnee 3040
Trockenschrumpfen 3038
Trockensteinmauer 6800
Trockensteinmauer 643
Trockental 10652
Trockenwetterabfluss 4498
Trockenzeit 2930
Trockner 3037
Trocknungs-Befeuchtungs-
    Anfälligkeit 8938
Trocknungsverzögerungsmittel
    479
Trogdecke 10248
Trog- oder Schussrinnenüberlauf
    1683
Trommel 7853
Trommelmischer 4734
Trommelschütz 3031
Trommelsieb 3032
Trommelventil 8967
Trommelwassermesser 8079
Trompe 9270
Trompetengewölbe 9270
Trompetersche Zone 10247
tropfbare Flüssigkeit 5681
Tropfenprallgerät 3023
Tropfenschlaggerät 3023
Tropfenschlagverfahren 8286
Tropfstein 9305, 9306
Tropfsteinbildungen 9181
Trübepunkt 1765
Trübung 10287
Trübungsmesser 10289
Trübungspunkt 1765
trümmerhaltig 2583
Trümmermasse 2585
T-Streb 2855
T-Stück 9879
Tsunami 10258
Tübbingausbau 10259
Tubingschneider 10263
Tuff 10270, 10271
Tundra 10272
Tundratorf 10273
Tundra-Torf 10273
Tundratorfmoor 3591
Tunnel 10276
Tunnelausbau 10286
Tunnelausbruchtechnik 10280
Tunnelauskleidung 10284
Tunnelbaugeologie 10279
Tunnelbau in mildem Gebirge
    9081
Tunnelbau in weichem Gebirge
    9081
Tunnelbekleidung 10284
Tunneleinbau 10286

Tunnelfräse 6277
Tunneljumbo 5376
Tunnelschale 10284
Tunnelverkleidung 10284
Tunnelvortriebsmaschine 6277,
    10278
Tunnelvortriebsmaschine für
    vollen Querschnitt 4158
Tunnelvortriebstechnik 10280
Tür 2829
Turbine 10290
    eine ~ betreiben 10291
Turbinenbohrer 10294
Turbinenbohrkrone 10294
Turbinenbohrmeißel 10294
Turbinenbohrverfahren 10296
Turbinenentlastungsauslass
    10292
Turbinenkernbohren 10295
Turbinenmeißel 10294
Turbobohrverfahren 10296
Turbogeneratorengruppen 4862
Turbokernbohren 10295
turbulent 10297
turbulentes Fließen 10298
turbulente Strömung 10298
Turbulenz 3128, 10298
turkestanischer Gletschertypus
    10300
Türkis 10304
    einen ~ abbauen 8099
    einen ~ demontieren 8099
Turmalin 10133
Turmdemontage 2547
Turmdrehkran 10135
    auf LKW montierter ~ 5795
Turmfundament 2549
Turmhaus 8932
Turmkarst 10136
Turmkeller 2545
Turmkronenbühne 2260
Turmmontagezeit 8102
Turmrolle 2261
Turmschacht 2545
Turmsockel 2549
Turnhalle 4553
Türrahmen mit Füllung 2830
Türschwelle 2831
Türstock 8643
Tute 1985
Tütenmergel 1985
Tympanon 10318
Typ 10319
Typenreihe 8309
Typenwohngebäude 10322

U-Balkenträger 10324
überarbeiten 10131
Überarbeitung 10130
Überbau 9667

überbaut 5082
überbaute Grundfläche 8915
überbeanspruchen 6776
überbelichtet 6759
Überbelichtung 6760
Überbohrversuch zur
    Spannungsmessung 1145
Überbruch 7743
überdecktes Tal 1319
Überdeckung 2192, 6772
Überdrehzahlbegrenzer 6782
Überdruckventil 7471, 7936
übereinstimmender Körper 1955
Übereinwirkungsfläche 9660
überentwickelt 6758
überfahren 3010
Überfall 9192
überfallendes Wasser 6410, 6761
Überfall-Entlastung 6766
Überfallkanal 9195
Überfallkrone 8858
Überfall-Leistung 9194
Überfall-Schussgerinne 9196
Überfall-Schussrinne 9196
Überfallstrahl 6410, 6761
Überfalltalsperre 6763
Überfallverschluss 2215
Überfallwasser 6410, 6761
Überfallwehr 6762
Überfläche 9660
überfliegen 3939
überflutet 5255
Überflutung 3825
Überflutungsplan 5256
Übergang 10166
Übergangsgebirge 10169
Übergangsschicht 10167
Übergangsstück 9860
Übergangszone 10168
Übergreifung 6772
Übergrundwasserspiegelzone
    10981
Überhauen 8128, 8130
überhöhter Lanzettbogen 5479
überhöhter Spitzbogen 5479
Überhöhung 1395
Überholschritt 5560
Überholung 7954, 8303
Überjahresspeicher 10937
Überjahresstaubecken 10937
überkapillarer Zwischenraum
    9658
überkippte Falte 6787
Überkippung 6785, 6786
Überkonsolidierung 6754
Überkopflader 782
überkragen 5384
überkragend 1400
überlagernde Schichten 6780,
    8247

Überlagerung 6752, 9665
Überlagerungsdruck 7467
Überlagerungshöhe 2528
Überlagerungsprinzip 7522
überlappende Pfähle 8500
Überlappnaht 5499
Überlappschweißnaht 5499
Überlappstoß 5497
überlappte Bohrpfahlwand 8499
Überlappung 6772, 6773, 6774
Überlappungslänge 5498
Überlappungsstoß 5497
Überlappverbindung 5497
Überlast 6775
Überlastbarkeit 6777
Überlastung 6775
Überlastungsfähigkeit 6777
Überlauf 9192
Überlaufbauwerk 9192
Überlaufen 6764
überlaufender Abfluss 9189
überlaufendes Wasser 6761
Überlauf-Entlastung 6766
Überlaufentlastungsanlage 6767
Überlaufkanal 9195
Überlaufleistung 9194
Überlauf mit Sprungschanze 8923
Überlauf mit Verschlüssen 2101
Überlauf ohne Verschlüsse 10345
Überlauf-Schussgerinne 9196
Überlauf-Schussrinne 9196
Überlauftalsperre 6763
Überlauf über die Stauwerkskrone 6767
Überlaufventil 6768
Überlaufverschluss 2215
Überlaufwasser 6410
überliegende Falte 6409, 6787
Überplastik 3375
Überprofil 6751
überprüfen 1641
Überschall-Loten 10332
Überschallmessungen 102
Überschiebung 6409, 6773, 6784, 10019
Überschiebungsmasse 6409
überschießendes Wasser 6761
überschneidende Pfähle 8500
Überschneidung 6772
überschnittene Bohrpfahlwand 8499
überschwemmen 3824
überschwemmt 5255
Überschwemmung 3825
Übersetzungsgetriebe 10178
Übersetzungsverhältnis 4240
Übersichtspläne 6742
Übersichtsprospektion 6694
Überstau 3849
überstautes Tal 3029

Überstromrelais 6756
Überstromschutz 6778
überströmt 9618
überströmter Abschnitt 6765
überströmtes Wehr 1754
Überstromventil 6768
überstürzte Falte 6787
Übertagebergbau 2407
Übertiefung 6757
Übertragungsstation 10181
Übertragung von Messwerten 9884
Überwachung 5141, 9668, 9741
Überwachung der Ausschreibung 657
Überwachungsgeräte 6286
Überwachungsmessung 6285
Überwachungsnetzwerk 6287
Überwachungsplan 5144
Überwachungssystem 6292
Überwachung vulkanischer Vorgänge 10628
Überwaschrohr 10678
Überzug gegen Austrocknen 2315
übliches Bohrverfahren 2110
U-Bolzen 10325
Ufer 8783, 8818
  ins ~ einbindende Dichtungswand 2338
  ins ~ einbindende Herdmauer 2338
Uferdamm 1313
Uferfiltration 822
Uferlinie 9488
Ufermauer 8041
Ufermoräne 3755, 5512
Uferschutzwerk 1313
Ufer-Schwellzone 2909
Uferzonen 9740
ULCC-Schiff 10329
Ulexit 1159
Ulm 765
Ulrichit 10450
Ultramahlgestein 10331
Ultrametamorphose 6180, 10330
Ultramylonit 10331
Ultraschall 10333
Ultraschallecholot 127
Ultraschall-Loten 10332
Ultraschallortungsgerät 127
ultravulkanisch 10334
Umbau 337
Umbildung 336, 6127
Umbildungsgestein 6126
Umdrehungsachse 752, 10551
Umdrehungsrichtung 8604
Umdrehungszahl 6552
Umdrehungszahlbegrenzer 6782
Umfang des Nutzungsrechtes 3110

Umfangsfuge 6961
umfassende Studie 1918
Umführungsventil 1342
umgehen 9838
Umgehungsleitung 1340
Umgehungsventil 1342
umgekehrte Perspektive 8071
umgekehrter Filter 8072
umgekehrtes Lot 5267
umgekehrte Spülung 8066
umgekertes Spülen 5045
umgekippte Falte 6787
umgelagerter Kalkstein 317
umhüllter Splitt 1790
Umkehraggregat Pumpe/Turbine und Motor/Generator 8076
Umkehraggregat Pumpe/Turbine und Motor/Generator mit unveränderlichem Drehsinn 5279
umkehrbar 8073
umkehrbare Pumpe 8075
Umkehr des Aufnahmevorganges 8064
Umkehrlot 5267
Umkehrspülbohren 8067
Umkehrspülung 8066
Umkehrung der Strahlen 8063
Umkehrung des Aufnahmevorganges 8064
Umkleideraum 1626
Umkristallisation 7830
Umlagerung der Spannungen 7843
Umlaufbohrspülung 119
Umlauf der Bohrflüssigkeit 1696
Umlauf der Bohrspülung 1696
Umlauf der Spülung 1696
Umlaufgerinne 3914
Umlaufkanal 2807
Umlaufpumpe 1693
Umlaufrückfluss 1694
Umlaufspülung 119
Umlaufstollen 2810
Umlaufventil 1342, 10410
umlegbar 8073
umlegbares Fernrohr 10165
umlegen 178
Umleitung 2807
Umleitungsbauwerke 2811
Umleitungseinlass 2809
Umleitungskanal 2807
Umleitungsrohr 1341
Umleitungsschieber 1342
Umleitungssperre 2808
Umleitungsstollen 2810
Umleitungswehr 2808
Umleitung über Zwischenspeicher 5187
umphotographieren 7964

Umprägung 336, 6127
Umsatz 10303
Umsatzwasser 6130
Umschalter 1873
Umschlaggeräte 4573
Umschmelzung großer Gebiete 6818
umsetzen 7993
Umsetzung 336
Umsetzungsgestein 6126
Umsiedlung 7994
Umspanner 10158
Umspannwerk 9781
Umsteckschlauch 10663
Umstellen des Bohrturms 6336
Umstellen des Turms 6336
Umwälzpumpe 1693
Umwandlung 336, 6127, 6129, 8053
Umwandlungsgestein 339, 6126
Umwelt 3297
umweltbeeinflussende Faktoren 3301
Umweltgeologie 3302
Umweltgeomorphologie 3303
Umweltgeophysik 3304
Umweltgeotechnik 3305
Umweltschutz 7435
Umweltschützer 3307
Umweltschutztechnik 3299
Umwelttechnik 3299
Umweltverschmutzung 3308
Umweltverträglichkeitsstudie 3306
Umzäunung 3592
unabbauwürdige Lagerstätte 10425
unabhängiger Bogen 5038
unbauwürdige Lagerstätte 10425
unbeabsichtigte Betonierfuge 1829
unbeeinflusster Abfluss 6421
unbehinderte Druckfestigkeit 10342
unbemanntes U-Boot 10411
unbemanntes Unterseeboot 10411
unberührte Schicht 10379
unberührtes Feld 10380
unbewachtes Kraftwerk mit Fernbedienung 10337
unbewehrte Betongründung 7162
unbewehrte Gründung 7162
unbewehrter Beton 10413
unbewehrtes Betonfundament 7162
unbewehrtes Fundament 7162
Undation 3312
undeutlich 5049
undeutliche Spaltbarkeit 5050
Undichtheit des hydraulischen Systems 10422
Undichtigkeit 5554
Undichtigkeitsanzeiger 5555
undräniert 10375
undränierter Scherversuch 7693
Undurchdringlichkeit 4981
undurchlässig 10748
undurchlässige Deckschicht 527, 1994
undurchlässiger Boden 4986
undurchlässige Schicht 10751
undurchlässiges, festes Wehr 4982
undurchlässiges Gestein 4983
undurchlässiges Wehr 4984
Undurchlässigkeit 4981, 10750
uneben 10378
unebenes Gelände 1266
unechter Grundwasserabfluss 9637
Unendlicheinstellung 5075
Unendlichfokussierung 5075
unentwässert 10375
unerfahrener Bohrarbeiter 1114
unergiebige Bohrung 5970
unergiebige Produktion 9567
unergiebiges Bohrfeld 9566
unermesslich tief 48
Unfallverhütung 77
unfreier Massenpunkt 2026
unfruchtbares Land 791
ungelernter Bohrarbeiter 1114
ungenau 5002
Ungenauigkeit des Messgerätes 5001
ungenügend belüfteter Überfallstrahl 6408
ungesättigte Lagerstätte 6515
ungesättigter Boden 10414
ungesättigter Speicher 6515
ungesättigte Zone 10981
ungeschichtet 10420
ungeschichtete Gletscherablagerung 10041
ungesetzmäßigerweise gefördertes Erdöl 4758
ungesetzmäßigerweise gefördertes Öl 4758
ungesiebter Kies 314
ungespanntes Grundwasser 7082
ungesteuerter Überlauf 10345
ungestörte Probe 10374
ungestützte Höhe 10421
ungleichartig 2736
ungleichartige Schicht 2738
ungleichförmige Lagerung 2733
ungleichförmiges Fließen 6517
ungleichförmige Strömung 6517
ungleichmäßiges Fließen 6517
ungleichmäßig geneigte Aufnahmen 668
ungleichmäßig 2656
Ungleichwertigkeit 449
unit Hydrograph 10391
Universalgerät 10405
Unkonformität 2733
unkonsolidiert 10416
unkontrollierbarer Springer 1097
unlösliches Gestein 5140
unmittelbares Hangendes 4968
Unregelmäßigkeit 462
Unregelmäßigkeiten in der Wirkung 5277
unscharf 1101
Unschärfe 5453
unscharfes Bild 6537
Unstetigkeit 2734
Unstetigkeitsfläche 8553
Unstimmigkeit 2742
unsymmetrische Antiklinale 666
unsymmetrische Schichtung 5276
unsymmetrische Synklinale 669
untätiger Vulkan 2832
unteilbares Cererz 1610
Unterbank 1165
Unterbau 869, 871, 5329, 8159
unterbaut 5083
unterbelichtet 10354
Unterbelichtung 10355
Unterbeton 947
Unterbrechung 2527, 2718, 8553
unterbrochener Erosionszyklus 5240
Unterdamm 5835
Unter-Devon 5811
Unterdruckpumpe 10467
untere Bewehrung 1181
untere Plastizitätsgrenze 5814
unterer Flussbereich 5816
unterer Heizwert 6465
unterer Jura 5602
unteres Strebende 1169
untere Streckgrenze 5820
unteres Wasser 862
untere Tragschicht 9687
untere Trias 5819
unterfahren 3009
unterfangen 9699
Unterfangung 10367
untergebundener Bügel 7905
untergeordnete Falte 6219
Untergestell 883, 10347
untergetaucht 9617
untergetauchtes Wehr 3030
Untergraben 9825
Untergrund 871, 9633
Untergrundkraftwerk 1520
Untergrundkraftwerk mit einem Druckstollen gespeist 1522

Untergrundkraftwerk mit einer Druckleitung gespeist 1521
Untergrundvereisung 4032
unterhalten 5913
Unterhalt und Erneuerung 7895
Unterhaltung 5915
Unterhöhlung 10352, 10353
unterirdische Abfallbeseitigung 10357
unterirdischer Abfluss 10358
unterirdischer Einlass 9620
unterirdischer Karst 9641
unterirdischer Lavaerguss 5207
unterirdischer Speicher 10359
unterirdisches Kraftwerk mit einem Druckstollen gespeist 1522
unterirdisches Staubecken 10359
unterirdisches Wasser 10363
unterirdisches Wasserkraftwerk mit einem Druckstollen gespeist 1522
Unter-Kambrium 5808
Unterkarbon 5809
Unterkreide 5810
unterkritische Strömung 9600
Unterlage 6803
Unterlagsplatte 879
Unterlegplatte 879
Unterlegscheibe 10672
Untermeerausbruch 9614
Untermeereruption 9614
Untermeeresausbruch 9614
Untermeereseruption 9614
Untermeeresleitung 8477
Untermeeresrohrleitung 8477
Untermeeres-Schlucht 9613
untermeerische Halbinsel 9615
untermeerischer Vulkan 9616
Unterperm 5813
untersättigtes Erdöl 10368
untersättigtes Öl 10368
Unterschicht 9687
unterschiedliche Erosion 2658
unterschiedliche Setzung 2662
Unterschneiden 10352, 10353
Unterschneider 8223
Unterschneidung 10353
Unterschrämen 10353
unterschrämen 9054, 10366
unterseeische Kohlenwasserstofflagerstätte 4850
unterseeischer Graben 2437
unterseeisches Kohlenwasserstoffeld 4850
Untersetztopf 3470
Untersickern 10369
Unter-Silur 5817
unterspülen 10351

Unterspülung 8440, 8441, 10352
Unterstempel 5815
Unterstollen 9835
Unterstrompfeilernase 2862
Unterströmung 10370
unterstützen 9677
Unterstützungsausbau 9684
Unterstützungsmauer 939
untersuchen 373, 3584
untersuchtes Gebiet 7598
Untersuchung 9942
Untersuchung an der Sperrenstelle 5355
Untersuchung an der Sperrstelle 5355
Untersuchung mit Gammastrahlen 4185
Untersuchungsbohrung 516
Untersuchungslabor 378
Untersuchungslaboratorium 378
Untersuchungsmethode 6140
Untertage-Geologie 9636
Untertageverbrennung 3675
Untertauchen 9623
untertauchende Dichteströmung 10356
untertauchende Terrasse 7251
unterteilter Erddamm 1910
Untertrias 5819
unterwaschen 10351
Unterwaschung 8441
Unterwasser 1185, 9836
Unterwasserausbruch 9594
Unterwasserausgrabung 10372
Unterwasseraushub 10372
Unterwasserbecken 218
Unterwasserbrennabschneiden 10373
Unterwasserbucht 9824
Unterwasserdrehkopf 5979
Unterwasserkanal 9825
Unterwasserkernrohr 5981
Unterwasserpegel 9837
Unterwasserrotationskopf 5979
Unterwasserschallanlage 1127
Unterwasserschallgerät 1127
unterwasserseitig 2861
unterwasserseitige Druckbank 10078
unterwasserseitige Neigung 2864
unterwasserseitiger Fuß der Talsperre 10077
Unterwassersperre 217
Unterwasserspiegel 9837
Unterwassersprengung 10371
Unterwasserstollen 9835
Unterwasservulkan 9595
Unterwerksbau 2700
Unterzeichnung des Auftrages 8847

Unterzeichnung des Vertrages 8847
Unterzug 9559
unverarbeitetes Erdgas 7787
unverarbeitetes Erdöl 7786
unverarbeitetes Gas 7787
unverarbeitetes Öl 7786
unverdichtetes Steinschüttmaterial 10340
unverfestigt 10415
unverfestigte Erde 5792
unverfestigtes Gestein 10344
unverkleideter Kanal 10406
unverritzt 10844
unverritzte Schicht 10379
unverritztes Feld 10380
unverrohrte Bohrung 10338
unverrohrtes Bohrloch 10338
unverschlossener Überlauf 10345
unverwittert 10424
unvollständig 5026
Unvorgesehenes 2070
unwirksames Porenvolumen 9166
unwirtschaftliche Bohrung 6504
U-Profil 1631
U-Profil-Balken 10324
U-Profilträger 10324
Uran-234-Alter-Methode 10451
Uran-234-Alter-Verfahren 10451
Uran-238-Alter-Methode 10452
Uran-238-Alter-Verfahren 10452
Uran-Blei Datierung 10454
Uran-Blei-Datierungsmethode 10454
Uran-Blei-Datierungsverfahren 10454
Uraninit 10450
Uran-Isotopen-Alter 10453
Uranpecherz 10450
Uran-Uran-Alter 10453
Urbarmachung 5480
Urbild 560, 6697
Urgelände 6699
Urnebel-Hypothese 6447
ursprünglicher Erdölvorrat 7018
ursprünglicher Ölvorrat 7018
ursprüngliches Porenwasser 2002
U-Träger 10324
Uvala 10464
UW 9836
UW-Graben 9834
UW-Stollen 9835

vadose Kompaktion 10469
vadoses Wasser 10470
Vakuumbeton 10465
Vakuummeter 10466
Vakuumpumpe 10467
Vakuumschalter 10468
Variable 10506

Vauclusquelle 10518
Vektor 10523
venezianisches Fenster 10535
Ventil 10477
    nichtentlastetes ~ 6501
Ventilationsschacht 278
Ventilator 1095, 3490
Ventilatormotor 3540
Ventilblock 10482
Ventilbohrlöffel 9014
Ventildeckel 10487
Ventildurchflussmesser 10489
Ventilführung 10491
Ventilgehäuse 10492
Ventilhaube 10484
Ventilkäfig 10494
Ventilkammer 10492
Ventilkörper 10492
Ventilteller 10488
Ventil mit hydraulischer Entlastung 4785
Ventil mit mechanischer Entlastung 6083
Ventil mit verschiebbarem Sperrorgan 8965
Ventil mit voller Entlastung 10125
Ventilmutter 10493
Ventilpatrone 10486
Ventilschaft 10496
Ventilsitz 10495
Venturigerinne 10015
Venturigerinnemesser 10015
Venturikanal 10015
Venturikanalmesser 10015
Venturimesser 10538
Venturirinne 10015
Venturirinnemesser 10015
Venturirohr 10538
Veränderbarkeit 335
Veränderliche 10506
veränderlicher Abfluss 10510
veränderliches Fließen 6517
veränderliches Flussbett 6240
Veränderung 336
verankern 381
verankerte Stützwand 390
Verankerung 383, 8239
Verankerung durch gebogenen Rundstahl 389
Verankerungsausrüstung 6304
Verankerungsblock 386
Verankerungsring 388
Verantwortlichkeit 5600
Verarbeitbarkeit 10892, 10893
Verarmung 3234
verbauen 8782
Verbesserung 4998
verbiegen
    sich ~ 981

Verbiegung 6256
Verbinden 3723
Verbindung der Mitnehmerstange 5417
Verbindungen 5381
Verbindungsdose 5380
Verbindungslinie 2003
Verbindungsmatrix 2187
Verbindungsstück 3724
verblasen 9471
verblatten 9210
Verblattung 8417
Verblendbeton 3520
Verblendstein 642
verbolzt 1116
Verbolzung 9587
verbotenes Gelände 7554
Verbrauch 10459
Verbrennungswärme 4466
Verbundsystem Talsperre-Reservoir 7976
Verbundwehr 1917, 7093
Verdämmen 769, 9382
Verdampfungspunkt 1112
Verdichtbarkeitsfaktor 1799, 1925
verdichten 7747
Verdichter 1880
Verdichterstation 1940
verdichteter Beton 10569
verdichtetes Steinschüttmaterial 1874
Verdichtung 1876
Verdichtungsapparat 2019
Verdichtungskurve 7532
Verdichtungstest 1877
Verdichtungswasser 10716
Verdichtungsziffer 1798
Verdickung 8215
Verdickungsmittel 9989
Verdingungsgrundlagen 9162
Verdingungsunterlagen 9162
Verdrängerpumpe 7347
Verdrängung 6129, 7961
Verdrängung des Erdöls durch Wasser 10718
Verdrängungsgang 7962
Verdrängungslagerstätte 6128
Verdrängungspumpe 7347
Verdrehfestigkeit 8020
Verdrehung 10111
Verdrehungsbruch 10309
Verdrehungsmoment 10105
Verdrehungsspannung 10115
Verdremoment 10105
verdrückt 5005
Verdrückung 6488
verdübeln 2859
verdübelter Balken 5422
verdübelter Träger 5422

Verdunkelung 2395
verdünnen 2678
verdunstete Wassermenge im Verdunstungskessel 6824
Verdunstung 3391
    für ~ 4001
Verdunstungskessel 3393
Verdunstungsmesser 3394
Verdunstungsverluste 3392
Vereisung 4032, 4343
Vereisungsbereich 4112
Vereisungsprozess 4111
Vereisungsteufe 4108
Vereisungstiefe 4108
Vereisungsverfahren 4109
Vereisungsvorgang 4111
Verengung 2027, 6414
Vererzung 6194
Verfahren der induzierten Polarisation 5059
Verfall der Sperre 2578
Verfall der Talsperre 2578
verfältet
    sehr ~ 141
Verfaulen 7651
Verfaulung 7651
verfestigt
    noch nicht ~ 10415
verfestigter Blocklehm 3539
verfestigter Schluffmergel 8867
Verfestigung 9103
Verfestigungsinjektion 2018
Verfestigungsziffer 1801
Verflüssigung 5679
Verflüssigungsmittel 3900, 7204
Verformbarkeit 2459
verformen
    sich ~ 2457
verformte Ellipse 9482
Verformung 2460, 3858
Verformungsbruch 4056
Verformungsenergie 2463
Verformungsgeschwindigkeit 7780
Verformungskreis 2462
Verformungsmodul 6261
verfügbare Energie 10119
verfügbare Fallhöhe 731
verfügbarer Volumendurchfluss 730
verfügbarer Volumenstrom 730
Verfüllen 771
Verfüllen einer Erdölbohrung 7243
Verfüllen einer Ölbohrung 7243
Verfüller 770
Verfüllmaterial 772
Verfüllung 771
Vergabe 158, 741
vergaster Bohrspülschlamm 4208

Vergebung 741
Vergesellschaftung 660, 6839
Vergipsung 4554
Vergitterung 2244
verglaste Trennwand 4357
Vergletscherung 4343
vergrabenes Tal 1319
vergrößern 3287
Vergrößerung 5899
Vergrößerungsbereich 7765
Vergrößerungszahl 1809
Vergrusung 6191
vergüteter Zement 1082
Verhalten 964
Verhalten der Staumauer 965
Verhalten der Talsperre 965
Verhalten des Reservoirs 7985
Verhalten des Staudammes 965
Verhaltenskontrolle 6293
verhärtet 5061
Verhieb 3507
Verhiebsfläche 580
Verhütung 7488
verjüngen
  sich ~ 2427
Verjüngung 1162, 7912
Verjüngungsmaßstab 8410
Verkalkung 1367
verkanten
  sich ~ 10042
verkantet 9783
Verkantung 9776
Verkantungsfehler 9777
Verkantungswinkel 422
Verkarstung 5396, 5402
Verkehrsdichte 2519
Verkehrslast 5699
Verkehrtspülbohren 8067
Verkehrtspülung 8066
Verkeilen 10791
Verkieselung 8856
Verkiesungsanzeigevorrichtung 4433
verkippen 10069
Verkleidung 3519, 5675
Verklemmen 9414
Verklemmen des Meißels 1052
verklemmte Verrohrung 4151
Verkohlung 1431
verkokbare Kohle 1827
Verkrustung 5033
Verladegeräte 4573
Verladung 1103
verlagern
  sich ~ 8767
Verlagerung 3234
verlanden 227
Verlandung 3628, 8525, 8864
Verlandungsrate 10195
Verlängerung der Bauzeit 3469

Verlängerungskappe 3467
Verlängerungsstück 142, 3470
verlangte Genauigkeit 7967
verlassene Flussschlinge 6792
Verlauf 2603
Verlauf der Isochromaten 5290
Verlaufen 2603
Verlaufskurve 2592
Verlaufwinkel 2448
verlorene Bohrspülung 1695
verlorene Kolonne 5671
verlorener Ausbau 8
verlorener Speicherraum 2414
verlorene Spülung 1695
Verlust an Druckhöhe 7359
Verlustanzeiger 5555
Verlust beim Überlaufen 9190
Verlusthöhe 4602
Verlustlokalisierung im Bohrloch 9203
vermarken 5982, 8655
Vermarkung 2497, 5987
vermessen 9742
Vermesser 9753, 9754
Vermessung 5762, 9744, 10098
Vermessungsarbeiten 9745
Vermessungsband 6076
Vermessungsingenieur 5493, 9753
Vermessungsinstrumente 9750
Vermessungskamera 9747
Vermessungskammer 9747
Vermessungsmarke 9748
Vermessungspunkt 9748
Vermessungsständer 9751
Vermessungsstation 9748
Vermessungstrupp 9749
Vermessung und Ausarbeitung von Plänen 9745
vermutete Vorräte 5070
vernageln 6404
vernäßt 10713
verpacken 9463
Verpressbarkeit 4506
Verpressbarkeit der Zementschlämme 3910
Verpressbohrloch 4515
Verpressen 4511
verpressen 4504
Verpressgut 4505
Verpressherdwand 4508
Verpresskolonne 4522
Verpressmittel 4505
Verpressmörtel 4518
Verpressnatronsilikat 1650, 9068
Verpressnatronwasserglas 1650, 9068
Verpresspacker 4519
Verpressrohr 4520
Verpressstollen 4517

Verpressteppich 4512
Verpressung mit Abdichtung 10441
Verpressung mit Dichtung 10441
Verpresswasserglas 1650, 9068
Verpresszement 1560
Verputzen 7196
Verregnung 9247
Verregnungsanlage 9250
Verregnungsmaschine 9248
Verregnungsplan 9249
Verriegelung 8745
Verriegelungsbolzen 5746
verritztes Gebirge 8179
verrohren 1451
Verrohren 1463
verrohrte Bohrung 1452
verrohrtes Bohrloch 1452
Verrohrung 1463, 1464
  die ~ einbauen 5134
  die ~ einlassen 5134
Verrohrung mit kleinem Durchmesser 8979
Verrohrungsabsetztiefe 1479
Verrohrungsbirne 1482
Verrohrungseinbautiefe 1477
Verrohrungsgestänge 1464
Verrohrungsglätter 1482
Verrohrungskolonne 1481
Verrohrungskopf 1472
Verrohrungskopf mit Stopfbüchse 1475
Verrohrungsmuffe 1466
Verrohrungspacker 1478
Verrohrungsschneider 1467
Verrohrungsschuh 1480
Verrohrungsschuh mit Rückschlagventil 1470
Verrohrungsstrecke
  eine ~ abhauen 6184
Verrohrungstreibebirne 1482
Verrohrungszange 1483
Verrohrungszentrierkorb 1465
Versagen 6724, 7872
versagen 3521, 9436
versanden 8381
Versanden 8373
Versandung 81, 8373
Versandungsanzeigevorrichtung 4433
Versatz 4374, 9382, 9461, 10017
Versatzbau 3489
Versatzbauweise 5325
Versatzberge 687
Versatzböschung 8998
Versatzdamm 2673
Versatzdichte 9465
Versatzdruck 7439, 7455
Versatzdruckdose 6802
Versatzfaktor 9466

Versatzfeld 9464
Versatzgut 9467
Versatzkante 3129
Versatzmaterial 4374
Versatzmatte 9469
Versatzrippe 9563
Versatzschicht 9470
Versatzschild 3922
Versatzschleuder 8982
versatzseitig 4375
Versatztunnelbauweise 5325
Versatzverfahren 9468
verschalen 5459
Verschalung 4019, 5462
verschiebbar 8957
verschieben 2763
　　sich gegeneinander ~ 6335
Verschiebung 2764, 10017, 10019, 10176
Verschiebung der Knoten 6489
Verschiebungsbruch 8971
Verschiebungsfläche 3553, 7175
Verschiebungsgeber 2766
Verschiebungskurve 2765
Verschiebungsmessung 2767
Verschiebungsweite 4737, 8766
verschiedenartig 4648
Verschlag 1103, 8453
Verschlammung 6346
Verschleiß 10775
Verschleißanzeiger für Bohrmeißel 3051
Verschleißanzeiger für Meißel 3051
Verschleißgrad 2482
Verschließen der Bohrung 8816
Verschluss 4227, 10478
Verschluss des Ventils 1759
Verschluss einer Hochwasserentlastungsanlage 9198
Verschlussgeschwindigkeit 8815
Verschluss mit Gegengewicht 797
Verschmelzung 9405
Verschmutzung 7302
Verschnittbitumen 2333
Verschnittmittel 2332
verschraubt 1116
Verschub 10019
verschüttetes Tal 1319
verschweißter Tuff 10808
Verschwenkfehler 9782
Verschwenkung 740, 8660
Verschwenkungsfehler 3361
Verschwenkungswinkel 413
verschwommen 1101
Versenkungsdiagenese 1317
versetzbare Trennwand 6330
versetzen mit Druckluft 9471

versetzen mit Pressluft 9471
versetzt 9300
Versetzung 2754
Versicherung 5173
Versicherung gegen alle Gefahren 322
Versicherungsdeckung 5174
Versicherungspolice 5175
Versicherungsschein 5175
Versickerung 5072
Versickerungsbrunnen 7812
Versickerungsfläche 529
Versickerungsgeschwindigkeit 5074
Versickerungskapazität 5073
versiegeln 8475
Versiegelung 8480
Verspannen 5214, 10791
verspannen 8658
Verspannung 230
verspreizen 9586
verstärken 7896
Verstärker 363, 7810
verstärkte Leitung 818
verstärktes Erdbauwerk 7900
verstärkte Steinschüttung 7902
Verstärkung 5182
Verstärkung einer Talsperre 9524
Verstärkungsanschlussblech 7908
Verstärkungsstempel 7909
Verstärkungszwickel 7908
verstecktes Tal 1319
versteifen 9489
Versteinerung 4024, 5690, 6996
Versteinerungskunde 6811
verstellbar 3465
verstellbar starrer Stempel 8110
Verstelldrosselventil 10511
Verstellung 7910
verstopft und aufgegeben 7239
verstopft und vorläufig stillgelegt 7240
Verstopfung 7241
Verstopfung einer Erdölbohrung 7243
Verstopfung einer Ölbohrung 7243
Verstopfung eines Bohrlochs 7243
Verstopfungsmittel 7242
Verstreben 7579
verstreben 9586
Verstrebung 9585
Verstrebung aussteifen 8787
Versuch in natürlichem Maßstab 4160
Versuch mit kontrollierter Belastung 2023
Versuch mit kontrollierter Verschiebung 2024

Versuchsbelastung 9947
Versuchsbohrung 516
Versuchsfeld 9949
Versuchslast 9947
Versuchslastverfahren 10215
Versuchsschüttung 10213
Versuchssprengung 10212
Vertäfelung 1103
Vertaubung 4992
Verteiler 5939, 9225
Verteilereisen 2797
Verteilerhahn 2798
Verteilleitung 5939
Verteilrohrleitung 5939
verteilte Last 2796
Verteilung der Haftpflicht 2819
Verteilung der Verantwortung 2819
Verteilungsventil 2798, 3876
Vertiefung 47, 5036
Vertikalabweichung 2605
Vertikalachse 10551
Vertikalaufnahme 10549
Vertikal-Ausgleich 10548
Vertikalebene 10561
vertikale Bohlen der Sprießung 9112
vertikale Durchlässigkeit 10560
vertikale Permeabilität 10560
vertikaler Sanddrän 8372
vertikales Kontrollnetz 10553
vertikale Verwerfung 10555
vertikale Verwerfungshöhe 3569
vertikalkonvergente Aufnahmen 5831
Vertikalkreis 10552
Vertikalluftaufnahme 10549
Vertikal-Magnetometer 10558
Vertikalparallaxe 10559
Vertikalprojektion 3220
Vertikalpumpe 10563
Vertikalrichtung 10554
Vertikalschnitt 10564
Vertikalschub 8747
Vertikalwinkel 10550
Vertorfung 6902
Vertrag 2084
Vertrag mit Strafe und Bonus 1124
Vertragsbedingungen 1978
Vertragspreis 2092
verunreinigte Bohrspülung 2054
verunreinigte Spülung 2054
Verunreinigung 7302
verwachsen 5211
verwässertes Roherdöl 10828
verwässertes Rohöl 10828
Verwässerung 10710
Verwendbarkeit 510
Verwendung 511

Verwendungsgrenzen 5643
Verwerfer mit widersinnigem Sprung 8290
Verwerfung 3553, 6523
Verwerfung im Handstückbereich 6151
Verwerfung in die Höhe 8069
Verwerfung ins Hangende 10448
Verwerfung ins Liegende 2866
Verwerfung mit Rotation 8290
Verwerfungsausstrich 3563
Verwerfungsbecken 3554
Verwerfungsbesteg 3562
Verwerfungsgang 3573
Verwerfungskliff 3558
Verwerfungskreuzung 5243
Verwerfungslagerstätte 3560
Verwerfungslette 3562
Verwerfungslettenbesteg 3562
Verwerfungsquelle 3566
Verwerfungsspalt 3561
Verwerfungsspalte 3561
Verwerfungsstufe 3558
Verwerfungssystem 3570
Verwerfungstektonik 3568
Verwindungsbruch 10309
Verwirklichung eines Projektes 4987
verwischt 1101
verwittert
 nicht ~ 10424
verwitterter Fels 10778
verwittertes Gestein 339
Verwitterung 10779
Verwitterungsboden 8002
Verwitterungskorrektur 10780
Verwitterungsmaterial 7999
Verwitterungsschutt 3235
Verwitterungston 7996
Verwitterungszone 10985
Verwurf 3553, 3569
Verwurfshöhe 4637
Verwurfswinkel 412
Verzahnung 230, 5036, 5215
verzeichnen 2458
Verzeichnung einer Linse 5576
Verzeichnungsfehler des Objektivs 3365
Verzeichnungsfreiheit 4079
Verzeichnungskurve 2324
Verzeichnungsunterschied 2657
verzerrtes Modell 2793
verzerrtes Netz 2792
Verzerrung 2794
Verzerrungsenergie 2795
verziehen 5459
Verzimmerung 10054
verzinkt 4181
Verzinsung 3086
Verzögerer 8044, 8045

Verzögerung 2483, 5460
Verzögerungszünder 2485
Verzug 5462
Verzugsbretter 1103
Verzugspfahl 5463
Verzugszinsen 5200
Verzweigung der Gänge 1219
Vesuvian 10567
Vesuvianit 10567
Vesuvtätigkeit 10651
Vesuvtypusvulkan 9513
V-förmiger Messüberfall 10608
V.I. 10600
Vibration 10577
Vibrationsrotarybohren 10584
Vibrationsrüttler 10581
Vibrationsschlagbohren 10583
Vibrationssieb 10573
Vibrationswalze 10572
Vibrationswalzen verdichteter Beton 8219
Vibratorplatte 10571
Vibroflotation 10586
Vibro-Platte 10570
Vibro-Rotarybohren 10584
Vibrosieb 10573
Vibroverdichtung 10585
Vibrowalze 10572
Vickershärte 10588
Vieleck 7305
Vieleckausbau 7309
Vielfaches oder Teil einer Maßeinheit 6378
Vielfachmesskamera 6379
Vielfachmesskammer 6379
Vielfachreflexion 6384, 8062
Viellinsenkamera 6368
viellinsige Kamera 6368
Vielzweckbecken 6383
Vielzweckspeicherbecken 6383
Vielzweckstaubecken 6383
Vierer-Gestängezug 4046
Vierfach-Reihenmesskamera 7666
Vierfach-Reihenmesskammer 7666
Vierflügelbohrmeißel 4051
Vierflügelmeißel 4051
Viergespann 4161
Vierkantbohrstange 5415
Vierkantrohr 5415
Vierkantschwerstange 9262
Vierkantstange 5415
Vierkegelunterscheider 4048
Vierpunktverfahren 4050
Vierrollenmeißel 7665
Vierrollenunterscheider 4048
Vierwegventil 4052
Villa 10591
Vinylchlorid-Harz 10592

Vinylharzbeton 10593
virtuell 10594
virtuelle Marke 10595
virtuelles Modell 10596
Visier 8835
Visierebene 8840
Visiereinrichtung 8836
visieren 8842
Visieren 8838
Visierfernrohr 9888
Visierlinie 5666
Visko-elastische Berechnung 10597
viskoelastisches Fließen 3178
viskoses Fluid 10602
Viskosimeter 10598
Viskosität 10599
Viskositätsdichtung 10601
Viskositätsgrad 2481
Viskositätsindex 10600
Vitriolkies 5961
Vivianit 10607
vogefertigter Bauteil 7417
Vogelfußdelta 5730
Vogelperspektive 198
Vollastbetrieb 6656
vollautomatisch 4163
Volleinwirkungsfläche 2230
vollentwickeltes Stadium der Kavitation 4164
Vollfaulschlamm 8390
Vollfaulschlammkohle 8391
Vollfläche 2230
Vollgummiring-Dichtung 6704
vollkommenes Wehr 1754
Voll-Liner 1063
Vollprofilaubruch 4157
Vollprofilvortrieb 4157
Vollprofilvortriebsmaschine 4158
Vollring 9697
Vollschnittmaschine 4158
Vollschrotausbau 2224
Vollsenkung 4162
Vollsicherung 1899
vollständige Abdichtung 10121
vollständige Aufschmelzung 6818
vollständige Gesteinaufschmelzung 6818
vollständiger Abbau 1898
vollständiger Kerngewinn 2073
vollständiges Kernen 2073
Vollversatz 9119
Voltmeter 10630
Volumenänderung 1624
Volumen an Ort und Stelle 5139
Volumendurchfluss 2725, 10122
Volumendurchfluss der Turbine 2731
Volumen-Effekt 1299

Volumenfaktor der Lagerstätte
  7990
Volumen-Fördermenge 10636
Volumenmesser 10635
Volumenstrom 2725
Volumenstrom der Turbine 2731
volumetrische Dehnung 10638
volumetrische Fließrate 10631
volumetrische Fördermenge
  10636
volumetrische Pumpe 7347
volumetrische Pumpen 7348
volumetrischer Wirkungsgrad
  10637
Vorabsenkung 5097
voranschreitende Metamorphose
  5278
Vorarbeiten 7426
Vorarbeiter 3997
vorausbauen 10895
Vorbau 10901
Vorbaustempel 9907
Vorbeben 7416
Vorbecken 3994
Vorbelastung 7427
Vorbelastungsventil 7129
Vorbereitungsarbeiten 7426
Vorbericht 7424
Vorbeugung 7488
Vorbohrkappe 176
Vorbrecher 7494
vordender Kämpferdruck 4136
vordere Projektionsebene 4138
vorderer Brennpunkt 4142
vorderer Hauptpunkt 3478
Vordringen von Randwasser 3132
voreilender Kämpferdruck 4136
Vorentwurfplan 6743
Vorentwurf 7423
vorfabrizierter Beton 7399
vorfabriziertes Element 7417
Vorfeld 10980
Vorfeldkonvergenz 2115
Vorfilter 7419
Vorgebirge 7568
vorgebohrt 7398
vorgefertigter Beton 7399
vorgesehener
  Montageabschlusstermin 8422
vorgesetzte Strecke 177
vorgespannte Staumauer 7485
vorgesteuertes Ventil 7129
vorhandene Durchflussmenge 730
vorhandener Druck 135
vorhandener Volumendurchfluss
  730
vorhandenes Erdöl 7018
vorhandenes Öl 7018
Vorkerben 7437
Vorkommen 1107

Vorkonsolidierung 7414
Vorkonsolidierungsdruck 7415
vorkragen 7556
Vorlage 520
Vorlagebeton 949
Vorlandgletscher 7094
Vorlandvergletscherungstypus
  7094
Vorlast 7427
Vorläufererscheinung 7416
vorläufiger Ausbau 9908
vorläufiger Bericht 2869, 7602
vorläufige Summe 7603
Vorortspumpe 726
Vorpfänden 9188
vorpfänden 3998
Vorpfändkappe 1397
Vorpressung 7413
Vorqualifikation 7432
Vorratshalde 9429
Vorrichtung 499, 2598
Vorrücken 4345
Vorsatzbeton 3520
Vorschlaghammer 8946
Vorschneidemeißel 9254
Vorschrift 7892
Vorschub 4345
Vorschubzylinder 7750
Vorsichtsmaßnahmen 7405
Vorspaltung 7437
Vorspannbeton 7484
vorspannen 7483
Vorspannstab 7486
Vorspannung 7413
Vorspannventil 7129
Vorsperre 10444
vorstecken 3728
Vorstoß 142, 4345
Vorstrand 3999
Vorstudien 7425
Vortreiben 9188
vortreiben 3008
Vortriebgeschwindigkeit 7775
Vortriebleistung 7775
Vortriebsgeschwindigkeit 7775
Vortriebsleistung 7775
Vortriebstrecke 8166
vorübergehend eingestellte
  Bohrung 9902
vorübergehend stillgelegte
  Bohrung 9902
vorübergehend überflutet 9903
Vorverdichtungsdruck 7415
Vorwärmeinrichtung 7420
Vorwärmlampe 7421
Vorwärtsbau 181
vorwärts einschneiden 5242
Vorwärtseinschnitt 5244
Vorwärtsschreiten eines
  Gletschers 4345

Vorzerklüftung 5057
vorziehen
  an sich ~ 4592
Vulkan 10621
  nicht erloschener ~ 131
Vulkanbrekzie 3447, 10612
Vulkanherd 3448
Vulkan in derzeitigem
  Ruhezustand 2832
vulkanisch 10609
vulkanische Asche 10611
vulkanische Auswürflinge 7661
vulkanische Begleiterscheinungen
  6855
vulkanische Bombe 5525
vulkanische Breccie 10612
vulkanische Brekzie 10612
vulkanische Phase 10617
vulkanische Reibungsbrekzie
  10615
vulkanischer Murstrom 5464
vulkanischer Sand 10619
vulkanischer Schlammstrom 5464
vulkanischer Tuff 10271
vulkanischer Zyklus 10613
vulkanisches Auswurfmaterial
  7661
vulkanisches Beben 10614
vulkanische Schlacke 8436
vulkanisches Erdbeben 10614
vulkanisches Gestein 10618
vulkanisches Störungsbrekzie
  10615
vulkanische Tätigkeit 10610
vulkanische Theorie 7254
Vulkanismus 10620
Vulkanit 10618
Vulkankunde 10627
Vulkan mit zentralem Krater
  1588
vulkanogen 10624
vulkanogenetisch 10624
vulkanoklastisch 10622
vulkanoklastisches Gestein 10623
Vulkanologe 10626
Vulkanologie 10627
vulkanologisch 10625
Vulkanotätigkeit 10651
Vulkanschotter 10616

waagerecht 100
Waagerechtaufnahme 7072
waagerechte Bettungsziffer 1808
Waagerechteinstellen 5590
Waagerechteinstellung 5596
waagerechtes Bohren 4739
waagerechte Schublänge 4737
waagerechte Verwerfung 4740
Waagerechtfuge 4741
waagrecht 100

waagrechte Schublänge 4737
waagrechte Verwerfung 4740
Wabengefüge 4726
Wabenstruktur 4726
Wabentextur 4726
wachsendes Riff 854
Wachstumsperiode 4526
Wadi 10652
Wagen 1441, 10653
Wahl einer Sperrenstelle 8916
Wahl einer Sperrstelle 8916
Wahl eines Sperrentypes 1666
Wählschalter 8579
wahre Bohrzeit 134
wahre Karstquelle 10518
wahre Mächtigkeit 138
wahrer Gesteinswiderstand 10254
wahrer Wert der Größe 10256
wahrer Wert des Fehlers 32
wahrscheinlicher Fehler 7528
wahrscheinlichkeitsbasierte
 Dimensionierungsmethode
 7527
Wald 10891
Wallnerlinien 10660
Wallriff 854
Walzbeton 8219
Walzbetonsperre 8220
Walzbetontalsperre 8220
Walze 8217
walzen 9269
Walzen verdichteter Beton 8219
Walzenwehr 8221, 8226
Wälzlager 8225
Wandbekleidung 10658
Wanderdüne 10665
Wanderkasten 9906
Wanderkavitation 10199
wandern 6331
wandernde Marke 3807
Wanderpfeiler 9906
Wanderung 10664
Wanderwege 10657
Wanderwelle 8227
Wand gegen Sandscheuern 487
Wandglätte 9727
Wandrauhigkeit 10662
Wandreibung 8925, 10659
Wandreibungswinkel 427
Wandschrank 1758
Wandverkleidung 10658
Wandvertäfelung 10658
Wanne 902, 9657
Warenhaus 10666
Wärme 4611
Wärmeanalyse 9966
Wärmeausdehnung 9969
Wärmeausdehnungskoeffizient
 9970
Wärmeaustauscher 4612

Wärmebohren 9972
Wärmegradient 9900
Wärmeleitfähigkeit 9968
Wärmeleitvermögen 9968
Wärmeleitzahl 9967
Wärmeschichtung 9979
Wärmetauscher 4612
Wärmeübertrager 4612
warmverformter Stahl 4002
Warmwasserpumpe 10667
Warmwasser-Zentralheizung
 1589
Warnanlage 10668
warnen 2200
Warnvorrichtung 10668
Wartehalle 10655
Wartezimmer 10655
Wartung 5915, 9872
Wartungskosten 5916
Wartungsmannschaft 5917
Warve 10516
Waschwasser 10680
Wasser
 im ~ entstandene Krankheit
 10689
 in ~ auflösen 8937
 mit ~ berieseln 10708
Wasserabgabe 10727
Wasserabgabe an den Untergrund
 5085
wasserabgelagert 323
Wasser ableiten 40
Wasserabpressprobe 5845
Wasserabpressprüfung 5845
Wasserabpressversuch 5845
Wasserabscheider 6274
Wasseralarmsirenen 3826
Wasserandrang 2725, 10699
Wasseranteil 6271
Wasseräquivalent 10700
Wasserauflaufen 9732
Wasseraufnahmefähigkeit 4908,
 9449
Wasserauftrieb 10426
Wasseraustritt 5554
Wasserbau 4799, 4836
Wasserbaumodell 4823
Wasserbautechnik 4799
Wasserbehälter 10729
Wasser-Bentonit-Schlämme 998
Wasserbewirtschaftung 10731
Wasserbindungsvermögen 10707
Wasserbohrschlamm 10685
Wasserbohrschlammspülung
 10685
Wasserdampf 10756
wasserdichter Zement 10722
wasserdichtes Schott 1301
Wasserdichtigkeit 10750
Wasserdom 10694

Wasserdosiergerät 10687, 10726
Wasserdruckkraft 9346
Wasserdurchbruch 5132
Wasserdurchlässigkeit 6975
Wasserdurchlässigkeitsprobe
 10719
Wasserdurchlässigkeitsprüfung
 10719
Wasserdurchlässigkeitsversuch
 10719
wasserdurchsetzt 10713
Wasserdurchsickerung 10733
Wassereinbruch 5132, 10710
Wassereindringen 5132
Wassereinpressbohrung 10695
Wassereinpresspumpe 10709
wasserenthaltend 537
Wasser entnehmen 40
Wasser entziehen 40
Wasser-Erdstoff-Gemisch 9025
Wasserfall 10701
Wasserfluten 3841
Wasserfontäne 10702
wasserfreier Gips 443
wasserführend 537
wasserführende Bodenschicht
 10688
Wassergarbe 10715
Wassergehalt 2480, 6271, 10691
Wassergehaltskurve 8396
Wassergeringleiter 527
wassergesättigt 10713
Wassergeschwindigkeit 10757
Wasserglasbohrpülung 9069
Wasserglaspülung 9069
Wassergüte 10724
Wasserhaltefähigkeit 10707
Wasserhaltevermögen 10707
wasserhaltiges Rohöl 10828
Wasserhaltung 2611
Wasserhaltungsmaschine 5908
Wasserhaltungspumpe 5908
Wasser-in-Öl-Bohrschlamm 5266
Wasser-in-Öl-
 Bohrschlammspülung 5266
Wasser-in-Öl-Schlamm 5266
Wasser-in-Öl-Schlammspülung
 5266
Wasserkies 5961
Wasserkraft 10720
Wasserkraftanlage 10721
Wasserkraftmaschine 4825
Wasserkraftreserven 4893
Wasserkraftvorräte 4893
Wasserkraftwerk 10721
Wasserkreislauf 4871
Wasserkunde 4874
Wasserkuppel 10694
Wasserlagerungsversuch 4971
Wasserlauf 1628, 10693

wasserlöslich 10737
Wassermesser 10714
Wassermessflügel 4883
Wassermessstation 4886
Wassermesswesen 4887
Wässern 10708
wässern 8122
Wasseroberfläche 10744, 10745, 10746
Wasserqualität 10724
Wasserräder 10760
Wasserreiniger 10723
Wasserressourcen 4893
Wasserringpumpe 5688
Wasserriss 847
Wasserrückhalt 9444
Wassersack 7264
Wassersättigung 10732
Wassersäule 1862
Wasserscheide 5208, 10735
Wasserschloss 9737
Wasserschlosskammer 9734
Wasserschlossschacht 9735
Wasserschwall 9732
wasserseitige Bogenfläche 3491
wasserseitige Fußlinie 4626
wasserseitiger Fuß 4625
wasserseitiger Kämpfer 9235
Wasserski 10736
Wasserspende 10941
wassersperrende Rohrfahrt 10740
wassersperrende Rohrtour 10740
Wasserspiegel 10745
Wasserspiegelabsenkung 2904
Wasserspiegelabsinken 3533
Wasserspiegelgefälle 10747
Wasserspiegelhöhe 10745
Wasserspiegellinie 4808
Wasserspiegelsenkung 2904
Wasserspülung 10685
Wasserstandanzeiger 10711
Wasserstandhöhe 10745
Wasserstandmesser 10703
Wasserstandsanzeiger 10704
Wasserstandsanzeiger mit Fernübertragung 9886
Wasserstandsmarke 10703
Wasserstandsschreiber 10712
wasserstauende Schicht 1994
Wasserstauer 527
Wasserstoff 4866
Wasserstoff-Index 4867
Wasserstraße 10758
Wassersturz 3762
Wassertank 10729
Wassertiefe 2535
Wassertiefenmesser 904
Wassertiefenvergrößerung 6757
Wassertosbecken 9423
wassertragende Sohle 544

Wassertrieb 3841
Wassertriebspeicher 10697
Wasserturbine 4847
Wasserturbine im offenen Schacht 10753
Wasserturbine in geschlossener Wasserkammer 10752
Wasserturbine mit geneigter Welle 5022
Wasserturbine mit innerer axialer Wasserzuführung 6748
Wasserturbine mit radialer Zuströmung 1605
Wasserturbine mit schräger Welle 5022
Wasserturbinenwelle 8694
Wasserundurchlässigkeit 10750
Wässerung 8123
Wasserversorgungsanlagen 10742
Wasserversorgungspumpe 10743
Wasserversorgungs-Talsperre 2374
Wasservorrat 9446, 9448
Wasserwaage 5588
Wasserwalze 3128
Wasserweg 10758, 10759
Wasserwerkspumpe 10734
Wasserwirtschaft 10698
Wasserwissenschaft 4874
Wasserzähler 10714
Wasserzementfaktor 10690
Wasserzementverhältnis 10690
Wasserzufluss 10699
Wasserzutritt 10710
wäßriges Roherdöl 10828
wäßriges Rohöl 10828
Watt 10031
Watthauptwasserlauf 10028
Wattrinne 10028
Wattstrom 10028
Wavellit 10768
WCF 10690
WD-Versuch 10719
Webersche-Ähnlichkeitszahl 10784
Webersche Hohlräume 10783
Webersche Welle 10785
Websterit 350
Wechselbeanspruchung 343
Wechselfestigkeit 8017, 10004
Wechselgetriebe 1625
wechsellagernde Schichten 340
Wechsellagerung 5188, 5191
Wechsellagerung von Schichten 340
Wechsellast 342
wechselnde Belastung 342
wechselnder Wasserstand 3894
Wechselspannungen 343
Wechselsprung 4815

Wechselsprungbecken 4816
Wechselsprungbecken mit Störkörpern 4817
Wechselstrom 341
Wechselventil 8817
Wechselwirkung zwischen Bauwerk und Boden 9106
Wechselwirkung zwischen Boden und Bauwerk 9106
Wege 10657
Wegegabelung 1011
Wegehobel 4395
Wegeventil 3876
Wegplansteuerung 10198
wegspülen 10351
Weg-Zeit-Diagramm 10945
Wegzeitdiagramm 10945
Wehr 844, 10803
Wehrkraftwerk 8323
Wehr mit 4084
Wehr mit absenkbaren Verschlüssen 3530
Wehr mit absenkbarer Krone 3530
Wehr mit freiem Überfall 4102
Wehr mit unvollkommenem Überfall 3030
Wehr nach dem Gesetz des linearen Abflusses 4724
Wehrreglement 3839
Wehrverschluss 845
weich 9072
Weichbraunkohle 9073
weiches Gebirge 9077
weiches Negativ 9079
weiches Wasser 9082
Weichformationsbohrkopf 9076
Weichformationskopf 9076
Weichgestein 9080
Weichmacher 7204
Weißbleierz 1612
Weißeisenerz 8825
Weißer Jura 10430
weißer Zement 10843
Weißton 589
Weißzement 10843
Weite 10847
weitgehende Fertigstellung 9634
weitgestuft 10816
weitständig 10846
Weitungen im Alten Mann 4197
Weitungsbau 1546
Weitwinkelobjektiv 10845
Welle 8694, 10761, 10762
Wellenabrasion 5972
Wellenausbreitung 7570
Wellenbewegung 10769
Wellenbrecher 10773
Wellenerosion 5972
Wellenform 10765

Wellengeschwindigkeit 9177, 10772
Wellengleichung 10764
Wellenlänge 10766, 10767
Wellenperiode 10770
Wellenresonanz 10771
Wellenschlucker 9733
Wellstahlkappe 2171
Weltraumphotogrammetrie 9148
Wendeltreppe mit vollem Auge 2162
Wendeltreppe mit voller Spindel 2162
Wendepunkt 7272
Werk 7190
Werksbelastungsfaktor 7193
Werkstein 642
Werksteinmauerwerk 643
Werkvertrag 2084
Werkzeug 10083
Werkzeugkasten 10084
Werkzeugsatz 10086
Wert d10 3137
Wert zum Tageskurs 6284
Westco-Pumpe 6963
Wetter 6187, 10777
Wetterdurchhieb 10204
Wetterkunde 6132
Wetterlage 673
Wetterlampe 8342
Wetterschacht 278
Wichte 9168, 10401, 10402
Wichte des Bodens 1297
Wichte des Bodens unter Auftrieb 9622, 10404
Wichte des feuchten Bodens 10837
Wichte des wassergesättigten Bodens 10403
Widerlager 42, 1253
Widerlagermauer 45
Widerlagsmauer 45
Widerspruch 2741
Widerstand 3195, 6873, 8014
Widerstand gegen Schäden beim überlaufen 8018
Widerstand gegen Schäden beim Überschwappen 8018
Widerstandsdrahtmesser 9486
Widerstandsfähigkeit 9522
Widerstandsgradient 8023
Widerstandskraft 6873
Widerstandslog 8025
Widerstandsmessung des Bodens 8027
Widerstandsmethode 8026
Widerstandsmoment 6282
Widerstandsverfahren 8026
Wiechert-Gutenberg-Diskontinuität 10850

Wiederablagerung 7841
wiederaufbereitete Spülung 7876
Wiederaufwältigungsarbeit 10910
Wiederbelastung 7816
Wiedergewinnung 7824
wiedergewonnene Arbeitskammer 2812
Wiederherstellen einer Böschung 10800
Wiederholbarkeit einer Messung 7957
Wiederholungszeit 7840
Wiederkehrzeit 7840
wiederverdichten 7815
Wiederverfestigung 7854
wiederverrohren 8057
wiederverwendbarer Packer 7950
Wiederverwendung von Schüttgut 8061
Wild 4182
Wildbach 10109
Wildbachsperre 1642
Wildbachverbau 1642
wilder Ausbruch 1096
wilder Maßstab 10346
wilder Schnee 3060
wilder Streik 10412
wild eruptierende Bohrung 1097
Wildhühner 10851
Wildhuhnjagd 10852
Wildschnee 3060
Wildvögel 4182
Wildwasser 10109
Willemit 10855
windabgelagerter Sand 1099
Windablagerung 10857
Windabsatzsand 1099
Windbö 9257
Winddruckfestigkeit 10863
Winde 8664, 10861
Windentrommel 4701, 10856
Winderosion 10859
windgepackter Schnee 2937
Windgeschwindigkeit 10866
windschief 10865
Windschliff 10859
Windsee 10867
Windstärke 10860
Windstoss 9257
Windstreichlänge 3599
Windtisch 6908
windtransportierte Ablagerung 10857
Windufer 10781
Windversteifung 10858
Windverstrebung 10858
Windweg 3599
Windwerks- und Bedienungshäuschen 4229

Windwirklänge 3599
Windzerfressung 10859
Winkel 400
  einen ~ bildend 431
Winkelabweichung 434
Winkelbeschleunigung 432
Winkelbewegung 439
Winkel der inneren Reibung 417
Winkel der scheinbaren inneren Reibung 404
Winkel der wahren inneren Reibung 426
Winkeldrehung 440
Winkeleisen 401
Winkelgeschwindigkeit 441
Winkelmaß 438
winkelmessend 4381
Winkelmesser 4380
Winkelmessgenauigkeit 89
Winkelmessinstrument 4380
Winkelmessung 6053
Winkelprisma 7525
Winkelprofil 401
Winkelschiene 401, 429
Winkelstab 429
Winkelstahl 429
Winkelstein 2163
winkeltreu 1996
winkeltreuer Punkt 3328, 3951
winkeltreues Netz 10920
Winkelunterschied 435
Winkelventil 430
Winkelverschiebung 436
Winterbauverfahren 10875
Wippkran 2546
Wirbel 10640
Wirbel an einem Hindernis 1991
Wirbelbewegung einer Flüssigkeit 8292
Wirbelbildung im freien Wasser 4080
Wirbelfaden 10643
Wirbelgleichung 10647
Wirbelgröße 10646
Wirbelkavitation 10641
Wirbelkern 10642
Wirbellinie 10644
Wirbelröhre 10645
Wirbelströmung einer Flüssigkeit 8292
Wirbelvektor 10648
wirkende Kraft 122
Wirklänge 3599
wirkliche Bohrzeit 134
wirklicher Volumenstrom 133
wirksame Durchlässigkeit 3140
wirksame Kohäsion 3135
wirksame Korngröße 3137
wirksame Normalspannung 3139
wirksame Porosität 3141

wirksamer Blendendurchmesser
  3136
wirksamer Bogen 118
wirksamer Druck 5210
wirksamer Durchmesser 3137
wirksamer Korndurchmesser
  3137
wirksames Fassungsvermögen
  129
wirksame Spannung 3144
Wirksamkeit 3149
Wirksamkeit der hydraulischen
  Leistungsübertragung 3147
Wirkung 117
Wirkung einer Maschine 8320
Wirkungsgrad 3150
Wirkungsgrad einer Pumpe 3153
Wirkungsgradkurve 3151, 3152
wirtschaftliche Bohrung 1868
wirtschaftliche ErdölBohrung
  1868
wirtschaftliche
  Gewinnungsgrenze 6887
wirtschaftlich fördende Bohrung
  1868
wirtschaftlich fördende
  ErdölBohrung 1868
Wirtschaftlichkeit der
  Konstruktion 3123
wirtschaftlich lohnender Sand
  7016
Wirtschafts-Technik 3278
Witherit 10880
Witterungseinflüsse 672
Wochenspeicherwerk 7387
Wöhlerkurve 10881
Wohnbau 4764
Wohnbezirk 4765
Wohninstallation 2090
Wohnlager 2031
Wohnsiedlung für
  Betriebspersonal 6650
Wohnungsbau 4764
Wohnungseingang 4140
Wohnungsgesetzgebung 4766
Wohnungsplattform 7678
Wohnungspolitik 4767
Wohnviertel 4765
Wohnwagenaufstellplatz 1419
Wohnzimmer 5702
Wölbkeilstein 571
Wölbstein 571
Wölbung 473
Wölbungsansatz 9230
Wölbungsbewegungen 3312
Wölbziegel 553
Wolfram 10274
wolframsaurer Kalk 8424
Wolfsauge 173
Wolke 1762

Wolkenbank 1763
Wolkenbruch 10110
Wolkendecke 1764
Wolkenkratzer 8932
Wolkenschatten 1766
Wolkenwand 1763
Wollastonit 10882
Woltmanwassermesser 4638
Wulffsche Netz 10920
Wulst am Hangenden 8215
Wurf 10018
Würfelfestigkeit 2300
Würfelspat 442
Wurfschlacke 8436
wurmförmige Textur 10542
Wurststein 7614
wurzelloser Kalkstein 317
Wurzelpfahl 6164

X-Bohrer 10921
X-Bohrmeißel 10921
Xenolith 10922
xenomorph 10923
xenomorphisch 10923
X-Schneide 10921
Y-Abzweigung 10955
Y-Kupplung 10929

Young-elastizitätsmodul 6262
Youngscher Modul 6262, 6264
Young'scher Modul 6264
Y-Rohr 10955

Zackenbogen 6366
Zackeneis 6926
Zackenfirn 6926
Zackenfirnschnee 6926
Zackenlava 1
zäh 9911
zähes Fluid 10602
Zähflüssigkeitsgrad 2481
Zähigkeit 10599
Zähigkeitsdichtung 10601
Zahl 6550
Zahlenwert einer Größe 6555
Zählwerk 2181
Zahnrad 4241
Zahnradantrieb 4239
Zahnradfräser 4238
Zahnradpumpe mit
  Pfeilverzahnung 4646
Zange 1483
Zapfen 7131, 7237
Zapfenreduzierstück 7135
Zaratit 10956
Zaun 3592
Z-Bohrer 10958
Z-Bohrmeißel 10958
Zechstein 10432
Zechsteindolomit 5877

Zehrschicht 4921
Zehrung 13
Zeichen 8843
Zeichengenauigkeit 2912
Zeichenpapier 2915
Zeichentisch 2916
Zeichenvorrichtung 2914
zeichnen 2900
Zeichner 2899
zeichnerisch 4425
zeichnerische Ausarbeitung 2556
zeichnerische Konstruktion 2556
Zeichnung 2911, 7166
Zeichnungsbezugssystem 7189
Zeilenabtasten 5672
Zeit 10057
Zeitaufnahme 10063
Zeitbereich 10062
Zeit bis zum Abbindebeginn 5105
Zeitfaktor 10064
Zeitfolge 10066
Zeitgleiche 5291
Zeitintervall 10066
Zeit-Konsolidations-Kurve 10059
Zeitkonstante 10060
Zeitmarkierung 10067
Zeitmesser 1675
zeitplangemäße Montagefrist
  8422
Zeitplansteuerung 10061
Zeitraum der Fertigabbindung
  3650
Zeitrechner 1675
Zeitregler 10068
Zeit-Senkungs-Kurve 8684
Zeit-Setzungs-Kurve 8684
Zeitsetzungslinie 8684
Zeit-Setzungs-Linie 8684
Zeitspanne 10066
Zeitstufe 10066
Zeitunterschied 2653
Zeitverzögerung 5460
Zeitwert 7433
Zeitzünder 2485, 10058
Zeitzündkapsel 10058
Zellenbeton 1549
Zellenblock 185
Zellendeich 1550
zellige Struktur 10566
Zellstoffpumpe 1651
Zeltplatz 1390
Zement 1551, 1552
Zementabbindebeschleuniger
  1570
Zementabbindeverzögerer 1571
Zementabbindezeit 10654
Zementabputz 1569
Zementation 1554
Zementationspacker 4519
Zementationsstahl 1454

Zementauspressen 1561
Zementbeton 1556
Zementbrei 1566
Zementdosiergerät 1555
Zementeinpressen 1561
Zementgehalt 1557
Zementiergestänge 4522
Zementierung 1166, 1553
Zementierung der Bohrlochsohle 1166
Zementinjektion 1561
Zementinjizieren 1561
Zementmilch 1560, 5465
Zementmilchinjektor 1562
Zementmischer 1564
Zement mit hohem Sulfatwiderstand 9653
Zement mit hoher Abbindewärme 4669
Zement mit hoher Hydrationswärme 4669
Zement mit niedriger Hydrationswärme 5827
Zement mit regulierbarer Abbindezeit 7886
Zement mit sehr geringer Abbindewärme 5827
Zementmörtel 1565
Zementmörtelputz 1569
Zementpaste 1566
Zementpfropfen 1568
Zementputz 1569
Zementquarzit 6717
Zementrohr 1567
Zementschlämme 1560
Zementsilo 1572
Zementstahl 1454
Zementverpressen 1561
Zementverputz 1569
Zenit 10959
Zenitaufnahme 10962
Zenitdistanz 10961
Zenitentfernung 10961
Zenitpunkt 10963
Zenitwinkel 10960
zentesimale Kreisteilung 1578
Zentrale 7388
zentrale Aufnahmestation 1586
zentrale Datenverarbeitung 1581
zentrale Messstation 1586
zentrale Projektion 1585, 4372
zentraler Lavavulkan 5528
Zentraleruption 1580
Zentralgraben 8098
Zentralperspektive 1583
Zentralprojektion 1585, 4372
Zentralschmierung 712
Zentralsteuerstand 6008
Zentral-Verschluss 1587
Zentralvulkano 1588

Zentrierbohrer 1574
zentrieren 1590
Zentrierung 743, 1604
Zentrifugalfilter 1600
Zentrifugalkraft 1601
Zentrifugalpumpe 1602
Zentrifugalpumpe mit Austrittleitrad 2665
Zentrifugal-Zirkulationspumpe 1599
Zentrifugen Versuch 1603
Zentripetalkraft 1606
Zentriwinkel 1579
Zentrum der Perspektive 6988
Zerbrechen nach sekundär gebildeten Schieferungsflächen 1734
zerbröckeln 9153
zerdrücken 2271
Zererit 1610
Zerfall 10779
zerfallen 8937
Zerfallen 8939
Zerfall in Mineralkörner 6191
Zerfallsdauer 8938
Zerfließgrenze 10433
zergliedertes Talsystem 2756
Zerit 1610
zerklüftet 2221
zerklüfteter Kalkstein 4055
Zerklüftung 5366
Zerlegung 2720, 10779
zermürbt 4063
Zerrachelung 791
zerreibbar 4121
Zerreißen 2614
Zerreißfestigkeit 1234
Zerreißung 2614
Zersetzung 10779
zerspaltener Fels 3717
zerspaltet 2221
Zerspaltung 3721
zersplittern 1323
Zerstäuber 676
zerstörende Wirkung der Kavitation 2577
zerstörungsfreie Prüfung 6506
Zerstreuung 2760
Zerstreuungslinse 2805
Zertrümerung der Gänge 1219
Zertrümmerung 4062
Zertrümmerung der Gänge 1219
Zerussit 1612
Ziegel 1248
Ziegeldach 10040
Ziegelerz 2312
Ziegelsteinmauerung 1251
Ziehen 3485
Ziehen der Futterrohre 1484
Ziehen der Futterrohrkolonne 1484

Ziehen der Schichtlinien 10143
Ziehen des Bohrgestänges 2980
Ziehen des Gestänges 2980
Ziel 8837
Zielachse 753
Zielachsenfehler 1847, 3368
Zielfehler 3368
Zielen 8838
Zielfehler 1847
Zielfernrohr 9888
Ziellatte 1845
Ziellinie 5666
Zielpunkt 240
Zielscheibe 8837
Zielstrahl 4716
Zielung 8838
Zierbeton 6705
Ziermarmor 2426
Ziffer 6550
Zifferblatt 2624
Zimmerarbeit 1439, 6591
Zimmerei 5356
Zimmerer 1438
Zimmermann 1438
Zimmermannsarbeit 1439
Zimmermannsarbeiten 1439
Zimmerung 10054
Zink 10974
Zinkblende 9182
Zinkchlorid 10975
Zinkeisenerz 4072
Zinkgelb 10978
Zinkit 10976
Zinkspat 9028
Zinkweiß 10977
Zinnerz 1485
Zinnober 1685
Zinnstein 1485
Zinsen für überfällige Zahlungen 5200
Zinsfuß 2740
Zirkel 6805
Zirkulationspumpe 1693
Zone 10979
Zone des Gesteinsfließens 10984
Zone des plastischen Fließens des Bodens 10984
Zone des Randwasserübergriffes 3260
Zone des Randwasservordringens 3260
Zone über dem Grundwasserspiegel 10981
Zone unvollständiger Versatzdichte 10983
zoogener Biolith 10986
zoogenes Gestein 10986
Zooxanthellen 10987
Z-Profil 10957

Z-Profil-Balken 10957
Z-Profil-Träger 10957
Z-Schneide 10958
Zubehör 73
Zubringerstollen 4606
Zubringerstraße 8635
Zubruchbauen 1524
Zubruchwerfen des Hangenden 1524
Zuckerstein 295
Zufahrtsbrücke 71
Zufahrtstunnel 76
zufälliger Fehler 7755
Zufluss 5079, 5080, 10699
Zuflusshalbmesser 2886
Zuflussleitung 2489
Zuflussradius 2886
Zuflusswassermenge 5078
Zufüllmaterial 772
Zufüllungsmaterial 772
Zug 7618, 10151
Zugang 72, 154
Zugänglichkeit 72
Zugangsschacht 75
Zugangsstollen 154
Zugangsstraßen 74
Zugangstollen 154
Zuganker 10033
Zugbeanspruchung 9919
Zugbruch 9926
Zugbuch 3606
zugehörige Anlagen 6991
Zugfestigkeit 9920
Zugfestigkeitsversuch 9923
Zughub 9785
Zugkabel 6648
Zugkette 5337
Zugprüfung 9923
Zugriss 9925
Zugseil 5338, 6648
Zugspannung 9922
Zug- und Druckmessung 9529
Zugversuch 9923
Zugverwerfung 9927
zulässige Belastung 8330
zulässige Entnahmemenge 8350
zulässiger Fehler 320
zulässige Spannung 321
Zulassung 517
Zulauf 5079
Zulauf-Freispiegelstollen 4604
Zulaufwassermenge 5078
Zuleitungsanlagen 9675
Zuleitungskanal 523, 4605
Zuleitungskanal zum Kraftwerk 7392
Zuleitungsschacht 7475
Zuleitungsstollen 525, 4606
Zuleitungswasserleitung 6927
Zuleitungswasserrohrleitung

6927
Zunahme 80
Zünden 3678
Zünder 2582
Zündkabel 1073
Zündkapsel 2582
Zündschnur 4174
zurückmelden 8845
Zurückstrahlen 7861
Zurückwerfen 7861
Zusammenbau 6329
Zusammenbruch 1222, 1517
Zusammendrückbarkeitsbeiwert 1927
Zusammendrückbarkeitsfehler 1926
zusammendrückbarer Boden 1929
Zusammendrückbarkeit 1922, 1923
Zusammendrückbarkeitsfaktor 1799, 1925
Zusammendrückbarkeitskoeffizient 1799, 1925
Zusammendrücken der Verrohrung 1836
Zusammendrückung 1930
Zusammendrückung ohne Behinderung der Seitenausdehnung 10341
Zusammendrückungsversuch bei behinderter Seitendehnung 1990
Zusammendrückwilligkeit 1922, 1923
zusammenfallen 1516
Zusammenfallen der Kavitationsblasen 9649
Zusammenfluss 5379
Zusammenfügung 3723
zusammengekittet 1559
zusammengesetzte Beanspruchung 1914
zusammengesetzte Falte 1903
zusammengesetzte Küste 1789
zusammengesetzter Behälter mit überlaufwand 1915
zusammengesetzter Erddamm 1910
zusammengesetzter Erdschüttdamm 1910
zusammengesetztes Wehr 1917
zusammengesetzte Talsperre 1909
zusammengesetzte Verwerfung 1902
zusammenklappbar 3968
zusammenklappbarer Bohrturm 5332
zusammenklappbarer Turm 5332
zusammenschiebbar 9890

Zusammenschrauben der Bohrgestängezüge 3001
Zusammenschrauben der Gestängezüge 3001
Zusammenschrauben des Bohrgestänges 3001
Zusammenschrauben des Gestänges 3001
Zusammenschub 10938, 10942
Zusammenschubverwerfung 1931
Zusammenschwemmung 1853
zusammenstürzende Formation 1523
Zusammenstürzen der Kavitationsblasen 9649
Zusammenvorkommen 6839
zusammenwachsen 5796
Zusammenziehen 8802
Zusatzbelastung 9704
Zusatzdruck 9669
Zusätze 168
Zusatzkosten 3483
Zusatzlast 9704
zusätzliche Arbeiten 145
zusätzliche Masse 144
Zusatzmittel 146, 168
Zusatzspeicher mit Verbindungsbauwerk 8507
Zusatzstoff 146
Zusatzwehr 7093
Zusatzwehr und -einlässe 8511
Zuschlagstoff 228
Zuschlagstoffdosiergerät 229
Zusickerung 5554
Zustandsgrenze 2014
Zustandsgrenzen 680
Zustandszahl 2013
Zustimmung der Bauleitung des Auftraggebers 2005
Zustimmung des beratenden Ingenieurs im Namen des Auftraggebers 2005
Zustrom 5079
Zuströmung 5079
Zustromwassermenge 5078
Zutageliegen 6727
Zuteiler 3578
Zuteilpumpe 6133
Zuteilungsgeschwindigkeit 3579
Zuwachs 5030
Zuwachsen 80, 3628
zuwachsen 5796
Zwangsfluss 3294
Zwangsförderung 3986
Zwangsmischer 6826
Zwangsproduktion 3986
Zwangsumlauf 3983
zweiachsig 1009
Zweibildmessung 9397
Zweiblattmeißel 3712

zweidimensionale Berechnung 10311
Zweifachkamera 2837
Zweifachkammer 2837
Zweifachmesskamera 2845
Zweifachmesskammer 2845
Zweifachreihenbilbkamera 2853
Zweifachreihenbilbkammer 2853
Zweifamilienhaus 10313
zweiflügeliger Abbau 2857
zweiflügeliger Streb 2856
Zweifüllungstürrahmen 2830
Zweigestaltigkeit 2683
Zweigtrum 3025
zweilagige Auskleidung 2843
zweiläufige gerade Treppe mit Zwischenpodest 9477
zweiläufige Treppe 7221, 10314
zweipolig 1044
Zweischachtbohren 2840
Zweischacht-Richtbohren 2840
Zweischalengreifbagger 1709
Zweischalengreiferkran 1709
Zweischneidendüsenbohrmeißel 5345
Zweischneidendüsenmeißel 5345
Zweischneidenmeißel 3712
zweiseitig eingespannter Träger 923
zweiseitig wirkender Rückzylinder 2836
Zweispurfotoschreibgerät 10310
Zweistromland 5208
zweistufiges Zementieren 10315
zweiteiliger Bogen 10312
Zweitrahmen 8943
Zweitsetzung 8509
Zweiwegventil 10317
zweizyklisches Tal 10316
Zwickel-Poren 5209
Zwillingsbohrung 10307
Zwillingsförderbohrung 2847
Zwillingsfördersonde 2847
Zwillingskrater 10305
Zwillingsvulkan 10308
Zwischenabfluss 9637
Zwischenauslass 6178
Zwischenbereich 3389
Zwischenbericht 7602
Zwischenbohrung 5071
Zwischenbühne für Vierer-Gestängezug 4047
Zwischenbühne für Viererzug 4047
Zwischenentnahme 6177
Zwischenfälle vorbehalten 2070
Zwischenkorndruck 5210
zwischenkörnige Porosität 5209
Zwischenkühler 5198
Zwischenlage 5191

Zwischenlagerhalde 9429
Zwischenlagerung 5190, 5191
Zwischenlegscheibe 8771
Zwischenlinsen-Verschluss 1007
Zwischenmauer 5213
Zwischenmittel 5191, 6173
Zwischenmoräne 6090
Zwischenpodest 4566
Zwischenpumpe 1129
Zwischenpumpstation 7639
Zwischenschicht 6118
Zwischenschichtung 5190
Zwischenunterteilung des Bohrlochabstandes 9212
Zwischenwand 6870
Zwitter 1485
Zyklon 2349, 4853
Zyklonklassierer 4853
Zyklopenbeton 2350
Zyklothem 2351
Zyklus einer Wirkung 6948
Zylinder 2352, 3275
Zylinderblock 3275
Zylinderdruckfestigkeit 10342
Zylinderfestigkeit 2354
Zylinderkopf 2353
Zylindermauer 2356
Zylinderrollenlager 2357
Zylinderschütz 2355
zylindrischer Schneckenbohrer 9204
zylindrisches Gewölbe 457

Français

abaca 2
abaissement 2905, 3351
abaissement des strates 2866
abaissement rapide 9650
abandon du barrage 10
abandonnement 9
abandonner 4
abandonner un puits 5
abaque 2622, 2834, 9311
abattabilité 10893
abattage 3507, 4326
abattage de front 5788
abattage de la roche 10896
abattage en carrière 7675
abattage en gradins 978
abattage en remontage 7745
abattre 4323
abattre à l'explosif 1064
aberration chromatique 1671
aberration de distorsion de l'objectif 3365
abîme 47
abîme 5335
ablation 13
abords 9740
abornement 2497
abrasif 18
abrasion 17, 5972
abri antiaérien 276
abri de stockage 8862
abscisse 19
absence de distorsion 4079
abside 522
absolument horizontal 27
absorber d'une charge 70
absorption acoustique 9135
absorption de coulis 4525
absorption du son 9135
absorption phonique 9135
abyssal 48
abyssopélagique 55
accélérateur 62
accélérateur de prise de ciment 1570
accélération angulaire 432
accélération de la pesanteur 4442
accélération de pointe du sol 6894
accélération de translation 5654
accélération linéaire 5654
accélération tangentielle 9849
accélérographe 63
accéléromètre 64
acceptation finale 3642
accessibilité 72
accessoires 73
accident 3553
accident chevauchant 6784
accidenté 2801, 10378
accord d'opérations unifiées 6651
accord du maître d'œuvre 2005

accouplement 4126
accouplement à bride 3752
accouplement de revêtement 1466
accouplement des tiges 8209
accouplement mécanique 6080
accrochage 5483, 7153
accroissement de pression 5029
accroissement du niveau trophique 6557
accumulateur 86
accumulateur à air comprimé 4891
accumulateur à diaphragme 2635
accumulateur à membrane 2635
accumulateur à piston 7150
accumulateur à ressort 9238
accumulateur d'énergie élastique 9238
accumulateur de pression 7472
accumulateur hydraulique 4784
accumulateur pneumatique 4891
accumulation 9445
accumulation de boues 83
accumulation de déblais 82
accumulation de pétrole 84
accumulation des contraintes 1294
accumulation pétrolifère 84
accumulation saisonnière 8495
accumuler 9457
achèvement 1900, 3664
  en voie d'~ 6444
achèvement aux finitions près 9634
acide humique 4774
acidifier 93
acier à haute limite élastique 4685
acier au carbone 1433
acier cémenté 1454
acier de cémentation 1454
acier doux 6182
acier dur 4590
acier en haute teneur en carbone 4590
acier forgé 4002
acier inoxydable 9302
acier non vieillissant 224
aciers de couture de reprise 2860
aciers pour béton armé 9374
acoustique 101, 112
acquisition des données 2397
acroissement 80
actif 656, 993
action 117
action continue 2076
action de la lumière 5617
action de niveler 5590
action destructive de cavitation 2577
action d'horizonter 8673

action différée 220
action du gel 4145
action intermittente 5220
action isotopique 5313
actions atmosphériques 672
activité hawaïenne 4594
activité plinienne 7226
activité strombolienne 9571
activité volcanique 10610
activité vulcanienne 10651
actuopaléontologie 139
acuité visuelle 10604
adaptateur d'admission 5118
additif 146
additif anticorrosif 477
additif antimousse 481
additif extrême-pression 3493
additif fluidifiant 3900, 7204
additifs de la boue de forage 2977
additifs du fluide de forage 2977
adductions 1840
adhérence 384, 1118, 8924
adhérence du fût du pieu au sol 8695
adhérer 147
adhésion 149
adjudication 158
adjudication du marché 741
adjudication publique 7612
adobe 169
adoucisseur 9074
adsorption 171
adularia 173
adularisation 174
aérage 189
aérage naturel 6429, 6432
aérateur 192
aération 189, 273
aérocartographie 195, 279
aérodynamique 199
aéromètre 200
aéronautique 202
aérophotogramme 281
aérophotogrammétrie 194
aérophotographique 207
aéroplane 211
aérotopographie 213
aérotopographique 212
affaisement résiduel 8005
affaissement 8678, 9022, 9627
affaissement d'un pieu net 6470
affaissement du sol 5492, 9629
affaissement final 3646
affaissement partiel 6867
affaissement périodique 6959
affaissement tardif 2486
affaissement total 4162
affaisser
  s'~ 8676
affiler 8727

affleurement 6727
affleurement de faille 3563
affleurement de la couche 957
affleurer 2241
affluent 10231
affluent rive droite 8107
affouillement 8440, 8441
affouiller 10351
affûter le trépan 8729
âge 222
âge absolu 20
âge concordant 1953
âge discordant 2737
agent anticorrosion 477
agent anti-corrosion 477
agent antimousse 481
agent antisiccatif 479
agent d'addition 146
agent de la sûreté 8345
agent de refroidissement 2127
agent émulsionnant 2758
agent épaississant 9989
agent floculant 3817
agent mouillant 10725
agent réducteur d'eau 10725
âge uranium-uranium 10453
agglomérat 225, 6904
aggrégat cristallin 2292
agitateur 238
agitateur de tamis 8834
agitateur porté 236
agitation 237
agrafe filetée 10325
agrandir 3287
agrandissement 5899
agrégat 6906
agrégat de rivière 9517
agrégats 228
agrégats concassés 2272
agrégats fins 3653
agrégats marins 5973
agrément 517, 9359
agressif 233
agressivité de l'eau phréatique 234
agrippage 5215
aide-sondeur 658
aiguillage californien 1379
aiguille aimantée 5887
aiguille de plasticité 7536
aiguille Proctor 7536
aiguilles d'écluse 9438
aiguilles de glace 6449
aiguiser 8727
aiguiser le trépan 8729
aile 288, 2387, 3750
aile de poutre 920
aimantation des roches 8190
aimant de repêchage 3700
aimant naturel 5892

air de mine 6187
air de mines 6187
aire 579
aire d'affaissement total 2230
aire d'atterrissage pour hélicoptères 4640
aire de loisirs 7828
aire d'essai 9949
aire de stockage des batardeaux 9439
aire d'extraction critique 2230
aire d'extraction partielle 9599
aire d'extraction surcritique 9660
aire d'influence 5081
air inclus 3292
air occlus 3292
ais 1102
ajustable 3465
ajustage 8661
ajustement de torsion 10112
ajustement en clé 2259
ajustement isostatique 5307
ajustement radial 7703
ajustement tangentiel 9850
ajustement vertical 10548
ajuster 7992, 8642
alabastrite 291
alarme acoustique anti-effraction 106
alarme acoustique antivol 106
albastrite 290
albâtre 289
albertite 294
albite 295
alcalin 306
aldéhyde formique 4006
aléser 7803
aléseur 3288, 7804
aléseur pour tubes 7139
alésoir 7804, 10868
alésoir de centrage 1574
aleurites 296
alexandrite 297
algodonite 300
algues 298
algues calcaires 1363
alidade 301
alidade à pinnule 8841
alidade d'inclinaison sur l'horizon 9893
alignement axial 743
alignement droit 9472
aligner 303
alimentation du distributeur 3578
allanite 310
allée 10144
allée d'abattage 10874
allée de circulation 10204
allée de havage 2341
allée du convoyeur 2125

allée sans étançons permettant le ripage du convoyeur 7576
allège 521
allémontite 312
allochtone 315
allogène 319
allonge 142
allonge de tige 142
allonge en porte-à-faux arrière 766
allongement 3230
allongement absolu 23
allongement à la rupture 10327
allongement plastique 7209
allongement pour-cent après rupture 10327
allongement relatif 7914
allothigène 319
allure rubanée 5660
alluvial 323
alluvionnement 8525
alluvions 325
alstonite 334
altérabilité 335
altération 336
altération chimique 1653
altération du climax 2732
altération hydrothermale 4899
altération mécanique 6087
altération météorique 10779
alternance de couches 340
alternance de lits 5188
alternance répétée 2351
altimètre 345
altimètre absolu 21
altimètre à laser 5503
altimètre électrodynamique 21
altimétrie 346
altitude 3221
altitude absolue de vol 25
altitude de vol 3937
altitude de vol au dessus du sol 3938
altitude d'incidence 4636
altitude d'un point du terrain 4635
alumine 348
alumine anydre 348
aluminite 350
alunite 352
alvéolé 4725
amandement 4998
amas minéralisé 6004
ambre 353
âme 2143, 10782
âme du contrefort 1336
amélioration 4998
aménagement 2588, 2590, 8425
aménagement de basse chute 5825

aménagement de chute moyenne 6094
aménagement de haute chute 4666
aménagement de pompage 7631
aménagement des abords 5489
aménagement de source 10463
aménagement de transfert d'énergie par pompage 7631
aménagement hydro-électrique à buts multiples 6382
amener en coïncidence 1257
ameubli 4063
amiante 636
amont 10442
amorçage 7502
amorce 1074, 2582
amorce à retardement 10058
amorce instantanée 5148
amorphe 357
amortir 2376
   s'~ 2650
amortissement 2379
amortissement acoustique 9135
amortissement financier 358, 359
amortissement modal 6249
amortissement par rayonnement 7718
amortisseur 35, 2378
amortisseur de pulsations 7622
amortisseur des chocs 8774
amortisseur de vibrations 489, 8776
amortisseur d'ondes 9733
amortisseur hydraulique 4840
amortisseur oléo-pneumatique 6613
ampèremètre 355
amphibolite 361
amphibolitisation 362
amphithéâtre morainique 6306
ampleur 5901
amplificateur 363
amplificateur de pression 7440
amplificateur hydraulique 4813
amplifier 3287
amplitude 364, 7762
amplitude de fluctuation 2908
amplitude du marnage 2908
amygdale 367
anaclinale 368
analcime 369
analyse aux rayons X 10924
analyse de la disposition des grains 4414
analyse de l'huile brute 2266
analyse densimétrique 4880
analyse des carottes 2945
analyse des résultats 376
analyse de stabilité 9274

analyse du pétrole brut 2266
analyse granulométrique 4412, 8832
analyse gravimétrique 4437
analyse mathématique 6554
analyse par dilution isotopique 5315
analyse par sédimentation 8527
analyse par spectre de réponse 8031
analyser 373
analyse stéréométrique 9391
analyse thermique 9966
analyse thermique différentielle 2664
analyseur de gaz 4200
anauxite 380
ancienne vallée 1319
ancrage 382, 383
ancrage à câbles 1346
ancrage par courbure 389
ancrer 381
andalousite 396
andésine 397
andésite 398
andésite quartzique 7680
angle 400, 926
angle aigu 140
angle au centre 1579
angle azimutal 4732
angle de cassure 405
angle de champ 410, 3616
angle de champ objectif 6565
angle de champ subjectif 9607
angle de cisaillement 417, 419
angle de convergence 406
angle de décalage 2448
angle de dépression 407
angle de dérive 2933
angle de déversement 422
angle de déviation 413, 2448
angle de direction 926
angle de direction de la couche 421
angle de distance nadirale 424
angle de divergence 408
angle de frottement 411
angle de frottement à la paroi 427
angle de frottement interne 417
angle de frottement interne apparent 404
angle de frottement interne vrai 426
angle de frottement sur le mur 427
angle de pendage 2692
angle de réfraction 7867
angle de repos 423
angle de rotation 418
angle de site 409, 10550

angle de talus 420
angle de talus naturel 423
angle d'incidence 414
angle d'incidence avec la couche 415
angle d'inclinaison 412, 2692
angle d'inclinaison de la chambre 416
angle d'inclinaison d'une faille 412
angle d'inclinaison sur l'horizon 425
angle d'ouverture 433
angle droit 8104
angle du polygone 7306
angle du talus 420
angle horizontal 4732
angle limite dynamique 3067
angle limite réduit 7845
angle marginal 5963
angle mort 2411
angle obtus 6582
angle parallactique 6841
anglésite 428
angle trièdre 10237
angle vertical 10550
angle zénithal 10960
angulaire 431
anguleux 431
anhydrite 442, 443
anion 444
anisotrope 445
anisotropie 449
anisotropie magnétique 5880
ankérite 450
annabergite 6486
anneau d'appui 787
anneau d'arrêt 9442
anneau de calage 8771
anneau de graissage 5842
anneau de nettoyage 10876
anneau de retenue 794
anneau de serrage 1707
anneau d'étanchéité 8483
anneau d'objectif 6564
anneau du commande du dispositif de foudroyage 7925
anneau réducteur 7847
année d'achèvement 10936
année de précipitation moyenne 10935
année humide 10838
année sèche 3046
annonce 184
annonce des crues 3850
anomalie 462, 4260
anomalie de fuite 5552
anomalie de réseau cristallin 2754
anorogénique 463
anorthite 464

anorthose 465
antennes de drainage 3662
anthophyllite 467
anthracite 469
anti-acide 94
anticlinal 474
anticlinal asymétrique 666
anticlinal caréné 1436
anticlinal droit 3338
anticlinal en éventail 3541
anticlinal en forme de selle 8326
anticlinal faillé 3559
anticlinal fermé 1745
anticlinal incliné 5015
anticlinal isoclinal 1436
anticlinal non développé 605
anticlinal symétrique 9789
anticlinorium 475
antigel 482
antigorite 483
antihalo 484
antlérite 490
apatite 491
aplatissement 3773, 5378
aplitique 494
apomagmatique 495
apophyllite 496
appareil 499
appareil à éclipses 1086
appareil à film 3631
appareil à résistance électrique 5162
appareil de battage 7124
appareil de cisaillement annulaire 8119
appareil d'éclairage 4952
appareil de fond du puits 1171
appareil de forage 2984
appareil de forage à percussion 6940
appareil de forage par battage 6940
appareil de forage par percussion 6940
appareil de graissage du câble 8260
appareil de limite de liquidité 5687
appareil de mesure 6070
appareil de mesure de charge d'essieu 758
appareil de mesure de distances au laser 5506
appareil de mesure de profondeur 2530
appareil de mesure de tassement 8679
appareil de photographie aérienne 208
appareil de photographies panoramiques 6828
appareil de prélèvement d'échantillons 8362
appareil de prise d'échantillons 8362
appareil de projection 7566
appareil de redressement 7834
appareil de redressement à mise au point automatique 8587
appareil de restitution 7230
appareil d'essai 9940
appareil DME 3212
appareil du lever 9746
appareil électro-optique de mesure des distances 2789
appareil hydrométrique 4885
appareillage 498
appareillage de fond du puits 1171
appareillage de la voûte 574
appareil limite de liquidité d'après Casagrande 1448
appareil lumineux 4952
appareil mesureur 6070
appareil mesureur enregistreur 7821
appareil photographique 7068
appareil photographique à répétition avec axe vertical 10565
appareil photographique à répétition pour plaques 8625
appareil photographique à support 1386
appareil photographique de précision à main 4574
appareil photographique de précision à répétition 8624
appareil photographique double pour vues en série 2853
appareil pour la photogrammétrie terrestre 3605
appareil pour le lever photographique de la côte 1787
appareil pour mesurer les longueurs 5164
appareil Proctor 7534
appareils 3332
appareils d'auscultation 6286
appareils de mesure 6065
appareils de mesure sur l'image 4959
appareils de restitution utilisant des couples d'images 7231
appareils de restitution utilisant une vue unique 8888
appareils photogrammétriques 4959
appareils topographiques 9750
appareil universel 10405
apparition de fissures 1241
apparition d'un phénomène de cavitation 5006
appauvrissement 4992
appel d'offres 5270
applicabilité 510
application 511
appointi 8728
appointir 8727
apports solides 8528
appréciation des profondeurs 6932
apprécier 3377
approbation des plans 518
approbation d'un projet 7558
approvisionnement d'eau global 3062
appui 41, 42, 1253
appui artificiel 627
appui de fenêtre 521
appui rocheux 8178
aptitude 12
aptitude à être foré 2941
aptitude à la fissuration 1734
aptitude à l'humidification 10833
aqueduc 3914
aquiclude 527
aquifère 528, 537
aquifère captive 1989
aquifère inférieur 862, 5069
aragonite 546
arbitrage 547
arbre 8694
arbre de commande 3019
arbre de défaillances 3571
arbre de Noël 1669
arbre de production 1669
arbre-manivelle 2203
arc 548, 551
arc à contre-courbes 5413
arc à courbure variable 10508
arcade 549
arcade aveugle 1083
arc à dos d'âne 5413
arc aplati 2526
arc à plusieurs centres 6363
arc articulé 616
arc à trois rotules 575
arc biais 6569
arc-boutement 562
arc circulaire 1688
arc de côté 6569
arc déprimé 2526
arc elliptique 3228
arc en accolade 5413
arc encastré 3730
arc en caténaire renversée 1500
arc en doucine 8799
arc en éventail 6366

arc en lancette 5479
arc en ogive pointue 5479
arc en ogive surélevé 5479
arc en ogive tronquée 8547
arc en segment 8546
arc épaulé 8799
Archéozoïque 559
archétype 560
architecte 564
architecture 567
architecture du paysage 5486
architecture gothique 4384
architecture grecque 4450
architecture romaine 8228
architecture romane 8229
architrave 568
arc incliné 5016
arc indépendant 5038
arc mauresque 6308
arc-ogive tronqué 8547
arc plongeant 5016
arc rampant 7753
arc surbaissé 8546
arc surhaussé 9425
arc trilobé 10206
arc zigzagué 6366
ardoise 8941
arénacé 8382
arénite 587
arénite quartzique 7681
arête 607
arête de foudroyage 1227
arête de remblai 9688
argentite 588
argent rouge antimonial 7656
argilacé 590
argile 1716, 1722
argile à blocaux 10041
argile à boue 2959
argile à passées ferrugineuses 1721
argile bentonitique 999
argile bigarrée 6325
argile blanche 589
argile de décalcification 9934
argile défloculée 2761
argile dispersive 2761
argile finement litée 3656
argile fissurée 3716
argile floculée 3816
argile gonflante 9772
argile grasse 3546
argile lacustre 5467
argile litée 8708
argile maigre 5557
argile marine 5974
argile marneuse 5992
argile organique 6688
argile réfractaire 3670
argile résiduelle 7996

argile schisteuse 1723, 6358
argile sensible 7688
argile spongieuse 9218
argile stratifiée 10517
argile tachetée 6325
argileux 590, 1718
argile varvée 10517
argilite 594, 1724, 8708
argilites indurées 6358
argilolithe 1724
argyrose 588
arkose 597
armature à crochets 834
armature à flexion 986
armature coudée 994
armature de compression 1933
armature de retrait 8806
armature inférieure 1181
armatures à haute adhérence 4658
armatures de précontrainte 9916
armatures longitudinales 5777
armatures passives 8506
armatures pour béton armé 9374
armatures principales 5909
armatures secondaires 2797
armatures transversales 10193
armoire de commande 2095
armoire encastrée 1758
aromatisation 601
arpentage 3622, 9744
arpenteur 5493
arpenteur-géomètre 5493
arrachage 3485
arrache-carottes 2150
arrache-étai 9785
arrachement 8745, 9801
arrangement des étançons en dents de scie 8398
arrangement des étançons en double dents de scie 2851
arrangement des étançons en ligne droite 5120
arrangement des étançons en triangle 2621
arrangement en couches 603
arrangement en ligne droite 5120
arrêt d'une machine 9441
arrêter
  s'~ 9436
arrêter le pompage d'un puits 4579
arrêter temporairement 3
arrêtoir 7134, 8040
arrêt pour révision annuelle 9440
arrière-bec 2862
arrière-plage 786
arrière-taille 4374
arrière-voussure 606
arrivée d'eau 5132
arriver à échéance 6020

arriver en butée mécanique 4383
arrosage 10708
arsénopyrite 608
art de mesurer 6144
artésien 610
articulation 626
articulation Moll 6278
articulé et coulissant 10944
asbeste 636
ascenseur à poissons 3707
ascension à l'air 270
ascension au gaz intermittente 5219
ascension diapirique 2642
aspect 10589
asphalte 644, 645
asphalte coulé 6102
asphalte naturel 6417
asphaltite 654
aspirateur 261
assèchement 2611
assèchement de terres 5480
assécher 10423
assemblage 6329
assemblage par entailles 8417
assemblage photographique 210
assembler par entailles 9210
assimilation 5871
assise 5541, 9514
assise en bois 5543
assise horizontale 954
assistance marché de travaux 657
association 660
assurance 5173, 10002
assurance de la qualité 7667
assurance de responsabilité 5601
assurance responsabilité civile 10002
assurance tous risques 322
ATD 2664
atelier de montage 655
atmosphère 671
atomiseur 676
atrium 677
attache 4018
attente de la prise du ciment 10654
attique 8252
attraction capillaire 1407
attrition 689
auge 9793
auge de déflection 3792
auge de lixiviation 5548
augets 1278
augite 696
augmentation de la vitesse d'avancement 2955
augmentation des contraintes 1294
auréole 4567

auréole d'altération hypogène 338
auréole dans l'encaissant 10661
auréole de fuite 5556
auscultation 6285
auscultation absolue 31
auscultation relative 9743
auscultation topographique 6290
autigène 697, 698
autochtone 699
autocollimation 702
autocorrélation 703
autocovariance 703
auto-enregistreur 8592
automatique 705, 717
automatisation 721
automobile 1418
automorphe 3387
autoneige 9037
autonomie 7761
autoportance 8596
autoportant 8594
autoréducteur 8593
autorité gouvernementale de contrôle 4389
autoroute 6323
autoserrage 8589
autoserrage du type Servo 8637
autre énergie 8502
auvent 1394
aval 2861
avalanche 732
avalanche de glace 4926
avalanche de neige 9036
avalanche incandescente 4368
avalanche poudreuse 2934
avalanche sèche 2934
avalanche volante 2934
avaleresse 9330
aval-pendage 4398
avance de l'outil 1050
avance du trépan 1050
avancée des glaciers 4345
avancement 179
avancement du forage 2973
avancement du forage en pieds 3977
avancement du front de dépilage 3506
avancement d'un élément indépendamment d'un autre 5037
avancement en séquence 8620
avancer 3008, 7993
avancer les coras 3998
avant-bec 2346
avant-projet 7423
avant-projet détaillé 9913
avant-projet sommaire 7423
avant-puits 2545
avarie générale 3523

aven 5335, 7366
averse 9651
avertisseur 10668
avion 211
avis sur la qualité d'un site 8906
avis sur un projet 7557
avoir lieu 9838
axe 1592
axe de collimation 1848
axe de flexion 983
axe de la photographie 933
axe de la retenue 751
axe de piston 4537
axe de révolution 752
axe de rotation 752
axe de visée 753, 1848
axe du cours d'eau 754
axe du lit 755
axe du puits 10810
axe du réservoir 751
axe horizontal 757, 4733
axe longitudinal du barrage 2369
axe nucléal 3320
axe perspectif 6987
axe principal 4543, 7492
axe principal d'inclinaison 5921
axes de cardan 1435
axes de coordonnées 9805
axes des tensions principales 742
axes de vol 3789
axes du cadre 1842
axes orthogonales 6714
axes principaux 7507, 9811
axe synclinal 756
axe vertical 10551
azimut 760, 926
azimut de l'axe photographique 761
azimut référé au plan principal de la vue 4481
azulejo 762
azurite 763

bac à boue en service 125
bac à eau 10729
bac d'évaporation 3393
bâche spirale d'alimentation 9674
bâche spirale d'amenée 9674
bague d'arrêt 5750
bague de caoutchouc 8313
bague de graissage 5842
bague d'étanchéité 5371
bague d'étanchéité 6801, 8483
bague "O" 6703
baignoire 902
bâiller 4194
bain fixateur 3743
bain magmatique 6101
baïonnette 8674

baisse de pression dans les tiges de forage 7621
bajoyer d'écluse 5753
balance à boue 6342
balayage circulaire 1690
balayage linéaire 5672
balcon 801
balisage 2497
balise 918
ballast 804
ballastage 804
balustrade 802, 816
banc 9514
banc d'argile 8711
banc de glissement 5840
banc de nuages 1763
banc d'essai 9950
banc d'essais pour cadres 4068
banc d'essais pour modèles 8100
banc d'essais statiques de longue durée 9348
banc formant pont 9490
banc inférieur 1165
banc rocheux 8202
bancs entaillés 9492
bancs interstratifiés 5188, 5189
bande de cisaillement 8744
bande de stérile 2717
bande d'images 9562
bandes de terrain 9549
bandes drainantes 3662
bande transporteuse 974
banquette 5722, 9285
banquise 6799
baptistère 825
baquet de sûreté 8331
bar 826
baraquements de chantier 2090
barbacane 10794
barge 833
barils par an 850
barils par jour 851
barils par jour de fonctionnement 853
barils par jour de marche 853
barils par jour du calendrier 851
barils par mois 852
barkhane 831
barographe 840
baromètre 841
baromètre enregistreur 840
barométrographe 840
baroque 843
barrage 2364
barrage à buts multiples 6387
barrage à contreforts 1332, 3732
barrage à contreforts à tête élargie 6003
barrage à contreforts à tête en forme de diamant 2361

barrage à contreforts à tête en forme de T 9880
barrage à contreforts à tête massive 6003
barrage à contreforts à tête octogonale 2361
barrage à contreforts à tête ronde 8300
barrage à contreforts à tiete épaisse 2423
barrage à contreforts à voûtes multiples 6373
barrage à contreforts et à dalle en porte à faux 1399
barrage à contreforts et à dalle plate 3772
barrage à contreforts et dalles planes 3772
barrage à contreforts incurvé en plan 554
barrage à dalles planes 3772
barrage à dalles planes en console 1399
barrage à dômes multiples 6377
barrage à double courbure 2839
barrage à hausses rabattables 3530
barrage Ambursen 3772
barrage à pertuis de dérivation 6645
barrage à rouleau 8226
barrage à siphon 8904
barrage à tirants 7485
barrage à vanne toit 8255
barrage avec évacuateur de surface en forme de S 6766
barrage à voûte épaisse 9988
barrage à voûte mince 9998
barrage à voûtes multiples 6374
barrage composite 1909
barrage d'alimentation en eau 2374
barrage de col 8328
barrage de compensation 217
barrage de correction de torrent 1642
barrage de dérivation 2808
barrage de dérivation en reprise 7093
barrage de maîtrise des crues 3829
barrage de maîtrise des glaces 4931
barrage de prise 2808
barrage de production d'énergie 4861
barrage de régulation 844
barrage de résidus industriels 5065
barrage de stériles 9828

barrage de stériles miniers 6202
barrage d'estuaire 3384
barrage déversant 6763
barrage déversoir 6763
barrage déversoir de dérivation 1754
barrage du relèvement du plan d'eau 9738
barrage en béton compacté au rouleau 8220
barrage en béton précontraint 7485
barrage en éléments préfabriqués 7401
barrage en enrochement 8186, 8189
barrage en enrochement à écran interne d'étanchéité en béton bitumineux 8187
barrage en enrochement à masque amont en béton 8188
barrage en enrochement à noyau d'argile vertical ou incliné 8185
barrage en enrochement du type à noyau 8185
barrage en gabions 893
barrage en maçonnerie 5996
barrage en maçonnerie grossière 8315
barrage en pieux 7122
barrage en remblai 3238
barrage en rivière du type poids 4448
barrage en rivière en maçonnerie 4448
barrage en terre 3090
barrage en terre armée 7899
barrage en terre à zones 1910
barrage en terre composite 1913
barrage en terre homogène 4718
barrage en terre par remblayage hydraulique 4801
barrage en terre remblayée hydrauliquement 4801
barrage en terre zonée 1910
barrage en toit 8255
barrage évidé 4710
barrage fixe 3735
barrage fixe imperméable 4982
barrage gardienné 2388
barrage gonflable 5077
barrage imperméable 4984
barrage insubmersible 6510
barrage mixte 1909
barrage mobile 844
barrage non déversant 6510
barrage non gardienné 2389
barrage par remblayage

hydraulique 4801
barrage perméable 6978
barrage-poids 4443
barrage-poids en béton à parement amont en maçonnerie 1966
barrage-poids évidé 4710
barrage-poids incurvé 2323
barrage poids-voûte 561
barrage précontraint 7485
barrage régulateur 7093, 7887
barrage remblayée hydrauliquement 4801
barrages à contreforts 1332
barrages en béton 1964
barrages en remblai 3238
barrages-poids 4443
barrages-voûtes 556
barrage-voûte 557
barrage-voûte à angle constant 2020
barrage-voûte à plusieurs centres 6364
barrage-voûte à rayon constant 2022
barrage-voûte à rayon variable 10513
barrage-voûte à simple courbure 8883
barrage-voûte à spiral logarithmique 5760
barrage-voûte cylindrique 2356
barrage-voûte d'épaisseur constante 2025
barrage-voûte d'épaisseur variable 10514
barrage-voûte elliptique 3229
barrage-voûte parabolique 6833
barranca 847
barranco 847
barre 829
barré 5211
barreau 7768
barre d'ancrage 385
barre d'ancrage 10034
barre de précontrainte 7486
barre de surcharge 8896
barre de torsion 10116
barre isolée 8881
barres à haute adhérence crénelées ou nervurées 4759
barres à haute adhérence en acier écroui 4759
barres de montage 1617
barres en paquet 1314
barrière de protection 4535
barrière du massif 10898
barrière géographique 4272
baryte 859
basalte 864

basalte quartzifère 7682
basalte quartzique 7682
bas-côté 288
bascule 10796
basculement 6788, 10044
basculer 10042, 10070
bas de plage 3999
base 873
base auxiliaire 723
base de forage 2953
base de référence 874
bases géométriques 4297
bases mécaniques 6078
bases optiques 6660
basilique 890
bas-relief 895
basse plage 3999
basses eaux 5839
bassin 891
bassin à auge 1274
bassin à auge à rouleau 9116
bassin à auge avec dents 9006
bassin à auge avec seuil 1275
bassin à ressaut hydraulique 4816
bassin à ressaut hydraulique avec blocs brise-charge 4817
bassin d'amortissement 7250
bassin de clarification 1710
bassin de compensation 219, 1886
bassin de décantation 8685
bassin de dissipation 9423
bassin de dissipation avec blocs brise-charge 4973
bassin d'effondrement 3554
bassin de mise en charge 3994
bassin de nautisme 1105
bassin de restitution 218
bassin de retention 2102
bassin de rétention des sédiments 8533
bassin de tête 3994
bassin de tranquillisation 9423
bassin d'un système de chenaux de marée 10026
bassin fluvial 8139
bassin gazéifère 4201
bassin pétrolifère 7002
bassin récepteur 2102
bassin supérieur 10436
bassin versant 1493
bas-toit 6467
batardeau 1304, 1813, 9328
batardeau en amont 10444
batardeaux 9438
bateau de forage 2987
batholite 899
bathroclase 900
bathymètre 904
bathymétrie 905

bâtiment 565, 1288
bâtiment d'habitation type 10322
bâtiment d'usine 7382
bâtiment résidentiel standardisé 10322
bâtiment sportif 9223
bâti pour installation sur l'avion 9761
bâtir 1287
battage 3016
battage de pieu 7112
batterie de tubes d'injection 4522
batterie solaire 9110
bauxite 912
bavette de retenue 9469
BCR 8219
bec déflecteur 2452
bec de fractionnement 9214
bedrock 958
beine 2525
bêle 827
bele à rotule 812
bêle articulée 617
bêle coulissante 8960
bêle en acier 9367
bêle en bois 10888
bêle en porte-à-faux 1397
bêle frontale 4022
bêle glissante 8960
bêle ondulée en acier 2171
bêle soutenue par un seul étançon 858
benne 8927
benne à détritus 10197
benne basculante 10051
benthonique 995
bentonite 996
bentonite-K 5412
bentonite potassique 5412
benzène 1000
benzol 1000
berceau 2201
berceau rampant 8133
berge 820
berges de la retenue 7986
berme 1001
béryl 1004
beryllonite 1005
béryl rose 10639
bétoire 7366
béton 1956
béton à air occlus 245
béton à durcissement lent 9008
béton à durcissement rapide 4660
béton aéré 186, 245
béton aéré léger 258
béton à haute résistance 4684
béton à haute résistance initiale 4660
béton à la mer 8497

béton à liant hydrocarboné 647
béton à occlusion d'air 186, 245
béton à pores 186
béton à prise lente 9012
béton à qualité contrôlée 7669
béton armé 7897
béton armé de fibres d'acier 9370
béton armé postcontraint 7353
béton asphaltique à froid 1828
béton aux polymères 7311
béton bitumineux 647
béton bitumineux à froid 1828
béton brut de décoffrage 9565
béton capillaire 1408
béton cellulaire 1549
béton centrifugé 9256
béton compacté au rouleau 8219
béton coulé en place 5137
béton coulé sur place 5137
béton cyclopéen 2350
béton damé 9848
béton d'amiante 637
béton d'asbeste 637
béton d'asphalte 647
béton de 1re phase 3688
béton de 2e phase 8513
béton de baryte 860
béton de basalte 865
béton de bims 7624
béton de bitume à froid 1828
béton de blocage 5930
béton de brai-vinyle 10593
béton de cendres volantes 3936
béton de ciment 1556
béton décoratif 6705
béton de fondation 947
béton d'égalisation 947
béton de goudron à chaud 4760
béton de lave 7624
béton de limonite 5650
béton de magnésie 5876
béton de magnétite 5893
béton de masse 6001
béton de parement 3520
béton de ponce 7624
béton de propreté 947, 3520
béton de recouvrement 1961
béton de remplissage 5930
béton de remplissage de cavités de fondation 2520
béton de remplissage de cavités de fouille 2520
béton de résine 8010
béton des éléments préfabriqués 7399
béton durci à l'air 252
béton étanche 10728
béton expansé 4663
béton expansif 4663
béton fibré 3600, 4353, 9370

béton frais 4452
béton frais ferme 10973
béton gaz 186
béton gras 8091
béton gunité 8792
béton hydrofuge 10728
béton magnésien 10926
béton maigre 5558
béton malaxé à sec 3034
béton malaxé en bétonnière portée 10172
béton malaxé en centrale 7194
bétonnage 1959
bétonnage à pleine fouille 7159
bétonnage par temps froid 1833
bétonner 1487
bétonnière 1957, 1968
bétonnière à axe incliné 5017
bétonnière à tambour 6826
bétonnière basculante 10047
bétonnière horizontale 4734
bétonnière portée 10173
béton non armé 10413
béton non fissurable 6505
béton ordinaire 10413
béton ornemental 6705
béton partiellement précontraint 6864
béton pauvre en ciment 5558
béton pilonné 9848
béton plastique 7198
béton ponce 7624
béton poreux 186
béton poreux léger 258
béton pour travaux maritimes 8497
béton précontraint 7484
béton préfabriqué 7399
béton prêt à l'emploi 7801
béton projeté 8792
béton sans retrait 4663
béton sec damé 3043
béton sec de remplissage 3039
béton Siporex 8905
béton sous vide 10465
béton très lourd 5715
béton vibré 10569
béton volcanique 7624
biaxe 1009
bibliothèque 1125
bicarbonate de sodium 9061
bichromate de sodium 9065
bief amont 3992
bief aval 9824
bief d'amont 3992
bielle 2004
bielle de direction 9380
bielle de piston 7149
bien calibré 10816
bien serré 3917

bifurcation 1011, 4003, 8171
bilan pluie-évaporation 7736
bille de bois 1664
binoculaire 1021
bioclastique 1023
biofaciès 1027
biogenèse 1028
biolite 1032
biosphère 1035
biostratigraphie 1037
biostrome 1038
biotique 1039
biotite 1040
biotitisation 1041
biotope 1042
bioturbation 1043
bipolaire 1044
biréfringence 2850
bitume 644
bitume de distillation directe 649
bitume de raffinerie 644
bitume fluidisé 2333
bitume fluxé 2333
blanc 4193
blanc de neige 10977
blanc de zinc 10977
blende 9182
blende obscure 9182
bleu de montagne 763
blindage 10286
blindage extérieur 598
bloc 1089, 1090, 1187, 3556
blocage 9414
blocage de la table 9815
bloc brise-charge 793
bloc cellulaire 185
bloc cubique en béton 1972
bloc-cylindre 3275
bloc de béton léger 5618
bloc de commande 10482, 10483
bloc de culasse 3275
bloc de distribution hydraulique 4792
bloc détaché 2744
bloc erratique 1187, 3353
bloc faillé 3556
blondin 1093
bobine 1824
bobine de champ 3607
bobine de film 3636
bobine réceptrice 3636
bois 10883, 10891
boisage 7309, 10054
boisage anglé 5440, 7309
boisage charpenté 4069
boisage du puits 8704
boisage en câdres jointifs 2224
boisage par cadres liés par boulons 9267
bois concrétisé 10926

bois débité 2121
bois de charpente 9580
bois d'écrasement 2275, 5543
bois dé garnissage 5462
bois de placage 10534
bois de sciage 5846
bois d'œuvre 10052
bois équarri 7832
boiser 8657
boiser une galerie 10053
bois pierré 10926
boisseau de la tige carrée 5416
boîte à labyrinthe 5449
boîte à outils 10084
boîte de branchement 5380
boîte de cisaillement 8737
boîte de connexion 5380
boîte de jonction 5380
boîte de vitesse 1625
boîte de vitesses 1625, 4236
boitier de clapet 10492
boitier de ressort 9232
boitier de roulement 936
boitier ressort 9232
bombé 2750
bombement 3858
bonanza 1117
bondissement par saccades 5725
boracite 1130
bord 820
bord de l'image 5971
bordereau des prix 8423
bords 9740
bords de la retenue 7986
bordure continentale 2057
bornage 2497
borne 918, 5985, 10954
borner 5989
bornite 1158
boronatrocalcite 1159
bosse due au gel 4147
bosse glaciaire 8095
bouchage d'un puits 7243
bouchage d'un puits de pétrole 7243
bouchage d'un sondage 7243
bouche 1106
bouché et abandonné 7239
bouché et suspendu 7240
boucher les prises d'eau 1667
boucher un puitreboucher un puits 7238
boucher un puits 7238
boucher un puits de pétrole 7238
bouchon 1303, 2330
bouchon de ciment 1568
bouchon de protection 10485
boucle 5790
boucle d'hystérésis 4925
bouclier 1394, 8763

bouclier de protection 3922
bouclier de soutènement 9698
boudinage 1186
boue 6341
boue à base d'eau 10685
boue à base de chaux 5632
boue active 119
boue aérée 187
boue à faible teneur en solides 5836
boue à forte teneur en solides 4680
boue à la chaux 5632
boue à l'eau de mer 8498
boue à l'eau douce 4120
boue à l'eau salée 8360
boue allégée 187
boue alourdie 5716
boue à pH élevé 4675
boue à surfactants 9731
boue à teneur élevée en solides 4680
boue aux agents tensio-actifs 9731
boue aux surfactants 9731
boue bentonitique 998
boue contaminée 2054
boue craquelée 6345
boue de forage 2976, 9025
boue de forage à base d'eau 10685
boue de forage à base d'eau avec émulsion d'huile 10686
boue de forage à base de silicate de soude 9069
boue de forage alourdie 10798
boue émulsionnée 3258
boue émulsionnée à l'air 187
boue émulsionnée de gaz 4208
boue émulsionnée inverse 5266
boue en service 119
boue gazéifiée 4208
boue inhibée 5094
boue lourde 4620
boue pour forage rotary 8270
boue putréfiée 8390
boue régénérée 7876
boue sableuse 8384
boue tensio-active 9731
boulance 4810
boulance de sable 4617
boule de lave 5525
boulon 1115, 8195
boulon à coin de serrage glissant 8975
boulon à coquille d'expansion 3430
boulon à fente et coin 9005
boulon à tête fraisée bombée 1329

boulon à tête hexagonale 4654
boulon à tête lentiforme 1329
boulon collant 8009
boulon d'ancrage 8236
boulon d'écartement 2781
boulon de montage 3722
boulon de soutènement 8236
boulon en U 10325
boulonnage 8239
boulonnage du rocher 8196
boulonné 1116
boulon-rivet 5746
boulon scellé au ciment 1558
boulon tendeur 9547
bournonite 1196
bourrage 9382
bourrelet 8215
bourrer 768, 7751
bourrer avec du mortier 773
boursouflement du sol 2212
boussole 1200
boussole à miroir 6224
boussole gyroscopique 4556
boussole gyroscopique répétitrice 4557
bout de câble 1348
bouteur 1310
bouteur à pneus 10841
bouteur biais 402
bouteur inclinable 10046
bouton 1328
bouveau 2242
bouveau de chassage 5517
bovette 2242
brachyanticlinal 1205
brachysynclinal 1206
bradyséismes 1210
bradytélie 1209
brai de houille 1780
bras 1218
bras de jumbo 5377
bras de levier 5599
bras de l'outil 1049
bras du trépan 1049
bras mort 6792
brasse 3547
brèche 1246
    par ~s montantes 6618
brèche d'écroulement 2269
brèche de friction 10615
brèche de projection 3447
brèche d'injection 5109
brèche glaciaire 2935
brèche intrusive 2045
brèche ossifère 1121
brèche plutonique 7252
brèche quartzifère 7684
brèche volcanique 10612
bride 1700, 3750
bride à écrous 10325

bride d'accouplement 2186
bride de fermeture 3262
bride de moteur 6321
bride de réduction 143
bride de serrage pour tubes 7137
brigade topographique 9749
brique 1248
brique acide 8850
brique creuse en béton 4709
brique d'arc 553
brique de silice 8850
brique de voûte 553
brique en claveau 553
brique perforée 4709
brique réfractaire poreuse 349
brique séchée à l'air 169
brique voussoir 553
brise-béton 1958
brise-glace 4928
brochantite 1265
broche 5984, 6911, 7237
broche repère 10886
bronze 1267
broyer 2271
broyeur 4460
broyeur à barres 839
broyeur à boulets 813
broyeur à marteaux 4571
bruit 6493
bruit de cavitation 1534
bruit de fond 354
bruit de tremblement de terre 3107
bruit du tir 8794
bruit sismique 6166
brut à base mixte 6233
bulbe des pressions 1295
bulldozer 1310
bulle 1271
bulle de cavitation 1528
bunding 8041
bure 5333, 9329, 9330
bureau de chantier 8911
bureau du cadastre 1358
bureau technique 3283
burquin 5333, 9329
busette de raccordement 5568
butée 42, 6872
    en ~ mécanique 4378
butée à billes 10022
butée à rouleaux 10024
butée des terres 6872
butée Michell à patins oscillants 6148
buton 9584, 10656
butte 7580
butte à lentille de glace 7132
butte témoin 6265
butte-témoin karstique 4772
bytownite 1344

cabine de commande 2107, 4229
câble 1345
câble à secousses 5338
câble d'allumage 1073
câble de batterie 909
câble de forage 2957
câble de frein 1212
câble de guidage 4542
câble de levage 5614
câble de manœuvre 2957
câble de traction 6648
câble en Manille 5940
câble porteur 9690
cadastre 1358
cadran 2624
cadre 7880, 8643, 9428, 9700
cadre annulaire 9697
cadre asservi 8944
cadre charpenté 4065
cadre circulaire 9697
cadre complet 4161
cadre de soutènement 4065, 4161, 9683
cadre en deux éléments 10312
cadre porterepères 7880
cadre porteur ou de base 2223
cadrer 8657
cadre séparé 5052
cadres jumelés 4070, 6804
cadre trapézoïdal 4322, 8643
cage d'escalier 9304
cage de sûreté 8331
cahier des charges 9162
cahier des charges type 9318
cahier des clauses générales administratives 1978
caillou 6903, 9431
cailloux 1792
cailloux roulés 6904
caisse des carottes 2149
caisse de stockage des carottes 2149
caisson à l'aire comprimé 7258
caisson coulissant 570, 9424
caisson de fondation 1199
calage 8659, 10791
calcaire 1362, 5634
calcaire allochtone 317
calcaire argileux 595
calcaire bitumineux 652
calcaire carbonifère 1428
calcaire compact 1878
calcaire dolomitique 2825
calcaire fissuré 4055
calcaire grenu 4420
calcaire gréseux 8383
calcaire imprégné de gaz 4225
calcaire lacustre 5454, 5469
calcaire magnésien 5877

calcaire organogène 6690
calcaire pétrolifère 7005
calcaire rubané 817
calcaire zoné 817
calcarénite 1361
calcification 1367
calcilutite 1368
calcisiltite 1368
calcite 1369
calcschiste 6147
calcul bidimensionnel 10311
calcul de compensation 1885
calcul de compensation des erreurs 1943
calcul de coordonnées 1944
calcul de dièdres 10786
calcul de l'altitude 4630
calcul de l'amortissement de la crue dans la vallée 8146
calcul de l'amortissement de la crue dans le réservoir 7978
calcul de la valeur économique d'un projet 3119
calcul de l'incidence économique des facteurs d'environnement 3120
calcul de rupture de barrage 2371
calcul des hauteurs 4630
calcul du risque 8137
calcul dynamique 3066
calcul en élasto-plasticité 3180
calcul en régime transitoire 10163
calculer 373
calculette 7265
calcul pseudo-statique 7610
calculs 374
calculs en bloc 4363
calcul statique 9341
calcul suivant une coque 8760
calcul tridimensionnel 10009
calcul visco-élastique 10597
caldeira 1373
caldeira d'effondrement 1834
caldeira formée par une éruption phréatique 7079
caldeira phréatique 7079
caldera 1373
caldera d'effondrement 1834
caldera formée par une éruption phréatique 7079
caldera phréatique 7079
cale 8771, 10080
cale de compression 2275
cale entre armature et coffrage 7906
caler 8645, 8658, 10035
cales de compression 10885
cale traînante 2871
calibreur 2931
calorifugeage 5170

calorimètre 1383
calotte d'une voûte de galerie 8174
calotte glaciaire 4941
Cambrien 1385
Cambrien inférieur 5808
camion 722
camion à benne basculante 3053
camion basculant 7806
camion basculeur 7806
camion-benne à basculement sur arrière 7806
camionnette 5626
camouflet 6361
campanile 972
canal 1391, 1627, 6067, 6635, 9019
canal à berges non revêtues 10406
canal à écoulement libre 6633
canal à ressaut hydraulique 9325
canal autoporté 3912
canal d'adduction 523
canal d'amenée 4605
canal de chasse 3921
canal de dérivation provisoire 2807
canal de drainage 2877
canal de fuite 9833
canal de jaugeage 6066
canal de navigation 6442
canalisation 7143
canalisation d'eau froide 1831
canal jaugeur de Venturi 10015
canal usinier 7392
canal vitré 3913
cancrinite 1392
canevas 2103
canevas altimétrique 10553
canevas planimétrique 4736
caniveau 4551
canne 7768
cañon 1401
cantine 8907
cantine de chantier 8907
canton 1188
canyon sous-marin 9613
CAO 1945
capacité 12
capacité comblée 2415
capacité d'absorption 37
capacité d'accumulation 9450
capacité d'échange de base 870
capacité d'échange de cations 1504
capacité d'échange ionique 5271
capacité de charge 928, 5710, 5711
capacité de chargement 5711
capacité de forage 2958

capacité de l'évacuateur 9194
capacité d'élévation 7634
capacité d'emmagasinement 9449
capacité d'emmagasinement d'eau morte 2414
capacité d'emmagasinement pour la maîtrise des crues 3832
capacité de montée 1742
capacité de pompage 7634
capacité de production du puits 8696
capacité de report 800
capacité de résistance au vent 10863
capacité de retention d'eau 10707
capacité de stockage 9450
capacité de stockage de la tour de forage 7694
capacité de surcharge 6777
capacité de vision stéréoscopique 7385
capacité d'expansion 3426
capacité d'infiltration 5073
capacité du puits 8696
capacité en énergie d'un système hydraulique 3270
capacité non utilisée 5003
capacité portante 928, 5711
capacité portante du pieu 9685
capacité totale de la retenue 7975
capacité utile 129
capillaire 1405
capillarité 1406
capsule d'amorçage 1074
capsule de pression 7444
capsule dynamométrique 6802
captage du grisou 2471, 3671
captages 8511
capteur 8615, 10179
capteur de niveau 5597
caracole 3699
caracole à trépan 1048
caractéristique chute/débit 4599
caractéristique constructive 2029
caractéristique de cavitation 1530
caractéristique de couple 10106
caractéristique de la directivité de source sonore 2710
caractéristique de puissance 7375
caractéristique de puissance à la chute constante et débit réglé 7372
caractéristique de rendement 3151
caractéristique d'une machine hydraulique 1637
caractéristique d'un système hydraulique 1638
caractéristique du sol 9099
caractéristique du soutènement 9679
carapace de fer 5274
carbonaté 1362
carbonate d'ammonium 356
carbonate de sodium 9062
carbonatite 1426
carbone fixe 3733
Carbonifère 1429
Carbonifère inférieur 5809
carbonification 1772
carbonisation 1431, 1772
cardan 1434
cardan optique 6661
carence 8789
carnet de levé topographique 3606
carnet d'opérations 3606
carottage 2153, 2160
carottage à courts intervalles 9224
carottage à la demande 9224
carottage au câble 1352
carottage au diamant 2628
carottage continu 2073
carottage de gaz 4207
carottage électrique 3183
carottage latéral 5511
carottage mécanique 6079
carottage par les tiges 10877
carottage radioactif 7719
carottage sismique 10824
carotte 2944
carotte de forage 2944
carotte de sondage 2944
carotte d'essai 9941
carotte échantillon 2158
carotte imprégnée de pétrole 7025
carotte imprégnée d'huile 7025
carotte orientée 6692
carottier 2146
carottier à chemise de caoutchouc 8314
carottier à chute libre 4082
carottier à diamants 2629
carottier à double paroi 2838
carottier à parois minces 8759
carottier à petit diamètre 8980
carottier à piston 7146
carottier double 2838
carottier double pivotant 2838
carottier extérieur 6730
carottier fendu 9213
carottier intérieur 5122
carottier latéral 5510, 8829
carottier pour diamètre réduit 8980
carottier pour forage au câble 1351
carottier Shelby 8759
carottier simple 8882
carottier type marin 5981

Carrare 1440
carré 9259, 9260, 9261
carreau 9721
carreau céramique 1608
carreau de xylolithe 10927
carreau en céramique 1608
carreau rustique 8324
carrefour 2245
carrière 7677
carrière de gravier 4434
carrière de sable 8376
carrure 8171
carte 5951, 7186
carte aérienne 201
carte aérophotogrammétrique 204
carte aérophotographique 209
carte altimétrique 7934
carte cadastrale 1356
carte de faciès 3517
carte de la résiduelle du champ de pesanteur 7998
carte des isohyètes 5295
carte des zones d'inondation 5256
carte d'images aériennes 209
carte en courbes de niveau 2082
carte géologique 4285
carte géologique pour l'ingénieur 3279
carte gnomonique 4371
carte isobare 5285
carte métallogénique 6122
carte paléogéologique 6810
carte radar 7697
carter de boîte à vitesses 4236
carter d'engrenages 4237
carter de roulement 931
carte représentant l'état 5954
carte structurale 9577
cartographe 1445
cartographie 1447
cartographie à l'infrarouge 5089
cartographie d'écosystème 3125
cartographie des glaciers 4338
cartographie des sols 9107
cartouche à pointeau 10486
cartouche explosive 1075
cartouche remplie de matière adhésive 366
cascade 1450, 10701
cas de convergence 1457
cas de déviation 1459
cas de divergence 1458
cas d'urgence 3243
caserne de pompiers 3677
cash flow 1460
cash flow courbe 1460
cash flow cumulé 2308
cash flow graphique 1460
cash flow total 10326
cas normal 6521

cas normal général 4252
casque de battage 7119
casque de mineur 8340
casque de palplanche 7110
casque de pieu 7110
casque de protection 8340
cassant 1259
casser
    se ~ 1221
cassitérite 1485
cassure 3522
cassure ductile 4056
cassure en forme de coin 10789
cassures d'exploitation au mur 3856
cassures d'exploitation au toit 8240
cataclinale 1491
catalogue des crues 3848
cataracte 1492
cataracte de glace 4935
catégorie des instruments de mesurage 1498
catena 1499
cathédrale 1503
cause d'erreurs 9142
causse 1509
caustobiolite 1511
cautionnement 6947
cavalier d'injection 4513
caverne 1518
caverne de cavitation 1529
caverne suivante une faille 3557
caverneux 1519
cavitation 1527
cavitation acoustique 10582
cavitation contrôlée 2099
cavitation de couche limite 1191
cavitation d'écoulement 3870
cavitation de sillage 1540
cavitation de vapeur 10504
cavitation de vortex 10641
cavitation gaseuse 4213
cavitation initiale 5009
cavitation locale 5731
cavitation progressive 10299
cavitation vagabonde 10199
cavitation vibratoire 10582
cavité 1529, 1542
cavité dans le toit 1541
cavité karstique 5390
cavité minière 6214
CBR 1378
C/E 10690
céder 10939
ceinture morainique 6307
ceinture verte 4451
célérité 7771
célérité de propagation d'une onde 9177

célestine 1548
célestite 1548
cellule 5713
cellule de fluage 2211
cellule de pression des terres 3098
cellule de pression totale 10127
cellule triaxiale 10225
cellulose alcaline 305
cendres de foyer 1163
cendres volantes 3935
cendres volantes à faible teneur en chaux 5830
cendres volantes à haute teneur en chaux 4671
cendre volcanique 10611
Cénozoïque 1359
centrage 743, 1604
centrage de la bulle de niveau 1272
central atomique 6540
centrale 7190
centrale à béton 1970
centrale d'aménagement hydro-électrique 6380
centrale de compresseurs 1940
centrale de malaxage de boue 6352
centrale d'enrobage 650
centrale de pompage 7636
centrale des pompes 7636
central électrique atomique 6540
central électrique nucléaire 6540
centralisateur de revêtement 1465
centralisateur de tubage 1465
central nucléaire 6540
centre de gravité 1576, 1595
centre de gravité de l'exploitation 3953
centre de loisirs 7829
centre de perspective 6988
centre de poussée 1594
centre de rotation 1596
centre d'explosion 3448
centre du cadre 7881
centre optique du cadre 6662
centrer 1590
centre urbain 1698
centre ville 1698
cérargyrite 1609
cerce 8167
cercle azimutal 4735
cercle de glissement 8985
cercle de Mohr 6266
cercle des contraintes correspondant à la rupture 1229
cercle des contraintes de Mohr 6266

cercle des hauteurs 10552
cercle divisé 4404
cercle gradué 4404
cercle polaire 7288
cercle polaire antarctique 466
cercle polaire arctique 577
cérite 1610
certificat d'essais 1611
céruse 1612
cérusite 1612
chabasite 1613
chaille 3791
chaîne alimentaire 3975
chaîne de sols 1499
chaîne de sûreté 8332
chaîne de triangles 1615
chaîne d'usines 8628
chaîne Galle 9251
chaîne pivotante 5337
chalcanthite 1618
chalcopyrite 1619
chalet 2179
chaleur 4611
chaleur de combustion 4466
chaleur d'hydratation 4614
chaleur spécifique 9164
chambre 1620, 5787
chambre à coucher 960
chambre aérophotogrammétrique 280
chambre antibélier 9735
chambre à pied 1386
chambre d'aspiration 9646
chambre d'eau 3994
chambre de décompression 2424
chambre de mesure 1446
chambre de mesure stéréophotogrammétrique 9392
chambre d'équilibre d'amont 10447
chambre des vannes 4228
chambre d'expansion 9734
chambre d'expansion d'amont 10447
chambre d'expansion d'aval 2865
chambre double 2837
chambre du lever 9747
chambre humide 4776
chambre magmatique 5869
chambre métrique 1446
chambre métrique à pied 7056
chambre multibande 6375
chambre multiobjectifs 6368
chambre multiple photogrammétrique 6379
chambre noire 2396
chambre panoramique 6828
chambre photogrammétrique 1446

chambre photogrammétrique
    double 2845
chambre photographique de
    précision 1446
chambre photographique de
    précision multiple 6379
chambre photographique de
    précision pour vues uniques
    7055
chambre-révolver 8078
chambre stéréophotographique
    9403
champ 3603, 3616
champ angulaire 437
champ angulaire utilisable 3134
champ de contraintes 9541
champ de gaz naturel 6424
champ de gravitation 4444
champ de gravité 4444
champ de pesanteur 4444
champ de pesanteur mesuré 6580
champ de pétrole 7001
champ de tolérance 10082
champ d'exploitation 10900
champ d'image 4958
champ d'un dipôle excentrique
    3113
champ géomagnétique de
    référence internationale 5232
champ gravitationnel 4444
champ hétérogène 4649
champ homogène 4719
champ magnétique terrestre 4289
champ minéralisé 6193
champ minier 6193
chandelle 5297, 7580
changement de cours 1623
changement de direction 1623
changement de lit 8769
changement de vitesse 1625
changement de volume 1624
changement de volume
    homothétique 10384
chantier 2041, 10912
    sur ~ 6623
chantier de dépilage 3405
chantier en cul de sac 269
chantier nécessitant des travaux
    permanents d'entretien 7278
chantiers à faible section 6415
chanvre de Manille 2
chape 3857
chapeau 827
chapeau de clapet 10484
chapeau en acier à ressort 9245
chapeau en bois 10888
chapeau en forme de chenille
    1501
chapeau en porte-à-faux arrière
    766

chapeau frontal 4022
chapeau métallique cintré 1384
chapeau-plateau 7213
chape de mortier 6313
chapiteau 1414
charbon 1767
charbon adhérent 9415
charbon au toit 8241, 10089
charbon cokéfiable 1827
charbon en place 4379
charbon entre deux plans de
    glissement 1770
charbon noueux 1122
charbon piciforme 7155
charbon vierge 4379
charge 3451, 5705
charge 897, 932, 5699, 5704
charge admissible 8330
charge à la pose 8665
charge alternée 342
charge au serrage 1705
charge axiale 747
charge cinétique 10527
charge concentrée 1948, 7269
charge critique 2232, 2233
charge d'amorçage 7504
charge de choc 4974
charge de coulissement 10947
charge de coulissement préréglée
    7436
charge de culée 43
charge de culée 7805
charge de flambage 1283
charge de neige 9039
charge de pose 8665
charge de préconsolidation 7415
charge de rupture 1231, 3525
charge de service 8330
charge d'essai 9947
charge de torsion 10113
charge d'un pieu 7120
charge encaissée 69
charge en sédiments 8529
charge explosive 1076
charge hydraulique 4812
charge initiale 7427
charge inversée 8070
charge limite 2233
charge linéaire 5661
chargement à la lumière du jour
    5723
charge minimale sur la roue 6210
charge normale 6525
charge oblique 6571
charge périodique 6960
charge permanente 9762
charge piézométrique 7104
charge ponctuelle 7269
charge portante initiale 1705
charge portante normale 6497

charge potentielle 7363
charge provoquant le
    gauchissement 5712
charge pulsatoire 7960
charge pulsatoire à valeur
    minimale nulle 3267
charger 7501
charge répartie 2796
charge résultante 8037
charges de combustible 4153
charges de renouvellement 3651
charges d'exploitation 8319
charges fixes 3734
charge solide en suspension 9758
charge spécifique sur l'outil 747
charges proportionnelles 5031
charge superficielle 9713
charge supportée 69
charge sur l'outil 747
charge tangentielle 9852
charge totale 10124
charge unitaire 5185
chargeuse 5717
chargeuse à bande 975
chargeuse à godets 1614
chargeuse-élévateur 3219
chargeuse-pelleteuse 777
charge utile 5699
chariot 1441, 5709, 10246
chariot porte palettes 4005
charnière 4691
charpente en acier 5706
charpente métallique 5706
charpente porteuse en acier 5706
charpente pour toit en verre 4358
charpenterie 5356
charpentier 1438
charriage 956, 6409
charriot à fourche 4005
chasse 3919
chasse à courre 4779
chasse à niveau bas 8443
chasse au fusil 8779
chasse au gibier d'eau 10852
chasse-neige 9037
chasse-neige à turbofraise 9037
chasse-neige rotatif 9037
châssis 10347
châssis à changement de film
    3633
châssis à changement des plaques
    7215
châssis de base 883
châssis de porte à panneaux 2830
châssis-skid 8945
château 1489
chaudière 1110
chaudière de chauffage 1110
chauffage central à eau chaude
    1589

chaussée 6880
chaussée rigide 8112
chaussée souple 3779
chaux 5631
chef d'aménagement 7565
chef de chantier de forage 2949
chef de l'installation de forage 8115
chef de projet 7560
chef sondeur 1152
chélation 1646
chemin critique 2234
chemin de contraintes 9540
chemin d'écoulement 6879, 8543
chemin de fer 7730
chemin de roulement du pylône mobile 9830
chemin d'infiltration 6879
cheminée 779, 1656, 1658, 8128, 8130
cheminée d'équilibre 9737
cheminée d'usine 9293
cheminement 10205
cheminement de nivellement 5664
cheminement tachéométrique 9822
cheminer 2208
chemin préférentiel 7418
chenal 1628
chenal d'écluse 5744
chenal de l'évacuateur de crue 9195
chenal de marée 10028
chenal de mer profonde 2437
chenal d'évacuation des glaces 4934
chenal navigable 6438
chéneau 8246
cherry-picker 1654
chessylite 763
chevalet de forage 2985
chevalet de support de balancier 8368
chevauchement 6772, 6784, 10019
chevauchement anticlinal 1243
chevauchement brisant 1243
chevauchement latéral 5514
chevauchement transversal 5514
chevet 522
chevillage 9587
cheville 6911, 7237
cheviller 2859
chèvre 4329
chevron 8154
chevron de plancher 7648
chevron de toiture 7727
chicane à labyrinthe 5449
chiffraison 6551

chiffre 6550
chiffre d'affaires 10303
chimie du sol 9086
chloritisation 1661
chlorure de calcium 1370
chlorure de polyvinyle 7317
chlorure de sodium 9063
chlorure de zinc 10975
choix de l'emplacement d'un barrage 8916
choix du type de barrage 1666
choque 9426
chroma 1670
chromate de sodium 9064
chromatographie en phase gazeuse 4205
chromatographie gazeuse 4205
chromite 1673
chrone 1674
chronologie géologique 4264
chronomètre 1675
chronostratigraphie 1676
chronozone 1677
chrysobéryl 1678
chrysocolle 1679
chrysolithe 6952
chrysolithe de Ceylon 6952
chute 4597, 4811
chute brute 4465
chute brute maximale 6028
chute brute minimale 6206
chute brute moyenne 6042
chute d'eau 10701
chute de neige 9044
chute de neige par unité de temps 9043
chute de pierres 3534
chute de pluie 7733
chute de potentiel 7359
chute de pression 7449
chute de pression dans les tiges de forage 7621
chute nette 6466
chute nette maximale 6031
chute nette minimale 6207
chute nette moyenne 6044
chute nette nominale 6498
chute nette pondérée 10799
ciel 765
ciment 1551, 1552, 6015
ciment à basse teneur en alcalis 5804
ciment à composants secondaires 1082
ciment à durcissement rapide 7770
ciment à faible chaleur d'hydratation 5827
ciment à forte chaleur d'hydratation 4669

ciment à l'alumine 351
ciment alumineux 351
ciment à prise contrôlée 7886
ciment à prise lente 9011
ciment à prise moyennement rapide 6529
ciment à prise rapide 7770
ciment artificiel à faible chaleur d'hydratation 5827
cimentation 1553, 1554
cimentation à deux étages 10315
cimentation à plusieurs étages 6385
cimentation à une phase 6620
cimentation à un étage 6620
cimentation du fond du puits 1166
cimentation du puits 1166
cimentation du sondage 1166
cimentation par passes 6385
cimentation par plusieurs passes 6385
cimentation primaire 7493
ciment aux pouzzolanes 7397
ciment barytique 836
ciment basique 886
ciment blanc 10843
ciment de colmatage 7244
ciment de haut fourneau 1068, 7337
ciment de laitier 1068, 8936
ciment de laitier au clinker 7337
ciment de laitier de hauts fourneaux 7337
ciment de type géode 3033
cimenté 1559
ciment en vrac 1296
ciment expansif 3423, 4662
ciment extra-fin 10328
ciment fondu 4657, 5458
ciment hydraulique 4788
ciment hydrofuge 10722
ciment Kühl 5441
ciment Lafarge 5458
ciment PHR 4661
ciment Portland 7338
ciment Portland à durcissement rapide 4661
ciment Portland à haute résistance initiale 4661
ciment Portland à la pouzzolane 7339
ciment Portland artificiel au laitier 7337
ciment Portland artificiel pouzzolanique 7339
ciment Portland au laitier 7337
ciment Portland de haut fourneau 7337
ciment pour colmatage 7244

ciment pouzzolanique 7397
ciment prompt 7770
ciment pur 6446
ciment résistant aux sulfates 9653
ciment sans retrait 4662
ciment sidérurgique sulfaté 9654
ciment silicaté 8852
ciments mixtes Portland-
   pouzzolane 7339
ciments pouzzolaniques 7339
ciment sulfaté 9653
ciment sursulfaté 9654
cinabre 1685
cinématique 5427, 5429
cinématique des fluides 5430
cinétique des systèmes matériels 5435
cinétique du point matériel 5434
cintre 8167
cintre articulé 623
cintre articulé coulissant 625
cintre coulissant 8974
cintre en deux éléments 10312
cintre en trois pièces 10012
circuit de boue 6344
circuit de commande hydraulique 4837
circuit fermé 1746
circuit ouvert 6634
circulation de la boue de forage 1696
circulation directe 9476
circulation du fluide de forage 1696
circulation forcée 3983
circulation hydrothermale 4900
circulation inverse 8066
cire fossile 6793
cire minérale 6793
cirque 1697
cisaillement 10021
cisailler 8732
cité de chantier 2031
cité d'exploitation 6650
citerne de ballast 806
clapet 1645, 3757, 3758, 7865, 10048
clapet à cône 7319
clapet à levée angulaire 9778
clapet anti-retour 6512, 6513
clapet articulé 3758
clapet automatique 719
clapet d'arrêt 6609
clapet de marche à vide 4947
clapet de non-retour 6512
clapet de non-retour à ressort 9239
clapet de non-retour suspendu librement à contrepoids 4092
clapet de réglage 7890

clapet de retenue 1645, 6513
clapet de sûreté 7471
clapet d'étranglement 10016
clapet d'excès de pression 7936
clapet étrangleur 10016
clapier 9845
claps 9845
claquer 2197
clarté 1732, 10603
clarté d'un objectif 9526
classe de précision d'un instrument de mesurage 1714
classement 9108
classement des machines 1712
classicisme 1711
classification des machines 1712
classification des roches 8183
classification des sols 9087
classification des sols d'après Casagrande 1449
classification lithostratigraphique 5693
clavage des joints 5365
claveau 571
clavetage de la roue à l'arbre 8808
clavette de cisaillement 8745
clavette de pose 8674
clayonnage 6018
clé 2258
clé à 6 pans 4655
clé à chaîne 1616
clé à tiges 7141
clé à tubes 7141
clé automatique 7395
clé de commande hydropneumatique 7395
clé de déblocage 1239
clé de dévissage 1239
clé de retenue 5605
clé de tubage 1483
clef à choc 4978
clef de voûte 555
clef dynamométrique 10108
clef hexagonale 4655
clé pour tiges de forage 2979, 7141
cliché 6452
cliché contrasté 4586
cliché dense 2503
cliché dur 4586
cliché faible 3527
cliché léger 10000
cliché mou 9079
cliché sans contrastes 3527
clignoteur 1085, 8846
climat continental 2058
climatiseur 246
climatologie 1739
climatologie dynamique 3068

climat sec 3035
climax 1740
climax altéré 2732
clinographe 1743
clinomètre 1744
clips 3725
cliquet d'arrêt 7773
clivage 1734
clivage distinct 2791
clivage imparfait 5050
clivages dus à la pression 7446
clivages 780
clivages secondaires 1326
cloche 1506, 2569
cloche à plongeur 2812
cloche de guidage 969
cloche de plongée 2812
cloche de repêchage 8267
cloche de repêchage à coins 6781
cloche de repêchage à ressort 9242
clocher 972
cloison 6870, 8453
cloison amovible 6330
cloison de partition de l'eau claire 2634
cloison de remblayage 9469
cloison de séparation 9214
cloison en verre 4357
cloison mince horizontale 2634
cloison mobile 6330
cloison suspendue 8595
cloison vitrée 4357
cloque 4147
clôture 3592
clôturer un terrain 3593
clou 6403
clouer 6404
cluse 4382
coaxialité 1791
code de la réception 1794
code de sécurité 8333
code minier 6216
code Munsell 6393
coefficient 1795
coefficient d'absorption 38
coefficient d'activité 132
coefficient d'adhérence acier-béton 9368
coefficient de compactage 1798
coefficient de compressibilité 1799, 1925, 1927
coefficient de conductibilité thermique 9967
coefficient de consistance 1800
coefficient de consolidation 1801
coefficient de contraction latérale 7286
coefficient de correction de bac 6825

coefficient d'écoulement 2880, 2888, 3881, 8322
coefficient de démarrage 9334
coefficient de détente élastique 1806
coefficient de dilatation thermique 9970
coefficient de fluage 1802
coefficient de foisonnement 1300, 1797
coefficient de forme 8720
coefficient de frottement 1807
coefficient de frottement dynamique 3072
coefficient de frottement statique 9345
coefficient d'élasticité 7578
coefficient de perméabilité 6972
coefficient de Poisson 7286
coefficient de poussée active des terres 1796
coefficient de pression active du sol 1796
coefficient de pression des terres au repos 1805
coefficient de raideur 1811
coefficient de réaction du sol au cisaillement 1804
coefficient de réaction dynamique du sol 1803
coefficient de réaction horizontale du sol 1808
coefficient de réaction statique du sous-sol 1810
coefficient de rigidité 9421
coefficient de ruissellement 8322
coefficient de sécurité 8335
coefficient de sécurité au cisaillement 8336
coefficient de sécurité au glissement 8337
coefficient de serrage 1799
coefficient de similitude 8402
coefficient de stabilité de Taylor 9277
coefficient de stabilité de Terzaghi 9276
coefficient de surface bâtie 8915
coefficient de tassement 1811
coefficient de transmissibilité 543
coefficient de valeur 2175
coefficient de vitesse 9175
coefficient d'intensité de contrainte 9536
coefficient d'intensité de contrainte critique 4059
coefficient d'uniformité 313
coefficient d'uniformité de Hazen 313
coefficient d'uniformité de Kramer 5439
coefficient d'utilisation 8915
coefficient d'utilisation des apports 10462
cœur de synclinal 2157
coffrage 4019
coffrage en cintre 1575
coffrage glissant 8970
coffrage grimpant 8970
coffrage mobile 10202
cohésion 1819
 sans ~ 6503
cohésion apparente 500
cohésion effective 3135
coiffe 1417
coiffe de pieu 7110
coiffe de protection 10485
coincement 9414
coincement de l'outil 1052
coincement du trépan 1052
coincer 9413
coïncidence 1825
coincidence stéréoscopique 9405
coin entraîné 2871
coins d'entraînement 5416
coins de retenue 8276
coke 1826
coke naturel 6420
col 8327
collapsus brutal des bulles de cavitation 9649
collatéral 288
colle 150
colle à base de résine 8008
colle à base de résine synthétique 9800
collecteur 5939
collecteur de drain 2878
collecteur de fumée 4168
collecteur d'huile 6603
collectif 2120
collier 1700
collier d'arrêt 9437
collier d'arrêt de fuites 8538
collier de scellement 388
collier de serrage 1700, 1706
collier de serrage pour tubes 7137
collier d'objectif 6564
collimateur 1849
collimation 1846
colline allongée de gravier d'origine glaciaire 3376
colloïdal 1851
colloïde 1850
colloïde du sol 9088
colluvions 1853
colmatage 7241, 8485
colmatent 7242
colmater 6353
colonnade volcanique 5526
colonnaire 1859
colonne 1858
 en ~s 1859
colonne d'eau 1862
colonne de cimentation 4522
colonne de fermeture des eaux 10740
colonne de fumée 3373
colonne de production 10261, 10268
colonne de protection du puits 1179
colonne de repêchage 3703
colonne de tiges de forage 2988
colonne de tubage 1481
colonne d'injection 4522
colonne éruptive 3373
colonne magmatique 5872
colonne montante 8132
colonne non crépinée 1063
colonne perdue 5671
colonne support 930
columbite 1857
combinaison de charges 5714
combinaison de plongée 2817
comble brisé 5947
comble en mansarde 5947
comblement par végétation 3628
combustion in situ 3675
combustion souterraine 3675
combustion spontanée 9219
commande asservie 8619
commande électrique 3192
commande électromagnétique 3204
commande en séquence 8619
commande en séquence par groupes 821
commande hydraulique 4793
commande individuelle à partir de l'élément précédent 5051
commande par courroie trapézoïdale 10522
commande par engrenages 4239
commande pneumatique 7259
commande programmée en fonction de la pression 7450
commande programmée en fonction du chemin parcouru 10198
commande programmée en fonction du temps 10061
commander 6678
commencement d'un phénomène de cavitation 5006
commencer un forage 9253
commutateur 1872, 1873, 10079
commutateur de démarrage 9332
compacité 1879, 2012, 2478
compact 3679

compactage 1875, 1876
compactage de la nappe aquifère 531
compactage du sol 9089
compactage normalisé 9310
compactage par jet d'eau 5349
compactage par vibroflotation 10587
compacteur 1880
compacteur vibrant 10571
compaction chimique 1647
compaction par percolation 10469
comparateur 1882, 2625
compartiment de circulation 10200
compartiment d'injection 4507
compas 5882, 6805
compas gyroscopique 4556
compas gyroscopique répétiteur 4557
compensateur des contraintes 9531
compensation 1887
compensation des erreurs 167
compensation isostatique 5308
compenser 1883
compléter 1896
compléter un puits 1897
complétion permanente d'un puits 6967
complétion tubée 1453
complexité de construction 1904
comportement 964
comportement à long terme 5786
comportement des barrages 965
comportement des strates 8182
comportement du massif 8182
comportement du réservoir 7985
composante du mouvement 1908
composantes de tension 9532
composition des forces 1912
composition du béton 1960
composition granulométrique 4424, 9108
composition isotopique 5314
compresseur à air 244
compresseur à gaz 4206
compresseur d'air 244
compresseur de gaz 4206
compresseur de réfrigération 7870
compresseur frigorifique 7870
compresseur réfrigérant 7870
compressibilité 1922, 1923
compression 1930
compression simple 10341
comprimer 1919
compteur 2181
compteur à scintillation 8433
compteur d'eau 10714

compteur d'eau à ailettes 10500
compteur d'eau à hélice 4638
compteur d'eau à tambour 8079
compteur d'eau de vitesse 5068
compteur Geiger 4242
concasseur 2274
concasseur à mâchoires 5336
concasseur giratoire 8265
concasseur primaire 7494
concentration des contraintes 85
concentricité 1950
concentrique 1949
conception assistée par ordinateur 1945
concours technique 2558
concrétion 1974, 9181
condensateur 1402
condenseur 1977
conditions
    aux ~s économiques de 7491
condition de boulance 7689
condition d'écoulement permanent 9364
condition de rayonnement 7717
conditionnement d'un puits 1901
conditionneur d'air 246
conditions à la rupture 3524
conditions atmosphériques 247, 673
conditions aux limites 1189
conditions critiques 3244
conditions de fonctionnement normales 9315
conditions de fonctionnement normalisées 9315
conditions de gisement 4277
conditions de réparation 7956
conditions de service 8632
conditions du puits 1138
conditions du sondage 1138
conducteur de mise à terre 3088
conducteur d'engin 7195
conducteur d'engin de terrassement 3094
conducteur de travaux 659, 2091
conducteur mise à terre 3088
conductibilité 1979
conductibilité hydrodynamique 4856
conductibilité thermique 9968
conductivité 1979
conductivité électrique 3190
conductivité hydraulique 4790
conduit d'air 268, 273
conduit de fumée vertical 1658
conduit de vidange 2923
conduite 5652
conduite à section transversale complètement mouillée 1980
conduite à section transversale partiellement mouillée 1981
conduite d'air comprimé 1920
conduite d'aspiration 9647
conduite d'eau froide 1831
conduite de chasse 8446
conduite découverte 6635
conduite de dérivation 1340
conduite de l'évacuateur de crue 9197
conduite de refoulement 2489
conduite des travaux 2038
conduite de ventilation en galerie 257
conduite de vidange 2923
conduite d'injection 5111
conduite enterrée 2306
conduite fermée 1747
conduite forcée 1747, 6927
conduite frettée 818
conduite hydrométriquement lisse 4882
conduite hydrométriquement rugueuse 4881
conduite pour huile brute 2268
conduite pour pétrole brut 2268
conduite principale de gaz 4220
conduite sous-marine 8477
conduite sous pression 6927
conduit karstique 5400
conduit naturel 4490
cône adventif 182
cône alluvial 324
cône d'Abrams 9023
cône d'avalanche 733
cône d'éboulis 9844
cône de déjection 324
cône de dépression 1987
cône de guidage 9271
cône de lapilli 5496
cône de rabattement 1987
cône karstique 5391
cône simple 8874
cône torrentiel 324
configuration des franges 4135, 5290
configuration du terrain 4474
confinement latéral 8035
confluent 5379
conforme 1996
congélation 4111
congélation du sol 4032, 4109
conglomérat 1998
conglomérat de base 861
conicité 9856, 9857
connecteur de câble 1347
conservation 7434
conservation de la cohésion des couches 5919
conservation de l'environnement 2009

conservation des machines 5918
considération 888
consignes de boisage 9694
consignes de manœuvre des vannes 3839
consignes d'exploitation 6647
consistance 2012
consistance des travaux 8435
consistant 9287
console 1396
consolidation 2016
consolidation d'un remblai rocheux à la lance 9020
consolidation du terrain 9089
consolidation initiale 5096
consolidation instantanée 5096
consolidation par électroosmose 2017
consolidation préalable 7414
consolidation unidimensionnelle 6619
consolidomètre 2019
consommation des auxiliaires 7191
constance de zéro 10970
constance d'un instrument de mesurage 9273
constante capillaire 1409
constante de multiplication 6386
constante de temps 10060
constantes d'élasticité 3168
constatation de l'état initial 9338
constructeur 5950
constructeur de gros matériel 4622
construction
 en ~ 10349
construction antisismique 3104
construction à sec 2035
construction de routes urbaines 10456
construction des batardeaux 1814
construction des cartes 2913
construction des habitations 4764
construction de signaux 2497
construction des machines 5857
construction en briques 1249
construction en ossature de béton 1965
construction en palplanches fpl 8758
construction peu élevée 5807
constructions 565
constructions hydrauliques 4836
construction suivant la méthode de l'axe central 1593
construire 1287
construire une carte 7228
contact 5201
contact avec clef 5424

contacteur triangle 2496
contact huile-eau incliné 5021
contact mécanique 9876
contact tectonique 9876
contamination 2055
contamination d'un aquifère 532
conteneur 2053
contestations 2771
continental 2056
contour de la retenue 8786
contour de l'eau périphérique 3133
contradiction 2741
contrainte 9528
 à ~s imposées 9533
contrainte admissible 321
contrainte axiale 749
contrainte circulaire 4728
contrainte de cisaillement 8742
contrainte de compression 1935
contrainte de flambage 1285
contrainte de flexion 989
contrainte de préconsolidation 7415
contrainte de rupture 1235
contrainte de torsion 10115
contrainte de traction 9922
contrainte due à la charge de montage 3345
contrainte effective 3144
contrainte limite 9537
contrainte limite d'écoulement 10952
contrainte neutre 6474
contrainte normale 6531
contrainte normale effective 3139
contrainte normale sur la surface de glissement 6532
contrainte permanente 2078
contrainte plane 7178
contrainte principale 7517
contrainte principale intermédiaire 5217
contrainte principale majeure 5926
contrainte principale mineure 6220
contrainte radiale 7714
contrainte rémanente 8004
contraintes alternées 343
contrainte secondaire 8510
contraintes résiduelles 8004
contrainte tangentielle 9854
contrainte triaxiale 10228
contrainte tridimensionnelle 10228
contrat d'études 2559
contre-attaque 2182
contre-barrage 9632
contre-écrou 1644

contrefort 1331
contremaître 3997
contremaître de chantier 2949
contremaître de forage 2949
contre-pilastre 2183
contreplaqué 7255
contrepoids 2184
contreventement 10858
contrôle 1640, 7891
contrôle à distance 7941
contrôle automatique 717
contrôle de fonctionnement 6653
contrôle de la qualité 7668
contrôle de l'avancement du forage 2960
contrôle de l'environnement 3309
contrôle des piézomètres 7107
contrôle d'essuage 9203
contrôle des terrains 9491
contrôle du fonctionnement d'un dispositif de drainage 6293
contrôle du fonctionnement d'un voile d'étanchéité 6293
contrôle du remplissage d'un réservoir 3629
contrôle du toit 8242
contrôle général des travaux 2043
contrôle hydraulique de l'avance 4800
contrôle par point de fuite 10503
contrôler 1641
contrôleur d'étançons 7581
convergence 2113, 2114, 2116
convergence initiale 5097
convergence partielle 5027
conversion 8660
convertisseur de mesurage 6077
convertisseur hydraulique 4791
convertisseur hydraulique du couple 4843
convoyeur à courroie 974
coordimètre 2135
coordinatomètre 2136
coordonnée comptée sur l'image 4957
coordonnée polaire 7289
coordonnées 2137
coordonnées cartésiennes 1444
coordonnées dans l'espace 9146
coordonnées de la plaque 7216
coordonnées géographiques 4273
coordonnées mesurées sur la plaque 7216
coordonnées modales 6248
coordonnées planes 7170
coordonnées polaires 7290
coordonnées rectangulaires 7831
coordonnées sphériques 9184
copie 2140, 7966
copier 2139

corbeau 2141
cordage en Manille 5940
corde 1668
cordeau détonant 2580
corde en chanvre de Manille 5940
corde en Manille 5940
corde vibrante 10574, 10575
cordiérite 2142
cordon 8981
cordon de soudure 10806
cordon littoral 854, 9209
corindon 2172
cornéenne 4753
corniche 8199
cornière 401
cornière en acier 429
corps concordant 1955
corps de la chaussée 8159
corps du barrage 1108
corps élastique 3164
corps extra-terrestres 3492
corps flottants 3802
corps minéralisé 6683
correcteur 1884
correction 2166, 2167, 4998
correction de la zone altérée 10780
correction du lit 8156
correction dynamique 6526
correction isostatique 5309
correction par dispersion thermique 2129
correction statique 9343
corrélation des couches géologiques 2169
corridor 2170
corriger 2165, 8656
corroi d'argile 7617
corrosif 1510
corrosion 10859
cosinus de direction 2173
cosinus hyperbolique 4910
cosse de câble 1350
cotangente hyperbolique 4911
cote 3221
côte 78, 2303
côté arrière-taille 4375
côte à structure longitudinale 6795
côte à type dalmate 2363
côte composée 1789
côte concordante 6795
côte d'abrasion 1788
côte de flexure 6295
cote de la crête du barrage 3222
côte de ligne de faille 3565
côte d'érosion marine 1788
cote du couronnement 3222
cote du plan d'eau 7982
cote du sabot de tubage 1477

côte du type pacifique 6795
côte exposée 10781
côte longitudinale 6795
cote normale de retenue 8048
couche 5541, 9514
couche active 123
couche aquifère 10688
couche caractéristique 5421
couche de base 869
couche de calcaire imprégnée de pétrole 7026
couche de charbon 8488
couche de dépôt 1062
couche de fermeture 5168, 8479, 8480
couche de fondation 949
couche d'égalisation 5592
couche de glace 4938
couche de liaison 869, 1019
couche d'enrochement à la base d'une fondation 9432
couche de passage 10167
couche de réglage 5592
couche de régularisation 5592
couche de scellement 5168
couche de sol 9093
couche de surface 9707, 9730
couche de transition 10167
couche discordante 2738
couche drainante 2884
couche égide 8491
couche élémentaire 5474
couche filtrante 3638
couche granoclassée 4394
couche guide 5421
couche imperméable 527, 10751
couche imperméable d'une nappe captive 1994
couche inexploitée 10379
couche intercalée 5191
couche intermédiaire décarburée 837
couche isolante 5168
couche limite 1190
couche limitée 5637
couche limite laminaire 5475
couche minéralisée 8488
couche non exploitée 10379
couche nuageuse 1764
couche perméable 6976
couche pétrolifère 7003
couche productive 7544
couche-repère 4544
couche repère 5421
couche-réservoir 7974
couche rocheuse 8202
couches contiguës 157
couche semi-perméable 545
couche sensible à la lumière 5624
couches sus-jacentes 6780

couche supérieure 6752
couche-support 9687
couche sus-jacente 6779
couche vierge 10379
coude d'aspiration 9645
coude d'entrée 9645
coulée de boue 5464, 6348
coulée de boue volcanique 5464
coulée de lave 5530
coulée de lave souterraine 5207
coulée volcanique 5530
couler 7368
couleurs complémentaires 1895
coulis 4505
coulis bentonite-ciment 997
coulis chimique 1650
coulis de bentonite 998
coulis de bitume 1054
coulis de ciment 1560
coulis de résine époxide 3326
coulis de silicate de soude 1650
coulis d'injection 1560
coulis mère 6858
coulis primaire 6858
coulissant 9890, 10943
coulissement 10942
coulissement par bonds 5725
coulisser 10939
coulisser par bonds 10940
coulis stable 9291
couloir 2170
couloir karstique 5392
coup
 à-~ 1545, 9034
coup d'eau 5132
coup de bélier 10706
coup de charge initial 3689
coup de terrain 1312
coup de toit 1312
coup de vent 9257
coupe 5758, 8516
coupe-circuit automatique 710
coupe de sondage 9098
coupe de traçage 269
coupe d'un sondage 1142
coupe en long 5778
coupe géologique 4280
coupe longitudinale 5778
coupe longitudinale du sondage 7545
couper 5241
coupe sismique 8561
coupe stratigraphique 9499
coupe-tige 1467
coupe-tige extérieur 3479
coupe-tige intérieur 5135
coupe transversale du puits 8697
coupe-tube 1467
coupe-tubes 10263
coupe-tubing 10263

coupe verticale 10564
couplage retenue-barrage 7976
couple 5462, 9394, 10105
couple allonge 5462
couple-allonge 5462
couple de décollage 9336
couple de démarrage 9336
couple de frottement 4134
couple de la roue-pompe 4980
couple de la roue-turbine 10293
couple de points 6806
couple de serrage 10036
couple résistant 6282
coupole 2309, 2310
coupole ellipsoïdale 1205
coupure de la rivière 8142
coupure d'électricité 7374
coupure partielle 6859
coupure totale 10121
cour 2190
courant alternatif 341
courant compressible 1928
courant continu 2701
courant continu de turbidité 9365
courant de densité 2513
courant de fond 10356
courant de Humbolt 6992
courant de retour 8058
courant de turbidité 10288
courant gazeux 6181
courant marin 6586
courant pulsatoire 1871
courant souterrain 10360
courant tellurique 9895
courbe 980, 2321
courbe caractéristique 1632, 5726
courbe charge-coulissement 1632, 5726
courbe charge-tassement 5724
courbe contrainte-déformation 9543
courbe d'affaissement 9628
courbe d'affaissement en fonction de la distance de la taille 2592, 2593
courbe d'affaissement en fonction du temps 10945
courbe de chargement 5724
courbe de consolidation en fonction du temps 10059
courbe de convergence en fonction du temps 2119
courbe d'écoulement 3873
courbe de déchargement 7809
courbe de déplacement 2765
courbe de distorsion 2324
courbe de fatigue 10881
courbe de la production 7542
courbe de liquidité 3873
courbe d'emballement 2325

courbe de niveau 2080, 5296
courbe densité/teneur en eau 2515
courbe de Proctor 7532
courbe de refroidissement 2130
courbe de remous 789, 2906
courbe de rendement 3152
courbe de résonance 8030
courbe d'erreurs 3355
courbe d'erreurs d'un instrument de mesurage 3356
courbe de saturation 8396, 10964
courbe des débits classés 3877
courbe des débits cumulés 5998
courbe d'étallonage 1376
courbe d'étalonnage d'un instrument de mesurage 1377
courbe de tarage 3891
courbe de tassement en fonction du temps 8684
courbe de Wöhler 10881
courbe d'utilisation des apports 5193
courbe efforts-déformations 5724
courbe enveloppe 6267
courbe enveloppe de Mohr 6267
courbe granulométrique 4400
courbe hauteur-débit 9297
courbe hauteur-surface 2529
courbe hauteur-volume 2540
courbe humidité-densité 7532
courbe intrinsèque 6267
courbe intrinsèque de Mohr 6267
courbe isochromatique 5289
courbe pression-indice des vides 7482
courbe profondeur-temps 2538
courbes en colline 8762
courbes surface-volume 586
courbure 982, 2319, 3784
courbure terrestre 2320
couronne 1061, 2257, 2263, 8234
couronne à diamant 2627
couronne à diamant pour carottier à câble 10878
couronne à diamants 2627
couronne à gradins 9387
couronne de carottage 1045, 2154
couronne de forage 1151
couronne de sondage 1151, 2154
couronne de support 2223
couronne diamantée de carottage 2627
couronne d'un cintre 2263
couronnement 2372
courroie d'entraînement 3017
courroie de transmission 3017
courroie trapezoïdale 10521
cours 7791
cours d'eau 10693, 10758
cours d'eau de fonte 9663

cours d'eau érodé 3294
cours d'eau intérieur 3285
cours d'eau sous-glaciaire 9604
cours de la rivière 8144
course 9569
cours frontière 7792
coursier correspondant au profil naturel de la lame 4091
coursier de l'évacuateur de crue 9196
coursier d'évacuateur recouvert d'herbe à résistance renforcée 7901
cours inférieur 5816
cours moyen 6175
cours principal 5903
cours supérieur 10435
coût d'équilibre 1225
coût des terrains et indemnités 5481
coût d'extraction 5612
coût global 6749
coût limite 1225
coût total actualisé 10126
couvent 2109
couvercle de cercueil 2569
couvercle de clapet 10487
couvercle d'objectif 5575
couverture 2192
couverture aérienne 193
couverture de glace 4932
couverture de neige 9040
couverture de toit 8243
couverture multiple 6376
couverture par les assurances 5174
couverture sédimentaire 6752
couvre-objectif 5575
covellite 2191
craie lacustre 5454, 5470
cran 1286
craqueter 2206
crassier 9827
cratère 2204
cratère à bouches multiples 1984
cratère double 10305
cratère endormi 2832
cratères jumelés 10305
cratère subterminal 9640
création de fissures 3721
crépine pour puits 10823
crépiter 2200, 2206
Crétacé 2219
Crétacé inférieur 5810
Crétacé supérieur 10429
Crétacique 2219
crête de toit 1863
crête déversant du barrage 2217
crête du barrage 2372
crête d'un talus 10093

crête isoclinale 4698
creusement 2473, 2938
creusement à large front 8791
creusement au bouclier 8765
creusement d'une galerie en rocher 10282
creuser 1132, 3007, 3008, 3400, 8895
creuser una galerie au-dessus 3010
creuser une galerie en dessous de ... 3009
creuser une tranchée 10207
creuser un puits 1133
creux 2905
crevasse 2198, 2220, 3522
crevassé 2221
crevasse latérale 5964
crevasse marginale 5964
crible 8456
crible vibrant 10573
criqûre de tension 9917
cristal 2287
cristal de roche 7685
cristal hémimorphique 4642
cristallin 2291
cristallisation 2296
cristalloblastèse 2297
cristallographie 2298
critère de cavitation 1536
critère d'écoulement 2227
critère de Coulomb 4127
critère de frottement 4127
critère de rupture 2226
critère du régime d'écoulement 2227
critères de conception 2560
critères de sécurité 8334
crochet 835
crochet à tubage 1476
crochet de forage 2968
crochet de la tête d'injection 8278
crochet de levage 1476
crochet de repêchage 3699
croisée de fils 8049
croisement 2245
croisement de galeries 8168
croisement de voies 8168
crokoïte 2238
croquis 8920
croûte continentale 2059
crue 3823
crue annuelle 451
crue brutale 3762
crue centennale 10931
crue décamillennale 10933
crue décennale 10930
crue de chantier 2034
crue de projet 2563
crue maximale mensuelle 6300

crue maximale probable 7529
crue millennale 10932
crue prise en compte pour les travaux 661
crue saisonnière 8493
crues observées 3848
cryolite 2279
cryologie 2280
cryonivellement 2282
cryopédologie 2281
crypte 2284
cryptogène 2285
cryptolite 6283
cryptovolcanisme 2286
cube d'essai 1972
cube d'essai en béton 1972
cuesta 2303
cuillère de dissipation 3792
cuisine 5436
culasse 2353, 10954
culasse de cylindre 2353
culée 42, 1253
culée-poids 4441
culot 2414
culotte 1010
culot vidangeable 5003
cuprite 2312
cure avec pâte à joints 2315
cure du béton après coulée 1962
curette-cuillère 9222
curie 2313
curing du béton après coulée 1962
cutback 2332
cuvelage 1360, 1463
cuvelage à segments 10259
cuvette 4551, 10248
cuvette d'affaissement 9630
cuvette d'effondrement 3554
cybernétique 2347
cycle de chargement et de déchargement 5721
cycle de fonctionnement 6948
cycle de l'eau 4871
cycle d'érosion 3352
cycle d'érosion glaciaire 4333
cycle d'érosion interrompu 5240
cycle d'érosion karstique 5393
cycle d'érosion littorale 5975
cycle d'érosion periglacial 6955
cycle de sédimentation 2348
cycle de travail 6948
cycle fluviatile 3928
cycle hydrologique 4871
cycle karstique 5393
cycle littoral 5975
cycle marin 5975
cycles de gel-dégel 4106
cycle volcanique 10613
cyclone 2349, 4853

cyclone séparateur 4853
cyclothème 2351
cylindre 2352, 8217
cylindre avanceur 7750
cylindre de redressement 8952
cylindre ripeur à double effet 2836
cylindre ripeur à simple effet 8880

daine 3854
dalle 8181, 8933
   en ~s 7218
dalle de fondation 4041
dalle de xylolithe 10927
dalle en polystyrène expansé 7313
dame 9847
dame de remblai 6800
dame de remblai 6797
damer 7747
damourite 8626
danger d'échauffement excessif 2390
danger de surchauffage 2390
darcy 2391
datation 2401
datation par la méthode uranium-234 10451
datation par la méthode uranium-238 10452
datation par le carbone-14 1427
datation par les méthodes uranium-plomb 10454
date de réception 1870
débâcle 1244, 4942
débarcadère 7095
débit 2725, 2724, 5080, 7540
débit annuel 10934
débit charrié 955
débit critique d'entraînement 5636
débit d'eau entrant 5078
débit de crue 3836
débit de fuite 5554, 8536
débit de la nappe phréatique 4492
débit de la turbine 2731
débit de la turbine hydraulique 2731
débit de l'évacuateur 9194
débit de pleine charge 6026
débit de production 7540
débit de production assuré 8350
débit dérivé 5192, 5194
débit des drains 2893
débit de sécurité 8350
débit d'étiage 6205
débit disponible 730
débit effectif 133
débit en production éruptive 3926
débit en suspension 9758

débit entrant 5078, 5079
débit équipé 2564
débit excédentaire 8006
débit exprimé en modules 3878
débit garanti 3682
débit influencé 5084
débit initial du puits 5102
débit instantané 5149, 5152
débit jaugé 4235
débit journalier 2359
débit maximal 6026
débit maximal de l'évacuateur 9194
débit maximal dérivable 6034
débitmètre 3887, 7776
débitmètre à obturateur 10489
débitmètre électromagnétique 3206
débitmètre-enregistreur 3892
débit moyen 6041
débit naturel 6421
débit nominal 6494, 6495
débit observé 6579
débit optimal 6673
débit réel 133, 730
débit régularisé 7885
débit réservé 1890
débit solide 8529
débit solide de charriage 955
débit solide en suspension 9758
débit solide total 10129
débit sortant 6735
débit spécifique 10941
débit stabilisé 8677
débit théorique 9958
débit unitaire 10390
débit-volume 10636
débit volumétrique 10631, 10636
déblai 3403, 7874
déblaiement de terrains de recouvrement 3459
déblaiement hydraulique 8440
déblais de forage 2343
débloquer les tiges de forage 1240
déboisement 2456
début de fluage 10438
début de la débâcle 4929
début de prise 5103
début de prise du ciment 5104
début d'un phénomène de cavitation 5006
décadrer 2920
décalage de phase 7039
décalé 9300
décantation 2417
décanteur pour boue de forage 4853
décapage 1726, 9021, 9568
décaper à la lance 9015

décapeuse 8448
décarbonatation 2416
décauville 6413
décharge 2726, 8387, 10071, 10681
décharge de déblais 9217
déchargement 10409
déchargement par le fond 1168
décharge publique 8387
décharger 10069, 10407
déchargeur 6695, 10292
déchets 687
déchets industriels 5064
déchirure coulissante 9558
déclanchement automatique 720
déclencheur 7923
déclinaison magnétique 5883
déclivité 4397
décoffrer 9561
décollement des bancs 961
décollement des couches 961
décollements en forme d'écailles 8414
décoller
  se ~ 1238, 3746
décomposition arénacée 6191
décomposition des forces 8028
décompte définitif 3643
décongélation 2470
décoration 2425
découpage 9032
découpage contrôlé 2098
découverte 3459
découverte de pétrole 7011
décrochement 9558
décrochement océanique 10161
décrocher 784
décroissance de la clarté, netteté etc. 2428
décroissance de lumière 2429
décrue 3533
décrue du glacier 4347
défaut 1286, 2366
défauts de fonctionnement 5277
défenseurs de l'environnement 3307
déferlement 9705
déficient 5026
déficit d'écoulement 3874
déflecteur 792
déflecteur de jet 5343
défloculant 2454
défloculation 2455
défonceuse portée 8125
défonceuse tractée 8259
déformabilité 1404, 2459
déformation 2460, 3858
  à ~ imposée 9481
déformation à la limite d'écoulement 10950

déformation à la rupture 2461, 9479
déformation de cisaillement 8747
déformation de l'image 2467
déformation élastique 3165, 3176
déformation élasto-plastique 3173
déformation latérale 10187
déformation longitudinale 5771
déformation plane 7179
déformation relative 9478
déformation rémanente 6968
déformation réversible 8074
déformations principales 7509
déformation transversale 10187
déformation unitaire 10397
déformation volumique 10638
déformé 5005
déformer 2458
  se ~ 2457
déformètre 2469, 3471
défrichement 1730
défricher un terrain 8908
dégagement de gaz 4212
dégagement instantané 6725, 6726
dégager 7938
dégât minier 6211
dégât non minier 504
dégazage 2471
dégazation 2471
dégel 9955
déglaciation 2472
dégradation 10779
dégraveur 4435
degré 2474
degré de cavitation 2475
degré de consolidation 2476
degré de courbure 2477
degré de liberté 2479
degré d'équipement de l'usine 7192
degré de remplissage 6928
degré de saturation 2480, 6930, 8395
degré de saturation en air 287
degré de viscosité 2481
degré d'intensité 5183
degré d'usure 2482
degré géothermique 4318
dégriller 1725
dégrilleur 8458
déhouillement 10897
déhouillement complet 1898
déhouiller 1768
déhouiller avec les clivages montants 10907
déhouiller avec les clivages plongeants 10906
déhouiller en premier lieu 10895
déjaugeage 1316

déjeté 10865
délai de garantie 4532
délai de livraison 2488
delai de montage prévu par le programme de travaux 8422
délai de récupération 6889
délai d'exécution 10065
delai d'exécution prévu par le programme de travaux 8422
délavage 10674, 10675
délaver 5545
délestage 6724
délitage 8939
délitement 8939
déliter
 se ~ 8937
delta 2494
delta arqué 578
delta construit par les vagues débordantes 10763
delta de lave 5527
delta de marée 10029
delta de marée externe 10029
delta de marée interne 10029
delta de tempête 10763
delta digité 5730
delta en forme de patte d'oie 5730
delta en forme de patte d'oiseau 5730
delta en patte d'oie 5730
delta en patte d'oiseau 5730
delta lobé 5730
démarrage 9333
démarrage à froid 1830
démarrer 1256, 5425
démarreur 9331
demi-espace 4565
démolition 2498
démolition du barrage 2383
démontage 2720
démontage de la tour de forage 2547
démonter les tiges de forage 5540
démonter une tour de forage 8099
dendrite 2499
dendrochronologie 2500
dendrohydrologie 2501
dénivellation 2654
dénivellation de la taille 10562
densimètre 200, 2504
densimètre à membrane 6103
densité 2507, 2508, 2509
densité absolue 22
densité apparente 501, 2511
densité apparente sèche 2517
densité à saturation 10965
densité de fissuration 1756
densité de la matière explosive 2510
densité de la neige 9041

densité de soutènement 9680
densité d'étançons 7582
densité d'un gaz 2516
densité du remblai 9465
densité relative 7913
densitomètre 2505
dent d'aération 6411
dent de dissipation 793, 1682
dénudation 2521, 3351
département de forage 2986
dépenses 1462
déphasage 7039
dépilage complet 1898
dépilage partiel 6860
dépilement complet 1898
dépilement partiel 6860
dépiler tout un quartier en avançant dans la même direction 10908
déplaçable 8957
déplacement 2764
déplacement angulaire 436
déplacement de phase 7039
déplacement d'un point 2768
déplacement du pétrole par l'eau 10718
déplacement du terrain 9493
déplacement parallèle 6851
déplacement parallèle à la stratification 5513
déplacement par combustion 3675
déplacement radial 7705
déplacements aux noeuds 6489
déplacements de la tour de forage 6336
déplacement tangentiel 9851
déplacer 178, 2763
 se ~ 2208, 6331, 3865
 se ~ l'un par rapport à l'autre 6335
déploiement 3464
déployer 3463
déposer 2920
 se ~ 8869
dépôt 2524
dépôt allochtone 316
dépôt autochtone 700
dépôt calcaire 1364
dépôt carbonaté 1425
dépôt clastique 1715
dépôt colluvial 1853
dépôt d'eau de fonte 3931
dépôt de déblais 9217
dépôt de paraffine 6837
dépôt d'estuaire 3381
dépôt de tête 4598
dépôt éolien 10857
dépôt fluvial 325, 3929
dépôt fluvioglaciaire 3931

dépôt fluvio-marin 3934
dépôt frontal d'un ruisseau sous-glaciaire 5386
dépôt glaciaire 2936
dépôt glacio-lacustre 4349
dépôt houiller 1421
dépôt regressif 7884
dépôts abyssaux 50
dépôts bathyaux 903
dépôts de mer profonde 2438
dépôt secondaire 8501
dépôts glaciaires 4334
dépôt solide 8517
dépôts pélagiques 2438
dépôt tidal 10030
dépôt transgressif 10162
dépôt volcanique clastique 7659
dépouillement 5238
dépouillement des offres 377
dépouillement graphique 4426
dépoussiéreur à cyclone 2349
dépoussiéreur à tube cyclone 2349
dépression de l'horizon 2699
dépression dynamique 3070
dépression karstique 5394
dérangé 2801
dérivation 2807
dérivation angulaire 434
dérivation avec changement de bassin versant 5187
dérivation en plusieurs phases 6391
dérivation en une seule phase 8891
dérivation provisoire 2807, 2810
dérive côtière 915
dérive des continents 2060
dérivée 2542
dérive littorale 329, 5697
dériver de l'eau 40
derrick de sondage 1157
derrick flottant de forage 8473
derrick haubané 4552
derrick repliable 5332
désagrégateur 2340
désagrégation 10779
désagrégation granulaire 6191
désagrégé 4063
désalignement du système de commande 6228
désameubler 2918
désamorçage 2527
désarmer 2918
désaxage 6227
descendance 3398
descenderie 2405, 2696, 7754
descendre les tiges de forage 5818
descendre le tubage 5134

descente de tubes de revêtement 5812
descente du revêtement 5812
descente du tubage 5812
description des travaux 2552
désembrayage 2747
désert rocheux 8207
désilter 2566
désintégration 10779
dessableur 2551, 2566, 8379
dessalage 2550
desséché à l'air 254
desserage 5794
desserrer 7922
   se ~ 10905
dessinateur 2899
dessinateur technique 2899
dessin de montage 3344
dessin de révision 8077
dessin d'exécution 512
dessiner 2900
dessin technique 2911, 9870
dessous de poutre 9071
déstockage 10879
déstocker 2902
détaché 2743
détacher
   se ~ 1238
détecteur 2575, 8615
détecteur à infrarouge 5086
détecteur automatique de gaz 711
détecteur d'accélération 64
détecteur de fuites 5555
détecteur de gaz 4209
détecteur d'engravement 4433
détecteur de pression 7474
détecteur de proximité 7606
détecteur de rayons gamma 4186
détecteur des pertes de boue 5800
détecteur des pertes de circulation 5800
détecteur de vibrations 10579
détecteur d'incendie 3672
détecteur-enregistreur à gaz automatique 715
détection de gaz sur carottes 2573
détection des incidents 5008
détection des irrégularités en service 2574
détendeur 7469
détendre 10407
détendre par trous cylindriques concentriques 6755
détérioration 2366
détérioration des barrages mpl 2578
détermination astronomique de la position du point 665
détermination de coordonnées au laser 1946

détermination de la position 7344
détermination de la position du point 7342
détermination de la pression par des procédés acoustiques 7451
détermination de la vitesse par photogrammétrie 7060
détermination des hauteurs 2579
détermination photogrammétrique de la position, du point 7057
détermination topographique de la position, du point 10097
déterminer par intersections 5241
détonateur 1074
détonateur à retard 2485
détonation 2581
détritique 2583
détroit 9134
détruire une section de tubage 6184
détruire une section du revêtement 6184
détubage 7826
développement 2589
développement en crête 2216
développer 2586
déversé 9783, 10865
déversement 6764, 9776
déversement d'eau 6761
déversés 9189
déversoir 10803
déversoir à large seuil 1264
déversoir à loi de débit linéaire 4724
déversoir à nappe libre 6762
déversoir à nappe noyée 3030
déversoir à seuil épais 1264
déversoir Cipolletti 1686
déversoir complex 1917
déversoir de jaugeage 6059
déversoir de mesurage 6059
déversoir dénoyé 4084, 4102
déversoir de Poebing 7266
déversoir en mince paroi 8724
déversoir latéral 8827
déversoir libre 10345
déversoir noyé 3030
déversoir partiellement noyé 6863
déversoir triangulaire 10608
déviateur 2608
déviateur de contrainte 2609
déviation 2601, 2603
déviation angulaire 434
déviation de la verticale 2605
déviation de l'outil 1047
déviation du puits 2606
déviation du trépan 1047
déviation du trou 2606
dévier 2444
dévier un puits 2445

devis estimatif 2177, 7489
dévissage 783
dévisser 784, 7922
dévisser les tiges de forage 1240
Dévonien 2610
Dévonien inférieur 5811
Dévonien moyen 6171
D.I. 6726
diabolo 2822
diaclase 2614, 5358
diaclase de cisaillement 8739
diaclase de décompression 7924
diaclase horizontale 900
diaclase longitudinale 9557
diagenèse 2615
diagenèse de nappe phréatique 7080
diagenèse d'enfouissement 1317
diagenèse et métamorphisme de la matière organique 6689
diagenèse liée au milieu 3298
diagnose des perturbations en service 2618
diagramme 2622
diagramme caractéristique d'un étançon 5726
diagramme caractéristique du soutènement 5726
diagramme circulaire de déformation 2462
diagramme de diamétrage 1381
diagramme d'enregistrement des pluies 7734
diagramme de plasticité 7201
diagramme de polarisation spontanée 9220
diagramme de potential spontané 9220
diagramme de PS 9220
diagramme des altitudes 2623
diagramme des erreurs 3358
diagramme des vitesses 9174, 10531
diagramme électrique 3185
diagramme en coordonnée polaire 7291
diagramme gamma-gamma 4184
diagramme géophysique 4307
diagramme géothermique 4319
diagraphie 5060, 5762, 10820
diagraphie acoustique 102, 109
diagraphie de densité 4009
diagraphie de diamétrage 1381, 1382
diagraphie de diamétreur 1381
diagraphie de neutrons 6477
diagraphie de pendage 2697
diagraphie de perméabilité 6973
diagraphie de potentiel spontané 9221

diagraphie de radioactivité 6543, 7719
diagraphie de radioactivité naturelle 4190
diagraphie de résistance électrique 3196
diagraphie de résistivité 8025
diagraphie des déblais de roche 2344
diagraphie de température 9973
diagraphie du forage par rayons gamma 4189
diagraphie du sondage 1142
diagraphie électrique 3185
diagraphie électromagnétique du forage 3207
diagraphie électromagnétique du trou 3207
diagraphie gamma 4189, 9170
diagraphie gamma du forage 4189
diagraphie gamma-gamma 4184
diagraphie gamma-gamma sélective 8575
diagraphie géophysique 4307
diagraphie géothermique 4319
diagraphie instantanée 5150
diagraphie latérale focalisée à sept électrodes 3945
diagraphie latérale focalisée à trois électrodes 3946
diagraphie neutron-gamma 6476
diagraphie neutron-neutron 6478
diagraphie neutron-neutron par impulsions 4999
diagraphie nucléaire 6543, 7719
diagraphie nucléaire d'interface 4184
diagraphie par fluorescence 3916
diagraphie par rayons gamma 4189
diagraphie par résonance magnétique 6544
diagraphie sélective et spectroscopique gamma-gamma 8576
diagraphie sonique 102, 109
diagraphie ultrasonique 102
diamant 2626
diamant industriel 5062
diamétrage 1382
diamètre caractéristique de la turbine Francis 1633
diamètre caractéristique de la turbine hélice 1635
diamètre caractéristique de la turbine Pelton 1634
diamètre de la carotte 2946
diamètre de l'outil 1051
diamètre du puits 1139
diamètre du sondage 1139

diamètre du trépan 1051
diamètre du trou 1139
diamètre efficace des grains 3137
diamètre utile du diaphragme 3136
diaphragme 2631
diaphragme iris 5273
diaphthorèse 8053
diapir 2640
diapirisme 2642
diapositive 2643
diastème 2644
diastrophisme 2646
diatrème 2648
dickite 2649
dièdre aigu 140
dièdre obtus 6582
différence angulaire 435
différence de charge 4811
différence d'échelle 2655
différence de distorsion 2657
différence de hauteur 2654
différence de niveau 5610
différence de pression 7452
différence de pression de fond 2903
différence de temps 2653
différentiation diagénétique 2616
différentiation magmatique 5873
différentiel 2656
diffracter 2444
diffraction 2603
diffuseur 2667
diffusion 2760
diffusion capillaire 1412
diffusion du jet 5344
diffusion du point image 2666
diffusion du point image 7706
digitaliseur de dessin 2668
digue 2672, 3237
digue à enveloppe de grillage remplie de pierres 893
digue cellulaire 1550
digue creuse 1550
digue de protection contre les crues 3835
digue en terre 3090
digue frontale 4141
digue fusible 4176
digue latérale 8157, 8822
digue naturelle 3827
dilatance 2674
dilatation 2675, 3230
dilatation thermique 9969
dilatomètre 2676
dilatomètre à palpeurs 3583
diluer 2678
diluvium 2936
dimension
  à trois ~s 9158

dimension du film 3635
dimension d'une grandeur 2682
dimension maximale des agrégats 6022
dimensionnement 2680
dimensionnement économique des ouvrages d'amenée 6676
dimensionnement optimal de l'usine 8919
dimensions du terrain 8909
dimensions du terrain à bâtir 8909
diminuer en largeur 2427
dimorphisme 2683
diopside 2686
dioptase 2687
dioptrie 2688, 2690
diorite 2691
diorite quartzifère 7683
directeur des forages 2989
directeur des travaux 2089
direction 9554, 10210
  en ~ de la couche 331
direction d'avancement du forage 2708
direction de l'abattage 2709
direction de la déviation 2704
direction des clivages 3265
direction des limets 3265
direction de stratification 5668
direction du fil à plomb 7248
direction du forage 2966
direction du trou 2966
direction du vol au-dessus du sol 2707
directions orthogonales 6715
direction verticale ou perpendiculaire 10554
directrice 2703, 4546
dirigeabilité 2097
dirigeable 9378
disconformité 9494
discontinuation 2735
discontinuité 2734, 2735
discontinuité de Gutenberg 10850
discordance 2733
discordance de stratification 2733
discordant 2736
disjoncteur thermique 6778
dislocation 2754, 3553
disloqué 2801
dispersion 2759, 2760
dispersion des résultats 8420
dispositif à dessiner 2914
dispositif à disque tournant avec gicleur à gouttes 3023
dispositif à disque tournant pour essai d'action destructive de cavitation 8285
dispositif à écoulement 3875
dispositif altimétrique 4633

dispositif antiglissement de la tête 7585
dispositif anti-pilot 727
dispositif automatique d'auscultation 704
dispositif auxiliaire de mesurage 725
dispositif d'alarme 293
dispositif d'alerte 3252
dispositif d'aspiration d'air 261
dispositif d'auscultation 6292
dispositif de comparaison 1882
dispositif de correction 2168
dispositif de drainage 2891
dispositif de l'homme mort 2413
dispositif de mesure des hauteurs 4633
dispositif de pose 8662
dispositif d'épreuve portatif pour étançons 9945
dispositif de projection 7563
dispositif de rappel 8052, 8059
dispositif de rectification en campagne 3604
dispositif de réglage 162
dispositif de serrage 1703
dispositif des géophones 8570
dispositif de suspension 9761
dispositif d'étanchéité 10739
dispositif de visée 8836
dispositif d'examen ou d'épreuve 9940
dispositif d'extinction d'incendie sprinkler 9246
dispositif magnétostrictif 5896
dispositif pour la lecture 7798
dispositifs auxiliaires 724
dispositifs supplémentaires 724
dispositifs techniques 9869
disposition 602
disposition de relevé 604
disposition des électrodes 3198
disposition des fractures 4057
disposition des trous 1143
disposition générale des ouvrages 4249
dispositions relatives à la soumission 5156
dispositions techniques 9874
disque 2752
disque de clapet 10488
dissipateur d'énergie 3271, 3272
dissipation d'énergie 2773
dissolution par pression 7476
distal 2777
distance 2778, 2779, 7760
distance d'axe en axe 1597
distance de l'objet 6560
distance de tir 8796
distance du foyer 3943

distance entre étançons 7588
distance entre fissures 5247
distance entre les trous 1144
distance focale 3943, 3947
distance focale constante 3736
distance focale de la vue 3949
distance focale de l'objectif de restitution 3948
distance frontale du point de convergence des rayons 2786
distance horizontale 4738
distance intercalaire 2081
distance nadirale 6401
distance nadirale en direction du vol 3991
distance nadirale transversale au vol 5519
distance principale 7510
distance principale de la prise de vue 7511
distance réelle 7167
distance zénithale 10961
distorsion 2794
distorsion d'une lentille 5576
distorsion en croissant 2328
distorsion en forme de tonneau 849
distributeur hydraulique 4792
distribution aléatoire 7758
distribution de pression hydrostatique 4897
distribution des contraintes 9534
distribution statistique des dimensions des pores 7324
distribution statistique granulométrique 4413
distribution systématique des échantillons 9803
district minéralisé 6192
divagation 10664
diviseur de débit 3876
division centésimale du circle 1578
division de lecture 4407
division de l'espacement 9212
division d'une surface 7163
division sexagésimale du cercle 8689
divisions stratigraphiques 9509
Dogger 6172
doline 2821, 8897
dolomie 2823
dolomite 2824
dolomite ferrifère 450
dolomitisation 2826
domaine fréquentiel 4114
domaine plastique 7206
domaine temporel 10062
dôme 2310
dôme de sel 8356

dommage aux cultures 2367
dommage consécutif 2006
dommage indirect 5046
dommages 2368
données de l'orientation externe 2399
données de l'orientation interne 2398
données en place 3609
données hydrologiques 4872
données pluviométriques 7735
données techniques 9874
donner de la distorsion 2458
dosage en ciment 1557
dosage en eau 10691
doseur 898, 3580
doseur à eau 10726
doseur d'agrégats 229
doseur d'eau de gâchage 10687
doseur d'huile 6608
doseur du ciment 1555
doseur pondéral 10795
dosseret 2834
dossier d'avant-projet 7424
dossier de consultation des entreprises 9914
dossier de faisabilité 3575
dossier des ouvrages exécutés 8650
dossier des plans conformes à l'exécution 8650
double 2140
double carottier 2838
double projecteur 2849
double T à larges ailes 4656
dragage 2929
drague 2927
drague à benne preneuse 1709
drague à godets 3223
drague à godets à chaîne 3223
draguer 2926
drain 2873, 2878, 5195
drainage 2611, 2875
drainage par expansion d'aquifère 10696
drainage par poussée d'eau 10696
drainage par poussée de gaz 4211
drain cheminée 1657
drain collecteur 1497
drain de décompression 7470
drain de pied 10076
drain de pierraille 9434
drain de sable 8372
drainer 2872
drain foré 2883
drain français 9434
drain pleureur 10793
drains 2896
dressant 10547
 en ~ 9376

dresser l'état des lieux 9752
drillomètre 2971
droit des mines 6216
droite
  à ~ 8082
drome 1126, 5761, 10196
Duc d'Albe 2827
ductile 3048, 10132
ductilité 3049
dune 3054, 8549
dune côtière 5698
dune en forme arquée 831
dune en forme de croissant 831
dune littorale 5698
dune migrante 10665
dune mobile 10665
dune mouvante 10665
dune sous-marine 9596
durabilité 3055
durabilité de construction 3056
durabilité de service 3057
durabilité d'exploitation 3057
duralumin 3058
duraluminium 3058
durcissement 4584
durcisseur 4585
durée de début de prise 5105
durée de fermeture d'un puits 1761
durée de forage 2991
durée de la prise du ciment 10654
durée de pose 10066
durée d'éruption 3882
durée de service 222, 5609, 10902
durée de sondage 2991
durée de vie 222, 10902
durée de vie d'un puits 5607
durée de vie utile 5609
durée d'exposition 3059, 10066
dureté 4587
dureté Rockwell 8205
dureté sclérométrique 8450
dureté Shore 8784
dureté Vickers 10588
dyke 2671
dyke de remplacement 7962
dynamique 3077
dynamique des fluides 3896
dynamique des liquides 4859
dynamique des terrains 4478
dynamo 3080
dynamomètre 3081

eau acide 99
eau adsorbée 170
eau agressive 235
eau artésienne 612
eau atmosphérique 675

eau aval 9836
eau connée 2002, 10717
eau de compression 10716
eau de constitution 2002
eau de déversement 6761
eau de fond 1185
eau de forage 2996
eau de gâchage 6237
eau de gisement 4014, 7014
eau de gisement residuaire 2770
eau de lavage 10680
eau de lavage au jet 5351
eau de mer 8359
eau de percolation 6936
eau de synclinal 9794
eau d'exhaure 10362
eau d'infiltration 6936
eau d'injection 5115
eau d'origine 2002
eau douce 4119, 9082
eau d'une nappe captive 1992
eau d'une nappe libre 7082
eau du sol 9096
eau émulsionnée à l'air 188
eau fossile 2002
eau funiculaire 4170
eau innée 2002
eau interstitielle 7326
eau juvénile 5385
eau karstique 5410
eau libre 4101
eau marine 8359
eau mère 1254
eau météorique 6130
eau naturelle 6433
eau pelliculaire 6915
eau résiduaire 10684
eau salée 1254, 8359
eau saline 1254
eau saumâtre 1208
eau soulevée en cupole 10694
eau sous-jacente 1185
eau souterraine 4489, 10363
eau souterraine dans l'aquifère 535
eau suspendue 10470
eau thermale 9980
eau totale 10691
eaux d'égouts urbaines 10457
eaux inférieures 862
eaux mères 1254
eaux résiduaires urbaines 10457
eaux usées urbaines 10457
éboulement 1517, 3528, 3534, 5490
éboulement de rochers 8184
éboulement du toit 3535
éboulement en taille 4624
ébouler
  s'~ 1221, 1516, 8984

ébouleux 2270
éboulis 1197, 2585, 6904, 9843
éboulis de foudroyage 1515
éboulis de pente 9845
écaillage 9154
écaillage brutal 1312
écaillages 8414
écaille 2721
écailler 3417
écart 2602
écartement des yeux 5234
écartement entre barreaux 1733
écart entre les bandes 5246
écarteur 4538
écarteur élastique 9243
écarteur hydraulique 8952
écarteur télescopique 9894
écart moyen quadratique 9312
écart par rapport à la verticale 412
écart-type 9312
échafaudage 8399
échafaudage de forage 2985
échange des parties usées 7953
échange isotopique 5316
échangeur de chaleur 4612
échangeur thermique 4612
échantillon 4578, 8361
échantillonage 8365
échantillonage par schéma des forages 8366
échantillonage par schéma des sondages 8366
échantillon carotté 2158
échantillon de carotte 2158
échantillon de forage 1154
échantillon de formation 4012
échantillon de saignée 1630
échantillon de sondage 1154
échantillon de trépan 2954
échantillon intact 5176, 10374
échantillon moyen 739
échantillonnage 9997
échantillonnage du fond de la mer 8471
échantillonnage latéral 5511
échantillonneur de gaz 4224
échantillon non remanié 10374
échantillon obtenu par le lavage 10679
échantillon remanié 2802
échelle 8400
  à l'~ 10255
  sans ~ 10346
échelle anémométrique de Beaufort 940
échelle à poissons 3706
échelle Baumé 911
échelle cartographique 8409
échelle de Atterberg 681
échelle de Beaufort 940

échelle de construction d'une
    carte 7236
échelle de dureté de Mohs 6268
échelle de dureté de Shore 8785
échelle de la carte 5959
échelle de l'appareil de restitution
    8411
échelle de l'image 4962
échelle de marques flottante 4361
échelle de mesure de surface
    9265
échelle de mise au point 3963
échelle de prise de vue 8406
échelle de réduction 8410
échelle de représentation des
    déformations 2468
échelle de représentation des
    mouvements 6334
échelle de Shore 8785
échelle des longueurs 8408
échelle d'intensité 5186
échelle du lever 8412
échelle d'une grandeur 8407
échelle fluviale 10703
échelle graduée en diotries 2689
échelle limnimétrique 9294,
    10703
échelle moyenne 6045
échelle primitive 6700
échelle Richter 8092
échelonné 9300
échosondeur 3116
écho-sondeur ultrasonique 10332
éclairage 5621
éclater 1323, 9152
éclipse 2395, 3710, 3711
éclisse à recouvrement 3710
éclisse à recouvrement et à
    oreilles 1704
écluse à poissons 3708
écluse de navigation 6443
éclusée 5742
écogéologie 3302
écogéomorphologie 3303
écoin 8934
écologie 3118
écologiste 3117
économie de construction 3123
économie énergétique 7376
économie hydraulique 10698
écorcer 838
écosystème 3124
écotone 3126
écotype 3127
écoulement 3091, 3867, 8321
écoulement à surface libre 4098
écoulement critique 2231
écoulement dans le sous-sol 5085
écoulement de base 4498
écoulement de l'aquifère 536

écoulement de l'eau 3868
écoulement dénoyé 4086
écoulement des liquides 5683
écoulement de sol 3091
écoulement d'un fluide 3898
écoulement élastique-visqueux
    3178
écoulement en charge 1748, 7456
écoulement fluvial 9600
écoulement graduellement varié
    4402
écoulement hypodermique 9637
écoulement laminaire 5476
écoulement lent 9600
écoulement non permanent 10418
écoulement non stationnaire
    10418
écoulement noyé 3028
écoulement par fuite 5553
écoulement permanent 9361
écoulement plastique 7199
écoulement radial 7708
écoulement selon la ligne de
    courant 5476
écoulement souterrain 4498,
    10358
écoulement stratifié 9504
écoulement subcritique 9600
écoulement superficiel 9711
écoulement torrentiel 9661
écoulement tranquille 9600
écoulement transitoire 10164
écoulement tridimensionnel
    10010
écoulement turbulent 10298
écoulement uniforme 10385
écoulement variable 6517, 10418,
    10510
écouler 3863
écran 8453, 8454
    s'~ 3866, 9191, 10939
écran de drainage 2889
écran de drains 2879
écran de rive 2338
écran d'étanchéité 2339, 10749
écran d'injection 4514
écran drainant 5195
écran interne d'étanchéité 2159
écran interne d'étanchéité souple
    2632, 2633
écran principal d'injection 5906
écrasement 5378
écrasement du revêtement 1836
écrasement du tubage 1836
écrasement soudain des bulles de
    cavitation 9649
écraser 2271
écrou 6556
écrou à collet 3759
écrou à oreilles 10870

écrou-borgne 1416
écrou de blocage 1644
écrou de clapet 10493
écrouissage 9484
écrouler
    s'~ 1516
écrou-rivet 5746
édifier 1442
effet actinique 5617
effet d'échelle 8401
effet de pompage 6882
effet de pression 7453
effet de refroidissement 2131
effet de relief 9404
effet de tiroir 2910
effet de voûte 562
effet d'obliquité 4559
effet gyroscopique 4559
effet isotopique 5313
effet piézoélectrique 7100
effet plastique exagéré 3375
effets directs 2702
effets indirects 5044
effets induits 5058
effet spatial 9404
effets recherchés 2568
effet stéréoscopique 9404
effet utile 3146
effet volumique 1299
efficacité de fonctionnement 3149
efficacité de transmission de la
    puissance hydraulique 3147
efficacité hydraulique 4797
effilement 1162
efflorescence 3155
effondrement 1517, 3535, 4250
effondrement circulaire 1506,
    3564
effondrement de talus par érosion
    du pied 9007
effondrement de terrain 3089
effondrer
    s'~ 1516
effondreur 1663
effort de compression 1935
effort de flexion 989
effort de traction 9919
effort du matériau 3156
effort normal 6524
effort tranchant 8738
effritement 10779
effriter
    s'~ 9153
égaler 1883
égalisation des tensions 9530
église 1680
élaboration 3162
élaboration des projets des
    machines 5858
élancement 8951

élargir 10350
élargir le trou sous tubage 10350
élargisseur 8223
élargisseur à cinq ailettes 3726
élargisseur à quatre ailettes 4048
élargisseur creux 4712
élargisseur quadricône 4048
élargisseur tricône 10007
élasticité 3166, 3167
élasticité de fixation 3169
élasticité linéaire 5656
élastomère 3179
élatérite 3181
électricien 3194
électro-aimant de repêchage 3205
électro-filtre 3199
électroforage 3182
électrohydrométrie 3202
électrolyte 3203
électro-osmose 3215
électrophorèse 3217
électropompe 3188
électropompe immergée 9625, 10830
électropompe immergée à stator chemisé 1393
électrovalve 9114
électrovanne d'arrêt 9443
élément asservi 8943, 8944
élément de construction 10392
élément de construction modulaire 6259
élément de construction préfabriqué en béton précontraint 7404
élément de filtre 3637
élément de pompe 7632
élément de soutènement 7378, 9682
élément en béton préfabriqué 7403
élément fluide 3897
élément isoparamétrique 5304
élément liquide 3897
élément modulaire 6259
élément pilote 6010, 6011
élément porteur 5707
élément préfabriqué 7417
élément refroidisseur 2132
éléments d'orientation 3218
élément structural 6906
élévateur de tiges 8211
élévateur de tiges de forage 3003
élévation 3220
élimination de troubles de fonctionnement 3224
élingage 8981
élingue 8981
ellipse d'erreur 3225
ellipse des déformations 9482

ellipse de tension 3226
ellipsoïde de tension 3227
élutriateur 3232
élutriation 3231
éluviation 3234
éluvion 3235, 10669
embâcle 4937
emballement d'une machine 6783
embase 879, 6803, 8928
embase lestée 805
emboîtement du pied 7585
emboîtement du pied de l'étançon 7584
embouchure 8152
embouchure du siphon 8901
embourber les parois du puits 6353
embranchement 1011
embrayage 4126, 6080
émeraude 3242
émetteur 10180
émietteuse 2304
émissaire 6738
emmanchement 3723
emmanchement de la roue à l'arbre 8808
empierrement 5852, 8162
emplacement 7340
emplacement du barrage 5741
emplacement du forage 2972
emplacement du puits 2972
emplacement du sondage 2972
emploi 511
empreinte de cristal de glace 4933
emprise des submersions 9619
emprisonnement 3291
émulsion d'huile brute 2267
émulsion d'huile dans l'eau 10738
émulsion hydrophile 4888
émulsion stable 9289
encastré 3259
encastrement 1702
encastrer dans le béton 8487
enceinte 3592
enceinte batardée 1815
enchevêtré 5211
enchevêtrement 5214, 230
enclave enallogéne 10922
encoffrement 2225
encombrant 1309
encrassement d'un tuyau 7136
encrasser la carotte par la boue 4025
endomorphisme 3264
endoscope 5253
enduire 6353
enduisage à base d'époxyde 3327
enduit antirouille 486
enduit au ciment 1569
enduit au plâtre 7196

enduit ciment 1569
enduit de ciment 1569
enduit de finissage 3666
enduit lisse 9030
enduit lissé 9030
énergétique hydraulique 4892
énergie 3269
énergie absorbée 5129
énergie atomique 6542
énergie cinétique 5432
énergie de déformation élastique 3177
énergie de pointe 6893
énergie de pression 7454
énergie éruptive cinétique 5433
énergie fugace 8502
énergie garantie 3683
énergie géothermique 4317
énergie hydraulique 4798
énergie nucléaire 6542
énergie par unité de masse 10388
énergie potentielle 7361
énergie potentielle de déformation 2795
énergie spécifique 9163, 10388
énergie spécifique de déformation 2463
énergie totale 10119
énergie totale disponible 10119
enfiler une rallonge 3728
enfoncement 8659, 8678
enfoncement de la nappe phréatique 2539
enfoncement local 5733
engazonnement par semis 9145
engins de chantier 6624
engins de terrassement 3093
engin spatial 9147
engrais 3597
engrenage à changement de vitesse 1625
engrenage hélicoïdal 10915
engrenage menant 3011
enherbement 3628
enlèvement des batardeaux 1816
enlèvement du revêtement 7826
enlèvement du tubage 7826
enregistrement 7819, 7882
enregistrement analogique 372
enregistrement automatique 714
enregistrement continu 2077
enregistrement de mesures 5762
enregistrement digitale 2670
enregistrement en aire variable 10507
enregistrement en densité variable 10509
enregistreur 7820
enregistreur continu du poids de la boue 2075

enregistreur de charge et de coulissement 5727
enregistreur de convergence 2117, 2118
enregistreur de débit 3892
enregistreur de l'avance 2983
enregistreur de la vitesse d'avancement 2983
enregistreur de profils 7547
enregistreur digital 2669
enregistreur multicanaux 6365
enrichissement 7548
enrobage d'une barre 1961
enrobé dense 2502
enrobé fermé 2502
enrobés 647
enrobés bitumineux à froid 1053
enrobés ouverts 6639
enrochement armé 7902
enrochement arrosé 10671
enrochement classé ou sélectionné 8574
enrochement compacté 1874
enrochement de protection 8127
enrochement déversé 1308
enrochement mise en place par couches 2189
enrochement non compacté 10340
enrochement rangé à la main 4576
enrochement tout-venant 7757
ensablement 81
ensabler 8381
ensellement 8327
ensemble des travaux du fond 10361
ensoleillement 3461
entaille 1226, 6535
entailler 2335
entonnement contrôlé 2100
entonnement libre 4090
entonnoir 4171
entonnoir de dissolution 2821, 8897
entraîneur d'air 260
entrait 1018, 8235
entrait de ferme 1018
entraxe 2780
entre-axes 2780
entrée du canal ou de galerie 3993
entrelacs de protection 6019
entrepôt 9458
entrepreneur 1290, 2087
entreprise de bâtiment 1289
entrer en production 1866
entretenir 5913
entretien 5915
entretien courant 8302
entretien des galeries 8172

entretien des voies 8172
entretien préventif 8303
entretoise 1207, 9585
entretoiser 2782, 9586
entuber 1451
envahir la couche par la boue aux environs du trou 6353
envahissement d'eau 10710
envahissement par les éboulis 3920
envasement 6346, 8864
enveloppe fourche 4004
environnement 3297
environnement marin 5976
Éocène 3310
éolien 3311
épaisseur 5360, 9990
épaisseur à la base 2370
épaisseur de la formation aquifère 542
épaisseur de la lentille 9993
épaisseur de la nappe phréatique 4501
épaisseur de la neige 9042
épaisseur de l'aquifère 542
épaisseur du barrage 9992
épaisseur du contrefort 9991
épaisseur du gisement 7989
épaisseur en crête 10103
épaisseur réelle 138
épandeuse 9225
épaufrage 8413
épi 4527, 9563, 9688
épicentre 3313
épi de protection 1313
épi de remblai 9688
épi de remblai en amont-pendage 4679
épi de remblai le long des voies 8165
épi de remblai récent 4453
épidote 7145
épigenèse 3315
épigénétique 3316
épigénie 336, 7961
épilimnion 3318
épimagma 3319
épingle 832
épirogenèse 3312
épistyle 568
épontes 2185
époque de polarité 7292
époque glaciaire 4335
époque métallogénique 6121
épreuve 9942
épreuve de réception 65
éprouver 10257
éprouvette 8361
éprouvette graduée 4405
épuisement 2611

épuisement d'un puits 10812
épurateur d'air 243
épurateur d'eau 10723
épuration biologique des eaux usées 1034
épuration de l'aquifère 539
épuration de l'eau d'alimentation 3581
équateur géomagnétique 4288
équation de condition 3330
équation de la lentille 5577
équation de précision 6576
équation des ondes 10764
équation de vorticité 10647
équation différentielle hyperbolique 4912
équation entre unités de mesure 3329
équation hydrodynamique 4855
équation normale 6522
équations de dimension 2679
équation vectorielle d'Euler 3388
équerre optique 7525
équidistance 2081
équidistance des courbes de niveau 2081
équilibrage 799
équilibre 3331
équilibre déblai-remblai 796
équilibre élastique 3175
équilibre isostatique 5310
équilibre limite 5638
équilibre radioactif 7720
équilibre stable 9290
équipe de jour 2409
équipe d'entretien 5917
équipe de nuit 6487
équipe de plongée 2818
équipe de pose 569, 7587
équipe d'étayage 7587
équipement 2588, 3333
équipement à l'épreuve d'explosion 3449
équipement d'amarrage 6304
équipement de campagne 3611
équipement de contrôle d'un puits 10811
équipement de forage 2963
équipement de forage sous pression 9055
équipement de laboratoire 5444
équipement de mesurage 6069
équipement de mesure de distance par infrarouge 5087
équipement de plongée 2814
équipement de repêchage 3698
équipement de tête de puits 10818
équipement du puits 8699
équipe mobile 6242
équipment d'extinction 3673

equisser 2555
équivalent charbon 9309
équivalent en eau 10700
ère glaciaire 4332
ère mésozoïque 6115
ère paléozoïque 6814
ère primaire 6814
ergonomie de construction 3346
érodabilité 3347
érodable 3348
érosion 3350, 3351, 10676
érosion accélérée 57
érosion de cavitation 1532
érosion différentielle 2658
érosion du sol 9090
érosion en nappe 8753
érosion en rigoles 8116
érosion éolienne 10859
érosion glaciaire 4336
érosion interne 5223
érosion karstique 5402
érosion linéaire 3350
érosion marine 5972
érosion régressive 8055
erratique 3353
erreur 3354
erreur absolue 24
erreur accidentelle 7755
erreur admissible 320
erreur de base d'un instrument de mesurage 5250
erreur de collimation 1847
erreur de compressibilité 1926
erreur de convergence 3362
erreur de déversement 9777
erreur de déviation 9782
erreur de direction 3363
erreur de distance 2783
erreur de hauteur 3364
erreur de lecture 3360
erreur de mesurage 3366
erreur de méthode de mesurage 3367
erreur de mise au point 3359
erreur de parallaxe 6845
erreur de position 7341
erreur de précision 5001
erreur de strabisme 3357
erreur de visée 3368
erreur de zéro 10966
erreur d'horizontalité de l'axe 3369
erreur d'inclinaison 3370
erreur d'interpolation 5237
erreur d'obliquité 3361
erreur d'origine 5039
erreur en profondeur 2783
erreur fortuite 7755
erreur instrumentale 5163
erreur maximale 6027

erreur maximum 6027
erreur moyenne 6040
erreur probable 7528
erreur provenant de l'index 5039
erreur quadratique moyenne 6040
erreur relative 7915
erreur résiduelle 7997
erreur sur la longeur 5657
erreur sur l'altitude 3364
erreur systématique 9802
érubescite 1158
éruption 3372
éruption aréale 582
éruption centrale 1580
éruption de flanc 3754
éruption excentrique 3114
éruption fissurale 3718
eruption hawaïenne 4594
éruption incontrôllée 1096
éruption latérale 3754
éruption linéaire 3718
éruption normale 1580
éruption phréatique 7084
éruption plinienne 7226
éruption sous-marine 9614
éruption strombolienne 9571
éruption subaérienne 9592
éruption subaquatique 9594
éruption subglaciale 9603
éruption volcanique 10651
éruption vulcanienne 10651
escalier 9303
escalier à deux volées 10314
escalier à noyau plein 2162
escalier à palier 7221
escalier de secours 3250
escalier d'incendie 3250
escalier droit à deux volées avec palier intermédiaire 9477
escamotable 8051
escarpement 2303
escarpement de faille 3558
esclimbe 9999
esker 10476
espacé 10846
espace
  de l'~ 9158
espace annulaire 459
espace dépilé 10894
espace image 4963
espace interstitiel 7325
espacement 857, 5372, 9151
espacement des armatures 7907
espacement des contreforts 1333
espacement des puits 1144
espacement des trous 1144
espace mort 2411
espace-objet 6568
espaces vertes 4429
espèce 9161

esquisse 2556, 8920
esquisse photographique 7070
essai 9942
essai accéléré 58
essai à la boîte de cisaillement 8733
essai à la compression sur disque plein 1220, 2745
essai à la flexion 991
essai à la machine centrifuge 1603
essai à la plaque 7214
essai à plein débit 6638
essai au banc 5446
essai au cône d'Abrams 9024
essai au laboratoire 5446
essai au pénétromètre 6924
essai au scissomètre 10499
essai au vérin 5331
essai au vérin plat 3771
essai brésilien 2745
essai d'affaissement 9024
essai d'altération accélérée 59
essai d'eau 10719
essai de battage 3075
essai de cavitation 5268
essai de chargement à vitesse constante 2023
essai de chargement d'un pieu 7121
essai de chargement statique 9347
essai de chargement sur plaque 7214
essai de cisaillement 2714, 8743
essai de cisaillement par torsion 10114
essai de cisaillement rapide 7693
essai de compactage 1877
essai de compactage de Proctor 7533
essai de compression 1939
essai de compression avec étreinte 1990
essai de compression radiale 7711
essai de compression simple 10343
essai d'écoulement 3893
essai de déformation à vitesse constante 2024
essai de dilatation 2677
essai de diminution des contraintes en trous de forage 1145
essai de dureté 4588
essai de dureté Brinell 1255
essai de dureté Rockwell 8206
essai de fatigue 3552
essai de flexion 991
essai de flexions alternées 8065
essai de forage 1156

essai de fragilité 1263
essai de garantie 4533
essai de mouillage-séchage 10829
essai d'émulsification 3257
essai de pénétration 6924, 9317
essai de pénétration au cône 9342
essai de perméabilité 6974, 10719
essai de perméabilité à niveau variable 3531
essai de perméabilité Lugeon 5845
essai de poinçonnage 6924
essai de pompage 7640
essai de portance 938
essai de pression en caverne 7445
essai de réception 65
essai des limites d'Atterberg 682
essai de slump 9024
essai des machines hydrauliques 9943
essai d'étanchéité 10039
essai de traction 9923
essai de vieillissement accéléré 56
essai d'exploitation 3435
essai d'identification 1713
essai d'immersion 4971
essai drainé 2894
essai d'une couche 4013
essai d'une machine en marche 9944
essai du productif 4013
essai en échelle naturelle 4160
essai en plate-forme 5446
essai en vraie grandeur 4160
essai expérimental 3434
essai in situ 5128
essai Lugeon 5845
essai non destructif 6506
essai par pénétration de colorants 3063
essai photoélastique 7050
essai principal 5920
essai Proctor 7533
essai rudimentaire à la main pour savoir si le sol augmente de volume en se cisaillant 8707
essais à l'échelle industrielle 1869
essai sous charge statique 9347
essais sur modèles 6257
essais sur place 1869
essai statique de longue durée 5768
essai statique de mise en charge 9347
essai sur le champ 5128
essai sur le terrain 5128
essai sur modèle 8405
essai sur modèles 6257
essai sur table vibrante 8706
essai sur une éprouvette annulaire 8121
essai toutes vannes ouvertes 6638
essai triaxial 10229
essayé à la pression 7478
essayer 10257
essayer sous pression 9951
essence de gaz naturel 1474
essence de gaz naturel de tête de sonde 1474
estacade 1126
estacade à glaces 4927
esthétique 215
esthétisme 215
estimation 3379
estimation des quantités 1014
estimation des réserves de pétrole 3380
estimation des réserves d'huile brute 3380
estimation du coût du projet 7559
estimer 3377
estran 10031
estuaire 3383, 8152
établissement d'un modèle 6254
étage 3853, 6215, 6881, 9459
étai 7580, 8781, 9584, 9585, 10656, 10887
étaiement 7579, 8788
étai posé à front 3511
étalonnage 1375
étanche 10748
étanche à la lumière 5622
étanchéité 10038, 10750
étanchement à cohésion 1821
étanchement électromagnétique 3209
étanchement hydraulique 3911
étanchement par bagues "O" 6704
étanchement par enveloppe souple 8478
étanchement par viscosité 10601
étanchement sans contact 2048
étançon 908, 7580
étançon à autoserrage 8640
étançon à chapeau 7589
étançon à double effet 2835
étançon à friction 4131
étançon à frottement 4131
étançon à lamelles 5472
étançon à portance immédiate 4967
étançon auxiliaire 1496
étançon à vis 8465
étançon d'ancrage 392
étançon de cassage 910, 1233
étançon de renfort 7909
étançon doublement télescopique 2854
étançon dynamométrique 3082
étançon en butée mécanique 9117
étançon hydraulique 4832
étançon individuel 5053
étançonner 8657
étançon ne servant qu'une fois 6514
étançon-pile 1662
étançon provisoire 9907
étançon rigide extensible 8110
étançons en ligne d'orgue 1224
étançons en ligne droite 1223
étançons en tuyaux d'orgue 1224
étançons tuyaux d'orgue 1223
étançon tubulaire 10269
étang de stockage des bois flottants 5765
étang karstique 5403
état atmosphérique 247
état de cavitation complètement développée 4164
état de cavitation initiale 5009
état de contrainte 9340, 9542
état d'équilibre 9339
état de tension 9542
état de tension uniaxiale 10382
état de veille 967
état élastique 3175
état éteignant de cavitation 2567
état final de cavitation 2567
état finissant de cavitation 2567
état général de distorsion 4254
état plan de tension 7178
état triaxial de tension 4255
état tridimensionnel de déformation 10011
étayage 4019, 10054
étayer 8782, 9677
étayer provisoirement 9699
étendue de mesurage 6058
étiage 5839
étirer 3463
étranger à l'exploitation minière 6536
étranglé 5005
étrangleur 10016
être en contact 966
être en place 9307
étreindre 1701
étreinte 6488
étreinte d'origine sédimentaire 10676
étrésillon 1207, 1335, 3511, 9585
étrier 1017, 9427
étrier à vis 10325
étroite langue de terre 9209
étude
   en ~ 684
étude bathymétrique 905
étude de cavitation 5268
étude de construction et réalisation des travaux 2033

étude de faisabilité 3576
étude d'ensemble 1918
étude de réservoir 7977
étude des méthodes 6143
étude des mouvements 6320
étude des pressions du massif rocheux 6055
étude des roches 8204
étude des roches-réservoirs 7977
étude de stabilité 9274
étude de stabilité par la méthode des tranches 9275
étude d'impact sur l'environnement 3306
étude d'orientation 6694
étude du permis de construire 9626
étude du projet 8426
étude générale 5495
étude géologique 4283
étude minéralogique du minerai 6686
études acoustiques 107
études des techniques de fonctionnement des radars 7696
études préliminaires 7425
étude sur modèle analogique 371
étude sur modèle réduit 8404
étuvage à la vapeur 9366
eudiomètre 3385
eugéosynclinal 3386
eutrophisation 3390
évacuateur à bec de canard 3047
évacuateur à coursier 1683
évacuateur à jets croisés 2246
évacuateur à pertuis étagés 6371
évacuateur à saut de ski 8923
évacuateur auxiliaire 728
évacuateur avec vanne 2101
évacuateur de col 8329
évacuateur de crue 9192
évacuateur de demifond 6178
évacuateur de secours 3249
évacuateur de surface 9723
évacuateur de surface sans vanne 10345
évacuateur du type Y 10321
évacuateur en charge 9621
évacuateur en éventail 3542
évacuateur en labyrinthe 5450
évacuateur en marguerite 2362
évacuateur en puits 8703
évacuateur en siphon 8902
évacuateur en tulipe 971
évacuateur par déversement 6767
évacuateur principal 5912
évacuation de schistes 2718
évacuation des déblais à l'air comprimé 7616
évacuation des eaux 8910
évaluation 3379, 6203
évaluer 3377
évaporation 3391
    pour ~ 4001
évaporimètre 3394
évaporite 3395
évapotranspiration 3396
évapotranspiromètre 3397
évasement 3760
évasement du contrefort 1334
évent 273, 10536
éventail 5529
évolution 3398
évolution de la pression 2595
évolution des pression 2595
évolution des sols 9092
évolution magmatique 5874
évolution par étapes d'un projet 9296
exactitude 87
examen 9942
examen aux rayons X 10924
examen de la précision 5269
examen d'un instrument de mesurage 3399
examen gammagraphique 4185
examen visuel 10605
examiner 10257
excavateur 3411
excavateur à roue-pelle 1279
excavation de galerie en terrain meuble 9081
excavation minière 6214
excaver 3008
excaver en sous-œuvre 10366
excentricité 3115
excentricité linéaire 5655
excentrique 3111
exécuter un nivellement 5587
exécution d'un prototype 3415
exfoliation 3418
exhaure 2611
exogéologie 3421
expansibilité 3424
expansion 2675
expérimental 3433
expert en repêchage 3691
expertise 6203
expertise technique 9871
exploitation 2591, 6652, 10897
exploitation à flanc de coteau 2939
exploitation à mi-pente 7655
exploitation au jour 2407
exploitation avançante 10901, 181
exploitation avec remblayage 3489

exploitation chassante 181
exploitation d'alluvion fluviale 8150
exploitation de cuivre à ciel ouvert 6630
exploitation descendante 2705
exploitation des gisements pétrolifères 7012
exploitation des machines hydrauliques 3454
exploitation du réservoir 7984
exploitation en aval pendage 2700
exploitation en chassant 10901
exploitation en profondeur 2435
exploitation en rebattant 767
exploitation en sens opposé 2857
exploitation harmonique 4591
exploitation minière 2932
exploitation montante 7745
exploitation par chambre-magasin 8807
exploitation par chambres 3296, 8258
exploitation par chambres dans des amas 9460
exploitation par chambres et piliers 8257
exploitation par chambres et piliers avec récupération des piliers 7127
exploitation par chambres irrégulières 1546
exploitation par combustion in situ 7825
exploitation par deux tailles jumelles 2857
exploitation par écroulement 5789
exploitation par étage 4730
exploitation par fendues 2939
exploitation par foudroyage en masse 1092
exploitation par gradins 978
exploitation par longue taille 5788
exploitation par longue taille foudroyée 5789
exploitation par niveaux intermédiaires 1337
exploitation par piliers foudroyés 8256
exploitation par piliers pris en rebattant entre sous-étages 9610
exploitation par recoupes transversales 2256, 3296
exploitation par sous-étages 1337, 9599
exploitation par taille oblique 7655

exploitation par tailles chassantes 10901
exploitation par tranches 8954
exploitation par tranches horizontales 2256
exploitation simultanée de plusieurs chouches 6389
exploitation souterraine 2435
exploitation unilatérale 10383
exploiter un gisement de pétrole 7537
exploration pétrolière offshore 6600
exploseur 1066
explosif 3450
explosif brisant 4664
explosif lent 5823
explosion 1071
explosion phréatique 4865
explosion phréatomagmatique 7085
exponentiel 3455
exposé 3457
exposer 3456
exposition 3458, 5619
expression 3462
exsudation 1081
exsurgence 5409
extenseur 8662
extensibilité 3464
extensible 3465
extension 3230, 3466
extension transversale 10188
extension urbaine 10455
extensomètre 3471
extensomètre à corde vibrante 10576
extensomètre à fil résistant 9486
extensomètre à laser 5505
extensomètre à longue base 5767
extensomètre coulissant 8968
extensomètre de précision 7412
extérieur 3473
extracteur 9211
extracteur de carottes 2150, 9211
extracteur de tubes 10260
extraction au moyen de l'air comprimé 270
extraction de déblais 3404
extraction des déblais à l'air comprimé 7616
extraction des tiges de forage 2980
extraction du pétrole 3486
extraction du tubage 1484
extrados 3491, 10519
extrémité amont de taille 10090
extrémité aval de taille 1169
extrémité de la taille 3508
extrémité mâle d'une tige 7131

extrémité mâle d'un joint de tige 7131

fabrication des machines 5861
face 3504
face du joint 5362
faciès 3516
faciès de cristal 2289
faciès fluviatile 3930
faciès marginal 5967
facies métamorphique 6125
faciès pélagique 6914
faciès pétrolifère 7004
facile à abattre 4103
facteur de charge 5719
facteur de charge d'une usine 7193
facteur de charge du réseau 9804
facteur de charge partiel 6861
facteur de compressibilité 1799
facteur de formation 4011
facteur de qualité 7670
facteur de remblayage 9466
facteur de sécurité 8335
facteur dimensionnel 8918
facteur d'uniformité de Kramer 5439
facteur granulométrique 4401
facteur Q 7670
facteurs de l'environnement 3301
facteur temps 10064
facteur volumétrique du gisement 7990
facteur volumétrique du réservoir 7990
faculté de céder 1404
faille 3553
faille à charnière 8291
faille à coulissage horizontale 4740
faille active 121
faille à déplacement curviligne 2326
faille à déplacement rectiligne 10177
faille à faible pendage 5805
faille à gradins 9385
faille anormale 8069
faille antithétique 488
faille à rejet horizontal 3775, 9558
faille chevauchement 6784
faille composée 1902
faille coulissante 9558
faille courbée 2322
faille dans le plan des couches 953
faille de chevauchement 6773, 6784

faille de compression 1931, 8069
faille de décrochement 9558, 9867
faille d'effondrement 8986
faille d'extension 9927
faille dextre 2613
faille diagonale 6570
faille directe 6523
faille directionnelle 9556
faille en escaliers 9385
faille en gradins 9385
faille en retour 488
faille faiblement inclinée 5805
faille fermée 1749
faille gravitationnelle 4440
faille intraformationnelle 4440
faille inverse 8069
faille longitudinale 5772
faille maîtresse 2828
faille majeure 2828
faille marginale 5968
faille morte 2410
faille normale 6523
faille oblique 6570
faille orthogonale 2695
faille parallèle au plan de stratification 953
faille parallèle et convergente 5423
faille perpendiculaire 2695
faille peu inclinée 5805
faille principale 2828
faille radiale 7707
faille rotatoire 8290
failles croisées 5243
faille secondaire 6218
faille senestre 8894
faille sénestre 8894
faille synclinale 9792
faille synsédimentaire 4440
faille transformante 10161
faille transversale 2243, 10189
faille verticale 10555
faille verticale de décrochement 10919
faille vivante 121
faire
  se ~ 9838
faire coïncider 1257
faire la moyenne 9839
faire pivoter 9775
faire rattraper 3729
faire saille 5384
faire saillie 7556
faire sauter à l'explosif 1064
faire suivre 1258, 1442
faire un appel d'offres 1380
faire une découverte 2951
faire une polygonation 5928
faire un prélèvement d'eau 40

faire un relevé d'enneigement
    5929
faisabilité technico-économique
    3576
faisceau 819
faisceau de puits 4503
faisceau de rayons 6919
faisceau des rayons nucléaux
    3321
faisceau de strates 8629
faisceaux de lignes droites 6920
fâite 1863
falaise 1737
falaise littorale 1737
fanglomérat 3539
fascine 3545
fatigue 3548
fatigue de vibration 10578
faune 10854
fausse formation aquifère 6933
fausse prise 3538
fausse-voie 269
faux-entrait 10088
faux-mur 3860
faux-puits 9330
faux-toit 2925, 8241
faux-toit tombé 7752
feldspath 3585
feldspathisation 3587
felsique 3588
felsite 3589
fendue 153
fenêtre 151, 10864
fenêtre à battants 1456
fenêtre à l'italienne 5326
fenêtre arquée 558
fenêtre à vantaux 1456
fenêtre à visière à axe coulissant
    5326
fenêtre bombée 558
fenêtre cintrée 558
fenêtre de coin 2164
fenêtre en encoignure 2164
fenêtre en ogive 4387
fenêtre en rose 8261
fenêtre en roue 10842
fenêtre gothique 4387
fenêtre karstique 5395
fenêtre ogivale 4387
fenêtre rayonnante 10842
fenêtre vénitienne 10535
fenêtre voûtée 558
fente 2198, 3522
fente de faillage 3561
fer à cornière 401
fer à double T à larges ailes 2652
ferbérite 3594
fer en équerre 401
fer en L 401
fergusonite 3595

fer magnétique 5892
ferme 3679, 8254
fermer 4
fermeture de la soupape 1759
fermeture de sûreté du puits 8338
fermeture du puits 8816
ferraillage 7903
ferraillage de retrait 8806
ferrugineux 3596
fers à béton 9374
fer spathique 8825
fetch 3598, 3599
feu antibrouillard 3965
feuille de relevés 1611
feuilleté 5477
fibre d'acier 9369
fibre d'amiante 638
fibre de verre 4352
fibre neutre 6473
fibre synthétique 9799
fiche repère 10886
figure basale 9113
figure de polarisation 5204
fil à plomb 7247
fil barbelé 830
fil de fer barbelé 830
fil de fondation 4045
file de rallonges 8305
file de rallonges articulées 8306
file d'étançons 8307
filetage de tube 7140
filetage mâle 7131
filet de tube 7140
filet du tourbillon 10643
filière de repêchage 8266, 8267
filler 3626
film 3630
film anodique 461
film en couleurs 1856
film en rouleau 8224
film infrarouge 5088
film panchromatique 6821
film sensitif à la lumière 5624
filon 3064
filon de contact 2052
filon en échelons 5457
filon en gradins 5457
filon hypothermal 4923
filon lenticulaire 5581
filon majeur 5924
filon mésothermal 6114
filon principale 5924, 6316
filon riche 1117
filon rocheux 2671
filon secondaire 3025
filtration 3641
filtre 3638, 3640
filtre acoustique 6360
filtre à gaz 4216
filtre à gravier 4432

filtre à huile 6604
filtre à liquide 5682
filtre centrifuge 1600
filtre céramique 1607
filtre de polarisation 7295
filtre hydraulique 4802
filtre inversé 8072
filtre magnétique 5884
filtre mécanique 6082
filtre pour puits 10823
filtrer 8535
filtre-séparateur d'air 262
fin 1755, 3654
fin de fluage 5820
fin de prise 3648
finement stratifié 3657
fines 3660
finesse 3658
fini à la lisseuse 10252
fini à la taloche 3798
fini au profileur 8452
finisseur 3667
finition 3664, 3665
finition de surface 9707
finition d'une surface 9727
finition d'une surface d'une paroi
    9727
fiole jaugée en verre 4354
fiord 3744
fissibilité 3714
fissile 3713
fissuration 5366
fissuration préalable 5057
fissure 2198, 3715, 3720, 5359
fissure capillaire 6152
fissure de traction 3468, 9925
fissures de cisaillement 8734
fissuromètre 2199
fixation de la colonne montante
    8131
fixer 3727
fixer la position 5738
fjord 3744
fjords 3744
flambage 1282
flamber 1280
flanc 8993
flanc d'un pli 8819
flèche 2447, 3781, 3784, 8351,
    9209
flèche de flexion d'une plaque
    2450
flèche de la grue 5353
fléchissement 3784
fleuret 1146, 3004
fleuve 8138
fleuve de glace 8148
fleuve de lave 5530
flexibilité 1404, 1906, 3776
flexible 4755

flexible à air 265
flexible à haute pression 7462
flexible baladeur 10663
flexible de forage 2969
fleximètre 2451
flexion 982, 3784
flexure 3783
floculat 3814
floculation 3818
floculent 3821
floculer 3815
flore 3862
flot de fond 10370
flot de lave 5530
flottabilité 3795
flottaison 1316
flottation 2288
flotteur 3793
flotteur hydrométrique 4884
flou 1101, 5049
fluage 360, 2207, 2210
fluctuation du plan d'eau 3894
fluer 3864
fluide 3895
fluide de forage 2976
fluide de forage à base de silicate de soude 9069
fluide de forage alourdi 10798
fluide d'injection 5110
fluide hydraulique 4803
fluide pour forage rotary 8270
fluide transmettant la pression 7457
fluide visqueux 10602
fluidifiant 3900
fluidimètre 3901
fluidité 3902
fluorine 3915
fluorite 3915
fluvio-glaciaire 526
flux 3091
flux magnétique 5886
flysch 3940
foisonnement 1236, 1305
foliation 3973
fonçage de puits 8702
fonçage du puits par cimentation 4521
foncer 8895
fonctionnement continu 2076
fonctionnement de la machine 8320
fonctionnement intermittent 5320
fond 775
fondation 4040
fondation à boîte 1202
fondation avec diaclases 5361
fondation de chaussée 8159
fondation détachée 5297
fondation diaclasée 5361

fondation du barrage 4034
fondation en béton non armé 7162
fondation en grillage 4459
fondation en surface 8714
fondation flottante 3804
fondation individuelle 5297
fondation isolée 5297
fondation peu profonde 8714
fondation rigide 8111
fondations 4040
fondations de la tour de forage 2549
fondation superficielle 8714
fondation sur pieux 7117
fondation sur pieux flottants 3810
fondation sur puits 7097
fondation sur radier 7728
fondation sur semelle filante 9560
fond de fouille 3409
fond du lit 941
fond du puits 1137
fond du sondage 1137
fond du synclinal 10249
fond du trou 1137
fonder 4026
fond rocheux du lit 958
fonds d'amortissement 8898
fontaine 10702
fontaine de lave 5531
fonte de neige 9048
fontis 1573
forabilité 2941
forage à carottage 2153
forage à curage 10827
forage à deux directions 2840
forage à faible diamètre 8978
forage à grand diamètre 1012, 1013
forage à grande profondeur 2430
forage à injection 4789, 10670
forage à jet 5340
forage à la grenaille 1150
forage à l'air comprimé 263
forage à la main 692, 693
forage à la tarière 692, 693
forage à la tige 8210
forage à la tige pleine 1353
forage à percussion 1148
forage à petit diamètre 8978
forage à sec 3036
forage à terre 6622
forage au diamant 2630
forage au gaz 4210
forage automatique 707
forage au trépan à jet 5340
forage avec agent moussant 3941
forage avec circulation inverse 8067
forage avec circulation localisée 2998

forage avec circulation renversée 8067
forage avec produit moussant 3941
forage canadien 1353
forage classique 2110
forage correct 2952
forage dans les marais 9764
forage de contrôle 2094, 5142
forage de drainage 2882
forage de grande profondeur 2433
forage de la couche productive 2970
forage de reconnaissance 3437, 3445
forage de secours 7931
forage dévié 2600
forage d'exploitation 2594, 3437
forage d'extention 2594
forage d'injection 4510, 4515
forage dirigé double 2840
forage d'un puits de pétrole 7035
forage électrique 3182
forage en grand diamètre 1012, 1013
forage en mer 6594
forage horizontal 4739
forage improductif 3045
forage incliné 5019, 8940
forage oblique 5019, 8940
forage offshore 6594
forage par battage 1148
forage par explosifs 2997
forage par explosion 2997
forage par grande profondeur d'eau 2439
forage par percussion 1134, 1148, 6938
forage par rotary-percussion 8272
forage par rotation 2950, 2956
forage par rotation à jet 5348
forage par roto-percussion 8272
forage par vibrations 9132
forage par vibro-percussion 10583
forage par vibro-rotation 10584
forage pour fondations 4028
forage profond 2430, 2433
forage rotary 2956
forage rotatif 2956
forage simultané 8877
forages jumelés 10307
forage sonique 9132
forage stratigraphique 9510
forage thermique 9972
forage tubé 1452
forage vertical 9473
force 3982
force active 122

force centrifuge 1601
force centripète 1606
force de cisaillement 8738
force de gonflement 3432
force de gravité 4445
force de masse 5999
force de pesanteur 4445
force de rappel 8034
force de rigidité 9418
force de sous-pression 10427
force d'excitation 3413
force d'expansion 3432
force d'inertie 5067
force due à l'écoulement 3073
force du vent 10860
force extérieure 3475
force hydraulique 10720
force hydraulique statique 9346
force hydrodynamique 3073
force hydrostatique 9346
force intérieure 5225
force majeure 3989
force motrice 122
force passive 6873
force portante 1639, 5711
force portante du pieu 9685
force sismique 8551
force sismique de masse 8550
forces modales 6250
force tangentielle de cisaillement 9853
force volumique 5999
forer 1132
forer la couche productive 2951
forer par battage 9253
forer par percussion 6939
forer par rotation 1132
forer trop vite 1320
forer un puits 1133
forêt 10891
foret à cuiller 10264
foret hélicoïdal 9205
foreur novice 1114
formaldéhyde 4006
format 8917
format du film 3635
formation aquifère perchée 6933
formation carbonifère 1778
formation de bouchons de sable 8373
formation de fissures 3721
formation de renard 4810
formation des continents 2069
formation des vallées 10472
formation de voûtes dans le sol 563
formation ferrifère 5324
formation géologique 4008
formation géologique payante 6890

formation pétrolifère 7003
formation sédimentaire 8523
forme caractéristique de cristal 2289
forme d'onde 10765
forme modale 3161
former 9638
former un talus 4007
formule de battage 7114
formule de Morkill 6309
fossé 4391
fosse d'affouillement 8442
fosse d'amortissement 7250, 8447
fosse de faille 3572
fosse d'érosion 8439
fossé intercontinental 8097
fosse septique 8617
fosse tectonique 3572, 8098
fossile 4024
fossile caractéristique 4541
fossile indicateur 4541
fossile repère 4541
foudre d'été 9655
foudre silencieuse 9655
foudroyage 1517, 1524, 1525, 5789
foudroyage contrôlé 8043
foudroyage en masse du minerai 1092
fouille 2329, 3444
fouille à ciel ouvert 3408
fouille à pleine section 4157
fouille blindée 9681
fouille en gradins 977
fouille en grand 3407
fouille sous le niveau d'eau 10372
fourche de retenue 5605
fourchette 10954
fourchette d'articulation 1736
fourgonette 10497
fourneau de mine 1621, 6188
fournisseur 9671
fourniture d'énergie de secours 3246
fourniture et montage 9672
fourrure de frottement 4129
foyer 2264, 3956
foyer antérieur 4142
foyer de la zone affaissée 3952
foyer lumineux 5625
fraction 4053
fraction granulométrique 6868
fractionnement isotopique 5317
fraction partie silteuse 8866
fraction silteuse 8866
fracturation 4060
fracturation hydraulique 4804
fracturation par déformation 4056
fracturation par traction 9926
fracture 2198, 2366, 4054

fracture conchoïdale 1951
fracture de glissement 10309
fracture de séparation 8616
fracture d'extension 3468
fracture océanique 10161
fracture par déplacement 8971
fragilité 1262
fragmentaire 4061
fragmentation 4062
fragments 4064
frais de maintenance 5916
frais d'entretien 5916
fraise 6183
fraise conique 9859
fraise pour formations tendres 9076
fraiseuse d'engrenages 4238
frais généraux 6770
frange capillaire 1410
franklinite 4072
frazil 4073
frein 1211
freins-servo 7257
fréquence 4113
fréquence de pose d'étançons 137
fréquence des diaclases 5363
fréquence d'étayage 137
fréquence d'étayement 137
fréquencemètre 4115
fréquence naturelle 3160
fréquence propre 6422
fréquence propre de la fondation 6423
fresque 4118
friable 4121
fritter 8900
fronde 8982
front 4601
front d'abattage 3505
front d'avancement 4601
front de la voie 8161
front de taille 10281
front de taille dégagé 7583
front de taille libre d'étançons 7583
front d'une galerie 3996
frontière 1192
frontispice 4143
fronton 4143
frottement 4123
frottement à la paroi 10659
frottement au repos 9344
frottement de glissement 3071
frottement du liquide 3899
frottement du mur 10659
frottement en mouvement 3071
frottement fluide 3899
frottement hydraulique 4806
frottement interne 5227
frottement interne 5226, 10599

frottement latéral 8925
frottement négatif 6453
frottement superficiel 8924
fruit 907
fruit aval 2864
fuite 5551, 5554
fuites 5554
fuites à travers la fondation 10369
fuites par en dessous 10369
fuites par percolation 8537
fumée de silice 8851
fumerolle 4166
fusible 4173
fusion des neiges 9048
fût 8693
fût de cheminée 1659
fût inférieur 5815
fût intérieur d'étançon 5125
fût supérieur 10434

gabbro 4177
gabion 4178
gâchée 897
gaine de carottier pour échantillons intacts 8363
gaine d'entraînement de la tige carrée 5416
gaine du siphon 2727
galaxite 4179
galène schisteuse 8428
galerie 2305, 4180, 8166, 10277
galerie à flanc de coteau 153
galerie au rocher 9433
galerie d'accès 76, 154
galerie d'adduction 525
galerie d'amenée 4606, 5834
galerie d'amenée en charge 7481
galerie d'aquifère 534
galerie d'arcades 549
galerie de chargement 5718
galerie de chasse 8438, 8444
galerie de contour 1339
galerie de dérivation 2810
galerie de détente 7935
galerie de drainage 2881
galerie de force motrice 7396
galerie de fuite 9834, 9835
galerie de l'évacuateur de crue 9197, 9200
galerie de reconnaissance 152
galerie des barres 1324
galerie des câbles 1354
galerie des transformateurs 10160
galerie des vannes 10490
galerie de transport 5718
galerie de vidange 2921, 2922
galerie de visite 5143
galerie d'expansion 3427
galerie d'extraction 2940
galerie d'injection 4517

galerie en direction 5517
galeries, canaux ou conduites d'adduction dans une retenue 2811
galet aplati 8772
galibot 5455
galvanisé 4181
gamme de mesurage 7766
gangue 4191
gants d'amiante 639
garage d'écluse 5748
garantie 4529
garantie des paramètres de fonctionnement 4531
garçonnière 764
garde-bue 6351
garde-corps 4535
gardien d'écluse 5747
gardien du barrage 2386
gardiennage 9872
gare de chemin de fer 7731
garnir 5459
garnissage 5462
garnissage en grilles de queue 9372
garniture 4129
garniture de forage 2988
garniture d'étanchéité pour tiges de pompage 10266
garniture plate 3768
gauche
  à ~ 5564
gauchir 981
gauchissement 6256
gaz 4199
gaz acide 92
gaz captif 3293
gaz de mine 6187
gaz de pétrole 1473
gaz de pétrole de tête de sonde 1473
gaz de puits de pétrole 1473
gaz des marais 5995
gaz désorbé 5603
gaz dissous 2774
gaz échappé lors d'une manœuvre 10240
gaz emprisonné 3293
gaz humide 1865
gaz libre 4088
gaz naturel acide 9144
gaz naturel corrosif 9144
gaz naturel liquéfié 5680
gaz naturel non corrosif 9767
gaz naturel non traité 7787
gaz occlus 3293
gazonner 9058
gaz pauvre 5559
gaz phréatique 7081
gaz riche 1865

gel 4107, 4144, 4243
gel-ciment 4245
geler 4105
gélif 4150
gélification 4244
gélivité 4246
gel permanent 6964
gemme 4248
gemmologie 4247
générateur 4257
générateur de puissance hydraulique 4831
générateur du débit 3880
générateur hydraulique 4807
génie civil d'ouvrages hydrauliques 4836
génie des mines 6213
génie mécanique 5856
génie minier 6213
génotype 4258
géochimie 4263
géochimie des isotopes stables 9292
géochronologie 4264
géochronologie isotopique 5318
géode 4265
géodésie 4267
géodésien 4266
géodésique 4268
géodynamique 4271
géographie 4275
géographie physique 7091
géohydrologie 4276
géologie 4287
géologie appliquée 513
géologie de gisement 3439
géologie de l'environnement 3302
géologie de l'ingénieur 3280
géologie de production 7543
géologie des isotopes stables 9292
géologie de terrain 3612
géologie d'exploitation 3439
géologie générale 7088
géologie glaciaire 4348
géologie historique 4694
géologie isotopique 5319
géologie marine 5977
géologie minière 3439
géologie pour les travaux de construction des tunnels 10279
géologie pour les travaux de creusement des galeries 10279
géologie pour l'exploitation des mines pétrolifères 7021
géologie routière 8160
géologie souterraine 9636
géologie stratigraphique 9512
géologie structurale 9576

géologue 4286
géologue de gisement 3438
géologue pétrolier 7015
géologue pour la prospection 3438
géomagnetisme 4292
géomécanique 4293
géomembrane 4295
géomètre 5493, 9753
géomètre des mines 6201
géométrie 4300
géométrie à trois dimensions 9393
géométrie descriptive 2553
géométrique 4296
géomorphologie 4302
géomorphologie de l'environnement 3303
géomorphologie de l'ingénierie 3281
géomorphologique 4301
géophone 4304
géophysique 4305, 4308
géophysique de gisement 3440
géophysique de l'environnement 3304
géophysique de l'ingénierie 3282
géophysique d'exploitation 3440
géophysique du chantier 3613
géophysique sur le terrain 3613
géostatistique 4309
géosynclinal 4310
géotechnique 4311, 4313
géotechnique de l'environnement 3305
géotextile 4315
géotextile non tissé 6518
géotextile tissé 10917
géotextile tricoté 5437
géothermie 4320
géothermique 4316
géothermomètre 4321
géothermométrie 4284
gerbe éruptive 3373
gestion des ressources en eau 10731
geyser 4327
geysérite 4328
gibier à plumes 4182
gibier d'eau 10851
gicleur 6539
gisement 925, 1107, 9503
gisement à condensat 1976
gisement à faible pendage 8976
gisement à faible production 9566
gisement de gaz à condensat 1976
gisement de gaz naturel 6424
gisement de pétrole 7001
gisement de pétrole offshore 6601
gisement de ségrégation 8548
gisement d'imprégnation 4996
gisement disloqué 2753
gisement disséminé 8419
gisement en couche 945
gisement épuisé 2523
gisement faillé 3560
gisement gazéifère à condensat 1976
gisement inexploitable 10425
gisement inexploité 10380
gisement lenticulaire 5580
gisement magmatique 5875
gisement magmatique de cristallisation précoce 3085
gisement magmatique de cristallisation tardive 5509
gisement massif 6002
gisement métallifère 6684
gisement métasomatique 6128
gisement non exploité 10380
gisement non saturé 6515
gisement pétrolifère 7001
gisement pétrolifère offshore 6601
gisement pétrolifère primaire 7497
gisement produisant par entraînement hydraulique 10697
gisement produisant par poussée d'eau 10697
gisement produisant par poussée d'eau périphérique 3131
gisements 1107
gisement secondaire 8503
gisement sédimentaire 8520
gisement sous-marin d'hydrocarbures 4850
gisement stratifié 945
gisement tabulaire 9817, 9818
gisement vierge 10380
gîte filonien 6687
gîte hydrothermal 4901
gîte interstratifié 946
gîte métasomatique 6128
gîte minéral 6120
gîte primaire 7495
gîte secondaire 8501
gîte stratifié 9507
givre 4697
glace de fond 863
glace flottante 3806
glaces 6799
glaces accumulées 6799
glace visqueuse 4074
glaciaire 4331
glaciation 4343
glacier 4344
glacier continental 2062
glacier de Hubbard 4770

glacier de Humbolt 4773
glacier de montagne 6328
glacier de piedmont 7094
glacier de plateau 7212
glacier de type Mustag 6398
glacier de type Turkestan 10300
glacier de vallée 10474
glacier de vallée composite 1911
glacier de vallée simple 333
glacier du type alpin 333
glacier entouré des montagnes 5222
glacier suspendu 4580
glacio-fluvial 526
glaciologie 4350
glacio-marin 4339
glacis rocheux désertique 6909
glaise 5728
glaise de versant 9003
glissement 360, 8958, 8973
glissement de masse 5490
glissement de pente 8995
glissement de rives 8995
glissement de surface 9708
glissement de talus 8996
glissement de terrain 5490
glissement de terrain régressif 8056
glissement par écoulement 3092
glisser 8984
globuleux 4366
globulite 4367
gneiss 4369
gneiss granatisé 6179
gneissique 4370
GNL 5680
godet de pelle 8800
gœthite 4376
golfe 4547
gonflement 9770, 9771
gonflement du mur 3858
gonflement par le gel 4148
gonfler 2209, 3422, 9768
goniomètre 4380
goniomètre-boussole 9957
goniométrie 6053
goniométrique 4381
gorge 4382
gorge de capture 14
gothique 4384
gothique primitif 3084
goudron 1780, 9862
gouffre absorbant 7366
goupille-arrêtoir 7134
goupille de fixation 5749
goussets de renfort 7908
gouttière 8246, 10793
gouvernable 9378
graben 4391
gracilité 8951

gradation 9108
grade 4392
gradient 4396, 4397
gradient de carbonification 1773
gradient de l'affaissement 10044
gradient de la gravité 4446
gradient de potentiel 7362
gradient de pression 7459
gradient de résistivité 8023
gradient des contraintes 9535
gradient de sortie 3420
gradient de température 9900
gradient d'humidité 6273
gradient géothermique 4318
gradient hydraulique 4809
gradin 976, 9426
gradin de faille 3555
graduation 4406
grain 4408
   à ~ fin 1755
grain d'une couche
   photographique 4410
graissage automatique 712
graissage par brouillard d'huile
   6230
graissage par pulvérisation 6230
graisseur 5841
grand barrage 5500
grandeur 7673
grandeur dérivée 2543
grandeur naturelle 6431
grandeur perturbatrice 2800
grandeur sans dimension 2681
grandeurs de base 881
grandeur spécifique linéaire 1636
grandeurs physiques et unités de
   mesure 7090
grandeur utile de l'image 10458
grand magasin 10666
grand public 4253
grand riprap 599
granite 4415
granitisation 4417
granulaire 4419
granulats 228
granulats concassés 2272
granulats marins 5973
granulats roulés 9517
granulométrie 9108
   à ~ fine 3654
granulométrie continue 2074
   à ~ continue 10816
granulométrie discontinue 4195
   à ~ discontinue 7318
granulométrique 4423
graphique 4425
graphique contrainte-déformation
   9543
graphique de la production 7542
graphite 4428

gratte-ciel 8932
gratteur 7108
grauwacke 4449
gravier 4431
gravier de grève 916
gravier de plage 916
gravier de rivage 916
gravier de rivière 9517
gravière 4434
gravier fluvial 9517
gravier tout-venant 314
gravier volcanique 10616
gravillon 6891
gravillonage 8162
gravillons enrobés 1790
gravimètre 4436
gravimètre astatisé 663
gravimétrie 4438
gravitation 4439
grès 8378
grès argileux 592
grès asphaltique 653
grès bitumineux 653
grès calcaire 1366
grès carbonifère 1430
grès coquillier 1952
grès feldspathique 3586
grès fin 8467
grès houiller 1430
grès pétrolifère 7008
grès quartzitique 7687
grès riche en hydrocarbones 1423
grève 9553
grève sauvage 10412
grille 4430, 4462, 8462
grille de dépouillement 7855
grille de référence 7855
grille fine 3661
grille grossière 1784
grille parallactique 6842
grimper 1741
grisou 6187
gros 5848
gros agrégats 1782
grossissement 5899
grossulaire 4469
grotte 1512
grotte formée par les brisants
   8472
groupe compresseur 1942
groupe d'éléments de
   soutènement commandés en
   séquence 8621
groupe de lentilles 8651
groupe de pieux 7118
groupe de pompage monobloc
   6294
groupe de réserve 9157
groupe électropompe immergé
   9625

groupe en entretien 10398
groupe en réparation 10399
groupe fonctionnant en
   déchargeur 10394
groupement d'entreprises 5374
groupement de plis 3971
groupe moto-pompe 7386
groupe pompe/turbine et
   moteur/générateur à sens de
   rotation unique 5279
groupe réversible pompe/turbine
   et moteur/générateur 8076
groupes turbine/générateurs 4862
groupe turbine/générateur
   hydroélectrique 4863
gru derrick 2546
grue 2202, 10201
grue à chemin de roulement
   circulaire 8117
grue à portique 4192, 10203
grue à tour 10135
grue à tour sur camion 5795
grue automobile 8591
grue à volée variabile 2546
grue chenillé 10145
grue de levage 4700
grue de manœuvre pour les
   trépans 2546
grue flottante 3801
grue pivotante 8117
grue pour tous terrains 8299
grue sur chenilles 10145
grue sur roues 10840
grue-tour 10135
grue tout-terrain 8299
guano 4528
gueule du puits 10817
guidage par tringles 4539
guide-câble 1349
guide dans l'espace 9149
guide de clapet 10491
guide de ressort 9231
guide de sonnette 7123
guide de soupape 10491
guide du sabot 8778
gunite 4549
guniter 8793
gypse 4555
gypse anhydre 443
gyroscope 4558

habitat 4561
habit de cristal 2289
hadal 4562
haler
   se ~ sur 4592
hall des machines 5859
hall des transformateurs 10160
halle de montage 655
halloysite 4714

hall sportif 9223
halo 4563, 4567
hand specimen 4578
hausse de prix 2176
hausses de déversoir 3761
haute mer 2436
haute montagne 4673
haute plage 786
hauteur 347
hauteur au-dessus de l'horizon 409
hauteur au-dessus du lit 4628
hauteur d'ascension capillaire 4634
hauteur d'eau 2535
hauteur de charge 7461
hauteur de chute 4597
hauteur de chute disponible 731
hauteur de chute optimale 6675
hauteur de la ligne piézométrique 4812
hauteur de la retenue 9451
hauteur d'élévation effective 3138
hauteur d'élévation nominale 6496
hauteur de l'instrument 5159
hauteur d'énergie totale 10120
hauteur d'énergie totale disponible 10120
hauteur de perte hydraulique 4821
hauteur de précipitation 7407
hauteur de pression 7461
hauteur de refoulement d'une pompe 7628
hauteur de refoulement manométrique 5944
hauteur des eaux 10705
hauteur d'évaporation sur bac 6824
hauteur du pôle 7287
hauteur dynamique 10527
hauteur géométrique du système de pompage 4269
hauteur hors sol 4628
hauteur libre 10421
hauteur maximale de construction 6023
hauteur maximale du barrage 4629
hauteur piézométrique 7106, 7461
haut-toit 5910
havage 10353
havée 823, 10144
haver 8895
hélisurface 4640
hématite 7842
hématite brune 5649
hémimorphite 4643
hémisphère 4644
hermétique 283

hétérogène 4648, 5095
heulandite 4652
heures creuses 6593
heures d'ensoleillement 4762
heures de pointe 6896
heures pleines 6896
hiatus stratigraphique 4196
Holocène 4715
homme
    l'~ de Cro-Magnon 2239
    l'~ de Heidelberg 4627
homme de Heidelberg 4627
homme de la rue 5941
homogène 4717
homologue 4723
horizon 3853, 4729, 5202, 9093
horizon de l'image 4752
horizon de réflexion 7862
horizon éluvial 3233
horizon gazéifère 4202
horizon illuvial 4954
horizon limite 7839
horizon naturel 4274
horizon pétrolifère 7003
horizon productif 6884
horizon repère 5986
horizon-réservoir 7974
horizon sensible 4274
horizon stratigraphique 4279
horizontal 100
horizontale principale 757
horizontalité 5596
horst 4754
houille 1767
houillification 1772
houle 9769
hübnérite 4771
huile minérale 2265
huiles anthracéniques 468
humide 2377
humidité 4775
humidité atmosphérique 674
humidité de constitution 5093
humidité de l'air 674
humidité du sol 9096
humidité libre 4093
humidité superficielle 9714
humus 4778
hydratation 4782
hydratation du ciment 4783
hydrate 4780
hydrate de soude 9066
hydrater 4781
hydraulique appliquée 4835
hydraulique fluviale 8147
hydrocarbure 4848
hydrocarbure à chaîne ouverte 6632
hydrocarbure aromatique 600
hydrocarbure asphaltique 651

hydrocarbure gazeux 4214
hydrocarbure liquide 5684
hydrocarbure paraffinique 6838
hydrocarbure saturé 6632
hydroconductibilité 4856
hydrocyclone 4853
hydrodynamique 4854, 4859
hydrogène 4866
hydrogéochimie 4868
hydrogéochimique 4851
hydrogéologie 4869
hydrogéologie karstique 5397
hydrogramme 4870
hydrogramme de crue 3840
hydrogramme unitaire 10391
hydrographie karstique 5398
hydrolaccolite 7132
hydrologie 4874
hydrologie karstique 5399
hydrologie souterraine 4276
hydrolyse 4875
hydromécanique 4877
hydrométéorologie 4879
hydromètre électromagnétique 3211
hydrométrie 4887
hydrophone 4889
hydrostatique 4894, 4898
hydrotechnique 4799
hygromètre 4906
hygromètre électrique 3193
hygrométrie 4907
hygroscopicité 4908
hyperbole 4909
hypercyclothème 4917
hyperstereoscopie 4918
hypocentre 3956
hypogène 4919
hypolimnion 4921
hypomagma 4922
hypothèse 662
hypothèse de calcul 2557
hypothèse de charge 2565
hypothèse de la nébulose 6447
hypothèses de construction 2028
hystérèse 4924
hystérésis 4924
hystérésis cavitationnelle 1533
hystérésis de cavitation 1533
hystérésis élastique 3163

Ic 2013
ichnofossile 4943
ichnologie 4944
idiomorphe 3387
idocrase 10567
ignimbrite 4950
île artificielle 632
île continentale 2063
île de cordon libre 855

île océanique 6587
illite 4951
illuviation 4955
ilménite 4956
îlot de charbon 6
image en relief 7930, 9407
image nette 8730
image pas nette ou floue 6537
image réfléchie 6225
image stéréoscopique 9407
imbibé 10713
imbibition 36, 4964
imbrication 4966
immergé 4969, 9617
immeuble-tour 8932
imparfait 5026
impédance acoustique 105
impénétrabilité 4981
imperméabilité 4981
implantation 8667
implantation des trous 1143
implosion des bulles de cavitation 4988
imprécis 5002
imprégné 4994
imprégner 4993
impression d'éloignement 4997
impression de profondeur 4997
impressioner 3456
impression héliographique 4641
imprévus 2070
impulsion d'une force 5000
imputrescible 2419
inauguration 5004
incertitude de mesurage 10339
incidence économique des facteurs d'environnement 3121
inclinable sur l'horizon 10045
inclinaison 740, 2693, 5010, 6574, 8994, 9000
inclinaison à droite 8106
inclinaison à gauche 5563
inclinaison de la chambre 5011
inclinaison de la faille 2698
inclinaison de la surface affaissée 10044
inclinaison d'un talus 9000
inclinaison du talus 9000
inclinaison primaire 6698
incliné 5014
incliner 5012
incliner sur l'horizon 10043
inclinomètre 5023
inclusion 5024
incompétent 5025
increment 5030
incrustation 5033
indemniser 5034
indemnité 1888

indemnité d'occupation temporaire 1889
indentation 5036, 5215
index 3960, 5983, 8839, 8843
index des hauteurs 4632
index de viscosité 10600
indicateur 5041
indicateur à bille 808
indicateur de charge 2971
indicateur de convergence 2117
indicateur de débit 3887, 7776
indicateur de déformation latérale 5518
indicateur de déplacement 2766
indicateur de niveau 3903, 7343
indicateur de niveau à flotteur 3805
indicateur de niveau d'eau de marée 10704
indicateur de niveau enregistreur 5589
indicateur de poids 2971
indicateur de position 7343
indicateur de pression 2971
indicateur de profondeur 2530
indicateur des déformations dans les sondages 1140
indicateur des déformations du toit 8253
indicateur des déformations en surface 9724
indicateur des déformations longitudinales dans les sondages 1136
indicateur de température 9899
indicateur de vide 10466
indicateur d'incendie 3672
indicateur d'inclinaison 5042
indicateur d'inclinaison sur l'horizon 10049
indicateur d'usure de l'outil 3051
indicateur d'usure du trépan 3051
indicateur géobotanique 5043
indice de compression 1932
indice de consistance 2013
indice de densité 2514
indice de fracturation 8312
indice de gonflement 4099
indice de liquidité 3881, 5685
indice de pétrole 7017
indice de plasticité 7203
indice de productivité spécifique 9165
indice de remaniement 7948
indice de résistivité 8024
indice de retrait 8804
indice des vides 7323
indice des vides de défloculation 3820
indice des vides remplis d'air 287

indice de viscosité 10600
indice d'hydrogène 4867
indice portant Californien 1378
indice RQD 8312
indiquer par des repères 5982
indistinct 5049
induré 5061
industrie hydroélectrique 4892
industrie mécanique 5856
inégal 10378
inertie 5066
inexact 5002
infiltration 5072, 8537
infiltration d'eau 10733
infiltration de pétrole brute 7028
infiltration d'huile brute 7028
infléchir
  s'~ 981, 3970
influence des erreurs 3148
influencé par une exploitation sous-jacente 5083
influencé par une exploitation sus-jacente 5082
influences biocorrosives de l'environnement 1025
infrarouge lointain 3544
infrarouge photographique 7069
infra-son 5091
ingénierie de l'environnement 3299
ingénierie d'énergie hydroélectrique 4892
ingénierie économique 3278
ingénierie électronique 3213
ingénierie générale 3277
ingénieur conseil 2044
ingénieur conseil pour constructions antisismiques 3101
ingénieur conseil spécialiste de séismologie 3101
ingénieur de forage 2961
ingénieur de projet 7561
ingénieur des boues de forage 2964
ingénieur des fluides de forage 2964
ingénieur des mines 6212
ingénieur des travaux 2091
ingénieur en chef des forages 2990
injectabilité 4506
injectabilité du coulis de ciment 3910
injecter 4504, 5108
injecteur 5116
injecteur de carburant 4154
injecteur de coulis de ciment 1562
injection 4511

injection d'air comprimé 256
injection d'eau dans un puits 10814
injection de bourrage 1544
injection de ciment 1561
injection de collage 2046
injection de consolidation 2018
injection de résine 8011
injection de scellement 387
injection d'étanchéité 4985, 7460
injection en descendant 9298
injection en montant 10441
injection par passes en descendant 9298
injection par tube à manchettes 8948
injection renversée 8066
injection sélective d'eau 8577
injection sous pression 3984
inondation 3825, 3841
inondation d'un puits 10814
inondé 9903
inonder 3824
inscription 7882
inscription de l'heure 10067
insecte 5133
insensible aux secousses 10580
insensible aux vibrations 10580
insertion de points 7268
in situ 5136
insonorisation 9136
inspection 9872, 10605
inspection sur place 6625
instabilité absolue 26
installation 7190
installation autotransportée 10149
installation d'air comprimé 1921
installation d'approvisionnement d'eau 10742
installation de concassage 2276
installation de criblage 8459
installation de forage 2984
installation de forage auto-élévatrice 8586
installation de forage mobile 6244
installation de forage modulaire 6260
installation de forage rotary 8271
installation de forage rotatif 8271
installation de mesurage 6062
installation de pompage 7635
installation des machines 5145
installation de sondage rotary 8271
installation des piézomètres 7102
installation par sprinkler 9246
installations 3737
installations électriques 3184
installations, matériel et outillage de chantier 5354

installation sprinkler 9246
instantané 5151
instruction d'emploi 8633
instruction de réparation 7956
instruction de service 8633
instructions d'assemblage 5155
instructions de montage 5155
instrument 5158
instrumentation 5160
instrument de levé pour les mines 6200
instrument de mesurage 6070
instrument de mesure 6070
instrument de nivellement 5593
instrument de photogrammétrie 7059
instrument de repêchage 3705
instrument de repêchage des tiges de sondeuse 1198
instrument hydrométrique 4885
intact 10424
intensificateur hydraulique 4813
intensité de cavitation 5184
intensité de charge 5185
intensité de courant électrique 3191
intensité du trafic 2519
intensité sismique 8552
interaction des puits 5205
interaction entre sol et ouvrage 9106
intercalation 5024, 5191
intercalation d'argile 8711
intercalation stérile 2717, 6173
interchangeable 5196
intérêt d'un projet 10461
intérêt économique d'un projet 3122
intérêts intercalaires 5199
intérêts pour retard de paiement 5200
interface 5202
interface gaz-huile 4221
interférence 5203
interférence des puits 5205
interférométrie 8430
interfluve 5208
interpénétration des faciès 5212
interpénétration granulaire 4409
interpolation 5236
interpolation d'un point 7268
interprétation des diagraphies 5764
interprétation des résultats 5239
interprétation quantitative 7672
interrupteur 9779
interrupteur à bouton 1330
interrupteur à dispositif d'horlogerie 9780
interrupteur automatique de niveau minimal 5829
interrupteur de niveau 5598
interrupteur de vide 10468
interrupteur limiteur 5645
intersection 5244, 5245
interstice 7321
interstice capillaire 1411
interstice subcapillaire 9597
interstice supra-capillaire 9658
interstratification 5190
interstratification le long de la ligne séparant les faciès 5212
intervalle de temps 10066
intervalle entre géophones 8569
intervalle libre 1731
intrados 5249
intumescence 7911, 9732
invar 5258
invasion 5259
invasion des couches perméables 5260
invasion des eaux périphériques 3132
inventaire des ressources en eau 5261
inversé 5264
inverseur 5262
inverseur hyperbolique 4913
inversion des rayons lumineux 8063
inversion du relief 7933
inversion par miroir 6226
involution 2283
irrégularités de fonctionnement 5277
irrigation 5280
irrigation par aspersion 9247
irrigation par ruissellement 9710
irrigation par submersion 3842
irruption d'eau 5132
isanomal 4261
isobare 5284
isocentre 3951
isochore 5287
isochrone 5291
isocline 5292, 5293
isocromatique 5288
isohyète 5294
isohypse 5296
isolant acoustique 103
isolant multicouches 6367
isolant phonique 103
isolant thermique 5461
isolation 5169, 5170
isolation acoustique 9136
isolation phonique 9136
isolation sonore 9136
isolement de polyuréthane 7316
isolement entre couches 5171
isomorphisme 5302

isopaque 5303
isostasie 5306
isostatique 5312
isotrope 5322
isotropie 5323
itinéraire 10205
itinéraire du vol 6878

jade 5334
jadéite 5334
jaillir 3866
jaillir par intermittence 3869
jaillissement de gaz 6726
jaillissement d'un puits de pétrole 7033
jais 5342, 7155
jalon 7769
jalonnage des lignes de niveau 10143
jalonner 5982, 5989
jalonner la direction 4583
jama 5335
jambe 7125
jambe télescopique 9892
jardin 4198
jardin suspendu 8244
jauge 4233
jaugeage 3879
jaugeage chimique 1649
jauge d'échantillonnage 7032
jauge de contrainte 5713, 9539
jauge de déformation 3471, 9483
jauge de niveau du combustible 4155
jauge d'ouverture de joint 5364
jauge manométrique 7458
jauger 4234
jaugeur de Venturi 10538
jaune de zinc 10978
jayet 5342
jet 5339
jet d'eau 10702
jet de boue 6350
jets de lave liquide 5531
jeu 781
jeu de lentilles 8651
jeu de quatre 4046
jeu de rotors 8296
jeu d'objectifs 8652
jeu d'outils 10086
joint 5357, 5358, 6333
joint à labyrinthe 5449
joint articulé 619
joint conique 1983
joint d'argile 1717
joint de cisaillement 8739
joint de construction 6333
joint de contraction 2085
joint de contrôle 2096
joint de démontage 8987

joint de dilatation 3428, 3429
joint de fondation 4033
joint de glissement 8989
joint de la tige carrée d'entraînement 5417
joint de long 954
joint de recouvrement 5497
joint de reprise 4741
joint de retrait 2085
joint de stratification 948, 951
joint d'étanchéité 4351
joint d'étançons 7586
joint de tubage 1466
joint d'isolation 5300
joint élargi 9905
joint femelle-femelle 1204
joint horizontal de reprise 4741
joint hydraulique 4827
joint intégral 5180
joint longitudinal 5773
joint périmétral 6961
joint plat 3768, 10672
joints de construction 2037
joint sec 1829
joint sphérique 810
joint torique "O" 6703
joint transversal 10190
jour 9706
jour de la pointe maximale 2408
jours de pluie 7732
jumbo 5376
jumeaux 10306
jumelles 1022, 3614
Jura blanc 10430
Jura brun 6172
Jura noir 5602
Jurassique 5383
Jurassique inférieur 5602
Jurassique moyen 6172
Jurassique supérieur 10430
jusant 3536
justesse d'un instrument de mesurage 4078

kaolin 589, 5387
karst à dolines 1986
karst à labyrinthe 5448
karst à tourelles 10136
karst complet 2434
karst conique 1986
karst couvert 2193
karstification 5396
karst imparfait 8715
karst nu 6405
karst parfait 2434
karst partiel 8715
karst profond 2434
karst sous-jacent 9641
karst superficiel 8715
katagénèse 5411

kernite 5418
kérogenite 5419

laboratoire 5443
laboratoire d'analyse 378
laboratoire de diagraphie 5763
labradorite 5447
lac 5466
laccolite 5452
lac de cratère 2205
lac de lave 5532
lac glaciaire 4337, 7550
lâchure d'eau 10727
lac karstique 5403
lac relique 7929
lac résiduel 7929
lacune 2411, 4193
lacune d'origine sédimentaire 9494
lacune stratigraphique 4196
lahar 5464
lahar causé par des pluies 7741
laitance 5465
lait de ciment 1560
laitier de ciment 1560
laitier de haut fourneau 1067
lambrissage 1103
lame d'eau précipitée 7407
lame d'eau tombée 7407
lame de l'outil 1046
lame de ressort 5550
lame d'étanchéité 8484
lame du trépan 1046
lamellaire 5471
lamellé 5477
lamelliforme 5471
lamination 9503
laminé 5477
laminer 9269
lampe au sodium 9070
lampe à vapeur de sodium 9070
lampe de préchauffage 7421
lampe de sûreté 8342
lançage 10670
langue de lave 5536
langue de terre 9209
lanterne de tendeur 10301
laps de temps 10066
largeur 10847
largeur à la base 885
largeur d'allée 10146
largeur de la bande 10849
largeur de la taille 3514
largeur du barrage 9992, 10848
largeur du couronnement 10104
largeur en crête 10104
largeur réelle d'un panneau 7564
larmier 10793
laser 5502
latérite 5520

latérite en formation 8389
latéritisation 5521
latitude 5522
latitude polaire 7296
lavage 8123
lavage à l'acide 98
lavage direct 9476
lavage du puits 1141
lavage du trou 1141
lavage inverse 5045
lave 5524
lave aa 1
lave basaltique 866
lave compacte 866
laver 8122
lave scoriacée 1
lectotype 5561
lecture 7794
lecture au microscope 7795
lecture des piézomètres 7800
lecture par réflexion 7796
légère secousse sismique 3108
législation en matière de logement 4766
lentille 5573
lentille de glace 4939
lentille de sable 8374
lentille de sable de pétrole 7007
lentille de sable pétrolifère 7007
lentille divergente 2805
lépidoblastique 5582
lépidolite 5583
lépidolithe 5583
lessivage 3234, 5547
lessivé 5546
lessiver 5545
lest 803
lettre d'intention 5584
levages offshore 6597
levé 7166
levé de mines 6199
levée 8157
levée de bétonnage 1967
levé en désuétude 7166
levé par photographie aérienne 195, 279
levé par polygones ou par itinéraires 7308
lever 9742
lever aérien 195
lever aérien à bandes 197
lever aérophotogrammétrique 206
lever cadastral 1357
lever de côte 1786
lever forestier 4000
lever géomagnétique 4291
lever par intersections 5242
lever photogrammétrique 7061
lever planimétrique 7185
lever stéréophotogrammétrique 9396
lever tachéométrique 9821
lever terrestre 9938
levé topographique 10098
levier de direction 9379
levier de frein 1216
lèvre abaissée d'une faille 3024
lèvre affaissée d'une faille 3024
liaison entre deux particules 1118
liant 1016, 1563
liant bitumineux 1016
liant hydraulique 4787
Lias 5602
lieu de construction 2041
lieu de montage 7158
lieu de reproduction 1247
lieu géométrique 5755
ligature 7905
ligature de l'embout 9763
ligne andésitique 399
ligne anticlinale 470
ligne d'appui 10023
ligne d'eau 4808
ligne de base 875
ligne de base des argiles 8710
ligne de cassure 1230
ligne de charge 3273
ligne de clivage 1735
ligne de côte 1785
ligne d'écoulement 3885, 8540
ligne de courant 3885
ligne de fracture 1230
ligne de fuite 10501
ligne de jonction 2003
ligne de mire 753
ligne de naissances 9234
ligne de niveau 2080, 5296
ligne de nivellement 5664
ligne de partage des eaux 10735
ligne de partage des eaux souterraines 4491
ligne de percolation 8540
ligne de pied amont du barrage 4626
ligne de plus grande pente 5662
ligne de plus grande pente principale 5907
ligne de polygones 10205
ligne de référence 8668
ligne de résurgence 5667
ligne de saturation 8540
ligne des naissances 9237
ligne d'étançons 8307
ligne de visée 1848, 2703, 4716, 5666
ligne de vol 3788
ligne droite 9475
ligne d'unités de soutènement 8308
ligne du rivage 9488
ligne du tourbillon 10644
ligne élastique 3171
ligne équipotentielle 3334
ligne géodésique de longueur nulle 6549
ligne isoséismique 5305
ligne limite 5635
ligne neutre 6472
ligne piézométrique 7105
ligne rouge 873
lignes de force 5673
lignes de Wallner 10660
ligne visuelle 5669
lignite 5627
lignite A 5628
lignite B 5629
lignite brun 9073
lignite C 5630
lignite noir brillant 7155
lignite tendre 9073
limbe 4404, 4735
limbe vertical 10552
limets 780
limite 1188
limite apparente d'élasticité 9929
limite apparente d'étirage 9929
limite conventionnelle d'écoulement 10951
limite conventionnelle d'élasticité 3170
limite d'adhérence 148, 9416
limite d'agrandissement 7765
limite de charge 5711
limite de consistance 2014
limite de déformabilité 10953
limite de détection 2572
limite de floculation 3819
limite de fluage 2213, 10949, 10953
limite de fluage rhéologique 8083
limite d'élasticité 3170, 10951, 10952
limite de la striation glaciaire 5640
limite de la zone remblayée 3129
limite de liquidité 683
limite de liquidité d'Atterberg 683
limite de plasticité 7205
limite de résistance 9525
limite de résistance à la pression intérieure 5231
limite de résurgence 8540
limite de retrait 8805
limite de rupture 1228
limite des allongements proportionnels 5641
limite de sécurité 8343
limite des neiges 3685
limite des neiges éternelles 9047
limite d'exploitabilité 6887

limite d'exploitation 6887, 10898
limite du bassin versant 1495
limite du polissage glaciaire 5640
limite eau-pétrole 3133
limite élastique 9929, 10951, 10952
limite élastique vraie 3170
limite inférieure de plasticité 5814
limites d'application 5643
limites d'Atterberg 680
limites de consistance d'Atterberg 680
limites de plasticité 7202
limites d'exploitation 5644
limites d'utilisation 5643
limite supérieure de liquidité 10433
limite supérieure de plasticité 10433
limiteur de pression 7464
limiteur de puissance 7383
limiteur de vitesse 10528
limiteur de vitesse de rotation 6782
limnigraphe 10712
limnimètre 5646, 10711
limniphone 9886
limnologie 5647
limnoplancton 5648
limon 6629, 8863
limoneux 8870
limonite 5649
limon organique 8390
linéaire 5653
liquation 5677, 5678
liquéfaction 5679
liquéfaction du charbon 1774
liquide 5681
liquide hydraulique 4803
liquide sous pression 7457
lisse 9029
lisseuse 10253
lissoir 9031
liste des entreprises consultées 8580
lit 942, 943, 1629, 3854
lit à fond mobile 6240
litage 9503
litage annuel 452
litage périodique 452
lit de mortier 954
lit des méandres 6039
lité 944, 3748
lit encaissé 8141
lit fluvial 8140
lithification 5690
lithique 5689
lithofaciès 5691
lithosphère 5692

lithostratigraphie 5694
lithotype 1781
litiges 2771
lit imperméable 10751
lit majeur 3845
lit mineur 9516
lit plan 7169
lit stable 9288
littoral 5696
lixiviation 5703
lobe de lave 5536
local de commande des vannes 4228
local habité sous le comble 686
localisation 5739
localisation des fuites dans un puits 9203
locomotive 5754
loess 5757
log acoustique 109
logarithme 5759
log de sondage 1142
logement de rotule 814
logement des étançons 7585
logement d'un étançon 7584
logements du personnel 679
log sonique 109
loi contraintes-déformations 9544
loi de composition des erreurs 5538
loi de Darcy 2394
loi de Hooke 4727
loi de la réfraction 7868
loi de résistance hydraulique de Darcy 2392
loi de similitude dynamique 5539
loi des sinus 8879
loi des vitesses 10526
loi rhéologique 9544
lois de similitude 8873
loisirs 7827
longeron 8318
longeron-support 9559
longitude 5770
longrine 5781, 7110
longrine à la couronne 2262
longrine au toit 2262
longue taille 5787
longue taille commandée à la distance 7944
longueur 2779, 5570
longueur à quatre simples 4046
longueur de chassage 5608
longueur de coulissement 10938
longueur de la retenue 5572
longueur de recouvrement 5498
longueur de taille 3510
longueur de tiges de forage 3006
longueur d'onde 10766
longueur du contrefort 5571

longueur d'une vague 10767
longueur en crête 2216
longueur étirée 4165
longueur maximale 4165
longueur minimale 1750
longueur quadruple 4046
lotissement 6856
loupe 5900
loupe de lecture 5900
loupe de mise au point 3959
lubrifiant extrême-pression 3494
lumière naturelle 2406
lumineux 9572
luminosité 1732
 de faible ~ 6602
 de grande ~ 9572
lunette 9888
lunette à prismes 7526
lunette d'approche reversible 10165
lunette panoramique 8282
lunette reversible 10165
lutite 5849
lydite 5850

macadam 5852
macéral 5853
macéral actif 124
macération 5854
machine 5855
machine à calcul 1371
machine à irrigation par aspersion 9248
machine de creusement à attaque ponctuelle 6277
machine de levage 2917
machine de thermo-forage 9975
machine d'extraction 2917
machine hydraulique 4822
machine hydraulique à échelle naturelle 4159
machine pour le creusement des tunnels 6277
machines 5862
mâchoires de serrage 1708
macle cristalline 10306
macle de contact 2051
macle de pénétration 5235
maçon 1250
maçonnerie à joints secs 643
maçonnerie rustiquée 8325
maçonnerie sèche 3044
macrocristallin 5865
macropore 5866
madrier 1102, 9995
magasin 9458, 10666
magma 5868
magnésite 5878
magnétisme terrestre 4292
magnétite 5892

magnétomètre 5895
magnétomètre à componente horizontale 4742
magnétomètre à componente verticale 10558
magnétomètre aéroporté 242
magnétomètre à proton 7595
magnétomètre à résonance nucléaire 6545
magnétomètre astatique 664
magnéto-striction 1338
magnitude 5735
maille 6109
maille d'un tamis 8833
main d'œuvre 5946
maintenance 5915, 9872
maintenir
   se ~ dans la bonne direction 5414
maintenir ouvert 5914
maintien de la cohésion des bancs 5919
maintien de la pression du gisement 7465
maison 4763
maison à deux familles 10313
maison de campagne 2179
maison double 10313
maison individuelle 8885
maison pour deux familles 10313
maître d'œuvre 3276
maître d'ouvrage 6790
maître sondeur 1152
maîtresse-poutre 1018, 5902
maîtresse-tige 694, 8896
maîtrise de chantier 8914
maîtrise de l'alluvionnement dans les retenues 2105
maîtrise de la rivière 8143
maîtrise des crues 3828
majoration pour risques 8136
malachite 5931
maladie d'origine hydrique 10689
malaxeur à axe horizontal 4734
malaxeur à béton 1957, 1968
malaxeur à coulis 4523
malaxeur à haute turbulence 4681
malaxeuse à axe horizontale 4734
malléable 3048
Malm 10430
mamelon 4777
manchette 1325
manchon 1325
manchon à soupape 3797
manchon de cimentation 794
manchon de givre 4936
manchon d'étanchéité 6798
manchon de torsion 10117
manchon de tubage 1466

manchon d'extrémité 3266
manchon droit 7848
manchon en caoutchouc 8313
manchon-guide 4540
manchon pour cimentation simplex 8875
mandrin 5935
manganite 5936
manganosite 5937
maniabilité 2097, 10892, 10893
manifestation de gaz 4218
manifestations de cavitation 8848
manifestations paravolcaniques 6855
manivelle à main 4572
manœuvrer la colonne de revêtement 7814
manœuvrer la colonne de tubage 7814
manomètre 5943
manomètre à air 275
manomètre à déformation élastique 3174
manomètre à gaz 4223
manomètre à membrane 2636
manomètre à piston 7147
manomètre à tube élastique de Bourdon 1195
manomètre capteur de pression 7444
manomètre de pression de boue 6349
manomètre différentiel 2660
manomètre métallique 3174
manostat 5945
manque 1286, 8789
manque de netteté 5453
manque d'étanchéité du système hydraulique 10422
mansarde 686
manteau 5948
maquette 566
maquette des terrains 9495
marais 3591
marais salé 8357
marâtre 2223
marbre 5960
marbre de Carrare 1440
marbre décoratif 2426
marbre de parement 2426
marbre statuaire 9358
marcasite 5961
marcassite 5961
marche 9383
marché 2084
marche à charge partielle 6657
marché à forfait 5847
marché à pénalité et prime 1124
marche à pleine charge 6656
marché clé en main 10302

marché de gré à gré 6454
marché de travaux 2032
marché d'études 2559
marché en dépenses contrôlées 2178
marché sur appel d'offres 1893
marché sur bordereau de prix 6051
marécage 1109, 3591
margarite 5962
marge continentale 2064
marin 6339, 10285
mariner 6340
marmite 5420
marmite de géant 6327
marmite d'érosion 7366
marmite torrentielle 7366
marnage 3894
marne 5990, 5991
marne argileuse 1719
marne bitumineuse 1055
marne calcaire 5651
marne gonflante 4618
marne lacustre 5470
marne schisteuse 5993
marquage 1226
marque 5983
marque d'impact 4975
marque éclairante 4953
marque glaciaire 4340
marque optique 6664
marquer 5982
marque tournante 1687
marque virtuelle 10595
marteau 4568
marteau à béton 1958
marteau brise-béton 1958
marteau perforateur 4569
marteau perforateur à air comprimé 255
marteau pneumatique 264
martelage 7367
masque amont 3518
masque amont souple 10445
masque déflecteur 2453
masse 5997, 8946
masse additionnelle 144
masse d'eau immobile 788
masse fluide 3905
masse liquide 3905
masse rocheuse 8191
masse-tige 8896
masse-tige à rainures hélicoïdales 9207
masse-tige articulée 618
masse-tige carrée 9262
masse volumique 501, 1297, 2506, 2509, 2511
masse volumique à saturation 10965

masse volumique du sol saturé 2518
masse volumique du sol sec 2517
massif 6000
massif d'ancrage 386
massif de butée 386
massif de protection du puits 8701
massif exploité 8179
massif faillé 3556
massif récifal 7852
massif rocheux 8191
mat 6017
mât 828
mât de charge 2546
mât de forage repliable 5332
matériau avec cohésion 1822
matériau cohérent 1822
matériau de carrière 7676
matériau de construction 1292
matériau de couverture 2194
matériau d'emprunt 1161
matériau de toiture 2194
matériau détritique 2585
matériau d'isolation acoustique 103
matériau extérieur 3477
matériau granulaire 4421
matériau meuble 10344
matériau non tissé 6519
matériau pour revêtement extérieur 3477
materiau résiduel 7999
matériau sans cohésion 1820
matériau tissé 10918
matériau tricoté 5438
matériaux de remblayage 9467
matériaux d'isolation 5172
matériaux d'isolement 5172
matériaux en vrac 1128
matériel 3333, 4621
matériel de creusement 3410
matériel de démontage 2755
matériel de levage 4702
matériel de location 4693
matériel de manutention 4573
matériel de montage 3343
matériel de perforation 10283
matériel de terrassement 3093
matériel de transport 10184
matériel d'injection 4516
matériel d'occasion 8512
matériel du lever 9746
matériel lourd 4621
matériel neuf 6481
matériel roulant 6245
matériel sur chenilles 10154
matière explosive 1072
matières dissoutes 2776
matières en suspension 9760

matrice d'amortissement 2380
matrice de couplage 2187
matrice de masse 6006
matrice de raideur 9419
matrice de rigidité 9419
matrice rocheuse 8192
mausolée 6021
maximum critique d'affaissement 2228
maximum de contraintes 9538
maximum de pression 7468
maximum de production 6899
méandre 6038
méandre de vallée 10475
méandre encaissé 5092, 10475
méandre sculpté 5092
mécanique 6088
mécanique analytique 9959
mécanique appliquée 514
mécanique des fluides 3906
mécanique des fluides pour le génie civil 3907
mécanique des liquides 4877
mécanique des milieux continus 2079
mécanique des roches 4475, 8193, 8194
mécanique des sols 9094
mécanique des sols et technique des fondations 4313
mécanique générale 4251
mécanique rationelle 9959
mécanique théorique 9959
mécanisme de l'éruption 6089
mécanisme de rupture 1835
mécanisme de transmission 3011, 10178
mèche à cuiller 4388
mèche fusante 4174
mèche hélicoïdale 691
mégacyclothème 6097
mégaride 6098
mélange 6238
mélange des liquides 6239
mélange hétérogène 4650
mélange homogène 4720
mélangeur 9095
mélangeur à coulis 4523
mélangeur à haute turbulence 4681
mélangeur pour ciment 1564
mélanite 6099
mélanocrate 6100
membrane d'étanchéité amont 10445
membrane interne d'étanchéité 2632
ménager 1443, 2010
mensurable 6048
menuiserie 5356

mer 8470
mer de plateau 3314
mer de vent 10867
mer du vent 10867
méridien 6106
méridien transversal 10191
merlon rocheux 8199
mer profonde 2436
mesa 6108
mésocrate 6110
mésocristallin 6111
mésolimnion 6112
Mésolithique 6113
mésotype 6110
Mésozoïque 6115
mesurable 6048
mesurage de la neige 9053
mesurage de la vitesse de rotation au moyen d'un fréquencemètre électrique 6056
mesurage de la vitesse de rotation au moyen d'un tachymètre électrique 6057
mesurage sur l'image 7063
mesurage utilisant des appareils photographiques multiples 6054
mesure 6050, 6061
mesure angulaire 438
mesure dans l'espace 6068
mesure d'arcs 576
mesure de connexion 6063
mesure de distances 2784
mesure de la déviation 2449
mesure de la pression des fluides 3909
mesure de la profondeur 2537
mesure de longueur 5784
mesure de précision 7411
mesure des angles 6053
mesure des azimuts 6072
mesure des contraintes et pressions 9529
mesure des débits 2728
mesure des déformations 2465
mesure des déplacements 2767
mesure de surface 9264
mesure différentielle 2659
mesure d'ouverture de fissures 5368
mesure d'ouverture de joints 5368
mesure du débit du puits 10815
mesure du forage 2967
mesure d'un angle en radians 576
mesure du tassement 8680
mesure du temps de parcours 10175
mesure du trou 2967
mesure en radians 576

mesure initiale 5099
mesure optique des distances 6670
mesure par flotteur 3812
mesure par répétition 7958
mesurer 6049
mesures de fuite 8541
mesures de précaution 7405
mesures de protection 7593
mesures de sécurité 8344
mesures sismiques 3102
mesure stadimétrique 6064
mesure stéréoscopique 9406
mesure sur une vue unique 8887
mesure trigonométrique des distances 10234
méta-anthracite 6116
metabentonite 6117
métalimnion 6118
métallique 6119
métamorphique 6124
métamorphisme 6127
métamorphisme de contact 2049
métamorphisme hydrothermal 4902
métamorphisme isochimique 5286
métamorphisme prograde 5278
métamorphisme progressif 5278
métamorphisme régressif 8053
métamorphisme thermique 9974
métamorphose 6127
métamorphose de contact 2049
métamorphose thermique 9974
métasomatose 6129, 7961
métaux extractibles 3484
métaux lourds 4623
météorite 6131
météorologie 6132
méthane 6134
méthode à écoulement d'essai de l'action destructive de cavitation 3888
méthode amont de construction 10446
méthode anglaise de percement de galerie 3286
méthode anglaise d'excavation de galerie 3286
méthode autrichienne de creusement de tunnel 6611
méthode aval de construction 2863
méthode de calcul 375
méthode de chute de potentiel 7360
méthode de congélation 4109
méthode de décharge 7919
méthode de déplacement d'un élément de soutènement

mécanisé à dépassement alterné 5560
méthode de disque tournant 8286
méthode de forage 2974
méthode de forage à injection inversée 2975
méthode de forage à percussion 6942
méthode de forage avec circulation renversée 2975
méthode de forage par percussion 6942
méthode de forage rotary 8269
méthode de la pyramide 6142
méthode de magnétostriction 5897
methode de mesurage 6071, 6136
méthode de mesurage combinatoire en séries fermées 1905
méthode de mesurage directe 2712
méthode de mesurage indirecte 5048
méthode de polarisation provoquée 5059
méthode de potentiel spontané 8590
méthode de production par injection de gaz 4211
méthode de régulation 6138
méthode de relaxation 7919
méthode de résistivité 8026
méthode de Rosiwall 8262
méthode des acroissements 5032
méthode des ajustements 10215
méthode des arcs-consoles 552
méthode de sautage 1078
méthode des contraintes initiales 5107
méthode des différences finies 3668
méthode des éléments finis 3669
méthode des équipotentielles 3335
méthode des essais 6140
méthode des faisceaux anharmoniques dans l'espace 2846
méthode de sismique-réfraction 8559
méthode des moindres quarrés 6141
méthode des moments nuls 10967
méthode des moments zéro 10967
méthode de sondage rotary 8269
méthode des quatre points 4050
méthode des tranches 8955
méthode de travail 6654
méthode de turboforage 10296

méthode du rectangle 4399
méthode du Trial Load 10215
méthode électrique 3189
méthode électrohydrométrique 3201
méthode électro-magnétique 3208
méthode gamma 7721
méthode hydrométéorologique 4878
méthode italienne de percement d'un tunnel 5325
méthode magnéto-tellurique 5898
méthode par réflexion 8558
méthode par réfraction 8559
méthode par remplacement de sable 8377
méthode probabiliste de projet 7527
méthode radiale 7712
méthodes géophysiques 4306
méthode sismique 631, 8556
méthode tellurique 9896
méthode topographique des alignements 304
méthode utilisant la connexion de vues successives 6137
métrage foré par outil 3978
métrage foré par trépan 3978
métré 136
mètre cube de matière solide 2302
mètre cube en place 2302
métré et décompte des travaux 2086
métreur 7674
métrologie 6144
métrophotographie aérienne 194
métrophotographie par intersection 7181
métrophotographique 7054
mettre au point 3955
mettre en coïncidence 1257
mettre en charge
  se ~ 70, 9840
mettre en marche 5425
mettre en place 160, 5147, 9462
mettre en production 1256
mettre le tubage en place 5134
meuble 5791
m^3 foisonné 2301
mica 6145
micacé 6146
mica magnésien 7042
micaschiste 6147
microcline 6149
microcristallin 6150
microdéformation 6168
microdureté 6154
microfissure 6152
microfracture 6151

microlite 6155
microlithe 6155
microlithotype 6156
microlog 6157
micromètre 6158
micromètre coulissant 8972
micromètre d'oculaire 3501
micromètre glissant 8972
micrométrique 6161
micro-organismes 6162
micropaléontologie 6163
micropieu 6164
microscope 6165
microscope à éclipses 1088
microscope à micromètre 8403
microscope à vis 8466
microscope de mise au point 3961
microscope des parallaxes 6846
microscope micrométrique 6159
microséisme 6166
microspore 6167
microstructure 6169
microtectonique 6169
migmatisation 6180
migmatite 6179
migracion de gaz 6181
migration du pétrole 7020
milieu diagénétique 2617
milieu fluide 3895
milieu gazeux 4199
milieu liquide 5681
millefeuille aquatique 10715
millérite 6185
mine 1841
mine à ciel ouvert 6631
mine de plomb et zinc 5549
mine d'or 4377
minerai 6682, 6685
minerai broyé 2716
minerai disséminé 2772
minerai exploitable 6885
minéral 6190
minéral argileux 1722
minéral caractéristique 2619
minéral industriel 5063
minéralisation 6194
minéral métallique 6685
minéralogie 6195
minéral opaque 6685
mineur 5455
minière 1841
Miocène 6222
miogéosynclinal 6223
mire 8837
mire de nivellement 5594
mire de visée 1845
mire parlante 9756
miroir 7300
miroir concave-sphérique 1947
miroir convexe-sphérique 2122

miroir d'eau 4500
miroir de faille 8956
miroir de glace 8754
miroir de glissement 8956
miroir de surface 8956
miroir guide 621
miroir parabolique 6835
miroir plan 7171
miroitement 7861
mise à feu 3678
mise à la masse 6229
mise à nu 3459
mise au point 3958
mise au point à l'infini 5075
mise au point de la distance
    focale 8666
mise au point précise 165, 3652
mise au point soignée 3652
mise en charge 66, 5705, 5720
mise en charge dynamique 3074
mise en eau 7503
mise en état 7954
mise en forme du fond de fouille
    8722
mise en marche, arrêt et mise hors
    service 8663
mise en œuvre 3162
mise en œuvre d'une étape 4987
mise en œuvre d'un projet 4987
mise en place 3339
mise en place de plaques de
    gazon 10299
mise en place du béton 1959
mise en place du revêtement
    5812, 7160
mise en place du tubage 5812
mise en place sur appareil de
    restitution 5864
mise en station 3339
mise en valeur de terres 5480
mise hors service 9841
missions de l'ingénieur conseil
    9933
mobile 8957
mobilité continentale 2060
modalités d'exécution des essais
    9946
modelage du phénomène de
    cavitation 6255
modèle 6253
modèle à fond fixe 3731
modèle à fond mobile 6241
modèle analogique 370
modèle des terrains 9495
modèle distordu 2793
modèle d'un instrument de
    mesurage 10320
modèle du réservoir 7983
modèle équivalent 3337
modèle géomécanique 4294

modèle hydraulique 4823
modèle mathématique 6014
modèle mécanique 9578
modèle photo-élastique 7049
modèle physique 7089
modèle pluie/débit 7408
modèle réduit physique 7089
modèle stéréoscopique 9159
modèle théorique 4945
modèle virtuel 10596
moderniser 6258
modification 336, 337
modification de l'avance 2955
modification du climat 1738
modification du lit 8769
modification topographique
    10096
modulation de fréquence 4116
module annuel 6041
module de cisaillement 8746
module de compression 1306
module de déformabilité 1907
module de déformation 2466,
    6261
module de déformation par
    glissement 6263
module de déformation
    volumique 1306
module de finesse 3659
module de glissement 6263
module d'élasticité 6262
module d'élasticité longitudinale
    6264
module d'élasticité transversale
    6263
module de mesure acoustique 110
module de raideur 1811
module de réaction 1811
module de réaction d'une sous-
    couche de chaussée 1812
module de réaction du sol 1811
module de rigidité 6263
module de Young 6262, 6264
moellon 642
moins-disant 5822
moise 1315
molasse 6275
môle 7095
molettes 8218
moment de couple 6279
moment de démarrage 9336
moment de renversement 6789
moment de torsion 10105
moment d'inertie pondérée 6281
moment d'inertie pondérée 6280
moment fléchissant 985
moment hydraulique 4824
moment résistant 6282
monastère 2109
monazite 6283

monnaie courante 6284
monographie de gisement 7822
monotone des débits 4870
montage 3340, 6329, 7743
montage au charbon 8130
montage des piles des bois 2224
montagne plissée-faillée 1269
montagnes moyennes 6232
montant 5566
montant des investissements 1415
montant du marché 2092
montant télescopique 9892
monté sur rotule 811
montmorillonite 9067
monture de la lentille 5578
monture d'objectif 5574
monument historique 4695
monzonite 6303
moraine 6305, 10041
moraine de fond 4476
moraine frontale 3263
moraine inférieure 3284, 4476
moraine interne 3284
moraine latérale 5512
moraine marginale 1131
moraine médiane 6090
moraine profonde 4476
moraine riveraine 3755
moraine superficielle 9715
morceau de gazon 9057
morganite 10639
morphologie 6310
morphologie de cours d'eau 9519
morphologie des pores 7324
morphologie fluviale 8151
morphotectonique 6311
mortier 6312
mortier à air occlus 259
mortier aéré 259
mortier à occlusion d'air 259
mortier au ciment et à la chaux 896
mortier bâtard 896
mortier chaux-ciment 896
mortier de ciment 1565
mortier de reprise 950
mortier de résine 8012
mortier d'injection 4518
mortier hydraulique naturel 6428
morts-terrains mpl 6753
mosaïque 210, 6314
moteur 3274
moteur de ventilateur 3540
moteur Diesel 2651
moteur hydraulique 4825
moteurs hydrauliques 4826
moucheté 6324
mouillage 10836
mouiller 8122
moulage 1486

moulage externe 3474
moules 6326
moulin 4346
moulinet 7575
moulinet hydrométrique 4883, 7776
mousse rigide de polyuréthane 7315
moustique 6315
mouton 7749
mouton de sonnette 7749
mouvement 6319, 6332
mouvement angulaire 439
mouvement circulaire 1689
mouvement curviligne 2327
mouvement dans le champ libre 4085
mouvement dans le champ proche 6445
mouvement de pointe du sol 6895
mouvement de pointe maximale du sol 6895
mouvement des terrains 4478
mouvement d'un fluide 3908
mouvement du sol 4477
mouvement électro-osmotique 3216
mouvement en parallaxe 6843
mouvement en profondeur 6843
mouvement micrométrique 9009
mouvement ondulatoire 10769
mouvement rectiligne 7838
mouvement rotationnel d'un fluide 8292
mouvement saisonnier 8494
mouvement sismique 8557
mouvements terrain dus à l'exploitation en cours 9496
mouvement tourbillonnaire d'un fluide 8292
mouvement uniforme 10387
moyen 6036
moyen de télécommunication 9881
moyenne 6036
moyenne arithmétique 596
moyenne géométrique 4299
moyenne montagne 6232
moyenne pondérée 10801
moyens chimiques de lutte 1648
mur 3854
muraillement 1252, 2365
muraillement en briques 1251
muraillement en pierres 3044
murailler 5674
mur anti-affouillement 487
mur bajoyer 10152
mur d'aile 10872
mur d'ancrage 390
mur d'appui 939

mur de batillage 10773
mur de fondation 4044
mur de parafouille 10075
mur de protection contre le batillage 10773
mur de quai 1302, 10839
mur de refend 5213
mur de remblai 2673, 6797
mur de remblai en aval-pendage 5835
mur de remblai le long des voies 8165
mur de remblais 6797, 6800
mur de soutènement 8041
mur de soutènement d'ancrage 390
mur écran 2159
mur en palplanches fpl 8757
mur guideau 10152
mur intérieur 5213
mur longitudinal 5782
mur parafouille 2159, 2339, 9026, 10074
mur parafouille en béton 1963
mur-poids de soutènement 4447
mur portant 939
mur porteur 5708
mur principal 5708
musée 6394
mylonite 3562, 6399
mylonitisation 6400

nadir 4479, 4960
nadir de la carte 5957
nadir sur le terrain 4479
nagyagite 6402
naissance 9230, 9233
naissance d'extrados 9235
naissance d'intrados 9236
naissance d'un arc 9233
nappe 6409
nappe aérée 585
nappe aquifère 1989, 4489, 10688
nappe aquifère anisotrope 446
nappe artésienne 611
nappe captive 1989
nappe dans l'aquifère 535
nappe déprimée 6408
nappe déversante 6410
nappe déversante en chute libre 4083
nappe perchée 503, 6933, 6934
nappe pétrolifère 7003
nappe phréatique 4489, 10688
nappe phréatique dans l'aquifère 535
nappe phréatique perchée 503
natif 6416
natrolite 6419
navigation 6441

navigation aérienne 202
navigation à moteur 7371
navigation à voile 8352
navigation de plaisance 7222
navire de forage 2987
nef centrale 6437
nef latérale 288
négatif 6452
neige 9035
neige à pénitents 6926
neige entassée par le vent 2937
neige folle 3060
neige granuleuse 4422
neige humide 8124
neige poudreuse 7369
neige sèche 3040
néo-baroque 6455
néo-classicisme 6456
Néo-darwinisme 6457
néodarwinisme 6457
néo-gothique 4385
néomorphisme 7830
néoprène 6458
néo-renaissance 7952
néovolcanisme 6460
néphrite 5334
neptunisme 6461
néritique 6462
net 8723
netteté 8725
netteté de l'image 2443
netteté de l'image sur le bord 5965
nettoiement 1726
nettoyage 1726
nettoyage des accumulations de sable 10813
névé 9045
nez de pile 7098
niche 6483, 6484, 6485
niches écologiques 6483
nid de cailloux 4725
nid de gravier 4725
nid de poule 7365
nipple mâle de tuyau flexible 5933
nitratine 9060
niveau 3853, 5585, 6052, 6881
de ~ 100
niveau à branches 9552
niveau à bulle d'air 5588
niveau à lunette 5593
niveau amont 4607
niveau à tuyau d'eau 4757
niveau aval 9837
niveau cavalier 9552
niveau d'abattage 6215
niveau d'amorçage 7505
niveau d'eau 4500
niveau d'eau aval 9837

niveau de base karstique 872
niveau de crue 6035
niveau de fond 1176
niveau de fond d'un aquifère 530
niveau de géomètre 5593, 9755
niveau de la mer 6046, 8476
niveau de la nappe phréatique 4500, 7083
niveau de la rivière 8155
niveau de l'eau 10745
niveau de l'eau souterraine 4493
niveau de prix 7490
niveau de repère 5986
niveau des crêtes 9656
niveau des plus hautes eaux 6035
niveau du lac 7982
niveau d'une nappe libre 7083
niveau du sol 9706
niveau dynamique 3076
niveau en cas de crue 6035
niveau hydrostatique apparent 503
niveau limite de soulèvement 10091
niveau maximal 6035
niveau minimal d'exploitation 6208
niveau normal de retenue 8047
niveau phréatique 4493
niveau piézométrique 7103
niveau sphérique 1691
niveau statique 9324
niveau supérieur de dénudation 10091
niveaux en croix 2247
niveler 5586
niveleuse 4395
niveleuse automotrice 6322
nivellement 2579, 5590, 5591, 5596
nivellement de base 2402
nivellement de précision 7410
nivellement trigonométrique 10235
nivomètre 9046
nodule 6492
nœud 6490
nœud d'intersection 6490
noircissement 1059
nombre 6550
nombre de carbone 1432
nombre de cavitation 1536
nombre de groupes 6553
nombre de Poisson 7286
nombre de Reynolds 8080
nombre de similitude de Reynolds 8081
nombre de similitude de Weber 10784
nombre de tours 6552

nom du barrage 6406
nomenclature des fers 988
noms des territoires 6407
non altéré 10424
non calcaire 6502
non-coaxialité 6227
non cohérent 6503
non-concordance 2742
non consolidé 10415, 10416
non drainé 10375
non imputable à l'exploitation minière 6536
non métallique 6509
non miscible 5121
non stratifié 10420
nord magnétique 5888
normal 6984
normal à la stratification 6520
normalisation 9314
norme de construction 2042
notions de base de la mécanique 887
nouvelle méthode autrichienne de creusement de tunnel 6418
nouvelle méthode autrichienne d'excavation de galerie 6418
nouvelle usine 6480
novaculite 6538
noyage 3841
noyau 2144, 2145
noyau d'argile corroyée 7615
noyau de cavitation 1535
noyau de champ 3608
noyau de la voûte 555
noyau de sel 8356
noyau de tourbillon 10642
noyau synclinal 2157
noyau tourbillonnaire 10642
noyé 3239, 5255
noyer 3824
nuage de cavitation 1531
nuage de cendres 641
nuage de poussières 641
nucléodensimètre 6547
nuée 1762
nuée ardente 6548
nuée en forme de chou-fleur 1507
nuisances 183
numéro 6550

obélisque 6558
objectif 6561
objectif aérophotogrammétrique 203
objectif de restitution 7234
objectif grand angulaire 10845
objet 6559
obligations piscicoles 3693
oblique par rapport à la stratification 6573

obliquité 740, 2604
obliquité 6574
obscurcissement 1059, 2395
observation du tassement 8681
obsidienne 6581
obstruer par le sable 8381
obturateur 6798
obturateur central 1587
obturateur de cimentation 4519
obturateur de tiges de pompage 10266
obturateur de tubes de production 10266
obturateur d'injection 4519
obturateur d'objectif 1007
obturateur gonflable 5076
obturateur instantané 5153
obturateur mécanique 6085
obturateur permettant l'instantané 5153
obturateur placé entre les lentilles 1587
obturateur sphérique 9185
océan 6585
océanographie 6588
océanographie d'estuaire 3382
océanologie 6589
oculaire 3499
œdomètre 2019
oeuil-de-chat 1505
offre 9912
oléoduc 7022
Oligocène 6614
oligoclase 6615
olistostrome 6616
ombre de nuages 1766
ombrogène 6617
onctuosité 5843
onde 10762
onde acoustique 115
onde d'affaissement 9631
onde de choc 8777
onde de crue 3851
onde de progression 180
onde de rayleigh 7789
onde de réflexion 7864
onde de ripage 2124
onde de submersion 3851
onde de surface 4485
onde de volume 8563
onde de Weber 10785
onde longitudinale 5783
onde réfléchie 7859
ondes courtes 6170
ondes de flexion 992
onde sismique 8563
ondes moyennes 6093
onde solitaire 9125
ondes sonores se propageant dans les corps 9137

ondes superficielles 9729
ondes transversales de Love 5803
onde transversale 8749, 10186
ontogénèse 6626
ontogénie 6626
onyx 6627
oolithe 3159
opérateur 9754
opérateur de levées 9753
opérateur de métrophotographie 7053
opérateur faisant de la photogrammétrie sur le terrain 3619
opération de reconditionnement 10910
opération de repêchage 3697
opérations de plongée 2815
opticien 6671
optique 6659, 6672
optique cristalline 6663
orage 10025
orage magnétique 5891
ordonnée 6680
Ordovicien 5817
Ordovicien moyen 6174
ordre corinthien 2161
ordre des franges 6679
ordre d'exécution 5157
ordre ionique 5272
ordre romain 8230
organisation de la qualité 7671
organisation du chantier 7567
orgue de lave 5526
orientation 6693
orientation des fissures 2706
orientation externe 6731
orientation externe du photogramme 6732
orientation interne 5124
orientation réciproque de la chambre multiple 7813
orifice 6696, 7336
orifice à angles vifs 8726
orifice de limitation de course 1080
orifice d'injection 5347
orifice du forage 1838
orifice du trou de sondage 10817
orifice évasé 970
original 6697
origine
 d'~ glaciaire 7549
origine de coordonnées 6702
ornement 3289
orogénèse 6708
orogénie 6708
orogénie appalachienne 311
orpiment 6709
orthite 310

ortho 6710
orthochromatique 6711
orthoclase 6712
orthogéosynclinal 6713
orthoquartzite 6717
orthoscopique 1996, 6719
orthotropie 6720
os 10476
oscillographe 6723
ossature d'une mine 10361
oued 10652
oule 1697
outil 10083
outil à circulation inverse 8068
outil à deux taillants croisés 4051
outil à disques 2723
outil à lame à jet 5341
outil à lames 1060
outil aléseur 3288
outil à molettes à circulation inverse 8068
outil à molettes de Reed 7851
outil à quatre ailettes 4051
outil à quatre molettes 7665
outil de carottage 2154
outil de forage 1045, 1146
outil de montage 3725
outil de repêchage 3705
outil de repêchage magnétique 5885
outil élargisseur 8223
outil élargisseur quadricône 4048
outil en croix 2250
outil en queue de poisson 3712
outil en queue de poisson à jet 5345
outil excentrique 3112
outil quadricône 7665
outils 10085
outils de déviation 2446
outils de forage 2992
outils de fraisage 6186
outils de sondage 2992
outil tricône 10006
outil usé 3050
ouvala 10464
ouverture de la soupape 6642
ouverture de la taille 10904
ouverture de la veine 8490
ouverture de l'objectif 6562
ouverture des offres 6643
ouverture du diaphragme 492
ouverture d'un arc circulaire 1579
ouverture d'un arc non circulaire 9639
ouverture prise 9994
ouverture relative d'un objectif 7785
ouvrabilité 10892, 10893
ouvrage 9582

ouvrage de micropieux 6153
ouvrage de restitution 6741
ouvrage de restitution des débits agricoles 5283
ouvrage de restitution des débits réservés 1891
ouvrage d'étanchéité 8486
ouvrage de vidange 6741
ouvrage pour le passage des poissons 3694
ouvrages 10911
ouvrages annexes 394, 395
ouvrages associés 6991
ouvrages d'amenée 9675
ouvrages de chute 7380
ouvrages de déviation 2811
ouvrages définitifs 6970
ouvrages de fuite 9832
ouvrages de prise 5179
ouvrages de retenue 9452
ouvrages de retenue et d'adduction 9453
ouvrages de tête 4610
ouvrages groupés 8878
ouvrage souterrain 2932
ouvrages pertinents 6991
ouvrages provisoires 9910
ouvrier de plancher de forage 3859
ouvrier sondeur 8103
oxycoupage sous l'eau 10373
oxyde d'alumine 348
oxyde d'aluminium 348
oxyde de zinc 10977
oxyde de zirconium 790
ozocérite 6793
ozokérite 6793

pack 6799
packer de cimentation 4519
packer de tube de revêtement 1478
packer d'injection 4519
packer gonflable 5076
packer pour colonne de tubage 1478
packer récupérable 7950
packer reforable 2942
packer supérieur 10101
palan 1091
palanche 10954
paléobotanique 6807
Paléocène 6808
paléoclimatologie 6809
paléontologie 6811
paléontologie végétale 6807
paléosol 6812
paléotempérature 6817
paléovolcanisme 6813
Paléozoïque 6814

paléozoologie 6815
palette 6819
palette de déclenchement 10242
palier à aiguilles 6448
palier à rouleaux 8225
palier à rouleaux bombés 848
palier à rouleaux coniques 9858
palier à rouleaux cylindriques 2357
palier à rouleaux sphériques 848
palier à roulement 8225
palier de repos 4566
palier flottant 3800
palier inférieur 1164
palier intermédiaire 4566
palier lisse 7161
palier radial 7704
palier radial à rouleaux 7713
palingenèse 6818
palonnier 5611
palpeur 3582, 8615
palplanche 5462, 8755
panabase 9953
panchromatique 6820
panne 1222, 2366
  en ~ 6744
panneau 6823, 10900
panneau commande 2093
panneau de commande 2093
panneau de contrôle 2093
panneau de fibre 10890
panneau de verre 4356
panneau d'exploitation 10900
panneau en fibre de bois 10890
panorama 6827
pantographe 6830
papier à dessiner 2915
paquet 6796
para 6832
parachèvement 3664
paraclase 3561
paraffine brute 8935
paraffine non deshuilée 8935
parafouille 2336
parafouille en palplanches 1302, 8756
parafouille en pieux sécants 8499
parafouille par tranchée remplie d'argile 1720
paragenèse 6839
paralique 6840
parallaxe 6844
parallaxe de coordonnées 6847
parallaxe d'observation 6577
parallaxe horizontale 4743
parallaxe stéréoscopique 9408
parallaxe verticale 10559
parallèle 6848
parallèle à la stratification 6850

parallèle de latitude 6848
paramètre 6852
paramètre de construction 1636
paramètre indicatif 5040
paramètres de cavitation 1537
paramètres de forage 2978
parapet 6853
parapet anti-vagues 10773
paravent 8455
parc à tiges 8213
parc à tiges automatique 713
parcelle 5802
parc national 6435
parc naturel 6435
parement 3504, 3519
parement amont incliné 9004
paroi au coulis 4508
paroi continue en béton 1963
paroi continue forée à la boue 9026
paroi étanche 2339, 2639
paroi extérieure 6734
paroi mince 2639
paroi moulée 2339, 2639
paroi moulée en béton 1963
parquet à bâtons rompus 4647
partage des responsabilités 2819
partibure 1315
partie frontale d'un courant de turbidité 6533
partiellement automatique 8599
partiellement consolidé 10348
partie soulevée 4754
part interchangeable 5197
part non garantie de la production 8502
pas 7154
pas au point 1101
pas parallèle 175
passage 10204
passage de la taille 6871
passage inférieur 2306
passage routier sur le barrage 8173
passe 6640
passe à billes 5766
passe à bois flottants 5766
passe à poissons 3709
passe d'évacuation des corps flottants 3803
passée 1769
passerelle 3979
passer une commande à X 7156
pâte de ciment 1566
pâteux 6875
patin 8921
patin de frein 1217
patins d'appui 4461
patin vibrant 10570
patte d'éléphant 8714

pavillon pour deux familles 10313
paysage 4471
paysage karstique 5404
paysage protégé 7591
paysagisme 5488
pays plat 3766
P.D.R. 4661
pechblende 10450
pêche 3696
pêcher 3690
pectolite 6905
pédiment 6909
pédogenèse 9092
pédologie 6910
pegmatitisation 6912
peinture à base de néoprène 6459
peinture antirouille 486
pélagique 6913
pélite 5849, 8801, 8867
pelle à godets 1277
pelle en butte 3512
pelle en rétro 778
pelle équipée en butte 3512
pelle équipée en rétro 778
pelle giratoire 8263
pelle mécanique 8801
pelle tournante 8263
pellicule 3630
pellicule de cure 2315
pellicule en rouleau 8224
pellicule panchromatique 6821
pénalité 6918
pendage 2692, 2693, 5010, 5662
pendage de la faille 2698
pendule direct 2713
pendule inversé 5267
pendule optique 6665
pénéplaine 6921
pénétration dans la couche productive 2970
pénétration dans l'horizon producteur 2970
pénétration de la boue de forage 6354
pénétration de l'eau 10699
pénétration de l'outil 1050
pénétration de mastic bitumineux 648
pénétrer dans la couche pétrolifère 2951
pénétrer dans l'horizon producteur 2951
pénétromètre 6925
pénétromètre à cône 1988
pénétromètre dynamique 3075
pénétromètre statique 9351
péninsule sous-marine 9615
pénitents 6926
pente 2693, 4397, 4398, 5014, 8992, 8994, 9000
pente continentale 2066
pente d'éboulis 9845
pente de la rivière 8154
pente du fleuve 8154
pente du fond 962
pente du talus 9000
pente hydraulique 4809
pente insulaire 5167
pente limite 7546
pente superficielle 10747
percement de trous de mine au diamant 1070
percer 1132, 3008, 10913
percer un puits 1133
perche 828, 9756
percolation 6937, 8537
percolation permanente 9362
percoler 8535
percuteur pneumatique 264
perforateur à air comprimé 264
perforation au jet hydraulique 4814
perforatrice à colonne 1861
perforer 1132
perforer une galerie 3401
perforer une roche dure 4324
performance continue 2076
performance intermittente 5220
performances 6946
pergélisol 6964
périclase 6950
péridot 6951, 6952
péridot de Ceylon 6952
péridotite 6953
périglaciaire 6954
périmètre de servitude 3110
périmètre mouillé 10835
période de forage 2991
période de franchise de remboursement 3416
période de pluie 10832
periode de retour 7840
période de sécheresse 3041
période de végétation 4526
période d'exploitation 3436
période d'interruption de travail 4948
période d'onde 10770
période glaciaire 4335
période la plus sèche 2930
permafrost 6964
permagel 6964
perméabilité 6971
perméabilité à l'eau 6975
perméabilité Darcy 2393
perméabilité effective 3140
perméabilité horizontale 4744
perméabilité initiale 5100
perméabilité intrinsèque 5252
perméabilité latérale 5515
perméabilité magnétique 5889
perméabilité primaire 7496
perméabilité relative 7916
perméabilité secondaire 8504
perméabilité verticale 10560
perméable à l'air 271
perméamètre 6979
perméamètre à niveau variable 3532
Permien 6980
Permien inférieur 5813
Permien supérieur 10432
permis de construire 1293
permittivité 6981
perovskite 6982
perpendiculaire 6983, 6984
perré 917, 4576
perré en maçonnerie appareillée 9435
perré en pierres sèches 643
perré maçonné 3241
personnel d'entretien 5917
personnel d'exploitation du barrage sur place 2386
personnel d'exploitation sur place 6655
personnel local 5737
personnel temporaire 9909
personne responsable du marché 3254
perspectif 6986
perspective 6985
perspective centrale 1583
perspective inversée 8071
perte au feu 5799
perte de boue 1695
perte de carotte 2156
perte de charge due au frottement par unité de longueur 4132
perte de charge hydraulique 4819
perte de charge par frottement 4128
perte de circulation 1695
perte de fluide 3904
perte de lumière 5797
perte de précontrainte par frottement 4128
perte en poids 5798
perte hydraulique 4819
pertes de charge 4602
pertes dues au frottement externe 3476
pertes hydrauliques 4820
pertes par déversement 9190
pertes par évaporation 3392
pertes par frottement 4130
pertuis 6640, 6641
pertuis à glace 4930
pertuis avec vanne 9016

pertuis de chasse 8445
pertuis de fond 1178
pertuis d'entrée 5117
pertuis provisoire 9905
perturbation 2800
perturbations de fonctionnement 5277
pervibrateur 4972
pesanteur à l'air libre 4075
pétardage 1071
petite rivière 9515
petit galet 6903
petit gravier 6903
pétrification 6996
pétrochimie 6997
pétrofabrique 3503, 9579
pétrogenèse 6998
pétrographie 6999
pétrographie du charbon 1775
pétrographie sédimentaire 8521
pétrole 7000
pétrole à base asphaltique 646
pétrole brut 2265
pétrole brut à base mixte 6233
pétrole brut à base paraffinique 6836
pétrole brut à forte teneur en eau 10828
pétrole brut asphaltique 646
pétrole brut corrosif 9143
pétrole brut de concession 3336
pétrole brut lourd 4619
pétrole brut non stabilisé 10417
pétrole brut non sulfuré 9766
pétrole brut non traité 7786
pétrole brut paraffinique 6836
pétrole brut stabilisé 9284
pétrole brut sulfureux 9143
pétrole de fissures 2222
pétrole de haute qualité 3687
pétrole d'infiltration 8542
pétrole en place 7018
pétrole illégal 4758
pétrole in situ 7018
pétrole marin 6599
pétrole naphténique 646
pétrole non paraffinique 6511
pétrole non stabilisé 5700
pétrole ordinaire 737
pétrole paraffinique 6836
pétrole primaire 6317
pétrole produit illégalement 4758
pétrole récupérable 2874
pétrole sans gaz 4217
pétrole soufflé 1098
pétrole sous-saturé 10368
pétrole sulfureux 9652
pétrolier 7031
pétrolier géant 10329
pétrologie 7036

pétrologie des roches métamorphiques 7037
pétrologie sédimentaire 8522
peu net 1101
phare 918
phase 1677
phase des fumerolles 4167
phase éruptive 3374
phase explosive 3452
phase finale 1793
phase fumerollienne 4167
phases de construction 2039
phase volcanique 10617
PHE 6035
phénomène de cavitation 7041
phénomène karstique 5406
phénomènes de fracturation 1241
phénomènes explosifs 3453
phénomènes paravolcaniques 6855
phénomènes post-volcaniques 7354
phénomènes prémonitoires 7428
phénotype 7038
phlogopite 7042
phosphatisation 7043
phot 7044
photo 7066
photo aérienne en couleurs 1854
photocartographe 7045
photoclinographe de Schlumberger 8431
photoélasticité 7048
photoélastique 7046
photo-enregistreur à deux canaux 10310
photogoniomètre 7077
photogoniomètre pour couple d'images 7051
photogramme 7052
photogrammétreur 7053
photogrammétrie 7063
photogrammétrie à planchette 7181
photogrammétrie par intersections 7064
photogrammétrie par redressement 7835
photogrammétrie sur deux images 9397
photogrammétrie terrestre 9937
photogrammétrique 7054
photographe aérienne 1387
photographie 7066, 7073
photographie aérienne 196
photographie aérienne en couleurs 1854, 1855
photographie aérienne métrique 281
photographie aux rayons X 8232,

10925
photographie de satellite 8392
photographie panoramique 6827
photographie posée 10063
photographier 7065
photographique 7067
photomécanique 7074
photomètre 7075
photo par satellite 8392
photo satellite 8392
photosensible 8609
photosynthèse 7076
photothéodolite à main 4574
photothéodolite de campagne 3620
phototopographie 7078
phyllite 7086
phylogenèse 7087
phylogénie 7087
picotage 9188, 10787
pics 2870
pièce de réduction 9860
pièce de séjour 5702
pièce du radier 5263
pièce en béton préfabriqué 7403
pièces de machine 5863
pièces de réserve 9156
pièces détachées 9156
pièces fixes 8964
pied 10073
 à ~ d'œuvre 6623
pied amont du barrage 4625
pied aval du barrage 10077
pied de chèvre 6269
pied-droit 45
piédestal de colonne 878
piège de faille 3570
pierraille 2716
pierre 9431
pierre à feu 3791
pierre à savon 9056
pierre concassée 2273
pierre cornière 2163
pierre d'angle 2163
pierre de coin 2163
pierre de taille 642
pierre façonnée 642
pierre ponce 7626
pierre précieuse 4248
pieu 7109
pieu à vis 8467
pieu de bois 10055
pieu de fondation 4036
pieu de sable 8372, 8375
pieu drainant 8372
pieu en acier 9373
pieu en béton préfabriqué 7402
pieu flottant 8926
pieu foré 1488
pieu incliné 908

pieu moulé dans le sol 1488
pieu portant en pointe 3261
pieu résistant à la pointe 3261
pieux 7109
pieux flottants 3809
pieux sécants 8500
piézoélectrique 7099
piézomètre 7101, 7458, 9326
piézomètre à pierre poreuse 7331
piézomètre hydraulique 4828
piézomètre pneumatique 7260
pile 7096, 9252
pile de bois 9121, 10884
pile de bois bourrée de pierres 2719
pile de foudroyage 10682
pile de pierres 2719
pile déplaçable 9906
pile de soutènement mécanisé 7379
pile du déversoir 9199
pile en butée mécanique 9117
pile perdue 6966
pile solaire 9110
pilier 7125, 7126, 8197, 9751
pilier abandonné 8001
pilier de base 2403
pilier de charbon 8089
pilier de fondation 4035
pilier de limite 856
pilier de protection 8346
pilier de référence 2403
pilier de sel 8358
pilier de séparation 856
pilier d'observation de base 9757
pilier porteur 924
pilier résiduel 8001
pilonner 7747
pilotis 10055
pilotis 9252
pince à chaîne 1616
pinceau 1270
pince de repêchage 7092
pincée 5423
pinnule 8835
pipe-line 7022
pipeline sous-marin 8477
piquet 6911, 7350
piquet de réglage de talus 9002
pisciculture 3695
piscine 9774
piste de chantier 8913
piste de ski 8929
pistes 10657
pistolet de pose 8669
piston 7748
pivot 9201
pivot d'écoulement 3886
pivoter 9775
placage 3747, 8709

placard 1758
place publique 9258
placer un puits 7238
placer un puits de pétrole 7238
plafond 1547
plafond apparent 1547
plafond de mine 765
plage 914
plage soulevée 7742
plaine abyssale 53
plaine alluviale fluvio-glaciaire 3932
plaine alluviale pro-glaciaire 3932
plaine d'abrasion 7164
plaine karstique 5407
plan 7166, 7168
plan aérophotogrammétrique 205
plan cadastral 3621
planche 1102
planche de boisage 7299
plancher 3852
plancher au mur 6013
plancher chauffant 4613
plancher de forage 2548
plancher de manœuvre 2548
plancher de travail 2548
plancher en hourdis creux 4708
plancher ouvert 6637
planchette 7180
plancton 7188
plan d'alerte 2071
plan d'avant-projet 6743
plan d'eau 5466, 10744
plan d'eau de la retenue 7988
plan d'eau de loisirs 5468
plan de base 888
plan de cassure 7172
plan de chantier 512
plan de cisaillement 8740
plan de clivage 1735
plan de coffrage 8814
plan de construction antisismique 3106
plan de détail 2570
plan de diaclase 5370
plan de ferraillage 7904
plan de fouille 3406
plan de glissement 1770, 8963, 8988, 8990
plan de la ligne de niveau 2083
plan de l'objet 6566
plan de mise au point 3962
plan de position 7186
plan de projection 7173
plan de séparation gaz-pétrole 4221
plan des fondations 4037
plan de situation 7186
plan de situation des appareils

d'auscultation 5740
plan des repères 4687
plan de stratification 952
plan de visée 8840
plan de vol 7429
plan d'exécution 512
plan d'horizon 4731, 4746
plan d'irrigation par aspersion 9249
plan du film 7174
plan du méridien 6107
plan du terrain 4480
plan en courbes de niveau 2082
planétologie 7182
plan focal 3950
plan frontal de projection 4138
plan horizontal 4745
planimétrie 7187, 7340
planimétrique 7183
plan incliné 5013
plan moyen de l'objectif 1584
plan nucléal 3322
plan parcellaire 6857
plan principal de l'objectif 7513
plans conformes à l'exécution 640
plans généraux 6742
plan spécial de statique 9160
plante indicatrice 5043
plan topographique 7166
plan vertical 10561
plan vertical principal 7512
plan visuel 7176
plaqué 3917
plaque
  en ~s 7218
plaque d'ancrage 391
plaque d'appui 879
plaque d'appui au toit 8248
plaque de base 4041
plaque de bois au toit 5604
plaque de charge 934
plaque de fondation 4041
plaque de la sole 1180
plaque de pied 1180
plaque d'étanchéité 8482
plaque en polystyrène expansé 7313
plaque repère de tassement 8683
plaquette magnétique 5881
plaque vibrante 10570
plasticité 7200
plastifiant 7204
plastique 7197
plastomère 7210
plateau de fondation 4038
plateau insulaire 5166
plate-bande 7211
plate bêle 4564
plateforme 8159
plate-forme 7728, 9301

plate-forme articulée 622
plate-forme auto-élévatrice 8585
plate-forme continentale 2065
plate-forme de béton à paroi perforée 1969
plateforme de forage 2981
plate-forme de forage flottante 8473
plate-forme de forage modulaire 6260
plate-forme de forage offshore 6595
plate-forme de forage semi-submersible 8603
plate-forme de forage sous-marin 6595
plate-forme de forage submersible 9624
plate-forme de forage sur coussin d'air 253
plate-forme de la tour de forage 2548
plate-forme de logement 7678
plate-forme de manœuvre 2548
plate-forme de quadruple passe 4047
plate-forme de recherche sur les modèles des turbomachines hydrauliques 9321
plate-forme d'essais pour les turbomachines en échelle naturelle 9320
plate-forme d'essais scientifiques des turbomachines hydrauliques 9322
plateforme des transformateurs 10159
plateforme de travail 10903
plate-forme d'habitation 7678
plate-forme fixe 3738
plate-forme flottante à câbles tendus 3811
plate-forme flottante à jambes tendus 3811
plate-forme flottante sur jambes à câbles tendus 3811
plate-forme insulaire 5166
plate-forme intermédiaire pour quatre tiges 4047
plate-forme mobile de forage 6243
plate-forme oscillante 622
plate-forme pour les essais de cavitation 9319
plate-forme supérieure 2260
platelage 2422
plateure
   en ~ 3765
plâtre anhydre 443
Pléistocène 7224

plexiglas 7225
pli 474, 3966, 8216
pliable 3968
plian 3968
pli à noyau de percement 2641
pli à noyau perçant 2641
pli anticlinal 474
pli asymétrique 667
pli composé 1903
pli de couche 3783
pli déjeté 5020
pli déversé 6787
pli diapir 2641
pli-faille 1243, 3967
pli isoclinal 1437
pli marginal 5969
pli mineur 6219
pli monoclinal 6296
plinthe 7227
pli oblique 5020
Pliocène 7223
pli par flexion et glissement 9485
pli principal 5905
pli renversé 6787
plis disharmoniques 2749
pli secondaire 6219
plissé
   très ~ 141
plissement 3966, 10449
plissement avec glissement 9485
plissement calédonien 1374
plissement des bancs du toit 3969
plissement disharmonique 2748
plissement dû au flambage 1281
plissoté
   très ~ 141
pli synclinal 9793
pli transversal 2244
plomber 7245
plomberie 7246
plomb optique 6667
plongeur 2804
plot 1090
pluie 7733
pluies 7733
pluie torrentielle 10110
plus grande crue connue 5501
plus grand séisme possible 6024
plutonisme 7254
pluviogramme 7734
pluviomètre 7739
pluviomètre enregistreur 7737
pluviomètre totalisateur 7409
pluviophone 9885
pneu 10323
pneumatolyse 7263
poche d'eau 7264
poche de gaz 4222
poche karstique 5408
poids 10797

poids d'un mesurage 10802
poids maximum 1639
poids mort 2412
poids propre 8597
poids spécifique 9168
poids spécifique apparent sec 10402
poids spécifique déjaugé 9622
poids spécifique saturé 10403
poids volumique 9168, 10400, 10401
poids volumique du sol déjaugé 10404
poids volumique du sol saturé 10403
poids volumique du sol sec 10402
poids volumique humide 10837
poids volumique Proctor 7535
poids volumique sec 10402
poinçon 5125
poinçon d'un étançon 5125
poinçonner 6922
poinçon plein 9120
poinçon supérieur 10434
point 7267
point central 1577
point central de la photo 1577
point crucial des tassements 2264
point d'application 7270
point d'appui 2404
point d'auscultation 6288
point de base 2404
point d'ébullition 1112
point de congélation 4110
point de contrôle 1643, 3739, 7277
point de croisement des axes du cadre 7275
point de direction 935
point de fluage 9929, 10948
point de fuite 10502
point de la surface de la terre 7280
point de mire 240
point d'emission 10181
point de naissance d'une voûte 9228
point de pression 7468
point de réception 2576
point de référence 880, 2404
point de repère 3739, 5983, 6073
point de repère fixe 979
point de rupture 1228, 1232
point de station 1389
point de triangulation 4454, 10222
point de trouble 1765
point de vitesse nulle 7281
point de vue 1388, 7279
point d'image 4961

point d'inflexion 7271, 7272
point d'intersection 7273
point d'intersection de la ligne de
    plus grande pente principale
    avec l'horizon de l'image 7276
point du réseau 4454
point du terrain 4482
pointe 9999, 10072
pointe de la crue 3844
pointer 239, 302, 5587, 8842
point faible 10774
point focal 3951
point géodésique 979
point image 4961
point le plus bas de la fondation
    5821
point lointain 2790
point matériel contraint 2026
point matériel libre 4096
point matériel lié 2026
point milieu 1577
point nodal 6491
point nodal antérieur 4137
point nodal postérieur 7807
point nouveau 6482
point nucléal 3324
point objet 6567
point orthoscopique 3328
point principal antérieur 3478
point principal de l'image 7514
point principal d'évanouissement
    5923
point principal du cadre 7515
point principal postérieur 5228
point zénithal 10963
poire pour recalibrer le tubage
    1482
polarisateur 7294
polarisation 7293
polarisation magnétique 5251
polder 7297
pôle 7298
pôle géomagnetique 4290
police d'assurance 5175
politique du logement 4767
poljé 7301
pollution 7302
pollution de l'environnement
    3308
pollution d'un aquifère 532
pollution par le mercure 6105
pollution thermique 9976
polyéthylène 7303
polygonation 1753
polygone 7305
polygonométrie 7308
polymère 7310
polymorphisme 7312
polyuréthane 7314
pompage en grande profondeur
    2442
pompe à anneau d'eau 5688
pompe à anneau liquide 5688
pompe à balancier 921
pompe à béton 1971
pompe à boue 6356, 9013, 9014
pompe à boue à haute pression
    4676
pompe à canaux latéraux
    annulaires 8821
pompe à cellulose 1651
pompe à circulation centrifuge
    1599
pompe à circulation périphérique
    6963
pompe à combustible 4156
pompe à condensat 1975
pompe à débit étalloné 6133
pompe à déplacement 7347
pompe à diaphragme 2637
pompe à eau chaude 10667
pompe à eau froide 1832
pompe à eau potable 7647
pompe à eau propre 7647
pompe à eau souterraine 10364
pompe à eau surchauffée 4761
pompe à égouts 8687
pompe à engrenages à denture en
    chevron 4646
pompe à faible vitesse spécifique
    5837
pompe à grande vitesse spécifique
    4682
pompe à haute pression 4677
pompe à huile pour régulateurs
    hydrauliques 4390
pompe à lessive 5851
pompe à l'huile 6606
pompe à main 4577
pompe à membrane 2637
pompe à pistons axiaux 6372
pompe à pistons en disposition
    axiale 6372
pompe à produits basiques 5851
pompe à sable 9014
pompe à torsion 10107
pompe avec diffuseur à ailettes
    2665
pompe à vide 10467
pompe axiale 748
pompe centrifuge 1602
pompe d'accumulation 9454
pompe d'adduction d'eau 10743
pompe d'alimentation en eau
    10743
pompe d'assèchement 2612
pompe d'eau de refroidissement
    2134
pompe de circulation 1693
pompe de circulation de boue
    6356
pompe de dock 2820
pompe de dosage 6133
pompe de dragage 2928
pompe de fond 1174
pompe d'entraînement 3018
pompe de plongée 2816
pompe de réacteur nucléaire 6546
pompe de refoulement 2491
pompe de relais 1129
pompe de renfort 1129
pompe d'exhaure 2885
pompe d'exhaure auxiliaire 726
pompe d'exhaure principale 5908
pompe d'exhaure secondaire 726
pompe d'extraction du condensat
    1975
pompe diagonale 2620
pompe d'incendie 3674
pompe d'injection 4524
pompe d'injection d'eau 10709
pompe d'irrigation 5282
pompe d'oléoduc 6605
pompe doseuse 2833
pompe fixe 9355
pompe foulante 3990
pompe hélice 7572
pompe hélice à pas réversible
    7573
pompe hélicoïdale 4639
pompe horizontale 4748
pompe hydraulique 4833
pompe mécanique à trois
    cylindres 10241
pompe mobile 6246
pompe Moineau 6338
pompe Moineau à vis excentrée
    6338
pompe monobloc 6294
pompe périphérique 6963
pompe portative 7335
pompe pour acides 95
pompe pour bassin de radoub
    2820
pompe pour conduites d'eau
    10734
pompe pour installations
    hydrophores 4890
pompe pour l'alimentation des
    chaudières 1111
pompe pour liquides chargés
    7633
pompe pour masses fibreuses
    3601
pompe pour matériaux fibreux
    3601
pompe pour produits pétroliers
    6607
pompe pour service d'eau 10734
pomper 7627

pomper du pétrole dans le puits démarré 10673
pompe refoulante 3990
pompe réversible 8075
pompe rotodynamique 4979
pompes à amélioration des terrains 5484
pompes dans la construction navale et la navigation 8773
pompes de centrales énergétiques 7390
pompes de chantier 2088
pompes méchaniques 6086
pompes minières 6189
pompe solidaire de tiges de pompage 10267
pompes pour l'industrie chimique 1652
pompes pour produits alimentaires 3976
pompes pour services spéciaux 7643
pompes sanitaires 8388
pompe stationnaire 9355
pompe submersible 10364
pompes utilisées dans la technique nucléaire 7642
pompes utilisées dans l'industrie d'alimentation 3976
pompes utilisées dans l'industrie du papier et de la cellulose 6831
pompes volumétriques 7348
pompe transportable 10183
pompe triplex 10241
pompe-turbine à sens de rotation réversible 7644
pompe verticale 10563
pompe volumétrique 7347
pompiers 3677
ponce 7623
ponceau 2306
ponce naturelle 7623, 7626
ponceuse 16
ponceux 7625
pont d'accès 71
pont de diodes tournant 8284
pont de distances 2787
pont karstique 5389
pont levant 867
ponton-grue 3801
pont pour hélicoptères 4640
pont roulant 6771
pont sur déversoir 9193
pont suspendu à longue portée 5785
pont suspendu de grande portée 5785
porcelanite 7320
pore 7321

pore rempli d'air 286
porosimètre 7328
porosité 7329, 9097
porosité absolue 28
porosité apparente 505
porosité effective 3141
porosité efficace 4169
porosité efficace spécifique 9169
porosité fissurale 4058
porosité initiale 6221
porosité in situ 5138
porosité intergranulaire 5209
porosité matricielle 6016
porosité primaire 7498
porosité réelle 3141
porosité secondaire 8505
porosité totale 28
porosité utile 3141
porosité vacuolaire 10650
porphyrite 7333
porphyroblastique 7332
portail 3290
portance 928
 à ~ rapide 3083
 à ~ retardée 5508
portance des étançons 929
portance propre 8596
portant 927
porte 2829
porte abaissante 3022
porte-à-faux
 en ~ 1400, 6769
porte à glissière 8962
porte à un battant 8884
porte-carotte 2155
porte coulissante 8962
porte d'écluse 5745
porte d'entrée 4140
portée 7761, 9155, 10847
porte-échantillon 2155
portée de mise au point 79
porte-fenêtre 1455
porte-film 3632, 3944
porte glissante 8962
porte levante 5613
porte-mire 9495
porte-objectif 6563
portes busquées 6231
porte vitrée coulissante 4360
portique 4322, 10203
portique de manœuvre 4192
portique suédois 9765
pose 10063
pose de points de repère 5988
pose des broches de repère 5987
posemètre 3460
poser 8646
poser des broches de repère 8655
poser le soutènement 8657
poser une rallonge 3728

poser un étançon 8647
pose-tubes 7138
position 7340
position du cercle azimutal 7345
position du zero 10971, 10972
position en retrait 6592
position initiale 10972
positionnement 8659
positionneur 1700
position oblique 6574
position perspective 6990
position sur la carte 7346
position verticale 10556
poste 8768
poste central d'enregistrement 1586
poste central de traitement des données 1581
poste d'abattage 10873
poste de chargement pétrolier en pleine mer 6598
poste de commande 2107
poste de commande central 6008
poste de compresseurs 1940
poste de foudroyage 7571
poste de jour 2409
poste de nuit 6487
poste de récupération des étançons 7571
poste de remblayage 9470
poste de reprise des étançons 7571
poste de travail 8768
poste électrique extérieur 9781
poste pluviométrique 7740
postorogénique 7352
post-renaissance 7952
posttectonique 7352
potamographie 7355
potamologie 7356
potassium-bentonite 5412
pot d'allonge 3470
pote 4696
poteau 828, 1858
poteaux d'une structure de soutènement 9112
poteler 8648
potelle 4696
potentiel de contact 5686
potentiel d'électrofiltration 9518
potentiel de membrane 6104
potentiel de vitesse 10530
potentiel électro-cinétique 9518
potentiomètre 7364
potentiomètre hydraulique 4829
potet 4696
poudingue 7614
poudre de détonation 1079
poudre de mine 1079
poudre de silice 8851

poulie de forage 2261
poulie d'entrâinement 3014
poulie de tension 9928
poulie de tête 2261
poulie menante 3014
poulie motrice 3014
pourcentage de vides 6929
pourri 6463
pourriture 7651
pour transport solide 4021
poussard 3511, 9546, 9583
poussardage 9587
poussarder 9586
poussée 10020, 10021
poussée active des terres 120
poussée axiale 750
poussée d'Archimède 1316, 10426
poussée de la glace 4940
poussée des terres 3096
poussée hydrodynamique 4857, 4860
poussée hydrostatique 4896
poussée verticale 10426
pousser des flandres 3998
pousser des palplanches 3998
pousseur 7750
poutre 919
poutre à boîte 1201
poutre à caisson 1201
poutre à section en auge 10324
poutre-caisson 1201
poutre cantilever 1398
poutre composée en bois à clavettes 5422
poutre-console 1398
poutre continue à plusieurs appuis 2072
poutre de comble 8235
poutre de faîte 8094
poutre en acier longitudinale 5780
poutre encastrée à une extrémité 1398
poutre encastrée aux deux extrémités 923
poutre en parabole 6834
poutre en porte-à-faux 1398
poutre en U 10324
poutre en Z 10957
poutre faîtière 8094
poutre hyperstatique 2072
poutre maîtresse 5902
poutrelle 919
poutrelle à ailes larges 4656
poutrelle Grey 2652
pouvoir ascensionnel 1742
pouvoir réfléchissant 7384
pouvoir réflecteur 7384, 7858
pouvoir réfringent 7869
pouzzolane 7652

précautions 7405
préchargement 7427
préchauffage 7420
préchauffeur 7420
précipitation 738, 7406, 7733
précipitation nivale 9044
précision 87
précision atteinte 678
précision de dessin 2912
précision de la mesure 90
précision de la mesure des angles 89
précision de lecture ou des lectures 91
précision demandée 7967
précision d'un instrument de mesurage 88
précompression 7413
préconsolidation 7414
précontraindre 7483
précontrainte 7413, 7487
préconvergence dans le massif 2115
prédécoupage 7437
préfiltre 7419
préforé 7398
préhnite 7422
prélèvement 10879
prélèvement d'échantillons 8365
prélèvement d'échantillons du puits 10822
prélèvement sélectif 8578
prélever 2919
premier filet 3686
premier gisement 5098
prendre appui sur 963
préparation de la surface de reprise de bétonnage 7430
préparation du vol de photographie aérienne 7429
préroman 609
présélection 7432
présence de pétrole 6584
présentation graphique des résultats 4427
préservation de l'environnement 7435
préservation de l'environnement dans le génie minier 3300
préserver 2010
presse-étoupe 9588
presse-garniture à labyrinthe 5451
pressiomètre 7466
pression 7438
pression absolue 29
pression active 135
pression additionnelle 9669
pression à l'arête 3130
pression à la sortie de la turbine 7443

pression à l'éntrée de la turbine 7442
pression anisotropique 447
pression atmosphérique 842
pression barométrique 842
pression capillaire 1413
pression critique 2235
pression d'abandon 11
pression dans la conduite 5670
pression d'appui 44
pression d'éclatement 1321
pression de confinement 1993
pression de contact 2050
pression de couche 1751
pression d'écoulement 3883
pression d'écoulement en fond du puits 1172
pression de courant 1413
pression de culée 43
pression de culée en avance 4136
pression de foisonnement 1237
pression de fond 1173
pression de fond en fermeture 8809
pression de fond en puits fermé 8809
pression de formation 1751
pression de gisement 1751
pression de gonflement 9773
pression de la boue 6355
pression de l'air 274
pression de la pompe à boue 6357
pression de l'eau interstitielle 7327
pression de pose 8670
pression de préconsolidation 7415
pression de refoulement 2490
pression de refus 7873
pression de réservoir 1751, 4411
pression de serrage 8670
pression des terrains sous-jacents 2195
pression des terrains sus-jacents 7467
pression des terres au repos 3097
pression différentielle du fond 1167
pression d'injection 5113
pression du gisement à la limite d'épuisement 11
pression du jet 5350
pression du remblai 7455
pression du terrain 8198
pression du toit 8249
pression effective 135, 5210
pression en débit 3883
pression en tête de puits 10819
pression extérieure 3480
pression externe 3480
pression granulaire 4411

pression hydrostatique 1995, 4896
pression initiale 5101
pression intergranulaire 5210
pression interstitielle 7327
pression isostatique 5311
pression latérale 5516
pression longitudinale 5775
pression matricielle 4411
pression moyenne 736
pression neutre 6474
pression passive de la terre 6872
pression passive des terrains 6872
pression statique 8811
pression statique de fond 8810
pression statique du puits fermé 8810, 8811
pression sur l'enveloppe 6962
pression sur le remblai 7439
pression sur les bords 8820
pression unilatérale 7463
pression utile 3143
pression verticale 8249
pressostat 7477
prêt 5729
prêt à faible taux d'intérêt 9078
prévention 7488
prévention des accidents 77
prévision des crues 3837
Primaire 6814
prime 1123
principe de construction 7518
principe de l'équivalence 7520
principe de mesurage 7521
principe de superposition des forces 7522
prise 8644
prise à mi-hauteur 6177
prise à niveaux multiples 6370
prise basse 5828
prise d'air 266
prise d'eau 5177
prise d'échantillons 8365, 9997
prise d'échantillons du puits 10822
prise d'échantillons par tarière 9996
prise de dérivation 2809
prise de pression 9861
prise de surface 9712
prise de vue aérienne panoramique 4674
prise de vue aérienne peu oblique 5832
prise de vue approximativement verticale 5832
prise de vue avec axe horizontal 7072
prise de vue normale 6527

prise de vue panoramique 6829
prise de vue peu inclinée à la verticale 5832
prise de vue stéréoscopique 9398
prise de vue zénithale 10962
prise éclair du ciment 3764
prise en charge 9620
prise en rivière 8149
prise finale du ciment 3649
prise haute 4670
prise instantanée 3763
prise latérale 8823
prises secondaires 8511
prismatique 7524
prisme angulaire 7525
prisme de déviation 2607
prisme de lecture 7799
prisme tournant 8287
prix CIF 1684
prix départ usine 3497
prix de revient 3414
prix et délais 2174
prix FOB 4094
prix unitaires 10395
probabilité des crues 3847
problème de Lamé 5473
procédé à éclipses 1087
procédé de calcul 1372
procédé de fracturation hydraulique 4805
procédé de la pyramide 6142
procédé de mesurage 6071
procédé de mesure 6136
procédé de mise en place 6135
procédé de récupération 3487
procédé de régulation 6138
procédé de remblayage 9468
procédé de restitution 7235
procédé d'exécution des essais 9946
procédé d'exécution d'un projet 6139
procédé d'extraction 3487
procédé par réseaux 4455
processus de mesurage 7531
processus hydrothermal 4903
production 6746
production brute 4467
production cumulée 2307, 6007
production de gaz naturel 6426
production d'énergie 7381
production d'énergie atomique 6541
production d'énergie hidro-électrique 4864
production d'énergie nucléaire 6541
production des machines 5861
production éruptive 3925
production forcée 3986

production jaillissante 3925
production journalière 2360
production marginale 9567
production maximale 6899
production nette 6469
production non réglée 3925
production par poussée d'eau 10696
production totale 10128
productivité biologique 1033
produire par éruption 3866
produit de colmatage 7242
produit de cure 2314
produit de sublimation 9611
produits d'addition 168
produits de dégrillage 8460
produits de marinage 10285
produits pyroclastiques 7661
profane 5544
profil 5758, 8719
    hors ~ 6751
profil acoustique 111
profil caisson 1203
profil de paiement 6888
profil de perméabilité 6973
profil d'équilibre 7546
profil de rail 7729
profil des strates 9497
profil d'un sondage 1142
profil du sol 9098
profil du sondage 7545
profil du terrain 4483
profilé 4330, 8515
profilé cornière 401
profil en auge 10250
profil en clé 2252
profil en double T 4769
profil en H 4769, 5375
profil en long 5776
profil en travers 10192
profil en travers dans l'axe de la vallée 6025
profil en U 1631
profilés en Z 10957
profil géologique 4280
profil longitudinal 5776
profil régularisé 7546
profil sismique léger 8716
profil stratigraphique 4280
profil transversal 10192
profondeur 2528
profondeur abyssale 51
profondeur accessible 2536
profondeur critique 2229
profondeur de congélation 4108
profondeur de fondation 4027
profondeur de forage 2947
profondeur de pénétration 2533
profondeur de plongée 2813
profondeur de pose 1479

profondeur de pose du revêtement
    1479
profondeur des fouilles 2532
profondeur du forage 2534
profondeur du foyer 3942
profondeur du parafuille 2531
profondeur du puits 2534
profondeur du sabot de
    revêtement 1477
profondeur du sondage 2965
profondeur du trou 2965
profondeur finale du puits 3644
profondeur forée 2947
profondeur limite 9863
profondeur moyenne 6037
profondeur productive 7539
profondeur totale 9863
programmateur 7551
programme de forage 2982
programme de mise en eau 4991
programme des travaux 2040
programme de visites 5144
projecteur 7863, 10590
projection 7562
projection axonométrique 759
projection centrale 1585
projection conique 1583
projection de charbon 1771
projection double 2848
projection gnomonique 4372
projection gnomonique
    réciproque 4373
projection hawaïenne 4594
projection horizontale 4747
projection parallèle orthogonale
    6716
projections 10018
projet 2554, 2556, 8425
    en ~ 685
projet dans le génie civil 2562
projet de rapport 2869
projet d'exécution 3645
projeter 2555, 7555
projet hydro-électrique à buts
    multiples 6381
prolongation des délais 3469
prolongement vers le bas 2867
promontoire 7568
propagation 7569
propagation d'ondes 7570
propre assurance 8588
propriétaire 6790
propriété caractérisée par un
    indice 5040
propriété caractéristique 5040
propriété du sol 9099
propriétés de la roche 8200
prospection biogéochimique 1031
prospection de sédiments du
    ruisseau 9520

prospection électrique sous-
    marine 6596
prospection gamma 7721
prospection géobotanique 4259
prospection géochimique 4262
prospection géochimique en
    roche 8201
prospection géochimique en sol
    9101
prospection géochimique par le
    gaz 10505
prospection hydrogéochimique
    4852
prospection par mesure de la
    résistivité 8027
prospection radiométrique 7721
protection 7592
protection contre la neige 9038
protection contre les crues 3834
protection contre les éboulements
    480
protection de l'environnement
    7435
protection de talus 8999
protection partielle 6865
protection totale 1899
protéger 8475
prototype 7596
proustite 7597
province métallogénique 6123
province pétrographique
    sédimentaire 8531
proximal 7604
psammite 587, 7607
pséphite 7608
pseudo-plastique 7609
puisard 9657
puissance 7370
puissance absorbée 7373
puissance calorifique 6465
puissance de l'aquifère 542
puissance de la turbine
    hydraulique 10754
puissance de pointe 6897
puissance de pointe du réseau
    9813
puissance de pointe garantie 3684
puissance d'un cours d'eau 10720
puissance effective 3142
puissance effective d'une couche
    productive 3145
puissance garantie 3681
puissance hydraulique 4830
puissance installée 5146
puissance maximale absorbée
    6029
puissance maximale possible
    6032
puissance maximale produite
    6033

puissance nominale 7774
puissance optimale 6677
puits 5911, 8692, 10809
puits à deux horizons productifs
    2847
puits à éruption intermittente 968
puits à faible production 5970
puits à gaz 6425
puits à haute pression 4678
puits antibélier 9735
puits artésien 615
puits auxiliaire 7931
puits commercial 1868
puits d'accès 75
puits d'aérage 278
puits d'aération 278
puits de commande des vannes
    4231
puits de décharge 7937
puits de décompression 7937
puits de délimitation du gisement
    3610
puits de délinéation 2487
puits de développement 2596
puits de gaz naturel 6425
puits de la cheminée d'équilibre
    9735
puits de lave 5533
puits de pétrole 7010
puits de pétrole commercial 1868
puits de pétrole payant 1868
puits de pétrole productif 7538
puits de pétrole rentable 1868
puits d'équilibre avec chambre
    d'expansion d'amont 9736
puits de recharge 7812
puits de recherche 3444, 9948
puits de reconnaissance 9948
puits de sondage 3444
puits d'essai 516
puits de ventilation 278
puits dévié 2600
puits d'exploitation 2596, 3442
puits d'exploration de gisement
    plus profond 2432
puits d'exploration de recherche
    de nouveaux champs 6479
puits d'exploration profonde 2441
puits d'extraction à injection de
    gaz 4219
puits d'injection d'eau 10695
puits d'intervention 7931
puits d'observation 6578
puits drainant 3639
puits drainants 2892
puits du flotteur 3796
puits en charge 7475
puits en éruption non contrôlée
    1097
puits éruptif 1097

puits fermé 8812
puits filtrant 3639, 10821
puits filtrants 2892
puits improductif 3045
puits incliné 2405
puits intérieur 5333
puits intermédiaire 5071
puits jaillissant 4550
puits jumelés 10307
puits marginal 5970
puits non commercial 6504
puits non éruptif 6507
puits non rentable 6504
puits non tubé 10338
puits payant 1868
puits peu profond 8717
puits producteur de gaz 6425
puits produisant du gaz 6425
puits profond 2433
puits provisoirement abandonné 9902
puits rentable 1868
puits sec 3045
puits stérile 3045
puits témoin 6578
puits vertical 9473
pulvérisateur 676
puna 7645
pupitre de commande 2106
pureté 1670
purger 10351
purger un talus 1729
purgeur 284
purgeur d'air 10540
purgeur de tube de production 10262
putréfaction 7651
PVC 7317
pycnomètre 2512
pylône fixe 4603
pylône mobile 9829
pyramide 7654
pyrargyrite 7656
pyrite 7657
pyrite arsenicale 608
pyrite blanche 5961
pyrite magnétique 7664
pyritisation 7658
pyromagma 7662
pyromètre optique 6669
pyromorphite 7663
pyroxène orthorhombique 6718
pyrrhotite 7664

quadricône 2250
quadrillage 8317
quadrillage 9263
quadruple appareil photographique de précision à répétition 7666

quai 7095
qualité de construction 7670
qualité de l'eau 10724
qualité du charbon 1776
quantité 7673
quartier résidentiel 4765
quartz 7679
quartz hyalin 7685
quartzite 7686
questions piscicoles 3692
queue 1793, 5463, 9999
queue de soupape 10496
queue d'un courant de turbidité 9831
quinconce
   en ~ 5130, 9300

rabasner 2685
rabattable 8073
rabattement 2611
rabattement de la nappe phréatique à débit constant 8054
rabattement de la nappe phréatique à débit stabilisé 8054
rabattement de nappe 4494, 4495
raccord 3724
raccord à baïonnette 913
raccord à brides 3752
raccord articulé 619
raccord conique 9860
raccord de flexible 4756
raccord d'enveloppe 1469
raccord de réduction double femelle 1204
raccord de réduction double mâle 7135
raccord de revêtement 1469
raccord de tige de forage 3002
raccord de tubage 1469
raccordement 10166
raccordement à brides 3751
raccordement à la prise d'air 267
raccordement court 8731
raccordement long 4403
raccord en T 9879
raccord en Y 10929
raccord rapide 7690
raccords 5381
racine carrée 9266
racleur 7108
racleur de sécurité 8339
radar 7695
radar à ouverture synthétique 9798
radar au laser 5456
radar latéral 8830
radar-tachéomètre 7701
radar-télescope 7700

radar-topografie 7699
radeau 7726
radiation 7716
radiation infrarouge 5090
radier 3853, 4459, 5263, 7728
radier de fondation 7728
radier du bassin 892
radier général 520
radiographie 8232, 10925
radiolarite 7722
radiomètre à balayage 8415
radiomètre multispectral à balayage 6390
rafale 9257
raide 8022, 8109
raideur 987, 9417
raidir 9489
rail de remploi 6612
rainure 4463
rainure d'aération 191
rainure d'injection 4509
rainureuse 4464
rajeunissement 7912
ralentisseur 8044
rallonge 827, 3467
rallonge à rotule 812
rallonge articulée 617
rallonge coulissante 8960
rallonge d'enfilage 8966
rallonge en acier 9367
rallonge en bois 10888
rallonge en porte-à-faux 1397
rallonge glissante 8960
rallonge insérée dans un trou foré dans le front 176
rallonge ondulée en acier 2171
rallonge soutenue par un seul étançon 858
ramener un puits 9474
ramification 1011
ramification de filons 1219
ramollissement 9074
ramollissement des matériaux 9075
rampe 7754
rampe d'aération 190
rang du charbon 1777
rangée de buttes serrées 910
rapide 7772
rapides 7772
rapidité 7771
rapport anharmonique 2249
rapport ciment sur eau 10690
rapport coûts/profits 2175
rapport d'activité 7553
rapport d'agrandissement 1809
rapport de courbure 7784
rapport de déformation transversale 7286
rapport définitif 3647

rapport de forage 1153
rapport de transmission 4240
rapport entre l'aire d'extraction
    partielle et l'aire d'extraction
    critique 7783
rapport entre les pressions
    horizontales et verticales en
    terrain vierge 7782
rapport gaz-huile 4215
rapport gaz-pétrole 4215
rapport isotopique 5320
rapport préliminaire 5007
rapport provisoire 7602
rapproché 1757
ras
    au ~3927
    au ~ du sol 3927
rateau 7746
raucher 7955
ravaler 2685
ravin 4548
ravinement 8753
rayon 7788, 7790
rayon d'action 7761
rayon de courbure 5756
rayon de couronnement 2218
rayon de drainage 2886, 2887
rayon de giration 7723
rayon d'influence 7724
rayon hydraulique 4834
rayon image 7790
rayon laser 5504
rayon lumineux 5623
rayonnement 7716
rayon nucléal 3323
rayon passant par un point de
    l'image 7790
rayon vecteur 7725
rayon visuel 4716, 10606
raz de marée 10258
réaction 7793
réaction d'appui 9695
réactivité à l'alcali 308
réalgar 7802
réalimentation artificielle de la
    nappe phréatique 630
réalimentation de la nappe
    phréatique 4496
réalimentation de l'aquifère 529
réalisation constructive 2030
réarrangement structurel 2757
rebattement de nappe 2904
reboisement 216
rebouchage 771
rebouchage avec mortier 773
reboucher un puits de pétrole
    7238
reboucher un sondage 7238
rebuts 687
recarrer 785, 7955

récepteur 7810
réception 65
réception définitive 3642
réception des machines 67
réception partielle 68
réception provisoire 7601
recette au niveau du sol 7152
recettes 1461
recharge amont 8798
recharge aval 8798
recharge de pied 10078
recharge de talus 10800
recharger 7811
recherche aux modèles 8405
recherche de sites 8492
recherche en laboratoire 5445
recherche expérimentale 3434
recherche géologique 4283
récif 7852
récipient jaugé en verre 4355
réclamations 1699
réclamations des tiers 10001
recompacter 7815
recompression 7816
recompression du gisement 7465
reconditionnement 7877
reconditionner un puits 10909
reconformer 7995
reconnaissance 7817
reconnaissance de site 5355
reconnaissance de sol 9091
reconnaissance d'un aquifère
    533
reconnaissance d'un site 7818
reconnaissance du sol 9107
reconnaissance in situ 5355
reconnaissances des fondations
    4030
reconnaissance sur le site 5355
reconsolidation 7854
recoupe 1242, 1620, 10204
recoupe de ventilation 10204
récoupement 5245
recouper 2684, 785
recouvrement 6772, 6774
recouvrement horizontal 4749
recouvrement horizontal
    transversal 4749
recouvrement latéral 5514
recouvrement stratigraphique
    apparent 508
recouvrement transversal 5514
recouvrir 8475
recristallisation 7830
rectification 2167
rectification isostatique 5309
rectifier 8656
rectiligne 5653
recueil des données 2397
recul du glacier 4347

récupération 7824
récupération du pétrole 3486
récupération finale estimée 3378
récupérer 2920
récurrence 7840
redan 8745
redent du toit 8251
redéposition 7841
redevance 8311
redistribuer
    se ~ 8767
redistribution des contraintes
    7843
redressement 7833
redressement du puits 4707
redresser 7837, 7995
redresser un puits 9474
redresse-tube 1482
redresseur 7836
réducteur d'eau 10725
réducteur différentiel de pression
    2661
réduction à filetage mâle-mâle
    7135
réduction de section 7850
réduction femelle-femelle 1204
ré-équilibration isostatique 5307
référentiel global 4364
référentiel local 5732
réflectance 7858
réflecteur 7863
réflectivité 7858
réflexion 7861
réflexion latérale 8824
réflexion multiple 6384
réflexion spéculaire 9173
reflux 3536
reflux circulant 1694
reforer 2999, 3000, 7844
refoulage 10439
refoulement 5378, 10439
refouler 1919
refouler vers l'extérieur 3495,
    9268
réfraction 7866
réfrigérant 2126
refroidissement artificiel 628
refroidissement dynamique 3069
refroidissement par air 251
refroidissement par l'air 251
refroidissement par tuyau noyé
    dans la masse 3240
refroidisseur 5198
refroidisseur à air 250
refroidisseur combiné 1864
refus 7871, 7872
regard d'écoulement 10928
régénération 7877
régime 7879
régime à pression constante 2021

régime de production d'un gisement 3013
régime et économie du remblayage 7875
régime permanent 9363
régime transitoire 10164
région abyssale 49
région karstique 1509
région pétrolifère 7019
régions périglaciaires 6956
registre foncier 5485
réglable 161, 3465
réglage 164, 8661
réglage automatique de l'avance 708
réglage du débit 3871
réglage du taux d'humudité 6272
réglage du zéro 10969
règle 7768
réglementation 7892
règlement de construction 2042
règlement de sécurité 8347
règlement des litiges 8682
règlement des travaux de construction 2042
règlement mensuel 6301
règle pour le nivellement 5594
régler 159, 4393, 8642
régler un talus 10239
règles d'exploitation 6649
règles pour la réception 1794
régleuse 4395
régulateur 7891, 7893
régulateur à thermostat 9987
régulateur d'avance du trépan 3577
régulateur de temps 10068
régulateur de tension 10629
régulateur de vitesse 9178
régulation des machines hydrauliques 2104
rehausse 3470
rein 4593
réitération 7910
rejet 4637, 7874, 10017, 10019
rejet apparent 502
rejet au mur 2866
rejet au toit 10448
rejet de faille 3569
rejet horizontal 4737, 8766
rejet horizontal transversal 4749
rejet incliné 507
rejet incliné apparent 507
rejet pente 507
rejet souterrain 10357
rejet stratigraphique 9511
rejet vers le haut 8069
rejet vertical 3569
rejet vertical apparent 509
relais de surintensité 6756

relation de cause à effet 1508
relaxation des tensions 7920
relevé de sondage 1142
relèvement dans le plan 7177
relèvement dans l'espace 7969
relèvement de la nappe phréatique 4496, 4497, 5028
relèvement de l'aquifère 529
relever 1867, 9742
relever les coordonnées 7133
relever les dimensions 6060
relevés d'enneigement 9051
relevés hydrologiques 4873
relevés pluviométriques 7738
relevé topographique 10098
relief 7930
relief appalachien 497
relief d'éboulement 5491
relief d'érosion 791
relief escarpé 332
relief fort 332
relief jurassien 5382
relogement 7994
remaniement dû à la prise d'échantillon 8367
remanier 7946
remblai 629, 772, 3236, 3625, 4374
remblai à flanc de coteau 4688
remblai de comblement de vallée 10473
remblai d'essai 10213
remblaiement 226
remblai empilé 7116
remblai en matériaux sélectionnés 8573
remblai en pierres sèches 3042
remblai en travers de vallée 2254
remblai hydraulique 4818
remblai rapporté 4989
remblai routier 8158
remblais 7874, 9461, 9467
remblai sur arête 8093
remblai tout-venant 7756
remblayage 6800
remblayage à l'air comprimé 7261
remblayage à la main 4575
remblayage centrifuge 8983
remblayage complet 9119
remblayage complet à la main 9118
remblayage hydraulique 4841
remblayage mécanique 7394
remblayage par dames 9564
remblayage par épis 9564
remblayage par fausses-voies 3052
remblayage par fronde 8983
remblayage par gravité 3026
remblayage par raclage 8449

remblayage partiel 6866
remblayage pneumatique 7261
remblayage total 9119
remblayage total à la main 9118
remblayer 768, 3623, 9463
remblayer pneumatiquement 9471
remblayeuse 770
remblayeuse à bande 8982
remontage 8128, 8130
remontée 8128, 8130
remontée des strates 10448
remontée des tiges de forage 2980
remontée du tubage 1484
remonter les outils de forage 4703
remorque 10148
remplacement 6129, 7961
remplacement des éléments usés 7953
remplir 3624
remplir sous pression 774
remplissage 3627, 9447
remplissage de faille 3562, 8598
remplissage de fissure 3719
remplissage de pore 7322
Renaissance 7951
renard 4810, 7144
rencontrer une roche dure 4325
rendement 3150
rendement de la construction des cartes 6747
rendement de la pompe 3153
rendement de la prise de vue 6949
rendement de l'aquifère 538
rendement d'un obturateur 3154
rendement d'un puits 10826
rendement du soutènement 9689
rendement hydraulique 4796
rendement maximum 6892
rendement mécanique 6081
rendement optimal 6674
rendement optique 6668
rendement télescopique 6666
rendement total 6750
rendement volumétrique 10637
renflement 8215
renfoncement 5182, 6484
renforcement de barrage 9524
renforcement du soutènement 10211
renforcement par boisage anglé 5440
renforcer 7896, 9489
reniflard 241, 1245, 10537
rénovation 7895, 7954
rentrée de sable 5131
renversement 6785, 6786, 6788, 10044
renversement du procédé de la prise de vue 8064
renvoi d'angle 1008

renvoyer le signal 8845
répandeuse 6883
réparation 7954
réparation courante 2317
réparation de fortune 3247
réparation générale 5927
réparation périodique 6958
réparation routinière 2317
répartition des contraintes 9541
répartition des précipitations 6299
répartition mensuelle des précipitations 6299
repêchage 3697
repêcher 3690
repère 5985
repère altimétrique 979
repère altimétrique d'auscultation 6289
repère de crue 3843, 5985
repère de grande crue 4665
repère de l'oculaire 3500
repère de nivellement du réseau général 6681
repère de nivellement provisoire 9904
repère de référence 7856
repère de réglage 166
repère de triangulation 10223
repère du cadre 1844
repère du cadre à l'arrière-plan 776
repère du cadre à l'avant-plan 3995
repère géodésique 4270
repère optique 6664
repère optique mobile 3807
repère précis de nivellement 5595
repérer au fil à plomb 7245
repères à ausculter 7285
repère stéréoscopique 3808
repère topographique 979, 9748
répétabilité des mesurages 7957
répétitivité des mesurages 7957
replacer 7993
repliable 3968
repliement des installations 1728
réplique 221
réponse du sol 4484
réponse en amplitude 365
réponse en fréquence 4117
réponse en phase 7040
réponse hydrodynamique 4858
réponse modale 6251
reporter
   se ~ sur 8767
repos
   au ~ 8033
reprendre 2920
représentation conforme 1997
représentation graphique des erreurs 3358
représentation topographique 7963
reprise accidentelle de bétonnage 1829
reprise de bétonnage 2036
reprise des déblais 8061
reprise en sous-œuvre 10367
reproductibilité des mesurages 7965
reproduction d'une image 7966
reproduire par la photographie 7964
réseau 6464
réseau carré 9263
réseau cristallin 2290
réseau d'annonce des crues 3846
réseau d'auscultation 6287
réseau d'échantillonnage 8364
réseau d'écoulement 3889
réseau de diaclases 5369, 5373
réseau de drainage 5482
réseau de fissures 9807
réseau déformé 2792
réseau de galeries 8176
réseau de géophones 8568
réseau de Möbius 6247
réseau de percolation 8544
réseau d'équipotentielles 3889
réseau de référence 4456
réseau des méridiens et parallèles 5953
réseau des points de repère 3740
réseau de triangulation 6468, 10221
réseau de vallées démembré 2756
réseau de voies 8176
réseau de Wulff 10920
réseau d'irrigation 5281
réseau fissural 5369
réseau hydrographique 8153
réseau karstique 5405
réseau quadratique d'écoulement 3889
réseau routier 8164
réseau topographique 8317
resédimentation 7970
réserve 9446
réserve de chasse 4183
réserve de matériaux 9429
réserve en neige 9050
réserve occulte 822
réserves de gaz naturel 6427
réserves de gaz récupérables prouvées 7599
réserves de pétrole 7024
réserves de pétrole récupérables possibles 7349, 7600
réserves estimées 5070
réserves pétrolières 7024
réserves récupérables 7823
réserves spéculatives 5070
réserve utile 128
réserve vidangeable 5701
réservoir 7972
réservoir à buts multiples 6383
réservoir à eau 10729
réservoir anticlinal 471
réservoir aquifère 613
réservoir à remplissage naturel 7991
réservoir d'accumulation 9455
réservoir d'alimentation 2715
réservoir de ballast 806
réservoir de maîtrise des crues 3830
réservoir de mesurage 6074
réservoir d'énergie thermique de l'aquifère 541
réservoir de pétrole 7001
réservoir de refoulement 2492
réservoir de relèvement des étiages 7979
réservoir de retenue 2102
réservoir de sommet 4689
réservoir de tête 10431
réservoir de vallée 4990
réservoir d'huile 6610
réservoir du frein 1213
réservoir énergétique 7980
réservoir en tête de vallée 4609
réservoir épuisé 2523
réservoir établi sur un plateau 4689
réservoir interannuel 10937
réservoir jaugé 6074
réservoir karstique 5403
réservoir lenticulaire 5580
réservoir magmatique 5869
réservoir mixte 6234
réservoir multiple avec paroi à déversement 1915
réservoir non saturé 6515
réservoir normal 6528
réservoir régulateur 7889
réservoir rempli par pompage 7630
réservoir secondaire et ouvrage de liaison 8507
réservoirs en cascade 7987
réservoir souterrain 10359
résidus 2343
résidus de mine 9827
résidus industriels 5064
résiliation 9932
résilience 4977, 8775
résine acrylique 116
résine de chlorure de vinyle 10592
résine époxide 3325

résine naturelle 6430
résistance 1403, 6873, 8014, 8015, 9522, 9523
résistance à flexion par choc 8775
résistance à la compression 1938
resistance à la compression avec étreinte 1990
résistance à la compression diamétrale 9215
résistance à la compression en flexion 984
résistance à la compression simple 10342
résistance à la compression triaxiale 10226
résistance à la compression uniaxiale 10381
résistance à l'adhérence 1119
résistance à la fatigue 3550, 3551
résistance à la flexion 3786
résistance à la pénétration 6923, 8019
résistance à la pointe 7283
résistance à la pression radiale 9527
résistance à la rupture 1234
résistance à la rupture par compression 1937
résistance à la rupture par fendage 9215
résistance à la torsion 8020
résistance à la traction 9920
résistance à la traction du massif 9921
résistance à la traction par fendage 9215
résistance à l'éclatement 1322
résistance à l'écrasement 2277
résistance à l'écrasement du revêtement 1837
résistance à l'écrasement du tubage 1837
résistance à l'explosif 1077
résistance au cisaillement 8741
résistance au coulissement 8021
résistance au déchirement 9868
résistance au délitage 8938
résistance au dérapage 8922
résistance au déversement 8018
résistance au flambage 1284
résistance au frottement 4124
résistance au gel 4149
résistance au pénétromètre dynamique normalisé 9316
résistance au poinçonnement 7646
résistance au vieillissement 8016
résistance aux séismes 3105
résistance aux séismes des ouvrages 3105

résistance d'appui 9686
résistance de l'air 277
résistance de la roche 8203
résistance des matériaux 9390
résistance des terres 6872
résistance du massif 1120
résistance du pieu au battage 7115
résistance du soutènement 9696
résistance électrique 3195
résistance globale 232
résistance initiale 5106
résistance lors d'un essai statique de longue durée 3268
résistance magnétique 5890
résistance résiduelle 8003
résistance sur cube 2300
résistance sur cylindre 2354
résistance unitaire du soutènement 6043
résistant 927
résistant aux acides 94
résistant aux secousses 10580
résistence au striage 8450
résistence aux efforts alternés 8017
résister 8013, 9307
résistivité 3197
résistivité apparente 506
résistivité de la couche 4010
résistivité de l'eau de gisement 4015
résistivité vraie de la zone non envahie 10254
résistivité vraie de la zone vierge 10254
résolution analytique 379
résolution rigoureuse 8114
résonance 8029
résonance des ondes 10771
responsabilité 5600
responsabilité civile causale 9551
responsabilité légale 5567
ressaut hydraulique 4815
resserrer 8050
ressort 5752, 9227
ressort de pression 1934
ressort-lame 5550
ressources d'énergie des eaux 4893
ressources minérales 6197
ressuage 1081
restauration 337, 7895
restituable 7229
restitution 1894, 6737
restitution de photographies aériennes 7232
restitution des vues 7233
restitution mécanique 5860
restructuration 7895

résultat d'un mesurage 8038
résultats concordants 2015
résultats obtenus sur le terrain 3618
résurgence 8039, 5409, 9229
rétablissement des communications 8163
retard 2483, 2484, 5460
retardateur 8045
retardateur de prise du ciment 1571
retardement 8042
retardeur 8045
rétention initiale 9722
rétention superficielle 9722
rétention volumique 9166
retenue 7971, 9444
retenue artificielle 7971
retenue de clapet 10494
retenue énergétique 7980
retenue naturelle 5466
retenue normale 8047
réticule 3960
réticule en croix 8049
retombées 7659
retouche 10130
retoucher 10131
rétractile 8051
retrait 3038, 8802, 8803
retrait des glaciers 4347
retrait longitudinal 5779
retrait thermique 9977
retrait transversal 10194
rétrécir
  se ~ 5796
rétrécissement 6414
rétrochargeuse 782
retuber 8057
réutilisation des déblais en remblais 2331
réutilisation des déblais en remblais 796
revanche 4077
revanche totale 10123
révélateur 2587
revendications 4458
réverbération 8062
réversible 8073
revêtement 1463, 5675, 10776
revêtement à diamètre réduit 8979
revêtement à filetage court 8790
revêtement anti-corrosion 476
revêtement anticorrosion 476
revêtement antidérapant 6516
revêtement antirouille 476
revêtement à petit diamètre 8979
revêtement bicouche 2843
revêtement de cure 2315
revêtement définitif 6965
revêtement de galerie 10284

revêtement de toit 8243
revêtement de tunnel 10284
revêtement d'un puits 8704
revêtement du puits 1464
revêtement d'usure 10776
revêtement mono-couche 8886
revêtement mural 10658
revêtement sans soudure 8489
revêtir 1451, 5459
révision 8303
révision générale 5927
révision intérieure 5123
révision périodique 6957
rez-de-chaussée 4473
rhéologie 8084
rhéostat 8085
rhéostat de démarrage 9335
rhyolite 8086
riche en hydrocarbones 1420
ride 8126
rideau de drainage 2879
rideau de palplanches 1302, 8756
rideau d'injection 4514
rideau en pieux sécants 8499
rideau étanche 10749
rideau principal d'injection 5906
ride d'interférence 5206
ride d'oscillation 6722
rift 8096
rift intercontinental 8097
rigide 8109
rigidité 9417, 9421, 9480
rigidité de fixation 9420
rigidité d'une plaque á la flexion 3782
rigole à boue 6347
rigole d'écoulement 10928
rigole d'écoulement de cour 10928
rigole de déversement 10928
rigole de déversement de cour 10928
rinçage 3919
riper 178, 7649
riprap 8127
risberme 1001, 5722
risberme de stabilisation 9285
risque 8135
risque d'incendie 3676
risque propre 6791
risques des tiers 10003
risque sismique 8560
rivage 8783
rive 820, 8818, 8783
rives 9740
rives de la retenue 7986
rivière 8138
rivière compétente 1892
rivière conséquente 2007
rivière intermittente 5221

rivière navigable 6439
rivière permanente 6943
R.N. 8047, 8048
robinet à air 284
robinet à boulet 815
robinet à flotteur 809
robinet à piston 7151
robinet à pointeau 6451
robinet à soupape à siège conique 6396
robinet à soupape à siège plan 6397
robinet d'arrêt 5298
robinet de distribution 2798
robinet d'équerre 430
robinet pilote 7130
robinet purgeur d'air 284
robinet-vanne 10788
roche 8177
roche abattue 1128
roche allochtone 318
roche altérée 339
roche aphanitique 493
roche autochtone 701
roche basique 889
roche bioclastique 1024
roche bitumineuse 1058
roche bordière 156
roche boulante 5620
roche broyée 3562
roche carbonée 1422
roche cataclastique 1490
roche-champignon 6908
roche compacte 1881
roche cristalline 2293, 2294, 4949
roche cristallophyllienne 6126
roche de base 877
roche de contact 2047
roche de fond 959
roche de la croûte terrestre 2278
roche d'épanchement 3157
roche détendue 7921
roche effusive 3157
roche encaissante 2185
roche en feuillets 3745
roche enveloppe 9739
roche extrusive 3496
roche facente 156
roche ferrugineuse 5275
roche filonienne 3065
roche friable 4122
roche gazéifère 4203
roche hétérogène 4651
roche homogène 4721
roche hypabyssale 3065
roche imperméable 4983
roche insoluble 5140
roche intrusive 5254
roche litée 5542
roche mère pétrolifère 6318

roche métamorphique 6126
roche meuble 5793, 10344
roche minéralisée 6890
roche neutre 5218
roche non cimentée 10344
roche perméable 6977
roche pétrolifère 7006
roche plutonique 7253
roche poreuse 7330
roche pyroclastique 7660
rocher altéré 10778
rocher altéré en surface 8451
rocher compact 6005
rocher de fondation 4039
rocher détruit à l'explosif 1065
rocher éclaté 8797
rocher en forme de champignon 6908
rocher fracturé 3717
rocher lité 8752
rocher meuble 5791
rocher sain 10336
roches abyssales 54
roches acides 96
roches biogènes 1030
roches de recouvrement 6752
roches de transition 10169
roches disjonctives 2751
roche sédimentaire 5542, 8523
roches massives 6005
roche solide 959
roche soluble 9127
roches plutoniques 2440
roches profondes 2440
roches sédimentaires 9508
roches stratifiées 9508
roche stratifiée 5542
roche tendre 9080
roche voisine 156
roche volcanique 10618
roche volcanoclastique 10623
Rococo 8208
roentgen 8214
romantisme 8231
rompre
  se ~ 3521
ronce 830
rondelle 10672
rondelle de joint 8482
rondin 8301
ronds d'acier à béton 7165
ronds lisses 7165
röntgen 8214
rotation 8288, 8289
rotation angulaire 440
rotor 8295
rotor femelle 3590
rotor male 5934
roue avec pales orientables en marche 10512

roue axiale 745
roue dentée 4241
roue dentée libre 4946
roue hélicoïdale 10916
roue motrice 3020
roue motrice Pelton 6916
roues hydrauliques 10760
rouleau 8215, 8217
rouleau à grille 4457
rouleau à jantes pleines 3774
rouleau à pieds coniques 8751
rouleau à pieds de mouton 8751
rouleau automoteur 8584
rouleau d'eau 8227
rouleau de compactage 9033
rouleau de film 3634
rouleau de pellicule
    photographique 3636
rouleau lisse 3767
rouleau lisse 9033
rouleau sur pneus 7262
rouleau tandem 624
rouleau type remorque 10150
rouleau vibrant 10572
roulement 8225
roulement à aiguilles 6448
roulement à billes 807, 7704
route 2188
route de chantier 8913
route de service 8635
routes d'accès 74
route touristique 8421
ruban à mesurer 6076
ruban d'acier 9371
ruban divisé de géomètre 6076
rubanné 944
rubannement 9503
rudite 8316
rugosité 8298
rugosité des parois 10662
rugueux 8297
ruisseau 1268
ruissellement 8321
ruissellement en filets 8116
rupture 3522
rupture de barrage 2373
rupture de cisaillement 8736
rupture due à la pression de
    courant 8539
rupture fragile 1261
rupture par allongement 9918
rupture par cisaillement 8735
rupture par dilatation 9918
rupture par écoulement 3092
rupture par fatigue 3549
rupture par traction 9926
rupture progressive 7552
rythme d'exploitation 7540

sablage 8370

sable 8369
sable à grain fin 3655
sable à grain moyen 6096
sable à granulation moyenne 6096
sable à gros grain 1783
sable alluvionnaire 326
sable argileux 591
sable asphaltique 9864
sable bitumineux 1056
sable boulant 7691, 8371
sable calcaire 1365
sable de mer 5978
sable en boulance 4617, 8371
sable éolien 1099
sable fin 3655
sable gazéifère 4204
sable imbibé 4995
sable imprégné 4995
sable organogène 6691
sable payant 7016
sable pétrolifère 7016
sable saturé de pétrole 7027
sables mouvants 7692
sableux 8382
sable volcanique 10619
sablière 8376
sabot 1155
sabot à clapet inverse 1470
sabot à soupape 1470
sabot d'assemblage en Z 403
sabot d'assemblage en Z 5367
sabot de battage 3015, 9255
sabot de carottier 2148
sabot de cuvelage 1480
sabot de fraisage rotatif 8275
sabot de guidage 4545
sabot denté de rotary 8275
sabot de tubage 1480
sabot de tube 3015
sabot-guide 3981
sabot-guide de tiges de
    production 10265
sabot rotatif 8275
saccaroïde 494
saignée 823
saillant en console 1400
sain 3680
salbande 8598
salin 8354
saline 8353
salinité 8355
salle d'attente 10655
salle de bains 901
salle de gymnastique 4553
salle de séjour 5702
salle des machines 5859
salle omnisports 9223
salpêtre du Perou 6993
saprolite 5523
sapropèle 8390

sapropelite 8391
sas d'écluse 5743
satellite artificiel 634
saturation 1670, 8395
saturation en eau 10732
saturation en hydrocarbures 4849
saturation résiduelle en eau 8007
saturation résiduelle en pétrole
    8000
saturé 8393
saumon 9140
saumure 1254
sautage 1071, 8780
sautage à ciel ouvert 6636
sautage contrôlé 2098
sautage en ligne 8310
sautage par chambres 1621
sautage sous l'eau 10371
sautage tournant 8294
saut thermique 6118
scaphandre 2817
scaphandrier 2804
scapolite 8416
scarifier 8418
scellement 3742
scellement par recouvrement
    8481
sceller 8648
sceller dans le béton 8487
scheelite 8424
schéma d'auscultation
    topographique 6291
schéma de la fracturation 4057
schéma de montage 3344
schéma des forages 1143
schéma de soutènement 9693
schiste 8427
schiste argileux 593, 1723, 6358,
    8708
schiste bitumineux 1057
schiste charbonneux 1424
schiste faiblement gréseux 8977
schiste gonflant 4618
schiste gréseux 8385
schiste houiller 1424
schiste marneux 5993
schiste pyroschiste 1424
schistes 8391
schistes carburés 8391
schistes cuprifères 5442
schistes siliceux 8855
schistes silicifiés 8855
schisteux 8718
schistosité cristallophyllienne
    8429
schorre 8357
science du sol 9102
scintillation 8432
scintillomètre 8433
scission 1734

scissomètre 10498
scléromètre 4589, 8434
scorie 8436, 8437
sécante hyperbolique 4914
sécheresse 3027
sécheur 3037
secousse 1311
secousse consécutive 221
secousse prémonitoire 7416
secousse sismique 3108
secousse tellurique 3108
section 5245
section à terre nue 3402
section brute 3402
section conique 2000
section de photographie aérienne 282
section de vannage 9018
section déversante 6765
section longitudinale 5778
section mouillée 10834
section nette 3663
section sismique 8561
section transversale 2251
section transversale du puits 8697
section utile 3663
sécurité 7928
sécurité des barrages 2384
sécurité minière 8341
sécurité publique 7611
sédiment 8519
sédimentaire 8518
sédimentation 226, 8525, 8526
sédimentation en alternance répétée 8088
sédimentation rhythmique 8088
sédiment carbonaté 1425
sédiment détritique 2584
sédimenter 227
sédimentologie 8530
sédiments 2343
sédiments bathyaux 903
sédiment siliceux 8854
sédiments réducteurs 8391
sédiment vaseux 6629
segment de piston 7148
ségrégation 9133
séisme 3099
séisme de base d'exploitation 6646
séisme de dimensionnement 2561
séisme induit par la retenue 7981
séisme intermédiaire 3103
séisme profond 2431
séisme sous-marin 8474
séisme superficiel 8712
séisme volcanique 10614
séismicité 8554
séismicité d'un site 8555
séismogramme 8564

séismographe 8565
séismologie 8566
séismologie appliquée 515
séismologie de l'ingénieur 3100
séismomètre 8567
séismometrie 8571
séjour 5702
séjour extérieur 6729
sélecteur 8579
sélecteur de circuit 8817
sel sublimé 9611
semelle 879, 3980, 6803, 8933, 8947
semelle de fondation 4031
semelle de fondation continue 9560
semelle élargie 8714
semelle en acier à ressorts 9244
semelle en bois 8861
semelle en bois au toit 5604
semelle filante 9560
semelle isolée 5297
semelle superficielle 8713
semi-automatique 8599
semi-remorque 620
sens de progression du chantier 2709
sens de rotation 8604
sensibilité 8606
sensibilité à la lumière 8608
sensibilité à l'entaille 8612
sensibilité au remaniement 7949
sensibilité chromatique 1672
sensibilité d'un instrument de mesurage 8610
sensibilité du niveau 8607
sensibilité du réglage 8611
sensible 8605, 8609
sensible à la lumière 8609
sensible à la pression annulaire 460
sensitomètre 8613
sensitométrie 8614
sentier aménagé 6436
sentiers 10657
sentiment des distances 6932
sentiment du relief 6932
séparateur d'eau 6274
séparation 1081
séparation de liquides non miscibles 5678
séquelles du volcanisme 7354
séquence 1499, 8618, 6575
séquence d'avancement de soutènement 9678
séquence des couches 8618, 9700
séquence des opérations 8622
séquence stratigraphique 8618
sérac 8623
serein 1727

séricite 8626
séricitisation 8627
série atlantique 670
série de peuplements turficales 7878
série de types 8309
série méditerranéenne 6091
série pacifique 6794
séries reconstituées 4256
série turficale 7878
serpentin de refroidissement 2128
serpentine 8630
serpentinite 8631
serrage 1876, 2027
serré 1755
serrer 1701, 8645, 10035
serrer encore une fois 3729, 8050
serre-tubes à chaîne 1616
serrure 5216, 7590
serrure de palplanches 5216
service
 en ~ 5126
 hors ~ 6745
service de géologie 4282
service de la machine 8634
service d'incendie 3677
servocircuit hydraulique 4837
servo-étançon 8640
servofrein 8638
servomoteur 8639
servomoteurs hydrauliques 4838
servomoteur torique 8274
servosystèmes 4839
servosystèmes hydrauliques 4839
servovalve 8641
servovalve de distribution 4792
seuil 8947, 10803
seuil d'anomalie 10014
seuil de batardeau 8860
seuil de cisaillement 10953
seuil d'écluse 5751
seuil de déversoir 8858
seuil de mesure 6059
seuil de plasticité 10952
seuil de porte 2831
seuil de vanne 8860
seuil fixe 3735
seuil noyé 8859
SI 5233
sidérite 8825
sidérose 8825
siège de clapet 10495
siège de ressort 9241
siège de soupape 10495
siège du tassement 8496
signal 8843, 8844, 5983
signal acoustique 113
signal sismique 8562
signature du marché 8847
signe 8843

signes précurseurs 7428
silencieux 1094
silencieux d'entrée 5119
silex 1655, 3791
silex à diatomées 2647
silex biogène 1029
silicate de magnésium 5879
silicate de soude pour injection 9068
silice 8849
siliceux 8853
silicification 8856
sill 8857
sillon sous-glaciaire 9602
silo à ciment 1572
silos mpl 8862
silt 8863
silteux 8870
Silurien 8871
similitude 8872
similitude géométrique 4298
simplicité de construction 8876
sinistre maximal 6030
sinus hyperbolique 4915
siphon d'amorçage 7506
sirène d'alarme "crue" 3826
sismicité 8554
sismique par réflexion 8558
sismique par réflexion continue à faible profondeur 8716
sismique réfraction 8559
sismogramme 7819, 8564
sismogramme pour enregistrer les accélérations 60
sismographe 8565
sismographe à cadre mobile 6337
sismographe de mesure des accélérations 61
sismographe de mesure des déplacements 2769
sismographe de mesure des vitesses 10532
sismographe pour forte secousse 9573
sismologie 8566
sismomètre 8567
sismoscope 8572
site 2375
site écarté 2722
site envisagé 2011
site intéressant 688
site naturel protégé 6435
site non rentable 10377
site possible 7357
site rentable 10568
situation critique 3248
situation du barrage 5741
situation mensuelle 6302
situation planimétrique 7184
ski nautique 10736

sky-horse 8931
sliding floor 8969
smaltine 8930
smithsonite 9028
socle 877, 959, 5166, 6907, 7227
socle de base 4041
sodalite 9059
sofa 2180
sol 9083, 9109
sol acide 97
sol à granulométrie discontinue 10386
sol à granulométrie uniforme 10386
sol anisotrope 448
sol avec liant 9084
sol-ciment 9085
sol cohérent 1823
sol compressible 1929
sol dispersif 2762
sole 3853, 8933
solfatare 9115
sol gelé 4152
sol gélif 4146
solide 9287
solide semi-infini 8601
solifluxion 9122
soligène 9123
sol inorganique 5127
solive 8861
sollicitation 5705
sollicitation à la flexion 990
sollicitation à la pression 1935
sollicitation centrée 1582
sollicitation composée 1914
sollicitation de cisaillement triaxial 10227
sollicitation de compression triaxiale 10227
sollicitation de torsion 10113
sollicitation permanente 2078
sollicitation triaxiale 10227
sol macroporique 5867
sol meuble 5792
sol non saturé 10414
sol polygonal 7307
sol remanié 7947
sol renforcé 7898
sol résiduel 8002
sol rouge méditerranéen 9934
sols alcalins 307
sol saturé 8394
solubilité 9126
soluble 10737
solum 9128
soluté 9129
solution 9130
solution approchée 519
solution constructive 2030
solution hydrothermale 4904

sol végétal 10102
somme à valoir 7603
sommet 10093
sommet de triangulation 10222
sonar 1127
sonar latéral 8826
sonar ultrasonore 127
sondage 1135, 9138
sondage acoustique 104
sondage à gaz 6425
sondage à la corde 1149
sondage à la grenaille 1150
sondage à percussion 1149
sondage ascendant 8134
sondage à sec 3036
sondage au diamant 2630
sondage carotté 2152, 2153
sondage de pénétration statique 9351
sondage de recherche 3437
sondage de reconnaissance 3437
sondage d'essai 516
sondage dévié 2600
sondage d'exploration profonde 2441
sondage foré avec un trépan usagé 10037
sondage géologique d'exploration 4278
sondage géotechnique 4312
sondage improductif 3045
sondage isotopique 5321
sondage non tubé 10338
sondage par injection 10670
sondage par percussion 1148, 6938
sondage par rotation 3443, 8717
sondage plein d'eau 4706
sondage plein d'huile 4705
sondage rotary 2956
sondage rotatif 2956
sondage stratigraphique 9510
sondage tubé 1452
sonde 7530
sonde à ailettes 10498
sonde de diagraphie de résistivité focalisée 3957
sonde de diagraphie électrique 3186
sonde de prise d'échantillons 8362, 9100
sonde de proximité 7605
sonde de radioactivité naturelle 4187
sonde hydrométrique tubulaire 4976
sonde percutante 1681
sonder 1132
sonder le terrain 3584
sonde rotative 2984

sonde thermique 9901
sondeur 2948, 8103
sondeur acoustique 3116
sondeur à écho 3116
sondeur novice 1114
sondeuse 2984
sondeuse rotative 8271
sonnette 7111, 7124
sonnette de battage 7111
sorbet 4073
sorte de tourbe 1109, 3591
sortie de canal ou de galerie 9825
sortie de drainage 10794
sortie d'égouts 8688
sortir 1867
soubassement 8928
soucoupe plongeante 906
soude caustique 9066
souder 10804
soudure à recouvrement 5499
soufflage du mur 1113
souffler 2209
soufflerie d'essais de cavitation 1539
soufrière 9115
souille 1003
soulèvement 4616
soulèvement anticlinal 473
soulèvement de terrain 5494
soulèvement du fond 1177
soulever 4615
soumis à forte pression 9608
soumission 9912
soumissionnaire 9915
soumissionnaire le moins-disant 5822
sound 9134
soupape 10477
soupape à aiguille 6451
soupape à bille 815
soupape à boule 815
soupape à charnière 3758
soupape à clapet 3758, 7319
soupape à clapet articulé 9778
soupape à cloche 973
soupape à commande électrique 3187
soupape à commande hydraulique 4786
soupape à commande manuelle 5949
soupape à commande mécanique 6084
soupape à commande par détendeur pilote 7129
soupape à commande pneumatique 7256
soupape actionnée directement 2711
soupape actionnée indirectement 5047
soupape à deux voies 10317
soupape à déviation angulaire 9778
soupape à diaphragme 2638
soupape à disque flexible 3777
soupape à disque souple 3777
soupape à double siège 2852
soupape à fermeture rapide fonctionnant en cas de rupture d'un tuyau 8581
soupape à flotteur 809, 3813
soupape à levée 5616
soupape à manchon 8950
soupape à membrane 2638
soupape annulaire 456
soupape à papillon 1327
soupape à piston 7151
soupape à pivot tournant 8283
soupape à plusieurs voies 6392
soupape à quatre voies 4052
soupape à ressort 9240
soupape à soulèvement 5616
soupape à tige 7319
soupape à tiroir cylindrique 2358
soupape à tiroir du type Venturi 10539
soupape à tournant 8283
soupape à trois voies 10013
soupape à une voie 6621
soupape automatique 8582
soupape auxiliaire 729
soupape chargée par ressort 9240
soupape d'air 10540
soupape d'arrêt 5299
soupape d'arrêt et d'étranglement 8813
soupape d'aspiration 9648
soupape de antiretour 1645
soupape de by-pass 1342
soupape d'échappement 7926
soupape de commande 2108, 8641
soupape de décharge 7927, 10408
soupape de démarrage 9339
soupape de dérivation 1342
soupape de détente 3431
soupape de détente 7926, 9971
soupape de distribution 3876
soupape de fermeture 1760
soupape de flottation pour tiges de forage 3005
soupape de fond 1184
soupape de limitation d'écoulement 3884
soupape de non-retour 1645
soupape de pression minimale 6209
soupape de purge d'air 241
soupape d'équerre 430
soupape de réduction 7849
soupape de refoulement 2493
soupape de réglage 7890
soupape de régulation 7890
soupape de retenue 1645
soupape de sûreté 3251, 7471, 7936, 8349
soupape de surpression 7936
soupape d'étranglement 10016
soupape d'étranglement de débit non réglable 6500
soupape d'étranglement de débit variable 10511
soupape de trop-plein 6768
soupape d'évent 10540
soupape de vidange 2897
soupape d'injection 5114
soupape double 2858
soupape électromagnétique 9114
soupape en champignon à siège conique 6396
soupape en champignon à siège plan 6397
soupape équilibrée 10125
soupape équilibrée hydrauliquement 4785
soupape équilibrée mécaniquement 6083
soupape limitatrice d'écoulement 3884
soupape limitatrice de pression 7471
soupape non-équilibrée 6501
soupape partiellement équilibrée 6862
soupape pilotée par pilote 7129
soupape pointeau 6451
soupape principale 5922
soupape régulatrice 7890, 10410
soupape régulatrice d'écoulement 3872
soupape régulatrice de pression 7447
soupape régulatrice du débit 3872
soupapes de pression 7448
soupape simple 8893
soupape sphérique 815
soupape tubulaire 8950
soupente 686
souplesse 1906, 3776
source 9229
source artésienne 614
source d'affleurement 6935
source de faille 3566
source de fusion 1244
source de lumière 5625
source d'énergie 9141
source de pétrole 7029
source d'erreurs 9142
source d'exsurgence 5409

source hypogène 4920
source jaillissante intermittente 4327
source karstique 5409
source minérale 6198
source thermale 9978
source vauclusienne 10518
sous-cavage 10352, 10353
sous-cavé 5083
sous-caver 9054
sous-consolidé 10348
sous-couche 9687
sous-couche d'une chaussée 871, 8159
sous-exposé 10354
sous-exposition 10355
sous-glaciaire 9601
sous-jacent 10365
sous-marin inhabité 10411
sous-marin sans plongeurs 10411
sous-pression 3480, 10426
sous-sol 9633
sous-sol situé au niveau du socle 4473
sous-traitant 9598
soutènement 8787, 10286
soutènement à cadres 4066
soutènement à claveaux de béton 7400
soutènement annulaire 8120
soutènement classique 9684
soutènement de bois 10054
soutènement définitif 6969
soutènement de mine 9676
soutènement des galeries 8175
soutènement des voies 8175
soutènement en arc-boutant 8469
soutènement en bois 10889
soutènement en taille 3513
soutènement en triangle 10217
soutènement le long de l'arête du foudroyage 10683
soutènement marchant 7377
soutènement mécanisé 7377
soutènement mécanisé à déplacement pendulaire 4067
soutènement mécanisé à piles 1665
soutènement métallique 9375
soutènement mixte 6235
soutènement montant 9692
soutènement parallèle à la direction 9692
soutènement par bêles glissantes 8961
soutènement par bouclier 8764
soutènement par boulons d'ancrage 8239
soutènement par cadres circulaires coulissants 10946

soutènement par cintres 572
soutènement par rallonges glissantes 8961
soutènement perdu 8
soutènement placé suivant la pente 9691
soutènement polygonal 7309
soutènement provisoire 9908
soutènement temporaire 9908
soutenir 4704, 9677
soutenir provisoirement 9699
spath brunissant 450
spécialiste en sondages déviés 2240
spécifications techniques 9874
spécifications techniques détaillées 2571
spectre 9172
spectre d'absorption 39
spectre d'émission 3253
spectre de réponse 8032
spectre des fréquences 4049
spectre électromagnétique 3210
spectromètre 9171
spectromètre à seuil 5181
spectromètre différentiel 2663
spectromètre gamma par scintillation 4188
spéléolite 9181
spéléologie 9180
sphalérite 9182
sphérolitique 9187
spinelle 9202
spinelle violet de magnésium 328
spodumène 9216
stabilisateur 9104
stabilisateur de commande hydraulique 4794
stabilisateur de masse-tige 2943
stabilisation 9282
stabilisation du sol 9103
stabiliser 4104, 9283
stabilité 9272
stabilité absolue 30
stabilité des appuis 9278
stabilité des fondations 9279
stabilité des rives de la cuvette 9281
stabilité des versants de la retenue 9281
stabilité d'un instrument de mesurage 9273
stabilité du réglage 9280
stabilité du talus 9001
stabilité dynamique 3078
stabilité statique 9352
stable 9286, 9287
stade
  au ~ de l'avant-projet détaillé 684

stade du développement de cavitation 9299
stade effusif 3158
stade fumerollien 4167
stadia 9756
stalactite 9305
stalactite de lave 5534
stalagmite 9306
stalagmite de lave 5535
stampe entre deux couches 6173
standard pénétration test 9317
statif 9308
statif à trois pieds 10243
station 7190, 9353
station automatique 718
station conjuguée 6658
station d'air comprimé 1940
station d'ancrage 393
station de base 4487
station de jaugeage 2730
station d'enrobage 9095
station de pompage 7638
station de réception 2576
station des granulats 231
station de tamisage 8459
station d'observation 9757
station hydrométrique 4886
station intermédiaire de pompage 7639
station piscicole 3695
statique 9349
statique des fluides 9350
statistique des crues 3848
stator 9356
statoscope 9357
staurolite 9360
staurotide 9360
steppe 9386
stère 2301
stéréocomparateur 9388
stéréogramme 9389
stéréogramme normal 6530
stéréomécanique 9390
stéréométrie 6068, 9393
stéréophotogrammétrie 9397
stéréophotogrammétrie spatiale 9148
stéréophotogrammétrique 9395
stéréophotographie 9399
stéréoscope 9400
stéréoscope à lentilles 5579
stéréoscope à miroirs 7860
stéréoscope de précision 6075
stéréoscopie 9411
stéréoscopique 9158, 9401
stéréotopomètre 9412
stérile mélangé avec du minerai 1128
stériles 7874, 9827
stériles de remblayage 687

stibine 485
stibnite 485
stilbite 9422
stimulation d'un puits 10825
stockage 9445
stockage d'éléments nutritifs dans les réservoirs 8046
stockage du brut 7030
stockage du gaz 4226
stockage du pétrole 7030
stockwerk 9430
stot 7126, 8197
stot abandonné 7
stot de limite de concession 1193
stot de protection 7744, 8346
stot de protection du puits 8701
stot de séparation 856
strain gauge 9483
stratascope 9498
strate 8202, 9514
strate-repère 5421
stratification 5478, 9502, 9503
à ~ entrecroisée 2316
stratification deltaïque 2495
stratification de marée 10027
stratification discordante 5276
stratification en alternance répétée 8087
stratification entrecroisée 2253
stratification oblique 2253, 3537
stratification oblique en arêtes de hareng 4645
stratification oblique en chevrons 4645
stratification parallèle 1954
stratification primaire 6701
stratification thermique 9979
stratification tidale 10027
stratifié 944
stratifié en bancs minces 9506
stratifié en gros bancs 9505
stratigraphie 9512
stratovolcan 9513
striction 2027
strie 9550
stries de faille 8956
stries de l'accident 8956
stries glaciaires 4341
stromatolite 9570
stromatolithe 9570
strontianite 9574
structure 3503, 9581
structure à cônes emboîtés 1985
structure à granulométrie uniforme 8890
structure algaire 299
structure anticlinale 472
structure à support hydrostatique sur sable 4895
structure basale 9113

structure centripète 4303
structure columnaire 1860
structure continentale 2067
structure cristalline 2295
structure de bioérosion 1026
structure de biostratification 1036
structure de déformation 2464
structure des terrains 8191
structure du sol 9105
structure en bandes bleues 1100
structure en feuillets bleus 1100
structure en nid d'abeilles 4726
structure en terre armée 7900
structure floculente 3822
structure géologique 4281
structure géotrope 4303
structure granophyrique 4418
structure imbriquée 4965
structure lamelleuse 3749
structure litée 3749
structure métallique 5706
structure microgranitique 4418
structure porteuse métallique 5706
structure prismatique 1860
structure rubanée 1100
structures de protection contre les crues 3833
structure sédimentaire 8524
structure sédimentaire primaire 7499
structure sédimentaire secondaire 8508
structure type 5695
structure vacuolaire 10566
structure vermiculaire 10542
structure vésiculaire 10566
style 9589
style rocaille 8208
style rococo 8208
stylolite 9590
stylolithe 9590
subaérien 9591
subgrauwacke 9606
sublimé de sel 9611
submergé 9618
submersion 9623
subsidence 5492, 9627
subsidence minière 6217
substance minérale industrielle 5063
substitution 6129
substratum 9635
substratum rocheux 959
subvolcan 9642
succession des couches 8618
succession d'images 9562
succion 9644
suintement 8537
suinter 6628, 8535

suite des couches 8618
suite des opérations 8622
suivant le pendage 330
suivre 3974
sujet aux coups de charge 9609
supercavitation 9659
superciment 4661
superficie de la retenue 7973
superficie du plan d'eau 10746
supergène 9662
superieur 10428
superplastifiant 9664
superposition 9665
superposition des contraintes 9666
superposition modale 6252
superstructure 6880, 9667
supervision 9668
support 5329, 9308
support compresseur 1941
support de balancier 8368
support de compresseur 1941
support de forage 2985
support de levier de battage 8368
support de suspension pour tiges 8212
support de suspension pour tubage 1471
suppression 9701
surcharge 5699, 6775, 9704
surcharge due à la neige 9039
surcharger 6776
surconsolidation 6754
surcoût 3483
surcreusement 6757
surélévation 1395, 9667
surélévation de barrage 4631
surélévation due à la crue 3849
sûreté de lecture d'un instrument de mesurage 7797
surexposé 6759
surexposition 6760
surface 7168, 9706
à la ~ du sol 3927
surface active de glissement 130
surface couverte stéréoscopiquement 9402
surface d'appui 937
surface de cisaillement 8740, 8748
surface de contact 9716
surface de contact gaz-huile 4221
surface de discontinuité 8553
surface de drainage 2890
surface de glissement 7175, 8963, 8990, 9718
surface déhouillée 580
surface de la carte 5955
surface de la nappe phréatique 4500

surface de la retenue 7973
surface dépilée 580
surface dépilée par unité de temps 581
surface de projection 9717
surface de reprise 4741
surface de rupture 3526, 7172
surface de séparation 5202
surface du bassin versant 1494
surface du film 9720
surface d'une sous-couche de chaussée 9605
surface du plan d'eau 10746
surface éboulée 868
surface habitable 3855
surface habitée 3855
surface latérale 6733
surface libre 503
surface limite 5642
surface minimale d'habitation 6204
surface terrestre 9719
surfaceuse 3667
surface utile 3855
surplomber 5384
surpression hydrostatique 3412
surpression tectonique 9878
surrection 5494
surremplissage de crue 3849
surveillance 9668, 9741
surveillance des volcans 10628
surveillant 3997
surveillant de forage 2949
surveiller un puits 8654
survoler 3939
suspension 9761
suspension colloïdale 1852
suspension de tubage 1471
syénite 9784
syénite alcaline 309
symbiose 9786
symbole 9787
symbole de l'unité de mesure 9788
synagogue 9791
synchroniseur de vitesse de rotation 9179
syncinématique 6854
synclinal 9793
synclinal asymétrique 669
synclinal fermé 1752
synclinorium 9795
syngenèse 9796
syntectonique 6854
synthèse hydrothermale 4905
synthétique 9797
système actif 126
système aquifère multicouche 4499
système cohérent d'unités de mesure 1817
système cristallin 2299
système cristallin monoclinique 6297
système cristallin triclinique 10232
système d'alarme 292
système d'assèchement 8910
système de circulation hydraulique 4789
système de collecte d'un champ de pétrole 7013
système de commande électro-hydraulique 3200
système de commande hydraulique 4795
système de commande hydromécanique 4876
système de conditionnement d'air à haute vitesse 4686
système de coordonnées 9805, 9806
système de coordonnées de la carte 5952
système de coordonnées de l'appareil de restitution 2138
système de diaclases 5373
système de diaclases conjuguées 2001
système de drainage 2891, 8910
système de failles 3567
système de forage 2974
système de forage avec circulation inverse 2975
système de forces 9808
système de grandeurs 9810
système de joints 5373
système de lentilles pancratiques 6822
système de levage 5330
système de localisation acoustique 108
système de plis 3971
système de prévision des crues 3838
système de projection 7563
système de projection cartographique 5958
système de référence 7857
système de référence d'un plan 7189
système de régulation automatique 706
système des coordonnées sur l'image 1843
système de soutènement "pousse et tire" 7650
système des piézomètres 7102
système des piézomètres portatif et glissant Piezodex 7334
système d'injection à pompes individuelles 5054
système d'irrigation par aspersion 9250
système d'une formation aquifère 540
système d'une formation aquifère multicouche 4499
système d'un instrument de mesurage 9809
système d'unités de mesure 9812
système géothermique magmatique 5870
système hexagonal 4653
système hydraulique 4842
système informatique à télécommande 7940
système informatique par commande à distance 7940
Système International d'Unités 5233
système métrique décimal 2420
système monoclinique 6297
système multispectral 6362
système passif 6874
système photogrammétrique de coordonnées 7062
système pour fondre la neige 9049
système rotary 8269
systèmes de commande hydrauliques 4839
système solaire 9111
système triclinique 10232

table à dessin 2916
table à dessiner 2916
tableau 5165
tableau d'arrivée 9931
tableau des coupe-circuits 4175
tableau des erreurs 3371
tableau des fusibles 4175
table de logarithmes 9816
table de rotation 8279
table rotary 8279
tablette de fenêtre 824
tablier 2421
tachéomètre 2785, 9819
tachéométrie 9823
tachéométrique 9820
tachygramme 9174
taillant au tungstène 10275
taillant du fleuret 5676
taillant en couronne 1045, 1151
taillant en croix 10921
taillant en tarière 695
taillant en X 10921
taillant en Z 10958
taille 5787
taille à deux ailes 2855

taille arrêtée 9323, 9354
taille au pendage 9555
taille chassante 9555
taille de double unité 2855
taille descendante 2694
taille double 2856
taille en activité 10899
taille en cul de sac 269
taille montante 7744, 8129
taille sans personnel 5942
taille sans soutènement 3515
tailloir 2834
talc 9842
talochage 3799
taloche 3794
taloche pour arêtes 1622
talus 8991
talus de déblai 2345
talus de remblai 8997, 8998
talweg 9846
tambour de frein 1215
tambour de treuil 10856
tambour du treuil de forage 4701
tambour du treuil de manœuvre 4701
tamis 8456, 8831
tamisage par voie humide 10831
tamis à secousses 8705
tamiser 8457
tamis rotatif 3032
tamis vibrant 10573
tamponnage 769
tamponner 768
tamponner un puits 7238
tamponner un puits de pétrole 7238
tangente hyperbolique 4916
tanker 7031
tantalite 9855
tapis 6013
tapis amont 10443
tapis conveyeur 974
tapis de réception 520
tapis d'injection 1062, 4512
tapis drainant 2876
tapis filtrant 3638
tapis roulant 974
tapis transporteur 974
taraud conique 3701
taraud de repêchage 3701, 8281
taraud de repêchage du revêtement 1468
taraud de repêchage du tubage 1468
taraud mâle de repêchage 5932
tarière 690, 691
tarière à augets 1273
tarière à couronne 454
tarière à cuiller 690, 8761
tarière à lèvre concave 4388

tarière à tige creuse 4713
tarière à vis 8463
tarière à vis cylindrique 9204
tarière pour l'implantation de poteaux 7351
tas de stockage 9429
tassement 8678
tassement différentiel 2662
tassement d'un pieu net 6470
tassement secondaire 8509
tassomètre 8679
taux d'actualisation 2740
taux d'affaissement 6931
taux de décantation 10195
taux de défruitement 7577
taux de production 7540
taux de remplissage 2478
taux de rentabilité 7778
taux de rentabilité interne 3086
taux de saturation 2480
taux de succès 9643
taux d'humidité 6271
taux d'infiltration 5074
taux moyen d'injection par jour 734
taxinomie 9866
taxonomie 9866
technicien du paysage 5487
technique d'approvisionnement et distribution des eaux potables 10741
technique de battage de pieux 7113
technique de creusement des galeries 10280
technique de production du pétrole 7023
technique de puits 8698
technique de sécurité des systèmes 9814
technique des fondations 4029
technique des fondations sur pieux 7113
technique des travaux d'hiver 10875
technique d'exploitation des gisements 7977
technique du bâtiment et des travaux publics 2033
technique du lever 9873
technique sanitaire 8386
techniques de forage 2962
tectofaciès 9875
tectonique 4314
tectonique cassante 3568
tectonique d'écoulement 4362
tectonique de failles 3568
tectonique de glissement 3972, 4362
tectonique des plaques 7219

tectonique en nappes 6412
tectonique locale 6169
télécommande par groupes d'éléments 7939, 7941
télécoordimètre 9882
télédétection 7945
téléférique 1355
télémagmatique 9883
télémètre 7763
télémètre à coincidence 2334
télémètre à image double 2842
télémètre à images inversées 5265
télémètre stéréoscopique 9409
télémètre unistationnaire 8892
télémétrie 9884
téléobjectif 9887
téléphérique 1355
télescopique 8051
tellure noir 6402
telluromètre 9897
témoin "correcteur" 6534
température critique 2236
température du fond du puits 1175
temps 10057, 10777
temps de descente et de remontée 10245
temps de fin de prise 3650
temps de fonctionnement 3436
temps de forage 2991, 8101
temps de forage réel 134
temps de malaxage 6236
temps de manœuvre 10245
temps de montage de la tour de forage 8102
temps de pose 3059
temps de prise 8671
temps de prise du ciment 8672
temps de remontée des tiges de forage 7619
temps de repêchage 3704
temps de sondage 8101
temps d'instrumentation 3704
temps écoulé 10066
temps perdu 781
tenace 9911
tendeur 9226
tendre 9072
teneur en air 248, 249
teneur en chaux 5633
teneur en eau 6270, 10692
teneur en eau lors de la mise en œuvre 7157
teneur en eau lors de la mise en place 7157
teneur en eau naturelle 6434
teneur en hydrocarbures 4849
teneur en oxygène 2775
teneur significative 10014
tenseur 9930

tensiomètre 9924
tension 7358
tension de cisaillement 8742
tension de pliage 989
tension de torsion 10115
tension de traction 9922
tension interfaciale 9725
tension limite 5639, 9537
tension propre 5229
tension superficielle 9725
tenue 1403
téphra 7659
terminologie commune aux barrages 2385
terrain 4470, 4471
terrain à bâtir 1291
terrain accidenté 1266
terrain affouillable 3349
terrain boulant 1523
terrain de camping 1390
terrain de camping pour caravanes 1419
terrain de couverture 6780
terrain de fondation 4034
terrain de recouvrement 7883
terrain ébouleux 1523
terrain encaissant 2185
terrain enveloppe 2185, 9739
terrain houiller 1778
terrain imperméable 4986
terrain karstique 5401
terrain meuble 5793, 9077
terrain montagneux 4690
terrain naturel 871, 6699
terrain ondulé 10376
terrain organique 3591
terrain perméable 6994
terrain plastique 7207
terrain plat 3769
terrains de recouvrement 6752
terrains sédimentaires 6752
terrains sédimentaires immergés 4970
terrain sus-jacent 6780
terra rossa 9934
terrasse alluviale 327
terrasse alluviale 9521
terrasse construite 2525
terrasse continentale 2068
terrasse d'accumulation 327, 2525
terrasse de remblaiement 327
terrasse diastrophique 2645
terrasse fluviale 9521
terrasse fluvioglaciaire 3933
terrasse littorale 5980
terrassement 3109, 3625
terrasse plongeante 7251
terre 3087
terre armée 7898
terre de couverture 10102

terre franche 10102
terre noire à coton 7894
terre-plein 3095
terre réfractaire 3670
terres de foudroyage 1513
terrestre 9935
terre végétale 10102
tête 4608, 7336
tête d'adduction 8277
tête d'adduction du fluide pour forage rotatif 8277
tête de battage 3012
tête de boulon d'ancrage 8238
tête de carottier 2147
tête de forage 2342
tête de mât 6012
tête de puits 10817
tête de rotation 8277
tête de rotation sous-marine 5979
tête d'éruption 1669
tête de tubage 1472
tête de tubage avec presse-étoupe 1475
tête de tube carottier 2147
tête d'injection 5112, 8277
tête d'injection de rotary 8277
tête rugueuse 4125
Téthys 9952
texture 9954
 à ~ serrée 1755
texture du charbon 1779
texture du sol 9105, 9108
texture granophyrique 4418
texture litée 3749
texture superficielle 9726
théodolite 9956
théodolite à laser 5507
théodolite-boussole 9957
théodolite gyroscopique 4560
théodolite répétiteur 7959
théorème de Bernoulli 1002
théorème des forces vives 7519
théorie de la consolidation par Terzaghi 9939
théorie de la cuvette de Lehmann 5569
théorie de la dalle de Stöcke 922
théorie de la dérive des continents 2061
théorie de l'affaissement des couches 9501
théorie de la fissuration préalable 9963
théorie de la résistance des matériaux 9965
théorie d'élasticité 9960
théorie de la voûte 573
théorie de plasticité 9964
théorie des dalles encastrées 9961
théorie des modèles hydrauliques 9962
théorie des plaques encastrées 9961
théorie des plaques plastiques 7208
théorie des structures hydrauliques 9962
théorie du coin 10790
théorie hydromagnétique 5894
thermistor 9981
thermocline 6118
thermo-couple 9982
thermodynamique 9983
thermohalin 9984
thermokarst 9985
thermostat 9986
thixotropie 10004
thorianite 10005
tige 5125, 7768
tige carrée 5415
tige de battage 8896
tige de clapet 10496
tige de forage 3004
tige de forage à diamètre intérieur constant 5224
tige de forage à filetage à gauche 5565
tige de forage à filets à droite 8108
tige de forage à filets à gauche 5565
tige de forage à joint lisse 3924
tige de forage à refoulement extérieur 3481
tige de forage à refoulement intérieur 5230
tige de forage à refoulement interne 5230
tige de guidage 4543
tige de nivellement 5594
tige d'entraînement octogonale 6590
tige de production 10261
tige de repêchage 3702
tige de sondage 3004, 9139
tige de sondeuse 3004
tige de suspension 4016
tige-guide 9149
tige octogonale d'entraînement 6590
tige poinçon 5125
tiges de cimentation 4522
tiges de production 10268
tiges de sondage 3004
tige télescopique 9889
tir 8780
tirage 4641
tirage de l'oculaire 3498
tirant 4472, 8180, 9583, 10033, 10034

tirant d'eau 2868
tirant d'eau en période de débit maximum 4076
tir contrôlé 2098
tir d'essai 10212
tir d'un fourneau de mine 2196
tirefort 9785
tirer 1064
tirer une épreuve 7523
tirer une ligne 2901
toit 765, 4581, 8233
toit artificiel 633, 814
toit d'une couche 8247, 10092
toit d'une galerie 8234
toit d'une nappe captive 527
toit en ardoises 8942
toit en coupole 2310
toit en mansarde 5947
toit en planches 1104
toit immédiat 4968, 6467
toit principal 5910
toiture en dents de scie 8750
toiture en tuiles 10040
toiture shed 8750
toit vitré 4359
tolérance 10081
tomber 3974
tombereau 3053
tomber en panne 9436
tomographie acoustique 114
tomographie au radar 7702
topaze 10087
topogène 10094
topographe 9753
topographie 7431, 9745, 10099
 de ~ aérienne 212
topographie de la cuvette 8721
topographique 10095
topotype 10100
tordre
 se ~ 10070
toron 9487
torrent 10109
torrent de lave 5530
torsion 8288, 10111
tortuosité 10118
total des bénéfices 10326
totalement automatique 4163
toundra 10272
toupie 236
tourbe 6901
tourbe de haute tourbière 4672
tourbe de toundra 10273
tourbe fibreuse 3602
tourbe terrestre 9936
tourbification 6902
tourbillon 1991, 3128, 4080
tourbillon circulaire 1692
tourbillon forcé 3988
tourbillon libre 4100

tourbillon potentiel 1692
tourbillon superficiel 9709
tour de décantation 2418
tour de forage 1157
tour de forage d'un puits de pétrole 7034
tour de forage haubanée 4552
tour de forage télescopique 9891
tour de prise à pertuis étagés 6369
tour de prise d'eau 2924
tour de refroidissement 2133
tour de sondage 1157
tour d'évacuation de l'eau décantée 2418
tour d'horizon 6575
touret 7853
tourmaline 10133
tournevis 8464
tout-venant 314, 7757
traçage 2938
traçages 3295
traçages en veine 2598
traçage transversal 2248
trace 7274, 10139, 10140, 10141
trace de gaz 4218
trace de la coupe 5663
trace de la verticale par le centre de projection sur l'image 4960
trace de la verticale sur l'image 4960
tracé polygonal 10205
tracer 2900
tracer les lignes de niveau 10143
tracer une ligne 2901
traces de pétrole 7017
traceur 6876, 10142
tracteur 10147
traction 7618
train 10151
train d'allonges articulées 5665, 8304
train de galets 8653
train de rallonges 8305
train de sondage 2988
train de tiges de forage 2988
train de tiges d'injection 4522
train de tubage 1481
train de tubes de revêtement 1481
traîneau 8945
traîneau de ripage 8770
trait de division du vernier 10543
traitement des données 2400
traitement des fondations 4042
traitement du béton après coulée 1962
traitement du minerai 6196
traitement par adsorption 172
traitement par injection 4511
traiter à l'acide 93
traiter le problème du relèvement 7968
traiter thermiquement 9898
trajectoire de vol 3790
trajectoire d'un élément fluide 6877
trajectoires de contraintes 9545
trajectoires des tensions principales 10153
trajet 2779
trajet d'infiltration 6879
tranche 8953, 9448
tranche de crue 3832
tranchée 2329, 10208
tranchée à boue lourde 9026
tranchée à la boue 9026
tranchée de fondation 4043
tranchée de parafouille 10074
tranchée de reconnaissance 3441, 3446
tranchée du parafouille 2337
tranchée parafouille 10074
tranchée pour fondation 4043
tranche morte 2414
tranche non vidangeable 2414
trancheuse 10209
tranche utile 128
tranche vidangeable 5701
tranquillisateur 795
transducteur de mesurage 6077
transducteur de pression 7479
transducteur électro-acoustique 10155
transformateur 10158
transformateur de courant 2318
transformation 337
transformation de coordonnées 10157
transformation en gypse 4554
transformation linéaire 5658
transformée de Fourier 4049
translation 10176
translations continentales 2060
transmission à distance 9884
transmission de la charge 10156
transmission hydrostatique 4844
transmission individuelle de la table de rotation 5056
transparence 10603
transparent 1727, 10182
transport à câble 1355
transport du film 4023
transporteur 2123
transporteur à bande 974
transporteur à courroie 974
transporteur aérien 1355
transporteur à godets 1276
transporteur à tapis 974
transport solide 8532
transport solide de fond 956
transport solide par charriage 956

transport solide par suspension 9759
transvaporisation 10185
travail d'accès et de traçage 2597
travail de bureau 6591
travail de déformation 2463
travail de reconditionnement 10910
travail en campagne 3617
travailler avec les clivages montants 10907
travailler avec les clivages plongeants 10906
travailler en mineur 10366
travail sur le terrain 3617
travaux 10912
travaux à faible section 6415
travaux de charpente 1439
travaux définitifs 5925
travaux de finition 3664
travaux de plomberie 7246
travaux fluviaux 8145
travaux préliminaires 7426
travaux préparatoires 2597, 7426
travaux préparatoires en veine 2598
travaux publics 7613
travaux supplémentaires 145
travée 9155
travée de groupe 10389
travée de montage 3342
travée de montage et de démontage 3341
travée en bois 5769
traverse 4330, 8947
traverse-bancs 2242
traverser 10913
treillis d'une plate-forme 7220
treillis soudé 10807
tremblement de terre 3099
tremblement de terre tectonique 9877
trémie 1015
trépan 1045
trépan à biseau 1660
trépan à boue 6343
trépan à chute libre 4081
trépan à circulation inverse 8068
trépan à cônes 1982
trépan à deux ailettes 3712
trépan à deux taillants croisés 4051
trépan à disques 2723
trépan à lame à jet 5341
trépan à lames 1060
trépan aléseur 3288
trépan à molettes 8273
trépan à molettes à circulation inverse 8068
trépan à molettes de Reed 7851

trépan à molettes pour roches 8273
trépan à quatre ailettes 4051
trépan à quatre lames 4051
trépan à redans 9384
trépan à turbine 10294
trépan bêche 9254
trépan-benne 4570
trépan bilame 3712
trépan d'attaque 9254
trépan de battage 6941, 9254
trépan échalonné 9387
trépan élargisseur 8223
trépan élargisseur à cinq ailettes 3726
trépan élargisseur à quatre ailettes 4048
trépan élargisseur tricône 10007
trépan en croix 2250
trépan en queue de poisson 3712
trépan en queue de poisson à jet 5345
trépan excentrique 3112
trépan pour roches 8273
trépan pour sondage à percussion 1147
trépan pour sondage au câble 1681
trépan quadricône 7665
trépan réglable 3425
trépan rotary 8264
trépan tranchant 1660
trépan tricône 10006
trépan tricône à jet 10233
trépan usé 3050
trépied 9308
treuil 10861
treuil de forage 8268
treuil de levage 4699
treuil de manœuvre 8268
treuil de pose 8675
triade de Steinmann 9381
triage 9133
triangle 10216
triangle à vis calantes 10230
triangulation 10218
triangulation aérienne 214
triangulation aérienne à trois dimensions 10008
triangulation aérienne de l'espace 10008
triangulation à points principaux 7516
triangulation autour de points où les angles sont conservés 3954
triangulation de l'espace 9150
triangulation fondamentale 7500
triangulation nadirale 7249
triangulation par images 10220
triangulation par modèles

indépendants 10219
triangulation par points centraux 1598
triangulation par satellites 4365
triangulation principale 7500
triangulation radiale 7715
triangulation secondaire 5833
triangulation spatiale 9150
triangulation terrestre 4488
Trias 10224
Trias inférieur 5819
Trias moyen 6176
Trias supérieur 10437
tricône 10006
tricône à jet 10233
trigonométrie 10236
trigonométrie sphérique 9186
trilatération 10238
trilogie de Steinmann 9381
tringle 4538
triphane 9216
tripoli 10244
trompe 9270
tronçon 8514
tronçon de rivière 9548
trop développé 6758
trou 4193
trouble de fonctionnement 2799
trouble d'opération 2799
trou d'affaissement 8897
trou de décharge 779
trou de drainage 2882
trou de mine 1069, 1135, 8795
trou de reconnaissance 10214
trou de sonde 1135
trou de sondeuse 1135
trou de tir 8795
trou dévié 2600
trou d'homme 5938
trou d'injection 4510
trou non tubé 10338
trou perpendiculaire au front 798
trou pour carottage 2151
trou propre 4089
trou rétréci 10037
trousse de cuvelage 10792
trousse d'objectifs 8651, 8652
trou tubé 1452
tsunami 10258
tubage 1463, 1464, 10259
tubage à diamètre réduit 8979
tubage à filetage court 8790
tubage à joint lisse 3923
tubage à petit diamètre 8979
tubage coincé 4151
tubage de production 7541
tubage libre 4097
tubage non crépiné 1063
tubage perdu 5671
tubage perdu non crépiné 1063

tubage perforé 6944
tubage sans soudure 8489
tubage soudé 10805
tube à crépine 8461
tube à déblais 894
tube à manchettes 8949
tube à sédiments 894
tube-aspirateur droit tronconique 1999
tube carottier 2146
tube carottier extérieur 6730
tube carottier intérieur 5122
tube carottier simple 8882
tube crépiné 6945, 8461
tube d'échantillonnage de neige 9052
tube de ciment 1567
tube de lavage 10678
tube de pompage 10261
tube de production 10261
tube de protection 4536
tube de repêchage à friction 4133
tube de repêchage par friction 4133
tube de revêtement 1464
tube de revêtement à joint lisse 3923
tube de revêtement soudé hélicoïdalement 9208
tube de surforage 10678
tube de transission de pression 7480
tube de Venturi 10538
tube d'injection 4520
tube du tourbillon 10645
tube en PVC 7653
tube enveloppe 4536
tube flexible 3780
tube laveur 10678
tube manchonné 1839
tube perdu non crépiné 1063
tube perforé 6945
tube piézométrique 9327
tube piézométrique ouvert 6644
tuber 1451
tube rainuré 6945, 8461
tube rigide 8113
tube soudé en spirale 9208
tube souple 3780
tuer un puits 5426
tuf 10270, 10271
tuf calcaire 8899
tufeau 10270
tuf palagonitique 6816
tuf soudé 10808
tuf volcanique 10271
tuile hollandaise 3061
tungstène 10274
tunnel 10276
tunnel d'amenée en charge 7481

tunnel de base 882
tunnel de lave 5537
tunnelier 6277, 10278
tunnelier pour pleine section 4158
turbidimètre 10289
turbidisonde 8865
turbidité 10287
turbine 10290
turbine à basse chute 5826
turbine à basse pression 5826
turbine à faible vitesse spécifique 5838
turbine à grande vitesse spécifique 4683
turbine à haute chute 4668
turbine à haute pression 4668
turbine à hélice 7574
turbine de forage 2993
turbine Francis 4071
turbine hydraulique 4847
turbine hydraulique à bâche fermée 10755
turbine hydraulique à basse chute 5826
turbine hydraulique à basse pression 5826
turbine hydraulique à bulbe 7142
turbine hydraulique à chambre fermée 10752
turbine hydraulique à chambre ouverte 10753
turbine hydraulique à faible vitesse spécifique 5838
turbine hydraulique à grande vitesse spécifique 4683
turbine hydraulique à haute chute 4668
turbine hydraulique à haute pression 4668
turbine hydraulique à l'arbre horizontal 4751
turbine hydraulique à l'arbre incliné 5022
turbine hydraulique à l'arbre vertical 4750
turbine hydraulique à spirale 9206
turbine axiale 746
turbine hydraulique axiale 746
turbine hydraulique centrifuge 6748
turbine hydraulique centripète 1605
turbine hydraulique en siphon 8903
turbine hydraulique frontale 4139
turbine hydraulique multiple 6388
turbine hydraulique parallèle 746
turbine parallèle 746
turbine hydraulique radiale 7709
turbine hydraulique simple 8889

turbine Kaplan 5388
turbine Pelton 6917
turbiner 10291
turbine radiale 7709
turbine réversible de Dériaz 2541
turbocarottage 10295
turboforeuse 10294
turbomachine hydraulique 4845
turbopompe 4979
turbulence de compressibilité 1924
turbulent 10297
turmalinisation 10134
turquoise 10304
tuyau aux brides 3753
tuyau d'aspiration 9647
tuyau de boue flexible 3778
tuyau d'échappement 3419
tuyau de drainage 2895, 2896
tuyau de filtrage 8461
tuyau de refoulement 2489, 2729
tuyau de retour 8060
tuyau d'évacuation 2729
tuyau de ventilation 268
tuyau d'injection 4520
tuyau élastique 3172
tuyau en dérivation 1341
tuyau en Y 10955
tuyau fileté 8468
tuyauterie du bypass 1341
tympan 10318
type 10319

udication 741
ultramétamorphisme 10330
ultramylonite 10331
ultra-son 10333
ultravulcanien 10334
unité de construction modulaire 6259
unité de forage 2994
unité de mesure 10393
unité de mesure basique 884
unité de mesure cohérente 1818
unité de mesure de base 884
unité de mesure dérivée 2544
unité de mesure de surface 9265
unité de mesure multiple ou sous-multiple 6378
unité de perforation à rotation 8271
unité de sondage 2994
unité de soutènement 9700
unité de soutènement à deux cadres 2841
unité individuelle de pompage 5055
unité Lugeon 5844
unité modulaire 6259
uraninite 10450

urbanisme 10138
urbaniste 10137
usine 7190, 7382, 7388
usine à basse chute 5824
usine à haute chute 4667
usine à lac 9456
usine à l'extérieur 15
usine alimentée par des conduites forcées 2382
usine à moyenne chute 6095
usine à service de quart 5734
usine à toit bas 8602
usine au fil de l'eau 8323
usine-barrage 846, 2381
usine classique 2112
usine commandée à distance 7942
usine conventionnelle 2112
usine de base 876
usine de chute moyenne 6095
usine d'éclusée 7387
usine de haute chute 4667
usine de lac 7393
usine de pied de barrage 7389
usine de pointe 6898
usine de semi-base 8600
usine électrique 7388
usine électrique fluviale 8323
usine en puits 8700
usine enterrée 1318
usine gardiennée 7943
usine hydroélectrique 10721
usine hydroélectrique à buts multiples 6380
usine hydroélectrique à grande puissance 4659
usine hydroélectrique à lac 9456
usine hydroélectrique à puissance faible 5806
usine hydroélectrique à puissance moyenne 6092
usine hydroélectrique à réservoir 9456
usine hydroélectrique classique 2112
usine hydroélectrique conventionnelle 2112
usine hydroélectrique de pompage 7629
usine hydroélectrique souterraine 1520
usine hydroélectrique souterraine alimentée par une conduite forcée 1521
usine hydroélectrique souterraine alimentée par un tunnel en charge 1522
usine hydroénergétique à puissance faible 5806
usine non gardiennée 10337
usine out-door 6728

usine semi out-door 8602
usines en cascade 7391
usine souterraine 1520
usure 689, 10775
utilisation 511, 2591, 10459
utilisation de schistes 2718
utilisation des ressources en eau 10730
utilité 10460
uvants 168

vacuole 10649
vacuomètre 10466
vague 10761
vague de surface 9728
vague sismique 10258
valeur 7673, 10460
valeur absolue de l'erreur 32
valeur actualisée 2739
valeur actuelle 7433
valeur conventionnellement vraie d'une grandeur 2111
valeur de consigne 8649
valeur de pointe maximale 6900
valeur économique d'un projet 3119
valeur numérique d'une grandeur 6555
valeur propre 3160
valeur vraie d'une grandeur 10256
vallée 10471
vallée aveugle 1084
vallée conséquente 2008
vallée emboîtée 10316
vallée encaissée 9377
vallée en vallée 10316
vallée épigénique 1319
vallée perchée 4582
vallée submergée 3029
vallée suspendue 4582
vallée tronquée 1006
vallon 9027
valve à tiroir 8965
valve avec obturateur à déplacement 8965
valve avec obturateur à glissement 8965
valve de distribution 2798
valve de drainage 10540
valve de fermeture 1760
valve de pression 7447
valve de réduction de la pression 7849
valve de réglage 7890
valve de restriction 8036
valve de vidange 2897
valve obturatrice 5299
valve-papillon 1327
valve pilote 7130
vanne 4227, 10478

vanne abaissante 3021
vanne à clapet 6395
vanne à coulisse 4232
vanne à fermeture automatique 8583
vanne à glissières 9017
vanne à guillotine 4232
vanne à jet creux cylindrique 4711
vanne à jet creux divergent 4768
vanne à jet plein 5346
vanne à opercule 8118
vanne à pointeau 6450
vanne à poutrelles 9438
vanne à réglage automatique 716
vanne à trois voies 10013
vanne auxiliaire 729, 1342
vanne batardeau 1301
vanne by-pass 1342
vanne chenilles 1502
vanne cylindrique 2355
vanne d'arrêt 5299, 6009
vanne de barrage mobile 845
vanne de chasse 10677
vanne de conduite forcée 10479
vanne de dérivation 1342
vanne de dessablage 8380
vanne de dévasement 8868
vanne de déversoir 2214
vanne de fond 1170
vanne de garde 4534
vanne de pertuis de fond 1183
vanne de pompe 10480
vanne de prise 5178
vanne de purge 2898
vanne de réglage 7888
vanne de réglage du débit 3872
vanne de restitution 6740
vanne de secours 729, 3245
vanne de sécurité 3245
vanne de service 8636
vanne de sûreté 6009
vanne de surface 2215
vanne de tête 4600
vanne d'étranglement 10016
vanne de turbine 10481
vanne d'évacuateur de crue 9198
vanne de vidange 7771
vanne d'isolement 5299
vanne équilibrée 797
vanne-fourreau 8967
vanne levante 5613
vanne levante à double corps 2844
vanne levante verticale 10557
vanne papillon 1327
vanne principale 5904
vanne principale de contrôle 6009
vanne réductrice de pression 7471
vanne rouleau 8221

vanne secteur 3031
vanne segment 7710
vanne sélective 2798
vanne sélectrice 8817
vanne sphérique 9183
vanne Stoney 8222
vanne sur articulation 4692
vanne tambour 8221
vanne toit 8245
vanne wagon 3741
vapeur 4595
vapeur d'eau 10756
variable 10506
variables de forage 2995
variante d'emplacement 344
variation 336
variation de la chute 7764
variation des précipitations 10515
variation diurne 2803
variomètre 5895
varve 10516
vase 6341, 6629
vase putride 8390
vecteur 10523
vecteur de maladie 2746
vecteur propre 3161
veine contractée 10533
veine d'eau 4490
veine de charbon 8488
veine faillée 3573
veine principale 5924
ventilateur 1095, 3490
ventilateur axial 744
ventilateur hélicoïde 744
ventilateur soufflant 1095
ventilation 189
ventilation naturelle 6429, 6432
ventouse 285
venue d'eau 5132
venue de gaz naturel 6583
venue de sable 5131
vérification 10541
vérification d'une machine en marche 9944
vérifier 1641
vérin 5327
vérin de frein 1214
vérin de pose 8664
verin de ripage 7750, 8880
vérin de ripage à double effet 2836
vériner 5328
vérin plat 3770
vernier 10544
vernis craquelant 1260
vernis photoélastique 7047
verre anti-éblouissant 478
verrou 5736
verrou glaciaire 4342
versant 8819, 10545

verser 10070
vertical 7248, 10546, 10547
verticalité 10556
vestiaire 1626
vésuvianite 10567
vibrateur à béton 1973
vibrateur hydraulique 4846
vibration 10577, 10585
    sans ~s 4087
vibration artificielle 635
vibration erratique 7759
vibration forcée 3987
vibration libre 4095
vibrations forcées 3985
vibrations longitudinales 5774
vibreur 10581
vibreur de coffrage 4020
vibroflottation 10586
vidange 2905, 3256, 6737, 10879
vidange automatique 709
vidange de fond 1178
vidange évasé 6739
vidange pour visite 2907
vidange rapide 9650
vide 1542, 7321
vide dans le remblai 1545, 10419
vide de dissolution 9131
vide de la galerie 8169
vide de la taille 3509
vide de la voie 8169
vide de l'exploitation 1543
vider 3255
vide rempli d'air 286
vider un puits en pompant 7641
vides dans les vieux travaux 4197
vides de Weber 10783
vide supra-capillaire 9658
vieillissement des barrages 223
vierge 10844
vieux travaux 4374
vigueur du relief 7932
vilebrequin 2203
villa 10591
virtuel 10594
vis à oreilles 10871
viscosimètre 10598
viscosimètre à boue 6359
viscosimètre à chute de bille 3529
viscosimètre à entonnoir 4172
viscosimètre de Marsh 5994
viscosimètre oscillant 6721
viscosimètre rotatif 8293
viscosimètre standard de terrain 9313
viscosité 10599
viscosité absolue 34
viscosité cinématique 5428, 5431
viscosité dynamique 3079
viscosité relative 7918

vis de blocage 8348
vis d'écartement 2788
vis de commande de l'oculaire 3502
vis de pression 7473
vis de réglage 163
vis de serrage 1020
vis d'inclinaison sur l'horizon 10050
vis d'oculaire 3502
visée 8838
viser 239, 302, 8842
viser approximativement 7284
viser avec le niveau 5587
viser avec précision 7282
viseur 8835, 8836
visibilité 10603
vision relief 9410
visite 5141
visite extérieure 3472
visite intérieure 5123
visite visuelle 3472
vis micrométrique 6160, 9010
vissage des tiges de forage 3001
vis sans fin 10914
vitesse absolue 33
vitesse angulaire 441, 458
vitesse critique 2237
vitesse d'affaissement 8686
vitesse d'alimentation 3579
vitesse d'amenée 10529
vitesse d'application de la charge 7779
vitesse d'augmentation de contrainte 7777
vitesse d'avancement 3488, 7775
vitesse de chargement 7777
vitesse de circulation de la boue 455
vitesse de construction d'une carte 5956
vitesse d'écoulement 3890, 6736, 8545
vitesse de déformation 7780
vitesse de déplacement 7781
vitesse d'effluence 6736
vitesse de la construction d'une carte 5956
vitesse de la table rotary 8280
vitesse de l'eau 10757
vitesse de levage d'une grue à volée variable 5615
vitesse de levage d'une tour de levage 5615
vitesse de l'obturateur 8815
vitesse de l'onde 10772
vitesse d'entrée 10529
vitesse de pompage 7637
vitesse de propagation d'une onde 9177

vitesse de remontée des tiges de forage 7620
vitesse de retour des boues de forage 455
vitesse de rotation garantie 4530
vitesse de rotation nominale 6499
vitesse de rotation réduite 7846
vitesse de rotation unitaire 10396
vitesse de sortie 10525
vitesse des particules 6869
vitesse d'extraction 10862
vitesse d'intervalle 5248
vitesse du jet 5352
vitesse du son 9176
vitesse du temps de parcours 10174
vitesse du vent 10866
vitesse instantanée 5154
vitesse linéaire 5659
vitesse moyenne 6047
vitesse moyenne de forage 735
vitesse par rapport au sol 4486
vitesse périphérique 458
vitesse relative 7917
vitesse sonique 9176
vitesse specifique de cavitation 1538
vitesse tangentielle 458
vivianite 10607
voie 8166, 10277
voie boulonnée 8237
voie d'amenée du matériel 9673
voie d'eau 10758
voie de base 1176
voie de base d'un chantier 1182
voie de chantier 4596
voie de circulation 9865
voie de fond 1176
voie de pied 1176
voie de taille 2940
voie de tête 9826
voie de transport 5718
voie d'exploitation 2940
voie en avance sur la taille 177
voie en couche 2940, 4230
voie en cours de décadrage 8170
voie en veine 2940
voie étroite 6413
voie ferrée 7730
voie ferrée de chantier 8912
voie médiane 1591
voie navigable 10758
voie opposée 2182
voies navigables 6440
voile 3964
voile au large 10869
voile d'étanchéité 4514, 10749
voile d'injection 4514
voile marginal 10524
voile principal d'étanchéité 5906

voile principal d'injection 5906
voiler
  se ~ 10070
voir note 8534
voisin 155
voiture 1418
vol 3787
volcan 10621
volcan à cratère central 1588
volcan actif 131
volcan assoupi 2832
volcan bouclier 5528
volcan complexe 1916
volcan composé 9513
volcan en bouclier 5528
volcan endormi 2832
volcan en repos 2832
volcan éteint 3482
volcanique 10609
volcanisme 10620
volcanisme d'orogène 6707
volcanisme épigène 3317
volcanisme orogénique 6707
volcanisme souterrain 2286
volcan isolé 9124
volcan mixte 9513
volcan monogénique 6298
volcanoclastique 10622
volcanogène 10624
volcanologie 10627
volcanologique 10625
volcanologue 10626
volcan polygénique 7304
volcans jumelés 10308
volcan sommeillant 2832
volcan sousmarin 9616
volcan subaérien 9593
volcan subaquatique 9595
volcan superficiel 9703
volet 3756, 8455
vol photogrammétrique 7058
voltmètre 10630
voltmètre électronique 3214
volume brut du réservoir 4468
volume d'écoulement annuel 453
volume de la retenue 7975
volume de la tranche utile 129
volume de liquide écoulé 10122
volume de matériaux en place 5139
volume des pores 7325
volume des vides 10634
volume du barrage 10632
volume écoulé 10633
volume-facteur du gisement 7990
volume foisonné 1298
volume massique 9167
volume spécifique 9167
volume total de la couche 1307
volumètres 10635

volume utile de la retenue 129
vortex 10640
vorticité 10646
vousseau 571
voussoir 571
voûte 550, 551
  en forme de ~ 10520
voûte active 118
voûte à double courbure 2311
voûte à nervures 8090
voûte à nervures rayonnantes 3543
voûte croisée 2255
voûte cylindrique 457
voûte d'arête 2255
voûte d'arêtes 2255
voûte de mur 3861
voûte de poussée 7441
voûte de pression 7441
voûte de pression au dessus d'une galerie 8174
voûte de toit 8250
voûte en auge 10251
voûte en berceau incliné 5018
voûte en étoile 5606
voûte en éventail 3543
voûte en ogive surbaissée 10251
voûte en parasol 10335
voûte gothique 4386
voûte nervurée 8090
voûte normande 3543
voûte ogivale 4386
voûte réticulée 6471
voûte réticulée complexe 6706
voûte sexpartite 8690
voyant 8837
voyant témoin 8846
vue 6827, 10589
vue à axe vertical 10549
vue aérienne 195, 198, 272
vue aérienne à axe vertical 10549
vue aérienne sur plaque horizontale 10549
vue dans l'espace 9410
vue d'arrière 7808
vue d'avion 272
vue de côté 8828
vue de dos 7808
vue latérale 8828
vue oblique 6572
vue perspective 6989
vues approximativement verticales et convergentes 5831
vues de superficie 583
vues déviées à droite 8105
vues déviées à gauche 5562
vues divergentes 2806
vues également inclinées 9790
vues inégalement inclinées 668

vues parallèles 6849
vue sur plaque à peu près
    verticale 7071
vue sur plaque horizontale 10549
vue terrestre 9938

wadi 10652
wagon 10653
wash-out 10676
waterstop 10739
wavellite 10768
well point 10821
willémite 10855
withérite 10880
wollastonite 10882

xénomorphe 10923
xylolithe 10926

zaratite 10956
zénith 10959
zéro 10968
zéro du vernier 6508
zinc 10974
zincite 10976
zinc sulfuré 9182
zone 10979
zone abyssale 52
zone abyssale marine 52
zone affectée 10982
zone altérée 10985
zone arborisée 4429
zone comprimée 1936
zone d'aération 10981
zone de chasse au gibier d'eau
    10853
zone de cisaillement 8744
zone de compression 10440
zone d'écoulement plastique du
    sol 10984
zone de développement 2599
zone de dispersion 7767
zone de faille 3574
zone de fluctuation 2909
zone de foudroyage 1526
zone de glissement 8959
zone de loisirs 7828
zone de marnage 2909, 3999
zone d'emprunt 1160
zone de pénétration du gel 4112
zone de perte de boue 5801
zone de perte de circulation 5801
zone de pression de culée 46
zone de protection 7594
zone de protection à la surface
    7128
zone de refoulement 10440
zone de remblayage incomplet
    10983
zone de rupture par cisaillement
    8744
zone de saturation 8397
zone des méandres 6039
zone de surcharge 9670
zone de tolérance 10082
zone de transition 10168, 10170,
    10171
zone de Trompeter 10247
zone d'exploitation 3405
zone d'injection 584
zone d'invasion des eaux
    périphériques 3260
zone d'ombre 8691
zone drainée 2522
zone du terrain 4502
zone en avant de la taille 10980
zone en avant du chantier de
    dépilage 10980
zone envahie 5257
zone épuisée 2522
zone eulittorale 3389
zone foudroyée 1514, 4374
zone fracturée 1526
zone homogène 4722
zone influencée 10982
zone injectée de la fondation
    4512
zone interdite 7554
zone intertidale 10031, 10032
zone lavée 3918
zone lessivée 3918
zone neutre 6475
zone non-saturée 10981
zone périphérique 1194
zone perméable 6995
zone perturbée 3574
zone pétrolifère 7009
zone productive 6886
zone prouvée 7598
zone remblayée 9464
zone sublittorale 9612
zone supralittorale 9702
zone verte 4429
zooxanthelles 10987

Italiano

abaco 9311
abbaco 2622
abbaco degli errori 3358
abbandonare 4
abbandonare un pozzo 5
abbandono 9
abbandono della diga 10
abbassamento 9627
abbassamento degli strati 2866
abbassamento della pressione di fondo 2903
abbassamento del livello di falda a portata costante 8054
abbassamento del terreno 9629
abbassamento di pressione nelle aste di perforazione 7621
abbassamento di una falda 4494
abbassamento netto di un palo 6470
abbassamento piezometrico 2904
abbassamento rapido 9650
abbassare una falda 4495
abbassarsi 8676
abbattere 1768
abbattere con esplosivo 1064
abbattimento 3507, 4062, 7675
abbattimento a camere 1621
abbattimento adeguato 4591
abbattimento con esplosivi 8780
abbattimento con esplosivo 1071
abbattimento con profilatura 9032
abbattimento della roccia 10896
abbattimento in rimonta 7745
abbattimento per franamento 1524
aberrazione cromatica 1671
abilità 12
abissale 48
abisso 47
abissopelagico 55
abito cristallino 2289
ablazione 13
abrasione 17
abrasione glaciale 4340
abrasione marina 5972
abrasivo 18
abside 522
A/C 10690
accantonamento del capitale di rinnovo 3651
accavallamento 6784, 10019
accelerante 62
accelerante della presa 1570
accelerazione angolare 432
accelerazione di gravità 4442
accelerazione di punta del terreno 6894
accelerazione di traslazione 5654
accelerazione lineare 5654
accelerazione tangenziale 9849

accelerografo 61, 63
accelerometro 64
accensione 3678
accessibilità 72
accesso 72
accessori 73
accessori di perforazione 2963
accettazione
    non ~ 7871
accettazione delle macchine 67
accettazione finale 3642
acciaio ad alto limite elastico 4685
acciaio al carbonio 1433
acciaio cementato 1454
acciaio dolce 6182
acciaio duro 4590
acciaio forgiato 4002
acciaio fucinato 4002
acciaio inossidabile 9302
acciaio resistente all'invecchiamento 224
accidentato 10378
acclività 78
acconto 7603
accoppiamento 3723, 4126
accoppiamento a flangia 3752
accoppiamento a Y 10929
accoppiamento dei tubi 8209
accoppiamento delle aste 8209
accoppiamento meccanico 6080
accordo del responsabile dei lavori 2005
accordo di operazioni unificate 6651
accrescimento 80
accumulare 9457
accumulatore 86
accumulatore ad aria compressa 4891
accumulatore ad energia elastica 9238
accumulatore a diaframma 2635
accumulatore a membrana 2635
accumulatore a molla 9238
accumulatore a pistone 7150
accumulatore a stantuffo 7150
accumulatore di pressione 7472
accumulatore idraulico 4784
accumulatore pneumatico 4891
accumulazione di detriti 82
accumulazione di fanghi 83
accumulazione di limo 8864
accumulazione stagionale 8495
accumulo 7974
accumulo d'acqua 788
accumulo di detriti 82
accumulo di energia termica dell'acquifero 541
accumulo di petrolio 84

accumulo nutritivo nei serbatoi 8046
accumulo petrolifero 84
accuratezza della lettura 91
accuratezza di disegno 2912
Achillea 10715
acidificare 93
acido umico 4774
acido uminico 4774
acqua abrasiva 235
acqua acida 99
acqua adsorbita 170
acqua aerata 188
acqua aggressiva 235
acqua artesiana 612
acqua atmosferica 675
acqua a valle 9836
acqua carsica 5410
acqua connata 2002, 4014
acqua dell'atmosfera 675
acqua di compattazione 10716
acqua di cristallizzazione 10717
acqua di falda artesiana 1992
acqua di filtrazione 6936
acqua di fondo 1185
acqua di fusione 9048
acqua di giacimento 7014
acqua di iniezione 5115
acqua di lavaggio 10680
acqua di lavaggio a getto 5351
acqua di mare 8359
acqua d'impasto 6237
acqua di origine 2002
acqua di percolazione 6936
acqua di perforazione 2996
acqua di scarico 10684
acqua di sfioro 6761
acqua di sinclinale 9794
acqua dolce 4119, 9082
acqua fossile 2002
acqua freatica 4489, 7082
acqua freatica pensile 6934
acqua interstiziale 7326
acqua interstiziale irriducibile 2002
acqua iuvenile 5385
acqua leggera 9082
acqua libera 4101
acqua marina 8359
acqua meteorica 6130
acqua naturale 6433
acqua pellicolare 6915
acqua residua del giacimento 2770
acqua salata 8359
acqua salmastra 1208, 1254
acqua soggiacente 1185
acqua sotterranea 4489, 10362, 10363
acqua sotterranea apparente 6934

acqua sotterranea nell'acquifero 535
acqua sotterranea sospesa 6934
acqua sovrasalata 1254
acqua termale 9980
acqua vadosa 10470
acquazzone 9651
acque di magra 5839
acquedotto 524
acque inferiori 862
acque navigabili 6440
acquifero 528, 10688
acquifero 537
acquifero apparente 6933
acquifero artesiano 611
acquifero inferiore 862
acquifero sospeso 6933
acquifugo 544
acquisizione dati 2397
acquitrino 1109
acquitrino salmastro 8357
acuità visiva 10604
acustica 112
acustico 101
acutezza visiva 10604
adale 4562
adattamento nell'apparecchio restitutore 5864
adattatore aspirazione 5118
additivi 168
additivi del fluido di perforazione 2977
additivi per fango di circolazione 2977
additivo 146
additivo aerante 260
additivo anticorrosivo 477
additivo per alte pressioni 3493
adduzioni 1840
aderenza 384, 1118
aderire 147
adesione 149
adesione laterale 8695
adiacente 155
adobe 169
adsorbimento 171
adularia 173
adularizzazione 174
aerante 260
aeratore 192, 1095
aerazione 189
aerazione naturale 6432
aerodinamica 199
aeroforo 10537
aerofotografia 196
aerofotografia a colori 1855
aerofotografia planimetrica 5832
aerofotografico 207
aerofotografo 1387
aerofotogramma 272, 281

aerofotogrammetria 194
aerometro 200
aeromobile 211
aeronautica 202
aeroplano 211
aerotopografia 213
aerotopografico 212
afanite 493
affaticamento 3548
affievolirsi gradualmente 2650
affilamento 9856
affilare 8727
affilare lo scalpello 8729
affioramento 6727, 8537
affioramento d'acqua 1081
affioramento dello strato 957
affioramento di faglia 3563
affiorare 2241
affluente 10231
affluente di destra 8107
affluire 3866
afflusso d'acqua 5132
affondamento 8659
affresco 4118
agata dell'Islanda 6581
agente anticorrosivo 477
agente antiessicante 479
agente antischiuma 481
agente deflocculante 2454
agente di ispessimento 9989
agente di raffreddamento 2127
agente disperdente 2758
agente emulsificante 2758
agente flocculante 3817
agente indurente 4585
agente per tamponare 7242
agente refrigerante 2127
agente ritardante 8045
agente ritardante di presa 1571
agganciamento 5483
aggiudicazione 158, 741
aggiudicazione della gara 741
aggiustaggio 164, 8661
aggiustaggio nell'apparecchio restitutore 5864
aggiustamento 2167, 6135
aggiustamento accurato 3652
aggiustamento coassiale 743
aggiustamento in chiave 2259
aggiustamento isostatico 5307
aggiustamento radiale 7703
aggiustamento tangenziale 9850
aggiustamento torsionale 10112
aggiustamento verticale 10548
aggiustare 159, 160
aggiustare 1883, 8642, 8656
agglomerante 1016, 6015
agglomerato 225
aggottare 10423
aggregati 228

aggregati alluvionali 9517
aggregati di frantumazione 2272
aggregati di origine marina 5973
aggregati fini 3653
aggregati grossi 1782
aggregato 6906
aggregato cristallino 2292
aggressività dell'acqua freatica 234
aggressività dell'acqua sotterranea 234
aggressivo 233
aghi di ghiaccio 6449
agitatore 238
agitatore mobile 236
agitazione 237
ago magnetico 5887
ago Proctor 7536
agrimensore 5493, 9753
agrimensura 3622, 9744
aguzzo 8728
aiuto-sondatore 658
ala 2387
alabastrite 291
alabastro 289
alabastro calcareo 290
alabastro orientale 290
ala della putrella 920
ala della trave 920
ala del profilato 920
albero 8694
albero a gomiti 2203
albero a manovella 2203
albero delle manchevolezze 3571
albero diagramma delle manchevolezze 3571
albero di Natale 1669
albero motore 3019
albertite 294
albite 295
alcali-cellulosa 305
alcalicellulosa 305
alcalino 306
aldeide formica 4006
alesare 7803
alesare con fori concentrici 6755
alesare un tratto 2684
alesatore 3288, 7804, 10868
alesatore di centratura 1574
alesatore per tubi 7139
alessandrite 297
aleuriti 296
alghe 298
alghe calcaree 1363
algodonite 300
alidada 301, 9893
alidada a traguardi 8841
ali dello schermo 10869
alimentatore 3578

alimentazione artificiale della falda freatica 630
alimentazione del distributore 3578
alimentazione dell'acquifero 529
alimentazione della falda freatica 4496
alimentazione d'emergenza 3246
alimentazione di riserva 3246
allagamento 3841
allagamento di un pozzo 10814
allagare 3824
allargamenti in ripiene abbandonate 4197
allargamento 3760
allargamento del contrafforte 1334
allargamento dello sperone 1334
allargamento di fondazione di pilastro o di muro 3980
allargamento di pilastro o di muro 3980
allargare 10350
allargatore 3288
allargatore a cinque rulli 3726
allargatore a quattro rulli 4048
allargatore a tre rulli 10007
allargatore cavo 4712
allargatore di foro 8223
allargatore fisso 8223
allargatore per pozzo 8223
allarme acustico antifurto 106
alla superficie del suolo 3927
alle condizioni di mercato del 7491
alleggerimento 6724
allemontite 312
allentamento 8351
allentamento dei componenti 5794
allentare 7922
allentarsi 10905
allevamento ittico 3695
allineamento 743, 1604
allineamento difettoso 6227
allineare i puntelli 303
alloctono 315, 319
alloggiamento a incastro del piede 7585
alloggiamento a sfera 814
alloggiamento cuscinetto 931
alloggiamento della molla 9232
alloggiamento del puntello 7584
alloggiamento forcella 4004
alloggiamento molla 9232
alloggiamento sferico 814
alloggi del personale 679
allo stadio di progetto preliminare 685
allo stadio di progetto preliminare di dettaglio 684
allotriomorfo 10923
allumina 348
allumina anidra 348
alluminite 350
allumite 352
allungamento 3230, 3464
allungamento a rottura 10327
allungamento assoluto 23
allungamento di rottura 10327
allungamento massimo 4165
allungamento percentuale dopo rottura 10327
allungamento plastico 7209
allungamento relativo 7914
allungare uno scavo 9054
alluvionale 323
alluvionamento 8525
alluvioni 325
almandino 328
alone 4563, 4567
alone da perdita 5556
alone di alterazione 338
alone nella roccia incassante 10661
alstonite 334
alta montagna 4673
alterabilità 335
alterare 7946
alterato
  non ~ 10424
alterazione 336, 337, 10779
alterazione chimica 1653
alterazione della morfologia 10096
alterazione idrotermale 4899
alterazione meccanica 6087
alterazione minerale 6191
alternanza di strati 340
altezza 347
altezza cinetica 10527
altezza critica 2232
altezza d'acqua 2535
altezza dell'acqua 10705
altezza della diga al disopra del terreno naturale 4628
altezza della diga sopra l'alveo 4628
altezza della falda freatica 4501
altezza della linea piezometrica 4812
altezza della neve 9042
altezza dell'energia totale 10120
altezza dell'energia totale disponibile 10120
altezza delle perdite idrauliche 4821
altezza dello strumento 5159
altezza del polo 7287
altezza del salto 4597
altezza di caduta 4597
altezza di caduta disponibile 731
altezza di caduta ottimale 6675
altezza di evaporazione nella vasca 6824
altezza d'invaso 9451
altezza di precipitazione 7407
altezza di pressione 7461
altezza di risalita capillare 4634
altezza di svaso 2905
altezza di volo sul livello del mare 25
altezza libera 10421
altezza manometrica alla mandata 5944
altezza massima della diga al di sopra delle fondazioni 4629
altezza massima di costruzione 6023
altezza piezometrica 4812, 7106, 7461
altezza reale di uno strato in coltivazione 7564
altezza strumentale 5159
altimetria 346
altimetro 345
altimetro a laser 5503
altimetro assoluto 21
altipiano roccioso 6108
altitudine 3221
alto mare 2436
alveo 941
alveo di magra 9516
alveo di piena 3845
alveo epigenetico 1319
alveo fluviale 8140
alveo fortemente inciso 8141
alveo mobile 6240
alveo stabile 9288
alzare e abbassare alternativamente i rivestimenti 7814
alzare e abbassare alternativamente la colonna di rivestimento 7814
alzare mediante martinetto 5328
alzata laterale 8828
ambientalisti 3307
ambiente diagenetico 2617
ambiente intercotidale 3999
ambiente marino 5976
ambiente naturale 3297
ambra 353
amianto 636
amigdala 367
ammasso di blocchi rocciosi 1197
ammodernare 6258
ammollimento dei materiali 9075
ammorbidente 9074
ammortamento 358

ammortizzamento 358
ammortizzatore 35, 2378
ammortizzatore di urti 8774
ammortizzatore di vibrazioni 8776
ammortizzatore idraulico 4840
ammortizzatore oleopneumatico 6613
amorfo 357
amperometro 355
ampiezza 364, 5360, 7762, 7673
ampiezza della variazione dei livelli 2908
ampiezza del tratto 10146
amplificatore 363, 7810
amplificatore di pressione 7440
amplificatore idraulico 4813
anaclinale 368
analcime 369
analcite 369
analisi a linee 5672
analisi chimica quantitativa ponderale 4437
analisi da spettro di risposta 8031
analisi dei risultati 376
analisi della disposizione dei grani 4414
analisi della struttura dei grani 4414
analisi delle carote 2945
analisi dell'olio grezzo 2266
analisi del petrolio greggio 2266
analisi di stabilità 9274
analisi granulometrica 4412
analisi granulometrica per sedimentazione 4880
analisi granulometrica per stacciatura 8832
analisi granulometrica per vagliatura 8832
analisi gravimetrica 4437
analisi mediante diluizione isotopica 5315
analisi numerica 6554
analisi per sedimentazione 8527
analisi stereometrica 9391
analisi termica 9966
analisi termo-differenziale 2664, 9966
analizzare 373
analizzatore 8415
analizzatore di gas 4200
anauxite 380
ancoraggio 382, 4472, 10033
ancoraggio a cavi 1346
ancoraggio con tondino curvato 389
ancoraggio ottenuto con tondino curvato 389
ancoraggio per roccia 8180

ancorare 381
andalusite 396
andamento delle pressioni 2595
andesina 397
andesite 398
andesite quarzosa 7680
anello articolato di svincolo 7925
anello d'appoggio 787
anello dell'involucro 2223
anello di arresto 794, 9442
anello di bloccaggio 1707
anello di chiusura 1707
anello di fermo 5750
anello di gomma 8313
anello di guarnizione 5371
anello di lubrificazione 5842
anello di serraggio 1706, 1707
anello di supporto 9697
anello di tenuta 5371, 6801, 8483
anello lubrificatore 5842
anello raschiaolio 10876
anello riduttore 7847
anello torico "O" 6703
anermeticità del sistema idraulico 10422
anfibolite 361
anfibolitizzazione 362
anfiteatro morenico 6306
angledozer 402
anglesite 428
angolare 401, 431
angolare di acciaio 429
angolare in acciaio 429
angolato 9783
angoliera di raccordo 403
angolo 400
angolo acuto 140
angolo al centro 1579
angolo azimutale 760, 4732
angolo centrale 1579
angolo del campo visivo 410
angolo del campo visuale 410
angolo della poligonale 7306
angolo di 90° 8104
angolo di altezza 10550
angolo di apertura 433, 9639
angolo di attrito 411
angolo di attrito interno 417
angolo di attrito interno apparente 404
angolo di attrito interno reale 426
angolo di attrito parete-terreno 427
angolo di campo 437
angolo di convergenza 406
angolo di depressione 407
angolo di deriva 2933
angolo di deviazione 413, 2448
angolo di direzione 926
angolo di direzione dello strato 421
angolo di divergenza 408
angolo di elevazione 409
angolo di incidenza con lo strato 415
angolo di inclinazione 412, 425
angolo di natural declivio 423
angolo di naturale declivio 423
angolo d'incidenza 414
angolo d'inclinazione della macchina fotografica 416
angolo di pendenza 2692
angolo di rifrazione 7867
angolo di rotazione 418
angolo di rottura 405
angolo di sbandamento 422
angolo di scarpata 420
angolo di sito 10550
angolo di sito negativo 407
angolo di taglio 419
angolo limite di carico dinamico 3067
angolo limite dinamico 3067
angolo limite ridotto 7845
angolo marginale 5963
angolo massimo di natural declivio 423
angolo massimo di naturale declivio 423
angolo morto 2411
angolo nadirale 424
angolo orizzontale 4732
angolo ottuso 6582
angolo parallattico 6841
angolo retto 8104
angolo triedro 10237
angolo verticale 10550
angolo visivo 410
angolo zenitale 10550, 10960
anidrite 442, 443
anima 2143, 10782
anima del contrafforte 1336
anione 444
anisotropia 449
anisotropia magnetica 5880
anisotropo 445
ankerite 450
annabergite 6486
annegato 3239
annerimento 1059
anno asciutto 3046
anno di completamento 10936
anno di piovosità media 10935
anno piovoso 10838
anno secco 3046
anno umido 10838
annuncio delle piene 3850
anomalia 462, 4260
anomalia di funzionamento 2799
anomalie nel funzionamento 5277

anorogenico 463
anortite 464
anortoclasio 465
ansa 5790
antialo 484
anticlinale 474
anticlinale a forma di sella 8326
anticlinale asimmetrica 666
anticlinale a ventaglio 3541
anticlinale carenata 1436
anticlinale chiusa 1745
anticlinale eretta 3338
anticlinale fagliata 3559
anticlinale inclinata 5015
anticlinale interrotta 605
anticlinale isoclinale 1436
anticlinale non sviluppata 605
anticlinale simmetrica 9789
anticlinale troncata 605
anticlinorio 475
anticongelante 482
anticorrosivo 477
antiforme 474
antigelo 482
antigorite 483
antimonite 485
antidrucciolevolezza 8922
antivibrante 10580
antivibratore 489
antlerite 490
antofillite 467
antracite 469
apatite 491
apertura 9639, 10536
apertura del diaframma 492
apertura della valvola 6642
apertura delle offerte 6643
apertura dell'obiettivo 6562
apertura del taglio 10904
apertura relativa dell'obiettivo 7785
aplitica 494
apofillite 496
apomagmatico 495
appaltatore 1290, 2087
appalto dei lavori 2032
appalto della progettazione 2559
appalto mediante bando di concorso 7612
apparato a eclissi 1086
apparato fotogrammetrico 1446
apparato misuratore della consolidazione 2019
apparecchi 3332
apparecchiatura 498
apparecchiatura ausiliaria 724
apparecchiatura automatica di controllo 704
apparecchiatura da laboratorio 5444

apparecchiatura di fondo del pozzo 1171
apparecchiatura di misurazione 6062
apparecchiature della centrale 3333
apparecchi di controllo 6286
apparecchi di misura 6065
apparecchi di perforazione 2963
apparecchi di sollevamento 4702
apparecchi fotogrammetrici 4959
apparecchio 499, 5158
apparecchio aerofotografico 208
apparecchio aerofotogrammetrico automatico quadruplo 7666
apparecchio a resistenza elettrica 5162
apparecchio campionatore 8362
apparecchio campionatore di gas 4224
apparecchio da presa per la fotogrammetria terrestre 3605
apparecchio da proiezione 7566
apparecchio della prova di Proctor 7534
apparecchio della prova Proctor 7534
apparecchio di fondopozzo 1171
apparecchio di fotogrammetria 7059
apparecchio di misura 6070
apparecchio di misura degli assestamenti 8679
apparecchio di misura dei cedimenti 8679
apparecchio di misura delle coordinate 2136
apparecchio di misura del limite di liquidità di Casagrande 1448
apparecchio di misura di apertura dei giunti 5364
apparecchio di misurazione 6070
apparecchio di prova 9940
apparecchio di restituzione 7230
apparecchio di rilievo 9746
apparecchio di taglio anulare 8119
apparecchio fotografico 7068
apparecchio fotografico doppio 2837
apparecchio fotografico panoramico 6828
apparecchio fotogrammetrico 7059, 9747
apparecchio idrometrico 4885
apparecchio per fotografie stereoscopiche 9403
apparecchio per il rilevamento fotografico della costa 1787

apparecchio per la determinazione del limite di liquidità 5687
apparecchio per la prova di compressione triassiale 10225
apparecchio per misurare le lunghezze 5164
apparecchio per prove su modelli 8100
apparecchio registratore di misurazione 7821
apparecchio restitutore 7230
apparecchio stereofotogrammetrico 9392
apparecchio strappa-puntelli 9785
apparecchio universale 10405
apparecchi per misure sul fotogramma 4959
apparizione comparsa di fessurazioni 1241
apparizione di cavitazione 5006
apparizione di fessurazioni 1241
appartamentino da scapolo 764
appezzamento 5802
appiattimento 3773, 5378
applicabilità 510
applicazione 511
applicazione a spruzzo del calcestruzzo 8793
applicazione del calcestruzzo a pressione 8793
appoggiarsi sopra 963
appoggio 41
appoggio artificiale 627
appoggio di fondazione 42
appoggio roccioso 8178
apporto solido 8528
apprezzare 3377
approfondimento del pozzo 8702
approssimazione 79
approvazione dei disegni 518
approvazione del progetto 518
approvazione di un progetto 7558
appuntire 8727
appuntito 8728
aprirsi 4194
aragonite 546
arbitrato 547
arcareccio 7648
arcata cieca 1083
arcata finta 1083
Archeozoico 559
archetipo 560
architetto 564
architettura 567
architettura del paesaggio 5486
architettura gotica 4384
architettura greca 4450
architettura romana 8228
architettura romanica 8229

architrave 568
archivio dei giacimenti 7822
arco 548, 551
arco a curvatura variabile 10508
arco a due elementi 10312
arco a sesto acuto 5479
arco a sesto ogivale 5479
arco a tre cerniere 575
arco a tre elementi 10012
arco a tre lobi 10206
arco a tre pezzi 10012
arco attivo 118
arco a ventaglio 6366
arco a zigzag 6366
arco circolare 1688
arco del tetto 8250
arco di pressione 7441
arco di sostegno della galleria 8174
arco ellittico 3228
arco ellittico ribassato 1500
arco gotico ribassato 8547
arco incastrato 3730
arco incernierato 616
arco inclinato 5016
arco indipendente 5038
arco molto ribassato 7211
arco moresco 6308
arco obliquo 6569
arco ogiva 5413
arco ogivale 5413
arco ogivale ribassato 8547
arco ogivale sopraelevato 5479
arco piatto 7211
arco policentrico 6363
arco rampante 7753
arco rialzato 9425
arco ribassato 2526, 8546
arco rovescio 3861, 5263
arco sbieco 6569
arcose 597
arco sghembo 6569
arcuato 10520
ardesia 8941
area 579
area abitabile minima 6204
area critica d'estrazione 2230
area della colmata 9464
area della ripiena 9464
area del ricoprimento stereoscopico 9402
area d'estrazione 580
area d'estrazione parziale 9599
area d'estrazione supercritica 9660
area di abbattimento 580
area di atterraggio per elicotteri 4640
area di cava 1160
area di coltivazione 10900

area di deposito dei panconi 9439
area di frana 8959
area d'influenza 2230, 5081
area di ricreazione 7828
area di trasporto 2125
area drenata 2522
area interessata da una costruzione 2041
area massima d'estrazione 2230
area omogenea 4722
area sommersa 9619
area totale d'influenza 2230
arenaria 8378
arenaria argillosa 592
arenaria asfaltica 653
arenaria bituminosa 653
arenaria calcarea 1366
arenaria carbonacea 1423
arenaria carbonifera 1430
arenaria concoide 1952
arenaria feldspatica 3586
arenaria fine 8867
arenaria quarzosa 7687
arenite 587, 7607
arenite quarzifera 7681
areometro 2504
argano 10861
argano di estrazione 4699
argano di manovra 8268
argano di montaggio 8675
argano di perforazione 8268
argano di sollevamento 4699
argentite 588
argento corneo 1609
argento rosso 7656
argilla 1716
argilla a struttura dispersa 2761
argilla bentonitica 999
argilla bianca 589
argilla caolinica 589
argilla compattata 7617
argilla deflocculata 2761
argilla fessurata 3716
argilla finemente stratificata 3656
argilla flocculata 3816
argilla fluidificata 7688
argilla grassa 3546
argilla lacustre 5467
argilla laminata 8708
argilla magra 5557
argilla marina 5974
argilla marnosa 5992
argilla molto sensibile 7688
argilla o materiale tenero nei piani di faglia 3562
argilla organica 6688
argilla per fango 2959
argilla refrattaria 3670
argilla residuale 7996
argilla rigonfiante 9772

argilla scistosa 6358
argilla spugnosa 9218
argilla variegata 6325
argilla varvata 10517
argillite 1724, 6358, 8709
argillite argillosa 1723
argillite carbonacea 1424
argillite silicea 8855
argilloscisti 8708
argilloscisto 593
argilloscisto arenoso 8977
argilloso 590, 1718
argine 844, 3237
argine a struttura alleggerita 1550
argine a valle 5835
argine di contenimento 2672
argine di contenimento della ripiena lungo la linea di transito 2673
argine di materiale sterile 6797
argine di muratura 2365
argine di piena 3835
argine di protezione in contropendenza 4679
argine di ripiena recente 4453
argine di sostegno 6797, 6800
argine di sterile 6797
argine fluviale 2672
argine frontale 4141
argine inferiore al livello di estrazione 5835
argine laterale 8822
argine lungo la galleria 8165
argine principale 3835
argirite 588
aria di miniera 6187
aria imprigionata 3292
aria inclusa 286
armadio a muro 1758
armadio di controllo 2095
armamento di sostegno perduto 8
armamento di supporto del pozzo 8704
armamento in legno per ripiena 10884
armamento per ripiena 10884
armare 8657
armare una galleria 10053
armatura 4069, 7903, 10286
armatura a compressione 1933
armatura a flessione 986
armatura articolata di sostegno del tetto 617
armatura a tavoloni 9188
armatura di montaggio 1617
armatura di precompressione 9916
armatura di ritiro 8806
armatura di sostegno 7378, 10054

armatura di sostegno a quadri circolari scorrevoli 10946
armatura di sostegno a quadri contigui 2224
armatura di sostegno con elementi a T 858
armatura di sostegno con prolunghe scorrevoli 8961
armatura di sostegno in legname 10054
armatura di sostegno in legno 10889
armatura di sostegno mista 6235
armatura di sostegno temporanea 9908
armatura inferiore 1181
armatura in legno 4019
armatura longitudinale 5777
armatura mobile di sostegno 7377
armatura per cemento precompresso 7487
armatura piegata 994
armatura poligonale 7309
armatura principale 5909
armatura resistente a compressione 1933
armatura secondaria 2797, 8506
armature ad aderenza migliorata 4658
armature trasversali 10193
arnese 10083
aromatizzazione 601
arrampicare 1741
arrestare il pompaggio di un pozzo 4579
arresto di una macchina 9441
arresto per revisione annuale 9440
arretramento del ghiacciaio 4347
arrière-voussure 606
arsenico giallo 6709
arsenopirite 608
artesiano 610
articolare 9775
articolato e scorrevole 10944
articolazione 626
articolazione a forcella 1736
articolazione Moll 6278
asbesto 636
ascensore per pesci 3707
ascissa 19
asciugare 2872
asfaltite 654
asfalto 644, 645
asfalto colato 6102
asfalto fuso 6102
asfalto nativo 6417
aspiratore d'aria 261
aspirazione 9644
asportare un supporto di terreno naturale 10366
asportazione della terra vegetale 1730
asportazione del terriccio nativo 1730
assale 8694
asse 1102, 8694
asse del bacino 751
asse del corso d'acqua 754
asse della diga 2369
asse dell'alveo 755
asse della prospettiva 6987
asse del pozzo 10810
asse del serbatoio 751
asse del volo 3789
asse di collimazione 753, 1848
asse di rotazione 752
assegnazione 158
assegnazione in concorso d'appalto 741
assemblaggio 6329
asse neutro 983, 6472
asse nucleale 3320
assenza di distorsione 4079
asse orizzontale 757, 4733
asse principale 7492
asse principale di rotazione 5921
asse prospettico 6987
asse sinclinale 756
assestamento 8678
assestamento del terreno 5492
assestamento differenziale 2662
assestamento netto di un palo 6470
assestamento periodico 6959
assestamento residuo 8005
assestamento secondario 8509
assestarsi 8676
asse verticale 10551
assi coordinati 9805
assicurazione 5035
assicurazione all-risk 322
assicurazione dai rischi verso terzi 10002
assicurazione di responsabilità 5601
assicurazione propria 8588
assicurazione sui danni personali 5173
assicurazione sulla responsabilità civile 10002
assi del cardano 1435
assi delle tensioni principali 742
assi del quadro 1842
assimilazione 5871
assi ortogonali 6714
assi principali 7507
assistente 3997
assistente dell'attrezzatura di sondaggio 2949
assistente responsabile dell'attrezzatura di sondaggio 2949
assistenza al contratto d'appalto 657
associazione 660
assolutamente orizzontale 27
assorbimento 5797
assorbimento acustico 9135
assorbimento della miscela d'iniezione 4525
assorbimento di potenza 7373
assorbire 2872, 8013
assorbitore d'impulsi 9733
assorbitore impulsi 9733
asta 828, 7768
asta di guida 4543
asta di perforazione 3004
asta di perforazione a diametro interno costante 5224
asta di perforazione a filettatura destra 8108
asta di perforazione a filettatura destrorsa 8108
asta di perforazione a filettatura sinistra 5565
asta di perforazione a filettatura sinistrorsa 5565
asta di perforazione a filetto destro 8108
asta di perforazione a filetto destrorso 8108
asta di perforazione a giunto liscio 3924
asta di perforazione a ricalcatura esterna 3481
asta di perforazione a ricalcatura interna 5230
asta di pescaggio 3702
asta di sondaggio 3004, 9139
asta di trivellazione 3004
asta guida 9149
asta motrice 5415
asta motrice di sonda 694
asta motrice ottagonale 6590
asta ottagonale 6590
asta per sonde a rotazione 3004
asta pesante 8896
asta pesante articolata 618
asta pesante con scanalature elicoidali 9207
asta quadra 5415
asta quadra pesante 9262
asta telescopica 9889
atm 671
atmidometro 3394
atmosfera 671
atomizzatore 676
atrio 677
attaccarsi 147

attacco 4018
attacco rapido 7690
attenuare 2376
attenuarsi 2650
attico 8252
attiguo 155
attitudine 12
attività di tipo hawaiano 4594
attività di tipo pliniano 7226
attività sismica 8554
attività stromboliana 9571
attività vulcanica 10610
attivo 656, 993
attraversare 10913
attraversare una galleria 3010
attrazione capillare 1407
attrazione di gravità 4439
attrezzare con apparecchi 5161
attrezzatura antincendio 3673
attrezzatura a prova di esplosione 3449
attrezzatura da palombaro 2814
attrezzatura da pozzo 8699
attrezzatura di controllo di un pozzo 10811
attrezzatura di misura di distanza all'infrarosso 5087
attrezzatura di misurazione 6069
attrezzatura di ormeggio 6304
attrezzatura di perforazione 2963
attrezzatura di perforazione a percussione 6940
attrezzatura di pescaggio 3698
attrezzatura per estinzione di incendi 3673
attrezzatura per iniezioni 4516
attrezzatura per la perforazione sotto pressione 9055
attrezzatura per la testa del pozzo 10818
attrezzatura per l'imboccatura del pozzo 10818
attrezzatura per prove su modelli 8100
attrezzatura pesante 4621
attrezzo 10083
attrezzo di pescaggio delle aste della sonda 1198
attrezzo magnetico per ricuperi 5885
attrito 689, 4123
attrito allo strisciamento 3071
attrito coulombiano 4127
attrito di primo distacco 9344
attrito fluido 3899
attrito idraulico 4806
attrito interno 5226, 5227, 10599
attrito laterale 8925
attrito negativo 6453
attrito radente 3071

attrito statico 9344
attrito superficiale 8924
attrito su una parete 10659
attualismo paleontologico 139
augite 696
aumentare 3287
aumentare i supporti 785
aumento dei livelli della falda freatica 4497
aumento dei prezzi 2176
aumento della velocità di perforazione 2955
aumento delle tensioni 1294
aumento del livello della falda freatica 5028
aumento del livello entropico 6557
aumento di volume 1305
aureola 4567
aureola nella roccia incassante 10661
autigenico 698
autigeno 697, 698
autobetoniera 236
autobloccaggio del tipo Servo 8637
autocarro 722
autocarro con cassone ribaltabile 3053
autocarro leggero 5626
autocollimazione 702
autocombustione 9219
autocorrelazione 703
autoctono 699
autofurgone 10497
autogru 8591
automatico 705
automatizzazione 721
automazione 717, 721
automobile 1418
automorfico 3387
autonomia 7761
autoportante 8594
autoregistratore 8592
autoriduttore 8593
autorità governativa di controllo 4389
autorizzazione 517
autorizzazione alla costruzione 1293
autoserraggio del tipo Servo 8637
autostrada 6323
autovalore 3160
autovettore 3161
autovettura 1418
avandiga 1813, 10444
avanpozzo 2545
avanti
 in ~ 6618
avanzamento 179

avanzamento a doppio fronte 2856
avanzamento a scudo 8765
avanzamento a tappe sucessive 8620
avanzamento della coltivazione 3506
avanzamento della galleria 2938
avanzamento della perforazione 2973
avanzamento della perforazione in piedi 3977
avanzamento dello scalpello 1050
avanzamento dello scavo 3506
avanzamento di una galleria in roccia viva 10282
avanzamento glaciale 4345
avanzamento in rimonta 8129
avanzamento parallelo 175, 6851
avanzamento per elementi indipendenti 5037
avanzamento per sequenze 8620
avanzamento trasversale 2248
avanzare 3008
avanzare scavando 3008
avaria grossa 3523
avariarsi 9436
avvallamento 5492, 6217, 6959, 9627, 10248
avvallamento dovuto a subsidenza 9630
avviamento 9333
avviamento a freddo 1830
avviamento automatico 720
avviare 5425
avviatore 9331
avviso di gara 184
avvitamento delle aste di perforazione 3001
azimut 760, 926
azimut della direzione di presa 761
azimut dell'asse del fotogramma 761
azimut riferito al piano principale del fotogramma 4481
azimut riferito al piano principale della prospettiva 4481
azionamento elettrico 3192
azionamento elettromagnetico 3204
azionamento idraulico 4793
azionamento pneumatico 7259
azione 117
azione continua 2076
azione del gelo 4145
azione della luce 5617
azione di rafforzare 5182
azione distruttiva della cavitazione 2577

azione intermittente 5220
azioni atmosferiche 672
azulejo 762
azzeramento 10969, 10971
azzurrite 763

bacinella 2721
bacino 891
bacino alimentato naturalmente 7991
bacino a marea 10026
bacino a mezza marea 10026
bacino artesiano 613
bacino a scopi multipli 6383
bacino da faglia 3554
bacino di accumulo 7971
bacino di acque artesiane 613
bacino di calma 9423
bacino di carico 3994
bacino di chiarificazione 1710
bacino di compenso 219, 1886
bacino di conca 5743
bacino di decantazione 8685
bacino d'invaso per laminazione delle piene 3830
bacino di ritenuta 7971, 9455
bacino di ritenzione 2102
bacino di scarico 218
bacino di sedimentazione 8685
bacino fluviale 8139
bacino gassifero 4201
bacino idrografico 1493
bacino imbrifero 1493
bacino in sommità di monte 4689
bacino intermedio 10026
bacino per miglioramento delle magre 7979
bacino petrolifero 7002
bacino pluriennale 10937
bacino superiore 10436
baddeleyite 790
bagnare 8122
bagnasciuga 3999
bagnatura 10708, 10836
bagno 901
bagno di fissaggio 3743
bagno ritardante 8044
balaustrata 816
balaustrata per balcone 802
balconata 801
balcone 801
ballast 804
banchi affioranti intagliati 9492
banchi intaccati 9492
banchi interstratificati 5188
banchina 1001
banchina di stabilizzazione 5722
banchisa 6799
banco 829, 942, 8953
banco d'argilla 8711

banco di ghiaccio 6799
banco di minerale 8488
banco di nubi 1763
banco di prova 9950
banco di prova delle turbomacchine idrauliche in scala naturale 9320
banco di prova su modelli di turbomacchine idrauliche 9321
banco di ricerca di cavitazione 9319
banco di roccia a ponte 9490
banco-guida 4544
banco inferiore 1165
banco interstratificato 5189
banco per prove di durata 9348
banco roccioso 8202
bandita 4183
bar 826
baraccamenti 2090
barena 10031
baricentro 1576, 1595
barili al giorno 851
barili al mese 852
barili per anno 850
barili per giorno operativo 853
barili per giorno solare 851
barite 859
barocco 843
barografo 840
barometro 841
barometrografo 840
barometro registratore 840
barra 829
barra d'acciaio ondulato per armatura del tetto 2171
barra dello sterzo 9380
barra di accoppiamento 9380
barra di accoppiamento dello sterzo 9380
barra di direzione 4538
barra di guida 4538
barra di prolunga inserita in un foro del fronte d'abbattimento 176
barra di torsione 10116
barra-mensola 827
barra per calcestruzzo precompresso 7486
barra per cemento armato precompresso 7486
barra scorrevole in calotta 8960
barra sterzo 9380
barriera 854
barriera corallina 854
barriera di protezione 4535
barriera geografica 4272
basalto 864
basalto quarzifero 7682

basamento 877, 883, 8928
basamento della torre di perforazione 2549
basamento zavorrato 805
basanite 5850
base 879, 6803
base ausiliaria 723
base a viti calanti 10230
base della triangolazione 874
base di colonna 878
base di fondazione 871
base di perforazione 2953
base di sostegno 5329
base di supporto per puntelli 7584
base topografica 873
basilica 890
bassorilievo 895
batimetria 905
batimetro 904
batiscopio 906
batolite 899
batometria 905
batroclasi 900
batteria di aste di perforazione 2988
batteria di aste di pescaggio 3703
batteria di puntelli ravvicinati 910
batteria di tubi d'iniezione 4522
batteria di tubi di rivestimento perforati 6944
batteria di tubi non finestrati 1063
batteria di tubi per cementazione 4522
batteria di tubi perduti 5671
batteria per sondaggi 2988
battipalo 7111, 7124
battisterio 825
battistero 825
battito 7367
bauxite 912
becco deflettore 2452
becco della pila 7098
ben assortito 10816
beneficio 7548
benna 8927
benna per detrito 10197
benna ribaltabile 10051
bentico 995
bentonico 995
bentonite 996
bentonite potassica 5412
benzene 1000
benzina naturale 1474
benzina naturale a bocca di pozzo 1474
benzolo 1000
berillo 1004
berillonite 1005
berma 1001, 5722
berma stabilizzante 9285

betoniera 1957, 1968
betoniera ad asse inclinato 5017
betoniera a tamburo 6826
betoniera a tamburo oscillante 10047
betoniera orizzontale 4734
betoniera semovente 10173
bianco di zinco 10977
biassiale 1009
biblioteca 1125
bicarbonato di sodio 9061
bicromato di sodio 9065
biella 2004, 7149
biforcazione 1010, 1011, 4003, 8171
bilancia 10796
bilanciamento 799
bilancia per fango 6342
bilanciere 5611
bilancio pioggia-evaporazione 7736
binda 8664
binda per spostamenti a doppio effetto 2836
binocolo 1022
binocolo da campagna 3614
binoculare 1021
bioclastico 1023
biofacies 1027
biogenesi 1028
biolite 1032
biolite zoogenica 10986
biolitite 10986
biosfera 1035
biostratigrafia 1037
biostroma 1038
biotico 1039
biotite 1040
biotitizzazione 1041
biotopo 1042
bioturbazione 1043
bipolare 1044
birifrangenza 2850
bismalite 1343
bitume 644
bitume di distillazione diretta 649
bitume fluidificato 2333
bivio 1011
blenda 9182
blindatura 598
bloccaggio 9414
bloccaggio automatico 8589
bloccaggio della colonna montante 8131
bloccaggio della tavola 9815
bloccaggio dello scalpello 1052
bloccare 8645, 9413
blocchi di pietrame non selezionati 7757
blocco 1089, 1090, 3556

blocco alveolato 185
blocco cilindri 3275
blocco d'ancoraggio 386
blocco di comando 10482, 10483
blocco dislocato 3556
blocco fagliato 3556
blocco in calcestruzzo di pomice 5618
blocco in calcestruzzo leggero 5618
blocco in calcestruzzo poroso 5618
blocco staccato 2744
blocco valvole 10482
blondin 1093
bobina 1824
bobina di campo 3607
bobina di caricamento 3636
bobina di induzione 3607
bobina di pellicola 3636
bocca 1106
bocca del foro 1838
bocca del pozzo 10817
bocca di derivazione 5177
boccola di torsione 10117
boccola riduttrice 7848
boiacca 4505
boiacca bituminosa 1054
boiacca di cemento 1560
bolla 1271
bollettino di collaudo 1611
bollicina cavitazionale 1528
bombato 2750
bomba vulcanica 5525
bonifica chimica 2471
bonifica dei terreni 5480
bonus 1123
boracite 1130
bordi 9740
bordo della frana 1227
bordo della zona di colmata 3129
bordonale 5902
bornite 1158
boronatrocalcite 1159
bosco 10891
boudinage 1186
bournonite 1196
bozza di relazione 2869
braca 8981
braccio 1218, 3547
braccio del jumbo 5377
braccio della leva 5599
braccio dello scalpello 1049
braccio dello sterzo 9379
braccio di leva 5599
braccio morto 6792
brachianticlinale 1205
brachisinclinale 1206
bradisismi 1210
braditelia 1209

breccia 1246
breccia di contatto 2045
breccia di esplosione 3447
breccia di frana 2269
breccia di iniezione 5109
breccia glaciale 2935
brecciame 8162
breccia ossifera 1121
breccia plutonica 7252
breccia quarzifera 7684
breccia vulcanica 10612
breccia vulcanica di frizione 10615
briccola 2827
brida 10954
briglia per la correzione di un torrente 1642
brillamento 1071
brina 4697
brochantite 1265
bronzo 1267
bruma 4595
buca 7365
bucare 10913
bucket 3792
bugna 642
bulbo 8215
bulbo di pressione 1295
bulldozer 1310
bulldozer gommato 10841
bullonatura d'ancoraggio 8239
bullonatura della calotta 8239
bullone 1115, 8195
bullone con testa a calotta piatta 1329
bullone con testa bombata larga 1329
bullone d'ancoraggio 8236
bullone d'ancoraggio a chiavetta doppia 8975
bullone d'ancoraggio a cursore conico 8975
bullone d'ancoraggio a doppio cursore 8975
bullone d'ancoraggio con fenditura e cuneo 9005
bullone d'ancoraggio con manicotto a espansione 3430
bullone d'ancoraggio con resina 8009
bullone da roccia 8236
bullone di montaggio 3722
bullone di riferimento per livellazione 5595
bullone distanziatore 2781
bullone esagonale 4654
bullone per chiodatura 8236
bullone tenditore 9547
bulloni fissati con malta di cemento 1558

bulloni sigillati con calcestruzzo 1558
burrone 847
bussola 1200, 5882
bussola a riflessione 6224
bussola a specchio 6224
bussola di torsione 10117
bussola giroscopica 4556
bussola giroscopica ripetitrice 4557
bussola topografica 9957
bytownite 1344

cabasite 1613
cabina di comando 2107
cabina di comando delle valvole 4228
cabina munita di dispositivo di sicurezza 8331
caccia 8779
caccia a cavallo 4779
caccia agli uccelli acquatici 10852
cacciata 8440
cacciata a bassi livelli 8443
cacciata dei sedimenti a bassi livelli 8443
cacciavite 8464
CAD 1945
caduta d'acqua 10701
caduta di pietre 3534
caduta di potenziale 7359
caduta di pressione 7449
caduta di pressione nelle aste di perforazione 7621
calafataggio con cunei di legno 10787
calaite 10304
calanco 4548
calcantite 1618
calcare 2139, 5634
calcare alloctono 317
calcare arenoso 8383
calcare argilloso 595
calcare bituminoso 652
calcare carbonifero 1428
calcare compatto 1878
calcare continentale 10270
calcare dolomitico 2825, 5877
calcare fessurato 4055
calcare fine lacustre 5454
calcare granulare 4420
calcare impregnato di gas 4225
calcare lacustre 5454, 5469
calcare magnesifero 5877
calcare nastriforme 817
calcarenite 1361
calcareo 1362
    non ~ 6502
calcare organogeno 6690

calcare petrolifero 7005
calce 5631
calcescisto 6147
calcestruzzo 1956
calcestruzzo a base di catrame caldo 4760
calcestruzzo a base di catrame per applicazioni a caldo 4760
calcestruzzo a base di polimeri 7311
calcestruzzo a base di resine epossidiche 8010
calcestruzzo a consistenza rigida 10973
calcestruzzo ad alta resistenza 4684
calcestruzzo ad alta resistenza iniziale 4660
calcestruzzo aerato 186, 245
calcestruzzo a indurimento lento 9008
calcestruzzo al bario 860
calcestruzzo a lenta presa 9012
calcestruzzo-amianto 637
calcestruzzo applicato a proiezione 8792
calcestruzzo a rapido indurimento 4660
calcestruzzo armato 7897
calcestruzzo armato con fibre 3600
calcestruzzo armato con fibre di acciaio 9370
calcestruzzo armato con fibre di vetro 4353
calcestruzzo armato post-tensionato 7353
calcestruzzo a vista 6705
calcestruzzo basaltico 865
calcestruzzo bituminoso 647
calcestruzzo bituminoso a freddo 1053, 1828
calcestruzzo bituminoso aperto 6639
calcestruzzo bituminoso caldo 4760
calcestruzzo bituminoso chiuso 2502
calcestruzzo bituminoso per applicazioni a caldo 4760
calcestruzzo capillare 1408
calcestruzzo cellulare 1549
calcestruzzo centrifugato 9256
calcestruzzo ciclopico 2350
calcestruzzo confezionato nella centrale 7194
calcestruzzo con polimeri 7311
calcestruzzo costipato 9848
calcestruzzo decorativo 6705
calcestruzzo della struttura fondamentale 9575

calcestruzzo della struttura portante 9575
calcestruzzo di bloccaggio 5930
calcestruzzo di cemento 1556
calcestruzzo di ceneri volanti 3936
calcestruzzo di finitura 3520
calcestruzzo di limonite 5650
calcestruzzo di magnesite 5876
calcestruzzo di magnetite 5893
calcestruzzo di massa 6001
calcestruzzo di pietra pomice 7624
calcestruzzo di pomice 7624
calcestruzzo di prima fase 3688
calcestruzzo di qualità controllata 7669
calcestruzzo di regolarizzazione 947
calcestruzzo di resina vinilica 10593
calcestruzzo di riempimento 2520, 5930
calcestruzzo di seconda fase 8513
calcestruzzo di sottobase 947
calcestruzzo di sottofondo 947
calcestruzzo di vinilresina 10593
calcestruzzo espansivo 4663
calcestruzzo fine spruzzato 8792
calcestruzzo fresco 4452
calcestruzzo gettato in opera 5137
calcestruzzo grasso 8091
calcestruzzo idrorepellente 10728
calcestruzzo indurito all'aria 252
calcestruzzo in vista 3520
calcestruzzo isolante 10728
calcestruzzo magro 5558
calcestruzzo mescolato a secco 3034
calcestruzzo mescolato durante il trasporto 10172
calcestruzzo mescolato nella centrale 7194
calcestruzzo messo in opera a secco 3039
calcestruzzo non armato 10413
calcestruzzo non fessurabile 6505
calcestruzzo ordinario 10413
calcestruzzo ornamentale 6705
calcestruzzo parzialmente precompresso 6864
calcestruzzo per acqua di mare 8497
calcestruzzo per grandi opere 6001
calcestruzzo per impianti nucleari 5715
calcestruzzo per lavori marittimi 8497

calcestruzzo per reattori nucleari 5715
calcestruzzo pesante 5715
calcestruzzo plastico 7198
calcestruzzo poroso 186, 245, 258
calcestruzzo precompresso 7484
calcestruzzo preconfezionato 7801
calcestruzzo prefabbricato 7399
calcestruzzo pronto per il getto 7801
calcestruzzo ricco 8091
calcestruzzo rullato 8219
calcestruzzo secco battuto 3043
calcestruzzo secco costipato 3043
calcestruzzo semplice 10413
calcestruzzo Siporex 8905
calcestruzzo sotto vuoto 10465
calcestruzzo stagionato all'aria 252
calcestruzzo vibrato 10569
calcificazione 1367
calcilutite 1368
calcite 1369
calco 1486, 2140
calco eliografico 4641
calco esterno 3474
calcolatore tascabile 7265
calcolatrice 1371
calcoli 374
calcoli a blocco 4363
calcolo a guscio 8760
calcolo bidimensionale 10311
calcolo dell' incidenza economica dei fattori ambientali 3120
calcolo della diga a rottura 2371
calcolo della laminazione della piena 7978
calcolo dell'attenuazione della piena 8146
calcolo delle altezze 4630
calcolo delle coordinate 1944
calcolo del rischio 8137
calcolo di compensazione 1885
calcolo di compensazione degli errori 1943
calcolo dinamico 3066
calcolo elasto-plastico 3180
calcolo in regime transitorio 10163
calcolo numerico 6554
calcolo per cunei 10786
calcolo pseudostatico 7610
calcolo statico 9341
calcolo tridimensionale 10009
calcolo visco-elastico 10597
calcopirite 1619
caldaia 1110
caldaia per riscaldamento 1110
caldera 1373

caldera di collasso 1834
caldera freatica 7079
calettamento con chiavetta 8808
calibratore 2931
calibro di profondità 2530
calice 894
caligine 4595
callaite 10304
calore 4611
calore di idratazione 4614
calore di presa 4614
calore specifico 9164
calorimetro 1383
calotta 4581, 8234
calotta articolata 1501
calotta della galleria 8174
calotta della valvola 10487
calotta di protezione 1394
calotta glaciale 4941
calzare meccanicamente 4383
cambiamento del corso 1623
cambiamento uniforme di volume 10384
cambio 1625
cambio di velocità 1625
cambio di velocità ad ingranaggi 1625
Cambriano 1385
Cambriano inferiore 5808
camera 1620, 4180, 5787
camera aerofotogrammetrica 280
camera a obiettivi multipli 6368
camera aspirazione 9646
camera a treppiede 1386
camera da letto 960
camera d'aspirazione 9646
camera del freno 1213
camera della conca 5743
camera delle valvole 4228
camera di carico 9737
camera di comando degli organi di scarico 4229
camera di compensazione 9737
camera di compensazione a monte della tubazione di alimentazione 10447
camera di decompressione 2424
camera di espansione 9734
camera di espansione a monte della tubazione di alimentazione 10447
camera di espansione a valle 2865
camera di misura 1446
camera fotogrammetrica 1446
camera fotogrammetrica a mano 4574
camera fotogrammetrica a treppiede 7056
camera fotogrammetrica multipla 6379

camera magmatica 5869
camera oscura 2396
camera panoramica 6828
camera prospettica a revolver 8078
camera stereofotogrammetrica 9392
camera umida 4776
camera valvole 4228
camino 1656
camino carsico 5335
camion 722
camioncino 5626
camionetta 5626
campana 8267
campana da palombaro 2812
campana da sommozzatore 2812
campana di guida 969
campana di immersione 2812
campana filettante 8266
campana subacquea 2812
campanile 972
campata 9155
campata di gruppo 10389
campata di montaggio 3342
campata di montaggio e smontaggio 3341
camping 1390
camping per roulottes 1419
campionamento 8365, 9997
campionatore 8362, 9100
campionatore a cucchiaio 9222
campionatore a fustella 9213
campionatore a parete sottile 8759
campionatore a pistone 7146
campionatore di gas 4224
campionatore laterale 8829
campionatura 8365, 9997
campionatura con perforazioni predefinite 8366
campionatura con schema di perforazioni di sondaggio 8366
campionatura con sondaggio 8366
campionatura del fondo del mare 8471
campionatura di parete 5511
campionatura ottenuta con perforazioni predefinite 8366
campionatura ottenuta con schema di perforazioni di sondaggio 8366
campionatura ottenuta con sondaggio 8366
campione 2944, 4578, 8361
campione carotato 2158
campione della trivellazione 1154
campione del sondaggio 1154

campione di carota 2158
campione di formazione 4012
campione di scalpello 2954
campione disturbato 2802
campione indisturbato 10374
campione intatto 5176
campione medio 739
campione nell'acqua di circolazione 10679
campione prelevato da canaletta 1630
campo 437, 3603, 7762
campo angolare utile 3134
campo del fotogramma 4958
campo delle tensioni 9541
campo dell'immagine 4958
campo di dinamica 3076
campo di dipolo eccentrico 3113
campo di dispersione 7767
campo di gas naturale 6424
campo di misura 7766
campo di misurazione 6058, 7766
campo di neve 9045
campo d'ingrandimento 7765
campo dipolare eccentrico 3113
campo di riferimento geomagnetico internazionale 5232
campo di tolleranza 10082
campo di variazione del salto 7764
campo di visione 3616
campo eterogeneo 4649
campo gassifero 6424
campo gravitazionale 4444
campo gravitazionale misurato 6580
campo magnetico terrestre 4289
campo mineralizzato 6193
campo omogeneo 4719
campo petrolifero 7001
campo plastico 7206
campo visivo 3616
campo visivo oggettivo 6565
campo visivo soggettivo 9607
canale 1391, 1627, 1628
canale a regime non uniforme 6067
canale artificiale sopraelevato 3914
canale a superficie libera 6633
canale d'acqua 10759
canale dei fanghi 6347
canale del fango 6347
canale di adduzione 523, 4604, 4605
canale di adduzione alla centrale 7392
canale di cacciata 3921
canale di circolazione del fango 6347
canale di conca 5744
canale di diversione 2807
canale di drenaggio 2877
canale di evacuazione dei ghiacci 4934
canale di fuga 9019
canale di gronda 8246
canale di marea 10028
canale di mare profondo 2437
canale di misura 6066
canale di misurazione di tipo Venturi 10015
canale di navigazione 6442
canale di raccolta dei fanghi 6347
canale di restituzione 9834
canale di scarico 9833
canale di scarico dello sfioratore 9195
canale di scolo 10528
canale di Venturi 10015
canale navigabile 6438
canale non rivestito 10406
canale sotterraneo 2306
canaletta di laboratorio con pareti di vetro 3913
canaletta irrigua 3912
canalizzazione 7143
canapa di Manila 2
canapa di Manilla 2
cancrinite 1392
candela 7580
canna 7768
canna del pozzo piezometrico 9735
canna del sifone 2727
canna metrica 9756
cannocchiale 9888
cannocchiale binoculare 1022
cannocchiale di puntamento 9888
cannocchiale panoramico 8282
cannocchiale prismatico 7526
cannocchiale reversibile 10165
cannocchiale ribaltabile 10165
canone 8311
cantiere 2041
cantiere a galleria cieca 269
cantiere con servizio permanente di lavori di manutenzione 7278
cantiere edile 2041
cantieri a sezione ridotta 6415
cantina 8907
cantina di cantiere 8907
cantonale 401
canyon 1401
canyon sottomarino 9613
caolino 589, 5387
caoticizzato 6324
capacità 12, 9444, 9445, 9446, 9448
capacità assorbente 37
capacità autoportante 8596
capacità dello scarico 9194
capacità del pozzo 8696
capacità di accumulazione 9449, 9450
capacità di assorbimento 37
capacità di carico 1639, 5710, 5711
capacità di carico dei puntelli 929
capacità di carico del palo 9685
capacità di espansione 3426
capacità di immagazzinamento 9449
capacità di immagazzinamento nella torre di perforazione 7694
capacità di infiltrazione 5073
capacità di perforazione 2958
capacità di pompaggio 7634
capacità di produzione del pozzo 8696
capacità di resistenza alla spinta del vento 10863
capacità di salita 1742
capacità di scambio cationico 1504
capacità di scambio di ioni 870
capacità di scambio ionico 5271
capacità di sollevamento 7634
capacità di sovraccarico 6777
capacità di trasferimento 800
capacità energetica del sistema idraulico 3270
capacità perduta per interrimento 2415
capacità portante 928
capacità portante del palo 9685
capacità produttiva del pozzo 8696
capacità termica specifica 9164
capacità utile d'invaso 128
capacità utilizzabile 128
capannone di montaggio 655
capillare 1405
capillarità 1406
capitello 1414
capitolato 9162
capitolato generale amministrativo 1978
capitolato speciale d'appalto 2571
capitolato speciale tecnico d'appalto 2571
capitolato tipo 9318
capo cantiere 2091
capocorda 1350
capo dell'impianto di perforazione 8115
capo operaio 3997

capo responsabile della sonda
2949
capo responsabile dell'impianto di perforazione 8115
capo responsabile dell'impianto di trivellazione 8115
caposaldo 9751
caposaldo altimetrico fisso 979
caposaldo d'appoggio 2404
caposaldo di base 2404, 9757
caposaldo di livellazione della rete generale 6681
caposaldo di livellazione provvisorio 9904
caposaldo di riferimento 2404
caposaldo di triangolazione 10223
caposaldo geodetico 4270
caposaldo topografico 9748
capo sonda 1152, 2949
capo sondatore 1152
cappa 1417
cappa interna 10485
cappello 827, 9367
cappello a mensola 766
cappello articolato di sostegno 617
cappello d'attrito 4125
cappello di legno 10888
cappello frontale 4022
cappello in acciaio ondulato per supporto del tetto 2171
cappellotto articolato 1501
cappellotto di basamento in calcestruzzo per intestare i fori d'iniezione 4513
cappellotto in calcestruzzo per intestare i fori d'iniezione 4513
cappuccio di protezione 10485
capra 4329
capriata 8254
capsula della valvola 10484, 10486
capsula fulminante 1074
capsula manometrica 7444
capsula piezometrica 7444
captatore 2575
caratteristica 5726
caratteristica costruttiva 2029
caratteristica del sistema idraulico 1638
caratteristica di direttività di una sorgente sonora 2710
caratteristica di direzionalità della sorgente sonora 2710
caratteristica di potenza 7375
caratteristica di potenza a caduta costante e portata regolata 7372

caratteristica di potenza a salto costante e portata regolata 7372
caratteristica di una macchina idraulica 1637
caratteristiche della roccia 8200
caratteristiche di sostegno 9679
carbonatite 1426
carbonato acido di sodio 9061
carbonato di ammonio 356
carbonato di sodio 9062
carbone 1767, 1827
carbone aderente al tetto 9415
carbone del tetto 8241
carbone fra due piani di scorrimento 1770
carbone non omogeneo 1122
carbone sapropelitico 8391
carbone superiore 10089
carbone venato 1122
carbone vergine 4379
Carbonifero 1429
Carbonifero inferiore 5809
carbonio fisso 3733
carbonioso 1420
carbonite 6420
carbonizzazione 1431, 1772
cardano 1434
carica 897, 3451, 3626
carica esplosiva 1076
caricamento in piena luce 5723
caricare 7501
caricatore 5717
caricatore a nastro 975
caricatore a tazze 1614
caricatore di lastre 7215
caricatore di pellicole 3633
caricatore elevatore 3219
caricatore per lastre 7215
caricatore per pellicole 3633
caricatrice a tazze 1614
carico 932, 5704, 5705, 5720
carico accettato 69
carico accidentale 5699
carico addizionale 9704
carico agente su una linea 5661
carico alla posa 8665
carico alternato 342
carico ammissibile 8330
carico a pressione crescente 7960
carico assiale 747
carico centrato 1582
carico concentrato 1948
carico concentrato in un punto 7269
carico con regolazione predisposta 7436
carico continuo 9762
carico critico 2232, 2233
carico di bloccaggio 1705

carico di flessione 989
carico dinamico 3074
carico d'innesco 7504
carico di posa 8665
carico di pressoflessione assiale 1283
carico di prova 9947
carico di punta 1283
carico di rottura 1231, 1232, 1235, 3525, 9538
carico di rovesciamento 5712
carico di serraggio 1705
carico di snervamento 9929, 10947, 10953
carico di snervamento a flessione 10948
carico di snervamento convenzionale 10951
carico dovuto alla neve 9039
carico d'urto 4974
carico idraulico 4812
carico iniziale 7427
carico in sospensione 9758
carico invertito 8070
carico limite 2233, 9537
carico lineare 5661
carico minimo sulla girante 6210
carico nominale 6497
carico normale 6525
carico obliquo 6571
carico permanente 2078
carico piezometrico 7104
carico potenziale 7363
carico preregolato 7436
carico puntuale 7269
carico ripartito 2796
carico risultante 8037
carico sullo scalpello 747
carico sul palo 7120
carico superficiale 9713
carico tangenziale 9852
carico totale 10124
carico unitario 5185
carico utile 5699
carie 10649
carota 2944
carota campione 2158, 9941
carota di prova 9941
carota di sondaggio 2158, 2944
carotaggio 2153, 2160
carotaggio a brevi intervalli 9224
carotaggio a induzione 5060
carotaggio alla fune 1352
carotaggio a raggi gamma 4189
carotaggio con cavo 10877
carotaggio con corona a diamanti 2628
carotaggio con il metodo dei potenziali spontanei 9220
carotaggio continuo 2073

carotaggio con wireline 10877
carotaggio di gas 4207
carotaggio di parete 5511
carotaggio elettrico 3183
carotaggio laterale 5511
carotaggio meccanico 6079
carotaggio radioattivo 7719
carotaggio sismico 10824
carota impregnata di petrolio 7025
carota orientata 6692
carotiere 2146
carotiere a caduta libera 4082
carotiere a diamanti 2629
carotiere con involucro di gomma 8314
carotiere di parete 5510
carotiere di piccolo diametro 8980
carotiere di tipo marino 5981
carotiere doppio 2838
carotiere doppio girevole 2838
carotiere doppio orientabile 2838
carotiere esterno 6730
carotiere laterale 5510
carotiere per diametro ridotto 8980
carotiere per perforazione alla fune 1351
carotiere semplice 8882
carotiere subacqueo 5981
carotiere tipo marino 5981
carpenteria 1439, 5356
carpenteria in ferro 5356
carpenteria metallica 5356
carpenteria metallica portante 5706
carpenteria per centinatura 4069
carpentiere 1438
carrello 1441, 5709, 10246, 10347
carrello a forca 4005
carrello elevatore a forca 4005
carrello sollevatore a forca 4005
carro di perforazione 5376
carroponte 6771, 10201
carsismo 5396, 5402, 5404
carsismo a cono 5391
carsismo a forma di cono 5391
carsismo a labirinto 5448
carsismo parziale 8715
carsismo poco profondo 8715
carsismo profondo 2434
carsismo sotterraneo 9641
carsismo superficiale 8715
carso coperto 2193
carso nudo 6405
carso profondo 2434
carso scoperto 6405
carso sotterraneo 9641

carta 7166
carta a curve di livello 2082
carta aerofotografica 209
carta aerofotogrammetrica 204
carta aeronautica 201
carta altimetrica 7934
carta a quota costante 5295
carta da disegno 2915
carta della gravità residua 7998
carta delle facies 3517
carta delle isoiete 5295
carta delle zone d'inondazione 5256
carta forestale 5954
carta geologica 4285
carta geologica per l'ingegnere 3279
carta geotecnica 3279
carta gnomonica 4371
carta isobarica 5285
carta metallogenica 6122
carta paleogeologica 6810
carta radar 7697
carta tettonica 9577
carta topografica 5951
carta topografica di base 888
cartografia 1447
cartografia all'infrarosso 5089
cartografia degli ecosistemi 3125
cartografia dei ghiacciai 4338
cartografia del suolo 9107
cartografo 1445
cartuccia di materia adesiva 366
cartuccia di prodotto adesivo 366
cartuccia esplosiva 1075
casa 4763
casa bifamiliare 10313
casa di campagna 2179
casa monofamiliare 8885
casa rurale 2179
casa unifamiliare 8885
cascata 1450, 10701
cascata di ghiaccio 4935
casco da minatore 8340
caso di assi deviati 1459
caso di convergenza 1457
caso di divergenza 1458
caso d'urgenza 3243
caso normale 6521
caso normale generale 4252
caso normale generico 4252
cassa campioni 2149
cassa delle carote 2149
cassa di stoccaggio delle carote 2149
cassaforma 4019
cassaforma mobile 10202
cassaforma montante 8970
cassaforma scorrevole 8970
casseforme 6326

cassero 4019
cassetta attrezzi 10084
cassetta dei ferri 10084
cassetta di manovra 2095
cassetta portautensili 10084
cassiterite 1485
cassone a scatola 1199
cassone pneumatico 7258
cassone scatolato 1199
cassonetto 6484
castello 1489
castello d'armatura 1662
cataclinale 1491
catagenesi 5411
catasta di legno 9121
catasta-puntello 1662
catasto 1358
categoria degli strumenti di misurazione 1498
catena 1499
catena alimentare 3975
catena di aggancio di sicurezza 8332
catena di triangoli 1615
catena Galle 9251
catena girevole 5337
catena orientabile 5337
cateratta 1492
cateratta di ghiaccio 4935
catrame 1780, 9862
catrame di carbon fossile 1780
cattedrale 1503
cattivo allineamento 6227
cattura 3291
causa di errore 9142
causalità 1508
caustico 1510
caustobiolite 1511
cauzione 6947
cava 7677
cava di ghiaia 4434
cava di prestito 1160
cava di sabbia 8376
cavalletto 9308
cavalletto di sostegno a motore 7379
cavallone 10867
cavallotto 10325
cavallotto articolato 1736
caverna 1518
caverna cavitazionale 1529
caverna lungo una faglia 3557
caverna marina 8472
caverna sviluppata lungo una faglia 3557
cavernoso 1519
cavicchio 5984, 7237
caviglia 5984, 9252
cavità 1529, 1541, 1542
cavità carsica 5390

cavità da erosione in letto fluviale 6327, 7366
cavità della galleria 8169
cavità del taglio 3509
cavità di Weber 10783
cavità dovuta a lisciviazione 5548
cavità dovuta all'estrazione 1543
cavità lasciata dallo scavo della galleria 8169
cavità nel terrapieno 1545
cavitazione 1527
cavitazione acustica 10582
cavitazione controllata 2099
cavitazione da vortice 10641
cavitazione di scia 1540
cavitazione di vapore 10504
cavitazione gassosa 4213
cavitazione idrocinetica 3870
cavitazione incipiente 5009
cavitazione in liquido corrente 3870
cavitazione in strato limite 1191
cavitazione locale 5731
cavitazione regolata 2099
cavitazione vagante 10199
cavitazione vaporosa 10504
cavitazione vibratoria 10582
cavitazione vorticosa 10641
cavo 1345
cavo a strappo 5338
cavo batteria 909
cavo d'accensione 1073
cavo del freno 1212
cavo di collegamento a massa 3088
cavo di collegamento a terra 3088
cavo di guida 4542
cavo di sollevamento 5614
cavo di terra 3088
cavo per batteria 909
cavo portante 9690
cavo traente 6648
cazzuola 9031
CBR 1378
cedere 1516, 8676, 10939
cedevole 10943
cedevolezza 1404, 1906
cedimento 1236, 8678, 10942
cedimento circolare 1506
cedimento completo 4162
cedimento con scoppio 1771
cedimento della massa rocciosa 1312
cedimento del rilevato 9007
cedimento del suolo 9629
cedimento del terreno 5492
cedimento del tetto 2925, 3535
cedimento di scarpata 8995
cedimento di strati in calotta 2925
cedimento finale 3646

cedimento netto di un palo 6470
cedimento parziale 6867
cedimento per scrollamento 5725
cedimento per scuotimento 5725
cedimento residuo 8005
cedimento secondario 8509
cedimento tardivo 2486
cedimento totale 4162
celerimensura 9821, 9823
celerità 7771
celestina 1548
celestite 1548
cella di carico 5713
cella di pressione 5713
cella solare 9110
cellula di pressione totale 10127
cellula di spinta unitaria del terreno 3098
cellula manometrica 7444
cellula per lo scorrimento plastico 2211
cellula piezometrica 7444
cementato 1559, 5061
cementazione 1553, 1554
cementazione a due stadi 10315
cementazione a più stadi 6385
cementazione a sezioni successive 6385
cementazione del fondo del pozzo 1166
cementazione del pozzo 1166
cementazione del sondaggio 1166
cementazione in una fase 6620
cementazione primaria 7493
cementi Portland pozzolanici 7339
cemento 1551, 1552, 6015
cemento a basso calore di idratazione 5827
cemento a basso tenore di alcali 5804
cemento ad alto calore di idratazione 4669
cemento al bario 836
cemento a lenta presa 9011
cemento alluminoso 351
cemento al silicato 8852
cemento a presa controllata 7886
cemento a presa normale 6529
cemento a presa rapida 7770
cemento armato post-tensionato 7353
cemento armato precompresso post-tensionato 7353
cemento basico 886
cemento bianco 10843
cemento con allumina 351
cemento d'alto forno 1068, 7337
cemento di scoria 8936
cemento di tipo drusa 3033

cemento espansivo 3423, 4662
cemento extrafine 10328
cemento ferrico 5441
cemento finissimo 10328
cemento fuso 4657, 5458
cemento gelificato 4245
cemento idraulico 4788
cemento idrofugo 10722
cemento Lafarge 5458
cemento per tamponamento 7244
cemento Portland 7338
cemento Portland ad alta resistenza iniziale 4661
cemento Portland a rapido indurimento 4661
cemento Portland d'alto forno 7337
cemento Portland di scorie d'alto forno 7337
cemento Portland ferrico 5441
cemento Portland pozzolanico 7339
cemento pozzolanico 7397
cemento puro 6446
cemento resistente ai solfati 9653
cemento sfuso 1296
cemento supersolfatato 9654
cemento superventilato 10328
cenere vulcanica 10611
ceneri di caldaia 1163
ceneri volanti 3935
ceneri volanti a basso tenore di calce 5830
ceneri volanti ad alto tenore di calce 4671
cenote 1573
Cenozoico 1359
cèntina 1575, 8167
cèntina a due elementi 10312
cèntina articolata 623
cèntina articolata e scorrevole 625
cèntina a tre elementi 10012
cèntina scorrevole 8974
cèntina snodata 623
centinatura 1575, 4069
centraggio 743, 1604
centrale 7190, 7382, 7388
centrale a bassa caduta 5824
centrale ad alta caduta 4667
centrale a grande salto 4667
centrale all'aperto 15
centrale a media caduta 6095
centrale a piè di diga 7389
centrale a salto medio 6095
centrale atomica 6540
centrale con servizio di turno 5734
centrale convenzionale 2112
centrale di base 876
centrale di betonaggio 1970

centrale di miscelatura del fango 6352
centrale di miscelazione del fango 6352
centrale di pompaggio 7636
centrale di preparazione del conglomerato di bitume 650
centrale elettrica atomica 6540
centrale elettrica fluviale 8323
centrale elettrica nucleare 6540
centrale fluviale 8323
centrale idroelettrica 7388, 10721
centrale idroelettrica a bassa caduta 5824
centrale idroelettrica ad accumulo con pompaggio 7629
centrale idroelettrica ad alta caduta 4667
centrale idroelettrica a grande salto 4667
centrale idroelettrica alimentata dalla condotta forzata 2382
centrale idroelettrica a plurimpiego 6380
centrale idroelettrica a ripompaggio 7629
centrale idroelettrica a salto medio 6095
centrale idroelettrica a scopi multipli 6380
centrale idroelettrica con bacino di ritenzione 9456
centrale idroelettrica con possibilità di accumulo dell'acqua in bacino di raccolta 9456
centrale idroelettrica convenzionale 2112
centrale idroelettrica di grande potenza 4659
centrale idroelettrica di media potenza 6092
centrale idroelettrica di piccola potenza 5806
centrale idroelettrica in caverna 1520
centrale idroelettrica in caverna alimentata mediante condotta forzata 1521
centrale idroelettrica in caverna alimentata mediante galleria in pressione 1522
centrale idroelettrica installata nel corpo diga 2381
centrale idroelettrica installata nel corpo di sbarramento 2381
centrale idroelettrica situata all'estremità della condotta forzata 2382
centrale idroelettrica sotterranea 1520
centrale idroelettrica sotterranea alimentata mediante condotta forzata 1521
centrale idroelettrica sotterranea alimentata mediante condotta forzata in roccia 1522
centrale idroelettrica tradizionale 2112
centrale idroenergetica a media caduta 6095
centrale idroenergetica di bassa potenza 5806
centrale in caverna 1520
centrale in pozzo 8700
centrale interrata 1318
centrale non presidiata 10337
centrale nucleare 6540
centrale "out-door" 6728
centrale presidiata 7943
centrale semi "out-door" 8602
centrale sotterranea 1520
centrale telecomandata 7942
centrale tradizionale 2112
centramento della bolla 1272
centramento della livella 1272
centrare 1590
centratore di tubi di rivestimento 1465
centro 1577, 1698
centro città 1698
centro cittadino 1698
centro della città 1698
centro della prospettiva 6988
centro delle masse 1576
centro del quadro 7881
centro d'esplosione 3448
centro di gravità 1576, 1595
centro di ricreazione 7829
centro di rotazione 1596
centro di spinta 1594
centro essenziale di coltivazione 3953
centro focale 2264
centro fondamentale della zona dissestata 3952
centro ottico del quadro 6662
centro principale della zona franata 3952
centro principale di coltivazione 3953
centro urbanistico 1698
centro urbano 1698
ceppo articolato 10080
ceppo del freno 1217
ceppo di legno 1664
cera fossile minerale 6793
cerargirite 1609
cerchio delle tensioni 6266
cerchio di Mohr 6266
cerchio di scorrimento 8985
cerchio di slittamento 8985
cerchio graduato 4404
cerchio limite dei carichi di rottura 1229
cerchio orizzontale 4735
cerchio verticale 10552
cerchio zenitale 10552
cerite 1610
cerniera 626, 4691
cernita 9133
certificato di collaudo 1611
cerussite 1612
chabasite 1613
chalet 2179
chelazione 1646
cherry-picker 1654
chiarezza 1732, 10603
chiarezza di un obiettivo 9526
chiaro 1727
chiatta 833
chiave a catena 1616
chiave a catena per tubi 7141
chiave a tubo 7141
chiave automatica 7395
chiave della centina 2263
chiave dell'arco 2258
chiave della volta 2258
chiave di comando idropneumatica 7395
chiave d'impatto 4978
chiave dinamometrica 10108
chiave di ritenuta 5605
chiave di svitamento 1239
chiave di un arco 2257
chiave di volta 555
chiave fissa esagonale 4655
chiave per aste di perforazione 2979
chiave per sbloccare 1239
chiave per tubi 7141
chiave per tubi di rivestimento 1483
chiave torsiometrica 10108
chiesa 1680
chimica del suolo 9086
chiodare 6404
chiodature della roccia 8196
chiodo 6403
chiudere 4
chiudibile 3968
chiusa 4227, 10803
chiusa fissa 3735
chiusa per pesci 3708
chiusura a disco 7213
chiusura automatica 8589
chiusura dei pori da particelle fini 8485
chiusura del fiume 8142
chiusura della valvola 1759

chiusura del pozzo 8816
chiusura di sicurezza del pozzo 8338
cibernetica 2347
cicli di gelo e disgelo 4106
ciclo carsico 5393
ciclo di carico e scarico 5721
ciclo di erosione 3352
ciclo di erosione carsica 5393
ciclo di erosione glaciale 4333
ciclo di erosione interrotto 5240
ciclo di erosione periglaciale 6955
ciclo di funzionamento 6948
ciclo di isteresi 4925
ciclo di lavorazione 6948
ciclo di lavoro 6948
ciclo di linea di costa 5975
ciclo di sedimentazione 2348
ciclo fluviatile 3928
ciclo geomorfico 3352
ciclo idrologico 4871
ciclone 2349, 4853
ciclotema 2351
ciclo vulcanico 10613
cielo 765, 4581
cielo aperto 9706
cifra 6550
cifra d'affari 10303
cilindro 2352, 3275
cilindro del freno 1214
cilindro di avanzamento 7750
cilindro di spinta 7750
cilindro graduato 4405
cilindro per il prelievo di campioni di neve 9052
ciminiera di officina 9293
cinabro 1685
cinematica 5429
cinematica dei fluidi 5430
cinematico 5427
cinepresa 3631
cinetica dei sistemi materiali 5435
cinetica del punto materiale 5434
cinghia di trasmissione 3017
cinghia per trasmissioni 3017
cinghia trapezoidale 10521
cintura morenica 6307
cintura verde 4451
ciottoli 1792
ciottolo 6903
ciottolo appiattito 8772
circo 1697
circolazione continua 1746
circolazione del fango di perforazione 1696
circolazione diretta 9476
circolazione forzata 3983
circolazione idrotermale 4900
circolazione inversa 8066

circolo antartico 466
circolo artico 577
circolo parallelo 6848
circolo polare 7288
circolo polare antartico 466
circolo polare artico 577
circuito aperto 6634
circuito chiuso 1746
circuito continuo 1746
circuito del fango 6344
circuito di comando idraulico 4837
circuito di fango 6344
cisterna di zavorra 806
classe di precisione di uno strumento di misurazione 1714
classicismo 1711
classificatore a liquido 3232
classificatore in controcorrente 3232
classificazione delle macchine 1712
classificazione delle rocce 8183
classificazione del suolo 9087
classificazione del suolo di Casagrande 1449
classificazione del suolo secondo Casagrande 1449
classificazione litostratigrafica 5693
classificazione stratigrafica-litologica 5693
clastico 4061
clima asciutto 3035
clima continentale 2058
clima secco 3035
climatologia 1739
climatologia dinamica 3068
climax 1740
climax alterato 2732
clinografo 1743
clinometro 1744, 5023
clisimetro 5023
clivaggio 1734
clivaggio distinto 2791
clivaggio dovuto alla pressione 7446
clivaggio imperfetto 5050
clivaggio secondario 1326
clorargirite 1609
cloritizzazione 1661
cloruro di calcio 1370
cloruro di polivinile 7317
cloruro di sodio 9063
cloruro di zinco 10975
cloruro sodico 9063
coassialità 1791
coda 1793
codice di sicurezza 8333

coefficiente 1795
coefficiente di aderenza ferro-calcestruzzo 9368
coefficiente di assorbimento 38
coefficiente di attività 132
coefficiente di attrito 1807
coefficiente di attrito dinamico 3072
coefficiente di attrito statico 9345
coefficiente di aumento di volume 1797
coefficiente di avviamento 9334
coefficiente di compattazione 1798
coefficiente di compressibilità 1799, 1925
coefficiente di comprimibilità 1799
coefficiente di conducibilità termica 9967
coefficiente di conduttività termica 9967
coefficiente di consistenza 1800
coefficiente di consolidazione 1801
coefficiente di contrazione di volume 1300
coefficiente di correzione per la vasca 6825
coefficiente di costipamento 1798
coefficiente di deflusso 8322
coefficiente di deformazione elastica lineare 7578
coefficiente di dilatazione 7578
coefficiente di dilatazione termica 9970
coefficiente di dilatazione trasversale 7286
coefficiente di efflusso 2880, 2888
coefficiente di forma 8720
coefficiente d'ingrandimento 1809
coefficiente d'intensità della sollecitazione 9536
coefficiente d'intensità della sollecitazione critica 4059
coefficiente di permeabilità 6972
coefficiente di Poisson 7286
coefficiente di reazione dinamica al taglio 1804
coefficiente di reazione dinamica del terreno 1803
coefficiente di reazione orizzontale del terreno 1808
coefficiente di reazione statica del terreno 1810
coefficiente di rigidezza 9421
coefficiente di rigonfiamento 1300, 1797, 1806

coefficiente di ripiena 9466
coefficiente di scorrimento 1802
coefficiente di sicurezza 8335
coefficiente di sicurezza allo scorrimento 8337
coefficiente di sicurezza allo slittamento 8337
coefficiente di sicurezza al taglio 8336
coefficiente di similitudine 8402
coefficiente di spinta attiva delle terre 1796
coefficiente di spinta delle terre a riposo 1805
coefficiente di successo 9643
coefficiente di trasmissibilità dell'acquifero 543
coefficiente di uniformità 313
coefficiente di uniformitá de Kramer 5439
coefficiente di utilizzazione 8915
coefficiente di utilizzazione degli afflussi 10462
coefficiente di velocità 9175
coesione 1819
coesione apparente 500
coesione effettiva 3135
coincidenza 1825
coincidenza stereoscopica 9405
coke 1826
colata di fango 6348
colata di fango vulcanico 5464
colata di lava 5530
colata di lava sotterranea 5207
colata di terra 3091
colatitudine 7287
colla 150
colla a base di resina sintetica 9800
colla a base di resine 8008
collare dell'obiettivo 6564
collare di ancoraggio 388
collare di arresto 9437
collare di blocco delle filtrazioni 8538
collare di fissaggio 388
collare serratubi 7137
collasso brusco delle bolle cavitazionali 9649
collasso improvviso delle bolle cavitazionali 9649
collasso repentino delle bolle cavitazionali 9649
collaudato a pressione 7478
collaudo 65
collaudo conclusivo 3642
collaudo definitivo 3642
collaudo parziale 68
collaudo provvisorio 7601
colle 8327

collegamenti 5381
collegamento a vite 9587
collegamento orizzontale 9585
collegare con grani 2859
collettore del fumo 4168
collettore dell'olio 6603
collettore di aspirazione del grisou 3671
collettore di drenaggio 2878
collettore di scarico 10076
collettore distributore 5939
collettore olio 6603
collettore per l'estrazione del grisou 3671
collettori d'acqua 1840
collimare 239, 7282, 7284, 8842
collimatore 1849
collimazione 1846
collina morenica 3376
collocare 8646
collocare dei panconi 5147
collocare i marciavanti 3998
collocare i puntelli in un vano 8648
collocare sostegni provvisori 9699
collocare tavoloni di ritegno 5459
collocare una prolunga 3728
collocare un puntello 8647
colloidale 1851
colloide 1850
colloide del suolo 9088
colloide del terreno 9088
colluvio 1853
colmamento 226
colmare 227, 3623, 9463
colmare col fango le pareti del pozzo 6353
colmata 3489, 3625
colmata causata da vegetazione 3628
colmata di galleria cieca 3052
colmata per inerbimento 3628
colmata totale 9119
colmo 765, 1863, 2569
colmo di piena 3844
colonna 1858
colonna abbandonata 7
colonna d'acqua 1862
colonna di estrazione 10261
colonna di pescaggio 3703
colonna di produzione 10261
colonna di protezione del pozzo 1179
colonna di sicurezza 8346
colonna di tubi che esclude l'acqua 10740
colonna di tubi di rivestimento 1481
colonna di tubi non finestrati 1063

colonna eruttiva 3373
colonna magmatica 5872
colonna montante 8132
colonna perduta 5671
colonna perduta non finestrata 1063
colonna portante 924, 930
colonnare 1859
colonna stratigrafica 1142
colonnata vulcanica 5526
colori complementari 1895
colpo d'ariete 10706
colpo di mare 10867
colpo di vento 9257
coltivare previamente 10895
coltivare una zona completa avanzando nella stessa direzione 10908
coltivare un giacimento petrolifero 7537
coltivazione 4326, 10897
coltivazione a blocchi 1092
coltivazione a camere 8258
coltivazione a cielo aperto 2407
coltivazione ad avanzamento 10901
coltivazione adeguata 4591
coltivazione a due tagli gemelli 2857
coltivazione a franamento 1524
coltivazione a fronte lungo, comandata a distanza 7944
coltivazione a giorno 7675
coltivazione a gradini 978
coltivazione a gradini dritti 5788
coltivazione a lunga fronte avanzante in direzione e a due tagli 2857
coltivazione a magazzino pieno 8807
coltivazione a pilastri sistematici 2256, 3296
coltivazione a piramide 7655
coltivazione a pressione costante 2021
coltivazione a taglio lungo 5788
coltivazione a taglio obliquo 7655
coltivazione a trance 8954
coltivazione con accesso a pozzo 2939
coltivazione con minatore continuo telecomandato 6277
coltivazione con ripiena 3489
coltivazione da cunicoli sboccanti a giorno 2939
coltivazione da mezza costa 2939
coltivazione dei giacimenti petroliferi 7012
coltivazione dei pilastri 1898

coltivazione di alluvione fluviale 8150
coltivazione di rame a cielo aperto 6630
coltivazione di rame in miniera a cielo aperto 6630
coltivazione discendente 2705
coltivazione di traversobanco 2256, 3296
coltivazione in avanzamento 181
coltivazione in direzione 10901, 10908
coltivazione inferiore alla galleria di trasporto 2700
coltivazione in ritirata 767
coltivazione in una sola direzione 10383
coltivazione parziale per livelli intermedi 9610
coltivazione per camere irregolari 1546
coltivazione per camere isolate 9460
coltivazione per combustione in situ 7825
coltivazione per fette 8954
coltivazione per franamento 1517, 5789
coltivazione per franamento a blocchi 1092, 8256
coltivazione per franamento del cielo 1525
coltivazione per franamento del tetto 1525
coltivazione per franamento ritardato 8043
coltivazione per livelli intermedi 1337
coltivazione per piani isolati 9460
coltivazione per pilastri 7127
coltivazione simultanea 8878
coltivazione simultanea di vari filoni 6389
coltivazione simultanea di vari strati 6389
coltivazione sotterranea 2435
coltivazione sottostante la galleria di trasporto 2700
coltivazione su due fronti opposti rispetto alla linea di transito 2857
coltre 6409
columbite 1857, 9855
comando ad aria compressa 7259
comando a programma 8619
comando a programma per gruppi 821
comando centralizzato 6008
comando elettromagnetico 3204
comando idraulico 4793

comando mediante elettromotore 3192
comando programmato in funzione delle pressioni 7450
combinazione di carichi 5714
combustione in situ 3675
combustione sotterranea 3675
committente 3254
commutato 5264
commutatore 1872, 1873, 1882, 2625
comparimetro 2625
compartimento d'iniezione 4507
compasso 6805
compattare 7747
compattazione 1875
compattazione a getto d'acqua 5349
compattazione chimica 1647
compattazione dell'acquifero 531
compattazione dello strato acquifero 531
compattazione del terreno 9089
compattazione per vibroflottazione 10587
compattazione vadosa 10469
compattezza 1879
compatto 1755, 6000, 9287
compenetrazione dei granuli 4409
compensare 1883
compensato 7255
compensatore 1884
compensatore di tensioni 9531
compensazione 1887
compensazione degli errori 167
compensazione delle tensioni 9530
compensazione isostatica 5308
compensazione scavi-riporti 796
complessità della costruzione 1904
completamente automatico 4163
completamento 1900
completamento di foro rivestito 1453
completamento di un pozzo 1901
completamento permanente del pozzo 6967
completamento salvo rifiniture 9634
completare 1896
completare un pozzo 1897
componente di movimento 1908
componente normale della sollecitazione 6531
componente verticale del rigetto 4637
componenti di macchina 5863
componenti di tensione 9532
comportamento 964

comportamento a lungo termine 5786
comportamento degli strati 8182
comportamento del giacimento 7985
comportamento delle dighe 965
comportamento del massiccio roccioso 8182
composizione del calcestruzzo 1960
composizione delle forze 1912
composizione granulometrica 4424
composizione isotopica 5314
composto polimerizzato 7310
compressibilità 1922
compressione 1930
compressione ad espansione laterale libera 10341
compressione semplice 10341
compressore 8217
compressore d'aria 244
compressore di gas 4206
compressore per gas 4206
compressore refrigerante 7870
comprimibilità 1922, 1923
computo estimativo 7489
conca 9793
conca di navigazione 6443
conca per pesci 3708
concata 5742
concavità per abbassamento 9630
concentrazione degli sforzi 85
concentrazione delle tensioni 85
concentricità 1950
concentrico 1949
concessionario dell'opera 6790
concessione 9359
concetti fondamentali della meccanica 887
concime 3597
concio 642, 1090
concio d'angolo 2163
concio di chiave 555
concio d'imposta dell'arco 9230
concio per archi 571
concio per volte 571
concordato 1888
concorso d'appalto 2558
concorso di appalto pubblico 7612
concorso per il progetto 2558
concresciuto 5211
concrezione 1974
condensatore 1402, 1977
condizionatore d'aria 246
condizione di fluidificazione 7689
condizione di flusso stazionario 9364

condizione di rottura 3524
condizione di tensione 9542
condizione generale di distorsione 4254
condizione tridimensionale di deformazione 10011
condizioni al contorno 1189
condizioni atmosferiche 247, 673
condizioni dell'aria 247
condizioni del pozzo 1138
condizioni del sondaggio 1138
condizioni dettagliate d'appalto 2571
condizioni di accettazione 1794
condizioni di collaudo 1794
condizioni di emergenza 3244
condizioni di funzionamento normali 9315
condizioni di funzionamento normalizzate 9315
condizioni di radiazione 7717
condizioni di riparazione 7956
condizioni di servizio 8632
condizioni geologiche 4277
condotta 5652, 7143
condotta d'aria 273
condotta forzata 1747, 6927, 7481
condotta per aria compressa 1920
condotta per petrolio greggio 2268
condotta principale di gas 4220
condotto 7143
condotto carsico 5400
condotto con riempimento parziale della sezione 1981
condotto con sezione parzialmente umettata 1981
condotto con sezione totalmente umettata 1980
condotto del fumo 1658
condotto di cacciata 8446
condotto di scarico 2923
condotto di scarico dello sfioratore 9197
condotto di sorpasso 1341
condotto di ventilazione 273
condotto idraulicamente liscio 4882
condotto idraulicamente scabro 4881
condotto idraulicamente scabroso 4881
condotto idrometricamente liscio 4882
condotto idrometricamente rugoso 4881
condotto idrometricamente scabro 4881
condotto idrometricamente scabroso 4881

condotto libero 6635
condotto sotterraneo 2306
condotto sottomarino 8477
conducibilità 1979
conducibilità idrodinamica 4856
conducibilità termica 9968
conduttanza 3190
conduttività 1979
conduttività idraulica 4790
conduttore di macchina 7195
conduttura dell'acqua fredda 1831
conduzione dei lavori 2038
configurazione delle frange 5290
configurazione del terreno 4474
configurazione isocromatica 5290
confine 1188, 1192
confluenza 5379
confluenza di condutture 5939
conforme 1996
conforme alla scala 10255
congegno d'allarme 3252
congegno di aggiustaggio 162
congegno di arresto 1703
congegno di brillamento 1086
congegno di illuminazione 4952
congegno di regolazione 162
congegno di rettifica 2168
congegno di sospensione 9761
congegno lampeggiatore 1086
congegno per la misura delle altezze 4633
congelamento 4107
congelamento del terreno 4032
congelare 4105
congelazione del suolo 4111
congeliturbazione 2283
congiungere 9210
congiungere con ammorsatura 9210
conglomerato 1998
conglomerato basale 861
conglomerato bituminoso 647
conglomerato bituminoso a freddo 1053, 1828
conglomerato bituminoso aperto 6439
conglomerato bituminoso chiuso 2502
conicità 1162, 9856, 9857
connettore per cavi 1347
cono accidentale 182
cono alluviale 324
cono avventizio 182
cono carsico 1986
cono d'Abrams 9023
cono di deiezione 324
cono di depressione 1987
cono di falda 9844
cono di guida 9271
cono di lapilli 5496

cono di valanga 733
conoide alluviale 324
conoide alluvionale 324
conoide di deiezione 324
conoide di detrito di falda 9844
cono per prova di assestamento 9023
cono per prova di spandimento 9023
conopiano 6909
cono singolo 8874
conservare 2010
conservatoria dei registri immobiliari 1358
conservazione 7434
conservazione della coesione degli strati 5919
conservazione dell'ambiente 2009
consistenza 2012
consistenza dei lavori 8435
consolidamento del terreno 9103
consolidamento di pietrame mediante getto d'acqua 9020
consolidamento ripristinato 7854
consolidato
  non ~ 10416
consolidazione 2016
consolidazione a getto d'acqua 5349
consolidazione iniziale 5096
consolidazione per elettroosmosi 2017
consolidazione unidimensionale 6619
consorzio di imprese 5374
constatazione dello stato iniziale 9338
consulente 2044
consumo 10775
consumo degli ausiliari 7191
contabilità tecnica e mandati di pagamento contrattuale 2086
container 2053
contaminazione 2055, 7302
contaminazione dell'acquifero 532
contatore 2181
contatore a scintillazione 8433
contatore a tamburo 8079
contatore d'acqua 10714
contatore d'acqua ad elica 4638
contatore d'acqua a mulinello 4638
contatore d'acqua a palette 10500
contatore d'acqua rotodinamico 5068
contatore di Geiger-Müller 4242
contatto olio-acqua inclinato 5021
contatto petrolio-acqua inclinato 5021

contattore a triangolo 2496
contatto tettonico 9876
contenitore 2053
contenitore modulare 6819
contenitore per campioni 8363
contenitore Shelby 8759
contenuto d'acqua 6270, 10692
contenuto d'aria 248, 249
contenuto in acqua alla posa in opera 7157
contenuto in calce 5633
contenuto naturale d'acqua 6434
contestazioni 2771
contiguo 155
continentale 2056
continuazione verso il basso 2867
conto finale 3643
contorno dell'invaso 8786
contraddizione 2741
contrafforte 1331, 2183, 9584
contrappeso 2184
contrappeso mobile 8931
contrasto 2742
contratto 2084
contratto a forfait 5847
contratto a misura 6051
contratto basato su risultato di una gara 1893
contratto chiavi in mano 10302
contratto con penale e premio 1124
contratto in economia 2178
contratto negoziato 6454
contrazione 2027, 3038, 6488, 8803, 10533
contrazione di strati da regressione 6592
contrazione longitudinale 5779
contrazione trasversale 10194
controdado 1644
controimpronta 1486, 9113
controllare 1641
controllo 1640, 7891
controllo a distanza 7941
controllo a punto di fuga 10503
controllo automatico dell'avanzamento 708, 10198
controllo degli strati rocciosi 9491
controllo dei cedimenti 8681
controllo del cielo 8242
controllo del fiume 8143
controllo del funzionamento di un dispositivo di drenaggio 6293
controllo del funzionamento di uno schermo di iniezioni 6293
controllo della calotta 8242
controllo dell'ambiente 3309
controllo dell'avanzamento della perforazione 2960
controllo delle deformazioni 9481
controllo delle operazioni d'invaso 3629
controllo delle opere 9741
controllo delle piene 3828
controllo delle sollecitazioni 9533
controllo delle tensioni 9533
controllo dell'interrimento dei serbatoi 2105
controllo del massiccio roccioso 9491
controllo del tenore d'umidità 6272
controllo del tetto 8242
controllo di funzionamento 6653
controllo di qualità 7668
controllo di trasudamento 9203
controllo generale dei lavori 2043
controllo idraulico dell'avanzamento 4800
controllo individuale dei puntelli riferendosi a quello precedente 5051
controllo individuale dei sostegni in funzione di quello precedente 5051
controllore per puntelli 7581
contronucleo 10171
controventare 9586
controventatura 384, 8787, 10858
controventatura orizzontale 9585
controversia 2742
controversie 2771
convenienza economica di costruzione 3123
convento 2109
convergenza 2114, 2116
convergenza davanti al fronte di scavo 2115
convergenza iniziale 5097
convergenza parziale 5027
convergenza stratigrafica 2113
convertitore di coppia idraulico 4843
convertitore di misurazione 6077
convertitore idraulico 4791
convessità 3858
convesso 2750, 10520
convogliatore 2123
coordimetro 2135
coordinata polare 7289
coordinata sul fotogramma 4957
coordinate 2137
coordinate cartesiane 1444
coordinate della lastra 7216
coordinate generali 4364
coordinate geografiche 4273
coordinate locali 5732
coordinate misurate sulla lastra 7216
coordinate modali 6248
coordinate nello spazio 9146
coordinate ortogonali 7831
coordinate piane 7170
coordinate polari 7290
coordinate rettangolari 7831
coordinate sferiche 9184
coordinate spaziali 9146
coperchio della valvola 10484
coperchio dell'obiettivo 5575
coperchio valvola 10484
copertura 1825, 2192, 3519, 6752, 8243
copertura aerea 193
copertura assicurativa 5174
copertura a tegole di ardesia 8942
copertura di ardesia 8942
copertura di assicurazione 5174
copertura di ghiaccio 4932
copertura di vetro 4359
copertura multipla 6376
copertura nuvolosa 1764
copia 2140, 7966
copia a trasparenza 4641
copiare 2139, 7523
coppia 9394
coppia di punti 6806
coppia di rotori 8296
coppia di serraggio 10036
coppia di spunto 9336
coppia termoelettrica 9982
coppia vite senza fine-ruota 10915
coppiglia di fermo 5749
copriferro 1961
copment coprigiunto 10739
corda 1668
corda di Manila 5940
cordame di Manila 5940
corda vibrante 10574
 a ~ 10575
cordierite 2142
cordolo di saldatura 10806
cordone di saldatura 10806
coricamento 6786
coricato 3765
corindone 2172
corona 765, 1045, 1061, 1151, 2257
corona a diamanti 2627
corona a diamanti per carotieri a cavo 10878
corona a diamanti per perforazioni a rotazione 2627
corona a gradini 9387
corona a vite senza fine 10916
corona dentata 10916
corona diamantata 2627
corona di cunei 10792

corona di perforazione diamantata 2627
corona di sondaggio 1151
corona di supporto 2223
corona di trivellazione 1045
coronamento della diga 2372
corona per carotaggio 2154
corona per carotiere 2154
corona per estrazione di campioni 2154
corona per estrazione di carote 2154
corona per formazioni tenere 9076
corona per tubo carotiere 2154
corona scalinata 9387
corpi extraterrestri 3492
corpi galleggianti 3802
corpo concordante 1955
corpo dei pompieri 3677
corpo dei vigili del fuoco 3677
corpo della diga 1108
corpo della valvola 10492
corpo elastico 3164
corpo minerale 6683
corpo stradale 871
corpo valvola 10492
correggere 2165, 8656
correggere di nuovo 7992
correlazione degli strati geologici 2169
corrente alternata 341
corrente comprimibile 1928
corrente continua 2701
corrente del Perù 6992
corrente di densità 2513
corrente di gas 6181
corrente di Humbolt 6992
corrente di ritorno 8058
corrente di torbidità costante 9365
corrente laminare 5476
corrente litorale 329
corrente marina 6586
corrente orizzontale 9559
corrente pulsante 1871
corrente sotterranea 10360
corrente stratificata 9504
corrente sul fondo 10356
corrente tellurica 9895
corrente torbida 10288
corrente tridimensionale 10010
corrente turbolenta 10298
corrente uniforme 10385
corrente variabile 10510
correzione 2166, 2167, 4998
correzione d'alveo 8156
correzione della zona di alterazione 10780
correzione dinamica 6526
correzione per dispersioni termiche 2129
correzione statica 9343
corridoio 2170
corridoio carsico 5392
corrosivo 1510
corrugamento 8216
corrugamento caledoniano 1374
corsa 9569
a fine ~ 4378
corsa di allungamento 4165
corsa di prolunga 4165
corso 7791
corso a pelo libero 6635
corso d'acqua 10693, 10758
corso d'acqua conseguente 2007
corso d'acqua incassato 3294
corso d'acqua sotterraneo 10360
corso del fiume 8144
corso di confine 7792
corso inferiore 5816
corso medio 6175
corso principale 5903
corso superiore 4608, 10435
corta fronte 8791
corte 2190
cortile 2190
cortina di drenaggio 2889
cortina di dreni 2879
cortina principale di iniezione 5906
coseno di direzione 2173
coseno iperbolico 4910
costa a struttura longitudinale 6795
costa composita 1789
costa concordante 6795
costa di abrasione 1788
costa di flessura monoclinale 6295
costa di linea di faglia 3565
costa di scarpata di faglia 3565
costa di tipo dálmata 2363
costa di tipo pacifico 6795
costa esposta 10781
costa longitudinale 6795
costa monoclinale 6295
costante capillare 1409
costante del punto zero 10970
costante dielettrica 6981
costante di tempo 10060
costante moltiplicativa 6386
costante zero 10970
costanti di elasticità 3168
costa sopravvento 10781
costi di esercizio 8319
costi di estrazione 5612
costi di manutenzione 5916
costipamento 1875, 1876
costipamento del terreno 9089
costipamento standard 9310
costipare 7751
costipatore 1880
costipatore vibrante 10571
costipatrice-vibratrice 10571
costi per acquisto terreni e per indennità 5481
costi per il combustibile 4153
costi proporzionali 5031
costo aggiuntivo 3483
costo capitale 1415
costo di costruzione 3414
costo di esecuzione 3414
costo di fabbricazione 3414
costo investimenti 1415
costo limite 1225
costo totale 6749
costo totale attualizzato 10126
costruire 1287
costruire un argine di ritenuta della ripiena 1442
costruttore 5950
costruttore del grosso macchinario 4622
costruzione 9582
in ~ 10349
costruzione antisismica 3104
costruzione a un piano 5807
costruzione bassa 5807
costruzione con il metodo dell'asse centrale 1593
costruzione con struttura in calcestruzzo 1965
costruzione con struttura portante in calcestruzzo 1965
costruzione delle ture 1814
costruzione di macchine 5857
costruzione di strade della città 10456
costruzione di strade urbane 10456
costruzione edilizia abitativa 4764
costruzione in mattoni 1249
costruzione in terra, armata 7900
costruzione per appartamenti standard 10322
costruzioni idrauliche 4836
cotangente iperbolica 4911
cotica erbosa 9057
covellina 2191
covellite 2191
cratere 2204
cratere a bocche multiple 1984
cratere di lava 5533
cratere doppio 10305
cratere subterminale 9640
crateri gemelli 10305
cravatta 1700
cravatta per tubi 7137
crepa 2198

crepaccia laterale 5964
crepaccia marginale 5964
crepaccio 2220
crepitare 2206
crepitare 2200
cresta 607
cresta della diga 2372
cresta isoclinale 4698
Cretaceo 2219
Cretaceo inferiore 5810
Cretaceo superiore 10429
creta lacustre 5454
cricco 8664
cricco idraulico per deviare 8952
criolite 2279
criologia 2280
criopedologia 2281
crioplanazione 2282, 2283
cripta 2284
criptogenetico 2285
criptolite 6283
criptovulcanismo 2286
crisoberillo 1678
crisocolla 1679
crisolite di Ceylon 6952
cristallino 2291
cristallizzazione 2296
cristallo 2287
cristalloblastesi 2297
cristallo di rocca 7685
cristallo emimorfo 4642
cristallografia 2298
cristallografia ottica 6663
criteri di progettazione 2560
criteri di sicurezza 8334
criterio di cavitazione 1536
criterio di Coulomb 4127
criterio di flusso 2227
criterio di regime di flusso 2227
criterio di Reynolds 8080
criterio di rottura 2226
crivello 8456, 8831
croce de erogazione 1669
croce de eruzione 1669
crocevia 2245
crocoite 2238
crollare 1516
crollo 1517, 3528
crollo di forma circolare 1506
crollo di roccia 8184
croma 1670
cromato di sodio 9064
cromite 1673
crono 1674
cronometro 1675
cronostratigrafia 1676
cronozona 1677
crosta continentale 2059
crosta di ghiaccio 8754
cubatura della diga 10632

cucchiaio della pala 8800
cucchiaio di dissipazione 3792
cucina 5436
cuesta 2303
cuffia 7110
cuffia di infissione 7119
culotta 265
cunei di arresto 8276
cunei di compressione 10885
cunei di compressione in legno 10885
cunei di ritenuta 8276
cunei di trascinamento dell'asta motrice 5416
cunei di trascinamento dell'asta quadra 5416
cuneo articolato 10080
cuneo di montaggio 8674
cuneo di regolazione 8674
cuneo di trascinamento 2871
cuneo ottico 7525
cunetta 4551
cunicolo 153, 154, 269, 1620, 2305, 4180, 10277
cunicolo d'accesso 76
cunicolo dei cavi 1354
cunicolo di cacciata 8438, 8444
cunicolo di circolazione 10204
cunicolo di comunicazione 9329
cunicolo di scarico 2921
cunicolo di sondaggio 152
cunicolo d'ispezione 5143
cupola 2309, 2310
cupola d'acqua 10694
cupola ellissoidale 1205
cuprite 2312
curie 2313
curva 980, 2321
curva altezze-aree dello specchio d'acqua 2529
curva altezze-volumi 2540
curva aree dello specchio d'acqua-volumi 586
curva aree-volumi dello specchio d'acqua 586
curva caratteristica 1632
curva caratteristica di potenza 7375
curva caratteristica di potenza a caduta costante e portata regolata 7372
curva caratteristica di potenza a salto costante e portata regolata 7372
curva caratteristica di un puntello 5726
curva carico-cedimenti 5724
curva carico-deformazione 5726
curva cedimenti-tempo 8684
curva degli assestamenti in funzione della distanza della zona di coltivazione 2592
curva degli errori 3355
curva dei cedimenti in funzione del tempo 10945
curva della produzione 7542
curva delle deformazioni in funzione delle sollecitazioni 9543
curva delle portate cumulate 5998
curva delle velocità 10531
curva del momento di rotazione 10106
curva de Mohr 6267
curva densità/contenuto d'acqua 2515
curva d'errore di uno strumento di misura 3356
curva di abbassamento 9628
curva di cavitazione 1530
curva di cedimento 9543
curva di compattazione Proctor 7532
curva di consolidazione 10059
curva di convergenza in funzione del tempo 2119
curva di coppia 10106
curva di costipamento 7532
curva di distorsione 2324
curva di fatica 10881
curva di frequenza delle portate 3877
curva di liquidità 3873
curva di livello 2080, 5296
curva d'imballamento 2325
curva d'invaso 789
curva di portata 4599
curva di raffreddamento 2130
curva di rendimento 3151, 3152
curva di rigurgito 789
curva di rigurgito d'abbassamento 2906
curva di risonanza 8030
curva di saturazione 8396, 10964
curva di scarico 7809
curva di spostamento 2765
curva di sviluppo dei cedimenti 2593
curva di taratura 1376
curva di taratura di uno strumento di misurazione 1377
curva di ugual spessore 5303
curva di utilizzazione degli afflussi 5193
curva di Wöhler 10881
curva granulometrica 4400
curva intrinseca di Mohr 6267
curva inviluppo 6267
curva inviluppo di Mohr 6267
curva isocromatica 5289

curva pressione-indice dei vuoti 7482
curva profondità-tempo 2538
curva sforzo-deformazione 9543
curva standard 9311
curvatura 982, 2319
curvatura della terra 2320
curvatura terrestre 2320
curve collinari 8762
cuscinetto ad aghi 6448
cuscinetto a rotolamento 8225
cuscinetto a rulli 2357
cuscinetto a rulli a botte 848
cuscinetto a rulli conici 9858
cuscinetto a sfere 807
cuscinetto a sfere di spinta 10022
cuscinetto assiale a rulli 10024
cuscinetto assiale a sfere 10022
cuscinetto a strisciamento 7161
cuscinetto di base 1164
cuscinetto flottante 3800
cuscinetto folle 3800
cuscinetto liscio 7161
cuscinetto oscillante 3800
cuscinetto portante 1164
cuscinetto radente 7161
cuscinetto radiale a rulli 7713
cuscinetto radiale a sfere 7704
cuscinetto volvente 8225
cuspide 9209
cutback 2332

dado 6556
dado a colletto 3759
dado ad alette 10870
dado autobloccante 1644
dado cieco 1416
dado con base 3759
dado della valvola 10493
dalla parte della colmata 4375
danneggiamento 2366
danni 2368
danni causati dalla miniera 6211
danno 2366
danno apparentemente causato dall'attività mineraria 504
danno conseguente 2006
danno indiretto 5046
danno recato ai campi 2367
darcy 2391
dare la distorsione 2458
data del collaudo 1870
datazione 2401
datazione con il carbonio-14 1427
datazione con il metodo del carbonio-14 1427
datazione con il metodo dell'uranio-234 10451
datazione con il metodo dell'uranio-238 10452

datazione con i metodi dell'uranio-piombo 10454
datazione ottenuta con il carbonio-14 1427
datazione ottenuta con il metodo del carbonio-14 1427
dati di campagna 3609
dati di cantiere 3609
dati idrologici 4872
dati pluviometrici 7735
davanzale interno 521, 824
decalcificazione 2416
decantazione 2417
decapaggio 1726
décauville 6413
declinazione 5883
declinazione magnetica 5883
declivio 4397, 8994
decomposto 6463
decorazione 2425
deficienza 1286
deficit di deflusso 3874
definizione 8725
deflessione 434, 2603
deflettere 2444
deflettore 792, 3792
deflettore del getto 5343
deflocculazione 2455
deflusso ipodermico 8321
deflusso sotterraneo 10358
deflusso superficiale 8321, 9711
deformabilità 2459
deformare 2458
deformarsi 981, 2457
deformata 5005
deformato 5005
deformazione 2460, 3464, 3858
deformazione alla rottura 2461, 9479
deformazione al limite di snervamento 10950
deformazione angolare 434
deformazione da gelo 4148
deformazione dell'immagine 2467
deformazione di taglio 8747
deformazione elastica 3165, 3176
deformazione elastoplastica 3173
deformazione lenta del terreno 2207
deformazione longitudinale 5771
deformazione permanente 6968, 7199
deformazione piana 7179
deformazione plastica 360, 2210, 7199
deformazione principale 7509
deformazione relativa 9478
deformazione reversibile 8074
deformazione trasversale 10187
deformazione unitaria 10397

deformazione volumetrica 10638
deformometro 2469, 5364
degassificazione 2471
deglaciazione 2472
degradazione 10779
degradazione chimica 1653
degradazione meccanica 6087
delineare 2900
dell'aria 265
delta 2494
delta arcuato 578
delta a zampa d'oca 5730
delta digitato 5730
delta di lava 5527
delta di marea 10029
delta di marea esterna 10029
delta di marea interna 10029
demodulatore 2575
demolito 4063
demolitore 1958
demolizione 2498
demolizione dei pilastri 1898
demolizione della diga 2383
dendrite 2499
dendrocronologia 2500
dendroidrologia 2501
densimetro 200, 2504
densimetro a membrana 6103
densità 2506, 2507, 2511, 2508
densità apparente 501
densità assoluta 2509
densità assoluta vera 22
densità d'armamento 9680
densità dei puntelli 7582
densità della colmata 9465
densità della neve 9041
densità della ripiena 9465
densità della terra secca 2517
densità dell'esplosivo 2510
densità del materiale saturo 10965
densità del terreno saturo 2518
densità del terreno secco 2517
densità del traffico 2519
densità di fessurazione 1756
densità di riempimento 2478
densità di rivestimento 9680
densità di sostegno 9680
densità di un gas 2516
densità relativa 7913
densità volumetrica Proctor 7535
densitometro 2505
dentatrice 4238
dente di arresto 7773
dente di dissipazione 793, 1682
dente di frazionamento 6411
dentello 8745
denudamento 2521, 3351
deperimento 10775
depositare limo 8869
depositi abissali 50

depositi batiali 903
depositi detritici 6904
depositi di ghiaccio nel terreno 4152
depositi di mare profondo 2438
depositi glaciali 4334
depositi pelagici 2438
deposito 1364, 9429, 9458
deposito alloctono 316
deposito alluvionale 10669
deposito autoctono 700
deposito carbonaceo 1421
deposito carbonatico 1425
deposito colluviale 1853
deposito da disgelo 4147
deposito di burrasca 10763
deposito di estuario 3381
deposito di limo 8864
deposito di marea 10030
deposito di materiale solido 8517
deposito di paraffina 6837
deposito di scarti 9217
deposito di soliflusso 4598
deposito eolico 10857
deposito fluviale 3929
deposito fluvioglaciale 3931
deposito fluviomarino 3934
deposito glaciale 2936
deposito glaciolacustre 4349
deposito idrotermale 4901
deposito marginale 5966
deposito massivo 6004
deposito paraffinoso 6837
deposito periferico 5966
deposito primario 7495
deposito regressivo 7884
deposito secondario 8501
deposito stratificato 9507
deposito superficiale 10669
deposito tabulare 9818
deposito trasgressivo 10162
deposizione 2524
deposizione di fango 8864
depressione 9627
depressione carsica 5394
depressione da fusione di ghiacciaio 5420
depressione dell'orizzonte 2699
depressione dinamica 3070
depressione locale 5733
depressore 10467
depuratore d'acqua 10723
depuratore dell'aria 243
depurazione dell'acqua di alimentazione 3581
depurazione dell'acquifero 539
deriva dei continenti 2060
deriva litorale 5697
derivare 2919
derivare acqua 40

derivata 2542
derivazione 1011, 10879
derrick 2546
desalificazione 2550
descrizione dei lavori 2552
deserto roccioso 8207
desmina 9422
desquamazione 3418
destra
 a ~ 8082
deterioramento delle dighe 2578
determinare la posizione 5738
determinazione astronomica della posizione o del punto 665
determinazione della posizione 7342, 7344
determinazione della pressione con procedimenti acustici 7451
determinazione della pressione per metodi acustici 7451
determinazione delle altezze 2579
determinazione delle coordinate assistita da elaboratore 1946
determinazione del punto 7342
determinazione di posizione 5739
determinazione fotogrammetrica della posizione 7057
determinazione topografica della posizione 10097
detettore 2575
detettore dei raggi gamma 4186
detettore delle perdite di circolazione 5800
detettore delle perdite di fango 5800
detettore di gas 4209
detettore di vibrazioni 10579
detonatore 1074, 2582
detonatore a ritardo 2485
detonazione 2581
detritico 2583, 4061
detriti di frana 1513
detriti di perforazione 2343
detriti di roccia al piede 9845
detriti di trivellazione 2343
detrito 2585
detrito alluvionale 325
detrito di falda 8451, 9003, 9845
detrito di scarpata 9003
detrito fino di faglia 3562
detrito glaciale di fondovalle 10476
deviare 2444, 9838
deviare un pozzo 2445
deviatore 2608
deviatori 2446
deviazione 740, 2601, 2602, 2603, 8660
deviazione a destra 8106

deviazione angolare 434
deviazione a sinistra 5563
deviazione dalla verticale 2605
deviazione del foro 2606
deviazione dello scalpello 1047
deviazione del pozzo 2606
deviazione in più fasi 6391
deviazione in una sola fase 8891
deviazione residua 10966
deviazione standard 9312
deviazione tipica 9312
Devoniano 2610
Devoniano inferiore 5811
Devoniano medio 6171
diaclasi 2614, 5358
diaclasi da decompressione 7924
diaclasi da taglio 8739
diaclasi di estensione 3468
diaclasi longitudinale 9557
diaclasi orizzontale 900
diaframma 2631, 2632, 8454
diaframma ad iride 5273
diaframma deformabile 2632, 2633
diaframma di palancole 1302, 8756
diaframma di pali compenetrati 8499
diaframma di tenuta 2159, 10075
diaframma scavato in presenza di fango pesante o bentonitico 9026
diaframma sottile 2639
diagenesi 2615
diagenesi ambientale 3298
diagenesi freatica 7080
diagenesi per sotterramento 1317
diagenesi relativa all'ambiente 3298
diagnosi delle anomalie di funzionamento 2618
diagnosi delle anomalie di servizio 2618
diagrafia 5762, 10820
diagrafia acustica 102
diagrafia con il metodo dei potenziali spontanei 9221
diagrafia dei detriti di perforazione 2344
diagrafia della perforazione per raggi gamma 4189
diagrafia di pendenza 2697
diagrafia di resistività 8025
diagrafia elettromagnetica del foro 3207
diagrafia elettromagnetica della perforazione 3207
diagrafia elettromagnetica del pozzo 3207
diagrafia gamma 4189

diagrafia gamma della perforazione 4189
diagrafia gamma-gamma 4184
diagrafia istantanea 5150
diagrafia laterale focalizzata a sette elettrodi 3945
diagrafia laterale focalizzata a tre elettrodi 3946
diagrafia neutrone-gamma 6476
diagrafia neutrone-neutrone 6478
diagrafia neutrone-neutrone per impulsi 4999
diagrafia nucleare 7719
diagrafia per fluorescenza 3916
diagrafia per raggi gamma 4189
diagrafia per risonanza magnetica 6544
diagrafia radioattiva 7719
diagrafia selettiva e spettroscopica gamma-gamma 8576
diagrafia selettiva gamma-gamma 8575
diagrafia sonica 102
diagrafia ultrasonica 102
diagramma 2622
diagramma acustico 109
diagramma a induzione 5060
diagramma a raggi gamma 4190
diagramma carico-rendimento 5726
diagramma cedimenti-tempi 10945
diagramma circolare di deformazione 2462
diagramma con il metodo dei potenziali spontanei 9220
diagramma degli errori 3358
diagramma dei diametri del sondaggio 1381
diagramma dei potenziali spontanei 9220
diagramma dei PS 9220
diagramma della resistività lungo il pozzo 6195
diagramma della trivellazione per raggi gamma 4189
diagramma delle altezze 2623
diagramma delle velocità 9174
diagramma di densità lungo il foro 4009
diagramma di neutroni 6477
diagramma di perforazione 1142
diagramma di permeabilità 6973
diagramma di plasticità 7201
diagramma di potenziale spontaneo 9220
diagramma di radioattività 6543
diagramma di resistenza elettrica 3196
diagramma di un sondaggio 1142
diagramma elettrico 3185
diagramma geofisico 4307
diagramma geotermico 4319
diagramma nucleare 6543
diagramma per raggi gamma 4189
diagramma per risonanza magnetica 6544
diagramma polare 7291
diagramma sonico 109
diamante 2626
diamante industriale 5062
diametro caratteristico della turbina ad elica 1635
diametro caratteristico della turbina Francis 1633
diametro caratteristico della turbina Pelton 1634
diametro del campione 2946
diametro del foro 1139
diametro della carota 2946
diametro dello scalpello 1051
diametro del pozzo 1139
diametro del sondaggio 1139
diametro efficace 3137
diametro utile del diaframma 3136
diapirismo 2642
diapiro 2640, 2641
diapositiva 2643
diasporametro 8287
diastema 2644
diastrofismo 2646
diatrema 2648
dicco 2671, 3064
dickite 2649
difetti di funzionamento 5277
difetto 1286
difettoso 5026
differenza angolare 435
differenza di carico 4811
differenza di distorsione 2657
differenza di potenziale 7358, 7359
differenza di pressione 7452
differenza di quota 2654
differenza di scala 2655
differenza di tempo 2653
differenziale 2656
differenziazione diagenetica 2616
differenziazione magmatica 5873
diffrazione 2603
diffusione del getto 5344
diffusione del punto dell'immagine 2666, 7706
diffusore 2667
diga 2364
diga a contrafforti 1332
diga a contrafforti ad asse curvo 554
diga a contrafforti a volte multiple 6373
diga a contrafforti e solette 1399, 3772
diga a cupola 2311
diga a cupole multiple 6377
diga ad arco 557
diga ad arco ad angolo costante 2020
diga ad arco ad angolo di apertura costante 2020
diga ad arco a doppia curvatura 2839
diga ad arco a raggio costante 2022
diga ad arco a raggio variabile 10513
diga ad arco a semplice curvatura 8883
diga ad arco a spessore variabile 10514
diga ad arco a spirale logaritmica 5760
diga ad arco cilindrica 2356
diga ad arco di spessore costante 2025
diga ad arco ellittica 3229
diga ad arco-gravità 561
diga ad arco parabolica 6833
diga ad arco policentrica 6364
diga ad arco sottile 9998
diga ad arco spessa 9988
diga a doppia curvatura 2311
diga a gravità 4443
diga a gravità cava 4710
diga a gravità curva 2323
diga a gravità di calcestruzzo con paramento di monte in muratura ordinaria 1966
diga alleggerita 4710
diga a scogliera 8186
diga a scogliera con diaframma di conglomerato di bitume 8187
diga a scogliera con nucleo 8185
diga a scogliera con nucleo verticale o inclinato 8185
diga a scogliera con paramento di calcestruzzo 8188
diga a scopi multipli 6387
diga a speroni 6003
diga a speroni ad asse curvo 554
diga a speroni a testa rombica 2361
diga a speroni con testa a forma di diamante 2361
diga a speroni con testa a T 9880
diga a speroni con testa grossa 2423

diga a speroni con testa tonda 8300
diga a volta 557
diga a volta sottile 9998
diga a volta spessa 9988
diga a volte multiple 6374
diga cava 4710
diga-centrale 846
diga con soglia dello sfioratore a forma di S 6766
diga con soglia tracimabile a forma di S 6766
diga con soglia tracimabile con paramento di valle a gola rovescia 6766
diga costruita con il procedimento idraulico 4801
diga del tipo Ambursen 3772
diga d'estuario 3384
diga di calcestruzzo rullato 8220
diga di derivazione 2808
diga di gabbioni 893
diga di materiali sciolti 3238
diga di muratura grossolana 8315
diga di pietrame 8186
diga di rifasamento 217
diga di rigurgito 9738
diga di sterili 9828
diga di terra armata 7899
diga di terra mista 1913
diga di terra omogenea 4718
diga di trattenuta di residui industriali 5065
diga di trattenuta di sterili di miniera 6202
diga emergente 6510
diga in calcestruzzo rullato 8220
diga in elementi prefabbricati 7401
diga in legname con terra e pietrame 2225
diga in materiale sciolto 3238
diga in muratura 5996
diga in muratura grossolana 8315
diga in terra 3090
diga in terra armata 7899
diga in terra costruita con il procedimento idraulico 4801
diga in terra mista 1913
diga in terra omogenea 4718
diga in terra zonata 1910
diga mista 1909
diga non presidiata 2389
diga non tracimabile 6510
diga per alimentazione d'acqua potabile 2374
diga per controllo delle piene 3829
diga per produzione di energia 4861
diga per regolazione 7093, 7887
diga precompressa 7485
diga presidiata 2388
diga secondaria 8328
diga tracimabile 1754, 6763
dighe a contrafforti 1332
dighe ad arco 556
dighe a gravità 4443
dighe a speroni 1332
dighe a volta 556
dighe di calcestruzzo 1964
dighe di materiali sciolti 3238
dighe in calcestruzzo 1964
dilatabilità 3424
dilatanza uniforme 10384
dilatare 3422
dilatazione 2674, 2675, 3230
dilatazione termica 9969
dilatazione trasversale 10188
dilatazione uniforme 10384
dilatometro 2676
dilatòmetro a tasto 3583
dilavamento 3234, 8753, 10674, 10675, 10676
dilavare 5545
dilavato 5546
diluire 2678
Diluviale 7224
Diluvio-glaciale 7224
diluvium 2936
dimensionamento 2680
dimensionamento economico delle opere di adduzione 6676
dimensionamento ottimale della centrale 8919
dimensionamento ottimale delle opere di adduzione 6676
dimensione dei fori del vaglio 8833
dimensione dei granuli 6868
dimensione delle maglie del vaglio 8833
dimensione di una grandezza 2682
dimensioni della parcella di terreno 8909
dimensioni della parte utilizzabile del fotogramma 10458
dimensioni della particella di terreno 8909
dimensioni della pellicola 3635
dimensioni del terreno 8909
dimensioni del terreno fabbricabile 8909
diminuire d'intensità 2650
diminuire in larghezza 2427
diminuzione 1162
diminuzione della luminosità, nitidezza ecc. 2428
diminuzione della potenza 2113
diminuzione di luce 2429
dimorfismo 2683
dinamica 3077
dinamica dei fluidi 3896
dinamica dei liquidi 4859
dinamica del massiccio montuoso 4478
dinamica di coltivazione 9496
dinamo 3080
dinamometro 3081
dinamòmetro per misurazioni di pressione nella ripiena 6802
diopside 2686
dioptasio 2687
diorite 2691
diorite quarzifera 7683
diottra 8835
diottra a cannocchiale 9893
diottria 2688
diottrica 2690
dipolare 1044
diradato 10846
diramazione 1011
diramazione di condutture 5939
direttore dei lavori 659, 2089
direttore dei sondaggi 2989
direttore di progetto 7560
direzione 926, 9554, 10210
in ~ dello strato 331
direzione d'avanzamento 2709
direzione degli strati 10210
direzione dei filoni 3265
direzione dei lavori 2038
direzione del cantiere 8914
direzione del foro 2966
direzione del fotogramma 933
direzione della deviazione 2704
direzione della pendenza 4398
direzione della perforazione 2966
direzione dell'asse dell'apparecchio fotografico 933
direzione delle fessure 2706
direzione del volo sul terreno 2707
direzione di abbattimento 2709
direzione di avanzamento della perforazione 2708
direzione di coltivazione 2709
direzione di presa 933
direzione di rotazione 8604
direzione di vista 933
direzione effettiva 2707
direzione lavori 2038
direzione verticale 10554
direzioni ortogonali 6715
dirigere 302
dirigibilità 2097
diritti 8311

diritto di sfruttamento di un giacimento 6216
diritto minerario 6216
disaccordo 2742
disarmare 2918, 2920, 9561
disassamento 6227
disassamento del servosistema 6228
disattivazione 2527
disboscamento 2456
discarica 6339, 10071
discarica di detriti di frana 1515
discendere i tubi di rivestimento 5134
discendere le aste di perforazione 5818
discenderia 2405
discenderia di collegamento 7754
discenderia laterale 5517
discesa della batteria di rivestimento 5812
disciplina delle acque 10698
disclimax 2732
disco 2752
disco di guarnizione 8482
discontinuità 2734, 2735
discontinuità di Gutenberg 10850
discontinuità stratigrafica 2733
discordante 2736
discordanza 2733
disco valvola 10488
discrepanza 2741
discriminatore integrale 5181
disegnare 2555, 2900
disegnatore 2899
disegni delle armature 7904
disegni delle casseforme 8814
disegni di consistenza 640
disegni di massima 6742
disegni esecutivi delle opere realizzate 640
disegno conforme costruito 640
disegno corretto 8077
disegno degli scavi 3406
disegno delle fondazioni 4037
disegno di dettaglio 2570
disegno di montaggio 3344
disegno di progetto 2556
disegno di progetto preliminare 6743
disegno di revisione 8077
disegno esecutivo 512
disegno revisionato 8077
disegno tecnico 2911, 9870
disfarsi 8937
disgelo 9955
disgregarsi 8937
disgregato 4063
disgregatore 2340
disgregazione 1236, 8939

disgregazione granulare 6191
disinnesco 2527
disinnesto 2747
disinseritore 7923
dislivello 2654, 5610
dislocato 2801
dislocazione 2754, 3553
dispersione 2759, 2760, 5552, 5554
dispersione dei risultati 8420
displuviale delle acque sotterranee 4491
dispositivi tecnici 9869
dispositivo antincendio 3673
dispositivo ausiliario di misurazione 725
dispositivo ausiliario di sgancio 727
dispositivo con disco rotante per la determinazione dei danni cavitazionali 8285
dispositivo da disegno 2914
dispositivo d'allarme 3252
dispositivo di allarme 293, 10668
dispositivo di arresto della portata solida 8533
dispositivo di bloccaggio 1700
dispositivo di comando 2106
dispositivo di drenaggio 2891
dispositivo di fissaggio 1700
dispositivo di giunzione 5216
dispositivo di giunzione di palancole 5216
dispositivo di lettura 7798
dispositivo di mira 8836
dispositivo di posa 8662
dispositivo di proiezione 7563
dispositivo di puntamento 8836
dispositivo di rettifica 2168
dispositivo di rettificazione in campagna 3604
dispositivo di richiamo 8059
dispositivo di sbloccaggio 1663
dispositivo di scatto 7923
dispositivo di serraggio 1700
dispositivo di sgancio 7923
dispositivo di sollevamento per aste 8211
dispositivo di sospensione per tubi di rivestimento 1471
dispositivo di telecomunicazione 9881
dispositivo di uomo morto 2413
dispositivo eiettore con disco rotante per determinazione dei danni cavitazionali 3023
dispositivo per il rientro 8052
dispositivo per il ritiro 8052
dispositivo per prove su modelli 8100

dispositivo portatile per prova puntelli 9945
dispositivo strappa-puntelli 9785
disposizione 602, 3503
disposizione a denti di sega 8398
disposizione allineata 5120
disposizione a triangolo 2621
disposizione dei fori 1143
disposizione dei puntelli 9801
disposizione dei puntelli a doppia fila di denti 2851
disposizione dei supporti a triangolo 10217
disposizione delle frange d'interferenza 6679
disposizione delle fratture 4057
disposizione di elettrodi 3198
disposizione di rilevamento 604
disposizione di ripresa 604
disposizione generale delle opere 4249
disposizione in strati 603
disposizione isocromatica 6679
disposizioni relative all'offerta 5156
dissabbiamento del pozzo 10813
dissabbiatore 2551, 2566, 8379
dissalazione 2550
disservizio 6724
dissipatore 9423
dissipatore a risalto idraulico 4816
dissipatore a risalto idraulico con denti 4817
dissipatore a risvolto 1274
dissipatore a risvolto a vortice orizzontale 9116
dissipatore a risvolto con denti 9006
dissipatore a risvolto con soglia 1275
dissipatore con denti 4973
dissipatore di energia 3271
dissipazione 3899
dissipazione d'energia 3272
dissipazione di energia 2773
dissodatore meccanico 2304
dissoluzione 5547
distaccare 784
distaccarsi 9152
distacco degli strati 961
distale 2777
distanza 2778, 2779, 7760, 9151
distanza dell'oggetto 6560
distanza del punto di scoppio 8796
distanza di intersezione 2786
distanza focale 3947
distanza focale della fotografia 3949

distanza focale dell'obbiettivo di
    restituzione 3948
distanza fra diaclasi 5372
distanza fra gli speroni 1333
distanza fra i contrafforti 1333
distanza fra i fori 1144
distanza fra i puntelli 7588
distanza fra le fessure 5247
distanza interoculare 5234
distanza interpupillare 5234
distanza ipocentrale 3943
distanza nadirale 424, 6401
distanza nadirale in direzione del
    volo 3991
distanza nadirale trasversale alla
    direzione del volo 5519
distanza orizzontale 4738, 7167
distanza principale 7510
distanza principale della
    fotografia 7511
distanza reale 7167
distanza tra gli occhi 5234
distanza tra i ferri 7907
distanza tra le barre 857
distanza zenitale 10961
distanziamento 857
distanziato 10846
distanziatore fra armatura e
    cassero 7906
distanziatore telescopico 9894
distanziometro 2789, 2842, 7763
distorcere 2458
distorsione 2794, 3858
distorsione a barile 849
distorsione a cuscino 2328
distorsione a forma di barile 849
distorsione a forma di cuscino
    2328
distorsione di una lente 5576
distretto mineralizzato 6192
distribuirsi 8767
distributore 4546
distributore idraulico 4792
distribuzione casuale dei
    campioni 7758
distribuzione dei campioni 8364
distribuzione della dimensione
    dei pori 7324
distribuzione della pressione
    idrostatica 4897
distribuzione della responsabilità
    2819
distribuzione delle precipitazioni
    6299
distribuzione delle tensioni 9534
distribuzione mensile delle
    precipitazioni 6299
distribuzione sistematica dei
    campioni 9803
distribuzione spaziale 3503

distribuzione statistica della
    dimensione dei granuli 4413
distribuzione statistica
    granulometrica 4413
distruggere una parte dei tubi di
    rivestimento 6184
distruggere un tratto dei
    rivestimenti 6184
disturbo di comprimibilità 1924
disturbo nel campionamento 8367
disturbo sismico 6166
divagazione 10664
divano 2180
diversione 2807
diversione in altro bacino 5187
divisione del nonio 10543
divisione di un'area 7163
divisione di una superficie 7163
divisorio della ripiena 9469
divisorio di ritenzione della
    colmata 9469
divisorio in vetro 4357
divisorio per ripiena 8453
DME di bordo 3212
documentazione d'offerta 9914
documenti di concorso pubblico
    9914
documenti d'offerta 9914
Dogger 6172
dolina 2821, 8897
dolomia 2823, 2824
dolomitizzazione 2826
dominio della frequenza 4114
dominio del tempo 10062
domo salino 8356
doppia intersezione all'indietro
    nello spazio 2846
doppia intersezione nello spazio
    2846
doppia proiezione 2848
doppia rifrazione 2850
doppio rapporto 2249
doppio vertice di piramide 2846
dorsale di detrito 3376
dosaggio del cemento 1557
dosatore 3580
dosatore a peso 10795
dosatore dell'acqua 10726
doveri dell'ingegnere consulente
    9933
draga 2927
draga a catena di tazze 3223
draga a tazze 3223
draga con benna a valve 1709
draga con benna mordente 1709
dragaggio 2929
dragare 2926
drenaggio 2611, 2875
drenaggio in pietrame 9434
drenaggio per spinta di gas 4211

drenare 2872
drenato
    non ~ 10375
dreni 2896
dreno 2873, 5195
dreno collettore 1497
dreno da perforazione 2883
dreno di raccolta 1497
dreno di sabbia 8372
dreno filtrante 10793
drillometro 2971
druse 10649
Duc d'Albe 2827
dumper 3053
duna 3054
duna a mezzaluna 831
duna costiera 5698
duna longitudinale 8549
duna migrante 10665
duna mobile 10665
duna subacquea 9596
duomo 1503
duomo salino 8356
durabilità 3055
durabilità d'esercizio 3057
durabilità di costruzione 3056
duralluminio 3058
durata della manovra di recupero
    3704
durata della perforazione 2991
durata della posa 3059
durata della presa 8671
durata della vita 10902
durata dell'esposizione 3059
durata dell'inizio della presa 5105
durata dell'inizio presa 5105
durata del pescaggio 3704
durata del sondaggio 2991
durata di ammortamento 6889
durata di chiusura di un pozzo
    1761
durata di eruzione 3882
durata di esercizio 3436, 10902
durata di servizio 222
durata di un pozzo 5607
durata di utilizzazione 3436
durata di utilizzazione della
    potenza installata 7192
durata di vita 222
durata in servizio 5609
durezza 4587
durezza all'incisione 8450
durezza dell'acqua 4587
durezza Rockwell 8205
durezza sclerometrica 8450
durezza Shore 8784
durezza Vickers 10588
duro 8109
duttile 3048, 10132
duttilità 3049

eccentricità 3115
eccentricità dei raggi 4636
eccentricità lineare 5655
eccentrico 3111
eclissi 2395
ecologia 3117, 3118
economia applicata all'ingegneria 3278
economia dell'approvvigionamento idrico 10698
economia delle acque 10698
economia dello sterile 7875
economia energetica 7376
economicità di costruzione 3123
ecoscandaglio 3116
ecoscandaglio ultrasonoro 10332
ecosistema 3124
ecotipo 3127
ecotono 3126
edificare 1287
edificio 1288, 9582
edificio con appartamenti tipo 10322
edificio della centrale 7382
edificio residenziale con appartamenti tipo 10322
edificio residenziale tipico 10322
edificio storico 4695
edilizia 565
edometro 2019
effetti biocorrosivi delle condizioni ambientali 1025
effetti biocorrosivi sulle condizioni ambientali 1025
effetti diretti 2702
effetti indiretti 5044
effetti indotti 5058
effetti nocivi 183
effetto arco 562
effetto cassetto 2910
effetto continuo 2076
effetto degli errori 3148
effetto della luce 5617
effetto di pressione 7453
effetto di profondità 9404
effetto di raffreddamento 2131
effetto giroscopico 4559
effetto intermittente 5220
effetto isotopico 5313
effetto piezoelettrico 7100
effetto scala 8401
effetto secondario 220
effetto spaziale 9404
effetto stereoscopico 9404
effetto utile 3146
effetto volumico 1299
effettuare 9838
effettuare una ripiena 9463

effettuare un prelievo d'acqua 40
efficacia della trasmissione di potenza idraulica 3147
efficacia di funzionamento 3149
efficienza 3150
efficienza di funzionamento 3149
efficienza idraulica 4797
efflorescenza 3155, 5465
effluire 9191
efflusso dell'acquifero 536
efflusso per fuga 5553
elaborazione 3162
elaborazione centralizzata di dati 1581
elaborazione dei dati 2400
elasticità 3166, 3167
elasticità di fissaggio 3169
elasticità lineare 5656
elasticità residua 3163
elasticità susseguente 3163
elastomero 3179
elaterite 3181
elementi concatenati 1499
elementi dell'orientamento esterno 2399
elementi dell'orientamento interno 2398
elementi di orientamento 3218
elementi di rivestimento 9682
elementi di sostegno 9682
elementi distanziatori 2782
elementi prefabbricati in cemento armato 7399
elementi vibranti 10570
elemento costruttivo 10392
elemento del filtro 3637
elemento di comando 6011
elemento di pompa 7632
elemento di prolunga 3470
elemento di raffreddamento 2132
elemento di refrigerazione 2132
elemento di supporto 9682
elemento filtrante 3637
elemento fluido 3897
elemento indicatore 6876
elemento isoparametrico 5304
elemento liquido 3897
elemento modulare 6259
elemento pompa 7632
elemento portante 5707
elemento prefabbricato 7417
elemento prefabbricato in calcestruzzo armato precompresso 7404
elemento prefabbricato in cemento armato 7403
elemento prefabbricato in cemento armato precompresso 7404
elemento sensibile 8615

elemento vorticoso 3128
elenco prezzi 8423
elettricista 3194
elettrocalamita di pescaggio 3205
elettroendosmosi 3215
elettroforesi 3217
elettroidrometria 3202
elettrolita 3203
elettrolito 3203
elettromagnete di pescaggio 3205
elettroosmosi 3215
elettroperforazione 3182
elettropompa 3188
elettropompa a statore elettrico secco 1393
elettropompa sommersa 9625, 10830
elettrovalvola 9114
elevatore a forca 4005
elevatore di pressione 7479
elevatore per aste 8211
elevatore per aste di perforazione 3003
elevazione 3220
eliminazione dei detriti con l'aria compressa 7616
eliminazione dei rifiuti 10681
eliminazione dei rifiuti urbani mediante discarica 8387
eliminazione delle anomalie di funzionamento 3224
eliminazione sotterranea dei rifiuti 10357
eliografia 4641
ellisse delle deformazioni 9482
ellisse delle tensioni 3226
ellisse d'errore 3225
ellissoide delle tensioni 3227
elmetto di sicurezza 8340
elutriatore 3232
eluviazione 3234
eluvio 3235
ematite 7842
embricamento 230, 5214
embricatura 4966
emettitore 10180
emimorfismo 4643
emisfero 4644
emissario 6738
emissione di gas 4212
emulsificante 2758
emulsificatore 2758
emulsione di greggio 2267
emulsione di petrolio greggio 2267
emulsione d'olio grezzo 2267
emulsione d'olio in acqua 10738
emulsione idrofila 4888
emulsione protettiva 2315
emulsione stabile 9289

emungimento sicuro 8350
endometamorfismo 3264
endomorfismo 3264
endoscopio 5253
energia 3269
energia assorbita 5129
energia atomica 6542
energia cinetica 5432
energia cinetica di eruzione 5433
energia di deformazione 2463
energia di distorsione 2795
energia di posizione 7361
energia di pressione 7454
energia di punta 6893
energia discontinua 8502
energia elastica 3177
energia eruttiva cinetica 5433
energia garantita 3683
energia geotermica 4317
energia idraulica 4798
energia idrica 10720
energia nucleare 6542
energia potenziale 7361
energia potenziale di deformazione 2795
energia sicura 3683
energia specifica 9163
energia totale 10119
energia totale disponibile 10119
energia unitaria 10388
ente appaltante 3254
entità di neve caduta per unità di tempo 9043
Eocene 3310
eolico 3311
epicentro 3313
epidoto 7145
epigenesi 3315
epigenetico 3316
epilimnion 3318
epimagma 3319
epirogenesi 3312
epistilio 568
epoca di polarità 7292
epoca glaciale 4335
epoca metallogenetica 6121
equatore geomagnetico 4288
equazione della lente 5577
equazione della propagazione per onde 10764
equazione della rotazione 10647
equazione di condizione 3330
equazione di Eulero 3388
equazione differenziale iperbolica 4912
equazione di movimento ondoso 10764
equazione d'onda 10764
equazione fra unità di misura 3329

equazione generata 6576
equazione idrodinamica 4855
equazione normale 6522
equazioni dimensionali 2679
equidistanza 2081
equidistanza delle curve di livello 2081
equilibramento 799
equilibrio 3331
equilibrio isostatico 5310
equilibrio limite 5638
equilibrio radioattivo 7720
equilibrio stabile 9290
equipaggiamento 3333
equipaggiamento da sommozzatori 2814
equipaggiamento di campagna 3611
equipaggiamento di misurazione 6069
equipaggiamento di perforazione 2963
equipaggiamento supplementare 724
equivalente in acqua 10700
era glaciale 4332
ergonomia di costruzione 3346
ermeticità 10038
ermetico 283
erodere 10351
erodibile 3348
erodibilità 3347
erosione 2473, 3350, 3351, 10676
erosione accelerata 57
erosione al piede 10352
erosione cavitazionale 1532
erosione da ruscellamento 8116
erosione del suolo 9090
erosione differenziale 2658
erosione di scarpata 9003
erosione eolica 10859
erosione glaciale 4336
erosione interna 5223, 8441
erosione prodotta dall'acqua 8440
erosione regressiva 8055
erosione sotterranea 4810
erosione superficiale 8753
erratico 3353
errore 1286, 3354
errore accidentale 7755
errore ammissibile 320
errore assoluto 24
errore casuale 7755
errore costante 9802
errore dell'altezza 3364
errore del metodo di misurazione 3367
errore di base di uno strumento di misurazione 5250
errore di collimazione 1847, 3368

errore di comprimibilità 1926
errore di convergenza 3362
errore di deviazione 3361, 9782
errore di direzione 3363
errore di distanza 2783, 5657
errore di distorsione dell'obiettivo 3365
errore di focalizzazione 3359
errore di lettura 3360
errore di messa a fuoco 3359
errore di misurazione 3366
errore d'inclinazione 3370
errore d'indice 5039
errore d'interpolazione 5237
errore di orizzontalità dell'asse 3369
errore di parallasse 6845
errore di posizione 7341
errore di precisione 5001
errore di puntamento 3368
errore di quota 3364
errore di sbandamento 9777
errore di strabismo 3357
errore di zero 10966
errore in profondità 2783
errore massimo 6027
errore medio 6040
errore parallattico 6845
errore probabile 7528
errore relativo 7915
errore residuo 7997
errore sistematico 9802
errore strumentale 5163
errore tollerato 320
errori limite di una sola misurazione di una serie 10339
erubescite 1158
eruzione 3372
eruzione areale 582
eruzione centrale 1580
eruzione di gas 6726
eruzione di tipo stromboliano 9571
eruzione di tipo vesuviano 10651
eruzione di tipo vulcaniano 10651
eruzione di un pozzo di petrolio 7033
eruzione di un pozzo petrolifero 7033
eruzione eccentrica 3114
eruzione fissurale 3718
eruzione freàtica 7084
eruzione fuori controllo 1096
eruzione hawaiana 4594
eruzione incontrollata 1096
eruzione istantanea 6725
eruzione laterale 3754
eruzione pliniana 7226
eruzione sottomarina 9614

eruzione subacquatica 9594
eruzione subaerea 9592
eruzione subglaciale 9603
eruzione sul fianco 3754
esalazione 6187
esame 9942
esame ai raggi X 10924
esame della precisione 5269
esame della roccia 8204
esame delle fondazioni 4030
esame delle offerte 377
esame gammagrafico 4185
esame grafico 4426
esame visivo 10605
esami acustici 107
esaminare 10257
esattezza 87
esattezza di uno strumento di misurazione 4078
esaurimento 4992
esaurimento di un pozzo 10812
esaurire lo strato lungo il clivaggio 10907
esaurire un pozzo per pompaggio 7641
escavatore 3411
escavatore a catena di tazze 1277
escavatore a cucchiaia 3411
escavatore a cucchiaia rovescia 778
escavatore a noria 1277
escavatore a ruota a tazze 1279
escavatore a tazze 1277
escavazione prodotta dall'acqua 8440
escavazione sott'acqua 10372
escursione 7762
esecuzione all'asciutto 2035
esecuzione della media 9839
esecuzione di carte topografiche 1447
esecuzione di un prototipo 3415
esecuzione per fasi di un progetto 9296
eseguire le fondazioni 4026
eseguire rilevamenti 9742
eseguire una poligonazione 5928
eseguire una ripiena 9463
eseguire una ripiena pneumatica 9471
eseguire un sondaggio 1132
esercizio 6652
  in ~ 5126
esercizio dell'invaso 7984
esercizio del serbatoio 7984
esfoliazione 3418
espansibilità 3424
espansione 2674, 2675
espansione urbana 10455
esperimento 9942

esperto in sondaggi deviati 2240
esperto in sondaggi direzionali 2240
esplorazione dell'acquifero 533
esplorazione del terreno 9091
esplorazione petrolifera in mare aperto 6600
esplorazione petrolifera sottomarina 6600
esplosione 1071
esplosione accurata 9032
esplosione controllata 2098
esplosione freatica 4865
esplosione freatomagmatica 7085
esplosivo 3450
esplosivo lento 5823
esplosivo rapido 4664
esponenziale 3455
esporre 3456
esposimetro 3460
esposizione 3458, 5619, 10063
esposizione alla luce 5619
esposizione a tempo 10063
esposizione luminosa 5619
esposto 3457
espressione 3462
espulsione di acqua e terra attraverso i giunti di pavimentazioni rigide 6882
essere a contatto 966
essere in aderenza 966
essere in posizione 9307
essere installato 9307
essicato all'aria 254
essicatore 3037
essudamento 1081
estendere 3463
estensibile 3465
estensibilità 3464
estensigrafo 3471
estensimetro 3471, 9483
estensimetro a base lunga 5767
estensimetro a corda vibrante 10576
estensimetro a laser 5505
estensimetro con filo a resistenza 9486
estensimetro di precisione 7412
estensimetro isolato 6534
estensimetro scorrevole 8968
estensione 3230, 3464, 3466
estensione osservata 1750
estensore 3470
esterno 3473
estetica 215
estetismo 215
estradosso 3491
estradosso della volta 10519
estrarre 1867, 4323, 9838
estrarre a pressione 3495

estrarre con il clivaggio perpendicolare 10906
estrarre gli utensili di sondaggio 4703
estrarre lungo la diaclase dello strato 10907
estrarre per abbattimento 1768
estrarre per schiacciamento 3495
estrarre per spremitura 3495
estrattore 9211
estrattore d'aria 261
estrattore per carote 2150, 9211
estrattore per tubi 10260
estrazione 3485, 4326, 10897
estrazione ad aria compressa 270
estrazione dei detriti con l'aria compressa 7616
estrazione dei tubi di rivestimento 1484
estrazione della roccia 10896
estrazione delle aste di perforazione 2980
estrazione del materiale 3404
estrazione del petrolio 3486
estrazione finale stimata 3378
estrazione intermittente con iniezione di gas 5219
estrazione parziale 6860
estrazione totale 1898
estremità a maschio di un'asta 7131
estremità a monte del taglio 10090
estremità a valle del taglio 1169
estremità del cavo 1348
estremità del taglio 3508
estremità di una corrente di torbidità 9831
estrudere 9268
estrusione verso l'esterno 9268
estuario 3383
età 222
età assoluta 20
età concordante 1953
età con il carbonio-14 1427
età con il metodo del carbonio-14 1427
età discordante 2737
età ottenuta con il carbonio-14 1427
età ottenuta con il metodo del carbonio-14 1427
età ottenuta con i metodi dell'uranio-piombo 10454
età uranio-uranio 10453
eterogeneo 4648, 5095
eudiometro 3385
eugeosinclinale 3386
eutrofizzazione 3390
evacuazione dello sterile 2718

evaporamento a vasca 3393
evaporazione 3391
  per ~ 4001
evaporimetro 3394
evaporite 3395
evapotraspirazione 3396
evapotraspirometro 3397
evoluzione 3398
evoluzione delle pressioni 2595
evoluzione magmatica 5874
exogeologia 3421

fabbisogno idrico totale 3062
fabbricare 1287
fabbricato 1288, 9582
fabbricato in mattoni 1249
fabbricazione di macchine 5861
faccia del giunto 5362
facciata principale 4143
facies 3516
facies fluviatile 3930
facies marginale 5967
facies metamorfica 6125
facies pelagica 6914
facies petrolifera 7004
facile
  di ~ abbattimento 4103
  di ~ estrazione 4103
facile da estrarre 4103
facilità di posa in opera 10892
facoltà di visione stereoscopica 7385
faglia 3553
faglia a franapoggio 9558
faglia a lieve pendenza 5805
faglia anormale 8069
faglia antitetica 488
faglia a pendenza leggera 5805
faglia a rigetto orizzontale 3775
faglia armonica 10177
faglia a spostamento curvilineo 2326
faglia attiva 121
faglia chiusa 1749
faglia composta 1902
faglia con accavallamento 6784
faglia con spostamento orizzontale 9867
faglia curva 2322
faglia curvilinea 2326
faglia destrorsa 2613
faglia di accavallamento 6784
faglia diagonale 6570
faglia di compressione 1931
faglia di dislocazione 9558
faglia di distensione 9927
faglia di estensione 9927
faglia disarmonica 8290
faglia di sovrapposizione 6773
faglia di sprofondamento 8986

faglia di tensione 9927
faglia gravitazionale 4440
faglia inversa 8069
faglia longitudinale 5772, 9556
faglia marginale 5968
faglia morta 2410
faglia nel piano di stratificazione 953
faglia normale o diretta 6523
faglia obliqua 6570
faglia orizzontale 4740
faglia ortogonale 2695
faglia parallela al piano di stratificazione 953
faglia parallela e convergente 5423
faglia perpendicolare 2695
faglia principale 2828
faglia radiale 7707
faglia rotativa 8291
faglia secondaria 6218
faglia sinclinale 9792
faglia sinistrorsa 8894
fagliato 2801
faglia trasforme 10161
faglia trasversale 2243, 10189
faglia verticale 10555
faglia verticale di dislocazione 10919
faglie a gradinata 9385
faglie incrociate 5243
falda 6409
falda acquifera 10688
falda acquifera anisotropa 446
falda artesiana 1989
falda di detrito 9843
falda freatica 4489
falda freatica nell'acquifero 535
falda freatica pensile 503
falda idrica 4489, 10688
falda impermeabile 10751
falegnameria 5356
falsa presa 3538
falsa stratificazione 3537
falso acquifero 6933
falso pozzo 5333
falso puntone 7727
falso soffitto 1547
falso tetto 9415
falso tetto franato 7752
fanghi di rifiuto 9827
fanghiglia 5728
fanghiglie di perforazione 2343
fanglomerato 3539
fango 6341
fango a base d'acqua 10685
fango a base d'acqua con emulsione d'olio 10686
fango a base di calce 5632
fango a base di silicato di sodio 9069
fango a basso tenore di solidi 5836
fango ad acqua di mare 8498
fango ad alto tenore di solidi 4680
fango aerato 187
fango all'acqua salata 8360
fango a pH elevato 4675
fango appesantito 5716
fango attivo 119
fango bentonitico 998
fango bentonitico 2976
fango con acqua salata 8360
fango contaminato 2054
fango di acqua dolce 4120
fango di acqua salata 8360
fango di circolazione 2976
fango di circolazione a base di silicato di sodio 9069
fango di circolazione appesantito 10798
fango di circolazione di acqua dolce 4120
fango di circolazione tensioattivo 9731
fango di perforazione 2976
fango di perforazione a base d'acqua 10685
fango di perforazione a base di silicato di sodio 9069
fango di perforazione tensioattivo 9731
fango di trivellazione a base di silicato di sodio 9069
fango emulsionato 3258
fango emulsionato inverso 5266
fango gassoso 4208
fango in circolazione 119
fango inibito 5094
fango liquido 9025
fango organogeno 6629
fango per perforazione rotary 8270
fango per trivellazione 2976
fango pesante 4620
fango rigenerato 7876
fango sabbioso 8384
fango tensioattivo 9731
far coincidere 1257
fare la media 9839
fare un giunto a ganasce 9210
fare un rilievo d'innevamento 5929
faro 918
faro a luce intermittente 1085
far ruotare 9775
far scorrere a sbalzi 10940
far scorrere a strappi 10940
far sporgere 7556
fascia drenante 3662

fascia elastica 7148
fascina 3545
fascio 819
fascio dei raggi nucleali 3321
fascio di filoni di minerale 9430
fascio di raggi 6919
fascio di vene mineralizzate 9430
fascio laser 5504
fase 1677
　　in ~ di progetto 685
　　in ~ di studio 684
fase decrescente 3533
fase delle fumarole 4167
fase eruttiva 3374
fase esplosiva 3452
fase finale 1793
fase fumarolica 4167
fase vulcanica 10617
fasi di costruzione 2039
fasi di scarico 9189
fatica 3548
fattore della colmata 9466
fattore di assestamento 6931
fattore di carico della Pp 5719
fattore di carico della rete 9804
fattore di carico di una centrale 7193
fattore di carico parziale 6861
fattore di cedimento 6931
fattore di compressibilità 1799, 1927
fattore di formazione 4011
fattore dimensionale 8918
fattore d'influenza 7783
fattore di qualità 7670
fattore di scala 8402
fattore di sicurezza 8335
fattore di stabilità 9276
fattore di subsidenza 6931
fattore di uniformitá de Kramer 5439
fattore granulometrico 4401
fattore Q 7670
fattore tempo 10064
fattore volumetrico del giacimento 7990
fattori ambientali 3301
fauna 10854
fazzoletti di rinforzo 7908
fazzoletti d'unione 7908
feldspatizzazione 3587
feldspato 3585
felsico 3588
felsite 3589
fendinebbia 3965
fenditura 3522, 8096
fenomeni di fratturazione 1241
fenomeni esplosivi 3453
fenomeni paravulcanici 6855
fenomeni postvulcanici 7354

fenomeno carsico 5406
fenomeno cavitazionale 7041
fenomeno di cavitazione 7041
fenotipo 7038
ferberite 3594
fergusonite 3595
fermare temporaneamente 3
fermarsi 9436
fermasabbia 8379
fermo 8040
fermo della valvola 10494
fermo magnetico 5881
ferri d'armatura 7903, 9374
ferri d'armatura trasversale 10193
ferri di cucitura delle riprese 2860
ferri per cemento armato 9374
ferro a squadra 401
ferro oolitico 5275
ferrovia 7730
ferrovia di cantiere 8912
ferruginoso 3596
fertilizzante 3597
fessura 2198, 3522, 3715, 5359, 8096
fessura capillare 6152
fessura da disseccamento 6345
fessura della faglia 3561
fessura di aerazione 191
fessura di taglio 8734
fessura di trazione 9925
fessura in calcare 1573
fessurato 2221
fessurazione 5366
fessurazione previa 5057
fessurazione provocata dalla coltivazione 5057
fessure dovute allo scavo 3856
fessure in calotta 8240
fetch 3598, 3599
fianco 8819
fianco di un arco 4593
fibra d'acciaio 9369
fibra d'amianto 638
fibra di vetro 4352
fibra neutra 6473
fibra sintetica 9799
figura di frange isocromatiche 5290
figura di interferenza 5204
fila di profilati-prolunga in calotta 8305
fila di puntelli 8307
fila di unità di sostegno 8308
filagna 10656
filettatura a maschio 7131
filettatura del tubo 7140
filetto del tubo 7140
filetto di un vortice 10643
filetto vorticoso 10643
filler 3626

fillite 7086
film 3630
film anodico 461
film pancromatico 6821
film protettivo 2315
filo a piombo 7247
filo di fondazione 4045
filogenesi 7087
filone 2671, 3064
filone a gradini 5457
filone di contatto 2052
filone di sostituzione 7962
filone-guida 4544
filone in calotta 6779
filone ipotermale 4923
filone lenticolare 5581
filone mesotermico 6114
filone metallifero 6687
filone principale 5924, 6316
filone ricco 1117
filone secondario 3025
filone-strato 8857
filone sub-verticale 10547
filo spinato 830
filtraggio 3641
filtrare 8535
filtrazione 3641
filtrazione attraverso la fondazione 10369
filtrazione permanente 9362
filtrazioni 8537
filtro 3640
filtro a gas 4216
filtro centrifugo 1600
filtro ceramico 1607
filtro dell'aria 243, 262
filtro dell'olio 6604
filtro di ghiaia 4432
filtro elettrico 3199
filtro idraulico 4802
filtro magnetico 5884
filtro meccanico 6082
filtro olio 6604
filtro per liquido 5682
filtro per pozzi 10823
filtro polarizzante 7295
filtro polarizzatore 7295
filtro rovescio 8072
fine della presa 3648
finemente stratificato 3657
finestra 151, 10864
finestra a battenti 1456
finestra a bilico orizzontale 5326
finestra a cerniera 1456
finestra ad arco 558
finestra a rosone 8261
finestra carsica 5395
finestra circolare 10842
finestra d'angolo 2164
finestra di caricamento 5718

finestra gotica 4387
finestra palladiana 10535
finestra rotonda 10842
finezza 3658
finitrice 6883
finitura 3664, 3665
finitura a cazzuola 10252
finitura a fratazzo 3798
finitura a taloccia 3798
fiocco 3814
fior
   a ~ di terra 3927
fiordi 3744
fiordo 3744
fioretto 3004
fioretto a corona 454
firma del contratto 8847
fissaggio dei puntelli 7585
fissaggio della colonna montante 8131
fissaggio mediante cunei 10791
fissare 3727, 10035
fissile 3713
fissilità 3714
fittezza dei puntelli 7582
fiume 8138
fiume a regime torrentizio 5221
fiume competente 1892
fiume di ghiaccio 8148
fiume navigabile 6439
fiume perenne 6943
fiumicello 9515
flangia 3750
flangia d'accoppiamento 2186
flangia del motore 6321
flangia di chiusura 3262
flangia di riduzione 143
flessibile ad alta pressione 7462
flessibile intercambiabile 10663
flessibilità 1404, 3776
flessimetro 2451, 3785
flessione 982, 3784
flessura 3783, 3966
flettersi a carico di punta 1280
flocculare 3815
flocculato 3821
flocculazione 3818
flocculento 3821
flogopite 7042
flora 3862
flottazione 2288
flottazione di sabbia 4617
fluidificante 10725
fluidimetro 3901
fluidità 3902
fluido 3895
fluido di circolazione 2976
fluido di circolazione a base di silicato di sodio 9069
fluido di iniezione 5110

fluido di perforazione appesantito 10798
fluido idraulico 4803
fluido per perforazione rotary 8270
fluido viscoso 10602
fluire 3863
fluire lentamente 6628
fluodinamica 3896
fluorite 3915
flusso 3867
flusso d'acqua 3868
flusso delle acque sotterranee 4498
flusso di cassa cumulativo 2308
flusso di cassa finale 10326
flusso di fluido 3898
flusso di liquido 5683
flusso di tesoreria cumulativo 2308
flusso di tesoreria finale 10326
flusso di un fluido 3898
flusso elastico-viscoso 3178
flusso in produzione eruttiva 3926
flusso in tubazione chiusa 1748
flusso laminare 5476
flusso libero 4086
flusso magnetico 5886
flussometro 3887, 7776
flussometro a valvola 10489
flussometro elettromagnetico 3206
flussometro registratore 3892
flusso non permanente 6517
flusso ostacolato 3028
flusso radiale 7708
flusso sommerso 3028
flusso sotterraneo 9637, 10360
flusso stazionario 9361
flusso tridimensionale 10010
flusso turbolento 10298
flusso uniforme 10385
flusso variabile 10510
flusso vario 10418
flusso verso il sottosuolo 5085
flusso visco-elastico 3178
flusso volumetrico 10631
fluvioglaciale 526
fluviòmetro 6052
flysch 3940
focalizzazione 165
focalizzazione all'infinito 5075
foce 8152
fochino 1066
fogliazione indotta 5057
fogliettata 5477
foglio da impiallacciatura 10534
foglio di guarnizione 8482
foglio di legno da impiallacciatura 10534

fognatura urbana 10457
foliazione 3973
fondamenti di geometria 4297
fondamenti di meccanica 6078
fondamenti di ottica 6660
fondamenti geometrici 4297
fondamenti meccanici 6078
fondamenti ottici 6660
fondazione 4040
fondazione a elementi modulari 1202
fondazione a griglia 4459
fondazione a pila 7097
fondazione a pilone 7097
fondazione a platea 7728
fondazione a plinto 5297
fondazione a pozzo 7097
fondazione a scatola 1202
fondazione a strisce 9560
fondazione con diaclasi 5361
fondazione continua 7728, 9560
fondazione della diga 4034
fondazione della torre di perforazione 2549
fondazione di sezione scatolare 1202
fondazione galleggiante 3804
fondazione in calcestruzzo senza armatura 7162
fondazione in calcestruzzo senza armatura di rinforzo 7162
fondazione isolata 5297
fondazione nastriforme 9560
fondazione rigida 8111
fondazione senza armatura 7162
fondazione senza armatura di rinforzo 7162
fondazione singola 5297
fondazione su pali 7117
fondazione su pali sospesi 3810
fondazione superficiale 8714
fondazioni 4040
fondi d'ammortamento 8898
fondo 775, 3853
fondo della sinclinale 10249
fondo dello scavo 3409
fondo del pozzo 1137
fondo del sondaggio 1137
fondo stradale 804
fontana 10702
fontana di lava 5531
fontanazzo 8371
fonte 9229
fonte di energia 9141
fonte di errori 9142
forare 1132
forato di cemento 4709
forcella 10954
forcella di arresto 5605
foresta 10891

fori di drenaggio 7470
forma del bacino d'invaso 8721
forma della conca d'invaso 8721
forma dell'offerta 4017
forma del serbatoio d'invaso 8721
forma del terreno 4474
forma d'onda 10765
formaldeide 4006
formare 9638
formarsi una scarpata 4007
formarsi un pendío 4007
formato 8917
formato della parte utilizzabile del fotogramma 10458
formato della pellicola 3635
formazione carbonifera 1778
formazione carsica 5401
formazione dei continenti 2069
formazione delle valli 10472
formazione di fenditure 3721
formazione di fessure 3721
formazione di fiocchi 3818
formazione di lamine 3747
formazione di scaglie 3747
formazione di spaccature 3721
formazione di tappi di sabbia 8373
formazione di torba 6902
formazione di volte nel terreno 563
formazione ferrifera 5324
formazione franosa 1523
formazione geologica 4008
formazione geologica produttiva 6890
formazione petrolifera 7003
formazione porosa capace di assorbire aqua 527
formazione rocciosa 8191
formazione sedimentaria 8523
formazioni carsiche 5396
formazioni di scaglie 8414
formula 3462
formula del palo 7114
formula di Morkill 6309
formula dinamica 7114
fornello 7743, 8128, 8130
fornello da mina 6188, 8795
fornitore 9671
fornitura di energia d'emergenza 3246
fornitura e montaggio 9672
foro a diametro ridotto 8978
foro da mina 1069, 8795
foro deviato 2600
foro di controllo 2094, 5142
foro di drenaggio 2882, 10794
foro di grande diametro 1012, 1013
foro d'iniezione 4510, 4515

foro di piccolo diametro 8978
foro di scarico 779, 10794
foro di scoronamento 779
foro di sondaggio 3445, 10214
foro eseguito a percussione 1134, 6938
foro eseguito a rotazione 2950
foro eseguito con la sonda 1135
foro inclinato 5019
foro limite di corsa 1080
foro non rivestito 10338
foro per carotaggio 2151
foro perpendicolare al fronte 798
foro pieno d'acqua 4706
foro pieno di olio 4705
foro pieno di petrolio 4705
foro pulito 4089
foro ristretto 10037
foro rivestito 1452
foro trivellato 693
foro verticale 9473
forra 1401
forte sorgente carsica 10518
forza 3982
forza antagonista 8034
forza applicata 122
forza ascensionale 10426
forza attiva 122
forza centrifuga 1601
forza centripeta 1606
forza d'azione idrodinamica 4860
forza del vento 10860
forza di eccitazione 3413
forza di espansione 3432
forza di filtrazione 1413
forza di gravità 4445
forza di massa 5999
forza d'inerzia 5067
forza di richiamo 8034
forza di rigidezza 9418
forza di rigidità 9418
forza di ritorno 8034
forza di sottopressione 10427
forza di taglio 8738
forza esterna 3475
forza idraulica 10720
forza idraulica statica 9346
forza idrodinamica 3073
forza idrostatica 9346
forza interna 5225
forza maggiore 3989
forza normale 6524
forza passiva 6873
forza sismica 8551
forza sismica di massa 8550
forza tangenziale di taglio 9853
forza volumica 5999
forze modali 6250
foschia 4595
fosfatizzazione 7043

fossa 10248
fossa di erosione 8439
fossa di faglia 3572
fossa di lava 5533
fossa di smorzamento 7250, 8447
fossa intercontinentale 8097
fossa settica 8617
fossa tettonica 3572, 8098
fossa tettonica 4391
fossile 4024
fossile caratteristico 4541
fossile guida 4541
fot 7044
foto aerea a colori 1854
fotocartografo 7045
fotoclinografo di Schlumberger 8431
fotoelasticità 7048
fotoelastico 7046
fotogoniometro 7077
fotogoniometro binoculare 7051
fotogoniometro per coppie di fotogrammi 7051
fotografare 7065
fotografia 7066, 7073
fotografia ad asse orizzontale 7072
fotografia ad asse verticale 10549
fotografia aerea 195, 196, 272
fotografia aerea a colori 1854, 1855
fotografia aerea planimetrica 5832, 10549
fotografia ai raggi X 10925
fotografia a raggi X 8232
fotografia da satellite 8392
fotografia normale 6527
fotografia panoramica 6829
fotografia planimetrica 10549
fotografia stereoscopica 9398
fotografia terrestre 9938
fotografico 7067
fotografie deviate a destra 8105
fotografie deviate a sinistra 5562
fotografie divergenti 2806
fotografie inegualmente inclinate 668
fotografie parallele 6849
fotografie ugualmente inclinate 9790
fotografie verticali convergenti 5831
fotografie verticali e convergenti 5831
fotografo di volo 1387
fotogramma 7052
fotogrammetria 7063
fotogrammetria a due immagini 9397
fotogrammetria aerea 194

fotogrammetria a tavoletta 7181
fotogrammetria di raddrizzamento 7835
fotogrammetria per intersezione 7064
fotogrammetria per intersezioni 7181
fotogrammetria terrestre 9937
fotogrammetrico 7054
fotogrammetrista 3619, 7053
fotomeccanico 7074
fotometro 7075
fotometro portatile 3460
fotoregistratore a due canali 10310
fotosensibile 8609
fotosintesi 7076
fototeodolite 3605, 7077
fototeodolite da campagna 3620
fototopografia 7078
fototopografia aerea 194, 213
fototopografia terrestre 9937
fracassarsi 1221
fragile 1259
fragilità 1262
frammentato 4063
frammentazione 4062
frammenti 4064
frana 1312, 1517, 3534, 4250, 8958
frana circolare 1506, 3564
frana di ammollimento 3091
frana di roccia 8184
franamento 1517
franamento del fronte di taglio 4624
franamento del tetto 3535
frana per crollo di terra 3089
frana profonda 5490
franare 1221, 1516
frana retrograda 8056
frana sottomarina 9022
frana superficiale 9708
franco 4076, 4077
franco totale 10123
frane delle sponde 8995
frane del rilevato 8996
frangente 9705
frangia capillare 1410
frangiflutti 4527
franklinite 4072
frantoio 2274
frantoio a mascelle 5336
frantoio a sfere molino a barre 839
frantoio giratorio 8265
frantoio primario 7494
frantumare 2271, 4460
frantumarsi 1323
frastuono 6493

fratazzatura 3798, 3799
fratazzo 3794
fratazzo per spigoli 1622
frattura 2366, 4054
frattura a cuneo 10789
frattura concoidale 1951
frattura con spostamento orizzontale 9867
frattura da sollecitazione di taglio 8971
frattura di dilatazione 3468
frattura dovuta a spostamento 8971
frattura idraulica 4804
frattura per scorrimento 10309
frattura per separazione 8616
frattura per trazione 9926
fratturarsi 2197
fratturazione 4060, 5366
fratturazione idraulica 4804
frazil 4073
frazionamento isotopico 5317
frazione 4053
frazione di coltivazione 6823
frazione fine 3660
frazione legante di una terra 9084
frazione limosa 8866
freàtico 537
freccia 2447, 3781, 8351
freccia della gru 5353
freccia d'inflessione 3784
freccia d'inflessione di una lastra 2450
freccia d'inflessione di una piastra 2450
freni pneumatici 7257
freno 1211
frequenza 4113
frequenza di diaclasi 5363
frequenza di posa del puntellamento 137
frequenza naturale 6422
frequenza naturale della fondazione 6423
frequenza propria 6422
frequenzimetro 4115
fresa 4464, 6183, 10278
fresa a piena sezione 4158
fresa conica 9859
fresa per formazioni tenere 9076
fresatrice 6277
fresatrice per ingranaggi 4238
fresco 4118
friabile 2270, 4121, 6875
frizione 4126
frizione iniziale 9344
fronte d'avanzamento 4601
fronte d'avanzamento in attività 10899
fronte di abbattimento 3505, 8161

fronte di avanzamento 3505
fronte di avanzamento discendente 2694
fronte di avanzamento sospeso 9354
fronte di avanzamento telecomandato 7944
fronte di coltivazione 3505
fronte di estrazione senza puntelli 7583
fronte di galleria 3996
fronte di scavo 10281
fronte di scavo senza sostegno 3515
fronte di scavo senza supporti 3515
fronte di taglio 3996
fronte di taglio fermo 9354
fronte di taglio in attività 10899
fronte di taglio inoperoso 9323
fronte di una corrente di torbidità 6533
fronte senza personale 5942
frontespizio 4143
fronte trasversale di avanzamento 2248
frontiera 1192
frontispizio 4143
frontone 4143
fuga 5551, 5554, 6783
fuga di gas 4212, 6181
fuga di gas durante una manovra 10240
fulmine muto 9655
fumaiolo di fabbrica 9293
fumaiolo di una fabbrica 9293
fumarola 4166
fune a strappo 5338
fune da imbracatura 8981
fune di canapa di Manila 5940
fune di Manila 5940
fune di manovra 2957
fune di perforazione 2957
fune metallica 1345
fune traente 6648
funivia 1355
funzionamento
  in ~ 5126
funzionamento continuo 2076
funzionamento della macchina 8320
funzionamento intermittente 5220
funzionario esperto in sicurezza sul lavoro 8345
funzione di velocità 10526
fuoco 3956
fuoco anteriore 4142
fuoco d'esplosione 3448
fuoco eruttivo 3448
fuoco fisso 3736

fuori sagoma 6751
fuori servizio 6745
furgoncino 10497
furgone 10497
fusibile 4173
fusibile automatico 710
fusione 9405
fustella tagliata in due 9213
fusto del camino 1659
fusto del palo 8693

gabbia di sicurezza 8331
gabbione 4178
gabbro 4177
galassite 4179
galaverna 4697
galaxite 4179
galena scistosa 8428
galestro 5728
galleggiabilità 3795
galleggiante 3793
galleggiante idrometrico 4884
galleria 153, 549, 4180, 10277
galleria che precede il fronte di taglio 177
galleria cieca 269
galleria d'accesso 154
galleria d'acquifero 534
galleria dei cavi 1354
galleria dei trasformatori 10160
galleria delle barre 1324
galleria delle valvole 10490
galleria d'estrazione 2940
galleria di adduzione 525, 4604, 4606, 5834
galleria di base 882
galleria di base con nastri trasportatori 1182
galleria di cacciata 8444
galleria di caricamento 5718
galleria di circolazione 10204
galleria di collegamento 1242, 10204
galleria di coltivazione 2940
galleria di derivazione 7396
galleria di derivazione idroelettrica 7396
galleria di direzione 2940
galleria di diversione 2810
galleria di drenaggio 2881
galleria di espansione 3427
galleria di esplorazione 152
galleria di iniezione 4517
galleria di lava 5537
galleria di livello 8166
galleria di restituzione 9835
galleria di ribasso 2405, 2696
galleria di rifornimento 9673
galleria di scambio 1339
galleria di scarico 2922

galleria di scarico dello sfioratore 9200
galleria discendente 2696
galleria di testa 9826
galleria drenante 2881
galleria ferroviaria 10276
galleria in direzione 10901
galleria in fase di smantellamento dei supporti 8170
galleria inferiore 1176
galleria in pressione 7481
galleria in roccia 9433
galleria intermedia 1591
galleria lungo lo strato di minerale 4230, 4596
galleria scavata in direzione opposta all'altra 2182
galleria stradale 10276
galleria sul filone 4596
galleria sulla vena 4596
galleria traversobanco 2242, 5517
gallerie, canali di gronda o condotte di adduzione ad un bacino d'invaso o serbatoio 2811
galletto 10870
galvanizzato 4181
gamba 7125
gamba ausiliare 1496
gamba con cappello 7589
gamba in legno 10887
gamba rigida e regolabile 8110
gamba telescopica 9892
gamba temporanea 9907
gambo 10782
gambo del contrafforte 1336
gambo della valvola 10496
gambo dello sperone 1336
gamma dinamica 3076
ganasce 1708
ganasce coprigiunto con orecchie 1704
ganascia 3710, 3711
gancio 832, 835
gancio della testina di adduzione 8278
gancio della testina di iniezione 8278
gancio di perforazione 2968
gancio di pescaggio 7092
gancio di sollevamento per tubi di rivestimento 1476
gancio pescatore 3699
ganga 4191
garanzia 4529
garanzia dei parametri di funzionamento 4531
garanzie di qualità 7667
garçonnière 764
gargame 4463

gas 4199, 6187
gas a bocca di pozzo 1473
gas acido 92
gascromatografia 4205
gas di palude 5995
gas di petrolio 1473
gas di pozzo petrolifero 1473
gas disciolti 2774
gas freàtico 7081
gas imprigionato 3293
gas liberato 5603
gas libero 4088
gas naturale acido 9144
gas naturale corrosivo 9144
gas naturale liquefatto 5680
gas naturale non corrosivo 9767
gas naturale non desolforato 9144
gas naturale non trattato 7787
gas occluso 3293
gas povero 5559
gas ricco 1865
gas umido 1865
gel 4243
gelata 4697
gelcemento 4245
gelificazione 4244
gelività 4246
gelivo 4150
gelleria di deflusso 2305
gelo 4144
geminati 10306
geminati cristalli 10306
geminato di compenetrazione 5235
geminato di contatto 2051
gemma 4248
gemmologia 4247
generatore 4257
generatore di energia idraulica 4807
generatore di flusso 3880
generatore di portata 3880
generatore di potenza idraulica 4831
generatore idraulico 4807
genesi del suolo 9092
genotipo 4258
gente 4253
geochimica 4263
geochimica degli isotopi stabili 9292
geocronologia 4264
geocronologia isotopica 5318
geode 4265
geodesia 4267
geodeta 4266
geodetica di lunghezza nulla 6549
geodetico 4268
geodinamica 4271
geofisica 4308

geofisica applicata 3282
geofisica dell'ambiente 3304
geofisica di campagna 3613
geofisica di cantiere 3613
geofisica di esplorazione 3440
geofisica per prospezione 3440
geofisico 4305
geofono 4304
geografia 4275
geografia fisica 7091
geologia 4287
geologia applicata 513
geologia applicata all'ingegneria 3280
geologia degli isotopi 5319
geologia degli isotopi stabili 9292
geologia dell'ambiente 3302
geologia del sottosuolo 9636
geologia di campagna 3612
geologia di esplorazione 3439
geologia di estrazione 7543
geologia di produzione 7543
geologia fisica 7088
geologia glaciale 4348
geologia isotopica 5319
geologia nella construzione di gallerie 10279
geologia per la coltivazione dei giacimenti petroliferi 7021
geologia per prospezione 3439
geologia sotterranea 9636
geologia storica 4694
geologia stradale 8160
geologia stratigrafica 9512
geologia strutturale 9576
geologia strutturale locale 6169
geologia tecnica 3280
geologo 4286
geologo del petrolio 7015
geologo per la prospezione geognostica 3438
geologo per la ricerca di giacimenti 3438
geologo per sondaggi esplorativi 3438
geomagnetismo 4292
geomeccanica 4293
geomembrana 4295
geometra 5493, 9753
geometra delle miniere 6201
geometria 4300
geometria descrittiva 2553
geometria pratica 6144, 9744
geometria solida 9393
geometrico 4296
geomorfologia 4302
geomorfologia dell'ambiente 3303
geomorfologia tecnica 3281
geomorfologico 4301

geosinclinale 4310
geostatistica 4309
geotecnica 4313, 9094
geotecnica dell'ambiente 3305
geotecnico 4311
geotermale 4316
geotermia 4320
geotermico 4316
geotermometria 4284
geotermometro 4321
geotessile 4315
geotessile a maglia 5437
geotessile lavorato a maglia 5437
geotessile non tessuto 6518
geotessile tessuto 10917
germe di cavitazione 1535
gessificazione 4554
gesso 4555
gesso anidro 443
gestione 6652
gestione delle risorse idriche 10731
gettare 7368
gettare il calcestruzzo 1487
gettata di calcestruzzo 1959
gettata di calcestruzzo senza casseforme 7159
getto 5339
getto a bassa temperatura 1833
getto d'acqua 10702
getto di calcestruzzo 1959
getto di calcestruzzo senza casseforme 7159
geyser 4327
geyser di fango 6350
geyserite 4328
ghiacciaio 4344
ghiacciaio alpino 333
ghiacciaio continentale 2062
ghiacciaio di Hubbard 4770
ghiacciaio di Humbolt 4773
ghiacciaio di montagna 6328
ghiacciaio di plateau 7212
ghiacciaio di tipo alpino 333
ghiacciaio di tipo Malaspina 7094
ghiacciaio di tipo Mustag 6398
ghiacciaio di tipo Turkestan 10300
ghiacciaio di valle 10474
ghiacciaio intermontano 5222
ghiacciaio pedemontano 7094
ghiacciaio pensile 4580
ghiacciaio sospeso 4580
ghiacciaio vallivo composito 1911
ghiaccio di fondo 863
ghiaccio frazil 4073, 6449
ghiaccio galleggiante 3806
ghiaccio viscoso 4074
ghiaia 4431

ghiaia di spiaggia 916
ghiaia mista 314
ghiaia non calibrata 314
ghiaia non vagliata 314
ghiaia vulcanica 10616
ghiaino uniforme 6891
giacimenti 1107
giacimento 1107, 7974
giacimento a condensato 1976
giacimento anticlinale 471
giacimento a pendenza leggera 8976
giacimento a strati 945
giacimento con scarsa produzione 9566
giacimento di dispersione 8419
giacimento di gas a condensato 1976
giacimento di gas naturale 6424
giacimento d'impregnazione 4996
giacimento di petrolio 7001
giacimento di petrolio in mare 6601
giacimento di segregazione 8548
giacimento dislocato 2753
giacimento disseminato 8419
giacimento esaurito 2523
giacimento fagliato 3560
giacimento filoniano 6687
giacimento idrotermale 4901
giacimento iniziale 5098
giacimento interstratificato 946
giacimento lenticolare 5580
giacimento limitato 5637
giacimento magmatico 5875
giacimento magmatico di cristallizzazione precoce 3085
giacimento magmatico di cristallizzazione tardiva 5509
giacimento massiccio 6002
giacimento matasomatico 6128
giacimento metallifero 6684
giacimento minerario 6120
giacimento misto 6234
giacimento non coltivabile 10425
giacimento non coltivato 10380
giacimento non saturo 6515
giacimento non sfruttabile 10425
giacimento normale 6528
giacimento petrolifero 7001
giacimento petrolifero primario 7497
giacimento petrolifero sottomarino 6601
giacimento producente per spinta d'acqua 10697
giacimento producente per spinta d'acqua marginale 3131
giacimento produttivo per spinta d'acqua marginale 3131

giacimento secondario 8503
giacimento sedimentario 8520
giacimento sottomarino di
    idrocarburi 4850
giacimento stratificato 945, 9507
giacimento tabulare 9817
giacimento vergine 10380
giada 5334
giadeite 5334
giallo di zinco 10978
giardino 4198
giardino pensile 8244
gicleur 6539
gioco 781
giogo 10954
giornale dei lavori 7553
giorni piovosi 7732
giorno di massima richiesta 2408
girante ad elica con pale
    orientabili in moto 10512
girante ad elica con pale
    regolabili in moto 10512
girante a flusso assiale 745
girante della Pelton 6916
girante di Pelton 6916
giro 8288
girobussola 4556
girobussola ripetitrice 4557
giro d'orizzonte 6575
giroscopio 4558
giudizio su un progetto 7557
giungere alla scadenza 6020
giunti 5358, 5381
giunti di costruzione 2037
giunto 4126, 5357, 6333
giunto a baionetta 913
giunto ad ammorsatura 8417
giunto a flangia 3752
giunto angolare 403
giunto articolato 619
giunto a sovrapposizione 5497
giunto da taglio 8739
giunto dell'asta motrice 5417
giunto dell'asta quadra 5417
giunto di contrazione 2085
giunto di controllo 2096
giunto di costruzione 6333
giunto di dilatazione 3428, 3429
giunto di fondazione 4033
giunto di isolamento 5300
giunto di malta 954
giunto di ritiro 2085
giunto di scorrimento 8989
giunto di smontaggio 8987
giunto di strato 948, 951
giunto femmina-femmina 1204
giunto incrociato 10190
giunto integrale 5180
giunto longitudinale 5773
giunto ottico a cardano 6661

giunto perimetrale 6961
giunto per tubi di rivestimento
    1466
giunto saldato 10806
giunto sferico 810
giunto snodato 619
giunto trasversale 10190
giunzione dei puntelli 7586
Giurassico 5383
Giurassico inferiore 5602
Giurassico medio 6172
Giurassico superiore 10430
glaciale 4331
glaciazione 4343
glaciologia 4350
glaciomarino 4339
globulare 4366
globulite 4367
gneiss 4369
gneissoide 4370
GNL 5680
goetite 4376
gola 847, 4382
gola di cattura 14
golena 8818
golfo 4547
gomito d'entrata 9645
gomito di aspirazione 9645
goniometria 6053
goniometrico 4381
goniometro 4380
goniometro con declinatore
    magnetico 9957
gora di afflusso 3992
gotico 4384
gotico iniziale 3084
governabile 9378
governo delle acque 10698
GPS 4365
graben 4391
gradazione 4394, 9108
grader 6322
gradiente 4396, 4398
gradiente delle tensioni 9535
gradiente di carbonizzazione
    1773
gradiente di gravità 4446
gradiente di potenziale 7362
gradiente di pressione 7459
gradiente di resistività 8023
gradiente di temperatura 9900
gradiente di umidità 6273
gradiente di uscita 3420
gradiente geotermico 4318
gradiente idraulico 4809
gradiente piezometrico 4809
gradinata di faglie 9385
gradinatura 978
gradino 976, 9383, 9426
gradino di faglia 3555

gradino in calotta 8251
grado centesimale 4392
grado di cavitazione 2475
grado di coltivazione 7577
grado di consolidazione 2476
grado di curvatura 2477
grado di intensità 5183
grado di libertà 2479
grado di non saturazione 287
grado di riempimento 6928
grado di saturazione 2480, 6930,
    8395
grado di sicurezza 8335
grado di snellezza 8951
grado di usura 2482
grado di viscosità 2481
gradonare 4393
grado sessagesimale 2474
graduatore 10629
graduazione 4406
graduazione centesimale del
    cerchio 1578
graduazione sessagesimale del
    cerchio 8689
graffio 4425, 9550
grafico degli errori 3358
grafico del flusso di cassa 1460
grafico della produzione 7542
grafico delle altezze 2623
grafite 4428
grana
    a ~ fine 1755
    a ~ fitta 1755
grana di uno strato fotografico
    4410
grande diga 5500
grande magazzino 10666
grandezza 5901
grandezza adimensionale 2681
grandezza derivata 2543
grandezza dipendente 2542
grandezza naturale 6431
grandezza perturbatrice 2800
grandezza senza dimensione 2681
grandezze fisiche e unità di
    misura 7090
grandezze fondamentali 881
grandi magazzini 10666
granigliatura 8370
granitizzazione 4417
granito 4415
gran pubblico 4253
granulare 4419
granulo 4408
granulometria 9108
granulometria continua 2074
    a ~ 10816
granulometria discontinua 4195
    a ~ 7318
granulometria fine

a ~ 3654
granulometrico 4423
grattacielo 8932
gravimetria 4438
gravimetro 4436
gravimetro astatico 663
gravità 4445
gravità all'aperto 4075
gravità all'aria libera 4075
gravità misurata 6580
gravitazione 4439
greggio 2265
greggio corrosivo 9143
greggio pesante 4619
grembiali di coronamento 3761
grembiali di sopraelevamento 3761
gres argilloso 592
grès asfaltico 653
grès bituminoso 653
gres calcareo 1366
gres petrolifero 7008
griglia 4430, 4462, 8462
griglia fine 3661
griglia grossa 1784
grisou 6187
grisù 6187
grondaia 8246
groppo di vento 9257
grossa traversa 1315
grosso 5848
grosso macchinario 4621
grosso materiale 4621
grossularia 4469
grotta 1512
grovacca 4449
gru 2202
gru a braccio retrattile 2546
gru a carroponte 10201
gru a cavalletto mobile 10203
gru a cingoli 10145
gru a ponte 6771
gru a portale 4192
gru a portale mobile 10203
gru a torre 10135
gru a torre su autocarro 5795
gru a volata variabile 2546
gru cingolata 10145
gru derrick 2546
gru di estrazione 4700
gru di manovra per gli scalpelli 2546
gru di sollevamento 4700
gru galleggiante 3801
gru girevole 8117
gru mobile 8591, 10201
gru montata su autocarro 8591
gruppi 5862
gruppi di riserva 9157
gruppi turbogeneratori 4862

gruppo compressore 1942
gruppo di lenti 8651
gruppo di pali 7118
gruppo di pozzi 4503
gruppo di supporti di rivestimento controllato in serie 8621
gruppo funzionante come scarico 10394
gruppo in manutenzione 10398
gruppo in riparazione 10399
gruppo pompa 7386
gruppo pompa/turbina e motore/generatore con senso di rotazione invariabile 5279
gruppo reversibile pompa/turbina e motore/generatore 8076
gruppo turbogeneratore elettrico 4863
gru rotante 8117
gru su autocarro 8591
gru su cingoli 10145
gru su ruote 10840
guano 4528
guanti d'amianto 639
guardavia 4535
guardiano della conca 5747
guardiano della diga 2386
guard-rail 4535
guarnissaggio 5462
guarnizione 4351
guarnizione ad anello 6801
guarnizione per tenuta idraulica 4827
guarnizione piatta 3768
guarnizione toroidale "O" 6703
guastarsi 9436
guasto 1222, 2366, 2799, 3523, 6744
guida 4463
guida della molla 9231
guida della scarpa 8778
guida di valvola 10491
guidatore di macchine per movimento di terra 3094
guida valvola 10491
gunitare 8793
gunite 4549
guscio 2721

habitat 4561
habitus cristallino 2289
halloysite 4714
heulandite 4652
hornfels 4753
horst 4754
hübnerite 4771
hummock 4777
hums 4772
humus 4778
hypolimnio 4921

hypolimnion 4921

iato 4196
Ic 2013
icnologia 4944
idoneità 12
idratare 4781
idratazione 4782
idratazione del cemento 4783
idrato 4780
idraulica 4835
idraulica fluviale 8147
idrocarburo 4848
idrocarburo a catena aperta 6632
idrocarburo aromatico 600
idrocarburo asfaltico 651
idrocarburo gassoso 4214
idrocarburo liquido 5684
idrocarburo paraffinico 6838
idrocarburo saturo 6632
idrochimico 4851
idrociclone 4853
idrocinetica 4859
idrodinamica 4859
idrodinamica classica 4859
idrodinamico 4854
idroenergetica 4892
idroesplosione 4865
idrofono 4889
idrogenazione del carbone 1774
idrogeno ad 4866
idrogenocarbonato di sodio 9061
idrogeochimica 4868
idrogeochimico 4851
idrogeologia 4276, 4869
idrogeologia carsica 5397
idrografia carsica 5398
idrogramma 4870
idrogramma di piena 3840
idrogramma unitario 10391
idrolisi 4875
idrologia 4874
idrologia carsica 5399
idromagnetismo 5894
idromeccanica 4877
idrometeorologia 4879
idrometria 4887
idrometro 200, 10703, 10711
idrometro elettromagnetico 3211
idrometro fluviale 10703
idrometrografo 10712
idromotori 4826
idropompa 4833
idrossido di sodio 9066
idrostatica 4898
idrostatico 4894
idrovalvola di controllo 4792
idrovia 10758, 10759
ietografo 7734
ietogramma 7734

ignimbrite 4950
igrometria 4907
igrometro 4906
igrometro elettrico 3193
igroscopicità 4908
illite 4951
illuminazione 5621
illuviazione 4955
ilmenite 4956
imballamento 6783
imbibizione 36, 4964
imbiettare 2859
imbiettatura della girante sull'albero 8808
imboccatura del foro di sondaggio 10817
imbocco 7336
imbocco a spigoli vivi 8726
imbocco del sifone 8901
imbocco di derivazione 5177
imbocco di diversione 2809
imbocco svasato 970
imbracatura 8981
imbragatura 8981
imbricazione 4966
imbullonato 1116
imbullonatura 9587
imbullonatura della roccia 8196
imbuto 2821, 4171, 8897
immagazzinamento del gas 4226
immagazzinamento del petrolio 7030
immagazzinamento di superficie 9722
immagine di scarsa definizione 6537
immagine fotoelastica 4135
immagine nitida 8730
immagine non nitida 6537
immagine riflessa 6225
immagine sfocata 6537
immagine simmetrica 6225
immagine speculare 6225
immagine stereoscopica 9407
immagine tridimensionale 9407
immediatamente portante 3083
immersione 2693
immersione 2692
immerso 4969, 9617
immissione d'acqua in un pozzo 10814
immorsatura al taglio 8745
immurare nel calcestruzzo 4487
immuratura 3742
impalcato 2421
impalcato in vista 6637
impalcatura 8399
impalcatura di perforazione 2985
impanatura del tubo 7140
impedenza acustica 105

impenetrabilità 4981
imperfezione 1286
imperfezione d'origine sedimentaria 9494
impermeabile all'aria 283
impermeabilità 4981
impermeabilizzare 8475
impervio alla luce 5622
impianti 5354
impianti fissi 3737
impianti in cascata 7391
impianti in serie 7391
impianti per approvvigionamento idrico 10742
impiantito 6013
impianto a bassa caduta 5825
impianto ad acqua fluente 8323
impianto ad alta caduta 4666
impianto a media caduta 6094
impianto autoportato 10149
impianto con bacino di modulazione 7387
impianto con serbatoio 7393
impianto d'aria compressa 1921
impianto di accumulazione per pompaggio 7631
impianto di accumulazione per sollevamento 7631
impianto di accumulazione tramite pompaggio 7631
impianto di allarme 292
impianto di dosaggio dell'acqua di impasto 10687
impianto di flusso per la determinazione dei danni cavitazionali 3875
impianto di frantumazione 2276
impianto di geofoni 8570
impianto di miscelazione 9095
impianto di misurazione 6069
impianto di modulazione 8600
impianto di nebulizzazione antincendio "sprinkler" 9246
impianto di perforazione 2984
impianto di perforazione autosollevante 8586
impianto di perforazione mobile 6244
impianto di perforazione modulare 6260
impianto di perforazione rotary 8271
impianto di preparazione degli aggregati 231
impianto di punta 6898
impianto di sismografi 8570
impianto di sondaggio 2984
impianto di trivellazione 2984
impianto di trivellazione a rotazione 8271

impianto di vagliatura 8459
impianto elettrico 3184
impianto idraulico 7246
impianto magnetostrittivo 5896
impianto mobile di perforazione 6244
impianto per aria condizionata ad alta velocità 4686
impianto per dosaggio degli aggregati 229
impianto per dosaggio degli inerti 229
impianto per dosaggio del cemento 1555
impianto per la preparazione del calcestruzzo 1970
impianto per utilizzazione di sorgente 10463
impiego 511
impiego della macchina 8634
impiego del materiale di scavo 8061
impiotatura 10299
implosione delle bolle cavitazionali 4988
imposta 42, 937
imposta di estradosso 9235
imposta di intradosso 9236
imposta di un arco 9233
impoverimento 4992
imprecisione 5001
impreciso 5002
impregnare 4993
impregnato 4994
imprenditore 2087
imprenditore edile 1290
impresa costruzioni 1289
impresa edile 1289
impresario 2087
impresario di costruzioni 1290
impressionare 3456
impressione 3458
impressione di profondità 4997
imprevisti 2070
imprigionamento 3291
impronta alla base di uno strato 9113
impronta da impatto 4975
impronta di cristallo di ghiaccio 4933
impronta di increspatura da oscillazione 6722
impulso di una forza 5000
imputabile
   non ~ alla coltivazione mineraria 6536
   non ~ all'estrazione mineraria 6536
imputrescibile 2419
inaugurazione 5004

incaglio 9414
incaglio dello scalpello 1052
incassi 1461
incastellatura del battipalo 7123
incastellatura di base 883, 10347
incastellatura di sostegno del bilanciere 8368
incastellatura per trivellazione 2985
incastramento delle particelle 5214
incastrato 3259
incastro 1702
incastro laterale 8035
incastro trasversale 8035
incavallatura 8254
incavicchiare 2859
incavigliare 2859
incavo 6484
inceppamento 9414
inceppare 9413
incertezza della misurazione 10339
inchiavettatura della girante 8808
inchiodare 6404
incidenza economica dei fattori ambientali 3121
inclinabile all'orizzonte 10045
inclinare 5012, 10042, 10043
inclinato 5014, 9783
inclinazione 2604, 2693, 5010, 8992, 8994, 9000, 10044
inclinazione della camera 5011
inclinazione della faglia 2698
inclinazione della scarpata 9000
inclinazione di valle 2864
inclinazione dovuta a cedimento 10044
inclinazione primaria 6698
inclinometro 5023
inclusione 5024
incoerente 5791, 6503
incompetente 5025
incompleto 5026
incontrare una roccia dura 4325
incorporato 3259
incremento 5030
incremento della velocità di perforazione 2955
incremento delle tensioni 1294
incremento di pressione 5029
incrinatura 3715
incrinature dovute all'abbattimento 3856
incrinature nel tetto 8240
incrocio 2245
incrocio di faglie 5243
incrocio di gallerie 8168
incrocio stradale 2245
incrostare la carota col fango 4025
incrostazione 5033
incrudimento 9484
indagine 9091
indagine di cantiere 5355
indagine in posto 5355
indagini di un luogo 7818
indagini in sito 5355
indennità 1888
indennità di occupazione temporanea 1889
indennizzare 5034
indennizzo 1888
indentazione 5215
indeteriorabile 2419
indicare 5982
indicatore 4233, 5041
indicatore a sfera 808
indicatore delle deformazioni diametrali nei sondaggi 1140
indicatore delle deformazioni nei sondaggi 1140
indicatore delle deformazioni trasversali nei sondaggi 1140
indicatore dell'inclinazione 5042
indicatore depressione 10466
indicatore di carico 2971
indicatore di convergenza 2117
indicatore di deformazione laterale 5518
indicatore di deformazione longitudinale nelle perforazioni di sondaggio 1136
indicatore di deformazioni della calotta 8253
indicatore di deformazioni del tetto 8253
indicatore di deformazioni in superficie 9724
indicatore di depressione 10466
indicatore di deviazione longitudinale nelle perforazioni di sondaggio 1136
indicatore di inclinazione 10049
indicatore di inclinazione rispetto all'orizzonte 10049
indicatore di livello 3903, 6052, 7343
indicatore di livello di tipo galleggiante 3805
indicatore di livello registratore 5589
indicatore di peso 2971
indicatore di posizione 7343
indicatore di pressione 2971
indicatore di profondità 2530
indicatore di spostamento 2766
indicatore di temperatura 9899
indicatore di usura dello scalpello 3051
indicazioni di petrolio 7017
indicazioni di presenza di petrolio 7017
indice 3960, 5983, 8839
indice dei vuoti 7323
indice dei vuoti del terreno dopo la deflocculazione 3820
indice dei vuoti dopo la deflocculazione 3820
indice delle altezze 4632
indice dell'oculare 3500
indice del quadro 1844
indice di aggiustaggio 166
indice di brillamento 1077
indice di compressione 1932
indice di consistenza 2013
indice di densità 2514
indice di flocculazione 3820
indice di fluidità 5685
indice di idrogeno 4867
indice di liquidità 3881, 5685
indice di plasticità 7203
indice di porosità 7323
indice di portanza California 1378
indice di produttività specifica 9165
indice di resistenza al brillamento 1077
indice di resistività 8024
indice di rettifica 166
indice di rigonfiamento 4099
indice di rimaneggiamento 7948
indice di ritiro 8804
indice di viscosità 10600
indice illuminante 4953
indice ottico 6664
indice ottico mobile 3807
indice rotante 1687
indice RQD 8312
indice stereoscopico 3808
indice sul davanti del quadro 3995
indice sullo sfondo del quadro 776
indice virtuale 10595
indice volumetrico 4099
indistinto 5049
individuazione delle irregolarità 5008
individuazione delle irregolarità nel funzionamento 2574
individuazione delle irregolarità nel servizio 2574
individuazione di gas su carote 2573
indizio di gas 4218
inductolog 5060
indurente 4585

indurimento 4584
indurimento da deformazione 9484
industria meccanica 5856
ineguale 10378
inerbimento per semina 9145
inerti 228
inerti alluvionali 9517
inerti di frantumazione 2272
inerti fini 3653
inerti grossi 1782
inerzia 5066
inesatto 5002
inesperto 5544
infilare una prolunga 3728
infiltrare 8535
infiltrazione 5072, 8537
infiltrazione brusca d'acqua 5132
infiltrazione d'acqua 10733
infiltrazione di olio grezzo 7028
infiltrazione di petrolio greggio 7028
infiltrazione negli strati permeabili 5260
infissione 3016
infissione di pali 7112
inflessione 3784, 8351
influenza degli errori 3148
influenzato da coltivazioni sovrastanti 5082
influenzato da lavori sottostanti 5083
infossamento locale 5733
infrarosso fotografabile 7069
infrarosso fotografico 7069
infrarosso lontano 3544
infrasuono 5091
ingegnere addetto ai fluidi di perforazione 2964
ingegnere addetto alla perforazione 2961
ingegnere capo delle perforazioni 2990
ingegnere consulente 2044
ingegnere consulente in costruzioni antisismiche 3101
ingegnere consulente in progettazione antisismica 3101
ingegnere di progettazione 7561
ingegnere minerario 6212
ingegnere responsabile delle perforazioni 2990
ingegneria 3277
ingegneria dei costi di produzione 3278
ingegneria dell'ambiente 3299
ingegneria della progettazione 2562
ingegneria della sicurezza dei sistemi 9814
ingegneria di controllo automatico 717
ingegneria economica 3278
ingegneria edile 565
ingegneria elettronica 3213
ingegneria generale 3277
ingegneria idraulica 4799
ingegneria idroelettrica 4892
ingegneria meccanica 5856
ingegneria mineraria 6213
ingegneria sanitaria 8386
ingegneria sismologica 3100
inghiottitoio 7366
ingombrante 1309
ingranaggio 4241
ingranaggio a vite 10915
ingranaggio conduttore 3011
ingranaggio del cambio 10178
ingranaggio elicoidale 10915
ingranaggio folle 4946
ingrandimento 5899
ingrandire 3287
ingrassatore 5841
ingrassatore per funi 8260
iniettabilità 4506
iniettabilità della boiacca di cemento 3910
iniettabilità della miscela di cemento 3910
iniettare 4504, 5108, 5116
iniettore di combustibile 4154
iniettore per miscele di cemento 1562
iniezione 4511
iniezione con tubi a manchette 8948
iniezione con tubi a valvole-manicotto 8948
iniezione d'aria compressa 256
iniezione dei giunti 5365
iniezione di ancoraggio 387
iniezione di cemento 1561
iniezione di consolidamento 2018
iniezione di impermeabilizzazione 4985, 7460
iniezione di resina 8011
iniezione di riempimento 1544
iniezione forzata 3984
iniezione inversa 8066
iniezione per fasi discendenti 9298
iniezione per sezioni ascendenti 10441
iniezione per sezioni discendenti 9298
iniezione selettiva d'acqua 8577
iniezioni di collaggio 2046
iniezioni di contatto lungo la superficie della fondazione 4512
iniezioni di intasamento 2046
iniziare 5425
iniziare la produzione 1256, 1866
iniziare una perforazione 9253
inizio del foro 1838
inizio della presa 5103
inizio della presa del cemento 5104
inizio di cavitazione 5006
innaffiamento 10708
innesco 2582, 7502
innesco a ritardo 10058
innesco istantaneo 5148
innesto 4126
innesto a baionetta 913
innesto rapido 7690
inondare 3824
inondazione 3825, 3841
inquinamento 7302
inquinamento ambientale 3308
inquinamento da mercurio 6105
inquinamento dell'acquifero 532
inquinamento termico 9976
insabbiamento 81, 8373
insabbiare 8381, 8869
inserire i tubi di rivestimento 5134
inserzione di punti 7268
insetto 5133
in situ 5136
insonorizzazione 9136
instabilità assoluta 26
installare 8646, 9462
installare sostegni 8657
installazione 2588
installazione dei puntelli allineati 5120
installazione della macchina sul luogo di montaggio 3339
installazione della macchina sul velivolo 9761
installazione delle macchine 5145
installazione di apparecchiature 2588
installazione di collaudo delle turbomacchine idrauliche in scala naturale 9320
installazione di macchinario 2588
installazione di piezometri 7102
installazione di pompaggio 7635
installazione e sviluppo 2588
installazioni elettriche 3184
installazioni in corso e/o installazioni eseguite 2590
insufficienza 8789
intaccatura 5036
intaglio 823, 1226, 6535
intaglio orizzontale 2341

intasamento 7241, 8485, 9382
intasare 9463
integrale dei deflussi 5998
integratore 2181
intelaiatura a cassone scorrevole di sostegno 570, 9424
intelaiatura di acciaio 5706
intelaiatura di guida 6010
intelaiatura di sostegno 7378
intelaiatura indipendente 5052
intelaiatura per tettoia in vetro 4358
intelaiatura per tetto in vetro 4358
intelaiatura portante di acciaio 5706
intelaiatura secondaria 8944
intensificatore idraulico 4813
intensità
  di grande ~ luminosa 9572
intensità della circolazione 2519
intensità del rilievo 7932
intensità del traffico 2519
intensità del vento 10860
intensità di cavitazione 5184
intensità di corrente elettrica 3191
intensità sismica 8552
interasse 1597, 2780
interazione fra struttura e terreno 9106
interazione fra suolo e struttura 9106
intercalato 5211
intercalazione 5191
intercalazione argillosa 8711
intercalazione di fori 9212
intercalazione sterile 2717, 6173
intercambiabile 5196
intercrescita 5212
interesse di un progetto 10461
interesse economico di un progetto 3122
interessi 3086
interessi di mora 5200
interessi di redditività 3086
interessi intercalari 5199
interessi per ritardo di pagamento 5200
interfaccia 5202
interferenza 5203
interferenza dei pozzi 5205
interferenza delle particelle 5214
interferometria 8430
interfluvio 5208
interpolazione 5236
interpolazione di un punto 7268
interposizione 5024
interpretazione dei diagrammi 5764
interpretazione dei risultati 5239
interpretazione quantitativa 7672

interrimento 80
interrompere il pompaggio di un pozzo 4579
interrompere la perforazione di un pozzo 5
interruttore 9779
interruttore a bascula 10079
interruttore a chiave 5424
interruttore a depressione 10468
interruttore a levetta 10079
interruttore a pressione 1330, 7477
interruttore a pulsante 1330
interruttore automatico di livello minimo 5829
interruttore azionato con chiave 5424
interruttore con dispositivo a orologeria 9780
interruttore di avviamento 9332
interruttore di fine-corsa 5645
interruttore di livello 5598
interruttore di prossimità 7606
interruttore di selezione 8579
interruttore fine-corsa 5645
interruzione di corrente 7374
interruzione di elettricità 7374
intersecamento 5245
intersecare 5241
intersecare all'indietro 7968
intersecare in avanti 5242
intersecarsi 5241
intersezione 5244, 7274
intersezione all'indietro nello spazio 7969
intersezione all'indietro nel piano 7177
interstizio 7321
interstizio capillare 1411
interstizio di dissoluzione 9131
interstizio subcapillare 9597
interstizio supercapillare 9658
interstratificazione 5190
interstrato 5024, 5191
intervalli
  a grossi ~ 10846
intervallo 9151
intervallo delle striscie 5246
intervallo di focalizzazione 79
intervallo di messa a fuoco 79
intervallo di ricorrenza 7840
intervallo di tempo 10066
intervallo fra diaclasi 5372
intervallo fra i fori 1144
intervallo fra i geofoni 8569
intervallo fra i pozzi 1144
intervallo fra i puntelli 7588
intervallo fra le fessure 5247
intervallo netto 1731
intonacatura 1569

intonaco civile 9030
intonaco di cemento 1569
intonaco di finitura 3666
intonaco di gesso 7196
intradosso 5249, 9071
introdurre i tubi di rivestimento 5134
introduzione dei rivestimenti 5812
intrusione d'acqua 10710
intumescenza 7911, 9732
invar 5258
invasare 3624
invasione 5259
invasione con materiale di colmata 3920
invasione d'acqua 10710
invasione delle acque marginali 3132
invasione delle acque periferiche 3132
invaso 3627, 7971, 9447
invaso sotterraneo 822
invecchiamento delle dighe 223
inventario delle risorse idriche 5261
inversione 6785
inversione con specchio 6226
inversione dei raggi luminosi 8063
inversione della morfologia 7933
inversione del procedimento fotografico 8064
inversione del rilievo 7933
inversore 5262
inversore iperbolico 4913
investigazione di cavitazione 5268
investigazione sperimentale 3434
inviluppo di Mohr 6267
invito ad una gara 1380
invito a presentare un'offerta 1380
involuzione 2283
inzollare 9058
iperbole 4909
iperciclotema 4917
iperstereoscopia 4918
ipocentro 3956
ipogeno 4919
ipomagma 4922
ipotesi 662
ipotesi costruttive 2028
ipotesi di calcolo 2557
ipotesi di carico 2565
ipotesi nebulare 6447
ironpan 5274
irregolarità di funzionamento 5277
irrigatore a pioggia 9248

irrigazione 5280
irrigazione a pioggia 9247
irrigazione a sommersione 3842
irrigazione per aspersione 9247
irrigazione per scorrimento 9710
irrigazione per sommersione 3842
irrigidimento fra i contrafforti 1335
irrigidire 8658, 9489
irruzione d'acqua 5132
irruzione di sabbia 5131
iscrizione 7882
isobara 5284
isobare 5284
isocentro 3951
isoclina 5292
isocora 5287
isocromatico 5288
isocrona 5291
isogrado geochimico 4261
isoieta 5294
isoipsa 5296
isola artificiale 632
isola continentale 2063
isola di barriera 855
isolamento 5169, 5170
isolamento di poliuretano 7316
isolamento fra gli strati 5171
isolamento fra strati 5171
isolante multistrato 6367
isola oceanica 6587
isolotto di carbone 6
isomorfismo 5302
isostasi 5306
isostasia 5306
isotropia 5323
isotropico 5322
isotropo 5322
ispezione 5141
ispezione esterna 3472
ispezione in sito 6625
ispezione interna 5123
ispezione sul luogo 6625
ispezione visuale 3472
istantanea 5151
isteresi 4924
isteresi di cavitazione 1533
istruzione di montaggio 5155
istruzione di servizio 8633
istruzione per la riparazione 7956
istruzione per l'uso 8633
istruzioni di montaggio 5155
istruzioni operative 6647
itinerario 10205
itinerario di livellazione 5664
itinerario di volo 6878
itinerario tacheometrico 9822

jumbo 5376

kame 5386
kernite 5418
kerogenite 5419
kettle 5420

laboratorio 5443
laboratorio analitico 378
laboratorio d'analisi 378
laboratorio di diagrafia 5763
labradorite 5447
laccolite 5452
lacuna 4193
lacuna d'origine sedimentaria 9494
lacuna stratigrafica 4196
laghetto carsico 5403
lago 5466
lago artificiale 7971
lago di cratere 2205
lago di lava 5532
lago glaciale 4337, 7550
lago relitto 7929
lahar 5464
lahar causato da piogge 7741
lama dello scalpello 1046
lamellare 944, 3748, 5471, 5477
lamierino di tenuta 8484
lamina 5474
   in ~ 7218
laminazione
   a ~ incrociata 2316
laminare 9269
laminazione 5478
lampada al sodio 9070
lampada a vapori di sodio 9070
lampada da miniera 8342
lampada Davy 8342
lampada di preriscaldamento 7421
lampada di preriscaldo 7421
lampada di sicurezza 8342
lampada spia 8846
lampeggiatore 1085, 8846
lapidificazione 2615
larghezza alla base 885
larghezza del fronte di taglio 3514
larghezza della diga 9992, 10848
larghezza della striscia 10849
larghezza di coronamento 10103, 10104
larghezza di taglio 3514
larghezza in cresta 10103, 10104
lasco 781
laser 5502
laser radar 5456
lastra di xilolite 10927
lastre
   in ~ 7218

lastricato 917
laterite 5520
lateritizzazione 5521
laterizio 1248
laterizio di silice 8850
latitudine 5522, 7287
latitudine polare 7296
lato esterno dello scalpello 1049
lato ripiena 4375
lattime 5465
lava 5524
lava aa 1
lava a canne d'organo 5526
lava basaltica 866
lavaggio 3919, 8123
lavaggio con acido 98
lavaggio del foro 1141
lavaggio del pozzo 1141
lavaggio inverso 5045
lavare 8122
lavorabilità 10892, 10893
lavorare con clivaggio ascendente 10907
lavorare con clivaggio discendente 10906
lavorare con clivaggio pendente 10906
lavori 10912
lavori a sezione ridotta 6415
lavori da carpentiere 1439
lavori definitivi 5925
lavori di accesso e di preparazione 2597
lavori di allargamento 1546
lavori di carpenteria 1439
lavori di impermeabilizzazione 8486
lavori di miniera in profondità 2435
lavori di scavo sott'acqua 10372
lavori fluviali 8145
lavori minerari sotterranei 2435
lavori preliminari 7426
lavori preliminari nello strato 2598
lavori preparatori 2598, 7426
lavori pubblici 7613
lavori supplementari 145
lavoro di campagna 3617
lavoro di deformazione 2463
lavoro di ricondizionamento 10910
lavoro di ufficio 6591
lavoro sul terreno 3617
lectotipo 5561
legalizzazione 10541
legante 1016, 1563, 6015
legante bituminoso 1016
legante idraulico 4787
legatura 7905, 9763

legge della rifrazione 7868
legge della similitudine dinamica 5539
legge di composizione degli errori 5538
legge di Darcy 2394
legge di Hooke 4727
legge di resistenza idraulica di Darcy 2392
leggermente diagenizzato 5061
legge sollecitazione-deformazione 9544
leggi della rifrazione di Snell 7868
leggi di similitudine 8873
legislazione edilizia 4766
legislazione in materia di abitazioni 4766
legislazione in materia di alloggi 4766
legislazione in materia di edilizia abitativa 4766
legname 10052
legname da carpenteria 9580
legname da rivestimento 4564
legname da sega 5846
legname di fornitura 2121
legname di rivestimento 5462
legname segato da costruzione 5846
legname segato da falegnameria 5846
legname squadrato 7832
legname tagliato 2121
legno 10052, 10883
legno artificiale 10926
legno squadrato 7832
lembo abbassato di una faglia 3024
lembo affondato di una faglia 3024
lembo affossato di una faglia 3024
lente 5573
lente concava 2805
lente convergente 2120
lente convessa 2120
lente di focalizzazione 3959
lente di ghiaccio 4939
lente di ingrandimento 5900
lente di lettura 5900
lente di messa a fuoco 3959
lente di sabbia 8374
lente di sabbia petrolifera 7007
lente divergente 2805
lente petrolifera 7007
lepidoblastico 5582
lepidolite 5583
lesione per fragilità 1261
lettera di intenti 5584

letto 943, 1629, 3854
letto di ghiaia 804
letto fluviale 8140
lettura 7794
lettura al microscopio 7795
lettura a riflessione 7796
lettura dei piezometri 7800
leva del freno 1216
leva del fuso 9379
leva oscillante 5611
levata del getto 1967
levigatezza della superficie 9727
levigatezza della superficie della parete 9727
liberare 7922
libreria 1125
libretto di campagna 3606
lidite 5850
lignite 5627
lignite A 5628
lignite B 5629
lignite bituminosa 7155
lignite bruna 9073
lignite C 5630
lignite lustra 5342
limitatore d'imballamento 6782
limitatore di potenza 7383
limitatore di pressione 7464
limitatore di sovravelocità 6782
limitatore di velocità 6782, 10528
limite 1188, 5635
limite acqua-petrolio 3133
limite d'elasticità 3170
limite del bacino imbrifero 1495
limite dell'acqua marginale 3133
limite della levigazione glaciale 5640
limite della ripiena 3129
limite delle nevi 3685, 9047
limite delle striazioni glaciali 5640
limite di aderenza 148, 9416
limite di allungamento per snervamento 10953
limite di coltivazione 6887, 10898
limite di deformazione 10953
limite di elasticità 10952
limite di elasticità convenzionale 3170
limite di fatica 3550
limite di fatica a ciclo alterno simmetrico 8017
limite di fatica a ciclo dallo zero 3267
limite di flocculazione 3819
limite di individuazione 2572
limite di liquidità 683
limite di liquidità di Atterberg 683

limite di plasticità 7205
limite di proporzionalità 5641
limite di resistenza 9525
limite di resistenza alla pressione interna 5231
limite di ritiro 8805
limite di rivelazione 2572
limite di rottura 1228, 1232
limite di rottura 10953
limite di schiacciamento 10949
limite di scorrimento 2213
limite di sfruttamento 6887
limite di sicurezza 8343
limite di snervamento 9929, 10948, 10951, 10952, 10953
limite di snervamento a compressione 10949
limite di snervamento convenzionale 10951
limite elastico 3170
limite gas-petrolio 4221
limite inferiore di plasticità 5814
limite inferiore di snervamento 5820
limite liquido superiore 10433
limite plastico 7205
limite reologico di deformazione 8083
limite superiore del carbone 10089
limite superiore di fluidità 10433
limite superiore di snervamento 10438
limiti di applicabilità 5643
limiti di Atterberg 680
limiti di consistenza 2014
limiti di consistenza di Atterberg 680
limiti di funzionamento 5644
limiti d'ingrandimento 7765
limiti di plasticità 7202
limiti di utilizzazione 5644
limnimetro 5646
limnologia 5647
limnoplancton 5648
limo 8863
limonite 5649
limoso 8870
limpidezza 1732
linea anticlinale 470
linea base 873
linea costiera 1785
linea dell'andesite 399
linea dell'energia 3273
linea delle nevi 9047
linea del livello d'acqua 4808
linea di base 875
linea di base delle argille 8710
linea di carico totale 3273
linea di colmo 1863

linea di convogliamento 2125
linea di corrente 3885
linea di costa 1785, 9488
linea di direzione 2703
linea di displuvio 1863
linea di faglia 1230
linea di filtrazione 8540
linea di flusso 3885
linea di frattura 1230
linea di immersione 5662
linea di lettura 4407
linea di livellazione 5664
linea di massima pendenza 5662
linea di mira 5666
linea d'imposta 9228, 9234, 9237
linea di neve 3685
linea d'intersezione 5663
linea d'invaso 789
linea di piede a monte della diga 4626
linea di prolunghe articolate 5665
linea di prolunghe incernierate 5665
linea direttrice 2703
linea di riferimento 4407, 8668
linea di risorgive 5667
linea di saldatura 10806
linea di saturazione 8540
linea di sostegno 10023
linea di sponda 9488
linea di stratificazione 5668
linea di terra 10140
linea di trasporto 2125
linea di unione 2003
linea di vetta delle acque sotterranee 4491
linea di volo 3788
linea elastica 3171
linea equipotenziale 3334
linea isoclina 5293
linea isopaca 5303
linea isosismica 5305
linea limite 5635
linea piezometrica 7105
lineare 5653
linea retta 9475
linea scavata in senso opposto ad un'altra 2182
linea verticale 7248
linea vorticosa 10644
lineazione 5660
linee del campo 5673
linee di forza 5673
linee di riposo 10660
linee di Wallner 10660
linee isobariche 5284
linee isostatiche 5312
lingua di lava 5536
lingua di terra 9209
linguetta 9231

liquazione 5677, 5678
liquefazione 5679
liquido idraulico 4803
liquido premente 7457
lisciatura 3665
lisciatura a cazzuola 10252
lisciatura a fratazzo 3798
lisciatura a taloccia 3798
lisciatura con regolo 8452
liscio 9029
liscione 8956
lisciviare 5545
lisciviazione 5547, 5703
lista dei ferri 988
lista delle imprese invitate 8580
litico 5689
litificato
 non ~ 10415
litificazione 5690
litigi 2771
litofacies 5691
litoraneo 5696
litosfera 5692
litostratigrafia 5694
litotipo 5695
livella a bolla d'aria 5588
livella a cavaliere 9552
livella d'acqua a tubo flessibile 4757
livellamento delle tensioni 9530
livella per tubazioni 9552
livellare 5586, 5587
livella sferica 1691
livellatrice 4395
livellatrice semovente 6322
livellazione 2579, 5590, 5591, 8673
livellazione di base 2402
livellazione di precisione 7410
livellazione trigonometrica 10235
livelle in croce 2247
livello 153, 4279, 5585, 5593, 6881
 a ~ 100
 a ~ del cielo 3917
 a ~ di terra 3927
livello a monte 4607
livello a valle 9537
livello concrezionato con sali ferrosi 5274
livello d'abbattimento 6215
livello da geometri 9755
livello del fiume 8155
livello dell'acqua 10705, 10745
livello dell'acqua a valle 9837
livello dell'acqua sotterranea 4500
livello dell'acqua sotterranea apparente 503
livello della falda 4500

livello della falda freatica 4500
livello delle cime 9656
livello delle creste 9656
livello del mare 6046, 8476
livello del prezzo 7490
livello del suolo 9706
livello di base carsico 872
livello di cavitazione 2475
livello di falda 4493
livello di fondo 1176, 3853
livello di fondo dell'acquifero 530
livello d'innesco 7505
livello di riferimento 5986
livello freatico 7083
livello guida 5421
livello inferiore 1176
livello inferiore dell'acquifero 530
livello limite di denudamento 10091
livello massimo assoluto 6035
livello massimo della normale regolazione 8047
livello minimo di esercizio 6208
livello piezometrico 7103
livello statico 9324
livello superiore di denudamento 10091
locale all'aperto 6729
locale in soffitta 686
locale sottotetto 686
località 2375
località interessante 688
localizzatore di fughe 5555
localizzatore di perdite 5555
localizzazione 5739
localizzazione delle fuge in un pozzo 9203
localizzazione delle perdite nel pozzo 9203
locomotiva 5754
loess 5757
logaritmo 5759
logoramento 689, 10775
logorio 10775
longarina 5781, 8947, 9559
longarina del tetto 2262
longarina di calotta 2262
longherone di base dell'armatura 8318
longherone maestro 8318
longitudine 5770
lottizzazione 6856
lotto 5802
lubricità 5843
lubrificante per alte pressioni 3494
lubrificazione a nebbia d'olio 6230
lubrificazione a polverizzazione 6230

lubrificazione automatica 712
luce 6641, 6696, 9155, 10536, 10847
luce con paratoia 9016
luce con valvola 9016
luce del giorno 2406
luce di cacciata 8445
luce di iniezione 5347
luce d'imbocco 5117
luce di scarico 6695, 6737
luce diurna 2406
luce fendinebbia 3965
luce tra le barre 1733
luci 6640
lucidare 2139
lucido
　non ~ 6017
luminosità 1732
　di debole ~ 6602
　di grande ~ 9572
lunghezza 5570
lunghezza del contrafforte 5571
lunghezza del coronamento 2216
lunghezza della batteria di aste di perforazione 3006
lunghezza delle aste di perforazione 3006
lunghezza dell'onda 10767
lunghezza dello sperone 5571
lunghezza del serbatoio a massimo invaso 5572
lunghezza del taglio 3510
lunghezza del tratto in estrazione 5608
lunghezza di aste di perforazione 3006
lunghezza di deformazione 10938
lunghezza di espansione 4165
lunghezza di quattro aste 4046
lunghezza di ricoprimento 5498
lunghezza di snervamento 10938
lunghezza di un contrafforte 5571
lunghezza d'onda 10766
lunghezza in cresta 2216
lunghezza minima 1750
lunghezza totale dei tubi contenuti nella torre 7694
lunghezza totale delle aste contenute nella torre 7694
luogo considerato 2011
luogo di assemblaggio 7158
luogo di montaggio 7158
luogo di riproduzione 1247
luogo di scarico delle immondizie 8387
luogo geometrico 5755
luogo interessante 688
luogo scartato 2722
lutite 5849

macadam 5852
macchiettato 6324
macchina 5855
macchina aerofotogrammetrica automatica 8624
macchina aerofotogrammetrica automatica quadrupla 7666
macchina automatica doppia 2853
macchina automatica per lastre 8625
macchina automatica per prese verticali 10565
macchina caricatrice 5717
macchina centrifuga per colmata 8982
macchina da calcolo 1371
macchina da presa aerofotogrammetrica 280
macchina da presa cinematografica 3631
macchina di sollevamento 2917
macchina fotografica doppia 2837
macchina fotogrammetrica 9747
macchina fotogrammetrica a mano 4574
macchina fotogrammetrica doppia 2845
macchina fotogrammetrica semplice 7055
macchina fresatrice 6277
macchina idraulica 4822
macchina idraulica in scala 1:1 4159
macchina idraulica in scala al naturale 4159
macchina in scala 1:1 4159
macchina in scala al naturale 4159
macchina per controllare i quadri 4068
macchina per estrazione 2917
macchina per irrigazione a pioggia 9248
macchina per irrigazione per aspersione 9248
macchina per la perforazione termica 9975
macchina per lisciare 10253
macchina per movimenti di terra 1310
macchina per prove sui quadri 4068
macchina per ripiena pneumatica 8982
macchina per scavo di gallerie 10278
macchina per scavo di gallerie a piena sezione 4158
macchinario 3333
macchinario di cantiere 6624

macchinario su cingoli 10154
macchine 5862
macchine per movimento di terra 3093
macchine per scavi 3410
macchinista 7195
macerale 5853
macerale attivo 124
macerazione 5854
macrocristallino 5865
macroporo 5866
maestranze 5946
magazzino 9458, 10666
maggiorazione per rischi 8136
maglia 6109
maglio di battipalo 7749
magma 5868
magnesite 5878
magnete di pescaggio 3700
magnetismo delle rocce 8190
magnetismo terrestre 4292
magnetite 5892
magnetoidrodinamica 5894
magnetometro 5895
magnetometro aerotrasportato 242
magnetometro a precessione nucleare 7595
magnetometro a protoni 7595
magnetometro astatico 664
magnetometro nucleare 6545
magnetometro orizzontale 4742
magnetometro verticale 10558
magnetostrizione 1338
magnitudo 5735
magra 5839
malachite 5931
malamente definito 1101
malattia di origine idrica 10689
malleabile 3048
malta 6312
malta aerata 259
malta bastarda 896
malta cementizia 1565
malta di calce e cemento 896
malta di cemento 1565
malta di iniezione 4518
malta di resine 8012
malta di ripresa 950
malta idraulica naturale 6428
malta porosa 259
mancanza di definizione 5453
mancanza di ermeticità del sistema idraulico 10422
mancanza di nitidezza 5453
mancanza di tenuta del sistema idraulico 10422
manchevolezza 1286
mandare un segnale di ritorno 8845

mandrino 5935, 9201
maneggevole 9378
maneggevolezza 2097
manganite 5936
manganosite 5937
manicotto 1325
manicotto con valvola di ritegno 3797
manicotto di cementazione 794
manicotto di ghiaccio 4936
manicotto di gomma 8313
manicotto di guida 4540
manicotto di tenuta 8483
manicotto per cementazione simplex 8875
manicotto per tubi di rivestimento 1466
manicotto terminale 3266
manifestazione di gas 4218, 6583
mano di vernice a base di epossido 3327
mano d'opera 5946
manometro 5943, 7458
manometro a deformazione elastica 3174
manometro a diaframma 2636
manometro a gas 4223
manometro a membrana 2636
manometro a molla tubolare 1195
manometro a pistone 7147
manometro a stantuffo 7147
manometro a tubo elastico 1195
manometro Bourdon 1195
manometro della pressione del fango 6349
manometro dell'aria 275
manometro differenziale 2660
manometro di tipo Bourdon 1195
manometro metallico 3174
manometro per aria 275
manostato 5945
manovella 4572
manovrabile 9378
manovrabilità 2097
mansarda 686
mansioni dell'ingegnere consulente 9933
mantello 5948
mantello di protezione 6019
mantenere aperta 1443
mantenere aperto 5914
mantenere in efficienza 5913
mantenersi nella direzione corretta 5414
mantenimento della pressione del giacimento 7465
manto 1062
manto dell'impalcato 2422
manto di monte 3518
manto di monte deformabile 10445
manto d'iniezione 4512
manto di usura 9707, 10776
manto in calotta 6779
manto nevoso 9040
manto stradale 10776
manto superficiale 9730
manutenzione 5915, 9872
manutenzione della galleria 8172
manutenzione della via di corsa 8172
manutenzione delle macchine 5918
manutenzione ordinaria 8302
manutenzione preventiva 8303
maona 833
mappa 7166
mappa altimetrica 7934
mappa catastale 1356, 3621
mappa dell'insieme delle piante 5954
mappa quotata 7934
mappa radar 7697
mappatore 1445
marca 5983, 8843
marca di riferimento 3960
marcare 5982
marcare con punti di riferimento 8655
marcare la direzione 4583
marcasite 5961
marcassite 5961
marcatura 5983
marcatura di punti di riferimento 5987, 5988
marcia a carico parziale 6657
marcia a carico ridotto 6657
marcia a pieno carico 6656
marcio 6463
mare 8470
mare di piattaforma 3314
mare epicontinentale 3314
maremoto 10258
mareografo 10704
mare profondo 2436
margarite 5962
margine continentale 2057, 2064
margine dell'immagine 5971
marino 6339, 10285
marmitta 6327, 7366
marmo 5960
marmo decorativo 2426
marmo di Carrara 1440
marmo onice 290
marmo ornamentale 2426
marmo per rivestimenti 2426
marmo statuario 9358
marna 5990, 5991
marna argillosa 1719
marna bituminosa 1055
marna calcarea 5651
marna lacustre 5470
maroso 10867
martellio 7367
martello 4568
martello demolitore 1958
martello perforatore 255, 4569
martello perforatore ad aria compressa 255
martello pneumatico 264
martinetto 5327
martinetto a effetto unilaterale 8880
martinetto a spostamento unidirezionale 8880
martinetto d'avanzamento 7750
martinetto di posa 8664
martinetto per spostamenti a doppio effetto 2836
martinetto per spostamento da un solo lato 8880
martinetto piatto 3770
maschio conico 3701
maschio di pescaggio 3701
maschio filettante 8281
maschio-pescatore 3701
maschio-pescatore per tubi di rivestimento 1468
masonite 10890
massa 5997
massa addizionale 144
massa battente di battipalo 7749
massa del volume unitario 2506, 2517, 2518
massa fluida 3905
massa fusa 6101
massa liquida 3905
massa minerale 6683
massa propria 8597
massa rocciosa 8191
massa specifica 22, 2509
massa specifica apparente 501
masse franate 1515
massicciata 804
massiccio 6000
massiccio già sfruttato 8179
massiccio montuoso 4470, 8191
massiccio roccioso 8191
massimo critico di pressione 2228
massimo di pressione critica 2228
massimo sisma di progetto 2561
massimo sisma possibile 6024
massimo sisma prevedibile 6024
massivo 6000
masso 1187
masso erratico 1187, 3353
mastice d'asfalto 6102
materasso di difesa 6018
materia esplosiva 1072
materiale a maglia 5438

materiale a noleggio 4693
materiale antiacustico 103
materiale antifonico 103
materiale coerente 1822
materiale da costruzione 1292
materiale da costruzione per rivestimento esterno 3477
materiale d'affitto 4693
materiale da ripiena 7874
materiale da ripiena recente 4453
materiale da ripiena riportato 4989
materiale di cava 1161, 7676
materiale di colmata 9467
materiale di copertura 2194
materiale di manutenzione 4573
materiale di montaggio 3343
materiale di ripiena 9461, 9467
materiale di rivestimento 5675
materiale di scavo 3403
materiale di seconda mano 8512
materiale di smontaggio 2755
materiale di sollevamento 4702
materiale di sterro 3403
materiale di trasporto 10184
materiale d'occasione 8512
materiale fine 3660
materiale fonoisolante 103
materiale galleggiante 3802
materiale granulare 4421
materiale in affitto 4693
materiale incoerente 1820
materiale in deposito 9429
materiale inerte 228
materiale in pietrame, armato 7902
materiale in pietrame costipato 1874
materiale in pietrame trattato con getto d'acqua 10671
materiale insonorizzante 103
materiale isolante a più strati 6367
materiale isolante multistrato 6367
materiale lavorato a maglia 5438
materiale non tessuto 6519
materiale nuovo 6481
materiale per discarica 6339
materiale per lavori in galleria 10283
materiale per lavori sotterranei 10283
materiale per rivestimento esterno 3477
materiale piroclastico 7661
materiale roccioso, armato 7902
materiale roccioso, messo in opera a strati 2189
materiale roccioso compattato 1874
materiale roccioso trattato con getto d'acqua 10671
materiale sciolto 10344
materiale smottato 1515
materiale sterile 6753
materiale su ruote 6245
materiale tenero 9077
materiale tessuto 10918
materiali ed attrezzature di cantiere 5354
materiali galleggianti 3802
materiali isolanti 5172
materiali per iniezioni 4516
materiali residuali 7999
materie in soluzione 2776
matrice di accoppiamento 2187
matrice di massa 6006
matrice di rigidezza 9419
matrice di rigidità 9419
matrice di smorzamento 2380
matrice rocciosa 8192
matt 6017
mattone 1248
mattone a cuneo 553
mattone di quarzite 8850
mattone di silice 8850
mattone essicato al sole 169
mattone forato di cemento 4709
mattonella rustica 8324
mattone refrattario alluminoso alleggerito 349
mattone refrattario alluminoso soffiato 349
mausoleo 6021
mazza 8946
mazzapicchio 9847
meandro 6038
meandro inciso 10475
meandro intagliato 5092
meccanica 6088
meccanica analitica 9959
meccanica applicata 514
meccanica dei fluidi 3906
meccanica dei fluidi per l'ingegneria civile 3907
meccanica dei liquidi 4877
meccanica del continuo 2079
meccanica delle rocce 4475, 8193, 8194
meccanica delle terre 9094
meccanica del terreno 9094
meccanica generale 4251
meccanica razionale 9959
meccanica teorica 9959
meccanismo dell'eruzione 6089
meccanismo di allarme 10668
meccanismo di eruzione 6089
meccanismo di rottura 1835
meccanismo di trasmissione 10178
meccanismo motore 3011
media 6036
media aritmetica 596
media geometrica 4299
media ponderata 10801
mediatura 9839
megaciclotema 6097
mega-increspatura 6098
melanite 6099
melanocratico 6100
melma 5728, 6341, 6629
melma fetida 8390
membrana di tenuta 10445
mensa 8907
mensa di cantiere 8907
mensola 1396, 2141
mensolone 2141
meridiano 6106
meridiano trasversale 10191
mesa 6108
mescola 6238
mescolatore ad alta turbolenza 4681
mescolatore di boiacca 4523
mescolatore per cemento 1564
mescolatore per miscele di iniezione 4523
mesocratico 6110
mesocristallino 6111
mesolimnion 6112
Mesolitico 6113
Mesozoico 6115
messa a fuoco 165, 3958
messa a fuoco all'infinito 5075
messa a punto 8661
messa a punto della distanza focale 8666
messa fuori servizio 9841
messa in cantiere di una fase 4987
messa in cantiere di un progetto 4987
messa in carico 5720
messa in marcia, arresto e messa fuori servizio 8663
messa in opera dei supporti in linea 5120
messa in opera dei tubi di rivestimento 5812
messa in opera del rivestimento 7160
messa in opera di piote erbose 10299
messa in opera di puntelli definitivi 6969
messa sotto carico 66
messo a nudo 3457
metaantracite 6116
metabentonite 6117
metalimnion 6118

metallico 6119
 non ~ 6509
metalli estraibili 3484
metalli pesanti 4623
metamorfico 6124
metamorfismo 6127
metamorfismo di contatto 2049
metamorfismo idrotermale 4902
metamorfismo isochimico 5286
metamorfismo organico 6689
metamorfismo progressivo 5278
metamorfismo retrogrado 8053
metamorfismo termico 9974
metano 6134
metasomatismo 6129
meteorite 6131
meteorologia 6132
metodi geofisici 4306
metodo a impulsi artificiali 631
metodo "a monte" di costruzione 10446
metodo arco-mensola 552
metodo a riflessione 8558
metodo a rifrazione 8559
metodo austriaco per scavo di gallerie 6611
metodo "a valle" di costruzione 2863
metodo chimico di misura delle portate 1649
metodo complesso di misurazione per serie chiuse 1905
metodo degli allineamenti 304
metodo degli elementi finiti 3669
metodo degli incrementi successivi 5032
metodo dei fasci anarmonici 4050
metodo dei marciavanti 9188
metodo dei minimi quadrati 6141
metodo dei momenti nulli 10967
metodo dei potenziali spontanei 8590
metodo dei quattro punti 4050
metodo del collegamento di prese successive 6137
metodo del gradiente di potenziale 7360
metodo della piramide 6142
metodo della regolazione 6138
metodo della ripiena 9468
metodo delle differenze finite 3668
metodo delle equipotenziali 3335
metodo delle linee equipotenziali 3335
metodo delle tensioni iniziali 5107
metodo del rapporto di caduta di potenziale 7360

metodo del reticolato 4455
metodo di abbattimento con esplosivo 1078
metodo di azzeramento dei momenti 10967
metodo di brillamento 1087
metodo di calcolo 375
metodo di calcolo per elementi finiti 3669
metodo di calcolo probabilistico 7527
metodo di coltivazione a camere e pilastri 8257
metodo di congelazione 4109
metodo di flusso per la determinazione dei danni cavitazionali 3888
metodo di fratturazione idraulica 4805
metodo di lampeggiamento 1087
metodo di lavoro 6654
metodo di magnetostrizione 5897
metodo di messa a massa 6229
metodo di messa a terra 6229
metodo di "mise à la masse" 6229
metodo di misura 6071, 6136
metodo di misurazione 6136
metodo di perforazione 2974
metodo di perforazione a percussione 6942
metodo di perforazione con circolazione inversa 2975
metodo di polarizzazione indotta 5059
metodo di produzione ad iniezione di gas 4211
metodo di prova 6140
metodo di resistività 8026
metodo di restituzione 7235
metodo diretto di misurazione 2712
metodo di ricerca 6140
metodo di ricupero 3487
metodo di rilassamento 7919
metodo di rimozione del carico 7919
metodo di Rosiwall 8262
metodo di scarico 7919
metodo di sondaggio elettromagnetico 3208
metodo di turboperforazione 10296
metodo elettrico 3189
metodo elettroidrometrico 3201
metodo elettromagnetico 3208
metodo idrometeorologico 4878
metodo indiretto di misurazione 5048
metodo inglese per lo scavo di gallerie 3286

metodo italiano di scavo per tunnel 5325
metodo italiano per lo scavo di gallerie 5325
metodo magnetotellurico 5898
metodo micrometrico di Rosiwall 8262
metodo per approssimazioni successive 10215
metodo per elementi 8955
metodo per lavori d'inverno 10875
metodo per sostituzione di sabbia 8377
metodo radiale 7712
metodo Schlieren 8430
metodo sismico 8556
metodo strioscopico 8430
metodo tellurico 9896
metodo Trial Load 10215
metri di perforazione per scalpello 3978
metri perforati 2973
metri perforati con un scalpello 3978
metro a nastro 6076
metro a nastro d'acciaio 9371
metro cubo di materiale sciolto 2301
metro cubo di materiale solido 2302
metro cubo pieno 2302
metrologia 6144
mettere a fuoco 3955
mettere a piombo 7245
mettere a punto 8642
mettere fuori servizio il pompaggio di un pozzo 4579
mettere in coincidenza 1257
mettere in opera 9462
mettere in opera i supporti 8657
mettere in opera i tubi di rivestimento 5134
mettere puntelli 9586
mettere punti di riferimento 8655
mettersi sottocarico 70
mettersi sotto carico 9840
mezzeria 1592
mezzi chimici di lotta 1648
mezzo fluido 3895
mezzo gassoso 4199
mezzo liquido 5681
mica 6145
micaceo 6146
mica d'ambra 7042
micascisto 6147
miccia 4174
miccia detonante 2580
microallungamento 6168
microclino 6149

microcristallino 6150
microdeformazione 6168
microdilatazione 6168
microdurezza 6154
microfessura 6152
microfessurazione 6152
microfrattura 6151
microlite 6155
microlitotipo 1781, 6156
micrometrico 6161
micrometro 6158
micrometro d'oculare 3501
micrometro oculare 3501
micrometro scorrevole 8972
microonde 6170
micropaleontologia 6163
micropalo 6164
microrganismi 6162
microscopio 6165
microscopio a brillamento 1088
microscopio a eclissi 1088
microscopio a graduazione 8403
microscopio a vite micrometrica 8466
microscopio delle parallassi 6846
microscopio di focalizzazione 3961
microscopio di lettura 5900
microscopio lampeggiatore 1088
microscopio micrometrico 6159
microsisma 3108
microsismo 6166
microspora 6167
microtettonica 6169
miglioramento 4998
migliore offerente 5822
migmatite 6179
migmatizzazione 6180
migrazione capillare 1412
migrazione del petrolio 7020
migrazione di gas 6181
migrazione di materia 9493
millefoglie acquatico 10715
millerite 6185
milonite 6399
milonitizzazione 6400
minare 1064
minatore 5455
minerale 6190, 6682, 6685
minerale argilloso 1722
minerale caratteristico 2619
minerale coltivabile 6885
minerale di scarto 2716
minerale disseminato 2772
minerale industriale 5063
minerale lasciato in situ 856
minerale massivo 6004
minerali argillosi 1722
mineralizzazione 6194

mineralogia 6195
miniera 1841
miniera a cielo aperto 6631
miniera a giorno 6631
miniera di piombo e zinco 5549
miniera di rame a cielo aperto 6630
miniera d'oro 4377
Miocene 6222
miogeosinclinale 6223
mira 1845, 8837, 8838, 9756
mirare 239, 302, 8842
mirino 8835
miscela 6238
miscela bituminosa 647
miscela chimica 1650
miscela di cementi diversi 1082
miscela di iniezione 1560, 4505
miscela di liquidi 6239
miscela d'iniezione a base di resina epossidica 3326
miscela d'iniezione cemento-bentonite 997
miscela d'iniezione di resina epossidica 3326
miscela di silicato di sodio 1650
miscela eterogenea 4650
miscela omogenea 4720
miscela primaria 6858
miscela stabile 9291
miscelatore ad alta turbolenza 4681
miscelatore per iniezioni 4523
miscibile
    non ~ 5121
miscuglio 6238
mispickel 608
misto 5211
misto di cava 7757
mistura 6238
misura 6050, 6061
misura angolare 438
misurabile 6048
misura con galleggiante 3812
misura con la stadia 6064
misura con le canne 6064
misura d'apertura dei giunti 5368
misura d'apertura di fessure 5368
misura degli angoli 6053
misura degli angoli orizzontali 6072
misura degli azimut 6072
misura dei boschi 4000
misura dei cedimenti 8680
misura della portata del pozzo 10815
misura delle distanze 2784
misura delle portate 2728, 3879
misura delle tensioni e delle pressioni 9529

misura del tempo di propagazione 10175
misura differenziale 2659
misura di lunghezza 5784
misura di spostamenti 2767
misura di superficie 9264
misura di un angolo in radianti 576
misura di un arco 576
misura fotogrammetrica di velocità 7060
misura iniziale 5099
misura in radianti 576
misura ottica delle distanze 6670
misura ottica di distanze 6670
misurare 4234, 6049
misurare le dimensioni 6060
misura stereoscopica 9406
misura su una sola immagine 8887
misuratore 4233, 6070, 7674
misuratore a corda vibrante 10576
misuratore a risalto idraulico 9325
misuratore di carico sugli assi 758
misuratore di comprimibilità 2019
misuratore di convergenza 2117
misuratore di fluidità 3901
misuratore di flusso elettromagnetico 3211
misuratore di portata 3887, 7776
misuratore di torbidità 10289
misuratori di volume 10635
misura trigonometrica di distanze 10234
misurazione 6061
misurazione a catena 6063
misurazione angolare in radianti 576
misurazione col metodo di ripetizione 7958
misurazione del foro 2967
misurazione della deviazione 2449
misurazione della pressione dei fluidi 3909
misurazione della pressione del massiccio roccioso 6055
misurazione della profondità 2537
misurazione della velocità di rotazione per mezzo di frequenzimetro elettrico 6056
misurazione delle perdite 8541
misurazione del sondaggio 2967
misurazione di collegamento 6063

misurazione di fotogrammi presi con macchine fotografiche multiple 6054
misurazione di fotogrammi presi con macchine multiple 6054
misurazione di precisione 7411
misurazione di velocità angolare per mezzo di tachimetro elettrico 6057
misurazione iniziale 5099
misurazione nello spazio 6068
misurazione ottica delle distanze 6670
misurazione ottica di distanze 6670
misurazione sull'immagine 7063
misurazione trigonometrica di distanze 10234
misurazioni sismiche 3102
misure dell'acqua d'infiltrazione 8541
misure di controllo 6285
misure di deformazione 2465
misure di innevamento 9051
misure di precauzione 7405
misure di protezione 7593
misure di sicurezza 8344
misure geodetiche 6290
misure geodetiche assolute 31
misure geodetiche relative 9743
misure idrologiche 4873
misure pluviometriche 7738
misure sismiche 3102
mobile 8957
mobile per libri 1125
modellatura 6254
modellatura del fenomeno di cavitazione 6255
modello 1486, 6253
modello a fondo fisso 3731
modello a fondo mobile 6241
modello analogico 370
modello del giacimento 7983
modello del terreno 9495
modello di precipitazione e deflusso 7408
modello distorto 2793
modello di uno strumento di misurazione 10320
modello equivalente 3337
modello esterno 3474
modello fisico 7089
modello fotoelastico 7049
modello geomeccanico 4294
modello ideale 4945
modello idraulico 4823
modello isocromatico 5290
modello matematico 6014
modello meccanico 9578
modello spaziale 9159

modello stereoscopico 9159
modello teorico 4945
modello virtuale 10596
modernizzare 6258
modifica 337
modificazione dell'alveo 8769
modificazione dell'avanzamento 2955
modificazione strutturale 2757
modifiche del clima 1738
modiglione 2141
modo di funzionare continuo 2076
modo di funzionare intermittente 5220
modulazione di frequenza 4116
modulo annuale 6041
modulo de reazione del sottofondo 1812
modulo di cedevolezza 1907
modulo di deformazione 2466, 6261
modulo di deformazione di volume 1306
modulo di dilatazione cubica 1306
modulo di elasticità 6262, 6264
modulo di elasticità a tensione tangenziale 6263
modulo di elasticità cubica 1306
modulo di elasticità longitudinale 6264
modulo di elasticità tangenziale 6263
modulo di finezza 3659
modulo di misura acustica 110
modulo di reazione 1811
modulo di rigidità 6263
modulo di scorrimento 8746
modulo di taglio 8746
modulo di Young 6262, 6264
modulo elastico 6264
modulo elastico tangenziale 6263
molassa 6275
molatrice 4460
molinello 7575
molino 4460
molino a martelli 4571
mulino m macinatore 4460
molla 9227
molla a balestra 5550
molla di compressione 1934
molla di fermo 5752
molla di guida 9243
molo 7095
molto inclinato 9376
molto piegato 141
momento di avviamento 9336
momento di avvitamento 10036
momento di coppia 6279

momento d'inerzia 6280
momento d'inerzia di massa 6281
momento di ribaltamento 6789
momento di rotazione 10105
momento di rotazione sulla girante della pompa 4980
momento di rotazione sulla girante della turbina 10293
momento di serraggio 10036
momento di una coppia 6279
momento flettente 985
momento idraulico 4824
momento resistente 6282
momento torcente 10105
momento torcente di avviamento 9336
momento trasmesso dall'attrito meccanico 4134
monastero 2109
monazite 6283
monitoraggio piezometrico 7107
monoblocco 3275
montaggio 3340, 3723, 6329
montagna di media 6232
montagna di media altezza 6232
montagna di piega faglia 1269
montagna media 6232
montagna media altezza 6232
montante del quadro 5566
montante di sostegno del tavolame in calotta 5463
montare 8657
montato su sfere 811
montatura della lente 5578
montatura di un'obiettivo 5574
monte
 a ~ 10442
montmorillonite di sodio 9067
monumento storico 4695
monzonite 6303
mordenza 8922
morena 6305, 10041
morena di fondo 4476
morena frontale 3263
morena inferiore 4476
morena interna 3284
morena laterale 5512
morena mediana 6090
morena profonda 4476
morena superficiale 9715
morena terminale 1131
morfologia 6310
morfologia carsica 1509
morfologia da erosione in terreni aridi 791
morfologia dei corsi d'acqua 9519
morfologia dei pori 7324
morfologia del terreno 4471
morfologia di frana 5491
morfologia fluviale 8151

morfotettonica 6311
morganite 10639
morsetti 1708
morsetto 1700, 1703, 3710, 10954
mortuasa 4696
mortuasare 8648
mosaico 210, 6314
moto 6319
moto angolare 439
moto a superficie libera 4098
moto circolare 1689
moto curvilineo 2327
moto difforme 6517
moto di masse d'acqua sul fondo 10370
moto di un fluido 3908
moto gradualmente vario 4402
moto in pressione 7456
moto laminare 5476
moto libero 4086
moto non uniforme 6517
moto ostacolato 3028
moto permanente 9361
motore 3274
motore a ciclo Diesel 2651
motore a combustione a pressione costante 2651
motore del ventilatore 3540
motore Diesel 2651
motore idraulico 4825
moto rettilineo 7838
motori idraulici 4826
motorino d'avviamento 9331
moto rotatorio 8288
moto rotazionale di un fluido 8292
moto turbolento 10298
moto uniforme 10385, 10387
moto vario 6517, 10418
moto vorticoso di un fluido 8292
movimenti del terreno dovuti alla coltivazione in corso 9496
movimenti di terra 3109
movimento 6319, 6332
movimento accurato 9009
movimento angolare 439
movimento del massiccio montuoso 4478
movimento del terreno 4477, 4478
movimento di punta del terreno 6895
movimento di spiaggia 915
movimento di un fluido 3908
movimento elettroosmotico 3216
movimento in campo adiacente 6445
movimento in campo libero 4085
movimento in profondità 6843

movimento lento 9009
movimento micrometrico 9009
movimento ondulatorio 10769
movimento parallattico 6843
movimento perduto 781
movimento sismico 8557
movimento stagionale 8494
mucchio di sterile 2719
muffola 5380
mulinello idraulico 4883
mulinello idrometrico 4883
mulino 4346
mulino a barre 839
mulino a martelli 4571
mulino a palle 813
mulino a sfere metalliche 839
muoversi 6331
muratore 1250
muratura a bugne 8325
muratura a secco 643, 3044
muratura bugnata 8325
muratura di pietrame squadrato 3241
muratura di rivestimento 1252
muratura di rivestimento della volta 574
muratura di sostegno 6800
muratura in pietra da taglio 643
muratura in pietra senza malta 3044
muro antierosione 487
muro d'ala 10872
muro d'argine 1302, 2365
muro di difesa fluviale 8157
muro di fondazione 4044
muro di protezione dalle onde 10773
muro di sostegno 8041
muro di sostegno a gravità 4447
muro di spalla 45
muro di sponda 10152, 10839
muro di sponda della conca 5753
muro di taglione 2339
muro di taglione diaframma 2339
muro di taglione in calcestruzzo 1963
muro divisorio 5213
muro frangionda 10773
muro interno 5213
muro laterale della conca 5753
muro longitudinale 5782
muro per ripiena 6797, 6800
muro-piedritto 45
muro portante 939, 5708
museo 6394
mutuo 5729

nadir 4479
nadir della carta 5957
nagyagite 6402

nappa acquifera 10688
nastro metrico 6076
nastro trasportatore 974
nativo 6416
natrolite 6419
navata centrale 6437
navata laterale 288
nave cisterna 7031
nave per perforazioni 2987
navigazione 6441
navigazione aerea 202
navigazione a motore 7371
navigazione a vela 8352
navigazione da diporto 7222
negativa 6452
negativa con molto contrasto 4586
negativa debole 9079, 10000
negativa densa 2503
negativa dura 4586
negativa morbida 9079
negativa senza contrasti 3527
negativo 6452
neobarocco 6455
neoclassicismo 6456
neodarvinismo 6457
neodarwinismo 6457
neogotico 4385
neoprene 6458
neovulcanismo 6460
neritico 6462
nervatura per colmata 9563
nervatura per ripiena 9563
nettunismo 6461
nevaio 9045
nevato 9045
neve 9035
neve asciutta 3040
neve compattata 2937
neve farinosa 4422
neve fresca 3060
neve granulosa 4422
neve polverosa 7369
neve umida 8124
neve ventata 2937
nevicata 9044
nicchia 6483, 6484, 6485
nicchie ecologiche 6483
nido d'ape 4725
nido di ghiaia 4725
nippel per puntelli 5568
nitidezza 8725
nitidezza dell'immagine 2443
nitidezza dell'immagine ai bordi 5965
nitido 8723
nitratina 6993, 9060
nitrato di potassio 6993
nivometro 9046
nodo 6490, 6491

nodulo 6492
nome della diga 6406
nomenclatura dei ferri 988
nomi dei territori catastali 6407
nomi delle particelle catastali 6407
non-coassialità 6227
nonio 10544
nord magnetico 5888
Nord magnetico 5888
normale 6984, 10554
normalizzazione 9314
normazione 9314
norme di costruzione 2042
norme di sicurezza 8347
norme di sicurezza in miniera 8341
norme e schema del tipo di rivestimento 9694
norme per accettazione 1794
norme per la manovra delle paratoie 3839
norme standard per le costruzioni 2042
nota in calce 8534
nottolino di arresto 7773
novaculite 6538
nube 1762
nube a forma di cavolfiore 1507
nube ardente 6548
nube cavitazionale 1531
nube di ceneri 641
nube vulcanica a forma di cavolfiore 1507
nucleo 2144, 2145
nucleo cavitazionale 1535
nucleo con argilla d'impasto 7615
nucleo della volta 555
nucleo del vortice 10642
nucleodensimetro 6547
nucleo di campo 3608
nucleo di cavitazione 1535
nucleo di sinclinale 2157
nucleo sinclinale 2157
nucleo urbanistico 1698
numerazione 6551
numero 6550
numero cavitazionale di velocità specifica 1538
numero dei gruppi 6553
numero di atomi di carbonio 1432
numero di cavitazione 1536
numero di durezza Vickers 10588
numero di giri 6552
numero di Reynolds 8080
numero di similitudine di Reynolds 8081
numero di similitudine di Weber 10784
numero di stabilità 9277

nuovo impianto 6480
nuovo metodo austriaco per lo scavo di gallerie 6418

obbiettivo 6561
obelisco 6558
obiettivi perseguiti 2568
obiettivo 6561
obiettivo aerofotogrammetrico 203
obiettivo a grande angolo di campo 10845
obiettivo di restituzione 7234
obiettivo grandangolare 10845
obliquo al piano di stratificazione 6573
occhio di gatto 1505
oceano 6585
oceanografia 6588
oceanografia di estuario 3382
oceanografia geologica 5977
oceanologia 6589
oculare 3499
offerente 9915
offerta 9912
officina di montaggio 655
offuscamento 2395
oggetto 6559
oleodotto 7022
oleodotto per il greggio 2268
oleodotto sottomarino 8477
oli antracenici 468
Oligocene 6614
oligoclasio 6615
olio grezzo 2265, 5700
olio minerale 2265
olistostroma 6616
Olocene 4715
ombra delle nuvole 1766
ombrogeno 6617
omogeneo 4717
omologo 4723
onda 10761, 10762
onda acustica 115
onda d'avanzamento dei supporti 180
onda da vento 10867
onda di piena 3851
onda di Rayleigh 7789
onda di riflessione 7864
onda di superficie 4485
onda di taglio 8749
onda di trascinamento del convogliatore 2124
onda di trascinamento del trasportatore 2124
onda di volume 8563
onda di Weber 10785
onda d'urto 8777
onda longitudinale 5783

onda lunga 9769
onda marina di origine sismica 10258
onda riflessa 7859
onda S 8749
onda sismica 8563
onda solitaria 9125
onda superficiale 9728
ondata 9769, 10867
onda trasversale 10186
onde di flessione 992
onde di Love 5803
onde medie 6093
onde sonore che si propagano attraverso un solido 9137
onde sonore che si propagano nei solidi 9137
onde superficiali 9729
onde trasversali di Love 5803
ondosità 9769
ondulazione per abbassamento 9631
oneri d'ammortamento 359
oneri di esercizio 8319
oneri fissi 3734
oneri generali 6770
oneri per il combustibile 4153
oneri proporzionali 5031
onice 6627
ontogenesi 6626
oolite 3159
opaco 6017
opera 9582
opera di trasporto d'acqua 10759
operaio aiutante alla sonda 3859
operaio aiutante per le manovre alla sonda 3859
operaio alla sonda inesperto 1114
operaio alla sonda non qualificato 1114
operaio sondatore 8103
opera sotterranea 2932
operatore 9754
operatore di macchine per movimento di terra 3094
operazione di finitura 3664
operazioni di immersione 2815
operazioni di sollevamento offshore 6597
opere 10911
opere accessorie 6991
opere ausiliarie 395
opere definitive 6970
opere del genio civile 4836
opere di adduzione alla centrale 9675
opere di adduzione d'acqua 1840
opere di derivazione 5179
opere di derivazione idroelettrica 7380

opere di invaso 9452
opere di invaso e di adduzione 9453
opere di presa 5179
opere di restituzione 6741, 9832
opere di restituzione della portata prescritta 1891
opere di restituzione delle acque irrigue 5283
opere di scarico 6741
opere di tenuta 8486
opere di testa 4610
opere in esecuzione e/o opere eseguite 2590
opere per il transito dei pesci 3694
opere per lo scarico delle piene 3831
opere per lo svuotamento 6741
opere pertinenti 6991
opere provvisorie 9910
ordinare 6678
ordinata 6680
ordine corinzio 2161
ordine delle operazioni 8622
ordine di esecuzione 5157
ordine di grandezza 5901
ordine ionico 5272
ordine romano 8230
Ordoviciano 5817
Ordoviciano medio 6174
ore di punta 6896
ore di soleggiamento 4762
ore piene 6896
ore vuote 6593
organizzazione del cantiere 7567
orientabile 9378
orientamento 6693, 7910
orientamento delle fessure 2706
orientamento esterno 6731
orientamento esterno del fotogramma 6732
orientamento interno 5124
orientamento reciproco nella macchina fotografica multipla 7813
orificio 7336
orifizio 6696, 7336, 10536
originale 6697
origine delle coordinate 6702
origine del nonio 6508
orizzontale 100
orizzontale principale 757
orizzontalità 5596
orizzonte 4279, 4729, 9093
orizzonte acquifero inferiore 5069
orizzonte dell'immagine 4752
orizzonte di ricorrenza 7839
orizzonte di riferimento 5986
orizzonte di riflessione 7862

orizzonte eluviale 3233
orizzonte gassifero 4202
orizzonte guida 5986
orizzonte illuviale 4954
orizzonte limitato 5637
orizzonte naturale 4274
orizzonte petrolifero 7003
orizzonte produttivo 6884
orizzonte visibile 4274
ormeggio 1003
ornamento 3289
orogenesi 6708
orogenesi allegheniana 311
orogenesi appalachiana 311
orpimento 6709
ortite 310
orto 6710
ortoclasio 6712
ortocromatico 6711
ortogeosinclinale 6713
ortogonale al piano di stratificazione 6520
ortoquarziti 6717
ortoscopico 6719
ortotropia 6720
oscillazione naturale 6422
oscillazione propria 6422
oscillazioni longitudinali 5774
oscillografo 6723
oscuramento 2395
oscuro 5049
ossatura di acciaio 5706
osservazione vulcanologica 10628
ossidiana 6581
ossido di allumina 348
ossido di alluminio 348
ossido di zirconio naturale 790
ossitaglio subacqueo 10373
ostruire con fango 6353
ostruire le bocche di presa 1667
ostruzione 7241
ostruzione di un tubo 7136
ottica 6672
ottico 6659, 6671
ottimizzazione delle dimensioni della centrale 8919
otturare 6353
otturare a pressione 774
otturatore 6798
otturatore centrale 1587
otturatore d'obiettivo 1007
otturatore fra le lenti 1587
otturatore gonfiabile 5076
otturatore meccanico 6085
otturatore per cementazioni 4519
otturatore per iniezioni 4519
otturatore per istantanee 5153
otturatore per tubi di pompaggio 10266

otturatore riperforabile 2942
otturatore sferico 9185
otturazione con fango 6346
ozocerite 6793

pacchetto o serie 6796
pack 6799
packer gonfiabile 5076
packer meccanico 6085
packer per cementazioni 4519
packer per colonna di tubi di rivestimento 1478
packer per iniezioni 4519
packer per tubi di pompaggio 10266
packer per tubi di rivestimento 1478
packer ricuperabile 7950
packer riperforabile 2942
packer riutilizzabile 7950
packer superiore 10101
paesaggio carsico 5404
paesaggio protetto 7591
paesaggismo 5488
pala a cucchiaia rovescia 778
pala caricatrice 777
pala caricatrice a nastro 975
pala caricatrice a tazze 1614
pala con cucchiaio frontale 3512
pala girevole 8263
pala meccanica 8801
palanchino 6269
palancola 8755
palancolata 1302, 8757, 8756, 8758
palazzo dello sport 9223
palco 9301
paleobotanica 6807
Paleocene 6808
paleoclimatologia 6809
paleontologia 6811
paleosuolo 6812
paleotemperatura 6817
paleovulcanismo 6813
Paleozoico 6814
paleozoologia 6815
palestra 4553
pali 7109
pali compenetrati 8500
palina 7769
palinare 5989
palingenesi 6818
pallet 6819
pallone di vetro graduato 4354
palmola 10242
palo 828, 7109, 9252
palo ad attrito laterale 8926
palo a vite 8467
palo d'acciaio 9373
palo di fondazione 4036

palo di legno 8301, 10055
palo di rivestimento 5463
palo di sabbia 8375
palo gettato in opera 1488
palo inclinato di sostegno 908
palombaro 2804
palo portante di punta 3261
palo prefabbricato in calcestruzzo 7402
palo resistente di punta 3261
palo sospeso 3809
palude 3591
palude di torba 1109
pancone 1304
panconi di tura 9438
pancromatico 6820
pannellatura 1103, 10658
pannello 5165, 10900
pannello completo 4161
pannello di comando 2106
pannello di masonite 10890
pannello di polistirene espanso 7313
pannello di polistirolo espanso 7313
pannello di vetro 4356
pannello in fibra di legno 10890
pannello in legno per chiusura in calotta 5604
pannello portafusibili 4175
panorama 6827, 10589
panorama del terreno 4471
pantano 1109
pantano salmastro 8357
pantografo 6830
para 6832
paraclasi 3561
parafango 6351
parafronte 8318
paragenesi 6839
paralico 6840
parallasse 6844
parallasse di coordinate 6847
parallasse di osservazione 6577
parallasse orizzontale 4743
parallasse stereoscopica 9408
parallasse verticale 10559
parallelo 6848
parallelo alla stratificazione 6850
paramento 3504
paramento di monte inclinato 9004
parametri di cavitazione 1537
parametri di perforazione 2978
parametri di trivellazione 2978
parametro 6852
parametro costruttivo 1636
parametro strutturale 1636
paranco 1091
paranco a doppia puleggia 1091

paranco per vagonetti 1654
paraneve 9038
parapetto 521, 816
parapetto del balcone 802
parapetto in muratura 6853
parapetto metallico 4535
paratia 1301, 8453
paratia continua 9026
paratia continua in calcestruzzo 1963
paratia d'impermeabilizzazione 2339
paratoia 4227
paratoia abbassabile 3021
paratoia a chiusura automatica 8583
paratoia a regolazione automatica 716
paratoia a scorrimento 9017
paratoia a segmento 7710
paratoia a settore 3031
paratoia a sollevamento verticale 10557
paratoia a tamburo 8221
paratoia a tetto 8245
paratoia a ventola 3757, 6395
paratoia cilindrica 8221
paratoia della luce di fondo 1183
paratoia dello sfioratore 2214
paratoia di cacciata 10677
paratoia di coronamento 2215
paratoia di emergenza 3245
paratoia di fondo 1170
paratoia di presa 5178
paratoia di regolazione 7888
paratoia di scarico 6740
paratoia di scarico della melma 8868
paratoia di scarico della sabbia 8380
paratoia di servizio 8636
paratoia di sicurezza 4534
paratoia di superficie 2215
paratoia di testa 4600
paratoia di traversa mobile 845
paratoia equilibrata 797
paratoia piana su rulliera 8222
paratoia principale 5904
paratoia radiale 7710
paratoia regolatrice degli scarichi di piena 9198
paratoia ruotante su perni 4692
paratoia sollevabile doppia 2844
paratoia Stoney 8222
paratoia su catena di rulli 1502
paratoia su ruote 3741
paravento 8455
parcheggio di conca 5748
parco automatico per aste 713
parco naturale 6435

parco nazionale 6435
pareggio 1225
parella 3711
parere su un progetto 7557
parete con diaframma iniettato 4508
parete di ancoraggio 390
parete di materiale sterile 6797
parete di separazione movibile 6330
parete di sterile 6797
parete di tavole nelle armature degli scavi 5462
parete divisoria 6870
parete divisoria in vetro 4357
parete divisoria mobile 6330
parete divisoria movibile 6330
parete divisoria scorrevole 6330
parete divisoria spostabile 6330
parete esterna 6734
parquet a spinapesce 4647
partecipante 9915
parte del massiccio sollevato 4754
parte superiore della torre 6012
particella 5802
parti di ricambio 9156
parti fisse della tura a panconi 8964
partimento in uno strato di carbone 8089
parzialmente automatico 8599
parzialmente consolidato 10348
passaggio 10144, 10204
passaggio carsico 5392
passaggio del fronte di taglio per una linea di riferimento 6871
passaggio di circolazione 10204
passaggio stradale sulla diga 8173
passare un ordine a X 7156
passerella 3979
passo 7154, 8327
passo del solco 7154
passo d'evacuazione dei galleggianti 3803
passo di fluitazione 5766
passo d'uomo 5938
passo per pesci 3709
pasta di cemento 1566
pasta di paraffina greggia 8935
pattini d'appoggio 4461
pattino 8921
pavimentazione 6880
pavimentazione flessibile 3779
pavimentazione in macadam 5852
pavimentazione in pietrame squadrato 917
pavimentazione rigida 8112
pavimento 3857

pavimento con riscaldamento a
 radiazione 4613
pece comune 1780
pechblenda 10450
pectolite 6905
pedimento 6909
pedologia 6910
peduccio d'appoggio della centina
 9230
pegmatitizzazione 6912
pelagico 6913
pelite 5849
pellicola 3630
pellicola a colori 1856
pellicola all'infrarosso 5088
pellicola anodica 461
pellicola a rullino 8224
pellicola pancromatica 6821
pelo d'acqua 10705
pelo dell'acqua 10745
pelyte 5849
penale 6918
penalità 6918
pendenza 420, 2693, 4397, 4398,
 5010, 8992, 8994
pendenza del fiume 8154
pendenza di fondo 962
pendenza idraulica 4809
pendenza piezometrica 4809
pendenza rispetto alla verticale
 907
pendenza superficiale 10747
pendio 8991
pendolo diretto 2713
pendolo inverso 5267
pendolo ottico 6665
penepiano 6921
penetrare 6922
penetrare improvvisamente o
 inaspettatamente lo strato
 produttivo 2951
penetrare nello strato petrolifero
 2951
penetrazione 1226
penetrazione brusca d'acqua 5132
penetrazione del fango di
 perforazione 6354
penetrazione dell'acqua 10699
penetrazione dello scalpello 1050
penetrazione di mastice
 bituminoso 648
penetrazione nello strato
 produttivo 2970
penetrometro 6925
penetrometro a cono 1988
penetrometro dinamico 3075
penisola sottomarina 9615
penitenti 6926
pennacchio 9270
pennello 1270, 1313

pennello di correzione 4527
percentuale di estrazione 7577
percentuale di vuoti 6929
percezione di profondità 6932
percolazione 6937, 8537
percorso critico 2234
percorso di filtrazione 6879, 8543
percorso preferenziale 7418
percorso tensionale 9540
perdita 3874, 5552, 5554
perdita al fuoco 5799
perdita d'acqua 5554
perdita d'acqua per scarichi 9190
perdita dalla fondazione 10369
perdita di campione 2156
perdita di carico 4132, 4602
perdita di carico per attrito 4128
perdita di carota 2156
perdita di circolazione 1695
perdita di fango 1695
perdita di fluido 3904
perdita di luce 5797
perdita di peso 5798
perdita di pressione nelle aste di
 perforazione 7621
perdita idraulica 4819
perdita per fuga 5551
perdite dell'acquifero 536
perdite di carico 4602
perdite idrauliche 4820
perdite per attrito 4130
perdite per attrito esterno 3476
perdite per evaporazione 3392
perdite per filtrazione 8537
perforabilità 2941
perforare 1132, 8895
perforare a percussione 6939,
 9253
perforare a rotazione 1132
perforare di nuovo 7844
perforare in una roccia dura 4324
perforare lo strato produttivo
 2951
perforare troppo velocemente
 1320
perforare una galleria 3401
perforare una roccia dura 4324
perforare un pozzo 1133
perforatrice a colonna 1861
perforatrice ad aria compressa
 264
perforazione a circolazione
 d'acqua 10670
perforazione a circolazione
 inversa 8067
perforazione ad aria compressa
 263
perforazione a diametro ridotto
 8978
perforazione ad iniezione 4789

perforazione a fune 1149
perforazione a getto 5340
perforazione a getto idraulico
 4814
perforazione a granaglia 1150
perforazione a iniezione 10670
perforazione al diamante 2630
perforazione alla fune 1353
perforazione a percussione 1148
perforazione a piccolo diametro
 8978
perforazione a rotazione 2956
perforazione a rotazione a getto
 5348
perforazione a rotopercussione
 8272
perforazione a scopo d'iniezione
 4515
perforazione a secco 3036
perforazione automatica 707
perforazione a vibropercussione
 10583
perforazione a vibrorotazione
 10584
perforazione canadese 1353
perforazione con agente
 schiumogeno 3941
perforazione con aste 8210
perforazione con circolazione
 inversa 8067
perforazione con circolazione
 localizzata 2998
perforazione con corona a
 diamanti 2630
perforazione con esplosivi 2997
perforazione con gas 4210
perforazione con impiego di gas
 4210
perforazione con iniezione di
 agente schiumogeno 3941
perforazione con iniezione di
 prodotto schiumogeno 3941
perforazione con prelievo di
 carote 2160
perforazione con prodotto
 schiumogeno 3941
perforazione con scalpello a getto
 5340
perforazione con utensile al
 diamante 2630
perforazione convenzionale 2110
perforazione corretta 2952
perforazione dello strato
 produttivo 2970
perforazione del pozzo per
 cementazioni 4521
perforazione deviata 2600
perforazione di coltivazione 2594,
 2596
perforazione di controllo 2094

perforazione di esplorazione geologica 4278
perforazione di estensione 2594
perforazione di fori da mina con utensile a punta di diamante 1070
perforazione di iniezione 4510
perforazione direzionale doppia 2840
perforazione di sondaggio 3445
perforazione di un pozzo petrolifero 7035
perforazione elettrica 3182
perforazione eseguita con la sonda 1135
perforazione in alto mare 2439
perforazione inclinata 8940
perforazione intermedia 5071
perforazione in terraferma 6622
perforazione nelle paludi 9764
perforazione obliqua 8940
perforazione offshore 6594
perforazione onshore 6622
perforazione orizzontale 4739
perforazione per fondazioni 4028
perforazione per sondaggio geologico 3437
perforazione per via umida 10827
perforazione profonda 2430, 2433
perforazione rotary 2956
perforazione rotary a getto 5348
perforazione senza rivestimento 10338
perforazione simultanea 8877
perforazione sonica 9132
perforazione stratigrafica 9510
perforazione temporaneamente sospesa 9902
perforazione termica 9972
perforazione tradizionale 2110
perforazione verso l'alto 8134
perforazioni gemelle 10307
perforazioni intermedie 9212
periclasio 6950
pericolo di incendio 3676
pericolo di surriscaldamento 2390
peridotite 6953
peridoto 6951, 6952
peridoto di Ceylon 6952
periglaciale 6954
perimetro bagnato 10835
perimetro dell'invaso 8786
perimetro di servitù 3110
periodo asciutto 3041
periodo della vita utile 5609
periodo di ammortamento 6889
periodo di esenzione del rimborso 3416
periodo di funzionamento 3436
periodo di garanzia 4532

periodo di interruzione di lavoro 4948
periodo di perforazione 2991
periodo di ritorno 7840
periodo di un'onda 10770
periodo di vegetazione 4526
periodo glaciale 4335
periodo piovoso 10832
periodo più asciutto 2930
periodo secco 3041
perizia tecnica 9871
permafrost 6964
permanentemente sommerso 5255
permeabile all'aria 271
permeabilità 6971
permeabilità all'acqua 6975
permeabilità assoluta 5252
permeabilità Darcy 2393
permeabilità effettiva 3140
permeabilità iniziale 5100
permeabilità laterale 5515
permeabilità magnetica 5889
permeabilità orizzontale 4744
permeabilità primaria 7496
permeabilità relativa 7916
permeabilità secondaria 8504
permeabilità verticale 10560
permeametro 6979
permeametro a carico variabile 3532
permesso 517
permesso dell'autorità mineraria competente 9359
permettività 6981
Permiano 6980
Permiano inferiore 5813
Permiano superiore 10432
Permico 6980
Permico inferiore 5813
Permico superiore 10432
perno 1115
perno a testa svasata 1329
perno d'ancoraggio con resina 8009
perno di bloccaggio 5746
pernone di sostegno 8236
perno repulsore 2781
perno tenditore 9547
perovskite 6982
perpendicolare 6984, 6983, 10547, 10554
perpendicolare alla stratificazione 6520
persistenza 220
persona comune 5544
personale 5946
personale addetto alla manutenzione 5917
personale d'esercizio in posto 6655

personale locale 5737
personale temporaneo 9909
pertica 828
perturbazione 2800
pesca 3696
pescaggio 2868, 3697, 3699
pescatore a campana 6781, 8267
pescatore a campana con molla 9242
pescatore a campana "overshot" 8267
pescatore ad attrito 4133
pescatore a frizione 4133
pescatore a maschio 5932
pescatore delle aste della sonda 1198
pescatore di campioni di petrolio 7032
pescatore magnetico 3700
pescatore per scalpello 1048
pescatore svincolabile per aste 6781
peso 10797
peso dell'unità di volume 1297, 9168
peso dell'unità di volume del materiale secco 10402
peso dell'unità di volume del terreno saturo 10403
peso di una misurazione 10802
peso di volume immerso 9622
peso di volume umido 10837
peso morto 2412
peso proprio 8597
peso specifico 9168, 10402
peso specifico apparente 501, 1297, 2511
peso specifico in mucchio 1297, 2511
peso sullo scalpello 747
peso unitario 10400, 10401
peso unitario della terra in immersione 10404
peso unitario del terreno immerso 10404
peso unitario del terreno saturo 10403
peso unitario del terreno secco 10402
petrochimica 6997
petrogenesi 6998
petrografia 6999
petrografia del carbone 1775
petrografia sedimentaria 8521
petroliera 7031
petrolio 7000
petrolio a base di paraffina e asfalto 6233
petrolio a base paraffinica 6836
petrolio asfaltico 646

petrolio di fessure 2222
petrolio di infiltrazione 8542
petrolio di prima qualità 3687
petrolio greggio 2265
petrolio greggio a base mista 6233
petrolio greggio a base paraffinica 6836
petrolio greggio di concessione 3336
petrolio greggio non solforoso 9766
petrolio greggio non stabilizzato 10417
petrolio greggio non trattato 7786
petrolio greggio pesante 4619
petrolio greggio solforoso 9143
petrolio greggio stabilizzato 9284
petrolio grezzo asfaltico 646
petrolio grezzo emulsionato 10828
petrolio grezzo non trattato 7786
petrolio illegale 4758
petrolio in situ 7018
petrolio marino 6599
petrolio naftenico 646
petrolio non paraffinico 6511
petrolio non saturo 10368
petrolio normale 737
petrolio paraffinico 6836
petrolio primario 6317
petrolio prodotto illegalmente 4758
petrolio ricuperabile 2874
petrolio senza gas 4217
petrolio soffiato 1098
petrolio solforoso 9652
petrolio sottosaturo 10368
petrolio sul posto 7018
petrologia 7036
petrologia delle rocce metamorfiche 7037
petrologia del minerale 6686
petrologia sedimentaria 8522
petrologia strutturale 9579
pezzatura massima degli aggregati 6022
pezzatura massima degli inerti 6022
pezzi di ricambio 9156
pezzo intercambiabile 5197
pezzo per prolunga 3470
phot 7044
piallaccio 10534
piana abissale 53
piana carsica 5407
piana da dilavamento glaciale 3932
piana di abrasione 7164
piana di erosione marina 7164

piana di marea 10031
piana intercotidale 10032
pianerottolo 4566
piani di approvazione 9626
piani di sfaldamento 780
piani di stratificazione 780
pianificazione di approvazione 9626
pianificazione economica dello sterile 7875
pianificazione edilizia 5495
pianificazione urbanistica 5495
piano 3765, 7166, 7168, 9459
piano aerofotogrammetrico 205
piano catastale 3621
piano centrale dell'obiettivo 1584
piano d'allarme 2071
piano dei punti di riferimento 4687
piano del calcolo strutturale specifico 9160
piano della carta 5955
piano della curva di livello 2083
piano della disposizione degli apparecchi di misura 5740
piano della pellicola 7174
piano delle fondazioni 4037
piano del livello di base 6921
piano dell'orizzonte 4731
piano del meridiano 6107
piano del terreno 4480
piano di clivaggio 1735
piano di diaclasi 5370
piano di faglia 7175
piano di focalizzazione 3962
piano di fondazione 9605
piano di irrigazione per aspersione 9249
piano di messa a fuoco 3962
piano di mira 8840
piano d'imposta 9228
piano di progetto preliminare 6743
piano di proiezione 7173
piano di puntamento 8840
piano di regolamento 871
piano di rottura preferenziale 1735
piano di scorrimento 8963, 8988
piano di separazione 5202
piano di separazione gas-petrolio 4221
piano di servizio 9301
piano di sfaldatura 1735
piano di situazione 7186
piano di slittamento 8963, 8988
piano di stratificazione 951, 952
piano di taglio 8740, 8956
piano di vista 7176
piano di volo 7429

piano focale 3950
piano frontale di proiezione 4138
piano inclinato 5013
piano nucleale 3322
piano oggetto 6566
piano orizzontale 4745
piano orizzontale principale 4746
piano parcellare 6857
piano principale dell'obbiettivo 7513
piano speciale per il calcolo statico 9160
piano strutturale specifico 9160
piano verticale 10561
piano verticale principale 7512
pianta 7187
pianta indicatrice 5043
pianterreno 4473
pianura 3766, 3769
piastra d'appoggio 879
piastra d'appoggio del tetto 8248
piastra di ancoraggio 391
piastra di base 1180
piastra di carico 934
piastra di fondazione 4041, 7728
piastra di roccia 8181
piastra per la misura dei cedimenti 8683
piastrella 762
piastrella a superficie scabra 8324
piastrella ceramica 1608
piastrella di ceramica 1608
piastrella rustica 8324
piastrella ruvida 8324
piastrina 10672
piattabanda 7211
piattaforma articolata 622
piattaforma autosollevante 8585
piattaforma continentale 2065
piattaforma dei trasformatori 10159
piattaforma di alloggio 7678
piattaforma di lavoro 2548, 10903
piattaforma di manovra della torre di perforazione 2548
piattaforma di perforazione 2981
piattaforma di perforazione in mare aperto 6595
piattaforma di perforazione mobile 6243
piattaforma di perforazione modulare 6260
piattaforma di perforazione sommergibile 9624
piattaforma di perforazione su cuscino d'aria 253
piattaforma di perforazioni semisommergibile 8603

piattaforma di ricerche
  scientifiche su turbomacchine
  idrauliche 9322
piattaforma di servizio 2548,
  9301
piattaforma di sondaggio 2548
piattaforma di tavole 2422
piattaforma di trivellazione in
  mare aperto 6595
piattaforma fissa 3738
piattaforma galleggiante a cavi
  tesi 3811
piattaforma galleggiante a funi
  tese 3811
piattaforma galleggiante di
  trivellazione 8473
piattaforma galleggiante per
  sondaggi 8473
piattaforma galleggiante su
  gambe a cavi tesi 3811
piattaforma in calcestruzzo con
  parete perforata 1969
piattaforma insulare 5166
piattaforma intermedia per
  quattro aste 4047
piattaforma mobile di
  perforazione 6243
piattaforma oscillante 622
piattaforma per sondaggi 2981
piattaforma per trivellazioni
  semisommergibile 8603
piattaforma stradale 871
piattaforma superiore 2260
piatto 3765
piazza 9258
piazzale 9721
piazza pubblica 9258
piccarocca 6269
picchettare 5989
picchettare la direzione 4583
picchetto 6911
picchetto di legno 10886
picchetto di regolarizzazione di
  scarpata 9002
picchetto di riferimento 2403
piccolo carro-ponte 1654
piccolo lago carsico 5403
picnometro 2512
piede 3853, 10073
piede a monte della diga 4625
piede a valle della diga 10077
piede di porco 6269
piedestallo 6907
piedistallo 6907
piè
  a ~ d'opera 6623
piega 3966, 8216, 10449
piega ad angolo vivo 1281, 1282
piega angolata 1282
piega anticlinale 474

piega asimmetrica 667
piegabile 3968
piega composta 1903
piega con scorrimento 9485
piega di strato 3783
piega-faglia 1243, 3967
piega inclinata 5020
piega inversa 6787
piega isoclinale 1437, 5292
piega marginale 5969
piegamento 3966, 10449
piegamento dei banchi del tetto
  3969
piegamento discordante 2748
piega minore 6219
piega monoclinale 3783, 6296
piega obliqua 5020
piega principale 5905
piega rovesciata 6787
piegarsi 981, 3970
piega secondaria 6219
piega sinclinale 9793
piega trasversale 2244
piegatura 982
pieghe discordanti 2749
pieghevole 3968
pieghevolezza 3776
piena 3823
piena ammissibile per il cantiere
  2034
piena annuale 451
piena brusca 3762
piena centennale 10931
piena considerata per il periodo
  dei lavori 661
piena decamillenaria 10933
piena decennale 10930
piena di progetto 2563
piena massima conosciuta 5501
piena massima mensile 6300
piena massima probabile 7529
piena massima registrata 5501
piena millennale 10932
piena stagionale 8493
piena standard di progetto 2563
piene registrate 3848
pietra 9431
pietra da paramano 642
pietra da rivestimento 642
pietra di luna 173
pietrame 9431
pietrame di cava 7676
pietrame non costipato 10340
pietrame per protezione della
  scogliera, assettato a mano
  4576
pietrame per scogliera, assettato a
  mano 4576
pietrame per scogliera, non
  compattato 10340

pietrame posto in opera a strati
  2189
pietrame selezionato 8574
pietrame tout-venant per scogliera
  7757
pietrame trattato con getti d'acqua
  10671
pietra pomice 7626
pietra preziosa 4248
pietra tagliata da paramano 642
pietrificazione 6996
pietrischetto bitumato 1790
pietrisco 2273
pietrisco grosso 1782
pietrisco per macadam 8162
piezoelettrico 7099
piezometro 7458, 9326
piezometro 7101
piezometro con testa porosa 7331
piezometro idraulico 4828
piezometro pneumatico 7260
pignone a vite senza fine 10915
pila 7096
pila d'angolo del materiale
  residuo 10682
pila dello sfioratore 9199
pila di fondazione 4035
pila di minerale di scarto 2719
pila scorrevole 9906
pilastrino 8844
pilastri sistematici 3295
pilastro 856, 1858, 7126
pilastro abbandonato 7, 8089
pilastro abbandonato di carbone 6
pilastro al bordo dello sterile
  10682
pilastro di carbone 8089
pilastro di fondazione 4035
pilastro di legno 9121
pilastro di limite 856
pilastro di protezione 8346
pilastro di protezione dei confini
  1193
pilastro di protezione dei limiti di
  concessione 1193
pilastro di protezione delle linee
  di demarcazione 1193
pilastro di protezione del pozzo
  1179, 8701
pilastro di roccia 8197
pilastro di sale 8358
pilastro di separazione 856
pilastro di sostegno a fine corsa
  9117
pilastro di spigolo dello sterile
  10682
pilastro permanente 6966
pilastro portante 924
pilastro provvisorio 8089
pilastro residuo 8001

pilastro spostabile 9906
pilastro tettonico 4754
pile dello sfioratore 9199
pilone 1858
pilone fisso 4603
pilone mobile 9829
pingo 7132
pioggia 7733
pioggia torrenziale 10110
piombino 7247
piombino ottico 6667
piramide 7654
piramide di erosione 6265
pirargirite 7656
pirite 7657
pirite bianca 5961
piritizzazione 7658
piromagma 7662
pirometro ottico 6669
piromorfite 7663
piroscisto 1424
pirosseno ortorombico 6718
pirrotina 7664
pirrotite 7664
piscina 9774
pista 10144
pista da sci 8929
pista di cantiere 8913
pista di rullaggio 9865
pista per sciatori 8929
piste nel bosco 10657
pistola di montaggio 8669
pistola per montaggio 8669
pistoncino 6798
pistone 7748
pittura a base di neoprene 6459
pittura a fresco 4118
pittura anticorrosiva 486
pittura antiruggine 486
placca d'appoggio in calotta 8248
placca di base 1180
placca di ritenzione della ripiena 9469
placca di roccia 8181
plafone 1547
plancton 7188
planetologia 7182
planimetria 7166, 7186, 7187, 7340
planimetria topografica 7166
planimetrico 7183
plasticità 7200
plasticizzante 3900, 7204
plastico 566, 7197
plastico del massiccio 9495
plastificante 3900, 7204
plastomero 7210
platea del bacino 892
platea di ricezione 520
platea generale 520

Pleistocene 7224
plexiglas 7225
plinto 5297, 7227
plinto di fondazione 4038
plinto isolato 5297
Pliocene 7223
Plistocene 7224
plotter digitale 2668
plutonismo 7254
pluviografo 7737
pluviogramma 7734
pluviometro 7739
pluviometro totalizzatore 7409
pneumatico 10323
pneumatolisi 7263
poco nitido 1101
polarizzatore 7294
polarizzazione 7293
polarizzazione magnetica 5251
polder 7297
policloroprene 6458
polietilene 7303
poligonale 9822, 10205
poligonale per camminamento 10205
poligonazione 1753, 7308
poligono 7305
poligonometria 7308
polimero 7310
polimorfismo 7312
politica di edilizia abitativa 4767
poliuretano 7314
polizza di assicurazione 5175
polje 7301
polluzione ambientale 3308
polluzione dell'acquifero 532
polo 7298
polo geomagnetico 4290
polvere da sparo 1079
polvere di silice 8851
polvere esplosiva 1079
polvere nera 1079
polvere per mina 1079
polverizzatore 676
pomice 7623
pomicioso 7625
pompa a bassa velocità specifica 5837
pompa a bilanciere 921
pompa a canali laterali 8821
pompa a canali periferici 6963
pompa ad alta pressione 4677
pompa ad anello d'acqua 5688
pompa ad anello liquido 5688
pompa ad elica 7572
pompa ad elica a pale rovesciabili 7573
pompa a diaframma 2637
pompa ad ingranaggi bielicoidali 4646

pompa ad ingranaggi con dentatura a freccia 4646
pompa a erogazione proporzionale 6133
pompa a grande velocità specifica 4682
pompa a mano 4577
pompa a membrana 2637
pompa antincendio 3674
pompa a più pistoni disposti assialmente 6372
pompa a più pistoni nella disposizione assiale 6372
pompa assiale 748
pompa a tre cilindri 10241
pompa ausiliaria 1129
pompa a vite eccentrica Mono 6338
pompa centrifuga 1602
pompa centrifuga con diffusore palettato 2665
pompa con diffusore palettato 2665
pompa da fango 6356
pompa del carburante 4156
pompa del fango 6356
pompa dell'olio 6606
pompa di accumulazione 9454
pompa diagonale 2620
pompa di alimentazione del carburante 4156
pompa di circolazione 1693, 6356
pompa di circolazione centrifuga 1599
pompa di eduzione ausiliare 726
pompa di eduzione principale 5908
pompa di fondo 1174
pompa di iniezione 4524
pompa di mandata 2491
pompa d'immersione 2816
pompa di prosciugamento 2612
pompa di ricircolazione 1693
pompa di sollevamento solidale col tubing 10267
pompa di sollevamento solidale con i tubi di pompaggio 10267
pompa di torsione 10107
pompa di trasmissione 3018
pompa dosatrice 6133, 2833
pompa elicoidale 4639
pompa fissa 9355
pompaggio in profondità 2442
pompaggio profondo 2442
pompa idraulica 4833
pompa idrovora ausiliare 726
pompa idrovora principale 5908
pompa idrovora secondaria 726
pompa intermedia 1129

pompa mobile 6246
pompa monoblocco 6294
pompa olio 6606
pompa orizzontale 4748
pompa per acidi 95
pompa per acqua ad alta
    temperatura 4761
pompa per acqua calda 10667
pompa per acqua di
    raffreddamento 2134
pompa per acqua fredda 1832
pompa per acqua potabile 7647
pompa per acqua pura 7647
pompa per acque di rifiuto 8687
pompa per acquedotto 10734
pompa per acque nere 7633
pompa per alcali 5851
pompa per alimentazione di
    caldaie 1111
pompa per alimentazione idrica
    10743
pompa per approvvigionamento
    idrico 4890
pompa per bacino di carenaggio
    2820
pompa per calcestruzzo 1971
pompa per cellulosa 1651
pompa per combustibile 4156
pompa per condotte d'acqua
    10734
pompa per draggaggio 2885, 2928
pompa per fango 9013, 9014
pompa per fango ad alta pressione
    4676
pompa per idròforo 4890
pompa periferica 6963
pompa per impianto idrico 10734
pompa per iniezione d'acqua
    10709
pompa per irrigazione 5282
pompa per l'estrazione di
    condensa 1975
pompa per liquidi impuri 7633
pompa per lisciva 5851
pompa per masse fibrose 3601
pompa per materiali fibrosi 3601
pompa per oleodotti 6605
pompa per olio del regolatore
    4390
pompa per pozzi profondi 1174
pompa per prodotti a base di
    petrolio 6607
pompa per prodotti di petrolio
    6607
pompa per prosciugamento
    principale 5908
pompa per prosciugamento
    secondaria 726
pompa per reattore nucleare 6546
pompa per sabbia 9014

pompa per vuoto 10467
pompa portatile 7335
pompa premente 2491, 3990
pompare 7627
pompare petrolio nel pozzo
    avviato 10673
pompa reversibile 8075
pompa rotodinamica 4979
pompa sommergibile 10364
pompa trasportabile 10183
pompa triplex 10241
pompa-turbina a rotazione
    reversibile 7644
pompa verticale 10563
pompa volumetrica 7347
pompe meccaniche 6086
pompe per bonifica 5484
pompe per centrali idriche o
    termiche 7390
pompe per fini speciali 7643
pompe per impianti di
    raffinazione del petrolio 6607
pompe per l'industria chimica
    1652
pompe per miniera 6189
pompe per prodotti alimentari
    3976
pompe per usi speciali 7643
pompe utilizzate in ingegneria
    nucleare 7642
pompe utilizzate in
    navalmeccanica ed in
    navigazione 8773
pompe utilizzate nell'industria
    alimentare 3976
pompe utilizzate per cantieri 2088
pompe utilizzate per installazioni
    sanitarie 8388
pompe utilizzate per l'edilizia
    2088
pompe utilizzate per l'industria
    della carta e della cellulosa
    6831
pompe volumetriche 7348
pompieri 3677
ponte 2422
ponte-canale 3914
ponte carsico 5389
ponte d'accesso 71
ponte del diodo rotante 8284
ponte delle distanze 2787
ponte di roccia 9490
ponteggio 8399
ponteggio di perforazione 2985
ponteggio di sostegno del
    bilanciere 8368
ponte levatoio 867
ponte sospeso a campata lunga
    5785
ponte sospeso a grande luce 5785

ponte sospeso con grande
    distanza tra gli appoggi 5785
ponte sullo sfioratore 9193
porcellanite 7320
porfido 7333
porfirite 7333
porfiroblastico 7332
poro 7321
porosimetro 7328
porosità 7329, 9097
porosità apparente 505
porosità assoluta 28
porosità da frattura 4058
porosità della matrice 6016
porosità dovuta a cavità 10650
porosità effettiva 3141
porosità efficace 4169
porosità efficace specifica 9169
porosità escluso il cemento 6221
porosità in situ 5138
porosità intergranulare 5209
porosità primaria 7498
porosità reale 3141
porosità secondaria 8505
porosità totale 28
porosità utile 3141
porosità vacuolare 10650
porta 2829
porta abbassabile 3022
porta ad un battente 8884
porta a invetriata 1455
porta a vetri scorrevole 4360
porta-campione 2155
porta-carota 2155
portacavo 1349
porta della conca 5745
porta d'ingresso 4140
portafinestra 1455
porta finestra 1455
portafusibili 4175
portale 3290, 7336
portante 927
portanza 928
porta-obiettivo 5574, 6563
porta-pellicola 3632
porta principale 4140
portare in coincidenza 1257
portare l'immagine di un oggetto
    nel campo del cannocchiale
    7284
porta scorrevole 8962
porta scorrevole a vetri 4360
porta sollevabile 5613
portastadia 9295
portata 2724, 2725, 5080, 7760,
    9155
portata carico solida 8529
portata critica 2231
portata critica per il trascinamento
    di fondo 5636

portata d'acqua entrante 5078
portata dei drenaggi 2893
portata dei puntelli 929
portata della falda freatica 4492
portata della turbina 2731
portata della turbina idraulica 2731
portata derivata 5192, 5194
portata di magra 6205
portata di piena 3836
portata di restituzione prescritta 1890
portata disponibile 730
portata effettiva 133
portata entrante 5078, 5079
portata espressa in moduli 3878
portata garantita 3682
portata giornaliera 2359
portata influenzata 5084
portata istantanea 5149, 5152
portata massima 6026
portata massima dello scarico 9194
portata massima derivabile 6034
portata massima di piena 2563
portata media 6041
portata media annua 10934
portata misurata 4235
portata naturale 6421
portata nominale 6494, 6495
portata nominale delle macchine 2564
portata osservata 6579
portata ottimale 6673
portata reale 133, 730
portata regolarizzata 7885
portata residua 8006
portata solida 8529
portata solida di fondo 955
portata solida di trascinamento 955
portata solida in sospensione 9758
portata solida totale 10129
portata specifica 10941
portata stabilita 8677
portata stabilizzata 8677
portata teorica 9958
portata unitaria 10390
portata uscente 6735
portata volumetrica 10631, 10636
portatore di malattia 2746
portautensili 10084
porte ad angolo 6231
porte vinciane 6231
porticato 549
portico 549, 10203
portico di manovra 4192
portone di chiusa 5745
posa 10063

posa in opera dei panconi 5147
posa in opera di calcestruzzo 1959
posare 8646
posare le fondazioni 4026
posare tavolame di ritegno 5459
posatubi 7138
posizionamento 8659
posizionatore 1700
posizione del cerchio orizzontale 7345
posizione inclinata 6574
posizione iniziale 10972
posizione obliqua 6574
posizione origine 10971
posizione planimetrica 7184
posizione prospettiva 6990
posizione sulla carta 7346
posizione verticale 10556
posizione zero 10971, 10972
posticipare 3
posto centrale di comando 6008
posto di caricamento 7153
posto di carico petrolifero in mare aperto 6598
postorogenico 7352
posttettonico 7352
potamografia 7355
potamologia 7356
potassio-bentonite 5412
potenza 7370, 9990
potenza assorbita 7373
potenza del giacimento 7989
potenza dell'acquifero 542
potenza della turbina idraulica 10754
potenza di estrazione 9994
potenza di punta 6897
potenza di punta della rete 9813
potenza di punta garantita 3684
potenza di un corso d'acqua 10720
potenza effettiva 3142
potenza effettiva di uno strato produttivo 3145
potenza garantita 3681
potenza idraulica 4830
potenza installata 5146
potenza massima assorbita 6029
potenza massima prodotta 6033
potenza nominale 7774
potenza oraria massima possibile 6032
potenza ottimale 6677
potenziale cinetico 10530
potenziale di carica 1639
potenziale di contatto 5686
potenziale di membrana 6104
potenziale di velocità 10530
potenziale elettrocinetico 9518

potenziometro 7364
potenziometro idraulico 4829
potere assorbente 38
potere bagnante 10833
potere calorifico inferiore 6465
potere calorifico superiore 4466
potere ottico 6668
potere riflettente 7384
potere rifrangente 7869
potere umettante 10833
pozzetto 9657
pozzetto d'assaggio 9948
pozzetto di scoppio 8795
pozzetto esplorativo 9948
pozzi drenanti 2892
pozzi filtranti 2892
pozzi gemelli 10307
pozzo 8692, 10809
pozzo ad alta pressione 4678
pozzo ad eruzione fuori controllo 1097
pozzo ad eruzione incontrollata 1097
pozzo ad eruzione intermittente 968
pozzo ad iniezione d'acqua 10695
pozzo a produzione spontanea 4550
pozzo artesiano 615
pozzo ausiliario 5333, 9330
pozzo carsico 5335
pozzo chiuso 8812
pozzo cieco 5333
pozzo commerciale 1868
pozzo con camera d'espansione a monte 9736
pozzo d'accesso 75
pozzo d'assorbimento 9657
pozzo del galleggiante 3796
pozzo delle scale 9304
pozzo d'estrazione con iniezione di gas 4219
pozzo deviato 2600
pozzo di aerazione 278
pozzo di affondamento 9330
pozzo di alimentazione 7812
pozzo di arricchimento 7812
pozzo di coltivazione 2596
pozzo di comando delle valvole 4231
pozzo di decompressione 7937
pozzo di delimitazione 2487
pozzo di delimitazione del giacimento 3610
pozzo di drenaggio 7937
pozzo di emergenza 7931, 10200
pozzo di gas 6425
pozzo di gas naturale 6425
pozzo di intervento 7931
pozzo di lava 5533

pozzo di misura 9326
pozzo di osservazione 6578
pozzo di petrolio 7010
pozzo di petrolio commerciale 1868
pozzo di petrolio produttivo 7538
pozzo di prova 516
pozzo di ricarica 7812
pozzo di ricerca 9948
pozzo di sabbia 8372
pozzo di sfogo 7931
pozzo di sondaggio 3442
pozzo di sondaggio per giacimento più profondo 2432
pozzo di sprofondamento 1573
pozzo di spurgo 7937
pozzo di ventilazione 278
pozzo drenante 7937
pozzo eruttivo 1097
pozzo esplorativo 3442
pozzo esplorativo di giacimento più profondo 2432
pozzo esplorativo di ricerca di nuovi campi 6479
pozzo filtrante 3639, 10821
pozzo gasifero 6425
pozzo improduttivo 3045
pozzo inclinato 2405
pozzo in pressione 7475
pozzo intermedio 5071
pozzo interno 9330
pozzolana 7652
pozzo marginale 5970
pozzo non commerciale 6504
pozzo non eruttivo 6507
pozzo non redditizio 6504
pozzo non rivestito 10338
pozzo perdente 9657
pozzo per immissione d'acqua 10695
pozzo petrolifero 7010
pozzo petrolifero redditizio 1868
pozzo piezometrico 9735, 9737
pozzo poco profondo 8717
pozzo pompato con scarsa produzione 5970
pozzo principale 5911
pozzo producente contemporaneamente da due orizzonti 2847
pozzo produttivo contemporaneamente da due orizzonti 2847
pozzo profondo 2433
pozzo redditizio 1868
pozzo secco 3045
pozzo sterile 3045
pozzo stratigrafico 9510
pozzo temporaneamente abbandonato 9902

pozzo temporaneamente sospeso 9902
pozzo verticale 9473
praticabilità 72
precarico 7427
precauzioni 7405
precipitazione 7406, 7733
precipitazione media 738
precipitazione nevosa 9044
precipitazione nivale 9044
precipizio 847
precisione 87, 91
precisione della misura 90
precisione di uno strumento di misurazione 88
precisione nella misura degli angoli 89
precisione ottenuta 678
precisione richiesta 7967
precompressione 7413
precomprimere 7483
preconsolidazione 7414
predisposizione all'umettazione 10833
prefiltro 7419
preforato 7398
prehnite 7422
prelevamento 10879
prelevamento di campioni 8365
prelevamento di campioni con trivella 9996
prelevamento di campioni del sondaggio 10822
prelevare 2919
prelevatore di campioni di petrolio 7032
prelievo di campioni 8365
prelievo di campioni con trivella 9996
prelievo laterale 5511
prelievo selettivo 8578
premere verso l'esterno 9268
premi 1123
premistoppa 9588
premistoppa a labirinto 5451
preparazione 2598
preparazione dei minerali 6196
preparazione della superficie della ripresa del getto 7430
preparazione del volo aerofotografico 7429
preparazione di carte topografiche 7431
prequalificazione 7432
preriscaldatore 7420
preromanica 609
preromanico 609
prerottura 7437
presa 8644, 8922
presa ad asse verticale 10549

presa aerea ad asse verticale 10549
presa aerea obliqua con grande inclinazione rispetto alla verticale 4674
presa aerea obliqua con lieve inclinazione rispetto alla verticale 5832
presa alta 4670
presa approssimativamente verticale 5832
presa bassa 5828
presa con asse poco inclinato all'orizzonte 7071
presa controllata 2100
presa d'aria 266
presa di pressione 9861
presa di superficie 9712
presa finale del cemento 3649
presa fluviale 8149
presa in carico 9620
presa iniziale 5103
presa istantanea 3763
presa istantanea del cemento 3764
presa laterale 8823
presa libera 4090
presa obliqua 6572
presa poco inclinata alla verticale 5832
presa rapida del cemento 3764
presa zenitale 10962
prescrizioni d'esercizio 6647
prescrizioni di sicurezza 8333
prescrizioni ittiche 3693
prescrizioni tecniche dettagliate 2571
prescrizioni tecniche di dettaglio 2571
prese 1840
prese a livelli multipli 6370
prese ausiliarie 8511
prese di mezzo fondo 6177
prese di superficie 583
presentazione grafica dei risultati 4427
presenza di gas 6583
presenza di petrolio 6584
preservare 2010
preservazione 7434
prese secondarie 8511
pressa portatile per collaudo puntelli 9945
pressiometro 7458, 7466
pressione 7438
pressione addizionale 9669
pressione alla bocca del pozzo 10819
pressione all'entrata della turbina 7442
pressione anisotropa 447

pressione assoluta 29
pressione atmosferica 842
pressione avviluppante 6962
pressione barometrica 842
pressione capillare 1413
pressione causata dalla ripiena 7455
pressione critica 2235
pressione dall'esterno 3480
pressione degli strati 1751
pressione dei pori 7327
pressione dei sostegni 9686
pressione dei terreni sovrastanti 7467
pressione del fango 6355
pressione del flusso 3883
pressione del getto 5350
pressione del giacimento al limite di esaurimento 11
pressione del giacimento a produzione ultimata 11
pressione dell'acqua interstiziale 7327
pressione della pompa per fango 6357
pressione dell'aria 274
pressione della volta 8249
pressione delle rocce 8198
pressione del tetto 8249
pressione del vento 10860
pressione d'entrata nella turbina 7442
pressione di abbandono 11
pressione di confinamento 1993
pressione di confine 1995
pressione di contatto 2050
pressione di disgregazione 1237
pressione differenziale di fondo 1167
pressione di filtrazione 1413
pressione di fondo 1173
pressione di fondo a pozzo chiuso 8809
pressione di formazione 1751
pressione di giacimento 1751
pressione di iniezione 5113
pressione di mandata 2490
pressione d'imposta in anticipo 4136
pressione di posa 8670
pressione di preconsolidazione 7415
pressione di rifiuto 7873
pressione di rigonfiamento 1237, 9773
pressione di rilassamento 1237
pressione di scoppio 1321
pressione di scorrimento sul fondo della perforazione 1172
pressione di scorrimento sul fondo del pozzo 1172
pressione di scorrimento sul fondo del sondaggio 1172
pressione di serraggio 8670
pressione dovuta al carico iniziale di montaggio 3689
pressione dovuta alla colmata 7455
pressione dovuta al materiale della colmata 7455
pressione d'uscita dalla turbina 7443
pressione effettiva 135, 3143, 5210
pressione esterna 3480
pressione granulare 4411
pressione idrostatica 1995, 4896
pressione in atto 135
pressione in calotta 8249
pressione iniziale 5101
pressione intergranulare 5210
pressione interstiziale 7327
pressione inviluppante 6962
pressione isostatica 5311
pressione laterale 5516, 8820
pressione limite 1995
pressione longitudinale 5775
pressione massima 7468
pressione media 736
pressione nei sostegni 9686
pressione nei supporti 9686
pressione nella condotta 5670
pressione nella conduttura 5670
pressione nella tubazione 5670
pressione neutra 6474
pressione normale del massiccio roccioso 2195
pressione normale del terreno 2195
pressione orogenetica 8198
pressione per carico periodico 6960
pressione periferica 6962
pressione periodica 6960
pressione posteriore di contrafforte 7805
pressione posteriore d'imposta 7805
pressione statica 8811
pressione statica di fondo 8810
pressione statica di un pozzo chiuso 8811
pressione statica in pozzo chiuso 8810
pressione sui bordi 8820
pressione sui piedritti 8820
pressione sulla colmata 7439
pressione sulla ripiena 7439
pressione supplementare 9669
pressione unidirezionale 7463
pressione unilaterale 7463
pressoflettersi 1280
pressostato 5945, 7477
prestazione continua 2076
prestazione intermittente 5220
prestazioni 6946
prestito 5729
prestito a basso interesse 9078
prevalenza di una pompa 7628
prevalenza effettiva 3138
prevalenza geodetica dell'impianto di pompaggio 4269
prevalenza nominale 6496
preventivo 7559
prevenzione 7488
prevenzione dagli infortuni 77
previsione delle piene 3837
prezzi e tempi di costruzione 2174
prezzi unitari 10395
prezzo CIF 1684
prezzo contrattuale 2092
prezzo FOB 4094
prezzo in fabbrica 3497
prezzo in officina 3497
primo filetto 3686
primo gotico 3084
primo invaso 7503
primo punto nodale 4137
primo riempimento 7503
primo stile gotico 3084
principi fondamentali di geometria 4297
principio d'equivalenza di lavoro ed energia cinetica 7519
principio di costruzione 7518
principio di equivalenza 7520
principio di misurazione 7521
principio di sovrapposizione delle forze 7522
prisma deviatore 7525
prisma diasporametrico 8287
prisma di deviazione 2607
prisma di lettura 7799
prisma rotante 8287
prismatico 7524
privo di vibrazioni 4087
probabilità delle piene 3847
problema del doppio vertice di piramide 2846
problema del vertice di piramide 7969
problema di Lamé 5473
problema di Snellius 7177
procedimento della piramide 6142
procedimento di aggiustamento 6135
procedimento di calcolo 1372

procedimento di magnetostrizione 5897
procedimento di misura 6136
procedimento di misurazione 7531, 6136
procedimento di progettazione 6139
procedimento di ricerca 9946
procedimento per lavori d'inverno 10875
processo di estrazione 3487
processo di frattura idraulica 4805
processo di misurazione 7531
processo idrotermale 4903
prodotti di sgrigliamento 8460
prodotto di sublimazione 9611
prodotto polimerizzato 7310
prodotto protettivo 2314
produttività biologica 1033
produzione 6746
produzione a pressione costante 2021
produzione cumulata 6007
produzione cumulativa 2307
produzione di energia 7381
produzione di energia atomica 6541
produzione di energia idroelettrica 4864
produzione di energia nucleare 6541
produzione di gas naturale 6426
produzione di macchine 5861
produzione eruttiva 3925
produzione forzata 3986
produzione giornaliera 2360
produzione iniziale del pozzo 5102
produzione lorda 4467
produzione marginale 9567
produzione massima 6899
produzione netta 6469
produzione per spinta d'acqua 10696
produzione spontanea 3925
produzione totale 10128, 2307
produzione totale stimata 3378
profilato 4330, 8515
profilato a doppio T 4769, 5375
profilato a L 401
profilato a scatola 1203
profilato a sporgenza posteriore 766
profilato a U 10324
profilato a Z 10957
profilato Differdingen ad ala larga 2652
profilatura 8719
profilatura del fondo dello scavo 8722

profilatura della fondazione 8722
profilo 5758, 8719
profilo acustico 111
profilo ad ala larga 5375
profilo a I 4769
profilo a induzione 5060
profilo a raggi gamma 4189, 4190
profilo a scatola 1203
profilo a U 1631
profilo degli strati 9497
profilo del binario 7729
profilo della permeabilità 6973
profilo del sondaggio 7545
profilo del suolo 9098
profilo del terreno 4483, 9098
profilo di equilibrio 7546
profilo di un sondaggio 1142
profilo gamma 9170
profilo gamma-gamma 4184
profilo geologico 4280
profilo longitudinale 5776
profilo rotaie 7729
profilo sismico poco profondo 8716
profilo spettrale a raggi gamma 9170
profilo stratigrafico 4280
profilo stratigrafico di un sondaggio 1142
profilo trasversale 10192
profilo verticale dei diametri del sondaggio 1381
profitto 7548
profondità 2528
profondità abissale 51
profondità accessibile 2536
profondità critica 2229
profondità degli scavi 2532
profondità del foro di sonda 2965
profondità del foro di trivellazione 2965
profondità della falda freatica 2539
profondità della perforazione 2534
profondità della scarpa per tubi di rivestimento 1477
profondità del pozzo 2534
profondità del sondaggio 2965
profondità del taglione 2531
profondità di congelamento 4108
profondità di fondazione 4027
profondità di immersione 2813
profondità d'indagine 2533
profondità di penetrazione 2533, 2947
profondità di posa 1479
profondità di posa dei rivestimenti 1479
profondità di trivellazione 2947

profondità finale del pozzo 3644
profondità ipocentrale 3942
profondità media 6037
profondità perforata 2947
profondità produttiva 7539
profondità raggiungibile 2536
profondità totale 9863
progettare 2555
progettazione 8426
progettazione antisismica 3106
progettazione assistita da elaboratore 1945
progettazione di macchine 5858
progettazione urbanistica 5495
progetto 2554, 2556, 8425
progetto con impiego di elaboratore 1945
progetto definitivo 3645
progetto di costruzione antisismica 3106
progetto di impianto idroelettrico a scopi multipli 6381
progetto di impianto idroenergetico ad usi multipli 6381
progetto di impianto idroenergetico a plurimpiego 6381
progetto di macchine 5858
progetto di massima 7423
progetto esecutivo 3645
progetto idroelettrico a scopi multipli 6381
progetto idroenergetico ad usi multipli 6381
progetto idroenergetico a plurimpiego 6381
progetto in corso di realizzazione e/o progetto realizzato 2590
progetto per le offerte di gara 9913
progetto preliminare 7423
proglaciale 7549
programma dei lavori 2040
programma dei sondaggi 2982
programma delle ispezioni 5144
programma di controllo della qualità 7671
programma di irrigazione a pioggia 9249
programma d'invaso 4991
programma di perforazione 2982
programmatore 7551
progressione espressa in piedi 3977
proiettare 7555, 7566, 7863, 10590
proiettore doppio 2849
proiezione 7562
proiezione assonometrica 759

proiezione centrale 1583, 1585
proiezione gnomonica 4372
proiezione gnomonica reciproca 4373
proiezione orizzontale 4747
proiezione parallela ortogonale 6716
proiezione su piano verticale 3220
proiezione verticale del fronte di scavo 10562
proiezione verticale della lunghezza del fronte di scavo 10562
prolunga 142, 3467, 3470
prolunga a giunto sferico 812
prolunga a mensola posteriore 766
prolunga d'acciaio 9367
prolunga di legno 10888
prolunga di un'asta 142
prolunga per calotta in acciaio per molle 9245
prolunga per marciavanti 1397
prolungare 3463
prolunga scorrevole d'infilaggio 8966
promontorio 7568
propagazione 7569
propagazione delle onde 7570
propagazione per onde 10769
proprietà della roccia 8200
proprietà delle terre 9099
proprietà del terreno 9099
proprietà indice 5040
proprietà lubrificante 5843
proprietario dell'opera 6790
proprio rischio 6791
proroga 3469
prosciugamento 2611
prosciugamento di una zona paludosa 5480
prosciugare 2872
prosecuzione verso il basso 2867
proseguire 7649
prospettico 6986
prospettiva 6985, 10589
prospettiva centrale 1583
prospettiva inversa 8071
prospettiva ribaltata 8071
prospezione 9091
prospezione biogeochimica 1031
prospezione con misura della resistività 8027
prospezione dei sedimenti fluviali 9520
prospezione di un acquifero 533
prospezione elettrica subacquea 6596
prospezione geobotanica 4259

prospezione geochimica 4262
prospezione geochimica con gas 10505
prospezione geochimica del suolo 9101
prospezione geochimica in roccia 8201
prospezione geochimica nel terreno 9101
prospezione idrogeochimica 4852
prossimale 7604
prossimo al completamento 6444
protezione 7592
protezione antifrana 480
protezione completa 1899
protezione contro franamenti 480
protezione contro smottamenti 480
protezione cuscinetto 936
protezione dalle piene 3834
protezione dei sovraccarichi 6778
protezione dell'ambiente 7435
protezione del paramento 8999
protezione in pietre disposte regolarmente 917
protezione parziale 6865
protezione sovraccarichi 6778
protezione totale 1899
prototipo 7596
proustite 7597
prova 9942
prova accelerata 58
prova a ciclo umido-secco 10829
prova a compressione 1939
prova a durata 3552
prova a flessione 991
prova al banco 5446
prova alla centrifuga 1603
prova alla compressione 1939
prova alla macchina centrifuga 1603
prova alla sollecitazione di taglio 8743
prova al tavolo vibrante 8706
prova a pieno flusso 6638
prova a pressione su provetta anulare 8121
prova brasiliana 1220, 2745
prova Brinell 1255
prova con apparecchio di taglio diretto 8733
prova con martinetto 5331
prova con martinetto piatto 3771
prova con penetrazione di coloranti 3063
prova con penetrometro dinamico 3075
prova d'acqua 10719
prova dei limiti di Atterberg 682
prova del cono 9024

prova del dilatometro 2677
prova della capacità portante 938
prova di assestamento 9024
prova di capacità portante con piastra 7214
prova di carico con piastra 7214
prova di carico statica 9347
prova di carico su palo 7121
prova di cavitazione 5268
prova di clivaggio 2745
prova di collaudo 65
prova di compattazione Proctor 7533
prova di compressione con contenimento laterale 1990
prova di compressione radiale 7711
prova di compressione semplice 10343
prova di compressione su disco pieno 1220, 2745
prova di costipamento 1877
prova di deformazione a velocità costante 2024
prova di degradazione accelerata 59
prova di durezza 4588
prova di durezza Brinell 1255
prova di durezza Rockwell 8206
prova di emulsione 3257
prova di flessione 991
prova di flusso 3893
prova di flusso aperto 6638
prova di fragilità 1263
prova di funzionamento 9944
prova di funzionamento delle macchine idrauliche 9943
prova di garanzia 4533
prova di identificazione 1713
prova di incremento del carico a velocità costante 2023
prova di invecchiamento rapido 56
prova di laboratorio 5445
prova di limite di fatica 3552
prova d'immersione 4971
prova di penetrazione 6924, 9317
prova di penetrazione del cono 9342
prova di penetrazione statica 9351
prova di perforazione 1156
prova di permeabilità 6974, 10719
prova di permeabilità a carico variabile 3531
prova di permeabilità Lugeon 5845
prova di pompaggio 7640
prova di portanza 938

prova di precisione 5269
prova di pressione in caverna 7445
prova di resistenza ad un carico statico permanente 5768
prova di resistenza a durata illimitata 5768
prova di resistenza a flessione alternata 8065
prova di resistenza alla compressione 1939
prova di resistenza a piegatura alternata 8065
prova di rilassamento delle tensioni naturali nel fondo del sondaggio 1145
prova di scuotimento 8707
prova di sfaldatura 2745
prova di slump 9024
prova di spandimento 9024
prova di taglio 2714, 8743
prova di taglio con scissometro 10499
prova di taglio per torsione 10114
prova di taglio rapida 7693
prova di tenuta 10039
prova di trazione 9923
prova di una formazione 4013
prova di uno strato 4013
prova drenata 2894
prova fotoelastica 7050
prova in condizioni di esercizio 3435
prova in laboratorio 5446
prova in scala al naturale 4160
prova in situ 5128
prova in vera grandezza 4160
prova nel campo 5128
prova non distruttiva 6506
prova penetrometrica 6924
prova principale 5920
provare 10257
prova scissometrica 10499
prova sul posto 5128
prova su modello 6257
prova su modello in scala 8405
prova su roccia 8204
prova triassiale 10229
prove acustiche 107
prove di campo 1869
prove di funzionamento 1869
provetta graduata 4405
provincia metallogenetica 6123
provincia metallogenica 6123
provincia petrografica sedimentaria 8531
provino 8361
provino a cubo 1972
psammite 7607
psefite 7608

pseudoplastico 7609
pubblica incolumità 7611
pubblico in generale 4253
puddinga 7614
puleggia conduttrice 3014
puleggia di azionamento 3014
puleggia di tensione 9928
puleggia di testa 2261
puleggia di trivellazione 2261
puleggia motrice 3014
puleggia tendicinghia 9928
pulire una scarpata 1729
pulitura 1726
pulizia del terreno 8908
pulsante 1328
pulvino 2834, 7110
puna 7645
punta 9209, 10072
  a ~ 8728
punta a cucchiaia 4388, 10264
punta al tungsteno 10275
punta elicoidale 9205
punta massima di pressione 7468
puntamento 8838
puntamento preciso 3652
puntare 239, 302, 8842
puntare approssimativamente 7284
puntare con precisione 7282
puntare esattamente 7282
puntazza 5367
puntellamento 8788, 9684
puntellamento della galleria 8175
puntellare 4704, 7995, 8782, 9586, 9677
puntelli di rinforzo per galleria 8175
puntelli di sostegno per galleria 8175
puntelli in serie 1223
puntello 41, 7580, 8781, 9584
puntello a chiusura automatica 8640
puntello ad attrito 4131
puntello a doppio sistema telescopico 2854
puntello a lamelle 5472
puntello ausiliario 1496
puntello con barra di testata 7589
puntello d'ancoraggio 392
puntello di bloccaggio immediato 4967
puntello di colmo 9999
puntello di guarnissaggio 5463
puntello di guida 4538
puntello di legno 10587
puntello dinamometrico 3082
puntello di rinforzo 7909
puntello di rottura 1233
puntello di sostegno a vite 8465

puntello idraulico 4832
puntello idraulico a doppio effetto 2835
puntello immediatamente portante 4967
puntello individuale 5053
puntello intermedio massiccio 9120
puntello interno 5125
puntello-pilastro 1662
puntello portante 924
puntello posato di fronte 3511
puntello provvisorio 9906, 9907
puntello residuo 8001
puntello rigido regolabile 8110
puntello rimovibile 9906
puntello singolo 5053
puntello superiore 10434
puntello tubolare 10269
puntello utilizzabile in una sola direzione 6514
puntello utilizzabile una sola volta 6514
punti di osservazione 7285
punto 7267
punto centrale 1577
punto centrale della fotografia 1577
punto con la conservazione degli angoli 3328
punto cruciale dei cedimenti 2264
punto debole 10774
punto del fotogramma 4961
punto della linea di terra 10141
punto dell'oggetto 6567
punto del terreno 4482, 7280
punto di applicazione 7270
punto di collimazione 6073
punto di congelamento 4110
punto di controllo 1643, 3739, 7277
punto di direzione 935
punto di ebollizione 1112
punto di flesso 7272
punto di fuga 10502
punto di intersezione 7273, 10141
punto di intorbidamento 1765
punto di mira 240
punto di misura 6288
punto d'imposta 9228
punto d'incrocio 2245
punto d'incrocio degli assi del quadro 7275
punto d'inflessione 7271
punto di osservazione 6288
punto di presa 1388
punto di riferimento 7277
punto di riferimento 880, 3739, 6073

punto di stazione 1389
punto di velocità nulla 7281
punto fisso 3739
punto fisso osservabile 8844
punto focale 3951
punto fondamentale di scavo 3953
punto geodetico 979, 4270
punto lontano 2790
punto materiale libero 4096
punto materiale vincolato 2026
punto nadirale 4479
punto nadirale della carta 5957
punto nadirale dell'immagine 4960
puntone 908
puntone superiore 9999
punto nodale 6490, 6491
punto nodale anteriore 4137
punto nodale posteriore 7807
punto nucleale 3324
punto nuovo 6482
punto oggetto 6567
punto origine 10968
punto più basso della fondazione 5821
punto principale anteriore 3478
punto principale dell'immagine 7514
punto principale dell'orizzonte 7276
punto principale del quadro 7515
punto principale di fuga 5923
punto principale posteriore 5228
punto prospettico 7279
punto terrestre 7280
punto topografico 9748
punto trigonometrico 10222
punto zenitale 10963
punto zero 10968
punto zero del nonio 6508
purificatore d'acqua 10723
putrefazione 7651
putrella 919
putrella a U 10324
PVC 7317

quadrante 2624
quadrato 9259, 9260, 9261
quadro 4065, 5165, 7880, 8643, 9428
quadro completo 4161
quadro dei fusibili 4175
quadro di appoggio della pellicola 3944
quadro di armamento rinforzato 5440
quadro di armatura di sostegno 4070
quadro di arrivo 9931

quadro di base 2223
quadro di comando 6011
quadro di controllo 2093
quadro di rinforzo 9683
quadro di sostegno 9683, 9700
quadro di supporto 9683
quadro portante 2223
quadro rinforzato 5440
quadro secondario di armatura 8944
quadro trapezoidale di armatura 4322
qualità del carbone 1776
qualità dell'acqua 10724
qualità di costruzione 7670
quantità 7673
quantità d'acqua 10691
quantità d'acqua d'infiltrazione 8536
quantità derivata 2543
quantità di cemento 1557
quantità di flusso 10122
quantità estratta a pressione costante 2021
quantità misurate 136
quartiere residenziale 4765
quarzite 7686
quarzo 7679
quarzo ialino 7685
questioni di litigio 2771
questioni ittiche 3692
quinconce
 a ~ 9300
 in ~ 5130
quota 3221
quota assoluta di volo 25
quota del coronamento 3222
quota della cresta 3222
quota dello specchio d'acqua 7982
quota di un punto del terreno 4635
quota di volo 3937
quota di volo sul terreno 3938
quota normale d' invaso 8048
quota piezometrica 7103
quoziente di assestamento 1811

raccolta dati 2397
raccordi 5381
raccordo 3724, 10166
raccordo a 45° 10955
raccordo a baionetta 913
raccordo a flangia 3751, 3752
raccordo a T 9879
raccordo conico 1983, 9860
raccordo corto 8731
raccordo di entrata d'aria 267
raccordo di riduzione a doppia femmina 1204

raccordo filettato a maschio per tubo flessibile 5933
raccordo filettato per puntelli 5568
raccordo lungo 4403
raccordo per asta di perforazione 3002
raccordo per flessibile 4756
raccordo per lubrificazione 5841
raccordo per tubi di rivestimento 1469
raccordo per tubi di rivestimento 1466
raccordo per tubo flessibile 4756
raccordo rapido 7690
raccordo snodato 619
radar 7695
radar al laser 5456
radar con apertura sintetica 9798
radaristica 7696
radar laterale 8830
radartecnica 7696
radar-telescopio 7700
radartopografia 7699
raddrizzamento 7833
raddrizzamento del foro 4707
raddrizzamento del pozzo 4707
raddrizzare 7837, 7995
raddrizzare un pozzo 9474
raddrizzatore 7834, 7836
raddrizzatore con dispositivo automatico per la messa a fuoco 8587
raddrizzatore con messa a fuoco automatica 8587
raddrizzatore di tubi 1482
raddrizzatori 8888
radiazione 7716
radiazione infrarossa 5090
radice quadrata 9266
radiografia 8232, 10925
radiolarite 7722
raffica 9257
raffittimento dei fori 9212
raffreddamento ad aria 251
raffreddamento artificiale 628
raffreddamento con tubi annegati 3240
raffreddamento dinamico 3069
raffreddatore 2126
raffreddatore ad aria 250
raggio 7788
raggio d'azione 7760, 7761
raggio del coronamento 2218
raggio di collimazione 4716
raggio di curvatura 5756
raggio di drenaggio 2886
raggio di luce 5623
raggio d'inerzia 7723
raggio d'influenza 7724

raggio d'influenza del drenaggio 2887
raggio di portata 7761
raggio giratorio 7723
raggio idraulico 4834
raggio luminoso 5623
raggio medio 4834
raggio nucleale 3323
raggio passante per un punto dell'immagine 7790
raggio vettore 7725
raggio visivo 10606
raggio visuale 5666, 5669
rallentamento 8042
rame variegato 1158
ramificazione di filoni 1219
rammollimento 9074
ramo 4003
rampa 7754
rampa di aerazione 190
ranella 10672
rapida 7772
rapide 7772
rapidità 7771
rapporto acqua-cemento 10690
rapporto costi/benefici 2175
rapporto del progetto preliminare 7424
rapporto di causa ed effetto 1508
rapporto di contrazione laterale 7286
rapporto di curvatura 7784
rapporto di deformazione trasversale 7286
rapporto d'influenza 7783
rapporto di perforazione 1153
rapporto di rendimento d'estrazione 7577
rapporto di snellezza 8951
rapporto di trasmissione 4240
rapporto fra le pressioni orizzontali e verticali in terreno indisturbato 7782
rapporto gas-petrolio 4215
rapporto isotopico 5320
rappresentazione conforme 1997
rappresentazione del terreno 7963
raschiatore 7108
raschiatore di sicurezza 8339
raschietto 7108
raso
  a ~ 3917, 3927
raso terra 3927
rastrelliera per aste 8213
rastrelliera per tubi 8213
rastrello 7746
rastremazione 1162
ravina 4382
ravvenamento artificiale della falda freatica 630

ravvenamento dell'acquifero 529
ravvenamento della falda freatica 4496
ravvicinato 1757
reagente indurente 4585
realgar 7802
realizzatione di una fase del progetto 4987
realizzazione di un progetto 4987
realizzazione esecutiva 2030
reattività agli alcali 308
reazione 7793
reazione all'appoggio 9695
reazione d'appoggio 9695
reazione dell'appoggio 44
reazione di sottofondo 1812
recesso 6484
recettore 7810
recintare un terreno 3593
recinto 3592
recinzione 3592
recipiente collegato con sfioratore 1915
recipiente di misurazione 6074
reclami 1699
reclami di terzi 10001
recupero 3697, 7824
recupero secondario con iniezione d'acqua 3841
referto su un progetto 7557
refrigerante 2126
refrigerante ad aria 250
refrigeratore 2126
refrigeratore combinato 1864
refrigeratore intermedio 5198
reggispinta tipo Michell a segmenti orientabili 6148
regime 7879
regime di produzione di un giacimento 3013
regime laminare 5476
regime lento 9500
regime permanente 9363
regime transitorio 10164
regime veloce 9661
regione abissale 49
regione a calanchi 791
regione carsica 1509
regione petrolifera 7019
regioni periglaciali 6956
registrabile 161, 3465
registrare 159
registratore 7820
registratore continuo del peso del fango 2075
registratore dell'avanzamento 2983
registratore della velocità di avanzamento 2983
registratore di cedimenti dovuti al carico 5727
registratore di convergenza 2118
registratore di flusso 3892
registratore digitale 2669
registratore di profili 7547
registratore multicanale 6365
registrazione 164, 7819
registrazione acustica 109
registrazione ad ampiezza variabile 10507
registrazione ad area variabile 10507
registrazione a densità variabile 10509
registrazione analogica 372
registrazione automatica 714
registrazione continua 2077
registrazione del sondaggio 1142
registrazione del tempo 10067
registrazione di calibro 1382
registrazione digitale 2670
registrazione di misure 5762
registrazione di temperatura lungo il pozzo 9973
registrazione numerica 2670
registrazione sonica 109
registro dei giacimenti 7822
registro del catasto 5485
registro immobiliare 5485
regolabile 161, 3465
regola della successione dei pagamenti 6888
regolamentazione 7892
regolamentazione per le costruzioni 2042
regolamento del contenzioso 8682
regolamento mensile dei pagamenti 6301
regola per definire il tipo di armatura 9694
regolare 3729, 7992
regolarizzare una scarpata 10239
regolatore 7893
regolatore del tempo 10068
regolatore di avanzamento dello scalpello 3577
regolatore di temperatura 9987
regolatore di tensione 10629
regolatore di velocità 9178
regolazione 164, 7891
regolazione a distanza 7941
regolazione a programma 10061
regolazione delle macchine idrauliche 2104
regolazione di flusso 3871
regolazione di portata 3871
regolazione variabile nel tempo 10061
regole d'esercizio 6649

regolite 7883
regur 7894
reiterazione 925
relazione definitiva 3647
relazione di causa ed effetto 1508
relazione di fattibilità 3575
relazione preliminare 2869, 5007
relazione provvisoria 7602
relè di massima corrente 6756
relè di sovracorrente 6756
rendimento 3150
rendimento complessivo 6750
rendimento dell'acquifero 538
rendimento della pompa 3153
rendimento del lavoro cartografico 6747
rendimento del rilievo 6949
rendimento del sostegno 9689
rendimento del supporto 9689
rendimento di un otturatore 3154
rendimento effettivo 6750
rendimento idraulico 4796
rendimento massimo 6892
rendimento meccanico 6081
rendimento ottico 6668
rendimento ottimale 6674
rendimento telescopico 6666
rendimento totale 6750
rendimento volumetrico 10637
rene 4593
reologia 8084
reostato 8085
reostato di avviamento 9335
reparto perforazione 2986
replica 221
resa 7540
resa di un pozzo 10826
resa iniziale del pozzo 5102
rescissione del contratto 9932
resilienza su barrette intagliate 4977
resilienza su provetta intagliata 4977
resina acrilica 116
resina di cloruro di vinile 10592
resina epossidica 3325
resina naturale 6430
resistente 927
resistente a flessione 8022
resistente agli acidi 94
resistente al deterioramento 2419
resistente alle vibrazioni 10580
resistenza 3195, 6873, 8014, 8015, 9522, 9523
resistenza a compressione 1938
resistenza a compressione con contenimento laterale 1990
resistenza a compressione su cilindro 2354

resistenza a compressione su cubo 2300
resistenza a compressione su provino a cilindro 2354
resistenza a compressione triassiale 10226
resistenza a compressione uniassiale 10381
resistenza a durata illimitata 3268
resistenza a fatica 3267, 3551
resistenza a flessione 1284, 3786
resistenza ai sismi 3105
resistenza al cedimento 8021
resistenza al gelo 4149
resistenza alla carica esplosiva 1077
resistenza alla compressione 1938
resistenza alla compressione con espansione laterale libera 10342
resistenza alla compressione triassiale 10226
resistenza alla compressione uniassiale 10381
resistenza all'aderenza 1119
resistenza alla disgregazione 8938
resistenza alla flessione 987
resistenza alla flessione per urto 8775
resistenza alla frantumazione per schiacciamento 2277
resistenza alla lacerazione 9868
resistenza alla penetrazione 6923, 8019
resistenza alla penetrazione standard 9316
resistenza alla pressione radiale 9527
resistenza alla pressoflessione 984
resistenza alla punta 7283
resistenza alla punzonatura 7646, 8019
resistenza alla rottura 1234
resistenza alla rottura per compressione 1937
resistenza alla sollecitazione di torsione 8020
resistenza alla torsione 8020
resistenza alla trazione 9920
resistenza all'attrito 8924
resistenza all'esplosivo 1077
resistenza all'invecchiamento 8016
resistenza allo schiacciamento dei tubi di rivestimento 1837
resistenza allo scoppio 1322
resistenza allo scorrimento 8021
resistenza allo sfaldamento 8938
resistenza allo sforzo di taglio 8741

resistenza allo snervamento 10951
resistenza allo strappo 9868
resistenza all'urto 4977
resistenza al sormonto 8018
resistenza al taglio 8741
resistenza a pressoflessione 984
resistenza a sforzi alternati 8017
resistenza a trazione 9920
resistenza a trazione del massiccio roccioso 9921
resistenza a trazione per compressione diametrale 9215
resistenza dei materiali 9390
resistenza della giunzione 1119
resistenza dell'aria 277
resistenza della roccia 8203
resistenza delle opere ai sismi 3105
resistenza del massiccio roccioso 1120
resistenza dinamica all'infissione 7115
resistenza di servizio 3057
resistenza di sostegno 9696
resistenza di supporto 9696
resistenza elettrica 3195
resistenza iniziale 5106
resistenza magnetica 5890
resistenza per attrito 4124
resistenza residua 8003
resistenza totale dei puntelli 232
resistenza totale dei sostegni 232
resistenza unitaria di sostegno 6043
resistere 8013
resistività apparente 506
resistività dell'acqua connata 4015
resistività dell'acqua di origine 4015
resistività di una formazione 4010, 4011
resistività elettrica 3197
resistività vera di una formazione 10254
responsabile dei lavori 3276
responsabile dell'appalto 3254
responsabile della realizzazione dell'opera 7565
responsabilità 5600
responsabilità civile 9551
responsabilità legale 5567
restaurare 6258
restauro 337
restituibile 7229
restitutore 7230, 7834
restitutori per coppie di fotografie 7231

restitutori per fotografie singole 8888
restituzione 1894, 7833
restituzione del fotogramma 7233
restituzione di aerofotogrammi 7232
restituzione meccanica 5860
restringersi 5796
restringimento 2027, 5779, 6414, 6488, 8803, 10194
rete 6464
rete carsica 5405
rete dei punti di riferimento 3740
rete della carta 5953
rete di controllo 6287
rete di drenaggio 5482
rete di fessure 5369
rete di filtrazione 8544
rete di flusso 3889
rete di gallerie 8176
rete di geofoni 8568
rete di irrigazione 5281
rete di linee 8317
rete di meridiani e paralleli 5953
rete di Möbius 6247
rete di punti di rilevamento 3740
rete di punti di rilievo 3740
rete di riferimento 2103, 4456
rete di riferimento altimetrica 10553
rete di riferimento planimetrica 4736
rete distorta 2792
rete di triangolazione 6468, 10221
rete di Wulff 10920
rete idrodinamica 3889
rete idrografica 8153
rete quadrangolare 9263
rete quadrettata 9263
rete saldata 10807
rete stradale 8164
rete trigonometrica 6468
reticolo 3960, 8049, 8317
reticolo cristallino 2290
reticolo di riferimento 7855
reticolo parallattico 6842
reticolo spaziale 2290
retrattile 8051, 9890
retrocaricatore 782
retro di una corrente di torbidità 9831
retroescavatore 778
retta 9475
retta congiungente 2003
retta di fuga 10501
rettifica 2166, 8661
rettifica isostatica 5309
rettificare 159, 8642, 8656
rettificazione 2167

reversibile 8073
revisione 7877, 8303
revisione generale 5927
revisione interna 5123
revisione periodica 6957
riaggiustare 7992
rialzarsi 2209
riattamento 7895
riavvitare 8050
ribaltabile 3053
ribaltabile a scarico posteriore 7806
ribaltamento 6788, 10044
ribaltare 10042, 10070
ribaltarsi 10042
ribassare 2685
ricalcare 1919
ricalcatura 5378, 10439
ricambiabile 5196
ricambio di parti logore 7953
ricarica al piede 10078
ricarica dell'acquifero 529
ricarica della falda freatica 4496
ricarica del paramento 10800
ricaricare 7811
ricerca delle località dell'impianto 8492
ricerca di laboratorio 5445
ricerca fondamentale 5920
ricerca geologica 4283
ricerca sperimentale 3434
ricerca su modello in scala 8405
ricevere un carico 70
richiesta d'offerta 5270
ricognizione 7817
ricompattare 7815
ricompressione 7816
ricondizionamento 7877
ricondizionare un pozzo 10909
riconsolidamento 7854
ricoprimento 6772, 6774
ricoprimento dei ferri 1961
ricoprimento laterale 5514
ricoprimento stratigrafico apparente 508
ricostituzione delle vie di comunicazione 8163
ricovero antiaereo 276
ricreazione 7827
ricristallizzazione 7830
ricuperare 3690
ricupero del petrolio 3486
rideposizione 7841
ridistribuzione degli sforzi 7843
ridistribuzione delle tensioni 7843
ridurre la sezione 5796
ridursi in larghezza 2427
riduttore d'acqua 10725
riduttore di pressione 7469
riduzione a doppia femmina 1204

riduzione di sezione 7850
riduzione doppio maschio 7135
riempimento 771, 3625, 3627
riempimento a mano 4575
riempimento completamente eseguito a mano 9118
riempimento con centrifuga 8983
riempimento con malta 773
riempimento con materiale franato 3920
riempimento con scraper 8449
riempimento di faglia 3562, 8598
riempimento di fessure 3719
riempimento di pori 7322
riempimento di un pozzo 7243
riempimento di un pozzo di petrolio 7243
riempimento idraulico 4818
riempimento per fasce 9564
riempimento per strisce 9564
riempire 3624, 9463
riempire a pressione 774
riempitivo 3626
rientrabile 8051
rientranza 6484
riferimento altimetrico di controllo 6289
riferimento di base 7856
rifinitura 3664
rifiuti 687, 7874
rifiuto 7871, 7872
riflessione 7861
riflessione laterale 8824
riflessione multipla 6384
riflessione speculare 9173
riflettanza 7858
riflettività 7858
riflettore 7863
riflusso di circolazione 1694
riflusso di marea 3536
rifollare 1919
rifollatura 10439
riforare 7844
rifrazione 7866
rifugio antiaereo 276
rigenerazione 7824, 7877, 7912
rigetto 10017, 10019
rigetto apparente 502
rigetto di faglia con risalita degli strati 10448
rigetto di faglia con strati in rimonta 10448
rigetto di faglia coricata 2866
rigetto di faglia inclinata 2866
rigetto inclinato 507
rigetto inclinato apparente 507
rigetto orizzontale 4616, 4737, 8766
rigetto orizzontale trasversale 4749

rigetto stratigrafico 9511
rigetto verticale 3569, 8069
rigetto verticale apparente 509
rigidezza 9417, 9421, 9480
rigidezza di una lastra alla flessione 3782
rigidità 9417
rigidità alla flessione 987
rigidità di fissaggio 9420
rigido 8022, 8109
rigola 4551
rigonfiamento 1305, 8216, 9770
rigonfiamento causato dal gelo 4148
rigonfiamento dal gelo 4148
rigonfiamento del fondo 1113, 2212
rigonfiamento dell'arco rovescio 9771
rigonfiare 2209, 3422
rigonfiarsi 9768
rilassamento di tensione 7920
rilevamento a distanza 7945
rilevamento aereo 279
rilevamento aerofotografico 195
rilevamento a raggi gamma 7721
rilevamento batimetrico 905
rilevamento catastale 1357
rilevamento col metodo di ripetizione 7958
rilevamento dati 2397
rilevamento della costa 1786
rilevamento della neve 9053
rilevamento del litorale 1786
rilevamento di riferimento 2402
rilevamento geomagnetico 4291
rilevamento geotecnico 9107
rilevamento planimetrico 7185
rilevamento radioattivo 7721
rilevamento radiometrico 7721
rilevamento terrestre 9938
rilevamento topografico 10098
rilevare 9742
rilevare le coordinate 7133
rilevare lo stato del luogo 9752
rilevato 3236
rilevato di materiale sciolto non selezionato 7756
rilevato di materiale sciolto selezionato 8573
rilevato di prova 10213
rilevato di riempimento della valle 10473
rilevato impilato 7116
rilevato in fianco al pendio 4688
rilevato in muratura a secco 3042
rilevato in sommità 8093
rilevatore 2575, 6201
rilevatore d'inghiaiamento 4433
rilevato stradale 8158

rilevato trasversale alla valle 2254
rilievo 7185, 7930
rilievo aerofotografico 195, 209, 279
rilievo aerofotografico a striscie 197
rilievo aerofotogrammetrico 206
rilievo alpino 332
rilievo appalachiano 497
rilievo batometrico 905
rilievo carsico 1509
rilievo delle miniere 6199
rilievo di alta montagna 332
rilievo di frana 5491
rilievo di temperatura lungo il pozzo 9973
rilievo esagerato 3375
rilievo forestale 4000
rilievo fotogrammetrico 7061
rilievo giurassico 5382
rilievo numerico 9821
rilievo stereofotogrammetrico 9396
rilievo topografico 10098
rimaneggiamento per azione del gelo 4147
rimaneggiare 7946
rimanere in panne 9436
rimboschimento 216
rimessa a nuovo 7895
rimonta 8128, 8130
rimorchio 10148
rimozione del carico 2726
rimozione della copertura 3459
rimozione delle installazioni 1728
rimozione delle ture 1816
rimozione dello smarino 2718
rimozione di sedimenti 8440
rimozione e sgombero dei rifiuti 10681
rimozione e sgombero della spazzatura 10681
rimuovere 7993
rimuovere il carico 10407
rimuovere il materiale di discarica 6340
Rinascimento 7951
rincalzare 768
rinfianco di monte 8798
rinfianco di valle 8798
rinfianco stabilizzante 9285
rinforzare 7896, 7955, 9489, 9586
rinforzi angolari 7908
rinforzi d'armatura 10211
rinforzo 5182, 8787
rinforzo di una diga 9524
rinfrescare lo scalpello 8729
ringhiera 816, 4535
ringhiera per balcone 802
ringiovanimento 7912

ringrosso 8215
rinnovamento 7954
rinnovare 6258
rinterrare 3623
rinterro 769, 772
rinterro idraulico 4841
rinviare un segnale 8845
rinvio d'angolo 1008
riolite 8086
riparazione 7954
riparazione corrente 2317
riparazione di emergenza 3247
riparazione di fortuna 3247
riparazione generale 5927
riparazione importante 5927
riparazione periodica 6958
ripartitore 9225
ripartitore idraulico 4792
ripartizione degli sforzi 9541
riperforare 2999, 3000
ripescare 3690
ripetibilità di misurazione 7957
ripiano 4566
ripiena 4374, 4989, 9461
ripiena di galleria cieca 3052
ripiena idraulica 4818, 4841
ripiena parziale 6866
ripiena per gravità 3026
ripiena pneumatica 7261
ripiena totale 9119
riporto 3625
riposo
 in ~ 8033
ripper 8125
ripple mark da interferenza 5206
riprap 8127
riprap di protezione ottenuto con pietrame grosso 599
ripresa del getto 2036
ripresa di getto accidentale 1829
ripresa di getto orizzontale 4741
ripresa stereoscopica 9398
ripristinamento delle vie di comunicazione 8163
ripristino 7895
ripristino delle vie di comunicazione 8163
riproducibilità delle misurazioni 7965
riproducibilità di misurazioni 7965
riprodurre 7523
riprodurre fotograficamente 7964
riproduzione 2140, 7966
risaltare 7556
risalto idraulico 4815
risberma 1001
riscaldamento a radiazione 4613
riscaldamento centrale ad acqua calda 1589

rischio 8135
rischio di incendio 3676
rischio proprio 6791
rischio sismico 8560
rischi per responsabilità civile 10003
rischi verso terzi 10003
risciacquatura 8123
risciacquo 8123
risedimentazione 7970
riserva 9429
riserva di caccia 4183
riserva di neve 9050
riserve di gas naturale 6427
riserve di gas ricuperabili accertate 7599
riserve di petrolio 7024
riserve di petrolio ricuperabili accertate 7600
riserve di petrolio ricuperabili possibili 7349
riserve petrolifere 7024
riserve possibili 5070
riserve ricuperabili 7823
risonanza 8029
risonanza ondulatoria 10771
risorgenza 8371
risorgiva 8039
risorse di minerale 6197
risorse idroenergetiche 4893
risposta del terreno 4484
risposta di ampiezza 365
risposta di fase 7040
risposta dinamica 6251
risposta idrodinamica 4858
risposta in frequenza 4117
risposta modale 6251
ristretto 5005
ristringere 8050
ristrutturazione 7895
risultati concordanti 2015
risultati ottenuti sul posto 3618
risultati univoci 2015
risultato di una misurazione 8038
ritardante 8045
ritardatore di presa 1571
ritardo 2484, 5460, 8042
ritardo di consegna 2483
ritenzione d'acqua 10707
ritenzione specifica 9166
ritenzione superficiale 9722
ritenzione volumica 9166
ritirare 1867
ritirare gli utensili di sondaggio 4703
ritirata del ghiacciaio 4347
ritirata glaciale 4347
ritiro 3038, 8802
ritiro dei rivestimenti 7826
ritiro dei tubi di rivestimento 7826
ritiro termico 9977
ritmo di coltivazione 7540
ritoccare 10131
ritocco 10130
ritrasmettere un segnale 8845
ritrovamento di petrolio 7011
ritti frontali 9112
ritubare 8057
riva 820, 8783
rive 9740
rivelatore 2587
rivelatore all'infrarosso 5086
rivelatore a raggi infrarossi 5086
rivelatore a scintillazione 8433
rivelatore automatico di gas 711
rivelatore dei raggi gamma 4186
rivelatore delle perdite di circolazione 5800
rivelatore delle perdite di fango 5800
rivelatore di fessure 2199
rivelatore di gas 4209
rivelatore di incendio 3672
rivelatore d'inghiaiamento 4433
rivelatore di perdite 5555
rivelatore di pressione 7444
rivelatore di prossimità 7605
rivelatore-registratore automatico di gas 715
rivelazione della presenza di gas su carote 2573
rivelazione della presenza di gas sul campione 2573
rivendicazioni 4458
riverberazione 8062
rivestimenti a diametro ridotto 8979
rivestimenti a filettatura corta 8790
rivestimento 1103, 1463, 1464, 3519, 5475
rivestimento a base di materiale epossidico 3327
rivestimento abbandonato 8
rivestimento ad anelli 9697
rivestimento a doppio strato 2843
rivestimento anticorrosivo 476
rivestimento antiruggine 476
rivestimento antisdrucciolevole 6516
rivestimento a quadri 4066
rivestimento a quadri contìgui 2224
rivestimento con archi 572
rivestimento con armatura imbullonata 9267
rivestimento continuo 2224
rivestimento con tubbing 10259
rivestimento da pozzo 8704
rivestimento della calotta 574
rivestimento della galleria 9676
rivestimento della miniera 9676
rivestimento del muro 10658
rivestimento del paramento di monte di una diga a scogliera con blocchi di pietrame per protezione contro l'acqua 8127
rivestimento di attrito 4129
rivestimento di galleria 10284
rivestimento di parete 10658
rivestimento di un pozzo 1360
rivestimento di un solo strato 8886
rivestimento esterno 10534
rivestimento in muratura con pietre da taglio 9435
rivestimento in muratura di mattoni 1251
rivestimento in muratura di pietrame tagliato 3241
rivestimento integrale 2224
rivestimento isolante 5461
rivestimento meccanizzato 7377
rivestimento monostrato 8886
rivestimento perduto 8
rivestimento permanente 6965
rivestimento protettivo 2315, 5462
rivestimento protettivo in maglia d'acciaio 9372
rivestimento protettivo in rete d'acciaio 9372
rivestimento stagno blindato di un pozzo 1360
rivestimento superficiale 3666
rivestimento temporaneo 9908
rivestire 1451, 5459, 5674, 8657
rivoluzione 8288
robustezza a fatica 3268, 3551
rocce abissali 54
rocce acide 96
rocce biogene 1030
rocce di intrusione 2440
rocce di profondità 2440
rocce di transizione 10169
rocce massicce 6005
rocce plutoniche 2440
rocce sciolte 2751
roccia 8177
roccia abbattuta 1128, 8797
roccia abbattuta con esplosivo 1065
roccia adiacente 156
roccia a forma di fungo 6908
roccia alloctona 318
roccia alterata 339, 10778
roccia autoctona 701
roccia avviluppante 9739

roccia basica 889
roccia bioclastica 1024
roccia bituminosa 1058
roccia carbonacea 1422
roccia cataclastica 1490
roccia circondante 9739
roccia compatta 1881, 6005
roccia cristallina 2293, 2294, 4949
roccia decompressa 7921
roccia della crosta terrestre 2278
roccia di basamento 877
roccia di base 958
roccia di contatto 2047
roccia di fondazione 4039
roccia di fondo 958
roccia effusiva 3157
roccia estrusiva 3496
roccia eterogenea 4651
roccia ferruginoso-argillosa 1721
roccia fessurata 3717
roccia filoniana 3065
roccia fogliettata 8752
roccia frantumata da esplosivi 8797
roccia fratturata 3717
roccia friabile 4122
roccia fusa 6101
roccia gassifera 4203
roccia impermeabile 4983
roccia incassante 2185, 4470
roccia incoerente 5791
roccia in posto 959
roccia in rilassamento 7921
roccia in situ 959, 4379
roccia insolubile 5140
roccia instabile 5620
roccia intrusiva 5254
roccia inviluppante 2185
roccia ipoabissale 3065
roccia laminata 3745
roccia madre petrolifera 6318
roccia marnosa 5991
roccia metamorfica 6126
roccia neutra 5218
roccia non compatta 5793
roccia omogenea 4721
roccia pelitica 8867
roccia pelitica argillosa 594
roccia periferica 9739
roccia permeabile 6977
roccia petrolifera 7006
roccia piedistallo 6908
roccia piroclastica 7660
roccia plutonica 7253
roccia porosa 7330
roccia primaria 959
roccia sana 10336
roccia scarica da tensioni 7921
roccia sedimentaria 5542, 8523, 9508
roccia solubile 9127
roccia stratificata 5542, 9508
roccia tenera 9080
roccia vicina 156
roccia vulcanica 10618
roccia vulcanoclastica 10623
Rococò 8208
roentgen 8214
romanico 8229
romanticismo 8231
rompere 2271
rompersi 2197, 3521
rompighiaccio 4928
rondella 10672
röntgen 8214
rooter 8259
rosetta 10672
rosone 10842
rostro della pila 7098
rostro di monte 2346
rostro di valle 2862
rotazione 8660, 10646
rotazione 8288, 8289
rotazione angolare 440
rotella metrica d'acciaio 9371
rotolo di pellicola 3634
rotore 8295
rotore femmina 3590
rotore maschio 5934
rotta 2188
rotta diretta 2707
rotta utile 2707
rottura 2198, 3522
rottura al taglio 8736
rottura a taglio 10309
rottura a trazione 9926
rottura concoidale 1951
rottura da deformazione 4056
rottura della diga 2373
rottura di diga 2373
rottura di pendio 8995
rottura fragile 1261
rottura per allungamento 9918
rottura per dilatazione 9918
rottura per fatica 3549
rottura per filtrazione 8539
rottura per sifonamento 8539
rottura per spostamento 8971
rottura per taglio 8735
rottura per trazione 9917, 9926
rottura progressiva 7552
rottura senza deformazione plastica apparente 1261
rovesciamento 6785
rovesciare 10070
rovescio 9651
rubinetto a galleggiante 809
rubinetto di chiusura 5298
rubinetto di distribuzione 2798
rudite 8316
rugosità 8298
rugosità delle pareti 10662
rugoso 8297
rullo 2822, 8217
rullo a griglia 4457
rullo a piedi di pecora 8751
rullo a punte coniche 8751
rullo articolato 624
rullo compressore liscio 9033
rullo costipatore a piedi di pecora 8751
rullo di film 3636
rullo gommato 7262
rullo liscio 3767, 3774, 9033
rullo rimorchiato 10150
rullo semovente 8584
rullo vibrante 10572
rumore 6493
rumore ambiente 354
rumore da cavitazione 1534
rumore dello sparo 8794
rumore del terremoto 3107
rumore di fondo 354
rumore sismico 6166
ruota dentata 4241
ruota di arpionismo 7773
ruota motrice 3020
ruotare 9775
ruote idrauliche 10760
rupe 1737
ruscello 1268
ruspa 8448

sabbia 8369
sabbia a grana grossa 1783
sabbia a grana media 6096
sabbia alluvionale 326
sabbia argillosa 591
sabbia asfaltica 9864
sabbia bituminosa 1056
sabbia calcarea 1365
sabbia di mare 5978
sabbia eolica 1099
sabbia fine 3655
sabbia gassifera 4204
sabbia impregnata 4995
sabbia in flottazione 4617
sabbia organogena 6691
sabbia petrolifera 7016
sabbia satura in petrolio 7027
sabbia soffiata dal vento 1099
sabbiatura 8370
sabbia vulcanica 10619
sabbie fluidificate 7692
sabbie mobili 7691
sabbioso 8382
sacca 7264
sacca carsica 5408
sacca d'acqua 7264

saccaroide 494
saggio 9942
sagoma 8719
sagoma a U 1631
sagome 6326
sala d'aspetto 10655
sala dei trasformatori 10160
sala delle macchine 5859
sala di attesa 10655
sala di montaggio 655
sala macchine 5859
salamoia 1254
salbanda 8598
salbanda friabile 1717
salbanda netta 1717
saldare 10804
saldatura a ricoprimento 5499
salina 8353
salinità 8355
salino 8354
salire 1741
salita 8128
salnitro 6993
salto 4597, 4811
salto disponibile 731
salto lordo 4465
salto lordo massimo 6028
salto lordo medio 6042
salto lordo minimo 6206
salto netto 6466
salto netto massimo 6031
salto netto medio 6044
salto netto minimo 6207
salto netto nominale 6498
salto netto ponderato 10799
salto ottimale 6675
salvaguardia dell'ambiente 7435
salvaguardia dell'ambiente
   nell'ingegneria mineraria 3300
sano 3680
saprolite 5523, 8389
sapropel 8390
sapropele 8390
sapropelite 8391
saracinesca 10788
saracinesca di sfiato dell'aria 284
satellite artificiale 634
saturazione 8395
saturazione del colore 1670
saturazione in acqua 10732
saturazione in idrocarburi 4849
saturazione residua in acqua 8007
saturazione residua in petrolio
   8000
saturo 8393, 10713
sbadacchi 9112
sbadacchiare 8782
sbadacchio 8781
sbalzo
   a ~ 6769

sbandamento 9776
sbandato 9783
sbarra 828
sbarramento 844, 2364
sbarramento antineve 9038
sbarramento del fiume 8142
sbarramento protettivo contro la
   neve 9038
sbarramento stagno 1301, 1303
sbatacchio 1207, 9585
sbatacchio fra i contrafforti 1335
sbloccare 7922
sbloccare le aste di perforazione
   1240
sbocco 8152
sbraccio 7761
scabro 8297
scabrosità 8298
scabrosità della superficie interna
   di un tubo 10662
scadere il termine 6020
scafandro 2817
scaffale per libri 1125
scagliatura 8413
scagliature 8414
scala 8400, 9303
   in ~ 10255
scala a chiocciola ad anima piena
   2162
scala a due rampe 10314
scala Baumé 911
scala cartografica 5959, 8409
scala con pianerottolo 7221
scala del fotogramma 4962
scala della carta 5959
scala della fotografia aerea 8406
scala dell'apparecchio di
   restituzione 8411
scala delle lunghezze 8408
scala delle portate 9297
scala del rilievo 8412
scala del tracciamento di una
   carta 7236
scala di Atterberg 681
scala di Beaufort 940
scala di durezza di Shore 8785
scala di emergenza 3250
scala di focalizzazione 3963
scala di intensità 5186
scala di messa a fuoco 3963
scala di misura di superficie 9265
scala di Mohs 6268
scala di monta 3706
scala di quantità 8407
scala di rappresentazione dei
   movimenti 6334
scala di rappresentazione delle
   deformazioni 2468
scala di Richter 8092
scala di riduzione 8410

scala diritta a due rampe con
   pianerottolo intermedio 9477
scala di Shore 8785
scala di sicurezza 3250
scala idrometrica 9294
scala indefinita 10346
scala limnimetrica 9294
scala media 6045
scala originale 6700
scala per pesci 3706
scala Richter 8092
scala stereoscopica 4361
scala temporale 10064
scalpello 695, 1045, 1146
scalpello a caduta libera 4081
scalpello a centro rotante 8264
scalpello a coda di pesce 3712
scalpello a coda di pesce a getto
   5345
scalpello a coni 1982
scalpello a croce 2250
scalpello a dischi 2723
scalpello a due alette 3712
scalpello a due lame 3712
scalpello a fango 6343
scalpello a lame 1060
scalpello a lame a getto 5341
scalpello a percussione 6941
scalpello a punta elicoidale 9205
scalpello a quattro lame 4051
scalpello a quattro rulli 7665
scalpello a quattro taglienti 4051
scalpello a rulli 8273
scalpello a rulli di Reed 7851
scalpello a rulli per circolazione
   inversa 8068
scalpello a rulli per roccia 8273
scalpello a stadi 9384
scalpello a tre coni 10006
scalpello a tre coni azionato a
   getto 10233
scalpello a tricono 10006
scalpello a tricono azionato a
   getto 10233
scalpello a turbina 10294
scalpello a X 10921
scalpello a Z 10958
scalpello consumato 3050
scalpello da roccia 8273
scalpello di avviamento 9254
scalpello di guida 1574
scalpello eccentrico 3112
scalpello logorato 3050
scalpello per circolazione inversa
   8068
scalpello per rotary 8264
scalpello per sondaggio alla fune
   1681
scalpello regolabile 3425
scalpello sbriciola-carote 1660

scalpello triconico azionato a getto 10233
scalzamento 10352
scambiatore di calore 4612
scambiatore termico 4612
scambio 1011
scambio californiano 1379
scambio isotopico 5316
scanalatura 6535
scanalatura d'iniezione 4509
scandagliare il terreno 3584
scansione a linee 5672
scansione circolare 1690
scapolite 8416
scaricare 7922, 10069, 10407
scaricatore con luci a livelli diversi 6371
scarichi industriali 5064
scarico 2726, 3919, 6737, 10409, 10727
scarico a getti incrociati 2246
scarico automatico 709
scarico con paratoie 2101
scarico dal fondo 1168
scarico di fognatura 8688
scarico di fondo 1178
scarico di mezzofondo 6178
scarico di superficie 9192, 9723
scarico in pressione 9621
scarico per ghiacci 4930
scarico per sfioramento 6767
scarico regolabile 2101
scarico sincrono 10292
scarico svasato 6739
scarificare 8418
scarificazione 9568
scarpa 1155
scarpa con valvola 1470
scarpa del carotiere 2148
scarpa dentata per perforazione rotary 8275
scarpa dentata per rotary 8275
scarpa dentata per sonda a rotazione 8275
scarpa di guida 4545
scarpa di guida della colonna di produzione 10265
scarpa di perforazione 3015
scarpa di raccordo 5367
scarpa guida 3981
scarpa per cavo di perforazione iniziale 9255
scarpa per perforazione iniziale 9255
scarpa per tubi con valvola 1470
scarpa per tubi di perforazione 3015
scarpa per tubi di rivestimento 1480
scarpa per tubi di rivestimento con valvola 1470
scarpa rispetto alla verticale 907
scarpata 8991
scarpata continentale 2066
scarpata della colmata 8998
scarpata della ripiena 8998
scarpata di faglia 3558
scarpata di riporto 8997
scarpata di scavo 2345
scarpa tagliente d'infissione 3015
scarpata insulare 5167
scarpata naturale 2303
scarti di miniera 687
scarto 2602
scarto quadratico medio 9312
scatola degli ingranaggi 4237
scatola del cambio 4236
scatola di giunzione 5380
scatola di taglio 8737
scatola ingranaggi 4237
scatto automatico 720
scavafossi 10209
scavafossi a catena di tazze 10209
scavare 3007, 3008, 3400
scavare al di sotto 9054
scavare di nuovo 2684
scavare mediante getto d'acqua 9015
scavare una galleria al disotto di 3009
scavare una galleria superiore 3010
scavare una trincea 10207
scavatrincee 10209
scavo 2329
scavo adatto 4591
scavo a fronte ampio 8791
scavo a fronte largo 8791
scavo a getto d'acqua 9021
scavo a gradoni 977
scavo all'aperto 3408
scavo a piena sezione 4157
scavo armato 9681
scavo con congelazione 4109
scavo con fanghi bentonitici 9026
scavo da erosione interna 8442
scavo da miniera 6214
scavo di gallerie in direzione 2938
scavo di gallerie in materiale tenero 9081
scavo di pozzi 8702
scavo di prova 9948
scavo di splateamento 3407
scavo e riporto 796, 2331
scavo minerario 6214
scavo prodotto dall'acqua 8440
scavo senza personale 5942
scelta della posizione di una diga 8916
scelta dell'ubicazione di una diga 8916
scelta del tipo di diga 1666
scheelite 8424
scheggiarsi 3417
scheggiatura 9154
schema dei fori 1143
schema dei supporti 9693
schema della fratturazione 4057
schema di distribuzione dei campioni 8364
schema di misure geodetiche 6291
schema di montaggio 3344
schema di progetto 7424
schema di utilizzazione 8425
schermo 8454
schermo di drenaggio 2879
schermo di impermeabilizzazione 10749
schermo di iniezione 4514
schermo di tenuta 10749
schermo drenante 1657, 2889, 5195
schermo principale di iniezione 5906
schiacciamento 3773, 5378
schiacciamento dei tubi di rivestimento 1836
schiacciare 2271
schiacciato 5005
schiere 819
schiere di rette 6920
schiuma di poliuretano duro 7315
schiuma di poliuretano rigido 7315
schiuma poliuretanica rigida 7315
schizzare 2555
schizzo 2556, 8920
schizzo aerofotografico 210
schizzo fotografico 7070
schorre 8357
sciacquare 8122
scia fluvioglaciale 10476
sciavero 8934
sci d'acqua 10736
scienza della resistenza dei materiali 9965
scienza del suolo 9102
sci nautico 10736
scintillazione 8432
scioglimento delle nevi 9048
sciolta addetta alla posa 569
sciolta del turno di notte 6487
sciolta di notte 6487
sciopero 9553
sciopero non promosso da sindacati 10412
sciopero selvaggio 10412
scissometro 10498

scisto 8427
scisto areno-argilloso 8977
scisto arenoso 8385
scisto argilloso 593, 1723, 6358, 8708
scisto bituminoso 1057, 1424
scisto carbonifero 1424
scisto cuprifero 5442
scisto marnoso 5993
scisto rigonfiante 4618
scistosità 8429
scistosità di pressione 7446
scistosità dovuta a pressione 5057
scistoso 8718
scivolamenti gravitativi 4362
scivolamento 8958
scivolare 8984
scivolo di scarico dello sfioratore 9196
sclerometro 4589, 8434
scleroscopio 8434
scogliera 1737, 7852
scogliera a barriera 854
scogliera corallina 854
scogliera di rivestimento 8127
scogliera in pietrame 1308
scogliera organica 7852
scollamento 2207
scomparto d'iniezione 4507
scomposizione delle forze 8028
scongelamento 2470
scongelazione 2470
scoperta di petrolio 7011
scoperto 3457
scoria 8436, 8437
scoria d'alto forno 1067
scorrere 2208, 3863, 3864, 3866, 8984
scorrere dentro 3865
scorrere fuori 9191
scorrimento 8958, 8973, 10020
scorrimento plastico 2210, 7199
scorta 9429
scortecciare 838
scorzone 8934
scoscendimento 847
scoscendimento per fluidificazione 3092
scossa premonitrice 7416
scossa secondaria 1311
scossa sismica 3108
scossa successiva 221
scossa tellurica 3108
scosse
  a ~ 9034
scossone 9034
scovolo per tubazioni 7108
scraper 8448
scrollamento 1311
scrostarsi 3746

scudo 8763
scudo contro franamenti o crolli 3922
scudo d'avanzamento 9698
scudo di contenimento della colmata 3922
scudo di protezione contro franamenti o crolli 3922
scudo di protezione della ripiena 3922
scudo di protezione in acciaio 1394
secante iperbolica 4914
secondo l'inclinazione 330
secondo punto nodale 7807
sede 383
sede del cedimento 8496
sede del cuscinetto 931
sede della molla 9241
sede dell'assestamento 8496
sede del puntello 7584
sede di valvola 10495
sedimentario 8518
sedimentazione 8525, 8526
sedimentazione ritmica 8088
sedimenti abissali 50
sedimenti batiali 903
sedimenti di perforazione 2343
sedimento 8517, 8519
sedimento clastico 1715
sedimento da precipitazione chimica 8899
sedimento detritico 2584
sedimentologia 8530
sedimento marino organogeno 6629
sedimento residuale 7883
sedimento ritmico 10516
sedimento siliceo 8854
segmento 2779
segmento in chiave 2263
segmento in chiave della centina 2263
segnalamento 2497
segnalare 5982, 5989
segnalazione 2497
segnale 5983, 5985, 8843
segnale acustico 113
segnale sismico 8562
segnali di confine 918
segni di cavitazione 8848
segni premonitori 7428
segno 8843
segno del livello di piena 3843
segno di grande piena 4665
segregazione 5677, 5678
seguendo l'immersione 330
seif 8449
selce 1655
selce biogenica 1029

selce cornea 3791
selce diatomacea 2647
selciato 917
selettore 8579, 8817
selettore di circuito 8817
selezione 9133
sella 8327
sella d'appoggio 2201
selva 10891
selvaggina 4182
selvaggina acquatica 10851
selvaggina di penna 10851
semiautomatico 8599
semi-rimorchio 620
semispazio 4565
semplicità di costruzione 8876
seno iperbolico 4915
sensazione di profondità 4997, 6932
sensibile 8605
sensibile al gelo 4150
sensibile alla luce 8609
sensibile alla pressione anulare 460
sensibilità 8606
sensibilità alla luce 8608
sensibilità all'incisione 8612
sensibilità all'intaglio 8612
sensibilità al rimaneggiamento 7949
sensibilità cromatica 1672
sensibilità della livella 8607
sensibilità di regolazione 8611
sensibilità di uno strumento di misurazione 8610
sensitometria 8614
sensitometro 8613
senso di rotazione 8604
sensore 8615
sensore di livello 5597
sensore di pressione 7474
sensore di prossimità 7605
sensore di temperatura 9901
sensore livello combustibile 4155
sentieri 10657
sentiero sistemato 6436
senza coesione 6503
senza consolidazione 10416
separato 2743
separatore a ciclone 2349
separatore d'acqua 6274
separatore d'aria 262
separatore di condensa 6274
separatore di sabbia 8379
separazione 1081
separazione degli strati 961
separazione isotopica 5317
sequenza 8618
sequenza delle operazioni 8622
sequenza di rigenerazione 7878

sequenza di strati 9500
seracco 8623
serbatoi in serie 7987
serbatoio 7972
serbatoio alimentato con sollevamento 7630
serbatoio alimentato da pompe 7630
serbatoio alimentato naturalmente 7991
serbatoio anticlinale 471
serbatoio a scopi multipli 6383, 6387
serbatoio con alimentazione diretta delle utilizzazioni 2715
serbatoio d'acqua 10729
serbatoio da sbarramento di una valle 4990
serbatoio dell'olio 6610
serbatoio di energia termica dell'acquifero 541
serbatoio di fango attivo 125
serbatoio di mandata 2492
serbatoio di ritenuta 4990, 9455
serbatoio di testa 10431
serbatoio in sommità di una altura 4689
serbatoio in testa di vallata 4609
serbatoio multiplo con sfioratore 1915
serbatoio naturale 5466
serbatoio olio 6610
serbatoio ottenuto da sbarramento di una valle 4990
serbatoio per alimentazione d'acqua potabile 2374
serbatoio per controllo delle piene 3829
serbatoio per laminazione delle piene 3830
serbatoio per miglioramento delle magre 7979
serbatoio per produzione di energia 4861, 7980
serbatoio per regolazione 7093, 7887
serbatoio per rifasamento 217
serbatoio per zavorra 806
serbatoio piezometrico 9737
serbatoio pluriennale 10937
serbatoio regolatore 7889, 9455
serbatoio secondario e opere di collegamento 8507
serbatoio sotterraneo 10359
sereno 1727
sericite 8626
sericitizzazione 8627
serie atlantica 670
serie completa dei disegni di consistenza 8650

serie dei disegni di consistenza 8650
serie di barre-prolunga per calotta 8305
serie di centrali 8628
serie di dreni paralleli 3662
serie di lenti 8651
serie di obiettivi 8652
serie di profili-prolunga per calotta 8305
serie di prolunghe articolate 8304, 8306
serie di prolunghe snodate 8304
serie di puntelli 8307
serie di puntelli di rottura 1224
serie di quattro aste 4046
serie di rigenerazione 7878
serie di sismografi 8570
serie di strati 8629, 9500
serie di tipi 8309
serie di unità di sostegno 8308
serie di utensili 10086
serie mediterranea 6091
serie pacifica 6794
serie ricostruite 4256
serie stratigrafica 8618
serpentina di raffreddamento 2128
serpentinite 8631
serpentino 8630
serra 1642
serraggio dei giunti 5365
serrare 1701, 3729, 8645, 8658, 10035
serratubi a catena 1616
 in ~ 5126
servizio della macchina 8634
servizio geologico 4282
servocircuito idraulico 4837
servofreno 8638
servomotore 8274, 8639
servomotori idraulici 4838
servopuntello 8640
servosistemi idraulici 4839
servovalvola 4792, 8641
setacciare 8457
setacciatore meccanico 8834
setaccio 8831
setto di divisione dell'acqua chiarificata 2634
setto di frazionamento 9214
setto di partizione della corrente 10152
setto di separazione dell'acqua chiarificata 2634
sezione 2251, 5245, 5758, 6823, 8514, 8515
sezione a canaletta 10250
sezione aerofotografica 282
sezione bagnata 10834

sezione conica 2000
sezione di aerofotografia 282
sezione geologica 4280
sezione longitudinale 5778
sezione sismica 8561
sezione stratigrafica 9499
sezione tracimante 6765
sezione trasversale 2251, 10192
sezione trasversale del pozzo 8697
sezione trasversale in chiave 2252
sezione trasversale interna 3663
sezione trasversale lungo l'asse della valle 6025
sezione trasversale parziale di scavo 3402
sezione utile 3663
sezione verticale 10564
sezione verticale del sondaggio 7545
sfaldarsi 1541, 1734, 3417, 9152
sfaldatura degli strati 961
sfaldature 8414
sfalerite 9182
sfalsato 9300
sfasamento 7039
sferico 4366
sferulitico 9187
sfiatatoio 1245
sfiato 285, 1245
sfioratore 9192
sfioratore a becco d'anatra 3047
sfioratore a calice 971
sfioratore a labirinto 5450
sfioratore a margherita 2362
sfioratore a pozzo 8703
sfioratore a salto di sci 8923
sfioratore a stramazzo 6059
sfioratore ausiliario 728
sfioratore a vena libera 6762
sfioratore a ventaglio 3542
sfioratore a V 10608
sfioratore a Y 10321
sfioratore con arginello asportabile 4176
sfioratore di emergenza 3249
sfioratore inerbato 7901
sfioratore laterale 8827
sfioratore libero 10345
sfioratore principale 5912
sfioratore seguito da scivolo 1683
sfioro 6764
sfogliarsi 3746
sfogliatura degli strati 961
sforzo 9528
sforzo ammissibile 321
sforzo centrale 1582
sforzo di montaggio 3345
sforzo di taglio 8742
sforzo di torsione 10113

sforzo di un materiale 3156
sforzo principale 7517
sforzo residuo 8004
sforzo sugli spigoli 3130
sfruttamento con gallerie
    orizzontali sovrapposte 4730
sfruttare un giacimento
    petrolifero 7537
sfruttato
    non ~ 10844
sghembo 10865
sghiaiatore 4435
sgomberato 3457
sgombero del terreno di copertura
    3459
sgombraneve a turbina 9037
sgorgare 3866
sgorgare a intermittenza 3869
sgretolarsi 9153
sgretolatrice 2304
sgrigliare 1725
sgrigliatrice 8458
sgrottare 10366
sguancio 606
sguardo 10589
SI 5233
siccità 3027
sicurezza delle dighe 2384
sicurezza di funzionamento 7928
sicurezza di lettura di uno
    strumento di misurazione
    7797
siderite 8825
sienite 9784
sienite alcalina 309
sifonamento 4810, 7144
sifonamento per erosione 8441
sifone autolivellatore 8902
sifone d'innesco 7506
sigillare 8475
sigillatura 3742
silenziamento 9136
silenziatore 1094
silenziatore di ammissione 5119
silenziatore di aspirazione 5119
silicato di litio e alluminio 9216
silicato di magnesio 5879
silicato di sodio per iniezioni
    9068
silice 1655, 3791, 8849
silice diatomacea 2647
silice di diatomee 2647
siliceo 8853
silicizzazione 8856
sill 8857
silo degli aggregati 8862
silo per cemento 1572
silos degli inerti 8862
silt 8863
Siluriano 8871

simbiosi 9786
simbolo 9787
simbolo dell'unità di misura 9788
similitudine 8872
similitudine geometrica 4298
simulazione del fenomeno di
    cavitazione 6255
sinagoga 9791
sinclinale 9793
sinclinale asimmetrica 669
sinclinale chiusa 1752
sinclinorio 9795
sincronizzatore di velocità di
    rotazione 9179
singenesi 9796
sinistra
    a ~ 5564
sinistro massimo 6030
sinterizzare 8900
sintesi idrotermale 4905
sintetico 9797
sintettonico 6854
sintomi premonitori 7428
sirena di allarme di piena 3826
sisma 3099
sisma base di riferimento 6646
sisma indotto dall'invaso 7981
sisma intermedio 3103
sisma massimo di calcolo 2561
sisma profondo 2431
sisma sottomarino 8474
sisma superficiale 8712
sisma tettonico 9877
sisma vulcanico 10614
sismica a riflessione 8558
sismica a rifrazione 8559
sismicità 8554
sismicità di una località 8555
sismicità di una zona 8555
sismografo 8565
sismografo a bobina mobile 6337
sismografo per alta intensità
    9573
sismografo per misura degli
    spostamenti 2769
sismografo per misura delle
    accelerazioni 61
sismografo per misura delle
    velocità 10532
sismogramma 7819, 8564
sismogramma per registrare le
    accelerazioni 60
sismologia 8566
sismologia applicata 515
sismologia a rifrazione 8559
sismometria 8571
sismometro 8567
sismoscopio 8572
sistema acquifero 540
sistema acquifero a strati

sovrapposti 4499
sistema acquifero multistrato
    4499
sistema attivo 126
sistema automatico di controllo
    704
sistema coerente di unità di
    misura 1817
sistema coordinato
    dell'apparecchio restitutore
    2138
sistema degli assi principali 9811
sistema della colmata 9468
sistema delle coordinate sul
    fotogramma 1843
sistema di adduzione con
    circolazione idraulica 4789
sistema di allarme 292
sistema di ancoraggio 10033
sistema di circolazione idraulica
    4789
sistema di comando
    elettroidraulico 3200
sistema di comando idraulico
    4795
sistema di comando
    idromeccanico 4876
sistema di controllo 6292
sistema di controllo automatico
    706
sistema di coordinate 9805, 9806
sistema di coordinate della carta
    5952
sistema di diaclasi 5369, 5373
sistema di diaclasi coniugate
    2001
sistema di drenaggio 2891, 8910
sistema di elaborazione remoto
    7940
sistema di faglie 3567
sistema di fessure 5373, 9807
sistema di forze 9808
sistema di fusione della neve
    9049
sistema di gallerie 8176
sistema diga-serbatoio 7976
sistema di giunti coniugati 2001
sistema di grandezze 9810
sistema di guida a barre 4539
sistema di iniezione a pompe
    singole 5054
sistema di irrigazione a pioggia
    9250
sistema di irrigazione per
    aspersione 9250
sistema di localizzazione acustica
    108
sistema di perforazione 2974
sistema di perforazione con
    circolazione inversa 2975

sistema di perforazione rotary 8269
sistema di pieghe 3971
sistema di piezometri 7102
sistema di piezometri portatile e scorrevole del tipo Piezodex 7334
sistema di preannuncio delle piene 3846
sistema di previsione delle piene 3838
sistema di proiezione 7563
sistema di proiezione cartografica 5958
sistema di raccolta di un campo petrolifero 7013
sistema di regolazione automatico 706
sistema di riferimento 7857, 9806
sistema di riferimento di una planimetria 7189
sistema di scolo 8910
sistema di simmetria 2299
sistema di sollevamento 5330
sistema di sondaggio a rotazione 8269
sistema di sostegno "spingente-traente" 7650
sistema di unità di misura 9812
sistema di uno strumento di misurazione 9809
sistema di valli smembrato 2756
sistema esagonale 4653
sistema fotogrammetrico di coordinate 7062
sistema geotermico magmatico 5870
sistema globale di localizzazione con impiego di satelliti 4365
sistema idraulico 4842
sistema idroenergetico ad usi multipli 6382
sistema idroenergetico a scopi multipli 6382
sistema informatico telecomandato 7940
Sistema Internazionale di Unità 5233
sistema meccanizzato di avanzamento alternato dei sostegni 5560
sistema metrico decimale 2420
sistema monoclino 6297
sistema multicanale 6362
sistema Munsell dei colori 6393
sistema pancratico di lenti 6822
sistema passivo 6874
sistemare 7995
sistemare l'installazione di trasporto 178
sistema solare 9111
sistema triangolare di supporti 10217
sistema triclino 10232
sistemazione dei supporti 9801
sistemazione estetica delle zone circostanti 5489
situazione 7340
situazione di emergenza 3248
situazione mensile 6302
situazione planimetrica 7184
sliding floor 8969
slitta 8945
slitta di spostamento 8770
slittamento 8958
smaltimento dei rifiuti 10681
smaltimento in sotterraneo dei rifiuti 10357
smaltimento sotterraneo dei rifiuti 10357
smaltina 8930
smaltite 8930
smarinare 6340
smarino parziale 6860
smeraldo 3242
smithsonite 9028
smontaggio 2720
smontaggio degli impianti 1728
smontaggio della torre di perforazione 2547
smontare le aste di perforazione 5540
smontare una torre di perforazione 8099
smorzamento 2379
smorzamento modale 6249
smorzamento per irradiazione 7718
smorzamento per irraggiamento 7718
smorzare 2376
smorzarsi 2650
smorzatore 2378
smorzatore delle pulsazioni 7622
smorzatore di rumore 6360
smorzatore di vibrazioni 8776
smottamento 1517, 3091, 3534
smottamento del cielo 3535
smottamento del fronte di taglio 4624
smottamento della calotta 3535
smottare 8984
smottarsi 1221, 1238, 1516
smottarsi di strati friabili dal tetto 3974
snodato e scorrevole 10944
snodo 626
snodo di flusso 3886
soda 9062
soda caustica 9066
sodalite 9059
sodanitro 6993, 9060
sofà 2180
soffitta 686
soffitto 1547
soggetto a colpi di tensione 9609
soggiorno 5702
soggiorno esterno 6729
soglia 8861, 8947
soglia d'acciaio per molle 9244
soglia della conca 5751
soglia della porta 2831
soglia di dissipazione 795
soglia di paratoia 8860
soglia di sfioratore 8858
soglia fluviale 10803
soglia glaciale 4342
soglia sagomata secondo il profilo della vena libera 4091
soglia sfiorante a 10608
soglia sommersa 8859
sol 9109
solaio 3852, 8933
solaio di tavelloni 4708
solco 5036
solco d'erosione 4548
solco sottoglaciale 9602
solco subglaciale 9602
soleggiamento 3461
solenoide di arresto 9443
soletta 8861, 8933
soletta di fondazione 4031
solfatara 9115
solidi in sospensione 9760
solido 3679, 9287
solido semi-infinito 8601
soliflussione 9122
soliflusso 9122
soligeno 9123
sollecitazione 5705, 9528
sollecitazione a compressione 1935
sollecitazione a compressione triassiale 10227
sollecitazione a flessione 989, 990
sollecitazione ammissibile 321
sollecitazione a trazione 9919
sollecitazione centrata 1582
sollecitazione composita 1914
sollecitazione deviatorica 2609
sollecitazione di compressione 1935
sollecitazione di flessione 990
sollecitazione di pressoflessione assiale 1285
sollecitazione di taglio 8742
sollecitazione di torsione 10113

sollecitazione di trazione 9919, 9922
sollecitazione di vibrazione a fatica 10578
sollecitazione limite 9537
sollecitazione normale 6531
sollecitazione normale effettiva 3139
sollecitazione normale lungo la superficie di scorrimento 6532
sollecitazione permanente 2078
sollecitazione triassiale 10227
sollecitazione uniassiale 10382
sollecitazioni alternate 343
sollevamento 4616, 5494
sollevamento anticlinale 473
sollevamento del fondo 1177
sollevamento del livello 1177
sollevamento del livello di fondo 1113
sollevare 1258, 1867, 4615
sollevarsi 2209
solubile in acqua 10737
solubilità 9126
solum 9128
soluto 9129
soluzione 9130
soluzione analitica 379
soluzione approssimativa 519
soluzione costruttiva 2030
soluzione da pressione 7476
soluzione idrotermale 4904
soluzione precisa 8114
soluzione rigorosa 8114
soluzione salina naturale 1254
somme in conto 7603
sommersione 9623
sommerso 9618
sommità della scarpata 10093
sommità di un pendio 10093
sommozzatore 2804
sonar 1127
sonar laterale 8826
sonar ultrasonico 127
sonda 7530
sonda acustica 3116
sonda ad alette 10498
sonda a raggi gamma 4187
sonda a rotazione 2984, 8271
sonda campionatrice 9100
sondaggio 1135
sondaggio a circolazione d'acqua 10670
sondaggio acustico subacqueo 104
sondaggio a percussione 1148, 6938
sondaggio a percussione alla fune 1149
sondaggio a rotazione 2950, 2956, 3443
sondaggio ascendente 8134
sondaggio carotato 2152, 2153
sondaggio con ricupero di carota 2152, 2153
sondaggio deviato 2600
sondaggio di prova 516
sondaggio di ricerca 3437
sondaggio esplorativo 516
sondaggio esplorativo profondo 2441
sondaggio geologico esplorativo 4278
sondaggio geotecnico 4312
sondaggio improduttivo 3045
sondaggio isotopico 5321
sondaggio obliquo 5019
sondaggio penetrometrico 9138
sondaggio per carotaggio 2153
sondaggio per gas 6425
sondaggio per studio geologico 3437
sondaggio poco profondo 8717
sondaggio senza rivestimento 10338
sondaggio sismico 10824
sondaggio sterile 3045
sondaggio stratigrafico 9510
sonda per campioni 8362
sonda per diagrafia elettrica 3186
sonda per estrazione di campioni 8362
sondare il terreno 3584
sondatore 2948, 8103
sonda turbiometrica 8865
sopportare 9677
soppressione 9701
sopraccavitazione 9659
sopraelevazione 1395
sopraelevazione di una diga 4631
sorgente 9229
sorgente carsica 5409
sorgente carsica d'affioramento 6935
sorgente d'affioramento 6935
sorgente di energia 9141
sorgente di faglia 3566
sorgente di fusione 1244
sorgente di luce 5625
sorgente di petrolio 7029
sorgente in pressione 614
sorgente ipogena 4920
sorgente luminosa 5625
sorgente minerale 6198
sorgente petrolifera 7029
sorgente termale 9978
sorgente vauclusiana 10518
sorvegliante 3997
sorvegliante della conca 5747
sorvegliante dell'attrezzatura di perforazione 2949
sorveglianza 9668
sorveglianza dell'attività vulcanica 10628
sorveglianza delle opere 9741
sorveglianza e controllo dell'attività vulcanica 10628
sorvegliare un pozzo 8654
sorvolare 3939
sospendere 4
sospendere il pompaggio di un pozzo 4579
sospendere temporaneamente 3
sospensione colloidale 1852
sospensione per tubi di rivestimento 1471
sostanza aerante 260
sostanza esplosiva 1072
sostegni paralleli alla direzione di scavo 9692
sostegno 7579, 9308
di ~ ritardato 5508
sostegno a scudo 8764
sostegno centinato 572
sostegno circolare 9697
sostegno con archi di spinta 8469
sostegno con archi falciformi 8469
sostegno convenzionale 9684
sostegno del fronte di taglio 3513
sostegno del tetto con bullonatura d'ancoraggio 8239
sostegno di protezione 7744
sostegno di rinforzo lungo il bordo della frana 10683
sostegno metallico a pilastri 1665
sostenere 4704, 9677
sostituibile 5196
sostituire i tubi 8057
sostituzione 7961
sostituzione di parti logore 7953
sottendere 9638
sottoconsolidato 10348
sottoescavazione 6757, 10355
sottoesposto 10354
sottofiltrazione 4810
sottofondazione 8159, 10367
sottofondo 804, 871, 8159
sottofondo di collegamento 9687
sottofondo di regolarizzazione 5592
sottofondo di sostegno 9687
sottoinaglio 10353
sottointaglio 823
sottomarino senza sommozzatore 10411
sottomurazione 10367
sottopasso 2306
sottoporre a pressione 9951

sottoporre a prova di pressione 9951
sottoposto a forte pressione 9608
sottopressione 3480, 10426
sottoscavare 9054, 10366
sottoscavo 10353
sottostante 10365
sottostazione 9781
sottosuolo 9633
sottotetto 686
sound 9134
sovraccaricare 6776
sovraccarico 6775, 9704
sovraccavitazione 9659
sovraconsolidamento 6754
sovraesposizione 6760
sovraesposto 6759
sovralluvionamento 226
sovralzo del livello di piena 3849
sovrapposizione 6772, 6774, 9665
sovrapposizione anticlinale 1243
sovrapposizione delle tensioni 9666
sovrapposizione laterale 5514
sovrapposizione modale 6252
sovrappressione idrostatica 3412
sovrapprofondimenrto 6757
sovrapressione tettonica 9878
sovrascorrimento 6784, 10019
sovrastruttura 9667
sovrasviluppato 6758
spaccarsi 1323, 2197
spalla 42, 45
spalla artificiale 627
spalla di ponte 1253
spalla di roccia 8178
spalle a gravità 4441
spanditrice 9225
spartiacque 10735
spartineve a turbina 9037
spato d'Islanda 1369
spaziale 9158
spaziatore telescopico 9894
spazio anulare 459
spazio coltivato 10894
spazio dei pori 7325
spazio delle immagini 4963
spazio immagine 4963
spazio interstiziale 7325
spazio libero 4076
spazio occupato da pori 7325
spazio oggetto 6568
spazzaneve 9037
specchio d'acqua 5466, 10744
specchio d'acqua a monte di un'opera 3992
specchio d'acqua a valle di un'opera 9824
specchio d'acqua da diporto 1105

specchio d'acqua del bacino 7988
specchio d'acqua del serbatoio 7988
specchio d'acqua per scopi ricreativi 5468
specchio di faglia 8956
specchio di guida 621
specchio parabolico 6835
specchio piano 7171
specchio sferico-concavo 1947
specchio sferico-convesso 2122
specialista in recuperi 3691
specie 9161
specifica 9162
specifiche tecniche 9874
speleologia 9180
speleotema 9181
sperimentale 3433, 10257
sperone 45, 1331
sperone roccioso 8199
spese di esercizio 8319
spese di manutenzione 5916
spese fisse 3734
spese globali 1462
spessore 9990
spessore ad anello 8771
spessore alla base 2370
spessore del banco 8490
spessore del contrafforte 9991
spessore del filone 8490
spessore del giacimento 7989
spessore dell'acquifero 542
spessore della diga 9992
spessore della falda freatica 4501
spessore della lente 9993
spessore della neve 9042
spessore della vena 8490
spessore dello sperone 9991
spessore dello strato 8490
spessore di coltivazione 9994
spessore di malta del corso 954
spessore intermedio in legno 5543
spessore reale 138
spettro 9172
spettro di assorbimento 39
spettro di emissione 3253
spettro di risposta 8032
spettro elettromagnetico 3210
spettrometro 9171
spettrometro differenziale 2663
spettrometro integrale 5181
spettrometro per raggi gamma a scintillazione 4188
spia 5043
spiaggia 914
spiaggia sopraelevata 7742
spianare 5586
spicchio dell'arco fra chiave ed imposta 4593
spigolato 9783

spigolo 607
spigolo della ripiena 9688
spina 5984, 7237
spina di fermo 7134
spinello 9202
spinello di magnesio violetto 328
spingere 7649
spingersi dentro 3865
spinotto 4537
spinta 10020, 10021
spinta assiale 750, 5775
spinta attiva delle terre 120
spinta d'Archimede 1316
spinta del ghiaccio 4940
spinta delle terre 3096
spinta delle terre a riposo 3097
spinta di galleggiamento 1316
spinta d'imposta 43
spinta d'imposta anticipata 4136
spinta idrodinamica 4857, 4860
spinta idrostatica 4896
spinta passiva delle terre 6872
spinta passiva del terreno 6872
spinta posteriore d'imposta 7805
spirale d'alimentazione 9674
spodumene 9216
spogliatoio 1626
sponda 820
sponda dell'alveo di piena 3827
sponde 9740
sponde dell' invaso 7986
sporgente 1400, 6769
sporgere 5384
sporgere a mensola 7556
spostabile 8957
spostamenti della torre di perforazione 6336
spostamento 2764
spostamento al nodo 6489
spostamento angolare 436
spostamento dello strato 9493
spostamento del petrolio per mezzo dell'acqua 10718
spostamento del terreno 9493
spostamento di fase 7039
spostamento di un punto 2768
spostamento parallelo alla stratificazione 5513
spostamento radiale 7705
spostamento tangenziale 9851
spostare 2763, 7649
spostare l'attrezzatura di trasporto 178
spostarsi 2208, 6331
spostarsi l'un contro l'altro 6335
spostato 9300
spritzbeton 8792
sprofondamento 3528, 9022, 9627
sprofondamento del suolo 9629

spruzzatore 5347
S.P.T. 9317
spugnoso 7625
spurgo 3919
squadra addetta alla manutenzione 5917
squadra addetta al puntellamento 7587
squadra del turno di notte 6487
squadra di giorno 2409
squadra d'intervento 6242
squadra di operai addetti alla posa 569
squadra di palombari 2818
squadra di rilevatori 9749
squadra di sommozzatori 2818
squadra per rilevamenti topografici 9749
sregolazione strutturale 2757
stabile 9286, 9287
stabilire una media 9839
stabilità 1403, 9272
stabilità assoluta 30
stabilità degli appoggi 9278
stabilità dei versanti del serbatoio 9281
stabilità delle fondazioni 9279
stabilità dinamica 3078
stabilità di regolazione 9280
stabilità di scarpata 9001
stabilità di uno strumento di misurazione 9273
stabilità statica 9352
stabilitura 9030
stabilizzare 4104, 9283
stabilizzatore del suolo 9104
stabilizzatore di asta pesante 2943
stabilizzatore di comando idraulico 4794
stabilizzatore di tensione 10629
stabilizzazione 9282
stabilizzazione del suolo 9103
stabilizzazione del terreno 9103
staccarsi 1238
staccato 2743
staccionata 3592
stadia 9756
stadia per livellazioni 5594
stadio di cavitazione incipiente 5009
stadio di cavitazione totalmente sviluppata 4164
stadio di sviluppo della cavitazione 9299
stadio effusivo 3158
stadio estinguente della cavitazione 2567
stadio finale di cavitazione 2567
staffa 1017, 9427, 9546
staffa filettata a U 10325

stagno salmastro 8357
stalagmite 9306
stalagmite di lava 5535
stalattite 9305
stalattite di lava 5534
stampa 7966
stampare 7523
standardizzazione 9314
stanga 828
stanza da bagno 901
statica 9349
statica dei fluidi 9350
statistica delle piene 3848
stato di allerta 967
stato di equilibrio 9339
stato di sforzo 9340
stato di sollecitazione 9340
stato di tensione 9340, 9542
stato elastico 3175
stato piano di tensione 7178
statore 9356
statoscopio 9357
stato stazionario 9363
stato tridimensionale di deformazione 10011
stato tridimensionale di tensione 4255
staurolite 9360
stazione 1388, 7350, 9353
stazione automatica 718
stazione base 4487
stazione centrale di registrazione 1586
stazione centralizzata di registrazione 1586
stazione corrispondente 6658
stazione delle ferrovie 7731
stazione di ancoraggio 393
stazione di compressori 1940
stazione di fondo 7152
stazione di misura della portata 2730
stazione di montaggio 655
stazione di pompaggio 7638
stazione di ricezione 2576
stazione di trasformazione 9781
stazione di triangolazione 10223
stazione d'osservazione 9757
stazione ferroviaria 7731
stazione idrometrica 4886
stazione intermedia di pompaggio 7639
stazione opposta 6658
stazione pluviometrica 7740
stazione topografica 9748
stazione trasmittente 10181
steatite 9056
stecca a ganascia 3711
steccato 3592
stelo del contrafforte 1336

stelo di valvola 10496
steppa 9386
stereocamera 9403
stereocomparatore 9388
stereofotografia 9399
stereofotogramma 9389
stereofotogrammetria 9397
stereofotogrammetria spaziale 9148
stereofotogrammetrico 9395
stereogramma 9389
stereogramma normale 6530
stereomeccanica 9390
stereometria 6068, 9393
stereoscopia 9411
stereoscopico 9158, 9401
stereoscopio 9400
stereoscopio a lenti 5579
stereoscopio a riflessione 7860
stereoscopio a specchio 7860
stereoscopio di misura 6075
stereotopometro 9412
sterile 2716, 4374, 7874
sterile misto a minerale 1128
sterzante 9378
stibina 485
stibnite 485
stilbite 9422
stile 9589
stile rococò 8208
stilolite 9590
stima 2177, 3379, 6203
stima del costo 2177
stima delle quantità 1014
stima delle riserve di petrolio greggio 3380
stimare 3377
stimolazione di un pozzo 10825
stiramento 3230
stoccaggio del gas 4226
stoccaggio del grezzo 7030
stoccaggio del petrolio 7030
stoccaggio di gas 4226
strada di cantiere 8913
strada di servizio 8635
strada turistica 8421
strade d'accesso 74
stramazzo 10803
stramazzo a larga soglia 1264
stramazzo a sfioratore libero 4102
stramazzo a sifone 8904
stramazzo a soglia orizzontale 1264
stramazzo a vena libera 4084
stramazzo a vena rigurgitata 3030
stramazzo Cipolletti 1686
stramazzo complesso 1917
stramazzo con soglia a spigolo vivo 8724

stramazzo di misura 6059
stramazzo di Poebing 7266
stramazzo emergente 4084
stramazzo immerso 3030
stramazzo impermeabile 4984
stramazzo in parete sottile 8724
stramazzo libero 4102
stramazzo parzialmente immerso 6863
stramazzo parzialmente sommerso 6863
stramazzo secondo il principio di portata lineare 4724
stramazzo secondo la legge di erogata lineare 4724
stramazzo sommerso 3030
stramazzo trapezoidale 1686
strati alternati 340
strati contigui 157
strati del tetto 6467
stratificato 944
  non ~ 10420
stratificato a grossi banchi 9505
stratificato in banchi di grosso spessore 9505
stratificato in banchi sottili 9506
stratificazione 9502, 9503
stratificazione a bande blu 1100
stratificazione annuale 452
stratificazione concordante 1954
stratificazione deltizia 2495
stratificazione di marea 10027
stratificazione discordante 5276
stratificazione gradata 4394
stratificazione incrociata 2253
  a ~ 2316
stratificazione incrociata a spina di pesce 4645
stratificazione obliqua 2253, 3537
stratificazione obliqua a zig-zag 4645
stratificazione primaria 6701
stratificazione ritmica 8087
stratificazione termica 9979
stratigrafia 9512
stratigrafia delle rocce 5694
stratigrafia litologica 5694
strati in sovrapposizione 6780
strati pendenti vicini 4968
stratiscopio 9498
strati sotto-calotta 6467
strati sovrapposti 6780
strato 942, 9514, 5541
strato acquifero 10688
strato attivo 123
strato calcareo impregnato di petrolio 7026
strato di base 869
strato di calcare impregnato di petrolio 7026

strato di collegamento 1019
strato di fondazione 9687
strato di getto 1967
strato di ghiaccio 4932, 4938
strato di livellamento 5592
strato di malta 6313
strato di minerale 8488
strato di neve 9040
strato di pietrame 9432
strato di protezione 8491
strato di regolarizzazione 949
strato di rivestimento superficiale 9707
strato di roccia 8202
strato discordante 2738
strato di scorrimento 8989
strato di sigillatura 8479, 8480
strato di sigillo 8479
strato di transizione 10167
strato drenante 2884
strato filtrante 3638
strato fotosensibile 5624
strato guida 5421
strato impermeabile 10751
strato impermeabile di falda artesiana 1994
strato intercalato 5191
strato intermedio decarburato 837
strato isolante 5168
strato limitato 5637
strato limite 1190
strato limite di flusso laminare 5475
strato lubrificante 5840
strato nel tetto 6779
strato non coltivato 10379
strato orizzontale 954
strato permeabile 6976
strato petrolifero 7003
strato-ponte 9490
strato produttivo 7544
strato semipermeabile 545
strato sensibile alla luce 5624
strato sottile di carbone 1769
strato sovrastante 6752
strato vergine 10379
stratovulcano 9513
stratte
  a ~ 9034
stretta 5736
stretto 9134
stria 9550
striature 9550
striazioni glaciali 4341
stringere 1701, 3729, 8658, 10035
striscia di successivi fotogrammi 9562
striscia di terreno 9549
stromatolite 9570

strombatura 606
stronzianite 9574
strumentazione 5160
strumenti 3332
strumenti topografici 9750
strumento 5158
strumento a tasto 3582
strumento di livellazione 5593
strumento di misura 6070
strumento di misurazione 6070
strumento di regolazione 7891
strumento idrometrico 4885
strumento per rilievi minerari 6200
strumento per topografia sotterranea 6200
strumento rivelatore di vibrazioni 10579
struttura 9581, 9582, 9954
struttura a bande blu 1100
struttura a cono in cono 1985
struttura a falde di ricoprimento 6409
struttura algale 299
struttura anticlinale 472
struttura a supporto idrostatico su sabbia 4895
struttura biostratigrafica 1036
struttura colonnare 1860
struttura continentale 2067
struttura cristallina 2295
struttura da deformazione 2464
struttura del carbone 1779
struttura del massiccio roccioso 8191
struttura del suolo 9105
struttura del terreno 9105
struttura di acciaio 5706
struttura di bioerosione 1026
struttura di fondazione 3980
struttura di fondazione superficiale 8713
struttura di micropali 6153
struttura di richiamo di un punto topografico 918
struttura di sostegno 5329
struttura di una miniera 10361
struttura embricata 4965
struttura flocculata 3822
struttura geologica 4281
struttura geopetalica 4303
struttura granofirica 4418
struttura imbricata 4965
struttura in terra, armata 7900
struttura lamellare 3749
struttura microgranitica 4418
struttura per tettoia in vetro 4358
struttura per tetto in vetro 4358
struttura poligonale di sostegno 7309

struttura portante di acciaio 5706
struttura prismatica 1860
struttura sedimentaria 8524
struttura sedimentaria primaria 7499
struttura sedimentaria secondaria 8508
struttura sedimentaria superficiale 8126
struttura vacuolare 10566
struttura vermicolare 10542
struttura vescicolare 10566
strutture ausiliarie 394
strutture di protezione dalle piene 3833
studi acustici 107
studio d'assieme 1918
studio dei metodi di lavoro 6143
studio dei metodi di produzione 6143
studio dei movimenti 6320
studio della roccia 8204
studio del progetto 8426
studio di fattibilità 3576, 6694
studio di orientamento 6694
studio di orientazione 6694
studio di sondaggio tecnico ed/o economico 3576
studio geologico 4283
studio preliminare 6694
studio sull'impatto ambientale 3306
studio su modello 8404
studio su modello analogico 371
studi preliminari 7425
stuoia 6013
subaereo 9591
subappaltatore 9598
subglaciale 9601
subgrovacca 9606
subire un collasso 3521
sublimato 9611
subsidenza 5492, 6217, 9627, 9629
substrato 9635
subvulcano 9642
successione d'avanzamento dell'armatura di sostegno 9678
suddivisione in diottrie 2689
suolo 9083
suolo gelato 4152
suolo gelivo 4146
suolo inerte 9633
suolo macroporoso 5867
suolo monogranulare 10386
suolo non saturo 10414
suolo poligonale 7307
suono intrinseco 9137
superficie abitabile minima 6204
superficie attiva di scorrimento 130
superficie a verde 4429
superficie coperta stereoscopicamente 9402
superficie d'acqua 10744
superficie d'appoggio 937
superficie del bacino imbrifero 1494
superficie del film 9720
superficie dell'acqua 10745
superficie della falda 4500
superficie della pellicola 9720
superficie dell'invaso al livello massimo normale 7973
superficie dello specchio d'acqua 10746
superficie del sottofondo 9605
superficie di abitazione 3855
superficie di coltivazione per unità di tempo 581
superficie di contatto 5201, 9716
superficie di contatto gas-petrolio 4221
superficie di diaclasi 5370
superficie di discontinuità 8553
superficie di drenaggio 2890
superficie di frana 7172
superficie di franamento 8959
superficie di proiezione 9717
superficie di rottura 3526, 7172
superficie di scavo 868
superficie di scorrimento 7175, 8990, 9718
superficie di separazione 5202, 8553
superficie di slittamento 8963
superficie di smottamento 868
superficie di taglio 8740, 8748
superficie di taglio per unità di tempo 581
superficie esterna 6733
superficie fisica terrestre 9719
superficie freatica 10745
superficie grezza del calcestruzzo 9565
superficie laterale 6733
superficie limite 5642
superficie periferica 6733
superficie piezometrica della falda sospesa 503
superficie terrestre 9719
superficie utile 3855
supergenico 9662
superiore 10428
supernave cisterna 10329
superpetroliera 10329
superplastificante 9664
supervisione 9668
supervisione dei lavori 2043
supervisione nel contratto d'appalto 657
supporti con blocchi di calcestruzzo prefabbricato 7400
supporti metallici 9375
supporti misti 6235
supporti provvisori 9908
supporto 6803, 10243
supporto accoppiato 4070
supporto anulare 8120
supporto a scudo 8764
supporto compressore 1941
supporto d'avanzamento meccanizzato a spostamento oscillante 4067
supporto della pellicola 3944
supporto di base 5815
supporto di perforazione 2985
supporto di rivestimento a progressione 7377
supporto di sospensione per aste 8212
supporto parallelo alla linea di pendenza 9691
supporto poligonale 7309
svasare 2902
svasatura 606
svaso 2905, 10879
svaso per ispezione 2907
svaso rapido 9650
svergolamento 6256
sviluppare 2586
sviluppatore 2587
sviluppo 2589, 2591
sviluppo di un progetto per fasi 9296
sviluppo urbano 10455
svitare 784
svitare le aste di perforazione 1240
svitatura 783
svuotamento 3256
svuotamento per ispezione 2907

tacca 823
taccuino di campagna 3606
tacheometria 9821, 9823
tacheometrico 9820
tacheometro 2785, 9819
tacheometro radar 7701
tachigramma 9174
taglia 1091
tagliare 2335, 8732
tagliare di nuovo 2684
tagliatubi 1467, 10263
tagliatubi esterno 3479, 5135
tagliente a corona 1045
tagliente a X 10921
tagliente a Z 10958
tagliente del fioretto 5676

tagliente dello scalpello 1046
taglienti a denti 2870
taglienti a rulli 8218
taglio 823, 5787, 10021
taglio a due ali 2855
taglio a forma di T 2855
taglio a ossigeno per lavori subacquei 10373
taglio autogeno subacqueo 10373
taglio iniziale 2330
taglio in rimonta 7744
taglio lungo l'inclinazione dello strato 9555
taglione 2336, 10075
taglione d'argilla in trincea 1720
taglione di sponda 2338
taglione laterale 10869
taglione parziale 6859
taglione totale 10121
taglio orizzontale sotto il filone 2341
talco 9842
taloccia 3794
talweg 9846
tamburo 7853
tamburo del freno 1215
tamburo dell'argano di manovra 4701
tamburo dell'argano di perforazione 4701
tamburo di argano 10856
tamburo di verricello 10856
tamponamento di un pozzo 7243
tamponamento di un pozzo di petrolio 7243
tamponare 6353
tamponare un pozzo 7238
tamponare un pozzo di petrolio 7238
tamponato e abbandonato 7239
tamponato e sospeso 7240
tamponatura 769
tamponatura con malta 773
tampone 1303
tangente iperbolica 4916
tantalite 9855
tappeto di iniezioni 1062
tappeto di iniezioni della fondazione 4512
tappeto di monte 10443
tappeto drenante 2876
tappo di cemento 1568
taratura 1375
tasca di gas 4222
tassello 7237
tassello 5984
tasso d'attualizzazione 2740
tasso di decantazione 10195
tasso di infiltrazione 5074
tasso di reddito 3086

tasso di rendita 7778
tasso di successo 9643
tasso medio di iniezione al giorno 734
tasso medio giornaliero di iniezione 734
tassonomia 9866
tasto 3582
tavola 1102
tavola degli errori 3371
tavola dei logaritmi 9816
tavola della sonda rotary 8279
tavola logaritmica 9816
tavola marciavanti 7299
tavolame di chiusura in calotta 5604
tavolame di chiusura nel tetto 5604
tavola rotary 8279
tavolato 6013
tavolato di schiacciamento 10792
tavolato divisorio 8453
tavoletta 7180
tavolo da disegno 2916
tavolone 1102, 9995
tavoloni da rivestimento 4564
tazze 1278
tecnica dell'approvvigionamento e distribuzione di acque potabili 10741
tecnica delle costruzioni civili e delle grandi opere d'arte 2033
tecnica delle fondazioni 4029
tecnica delle fondazioni su pali 7113
tecnica del rilievo 9873
tecnica di coltivazione dei giacimenti 7977
tecnica di infissione di pali 7113
tecnica di produzione di petrolio 7023
tecnica di scavo per gallerie 10280
tecnica per lavori invernali 10875
tecnica per lo scavo di gallerie 10280
tecnica per pozzi 8698
tecnica sanitaria 8386
tecniche di perforazione 2962
tecnico del fango 2964
tecnico del paesaggio 5487
tefra 7659
tegola olandese 3061
tegolo deflettore 2453
telai abbinati 6804
telai accoppiati 6804
telaio 7880, 10347
telaio a due 8943
telaio con collegamento ad azione combinata 8944

telaio d'armatura di rivestimento 4070
telaio della porta a due pannelli 2830
telaio della porta a due specchiature 2830
telaio di serraggio 8944
telaio interdipendente 8944
telaio maestro 6010
telaio principale di sostegno 6010
telaio svedese 9765
telaio trapezoidale di armatura 4322
telecomando 7941
telecomando di controllo per gruppi 7939
telecoordimetro 9882
teleferica 1355
teleidrometro 9886
telemagmatico 9883
telemetria 2784, 9884
telemetro 7763
telemetro a coincidenza 2334
telemetro ad immagini invertite 5265
telemetro a doppia immagine 2842
telemetro a laser 5506
telemetro monostatico 8892
telemetro stereoscopico 9409
telemisura 9884
teleobiettivo 9887
telepluviometro 9885
teleregolazione 7941
telescopico 8051, 9890
tellurometro 9897
temperatura critica 2236
temperatura nel fondo del pozzo 1175
tempesta magnetica 5891
tempi di montaggio previsti dal programma 8422
tempi di montaggio programmati 8422
tempi di montaggio secondo programma 8422
tempo 10057, 10777
tempo di attesa della presa del cemento 10654
tempo di discesa e di estrazione 10245
tempo di esposizione 10066
tempo di fine presa 3650
tempo di inattività 4948
tempo di indurimento 8671
tempo di manovra 10245
tempo di manovra per l'estrazione delle aste di perforazione 7619
tempo di mescolazione 6236

tempo di montaggio della torre di perforazione 8102
tempo d'impasto 6236
tempo di perforazione 2991, 8101
tempo di posa 10066
tempo di presa 8671
tempo di presa del cemento 8672
tempo di presa del cemento 10654
tempo di propagazione 10174
tempo di risalita delle aste di perforazione 7619
tempo di scorrimento 3890
tempo di trivellazione 8101
tempo effettivo di perforazione 134
tempo libero 7827
tempo per l'estrazione delle aste di perforazione 7619
tempo prescritto di esecuzione 10065
temporale 10025
temporaneamente inondato 9903
tempo reale di perforazione 134
tempra 4584
temprare 9898
tenace 9911
tenacità 4977
tenditore 9226
tenditore a manicotto 10301
tenero 9072
tenore d'acqua 6270, 6271
tenore d'umidità 6270
tenore in ossigeno disciolto 2775
tenore netto 1777
tensiografo 3471
tensiometro 3471, 9539, 9924
tensione 7358, 9528
tensione ammissibile 321
tensione assiale 749
tensione circolare 4728
tensione da carico di punta 1285
tensione d'attrito 8742
tensione deviatorica 2609
tensione di snervamento 10952
tensione di taglio 8742
tensione di torsione 10115
tensione di trazione 9922
tensione effettiva 3144
tensione interfacciale 9725
tensione interna 5229, 8004
tensione limite 5639, 9537
tensione massima 9538
tensione normale 6531
tensione normale effettiva 3139
tensione normale lungo il piano di scorrimento 6532
tensione piana 7178
tensione principale 7517
tensione principale intermedia 5217
tensione principale maggiore 5926
tensione principale minore 6220
tensione radiale 7714
tensione residuale 8004
tensione secondaria 8510
tensione superficiale 9725
tensione tangenziale 9854
tensione triassiale 10228
tensione unitaria inferiore di snervamento 5820
tensioni residue 8004
tensore 9546, 9930
tenuta 1403, 10750
  a ~ d'aria 283
  a ~ stagna 10748
tenuta a coesione 1821
tenuta ad anelli "O" 6704
tenuta a labirinto 5449
tenuta a premistoppa 9588
tenuta a viscosità 10601
tenuta con involucro flessibile 8478
tenuta elettromagnetica 3209
tenuta ermetica 10038
tenuta idraulica 3911, 4827
tenuta senza contatto 2048
teodolite 9956
teodolite a laser 5507
teodolite fotogrammetrico 3605
teodolite giroscopico 4560
teodolite per la misura di distanze 2785
teodolite radar 7701
teodolite ripetitore 7959
teorema dei seni 8879
teorema di Bernoulli 1002
teoria classica dei campi 2079
teoria degli strati plastici 7208
teoria dei modelli idraulici 9962
teoria del cuneo 10790
teoria del cuneo di Coulomb 10790
teoria della consolidazione di Terzaghi 9939
teoria della deriva dei continenti 2061
teoria della fessurazione indotta 9963
teoria dell'affossamento degli strati 9501
teoria della plasticità 9964
teoria dell'arco 573
teoria dell'elasticità 9960
teoria delle piastre incastrate 9961
teoria delle placche incastrate 9961
teoria delle placche plastiche 7208
teoria delle strutture idrauliche 9962
teoria del truogolo di Lehmann 5569
teoria sul cedimento degli strati 9501
teoria sul comportamento delle lastre secondo Stöcke 922
termine 1188
termine di consegna 2488
termine di montaggio previsto dal programma 8422
termine in pietra 918
terminologia generale delle dighe 2385
termistore 9981
termoalino 9984
termocarsismo 9985
termocarso 9985
termoclina 6118
termocoppia 9982
termodinamica 9983
termoregolatore 9986, 9987
termostato 9986
terra 3087
terra argillosa 5728
terra armata 7898
terra-cemento 9085
terrapieno 3095
terrapieno di materiale tout-venant 7756
terrapieno in sommità 8093
terrapieno ottenuto meccanicamente 7394
terra rossa 9934
terra stabilizzata a cemento 9085
terrazza alluvionale 327
terrazza fluviale 9521
terrazzamento 226
terrazzare 227
terrazzo continentale 2068
terrazzo da deposito ondoso 2525
terrazzo diastrofico 2645
terrazzo fluvioglaciale 3933
terrazzo glaciofluviale 3933
terrazzo marino 5980
terremoto 3099
terremoto indotto dall'invaso 7981
terreni alcalini 307
terreni dispersivi 2762
terreni e indennità 5481
terreni sedimentari immersi 4970
terreno 4471, 9083
terreno accidentato 1266
terreno acido 97
terreno allo stato originario 6699
terreno anisotropo 448
terreno carsico 5401
terreno coesivo 1823

terreno collinoso 10376
terreno compressibile 1929
terreno di copertura 6752, 6753, 6780
terreno di fondazione 4034
terreno di riporto 629
terreno erodibile 3349
terreno fabbricabile 1291
terreno gelato 4152
terreno impermeabile 4986
terreno incoerente 5793
terreno inorganico 5127
terreno macroporoso 5867
terreno monogranulare 10386
terreno montagnoso 4690
terreno naturale 6699
terreno non consolidato 5793
terreno non saturo 10414
terreno ondulato 10376
terreno permeabile 6994
terreno pianeggiante 3769
terreno piano 3769
terreno plastico 7207
terreno poligonale 7307
terreno residuale 8002
terreno ricco di alture 4777
terreno rimaneggiato 7947
terreno saturo 8394
terreno sciolto 5792, 9077
terreno soffice e fangoso 6629
terreno superficiale 9706
terreno torboso 3591
terreno vegetale 10102
terrestre 9935
territorio comunale 1188
territorio delimitato 1188
terzera 7648
tessitura 9954
tessitura a nido d'ape 4726
tessitura meandrica 10542
tessitura monogranulare 8890
tessitura superficiale 9726
testa del carotiere 2147
testa della torre di perforazione 6012
testa del pozzo 10817
testa del tubo carotiere 2147
testa di adduzione 8277
testa di battitura del palo 3012
testa di bullone d'ancoraggio 8238
testa di cilindro 2353
testa di eruzione 1669
testa di iniezione 5112, 8277
testa di rotazione sommersa 5979
testa di rotazione subacquea 5979
testa per tubi di rivestimento 1472
testa per tubo di rivestimento con premistoppa 1475
testata 1253

testa tagliante 2342
testata multipla 7110
testina di adduzione 8277
testina rotativa di adduzione 8277
Tetide 9952
tetraedrite 9953
tetto 2569, 4022, 4581, 8233, 8234
tetto a mansarda 5947
tetto artificiale 633
tetto a sega 8750
tetto a shed 8750
tetto di ardesia 8942
tetto di assi 1104
tetto di galleria 765
tetto di miniera 765
tetto di tavole 1104
tetto di uno strato 8247, 10092
tettofacies 9875
tetto impermeabile di falda artesiana 527
tetto in tegole 10040
tetto in vetro 4359
tettonica 4314
tettonica a placche 7219
tettonica a zolle 7219
tettonica dei scivolamenti gravitativi 4362
tettonica del granito 4416
tettonica delle faglie 3568
tettonica delle falde 6412
tettonica delle pieghe 3972
tettonica delle placche 7219
tettonica gravitazionale 4362
tettonica locale 6169
tettonismo 4314
tetto principale 5910
tiltdozer 10046
timpano 10318
tipo 10319
tiraggio 1658
tiraggio dell'oculare 3498
tirante 4472, 8180, 10034
tirante a perno 9583
tirante d'acqua 2868
tirante di sospensione 4016
tirare delle copie 7523
tissotropia 10004
tixotropia 10004
togliere il carico 10407
togliere ulteriormente 2685
tolleranza 10081
tombamento 772
tombino 2306
tomografia acustica 114
tomografia radar 7702
tondello 8301
tondini ad aderenza migliorata 4759
tondini in fascio 1314

tondini lisci d'armatura 7165
tondini per cemento armato 9374
tondini per il montaggio 1617
tondino con ganci alle estremità 834
tondino d'armatura per cemento armato con ganci alle estremità 834
tondino isolato 8881
tondino per ancoraggi 385
tondino singolo 8881
topazio 10087
topogeno 10094
topografia 7431, 9745, 10099
topografia del terreno 4483
topografia sotterranea 6199
topografico 10095
topografo 5493, 9753
topotipo 10100
torba 6901
torba di torbiera alta 4672
torba di tundra 10273
torba fibrosa 3602
torba terrestre 9936
torbidità 10287
torbiera 1109
torianite 10005
tormalina 10133
tormalinizzazione 10134
torre campanaria 972
torre di perforazione 1157
torre di perforazione controventata 4552
torre di perforazione di un pozzo petrolifero 7034
torre di perforazione galleggiante 8473
torre di perforazione ripiegabile 5332
torre di perforazione telescopica 9891
torre di presa 2924
torre di presa a luci multiple sfalsate di quota 6369
torre di raffreddamento 2133
torre di sondaggio 1157
torre di trivellazione 1157
torre di trivellazione di un pozzo petrolifero 7034
torre di trivellazione galleggiante 8473
torrente 10109
torrente englaciale 3285
torrente sottoglaciale 9604
torrente subglaciale 9604
torrente superglaciale 9663
torre per pozzi 1157
torre sfiorante a soglie successive 2418
torsione 10111

tortuosità 10118
totalizzatore 2181
tracce di petrolio 7017
traccia 7274, 10139, 10140
traccia animale 4943
traccia di gas 4218
traccia di grande piena 4665
traccia di sfaldatura 1735
traccia fossile 4943
tracciamento delle curve di livello 10143
tracciamento delle opere 8667
tracciamento di confine 2497
tracciamento di mappe 2913
tracciante 10142
tracciare 2900
tracciare una carta 7228
tracciare una linea 2901
traccia sul piano del fotogramma del piano principale 5907
tracciatore di curve digitale 2668
tracimatore 9192
tracimatore di derivazione 1754
traforo 10276
traguardo 8835, 8837, 8838
traiettoria di un elemento di fluido 6877
traiettoria di volo 3790
traiettorie delle tensioni 9545
traiettorie delle tensioni principali 10153
trainare su 4592
traliccio di sostegno 5329
traliccio di una piattaforma 7220
traliccio in acciaio 5706
tramezza 6870
tramezzo 6870, 8253
tramezzo autoportante 8595
tramoggia 1015
tramoggia dosatrice per calcestruzzo 898
transvaporizzazione 10185
trapanare 1132
trapano 1045
trapano a colonna 1861
trapano di avviamento 9254
trapano per sondaggio a percussione 1147
trappola di faglia 3570
trascinamento 220
trascinamento della pellicola 4023
trasduttore 8615, 10179
trasduttore di misurazione 6077
trasduttore di pressione 7479
trasduttore elettroacustico 10155
trasferimento 7994
trasformata di Fourier 4049
trasformatore 10158
trasformatore amperometrico 2318
trasformatore di corrente 2318
trasformatore di misura amperometrico 2318
trasformazione di coordinate 10157
trasformazione lineare 5658
traslazione 10176
trasmettersi 8767
trasmettitore 10179, 10180
trasmissione a cinghia trapezoidale 10522
trasmissione ad ingranaggi 4239
trasmissione a distanza 9884
trasmissione del carico 10156
trasmissione idraulica 4844
trasmissione idrostatica 4844
trasmissione individuale della tavola rotary 5056
trasparente 10182
trasparenza 10603
trasportarsi sopra 4592
trasportatore 2123
trasportatore a tazze 1276
trasporto di materiale solido 8532
trasporto litorale 5697
trasporto solido
   per ~ 4021
trasporto solido di fondo 956
trasporto solido di trascinamento 956
trasporto solido in sospensione 9759
trattamento 7434
trattamento a vapore 9366
trattamento biologico delle acque di rifiuto 1034
trattamento biologico delle acque nere 1034
trattamento del calcestruzzo dopo il getto 1962
trattamento del calcestruzzo dopo la colata 1962
trattamento della superficie di fondazione mediante iniezioni 4512
trattamento delle fondazioni 4042
trattamento di maturazione 1962
trattamento di maturazione del calcestruzzo 1962
trattamento di stagionatura 1962
trattamento di stagionatura del calcestruzzo 1962
trattamento per adsorbimento 172
trattamento per iniezione 4511
trattare con acido 93
trattare con cura 2010
tratto 2779, 8514, 9826
tratto ancorato 8237
tratto a valle 2861
tratto bullonato 8237
tratto d'alimentazione 9673
tratto di estrazione 10874
tratto di fiume 9548
tratto di galleria d'alimentazione 9673
tratto di galleria in materiale sterile 9433
tratto di galleria in sterile 9433
tratto di galleria intermedio 1591
tratto di galleria nel filone 4230
tratto di galleria senza puntelli per permettere il movimento dei trasportatori 7576
tratto di mare 3599
tratto diritto 9472
tratto in materiale sterile 9433
tratto in sterile 9433
tratto intermedio 1591
tratto nel filone 4230
trattore 10147
tratto sfiorante del coronamento della diga 2217
travatura in legname sagomato 7832
travatura in legno 10054
travatura in vista 6637
trave 919
trave a doppio T 4656
trave ad un incastro 1398
trave a mensola 1398
trave a sbalzo 1398
trave a scatola 1201
trave a U 10324
trave a Z 10957
trave bombata da tetto 1384
trave-cappello arcuata 1384
trave composta 1018
trave con profilo a U 10324
trave continua 2072
trave curvata da tetto 1384
trave dell'orditura grossa del tetto 8235
trave dell'orditura principale del tetto 8235
trave di colmo 8094, 10088
trave di Differdingenad ali larghe a facce parallele 2652
trave d'incavallatura 1018
trave di sostegno 41
trave incastrata alle due estremità 923
trave incastrata alle estremità 923
trave incastrata a sbalzo 1398
trave incavigliata 5422
trave in legno 8861
trave longitudinale di acciaio 5780
trave maestra 5902

trave metallica 919
trave parabolica 6834
trave principale 1018, 5902
trave principale scorrevole 8318
traversa 41, 844, 1018, 2242, 8947
traversa Ambursen 3732
traversa a scogliera 8189
traversa a sifone 8904
traversa a struttura alleggerita 1550
traversa a struttura cellulare 1550
traversa ausiliaria 9632
traversa cieca 3735
traversa cilindrica 8226
traversa con dispositivo di chiusura abbassabile 3530
traversa con paratoie a tetto 8255
traversa con paratoie a trappola d'orso 8255
traversa con paratoie gonfiabili 5077
traversa di derivazione 2808
traversa di derivazione aperta 6645
traversa di pali 7122
traversa di regolazione 7093
traversa di rigurgito 9738
traversa fissa 3735
traversa fissa impermeabile 4982
traversa fluviale mobile 844
traversa impermeabile 4984
traversa in legname 10056
traversa in legno per quadro 5769
traversa in muratura 4448
traversa orizzontale 9559
traversa per la correzione di un torrente 1642
traversa permeabile 6978
traversa sfioratore di derivazione 1754
traversa tracimabile 10803
traverso 10656
traversobanco 2242
traversone 1315
travertino 10270
trave scatolare 1203
travetto di capriata 7648, 7727
travicello 919, 7727
travicello a sezione circolare 8301
travi di tura 9438
travi in vista 6637
travi squadrate in legno 7832
trazione 7618
trefolo 9487
treno 10151
treno di rulli 8653
treppiede 9308, 10243
triangolazione 10218
triangolazione a base di punti centrali 1598
triangolazione a catena 1615
triangolazione aerea 214
triangolazione aerea spaziale 10008
triangolazione aerea stereoscopica 10008
triangolazione aerea tridimensionale 10008
triangolazione a rete 10221
triangolazione con i punti principali 7516
triangolazione con modelli indipendenti 10219
triangolazione da fotografie 10220
triangolazione da punti con la conservazione degli angoli 3954
triangolazione di dettaglio 5833
triangolazione di primo ordine 7500
triangolazione fondamentale 7500
triangolazione nadirale 7249
triangolazione principale 7500
triangolazione radiale 7715
triangolazione spaziale 9150
triangolazione terrestre 4488
triangolazione tridimensionale 9150
triangolo 10216
triangolo a viti calanti 10230
Trias 10224
Trias inferiore 5819
Trias medio 6176
Triassico 10224
Trias superiore 10437
tridimensionale 9158
trigonometria 10236
trigonometria sferica 9186
trilaterazione 10238
trilogia di Steinmann 9381
trincea 10208
trincea d'esplorazione 3446
trincea di fondazione 4043
trincea di sondaggio 3446
trincea di taglione 2337, 10074
trincea esplorativa 3441, 3444
trincea scavata con circolazione di fanghi bentonitici 9026
tripoli 10244
trisolfuro d'arsenico 6709
triturare 2271
trivella 690, 1146
trivella a corona 454
trivella a cucchiaia 690, 1273, 4388, 8761, 10264
trivella ad aste cave 4713
trivella a mano 691
trivella a vite 8463
trivella cava 8761
trivella elicoidale 691, 9204
trivella per la posa di paletti 7351
trivellare 1132, 8895
trivellare un pozzo 1133
trivellatore 8103
trivellatore inesperto 1114
trivellazione 692, 1135
trivellazione a percussione 1148
trivellazione a secco 3036
trivellazione automatica 707
trivellazione del pozzo per cementazioni 4521
trivellazione deviata 2600
trivellazione di esplorazione geologica 4278
trivellazione di grande diametro 1012, 1013
trivellazione in mare aperto 6594
trivellazione per carotaggio 2153
trivellazione profonda 2430
tromba delle scale 9304
tronco 8514
tronco di fiume 9548
trovante 1187
truogolo dovuto a subsidenza 9630
tsunami 10258
tubazione 5652, 7143
tubazione cerchiata 818
tubazione chiusa 1747
tubazione dell'acqua fredda 1831
tubazione di aspirazione 9647
tubazione di derivazione 1340
tubazione di iniezione 5111
tubazione di mandata 2489, 6927
tubazione di produzione 10268
tubazione in pressione 1747
tubazione libera 6635
tubazione per aria compressa 1920
tubazione per il greggio 2268
tubazione per olio grezzo 2268
tubazione per petrolio greggio 2268
tubazione premente 2489
tubazione principale dell'acqua fredda 1831
tubazione principale di gas 4220
tubazione sottomarina 8477
tubi di produzione 7541
tubi di rivestimento a filettatura corta 8790
tubi di rivestimento a filetti corti 8790
tubi di rivestimento a piccolo diametro 8979
tubi di rivestimento perforati 6944

tubi di rivestimento senza
    saldatura 8489
tubo 265
tubo a flangia 3753
tubo a manchette 8949
tubo a manicotto 1839
tubo a valvole-manicotto 8949
tubo a Y 10955
tubo calice 894
tubo campionatore 8363
tubo carotiere 2146
tubo carotiere doppio 2838
tubo carotiere esterno 6730
tubo carotiere interno 5122
tubo carotiere per corone a
    diamanti 2629
tubo carotiere per utensili di
    perforazione a diamanti 2629
tubo carotiere semplice 8882
tubo dei sedimenti 894
tubo del fango 894
tubo di aspirazione 9647
tubo di aspirazione conico 1999
tubo di cemento 1567
tubo di drenaggio 2895, 2896
tubo di estrazione 10261, 10268
tubo di lava 5537
tubo di lavaggio 10678
tubo di mandata 2489, 2729
tubo d'iniezione 4520
tubo di pompaggio 10261
tubo di protezione 4536
tubo di PVC 7653
tubo di raccordo 3724
tubo di ritorno 8060
tubo di rivestimento 1464
tubo di rivestimento a giunto
    liscio 3923
tubo di rivestimento bloccato
    4151
tubo di rivestimento incagliato
    4151
tubo di rivestimento inceppato
    4151
tubo di rivestimento libero 4097
tubo di rivestimento saldato
    10805
tubo di rivestimento saldato a
    spirale 9208
tubo di scappamento 3419
tubo di scarico 2729, 3419
tubo di spurgo 2896
tubo di trasmissione di pressione
    7480
tubo di unione 3724
tubo di ventilazione 257, 268
tubo di Venturi 10538
tubo drenante in plastica 2895
tubo elastico 3172
tubo esterno 4536

tubo filettato 8468
tubo filtrante 10793
tubo filtro 8461
tubo finestrato 6945, 8461
tubo flangiato 3753
tubo flessibile 3780, 4755
tubo flessibile del fango 3778
tubo flessibile di perforazione
    2969
tubo flessibile intercambiabile
    10663
tubo forato 6945
tubo idrometrico d'impulsione
    4976
tubo interno del carotiere 5122
tubo per iniezioni 4520
tubo piezometrico 9327
tubo piezometrico aperto 6644
tubo rigido 8113
tubo vorticoso 10645
tufo 10271
tufo calcareo 10270
tufo cementato 10808
tufo palagonitico 6816
tufo vulcanico 10271
tundra 10272
tungsteno 10274
tunnel 10276
tunnel di cavitazione 1539
tuono del terremoto 3107
tura 1304, 1813, 9328
tura a monte 10444
tura di palancole 1302
turare un pozzo 7238
turare un pozzo di petrolio 7238
turbina 10290
turbina a bassa pressione 5826
turbina a bassa velocità specifica
    5838
turbina a basso salto 5826
turbina ad alta pressione 4668
turbina ad alta velocità specifica
    4683
turbina ad alto salto 4668
turbina ad elica 7574
turbina a grande velocità specifica
    4683
turbina assiale 746
turbina di perforazione 2993
turbina elicoidale 7574
turbina Francis 4071
turbina idraulica 4847
turbina idraulica a bassa pressione
    5826
turbina idraulica a bassa velocità
    specifica 5838
turbina idraulica a basso salto
    5826
turbina idraulica ad alta pressione
    4668

turbina idraulica ad alta velocità
    specifica 4683
turbina idraulica ad alto salto
    4668
turbina idraulica ad asse inclinato
    5022
turbina idraulica ad una girante
    8889
turbina idraulica a flusso assiale
    746
turbina idraulica a flusso assiale-
    centrifugo 6748
turbina idraulica a flusso
    centripeto-assiale 1605
turbina idraulica a flusso radiale
    7709
turbina idraulica a grande velocità
    specifica 4683
turbina idraulica con afflusso
    frontale 4139
turbina idraulica Francis 4071
turbina idraulica in camera aperta
    10753
turbina idraulica in camera chiusa
    10752
turbina idraulica in camera
    forzata 10755
turbina idraulica in camera spirale
    9206
turbina idraulica in sifone 8903
turbina idraulica multipla 6388
turbina idraulica orizzontale 4751
turbina idraulica Pelton 6917
turbina idraulica tubolare 7142
turbina idraulica verticale 4750
turbina Kaplan 5388
turbina Pelton 6917
turbina radiale 7709
turbinare 10291
turbina reversibile Dériaz 2541
turbocarotaggio 10295
turbolento 10297
turbomacchina idraulica 4845
turbomacchina idrodinamica
    4845
turbopompa 4979
turchese 10304
turno 8768
turno addetto alla ripiena 9470
turno di abbattimento 10873
turno di disarmo 7571
turno di lavoro 8768
turno di notte 6487
turno di scavo 10873
turno diurno 2409
turno lavorativo 8768
tuta da sommozzatore 2817

uadi 10652
ubicazione 2375

ubicazione considerata 2011
ubicazione della diga 5741
ubicazione della trivellazione 2972
ubicazione delle perforazioni 1143
ubicazione del pozzo 2972
ubicazione del sondaggio 2972
ubicazione diga non economica 10377
ubicazione economicamente valida 10568
ubicazione interessante 688
ubicazione non economica 10377
ubicazione possibile 7357
ubicazione scartata 2722
uccidere un pozzo 5426
ufficio catastale 1358
ufficio di cantiere 8911
ufficio tecnico 3283
ugello 5347, 6539
ulexite 1159
ultima mano di intonaco 9030
ultimare un pozzo 1897
ultimazione di un pozzo 1901
ultrametamorfismo 10330
ultramilonite 10331
ultrasuono 10333
ultravulcanico 10334
umettazione 10708, 10836
umidità 4775, 6271
umidità dell'aria 674
umidità dell'atmosfera 674
umidità del suolo 9096
umidità intrinseca 5093
umidità libera 4093
umidità naturale 6434
umidità superficiale 9714
umido 2377
unificazione 9314
unione 3723
unione a baionetta 913
unità coerente di misura 1818
unità derivata di misura 2544
unità di carbone fossile 9309
unità di misura 10393
unità di perforazione 2994
unità di perforazione rotary 8271
unità di sondaggio 2994
unità di sostegno 9700
unità di sostegno a telaio doppio 2841
unità di supporto 9700
unità di supporto a intelaiatura doppia 2841
unità fondamentale di misura 884
unità Lugeon 5844
unità modulare 6259
unità multipla o sottomultipla di misura 6378
unità per costruzione modulare 6259
unità singola di pompaggio 5055
unità stratigrafiche 9509
untuosità 5843
uomo
    l'~ di Cro-Magnon 2239
    l'~ di Heidelberg 4627
uomo della strada 5941
uomo di Heidelberg 4627
uraninite 10450
urbanista 10137
urbanistica 10138
uso 511
usura 689, 10775
utensile 10083
utensile abrasivo 16
utensile a tranciante 1660
utensile di montaggio 3725
utensile magnetico per ricuperi 5885
utensile per montaggio 3725
utensile per pescaggio 3705
utensile per recuperi 3705
utensile per sonda a rotazione 695
utensili da taglio 10085
utensili di deviazione 2446
utensili di perforazione 2992
utensili di sondaggio 2992
utensili per fresare 6186
utensili per la fresatura 6186
utensili taglienti 10085
utile 7548
utilità 10460
utilizzabilità 510
utilizzazione 511, 2591, 10459
utilizzazione delle macchine idrauliche 3454
utilizzazione delle risorse idriche 10730
uvala 10464

vacuolo 10649
vacuometro 10466
vagliare 8457
vagliatore meccanico 8834
vagliatura 4412
vagliatura a liquido 3231
vagliatura a umido 10831
vaglio 8456, 8831
vaglio a scosse 8705
vaglio a tamburo 3032
vaglio a vibrazione 10573
vaglio classificatore ad acqua 4853
vaglio meccanico 8834
vaglio rotativo 3032
vaglio vibrante 10573
vago 5049

vagone 10653
valanga 732
valanga di ghiaccio 4926
valanga di neve 9036
valanga di neve asciutta 2934
valanga di neve polverosa 2934
valanga incandescente 4368
valle 10471
    a ~ 2861
valle cieca 1084
valle conseguente 2008
valle di sinclinale 9793
valle epigenetica 1319
valle glaciale 10474
valle incassata 9377
valle interrotta 1006
valle sommersa 3029
valle sopraelevata 4582
valle tettonica 8098
valle troncata 1006
valletta 9027
valore 7673, 10460
valore al cambio del giorno 6284
valore assoluto dell'errore 32
valore attuale 7433
valore attualizzato 2739
valore convenzionalmente vero di una grandezza 2111
valore di scorrimento 360
valore di soglia 10014
valore effettivo di una grandezza 10256
valore impostato 8649
valore massimo 6900
valore medio 6036
valore numerico di una grandezza 6555
valore predeterminato 8649
valore proprio 3160
valore reale di una grandezza 10256
valore vero di una grandezza 10256
valutare 3377
valutazione 3379, 5238, 6203
valutazione di un progetto 7557
valutazione economica di un progetto 3119
valutazione sulla qualità di una località 8906
valvola 4227, 10477, 10478
valvola a campana 973
valvola a cerniera 3758, 7319
valvola a chiusura automatica 8583
valvola ad ago 6451
valvola ad angolo 430
valvola ad aria 284
valvola ad espansione termica 9971

valvola a deviazione angolare 9778
valvola a diaframma 2638
valvola a dilatazione termica 9971
valvola a disco flessibile 3777
valvola a doppia sede 2852
valvola a due vie 10317
valvola ad una sola via 6621
valvola a farfalla 1327, 10016
valvola a farfalla di strozzamento 10016
valvola a flusso deviato 9778
valvola a fodero 8950
valvola a fuso 6450
valvola a galleggiante 809, 3813
valvola a galleggiante per aste di perforazione 3005
valvola a getto cavo cilindrico 4711
valvola a getto conico 4768
valvola a getto pieno 5346
valvola a membrana 2638
valvola a molla 9240
valvola angolare 430
valvola antiritorno 6513
valvola anulare 456
valvola a pistone 7151
valvola a più vie 6392
valvola a quattro vie 4052
valvola a regolazione automatica 716
valvola arresto dell'olio 6609
valvola arresto olio 6609
valvola a saracinesca 4232, 8965
valvola a saracinesca cilindrica 2358
valvola a saracinesca di tipo Venturi 10539
valvola a sede conica 7319
valvola a sfera 815
valvola a solenoide 9114
valvola a sollevamento 5616
valvola a spillo 6451
valvola a tamburo scorrevole 8967
valvola a tre vie 10013
valvola ausiliare 729
valvola automatica 8582
valvola a ventola 3758, 7865
valvola cilindrica 2355
valvola comandata ad aria compressa 7256
valvola comandata a mano 5949
valvola comandata direttamente 2711
valvola comandata elettricamente 3187
valvola comandata idraulicamente 4786

valvola comandata indirettamente 5047
valvola comandata meccanicamente 6084
valvola conica 6396
valvola con otturatore a spostamento angolare 9778
valvola con otturatore rotante 8283
valvola d'arresto dell'olio 6609
valvola d'arresto olio 6609
valvola di arresto 5299
valvola di arresto e strozzamento 8813
valvola di aspirazione 5178, 9648
valvola di avviamento 9337
valvola di bipasso 10408
valvola di by-pass 1342, 10408
valvola di cacciata 10677
valvola di chiusura 1760, 5299
valvola di comando 8641, 2108
valvola di condotta forzata 10479
valvola di controllo 2108
valvola di controllo del flusso variabile 10511
valvola di controllo della pressione 7447
valvola di contropressione 1645
valvola di derivazione 1342
valvola di deviazione 1342
valvola di disaerazione 241, 10540
valvola di disinnesto 7927
valvola di distribuzione 2798, 3876
valvola di distribuzione a tre vie 8817
valvola di emergenza 3251
valvola di esclusione 5299
valvola di espansione 3431
valvola di fondo 1170, 1184
valvola di iniezione 5114
valvola di intercettazione 5299
valvola di mandata 2493
valvola di marcia a vuoto 4947
valvola di messa a vuoto 10408
valvola di minima pressione 6209
valvola di non-ritorno 1645, 6513
valvola di passo angolare 430
valvola di passo unico 6621
valvola di pompa 10480
valvola di precarico 7129
valvola di presa 5178
valvola di regolazione 2108, 7888, 7890, 10410
valvola di regolazione del flusso 3872
valvola di riduzione costante di pressione 2661

valvola di riduzione della pressione 7849
valvola di rientro d'aria 285
valvola di riserva 729
valvola di ritegno 6513
valvola di ritegno a contrappeso 4092
valvola di ritegno a molla 9239
valvola di scarico 2897, 6740, 7927
valvola di scarico pressione 7926
valvola di servizio 8636
valvola di sfiato 241, 10540
valvola di sicurezza 4534, 8349
valvola di sicurezza contro sovrapressioni 7471
valvola di sicurezza in caso di rottura di un tubo 8581
valvola di sorpasso 1342
valvola di spostamento 8965
valvola di spurgo 2898
valvola di spurgo dell'aria 284
valvola di spurgo per tubi di estrazione 10262
valvola di strozzamento 10016
valvola di strozzamento non regolabile 6500
valvola di testa 4600
valvola di troppo-pieno 6768
valvola di turbina 10481
valvola doppia 2858
valvola dosatrice dell'olio 6608
valvola dosatrice olio 6608
valvola elettromagnetica 9114
valvola fungiforme a sede conica 6396
valvola fungiforme a sede piana 6397
valvola limitatrice 10408
valvola limitatrice di efflusso 8036
valvola limitatrice di flusso 3884
valvola limitatrice di portata 3884, 8036
valvola limitatrice di pressione 7471, 7936
valvola limitatrice portata 8036
valvola limitatrice pressione 7936
valvola non scaricata 6501
valvola parzialmente scaricata 6862
valvola pilota 7130
valvola pilotata 7129
valvola premente 2493
valvola principale 5922
valvola principale a saracinesca 6009
valvola principale di controllo 6009

valvola regolabile di strozzamento 10511
valvola regolatrice 7890
valvola regolatrice di flusso 3872
valvola regolatrice di portata 3872
valvola regolatrice di pressione 7447
valvola riduttrice di pressione 7469
valvola rotante 8283
valvola scaricata idraulicamente 4785
valvola scaricata meccanicamente 6083
valvola scaricata totalmente 10125
valvola scarico pressione 7926
valvola selettrice 8817
valvola semplice 8893
valvola sferica 815, 9183
valvola termostatica 9987
valvola tubolare 8950
valvola unidirezionale 1645
valvola unidirezionale a cerniera di ritegno 6512
valvola ventola 1645
valvole di controllo della pressione 7448
vane test 10499
vani prodotti dall'attività di miniera 10361
vano scale 9304
vapore 4595
vapore acqueo 10756
variabile 10506
variabili di perforazione 2995
variante di posizione 344
variazione 5030
variazione dei livelli 3894
variazione delle precipitazioni 10515
variazione diurna 2803
variazione di volume 1624
variazione magnetica 5883
variazione volumetrica 1624
varva 10516
vasca 891
vasca da bagno 902
vasca di calma 9423
vasca di carico 3994
vasca di chiusa 5743
vasca di compenso 1886
vasca di decantazione 1710
vasca di dissipazione 9423
vasca di mandata 2492
vasca di restituzione 218
vasca di scarico 218
vasca di sedimentazione 8685
vasca di smorzamento 7250

vasca tarata 6074
vaschetta 2721
vaso di vetro calibrato 4355
vaso di vetro graduato 4355
vecchia rotaia riutilizzata 6612
vecchi lavori di scavo 4374
vedere nota fondo pagina 8534
vedretta 4580, 9045
veduta 10589
veicolo spaziale 9147
velivolo 211
velo 3964
velo al margine 10524
velocità angolare 441
velocità anulare 458
velocità assoluta 33, 4486
velocità critica 2237
velocità d'applicazione del carico 7779
velocità del getto 5352
velocità dell'acqua 10757
velocità della tavola rotary 8280
velocità delle particelle 6869
velocità dell'onda 10772
velocità dell'otturatore 8815
velocità del suono 9176
velocità del tracciamento di una carta 5956
velocità del tracciamento di una mappa 5956
velocità del vento 10866
velocità d'entrata 10529
velocità di abbattimento 3488
velocità di alimentazione 3579
velocità di assestamento 8686
velocità di avanzamento 7775
velocità di carico 7777
velocità di circolazione del fango 455
velocità di coltivazione 3488
velocità di deformazione 7780
velocità di efflusso 6736
velocità di eflusso 10525
velocità di estrazione 10862
velocità di fase 10772
velocità di filtrazione 8545
velocità di flusso 3890, 7540
velocità di incremento di sforzo 7777
velocità di intervallo 5248
velocità d'infiltrazione 5074
velocità d'ingresso 10529
velocità di pompaggio 7637
velocità di propagazione di un'onda 9177
velocità di risalita delle aste di perforazione 7620
velocità di ritorno dei fanghi di perforazione 455
velocità di rotazione 7846

velocità di rotazione garantita 4530
velocità di rotazione nominale 6499
velocità di rotazione unitaria 10396
velocità di scavo 3488, 7775
velocità di sollevamento di una gru derrick 5615
velocità di spostamento 7781
velocità d'uscita 10525
velocità effettiva 4486
velocità istantanea 5154
velocità lineare 5659
velocitá media 6047
velocità media di perforazione 735
velocità periferica 458
velocità relativa 7917
velocità tangenziale 458
velo marginale 10524
vena aerata 585
vena contratta 10533
vena d'acqua freatica 4490
vena d'acqua sotterranea 4490
vena depressa 6408
vena di fessura 3720
vena fagliata 3573
vena principale 5924
vena sfiorante 6410
vena sfiorante a caduta libera 4083
vena sfiorante libera 4083
ventaglio di lava 5529
ventilare 7938
ventilatore aspirante 3490
ventilatore assiale 744
ventilatore premente 1095
ventilazione 189, 6187
ventilazione naturale 6429, 6432
ventola 3756
ventola automatica 719
ventola su una soglia 10048
venturimetro 10538
venuta d'acqua 5132
venuta di sabbia 5131
veranda d'ingresso 3290
verga 7768
vergine 10844
verifica della macchina in marcia 9944
verifica di stabilità 9274
verifica di stabilità con il metodo delle striscie 9275
verifica di uno strumento di misurazione 3399
verificare 1641
verificare con il filo a piombo 7245
verificazione 1640

vernice a base di neoprene 6459
vernice anticorrosiva 486
vernice antiruggine 486
vernice fotoelastica 7047
vernice fragile 1260
verniero 10544
verricello 10861
versante 8993, 10545
vertenze 2771
verticale 7248, 10546, 10547
verticalità 10556
vertice della rete 4454
vertice della triangolazione 4454
vertice di triangolazione 10222
vesuviana 10567
vetro anabbagliante 478
vetro antiabbagliante 478
vettore 10523
vettore di malattia 2746
vettore rotazionale 10648
vettore rotazione 440
via 8166
via d'acqua 10758
via di corsa 10144
via di corsa del pilone mobile 9830
via navigabile 10758
via scavata in direzione opposta all'altra 2182
vibratore 10581
vibratore ad immersione 4972
vibratore idraulico 4846
vibratore per calcestruzzo 1973
vibratore per casseforme 4020
vibratore per casseri 4020
vibrazione 10577
vibrazione artificiale 635
vibrazione forzata 3985, 3987
vibrazione in un solido 9137
vibrazione irregolare 7759
vibrazione meccanica 9137
vibrazione propagantesi in un solido 9137
vibrazioni casuali 7759
vibrazioni forzate 3985
vibrazioni libere 4095
vibrazioni longitudinali 5774
vibrocompattazione 10585
vibro-costipamento 10585
vibrocostipatrice 10571
vibrofinitrice 3667
vibroflottazione 10586
vigilanza 9668
vigili del fuoco 3677
villa 10591
villa di campagna 2179
villaggio del cantiere 2031
villaggio del personale di esercizio 6650
virtuale 10594

viscosimetro 10598
viscosimetro a caduta di sfera 3529
viscosimetro a imbuto 4172
viscosimetro del fango 6359
viscosimetro di Marsh 5994
viscosimetro oscillante 6721
viscosimetro rotativo 8293
viscosimetro standard per terreno 9313
viscosità 10599
viscosità assoluta 34
viscosità cinematica 5428, 5431
viscosità dinamica 3079
viscosità relativa 7918
visibilità 10603
visione stereoscopica 9410
vista 3220, 10589
vista aerea 198
vista aerea planimetrica 10549
vista laterale 8828
vista planimetrica 10549
vista posteriore 7808
vista prospettica 6989
vista stereoscopica 9410
visuale 5666, 5669
vita d'impiego 5609
vite ad alette 10871
vite dei piccoli spostamenti 9010
vite di aggiustamento 163
vite di arresto 1020
vite di bloccaggio 8348
vite di distanziamento 2788
vite di fermo 8348
vite di inclinazione 10050
vite di inclinazione rispetto all'orizzonte 10050
vite di messa a fuoco 3502
vite di pressione 7473
vite di registro 163
vite di regolazione 163
vite di rettificazione 163
vite d'oculare 3502
vite micrometrica 6160, 9010
vite motrice 10914
vite perpetua 10914
vite senza fine 10914
vivianite 10607
volata 8780
volata all'aperto 6636
volata all'esterno 6636
volata di prova 10212
volata di un fornello 2196
volata in linea 8310
volata in rotazione 8294
volata profonda 6361
volata subacquea 10371
vollastonite 10882
volo 3787
volo fotogrammetrico 7058

volta 550, 551
a ~ 10520
volta a botte 457
volta a botte con testa a padiglione 10251
volta a botte rampante 8133
volta a costole 6471
volta a crociera 2255
volta a cupola 2310
volta ad ombrello 10335
volta a struttura reticolare 6471
volta a tutto centro 457
volta a ventaglio 3543
volta con nervature 8090
volta decorativa 6706
volta del tetto 8250
volta di pressione 7441
voltaggio 7358
volta gotica 4386
volta nervata 8090
volta ornamentale 6706
volta sestuplice 8690
volta stellare 5606
voltmetro 10630
voltmetro elettronico 3214
volume annuale 453
volume defluito 10633
volume dei vuoti 10634
volume del flusso defluito 10122
volume della diga 10632
volume del materiale ammassato 1298
volume di materiali in posto 5139
volume lordo del bacino 4468
volume lordo del giacimento 4468
volume morto non derivabile 2414
volume morto svasabile 5003
volume specifico 9167
volume totale del giacimento 1307
volume totale del serbatoio 7975
volume utile 5701
volume utile del serbatoio 129
volume utile di invaso 129
volume utilizzabile per la laminazione delle piene 3832
voluminoso 1309
vorobevite 10639
vortice 3128, 8227, 10640
vortice circolare 1692
vortice forzato 3988
vortice intorno ad un ostacolo 1991
vortice libero 4080, 4100
vortice potenziale 1692
vortice superficiale 9709
vorticità di velocità 10648
vulcanico 10609

vulcani gemelli 10308
vulcanismo 10620
vulcanismo epigenetico 3317
vulcanismo orogenico 6707
vulcano 10621
vulcano a scudo 5528
vulcano attivo 131
vulcanoclastico 10622
vulcano composito 1916
vulcano con cratere centrale 1588
vulcanogeno 10624
vulcano in attività 131
vulcano isolato 9124
vulcanologia 10627
vulcanologico 10625
vulcanologo 10626
vulcano monogenetico 6298
vulcano poligenetico 7304
vulcano quiescente 2832
vulcano semplice 8874
vulcano sottomarino 9616
vulcano spento 3482
vulcano subacquatico 9595
vulcano subaereo 9593
vulcano superficiale 9703
vuotare 3255
vuoti di Weber 10783
vuoto 1542, 7321
vuotometro 10466
vuoto nella ripiena 10419
vuoto nel terrapieno 1545

wadi 10652
waterstop 10739
wavellite 10768
wellpoint 10821
willemite 10855
witherite 10880
wolframio 10274
wollastonite 10882
worobewite 10639

xenolite 10922
xilolite 10926

zanzara 6315
zaratite 10956
zattera 7726
zavorra 803, 9140
zenit 10959
zeppa articolata 10080
zeppa d'attrito 2871
zeppa di legno 2275
zeppa di montaggio 8674
zeppa di regolazione 8674
zeppa di schiacciamento 10885
zeppa di schiacciamento in legno 10885
zeppa intermedia 2275
zero 10968

zincato 4181
zincite 10976
zinco 10974
zoccolo 7227
zoccolo angolare di accoppiamento 403
zoccolo di fondazione 4041
zolla erbosa 9057
zona 2375, 10979
zona abissale 52
zona abissale marina 52
zona accertata 7598
zona antistànte il fronte di scavo 10980
zona circoscritta da ture 1815
zona coltivabile 6886
zona compressa 1936
zona dell'arco fra chiave ed imposta 4593
zona della ripiena 9464
zona delle sponde soggetta alle variazioni dei livelli 2909
zona delle valvole 9018
zona di aerazione 10981
zona di alterazione 10985
zona di appiattimento 10440
zona di caccia agli uccelli acquatici 10853
zona di caricamento 7153
zona di coltivazione 3405, 10874, 10900
zona di congelamento 4112
zona di decompressione 7935
zona di degradazione 10985
zona di dispersione 7767
zona di faglia 3574, 8744
zona di flusso plastico del suolo 10984
zona di frana 1514
zona di franamento 1526
zona di frattura 1526, 8744
zona di galleria libera da puntelli per permettere l'avanzamento dei convogliatori 7576
zona di iniezione 584
zona di invasione delle acque marginali 3260
zona di invasione delle acque periferiche 3260
zona di meandri 6039
zona d'influenza 10982
zona di perdita di circolazione 5801
zona di perdita di fango 5801
zona di pressione d'imposta 46
zona di protezione 7594
zona di protezione in superficie 7128
zona di prova 9949
zona di ripiena parzialmente compattata 10983
zona di saturazione 8397
zona di scavo 3405
zona di schiacciamento 10440
zona di scorrimento 8744
zona di sfogo 7935
zona di sovraccarico 9670
zona di spinta d'imposta 46
zona di sviluppo 2599
zona di taglio 8744
zona di terreno 4502
zona di terreno danneggiata 10982
zona di terreno deteriorata 10982
zona di tolleranza 10082
zona di transizione 10168, 10170, 10171
zona di Trompeter 10247
zona d'ombra 8691
zona d'ombra radar 7698
zona esaurita 2522
zona eulitorale 3389
zona franata 1526
zona fratturata 1526
zona infiltrata 5257
zona iniettata della fondazione 4512
zona interessante 688
zona invasa 5257
zona lavata 3918
zona neutra 6475
zona omogenea 4722
zona periferica 1194
zona permeabile 6995
zona petrolifera 7009
zona produttiva 6886
zona residenziale 4765
zona sicura 7598
zona sopracotidale 786
zona sublitorale 9612
zona supralitorale 9702
zona verde 4429
zona vietata 7554
zooxantelle 10987

Español

ábaco de errores 3358
abandonar 4
abandonar un pozo 5
abandono 9
abandono de la presa 10
abanico aluvial 324
abanico de drenaje 3662
abanico de lava 5529
abastecimiento de agua total 3062
abatimiento de la capa 4495
aberración cromática 1671
aberración del eje de inclinación 3369
abertura 1106
abertura de arco 9155
abertura de la válvula 6642
abertura del diafragma 492
abertura del objetivo 6562
abertura del tamiz 8833
abertura de malla 8833
abertura de tajo 10904
abertura relativa del objetivo 7785
aberturas en viejas labores 4197
abisal 48
abismo 47
ablación 13
abocinamiento 3760
abono 3597
abovedado 10520
abra 4382, 8327
abrasión 17
abrasión glaciar 4340
abrasión marina 5972
abrasivo 18
abrazadera 1700, 1708, 1736, 7590
abrazadera del tubo de subida 8131
abrazadera para tubos 7137
abretubos 1482
abrigo antiaéreo 276
abrirse 4194
abscisa 19
ábsida 522
ábside 522
absolutamente horizontal 27
absorber 70
absorción 36
absorción acústica 9135
absorción de lechada 4525
absorción de potencia 7373
abultado 1309
acabado 3664, 3665
acabado de cemento 1569
acabado de yeso 7196
acampanar 7803
acanaladora 4464
acantilado 1737
acarreo fluvial 3929

accesibilidad 72
accesorios 73
acción 117
accionamiento eléctrico 3192
accionamiento electromagnético 3204
accionamiento hidráulico 4793
accionamiento neumático 7259
accionamiento por aire comprimido 7259
accionamiento por correa trapezoidal 10522
accionamiento por electromotor 3192
accionamiento por engranajes 4239
acción contínua 2076
acción de deterioración de cavitación 2577
acción de deterioración de la cavitación 2577
acción de la helada 4145
acciones atmosféricas 672
acción intermitente 5220
accumulador de diafragma 2635
accumulador de membrana 2635
aceite crudo 5700
aceite crudo de base mixta 6233
aceite mineral 2265
aceites antracénicos 468
aceleración angular 432
aceleración debida a la gravedad 4442
aceleración de la gravedad 4442
aceleración de la gravitación 4442
aceleración del movimiento de translación 5654
aceleración lineal 5654
aceleración máxima del terreno 6894
aceleración tangencial 9849
acelerador de fraguado 62
acelerador de fraguado del cemento 1570
acelerante 62
acelerante de fraguado 62
acelerógrafo 63
acelerómetro 64
aceptación conclusiva 3642
acero al carbono 1433
acero alto en carbono 4590
acero cementado 1454
acero de alto límite elástico 4685
acero de cementación 1454
acero dulce 6182
acero duro 4590
acero forjado 4002
acero inalterable 224
acero inoxidable 9302
aceros de cosido de enlace 2860

aceros de refuerzo 9374
acidificar 93
ácido húmico 4774
acimut 760, 926
acimut de la dirección del eje óptico 761
acimut referído al plano principal de la fotografía 4481
acondicionador 246
acondicionamiento de las márgenes 5489
acopio 9429
acoplamiento 4126
acoplamiento de las varillas 8209
acoplamiento de manguera 4756
acoplamiento de mangueras 4756
acoplamiento en T 9879
acoplamiento en Y 10929
acoplamiento presa-embalse 7976
acoplamiento rápido 7690
acrecentamiento 80
acta de replanteo 9752
actividad de tipo estromboliano 9571
actividad de tipo hawaiano 4594
actividad de tipo pliniano 7226
actividad de tipo vulcaniano 10651
actividad sísmica 8554
actividad volcánica 10610
activo 656, 993
actualismo paleontológico 139
acuchilladora 16
acueducto 524, 3912, 3914
acuerdo 10166
acuicluso 527
acuífero 528, 537, 10688
acuífero anisótropo 446
acuífero aparente 6933
acuífero artesiano 611
acuífero colgado 6933
acuífero confinado 1989
acuífero inferior 862
acuífero manto anisótropo 446
acuífero suspenso 6933
acumulación de agua 788
acumulación de detritos 82
acumulación de lodos 83
acumulación de petróleo 84
acumulación de tensión 85
acumulación petrolífera 84
acumulador 86
acumulador de aire comprimido 4891
acumulador de émbolo 7150
acumulador de energía elástica 9238
acumulador de gas comprimido 4891
acumulador de muelle 9238

acumulador de pistón 7150
acumulador de presión 7472
acumulador hidráulico 4784
acumulador neumático 4891
acumular 9457
acuñar 10791
acústica 112
acústico 101
adaptador 142, 5118
adaptador entrada 5118
adecuar un túnel 10053
adema 7580
adema auxiliar 1496
adema calzada 1662
adema de anclaje 392
adema de dique contra derrumbes 1233
adema del techo en voladizo 766
adema de madera 10887
adema de refuerzo 7909
adema de soporte inmediato 4967
adema de sostén inmediato 4967
adema doblemente extendida 2854
adema en avance 9907
adema en masa sueltas 1233
adema hidráulica 4832
adema hidraulicamente intercalable 2835
adema individual 5053
adema interior 5125
adema interior maciza 9120
adema lateral 8643
adema para interceptar 1233
adema provisoria 9907
adema rigida extensible 8110
ademas alineadas 1223
ademas de un tajo 3511
ademas en serie 1223
ademas protectoras contra derrumbamientos 910
adema superior 10434
adema tubular 10269
adema utilizable en una sola dirección 6514
adema utilizable una sola vez 6514
ademe 7580
ademes 9112
adherencia 384, 1118
adherencia por el fuste 8695
adherir 147
adhesión 149
adhesivo de resina 8008
aditivo 146
aditivo aireante 260
aditivo anticorrosivo 477
aditivo de extrema presión 3493
aditivo "extra presión" 3493
aditivos 168

aditivos del lodo de perforación 2977
adjudicación 158
adjudicación del contrato 741
adjudicación pública 7612
adjunto al director de las obras 659
adjunto al jefe del proyecto 659
adjunto al jefe de obra 2091
administración 3254
administrador 3254
adobe 169
adsorción 171
adularia 173
adularización 174
adyacente 155
aeración 189
aeración natural 6432
aerodinámica 199
aerofotográfico 207
aerofotógrafo 1387
aerofotogrametría 194
aerograma 272
aeronáutica 202
aeroplano 211
aerotopografía 213
aerotopográfico 212
afanita 493
aferición 10541
afilado 8728
afilamiento gradual 9856
afilar 8727
afilar la barrena 8729
afinar la puntería 7282
aflojamiento 1236
aflojamiento de las componentes 5794
aflojamiento por sacudidas 5725
aflojar 7922
aflojarse 10905
afloramiento 6727
afloramiento de falla 3563
afloramiento de la capa 957
aflorar 2241
afluente 10231
afluente por la margen derecha 8107
aforo 10703
aforo 3879
aforo químico 1649
agente antiespumante 481
agente antisecante 479
agente de enfriamiento 2127
agente dispersante 2454
agente emulsivo 2758
agente espesador 9989
agente explosivo 1072
agente floculador 3817
agente taponador 7242
agitación 237

agitador 238
aglomerado 225
aglomerante 1016
aglomerante hidráulico 4787
aglutinante 1016
agotamiento 2611
agotamiento de un pozo 10812
agotar 10423
agotar un pozo por bombeo 7641
agregado 6906
agregado cristalino 2292
agregados 228
agregados triturados 2272
agresividad del agua freática 234
agresividad del agua subterránea 234
agresivo 233
agrietamiento 3721, 5366
agrietamiento previo 5057
agrimensor 5493, 9753
agrimensura 3622, 9744
agrupación de empresas 5374
agua abrasiva 235
agua ácida 99
agua a disposición 2770
agua adsorbida 170
agua agresiva 235
agua aireada 188
agua artesiana 612
agua atmosférica 675, 6130
agua blanda 9082
agua cárstica 5410
aguacero 9651
agua colgada 10470
agua connata 2002
agua de aguas abajo 9836
agua de amasado 6237
agua de compactación 10716
agua de cristalización 10717
agua de filtración 6936
agua de fondo 1185
agua de formación 4014
agua de infiltración 6936
agua de inyección 5115
agua de lavado 10680
agua de lavado por chorro 5351
agua del suelo 9096
agua de mar 8359
agua de mezcla 6237
agua de mezclado 6237
agua de origen 2002
agua de perforación 2996
agua de sinclinal 9794
agua de vertido 6761
agua de yacimiento 7014
agua dulce 4119
agua fina 9082
agua fósil 2002
agua freática 7082
agua funicular 4170

agua intersticial 7326
agua intersticial irreducible 2002
agua juvenil 5385
agua libre 4101
agua natural 6433
aguante de un pilote 9685
agua pelicular 6915
agua plutónica 5385
aguar 8122
aguas abajo 2861
agua sal 1254
agua salada 8359
agua salobre 1208
aguas arriba 10442
aguas bajas 5839
aguas basales 862
aguas de desecho 10684
aguas navegables 6440
aguas residuales 10684
agua subterránea 4489, 10363
agua subterránea aparente 6934
agua subterránea confinada 1992
agua subterránea en la mina 10362
agua subterránea no confinada 7082
agua subterránea suspensa 6934
agua subyacente 1185
agua termal 9980
agudeza visual 10604
aguilón 5353
aguja filtrante 10821
aguja magnética 5887
aguja Próctor 7536
agujas de hielo 4073, 6449
agujas del vertedor 3761
agujero de drenaje 10794
agujero de hombre 5938
agujero de inyección 4510
agujero en el hastial de apoyo al tirante transversal del techo 4696
aireador 192
aireante 260
aire ocluido 3292
aislamiento 5169, 5170, 5461
aislamiento de poliuretano 7316
aislamiento entre capas 5171
aislamiento térmico 5170
aislante acústico 103
aislante multicapas 6367
ajeno a la minería 6536
ajustable 161, 3465
ajustamiento a punto cero 10969
ajustar 159, 3729, 7992, 7995
ajustar la instalación de transporte 178
ajuste 164
ajuste a punto cero 10969
ajuste coaxial 743

ajuste de torsión 10112
ajuste en clave 2259
ajuste isostático 5307
ajuste por cortaduras 8417
ajuste radial 7703
ajuste tangencial 9850
ajuste vertical 10548
ala 2387, 288
alabastrita 291
alabastro 289
alabastro oriental 290
alabeado 10865
alabeo 3784
alacena 1758
ala de viga 920
alambre de púa 830
alambre de púas 830
alanita 310
alargable 9890
alargamiento 3230
alargamiento absoluto 23
alargamiento en rotura 2461
alargamiento plástico 7209
alargamiento relativo 7914
alarma acústica antirrobo 106
alas 8819
albañil 1250
albertita 294
albita 295
alcalino 306
alcance 7760, 7761
alcance de los trabajos 8435
alcance de medición 7766
alcantarilla 2306
aldabía 8595
alemontita 312
alero 10872
aleuritas 296
alexandrita 297
algas 298
algas calcáreas 1363
algodonita 300
alidada 301
alidada de anteojo 9893
alidada de pinula 8841
alimentador 3578
alimentar 7811
alineación 743, 5660
alineaciones 5660
alineación recta 9472
alinear 302
alinear las ademas 303
alisadora 9031
aliviadero 9192
aliviadero auxiliar 728
aliviadero con caída en rápida 1683
aliviadero con compuerta 2101
aliviadero con perfil de lámina libre 4091

aliviadero de chorros cruzados 2246
aliviadero de collado 8329
aliviadero de emergencia 3249
aliviadero de medio fondo 6178
aliviadero de niveles múltiples 6371
aliviadero de puerto 8329
aliviadero de sifón 8902
aliviadero de superficie 9723
aliviadero de superficie sin compuertas 10345
aliviadero de trampolín 8923
aliviadero en abanico 3542
aliviadero en carga 9621
aliviadero en forma de Y 10321
aliviadero en laberinto 5450
aliviadero en margarita 2362
aliviadero en morning glory 971
aliviadero en pico de pato 3047
aliviadero en pozo 8703
aliviadero en superficie 6767
aliviadero lateral 8827
aliviadero principal 5912
alma 2143
almacén 9458
almacenamiento 9445, 9447
almacenamiento del gas 4226
almacenamiento del petróleo 7030
alma del contrafuerte 1336
almohadilla 2834
almohadón de capitel 2834
alóctono 319
alógeno 319
alojamiento del personal 679
alotígeno 315
alotriomorfico 10923
alquitrán 1780, 9862
alstonita 334
alta mar 2436
alta montaña 4673
alterabilidad 335
alteración 336
alteración hidrotérmica 4899
alternar la tubería de revestimiento 7814
altimetría 346
altímetro 345
altímetro absoluto 21
altímetro de láser 5503
altitud 3221
altitud absoluta 3221
altura 347
altura absoluta del vuelo 25
altura cinética 10527
altura crítica 2232
altura de ascensión capilar 4634
altura de caída 4597
altura de caída disponible 731

altura de caída óptima 6675
altura de cebado 7504
altura de descarga de una bomba 7628
altura de elevación efectiva 3138
altura de elevación geodésica del sistema de bombeo 4269
altura de elevación nominal 6496
altura de entrada 4636
altura de evaporación en bandeja 6824
altura de la energía total 10120
altura de la energía total disponible 10120
altura del embalse 9451
altura del instrumento 5159
altura del polo 7287
altura del salto 4597
altura del vuelo 3937
altura de pérdidas hidráulicas 4821
altura de precipitación 7407
altura de presión 7461
altura de presión manométrica 5944
altura de rechazo 4637
altura de un punto del terreno 4635
altura libre 2905, 10421
altura máxima de edificación 6023
altura máxima de la presa 4628
altura máxima de la presa sobre cimientos 4629
altura máxima de la presa sobre el desplante 4629
altura piezométrica 4812, 7106
altura potencial 7363
altura real de un manto inclinado en explotación 7564
altura relativa del vuelo 3938
altura total 10124
alud ardiente 4368
alud de hielo 4926
alud en polvo 2934
alumbrado 5621
alúmina 348
aluminita 350
alunita 352
aluvial 323
aluvión 325
alza de los precios 2176
alzado 3220
amarillo de cinc 10978
amarillo de zinc 10978
amasada 897
amasadora de alta velocidad 4681
amasadora de lechada 4523
amasar 7946

ámbar 353
ambientalistas 3307
ambiente diagenético 2617
ambiente marino 5976
amianto 636
amígdala 367
amojonamiento 2497
amorfo 357
amortiguador 35, 2378
amortiguador de choques 8774
amortiguador de ondas 9733
amortiguador de pulsaciones 7622
amortiguador de vibraciones 489, 8776
amortiguador hidráulico 4840
amortiguador oleo-neumático 6613
amortiguamiento 2379
amortiguamiento modal 6249
amortiguamiento por radiación 7718
amortiguar 2376
amortiguarse 2650
amortización financiera 358, 359
amperímetro 355
ampliación 5899
ampliar 3287
amplificación 5899
amplificador 363
amplificador de presión 7440
amplificador hidráulico 4813
amplitud 364, 7762
amplitud angular 437
amplitud angular útil 3134
amplitud de enfoque 79
amplitud de oscilación 2908
ampolla de congelación 4147
amurallar arcos 574
anabergita 6486
anaclinal 368
analcita 369
análisis de estabilidad 9274
análisis de estructura de granos 4414
análisis de las ofertas 377
análisis del petróleo crudo 2266
análisis de muestras 2945
análisis de petróleo crudo 2266
análisis de resultados 376
análisis de testigos 2945
análisis gráfico 4426
análisis granulométrico 4412
análisis granulométrico por tamizado 8832
análisis granulométrico por vía húmeda 10831
análisis gravimétrica 4437
análisis numérico 6554
análisis por dilución isotópica 5315
análisis por respuesta espectral 8031
análisis por sedimentación 4880, 8527
análisis térmico diferencial 2664, 9966
análisis tridimensional 9391
analizador de gas 4200
analizar 373
anauxita 380
ancho del tajo 10904
ancho de tajo 3514
anchura de la banda 10849
anchura de la presa 9992, 10848
anchura del tramo de galería 10146
anchura en coronación 10104
anchura en la base 885
ancla encolada 8009
anclaje 382, 383, 384, 8180, 10033
anclaje con bulones 8239
anclaje por patilla 389
anclajes 4472
anclar 381
andalusita 396
andamiaje 9301
andamio 8399
andarivel 1093
andesina 397
andesita 398
andesita cuarcítica 7680
anegado 5255
anegar 3824
anfibolita 361
anfibolitización 362
anfiteatro morrénico 6306
anglesita 428
angular 431
angular de acero 429
angulares de refuerzo 7908
ángulo 400
ángulo acimutal 4732
ángulo agudo 140
ángulo cenital 10550, 10960
ángulo de abertura 433
ángulo de campo visual 410
ángulo de convergencia 406
ángulo de corte 419
ángulo de depresión 407
ángulo de desviación 2448
ángulo de dirección 926
ángulo de divergencia 408
ángulo de elevación 409
ángulo de ensambladura 403
ángulo de entrada 414
ángulo de fricción interna 417
ángulo de giro 418
ángulo de incidencia 414

ángulo de incidencia con la capa 415
ángulo de inclinación 2692
ángulo de inclinación de falla 412
ángulo de inclinación de la camara 416
ángulo de inclinación lateral 422
ángulo de inclinación respecto al horizonte 425
ángulo de la deriva 2933
ángulo de límite de carga dinámica 3067
ángulo de límite reducido 7845
ángulo del talud 420
ángulo de oblicuidad 413
ángulo de pendiente 409
ángulo de polígono 7306
ángulo de refracción 7867
ángulo de reposo 423
ángulo de resistencia al esfuerzo cortante 417
ángulo de rotura 405
ángulo de rozamiento 411
ángulo de rozamiento a la pared 427
ángulo de rozamiento interno 417
ángulo de rozamiento interno aparente 404
ángulo de rozamiento interno efectivo 426
ángulo de rumbo 421
ángulo de talud natural 423
ángulo de triedro 10237
ángulo en el centro 1579
ángulo horizontal 4732
ángulo marginal, 5963
ángulo nadiral 424
ángulo obtuso 6582
ángulo paraláctico 6841
ángulo recto 8104
anguloso 431
ángulo verdadero de rozamiento interno 426
ángulo vertical 10550
anhedral 10923
anhidrita 442
anidrite 443
anillo abrazadera 1707
anillo de cierre 5750, 9442
anillo de émbolo 6801
anillo de empaquetadura 8483
anillo de escurridor 10876
anillo de estancamiento 6801
anillo de estanqueidad 5371
anillo de lubricación 5842
anillo de relleno 8771
anillo de respaldo 787
anillo de sujeción 1706
anillo de tapa 6801
anillo de válvula 6801
anillo "O" 6703
anillo reductor 7847
anión 444
anisotropía 449
anisotropía magnética 5880
anisótropo 445
ankerita 450
anomalía 462, 4260
anomalía en el funcionamiento 2799
anorogénico 463
anortita 464
anortoclasa 465
anteojo de puntería 9888
anteojo panorámico 8282
anteojo prismático 7526
anteojo reversible 10165
anteojos de larga vista 1022
anteojos gemelos 1022
antepecho 521
antepozo 2545
anteproyecto de detalle 9913
anteproyecto 7423
antesala 10655
anticlinal 474
anticlinal asimétrico 666
anticlinal carenado 1436
anticlinal derecho 3338
anticlinal en abanico 3541
anticlinal en forma de silla de montar 8326
anticlinal fallado 3559
anticlinal inclinado 5015
anticlinal interrumpido 605
anticlinal isoclinal 1436
anticlinal serrado 1745
anticlinal simétrico 9789
anticlinal truncado 605
anticlinorium 475
anticongelante 482
antigorita 483
antihalo 484
antlerita 490
antofilita 467
antracita 469
anuncio 184
anuncio de crecidas 3850
año de terminación 10936
año húmedo 10838
año medio 10935
año seco 3046
aparato 499
aparato aerofotográfico 208
aparato de ajuste 162
aparato de campo 9746
aparato de Casagrande 5687
aparato de comprobación 9940
aparato de corte anular 8119
aparato de corte directo 8737
aparato del ensayo Próctor 7534
aparato de límite líquido de Casagrande 1448
aparato de medición 6070
aparato de medición de coordenadas 2136
aparato de medición registrador 7821
aparato de medida 4233
aparato de medida de asientos 8679
aparato de medida de hundimientos 8679
aparato de resistencia eléctrica 5162
aparato de restitución 7230
aparato de suspensión de la cámara para montarla en el avión 9761
aparato fotográfico 7068
aparato hidrométrico 4885
aparato 5158
aparato medidor 6070
aparato medidor registrador 7821
aparato para la fotogrametría terrestre 3605
aparato para medir alturas 4633
aparato para medir distancias con láser 5506
aparato para medir la carga por eje 758
aparato para medir la presión triaxial 10225
aparato para medir longitudes 5164
aparatos 3332
aparatos de auscultación 6286
aparatos de medición 6062
aparatos de medición para fotografías 4959
aparatos de medida 6065
aparatos de restitución para vistas aisladas 8888
aparatos de restitución para vistas estereoscópicas 7231
aparatos topográficos 9750
aparato transformador 7834
aparato transformador de medición 6077
aparato universal 10405
aparejo 498
aparejo de poleas 1091
aparición de la cavitación 5006
apatita 491
apeo 9585
apertura 5360
apertura del arco 9639
apertura de ofertas 6643
apertura de pliegos 6643
apertura 10536
ápice 2258

apisonar 7747
aplanamiento 3773
aplastamiento 5378
aplastamiento de la tubería de revestimiento 1836
aplastar 2271
aplicabilidad 510
aplítica 494
aplomar 7245
apofilita 496
apomagmático 495
aportación sólida 8528
apoyo 42
apreciación 3379
apreciar 3377
apretar 1701, 8645, 8658
apretar otra vez 3729
aprobación 65
aprobación de planos 518
aprobación de un proyecto 7558
aprovechamiento 8425
aprovechamiento de caída media 6094
aprovechamiento de carga media 6094
aprovechamiento de desnivel medio 6094
aprovechamiento de fuente 10463
aprovechamiento de gran caída 4666
aprovechamiento de gran carga 4666
aprovechamiento de gran desnivel 4666
aprovechamiento de manantial 10463
aprovechamiento de pequeña caída 5825
aprovechamiento de pequeña carga 5825
aprovechamiento de pequeño desnivel 5825
aprovechamiento por bombeo 7631
ápside 522
aptitud 12
apuntalamiento 7579, 7580, 9587, 8787
apuntar 239, 302, 8727, 8842
apuntar aproximadamente 7284
apuntar con precisión 7282
arado 8125
aragonita 546
arandela 10672
arandela de junta 8482
arandela del objetivo 6564
arbitraje 547
árbol 8694
árbol de conexiones 1669
árbol de fallas 3571

árbol de fallos 3571
árbol de Navidad 1669
árbol propulsor 3019
arcada ciega 1083
Arcaico 559
archivo de yacimientos 7822
arcilla 1716
arcilla abigarrada 6325
arcilla batida 7617
arcilla bentonítica 999
arcilla blanca 589
arcilla dispersiva 2761
arcilla esponjosa 9218
arcilla esquistosa 6358
arcilla estratificada 10516, 10517
arcilla expansiva 9772
arcilla ferruginosa 1721
arcilla fisurada 3716
arcilla floculada 3816
arcilla grasa 3546
arcilla lacustre 5467
arcilla laminada finamente 3656
arcilla listada 10517
arcilla magra 5557
arcilla margosa 5992
arcilla marina 5974
arcilla moteada 6325
arcilla orgánica 6688
arcilla para lodo 2959
arcilla rápida 7688
arcilla refractaria 3670
arcilla residual 7996
arcilla sapropel 8390
arcilla susceptible 7688
arcilla varvada 10517
arcillita 6358
arcilloso 590, 1718
arco 548, 550, 551
arco alquillado 5413
arco articulado 616, 623
arco articulado corredizo 625
arco capialzado 6569
arco circular 1688
arco de apoyo 5263
arco de arriostramiento 5263
arco de curvatura variable 10508
arco de deslizamiento 8974
arco de dos elementos 10312
arco de espaldilla 8799
arco de lanceta 5479
arco del techo 8250
arco de piso 3861
arco de presión 7441
arco deprimido 2526
arco de punto hurtado 8546
arco de tres articulaciones 575
arco de tres piezas 10012
arco de varios centros 6363
arco de vuelta cordel 3228
arco elíptico 3228

arco elíptico rebajado 1500
arco empotrado 3730
arco en desplome 5016
arco en gola 8799
arco en zigzag 6366
arco escocés 8799
arco inclinado 5016
arco independiente 5038
arco morisco 6308
arco ojival rebajado 8547
arco peraltado 9425
arco rampante 7753
arco realzado 9425
arco rebajado 8546
arco remontado 9425
arcosa 597
arco trebolado 10206
arco trilobado 10206
área 579
área abisal 49
área agotada 2522
área de extracción 580
área de extracción parcial 9599
área de influencia 5081
área de influencia de extracción 2230
área de la superficie de agua 10746
área del embalse 7973
área de montaje 3342
área de montaje y desmontaje 3341
área de préstamo 1160
área de servicios 3110
área de una unidad 10389
área de un grupo 10389
área drenada 2522
área homogénea 4722
áreas periglaciales 6956
área supracrítica de extracción 9660
área total de extracción 2230
área total de influencia 2230
arena 8369
arena arcillosa 591
arena asfáltica 9864
arena bituminosa 1056
arena calcárea 1365
arena de aluvión 326
arena de grano grueso 1783
arena de grano medio 6096
arena de mar 5978
arena eólica 1099
arena fina 3655
arena gasífera 4204
arena impregnada 4995
arena impregnada de brea 9864
arena movediza 4617, 7691
arena organógena 6691
arena petrolífera 7016

arena productiva 7016
arena saturada de petróleo 7027
arenas movedizas 7692
arena viva 4617, 7691
arena volcánica 10619
arenero 8376
arenisca 8378
arenisca arcillosa 592
arenisca bituminosa 653
arenisca carbonácea 1423
arenisca carbonífera 1430
arenisca conchífera 1952
arenisca cuarcítica 7687
arenisca feldespática 3586
arenisca ferrosa 5274
arenisca hullera 1430
arenisca petrolífera 7008
arenita 587
arenoso 8382
argilita 594, 1724
aridos 228
aridos de machaqueo 2272
aridos de origen marino 5973
aridos de río 9517
aridos finos 3653
aridos gruesos 1782
arista 607
arista de derrumbe 1227
arista del borde del cuerpo en extracción 10898
arista de relleno 3129
arkosa 597
armado 7903
armadura 8254
armadura con ganchos en los extremos 834
armadura con patilla 994
armadura de compresión 1933
armadura de flexión 986
rmadura de pretensado 7487, 9916
armadura de retracción 8806
armadura inferior 1181
armaduras 7903, 9374
armaduras corrugadas 4759
armaduras de alta adherencia 4658
armaduras lisas 7165
armaduras longitudinales 5777
armaduras pasivas 8506
armaduras principales 5909
armaduras secundarias 2797
armaduras transversales 10193
armar 8657
armario de mando 2095
armazón anular de sostén 9697
armazón de soporte 7378
armazón de sostén 9683
aro de calce 2223
aro de caucho 8313

aro de goma 8313
aro de junta 8483
aro de pistón 7148
aro de soporte 2223
aromatización 601
arquetipo 560
arquitecto 564
arquitectura 567
arquitectura del paisaje 5486
arquitectura gótica 4384
arquitectura griega 4450
arquitectura romana 8228
arquitectura románica 8229
arquitrabe 568
arrancador 9331
arrancar las ademas 2920
arranque 9333
arranque de extradós 9235
arranque de intradós 9236
arranque del arco 9233
arranque de pilotes 3485
arranque de reloj 9780
arranque en frío 1830
arrastrarse 2208
arrastrar-se 4592
arrastre de fondo 956
arrebatamiento 9034
arrecife 7852
arreglo de marcos en serie 8944
arriostramiento 383
arrojar 10940
arroyo 1268
arte de la medida 6144
artesiano 610
articulación 626
articulación de bola 810
articulación Moll 6278
articulación óptica de cardán 6661
articulado y corredizo 10944
asbesto 636
ascensor de peces 3707
asentamiento 8678, 9627
asentamiento desigual 2662
asentamiento de suelo 5492
asentamiento diferencial 2662
asentamiento final 3646
asentamiento no homogéneo 2662
asentamiento periódico 6959
asentamiento posterior 2486
asentamiento residual 8005
asentamiento secundario 8509
asentarse 8676
asesoría en la licitación 657
asfaltita 654
asfalto 644, 645
asfalto fundido 6102
asfalto natural 6417
asiento de resorte 9241
asiento de válvula 10495

asiento de ventana 824
asiento neto de un pilote 6470
asimilación 5871
asimilación magmática 5871
asociación 660, 5374
asomar 2241
aspectos de la fracturación 1241
áspero 8297
aspirador de aire 261
astillar 1323
atado de barras 1314
atadura 4018
ataguía 1813, 9328
ataguía de aguas arriba 10444
ataguía de compuertas 1304
ataguía de troncos 9438
ataguía de válvulas 1301
ataguías 3761
ataque 10897
atarjea 2306
atarquinamiento 8864
atascamiento de la barrena 1052
aterramiento 8864
aterrar 8869
ático 8252
atiesados 7908
atmósfera 671
atomizador 676
atornillado 1116
atracadero 1003
atracción capilar 1407
atravesar 10913
atravesar con un pozo 2684
atravesar volando 3939
atrio 677
augita 696
aumentar 3287
aumento 80, 5899
aumento de la velocidad de perforación 2955
aumento de tensiones 1294
aureola 4567
auscultación 6285
auscultación absoluta 31
auscultación geodésica 6290
auscultación relativa 9743
autígeno 697, 698
autocolimación 702
autoconsolidación tipo Servo 8637
autocorrelación 703
autóctono 699
automática 717
automático 705
automatización 721
automordaza 8589
automórfico 3387
automóvil 1418
autonomía 7761
autopista 6323

autoportante 8594
autoreductor 8593
autoregistrador 8592
autoridad gubernamental de control 4389
autoseguro 8588
autovalor 3160
autovector 3161
avalancha 732
avalancha de nieve 9036
avalancha de nieve en polvo 2934
avance 179
avance de galería en roca viva 10282
avance de la barrena 1050
avance de la galería 2938
avance de la perforación en pies 3977
avance del frente 3506
avance del glaciar 4345
avance de presión trasera 7805
avance en arcos sucesivos 4067
avance individual 5037
avance paralelo 175
avance por etapas 8620
avanzar 3008, 7993
avenida 3823
avenida de agua 5132
avenida estacional 8493
avería 1222
averiado 6744
avería importante 3523
aves acuáticas 10851
aves de caza 4182
avión 211
ayudante-perforista 658
azabache 5342
azolvamiento 8864
azuche 3015
azulejo 762
azurita 763

bache 7365
bajamar 5839
bajar las varillas de perforación 5818
bajar la tubería de revestimiento 5134
bajar la tubería vástago 5818
bajorrelieve 895
balance lluvia-evaporación 7736
balanza de lodo 6342
balastado 804
balasto 804
balaustrada 816
balcón 801
baldosa cerámica 1608
baldosa rústica 8324
baldosín rústico 8324
baliza 918

balsa 7726
balustrada de ventana 521
banco 942
banco de ensayo 9950
banco de ensayos sobre modelos de las turbomáquinas hidráulicas 9321
banco de nivel 979
banco de nivel de referencia 6681
banco de nivel provisional 9904
banco inferior 1165
banco interestratificado 5189
banco para los ensayos de cavitación 9319
banda delgada de carbón 1769
banda extensométrica 3471
banda transportadora 974
bandeja de evaporación 3393
bandejas vibrantes 10570
banderola 828
banquisa 6799
bañera 902
baño de retardación 8044
baño fijador 3743
baptisterio 825
bar 826
barandilla 4535
barandilla de balcón 802
barbacana 10794
barca 833
barco de perforación 2987
barco tanque para petróleo 7031
barita 859
barniz al neopreno 6459
barniz fotoelástico 7047
barniz frágil 1260
barógrafo 840
barómetro 841
barómetro registrador 840
barra 828, 829, 7768
barra aislada 8881
barra cuadrada motriz 5415
barra de acero ondulado del techo 2171
barra de anclaje 385, 10034
barra de carga 5611
barra de contrapeso 8896
barra de descarga 1663
barra de desembrague 1663
barra de guía 4543
barra de lastre 8896
barra de penetrómetro 9139
barra de suspensión 4016
barra de suspensión de las varillas 8212
barra de torsión 10116
barra maestra 8896
barra motriz 5415
barranca 847
barranco 847, 4548

barra para hormigón pretensado 7486
barras de alta adherencia de acero forjado 4759
barras de montaje 1617
barras de refuerzo 9374
barras lisas de acero para hormigón armado 7165
barredor 8415
barredor multiespectral 6390
barrena 695, 3004
barrena batidora 1681
barrena cola de pescado 3712
barrena cola de pescado de chorro 5345
barrena corta 9254
barrena de arrastre 1060
barrena de cable 1681
barrena de caída libre 4081
barrena de caracol 690
barrena de cincel 1660
barrena de circulación inversa 8068
barrena de codo 9384
barrena de colocación de postes 7351
barrena de conos 1982
barrena de conos de Reed 7851
barrena de corona 454, 10921
barrena de corona escalonada 9387
barrena de cuatro alas 4051
barrena de cuatro conos 7665
barrena de cuatro fresas 4051
barrena de cuchara 8761, 10264
barrena de cuchillos 1060
barrena de cuchillos accionada por chorro 5341
barrena de discos 2723
barrena de dos lados 3712
barrena de guía 1574
barrena de hoja accionada por chorro 5341
barrena de lodo 6343
barrena de percusión 6941
barrena de perforación a columna 1861
barrena de rodillos 8273
barrena de rodillos de circulación inversa 8068
barrena de rodillos para roca 8273
barrena de tornillo 8463
barrena de tres conos 10006
barrena de turbina 10294
barrena de vástago hueco 4713
barrena en cruz 2250
barrena en espiral 9204
barrena en forma de cola de pescado 3712

barrena en forma de cola de pescado de chorro 5345
barrena en forma de Z 10958
barrena ensanchadora 3288, 8223
barrena escariadora 8223
barrena escoplo para perforación inicial 9254
barrena espiral 690
barrena excéntrica 3112
barrena 1045, 1146
barrena helicoidal 691, 9204, 9205
barrena mellada 3050
barrena para roca 8273
barrena para sacamuestras 2154
barrena para sacatestigos 2154
barrena para sondeo a percusión 1147
barrena principiadora 9254
barrenar 1132
barrena regulable 3425
barrena sacamuestras 2154
barrena sacamuestras rotativa 8264
barrena sacatestigos 2154
barrena tricónica 10006
barrena tricónica accionada por chorro 10233
barrena usada 3050
barreno 693
barreno de voladura 1069, 8795
barrera antinieve 9038
barrera de hielo 4937
barrera de protección contra la nieve 9038
barrera flotante para retener el hielo 4927
barrera geográfica 4272
barrido circular 1690
barrido lineal 5672
barriles por año 850
barriles por día 851
barriles por día calendario 851
barriles por día de producción 853
barriles por mes 852
barrio residencial 4765
barro 2343
barroco 843
basalto 864
basalto cuarcítico 7682
basamento 8928
basamento lastrado 805
basamento 877
báscula 10796
basculamiento 10044
base 41, 869, 873, 6803
base auxiliar 723
base de perforación 2953
base de piedra machacada 9432

base de referencia 874
base ensamblada 5367
basílica 890
bastidor 9546, 10347
basureras 10681
basureras subterráneas 10357
batiente 9705
batimetría 905
batímetro 904
batiscafo 906
batolito 899
batómetro 904
bauxita 912
benceno 1000
beneficio 7548
beneficio de minerales 6196
bentónico 995
bentonita 996
bentonita potásica 5412
benzol 1000
berilo 1004
berilonita 1005
berma 1001
berma de estabilización 5722, 9285
betún de destilación directa 649
betún fluidificado 2332, 2333
betún 644
biaxial 1009
biblioteca 1125
bicarbonato sódico 9061
biela 2004
biela de dirección 9380
bien ajustado 3917
bien graduado 10816
bifurcación 1011, 4003
bifurcación de galerías 8171
binocular 1021
bioclástico 1023
bioesfera 1035
bioestratigrafía 1037
biofacies 1027
biogénesis 1028
biolita zoogénica 10986
biolito 1032
biostroma 1038
biótico 1039
biotita 1040
biotitización 1041
biotopo 1042
bioturbación 1043
bipolar 1044
birefringencia 2850
bisagra 4691
bismalito 1343
bitownita 1344
blanco 4193
blanco de zinc 10977
blando 9072
blenda 9182

blindaje 598
blindaje de galería 10286
blocaje 9414
blondin 1093
bloque 1090, 1187, 3556
bloque aireado 185
bloquear 9413
bloque celular 185
bloque de dirección 10483
bloque de hormigón ligero 5618
bloque del cilindro 3275
bloque de madera 1664
bloque de válvula 10482
bloque errático 3353
bloque limitado por grietas 1089
bloqueo 9414
bloqueo de la barrena 1052
bloqueo de la mesa 9815
bloque residual de sostén 856
bloques de compresión de madera 10885
bloque suelto 2744
bobina 1824
bobina inductriz 3607
boca 8152
boca de tolva 779
boca de tunel 7336
bocal 8215
bocas 2870
bocatoma 5117
bocatoma libre 4090
bocatoma regulada 2100
bola de lava 5525
bolón 1187
bolón anclado en cemento 1558
bolón de cuña 8975
bolsa cárstica 5408
bolsa de gas 4222
bolsón de agua 7264
bomba alimentadora 10743
bomba axial 748
bomba centrífuga 1602
bomba con canales laterales 8821
bomba con difusor de álabes en la salida 2665
bomba contra incendios 3674
bomba de aceite 6606
bomba de acumulación 9454
bomba de agotamiento 2612
bomba de agotamiento auxiliar 726
bomba de agotamiento principal 5908
bomba de alimentación 10743
bomba de alta presión 4677
bomba de anillo de agua 5688
bomba de anillo líquido 5688
bomba de arena 9014
bomba de balancín 921
bomba de calibración 6133

bomba de circulación 1693
bomba de circulación centrifuga 1599
bomba de combustible 4156
bomba de desagüe auxiliar 726
bomba de desagüe principal 5908
bomba de descarga 2491
bomba de desplazamiento positivo 7347
bomba de diafragma 2637
bomba de dientes angulares 4646
bomba de dique 2820
bomba de dosificación 6133
bomba de dragado 2928
bomba de drenaje 2885
bomba de engranajes bihelicoidales 4646
bomba de engranajes de dientes angulares 4646
bomba de extracción de condensado 1975
bomba de fondo 1174
bomba de gran velocidad específica 4682
bomba de hélice 7572
bomba de hélice con palas reversibles 7573
bomba de hormigón 1971
bomba de inyección 4524
bomba de inyección de agua 10709
bomba del lodo 6356
bomba del lodo de alta presión 4676
bomba de lodo 6356, 9013, 9014
bomba del reactor nuclear 6546
bomba de mano 4577
bomba de pequeña velocidad específica 5837
bomba de pistones axiales 6372
bomba de sondeo 1174
bomba de vacío 10467
bomba diagonal 2620
bomba dosificadora 2833
bomba estacionaria 9355
bomba excéntrica espiral Mono 6338
bomba helicoidal 4639
bomba hidráulica 4833
bomba hidrófora 4890
bomba horizontal 4748
bomba impelente 3990
bomba impulsora 3018
bomba monobloque 6294
bomba movible 6246
bomba móvil 6246
bomba para abastecimiento de agua 10734
bomba para aceite del regulador 4390

bomba para ácidos 95
bomba para agua caliente 10667
bomba para agua de alta temperatura 4761
bomba para agua de refrigeración 2134
bomba para agua fría 1832
bomba para agua potable 7647
bomba para agua pura 7647
bomba para aguas negras 7633
bomba para aguas residuales 8687
bomba para álcalis 5851
bomba para alimentación de calderas 1111
bomba para celulosa 1651
bomba para fangos 9013
bomba para irrigación 5282
bomba para lejías 5851
bomba para líquidos impuros 7633
bomba para masa fibrosa 3601
bomba para materiales fibrosos 3601
bomba para oleoductos 6605
bomba para productos de petróleo 6607
bomba para suministro de agua 10734
bomba periférica 6963
bomba policilíndrica en disposición axial 6372
bomba portátil 7335
bomba reforzadora 1129
bomba reversible 8075
bomba rotodinámica 4979
bombas de mejoramiento de terrenos 5484
bombas de minería 6189
bombas mecánicas 6086
bomba solidaria con la tubería de producción 10267
bombas para centrales hidráulicas y térmicas 7390
bombas para fines especiales 7643
bombas para la industria química 1652
bombas para productos alimenticios 3976
bombas químicas 1652
bomba sumergible 2816, 10364
bomba sumergida 10364
bombas utilizadas en construcción naval y navegación 8773
bombas utilizadas en ingeniería nuclear 7642
bombas utilizadas en la industria papelera 6607, 6831
bombas utilizadas en técnica sanitaria 8388
bombas utilizadas en trabajos de construcción 2088
bombas volumétricas 7348
bomba torquera 10107
bomba transportable 10183
bomba tricilindrica de cigüeñal triplex 10241
bomba triplex 10241
bomba-turbina de rotación reversible 7644
bomba vertical 10563
bomba volumétrica 7347
bombear 7627
bombear petróleo en el pozo iniciado 10673
bombeo profundo 2442
bonanza 1117
boquilla 6539, 7336
boquilla de engrase 5841
boquilla del chorro 5347
boracita 1130
borbotón de arena 8371
borde 3750
borde de la imagen 5971
borde desplomado de una falla 3024
bordo libre 4077
bornita 1158
borrador de informe 2869
borroso 1101, 5049
bosque 10891
bosquejo 8920
botón 1328
bournonita 1196
bóveda 551
bóveda activa 118
bóveda apuntada 4386
bóveda de abanico 3543
bóveda de aljibe 10251
bóveda de crucería 8090
bóveda de galería 8174
bóveda de nervios cruzados 2255
bóveda de paraguas 10335
bóveda de presión 7441
bóveda de tonel 457
bóveda en cañón rampante 8133
bóveda esquifada 10251
bóveda estrellada 5606
bóveda 550
bóveda figurada 6706
bóveda flabeliforme 3543
bóveda inclinada 5018
bóveda palmeada 3543
bóveda reticulada 6471
bóveda sextavada 8690
bradisismos 1210
braditelía 1209
braquianticlinal 1205
braquisinclinal 1206

braza 3547
brazo 1218
brazo de dirección 9379
brazo de la barrena 1049
brazo del jumbo 5377
brazo de palanca 5599
brazo muerto 6792
brea 1780
brecha 1246
brecha cuarcítica 7684
brecha de contacto 2045
brecha de desmoronamiento 2269
brecha de explosión 3447
brecha de inyección 5109
brecha glaciar 2935
brecha plutónica 7252
brecha volcánica 10612
brecha volcánica de fricción 10615
brida 3710
brida de acoplamiento 2186
brida de adaptación 143
brida del motor 6321
brida final 3262
brigada móvil 6242
brigada topográfica 9749
broca 1045, 1061, 1151
broca de diamante 2627
brocal de entibación 2223
brocantita 1265
brocas 10085
brocha 1270
bronce 1267
brotar 3866
brotar intermitentemente 3869
broza 1128, 2716, 10285
brújula 1200, 5882
brújula de espejo 6224
brújula giroscópica 4556
brújula giroscópica repetidora 4557
budinaje 1186
buje de impulso 5416
buje para kelly 5416
bulbo de presiones 1295
bulonado de la roca 8196
bulón anclado de cable 1346
bulón de anclaje 8236
bulón de caja de expansión 3430
bulón de pistón 4537
bulón encolado 8009
bulldozer 1310
bulldozer inclinable 10046
bulldozer orientable 402
buque petrolero 7031
burbuja 1371
burbuja cavitacional 1528
búsqueda de emplazamientos 8492
buzamiento 2693

en el ~ 330
buzamiento de la falla 2698
buzamiento inicial 6698
buzamiento 5010
buzamiento primario 6698
buzo 2804

cabalgamiento 6784, 10019
caballeriza 10419
caballete 1863
caballete de base 883
caballete de perforación 2985
cabecera 4608
cabeza de bolón de anclaje 8238
cabeza de cilindro 2353
cabeza de golpeo 3012
cabeza de inyección 5112, 8277
cabeza de inyección marina 5979
cabeza de la torre de perforación 6012
cabeza de perforación 2342
cabeza de pilar 7110
cabeza de pozo 10817
cabeza de sacamuestra 2147
cabeza de sacatestigo 2147
cabeza de tablestaca 7110
cabeza de tubería de revestimiento 1472
cabeza de tubería de revestimiento con prensaestopa 1475
cabezal del pozo 1669
cabeza rotativa de inyección 8277
cabina de control 2107
cabio 7727
cable 1345
cable carril 9690
cable de batería 909
cable de encendido 1073
cable de freno 1212
cable de guía 4542
cable de las llaves 5338
cable de maniobras 2957
cable de perforación 2957
cable elevador 5614
cable tractor 6648
cable vía 1093
cabria 4329
cabrio 7727
cacería 4779, 8779
cadena alimentar 3975
cadena de centrales 8628
cadena de engranaje 9251
cadena de seguridad 8332
cadena de tirantes articulados de techo 8306
cadena de triángulos 1615
cadena Galle 9251
cadena pivotante 5337
caída de agua 10701

caída de potencial 7359
caída de presión 7449
caída de presión en las varillas de perforación 7621
caída de presión en la tubería vástago 7621
caída de roca 3534
caja 8927
caja basculante 10051
caja de almacenaje de testigos 2149
caja de cojinete 931
caja de conexiones 5380
caja de empalme 5380
caja de engranajes 4237
caja de escalera 9304
caja de herramientas 10084
caja de horquilla 4004
caja del cambio 4236
caja de muestras 2149
caja de resorte 9232
caja de testigos 2149
caja de válvula 10492
caja espiral 9674
cajón de aire comprimido 7258
cajón de desmontes 2719
cajón desplazable 9906
cajón escurridizo 570
cajón natante de cimentaciones 1199
cajón natante para cimentación 1199
cal 5631
calado 2535, 2868, 8659
calado medio 6037
calcantita 1618
calcar 2139
calcarenita 1361
calcáreo 1362
  no ~ 6502
calce de adema 7584
calce de madera 10885
calce para recuñar 8674
calcificación 1367
calcilutita 1368
calcita 1369
calco heliográfico 4641
calcopirita 1619
cálculo bidimensional 10311
cálculo como cáscara 8760
cálculo de compensación 1885
cálculo de compensación de errores 1943
cálculo de coordenadas 1944
cálculo de estabilidad 9274
cálculo de estabilidad por el método de las fajas 9275
cálculo de estabilidad por el método de las rebanadas 9275
cálculo del riesgo 8137

cálculo de rotura de la presa 2371
cálculo dinámico 3066
cálculo elasto-plástico 3180
cálculo en régimen transitorio 10163
cálculo estático 9341
cálculos 374
cálculo seudoestático 7610
cálculos globales 4363
cálculo tridimensional 10009
cálculo visco-elástico 10597
caldera 1110, 1373, 1506
caldera de calefacción 1110
caldera de desplome 1834
caldera de erosión 7366
caldera freática 7079
caldera glaciar 5420
calefacción central de agua caliente 1589
calibrado 1375
calibrador 2931
calibrar 4234
calicata 9948
calidad del agua 10724
calidad del carbón 1776
caliza 5634
caliza alóctona 317
caliza arcillosa 595, 5991
caliza arenosa 8383
caliza bituminosa 652
caliza carbonífera 1428
caliza cinchada 817
caliza compacta 1878
caliza dolomítica 2825, 5877
caliza fisurada 4055
caliza fracturada 4055
caliza granular 4420
caliza impregnada de gas 4225
caliza lacustre 5454, 5469
caliza organógena 6690
caliza petrolífera 7005
calor 4611
calor de fraguado 4614
calor de hidratación 4614
calor específico 9164
calorímetro 1383
calota glacial 4941
calzar mecánicamente 4383
calzo 2275, 5367, 9117
calzo para la entibación 7379
calzos de retenida 8276
cámara 1620
cámara aerofotográfica de medición 280
cámara aerofotogramétrica 280
cámara cinematográfica 3631
cámara con trípode 1386
cámara de aspiración 9646
cámara de carga 3993, 3994
cámara de cine 3631

cámara de compuertas 4228
cámara de decompresión 2424
cámara de esclusa 5743
cámara de expansión 9734
cámara de expansión de aguas abajo 2865
cámara de expansión de aguas arriba 10447
cámara del freno 1213
cámara de medición 1446
cámara de medición de mano 4574
cámara de válvulas 4228
cámara estereofotográfica 9403
cámara estereofotogramétrica 9392
cámara fotogramétrica 7059, 9747
cámara húmeda 4776
cámara involuta 9674
cámara magmática 5869
cámara métrica 1446
cámara métrica con trípode 7056
cámara métrica sencilla 7055
cámara multibanda 6375
cámara multilente 6368
cámara múltiple de medición 6379
cámara obscura 2396
cámara panorámica 6828
cámara para el levantamiento fotográfico de costas 1787
cámara revólver 8078
cambiable 5196
cambio californiano 1379
cambio de curso 1623
cambio del cauce 8769
cambio de volumen 1624
Cámbrico 1385
Cámbrico inferior 5808
camino crítico 2234
camino de coronación 8173
camino de obra 8913
camino de rodadura de la torre móvil 9830
camino de servicio 8635
caminos de acceso 74
camión 722
camión cerrado 10497
camión de volteo 7806
camioneta 5626
camión hormigonera 10173
camión mezclador 236
campamento 2031, 2090
campamento de operación 6650
campana de buzo 2812
campana de guía 969
campana de pesca 8267
campana de pesca de resorte 9242
campana de pesca por fricción

4133
campanario 972
campanil 972
campo 3603, 6823
campo de dinámica 3076
campo de gas natural 6424
campo de gravitación 4444
campo de la imagen 4958
campo de petróleo 7001
campo de referencia geomagnética internacional 5232
campo de tensiones 9541
campo de tolerancia 10082
campo dipolar excéntrico 3113
campo heterogéneo 4649
campo homogéneo 4719
campo magnético terrestre 4289
campo minero 6193
campo petrolífero 7001
campo petrolífero primario 7497
campo visual 3616
campo visual objetivo 6565
campo visual subjetivo 9607
can 2141
canal 1391, 1627, 6067
canal abierto 6635
canal autoportante 3912
canal de aducción 4604, 4605
canal de aforo 6066
canal de alta mar 2437
canal de central 7392
canal de conducción 523
canal de derivación 2807
canal de descarga 3921, 9019, 9833, 9834
canal de drenaje 2877
canal de esclusa 5744
canal de evacuación de hielos 4934
canal de fuga 9834
canal del aliviadero 9195, 9197
canal de lámina libre 6633
canal de llamada 4605
canal del lodo 6347
canal de lodo 6347
canal de marea 10028
canal de medición de tipo Venturi 10015
canal de navegación 6442
canal de resalto hidráulico 9325
canal de tejado 8246
canal de toma 523
canal de vidrio 3913
canales de derivación 2811
canales de toma 2811
canal navegable 6438
canal no revestido 10406
cáñamo de Manila 2
cancrinita 1392

canecillo 2141
cañería principal de gas 4220
canevas topográfico 8317
cangilón 8927
cangilones 1278
caño auxiliar, corto y cónico 1983
cañón 1401
cañón de chimenea 1659
cañón de la chimenea 1659
cañón rampante 8133
cañón submarino 9613
cantera 7677
cantera de arena 8376
cantera de grava 4434
cantidad 7673
cantidad del flujo 10122
cantina 8907
cantina de obra 8907
cantonera 401
canto rodado 6903
cantos rodados 1792
cañada 9027
caolín 5387
capa 5541, 8202, 8488, 9514
capa activa 123
capa aislante 5168
capacidad 12
capacidad de absorción 37
capacidad de aguante 5711
capacidad de aguante de un pilote 9685
capacidad de almacenamiento 9449, 9450
capacidad de bombeo 7634
capacidad de cambio iónico 5271
capacidad de carga 5710, 5711
capacidad de elevación 7634
capacidad de embalse para contener las avenidas 3832
capacidad de expansión 3426
capacidad de infiltración 5073
capacidad de intercambio de cationes 1504
capacidad de intercambio de iones 870
capacidad del aliviadero 9194
capacidad del pozo 8696
capacidad de modulación 800
capacidad de perforación 2958
capacidad de producción del pozo 8696
capacidad de resistencia al viento 10863
capacidad de retención de agua 10707
capacidad de sobrecarga 6777
capacidad de soporte 928
capacidad de soporte de ademas 929
capacidad de subir 1742

capacidad de tubos parados en la torre de perforación 7694
capacidad de visión estereoscópica 7385
capacidad energética del sistema hidráulico 3270
capacidad muerta de un embalse 2414
capacidad no utilizable de un embalse 2414
capacidad perdida por azolve 2415
capacidad portante 928
capacidad portante de un pilote 9685
capacidad propia de sostén 8596
capacidad total del embalse 7975
capacidad útil 129
capa de acabado 3666
capa de base 869
capa de caliza saturada de petróleo 7026
capa de confinamiento impermeable 1994
capa de deslizamiento 8989
capa de hielo 4932, 4938
capa de limpieza 949
capa de mortero 6313
capa de nubes 1764
capa de regularización 5592
capa de retoma 1019
capa de rodadura 10776
capa de sellado 8479, 8480
capa de superficie 9730
capa de transición 10167
capa discordante 2738
capa drenante 2876, 2884, 3662
capa filtrante 3638
capa freática 4489
capa freática en el acuífero 535
capa guía 5421
capa impermeable 527
capa inexplotada 10379
capa intercalada 5191
capa interestratificada 5189
capa intermedia sin carbon 837
capa límite 8190
capa límite laminar 5475
capa lubricante 5840
capa permeable 6976
capa petrolífera 7003
capa preservativa de epoxi 3327
capa productiva 7544
capas acuíferas subterráneas superpuestas 4499
capas contiguas 157
capa semipermeable 545
capa sensible a la luz 5624
capas entrecruzadas 2253
capas friables pendientes 2925

capas interestratificadas 5188
capas pendientes inmediatas 4968
capas yacientes 3854
capataz 3997
capa virgen 10379
capialzado 606
capialzo 606
capilar 1405
capilaridad 1406
capitel 1414
cápsula explosiva 1074
captación de metano 3671
captaciones 8511
captador 2575
capuchón de protección de válvula 10485
característica 5726
característica constructiva 2029
característica de amplitud 365
característica de fase 7040
característica de la directividad de una fuente sonora 2710
característica del sistema hidráulico 1638
característica de potencia para caída constante y caudal regulado 7372
característica de sostén 9679
característica de una máquina hidráulica 1637
carbargilita 1424
carbón 1767
carbón adherente 9415
carbonatita 1426
carbonato amónico 356
carbonato de amonio 356
carbonato sódico 9062
carbón azabacheado 5342
carbón con ganga 1122
carbón de coque 1827
carbón en pendiente 8241
Carbonífero 1429
Carbonífero inferior 5809
carbonificación 1772
carbón intercalado 1122
carbonización 1431
carbonización natural 1772
carbono fijo 3733
carbonoso 1420
carbón piciforme 7155
carbón puro 4379
carbón superior 10089
cárcava 4548
cardán 1434
carga 897, 932, 5699, 5704, 5705, 5720
carga admisible 8330
carga a la luz del día 5723
carga alternada 342
carga a presión creciente 7960

carga axial 747
carga bruta 4465
carga central 1582
carga cinética 10527
carga concentrada 1948
carga concentrada en un punto 7269
carga crítica 2232, 2233
carga de altura 7363
carga de asentamiento 8665
carga de cebado 7504
carga de ensayo 9947
carga de rotura 1231, 3525
carga de superficie 9713
carga de vuelco 5712
carga dinámica 3074
cargadora de cinta 975
cargadora elevadora 3219
cargadora 5717
cargadora recogedora 777
cargadora retro 777
carga explosiva 1076, 3451
carga hidráulica 4812
carga inicial 7427
carga intercalada 10947
carga invertida 8070
carga límite 2233
carga lineal 5661
carga mínima de aspiración 6210
carga mínima sobre el rodete 6210
carga nominal 6497
carga normal 6525
carga oblicua 6571
carga permanente 9762
carga piezométrica 7104
carga por impacto 4974
carga por la punta 7269
carga por pilote 7120
carga precalculada 7436
carga puntual 7269
carga recibida 69
carga repartida 2796
carga resultante 8037
carga sobre estribos 1705
carga sostenida por estribos 1705
carga tangential 9852
carga total 10124
carga unitaria 5185
carga útil 5699
cargos fijos 3734
carpintería 1439, 5356
carpintería de marcos 4069
carpintero 1438
carrejo 2170
carrera 9569, 10656
carrete 7853
carrete de la película 3636
carreteras de acceso 74
carretilla 10246

carretón 1441
carro 1441
carro transportador 5709
carstificación 5402
carta de intención 5584
cartografía 1447
cartografía al infrarrojo 5089
cartografía de los ecosistemas 3125
cartografía de los glaciares 4338
cartografía de suelos 9107
cartografía radioactiva 7721
cartógrafo 1445
cartucho de materia adhesiva 366
cartucho de voladura 1075
cartucho explosivo 1075
casa 4763
casa de campo 2179
casa de máquinas exterior 6728
casa doble 10313
casa unifamiliar 8885
cascada 1450
cascada de hielo 4935
casco de minero 8340
casco de seguridad 8340
caseta de control de compuertas 4229
casiterita 1485
caso de convergencia 1457
caso de divergencia 1458
caso de oblicuidad 1459
caso normal 6521
caso normal general 4252
casquete de cinta sin fin articulada 1501
casquete de rozamiento 4125
casquete de válvula 10484
casquillo 1325
castillo 1489
cataclinal 1491
catagénesis 5411
catarata 1492
catarata de hielo 4935
catastro 1358
catedral 1503
categoría de los instrumentos de medición 1498
catena 1499
cauce de avenidas 3845
cauce encajonado 8141
cauce principal 9516
caudal 2724, 2725, 5080
caudal afluente 5078, 5079
caudal aforado 4235
caudal anual 10934
caudal crítico de arrastre 5636
caudal de agua afluente 5078
caudal de avenida 3836
caudal de drenaje 2893
caudal de estiaje 6205

caudal de la turbina 2731
caudal de la turbina hidráulica 2731
caudal de proyecto 2564
caudal derivado 5192
caudal diario 2359
caudal disponible 730
caudal efluente 6735
caudal específico 10941
caudal estabilizado 8677
caudal excedente 8006
caudal expresado en módulos 3878
caudal freático 4492
caudal garantizado 3682
caudalímetro 7776
caudal influído 5084
caudal instantáneo 5149, 5152
caudal máximo 6026
caudal máximo utilizable 6034
caudal medio 6041
caudal natural 6421
caudal nominal 6494, 6495
caudal observado 6579
caudal óptimo 6673
caudal real 133, 730
caudal regulado 7885
caudal reservado 1890
caudal sólido 8529
caudal sólido de fondo 955
caudal sólido en suspensión 9758
caudal sólido total 10129
caudal teórico 9958
caudal unitario 10390
caudal volumétrico 10631, 10636
cáustobiolito 1511
caverna 1518
caverna cavitacional 1529
caverna marina 8472
caverna según fractura 3557
cavernoso 1519
cavidad 1512, 1529, 1542
cavidad cárstica 5390
cavidad causada por extracción 1543
cavidad causada por la excavación de la galería 8169
cavidad de lixiviación 5548
cavidades de Weber 10783
cavitación 1527
cavitación acústica 10582
cavitación controlada 2099
cavitación de estela 1540
cavitación de vapor 10504
cavitación en la capa límite 1191
cavitación en líquido fluyente 3870
cavitación gaseosa 4213
cavitación hidrocinética 3870
cavitación incipiente 5009

cavitación local 5731
cavitación progresiva 10199
cavitación regulada 2099
cavitación vagante 10199
cavitación vaporosa 10504
cavitación vibratoria 10582
cavitación vortiginosa 10641
caza de aves acuáticas 10852
cazo 8927
cazo de la pala 8800
CBR 1378
cebado 7502
cebar 7501
cedazo 8831
cedencia plástica 7209
ceder 3864, 10939
celeridad de onda 10772
celeridad 7771
celestina 1548
célula de carga 5713
célula de fluencia 2211
célula de medición de asientos 8679
célula de presión 7444
célula de presión de las tierras 3098
célula de presión total 10127
célula piezométrica 7444
célula solar 9110
celulosa alcalina 305
cementación 1553, 1554
cementación a intervalos 6385
cementación de dos etapas 10315
cementación del fondo del pozo 1166
cementación del pozo 1166
cementación del sondeo 1166
cementación en una etapa 6620
cementación primaria 7493
cementado 1559
cemento 1551, 1552
cemento a granel 1296
cemento aluminoso 351
cemento básico 886
cemento blanco 10843
cemento con adiciones 1082
cemento de alto calor de fraguado 4669
cemento de alto contenido en alúmina 4657
cemento de alto horno 7337
cemento de alúmina 351
cemento de bajo calor de fraguado 5827
cemento de bajo calor de hidratación 5827
cemento de bajo contenido en álcalis 5804
cemento de barita 836
cemento de componentes de roca 6015
cemento de endurecimiento acelerado 7770
cemento de escoria 8936
cemento de escorias 1068
cemento de fraguado controlado 7886
cemento de fraguado lento 9011
cemento de fraguado normal 6529
cemento de fraguado rápido 7770
cemento de silicato 8852
cemento de tipo drusa 3033
cemento expansivo 3423, 4662
cemento fundido 4657
cemento gelatinoso 4245
cemento hidráulico 4788
cemento hidrófugo 10722
cemento Kühl 5441
cemento Lafarge 5458
cemento para taponamiento 7244
cemento Portland 7338
cemento Portland de alta resistencia inicial 4661
cemento Portland de alto horno 7337
cemento Portland de escorias 7337
cemento Portland puzolánico 7339
cemento puro 6446
cemento puzolánico 7397
cemento rápido 7770
cemento siderúrgico sulfatado 9654
cemento sobresulfatado 9654
cemento ultrafino 10328
cenit 10959
cenizas de horno 1163
cenizas volantes 3935
cenizas volantes con alto contenido en cal 4671
cenizas volantes con poca cal 5830
ceniza volcánica 10611
cenote 1573
Cenozoico 1359
centelleo 8432
centrado 743, 1604
centrado de la burbuja 1272
centrador de tubería de revestimiento 1465
centraje 743, 1604
central 7190, 7388
central a filo de agua 8323
central al aire libre 6728
central asfáltica 650
central con control local 5734
central con control remoto 7942
central con regulación anual 7393
central con regulación diaria o semanal 7387
central convencional 2112
central de base 876
central de bombeo 7636
central de hormigonado 1970
central de pequeño desnivel 5824
central de picos 6898
central de pié de presa 7389
central de puntas 6898
central de registro 1586
central de salto bajo 5824
central de semibase 8600
central eléctrica de agua fluyente 8323
central eléctrica nuclear 6540
central en cuerpo de presa 846
central en lumbrera 8700
central en pozo 8700
central en superficie 15
central enterrada 1318
centrales en cascada 7391
central exterior 15
central fluyente 8323
central hidroeléctrica 10721
central hidroeléctrica alimentada por tubería forzada 2382
central hidroeléctrica colocada en la presa 2381
central hidroeléctrica con embalse 9456
central hidroeléctrica con embalse de agua bombeada 7629
central hidroeléctrica convencional 2112
central hidroeléctrica de acumulación por bombeo 7629
central hidroeléctrica de gran potencia 4659
central hidroeléctrica de gran presión 4667
central hidroeléctrica de gran salto 4667
central hidroeléctrica de múltiples finalidades 6380
central hidroeléctrica de pequeña potencia 5806
central hidroeléctrica de pequeño desnivel 5824
central hidroeléctrica de potencia media 6092
central hidroeléctrica de salto bajo 5824
central hidroeléctrica de salto medio 6095
central hidroeléctrica de usos múltiples 6380
central hidroeléctrica en caverna alimentada mediante galería de presión 1522

central hidroeléctrica localizada
  en la base de la presa 2381
central hidroeléctrica que carece
  de embalse regulador 8323
central hidroeléctrica subterránea
  1520
central hidroeléctrica subterránea
  alimentada mediante
  conducción forzada 1521
central hidroeléctrica subterránea
  alimentada mediante galería
  de presión 1522
central hidroenergética de
  pequeña potencia 5806
central hidroenergética de presión
  media 6095
central mandada a distancia 7942
central mandada a distancia con
  guarda 7943
central nuclear 6540
central semi al aire libre 8602
central sin guarda 10337
central subterránea 1520
centrar 1590
centro 1577, 1592
centro cívico 1698
centro de elaboración de los datos
  1581
centro de empuje 1594
centro de explotación 3953
centro de gravedad 1576, 1595
centro de gravedad del
  asentamiento 2264
centro de influencia 3952
centro de la perspectiva 6988
centro del cuadro 7881
centro de recreo 7829
centro óptico del cuadro 6662
cera mineral 6793
cerca 3592
cercado 3592
cercanos 1757
cercar un terreno 3593
cercha 7727
cercha de dos elementos 10312
cercha del tejado 8254
cerita 1610
cerner 8457
cero del nonio 6508
cerrarse 5796
cerrojo glaciar 4342
certificado de ensayo 1611
cerusita 1612
cibernética 2347
ciclo de carga-descarga 5721
ciclo de erosión 3352
ciclo de erosión glacial 4333
ciclo de erosión interrumpido
  5240
ciclo de erosión litoral 5975

ciclo de erosión periglacial 6955
ciclo de funcionamiento 6948
ciclo de sedimentación 2348
ciclo de trabajo 6948
ciclo fluvial 3928
ciclo hidrológico 4871
ciclo kárstico 5393
ciclón 2349, 4853
ciclos de hielo y deshielo 4106
ciclotema 2351
ciclo volcánico 10613
cielo raso 1547
ciénaga 3591
ciencia del suelo 9102
cierre de ademas 7586
cierre de la válvula 1759
cierre del cauce 8142
cierre del pozo 8816
cierre glaciar 4342
cifra 6550
cigüeñal 2203
cilindro 2352
cilindro del freno 1214
cilindro graduado 4405
cilindro para corregir 8952
cimbra 4019, 8167
cimbra de dos elementos 10312
cimentación 4040
cimentación aislada 5297
cimentación con diaclasas 5361
cimentación de la presa 4034
cimentación en hormigón sin
  armar 7162
cimentación en hormigón sin
  refuerzo 7162
cimentaciones 4040
cimentaciones en caja 1202
cimentaciones en forma de caja
  1202
cimentación flotante 3804
cimentación por etapas 6385
cimentación por pilas 7097
cimentación por pozos 7097
cimentación por zapata corrida
  9560
cimentación rígida 8111
cimentación sin refuerzo 7162
cimentación sobre pilotes 7117
cimentación sobre pilotes
  flotantes 3810
cimentación sobre placa 7728
cimentación superficial 8714
cimentar 4026
cimiento individual 5297
cimiento 4040
cimientos 4040
cimientos de la torre de
  perforación 2549
cinabrio 1685
cinc 10974

cinemática de los fluidos 5430
cinemática 5429
cinemático 5427
cinética de los sistemas materiales
  5435
cinética del punto material 5434
cinta métrica 6076
cinta para medir 6076
cinta transportadora 974
cinturón morénico 6307
cinturón verde 4451
circo 1697
circuito abierto 6634
circuito cerrado 1746
circuito de accionamiento
  hidráulico 4837
circuito de lodo 6344
circuito de mando hidráulico
  4837
circulación del lodo de
  perforación 1696
circulación directa 9476
circulación en carga 7456
circulación en lámina libre 4098
circulación 3867
circulación forzada 3983
circulación hidrotermal 4900
circulación impedida 3028
circulación inversa 8066
circulación libre 4086
circular 3863
círculo de deformación 2462
círculo de deslizamiento 8985
círculo de Mohr 6266
círculo graduado 4404
círculo horizontal 4735
círculo limitante de roturas 1229
círculo paralelo 6848
círculo polar 7288
círculo polar antártico 466
círculo polar ártico 577
círculo vertical 10552
cizalla 8747
cizallamiento 8747
cizallar 8732
clapeta 3756
clapeta articulada arriba 3757
clapeta automática 719
clara 4193
claridad 1732
claro 1727
  no ~ 5049
claro de origen sedimentaria 9494
clase de carbón 1781
clase de precisión de un
  instrumento de medición 1714
clasicismo 1711
clasificación 9133
clasificación de las rocas 8183
clasificación de máquinas 1712

clasificación de suelos 9087
clasificación de suelos de Casagrande 1449
clasificación litoestratigráfica 5693
clástico 4061
clavar 6404
clave 555, 2258
clavetear 6404
clavija 1115, 5984
clavo 6403
clima continental 2058
clima seco 3035
climatizador 246
climatología 1739
climatología dinámica 3068
climax 1740
climax alterado 2732
clinógrafo 1743
clinómetro 1744
clisímetro 5023
clivage 1734
clivaje 780
clivaje distinto 2791
clivaje imperfecto 5050
clorargirita 1609
cloruro de calcio 1370
cloruro de cinc 10975
cloruro sódico 9063
coagulación 3818
coagulado 3821
coagular 3815
coaxialidad 1791
cobertura 2192
cobertura aérea 193
cobertura múltiple 6376
cobijadura 6784
cocina 5436
coda 1793
codal 8781, 9584
código de colores Munsell 6393
código de seguridad 8333
codo de aspiración 9645
codo de entrada 9645
coefficiente de uniformidad de Kramer 5439
coeficiente 1795
coeficiente de absorción 38
coeficiente de actividad 132
coeficiente de adherencia acero-concreto 9368
coeficiente de adherencia acero-hormigón 9368
coeficiente de amontonamiento 1797
coeficiente de amplificación 1809
coeficiente de arranque 9334
coeficiente de balasto 1812
coeficiente de carga parcial 6861
coeficiente de compactación 1798

coeficiente de compresibilidad 1799, 1925
coeficiente de consistencia 1800
coeficiente de consolidación 1801
coeficiente de corrección de bandeja 6825
coeficiente de corriente 2880, 2888
coeficiente de derivación 5194
coeficiente de dilatación térmica 9970
coeficiente de dilatación transversal 7286
coeficiente de elasticidad 7578
coeficiente de empuje activo de tierras 1796
coeficiente de empuje del suelo en reposo 1805
coeficiente de empuje de tierras en reposo 1805
coeficiente de escorrentía 8322
coeficiente de esponjamiento 1300
coeficiente de fluencia 1802
coeficiente de forma 8720
coeficiente de fricción 1807
coeficiente de fricción dinámica 3072
coeficiente de fricción estática 9345
coeficiente de hinchamiento 1806
coeficiente de intensidad de tensión 9536
coeficiente de intensidad de tensión crítica 4059
coeficiente de permeabilidad 6972
coeficiente de Poisson 7286
coeficiente de reacción dinámica al corte 1804
coeficiente de reacción dinámica del suelo 1803
coeficiente de reacción estática del suelo 1810
coeficiente de reacción horizontal del suelo 1808
coeficiente de rigidez 6263, 9421
coeficiente de rozamiento 1807
coeficiente de rozamiento dinámico 3072
coeficiente de rozamiento estático 9345
coeficiente de saturación en hidrocarburos 4849
coeficiente de saturación en petróleo 8000
coeficiente de seguridad 8335
coeficiente de seguridad al cizallamiento 8336
coeficiente de seguridad al

cortante 8336
coeficiente de seguridad al deslizamiento 8337
coeficiente de similitud 8402
coeficiente de superficie edificada 8915
coeficiente de transmisividad del acuífero 543
coeficiente de uniformidad 313
coeficiente de utilización de las aportaciones 10462
cogedor de testigos 2150
coherencia de capas 5919
cohesión 1819
sin ~ 6503
cohesión aparente 500
cohesión efectiva 3135
coincidencia 1825
coincidencia estereoscópica 9405
cojinete axial de bolas 10022
cojinete axial de rodillos 10024
cojinete de agujas 6448
cojinete de barriletes esféricos 848
cojinete de bolas 807
cojinete de camisa 7161
cojinete de pie 1164
cojinete de rodamiento 8225
cojinete de rodillos cilíndricos 2357
cojinete de rodillos cónicos 9858
cojinete de rodillos esféricos 848
cojinete de rodillos radial 7713
cojinete flotante 3800
cojinete radial de bolas 7704
cojinete radial de rótula 7704
cojinete tipo Michell con corona de patines orientables 6148
cola 150
colada de lava 5530
colada de lava subterránea 5207
colada de solifluxión 4598
cola de resina sintética 9800
colapso brusco de las burbujas cavitacionales 9649
colapso de las burbujas cavitacionales 9649
colapso subitáneo de las burbujas cavitacionales 9649
colchón 6018
colchón amortiguador 7250
colchón de protección 6019
colección de planos conforme a obra 8650
colección de planos de obra ejecutada 8650
colector de aceite 6603
colector de agua 6274
colector de humos 4168
colimación 1846

colimador 1849
colmatación 7241, 8485
colmatación por vegetación 3628
colmatar 8869
colocación 8661
colocación de césped 10299
colocación de coincidencia 3652
colocación de desmontes 2718
colocación de la distancia focal 8666
colocación del concreto 1959
colocación del revestimiento 7160
colocación de marcas de medición 5987
colocación de marcos 4066
colocación de puntos de referencia 5987
colocación de señales 2497
colocación de soportes 9676
colocación de soportes en línea 5120
colocación de soportes permanentes 6969
colocación de tepes 10299
colocación estrecha de soportes 2224
colocar 8642, 9462, 8646
colocar ademas 9586
colocar concreto 7368
colocar estrechamente 5483
colocar las ataguías 5147
colocar los marcos estrechamente 8658
colocar los tablones y estacas del revestimiento con cuñas 3998
colocar marcas de referencia 8655
colocar marcos en pozos 8699
colocar marcos en un lado de un pozo 8648
colocarse encima 963
colocar soportes 8657
colocar soportes provisorios 9699
colocar tablones de techo 5459
colocar tepes 9058
colocar un entibo 8647
coloidal 1851
coloide 1850
coloide del suelo 9088
colores complementarios 1895
columna 1858
columna abandonada 7
columna de agua 1862
columna de carbón 8089
columna de cementación 4522
columna de pesca 3703
columna de pozo 1179
columna de producción 10261
columna de roca 8197
columna de soporte 930

columna de sostén 924
columna de varillas de perforación 2988
columna eruptiva 3373
columna magmática 5872
columna perforadora 2988
columnar 1859
columna reguladora 9326
columnata volcánica 5526
coluvión 1853
collado 8327
collar 1325
collar con válvula de cierre 3797
collar cuadrado de tubería vástago 9262
collar de anclaje 388
collar de cimentación 794
collar de cimentación simplex 8875
collar de tope 9437
collar de tubería vástago 8896
collar de tubería vástago articulado 618
collar de tubería vastago con ranuras helicoidales 9207
collar empotrado 388
collarín de pescatubos 8266
collarín pantalla 8538
combinación de cargas 5714
combustión en el yacimiento 3675
combustión espontánea 9219
combustión in situ 3675
combustión subterránea 3675
comedor 8907
comedor de obra 8907
cometidos del ingeniero consultor 9933
comienzo de la cavitación 5006
comienzo del fraguado 5103
comitente 6790
compacidad 1879
compacidad de relleno 2478
compactación 1875, 1876
compactación del acuífero 531
compactación del terreno 9089
compactación normal 9310
compactación por chorro de agua 5349
compactación por vibroflotación 10587
compactación química 1647
compactación vadosa 10469
compactador 1880
compactador de placa vibrante 10571
compactador vibratorio 10571
compacto 3679
comparador 1882, 2625
compartimiento de inyección

4507
compás 6805
compensación 1887
compensación de errores 167
compensación de los errores 167
compensación de tensión 9530
compensación isostática 5308
compensador de tensiones 9531
compensar 1883
complejidad de la construcción 1904
completar 1896
completar un pozo 1897
complexidad de la construcción 1904
componentes de la máquina 5863
componentes de movimiento 1908
componentes de tensiones 9532
comportamiento 964
comportamiento de la roca 8182
comportamiento de la sierra 8182
comportamiento de las presas 965
comportamiento del yacimiento 7985
comportamiento en lapso largo 5786
composición de fuerzas 1912
composición del hormigón 1960
composición granulométrica 4424
composición isotópica 5314
composición pancrática de lentes 6822
compresibilidad 1922, 1923
compresión 1930, 5378, 10439
compresión previa 7413
compresión simple 10341
compresor de aire 244
compresor de gas 4206
compresor de refrigeración 7870
compresor refrigerador 7870
compresor refrigerante 7870
comprimibilidad 1922
comprimir 1919
comprobación 1640, 9942
comprobar 1641, 10257
compuerta 4227
compuerta abatible 3021, 3022, 10048
compuerta abatible automática 719
compuerta anular 8118
compuerta articulada 4692
compuerta balanceada 797
compuerta cilíndrica 2355
compuerta de aguas arriba 4600
compuerta de aliviadero 2214, 9198
compuerta de "alzas de tejado" 8245

compuerta de charnela 3758
compuerta de clapetas abatibles 8245
compuerta de conducción forzada 10479
compuerta de desagüe 6740
compuerta de desagüe de fondo 1183
compuerta de desarenado 8380
compuerta de desatarquinamiento 8868
compuerta de desazolve 8868
compuerta de emergencia 3245
compuerta de fondo 1170
compuerta de la esclusa 5745
compuerta de limpia 10677
compuerta de orugas 1502
compuerta de presa móvil 845
compuerta de regulación 7888
compuerta de regulación automática 716
compuerta de reserva 4534
compuerta de rodillos 8221
compuerta de ruedas 3741
compuerta de sector 3031
compuerta de segmento 7710
compuerta deslizante 9017, 10557
compuerta de superficie 2215
compuerta de tablero vertical 10557
compuerta de tambor 8221
compuerta de toma 5178
compuerta de trampa de oso 8245
compuerta de vaciado 6740
compuerta equilibrada 797
compuerta levadiza 5613
compuerta principal 5904
compuerta radial 7710
compuertas de busco 6231
compuertas de inglete 6231
compuerta Stoney 8222
compuerta tipo tainter 7710
compuerta vagón 3741
compuerta vertical doble 2844
concentricidad 1950
concéntrico 1949
conceptos fundamentales de la mecánica 887
concesión 9359
concreción 1974, 9181
concreto armado 7897
concreto compactado con rodillo 8219
concreto de alta resistencia inicial 4660
concreto de polímeros 7311
concreto fino rociado 8792
concreto mezclado en ruta 10172
concreto prevaciado 7399

concreto vaciado in situ 5137
concreto vibrado 10569
concurso 5270
concurso de proyecto 2558
condensador 1402, 1977
condición de radiación 7717
condiciones atmosféricas 247, 673
condiciones críticas 3244
condiciones de borde 1189
condiciones de frontera 1189
condiciones de funcionamiento normales 9315
condiciones de funcionamiento normalizadas 9315
condiciones de la reparación 7956
condiciones del pozo 1138
condiciones del sondeo 1138
condiciones de recepción 1794
condiciones de servicio 8632
condiciones geológicas 4277
conducción de agua 10759
conducción forzada 1747, 6927
conducción libre 6635
conducción reforzada 818
conducción zunchada 818
conductancia 3190
conductibilidad 1979
conductibilidad hidrodinámica 4856
conductibilidad térmica 9968
conductividad hidráulica 4790
conducto 4551
conducto a presión 1747
conducto cárstico 5400
conducto con sección llena mojada parcialmente 1981
conducto con sección llena mojada totalmente 1980
conducto con sección llena parcialmente 1981
conducto con sección llena totalmente 1980
conducto de agua fría 1831
conducto de aire 257, 268, 273
conducto de aspiración 9647
conducto de desagüe 2923
conducto de humo 1658
conducto de limpieza 8446
conducto del vertedero 9197
conducto de ventilación 268
conducto forzado 6927
conducto hidrométricamente áspero 4881
conducto hidrométricamente liso 4882
conducto hidrométricamente rugoso 4881
conducto libre 6635

conducto principal de gas 4220
conductor a tierra 3088
conducto vertical de humo 1658
conducto zunchado 818
conector de cable 1347
conector macho de manguera 5933
conexión a bayoneta 913
conexión de bridas 3751
conexión de la tubería vástago 3001
configuración del terreno 4474
configuración isocromática 5290
confluencia 5379
conforme 1996
congelación 4107
congelación del suelo 4032, 4109
congelación de suelos 4111
congelar 4105
congesta 9045
conglomerado 1998
conglomerado basal 861
conglomerante 1563
conicidad 1162, 9857
conjunto de roca 8191
conmutable 5196
conmutador 1873
conmutador de avance 1872
conmutador selector 8579
cono adventicio 182
cono aluvial 324
cono cárstico 1986
cono de Abrahams 9023
cono de alud 733
cono de avalancha 733
cono de conexión 9271
cono de depresión 1987
cono de derrubios 9844
cono de deyección 324
cono de lapilli 5496
cono de revenimiento 9023
cono lateral 182
cono parasítico 182
cono volcán 9513
consenso del director 2005
conservación 5915, 7434
conservación de galería 8172
conservación del medio ambiente 2009
conservación ordinaria 8302
conservación preventiva 8303
conservar 2010, 5913
consistencia 2012
consolidación 2016
consolidación inicial 5096
consolidación por electrósmosis 2017
consolidación restablecida 7854
consolidación unidimensional 6619

consolidado
    no ~ 10415
consolidar
    sin ~ 10416
consolidómetro 2019
consorcio 5374
constancia de punto cero 10970
constante capilar 1409
constante de deformabilidad 1907
constante de multiplicación 6386
constante de tiempo 10060
constantes de elasticidad 3168
construcción 9582
    en ~ 10349
construcción antisísmica 3104
construcción baja 5807
construcción con estructura de hormigón 1965
construcción de ataguías 1814
construcción de calles 10456
construcción de maquinaria 5857
construcción de máquinas 5857
construcción de tirantes para deslizamientos 8961
construcción de viviendas 4764
construcción en ladrillos 1249
construcción en seco 2035
construcciones mineras 10361
construcción protectora de derrumbes 3922
construcción según el método del eje central 1593
construir 1287
construir un dique para desmontes 1442
consumo de potencia 7373
consumo propio 7191
contacto 5201
contacto gas-petróleo 4221
contacto petróleo-agua inclinado 5021
contactor triángulo 2496
contacto tectónico 9876
contador de ademas 7581
contador de agua 10714
contador de agua de hélice 4638
contador de agua de molinete 4638
contador de agua de paletas 10500
contador de agua rotodinámico 5068
contador de escintilación 8433
contador de tambor 8079
contador Geiger 4242
contaminación 2055, 7302
contaminación del acuífero 532
contaminación por mercurio 6105
contaminación térmica 9976
contenedor 2053

contener 8013
contenido de aire 248, 249
contenido de cal 5633
contenido de humedad 6271, 10692
contenido en agua 6270
contenido en oxígeno 2775
contiguo 155
continental 2056
contracción 3038, 8802, 8803
contracción longitudinal 5779
contracción térmica 9977
contracción transversal 10194
contrachapado 7255
contraembalse de restitución 218
contrafuerte 41, 1331, 2183
contrapeso 2184
contrapeso móvil 8931
contrapilastra 2183
contratista 1290, 2087
contrato 2084
contrato a precio alzado 5847
contrato a precios unitarios 6051
contrato a tanto alzado 5847
contrato con multa y prima 1124
contrato de ajuste alzado 5847
contrato de construcción 2032
contrato del proyecto 2559
contrato licitado 1893
contrato llave en mano 10302
contrato negociado 6454
contrato por administración 2178
contratuerca 1644
contraventeo 1207
contravientos 10858
control automático del avance 708
control consecutivo de grupos 821
control de avance en galerías 10198
control de calidad 7668
control de contenido de humedad 6272
control de crecidas 3828
control de cumbrera 8242
control de deformaciones 9481
control de dirección de arreglos en serie 8619
control de esfuerzos 9533
control de funcionamiento 6653
control de funcionamiento de una pantalla impermeable 6293
control de funcionamiento de un sistema de drenaje 6293
control de la sedimentación en el embalse 2105
control de la sedimentación en el reservorio 2105
control de la sierra 9491

control del avance 2960
control del flujo 3871
control del medio ambiente 3309
control del río 8143
control de llenado 3629
control dependiente de presión 7450
control de piezómetros 7107
control de rotura 4057
control de tensiones 9533
control de terreno 9491
control hidráulico del avance 4800
control programado en función de la presión 7450
control remoto 7941
control teledirigido de grupos 7939
conveniencia económica de la construcción 3123
convenio de operación unificada 6651
convento 2109
convergencia 2114, 2116
convergencia en la zona de avance 2115
convergencia inicial 5097
convergencia parcial 5027
convertidor de medición 6077
convertidor de par hidráulico 4843
convertidor hidráulico 4791
convexo 2750
coordenada en la imagen 4957
coordenada polar 7289
coordenadas 2137
coordenadas absolutas 4364
coordenadas cartesianas 1444
coordenadas de la placa 7216
coordenadas en el espacio 9146
coordenadas esféricas 9184
coordenadas geográficas 4273
coordenadas locales 5732
coordenadas modales 6248
coordenadas planas 7170
coordenadas polares 7290
coordenadas rectangulares 7831
coordinómetro 2135
copia 2140, 7966
copiar 7523
coque 1826
coque natural 6420
coquera 4725
corazón 2145
cordierita 2142
cordón 9487
cordón de soldadura 10806
corindón 2172
corneana 4753
corona 1061, 1151, 2257, 3750

coronación de la presa 2372
coronación del vertedero 2217
coronación de un talud 10093
corona cortante para formaciones blandas 9076
corona de cuña 10792
corona de diamantes 2627
corona de diamantes para sacamuestras de cable 10878
corona de diamantes para sacatestigos de cable 10878
corona de la presa 2372
corona de retén 9437
corona de tungsteno 10275
corona de unión 10792
coronamiento de la presa 2372
corral 3592
correa transmisora 3017
correa trapezoidal 10521
corrección 2166, 2167, 4998
corrección de la zona de alteración 10780
corrección del cauce 8156
corrección dinámica 6526
corrección estática 9343
corrección por dispersión térmica 2129
corrector 1884
corredera 8318
corredera con desplazamiento lineal 8965
corredera en el techo 2262
corredera rotativa 8283
corredizo 8957
corredor 2170
corregir 159, 2165, 8656
correlación de las capas 2169
corriente 3867, 9515
corriente alterna 341
corriente comprimible 1928
corriente conmutada 1871
corriente continua 2701
corriente costera 329
corriente de barro volcánico 5464
corriente de densidad 2513
corriente de densidad de fondo 10356
corriente de hielo 4942
corriente de Humbolt 6992
corriente del Perú 6992
corriente de retorno 8058
corriente de turbidez 10288
corriente de turbidez constante 9365
corriente de turbiedad 10288
corriente estratificada 9504
corriente intermitente 5221
corriente marina 6586
corriente permanente 6943
corriente subglaciar 9604

corriente subterránea 10358
corriente superficial 9711
corriente telúrica 9895
corriente turbulenta 10298
corriente variable 10510
corrimiento 6784, 8973, 10020
corrimiento de tierras 5490
corrimiento provocado por licuefacción 3092
corrojo 1115
corrosivo 1510
corrriente laminar 5476
cortador 2340
cortador de tubería de producción 10263
cortador de tubería vástago 1467
cortadores 10085
cortadura de explotación demorada 9323
cortadura submarina por llama de gas 10373
cortante de la barrena 5676
cortar 2335, 5241
cortatubo externo 3479
cortatubo interior 5135
cortatubos 1467, 10263
corte 2330, 5245, 8515, 8516, 10021
corte de corriente 7374
corte de electricidad 7374
corte de explotación demorada 9354
corte del río 8142
corte en el medio 1226
corte en remonta 7744
corte geológico 4280
corte longitudinal 5778
corte longitudinal de la perforación 7545
corte paralelo al manto 823
corte sísmico 8561
corte transversal 1242, 2248, 2251
corte transversal de estratos 9499
cortina 8454
coseno de dirección 2173
coseno hiperbólico 4910
costa compuesta 1789
costa de abrasión marina 1788
costa de erosión marina 1788
costa de escarpe de falla 3565
costa de flexura 6295
costa de línea de falla 3565
costa de tipo dálmata 2363
costa de tipo pacífico 6795
costa longitudinal 6795
coste de equilibrio 1225
coste de terrenos e indemnizaciones 5481
coste estimado 2177

coste límite 1225
costero 8934
costes de combustible 4153
costes de explotación 8319
costes de mantenimiento 5916
costes fijos 3734
costes proporcionales 5031
coste total 6749
coste total actualizado 10126
costo de ejecución 3414
costo de mantenimiento 5916
costo estimativo 2177
costra continental 2059
cota de la coronación 3222
cota del orificio de un pozo 7152
cotangente hiperbólica 4911
covelina 2191
covelita 2191
coyotera 6188
cráter 2204
cráter de bocas múltiples 1984
cráter maclado 10305
cráter subterminal 9640
crecida 3823
crecida anual 451
crecida brusca 3762
crecida centenaria 10931
crecida decenal 10930
crecida de construcción 2034
crecida de los diez mil años 10933
crecida de proyecto 2563
crecida estacional 8493
crecida máxima mensual 6300
crecida máxima probable 7529
crecida milenaria 10932
crecida prevista durante la construcción 661
crepitar 2200, 2206
cresta del vertedor 8858
Cretáceo 2219
Cretáceo inferior 5810
Cretáceo superior 10429
criba 8456
criba de sacudidas 8705
criba rotatoria 3032
criba vibrante 10573
cric para colocar 8664
criolita 2279
criología 2280
crionivelamiento 2282
criopedología 2281
crioplanización 2282
crioturbación 2283
cripta 2284
criptógeno 2285
criptovulcanismo 2286
crisoberilio 1678
crisócola 1679
cristal 2287

cristal de roca 7685
cristal hemimorfo 4642
cristalino 2291
cristalización 2296
cristaloblástesis 2297
cristalografía 2298
cristalografía óptica 6663
criterio de cavitación 1536
criterio de flujo 2227
criterio de fricción 4127
criterio de régimen de flujo 2227
criterios de proyecto 2560
criterios de seguridad 8334
criterio sobre roturas 2226
crocoita 2238
cromatografía en fase gaseosa 4205
cromato sódico 9064
cromitea 1673
crono 1674
cronoestratigrafía 1676
cronómetro 1675
cronozona 1677
croquis 2556, 8920
croquis fotográfico 210, 7070
cruce 1242, 2245
cruce de galerías 8168
crucero 1734, 2245
crudo emulsionado 10828
crudo húmedo 10828
crudo sulfuroso 9143
cruzamiento 2245
cruz filar 8049
cuadrado 9259, 9260, 9261
cuadrante 2624
cuadrícula 9263
cuadrícula del plano 5953
cuadrícula de referencia 4456
cuadriculado
 en ~ 5130
cuadrivio 2245
cuadro 7880
cuadro de fracturación 4057
cuadro de fusibles 4175
cuadro de instrumentos 5165
cuadro de precios 8423
cuadro de rotura 4057
cuadro fotoelástico 4135
cuadro individual 5052
cuadro receptor 9931
cuadro sueco 9765
cuadro trapezoidal de adema 4322
cualidad de la construcción 7670
cuarcita 7686, 7687
cuartel de bomberos 3677
cuarto de baño 901
cuarto de dormir 960
cuarto de estar 5702
cuarzarenita 7681
cuarzo 3791, 7679

cubeta 2721, 9793, 10248
cubeta de asentamiento 9630
cubeta de residuos 10197
cubierta empizarrada 8942
cubo para ensayo de hormigón 1972
cubrejunta 3711
cubrejunta con zuncho de orejas 1704
cuchara 4388
cuchara de la pala 8800
cuchara partida 9213
cucharón 8800
cuchilla 4698
cuenca 891
cuenca artesiana 613
cuenca de captación 1493
cuenca de hundimiento tectónico 3554
cuenca de rótulo 814
cuenca de un sistema de canales de marea 10026
cuenca fluvial 8139
cuenca gasífera 4201
cuenca mareal 10026
cuenca petrolífera 7002
cuenca vertiente 1493
cuenco 1274
cuenco amortiguador 9423
cuenco amortiguador con dados disipadores de energía 4973
cuenco con umbral aguas abajo 1275
cuenco de cubeta dentada 9006
cuenco de cubeta lisa 9116
cuenco de descarga 9825
cuenco de esclusa 5743
cuenco de resalto hidráulico 4816
cuenco de resalto hidráulico con dados disipadores de energía 4817
cuenco de solera dentada 9006
cuenco de solera lisa 9116
cuerda 1668
cuerda de cáñamo de manila 5940
cuerda vibrante 10574
 de ~ 10575
cuerpo concordante 1955
cuerpo de presa 1108
cuerpo elástico 3164
cuerpos extraterrestres 3492
cuerpos flotantes 3802
cuesta 2303
cuestiones piscícolas 3692
cueva 1512
cultivadora 2304
cumbrera 1863, 2569
cuna 2201
cuneta 4551
cuña 9117

cuña de arrastre 2871
cuña giratoria 8287
cuña para colocar 8674
cuñas 8276
cúpola 2309, 2310
cúpola de agua 10694
curado al vapor 9366
curado del hormigón 1962
curado por la pasta de sellado 2315
curie 2313
curso de agua 10693
curso de agua consecuente 2007
curso del río 8144
curso principal 5903
cursor en el techo 2262
curva 980, 2321
curva altura-caudal 9297
curva asientos-tiempo 8684
curva característica 1632
curva característica de soportes 5726
curva carga-asientos 5724
curva carga-recorrido 5726
curva carga-rendimiento 5726
curva de alturas-superficies 2529
curva de alturas-volúmenes 2540
curva de asentamiento 9628
curva de calibrado 1376
curva de caudal 4599
curva de caudales acumulados 5998
curva de caudales clasificados 3877
curva de cavitación 1530
curva de compactación Próctor 7532
curva de consolidación 10059
curva de convergencia en función del tiempo 2119
curva de descarga 7809
curva de desplazamiento 2765
curva de dilatación por tensiones 9543
curva de distorsión 2324
curva de embalamiento 2325
curva de enfriamiento 2130
curva de errores 3355
curva de errores de un instrumento de medición 3356
curva de evolución de hundimiento 2593
curva de fatiga 10881
curva de fluidez 3873
curva de flujo de caja 1460
curva de gasto 9297
curva de la producción 7542
curva del momento de rotación 10106
curva de los asentamientos 2592

curva del par motor 10106
curva de nivel 2080
curva densidad/humedad 2515
curva de pagos 6888
curva de potencia 7375
curva de refrigeración 2130
curva de remanso 789, 2906
curva de rendimiento 3151, 3152
curva de resonancia 8030
curva de saturación 8396, 10964
curva de superficies-volúmenes 586
curva de tarado 3891
curva de tiempo-convergencia 2119
curva de utilización de las aportaciones 5193
curva de verificación de un instrumento de medición 1377
curva de Wöhler 10881
curva estandard 9311
curva geodésica nula 6549
curva granulométrica 4400
curva humedad-densidad 7532
curva índice de poros-presión 7482
curva intrínsica de Mohr 6267
curva isocromática 5289
curva profundidad-tiempo 2538
curvas de rendimiento 8762
curvatura 982, 2319
curvatura terrestre 2320

chapa de roca selecta 599
chapa lateral de acero de resorte 9244
chapeado 10534
chasis de escamoteo de película 3633
chasis de escamoteo de placas 7215
chaveta 10080
chaveta de cuña 8975
chaveta de cuña para muescas 9005
cherry-picker 1654
chimenea 1656, 7743
chimenea de equilibrio 9737
chimenea de equilibrio con cámara de expansión superior 9736
chimenea de fábrica 9293
chinarro 9045
chloritización 1661
chorro 5339
chupón 1659

dado 1090
daño 2366
daño aparentemente causado por minería 504
daño causado por minería 6211
daño consecuente 2006
daño indirecto 5046
daños en el campo 2367
darcy 2391
datación 2401
datación por el método carbono-14 1427
datación por el método uranio-234 10451
datación por el método uranio-238 10452
datación por los métodos uranio-plomo 10454
datos de campo 3609
datos de la orientación exterior 2399
datos de la orientación interior 2398
datos hidrológicos 4872
datos pluviométricos 7735
debitómetro 7776
debitómetro de válvula 10489
decalcificación 2416
decantación 2417
decapado 1726
declinación magnética 5883
declive 4397, 8994
decoración 2425
defasaje 7039
defectivo 5026
defecto 1286, 2366
defectos de funcionamiento 5277
defectuoso 5026
defensa ambiental 7435
déficit de escorrentía 3874
deflector 792, 795, 3792
deflector del chorro 5343
deflector para cebado 2452
defloculación 2455
defloculante 2454
deforestación 2456
deformabilidad 1404, 2459
deformable 10943
deformación 2460
deformación angular 8747
deformación de fluencia 10950
deformación de la imagen 2467
deformación elástica 3165, 3176
deformación elástico-plástica 3173
deformación en rotura 9479
deformaciones principales 7509
deformación longitudinal 5771
deformación permanente 6968
deformación plana 7179
deformación por flexión 3784
deformación relativa 9478
deformación reversible 8074

deformación tangencial 8747
deformación transversal 10187
deformación unitaria 2461, 9478, 10397
deformación unitaria a la rotura 9479
deformación volumétrica 10638
deformado 5005
deformámetro 2469, 3471
deformarse 2457, 10939
degradación 3351
delantal 520, 1062
delantal aguas arriba 10443
delante 6618
delineante 2899
delta 2494
delta arqueado 578
delta de lava 5527
delta de marea 10029
delta de marea externa 10029
delta de marea interna 10029
delta de oleaje 10763
delta de tormenta 10763
delta en pata de pájaro 5730
demolición 2498
demolición de la presa 2383
dendrita 2499
dendrocronología 2500
dendrohidrología 2501
densidad 2507, 2508, 2509, 2511
densidad absoluta 22
densidad aparente 501
densidad de ademas 7582
densidad de entibación 9680
densidad de grietas 1756
densidad de la nieve 9041
densidad de las partículas sólidas 2506
densidad del explosivo 2510
densidad del suelo saturado 2518
densidad del suelo seco 2517
densidad de relleno 2478, 9465
densidad de soportes 9680
densidad de un gas 2516
densidad en estado saturado 10965
densidad relativa 7913
densidad saturada 10965
densidad volumétrica de Próctor 7535
densímetro 200, 2504
densímetro de isótopos 6547
densímetro de membrana 6103
densitómetro 2505
denudación 2521, 3351
departamento de perforación 2986
deposición 2524
depósito 1107, 2524, 7972, 9458
depósito alóctono 316

depósito autóctono 700
depósito calcáreo 1364
depósito carbonáceo 1421
depósito carbonatado 1425
depósito clástico 1715
depósito de aceite 6610
depósito de agua 10729
depósito de aluviones 8525
depósito de arenas 81
depósito de erosión hidráulica 10669
depósito de estuario 3381
depósito de marea 10030
depósito de presión 2492
depósito de retención de sedimentos 8533
depósito de segregación 8548
depósito diseminado 8419
depósito eólico 10857
depósito estratificado 945, 9507
depósito fluvioglaciar 3931
depósito fluviomarino 3934
depósito glaciar 2936
depósito glaciolacustre 4349
depósito hidrotermal 4901
depósito impregnado 4996
depósito múltiple con vertedero 1915
depósito parafínico 6837
depósito periférico 5966
depósito primario 7495
depósito regresivo 7884
depósitos abisales 50
depósitos batiales 903
depósitos de alta mar 2438
depósitos de ladera 9003
depósito secundario 8501
depósitos glaciales 4334
depósitos pelágicos 2438
depósito superior 10436
depósito tabular 9818
depósito transgresivo 10162
depósito volcánico clástico 7659
depresión de la capa 4494
depresión del horizonte 2699
depresión del nivel freático de caudal constante 8054
depresión dinámica 3070
depresión kárstica 5394
depresión local de la superficie 5733
depurador de agua 10723
depurador de aire 243, 262
derecha
  a ~ 8082
derecho de explotación de un yacimiento 6216
derecho minero 6216
derechos 8311
derivación en una sola fase 8891

derivación en varias fases 6391
deriva continental 2060
derivada 2542
deriva de los continentes 2060
deriva de playa 915
deriva litoral 5697
derivar agua 40
derrames 9189
derrick 2546
derrubios 8451, 9843
derrubios de ladera 1853
derrumbamiento 1312, 1517, 3534, 4250
derrumbarse 1221, 1516
derrumbe 3528
derrumbe de tajo 4624
desagregado 4063
desaguar 2902
desagüe 6737
desagüe abocinado 6739
desagüe automático 709
desagüe de aguas negras 8688
desagüe de fondo 1178
desagüe de limpia 8445
desagüe de nivel del agua 10727
desagüe de vertidos 8688
desagües de restitución de caudales reservados 1891
desagües industriales 5064
desagües para control de avenidas 3831
desagües para riego 5283
desagües urbanos 10457
desalación 2550
desalineación 6227
desalineación del servosistema 6228
desarenador 2551, 2566, 8379
desarenador de grava 4435
desarmador 8464
desarreglado 6724
desarreglar-se 9436
desarrollar 2586
desarrollo 2588, 2591
desbroce 3459
descansillo intermedio 4566
descanso 4566
descarga 2726, 10409
descarga automática 709
descarga de basura 8387
descargador 6695, 10292
descarga por el fondo 1168
descargar 10407
descascarar 838
descascararse 3746
descascarillarse 3417
descebado 2527
descenso de la tubería de revestimiento 5812
descenso del nivel del agua 3533

descenso del nivel hidrostático subterráneo 2904
descenso del terreno 9629
descomposición 10779
descomposición de fuerzas 8028
descompuesto 6463
desconchado 9154
desconchar 9152
desconcharse 3417
desconectar 784
descongelación 2470
descripción de los trabajos 2552
descubierto 3457
descubrimiento 3459
descubrimiento de petróleo 7011
desdoblamiento 8986
desembalsar 2902
desembalse 10879
desembalse rápido 9650
desembocadura 8152
desembolsos 1462
desembrague 2747
desencofrar 9561
desenfocado 1101
desenraizadora 8259
deservicio 6724
desfigurar 2458
desfiladero 5736
desfiladero de captura 14
desgasificación 2471
desgaste 689, 10775
deshacerse 8937
deshielo 2472, 9955
desierto rocoso 8207
desigual 10378
desintegración mineral 6191
deslavado 10675
desleimiento 8939
desleirse 8937
deslizamiento 8958, 8973
deslizamiento de laderas 8995
deslizamiento de tierras 5490
deslizamiento de un desmonte 8996
deslizamiento de un talud 8996
deslizamiento regresivo 8056
deslizarse 8984
desmenuzar 9153
desmontaje 2720
desmontaje de la torre de perforación 2547
desmontar las varillas de perforación 5540
desmontar una torre de perforación 8099
desmonte 2456, 6753, 7874
desmontes aportados 4989
desmontes de material suelto 1515
desmontes de relleno 687

desmoronamiento 1311, 3534, 7752
desmoronamiento de un desmonte 9007
desmoronamiento de un talud 9007
desmoronamiento en agua 8939
desmoronarse 1238, 3974, 9153
desnivel 2654
desnivel del río 8154
desnivel fluvial 8154
despalme 9568
desperfecto en rocas estratificadas 9494
desplazado 9300
desplazamiento 2764
desplazamiento angular 436
desplazamiento de fase 7039
desplazamiento del petróleo por el agua 10718
desplazamiento de puntos marcados 2768
desplazamiento de terreno 9493
desplazamiento de un punto de la imagen 7706
desplazamiento de un punto de la imagen 2666
desplazamiento horizontal 4737
desplazamiento nodal 6489
desplazamiento paralelo a los bancos 5513
desplazamiento radial 7705
desplazamientos de la torre de perforación 6336
desplazamiento tangencial 9851
desplazar 2763, 7649
desplazar la instalación de transporte 178
desplazarse 2208, 3865, 6331, 8767
desplazar uno del otro 6335
desprendimiento 1541, 3534, 6904
desprendimiento de roca pendiente 3535
desprendimiento de rocas 8184
desprendimiento de tierras 3089
desprendimientos de ladera 9845
destacar 5989
desterronadora 2304, 8259
destornillador 8464
destornillamiento 783
destornillar 784
destornillar las varillas de perforación 1240
destruir parte de la tubería de revestimiento 6184
desviación 2601, 2602, 2603, 8351, 8660
desviación angular 434

desviación de la barrena 1047
desviación de la vertical 2605
desviación del pozo 2606
desviación estándar 9312
desviación típica 9312
desviador 2608
desviador de tensiones 2609
desviar 2444
desviar un pozo 2445
desvío de pozo 1339
desvío provisional 2807, 2810
detección de gases en núcleos 2573
detección de incidentes 5008
detección de las irregularidades en el servicio 2574
detector 2575
detector acústico de intrusión 106
detector automático de gas 711
detector de aceleración 64
detector de enarenado 4433
detector de fisuras 2199
detector de fugas 5555
detector de gas 4209
detector de incendios 3672
detector de infrarrojo 5086
detector de pérdida de circulación 5800
detector de pérdida de lodo 5800
detector de presión 4889
detector de rayos gamma 4186
detector de vibraciones 10579
detector-registrador automático de gas 715
detención de una máquina 9441
deterioro 2366, 10775
deterioro de la presa 2578
determinación acústica de presión 7451
determinación astronómica del lugar 665
determinación de coordenadas por láser 1946
determinación de la altura 2579, 4630
determinación de la posición 7344
determinación de la situación de un punto 7342
determinación del lugar 7342
determinación fotogramétrica del lugar 7057
determinación topográfica del lugar 10097
determinada en una ~ escala 10255
determinar por intersección directa 5242
determinar por trisección inversa 7968

detonación 2581
detonador 1074, 2582
detonador de retardo 2485
detrítico 2583
detrito 2585
detritus 9843
Devoniano 2610
Devoniano inferior 5811
Devoniano medio 6171
diaclasa 2614, 5358
diaclasa de cizallamiento 8739
diaclasa de distensión 7924
diaclasa de esfuerzo cortante 8734
diaclasa de tracción 3468
diaclasa horizontal 900
diaclasa longitudinal 9557
diaclasamiento 5366
diáclasis 5358
día de punta máxima 2408
diafragma 2145, 2631
diafragma de iris 5273
diaftoresis 8053
diagénesis 2615
diagénesis ambiental 3298
diagénesis freática 7080
diagénesis orgánica 6689
diagénesis por soterramiento 1317
diagnosis de las perturbaciones de funcionamiento 2618
diagnóstico de las anomalías de funcionamiento 2618
diagnóstico de las perturbaciones en el servicio 2618
diagrafía 5762, 10820
diagrafía acústica 102
diagrafía de buzamiento 2697
diagrafía de densidad 4009
diagrafía de electrodos de focalización 3957
diagrafía de inducción 5060
diagrafía de las cortaduras de perforación 2344
diagrafía del taladro por rayos gamma 4189
diagrafía de potencial espontáneo 9221
diagrafía de resistividad 8025
diagrafía de sección 1382
diagrafía de termometría 9973
diagrafía electromagnética de la perforación 3207
diagrafía gamma 4189
diagrafía gamma del taladro 4189
diagrafía gamma-gamma 4184
diagrafía gamma-ray 4190
diagrafía instantánea 5150
diagrafía lateral focalizada de siete electrodos 3945

diagrafía lateral focalizada de tres
  electrodos 3946
diagrafía neutron 6477
diagrafía neutrón-gamma 6476
diagrafía neutrón-neutrón 6478
diagrafía neutrón-neutrón por
  impulsiones 4999
diagrafía por fluorescencia 3916
diagrafía por radiación 7719
diagrafía por rayos gamma 4189
diagrafía por resonancia
  magnética 6544
diagrafía radioactiva 7719
diagrafía selectiva gamma-
  gamma 8575
diagrafía selectiva y
  espectrométrica gamma-
  gamma 8576
diagrafía sónica 102, 109
diagrafía ultrasónica 102
diagrama 2622
diagrama acústico 109
diagrama de alturas 2623
diagrama de camino en función
  del tiempo 10945
diagrama de esfuerzos-
  deformación relativa 9543
diagrama de las velocidades 9174
diagrama del pozo 1142
diagrama de permeabilidad 6973
diagrama de potencial espontáneo
  9220
diagrama de PS 9220
diagrama de radioactividad 6543
diagrama de resistencia eléctrica
  3196
diagrama de resistividad a lo
  largo de un pozo 6157
diagrama de sección 1381
diagrama de termometría 9973
diagrama de una perforación 1142
diagrama eléctrico 3185
diagrama geofísico 4307
diagrama geotérmico 4319
diagrama nuclear 6543
diagrama nuclear de interfase
  4184
diagrama polar 7291
diagrama por rayos gamma 4189
diagrama sónico 109
diamante industrial 5062
diamante 2626
diámetro característico de la
  turbina Francis 1633
diámetro característico de la
  turbina Pelton 1634
diámetro característico de la
  turbina tipo hélice 1635
diámetro de la barrena 1051
diámetro de la muestra 2946

diámetro de la perforación 1139
diámetro del pozo 1139
diámetro del sondeo 1139
diámetro del testigo 2946
diámetro efectivo 3137
diámetro útil del diafragma 3136
diapir 2640
diapirismo 2642
diapositiva 2643
dias de lluvia 7732
diastema 2644
diastrofismo 2646
diatrema 2648
dibujante 2899
dibujar 2900
dibujar un mapa 7228
dibujo 2911
dibujo de las curvas de nivel
  10143
dibujo del mapa 2913
dibujo de montaje 3344
dibujo de planta 7187
dibujo revisado 8077
dibujo técnico 9870
dickita 2649
dicromato sódico 9065
diente de aireación 6411
diente de disipación de energía
  793, 1682
diferencia angular 435
diferenciación diagenética 2616
diferenciación magmática 5873
diferencia de carga 4811
diferencia de distorsión 2657
diferencia de nivel 5610
diferencia de presión 7452
diferencia de presión de fondo
  2903
diferencia de tiempo 2653
diferencia en escala 2655
diferencial 2656
difusión 2760
difusión del chorro 5344
difusor 2667
dilatación 2675, 3230
dilatación térmica 9969
dilatación transversal 10188
dilatación uniforme 10384
dilatancia 2674
dilatómetro 2676
dilatómetro al tacto 3583
diluir 2678
dimensionamiento 2680
dimensionamiento óptimo de la
  central 8919
dimensionamiento óptimo de las
  obras de aducción 6676
dimensión de la película 3635
dimension de una magnitud 2682
dimensiones de la parcela 8909

dimorfismo 2683
dinámica 3077
dinámica de explotación 9496
dinámica de los fluidos 3896
dinámica de los líquidos 4859
dinámica de sierra 4478
dinamitar 1064
dínamo 3080
dinamómetro 3081
dinamómetro para medir la
  presión del relleno 6802
dioptría 2688
dióptrica 2690
diorita 2691
diorita cuarcítica 7683
dique 2671, 2672, 3064, 3237,
  6800
dique-capa 8857
dique contra crecidas 2672
dique de muro 2365
dique de protección 8157
dique de protección de avenidas
  3835
dique de reemplazo 7962
dique en el pendiente 4679
dique en galería 8165
dique filtrante 1550
dique frontal 4141
dique-fusible 4176
dique inferior 5835
dique lateral 8822
dique para retener el relleno hacia
  la vía 2673
diquita 2649
dirección 9554
dirección consecutiva de grupos
  821
dirección de buzamiento 4398
dirección de fisuras 2706
dirección de grietas 2706
dirección de la desviación 2704
dirección de la perforación 2708,
  2966
dirección de las labores de
  extracción 2709
dirección del clivaje 3265
dirección del eje óptico 933
dirección de los trabajos 2038,
  8914
dirección del vuelo con respecto
  al terreno 2707
dirección de rotación 8604
dirección de rumbo 10210
direcciones ortogonales 6715
dirección individual a partir de
  ademas precedentes 5051
dirección vertical 10554
director de las obras 3276
director de las perforaciones 2989
directriz 2703, 4546

dirigibilidad 2097
dirigible 9378
disco 2721, 2752, 7213, 8953
disco de válvula 10488
discontinuidad 2734, 2735
discontinuidad de Gutenberg 10850
discordancia 2733, 2742
discordante 2736
discrepancia 2741
diseño asistido por ordenador 1945
diseño de ejecución 512
diseño de las máquinas 5858
disipación de energía 2773, 3272
disipador de energía 3271
dislocación 2754
disminución de espesor 2113
disminución de la claridad, nitidez etc. 2428
disminución de la luz 2429
disminución de tensión 7920
disminuirse 2427
disolución 9130
disparador 7923
disparo 3678
disparo automático 720
disparo para el registro de ondas refractadas 8559
dispersión 2759
dispersión de los resultados 8420
disposición 602
disposición alternada de estratos 340
disposición de ademas 9801
disposición de bandas isocromáticas 6679
disposición de electrodos 3198
disposición de hojas de sierra 8398
disposición de iluminación intermitente 1086
disposición de las perforaciones 1143
disposición de levantamiento 604
disposición de los taladros 1143
disposición de serrucho de dientes dobles 2851
disposición de serrucho doble 2851
disposición de soportes en triángulos 10217
disposición en capas 603
disposición en línea recta 5120
disposición general de los obras 4249
disposición triangular 2621
dispositivo altimétrico 4633
dispositivo auxiliar de medición 725

dispositivo con disco rotatorio para ensayo de daños por cavitación 8285
dispositivo de alarma 293
dispositivo de alerta 3252
dispositivo de arreglos en serie 8619
dispositivo de aviso 10668
dispositivo de colocación 8662
dispositivo de corrección 2168
dispositivo de dibujo 2914
dispositivo de drenaje 2891
dispositivo de extinción con regadores 9246
dispositivo de flujo para ensayo de daños por cavitación 3875
dispositivo de impacto para ensayo de daños por cavitación 3023
dispositivo de lectura 7798
dispositivo de rectificación de campo 3604
dispositivo de retorno 8059
dispositivo de suspensión 9761
dispositivo de suspensión de tubería de revestimiento 1471
dispositivo de telecomunicación 9881
dispositivo de telecomunicaciones 9881
dispositivo dosificador 898
dispositivo dosificador de aridos 229
dispositivo eyector para ensayo de daños por cavitación 3023
dispositivo hipsométrico 4633
dispositivo magnetoestríctivo 5896
dispositivo para ajustar 162
dispositivo para comparar 1882
dispositivo para retirar 727, 8052
dispositivos técnicos 9869
distal 2777
distancia 2778, 2779, 7760
distancia cenital 10961
distancia de arcos por los ejes 1597
distancia de drenaje 6879
distancia de intersección 2786
distancia de la imagen 7510
distancia de la imagen del levantamiento 7511
distancia del objeto 6560
distancia del punto de la explosión 8796
distancia entre ademas 7588
distancia entre contrafuertes 1333
distancia entre ejes de armadura 7907
distancia entre ejes de barras 857

distancia entre ejes de barrotes 857
distancia entre grietas 5247
distancia entre puntos de apoyo 9155
distancia focal 3943, 3947
distancia focal constante 3736
distancia focal de la fotografía 3949
distancia focal del objetivo de la restitución 3948
distancia horizontal 4738
distancia intraocular 5234
distancia libre 1731
distancia libre entre barrotes 1733
distancia nadiral 6401
distancia nadiral en el sentido transversal a la dirección del vuelo 5519
distancia nadiral en la dirección del vuelo 3991
distanciómetro 2789
distorsión 2794
distorsión de una lente 5576
distorsión en forma de almohada 2328
distorsión en forma de cuba 849
distribución al azar 7758
distribución de frecuencias de tamaño de grano 4413
distribución del diámetro de los poros 7324
distribución de muestreo 8364
distribución de precipitaciones 6299
distribución de precipitaciones mensual 6299
distribución de presión hidrostática 4897
distribución de tensiones 9534, 9541
distribución sistemática de muestreo 9803
distribuidor 4546
distribuidor hidráulico 4792
distrito minero 6192
disturbio de comprimibilidad 1924
disyunción hidráulica 4804
disyuntor térmico 6778
divagación 10664
división del nonio 10543
división de superficies 7163
división en dioptrías 2689
divisoria 10735
divisoria de aguas subterráneas 4491
DME 3212
dobladura 3784
doblar 1280

doblarse

doblarse 981
doble cámara 2837
doble cámara métrica 2845
doble intercalación de puntos en el espacio 2846
doble proyección 2848
doble proyector 2849
doble teodolito fotogramétrico 7051
documentos de licitación 9914
dolina 2821, 5394, 8897
dolomía 2823
dolomita 2823, 2824
dolomitización 2826
dominio de frecuencia 4114
dominio del tiempo 10062
dominio plástico 7206
domo 2310
domo de sal 8356
domo salino 8356
dormitorio 960
dosificación de agua 10691
dosificación de cemento 1557
dosificador 3580
dosificador de agregados 229
dosificador de agua 10726
dosificador de agua de amasado 10687
dosificador de cemento 1555
dosificador de peso 10795
dovela 571
draga 2927
draga de almeja 1709
draga de cangilones 3223
dragado 2929
dragar 2926
dren 2873
drenaje 2611, 2875, 8910
  sin ~ 10375
drenaje enterrado 2306
drenar 2872
dren colector 1497, 2878
dren de arena 8372
dren de pie 10076
drenes 2896
drenes de alivio 7470
drenes de decompresión 7470
dren filtrante 10793
dren francés 9434
dren vertical de arena 8372
ductil 3048, 10132
ductilidad 3049
duna 3054
duna creciente en forma arqueada 831
duna litoral 5698
duna longitudinal 8549
duna móvil 10665
duna submarina 9596
duna viva 10665

duplicado 2140
Duque de Alba 2827
durabilidad 3055, 8938
durabilidad de explotación 3057
durabilidad de la construcción 3056
duración 222
duración a largo plazo 3268
duración de amortización 6889
duración de erupción 3882
duración de la exposición 3059
duración del comienzo del fraguado 5105
duración del fraguado 8671
duración del principio del fraguado 5105
duración de servicio 5609
duración de un pozo 5607
duración de vida útil 5609
duraluminio 3058
dureza 4587
dureza del agua 4587
dureza esclerométrica 8450
dureza según Rockwell 8205
dureza Shore 8784
dureza Vickers 10588
durmiente 10656, 10782

eclipse 2395
ecología 3118
ecólogo 3117
ecólogos 3307
economía de desmontes 7875
economía de las aguas 10698
economía energética 7376
economía hídrica 10698
ecosistema 3124
ecotipo 3127
ecótono 3126
ecuación de condición 3330
ecuación de errores 6576
ecuación de Euler 3388
ecuación de la lente 5577
ecuación de movimiento ondulatorio 10764
ecuación de vorticidad 10647
ecuación diferencial hiperbólica 4912
ecuación entre las unidades de medida 3329
ecuaciones de dimensión 2679
ecuación hidrodinámica 4855
ecuación normal 6522
ecuador geomagnético 4288
edad 222
edad absoluta 20
edad concordante 1953
edad discordante 2737
edad uranio-uranio 10453
edafogénesis 9092

1306

edafología 6910
edificación 565
edificar 1287
edificio 1288
edificio bajo 5807
edificio de la central 7382
edificio de la planta hidroeléctrica 7382
edificio de un piso 5807
edificio residencial típico 10322
edificios de obra 2090
edificio típico para habitaciones residenciales 10322
edómetro 2019
efectividad de funcionamiento 3149
efecto bóveda 562
efecto de enfriamiento 2131
efecto de errores 3148
efecto de escala 8401
efecto de gaveta 2910
efecto de presión 7453
efecto de Servo 8637
efecto elástico posterior 3163
efecto espacial 9404
efecto estereoscópico 9404
efecto giroscópico 4559
efecto isotópico 5313
efecto luminoso 5617
efecto piezoeléctrico 7100
efecto plástico exagerado 3375
efecto posterior 220
efectos biocorrosivos del medio ambiente 1025
efectos deseados 2568
efectos directos 2702
efectos indirectos 5044
efectos inducidos 5058
efectos negativos 183
efecto útil 3146
efecto volumétrico 1299
eficacia de funcionamiento 3149
eficacia de la transmissión de potencia hidráulica 3147
eficiencia hidráulica 4797
eflorescencia 3155
eje 8694, 9201
eje cigüeñal 2203
ejecución de una etapa 4987
ejecución de un prototipo 3415
ejecución de un proyecto 4987
ejecución de un proyecto por etapas 9296
ejecución de un proyecto por fases 9296
eje de colimación 1848
eje de flexión 983
eje de giro 752
eje de inclinación al horizonte 757

eje de la corriente 754
eje de la perspectiva 6987
eje de la presa 2369
eje del cauce 755
eje del embalse 751
eje del pozo 10810
eje de muñones 757
eje de propulsión 3019
eje de puntería 753
eje de rotación 752
eje horizontal 4733
eje neutral 6472
eje nuclear 3320
eje principal 7492
eje principal de inclinación 5921
eje propulsor 3019
ejes de cardán 1435
ejes de coordenadas 9805
ejes de la tensión principal 742
ejes del cuadro 1842
ejes del vuelo 3789
eje sinclinal 756
ejes ortogonales 6714
ejes principales 7507
eje vertical 10551
elaboración 3162
elasticidad 3166, 3167
elasticidad de fijación 3169
elasticidad lineal 5656
elastómero 3179
elaterita 3181
elección del emplazamiento de una presa 8916
elección del tipo de presa 1666
electricista 3194
electrobomba 3188
electrobomba sumergida 1393, 9625, 10830
electroforesis 3217
electrohidrometría 3202
electroimán de pesca 3205
electrólito 3203
electrósmosis 3215
electrotaladradora 3182
elemento de bomba 7632
elemento de construcción 10392
elemento de hormigón prefabricado 7403, 7417
elemento de hormigón prefabricado pretensado 7404
elemento del filtro 3637
elemento de refrigeración 2132
elemento de soporte 5707
elemento filtrante 3637
elemento fluido 3897
elemento indicador 6876
elemento isoparamétrico 5304
elemento líquido 3897
elemento portante 5707
elemento prefabricado 7417

elemento prefabricado de hormigón pretensado 7404
elementos de ataguiado 9438
elementos de orientación 3218
elementos de sostén 9682
elementos distanciadores 2782
elemento sensible 8615
elevación del nivel freático 4497, 5028
elevador de cangilones 1276, 1614
elevador de tubería vástago 3003
elevador de varillas 8211
elevar con un gato 5328
elevarse 2209
eliminación de la arena 10813
eliminación de la arena del pozo 10813
eliminación de las anomalías de funcionamiento 3224
eliminación de la viruta de perforación por aire comprimido 7616
eliminador de ruidos 6360
elipse de deformaciones 9482
elipse de error 3225
elipse de tensiones 3226
elipsoide de tensiones 3227
eluviación 3234
eluvión 3235
embalamiento de la máquina 6783
embalse 891, 7971, 9455
embalse de alimentación 2715
embalse de cabecera 4609, 10431
embalse de carga 3994
embalse de colina 4689
embalse de compensación 219, 1886
embalse de control de avenidas 3830
embalse de decantación 8685
embalse de laminación de avenidas 3830
embalse de llenado natural 7991
embalse de llenado por bombeo 7630
embalse de regulación 7889, 9455
embalse de regulación estacional 7979
embalse de retención 2102
embalse de retención de sedimentos 8533
embalse de usos múltiples 6383
embalse de valle 4990
embalse inactivo 5003
embalse interanual 10937
embalse muerto 2414
embalse oculto 822
embalse para generación de

energía 7980
embalse secundario y canal de enlace 8507
embalses en cascada 7987
embalse subterráneo 10359
embalse útil 128
embalse vaciable 5701
embebido 3239
embocadura 5117
embocadura del sifón 8901
embolada 9569, 9785
embrague 4126, 8981
embrague mecánico 6080
embudo 4171
emergencia 3243
emersión 5494
emimorfismo 4643
emisario 6738
emisor 10180
empalme 3723
empapado 10713
empaque para tubería de revestimiento 1478
empaquetadura 4351
empaquetadura plana 3768
emparrillado 4459, 7728
emplazamiento 2375
emplazamiento alternativo 344
emplazamiento descartado 2722
emplazamiento interesante 688
emplazamiento no rentable 10377
emplazamiento posible 7357
emplazamiento previsto 2011
emplazamiento rentable 10568
empobrecimiento 4992
empotrado 3259
empotramiento 3742
empotramiento lateral 8035
empotrar 9210
empotrar en el hormigón 8487
empotrar en hormigón 8487
empresa constructora 1289
empresario 1290
empréstito 5729
empréstito de interés bajo 9078
empujar 7649
empuje 1316, 3569, 10019, 10020
empuje activo de tierras 120
empuje de la tierra 3096
empuje del hielo 4940
empuje de tierras en reposo 3097
empuje hidrodinámico 4857, 4860
empuje pasivo de tierras 6872
emulsión de aceite en agua 10738
emulsión de petróleo crudo 2267
emulsión estable 9289
emulsión hidrófila 4888
enarenamiento 8373
enarenar 8381

encachado 917
encajar 160
encaje del pie de entibo 7585
encaje en el aparato de restitución 5864
encape 6752
encargado 3997
encastre 1702
encenagamiento 6346
encendido 3678
enclavamiento 5216
encofrado 4019
encofrado con cerchas 1575
encofrado con cimbras 1575
encofrado deslizante 8970
encofrado móvil 10202
encogimiento 2027
encontrar una roca dura 4325
enchacado de piedra en seco 643
enchavetado del rodete en el eje 8808
enchavetar 2859
enchufable 9890
enchufe de pesca 6781
enderezamiento 7833
enderezamiento del pozo 4707
enderezar 302, 7837, 7995
enderezar un pozo 9474
endometamorfismo 3264
endoscopio 5253
endurecido 5061
endurecimiento 4584
endurecimiento por deformación 9484
energía 3269
energía absorbida 5129
energía cinética 5432
energía cinética eruptiva 5433
energía de deformación 2463
energía de distorsión 2795
energía de pico 6893
energía de presión 7454
energía de punta 6893
energía elástica 3177
energía específica 9163
energía eventual 8502
energía garantizada 3683
energía geotérmica 4317
energía hidráulica 4798
energía nuclear 6542
energía potencial 7361
energía potencial de deformación 2795
energía total 10119
energía total disponible 10119
energía unitaria 10388
enfermedad de origen hídrico 10689
enfocar 3955
enfoque 165, 3958

enfoque al infinito 5075
enfriador de aire 250
enfriamiento dinámico 3069
enfriamiento por aire 251
enganche 5483
engranaje 10178
engranaje cónico 1008
engranaje hélicoidal 10915
engranaje impulsor 3011
enlucido 3799, 10252
enlucido de cemento 1569
enlucido de yeso 7196
enmaderamiento 9676, 10054, 10787, 10889
enmaderamiento con puntales 9684
enmaderamiento longitudinal 5781
enmangamiento del rodete en el eje 8808
ennegrecimiento 1059
enrejado de plataforma 7220
enriquecimiento 3289
enriquecimiento en nutrientes 6557
enrocado con piedras arregladas a mano 4576
enrocado con piedras seleccionadas arregladas a mano 4576
enrocado no compactado 10340
enrocados armados 7902
enrocados colocados en capas 2189
enrocados compactados 1874
enrocados regados 10671
enrocado volcado 1308
enrocamiento a volteo 1308
enroscamiento de la tubería vástago 3001
ensambladura 5216
ensambladura de ademas 7586
ensambladura por cortaduras 8417
ensamblaje 6329
ensamblar 9210
ensanchador 3288, 8223
ensanchador de cinco conos 3726
ensanchador de cuatro conos 4048
ensanchador hueco 4712
ensanchador tricónico 10007
ensanchamiento del contrafuerte 1334
ensanchar el fondo 10350
ensanches en labores abandonadas 4197
ensanche urbano 10455
ensayado a presión 7478
ensayar con presión 9951

ensayo acelerado 58
ensayo a escala natural 4160
ensayo a pleno flujo 6638
ensayo brasileño de presión 1220
ensayo centrífugo 1603
ensayo con agua 10719
ensayo con base fija 3731
ensayo con base móvil 6241
ensayo con cizallámetro 10499
ensayo con drenaje 2894
ensayo con el cono de Abrams 9024
ensayo con gato 5331
ensayo con gato plano 3771
ensayo con placa 7214
ensayo con presión 1220
ensayo con rayos X 10924
ensayo de asiento 9024
ensayo de bombeo 7640
ensayo de cámara de presión 7445
ensayo de campo 5128, 5355
ensayo de carga 938
ensayo de carga estática 9347
ensayo de carga sobre pilotes 7121
ensayo de cavitación 5268
ensayo de cizallamiento 8743
ensayo de clivaje 2745
ensayo de compactación 1877
ensayo de compresión 1939
ensayo de compresión simple 10343
ensayo de compresión sobre un disco plano 2745
ensayo de cono de penetración 9342
ensayo de corte 2714
ensayo de corte por torsión 10114
ensayo de corte rápido 7693
ensayo de deformación a velocidad constante 2024
ensayo de disminución de tensiones en taladros 1145
ensayo de dureza 4588
ensayo de dureza Brinell 1255
ensayo de dureza según Rockwell 8206
ensayo de envejecimiento acelerado 56
ensayo de esfuerzo cortante 8733, 8743
ensayo de explotación 3435
ensayo de flexión 991
ensayo de flexión alternada 8065
ensayo de flujo del pozo 10815
ensayo de fragilidad 1263
ensayo de garantía 4533
ensayo de gatos radiales 7711

ensayo de humectación y secado 10829
ensayo de identificación 1713
ensayo de impermeabilidad 10039
ensayo de incremento de carga a velocidad constante 2023
ensayo de inmersión 4971
ensayo de laboratorio 5445
ensayo de las máquinas hidráulicas 9943
ensayo de liberación de las tensiones naturales en el fondo del taladro 1145
ensayo de límites de Atterberg 682
ensayo de meteorización acelerada 59
ensayo de molinete 10499
ensayo de penetración 6924, 9138
ensayo de penetración estandar 9317
ensayo de penetración normal 9317
ensayo de perforación 1156
ensayo de permeabilidad 6974, 10719
ensayo de permeabilidad de carga variable 3531
ensayo de permeabilidad Lugeon 5845
ensayo de presión sobre probeta anular 8121
ensayo de resistencia 3552
ensayo de resistencia a tracción 9923
ensayo de revenimiento 9024
ensayo de sacudidas 8707
ensayo de sondeo 3075
ensayo de sondeo dinámico 3075
ensayo de tracción 9923
ensayo de veleta 10499
ensayo drenado 2894
ensayo en laboratorio 5446
ensayo en tamaño natural 4160
ensayo estático de penetración 9351
ensayo fotoelástico 7050
ensayo fundamental 5920
ensayo in situ 5355
ensayo no destructivo 6506
ensayo por penetración de colorantes 3063
ensayo principal 5920
ensayo Próctor de compactación 7533
ensayos con modelos 6257
ensayos de estabilidad duradera 5768
ensayo sobre mesa vibrante 8706

ensayo sobre modelo 6257, 8405
ensayos sobre la marcha de la empresa 1869
ensayo triaxial 10229
ensuciar el núcleo con lodo 4025
entabladura 1103
entablamiento 9587
entablonado 5462
entalladura 6535
entarimado 2422
entarimado a la francesa 4647
entarimado espinapez 4647
entibación 4065, 9188, 9587, 9676, 10054
entibación con tirantes abolonados 9267
entibación de galerías 8175
entibación del techo con maderos 10884
entibación de madera 10054
entibación de pozo 8704
entibación mecánica 7377
entibación poligonal 7309
entibación progresiva 7377
entibar 7955, 8657, 8782
entibar una galería 10053
entibo 7580
entibo de anclaje 392
entibo de madera 10887
entibo hidráulico 4832
entibo individual 5053
entibo superior 10434
entidad de nieve caída por unidad de tiempo 9043
entrada de agua 5132
entrada de arena 5131
entrada regulada 2100
entradas 1461
entramado en acero 5706
entramado metálico 5706
entramado para montera 4358
entrante 5036
entrar 6922
entrecinta 10088
entrecruzamiento de capas 5215
entubación 1463
entubado 1463
entubadora 7138
entubamiento con tubbing 10259
entubar 1451
entumecerse 9768
entumecimiento 9770
envejecimiento de la presa 223
envigado aparente 6637
Eoceno 3310
eólico 3311
epicentro 3313
epigénesis 3315
epigenético 3316
epilimnion 3318

epimagma 3319
epirogénesis 3312
epístilo 568
época de polaridad 7292
época metalogenética 6121
equidistancia 2081
equidistancia de curvas de nivel 2081
equilibrado 799
equilibrar 1883
equilibrio 3331
equilibrio estable 9290
equilibrio isostático 5310
equilibrio límite 5638
equilibrio radioactivo 7720
equipamento 3333
equipamento de medición 6069
equipamento suplementario 724
equipar con aparatos 5161
equipo 569, 3333, 4621
equipo a prueba de explosión 3449
equipo auxiliar 724
equipo de amarre 6304
equipo de apagamiento de incendio 3673
equipo de barrido 8415
equipo de buzo 2814, 2818
equipo de cabeza de pozo 10818
equipo de campo 3611
equipo de control de un pozo 10811
equipo de desmontaje 2755
equipo de día 2409
equipo de elevación 4702
equipo de excavación 3410
equipo de extinción 3673
equipo de fondo de pozo 1171
equipo de inyección 4516
equipo de laboratorio 5444
equipo de maniobra 4573
equipo de mantenimiento 5917
equipo de medición 6069
equipo de medición de distancia por infrarrojo 5087
equipo de montaje 3343
equipo de movimiento de tierras 3093
equipo de noche 6487
equipo de obra 6624
equipo de perforación 2963
equipo de perforación bajo presión 9055
equipo de perforación rotativa 8271
equipo de pesca 3698
equipo de remoción de ademas 7571
equipo de trabajos de extracción 10873

equipo de transporte 10184
equipo individual de bombeo 5055
equipo móvil 6245
equipo nuevo 6481
equipo para colocar ademas 7587
equipo para trabajos subterráneos 10283
equipo pesado 4621
equipo sobre orugas 10154
equivalente en agua 10700
equivalente standard del carbón 9309
era glacial 4332
ergonomía de la construcción 3346
erosión 2473, 3350, 3351, 10676
erosionabilidad 3347
erosionable 3348
erosión acelerada 57
erosión cárstica 5402
erosión cavitacional 1532
erosión del suelo 9090
erosión diferencial 2658
erosión eólica 10859
erosión glaciar 4336
erosión hidráulica 8440
erosión interna 5223
erosión laminar 8753
erosión marina 5972
erosión por mantos de inundación 8753
erosión regresiva 8055
erosión remontante 8055
errático 3353
error 1286, 3354
error absoluto 24
error accidental 7755
error admisible 320
error aleatorio 7755
error de altura 3364
error de base de un instrumento de medición 5250
error de cero 10966
error de colimación 1847
error de compresibilidad 1926
error de convergencia 3362
error de dirección 3363
error de distancia 2783, 5657
error de distorsión del objetivo 3365
error de enfoque 3359
error de inclinación 3370
error de inclinación lateral 9777
error de índice 5039
error de interpolación 5237
error de lectura 3360
error del eje de muñones 3369
error del método de medición 3367

error de medición 3366
error de oblicuidad 3361, 9782
error de paralaje 6845
error de posición 7341
error de precisión 5001
error de puntería 3368
error en profundidad 2783
error fortuito 7755
error instrumental 5163
error lineal 5657
error máximo 6027
error medio 6040
error probable 7528
error promedio 6040
error relativo 7915
error residuo 7997
error sistemático 9802
error strabico 3357
error verosímil 7528
erupción 3372
erupción areal 582
erupción central 1580
erupción de un pozo de petróleo 7033
erupción de un pozo petrolífero 7033
erupción excéntrica 3114
erupción fisural 3718
erupción freática 7084
erupción incontrolada 1096
erupción instantánea 6725
erupción lateral 3754
erupción subacuática 9594
erupción subaérea 9592
erupción subglaciar 9603
erupción submarina 9614
esbozo 2556
escafandra 2817
escala 8400
escala cartográfica 8409
escala de Atterberg 681
escala de Baumé 911
escala de Beaufort 940
escala de dureza de Mohs 6268
escala de dureza de Shore 8785
escala de índices flotante 4361
escala de intensidad 5186
escala de la imagen 4962
escala del dibujo del mapa 7236
escala del fotograma 8406
escala del levantamiento 8412
escala del mapa 5959
escala de longitudes 8408
escala de Mohs 6268
escala de niveles 10704
escala de peces 3706
escala de reducción 8410
escala de representación de las deformaciones 2468
escala de representación de los movimientos 6334
escala de Richter 8092
escala de Shore 8785
escala de una magnitud 8407
escala en el aparato de restitución 8411
escala fija 9294
escala graduada de enfoque 3963
escala indeterminada 10346
escala media 6045
escala original 6700
escala superficial 9265
escalera 9303
escalera con nabo 2162
escalera con plataforma 7221
escalera de dos tramos 10314
escalera de emergencia 3250
escalera de incendio 3250
escalera de núcleo sólido 2162
escalera recta de dos tramos con plataforma intermedia 9477
escalón 9383
escalón en el pendiente 8251
escalón geotérmico 4318
escamoso 3748
escape 5551, 5552
escape de gas 4212
escape del acuífero 536
escape por fuga 5553
escapolita 8416
escarcha 4697
escariador 10868
escariador de tubos 7139
escariador hueco 4712
escariador piloto 3288
escarificar 8418
escarpa de falla 3558
escarpadura 78
escarpe 2303
escasez 8789
escintilómetro 8433
esclerómetro 4589, 8434
esclusada 5742
esclusa de navegación 6443
esclusa de peces 3708
escollera armada 7902
escollera arreglada a mano 4576
escollera clasificada 8574
escollera colocada en capas 2189
escollera compactada 1874
escollera coralífera 854
escollera de protección 8127
escollerado 8127
escollera no clasificada 7757
escollera no compactada 10340
escollera regada 10671
escollera todo-uno 7757
escollera vertida 1308
escombrera 9217, 10071
escombros 10285

escombros de derrumbe 1513
escoria 8436, 8437
escorias de altos hornos 1067
escorrentía 8321
escorrentía de aguas subterráneas 4498
escorrentía subsuperficial 9637
escorrentía superficial 9711
escrepa 8448
escudo 8763
escudo de cojinete 936
escudo de protección contra el relleno 3922
escudo de sostén 9697
escudo de sostén 9698
escurrimiento 8321, 8537
escurrimiento bajo carga 7456
escurrimiento específico 9169
escurrimiento libre 4086, 4098
esfalerita 9182
esfericidad terrestre 2320
esferulitico 9187
esfuerzo 9528
esfuerzo cortante 8738, 8742
esfuerzo cortante triaxial 10227
esfuerzo de montaje 3345
esfuerzo de tracción 9922
esfuerzo de un material 3156
esfuerzo efectivo 3144
esfuerzo normal 6524
esfuerzo principal 7517
esfuerzo principal mayor 5926
esfuerzo principal menor 6220
esker 3376
eslinga 8981
eslingaje 8981
esmaltina 8930
esmeralda 3242
esmeralda-níquel 10956
espaciado 10846
espaciado de diaclasas 5372
espaciamiento 9151, 9212
espaciamiento de los pozos 1144
espaciamiento de los taladros 1144
espacio
  en el ~ 9158
espacio anular 459
espacio del objeto 6568
espacio de los poros 7325
espacio del tajo 3509
espacio entre dos cuadros 10144
espacio entre dos marcos 10144
espacio explotado 10894
espacio intersticial 7325
espacio muerto 2411
espacio que corresponde a la imagen 4963
espaldón 8798
especialista en perforaciones

desviadas 2240
especialista en sondeos explorativos desviados 2240
especie 9161
especificaciones técnicas 9874
especificaciones técnicas detalladas 2571
especificación normalizada para construcción 2042
espectro 9172
espectro de absorción 39
espectro de emisión 3253
espectro de respuesta 8032
espectro electromagnético 3210
espectrómetro 9171
espectrómetro diferencial 2663
espectrómetro gamma por escintilación 4188
espectrómetro integral 5181
espejo de agua 10745
espejo de falla 8956
espejo de guía 621
espejo esférico-cóncavo 1947
espejo esférico-convexo 2122
espejo parabólico 6835
espejo plano 7171
espeleología 9180
espeleotema 9181
espera del fraguado del cemento 10654
espesor 9990
espesor de extracción 9994
espesor de la capa freática 4501
espesor del acuífero 542
espesor de la lente 9993
espesor de la nieve 9042
espesor de la presa 9992
espesor de la veta 8490
espesor del contrafuerte 9991
espesor de levantada 1967
espesor del yacimiento 7989
espesor de manto 8490
espesor de nieve 9040
espesor de tongada 1967
espesor en base 2370
espesor en la coronación 10103
espesor real 138
espiga 7131
espigón 7095
espigón de corrección 4527
espigón de protección 1313
espinel 9202
espinel de magnesio violado 328
espiral de alimentación 9674
espodumena 9216
esponjamiento 1305
esponjoso 7625
espuma de poliuretano rígido 7315
espumoso 7625

esquema de montaje 3344
esquema de soportes 9693
esquí acuático 10736
esquí náutico 10736
esquisto 8427
esquisto arcilloso 593, 6358, 8708
esquisto arcilloso algo arenoso 8977
esquisto arenoso 8385
esquisto bituminoso 1057
esquisto carbonoso 1424
esquisto margoso 5993
esquisto pizarreño 593
esquistosidad 8429
esquistosidad causada por presión 5057
esquistoso 8718
estabilidad 1403, 9272
estabilidad absoluta 30
estabilidad a largo plazo 3268
estabilidad de la regulación 9280
estabilidad de las laderas del embalse 9281
estabilidad de los cimientos 9279
estabilidad de los estribos 9278
estabilidad del talud 9001
estabilidad de un instrumento de medición 9273
estabilidad dinámica 3078
estabilidad estática 9352
estabilización 9282
estabilización de suelos 9103
estabilizador 9104
estabilizador del mando hidráulico 4794
estabilizador del suelo 9104
estabilizador de tubería vástago 2943
estabilizar 4104, 9283
estable 9286
establecimiento 8667
estaca 6911
estaca con espiral 8465
estaca con rosca 8465
estaca de dinamómetro 3082
estaca de fricción 4131
estaca de nivelación 5595
estaca de perfilar el talud 9002
estaca de refuerzo 7909
estaca de rozamiento 4131
estaca de techo 827, 7589
estaca dinamométrica 3082
estaca inferior 5815
estaca laminar 5472
estaca para medir la altura de agua 6052
estaca prolongada de techo 3467
estaca servo 8640
estación 1389, 9353
estacionario 8033

estación automática 718
estación base 4487
estación correspondiente 6658
estación de aforo 2730
estación de anclaje 393
estación de bombas 7638
estación de bombeo 7638
estación de compresores 1940
estación de detención 393
estación de dirección central 6008
estación de ferrocarril 7731
estación de fuerza sin
   almacenamiento 8323
estación de observación 9757
estación fotográfica 1388
estación hidrométrica 4886
estación intermedia de bombeo
   7639
estación opuesta 6658
estación para ensayos de duración
   9348
estación para ensayos de modelos
   8100
estación pluviométrica 7740
estadística de crecidas 3848
estado
   en ~ de anteproyecto 685
   en ~ de anteproyecto de
     detalle 684
estado de cavitación final 2567
estado de cavitación incipiente
   5009
estado de cavitación totalmente
   desarrollada 4164
estado de deformación general
   por tracción 4254
estado de deformación triaxial
   10011
estado de desarrollo de la
   cavitación 9299
estado de equilibrio 9339
estado de esfuerzo 9340
estado de flujo estacionario 9364
estado de rotura 3524
estado de tensión 9542
estado de tensión triaxial 4255
estado efusivo 3158
estado elástico 3175
estado permanente 9363
estado plano de tensión 7178
estalactita 9305
estalactita de lava 5534
estalagmita 9306
estalagmita de lava 5535
estallido de gas 6726
estanco 10748
estanco al aire 283
estanco de madera 10055
estanque 1274
estanque de almacenamiento de
   troncos 5765
estanque de clarificación 1710
estanque de navegación 1105
estanqueidad 10038, 10750
estanque 891
estante de libros 1125
estantería para tubos 8213
estaquilla 6911
estar en estrecho contacto 966
estática 9349
estática de los fluidos 9350
estator 9356
estatóscopo 9357
estaurolita 9360
esteatita 9056
estemples 9112
estepa 9386
estereocomparador 9388
estereofotografía 9398, 9399
estereofotogrametría 9397
estereofotogrametría espacial
   9148
estereofotogramétrico 9395
estereograma 9389
estereograma normal 6530
estereoguía 9149
estereomecánica 9390
estereometría 6068, 9393
estereoscopía 9411
estereoscópico 9158, 9401
estereoscopio 9400
estereoscopio con lentes 5579
estereoscopio de espejo 7860
estereoscopio métrico 6075
estereoscopio reflector 7860
estereotopómetro 9412
estética 215
estiaje 5839
estibina 485
estilbita 9422
estilete movible 3807
estilo 9589
estilolito 9590
estimación de las reservas de
   petróleo crudo 3380
estimación del coste del proyecto
   7559
estimación mensual 6302
estimar 3377
estimulación de un pozo 10825
estirar 3463
estopin con retardo 10058
estopin instantáneo 5148
estratificación 9502, 9503
   con ~ entrecruzada 2316
estratificación anual 452
estratificación concordante 1954
estratificación cruzada 2253
estratificación cruzada en zigzag
   4645
estratificación deltaica 2495
estratificación entrecruzada 2253,
   3537
estratificación gradada 4394
estratificación irregular 5276
estratificación original 6701
estratificación producida por la
   acción de las mareas 10027
estratificación rítmica 8087
estratificación térmica 9979
estratificado 944
   no ~ 10420
estratificado en bancos delgados
   9506
estratificado en bancos gruesos
   9505
estratigrafía 9512
estrato 9514
estrato delgado metalífero 6687
estrato guía 5421
estrato impermeable 10751
estrato metalífero 6687
estrato rocoso 8202
estratos 8202
estratos aflorantes 9492
estratos alternados 5188
estratoscopio 9498
estratos cortados 9492
estratos del techo 6467
estratos superpuestos 6780
estratovolcán 9513
estrechado 5005
estrechamiento 6488, 10942
estrechamiento 2027
estrechar 10035
estrecho 9134
estría 9550
estrías glaciares 4341
estribo 42
estribo 1017, 1253, 7590, 9427,
   9428
estribo artificial 627
estribo de gravedad 4441
estribo rocoso 8178
estribo simple 832
estromatolito 9570
estroncianita 9574
estructura 3503, 9581, 9582
estructura anticlinal 472
estructura bioestratigráfica 1036
estructura columnaria 1860
estructura cono entre cono 1985
estructura con sostén hidrostático
   sobre arena 4895
estructura continental 2067
estructura cristalina 2295
estructura de algas 299
estructura de bioerosión 1026
estructura de control de hielos
   4931

estructura de estratos 9500
estructura de facies entrelazadas 5212
estructura deformacional 2464
estructura de la sierra 8191
estructura del carbón 1779
estructura del suelo 9105
estructura de micropilotes 6153
estructura de soporte armado 4070
estructura de soportes 9700
estructura en bandas 1100
estructura en panal 4726
estructura en tierra armada 7900
estructura en tierra reforzada 7900
estructura escamosa 3749
estructura floculada 3822
estructura geológica 4281
estructura geopetal 4303
estructura granofídica 4418
estructura imbricada 4965
estructura laminada 1100
estructura microgranítica 4418
estructura portante en acero 5706
estructuras de protección contra las crecidas 3833
estructura sedimentaria 8524
estructura sedimentaria primaria 7499
estructura sedimentaria secundaria 8508
estructura vermicular 10542
estructura vesicular 10566
estuario 3383
estudio
 en ~ 684
estudio basado en un modelo analógico 371
estudio batimétrico 905
estudio de conjunto 1918
estudio de factibilidad 6694
estudio de la glaciología 2280
estudio de la vegetación 4259
estudio del impacto sobre el medio ambiente 3306
estudio de orientación 6694
estudio de presión 2595
estudio de proyecto 8426
estudio de roca 8204
estudio de viabilidad 3576
estudio direccional 2449
estudio en modelo reducido 8404
estudio general 5495
estudio geológico 4283
estudio piloto 6694
estudio preliminar 6694
estudios de factibilidad 3576
estudios de viabilidad 3576
estudios preliminares 7425

estudios sobre la marcha de los trabajos 6143
estudios sobre movimientos 6320
eudiómetro 3385
eugeosinclinal 3386
euhedral 3387
eutrofización 3390
evaluación de la incidencia económica de los factores del medio ambiente 3120
evaluación económica de un proyecto 3119
evaporación 3391
evaporímetro 3394
evaporita 3395
evapotranspiración 3396
evapotranspirómetro 3397
evolución 3398
evolución de presiones 2595
evolución magmática 5874
exactitud 87
exactitud de la medición 90
exactitud de un instrumento de medición 4078
examen 9942
examen de la precisión 5269
examen de un instrumento de medición 3399
examen gamagráfico 4185
examinar 10257
excavación 2329, 3404
excavación a cielo abierto 3408
excavación ademada 9681
excavación a sección completa 4157
excavación bajo agua 10372
excavación de túneles en terreno blando 9081
excavación en frente ancho 8791
excavación en masas sueltas de pendiente 1525
excavación en roca suelta 1524
excavación entibada 9681
excavación en zanja 10208
excavación general 3407
excavación minera 6214
excavación o limpieza con agua a presión 9021
excavación por bancadas 977
excavación por tajos 3509
excavación y relleno 2331
excavadora 3411
excavadora de rueda 1279
excavar 3007, 3400
excavar debajo 9054
excavar, limpiar con agua a presión 9015
excavar una galería encima 3010
excavar una zanja 10207
excentricidad 3115

excentricidad lineal 5655
excéntrico 3111
exfoliabilidad 3714
exfoliable 3713
exfoliación 1734, 3418, 8413
exfoliación de estratos 961
exhalación de gas 6726
exogeología 3421
expanción 2675
expandir 3422
expansividad 3424
experimental 3433
experto en pesca 3691
experto en recuperación 3691
explanación 871, 8159
explanada 3095, 8159
explanar 4393
exploración 7817
exploración biogeoquímica 1031
exploración del acuífero 533
exploración eléctrica en mar abierta 6596
exploración geobotánica 4259
exploración hidroquímica 4852
exploración petrolífera en mar abierta 6600
explosión 1071
explosión de gas 6726
explosión freaticomagmática 7085
explosión rotativa 8294
explosivo 3450
explosivo de alta potencia 4664
explosivo lento 5823
explosor 1066
explotabilidad 10893
explotación 2591, 6652, 10897
explotación a cielo abierto 2407
explotación adecuada 4591
explotación a tajo abierto 2407
explotación con cámaras 8258
explotación con cámaras y pilares 8257
explotación con pilares 7127
explotación con relleno 3489
explotación con topo dirigido a distancia 6277
explotación de aluvión fluvial 8150
explotación de la cantera 7675
explotación de las máquinas hidráulicas 3454
explotación del embalse 7984
explotación de los yacimientos petrolíferos 7012
explotación descendiente 2705
explotación de seguridad 8350
explotación en avance 181
explotación en cavidades anchas 1546

explotación en dos direcciones
  opuestas 2857
explotación en pilares con
  derrumbamiento del techo
  8256
explotación en pilares con
  rompimiento del techo 8256
explotación en pisos sin
  rellenarlos 8807
explotación en tajos con soportes
  de forma T 858
explotación harmónica 4591
explotación oblicua 7655
explotación parcial de pisos de
  material suelto 9610
explotación parcial de pisos hacia
  abajo 1337
explotación por bloques 1092
explotación por fajas 8954
explotación por galerías 2939
explotación por pisos 9460
explotación simultánea de varios
  mantos 6389
explotación subterránea 2435
explotar primero 10895
explotar un yacimiento petrolífero
  7537
explotatión hacia abajo en gradas
  978
exponencial 3455
exponer 3456
exposición 3458, 5619
exposición a la luz 5619
exposición de tiempo 10063
exposímetro 3460
expresión 3462
exprimir 3495
expuesto a fuerte presión 9608
extendedora 9225
extendedora sobre talud 6883
extensibilidad 3464
extensible 3465
extensión 3230, 3466, 9155
extensión de la medición 6058
extensión máxima de rotura
  10327
extensómetro 3471
extensómetro a corda vibrante
  10576
extensómetro con láser 5505
extensómetro de alambre 9486
extensómetro de alambre de
  cimentación 4045
extensómetro de base larga 5767
extensómetro de cuerda vibrante
  10576
extensómetro de precisión 7412
extensómetro deslizante 8968
exterior 3473
extracción 4326, 10897

extracción a reculones 767
extracción artificial por aire 270
extracción completa 1898
extracción con enmaderamiento
  reforzados por maderos 5440
extracción debajo de la galería de
  transporte 2700
extracción de bloques 1092
extracción de la roca 10896
extracción de la tubería de
  revestimiento 1484
extracción de la tubería vástago
  2980
extracción del petróleo 3486
extracción del techo roto 1524
extracción de material suelto en
  tajos 5789
extracción de muestras 2153
extracción de muestras con cable
  1352
extracción de muestras continua
  2073
extracción de muestras de pared
  5511
extracción de núcleos de gas 4207
extracción de núcleos descontinua
  9224
extracción de testigos 2153, 2160
extracción de testigos con cable
  1352
extracción de testigos con turbina
  10295
extracción de testigos de pared
  5511
extracción en avance 10901
extracción en galerías en
  disposición cuadriculada 3296
extracción en grupos simultáneos
  8878
extracción en tajos 5788
extracción frenada de roca suelta
  8043
extracción mecánica de muestras
  6079
extracción parcial 6860
extracción por aire 270
extracción por inyección de aire
  270
extracción progresiva 10901
extracción unilateral 10383
extractor 3490, 9211
extractor de muestras 2150, 8362,
  9211
extractor de núcleos 8362
extractor de testigos 2150, 8362
extradós 3491, 10519
extraer 4323
extraer de acuerdo con el clivaje
  10907
extraer de acuerdo con el clivaje

  ascendiente 10906
extraer el carbón 1768
extraer residous de excavación
  6340
extremo aguas abajo del tajo 1169
extremo aguas arriba del tajo
  10090
extremo del cable 1348
extremo de una corriente de
  turbidez 9831
extremo inferior del tajo 1169
extremo superior del tajo 10090
extrudir 3495, 9268
exudación 1081

fábrica 1288
fabricación de máquinas 5861
fabricante 5950
fabricante de equipo pesado 4622
facies 3516
facies de cristal 2289
facies fluvial 3930
facies marginal 5967
facies metamórfica 6125
facies pelágica 6914
facies petrolífera 7004
fácilmente trabajable 4103
factor de asentamiento 6931
factor de carga 5719
factor de carga de la red 9804
factor de carga de una central
  7193
factor de compresibilidad 1799,
  1927
factor de conductibilidad térmica
  9967
factor de dilatación 6931, 7578
factor de escala 8918
factor de estabilidad 9276
factor de formación 4011
factor de hundimiento 6931
factor de influencia de extracción
  7783
factor del relleno 9466
factor de planta 7192
factor de seguridad 8335
factor de tiempo 10064
factor de uniformidad de Kramer
  5439
factor de velocidad 9175
factores del medio ambiente 3301
factor granulométrico 4401
factor Q 7670
factor volumétrico del yacimiento
  7990
faja de cantos rodados 10476
faja de terreno 9549
fajina 3545
falso fraguado 3538
falso techo 1547

falta 8789
   con ~ de exposición 10354
falta de distorsión 4079
falta de ermeticidad del sistema hidráulico 10422
falta de estanqueidad del sistema hidráulico 10422
falta de nitidez 5453
falla 3553, 6523
falla activa 121
falla anormal 8069
falla antitética 488
falla cerrada 1749
falla compresional 1931
falla compuesta 1902
falla con cabalgamiento 6784
falla con rechazo hacia el pendiente 10448
falla con rechazo hacia el yaciente 2866
falla con salto 9558
falla curvilínea 2326
falla de ángulo cerrado 5805
falla de dislocación 9558
falla de estratificación 953
falla de plegamiento 3967
falla de rechazo horizontal 3775
falla de rumbo 9867
falla de tensión 9927
falla de transformación 10161
falla de traslación 10177
falla de traslape 6773
falla dextral 2613
falla diagonal 6570
falla direccional 9556
falla encorvada 2322
falla en declive 2243
falla en el funcionamiento 2799
falla escalonada 9385
falla giratoria 8291
falla gravitacional 4440
falla horizontal 4740
falla horizontal de desgarze 9558
falla inversa 8069
falla invertida 8069
falla longitudinal 5772
falla marginal 5968
falla muerta 2410
falla normal 6523
falla oblicua 6570
falla ortogonal 2695
falla paralela al plano de la estratificación 953
falla paralela y convergente 5423
falla perpendicular 2695
falla poco inclinada 5805
falla principal 2828
fallar 3521
falla radial 7707
falla rotacional 8290

falla rotativa 8291
fallas cruzadas 5243
falla secundaria 6218
falla sellante 8481
falla sinclinal 9792
falla sinistral 8894
falla transversal 10189
falla vertical 10555
falla vertical de desgarze 10919
fanglomerado 3539
fango 6341
fangolita 5849
fango marino 6629
fangos de perforación 2343
faro 918
fascio de venas de mineral 9430
fase de fumarola 4167
fase eruptiva 3374
fase explosiva 3452
fase final 1793
fases de construcción 2039
fase volcánica 10617
fatiga 3548
fatiga por vibración 10578
fauna 10854
fecha de recepción 1870
feldespatización 3587
feldespato 3585
félsico 3588
felsita 3589
fenómeno cárstico 5406
fenómeno de cavitación 7041
fenómeno de la cavitación 7041
fenómenos de rotura 1241
fenómenos explosivos 3453
fenómenos paravolcánicos 6855
fenómenos postvolcánicos 7354
fenotipo 7038
ferberita 3594
fergusonita 3595
ferrocarril 7730
ferrocarril de obra 8912
ferrocarril de trocha angosta 6413
ferrocarril de vía estrecha 6413
ferruginoso 3596
fetch 3598, 3599
fianza 6947
fibra de acero 9369
fibra de amianto 638
fibra de vidrio 4352
fibra neutral 6473
fibra sintética 9799
fibrocemento 3600, 4353
figura de interferencia 5204
fijar 3727, 8645
fijar con cuñas 2859
fijar con tarugos 2859
fijar en el hormigón 8487
fijar en hormigón 8487
fijar en situación y altura 5738

fijar la dirección 4583
fijar las coordenadas 7133
fijar tablas del techo 3728
fijar tablones del techo 3728
fila de entibos 8307
fila de estacas de techo 8305
fila de soportes 8308
fila de tirantes articulados de techo 8304
filamento de un vórtice 10643
filamento vorticoso 10643
filete de tubo 7140
filita 7086
filo de la barrena 1046
filogénesis 7087
filón 3064
filón de contacto 2052
filón en fisura 3720
filón escalonado 5457
filón hipotérmico 4923
filón mesotérmico 6114
filón principal 5924, 6316
filón rico 1117
filón secundario 3025
filón vertical 10547
filtración 3641, 5554
filtración de petróleo 7028
filtraciones 8537
filtración permanente 9362
filtrar 8535
filtro 3638, 3640
filtro centrífugo 1600
filtro cerámico 1607
filtro de aceite 6604
filtro de aire 262
filtro de cascajo 4432
filtro de gas 4216
filtro de líquido 5682
filtro de polarización 7295
filtro dren 2884
filtro eléctrico 3199
filtro hidráulico 4802
filtro inverso 8072
filtro magnético 5884
filtro mecánico 6082
filtro para pozos 10823
filtro polarizador 7295
filler 3626
final del fraguado 3648
final de tajo 3508
finamente estratificado 3657
finos 3660
finura 3658
fiordes 3744
fiordo 3744
firma del contrato 8847
firme 3679, 3680, 6880, 8109, 9286, 9287
firme flexible 3779
fisiografía 7091

fisura 2198, 3715
fisura capilar 6152
fisuración hidráulica 4804
fisura de la falla 3561
fisurado 2221
fisura imperfecta 5050
flecha 2447, 3781
flecha de flexión de una placa 2450
fleje de acero 9371
flexibilidad 3776
fleximetro 2451, 3785
flexión 982, 3784, 6256
flexura 3783
floculación 3818
floculado 3821
flocular 3815
flóculo 3814
flogopita 7042
flora 3862
flotabilidad 3795
flotación 2288
flotación de la arena 4617
flotador 3793
flotador hidrométrico 4884
fluencia 2207, 2210
fluencia superficial 9708
fluidez 3902
fluidímetro 3901
fluido 3895
fluido de inyección 5110
fluido de perforación hecho pesado 10798
fluidodinámica 3896
fluido hidráulico 4803
fluido transmisor de presión 7457
fluido viscoso 10602
fluir 3863, 10939
fluir afuera 9191
flujo 3867, 3868
flujo a presión 7456
flujo crítico 2231
flujo cumulativo de tesorería 2308
flujo de arcilla 3091, 6348
flujo de caja 1460
flujo de caja cumulativo 2308
flujo de caja final 10326
flujo de gas 6181
flujo de líquido 5683
flujo de un fluido 3898
flujo elástico-viscoso 3178
flujo en producción brotante 3926
flujo en tubería cerrada 1748
flujo final de tesorería 10326
flujo hacia el subsuelo 5085
flujo laminar 5476
flujo magnético 5886
flujómetro 3887, 7776
flujómetro de válvula 10489

flujómetro electromagnético 3206
flujo permanente 9361
flujo plástico 7199
flujo radial 7708
flujo subterráneo 10360
flujo tridimensional 10010
flujo turbulento 10298
flujo variable 10510
fluorita 3915
fluvioglacial 526
fluviometro 6052, 10703
flysch 3940
foco 3956
foco anterior 4142
foco de explosión 3448
foliación 3973
fondeadero 1003
fondo 775
fondo de amortización 8898
fondo de cubeta 10249
fondo de excavación 3409
fondo de la perforación 1137
fondo del lecho 941
fondo del pozo 1137
fondo del sondeo 1137
fondo rocoso 958
fonoaislante 103
forjado 3852
forjado de bloques huecos 4708
formación carbonífera 1778
formación cárstica 5401
formación de arco en el suelo 563
formación de carst 5396
formación de escamas 8413
formación de grietas 3721
formación de karst 5396
formación del mapa 2913
formación de los continentes 2069
formación de los valles 10472
formación de placas 3747
formación 7974
formación férrea 5324
formación geológica 4008
formación magmática de yacimientos 5875
formación petrolífera 7003
formación productiva 6890
forma de cristal 2289
forma de onda 10765
forma isocromática 5290
formaldeido 4006
formar 9638
formarse un talud 4007
fórmula de hinca 7114
fórmula de Morkill 6309
formulario de propuesta 4017
forrado de fricción 4129
forrado de rozamiento 4129
fortaleza del relieve 7932

fosa de amortiguamiento 7250, 8447
fosa de erosión 8439
fosa intercontinental 8097
fosa séptica 8617
fosa tectónica 3572, 4391, 8098
fosfatización 7043
fósil 4024
fósil característico 4541
fot 7044
fotocartógrafo 7045
fotoclinómetro de Schlumberger 8431
fotoelasticidad 7048
fotoelástico 7046
fotografía 7066, 7073
fotografía aérea 195, 196, 272
fotografía aérea de medición 281
fotografía aérea en colores 1854, 1855
fotografía a rayos X 8232
fotografía con eje horizontal 7072
fotografía de satélite 8392
fotografiar 7065
fotografías de distinta inclinación 668
fotografías de la misma inclinación 9790
fotografías divergentes 2806
fotografías oblicuas a la derecha 8105
fotografías oblicuas a la izquierda 5562
fotografías paralelas 6849
fotografías verticales y convergentes 5831
fotografía terrestre 9938
fotografía vertical 10549
fotográfico 7067
fotograma 7052
fotogrametría 7063
fotogrametría a dos imagenes 9397
fotogrametría a la plancheta 7181
fotogrametría de intersección 7181
fotogrametría de transformación 7835
fotogrametría por intersecciones 7064
fotogrametría por vistas aisladas 8887
fotogrametría terrestre 9937
fotogramétrico 7054
fotogrametrista 7053
fotogrametrista de campo 3619
fotomecánico 7074
fotómetro 7075
fotosíntesis 7076
fototeodolito de campo 3620

fototopografía 7078
fototriangulación 10220
fracción 4053
fraccionamiento isotópico 5317
fracción fina 3660
fracción limosa 8866
fractura 2366, 3522, 3528, 4054
fracturación 4060
fractura concoidal 1951
fractura cuneiforme 10789
fractura curvilínea 1951
fractura de corte 10309
fractura por desplazamiento 8971
fractura progresiva 7552
fractura quebradiza 1261
fragilidad 1262
fragmentación 4062
fragmentado 4063
fragmentos 4064
fraguado 8644
fraguado final del cemento 3649
fraguado inicial del cemento 5104
fraguado instantáneo 3763
fraguado instantáneo del cemento 3764
franja capilar 1410
franja litoral 10032
franklinita 4072
frasco de vidrio graduado 4354
fratasado 3798
frecuencia 4113
frecuencia de colocación de ademas 137
frecuencia de diaclasas 5363
frecuencia natural de cimentación 6423
frecuencia natural de fundación 6423
frecuencia propia 6422
frecuencímetro 4115
freno 1211
freno automático 8589
frente de ataque 10281
frente de avance 3507, 4601
frente de corriente de turbidez 6533
frente de extracción 3505, 3507
frente de extracción de avance ancho 581
frente de extracción sin ademas 7583
frente de galería 3996
frente 8161
frente transversal 2248
fresa 6183
fresa cónica 9859
fresador 7804
fresadora de engranajes 4238
fresco 4118
friable 2270, 4121

fricción 4123
fricción adhesiva 9344
fricción de deslizamiento 3071
fricción de fluido 3899
fricción del muro 10659
fricción interna 5226
fricción lateral 8925
fricción superficial 8924
frontera 1192
frontispicio 4143
fuente 9229
fuente artesiana 614
fuente de errores 9142
fuente de falla 3566
fuente de fusión 1244
fuente de la energía 9141
fuente kárstica colgada 6935
fuente luminosa 5625
fuente mineral 6198
fuente petrolífera 7029
fuente termal 9978
fuente vauclusiana 10518
fuera de alineación 9300
fuera de servicio 6745
fuerza 3982
fuerza activa 122
fuerza aplicada 122
fuerza ascensional 10426
fuerza centrífuga 1601
fuerza centrípeta 1606
fuerza cortante 8738
fuerza de corte 8738
fuerza de corte tangencial 9853
fuerza de empuje axial 750
fuerza de filtración 1413
fuerza de gravedad 4445
fuerza de inercia 5067
fuerza del viento 10860
fuerza de masa 5999
fuerza de presión adicional 9695
fuerza de reflexión 7384
fuerza de retorno 8034
fuerza de rigidez 9418
fuerza de sisamiento 8738
fuerza de sostenimiento 8015
fuerza de subpresión 10427
fuerza efectiva 122
fuerza ejercida 122
fuerza excitadora 3413
fuerza expansiva 3432
fuerza externa 3475
fuerza hidráulica estática 9346
fuerza hidrodinámica 3073, 4860
fuerza hidrostática 9346
fuerza interna 5225
fuerza mayor 3989
fuerza normal 6524
fuerza pasiva 6873
fuerza portante 1639
fuerza restauradora 8034

fuerza sísmica 8551
fuerza sísmica de masa 8550
fuerzas modales 6250
fuerza volumétrica 5999
fuga 5551
fugas 5554, 8536
fugas bajo los cimientos 10369
fulminante instantáneo 5148
fulminante retardado 10058
fumarola 4166
funcionamiento a carga parcial 6657
funcionamiento a plena carga 6656
funcionamiento contínuo 2076
funcionamiento de la máquina 8320
funcionamiento intermitente 5220
funcionario experto contra accidentes de trabajo 8345
función de velocidad 10526
fundación sobre pilotes 7117
fundación sobre pilotes flotantes 3810
funda del cable 1349
fundamentos geométricos 4297
fundamentos mecánicos 6078
fundamentos ópticos 6660
fundar 4026
funicular aéreo 1355
furgoneta 10497
fusible 4173
fusible automático 710
fusión 6101
fusión de las nieves 9048
fuste 8693

gabro 4177
galaxita 4179
galayo 8199
galena esquistosa 8428
galería 153, 154, 2305, 4180, 8166, 10277
galería abolonada 8237
galería alimentadora de presión 7481
galería aliviadora 7935
galería ciega 269
galería de acuífero 534
galería de aducción 4604, 4606, 5834
galería de alimentación 4606, 5834
galería de barras 1324
galería de cables 1354
galería de cargamento 5718
galería de circulación 10204
galería de desagüe 2921, 2922
galería de descarga 7935, 9835
galería de drenaje 2881

galería de expansión 3427
galería de extracción 2940
galería de inspección 5143
galería de inyección 4517
galería de limpieza 8438
galería de reconocimiento 152
galería de toma 525
galería de transformadores 10160
galería de transporte 2125, 5718
galería de válvulas 10490
galería donde se retira las ademas 8170
galería en manto 4230
galería en roca viva 9433
galería forzada 7396, 7481
galería hacia el frente 9826
galería intermedia 1591
galería oblicua 2341
galería para el trasporte de material 9673
galería para extracción 10874
galería principal de preparación 1176
galería que precede la frente de extracción 177
galería rectificada 5517
galerías 2811
galerías anchas en disposición cuadriculada 3295
galería sin ademas 7576
galería sobre la veta 4596
galería transversal 2242
galería transversal de comunicación 1242
galvanizado 4181
gama dinámica 3076
gancho 835
gancho de aparejo para tubería de revestimiento 1476
gancho de la cabeza de inyección 8278
gancho de pared 3699
gancho de perforación 2968
gancho de pesca 3699, 7092
gancho para barrena 1048
gancho pescabarrena 1048
ganga 4191
garaje de esclusa 5748
garantía 4529
garantía de calidad 7667
garantía de los parámetros de funcionamiento 4531
garganta 4382
gas 4199
gas ácido 92
gas de boca de pozo 1473
gas de pantano 5995
gas de pozo de petróleo 1473
gas desprendido 5603
gas escapado por una maniobra 10240
gases disueltos 2774
gas freático 7081
gas húmedo 1865
gas libre 4088
gas natural 1473
gas natural ácido 9144
gas natural dulce 9767
gas natural licuado 5680
gas natural sulfuroso 9144
gas natural virgen 7787
gasolina natural de boca de pozo 1474
gas pobre 5559
gas retenido 3293
gas rico 1865
gasto 2725
gastos de combustible 4153
gastos de explotación 8319
gastos de extracción 5612
gastos fijos 3734
gastos generales 6770
gastos proporcionales 5031
gasto total 6749
gato 5327, 8664
gato plano 3770
gavión 4178
géiser 4327
géiser de barro 6350
geiserita 4328
gel 4243
gelificación 4244
gelividad 4246
gemelos prismáticos 3614
gemología 4247
generación 6746
generación firme 3683
generador 4257
generador de caudal 3880
generador de energía hidráulica 4807
generador de flujo 3880
generador de potencia hidráulica 4831
generador hidráulico 4807
génesis del suelo 9092
genotipo 4258
geocronología 4264
geocronología isotópica 5318
geoda 4265
geodesia 4267
geodésico 4268
geodesta 4266
geodinámica 4271
geo-estadística 4309
geofísica 4308
geofísica de campo 3613
geofísica de explotación 3440
geofísica del ingeniero 3282
geofísica del medio ambiente 3304
geofísica de obra 3613
geofísica de prospección 3440
geofísico 4305
geófono 4304, 8567
geografía 4275
geohidrología 4276
geología 4287
geología ambiental 3302
geología aplicada 513
geología de caminos 8160
geología de campo 3612
geología de exploración 3439
geología del ingeniero 3280
geología del medio ambiente 3302
geología de los isótopos estables 9292
geología de minería 3439
geología de producción 7543
geología en la construcción de túneles 10279
geología estratigráfica 9512
geología estructural 9576
geología general 7088
geología glaciar 4348
geología histórica 4694
geología isotópica 5319
geología marina 5977
geología para la explotación de yacimientos petrolíferos 7021
geología subterránea 9636
geólogo 4286
geólogo especialista en reconocimiento de los suelos 3438
geólogo especialista en sondeos 3438
geólogo petrolero 7015
geomagnetismo 4292
geomecánica 4293
geomembrana 4295
geómetra 9753
geometría 4300
geometría descriptiva 2553
geométrico 4296
geomorfología 4302
geomorfología del ingeniero 3281
geomorfología del medio ambiente 3303
geomorfológico 4301
geoquímica 4263
geoquímica de los isótopos estables 9292
geosinclinal 4310
geotecnia 4313, 9094
geotecnia ambiental 3305
geotécnica 4313
geotécnico 4311
geotectónica 4314

geotermia 4320
geotérmico 4316
geotermismo 4320
geotermometría 4284
geotermómetro 4321
geotextil 4315
geotextil no tejido 6518
geotextil tejido 10917
geotextil tejido de punto 5437
germen de cavitación 1535
gestión de los recursos
  hidráulicos 10731
gimnasio 4553
giro 8288
giro azimutal 6575
giro horizontal 6575
giroscopio 4558
glaciacíon 4343
glacial 4331
glaciar 4344
glaciar continental 2062
glaciar de Hubbard 4770
glaciar de Humbolt 4773
glaciar de meseta 7212
glaciar de montaña 6328
glaciar de pie de monte 7094
glaciar de tipo alpino 333
glaciar de tipo Mustag 6398
glaciar de tipo Turkestan 10300
glaciar de valle 10474
glaciar de valle compuesto 1911
glaciar intermontano 5222
glaciar rodeado de montañas 5222
glaciar suspendido 4580
glaciología 4350
glaciomarino 4339
glacis rocoso desértico 6909
globular 4366
globulito 4367
gneis 4369
gneisoide 4370
GNL 5680
goetita 4376
golfo 4547
golpe de ariete 10706
goniometría 6053
goniométrico 4381
goniómetro 4380
goterón 8246
gótico 4384
gótico primitivo 3084
grada 976, 9383, 9426
grada de falla 3555
gradiente 4396, 4397
gradiente de carbonificación 1773
gradiente de humedad 6273
gradiente de la gravedad 4446
gradiente de potencial 7362
gradiente de presión 7459
gradiente de resistividad 8023

gradiente de salida 3420
gradiente de temperatura 9900
gradiente de tensiones 9535
gradiente geotérmico 4318
gradiente hidráulico 4809
grado 2474, 4392
grado de articulaciones 3776
grado de cavitación 2475
grado de consolidación 2476
grado de curvatura 2477
grado de desgaste 2482
grado de excavación 3488
grado de infiltración 5074
grado de intensidad 5183
grado de libertad 2479
grado de permeabilidad 3154
grado de saturación 2480, 6930,
  8395
grado de saturación de aire 287
grado de seguridad 8335
grado de tenuidad 8951
grado de viscosidad 2481
graduación 4406
graduación centesimal 1578
graduación sexagesimal 8689
gráfico 4425
gráfico de alturas 2623
gráfico de errores 3358
gráfico de la producción 7542
gráfico de plasticidad 7201
grafito 4428
grampa 1700
gran almacén 10666
granitización 4417
granito 4415
grano 4408
  a ~ fino 1755
  de ~ fino 3654
grano de una capa fotográfica
  4410
gran presa 5500
gran público 4253
granular 4419
granulometría 9108
granulometría continua 2074
  de ~ 10816
granulometría descontinua 4195
  de ~ 7318
granulométrico 4423
grauvaca 4449
grauwaca 4449
grava 4431
grava de playa 916
grava de río 9517
grava fluvial 9517
grava rodada 9517
grava volcánica 10616
gravedad al aire libre 4075
gravedad observada 6580
gravera 4434

gravilla con riego asfáltico 1790
gravimetría 4438
gravímetro 4436
gravímetro astático 663
gravitación 4439
gres arcilloso 592
gres calcáreo 1366
grieta 2198, 2220, 3715, 5359
grieta de disecación 6345
grieta de tracción 9925
grieta lateral 5964
grieta marginal 5964
grietas causadas por presión 7446
grietas paralelas en el manto 780
grietas secundarias de clivaje
  1326
grifo de cierre 5298
grosularia 4469
grúa 2202
grúa de la torre 2546
grúa de levantamiento 4700
grúa de pórtico 4192
grúa derrick 2546
grúa giratoria 8117
grúa móvel 10201
grúa móvil 6771, 8591
grúa para terreno escabroso 8299
grúa-pórtico 4192
grúa sobre orugas 10145
grúa sobre ruedas 10840
grúa todo-terreno 8299
grúa viajera 6771, 10201
grueso 5848
grupo bomba/turbina y
  motor/generador con sentido
  invariable de rotación 5279
grupo compresor 1942
grupo de bombas a motor 7386
grupo de elementos de sostén
  controlados 8621
grupo de pilotes 7118
grupo de pozos 4503
grupo de venas mineralizadas
  9430
grupo en conservación 10398
grupo en reparación 10399
grupo funcionando como
  descargador 10394
grupo reversible bomba/turbina y
  motor/generador 8076
grupos de reserva 9157
grupos turbogeneradores 4862
grupo turbogenerador
  hidroéléctrico 4863
gruta 1512
guadi 10652
guano 4528
guantes de amianto 639
guardabarros 6351
guardacorpo 4535

guarda de la esclusa 5747
guardalado 4535
guía 4538
guía de la zapata 8778
guía de resorte 9231
guía de válvula 10491
guía en el espacio 9149
guía telescópica 9894
guija 8772
guijarro 6903
guinche 4699
guinche para colocación 8675
gunita 4549, 8792

habilidad 12
habitat 4561
hacer coincidir 1257
hacer saltar 1064
hacer sobresalir 7556
hacer una galeria debajo de 3009
hacer un pedido 6678
hacer un pedido a X 7156
hacer voladizos 7556
haces 819
haces de rectas 6920
hacia adelante 6618
hadal 4562
halo 4563, 4567
halo de alteración 338
halo de escape 5556
halo en la roca encajante 10661
haloysita 4714
haz de rayos 6919
haz de rayos láser 5504
haz de rayos nucleales 3321
HCR 8219
helada 4144
helada en el terreno 4152
helero 9045
heliótropo 4952
hematita 7842
hemisferio 4644
hendidura 1734, 8096
hermeticidad 10038
herramienta 10083
herramienta de pesca 3705
herramienta de pesca magnética 5885
herramientas 10085
herramientas de fresar 6186
herramientas de perforación 2992
herramientas desviadoras 2446
heterogéneo 4648
heulandita 4652
hiato 4196
hidratación 4782
hidratación del cemento 4783
hidratar 4781
hidrato 4780
hidráulica 4835

hidráulica fluvial 8147
hidrobomba 4833
hidrocarburo 4848
hidrocarburo aromático 600
hidrocarburo asfáltico 651
hidrocarburo de cadena abierta 6632
hidrocarburo gaseoso 4214
hidrocarburo líquido 5684
hidrocarburo parafínico 6838
hidrocarburo saturado 6632
hidrociclón 4853
hidrocinética 4859
hidrodinámica 4859
hidrodinámico 4854
hidroenergética 4892
hidroexplosión 4865
hidrófono 4889
hidrógeno 4866
hidrogeología 4869
hidrogeología cárstica 5397
hidrogeoquímica 4868
hidrografía cárstica 5398
hidrograma 4870
hidrograma de crecida 3840
hidrograma unitario 10391
hidrolacolito 7132
hidrólisis 4875
hidrología 4874
hidrología cárstica 5399
hidromecánica 4877
hidrometeorología 4879
hidrometría 4887
hidrómetro 200
hidrómetro electromagnético 3211
hidromotores 4826
hidroquímico 4851
hidrostática 4898
hidrostático 4894
hidroválvula 4792
hidróxido sódico 9066
hielo de fondo 863
hielo flotante 3806
hielo viscoso 4074
hierro angular 401
hierro ángulo 401
hierro de alas anchas 2652
hierro oolítico 5275
higrometría 4907
higrómetro 4906
higrómetro eléctrico 3193
higroscopicidad 4908
hilera de entibos 8307
hinca de pilotes 3016
hinca de pilotes 7112
hincar 8895
hinchamiento del piso 9771
hinchamiento por el hielo 4148
hinchamiento producido por la

helada 4148
hinchar 2209
hincharse 9768
hinchazón 9770
hinchazón del piso 2212
hipérbola 4909
hiperciclotema 4917
hiperestereoscopia 4918
hipocentro 3956
hipogénico 4919
hipolimnion 4921
hipomagma 4922
hipótesis 662
hipótesis de calculo 2557
hipótesis de carga 2565
hipótesis de construcción 2028
hipótesis nebular 6447
hipsometría 346
histéresis de cavitación 1533
hito 918, 9751
hito de límite de concesión 1193
hito de medición 1193
hito de mensura 1193
hoja de la barrena 1046
hojosidad 3973
hojoso 5471, 5477
holgura 781
Holoceno 4715
hombre
  el ~ de Heidelberg 4627
hombre de Cro-Magnon 2239
hombre de Heidelberg 4627
hombre de la calle 5941
hombre-rana 2804
homogéneo 4717
homólogo 4723
horas de insolación 4762
horas de punta 6896
horas de utilización 7192
horizontal 100
horizontalidad 5596
horizontal principal de la imagen 757
horizonte 4729, 4279
horizonte acuífero inferior 5069
horizonte de extracción 6215
horizonte de la imagen 4752
horizonte del suelo 9093
horizonte de recurrencia 7839
horizonte de reflexión 7862
horizonte eluviado 3233
horizonte eluvial 3233
horizonte gasífero 4202
horizonte guía 5986
horizonte iluviado 4954
horizonte natural 4274
horizonte petrolífero 7003
horizonte productivo 6884
hormigón 1956
hormigonado en tiempo frío 1833

hormigonado sin encofrado 7159
hormigon aireado 186, 245, 258
hormigón al vacío 10465
hormigón amasado en central 7194
hormigón amasado en ruta 10172
hormigón amasado in situ 5137
hormigón apisonado 9848
hormigón a prueba de fisuración 6505
hormigonar 1487, 7368
hormigón armado 7897
hormigón armado con fibras de acero 9370
hormigón armado postensado 7353
hormigón asfáltico 647
hormigón asfáltico de granulometría abierta 6639
hormigón asfáltico de granulometría cerrada 2502
hormigón asfáltico en frío 1828
hormigón bituminoso 647
hormigón capilar 1408
hormigón celular 1549
hormigón centrifugado 9256
hormigón ciclópeo 2350
hormigón compactado con rodillo 8219
hormigón de alquitrán en caliente 4760
hormigón de alta resistencia 4684
hormigón de alta resistencia inicial 4660
hormigón de asbesto 637
hormigón de asfalto 647
hormigón de asfalto en frío 1828
hormigón de barita 860
hormigón de basalto 865
hormigón de cemento 1556
hormigón de cenizas volantes 3936
hormigón de consistencia rígida 10973
hormigón de cualidad controlada 7669
hormigón de elementos prefabricados 7399
hormigón de endurecimiento lento 9008
hormigón de fibra de acero 9370
hormigón de fraguado lento 9012
hormigón de ligante bituminoso 647
hormigón de ligante bituminoso en frío 1828
hormigón de limonita 5650
hormigón de limpieza 3520
hormigón de magnesia 5876
hormigón de magnetita 5893

hormigón de paramento 3520, 5930
hormigón de piedra pómez 7624
hormigón de polímeros 7311
hormigón de primera fase 3688
hormigón de relleno 5930
hormigón de relleno de cavidades 2520
hormigón de resina 8010
hormigón de resina vinylica 10593
hormigón de segunda fase 8513
hormigón endurecido al aire 252
hormigón en masa 6001
hormigonera 1957, 1968
hormigonera basculante 10047
hormigonera de eje inclinado 5017
hormigonera de tambor 6826
hormigonera horizontal 4734
hormigón expansivo 4663
hormigón fino rociado 8792
hormigón fresco 4452
hormigón graso 8091
hormigón hidrófugo 10728
hormigón mezclado en seco 3034
hormigón ornamental 6705
hormigón para obras marítimas 8497
hormigón para proyectar 8792
hormigón para trabajos en agua de mar 8497
hormigón parcialmente pretensado 6864
hormigón pesado 5715
hormigón plástico 7198
hormigón pobre 5558
hormigon poroso 186
hormigón prefabricado 7399
hormigón preparado 7801
hormigón pretensado 7484
hormigón reforzado 7897
hormigón resistente 9575
hormigón rico 8091
hormigón seco apisonado 3043
hormigón seco de relleno 3039
hormigón simple 10413
hormigón sin armar 10413
hormigón Siporex 8905
hormigón vertido in situ 5137
hormigón vibrado 10569
hornacina 6484
hornillo 6188
horqueta 1011
horquilla 832, 7905, 10954
"horst" 4754
hoya de falla 3572
hoya de lava 5533
hoyo 1506
hoyo de explosión 1106

hoyo de prueba 9948
hoyo de socavón 8442
hoyo limpio 4089
hubnerita 4771
hueco 10649
hueco para el entibo 7584
hueco para el pie de entibo 3470
hueco para extracción de muestras 2151
hueco para extracción de testigos 2151
huelga 9553
huelga ilegal 10412
huelga salvaje 10412
huelgo 781
huella de cristal de hielo 4933
hum 4772
humedad 4775, 10692
humedad atmosférica 674
humedad de compactación 7157
humedad del suelo 9096
humedad intrínseca 5093
humedad libre 4093
humedad natural 6434
humedad superficial 9714
humedecimiento 10708, 10836
húmedo 2377
humus 4778
hundimiento 1517, 8351, 8678, 9022, 9627
hundimiento circular 3564
hundimiento de suelo 5492
hundimiento final 3548
hundimiento neto de un pilote 6470
hundimiento parcial 6867
hundimiento total 4162
hundirse 1516, 8676
hystéresis 4924

ibón de cráter 2205
Ic 2013
icnofósil 4943
icnología 4944
idiomórfico 3387
iglesia 1680
ignimbrita 4950
igualando 3927
igualar 1883
ilmenita 4956
iluminación 5621
illita 4951
illuviación 4955
imagen desenfocada 6537
imagen en el espejo 6225
imagen nítida 8730
imán de pesca 3700
imbibición 4964
imbricación 230, 4966, 5214
impedancia acústica 105

imperfecto 5026
impermeabilidad 4981
impermeable a la luz 5622
implosión de las burbujas cavitacionales 4988
imprecisión 5001
impregnado 4994
impregnar 4993
impresión 3458
impresionar 3456
impresión de profundidad 4997
imprevistos 2070
impulso de una fuerza 5000
impulso para deslizamientos 8989
impulso rotativo 10036
imputrescible 2419
inauguración 5004
incertidumbre de medición 10339
incidencia económica de los factores del medio ambiente 3121
inclinable 10045
inclinación 2693, 5010, 8994
inclinación de la cámara 5011
inclinación de la falla 2698
inclinación de la superficie por hundimiento del terreno 10044
inclinación de talud 9000
inclinación lateral 9776
inclinado 5014, 9783
inclinar 5012
inclinar respecto al horizonte 10043
inclinómetro 5023
inclusión 5024
incoherente 6503
incompetente 5025
incompleto 5026
incorporado 3259
incremento 5030
incremento de presión 5029
incrustación 5033
indemnidad 5035
indemnizaciones 1888
indemnización por ocupación temporal 1889
indemnizar 5034
indicador 5041
indicador de alteración de superficie 9724
indicador de bola 808
indicador de convergencia 2117
indicador de deformación del techo 8253
indicador de deformación lateral 5518
indicador de deformación longitudinal de perforación 1136

indicador de deformación transversal de perforación 1140
indicador de desgaste de la barrena 3051
indicador de desplazamiento 2766
indicador de desviación longitudinal de perforación 1136
indicador de desviación transversal de perforación 1140
indicador de inclinación respecto al horizonte 10049
indicador de la inclinación 5042
indicador de nivel 3903, 7343
indicador de peso 2971
indicador de posición 7343
indicador de presión del aire 275
indicador de profundidad 2530
indicador de temperatura 9899
indicador de variación del pendiente 8253
indicador geobotánico 5043
indicador vegetal 5043
indicator de nivel de tipo flotador 3805
índice 3960, 4407, 8839
índice de amasado 7948
índice de calidad de la roca RQD 8312
índice de compresión 1932
índice de consistencia 2013
índice de decantación 10195
índice de densidad 2514
índice de floculación 3820
índice de fluidez 3881, 5685
índice de hidrógeno 4867
índice de hinchamiento al crisol 4099
índice de huecos 7323
índice de liquidez 3881, 5685
índice de penetración California 1378
índice de poros 7323
índice de resistividad 8024
índice de retracción 8804
índice de viscosidad 10600
índice de voladura 1077
índice di plasticidad 7203
índice específico de productividad 9165
índice móvil 3807
índice virtual 10595
indicio de gas 4218
indicio de petróleo 7017
indistinto 5049
inducción magnética 1338
industria de construcción de máquinas 5856

inercia 5066
inexacto 5002
infiltración 5072, 8537
infiltración de agua 10733
infiltrar 8535
influido por labores a niveles superiores 5082
influido por labores inferiores 5083
informe de actividades 7553
informe de anteproyecto 7424
informe de ensayo 1611
informe de factibilidad 3575
informe definitivo 3647
informe de perforación 1153
informe de viabilidad 3575
informe preliminar 5007, 7424
informe provisional 7602
informe sobre la calidad de un emplazamiento 8906
informe sobre un proyecto 7557
infrarrojo fotografiable 7069
infrarrojo lejano 3544
infrasonido 5091
ingeniería 3277
ingeniería de cimientos 4029
ingeniería del control automático 717
ingeniería del medio ambiente 3299
ingeniería de minas 6213
ingeniería de proyecto 2562
ingeniería de sanidad 8386
ingeniería de seguridad de los sistemas 9814
ingeniería de yacimientos 7977
ingeniería económica 3278
ingeniería electrónica 3213
ingeniería hidráulica 4799
ingeniería hidroeléctrica 4892
ingeniería mecánica 5856
ingeniería sismológica 3100
ingeniero 3276
ingeniero consultor 2044
ingeniero consultor en construcciones antisísmicas 3101
ingeniero de los lodos de perforación 2964
ingeniero de minas 6212
ingeniero de perforación 2961
ingeniero de proyecto 7561
ingeniero jefe de perforación 2990
inhomogéneo 5095
iniciar la perforación 9253
iniciar la producción 1866
inmediatamente portante 3083
inmerso 4969
inmiscibilidad líquida 5678

inmovilizado 4378
insecto 5133
in situ 5136
insolación 3461
insonorización 9136
inspección 9872
inspección en el lugar de
    utilización 6625
inspección en sitio 6625
inspección exterior 3472
inspección interna 5123
inspección visual 3472, 10605
instabilidad absoluta 26
instalación de acondicionamiento
    del aire de alta velocidad 4686
instalación de aire comprimido
    1921
instalación de alarma 292
instalación de áridos 231
instalación de bombas 7635
instalación de bombeo 7635
instalación de cribado 8459
instalación de ensayos de
    turbomáquinas hidráulicas en
    tamaño natural 9320
instalación de la máquina en el
    lugar de servicio 3339
instalación de la máquina en su
    lugar de montaje 3339
instalación de las máquinas 5145
instalación de machaqueo 2276
instalación de medición 6062
instalación de mezcla 9095
instalación de piezómetros 7102
instalaciones de obra 6624
instalaciones eléctricas 3184
instalaciones en la superficie
    9721
instalación hidráulica 7246
instalación nueva 6480
instalar tubos nuevos 8057
installaciones fijas 3737
installaciones para abastecimiento
    de agua 10742
installaciones para suministro de
    agua 10742
instantánea 5151
instrucción de montaje 5155
instrucción de servicio 8633
instrucciones de explotación 6647
instrucciones de maniobra de
    compuertas 3839
instrucción para el manejo 8633
instrucción para la reparación
    7956
instrumentación 5160
instrumentar 5161
instrumento 5158
instrumento de medición 6070
instrumento de nivelación 5593

instrumento fotogramétrico 7059
instrumento hidrométrico 4885
instrumento para palpar 3582
instrumento topográfico minero
    6200
instrumento universal 10405
intacto 10424
intemperización 10779
intensidad de cavitación 5184
intensidad de corriente eléctrica
    3191
intensidad de la cavitación 5184
intensidad de tráfico 2519
intensidad sísmica 8552
intensificador hidráulico 4813
interacción entre suelo y
    estructura 9106
intercalable 8051
intercalación 5024, 5191
intercalación arcillosa 8711
intercalación de maderos 5543
intercalación esteril 2717
intercalarse 3865
intercambiador de calor 4612
intercambio isotópico 5316
intercara 5202
intereje 2780
interés económico de un proyecto
    3122
intereses de demora 5200
intereses durante la construcción
    5199
intereses por mora 5200
interestratificación 5190, 5191
interestratificación de distintas
    facies 5212
interferencia 5203
interferencia de los pozos 5205
interferometría 8430
interfluvio 5208
interpenetración de los granos
    4409
interpolación 5236
interpolación de un punto 7268
interpretación 5238
interpretación cuantitativa 7672
interpretación de los diagramas
    5764
interpretación de resultados 5239
interruptor 9779
interruptor automático de
    seguridad del nivel mínimo
    5829
interruptor de arranque 9332
interruptor de hombre muerto
    2413
interruptor de llave 5424
interruptor de nivel 5598
interruptor de proximidad 7606
interruptor de pulsador 1330

interruptor de vacío 10468
interruptor de volquete 10079
interruptor limitador 5645
interruptor volcador 10079
intersección 5244, 5245
intersección cónica 2000
intersectar 5241
intersectar directamente 5242
intersticio 7321
intersticio capilar 1411
intersticio por disolución 9131
intersticio subcapilar 9597
intersticio supercapilar 9658
intervalo de cargas 7764
intervalo de tiempo 10066
intervalo entre sismómetros 8569
intradós 5249
intradós de la viga 9071
intrusión de agua 10710
intumescencia 7911, 9732
inundación 3825, 3841
inundación de un pozo 10814
inundado 9903
inundar 3824
invar 5258
invasión 5259
invasión de agua 5132, 10710
invasión de las aguas al
    yacimiento 3132
invasión de las aguas de orilla
    3132
invasión de las capas permeables
    5260
inventario de los recursos
    hidráulicos 5261
inversión de los rayos luminosos
    8063
inversión del procedimiento
    fotográfico 8064
inversión del relieve 7933
inversión por espejo 6226
inversión total 1415
inversor 5262
inversor hiperbólico 4913
invertido 5264
investigación de cavitación 5268
investigación de laboratorio 5445
investigación de roca 8204
investigaciones acústicas 107
investigaciónes in situ 5128
investigación experimental 3434
investigación por rayos X 10924
inyección 4511
inyección de abajo a arriba 10441
inyección de agua en un pozo
    10814
inyección de aire comprimido 256
inyección de arriba a abajo 9298
inyección de cemento 1561
inyección de consolidatión 2018

inyección de contacto o de
    pegado 2046
inyección de impermeabilización
    4985, 7460
inyección de las juntas 5365
inyección de relleno 1544
inyección de resina 8011
inyección de retaque 1544
inyección de sellado 387
inyección forzada 3984
inyección invertida 8066
inyección media por día 734
inyección por tramos ascendentes
    10441
inyección por tramos
    descendentes 9298
inyección por tubos con
    manguitos 8948
inyección selectiva de agua 8577
inyectabilidad 4506
inyectabilidad de la lechada de
    cemento 3910
inyectar 4504, 5108
inyectar lechada 1561
inyector 5116
inyector de combustible 4154
inyector de lechada de cemento
    1562
irradiación 7716
irregularidades de funcionamiento
    5277
irrigación 5280
irrupción de agua 5132
isla artificial 632
isla continental 2063
isla de carbón 6
isla de cordón libre 855
isla oceánica 6587
isobara 5284
isocentro 3951
isoclinal 5292
isocora 5287
isocromático 5288
isócrona 5291
isograda geoquímica 4261
isohipsa 5296
isomorfismo 5302
isopaque 5303
isostasia 5306, 5312
isotropía 5323
isótropo 5322
isoyeta 5294
itinerario 10205
itinerario de nivelación 5664
itinerario taquimétrico 9822
izquierda
    a ~ 5564

jabalcón 7648
jade 5334

jalón 7768, 7769
jalonear 5989
jardín 4198
jardín colgante 8244
jardín pensil 8244
jaula de seguridad 8331
jefe de grupo 2949
jefe de la perforadora 8115
jefe del proyecto 7565
jefe de obra 2089, 7565
jefe de perforación 1152, 2949
jefe de proyecto 7560
jefe de sondeo 2949
juego 781
juego de cuatro 4046
juego de herramientas 10086
juego de lentes 8651
juego de rotores 8296
jumbo 5376
junta 5357, 5358
junta 4126, 4351
junta accidental de hormigonado
    1829
junta articulada 619
junta a traslape 5497
junta con envuelta flexible 8478
junta de bridas 3752
junta de cimentación 4033
junta de cizallamiento 8739
junta de cohesión 1821
junta de construcción 2036
junta de contracción 2085
junta de control 2096
junta de corte 8739
junta de desmontaje 8987
junta de dilatación 3428, 3429,
    6333
junta de estanqueidad 10739
junta de estratificación 948, 951
junta de expansión 3429
junta de laberinto 5449
junta dentada 8745
junta de retracción 2085
junta de sellado 8484
junta de separación 5300
junta de tubería de revestimiento
    1466
junta de viscosidad 10601
junta electromagnética 3209
junta entre tongadas 4741
junta fría 1829
junta hembra-hembra 1204
junta hidráulica 3911, 4827
junta horizontal 954
junta kelly 5417
junta longitudinal 5773
junta perimetral 6961
junta por medio de anillos "O"
    6704
juntas 5381

juntas de construcción 2037
junta sin contacto 2048
junta transversal 10190
Jurásico 5383
Jurásico inferior 5602
Jurásico medio 6172
Jurásico superior 10430

"kame" 5386
karst con torretas 10136
karst cubierto 2193
karst descubierto 6405
karst desnudo 6405
karst en hielo 9985
karst fósil 2193
karst profundo 2434
karst somero 8715
karst subterráneo 9641
karst superficial 8715
kelly octogonal 6590
kerogenita 5419

laberinto de cierre 5449
laborabilidad 10893
laboratorio 5443
laboratorio de análisis 378
laboratorio de diagrafía 5763
labor ciega 269
labores abandonadas 4374
labores de acceso y preparación
    2597
labores mineras 2932
labores mineras angostas 6415
labores progresivas 7377
labradorita 5447
lacolito 5452
lacuna estratigráfica 4196
ladera 8993
ladrillo 1248
ladrillo bóveda 553
ladrillo cocido al sol 169
ladrillo de bóveda 553
ladrillo de cuña 553
ladrillo en cuña 553
ladrillo hueco de cemento 4709
ladrillo refractario aligerado 349
ladrillo secado al aire 169
ladrillo silícico 8850
lago 5466
    del ~ del relleno 4375
lago artificial 7971
lago cárstico 5403
lago de lava 5532
lago glaciar 4337, 7550
lago para usos recreativos 5468
lago residual 7929
laguillo cárstico 5403
laguna 4193
lahar 5464
lahar de lluvia 7741

lámina 5474, 6013
lámina aireada 585
laminación 5478
laminación de la crecida 7978
lámina de hielo 8754
lámina deprimida 6408
lámina de sellado 8484
laminado 5477
laminar 7218, 9269
lámina vertiente 6410
lámina vertiente en caída libre 4083
lámpara de precalentamiento 7421
lámpara de seguridad 8342
lámpara de señales 8846
lámpara de sodio 9070
lámpara de vapores de sodio 9070
lámpara para niebla 3965
lanza de agua 10678
largero 9995
largo de extracción en el rumbo 5608
largo de la via de la carga intercalada 10938
largo de tajo 3510
largo real 7167
láser 5502
lastre 803, 9140
laterita 5520
lateritización 5521
latitud 5522
latitud polar 7296
latosol 5523
lava 5524
lava afrolítica 1
lava basáltica 866
lavado 8123, 10674
lavado con ácido 98
lavado con chorro de arena 8370
lavado directo 9476
lavado inverso 5045
lavado 10676
lavar 8122
lazo 5790
lazo de histéresis 4925
lectotipo 5561
lectura 7794
lectura de piezómetros 7800
lectura por microscopio 7795
lectura por reflexión 7796
lechada 4505, 5465
lechada a base de resina epoxídica 3326
lechada a base de silicato de sodio 1650
lechada bentonita-cemento 997
lechada bituminosa 1054
lechada de asfalto 1054
lechada de base 6858

lechada de bentonita 998
lechada de betún 1054
lechada de cemento 1560
lechada de resina epoxídica 3326
lechada estable 9291
lechada química 1650
lecho 942, 943, 1629
lecho de fondo móvil 6240
lecho de hormigón 947
lecho estable 9288
lecho fluvial 8140
lecho 5541
legalización 10541
legislación de la vivienda 4766
lengua de lava 5536
lente 5573
lente colectiva 2120
lente de arena 8374
lente de arena petrolífera 7007
lente de enfoque 3959
lente de lectura 5900
lente divergente 2805
lenteja de hielo 4939
lentejón 5573
lentejón de hielo 4939
lente petrolífera 7007
lepidoblástico 5582
lepidolita 5583
levantamiento 4616, 5494
levantamiento aéreo 195, 279
levantamiento aéreo con poca inclinación a la vertical 5832
levantamiento aéreo con poca inclinación al horizonte 4674
levantamiento aerofotográfico 195, 279
levantamiento aerofotográfico en una faja 197
levantamiento aerofotogramétrico 206
levantamiento anticlinal 473
levantamiento catastral 1357
levantamiento de alturas 346
levantamiento de costa 1786
levantamiento del piso 1177
levantamiento de piso 3858
levantamiento en mar abierta 6597
levantamiento estereofotogramétrico 9396
levantamiento forestal 4000
levantamiento fotogramétrico 7061
levantamiento geomagnético 4291
levantamiento planimétrico 7185
levantamientos de extensión 583
levantamiento taquimétrico 9821
levantamiento terrestre 9938
levantamiento topográfico 10098

levantar 4615
levantar topográficamente 9742
levantar una poligonal 5928
levigación 3231
levigador 3232
ley de composición de los errores 5538
ley de Darcy 2394
ley de Darcy de resistencia hidráulica 2392
ley de Hooke 4727
ley de la refracción 7868
ley de la semejanza dinámica 5539
ley de la similaridad dinámica 5539
leyes de semejanza 8873
ley reológica 9544
ley tensión-deformación 9544
librería 1125
libreta de campo 3606
licencia de construcción 1293
licitación 5270
licitador 9915
licuación 5677
licuefacción 3092, 5679
lidita 5850
ligadura 7905, 9763
ligante 1016
ligante de un suelo 9084
lignito 5627
lignito A 5628
lignito B 5629
lignito C 5630
lignito pardo 9073
limbo 4735
limbo acimutal 4735
limbo cenital 10552
limbo graduado 4404
limbo vertical 10552
limitador de potencia 7383
limitador de presión 7464
limitador de sobrevelocidad 6782
limitador de velocidad 10528
límite 5635
límite agua-petróleo 3133
límite cubierto por los seguros 5174
límite de adherencia 148, 9416
límite de arrastre 2213
límite de contracción 8805
límite de deformación 10953
límite de detección 2572
límite de elasticidad 3170, 10952
límite de esfuerzo 9537
límite de explotación 6887
límite de extensibilidad 9929
límite de flexión 10948
límite de floculación 3819
límite de flujo 10949

límite de la cuenca 1495
límite del agua marginal 3133
límite de las nieves 3685
límite de liquidez 683
límite del pulimento glaciar 5640
límite de nieve perpetua 9047
límite de proporcionalidad 5641
límite de resistencia 1232, 9525
límite de resistencia a la presión interior 5231
límite de retracción 8805
límite de rotura 1228
límite de seguridad 8343
límite de tensión 5639
límite elastico 10951, 10952
límite inferior de extensibilidad 5820
límite inferior de plasticidad 5814
límite líquido 683
límite líquido de Atterberg 683
límite plástico 7205
límite plástico superior 10433
límite reológico de deformación 8083
límites de aplicabilidad 5643
límites de Atterberg 680
límites de consistencia 2014
límites de consistencia de Atterberg 680
límites de explotación 5644
límites de la ampliación 7765
límites de plasticidad 7202
límites de utilización 5644
límite superior de extensibilidad 10438
límite superior de plasticidad 10433
limnígrafo 10712
limnímetro 5646, 10704, 10711
limnología 5647
limnoplancton 5648
limo 5728, 8863
limolita 5649, 8867
limoso 8870
limpiador mecánico de rejillas 8458
limpiar una rejilla 1725
limpiar un talud 1729
limpiatubos de seguridad 8339
limpieza 1726, 3919
limpieza de la capa vegetal 9568
limpieza del emplazamiento 8908
limpieza del pozo 1141
limpieza del taladro 1141
limpieza del terreno 1730
limpieza por inundación inversa 5045
línea 5652
línea andesítica 399
línea anticlinal 470

línea de agua 4808
línea de arranque 9234
línea de arranques 9237
línea de base 875
línea de base de las arcillas 8710
línea de buzamiento 5662
línea de carga 3273
línea de corriente 3885
línea de derrumbe 1230
línea de estacas de sostén 5665
línea de filtración 8540
línea de fuga 10501
línea de intersección 5663
línea de inyección 5111
línea de la costa 1785
línea de la orilla 9488
línea de límite 5635
línea de manantiales 5667
línea de nivel 5296
línea de nivelación 5664
línea de pié de aguas arriba 4626
línea de presión 6927
línea de referencia 8668
línea de rumbo 5668
linea de saturación 8540
línea de sostenimiento 10023
línea de union 2003
línea de un vórtice 10644
línea de vuelo 3788
línea elástica 3171
línea equipotencial 3334
línea isoclinal 5293
línea isosísmica 5305
línea isostática 5312
lineal 5653
línea piezométrica 7105
líneas de fuerza 5673
líneas Wallner 10660
línea vertical 7248
línea vorticosa 10644
linterna de seguridad 8342
liquefacción del carbón 1774
liquidación definitiva 3643
líquido 5681
líquido hidráulico 4803
liso 8956, 9029
lista de empresas invitadas 8580
lisura de la superficie 9727
lisura de la superficie de la pared 9727
lítico 5689
litificación 5690
litigios 2771
litoestratigrafía 5694
litofacies 5691
litomagnetismo 8190
litoral 5696
litosfera 5692
litotipo 5695
lixivación 5547

lixiviación 5703
lixiviado 5546
lixiviar 5545
localización 5739
localización de las fugas en un pozo 9203
localización del pozo 2972
localización del sondeo 2972
locomotora 2822, 5754
lodo 6341, 9025
lodo a base de agua 10685
lodo activo 119
lodo aireado 187
lodo arenoso 8384
lodo bentonítico 998
lodo cálcico 5632
lodo como agente activo de superficie 9731
lodo como agentes tensioactivos 9731
lodo con bajo contenido de sólidos 5836
lodo con fuerte contenido de sólidos 4680
lodo contaminado 2054
lodo de agua de mar 8498
lodo de agua dulce 4120
lodo de agua salada 8360
lodo de alto pH 4675
lodo de circulación 2976
lodo de circulación a base de silicato de sodio 9069
lodo de emulsión de petróleo a base de agua 10686
lodo de perforación 2976
lodo de perforación a base de silicato de sodio 9069
lodo emulsionado 3258
lodo emulsionado con gas 4208
lodo emulsionado inverso 5266
lodo en servicio 119
lodo inhibido 5094
lodo para perforación rotativa 8270
lodo pesado 4620, 5716
lodo regenerado 7876
loess 5757
logaritmo 5759
lomo de asno 5413
lomo de perro 4698
longitud 5570, 5770
longitud de coronación 2216
longitud de la ola 10767
longitud de la tubería vástago 3006
longitud del contrafuerte 5571
longitud del embalse 5572
longitud de ola 10767
longitud de onda 10766
longitud de solape 5498

longitud estirada 4165
longitud extendida 4165
longitud mínima 1750
losa 8933
losa de cimentación 4031, 4041, 7728
losa de xilolita 10927
lubricación automática 712
lubricación con niebla 6230
lubricador para cable 8260
lubricante de extrema presión 3494
lubricidad 5843
lugar de ensamblaje 7158
lugar del bulon de anclaje 383
lugar de montaje 7158
lugar de obras 2041
lugar de relleno 7153
lugar de reproducción 1247
lugar geométrico 5755
lugar opuesto de extracción 2182
lugar permanente de trabajos mineros 7278
lumbrera del pozo de oscilación 9735
luminosidad
 de gran ~ 9572
 de poca ~ 6602
luminosidad de un objetivo 9526
luminoso 9572
lupa 5900
lutita 5849
lutita bituminosa 1057
lutita hinchanda 4618
luz 9155, 10847
luz de día 2406
luz destellante 1085

llana 3794
llana para aristas 1622
llanura abisal 53
llanura aluvial de lavado 3932
llanura aluvial fluvioglaciar 3932
llanura de abrasión marina 7164
llanura de erosión marina 7164
llanura 3766
llave automática 7395
llave de bóveda 555
llave de cadena 1616
llave de cadena para tubos 7141
llave de cierre 5298
llave de control hidroneumática 7395
llave de desenrosque 1239
llave de momento rotatorio 10108
llave de retención 5605
llave de tubos 7141
llave dinamométrica 10108
llave hexagonal 4655

llave para tubería de revestimiento 1483
llave para tubería vástago 2979
llave por impacto 4978
llegar a la fecha de vencimiento 6020
llegar a soportar 9840
llenado 3627, 7503
llenar 3624
lluvia 7733
lluvia torrencial 10110

macadam 5852
maceración 5854
maceral 5853
maceral activo 124
macizo 6000, 9287
macizo de anclaje 386
macizo de apoyo 386
macizo de sierra 8191
macizo rocoso 8191
macla de contacto 2051
macla por penetración 5235
maclas de cristal 10306
macrocristalino 5865
macroporo 5866
machacadora 2274
machacadora de mandíbulas 5336
machacadora giratoria 8265
machacadora primaria 7494
machihembradora 4464
machina 7123, 7124
macho 7131
macho de pesca 3701, 5932
macho de pesca para tubería de revestimiento 1468
madera 10883
madera aserrada 2121
madera de obra 10052
madera de revestimiento 4564
madera escuadrada 7832
madera estructural 9580
maderaje reforzado 10211
madera laminada 2121, 7255
maderamen reforzado 10211
madera para aserrar 5846
madera para colocar al techo 5604
madera para construcción 10052
madera redonda 8301
madero de extensión 3470
madero de piso 8861
madero de prolongación 3470
madero de revestimiento de techo 5463
maestreado 8452
magma 5868
magnesita 5878, 5892
magnetohidrodinámica 5894
magnetómetro 5895

magnetómetro aeroportado 242
magnetómetro a protón 7595
magnetómetro astático 664
magnetómetro horizontal 4742
magnetómetro nuclear 6545
magnetómetro vertical 10558
magnitud 5735, 5901, 7673
magnitud del relieve 7932
magnitud derivada 2543
magnitudes de base 881
magnitudes físicas y unidades de medida 7090
magnitud perturbadora 2800
magnitud sin dimensión 2681
malacate 4699, 10861
malacate de maniobras 8268
malacate de perforación 8268
malaquita 5931
malecón 2672, 8157
malla 6109
malla soldada 10807
mampara 8454, 8455
mampostería 1251, 1252
mampostería aparejada 9435
mampostería concertada 9435
mampostería en seco 643, 3044
mampostería junteada 9435
mampostería ordinaria 3241
mampostería rústica 8325
manantial 8039, 9229
manantial cárstico 5409
manantial de falla 3566
manantial hipogénico 4920
manantial luminoso 5625
manantial petrolífero 7029
mandíbula de pinza 1708
mando eléctrico a distancia de trabajos mineros en grupos 7941
mando hidráulico 4793
mando perspectivo 10503
mandril 5935
manejabilidad 10892
manejo de la máquina 8634
manera de funcionar contínua 2076
manera de funcionar intermitente 5220
manganita 5936
manganosita 5937
manguera 4755
manguera a presión 7462
manguera de aire 265
manguera de lodo 3778
manguera de perforación 2969
manguera flexible de lodo 3778
manguera intercambiable 10663
manguito de guía 4540
manguito de hielo 4936
manguito de torsión 10117

manguito de unión de ademas 5568
manguito reductor 7848
manguito terminal 3266
manivela 4572
mano de obra 5946
manómetro 5943
manómetro de aire 275
manómetro de deformación elástica 3174
manómetro de diafragma 2636
manómetro de émbolo 7147
manómetro de membrana 2636
manómetro de pistón 7147
manómetro de presión del gas 4223
manómetro de presión del lodo 6349
manómetro de presión de lodo 6349
manómetro de presión diferencial 2660
manómetro de tubo elástico Bourdon 1195
manómetro diferencial 2660
manómetro metálico 3174
manóstato 5945
mansarda 686
mantener abierto 1443, 5913, 5914
mantener la dirección 5414
mantenimiento 9872
mantenimiento de la presión del yacimiento 7465
mantenimiento de las máquinas 5918
manto 942, 1062, 5948, 6409, 8488
manto artesiano 611
manto de corrimiento 6409
manto de inyección 4512
manto de nubes 1763
manto de protección 8491
manto guía 4544
manto pendiente 6779
mantos pendientes 2925
mantos yacientes 3860
manufactura de máquinas 5861
mapa 5951
mapa aerofotográfico 209
mapa aerofotogramétrico 204
mapa aeronáutico 201
mapa altimétrico 7934
mapa catastral 1356
mapa con curvas de nivel 2082
mapa de facies 3517
mapa de gravedad residual 7998
mapa de isoyetas 5295
mapa de las zonas inundadas 5256
mapa de radar 7697
mapa forestal 5954
mapa formado a base de vistas aéreas 204
mapa geológico 4285
mapa geotécnico 3279
mapa gnomónico 4371
mapa isobárico 5285
mapa metalogenético 6122
mapa paleogeológico 6810
mapa tectónico 9577
maqueta 566, 7930
maqueta de sierra 9495
máquina 5855
máquina a escala natural 4159
maquinabilidad 10892
máquina de calcular 1371
máquina de extracción 2917
máquina de tamaño natural 4159
máquina elevadora 2917
máquina hidráulica 4822
máquina hidráulica a escala natural 4159
máquina hidráulica de tamaño natural 4159
máquina para arrojar el relleno 8982
máquina para ensayar marcos 4068
máquina para perforación térmica 9975
máquina para rellenar por cintas 8982
máquina para riego por aspersión 9248
máquinas 5862
máquina tunelera 10278
maquinista 7195
maquinista de equipo para movimiento de tierras 3094
mar 8470
marca 5983
marcación del tiempo 10067
marcación de puntos 5988
marca de choque 4975
marca del ocular 3500
marca estereoscópica 3808
marca iluminada 4953
marca movida 1687
marca óptica 6664
marcar 5982
marcar una galería 8655
marcasita 5961
marco 4065, 8643
marco adaptador 7880
marco auxiliar 8944
marco de dirección 6011
marco de medición 7880
marco de película 3944
marco de puerta con entrepaños 2830
marco de reajuste 8944
marco doble 2841
marco para dos 8943
marco principal 6010
marcos en disposición de pares 6804
marcos sucesivos 8944
mar de bloques 1197
mar de plataforma 3314
Mar de Tethys 9952
marea baja 5839
marejada 9769
maremoto 10258
mareómetro 10704
marga 5990, 5991
marga arcillosa 1719
marga bituminosa 1055
marga carbonatada 5651
marga lacustre 5470
margarita 5962
margen 820, 7760
margen continental 2064
margen de crecidas 3827
márgenes del embalse 7986
margen por riesgos 8136
marisma 3591, 8357, 10031
marmita 7366
marmita de gigante 6327
mármol 5960
mármol de Carrara 1440
mármol de decoración 2426
mármol estatuario 9358
martilleo 7367
martillo 4568
martillo de aire comprimido 255
martillo hincador 7749
martillo neumático 264
martillo perforador 4569
martillo rompedor de hormigón 1958
martinete 7111
martinete de avance 7750
martinete de doble acción 2836
martinete de doble efecto 2836
martinete de efecto unilateral 8880
martinete 7123, 7124
masa 897, 5997
masa adicional 144
masa fluida 3905
masa líquida 3905
masa mineralizada 6683
masa por unidad de volumen 2509
masa propia 8597
masas derrumbadas 1515
masas sueltas 1515
masivo 10420
masivo rocoso 8191

mastil de carga 2546
matar un pozo 5426
mate 6017
material alquilado 4693
material coherente 1822
material de cantera 7676
material de construcción 1292
material de insonorización 103
material de préstamo 1161
material de recubrimiento 2194
material de relleno 9467
material de segunda mano 8512
materiales de aislamiento 5172
materiales residuales 7999
material granular 4421
material incoherente 1820
material móvil 6245
material no tejido 6519
material para exterior 3477
material para tejados 2194
material pulverulento 1820
material tejido 10918
materias disueltas 2776
materias en suspensión 9760
matriz de acoplamiento 2187
matriz de amortiguamiento 2380
matriz de masa 6006
matriz de rigidez 9419
mausoleo 6021
máximo crítico de compresión 2228
máximum de presión 7468
máximum de tensiones 9538
mayor crecida conocida 5501
maza 8946
maza de hinca de pilotes 7749
meandro 6038
meandro de valle 10475
meandro encajado 5092
mecánica 6088
mecánica analítica 9959
mecánica aplicada 514
mecánica de fluidos 3906
mecánica de fluidos para ingeniería civil 3907
mecánica de las rocas 4475, 8193, 8194
mecánica del continuo 2079
mecánica del continuum 2079
Mecánica del Suelo 9094
mecánica de suelos 9094
mecánica general 4251
mecánica racional 9959
mecánica teórica 9959
mecanismo contador 2181
mecanismo de cambio 1625
mecanismo de disparo 10242
mecanismo de erupción 6089
mecanismo de rotura 1835
mecha 4174

mecha detonante 2580
mechinal 10794
media 6036
media aritmética 596
media geométrica 4299
media ladera 2331
media ponderada 10801
medible 6048
medición 6061
medición con reglones 6064
medición continuada 6063
medición de alturas 346
medición de ángulos 6053
medición de ángulos horizontales 6072
medición de distancias 2784
medición de enlace 6063
medición de fotográmas tomadas con cámaras múltiples 6054
medición de la imagen 7063
medición de la nieve 9053
medición de la perforación 2967
medición de la presión de los fluidos 3909
medición de la profundidad 2537
medición de la velocidad angular por medio de tacómetro eléctrico 6057
medición de la velocidad de rotación por medio de frecuencímetro eléctrico 6056
medición del hueco 2967
medición de movimiento 10175
medición de precisión 7411
medición de presión de la roca 6055
medición de presión de la sierra 6055
medición de presión del macizo rocoso 6055
medición en el espacio 6068
mediciones 136, 1014
medición estereoscópica 9406
medición fotogramétrica de velocidad 7060
medición óptica de distancias 6670
medición por itinerarios 7308
medición por poligonales 7308
medición por repetición 7958
medición trigonométrica de distancias 10234
medición y abono de las obras 2086
medición y pago de las obras 2086
medida 6050, 6061
medida angular 438
medida de arco 576
medida de asientos 8680

medida de caudales 2728
medida de deformaciones 2465
medida de desplazamientos 2767
medida de la apertura de juntas o de fisuras 5368
medida de longitud 5784
medida de superficies 9264
medida de tensiones y presiones 9529
medida diferencial 2659
medida inicial 5099
medida por flotador 3812
medidas de filtraciones 8541
medidas de precaución 7405
medidas de protección 7593
medidas de seguridad 8344
medidas sísmicas 3102
medidor 6070, 7674
medidor de convergencia 2117
medidor de deformaciones 9483
medidor de dilatación por asentamiento 3471
medidor de flujo 7776
medidor de junta 5364
medidor de penetración 6925
medidor de presión 7466
medidor de tensiones 9539
medidores de volumen 10635
medio 6036
medio ambiente 3297
medio fluido 3895
medio gaseoso 4199
medio líquido 5681
medios químicos de control 1648
medir 4234, 6049, 9742
medir las dimensiones 6060
megaciclotema 6097
megacristalino 5865
mejora 337
mejora de las tierras 5480
melanita 6099
melanocrático 6100
membrana de curado 2315
mena 6682
mena diseminada 2772
mena explotable 6885
mena masiva 6004
ménsula 1396, 2141
meridiano 6106
meridiano transversal 10191
mesa 6108
mesa de agua 4500
mesa de dibujo 2916
mesa giratoria 8279
mesa rotativa 8279
meseta 4566
mesocrátco 6110
mesocrato 6110
mesocristalino 6111
mesolimnion 6112

Mesolítico 6113
Mesozoico 6115
meta-antracita 6116
metaantracita 6116
metabentonita 6117
metales extraibles 3484
metales pesados 4623
metálico 6119
  no ~ 6509
metalimnion 6118
metamórfico 6124
metamorfismo 6127
metamorfismo de contacto 2049
metamorfismo hidrotérmico 4902
metamorfismo isoquímico 5286
metamorfismo orgánico 6689
metamorfismo progresivo 5278
metamorfismo retrógrado 8053
metamorfismo termal 9974
metamorfismo térmico 9974
metano 6134
metasomatismo 6129
meteorito 6131
meteorización 10779
meteorización mecánica 6087
meteorización química 1653
meteorizado
  no ~ 10424
meteorología 6132
método 6654
método austriaco de perforación de túneles 6611
método combinatorio de mediciones por series cerradas 1905
método de aflojar 7919
método de ajustes 10215
método de alineaciones 304
método de arcos y mensulas 552
método de cálculo 375
método de congelación 4109
método de construcción aguas abajo 2863
método de construcción aguas arriba 10446
método de descarga 7919
método de diferencias finitas 3668
método de elementos finitos 3669
método de empalme de vistas succesivas 6137
método de ensayo 6140
método de flujo para la determinación de los daños debidos a la cavitación 3888
método de iluminación intermitente 1087
método de impulsos artificiales 631
método de la pirámide 6142

método de las cuñas 10786
método de las rebanadas 8955
método de las retículas 4455
método de las tensiones iniciales 5107
método del disco rotativo 8286
método de líneas equipotenciales 3335
método de los cuatro puntos 4050
método de los esfuerzos iniciales 5107
método de los incrementos 5032
método de los mínimos cuadrados 6141
método de magnetoestricción 5897
método de medición 6071, 6136
método de momentos nulos 10967
método de perforación 2974
método de perforación con circulación inversa 2975
método de perforación con turbina 10296
método de polarización inducida 5059
método de potencial espontáneo 8590
método de producción por inyección de gas 4211
método de recuperación 3487
método de reflexión 8558
método de refracción 8559
método de regulación 6138
método de relación de caída de potencial 7360
método de relajación 7919
método de rellenar 9468
método de resistividad 8026
método de restitución 7235
método de toma de tierra 6229
método de voladura 1078
método directo de medición 2712
método eléctrico 3189
método electrohidrométrico 3201
método electro-magnético 3208
método hidrometeorológico 4878
método indirecto de medición 5048
metodo inglés de excavación de túneles 3286
método italiano de excavación de galerías 5325
método italiano de perforación de túneles 5325
método magneto-telúrico 5898
método micrométrico de Rosiwall 8262
método para trabajos de invierno 10875

método por reemplazamiento de arena 8377
método probabilístico de proyecto 7527
método radial 7712
métodos geofísicos 4306
método sísmico 8556
método sísmico por reflexión 8558
método sísmico-refracción 8559
método telúrico 9896
método Trial Load 10215
metro cúbico de material suelto 2301
metro cúbico de materia sólida 2302
metros perforados 2973
metros perforados por barrena 3978
mezcla 6238
mezcla bituminosa colocada en frío 1053
mezcla bituminosa en frío 1053
mezclable
  no ~ 5121
mezcla de inyección 1560, 4505
mezcla de inyección a base de resina epoxídica 3326
mezcla de inyección de resina epoxídica 3326
mezcla de líquidos 6239
mezclado 5211
mezcladora de alta velocidad 4681
mezcladora de cemento 1564
mezcladora de lechada 4523
mezcla heterogénea 4650
mezcla homogénea 4720
mica 6145
mica calcárea 5962
micáceo 6146
micaesquisto 6147
microalargamiento 6168
microclino 6149
microcristalino 6150
microdureza 6154
microfalla 6151
microfisura 6152
microgrieta 6152
microlipote 6164
microlita 6155
microlitotipo 6156
micrométrico 6161
micrómetro 6158
micrómetro del ocular 3501
micrómetro deslizante 8972
micromolinete de sondeo 7776
microondas 6170
microorganismos 6162
micropaleontología 6163

microscopio 6165
microscopio con escalas 8403
microscopio de enfoque 3961
microscopio de iluminación intermitente 1088
microscopio de paralajes 6846
microscopio de tornillo 8466
microscopio micrométrico 6159
microsismo 6166
microspora 6167
microtectónica 6169
migmatita 6179
migmatitización 6180
migmatización 6180
migración capilar 1412
migración de gas 6181
migración de materia 9493
migración de petróleo 7020
milenrama acuática 10715
milerita 6185
milonita 6399
milonitización 6400
mina 1841
mina a cielo abierto 6631
mina de cielo abierto 6631
mina de oro 4377
mina de plomo y zinc 5549
mina de tajo abierto 6631
mina de tajos 6631
minar 10366
mineral 6190
mineral característico 2619
mineral de arcilla 1722
mineral índice 2619
mineral industrial 5063
mineralización 6194
mineral metalífero 6685
mineral minado 1128
mineralogía 6195
minería con galerías horizontales superpuestas 4730
minería de cobre a cielo abierto 6630
minería profunda 2435
minero 5455
minicalculadora 7265
Mioceno 6222
miogeosinclinal 6223
mira 8837
mira de nivelación 5594
mira de puntería 1845
mira parlante 9756
mirero 8835
miscible
 no ~ 5121
modelado 6254
modelado del fenómeno de la cavitación 6255
modelo 6253
modelo analógico 370

modelo de oferta 4017
modelo de sierra 9495
modelo de un instrumento de medición 10320
modelo de yacimiento 7983
modelo distorsionado 2793
modelo equivalente 3337
modelo estereoscópico 9159
modelo físico 7089
modelo fotoelástico 7049
modelo geomecánico 4294
modelo hidráulico 4823
modelo ideado 4945
modelo matemático 6014
modelo mecánico 9578
modelo precipitación/escorrentía 7408
modelo teórico 4945
modelo virtual 10596
modernizar 6258
modificación del avance 2955
modificación del cauce 8769
modificación del clima 1738
modificación topográfica 10096
modulación de frecuencia 4116
módulo anual 6041
módulo de compresión 1306
módulo de deformación 2466, 6261
módulo de deformación cortante 6263
módulo de deformación volumétrica 1306
módulo de elasticidad 1306, 6262
módulo de elasticidad al corte 6263
módulo de elasticidad longitudinal 6264
módulo de esfuerzo cortante 8746
módulo de esfuerzo cortante 6263
módulo de finura 3659
módulo de fuerza de corte 6263
módulo de medición acústica 110
módulo de reacción 1811
módulo de Young 6262, 6264
mogote 6265
mojabilidad 10833
mojón 918, 9751
mojonera de deslinde 918
molasa 6275
moldes 6326
molinete 7575, 10498
molinete hidrométrico 4883
molino 4460
molino de barras 839
molino de bolas 813
molino de martillos 4571
molino glaciar 4346
momento de arranque 9336
momento de flexión 985

momento de giro 10105
momento de inercia 6280
momento de masa inerte 6281
momento de resistencia 6282
momento de rotación 10105
momento de rotación en el rodete de la bomba 4980
momento de rotación en el rodete de la turbina 10293
momento de rozamiento 4134
momento de torsión 9336, 10105
momento de un par 6279
momento de volteo 6789
momento hidráulico 4824
momento inercial de masa 6281
momento resistente 6282
momento torsional de arranque 9336
momento volcador 6789
monacita 6283
monazita 6283
moneda actual 6284
montado sobre esferas 811
montaje 3340, 6329
montaje de marcos acoplados 4070
montante del contrato 2092
monte isla glaciar 8095
montera 4359
montículo 4777
montmorilonita de sodio 9067
monto del contrato 2092
montura de la lente 5578
montura de un objetivo 5574
monumento 9751
monumento histórico 4695
monzonita 6303
montaña de pliegues-falla 1269
montaña media 6232
mordaza 1703, 3710
morena 10041
morfología 6310
morfología cárstica 1509
morfología de erosión 791
morfología de los cursos de agua 9519
morfología del vaso 8721
morfología fluvial 8151, 9519
morfotectónica 6311
morganita 10639
morrena 6305
morrena central 6090
morrena de borde 1131
morrena de flanco 3755
morrena de fondo 4476
morrena frontal 3263
morrena inferior 4476
morrena interna 3284
morrena lateral 5512
morrena subglaciar 4476

morrena superficial 9715
mortero 6312
mortero aireado 259
mortero de cal y cemento 896
mortero de cemento 1565
mortero de junta 950
mortero de resina 8012
mortero de retoma 1019
mortero hidráulico natural 6428
mortero para inyecciones 4518
mosaico 210, 6314
mosquito 6315
moteado 6324
motoconformadora 6322
motoestibador 4005
motoniveladora 6322
motor 3274
motor de ventilator 3540
motor Diesel 2651
motores hidráulicos 4826
motor hidráulico 4825
mover a tirones 10940
moverse 6331
movimiento 6319, 6332
movimiento angular 439
movimiento circular 1689
movimiento curvilíneo 2327
movimiento de campo libre 4085
movimiento de campo próximo 6445
movimiento de explotación 9496
movimiento del terreno 4477
movimiento de paralajes 6843
movimiento de sierra 4478
movimiento deslizante 8973
movimiento de terreno 4478
movimiento de tierras 3109
movimiento de tierras compensado 796
movimiento de un fluido 3908
movimiento electroosmótico 3216
movimiento estacional 8494
movimiento lento 9009
movimiento máximo del terreno 6895
movimiento micrométrico 9009
movimiento ondulatorio 10769
movimiento orogénico 6708
movimiento rectilíneo 7838
movimiento sísmico 8557
movimiento uniforme 10387
movimiento vorticoso de un fluido 8292
muelle 5752, 7095
muestra 2944
muestra alterada 2802
muestra contaminada 2802
muestra de barrena 2954
muestra de ensayo 8361
muestra de formación 4012

muestra de perforación 1154
muestra de testigo 2158
muestrador de petróleo 7032
muestrador de pistón 7146
muestra en roza 1630
muestra inalterada 10374
muestra intacta 5176
muestra manuable 4578
muestra media 739
muestra no contaminada 10374
muestra orientada 6692
muestra original 10374
muestra recuperada por lavado 10679
muestra saturada de petróleo 7025
muestreador de pared delgada 8759
muestreador de suelo 9100
muestreo 8365
muestreo con cable 10877
muestreo del fondo del mar 8471
muestreo eléctrico 3183
muestreo según esquema de perforación 8366
muestreo selectivo 8578
multa 6918
múltiplo o submúltiplo de la unidad de medida 6378
muro bajo ventana 521
muro de ala 10872
muro de aleta 10872
muro de carga 5708
muro de cenamiento 6734
muro de cimiento 4044
muro de contención 939, 8041
muro de desmontes 6797
muro de fundación 4044
muro de gravedad 4447
muro de la esclusa 5753
muro de machón 45
muro de muelle 10839
muro de protección de avenidas 3835
muro de sostenimiento 8041
muro de sostenimiento con anclajes 390
muro de tablestacas 8757
muro diafragma 2639
muro guía 10152
muro interior 5213
muro longitudinal 5782
muro pantalla 2339
muro portante 5708
muro rompeolas 10773
museo 6394
"muskeg" 3591
muy inclinado 9376
muy plegado 141

nadir 4479

nadir del mapa 5957
nadir el el terreno 4479
nagiagita 6402
napa freática 10688
nativo 6416
natrolita 6419
nave central 6437
nave de montaje 655
navegación 6441
navegación a motor 7371
navegación a vela 8352
navegación de recreo 7222
nave lateral 288
necesidades de las piscifactorías 3693
negativa 6452, 7871
negativa con muchos contrastes 4586
negativa con pocos contrastes 9079
negativa débil 3527
negativa dura 4586
negativa opaca 2503
negativa transparente 10000
neobarroco 6455
neoclasicismo 6456
neodarwinismo 6457
neogótico 4385
neopreno 6458
neorenacimiento 7952
neovulcanismo 6460
neptunismo 6461
nerítico 6462
neumático 10323
neumatolisis 7263
nevada 9044
nevado 9045
nicho 6483, 6484, 6485
nieve 9035
nieve aplastada por el viento 2937
nieve blanda 3060
nieve en polvo 7369
nieve granular 4422
nieve húmeda 8124
nieve seca 3040
niobita 1857
niple de dado 8281
niple de reducción 7135
nipple de admisión de aire 267
nitidez 8725
nitidez de la imagen 2443
nitidez de la imagen en el borde 5965
nítido 8723
nitrato de sodio 9060
nivel 5585, 6881
nivelación 2579, 5591
nivelación básica 2402
nivelación de precisión 7410
nivelación trigonométrica 10235

nivelacón 5590
nivelado 8673
niveladora 4395
nivel aguas arriba 4607
nivelando 3927
nivelar 4393, 5586, 5587
nivel caballete 9552
nivel de aforo 10705
nivel de agrimensor 9755
nivel de aguas 10705
nivel de aguas abajo 9837
nivel de anteojo 5593
nivel de base kárstico 872
nivel de burbuja 5588
nivel de caño 4757
nivel de cebado 7505
nivel de crestas 9656
nivel de cumbres 9656
nivel de extracción 6215
nivel del agua 7982, 10745
nivel del agua freática 4500
nivel del agua subterránea 4500
nivel del agua subterránea aparente 503
nivel del mar 6046, 8476
nivel del río 8155
nivel de precios 7490
nivel de tubo flexible 4757
niveles en cruz 2247
nivel esférico 1691
nivel estático 9324
nivel freático 4493, 4500, 7083
nivel inferior del acuífero 530
nivel máximo en crecidas 6035
nível mínimo de explotación 6208
nivel normal del embalse 8047, 8048
nivel piezométrico 7103
nivel superior de denudación 10091
nivómetro 9046
nódulo 6492
nombre de la presa 6406
nombres de parcelas catastrales 6407
nombres locales 6407
nonio 10544
norma de sostén 9694
normal 6984
normalización 9314
normas de explotación 6649
normas de operación 6649
normas de seguridad 8341
norte magnético 5888
novaculita 6538
nube 1762
nube ardiente 6548
nube cavitacional 1531
nube de ceniza 641
nube volcánica en forma de

coliflor 1507
núcleo 1142, 2144, 2145
núcleo de arcilla con grava 7615
núcleo de arco 555
núcleo de campo 3608
núcleo de cavitación 1535
núcleo del vórtice 10642
núcleo de prueba 9941
núcleo sinclinal 2157
nudo 6491
nuecos 286
nuevo método austriaco de perforación de túneles 6418
numeración 6551
número 6550
número cavitacional de la rapidez específica 1538
número de carbonos 1432
número de cavitación 1536
número de estabilidad 9277
número de grupos 6553
número de penetración 9316
número de revoluciones 6552
número de Reynolds 8080
número de semejanza de Reynolds 8081
número de semejanza de Weber 10784
número de similaridad de Reynolds 8081
número de similaridad de Weber 10784

obelisco 6558
objetivo 6561
objetivo aerofotogramétrico 203
objetivo de restitución 7234
objetivo gran-angular 10845
objeto 6559
oblicuidad 740, 6574
oblicuidad a la derecha 8106
oblicuidad a la izquierda 5563
oblicuo al plano de estratificación 6573
obra 2041
obrador 2041, 10912
obras 10911, 10912
obras adicionales 145
obras anejas 394, 6991
obras asociadas 6991
obras complementarias 395, 6991
obras de aducción 9675
obras de cabecera 4610
obras de captación 1840
obras de desagüe 6741
obras de descarga 9832
obras de embalse 9452
obras de embalse y de captación 9453
obras de estanqueidad 8486

obras definitivas 6970
obras de impermeabilización 8486
obras del salto 7380
obras de recogida 1840
obras de toma 5179
obras hidráulicas 4836
obras hidráulicas públicas 4836
obras para paso de peces 3694
obras provisionales 9910
obras públicas 7613
observación de asientos 8681
observación de comportamiento 6285
observación del pendiente 8242
observación vulcanológica 10628
obsidiana 6581
obstrucción de un tubo 7136
obstruir 6353
obturador 6798
obturador central 1587
obturador de cementación 4519
obturador de empaque de cementación 4519
obturador de empaque de inyección 4519
obturador de empaque inflable 5076
obturador de empaque para tubería de producción 10266
obturador de inyección 4519
obturador del objetivo 1007
obturador entre las lentes 1587
obturadores 9438
obturador esférico 9185
obturador hinchable 5076
obturador instantáneo 5153
obturador mecánico 6085
obturador para mantenimiento de compuertas 1304
obturador para mantenimiento de válvulas 1301
obturador recuperable 7950
obturador reperforable 2942
obturador superior 10101
obturar las tomas de agua 1667
obturar por medio del lodo 6353
obturar un pozo 7238
obturar un pozo de petróleo 7238
océano 6585
oceanografía 6588
oceanografía de estuario 3382
oceanología 6589
ocular 3499
oferta 9912
oferta más baja 5822
ofertante 9915
oficina de catastro 1358
oficina de geología 4282
oficina de obra 8911

oficina técnica 3283
ojo de gato 1505
ola 10761
ola de origen sísmico 10258
ola larga 9769
ola superficial 9728
oleada 10867
oleoducto 7022
oleoducto de petróleo crudo 2268
oleoducto submarino 8477
Oligoceno 6614
oligoclasio 6615
olistostroma 6616
ombrógeno 6617
onda 10762
onda acústica 115
onda de arrastre del transportador 2124
onda de asentamiento 9631
onda de compresión 8563
onda de crecida 3851
onda de choque 8777
onda de Rayleigh 7789
onda de reflexión 7864
onda de Weber 10785
onda longitudinal 5783
onda progresiva de soportes 180
onda reflejada 7859
ondas de flexión 992
ondas intermedias 6093
onda sísmica 8563
onda solitaria 9125
ondas superficiales 9729
ondas transversales de Love 5803
onda superficial 4485
onda transversal 8749, 10186
ónice 6627
ónix 6627
ontogénesis 6626
ontogenía 6626
oolito 3159
operación del embalse 7984
operaciones de buzo 2815
operador 7195, 9754
operador de equipo de terracerías 3094
óptica 6672
óptico 6659, 6671
oras de valle 6593
ordenada 6680
orden corintio 2161
orden de ejecución 5157
orden jónico 5272
orden romano 8230
Ordoviciano 5817
Ordoviciense medio 6174
orear 7938
organización de la obra 7567
orientación 6693
orientación exterior 6731

orientación exterior del fotograma 6732
orientación interior 5124
orientación recíproca de la cámara múltiple 7813
orificio 1838, 6641, 6696, 10536
orificio abocinado 970
orificio con aristas vivas 8726
orificio con compuerta 9016
orificio de límite de embolada 1080
origen de coordenadas 6702
original 6697
orilla 8783, 8818
orillas 9740
orla continental 2057
ornamentación 3289
orogénesis 6708
orogénesis apalachiana 311
oropimente 6709
orto 6710
ortoclasa 6712
ortocromático 6711
ortocuarcita 6717
ortogeosinclinal 6713
ortoscópico 6719
ortotropia 6720
oscilación de nivel 3894
oscilación propia 6422
oscilógrafo 6723
oscurecimiento 2395
osokerita 6793
óxido arsénico 7802
óxido de zircón 790
ozocerita 6793

pago mensual 6301
paisage cárstico 5404
paisage kárstico 5404
paisaje protegido 7591
paisajismo 5488
pais llano 3766
pala 8801
pala de cangilones 1277
pala excavadora 3512
pala giratoria 8263
pala mecánica 8801
palanca de descarga 7925
palanca de freno 1216
pala noria 1279
palanquín 6269
pala retroexcavadora 778
paleobotánica 6807
Paleoceno 6808
paleoclimatología 6809
paleontología 6811
paleosuelo 6812
paleotemperatura 6817
paleovulcanismo 6813
Paleozoico 6814

paleozoología 6815
paleta 6819
palingenesia 6818
palpador 3582
panal de abeja 4725
pancromático 6820
panel 6823, 10900
panel de mando 2093
panel de poliestireno expansionado 7313
panel de poliestirol expansionado 7313
panel de vidrio 4356
panorama 6827
pantalón 1010
pantalla 8453, 10075
pantalla aguas arriba 3518
pantalla central de estanqueidad 2632
pantalla continua de hormigón 1963
pantalla de arcilla 1720
pantalla de bentonita 9026
pantalla de drenaje 1657, 2879, 5195
pantalla de drenes 2879
pantalla de estanqueidad aguas arriba o central 10445
pantalla deflectora 2453
pantalla de hormigón 1963
pantalla de impermeabilización 4514, 10749
pantalla de inyecciones 4514
pantalla de lechada 4508
pantalla de pilotes secantes 8499
pantalla de tablestacas 1302, 8756
pantalla drenante 2879, 2889
pantalla en las laderas 2338
pantalla flexible 9026
pantalla flexible aguas arriba 10445
pantalla flexible interna de estanqueidad 2632, 2633
pantalla impermeable 2336
pantalla interna de estanqueidad 2159
pantalla lateral 10869
pantalla parcial 6859
pantalla principal de inyecciones 5906
pantalla total 10121
pantano 3591
pantógrafo 6830
papel de dibujo 2915
paquete 6796
paquete de estratos 8629
para 6832
paraclasa 3561, 10017
parada de una máquina 9441
parada para revisión anual 9440

para evaporación 4001
parafina bruta 8935
parafina cruda 8935
parafina fósil 6793
paragénesis 6839
paralaje 6844
paralaje de coordenadas 6847
paralaje de observación 6577
paralaje estereoscópica 9408
paralaje horizontal 4743
paralaje vertical 10559
paralelo a la estratificación 6850
parálico 6840
paralizar 4
paramento 3504
paramento de aguas arriba inclinado 9004
parámetro 6852
parámetro constructivo 1636
parámetro estructural 1636
parámetros de cavitación 1537
parámetros de perforación 2978
parantes 9112
parapeto 6853
parar el bombeo de un pozo 4579
para transporte sólido 4021
parcela 5802
parcelación 6856
par de arranque 9336
par de puntos 6806
parecer sobre un proyecto 7557
pared amovible 6330
pared antiderrubio 487
pared antierosión 487
pared de antepecho 521
pared delgada 2639
pared de separación 6870
pared de vidrio 4357
pared exterior 6734
par estereoscópico 9394
parque de bomberos 3677
parque nacional 6435
parque natural 6435
parquet 4647
parrilla grande 4462
parteaguas 10735
parte intercambiable 5197
partes bajo presión 1770
partes de repuesto 9156
parte superior de una capa 10092
parte terminal 1793
partícula 4408
partidor 2634
pasadizo 2170
pasador 7131
pasador corredizo 8318
pasador de fijación 5749
pasaje cárstico 5392
pasarela 3979
pasillo 2170

paso 7154, 9383
paso de evacuación de cuerpos flotantes 3803
paso del tajo por una línea de observación 6871
paso de peces 3709
paso de troncos 5766
pasta de cemento 1566
pastoso 6875
pata telescópica 9892
patín 8921
patines de apoyo 4461
patio 2190
pavimentadora 6883
pavimento 3857, 6880
pavimento flexible 3779
pavimento radiante 4613
pavimento rígido 8112
pectolita 6905
pedernal 1655, 3791
pedernal de diatomeas 2647
pedestal 6907
pedestal de columna 878
pedimento 6909
pegmatitización 6912
pelágico 6913
pelágico-abisal 55
peldaño 9383
película 3630
película anódica 461
película en color 1856
película en rollos 8224
película infrarroja 5088
película pancromática 6821
peligro de incendio 3676
peligro de recalentamiento 2390
peligroso por desprendimientos 9609
pelita 5849
pendiente 907, 4581, 8992, 8994
pendiente del fondo 962
pendiente hidráulica 4809
pendiente principal 5910
pendiente superficial 10747
péndulo directo 2713
péndulo invertido 5267
péndulo óptico 6665
penetración de la barrena 1050
penetración de la capa petrolífera 2970
penetración del agua 10699
penetración del asfalto 648
penetración del lodo de perforación 6354
penetrar 6922
penetrar la capa petrolífera 2951
penetrómetro 6925
penetrómetro estático 1988
penillanura 6921
península submarina 9615

penitentes 6926
peones 9112
percolación 6937
pérdida al fuego 5799
pérdida de carga 4132
pérdida de carga por rozamiento 4128
pérdida de fluido 3904
pérdida de lodo 1695
pérdida de luz 5797
pérdida de muestra 2156
pérdida de peso 5798
pérdida de retorno de circulación 1695
pérdida de testigo 2156
pérdida hidráulica 4819
pérdida por fuga 5551
pérdida por ignición 5799
pérdidas de carga 4602
pérdidas hidráulicas 4820
pérdidas por evaporación 3392
pérdidas por fricción 4130
pérdidas por fricción exterior 3476
pérdidas por rozamiento 4130
pérdidas por rozamiento exterior 3476
pérdidas por vertido 9190
perfil 5758, 8515, 8719
perfil acústico 111
perfilado de excavación 8722
perfilar un talud 10239
perfil con reborde igual 5375
perfil de ángulo 401
perfil de cajón 1203
perfil de canaleta 10250
perfil de capas 9497
perfil de carril 7729
perfil de equilibrio 7546
perfil de estratos 9497
perfil de la cavidad causada por desprendimientos 3402
perfil del sondeo 7545
perfil del suelo 9098
perfil del terreno 4483, 9098
perfil de permeabilidad 6973
perfil de puente 4330
perfil de una perforación 1142
perfil de velocidades 10531
perfil en doble T 4769
perfil en H 5375
perfil en la clave 2252
perfil en U 1631, 10324
perfil geológico 4280
perfil longitudinal 5776
perfil neto 3663
perfil sísmico poco profundo 8716
perfil stratigráfico 4280
perfil transversal 10192

perforabilidad 2941
perforación 1135
perforación a chorro hidráulico 4814
perforación al diamante 2630
perforación a mano 692
perforación a percusión 1148
perforación a tierra 6622
perforación automática 707
perforación canadiense 1353
perforación con agente espumador 3941
perforación con agente espumante 3941
perforación con agua 10670
perforación con barrena 692
perforación con barrena a chorro 5340
perforación con cable 1149
perforación con circulación de agente espumador 3941
perforación con circulación de agente espumante 3941
perforación con circulación inversa 8067
perforación con circulación localizada 2998
perforación con escudo 8765
perforación con explosivos 2997
perforación con extracción de testigos 2160
perforación con gas 4210
perforación con granalla 1150
perforación con percusión rotativa 8272
perforación con recuperación de muestra 2152, 2153
perforación con sacatestigo 2152
perforación con tubo sacatestigo 2152
perforación con varilla 8210
perforación correcta 2952
perforación corriente 2110
perforación de desarrollo 2594
perforación de desviación doble 2840
perforación de exploración 3437
perforación de exploración geológica 4278
perforación de explotación 2594
perforación de gran diámetro 1012, 1013
perforación de la formación productiva 2970
perforación de limitada profundidad 8717
perforación del pozo por cementación 4521
perforación de pequeño diámetro 8978

perforación de poca profundidad 8717
perforación de pozos 8702
perforación desviada 2600
perforación de un pozo de petróleo 7035
perforación de un pozo petrolífero 7035
perforación de voladura al diamante 1070
perforación eléctrica 3182
perforación en alta mar 2439
perforación en el mar 6594
perforación en el medio 1226
perforación en mar abierta 6594
perforación en pantano 9764
perforación en seco 3036
perforación estéril 3045
perforación estratigráfica 9510
perforación exploratoria para abrir nuevos campos 6479
perforación geotécnica 4312
perforación hacia arriba 8134
perforación hidráulica 10827
perforación horizontal 4739
perforación inclinada 5019, 8940
perforación llena de agua 4706
perforación llena de petróleo 4705
perforación oblicua 5019
perforación para los cimientos 4028
perforación por aire comprimido 263
perforación por barrena usada 10037
perforación por inyección 4789, 10670
perforación por percusión 1148
perforación por rotación 2956
perforación por rotación de chorro 5348
perforación profunda 2430, 2433
perforación rotativa 2956
perforación simultánea 8877
perforación sin revestimiento 10338
perforación sónica 9132
perforación térmica 9972
perforación vertical 9473
perforación vibratoria y de percusión 10583
perforación vibratoria y rotativa 10584
perforadora autotransportada 10149
perforadora de cangilones 1273
perforadora de percusión 6940
perforadora de plena sección 4158

perforadora modular 6260
perforadora rotativa 2984
perforadora telescópica 9891
perforador neumático 264
perforar 1132, 3008, 10913
perforar con mecha de filo curvado 6755
perforar demasiado rapidamente 1320
perforar de nuevo 7844
perforar la formación productiva 2951
perforar mediante un pozo 2684
perforar por rotación 1132
perforar una roca dura 4324
perforar un pozo 1133
perforar un túnel 3401
perforista 2948, 8103
perforista inexperto 1114
pericia técnica 9871
periclasa 6950
peridotita 6953
peridoto 6951
peridoto de Ceylon 6952
periglacial 6954
perímetro del embalse 8786
perímetro mojado 10835
período de carencia 3416
período de estancamiento del trabajo 4948
período de explotación 3436
período de funcionamiento 3436
período de gracia 3416
período de interrupción del trabajo 4948
período de lluvia 10832
período de ola 10770
período de retorno 7840
período de sequía 3041
período de servicio 5609
período de vegetación 4526
período de vida útil 5609
período glaciar 4335
período más seco 2930
peritaje 6203
perjuicios 2368
permafrost 6964
permeabilidad 6971
permeabilidad absoluta 5252
permeabilidad al agua 6975
permeabilidad Darcy 2393
permeabilidad efectiva 3140
permeabilidad horizontal 4744
permeabilidad inicial 5100
permeabilidad lateral 5515
permeabilidad magnética 5889
permeabilidad primaria 7496
permeabilidad relativa 7916
permeabilidad secundaria 8504
permeabilidad vertical 10560

permeable al aire 271
permeámetro 6979
permeámetro de carga variable 3532
Pérmico 6980
Pérmico inferior 5813
Pérmico superior 10432
permiso 517
permiso de la autoridad minera 9359
permitividad 6981
perno 1115
perno de anclaje 8195, 8236
perno de bloqueo 5746
perno de cabeza de hongo 1329
perno de distancia 2781
perno de montaje 3722
perno distanciador 2781
perno en U 10325
perno giratorio de desagüe 3886
perno hexagonal 4654
perno tensor 9547
perovskita 6982
perpendicular 6983, 6984
perpendicular al plano de estratificación 6520
perpendicularidad 10554
perpendículo 6983
personal de explotación local 6655
personal eventual 9909
personal local 5737
perspectiva 6985, 6989
perspectiva central 1583
perspectiva cónica 1583
perspectiva invertida 8071
perspectivo 6986
perturbación 2800, 3553
perturbación de la muestra 8367
perturbaciones de funcionamiento 5277
perturbado 2801
pervibrador 4972
pesca 3696
pesca de herramientas 3697
pescavarillas 1198
peso 10797
peso de empuje sobre la barrena 747
peso del suelo húmedo 10837
peso de una medición 10802
peso específico 9168, 10400, 10401
peso específico aparente 1297
peso específico del suelo saturado 10403
peso específico del suelo seco 10402
peso específico del suelo sumergido 10404

peso específico saturado 10403
peso específico seco 10402
peso específico sumergido 9622
peso muerto 2412
peso por unidad de volumen 9168
peso propio 8597
peso volumétrico del suelo saturado 10403
peso volumétrico saturado 10403
petición de ofertas 1380
petrificación 6996
petrogénesis 6998
petrografía 6999
petrografía del carbón 1775
petrografía sedimentaria 8521
petróleo 7000
petróleo a base de parafina y asfalto 6233
petróleo crudo 2265
petróleo crudo de base asfáltica 646
petróleo crudo de concesión 3336
petróleo crudo dulce 9766
petróleo crudo estabilizado 9284
petróleo crudo no estabilizado 10417
petróleo crudo pesado 4619
petróleo crudo sulfuroso 9143
petróleo crudo virgen 7786
petróleo de base asfáltica 646
petróleo de base parafínica 6836
petróleo de filtración 8542
petróleo de grietas 2222
petróleo de primera calidad 3687
petróleo ilegal 4758
petróleo in situ 7018
petróleo marino 6599
petróleo nafténico 646
petróleo no parafínico 6511
petróleo normal 737
petróleo originariamente en el yacimiento 7018
petróleo parafínico 6836
petróleo primario 6317
petróleo recuperable 2874
petróleo sin gas 4217
petróleo soplado 1098
petróleo subsaturado 10368
petróleo sulfuroso 9652
petrolero 7031
petrolero gigante 10329
petrología 7036
petrología de las rocas metamórficas 7037
petrología de menas 6686
petrología estructural 9579
petrología sedimentaria 8522
petroquímica 6997
pick-up 5626
picnómetro 2512

pico de crecida 3844
pico de presión 7468
pico de tensiones 9538
pie 10073
 a ~ de obra 6623
pie de aguas abajo 10077
pie de aguas arriba 4625
pie de cabra 6269
piedemonte 6904
piedra 9431
piedra angular 2163
piedra labrada 642
piedra machacada 2273
piedra partida 8162
piedra pómez 7626
piedra preciosa 4248
pieza de unión auxiliar 10672
pieza intercambiable 5197
piezas de repuesto 9156
piezas fijas 8964
piezoeléctrico 7099
piezómetro 7101, 7458
piezómetro de piedra porosa 7331
piezómetro hidráulico 4828
piezómetro neumático 7260
pila 7096
pila de almacenamiento 9429
pila del aliviadero 9199
pilar abandonado de carbón 6
pilar de adema 1662
pilar de carbón 7125, 8089
pilar de cimentación 4035
pilar de derrumbe en la arista 10682
pilar de desmontes 9688
pilar de fundación 4035, 7096
pilar de madera 9121
pilar de roca 8197
pilar de sal 8358
pilar de seguridad 8346
pilar de seguridad del pozo 8701
pilar de separación 856
pilar desplazable 9906
pilar fijo 6966
pilar 1858, 7126
pilar permanente 6966
pilar remanente 8001
pilar tectónico 4754
pilotaje 9188
pilote 7109
pilote columna 3261
pilote de acero 9373
pilote de arena 8375
pilote de cimentaciones 4036
pilote de cimientos 4036
pilote de fricción 8926
pilote de fundación 4036
pilote de rosca 8467
pilote flotante 3809, 8926
pilote inclinado 908

pilote in-situ 1488
pilote prefabricado de hormigón 7402
pilote resistente por la punta 3261
pilotes 7109
pilotes en H 9112
pilotes secantes 8500
pincel 1270
pingo 7132
pintura anti-herrumbre 486
piñoncillo 6891
piñón loco 4946
pirámide 7654
pirámide de hielo 8623
pirargirita 7656
pirita 7657
pirita arsenical 608
pirita cobriza 2312
piritización 7658
piroclastos 7661
piromagma 7662
pirómetro óptico 6669
piromorfita 7663
pirotita 7664
piroxeno ortorómbico 6718
piscifactoría 3695
piscina 9774
piso 3852, 3853, 9459
piso de la torre de perforación 2548
piso de soltero 764
pisón 9847
pista de esquí 8929
pista de obra 8913
pista de rodadura 9865
pistas 10657
pistola para colocación 8669
pistón 7748
pizarra 1723, 8708, 8941
pizarra arcillosa 593, 8708
pizarra carbonosa 1424
pizarras cupríferas 5442
pizarra silícea 8855
pizo deslizante 8969
placa 8709
    en forma de ~s 7218
placa basal 879
placa colocada al techo 8248
placa de anclaje 391
placa de asientos 8683
placa de base 879
placa de carga 934
placa de cimentación 4031, 7728
placa de fundación 4041
placa de piso 1180
placa de retención 9469
placa de roca 8181
placa obturadora 8482
placa testigo de asientos 8683
placeres coralíferos 854

plancton 7188
plancha 1102, 6013
plancheta 7180
plan de alerta 2071
plan de auscultación geodésica 6291
plan de riego por aspersión 9249
plan de separación gas-petróleo 4221
plan de urbanismo 5495
plan específico de estática 9160
planetología 7182
planicie de inundación 3845
planicie kárstica 5407
planificador de ciudad 10137
planimetría 7186, 7187, 7340
planimétrico 7183
plano 2911, 7166, 7168
plano aerofotogramétrico 205
plano catastral 3621, 6857
plano central del objetivo 1584
plano con curvas de nivel 2082
plano de anteproyecto 6743
plano de armaduras 7904
plano de base 888
plano de cimientos 4037
plano de clivaje 1735
plano de corte 8740
plano de deslizamiento 8988
plano de detalle 2570
plano de diaclasa 5370
plano de ejecución 512
plano de encofrado 8814
plano de enfoque 3962
plano de estratificación 952, 4279
plano de excavaciones 3406
plano de exfoliación 1735
plano de horizonte 4731
plano de la curva de nivel 2083
plano de la película 7174
plano de la visual 8840
plano del horizonte principal 4746
plano del mapa 5955
plano del meridiano 6107
plano del objeto 6566
plano de los cimientos 4037
plano del terreno 4480
plano de proyección 7173
plano de situación 7186
plano de situación de los aparatos de auscultación 5740
plano de vuelo 7429
plano focal 3950
plano freático 4500
plano frontal de proyección 4138
plano horizontal 4745
plano horizontal principal 4746
plano inclinado 5013
plano nuclear 3322

plano parcelario 6857
plano principal del objetivo 7513
plano que contiene los tres puntos de referencia para la trisección inversa 4687
planos conforme a obra 640
planos de obra 512
planos de obra ejecutada 640
planos de permiso 9626
planos generales 6742
plano topográfico 7166
plano vertical 10561
plano vertical principal 7512
plano visual 7176
planta 7190
planta baja 4473
planta de clasificación 8459
planta de construcción 5354
planta de trituración 2276
planta hidroeléctrica 10721
planta hidroeléctrica en una corriente 8323
plantilla de armaduras 988
plantilla paraláctica 6842
plasteo 1071
plasticidad 7200
plástico 7197
plastificante 3900, 7204
plastómero 7210
platabanda 7211
plataforma 8181, 9308, 10230
plataforma articulada 622
plataforma continental 2065
plataforma de alojamiento 7678
plataforma de autoarrastre 8585
plataforma de hormigón con pared perforada 1969
plataforma de investigación científica de las turbomáquinas hidráulicas 9322
plataforma de juego de cuatro 4047
plataforma de la torre de perforación 2548
plataforma de perforación 2981
plataforma de perforación en mar abierta 6595
plataforma de perforación semi-submersible 8603
plataforma de perforación sobre amortiguador neumático 253
plataforma de perforación sobre colchón de aire 253
plataforma de perforación sumergible 9624
plataforma de trabajo 2548, 10903
plataforma de transformadores 10159

plataforma fija 3738
plataforma flotante con cables tendidos 3811
plataforma flotante de sondeo 8473
plataforma flotante en pie con cables tendidos 3811
plataforma insular 5166
plataforma modular 6260
plataforma oscilante 622
plataforma para helicópteros 4640
plataforma perforadora móvil 6243
plataforma superior 2260
platea de fundación 7728
plato de cabeceado 1417
plato de refrentado 1417
playa 914
playa alta 786
playa baja 3999
playa elevada 7742
plaza 9258
plazo de ejecución 10065
plazo de garantía 4532
plazo de montaje según el plan de trabajo 8422
plazo de montaje según el programa de trabajo 8422
plazo de suministro 2488
plegable 3968
plegamiento 3969, 10449
plegamiento compuesto 1903
plegamiento de flexión con deslizamiento 9485
plegamiento de sierra 3966
plegamiento discordante 2748
plegarse 3970
Pleistoceno 7224
plexiglás 7225
plexiglass 7225
pliego de bases 5156
pliego de cantidades de obra 1014
pliego de cláusulas generales administrativas 1978
pliego de condiciones 9162
pliego de condiciones del contrato 1978
pliego de condiciones generales 9318
pliego de especificaciones 9162
pliego de especificaciones estandar 9318
pliegue 1282, 3966, 8216
pliegue anticlinal 474
pliegue asimétrico 667
pliegue caledónio 1374
pliegue compuesto 1903
pliegue con deslizamiento 9485
pliegue diapírico 2641
pliegue disimétrico 667

pliegue doblado 1281
pliegue-falla 1243
pliegue inclinado 5020
pliegue invertido 6787
pliegue isoclinal 1437
pliegue 3783
pliegue marginal 5969
pliegue monoclinal 6296
pliegue oblicuo 5020
pliegue principal 5905
pliegues discordantes 2749
pliegue secundario 6219
pliegue sinclinal 9793
pliegue transversal 2244
plinto 7227
Plioceno 7223
plomada 7247
plomada óptica 6667
pluma de la grúa 5353
plutonismo 7254
pluviógrafo 7737
pluviograma 7734
pluviómetro 7739
pluviómetro totalizador 7409
pneumatolisis 7263
poblado 2031
poblado de explotación 6650
poco inclinado 3765
poder calorífico inferior 6465
poder calorífico superior 4466
poder de refracción 7869
podrido 6463
polarisador 7294
polarización 7293
polarización magnética 5251
polder 7297
polea de las herramientas 2261
polea motriz 3014
polea principal 2261
polea tensora 9928
policloruro de vinilo 7317
polideportivo 9223
polietileno 7303
poligonal 1753
polígono 7305
polímero 7310
polimorfismo 7312
polipasto 1091
política de la vivienda 4767
poliuretano 7314
póliza de seguro 5175
polje 7301
polo 7298
polo geomagnético 4290
polución ambiental 3308
polución del acuífero 532
polución del medio ambiente 3308
polvo de sílice 8851
pólvora para barrenos 1079

pólvora para voladura 1079
pómez 7623
poner 8646, 8657
poner cuadros de nuevo 785
poner en marcha 5425
poner en producción 1256
pontón grúa 3801
porcelanita 7320
porcentaje de almacenamiento 6928
porcentaje de huecos 6929
porcentaje de poros 6929
porfidoblástico 7332
porfirito 7333
poro 10649
porosidad 7329, 9097
porosidad absoluta 28
porosidad aparente 505
porosidad debida a cavidades 10650
porosidad debida a moldes 6276
porosidad de la matriz 6016
porosidad efectiva 3141
porosidad in situ 5138
porosidad intergranular 5209
porosidad por fractura 4058
porosidad por interconexión 4169
porosidad por molde 6276
porosidad primaria 7498
porosidad real 3141
porosidad secundaria 8505
porosidad sin cemento 6221
porosidad total 28
porosidad útil 3141
porosímetro 7328
portachasis 7880
portador de gérmenes 2746
portal 3290
portamiras 9295
portamuestra 2155
portante 927
porta-objetivo 6563
porta-película 3632
porta-películas 3944
portatestigo 2155
pórtico 10203
portillo provisional 9905
Portland sobresulfatado 9653
posición cero 10971, 10972
posición del limbo acimutal 7345
posición en el mapa 7346
posición oblicua 2604, 6574
posición perspectiva 6990
posición planimétrica 7184
posición vertical 10556
positiva 7966
poste 828, 7350
poste de dirección 2107
poste maestro 8368
postergar 3

postorogénico 7352
posttectónico 7352
potamografía 7355
potamología 7356
potencia 7370, 9990
potencia consumida 7373
potencia del acuífero 542
potencia de la turbina hidráulica 10754
potencia del curso de agua 10720
potencia del manto 8490
potencia de punta 6897
potencia de punta de la red 9813
potencia de punta garantizada 3684
potencia efectiva 3142
potencia efectiva de una capa productiva 3145
potencia firme 3681
potencia garantizada 3681
potencia hidráulica 4830, 10720
potencia instalada 5146
potencial de contacto 5686
potencial de membrana 6104
potencial de velocidad 10530
potencial electrocinético 9518
potencia máxima absorbida 6029
potencia máxima posible 6032
potencia máxima producida 6033
potencia nominal 7774
potencia óptima 6677
potencia útil 3142
potenciómetro 7364
potenciómetro hidráulico 4829
pozo 8692, 10809
pozo abierto 5911
pozo artesiano 615
pozo auxiliar 7931
pozo brotante 1097
pozo cerrado 8812
pozo ciego de comunicación poco profundizado 9330
pozo comercial 1868
pozo de acceso 75
pozo de achique 9657
pozo de aireación 278
pozo de alimentación 7812
pozo de alivio 7937
pozo de alta presión 4678
pozo de cateo profundo 2441
pozo de cimentación 7096
pozo de circulación 10204
pozo de decompresión 7937
pozo de delimitación 2487
pozo de delimitación del campo 3610
pozo de delimitación del yacimiento 3610
pozo de desarrollo 2596
pozo de dos zonas 2847

pozo de erupción intermitente 968
pozo de evaluación 516
pozo de exploración 3442
pozo de exploración de yacimientos más profundos 2432
pozo de explotación 2596
pozo de gas 6425
pozo de gas natural 6425
pozo de inyección de agua 10695
pozo de la chimenea de equilibrio 9735
pozo del flotador 3796
pozo de observación 6578
pozo de oscilación 9737
pozo de petróleo 7010
pozo de petróleo comercial 1868
pozo de petróleo productivo 7538
pozo de producción limitada 5970
pozo de prueba 516
pozo de reconocimiento 9948
pozo desviado 2600
pozo de válvulas 4231
pozo de ventilación 278
pozo en carga 7475
pozo entubado 1452
pozo estéril 3045
pozo estratigráfico 9510
pozo exploratorio 3442
pozo filtrante 3639
pozo fuera de control 1097
pozo gas-lift 4219
pozo improductivo 3045
pozo inclinado 2405
pozo interior 5333
pozo intermedio 5071
pozo maestro 9329
pozo marginal 5970
pozo no comercial 6504
pozo no fluyente 6507
pozo no rentable 6504
pozo no revestido 10338
pozo perpendicular al frente 798
pozo petrolífero 7010
pozo petrolífero productivo 1868
pozo poco profundo 8717
pozo principal de transporte 9329
pozo productivo 1868
pozo productor de gas 6425
pozo profundo 2433
pozo provisionalmente abandonado 9902
pozo que produce de dos zonas simultáneamente 2847
pozos de drenaje 2892
pozo seco 3045
pozos gemelos 10307
pozo surgente 4550
pozo vertedero 8703

pozo vertical 9473
precalentador 7420
precalificación 7432
precarga 7427
precauciones 7405
precio CIF 1684
precio en fábrica 3497
precio FOB 4094
precio LAB 4094
precios unitarios 10395
precios valederos hasta 7491
precio y plazo 2174
precipitación 7406, 7733
precipitación media 738
precisión 87
precisión de dibujo 2912
precisión de la medición de ángulos 89
precisión de lectura 91
precisión de un instrumento de medición 88
precisión obtenida 678
precisión pedída 7967
precompresión 7413
preconsolidación 7414
precorte 7437
prefiltro 7419
prensaestopa 9588
prensaestopa de laberinto 5451
prensaestopas 9588
prensaestopas de laberinto 5451
prensa portatil para ensayos de ademas 9945
preparación 2598
preparación de galerías 8175
preparación de la superficie de la junta de construcción 7430
preparación de soportes 9676
preparación de tajos 3513
preparación paralela al rumbo 9692
prerrománico 609
presa 2364
presa aligerada 4710
presa Ambursen 3732
presa arco 557
presa arco-gravedad 561
presa auxiliar 9632
presa bóveda 557
presa bóveda cilíndrica 2356
presa bóveda de ángulo constante 2020
presa bóveda de centro constante 2022
presa bóveda de centro variable 10513
presa bóveda de espesor constante 2025
presa bóveda de espesor variable 10514

presa bóveda de espiral logarítmica 5760
presa bóveda delgada 9998
presa bóveda de radio constante 2022
presa bóveda de radio variable 10513
presa bóveda de simple curvatura 8883
presa bóveda de varios centros 6364
presa bóveda elíptica 3229
presa bóveda gruesa 9988
presa bóveda parabólica 6833
presa con puertas de tejado 8255
presa con tramo vertedero en forma de S 6766
presa con vigilantes 2388
presa de "alzas de tejado" 8255
presa de arco 9988
presa de bóveda 2311
presa de bóvedas múltiples 6374
presa de clapetas abatibles 8255
presa de collado 8328
presa de compensación 217
presa de compuertas 844
presa de compuertas cilíndricas 8226
presa de concreto compactado con rodillo 8220
presa de contrafuertes 1332, 3732
presa de contrafuertes con cabeza en forma de diamante 2361
presa de contrafuertes con cabeza octagonal 2361
presa de contrafuertes de bóvedas múltiples 6373
presa de contrafuertes de cabeza ancha 6003
presa de contrafuertes de cabeza en T 9880
presa de contrafuertes de cabeza gruesa 2423
presa de contrafuertes de cabeza maciza 6003
presa de contrafuertes de cabeza redonda 8300
presa de contrafuertes de pantallas planas 3772
presa de contrafuertes de planta curva 554
presa de contrafuertes tipo Ambursen 3772
presa de contrafuertes y pantalla en voladizo 1399
presa de control de avenidas 3829
presa de corrección de torrentes 1642
presa de cúpulas múltiples 6377
presa de derivación 2808

presa de derivación abierta 6645
presa de doble curvatura 2839
presa de elementos prefabricados 7401
presa de enrocamiento 8186
presa de escollera 8186, 8189
presa de escollera con núcleo asfáltico 8187
presa de escollera con núcleo impermeable 8185
presa de escollera con núcleo impermeable vertical o inclinado 8185
presa de estériles 6202, 9828
presa de estuario 3384
presa de fábrica 4448
presa de gaviones 893
presa de gravedad 4443
presa de gravedad aligerada 4710
presa de gravedad de hormigón con paramento de aguas arriba en mampostería 1966
presa de gravedad de planta curva 2323
presa de hormigón compactado con rodillo 8220
presa de jales 6202
presa de madera 10056
presa de mampostería 5996, 8315
presa de materiales sueltos 3238
presa de materiales sueltos con pantalla de hormigón aguas arriba 8188
presa de pantallas planas en ménsula 1399
presa de pilotes 7122
presa de puerto 8328
presa de regulación 7093, 7887
presa de relleno hidráulico 4801
presa de residuos industriales 5065
presa de sifón 8904
presa de tableros abatibles 3530
presa de tierra 3090, 3238
presa de tierra armada 7899
presa de tierra homogénea 4718
presa de tierra mixta 1913
presa de tierras vertidas hidráulicamente 4801
presa de tierra zonificada 1910
presa de toma 2808
presa de usos múltiples 6387
presa encofrada de cajones 2225
presa fija 3735
presa fija impermeable 4982
presa impermeable 4984
presa inflable 5077
presa insumergible 6510
presa mixta 1909
presa móvil 844

presa no vertedero 6510
presa no vertedora 6510
presa para abastecimiento de agua 2374
presa para elevación del nivel de agua 9738
presa para generación de energía 4861
presa permeable 6978
presa presforzada 7485
presa pretensada 7485
presas bóveda 556
presas de concreto 1964
presas de contrafuertes 1332
presas de gravedad 4443
presas de hormigón 1964
presas de materiales sueltos 3238
presa sin vigilantes 2389
presa vertedero 6763
presa vertedero de derivación 1754
presa vertedora 6763
preselección 7432
presencia de gas 6583
presencia de petróleo 6584
presentación 7882
presentación gráfica de resultados 4427
preservación del medio ambiente 7435
preservación del medio ambiente en ingeniería de minas 3300
preservar 2010
presiómetro 7466
presión 7438
presión absoluta 29
presión adicional 9669
presión a la entrada de la turbina 7442
presión anisótropa 447
presión atmosférica 842
presión avanzante de contrafuerte 4136
presión barométrica 842
presión capilar 1413
presión crítica 2235
presión de abandono 11
presión de Arquímedes 10426
presión de carga de asentamiento 8670
presión de carga inicial 3689
presión de contacto 2050
presión de contrafuerte 43
presión de descarga 2490
presión de entrada en la turbina 7442
presión de estratos superpuestos 7467
presión de filtración 1413
presión de fondo 1173

presión de formación 1751
presión de fractura 1237
presión de hinchamiento 9773
presión de inyección 5113
presión de la bomba de lodo 6357
presión del agua dentro de los poros 7327
presión del agua intersticial 7327
presión del aire 274
presión delantera de contrafuerte 4136
presión de la roca 8198
presión de la roca encajante 6962
presión del chorro 5350
presión del estribo 44
presión del flujo 3883
presión del flujo al fondo 1172
presión del lodo 6355
presión de los poros 7327
presión del relleno 7455
presión del yacimiento 1751
presión del yacimiento al límite de agotamiento 11
presión de poro 7327
presión de preconsolidación 7415
presión de rechazo 7873
presión de reventón 1321
presión de salida de la turbina 7443
presión de sierra 8198
presión de soportes 9686
presión de superficie 2050
presión de techo 8249
presión de tierra 3096
presión diferencial de fondo 1167
presión efectiva 135, 5210
presión efectiva normal 3139
presión en el fondo del pozo 8809
presión en la cabeza del pozo 10819
presión en la conducción 5670
presión en la tubería 5670
presión envolvente 6962
presión estática 8811
presión estática de fondo 8810
presión estática de pozo cerrado 8810
presión estática de un pozo cerrado 8811
presión exterior 3480
presión externa 3480
presión granular 4411
presión hermética 8811
presión hidrostática 1995, 4896
presión hidrostática ascendente 10426
presión inicial 5101
presión intergranular 5210
presión intersticial 7327
presión intersticial en exceso

sobre la hidrostática 3412
presión isostática 5311
presión lateral 5516
presión longitudinal 5775
presión media 736
presión neutra 6474
presión normal de sierra 2195
presión pasiva del terreno 6872
presión periódica de carga 6960
presión sobre aristas de los pilares 3130
presión sobre el borde de un panel 8820
presión sobre el relleno 7439
presión trasera de contrafuerte 7805
presión triaxial de envoltura 1993
presión unilateral 7463
presión útil 3143
presostato 7477
prestación contínua 2076
prestación intermitente 5220
préstamo de interés bajo 9078
préstamo 5729
presupuesto estimado 7489
pretensar 7483
pretil 521, 6853
prevención 7488
prevención de accidentes 77
previsión de crecidas 3837
previsiones de amortización 3651
prima 1123
primer filete 3686
principio de construcción 7518
principio de equivalencia 7520
principio de la equivalencia de trabajo y energía cinética 7519
principio de medición 7521
principio de superposición 7522
prisma angular 7525
prisma de desviación 2607
prisma de lectura 7799
prismático 7524
probabilidad de la crecida 3847
probador de gas 4224
probar 10257
probeta 8361
probeta cilíndrica para toma de muestras de nieve 9052
problema de Lamé 5473
procedimiento de diseño 6139
procedimiento de encajar fotografías 6135
procedimiento de ensayo 9946
procedimiento del cálculo 1372
procedimiento de magnetoestricción 5897
procedimiento de medición 6071, 6136

procedimiento de proyección 6139
procedimiento de trabajar 6654
proceso de extracción 3487
proceso de fracturación hidráulica 4805
proceso de medición 7531
proceso de tratamiento del mineral 6196
proceso hidrotermal 4903
producción 6746
producción acumulada 2307, 6007
producción brotante 3925
producción bruta 4467
producción de energía 7381
producción de energía hidroeléctrica 4864
producción de energía nuclear 6541
producción de gas natural 6426
producción de maquinaria 5861
producción de presión constante 2021
producción diaria 2360
producción forzada 3986
producción inicial del pozo 5102
producción intermitente por gas 5219
producción marginal 9567
producción máxima 6899
producción neta 6469
producción por empuje hidráulico 10696
producción por empuje hidrostático 10696
producción por presión hidrostática 10696
producción por surgencia 3925
producción total 10128
productividad biológica 1033
producto de curado 2314
producto de excavación 3403
producto de sublimación 9611
profano 5544
profundidad 2528
profundidad abisal 51
profundidad accesible 2536
profundidad crítica 2229
profundidad de cimientos 4027
profundidad de colocación 1479
profundidad de congelación 4108
profundidad de inmersión 2813
profundidad de la capa freática 2539
profundidad de la excavación 2532
profundidad del agua 2535
profundidad de la pantalla 2531

profundidad de la perforación 2534, 2965
profundidad de la zapata de la tubería de revestimiento 1477
profundidad de la zapata de los revestimientos 1477
profundidad del foco 3942
profundidad del pozo 2534
profundidad de penetración 2533, 2947
profundidad final del pozo 3644
profundidad media 6037
profundidad perforada 2947
profundidad productiva 7539
profundidad total 9863
proglacial 7549
programa de alarmas 2071
programa de calidad 7671
programa de llenado 4991
programa de perforación 2982
programa de riego por aspersión 9249
programa de trabajo 2040
programa de visitas de inspección 5144
programador 7551
programa para los vuelos 7429
prolongación hacia abajo 2867
promedio 6036
promedio de inyección por día 734
promedio de la presión principal 5217
promontorio 7568
propagación 7569
propagación de la crecida 8146
propagación de ondas 7570
propiedad característica 5040
propiedad del suelo 9099
propiedades de la roca 8200
propiedad índice 5040
propietario 6790
propio riesgo 6791
proporción 2249
proporción de extracción 7577
prórroga de plazo 3469
proseguir 7649
prospección en sedimentos fluviales 9520
prospección geoquímica 4262
prospección geoquímica en roca 8201
prospección geoquímica en suelos 9101
prospección por gases 10505
prospección por resistividad 8027
protección 7592
protección completa 1899
protección contra derrumbes 480
protección contra las crecidas 3834
protección del medio ambiente 7435
protección de taludes 8999
protección parcial 6865
prototipo 7596
proustita 7597
proveedor 9671
provincia metalogénica 6123
provincia petrológica sedimentaria 8531
proximal 7604
próximo a terminación 6444
proyección 7562
proyección axonométrica 759
proyección central 1585
proyección de rocas 10018
proyección gnómica 4372
proyección gnómica recíproca 4373
proyección horizontal 4747, 7187
proyección paralela ortogonal 6716
proyección vertical 3220
proyección vertical de marcos inclinados 10562
proyectar 2555, 7555
proyecto 2554, 2556, 2590, 8425
en ~ 685
proyecto antisísmico 3106
proyecto de ejecución 3645
proyecto ejecutivo 3645
proyecto hidroenergético de usos múltiples 6381
proyecto hidroenrgético de múltiples finalidades 6381
proyector 7566, 10590
prueba de campo 5128
prueba de cavitación 5268
prueba de dureza según Rockwell 8206
prueba de emulsionamiento 3257
prueba de escurrimiento 3893
prueba de fluencia de perforación abierta 6638
prueba de garantía 4533
prueba de humectación y secado 10829
prueba de la máquina en marcha 9944
prueba del dilatómetro 2677
prueba de permeabilidad 6974
prueba de récepción 65
prueba de tensión 9923
prueba efectuada en el banco 5446
prueba en el campo 5128
prueba 7966
prueba in situ 5355
prueba normal de penetración
9317
psammita 7607
psefita 7608
pseudo-plástico 7609
pudinga 7614
puente 10782
puente cárstico 5389
puente de acceso 71
puente de banco 9490
puente de diodos giratorio 8284
puente de distancias 2787
puente de roca 9490
puente de suspensión de gran luz 5785
puente grua corredera 10203
puente levadizo 867
puente sobre el aliviadero 9193
puerta 2829
puerta acristalada 1455
puerta corredera 8962
puerta corrediza 8962
puerta de emergencia 8338
puerta de entrada 4140
puerta de una hoja 8884
puerta de un batiente 8884
puerta vidriera 1455
puerta vidriera corrediza 4360
puerto 8327
puesta de cargamiento petrolífero en mar abierto 6598
puesta en carga 66
puesta en marcha, parada y puesta fuera de servicio 8663
puesta en obra del hormigón 1959
puesta fuera de servicio 9841
pulidora 10253
pulverizador 676
pulvino 2834
pumítico 7625
puna 7645
punta 10072
punta de crecida 3844
puntal 908, 1207, 1335, 3511, 8781, 9584, 9585
puntal de la viga de cuadro 5566
puntal de la viga de techo 5566
puntal superior 9999
puntería precisa 3652
punto 7267
punto cenital 1577, 10963
punto central de la fotografía 1577
punto cero 10968
punto de aplicación 7270
punto de apoyo 2404, 7277
punto de apoyo para poner el arco 9230
punto de base 2404
punto débil 10774
punto de comienzo del arco 9228

punto de comprobación 1643, 7277
punto de congelación 4110
punto de dirección 935
punto de doblamiento 7271
punto de ebullición 1112
punto de emisión 10181
punto de empalme 6491
punto de enturbiamiento 1765
punto de flexión 7271
punto de fluencia 9929
punto de fuga 10502
punto de giro 1596
punto de gravitación 2264
punto de inflexión 7272
punto de intersección 7273, 7274, 10141
punto de intersección de la vertical principal con el horizonte de la imagen 7276
punto de intersección de los ejes del cuadro 7275
punto de la imagen 4961
punto del objeto 6567
punto del terreno 4482
punto de medición 6073
punto de mira 240, 8835
punto de recepción 2576
punto de referencia 880, 979, 2404, 3739, 7856
punto de rotura 9929
punto de unión 6491
punto de unión anterior 4137
punto de unión posterior 7807
punto de velocidad nula 7281
punto de vista 7279
punto fiel de ángulos 3328
punto fijo 3739
punto focal 3951
punto lejano para vistas estereoscópicas 2790
punto más bajo de la cimentación 5821
punto material libre 4096
punto material ligado 2026
punto material vinculado 2026
punto nadiral de la imagen 4960
punto nodal 4137, 6490, 7807
punto nuclear 3324
punto nuevo 6482
punto ortogónico 3328
punto principal anterior 3478
punto principal de fuga 5923
punto principal de la imagen 7514
punto principal del cuadro 7515
punto principal posterior 5228
puntos de auscultación 6288
puntos de referencia 7285
punto terrestre 7280
purga de sedimentos con niveles

bajos de agua 8443
purgador 284
purificación 1726
purificación del acuífero 539
purificación del agua de alimentación 3581
purificador de aire 262
putrefacción 7651
puzolana 7652

quebradizo 1259
quebradora 2274
quebradura por tracción 9917
quelación 1646
quernita 5418
química del suelo 9086
quinta 10591
quitanieve 9037
quitanieve rotativo 9037
quitanieves 9037
quitanieves rotativo 9037
quitar carga 6724

racha de viento 9257
radar 7695
radar con láser 5456
radar de apertura sintética 9798
radar lateral 8830
radartécnica 7696
radartopografía 7699
radiación infrarroja 5090
radio de acción 7761
radio de coronación 2218
radio de curvatura 5756
radio de drenaje 2886, 2887
radio de giro 7723
radio de influencia 7724
radio de momento de inercia 7723
radiografía 10925
radio hidráulico 4834
radiolarita 7722
radio vector 7725
raíz cuadrada 9266
rajaduras en el pendiente 8240
rajaduras en el piso 3856
rajaduras en el techo 8240
rajaduras en el yaciente 3856
ramal de descarga del sifón 2727
rambla 10652
ramificación de filones 1219
rampa 7754
rampa de aireación 190
rango de carbón 1777
ranura 4463
ranura de aireación 191
ranura de inyección 4509
ranuradora 4464
rápida 7772
rápida del aliviadero 9196
rapidez 7771

rascacielos 8932
raspador 7108
raspador de seguridad 8339
raspatubos de seguridad 8339
rastra 8945
rastrillo 10074
rastrillo de limpia de rejillas 7746
rastrillo impermeable 2339
rastro de gas 4218
rayo 7788
rayo de imagen 7790
rayo de luz 5623
rayo luminoso 5623
rayo nuclear 3323
rayo visual 4716, 10606
razón de curvatura 7784
razón de deformación transversal 7286
reacción 7793
reacción de la subrasante 1812
reacondicionar un pozo 10909
reactividad al álcali 308
reactivo para endurecer 4585
reajustar 3729
realce de circulación 10204
realización de la construcción 2030
realojamiento 7994
reapretar 8050
reatirantar 8050
rebajar 2685
reblandecimiento 9074
reblandecimiento de los materiales 9075
recalce 10367
recalzo 10367
recambio de las piezas desgastadas 7953
recarga artificial del nivel freático 630
recarga del acuífero 529
recarga del acuífero 4496
recarga del nivel freático 529
recarga del nivel freático 4496
recarga de pie 10078
recarga de taludes 10800
recepción 65
recepción definitiva 3642
recepción de las máquinas 67
recepción parcial 68
recepción provisional 7601
receptor 7810
recinto ataguiado 1815
recipiente de medición calibrado 6074
reclamaciones 1699
reclamaciones de terceros 10001
recogemuestras 2150
recompactar 7815
recompresión 7816

recondicionamiento 7877
reconocimiento 7817
reconocimiento de la cimentación 4030
reconocimiento del suelo 9107
reconocimiento del terreno 5355, 9091
reconocimiento de un emplazamiento 7818
reconocimiento en el emplazamiento 5355
recorrido 9569
recorrido de arrastre 360
recorrido de fluencia 360
recorrido del vuelo 6878
recrecimiento de la presa 4631
recreo 7827
recristalización 7830
recta 9475
rectificación 2167
rectificación isostática 5309
rectificador 7836
rectificar 8656
recuadro 6823, 10900
recubrimiento 6752, 6772
recubrimiento de la armadura 1961
recubrimiento de techo 8243
recubrimiento de tejado 8243
recubrimiento horizontal 4737
recumbencia 6786
recuperación 7824
recuperación de la tubería de revestimiento 7826
recuperación del petróleo 3486
recuperación final estimada 3378
recuperación por combustión in situ 7825
recuperar 3690
recurrencia 7840
recursos de mineral 6197
recursos hidroenergéticos 4893
rechazo 7872, 10017
rechazo aparente 502
rechazo de falla 3569, 6523
rechazo estratigráfico 9511
rechazo horizontal 4737, 8766
rechazo horizontal transversal 4749
rechazo inclinado 507
rechazo inclinado aparente 507
rechazo vertical aparente 509
red 6464
red altimétrica 10553
red cárstica 5405
red de anuncio de crecidas 3846
red de auscultación 6287
red de carreteras 8164
red de control 2103
red de corriente 3889

red de diaclasas 5369
red de drenaje 5482
red de filtración 3889, 8544
red de flujo 8544, 3889
red de galerías 8176
red de la triangulación 6468
red del mapa 5953
red de muestreo 8364
red de puntos fijos 3740
red de puntos fijos de observación 3740
red de riego 5281
red desfigurada 2792
red de sismómetros 8568
red de triangulación 10221
red de valles desmembrada 2756
red de Wulff 10920
redeposición 7841
red estereocristalina 2290
red hidrográfica 8153
redistribución de tensiones 7843
red planimétrica 4736
reducción 1162
reducción de perfil 6414, 7850
reducción de potencia 2113
reducirse en 2427
reductor de agua 10725
reductor de presión 7469
reductor macho-macho 7135
reemplazamiento 7961
reemplazamiento de las partes desgastadas 7953
reemplazar 7993
reemplazo de las partes desgastadas 7953
referencia 5985
referencia altimétrica fija 979
referencia de altura 4632
referencia de crecida 3843
referencia de máxima crecida 4665
referencia de nivelación de la red general 6681
referencia de nivelación provisional 9904
referencia de triangulación 10223
referencia geodésica 4270
referencia topográfica 9748
reflectividad 7858
reflector 7863
reflejo 7861
reflexión 7861
reflexión especular 9173
reflexión lateral 8824
reflexión múltiple 6384
reflujo 3536
reflujo circulante 1694
reforma 337
reforzamiento 5182
reforzar 7896, 9489

refracción 7866
refrigeración artificial 628
refrigeración por tubería embebida 3240
refrigerador combinado 1864
refrigerador intermedio 5198
refrigerante 2126
refuerzo 5182
refuerzo de la presa 9524
refuerzo secundario 8506
refugio antiaéreo 276
regalía 8311
regar con agua a presión 9015
regeneración 7877
régimen 7879
régimen crítico 2231
régimen de producción de un yacimiento 3013
régimen fluvial 9600
régimen gradualmente variado 4402
régimen impermanente 4402
régimen laminar 5476
régimen lento 9600
régimen permanente 9361
régimen rápido 9661
régimen torrencial 9661
régimen transitorio 10164
régimen turbulento 10298
régimen uniforme 10385
régimen variable 10418
régimen variado 6517
región abisal 49
región cárstica 1509
regiónes periglaciales 6956
región petrolífera 7019
registrador 7820
registrador continuo del peso del lodo 2075
registrador de asentamientos por carga 5727
registrador de convergencia 2118
registrador de flujo 3892
registrador del avance 2983
registrador de la velocidad de avance 2983
registrador de perfiles 7547
registrador digital 2669
registrador fotográfico de dos canales 10310
registrador indicador de nivel 5589
registro 7819, 7882
registro analógico 372
registro automático 714
registro continuo 2077
registro de crecidas 3848
registro de densidad variable 10509
registro de desagüe 10928

registro de gradientes 4399
registro de la propiedad 5485
registro del estado inicial 9338
registro de sondeo 1142
registro de superficie variable 10507
registro digital 2670
registro espectral de rayos gamma 9170
registro multicanal 6365
registros de nevadas 9051
registros hidrológicos 4873
registros pluviométricos 7738
reglamento 7892
reglamento de seguridad 8347
reglamentos de aceptación 1794
regla para nivelar 5594
reglón 9756
regolito 7883
reguera 10669
regulación 7891
regulación de la avenida 7978
regulación de las máquinas hidráulicas 2104
regulación del flujo 3871
regulador 7893
regulador de avance de la barrena 3577
regulador del tiempo 10068
regulador de velocidad 9178
regulador de voltaje 10629
regulador programado en función del tiempo 10061
regular de nuevo 7992
rehabilitación 7895
reiteración 7910
reivindicaciones 4458
reja 8462
reja fina 3661
reja gruesa 1784
rejilla 4430, 8462
rejilla fina 3661
rejilla gruesa 1784
rejuvenecimiento 7912
relación agua-cemento 10690
relación costos/beneficios 2175
relación de abertura del objetivo 7785
relación de causa a efecto 1508
relación del engranaje 4240
relación entre la carga del terreno y la reducción de volumen 1811
relación entre la presión horizontal y vertical en terreno virgen 7782
relación exploración-descubrimiento 9643
relación gas-petróleo 4215
relación isotópica 5320

relación valorada mensual 6302
relajación 7920
relámpago de calor 9655
relaves 9827
relé de sobrecorriente 6756
relice planchado 8956
relieve 7930
relieve alpino 332
relieve apalachiano 497
relieve de deslizamientos 5491
relieve escarpado 332
relieve fuerte 332
relieve jurasiano 5382
reloj con interruptor 9780
rellano 4566
rellenadora 770
rellenar 3623, 9463
rellenar atrás 768
rellenar atrás con mortero 773
rellenar bajo presión 774
rellenar neumáticamente 9471
relleno 226, 629, 771, 772, 769, 3625, 9461
relleno a granel 7756
relleno a mano 4575
relleno completo a mano 9118
relleno con cangilones escarbadores 8449
relleno con desmontes aportados 4989
relleno de falla 3562, 8598
relleno de galería ciega 3052
relleno de grietas 3719
relleno de material en greña 7756
relleno de material seleccionado 8573
relleno de piedra en seco 3042
relleno de poros 7322
relleno de separación inaccessible 9917
relleno hidráulico 4818, 4841
relleno mecánico 7394
relleno parcial 6866
relleno pneumático 7261
relleno por centrífuga 8983
relleno por tiras 9564
relleno todo-uno 7756
relleno total 9119
relleno tumbando por gravedad 3026
remitir la señal 8845
remolino 1991, 3128, 8227
remolino libre 4080
remolino superficial 9709
remolque 10148
remolque articulado 620
remover 7922
Renacimiento 7951
renard 4810, 7144
rendimiento 3150, 6946

rendimiento de la bomba 3153
rendimiento del acuífero 538
rendimiento del dibujo del mapa 6747
rendimiento del levantamiento 6949
rendimiento de sostén 9689
rendimiento de un pozo 10826
rendimiento efectivo 6750
rendimiento hidráulico 4796
rendimiento máximo 6892
rendimiento mecánico 6081
rendimiento óptico 6668
rendimiento óptimo 6674
rendimiento telescópico 6666
rendimiento total 6750
rendimiento volumétrico 10637
renovación 7954
reología 8084
reordenamiento 2757
reóstato 8085
reóstato de arranque 9335
reparación 7954
reparación corriente 2317
reparación de emergencia 3247
reparación general 5927
reparación periódica 6958
reparación rutinaria 2317
reparto de las responsabilidades 2819
reperforar 2999, 3000
repetibilidad de la medición 7957
replantear 5989
réplica 221, 1486
réplica externa 3474
repoblación forestal 216
representación conforme 1997
representación topográfica 7963
reproducir fotograficamente 7964
reproductibilidad de las mediciones 7965
resaca de fondo 10370
resalto hidráulico 4815
rescatar 3690
rescate 3697
rescate de tierras para la agricultura 5480
rescisión 9932
resedimentación 7970
reserva 9446
reserva de caza 4183
reservas de gas natural 6427
reservas de gas recuperables comprobadas 7599
reservas de petróleo 7024
reservas de petróleo recuperables comprobadas 7600
reservas en nieve 9050
reservas especulativas 5070
reservas inferidas 5070

reservas posibles de petróleo recuperable 7349
reservas recuperables 7823
reservorio 7971
resguardo 4076, 4077
resguardo total 10123
residuos de mineral 9827
residuos de rejilla 8460
resina acrílica 116
resina de cloruro de vinilo 10592
resina epoxídica 3325
resina natural 6430
resistencia 8014, 8015, 9522, 9523
resistencia a cargas crecientes 3267
resistencia a compresión simple 10342
resistencia a doblamiento 1283, 1284
resistencia a flexión 987, 3786
resistencia a flexión por impacto 8775
resistencia a la compresión 1938
resistencia a la compresión confinada 1990
resistencia a la compresión en flexión 984
resistencia a la compresión triaxial 10226
resistencia a la compresión uniaxial 10381
resistencia a la disgregación 8938
resistencia a la fatiga 3551
resistencia a la flexión 3786
resistencia a la helada 4149
resistencia a la hendedura 8938
resistencia a la intercalación de carga 8021
resistencia a la penetración 6923
resistencia al aplastamiento 2277
resistencia al aplastamiento de la tubería de revestimiento 1837
resistencia a la rotura por compresión 1937
resistencia al asentamiento 8021
resistencia a la tracción 9920
resistencia al cizallamiento 8741
resistencia al cortante 8741
resistencia al desgarramiento 9868
resistencia al deslizamiento 8922
resistencia al envejecimiento 8016
resistencia al esfuerzo de corte 8741
resistencia a los seísmos 3105
resistencia al patinamiento 8922
resistencia al punzonamiento 7646

resistencia al reventamiento 1322
resistencia al vertido por coronación 8018
resistencia a penetración 8019, 8021
resistencia a presión radial 9527
resistencia a rotura 1234
resistencia a solicitaciones alternadas 8017
resistencia a tensión 8020, 9920
resistencia a tracción 9920
resistencia a tracción de la roca 9921
resistencia a tracción de la sierra 9921
resistencia a tracción por compresión diametral 9215
resistencia del aire 277
resistencia de la roca 1120, 8203
resistencia de la sierra 1120
resistencia de las obras a los seísmos 3105
resistencia de materiales 9390
resistencia de servicio 3057
resistencia de sostén 9696
resistencia de vida útil 3057
resistencia dinámica a la hinca 7115
resistencia dinámica de un pilote 7115
resistencia eléctrica 3195
resistencia en probeta cilíndrica 2354
resistencia en probeta cúbica 2300
resistencia 6873
resistencia inicial 5106
resistencia magnética 5890
resistencia pasiva de presión de tierra 6872
resistencia permanente 3550
resistencia por adherencia 1119
resistencia por la punta 7283
resistencia por rozamiento 4124
resistencia residual 8003
resistencia térmica 9981
resistencia total de soportes 232
resistencia unitaria de sostén 6043
resistente 927
resistente a flexión 8022
resistente a las vibraciones 10580
resistente a los ácidos 94
resistir 9307
resistividad aparente 506
resistividad de la formación 4010
resistividad del agua de formación 4015
resistividad del agua de origen 4015
resistividad específica 3197

resistividad verdadera de la formación 10254
resolución analítica 379
resolución aproximada 519
resolución de litigios 8682
resolución rigurosa 8114
resonancia 8029
resonancia ondulatoria 10771
resorte 9227
resorte de compresión 1934
resorte de guía 9243
resorte laminar 5550
respaldos 8798
respiradero 1245
responsabilidad 5600
responsabilidad civil causal 9551
responsabilidad legal 5567
respuesta de amplitud 365
respuesta de fase 7040
respuesta de frecuencia 4117
respuesta del terreno 4484
respuesta hidrodinámica 4858
respuesta modal 6251
resquebrar 1323
restablecimiento de comunicaciones 8163
restauración 337, 7895
restinga 9209
restitución 1894
restitución de la fotografía 7233
restitución de vistas aéreas 7232
restitución mecánica 5860
restituible 7229
resultado de una medición 8038
resultados concordantes 2015
resultados obtenidos sobre el terreno 3618
resultados unívocos 2015
resurgencia 5409
retacado 9382
retacar 7751
retardación 8042
retardador 8045
retardador de fraguado del cemento 1571
retardante 8045
retardante de fraguado 8045
retardo 2484, 5460
retén 967, 8040
retención 3291
retención de energía térmica del acuífero 541
retención de nutrientes en los embalses 8046
retención efectiva 9166
retención inicial 9722
retención superficial 9722
retén de pivote 7134
retén de válvula 10494
retén magnético 5881

retícula 6464
retícula cuadrada 9263
retícula de Möbius 6247
retículo 3960, 8049
retículo de referencia 7855
retículo paraláctico 6842
retirada de ataguías 1816
retirada de instalaciones de obra 1728
retirada del glaciar 4347
retirada glaciar 4347
retirar 1867
retirar el enmaderamiento 2918
retirar las ademas 2920
retiro regresivo 6592
retocar 10131
retoque 10130
retracción 3038, 8802
retracción de fragüe 3038
retracción térmica 9977
retractil 8051
retraso 2483
retrocargadora 782
retrotaponamiento de un pozo 7243
retrotaponamiento de un pozo de petróleo 7243
reutilización de escombros 8061
revelado 2589
revelado con exceso 6758
revelador 2587
revelar 2586
reventamiento 9154
reventón de carbón 1771
reverberación 8062
reversible 8073
revestidor ciego 1063
revestimiento 1103, 1360, 1464, 3519, 5675, 9707
revestimiento anticorrosivo 476
revestimiento antideslizante 6516
revestimiento con tubbing 10259
revestimiento de curado 2315
revestimiento de dos capas 2843
revestimiento de galería 10284
revestimiento del techo con alambre tejido 9372
revestimiento de muro 10658
revestimiento de pozo 8704
revestimiento de túnel 10284
revestimiento de una sóla capa 8886
revestimiento de una única capa 8886
revestimiento permanente 6965
revestimiento superficial 3666
revestir 1451
revestir con mampostería 5674
revisar 1641
revisión 8303

revisión general 5927
revisión interna 5123
revisión periódica 6957
revoltón 314
revolución 8288
revolvedora 1968
revoque bruñido 9030
revoque de cemento 1569
revoque guarnicido 9030
revoque liso 9030
revoque lucido 9030
rezaga 6339, 10285
rezumar 6628
ría 3029, 8152
ría sumergida 3029
ribera expuesta 10781
riberas 9740
riego 5280, 10708
riego con agua a presión 9020
riego por aspersión 9247
riego por escorrentia 9710
riego por gravedad 9710
riego por inundación 3842
riego por sumersión 3842
riel usado 6612
riesgo 8135
riesgos a terceros 10003
riesgo sísmico 8560
rift 8096
rigidez 9417, 9421, 9480
rigidez de fijación 9420
rigidez de placa a la flexión 3782
rigido 8109
riñones 4593
río 8138
río competente 1892
río consecuente 2007
rio de hielo 8148
río encajado 3294
riolita 8086
río navegable 6439
riostra 8787
"ripple" 8126
riprap 8127
riprap de blindaje 599
rizadura 8126
rizadura de interferencia 5206
rizadura de oscilación 6722
rizadura gigante 6098
roca 4470, 8177
roca alóctona 318
roca alterada 339
roca autóctona 701
roca básica 889
roca bioclástica 1024
roca bituminosa 1058
roca blanda 9080
roca carbonácea 1422
roca cataclástica 1490
roca compacta 1881, 6005

roca cristalina 2293, 2294, 4949
roca cristalofílica 6126
roca de basamento 877
roca de cimentación 4039
roca de contacto 2047
roca de fondo 959
roca de la superficie terrestre 2278
roca de voladura 1065
roca efusiva 3157, 3496
roca encajante 2185, 9739
roca en forma de hongo 6908
roca envolvente 2185
roca estéril intercalada 6173
roca estéril pendiente 6753
roca estratificada 5542, 9508
roca exfoliada 8752
roca extrusiva 3496
roca filoniana 3065, 4191
roca filónica 4191
roca fisurada 3717
roca friable 4122
roca gasífera 4203
roca heterogénea 4651
roca homogénea 4721
roca impermeable 4983
roca incoherente 5791
roca insoluble 5140
roca intemperizada 10778
roca intermedia 5218
roca intrusiva 5254
roca lajosa 3745
roca madre petrolífera 6318
roca masiva 6005
roca matriz 8192
roca metamórfica 6126
roca meteorizada 10778
roca movediza 5620
roca no consolidada 5793, 10344
roca pendiente 4581
roca pendiente inmediata 4968
roca permeable 6977
roca petrolífera 7006
roca piroclástica 7660
roca plutónica 7253
roca porosa 7330
roca productiva 6890
rocas abisales 54
rocas ácidas 96
roca sana 10336
rocas biogenas 1030
rocas de profundidad 2440
rocas de transición 10169
rocas disyuntivas 2751
roca sedimentaria 5542, 8523, 9508
rocas macizas 6005
roca soluble 9127
rocas profundas 54
roca subyacente 959

roca suelta 5793, 10344
roca vecina 156
roca viva 4379
roca volcánica 10618
roca volcanoclástica 10623
roca zoogénica 10986
rociar hormigón según el procedimiento de Torkret 8793
Rococó 8208
rodamiento 8225
rodamiento anular de bolas 7704
rodamiento axial de bolas 10022
rodamiento de agujas 6448
rodamiento de rodillos cónicos 9858
rodamiento de rodillos esféricos 848
rodamiento de rodillos radial 7713
rodar 3920
rodete de flujo axial 745
rodete de turbina hélice con álabes orientables durante el movimiento 10512
rodete Kaplan 10512
rodete Pelton 6916
rodilla 8215, 8217
rodillo articulado 624
rodillo autopropulsado 8584
rodillo de pata de cabra 8751
rodillo de reja 8751
rodillo de ruedas lisas 3774
rodillo liso 3767, 9033
rodillo rejilla 4457
rodillo remolcado 10150
rodillos 8218
rodillo sobre llantas 7262
rodillo sobre neumáticos 7262
rodillo vibratorio 10572
roentgen 8214
rollo 8215
rollo de película 3634
romanticismo 8231
rompehielos 4928
rompehormigones 1958
romper 2171
romperse 2197, 3521
rosca de tubo 7140
rosetón 8261
rotación 8288, 8289
rotación angular 440
rotor 8295
rotor hembra 3590
rotor macho 5934
rotura del hielo 4929
rotura de presa 2373
rotura de tajo 4624
rotura frágil 1261
rotura por agrietamiento 8616

rotura por cizallamiento 8736
rotura por corte 8736
rotura por deformación 4056
rotura por dilatación 9918
rotura por esfuerzo cortante 8735
rotura por fatiga 3549
rotura por filtración 8539
rotura por tensión 9926
rotura por tracción 9917, 9926
rozamiento 689, 4123
rozamiento a la pared 10659
rozamiento de deslizamiento 3071
rozamiento hidráulico 4806
rozamiento interno 5226, 5227, 10599
rozamiento negativo 6453
rozamiento superficial 8924
rozamiento tierras-muro 10659
rudita 8316
rueda dentada 4241
rueda helicoidal 10916
rueda motriz 3020
ruedas hidráulicas 10760
rugosidad 8298
rugosidad de las paredes 10662
rugosidad superficial 10662
rugoso 8297
ruido 6493
ruido de cavitación 1534
ruido de fondo 354
ruido del terremoto 3107
ruido del tiro 8794
ruido sísmico 6166
rumbo 925, 2188, 9554
ruptura 3522
ruptura frágil 1261
ruta turística 8421

sacamuestra 2146
sacamuestra de caída libre 4082
sacamuestra de diamante 2629
sacamuestra de pared 5510
sacamuestra de tipo marino 5981
sacamuestra exterior 6730
sacamuestra para perforación con cable 1351
sacamuestras simple 8882
sacanúcleos de pequeño diámetro 8980
sacanúcleo sencillo 8882
sacar 1867
sacaroidea 494
sacar positivas 7523
sacatestigo 2146, 8362
sacatestigo con tubo de caucho 8314
sacatestigo de caída libre 4082
sacatestigo de diamante 2629
sacatestigo de pared 5510

sacatestigo de tipo marino 5981
sacatestigo exterior 6730
sacatestigo para perforación con cable 1351
sacatestigos de pequeño diámetro 8980
sacatestigo sencillo 8882
sacatestigos por pequeño diámetro 8980
sacatubos 10260
sacudida 1311, 3099
sacudida consecutiva 221
sacudida previa 7416
sacudimiento 1311
saladar 8357
sala de estar externa 6729
sala de máquinas 5859
sala de montaje 655, 3342
sala de montaje y desmontaje 3341
sala de transformadores 10160
salbanda 1717, 8598
salida de hielos 4930
saliente para colocar el arco 9230
salina 8353
salinidad 8355
salino 8354
salitre del Perú 6993
salmuera 1254
salto 3569, 4597
salto bruto 4465
salto bruto máximo 6028
salto bruto medio 6042
salto bruto mínimo 6206
salto neto 6466
salto neto máximo 6031
salto neto medio 6044
salto neto mínimo 6207
salto neto nominal 6498
salto neto ponderado 10799
sangrado 1081
saprolito 8389
sapropel 8390
sapropelita 8391
sarta de tubería de inyección 4522
sarta de tubería de revestimiento 1481
satélite artificial 634
saturación 8395
saturación cromática 1670
saturación en agua 10732
saturación residual en agua de la formación 8007
saturado 8393
scheelita 8424
secado al aire 254
secador 3037
secante hiperbólica 4914
sección 8514
sección aerofotográfica 282

sección geológica 4280
sección máxima 6025
sección mojada 10834
sección transversal 2251
sección transversal de pozo 8697
sección transversal parcial de excavación 3402
sección vertical 10564
sección vertiente 6765
sector de extracción 3405
sector de techo 2263
secuencia 8618
secuencia de estratos 8618
secuencia de las operaciones 8622
secuencia de regeneración 7878
sede del asiento 8496
sedimentación 226, 8525, 8526
sedimentación rítmica 8088
sedimentar 227
sedimentario 8518
sedimento 8519
sedimento carbonatado 1425
sedimento detrítico 2584
sedimentología 8530
sedimentos 8517
sedimentos batiales 903
sedimento silíceo 8854
según el pendiente 330
según el rumbo del estrato 331
seguridad de la marcha de los trabajos 7928
seguridad de las presas 2384
seguridad en la lectura de un instrumento de medición 7797
seguridad pública 7611
seguro 5173
seguro a todo riesgo 322
seguro de responsabilidad 5601
seguro de riesgos a terceros 10002
seísmo 3099
seísmo intermedio 3103
seísmo profundo 2431
seísmo superficial 8712
sellado 3742
sellado con finos 8485
sellar 8475
semejanza 8872
semejanza geométrica 4298
semi-automático 8599
semiespacio 4565, 8601
semiremolque 620

sendero 6436
senderos 10657
seno hiperbólico 4915
sensación de profundidad 4997
sensación de relieve 6932
sensibilidad 8606
sensibilidad a entalladura 8612

sensibilidad a incisión 8612
sensibilidad a la luz 8608
sensibilidad cromática 1672
sensibilidad de la regulación 8611
sensibilidad del nivel 8607
sensibilidad de un instrumento de medición 8610
sensible 8605
sensible a la luz 8609
sensible a la presión anular 460
sensitometría 8614
sensitómetro 8613
sensor 8615
sensor del nivel de combustible 4155
sensor de nivel 5597
sensor de presión 7474
sensor de proximidad 7605
sensor de temperatura 9901
sentido de rotación 8604
sentido vertical 10554
señal 5983, 8837, 8843, 8844
señal acústica 113
señal altimétrica de auscultación 6289
señalamiento 2497
señalar 5982
señal de ajuste 166
señal del marco adaptador 1844
señal del marco adaptador para términos lejanos 776
señal del marco adaptador para términos próximos 3995
señal de nivel 4632
señal de referencia 2403, 3960
señal estereoscópica 3808
señal sísmica 8562separación 1081, 6870
separación de capas 961
separación de las fajas de fotografías 5246
separación de los ojos 5234
separación de los taladros 1144
separación en forma de placas 8414
separación por rotura 5359, 8616
separador 9214
separador de agua 6274
separador de armaduras 7906
sequía 3027
sericita 8626
sericitización 8627
serie atlántica 670
serie de ademas en masas sueltas 1224
serie de lentes 8651
serie de objetivos 8652
serie de tipos 8309
serie estratigrafica 8618
serie mediterránea 6091

serie pacífica 6794
series generadas 4256
serpentina 8630
serpentina noble 8630
serpentín de refrigeración 2128
serpentinita 8631
servicio en ~ 5126
servicio de geología 4282
servicio de la máquina 8634
servocircuito hidráulico 4837
servofreno 8638
servofrenos 7257
servomotor 8274, 8639
servomotores hidráulicos 4838
servosistemas hidráulicos 4839
servoválvula 4792, 8641
seudo-plástico 7609
SI 5233
siderita 8825
siembra de césped 9145
sienita 9784
sienita alcalina 309
sierra 4470
sierra aflojada 7921
sierra estéril pendiente 6753
sierra floja 7921
sierra trabajada 8179
sifonaje 4810
sifonamiento 4810, 7144, 7689
sifón de cebado 7506
signo 8843
signos de cavitación 8848
signos precursores 7428
silenciador 1094, 6360
silenciador de entrada 5119
silex 1655, 3791
silex biogena 1029
silex de diatomeas 2647
silicato básico de magnesio 483
silicato de litio y aluminio 9216
silicato de magnesio 5879
silicato de sodio para inyecciones 9068
sílice 8849
silíceo 8853
silificación 8856
silo del cemento 1572
silos de áridos 8862
Siluriano 8871
sillar 642
silletas 2201
sima 2821, 7366, 8897
simbiosis 9786
símbolo 9787
símbolo de la unidad de medida 9788
similaridad 8872
similaridad geométrica 4298
simplicidad de construcción 8876

simplicidad de la construcción 8876
sinagoga 9791
sincinemático 6854
sinclinal 9793
sinclinal asimétrico 669
sinclinal cerrado 1752
sinclinorio 9795
sincronizador de la velocidad de rotación 9179
singénesis 9796
siniestro máximo 6030
sinter 8899
sinterizar 8900
sintersilíceo 4328
síntesis hidrotermal 4905
sintético 9797
sirena de alarma de avenida 3826
sismicidad 8554
sismicidad de un emplazamiento 8555
sismo 3099
sismo base de explotación 6646
sismógrafo 8565
sismógrafo de bobina móvil 6337
sismógrafo de medida de aceleraciones 61
sismógrafo de medida de desplazamiento 2769
sismógrafo de medida de velocidades 10532
sismógrafo de sacudidas fuertes 9573
sismograma 8564
sismograma de registro de aceleraciones 60
sismo inducido por el embalse 7981
sismología 8566
sismología aplicada 515
sismo máximo posible 6024
sismometría 8571
sismómetro 8567
sismoscopio 8572
sismóscopo 8572
sismo submarino 8474
sismo tectónico 9877
sismo volcánico 10614
sistema activo 126
sistema acuífero 540
sistema anti-nieve de superficie 9049
sistema automático de auscultación 704
sistema automático de regulación 706
sistema coherente de unidades de medida 1817
sistema cristalino 2299
sistema cristalino monoclínico 6297
sistema cristalino triclínico 10232
sistema de accionamiento electro-hidráulico 3200
sistema de accionamiento hidráulico 4795
sistema de accionamiento hidromecánico 4876
sistema de alarma 292
sistema de auscultación 6292
sistema de circulación hidráulica 4789
sistema de coordenadas 9805, 9806
sistema de coordenadas del mapa 5952
sistema de coordenadas en el aparato de restitución 2138
sistema de coordenadas en la imagen 1843
sistema de diaclasas 5373
sistema de diaclasas conjugadas 2001
sistema de drenaje 2891
sistema de elaboración a control remoto 7940
sistema de elaboración remoto 7940
sistema de fallas 3567
sistema de fisuras 9807
sistema de fuerzas 9808
sistema de galerías 8176
sistema de guía 4539
sistema de inyección de bombas individuales 5054
sistema de levantamiento 5330
sistema de localización acústica 108
sistema de los ejes principales 9811
sistema de magnitudes 9810
sistema de mando hidráulico 4795
sistema de perforación 2974
sistema de perforación a cable rígido 1353
sistema de perforación a percusión 6942
sistema de perforación con circulación inversa 2975
sistema de perforación rotativa 8269
sistema de piezómetros 7102
sistema de piezómetros portátil y deslizante tipo Piezodex 7334
sistema de pliegues 3971
sistema de previsión de avenidas 3838
sistema de proyección 7563
sistema de proyección cartográfica 5958
sistema de referencia 7857
sistema de referencia de un plano 7189
sistema de riego por aspersión 9250
sistema de soportes empujar-tirar 7650
sistema de unidades de medida 9812
sistema de un instrumento de medición 9809
sistema fotogramétrico de coordenadas 7062
sistema geotérmico magmático 5870
sistema hexagonal 4653
sistema hidráulico 4842
sistema hidroenergético de múltiples finalidades 6382
sistema hidroenergético de usos múltiples 6382
Sistema Internacional de Unidades 5233
sistema mecanizado de adelantar soportes en forma alternada 5560
sistema métrico decimal 2420
sistema monoclínico 6297
sistema multibando 6362
sistema pasivo 6874
sistema por ordenador a control remoto 7940
sistema recolector de un campo petrolífero 7013
sistema solar 9111
sistema triclínico 10232
sitio para acampar 1390
situación 7340
situación crítica 3248
situación de la presa 5741
situación planimétrica 7184
smithsonita 9028
sobrecapa 6752
sobrecarga 5699, 6775, 9704
sobrecarga de nieve 9039
sobrecargar 6776
sobreconsolidación 6754
sobrecoste 3483
sobrecruzar 9586
sobreelevación 1395
sobreelevación de crecida 3849
sobreerosión 6757
sobreexcavación 6751
sobreexposición 6760
sobreexpuesto 6759
sobrepresión hidrostática 3412
sobrepresión tectónica 9878
sobresaliente 1400
sobresalir 5384
sobrestante 3997

socavación 8441, 10352
socavar 10351
socavón 153, 8166, 8442
socavon con cintas transportadoras 1182
sodalita 9059
sofá 2180
sol 9109
solape 6772
solar para construcción 1291
soldadura a traslape 5499
soldar 10804
solenoide de parada 9443
solera 520
solera de cimentación 3980
solera del cuenco 892
soleras 5462
solfatara 9115
solicitación 5705
solicitación a flexión 990
solicitación al corte 8742
solicitación al doblamiento 1285
solicitación alternada 343
solicitación a tracción 9919
solicitación compuesta 1914
solicitación de compresión 1935
solicitación de torsión 10113
solicitación permanente 2078
solicitación triaxial 10227
solicitación uniáxica 10382
sólido 9287
solifluxión 9122
solígeno 9123
solubilidad 9126
soluble 10737
solución 9130
solución estructural 2030
solución hidrotermal 4904
solución por presión 7476
solum 9128
soluto 9129
sombra de nubes 1766
sombra de radar 7698
sombra de viento 1545
sombrerete 7119
sombrerete de acero 9367
sombrerete de pilote 7110
somorgujador 2804
sonar 1127
sonar lateral 8826
sonar ultrasónico 127
sonda 7530
sonda acústica 3116
sonda a rotación 8271
sonda de diagrafía eléctrica 3186
sonda de molinete 10498
sonda de radiación natural 4187
sonda para inspección óptica 5253
sondar el terreno 3584

sonda rotativa 8271
sondear por percusión 6939
sondear por rotación 1132
sondeo 1135, 9138
  con ~ previo 7398
sondeo acústico submarino 104
sondeo con broca de diamantes 2628
sondeo con corona de diamantes 2628
sondeo con inyección de agua 10670
sondeo con recuperación de muestras 2153
sondeo con revestimiento 1452
sondeo desviado 2600
sondeo exploratorio 3437
sondeo isotópico 5321
sondeo por ondas ultraacústicas 10332
sondeo por percusión 6938
sondeo por rotación 3443
sondeo revestido 1452
sondeo sin revestimiento 10338
sondeo sísmico 10824
sonido propagado en sólidos 9137
soplador 1095
soportal 549
soportales 549
soportar 9677
soporte 5329
soporte abandonado 7
soporte circular 9697
soporte con arcos 572
soporte con arcos "guadaña" 8469
soporte con cimbras 572
soporte de base móvil 9424
soporte del compresor 1941
soporte de plataforma 9252
soporte en cuatro sectores 4161
soporte móvil 1441
soporte poligonal 7309
soportes anulares 8120
soportes con bloques de hormigón 7400
soportes de disco 8764
soportes de madera 10054, 10889
soportes en la línea del rumbo 9692
soportes en tajos 3513
soportes metálicos 9375
soportes mixtos 6235
soportes paralelos a los tajos en realce 9691
soportes por cuadros circulares movibles 10946
soportes provisionales 9908
sosa cáustica 9066
sostén
  de ~ tardío 5508

sostén abandonado 8
sostén con ademas 8788
sostén con soportes mecánicos de pilares 1665
sostén de las aristas del derrumbe 10683
sostener 4704, 9677
sostenimiento del techo con bolones anclados 8239
sostenimiento de una galería o túnel 10286
sostén mixto 6235
sostén provisorio colocado en un hueco 176
sotabanco 686
SPT 9317
subaéreo 9591
sub-base 9687
subconsolidado 10348
subcontratista 9598
subestación transformadora 9781
subexposición 10355
subglacial 9601
subgrauvaca 9606
subir 1258
subir las herramientas de perforación 4703
sublimado 9611
submarino inhabitado 10411
subpresión 10426
subsidencia 5492, 6959, 9627, 9629
subsidencia debida a explotaciones mineras 6217
subsistir 9307
subsuelo 9633
subsuelo helado en forma permanente 6964
subvolcán 9642
succión 9644
sucesión de avance progresivo de soportes 9678
sucesión de capas 8618
sucesión de estratos 8618
suelo 9083
suelo ácido 97
suelo amasado 7947
suelo anisótropo 448
suelo-cemento 9085
suelo compresible 1929
suelo compuesto de particulas finas 10041
suelo de granulometría uniforme 10386
suelo dispersivo 2762
suelo heladizo 4146
suelo helado 4152
suelo inorgánico 5127
suelo macroporo 5867
suelo no saturado 10414

suelo poligonal 7307
suelo residual 8002
suelos alcalinos 307
suelo saturado 8394
suelo suelto 5792
suelo susceptible a la helada 4146
suelto 2743, 5791
sufrir avería 9436
suma provisional 7603
sumergido 9617, 9618
sumersión 9623
sumidero 9657
suministrador 9671
suministro de energía de emergencia 3246
suministro y montaje 9672
supercavitación 9659
supercemento 4661
superestructura 9667
superficie 9706
superficie activa de deslizamiento 130
superficie cubierta estereoscópicamente 9402
superficie de agua 5466, 10744
superficie de cizallamiento 8748
superficie de contacto 9716
superficie de cortante 8748
superficie de corte 7175, 8740
superficie de derrumbe 7172
superficie de deslizamiento 1770, 3562, 7175, 8963, 8990, 9718
superficie de desprendimiento 868
superficie de discontinuidad 8553
superficie de drenaje 2890
superficie de excavación 868
superficie de extracción 580
superficie de hormigón desencofrado 9565
superficie de la cuenca 1494
superficie de la explanación 9605
superficie del agua de una capa colgada 503
superficie del agua freática 4500
superficie de la junta 5362
superficie de la película 9720
superficie del embalse 7988
superficie del piso 3855
superficie de piso 3855
superficie de proyección 9717
superficie de rotura 3526
superficie de separación 5202
superficie de separación gas-petróleo 4221
superficie de soporte 937
superficie habitada 3855
superficie lateral 6733
superficie límite 5642

superficie minimal de vivienda 6204
superficie pulimentada 7300
superficie terrestre 9719
superficie útil 3855
supergénico 9662
superintendente adjunto 2091
superintendente de la perforadora 8115
superintendente general 2089
superior 10428
superplastificante 9664
superposición 6772, 9665
superposición de tensiones 9666
superposición estratigráfica aparente 508
superposición lateral 5514
superposición modal 6252
supervisión 9668
supervisión de la obra 8914
supervisión general de las obras 2043
supresión 9701
surco 8096
surco subglaciar 9602
surgencia 6882, 8039
surgimiento de piso 1113
surgir 3866
surgir espontáneamente 3866
surtidor de agua 10702
surtidor de lava 5531
susceptibilidad 7949, 8606
susceptible a la helada 4150
suspender 3, 4
suspensión coloidal 1852
suspensión de tubería de revestimiento 1471
sustitución de las piezas desgastadas 7953
sustrato 9635

tabique 6870, 8453
tabla 1102
tabla de colores 6393
tabla de errores 3371
tabla logarítmica 9816
tablero 2421, 2916
tablero de dirección 2106
tablero de fibra de madera 10890
tablestaca 8755
tablestacado 1302, 8758
tablilla de mira 8837
tablón 9995
tablón de revestimiento 7299
tablón de techo en acero de resorte 9245
tablones acuñados 1397
tablones de revestimiento 4564, 5462
tablones laterales de resalte 766

tablón superior movible del techo para revestimiento 8966
taco 7237
taco de madera con marca 10886
tajamar 7098
tajamar aguas abajo 2862
tajamar aguas arriba 2346
tajo de explotación demorada 9323
tajo descendiente 2694
tajo dirigido a distancia 7944
tajo doble 2856
tajo en dirección del rumbo 9555
tajo en explotación 5787, 10899
tajo en forma de T 2855
tajo en realce 7745, 8129
tajo no abandonado 5942
tajo para explotar en dos direcciones 2856
tajo sin ademas o sostén 3515
taladrar 1132
taladro 693, 1069
taladro de control 2094, 5142
taladro de drenaje 2882, 2883
taladro de inyección 4510, 4515
taladro de reconocimiento 3445, 10214
taladro limpio 4089
taladro no entubado 10338
taladro no revestido 10338
taladro perpendicular al frente 798
taladro por percusión 1134, 6938
taladro por rotación 2950
taladro revestido 1452
talco 9842
talon de cable 1350
talud 907, 8991
talud aguas abajo 2864
talud continental 2066
talud de excavación 2345
talud de pendiente fuerte 2303
talud de relleno 8998
talud de terraplén 8997
talud en derrubios 9845
talud en detritus 9845
talud insular 5167
talweg 9846
taller de montaje 655
tamaño 8917
tamaño de la película 3635
tamaño de partículas 6868
tamaño efectivo 3137
tamaño máximo del árido 6022
tamaño natural 6431
tamaño útil de la imagen 10458
tambor de freno 1215
tambor de guinche 10856
tambor del malacate de maniobras 4701

tambor del malacate de perforación 4701
tambor de malacate 10856
tamiz 8831
tamizadora 8834
tamizar 8457
tamiz vibratorio 10573
tangente hiperbólica 4916
tanque amortiguador 4816, 7250, 9423
tanque de agua 10729
tanque de lastre 806
tanque de lodo en servicio 125
tanque de medición calibrado 6074
tanque de medición graduado 6074
tanque múltiple con vertedero 1915
tantalita 9855
tapa del objetivo 5575
tapa de válvula 10487
tapar un pozo 7238
tapar un pozo de petróleo 7238
tapete de inyección 4512
tapiz 1062
tapiz aguas arriba 10443
tapiz de inyección 4512
tapón 1303
taponado y abandonado 7239
taponado y suspendido 7240
taponar 6353
tapón de cemento 1568
taqueómetro radar 7701
taquimetría 9823
taquimétrico 9820
taquímetro 9819
taquímetro radar 7701
tarar 4234
tarima automática para las varillas 713
tarima automática para la tubería 713
tarima automática para los barrenos 713
tarima para tubos 8213
tarima para varillas 8213
tarugo 7237
tasa de rentabilidad 3086
tasa interna de rentabilidad 7778
tasa interna de retorno 7778
taxonomía 9866
técnica de cimentación por pilotes 7113
técnica de excavación de túneles 10280
técnica de hinca de pilotes 7113
técnica de la construcción de obras públicas 2033
técnica del levantamiento 9873

técnica de perforación de túneles 10280
técnica de producción petrolífera 7023
técnica para pozos 8698
técnica para suministro y distribución de agua potable 10741
técnica para trabajos de invierno 10875
técnicas de perforación 2962
técnico del paisaje 5487
tectofacies 9875
tectogénesis 6708
tectónica 4314
tectónica de deslizamiento 4362
tectónica de deslizamiento por gravedad 4362
tectónica de fallas 3568
tectónica de las placas 7219
tectónica del granito 4416
tectónica de mantos de corrimiento 6412
tectónica de plegamiento 3972
techo 765, 2569, 8233
techo a la mansarda 5947
techo artificial 633
techo de carbón 4022
techo de cristal 4359
techo de denudación 10091
techo de galería o de socavón 8234
techo de pizarra 8942
techo de protección 1394
techo de tejas 10040
techo de una capa 8247
techo principal 5910
techo protector de roca 7744
tefra 7659
tejado de diente de sierra 8750
tejado de tablas 1104
teja holandesa 3061
tejido de punto 5438
telecoordinómetro 9882
teledetección 7945
teleférico 1355
telelimnígrafo 9886
telemagmático 9883
telemetría 2784, 9884
telémetro 7763
telémetro a coincidencia 2334
telémetro a doble imagen 2842
telémetro a imagenes invertidas 5265
telémetro con única estación 8892
telémetro estereoscópico 9409
teleobjetivo 9887
telepluviógrafo 9885
teleregistro 9884
telescopio radárico 7700

telurómetro 9897
temblor 3099
temblor de tierra 3099, 3108
temperatura crítica 2236
temperatura del fondo de pozo 1175
templado 4584
templar 9898
temple 4584
temporal 10025
temporalemente inundado 9903
tenacidad cinética 5428
tenacidad contra golpes tajantes 4977
tenaz 9911
tenaza de desenrosque 1239
tenazas para tubería vástago 2979
tendedora de tubos 7138
tendido sismométrico 8570
tener lugar 9838
tensimetro aislado 6534
tensiómetro 9924
tensión 9528
tensión admisible 321
tensión al doblamiento 1285
tensión axial 749
tensión circular 4728
tensión de cizallamiento 8742
tensión de corte 8742
tensión de esfuerzo cortante 8742
tensión de flexión 989
tensión de rotura 1235
tensión de torsión 10115
tensión de tracción 9922
tensión efectiva normal 3139
tensiones residuales 8004
tensión interfacial 9725
tensión interna 5229
tensión normal 6531
tensión normal en la superficie de deslizamiento 6532
tensión plana 7178
tensión principal mayor 5926
tensión principal menor 6220
tensión propia 5229
tensión radial 7714
tensión secundaria 8510
tensión superficial 9725
tensión tangencial 9854
tensión triaxial 10228
tensor 3511, 9226, 9546, 9930
teodolito 9956
teodolito con brújula 9957
teodolito con láser 5507
teodolito fotogramétrico 7077
teodolito giroscópico 4560
teodolito para la medición de distancias 2785
teodolito repetidor 7959
teorema de Bernoulli 1002

teorema de los senos 8879
teoría de agrietamiento previo 9963
teoría de cubeta de Lehmann 5569
teoría de estática de placas según Stöcke 922
teoría de hundimiento de estratos 9501
teoría de la consolidación por Terzaghi 9939
teoría de la cuña 10790
teoría de la deriva de los continentes 2061
teoría de la elasticidad 9960
teoría del arco 573
teoría de las estructuras hidráulicas 9962
teoría de los modelos hidráulicos 9962
teoría de mantos plásticos en geosinclinales 7208
teoría de placas empotradas 9961
teoría de plasticidad 9964
teoría de resistencia de material 9965
tepe 9057
terminación 1900
terminación a falta de remate 9634
terminación de taladro entubado 1453
terminación de taladro revestido 1453
terminación de un pozo 1901
terminación permanente de un pozo 6967
terminadora superficial 3667
terminología general de presas 2385
termoclina 6118
termodinámica 9983
termohalino 9984
termokarst 9985
termopar 9982
termóstato 9986
termostato 9986
terraplén 3236, 8159
terraplén apilado 7116
terraplenar 3623
terraplén a través del valle 2254
terraplén de carretera 8158
terraplén de ensayo 10213
terraplén de ladera 4688
terraplén de relleno de valle 10473
terraplén sobre la cumbre 8093
"terra rossa" 9934
terraza aluvial 327
terraza buzante 7251

terraza continental 2068
terraza de deposición 2525
terraza diastrófica 2645
terraza fluvial 9521
terraza fluvioglacial 3933
terraza marina 5980
terremoto 3099
terremoto máximo de proyecto 2561
terremoto máximo posible 6024
terreno 4470, 4471
terreno blando 9077
terreno cohesivo 1823
terreno de cimentación 4034
terreno de recubrimiento 6752
terreno derrumbado 1523
terreno erodable 3349
terreno erosionable 3349
terreno impermeable 4986
terreno llano 3769
terreno montañoso 4690
terreno movido 1266
terreno natural 6699
terreno no consolidado 5793
terreno ondulado 10376
terreno permeable 6994
terreno plástico 7207
terreno socavable 3349
terrenos sedimentarios sumergidos 4970
terrestre 9935
testigo 1142, 2944
testigo de formación 4012
testigo de perforación 2158
testigo de sondeo 2158
testigo para ensayo 9941
testigo para prueba 9941
testigo saturado de petróleo 7025
Tethys 9952
tetraedrita 9953
textura 9954
textura del suelo 9105, 9108
textura superficial 9726
textura uniforme 8890
tiempo 10057, 10777
tiempo de amasado 6236
tiempo de cierre de un pozo 1761
tiempo de descenso y ascenso 10245
tiempo de exposición 10066
tiempo de fraguado 8671
tiempo de fraguado del cemento 8672
tiempo de instalación de la perforadora 8102
tiempo del final del fraguado 3650
tiempo de movimiento 10174
tiempo de perforación 2991, 8101
tiempo de pesca 3704

tiempo de propagación 10174
tiempo de subida de las varillas de perforación 7619
tiempo de subida de la tubería vástago 7619
tiempo real de perforación 134
tierra 3087
tierra armada 7898
tierra negra de algodón 7894
tierra reforzada 7898
tierra vegetal 10102
timpano 10318
tina 902
tipo 10319
tipo de carbón 1781
tipo de descuento 2740
tipo de interés 2740
tira de relleno suelto 4453
tira de retención 9563
tirante 2535, 9583, 10034
tirante arqueado de techo 1384
tirante articulado de techo 617
tirante continuo 2072
tirante corredizo del techo 8960
tirante de acero para el techo 9367
tirante del techo con ensambladura esférica 812
tirante de madera 5769
tirante de techo 827
tirante de techo de madera 10888
tirante movible del techo 8960
tirar 4592
tira reciente de relleno 4453
tirar una línea 2901
tiro de chimenea 1658
tiro de humo 1658
tiro del ocular 3498
tixotropía 10004
toba 10271
toba calcárea 10270
toba palagonítica 6816
toba volcánica 10271
todo-uno 7757
tolerancia 10081
tolva 1015
toma 4525, 5177
toma alta 4670
toma a media altura 6177
toma a varios niveles 6370
toma baja 5828
toma de aire 266
toma de datos 2397
toma de derivación 2809
toma de muestras 9997
toma de muestras del pozo 10822
toma de muestras por barrena 9996
toma de presión 9861
toma de superficie 9712

toma en carga 9620
toma en el río 8149
toma en presión 9620
toma lateral 8823
toma libre 4090
tomamuestras de cuchara 9222
tomamuestras de pared delgada 8759
tomamuestras de pistón 7146
tomamuestras lateral 8829
tomamuestras partido 9213
toma profunda 9620
tomar 2919
tomar agua 40
tomar datos de la innivación 5929
toma regulada 2100
tomar el promedio 9839
tomas secundarias 8511
tomografía acústica 114
tomografía por radar 7702
topacio 10087
topo dirigido a distancia 6277
topógeno 10094
topografía 7431, 9745, 10099
topografía de deslizamientos 5491
topografía minera 6199
topografía monticular 4777
topográfico 10095
topógrafo 5493, 9753
topógrafo de minas 6201
toposeriógrafo 2853
toposeriógrafo con placas 8625
toposeriógrafo de medición 8624
toposeriógrafo de medición con cuatro cámaras 7666
toposeriógrafo para vistas verticales 10565
topotipo 10100
torbellino 10640
torbellino circular 1692
torcerse 981
torcido 10865
torianita 10005
tormentas magnéticas 5891
tornillo de ajuste 163
tornillo de bloqueo 8348
tornillo de elevación 10050
tornillo del tiro del ocular 3502
tornillo de orejas 10871
tornillo de presión 1020, 7473
tornillo de rectificación 163
tornillo espaciador 2788
tornillo micrométrico 6160, 9010
tornillo regulador 163
tornillo sin fin 10914
torniquete tensor 10301
torno 10861
torno de izar 4699
torón 9487

torre de decantación 2418
torre de enfriamiento 2133
torre de hinca 7111
torre de perforación 1157
torre de perforación contraventada 4552
torre de perforación de un pozo de petróleo 7034
torre de perforación flotante 8473
torre de perforación plegable 5332
torre de refrigeración 2133
torre de sondeo 1157
torre de toma 2924
torre de toma a distintos niveles 6369
torre fija 4603
torre grúa 10135
torre grúa sobre camión 5795
torre móvil 9829
torrente 10109
torrente interno 3285
torrente intraglaciar 3285
torrente superficial 9663
torrente supraglaciar 9663
torre perforadora 1157
torsión 8288, 10111
tortuosidad 10118
totalmente automático 4163
trabajabilidad 10892
trabajador de plataforma 3859
trabajar concorde a bancos 10907
trabajar debajo de bancos 10906
trabajar en galerías descendientes o en pozos 2696
trabajar en realce 8128, 8130
trabajar en una sola dirección 10908
trabajo de campo 3617
trabajo de deformación 2463
trabajo de gabinete 6591
trabajo de reacondicionamiento 10910
trabajos definitivos 5925
trabajos fluviales 8145
trabajos mineros angostos 6415
trabajos preparatorios 7426
trabajos transversales 2256
traca 5663
tracción 7618
tractor 1310, 10147
tractor sobre neumáticos 10841
traílla 8448
traje de buzo 2817
tramo 7791, 8514
tramo aguas abajo 9824
tramo aguas arriba 3992
tramo de circulación 10200
tramo de nivelación 5664
tramo de río 9548

tramo fronterizo 7792
tramo inferior 5816
tramo medio 6175
tramo superior 10435
tramo vertedero 6765
tramo vertiente 6765
trampa por falla 3570
trampolín 3792
transductor electroacústico 10155
transevaporización 10185
transferencia de carga 10156
transformación 337, 7833
transformación de coordenadas 10157
transformación de Fourier 4049
transformación lineal 5658
transformador 7834, 10158
transformador de corriente 2318
transformador de enfoque automático 8587
transformar 7837
transición 10166
transición brusca 8731
transición gradual 4403
transmisión de carga 10156
transmisión hidrostática 4844
transmisión individual de la mesa giratoria 5056
transmisión por correa trapezoidal 10522
transmisión por engranajes 4239
transmisor de presión 7479
transmisor 10179
transparencia 10603
transparente 10182
transportador 2123
transportador aéreo 1355
transporte de la película 4023
transporte sólido 8532
transporte sólido de fondo 956
transporte sólido por suspensión 9759
traslación 10176
traslación continental 2060
trasladar 2763
traslape 6772, 6774
trasvase 5187
tratamiento biológico de aguas residuales 1034
tratamiento de la cimentación 4042
tratamiento del hormigón posterior al vaciado 1962
tratamiento de los datos 2400
tratamiento por adsorción 172
tratamiento posterior al vaciado 1962
tratar con ácido 93
travesaño 1315
travesaño de madera 5769

trayecto 2779
trayecto paralelo 6851
trayecto poligonal 10205
trayectoria de tensiones 9540
trayectoria de un elemento de fluido 6877
trayectoria de vuelo 3790
trayectorias de las tensiones principales 10153
trayectorias de tensiones 9545
traza 10139, 10140
traza de gas 4218
trazador 10142
trazador digital 2668
trazar 2900
trazar transversalmente 2248
trazo de lectura 4407
trazo de petróleo 7017
tren 10151
tren de rodillos 8653
tren de tubos de perforación 2988
trépano 1146, 4570
trepar 1741
triangulación 10218
triangulación aérea 214
triangulación aérea en el espacio 10008
triangulación aérea estereoscópica 10008
triangulación a puntos principales 7516
triangulación de detalle 5833
triangulación en el espacio 9150
triangulación en vertices que garantizan los ángulos 3954
triangulación nadiral 7249
triangulación por centros de las fotografías 1598
triangulación por modelos independientes 10219
triangulación por satelite 4365
triangulación principal 7500
triangulación radial 7715
triangulación terrestre 4488
triángulo 10216
Triásico 10224
Triásico inferior 5819
Triásico medio 6176
Triásico superior 10437
Trías inferior 5819
trigonometría 10236
trigonometría esférica 9186
trilateración 10238
trilogía de Steinmann 9381
trinchera de impermeabilización 2337, 10074
trinchera de lodos 9026
trineo 8945
trineo de transporte 8770
trinquete 7773

trípode 9308, 10243
trípoli 10244
trisección inversa en el espacio 7969
trisección inversa en el plano 7177
trituradora de martillos 4571
tromel 3032
trompa 9270
troncal 8514
tronco de humero 1659
trozo 8514
tsunami 10258
tubería 5652
tubería cerrada 1747
tubería de aire comprimido 1920
tubería de aspiración 9647
tubería de "by-pass" 1341
tubería de derivación 1340, 1341
tubería de descarga 2489
tubería de distribución 5939
tubería de perforación 3004
tubería de perforación con roscas a la derecha 8108
tubería de perforación de refuerzo exterior 3481
tubería de perforación de resalto exterior 3481
tubería de presión 2489, 6927
tubería de producción 7541, 10261, 10268
tubería de revestimiento 1464
tubería de revestimiento de filetes cortos 8790
tubería de revestimiento de junta lisa 3923
tubería de revestimiento de roscas cortas 8790
tubería de revestimiento final 10740
tubería de revestimiento libre 4097
tubería de revestimiento pegada 4151
tubería de revestimiento perforada 6944
tubería de revestimiento sin soldadura 8489
tubería de revestimiento soldada 10805
tubería de revestimiento soldada en espiral 9208
tubería en Y 10955
tubería perdida 5671
tubería perdida sin perforaciones 1063
tuberías 7143
tubería vástago 3004
tubería vástago con roscas a la derecha 8108

tubería vertical 8132
tubificación 4810, 7144
tubo colador 8461
tubo con bridas 3753
tubo con collar 1839
tubo cónico 9860
tubo con manguitos 8949
tubo de aire 273
tubo de aireación 10537
tubo de aspiración cónico 1999
tubo de bridas 3753
tubo de cemento 1567
tubo de conexión 3724
tubo de drenaje 2895, 2896
tubo de escape 3419
tubo de expulsión 2729
tubo de inyección 4520
tubo de lavado 10678
tubo del piezómetro 7480
tubo de muestras interior 5122
tubo de pared delgada 8759
tubo de perforación 3004
tubo de protección 4536
tubo de retorno 8060
tubo de revestimiento de pequeño diámetro 8979
tubo de sedimentos 894
tubo de succión 9647
tubo de tres vías 9879
tubo de un vórtice 10645
tubo de Venturi 10538
tubo drenante de plástica 2895
tubo elástico 3172
tubo en T 9879
tubo envolvente 4536
tubo fileteado 8468
tubo-filtro 8461
tubo fisurado 6945
tubo flexible 3780, 4755
tubo hidrométrico de impulsión 4976
tubo perforado 6945
tubo piezométrico 9326, 9327
tubo piezométrico abierto 6644
tubo PVC 7653
tubo rígido 8113
tubo roscado 8468
tubo sacamuestras 8363
tubo sacamuestras de pequeño diámetro 8980
tubo sacamuestras por pequeño diámetro 8980
tubo sacamuestras simple 8882
tubo sacatestigos 2146, 2629
tubo sacatestigos doble 2838
tubo sacatestigos interior 5122
tubo sacatestigos simple 8882
tubo Shelby 8759
tubo vorticoso 10645
tuerca 6556

tuerca de cuello 3759
tuerca de orejas 10870
tuerca de sujeción 1644
tuerca de válvula 10493
tuerca sujetadora 1644
tuerca tapa 1416
tufo cementado 10808
tufo 10271
tumbamiento 6785, 6786
tumbar 10070
tundra 10272
túnel 10276
tuneladora 10278
túnel a presión 7396
túnel de acceso 76
túnel de aliviadero 9200
túnel de base 882
túnel de cavitación 1539
túnel de conducción 525
túnel de derivación 2810
túnel de lava 5537
túnel de limpieza 8444
túnel de presión 7481
tunelera 10278
tungsteno 10274
turba 6901
turba de tundra 10273
turba de turbera alta 4672
turba fibrosa 3602
turbera 1109
turbera terrestre 9936
turbidez 10287
turbidímetro 10289
turbina 10290
turbina axial 746
turbina de alta presión 4668
turbina de baja presión 5826
turbina de baja rapidez específica 4683, 5838
turbina de hélice 7574
turbina de perforación 2993
turbina de salto alto 4668
turbina de salto bajo 5826
turbina hidráulica 4847
turbina hidráulica con afluencia frontal 4139
turbina hidráulica de alta presión 4668
turbina hidráulica de baja presión 5826
turbina hidráulica de baja rapidez específica 5838
turbina hidráulica de eje inclinado 5022
turbina hidráulica de flujo axial-centrífugo 6748
turbina hidráulica de flujo centrípeto-axial 1605
turbina hidráulica de flujo radial 7709

turbina hidráulica de gran rapidez específica 4683
turbina hidráulica de salto alto 4668
turbina hidráulica de salto bajo 5826
turbina hidráulica de un rodete 8889
turbina hidráulica en cámara abierta 10753
turbina hidráulica en cámara cerrada 10752
turbina hidráulica en cámara espiral 9206
turbina hidráulica en cámara forzada 10755
turbina hidráulica en sifón 8903
turbina hidráulica horizontal 4751
turbina hidráulica múltiple 6388
turbina hidráulica tipo Francis 4071
turbina hidráulica tipo Pelton 6917
turbina hidráulica tubular 7142
turbina hidráulica vertical 4750
turbina idráulica de flujo axial 746
turbina Kaplan 5388
turbinar 10291
turbina radial 7709
turbina reversible tipo Dériaz 2541
turbina tipo Francis 4071
turbina tipo Pelton 6917
turbisonda 8865
turbogénesis 6902
turbomáquina hidráulica 4845
turbomáquina hidrodinámica 4845
turbonificación 6902
turbopompa 4979
turbulento 10297
turmalina 10133
turmalinización 10134
turno 8768
turno de día 2409
turno de noche 6487
turno de relleno 9470
turno de trabajo 8768
turquesa 10304

ubicación de entibos 7585
ubicación de la perforación 2972
ulexita 1159
ultrametamorfismo 10330
ultramilonita 10331
ultrasonido 10333
ultravolcánico 10334
umbral 8861, 8947
umbral de ataguía 8860

umbral de compuerta 8860
umbral de la esclusa 5751
umbral de puerta 2831
umbral de vertedero 8858
umbral sumergido 8859
unidad básica de medida 884
unidad coherente de medida 1818
unidad de entibación 9700
unidad de medida 10393
unidad de perforación a presión 9055
unidad de perforación rotary 8271
unidad derivada de medida 2544
unidades estratigráficas 9509
unidad Lugeon 5844
unidad mezcladora del lodo 6352
unidad mezcladora de lodo 6352
unidad modular 6259
unidad perforadora 2994
unidad perforadora autoarrastre 8586
unidad perforadora modular 6260
unidad perforadora móvil 6244
unión 3723
unión de las varillas 8209
unión de los tubos 8209
unión de tubería de revestimiento 1469
unión de tubería vástago 3002
unión giratoria marina 5979
unión integral 5180
uraninita 10450
urbanismo 10138
urbanista 10137
uso 10775
utensilio de montaje 3725
utilidad 7548
utilidad de un proyecto 10461
utilización 511, 10459
utilización de los recursos hidraulicos 10730
uvala 10464

vaciado 3256, 10353
vaciado de concreto 1959
vaciado de hormigón 1959
vaciado para inspección 2907
vaciar 3255
vaciar concreto 7368
vacío 1542, 4193, 7321
vacíos 286
vacuómetro 10466
vagón 10653
vagoneta 10246
vaguada 9846
valon tectónico 8098
valor 7673
valor absoluto del error 32
valoración 6203
valor actual 6284, 7433

valor actualizado 2739
valor convencionalmente verdadero de una magnitud 2111
valor de identificación 5040
valor del contrato 2092
valor de pico 6900
valor numérico de una magnitud 6555
valor predeterminado de consigna 8649
valor predeterminado de referencia 8649
valor prefijado 8649
valor umbral 10014
valor útil 10460
valor verdadero de una magnitud 10256
valuación 6203
válvula 10477, 10478
válvula a bola 815
válvula accionada a mano 5949
válvula accionada directamente 2711
válvula accionada eléctricamente 3187
válvula accionada hidráulicamente 4786
válvula accionada indirectamente 5047
válvula accionada mecánicamente 6084
válvula accionada neumáticamente 7256
válvula angular 430
válvula anular 456
válvula automática 8582
válvula auxiliar 729
válvula by-pass 1342
válvula cartucho cilíndrica 10486
válvula clapeta 3758
válvula compensada hidráulicamente 4785
válvula compensada mecánicamente 6083
válvula compensada totalmente 10125
válvula compuerta de tipo Venturi 10539
válvula cónica 6396
válvula con obturador de desplazamiento angular 9778
válvula controlada por piloto 7129
válvula checadora 6513
válvula "check" 1645, 7865
válvula de aguja 6395, 6450, 6451
válvula de aire 284, 285
válvula de alivio 7469, 7471

válvula de alza 5616
válvula de ángulo 430
válvula de anillo 5346
válvula de arranque 9337
válvula de asiento 5616
válvula de aspiración 9648
válvula de bola 815
válvula de bomba 10480
válvula de camisa 8950
válvula de campana 973
válvula de cierre 5299
válvula de cierre aceite 6609
válvula de cierre del aceite 6609
válvula de comando 2108
válvula de compuerta 284, 4232, 10788
válvula de conducción forzada 10479
válvula de control de flujo variable 10511
válvula de control del flujo 3872
válvula de corredera 4232
válvula de corredera cilíndrica 2358
válvula de corredera de sección restricta 10539
válvula de cuatro vías 4052
válvula de chapaleta 7319
válvula de charnela 3758, 7319
válvula de chorro 5346
válvula de chorro divergente 4768
válvula de chorro hueco 4711
válvula de chorro hueco cónico 4768
válvula de derivación 1342
válvula de desagüe 6740
válvula de descarga 2493, 7926, 7927, 10408
válvula de desplazamiento lineal 8965
válvula de desplazamiento longitudinal 8965
válvula de desviación 1342
válvula de desviación angular 9778
válvula de diafragma 2638
válvula de dirección 2108
válvula de disco flexible 3777
válvula de distribución 2798, 3876
válvula de doble asiento 2852
válvula de dos pasos 10317
válvula de dos vías 10317
válvula de drenaje 2897
válvula de emergencia 3251
válvula de estrangulación 10016
válvula de estrangulamiento no regulada 6500
válvula de evacuación para la tubería de producción 10262

válvula de expansión 3431
válvula de expansión térmica 9971
válvula de flotador 809, 3813
válvula de fondo 1184
válvula de guardia 4534
válvula de impulsión 2493
válvula de inyección 5114
válvula de mando 8641
válvula de marcha en vacío 4947
válvula de mariposa 1327
válvula de mariposa de estrangulación 10016
válvula de membrana 2638
válvula de muelle 9240
válvula de parada 5299
válvula de paso angular 430
válvula de pasos múltiples 6392
válvula de paso único 6621
válvula de pistón 7151
válvula de precarga 7129
válvula de presión 2493, 7447
válvula de presión diferencial 2661
válvula de presión mínima 6209
válvula de pretensión 7129
válvula de puesta en vacío 4947
válvula de purga 2898
válvula de purga para la tubería de producción 10262
válvula de rebose 6768
válvula de reducción 7849
válvula de reducción de presión constante 2661
válvula de regulación 7888
válvula de resorte 9240
válvula de restricción 8036
válvula de retención 1645, 6513, 7865
válvula de retención y estrangulamiento 8813
válvula de retorno cargado por un resorte 9239
válvula de retorno con contrapeso 4092
válvula de seguridad 8349
válvula de seguridad contra rotura de tubo 8581
válvula de servicio 8636
válvula de sierre 1760
válvula de sierre automático 8583
válvula de sobrecarga 7471
válvula de sobrepresión 7936
válvula de succión 9648
válvula de tambor de desplazamiento 8967
válvula de tres pasos 10013
válvula de tres vías 10013
válvula de turbina 10481
válvula de vaciado 6740

válvula de ventilación 241, 10540
válvula de vías múltiples 6392
válvula de vía única 6621
válvula distribuidora 2798, 3876
válvula distribuidora de corredera 8817
válvula distribuidora de tres vías 8817
válvula doble 2858
válvula dosificadora del aceite 6608
válvula electromagnética 9114
válvula equilibrada totalmente 10125
válvula esférica 815, 9183
válvula flotante para tubería vástago 3005
válvula fungiforme de asiento cónico 6396
válvula fungiforme de asiento plano 6397
válvula hidráulica de control 4792
válvula lanzadera 8817
válvula limitadora de caudal 3884
válvula limitadora del flujo 3884
válvula limitadora de presión 7471
válvula maestra 6009
válvula maestra 5922
válvula mariposa 1327
válvula no compensada 6501
valvula para el control de flujo 3872
válvula parcialmente compensada 6862
válvula piloto 7130
válvula principal 5922
válvula principal de control 6009
válvula purgadora 2897
válvula regulada de estrangulamiento 10511
válvula reguladora 7890, 10410
válvula reguladora del aceite 6608
válvula reguladora del flujo 3872
válvula reguladora de presión 7447
válvula rotativa 8283
válvulas de control de la presión 7448
válvula selectora 8817
válvula simple 8893
válvula sin retroceso 6513
válvula solenoide 9114
válvula termostática 9987
válvula tubular 8950
válvula unidireccional de charnela 6512
válvula unidireccional de mariposa 6512

válvula unidireccional de retención 1645
válvula unidireccional de retorno 1645
valla 3592
valla vidriera 4357
valle 9027, 10471
valle ciego 1084
valle colgado 4582
valle consecuente 2008
valle de dos ciclos 10316
valle encajonado 9377
valle fósil 1319
valle suspendido 4582
valle truncado 1006
vano 6640
vapor 4595
vapor de agua 10756
vara telescópica 9889
variable 10506
variables de perforación 2995
variación de las precipitaciones 10515
variación diurna 2803
variaciones del salto 7764
varilla 7768
varilla cuadrada 5415
varilla de perforación 3004
varilla de perforación con roscas a la derecha 8108
varilla de perforación con roscas a la izquierda 5565
varilla de perforación de junta lisa en el interior 5224
varilla de perforación de resalto exterior 3481
varilla de perforación de resalto interior 5230
varilla de pesca 3702
varillas de perforación de junta lisa 3924
varilla telescópica 9889
varva 10516
vaso de vidrio calibrado 4355
vaso de vidrio graduado 4355
vástago 9583
vástago cuadrado 5415
vástago de barrena 694
vástago de pistón 7149
vástago de válvula 10496
véase nota de pie 8534
vector 2746, 10523
vehículo espacial 9147
veleta 10498
velo 3964
velocidad absoluta 33
velocidad angular 441
velocidad anular 458
velocidad con respecto al terreno 4486

velocidad crítica 2237
velocidad de alimentación 3579
velocidad de asentamiento 8686
velocidad de avance 7775
velocidad de bombeo 7637
velocidad de carga 7777
velocidad de cargamento 7779
velocidad de circulación del lodo 455
velocidad de deformación 7780
velocidad de desplazamiento 7781
velocidad de dibujo del mapa 5956
velocidad de entrada 10529
velocidad de excavación 3488
velocidad de explotación 3488
velocidad de extracción 10862
velocidad de fluencia 6736
velocidad de flujo 8545
velocidad de hundimiento 8686
velocidad de intervalo 5248
velocidad del agua 10757
velocidad de la mesa giratoria 8280
velocidad de la mesa rotativa 8280
velocidad de las partículas 6869
velocidad del chorro 5352
velocidad de levantamiento de una grúa de levantamiento 5615
velocidad del flujo 3890, 7540
velocidad del obturador 8815
velocidad del viento 10866
velocidad de producción 7540
velocidad de propagación de una onda 9177
velocidad de retorno del lodo 455
velocidad de rotación 7846
velocidad de rotación garantizada 4530
velocidad de rotación nominal 6499
velocidad de rotación unitaria 10396
velocidad de salida 10525
velocidad de sonido 9176
velocidad de subida de las varillas de perforación 7620
velocidad de subida de la tubería vástago 7620
velocidad efectiva 4486
velocidad instantánea 5154
velocidad lineal 5659
velocidad media 6047
velocidad media de perforación 735
velocidad relativa 7917
velo en los bordes 10524

vena contraída 10533
vena de agua subterránea 4490
vena lenticular 5581
vencer 6020
ventana 151, 10864
ventana arqueada 558
ventana de batientes 1456
ventana de motivo paladiano 10535
ventana de rueda 10842
ventana de visera con eje deslizante 5326
ventana kárstica 5395
ventana ojival 4387
ventana rinconera 2164
ventana veneciana 10535
ventilación 189, 6187
ventilación natural 6429
ventilador 1095
ventilador axial 744
ventilador helicoidal 744
ventilador impelente 1095
ventosa 285, 7926
venturímetro 10538
veranda 6729
verificación 2167, 10541
verificación de la máquina en marcha 9944
verificación del contenido de una formación 4013
verificado del funcionamiento 9944
verificar 8656
vertedero 10803
vertedero ahogado 3030
vertedero a lámina guiada 1683
vertedero a salto de sky 8923
vertedero Cipolletti 1686
vertedero compuesto 1917
vertedero con ley de desagüe lineal 4724
vertedero controlado 2101
vertedero de aforo 6059
vertedero de caída libre 6762
vertedero de medición 6059
vertedero de Poebing 7266
vertedero en pared delgada 8724
vertedero en pared gruesa 1264
vertedero fijo 3735
vertedero libre 4084, 4102, 10345
vertedero parcialmente sumergido 6863
vertedero protegido con hierba 7901
vertedero sumergido 3030
vertedero superficial 6767
vertedero triangular 10608
vertedor 9192, 10803
vertedor de aforo 6059
vertedor de demasías 9192

vertedor de embudo 971
verter 10069
vertical 10546, 10547
verticalidad 10556
vertical principal de la imagen 5907
vértice 2258, 10222
vértice de la red 4454
vértice de la triangulación 10222
vertido 6764
vertidos 9189
vertidos industriales 5064
vertidos urbanos 10457
vertiente 10545
vestuario 1626
vesuvianita 10567
veta fallada 3573
veta grande 5924
veta madre 5924
vía 10144
vía de agua de lámina libre 1628
vía de circulación 10204
vía de filtración 6879, 8543
vía navegable 10758
vía preferente 7418
vibración 10577, 10585
  sin ~ 4087
vibración aleatoria 7759
vibración artificial 635
vibraciones forzadas 3985
vibraciones longitudinales 5774
vibración forzada 3987
vibración libre 4095
vibrador 10581
vibrador de encofrado 4020
vibrador de hormigón 1973
vibrador de pared 4020
vibrador hidráulico 4846
vibrocompactación 10585
vibroflotación 10586
vida útil de la obra 10902
vidriera 4359
vidrio antideslumbrante 478
viga 919
viga acuñada 5422
viga continua 2072
viga correa de caballete 8094
viga cuadrangular 1201
viga de acero longitudinal 5780
viga de acero ondulado del techo 2171
viga de alas anchas 4656
viga de cajón 1201
viga de la estructura principal del techo 8235
viga de nivelación 5595
viga de unión 1018
viga encastrada en ambos extremos 923
viga encastrada en un extremo

1398
viga enchavetada 5422
viga enclavijada 5422
viga en U 10324
viga en Z 10957
viga longitudinal del techo sostenido por ademas 9559
viga maestra 5902
viga parabólica 6834
viga principal 5902
vigilancia 9668
vigilancia de las obras 9741
vigilante 2386
vigilar un pozo 8654
villa permanente 6650
virar 9775
virgen 10844
virtual 10594
viruta de perforación 2343
visar 239, 8842
viscosidad 10599
viscosidad absoluta 34
viscosidad cinemática 5431
viscosidad dinámica 3079
viscosidad relativa 7918
viscosímetro 10598
viscosímetro de caída de bolas 3529
viscosímetro de embudo 4172
viscosímetro de lodo 6359
viscosímetro de Marsh 5994
viscosímetro estándar para terreno 9313
viscosímetro oscilante 6721
viscosímetro rotativo 8293
visibilidad 10603
visión de relieve 9410
visión estereoscópica 9410
visita de inspección 5141
visor 8835, 8836
vista 10589
vista aérea 198, 272
vista aérea vertical 10549
vista aproximadamente vertical 5832
vista cenital 10962
vista con el eje óptico poco inclinado al horizonte 7071
vista de atrás 7808
vista en relieve 9407
vista estereoscópica 9407
vista lateral 8828
vista normal 6527
vista oblícua 6572
vista panorámica 6827, 6829
vista posterior 7808
vista vertical 10549
visual 5666, 5669, 8838
vitriolo azul 1618
vivianita 10607

voladizo
  en ~ 6769
voladura 1071, 3507, 8780
voladura a cielo abierto 6636
voladura bajo el agua 10371
voladura con hornillo 2196
voladura controlada 2098, 9032
voladura cuidada 9032
voladura de ensayo 10212
voladura en línea 8310
voladura por cámaras 1621
voladura profunda 6361
voladuras 8797
voladuras de túnel 6339
volar 1064
volcán 10621
volcán aislado 9124
volcán apagado 3482
volcán compuesto 1916, 9513
volcán con cráter central 1588
volcán de escudo 5528
volcán en actividad 131
volcán extinto 3482
volcánico 10609
volcán latente 2832
volcán maclado 10308
volcán monogenético 6298
volcán poligenético 7304
volcán simple 8874
volcán subacuático 9595
volcán subaéreo 9593
volcán submarino 9616
volcán superficial 9703
volcar 10042, 10070
volquete 3053
volquete trasero 7806
voltaje 7358
voltear 9775, 10042
volteo 3053
voltímetro 10630
voltímetro electrónico 3214
volumen 9444, 9448
volumen anual de escorrentía 453
volumen atarquinado 2415
volumen bruto del yacimiento 4468
volumen de control de avenidas 3832
volumen de escorrentía 10633
volumen de huecos 10634
volumen de laminación de avenidas 3832
volumen de materiales "in situ" 5139
volumen de negocio 10303
volumen de paso 10122
volumen de poros 10634
volumen de presa 10632
volumen descargable 5701

volumen de vacios 10634
volumen específico 9167
volumen esponjado 1298
volumen estacional 8495
volumen total del yacimiento 1307
volumen útil del embalse 129
voluminoso 1309
vórtice 10640
vórtice forzado 3988
vórtice libre 4100
vórtice potencial 1692
vorticidad 10646
vorticidad de la velocidad 10648
vuelco 6788
vuelo 3787
vuelo fotogramétrico 7058
vulcanismo 10620
vulcanismo epigenético 3317
vulcanismo orogénico 6707
vulcanoclástico 10622
vulcanogenético 10624
vulcanología 10627
vulcanológico 10625
vulcanólogo 10626
vuluta espiral 9674

"well point" 10821
willemeita 10855
willemita 10855
witerita 10880
wolframio 10274
wollastonita 10882

xenolito 10922
xenomórfico 10923
xilolita 10926

yaciente 10365
yacimiento 7974
yacimiento agotado 2523
yacimiento anticlinal 471
yacimiento de condensado 1976
yacimiento de gas de condensado 1976
yacimiento de gas natural 6424
yacimiento de pendiente ligero 8976
yacimiento de poca producción 9566
yacimiento de producción limitada 9566
yacimiento de producción por empuje de las aguas marginales 3131
yacimiento dislocado 2753
yacimiento estratificado 945
yacimiento fallado 3560
yacimiento filoniano 6687
yacimiento inexplotable 10425

yacimiento inexplotado 10380
yacimiento inicial 5098
yacimiento interestratificado 946
yacimiento lenticular 5580
yacimiento limitado 5637
yacimiento macizo 6002
yacimiento magmático de cristalización precoz 3085
yacimiento magmático de cristalización tardía 5509
yacimiento metasomático 6128
yacimiento mineral 6120, 6684
yacimiento mixto 6234
yacimiento normal 6528
yacimiento no saturado 6515
yacimiento petrolífero 7001
yacimiento petrolífero en mar abierta 6601
yacimiento petrolífero produciendo por empuje hidráulico 10697
yacimiento petrolífero produciendo por impulsión de agua 10697
yacimiento secundario 8503
yacimiento sedimentario 8520
yacimiento submarino de hidrocarburos 4850
yacimiento tabular 9817
yacimiento virgen 10380
yesificación 4554
yeso 4555
yeso anhidro 443

zahorra 314
zampeado 520
zanja de cimiento 4043
zanja de fundamento 4043
zanja de impermeabilización 2337, 10074
zanja del lodo 6347
zanja de lodo 6347
zanja de reconocimiento 3441, 3446
zanjadora 10209
zanja excavada con lodos 9026
zanja para exploración superficial 3444
zapata 1155, 8713, 8714
zapata corrida 9560
zapata de cimentación 3980
zapata de cimentaciones 4038
zapata de freno 1217
zapata del sacatestigo 2148
zapata de sacamuestra 2148
zapata de tubería de revestimiento 1480
zapata de tubo 3015
zapata flotadora 1470
zapata guía 3981, 4545

zapata guía de tubería de producción 10265
zapata para el cable de perforación inicial 9255
zapata rotativa 8275
zaratita 10956
zinc 10974
zincita 10976
zócalo 7227, 877
zona 10979
zona abisal 52
zona abisal marina 52
zona afectada 10982
zona capilar 1410
zona comprobada 7598
zona congelada 4112
zona de acampada para remolques 1419
zona de aeración 10981
zona de aireación 10981
zona de almacenamiento de las ataguías de troncos 9439
zona de alteración 10985
zona de caza de aves acuáticas 10853
zona de cizallamiento 8744
zona de cizalleo 8744
zona de compresión 10440
zona de compuertas 9018
zona de corrimientos 8959
zona de densidad incompleta de relleno 10983
zona de derrumbe 1514
zona de desarrollo 2599
zona de deslizamiento cortante 8744
zona de dispersión 7767
zona de ensayos 9949
zona de falla 3574
zona de flujo plástico del suelo 10984
zona de influencia 10982
zona de invasión de las aguas al yacimiento 3260
zona de invasión de las aguas de orilla 3260
zona de inyección 584
zona delante del frente de extracción 10980
zona del núcleo 9670
zona del terreno 4502
zona de mareas 3999
zona de meandros 6039
zona de oscilación 2909
zona de penetración de la helada 4112
zona de pérdida de circulación 5801
zona de pérdida de lodo 5801
zona de presión 1936

zona de presión de contrafuerte 46
zona de préstamo 1160
zona de protección 7594
zona de protección de superficie 7128
zona de pruebas 9949
zona de recreo 7828
zona de relleno 9464
zona de reproducción 1247
zona de rotura 1526
zona de saturación 8397
zona descompuesta 10985
zona de sobrecarga 9670
zona de sombra 8691
zona de tolerancia 10082
zona de transición 10168, 10170, 10171
zona de Trompeter 10247
zona eulitoral 3389
zona formada por fotografías sucesivas 9562
zona homogénea 4722
zona infiltrada 5257
zona invadia 5257
zona inyectada de las cimentaciones 4512
zona lavada por el filtrado 3918
zona limpiada 3918
zona meteorizada 10985
zona municipal 1188
zona neutral 6475
zona no saturada 10981
zona pantanosa 3591
zona particular 1188
zona periférica 1194
zona permeable 6995
zona petrolífera 7009
zona productiva 6886
zona prohibida 7554
zona resistente de la presa 8798
zona semipermeable 10171
zonas llanas 3766
zona sublitoral 9612
zona sumergida 9619
zona supralitoral 9702
zonas verdes 4429
zooxantelas 10987

Português

aba 3750
abacá 2
ábaco 2622
abaixamento do nível 2907
abaixamento do nível da água 2905
abaixamento do nível piezométrico 2904
abaixamento piezométrico 2904
abalo premonitório 7416
abalo sismico 3108
abalo telúrico 3108
abandonar 4
abandonar um poço 5
abandono da barragem 10
abandono de mina 9
abastecimento de água total 3062
abastecimento hídrico global 3062
abate de árvores 2456
abater 4323
abater 10896
abater com explosivo 1064
abatimento 9022
abatimento por câmaras 1621
aberração cromática 1671
abertura 1106, 1579, 5360, 6641, 9155, 9639
abertura da objectiva 6562
abertura da objetiva 6562
abertura das propostas 6643
abertura da válvula 6642
abertura de galeria 10282
abertura de limpeza 8445
abertura de poços 8702
abertura do diafragma 492
abertura para passagem de gelo 4930
abertura relativa da objetiva 7785
abertura temporária 9905
abismo 47
abissal 48
abissopelágico 55
ablação 13
abóbada 550, 551, 5606
abóbada anglo-saxónica 3543
abóbada circular 457
abóbada de aresta 2255
abóbada de arestas 2255
abóbada de berço aviajada 8133
abóbada de berço inclinado 5018
abóbada de berço rebaixado 10251
abóbada de cúpula 2310
abóbada de guarda-chuva 10335
abóbada de nervuras 8090
abóbada de suporte 9270
abóbada de tumba aviajada 8133
abóbada de tumba rebaixada 10251

abobadado 2750, 10520
abóbada em leque 3543
abóbada firme no tecto 8250
abóbada gótica 4386
abóbada normanda 3543
abóbada ornamental 6706
abóbada reticulada 6471
abóbada sextavada 8690
abolizar 5989
abrasão 17
abrasão glacial 4340
abrasivo 18
abre valas 10209
abrir 3008
abrir-se 4194
abrir uma galeria inferior 3009
abrir uma galeria superior 3010
abscissa 19
abside 522
absolutamente horizontal 27
absorção 36
absorção acústica 9135
absorção de calda 4525
absorvente 35
absorver uma carga 70
A/C 10690
acabador 3667
acabador de superfície 3667
acabamento 3664, 3665
acabamento à colher 10252
acabamento à régua 8452
acabamento à talocha 3798
acabamento permanente dum poço 6967
ação de congelamento 4145
acção 117
acção contínua 2076
acção da geada 4145
acção da luz 5617
acção destrutiva da cavitação 2577
acção deteriorante da cavitação 2577
acção do gelo 4145
acção intermitente 5220
acção retardada 220
accionamento eléctrico 3192
accionamento electromagnético 3204
accionamento hidráulico 4793
accionamento pneumático 7259
accionamento por ar comprimido 7259
acções atmosféricas 672
aceitação 65
aceitação das máquinas 67
aceitação definitiva 3642
aceitação parcial 68
aceitação provisória 7601
aceleração angular 432

aceleração devido a gravidade 4442
aceleração do movimento de translação 5654
aceleração linear 5654
aceleração máxima do terreno 6894
aceleração tangencial 9849
acelerador de pega 62
acelerador de pega do cimento 1570
acelerador de presa 62
acelerador de presa do cimento 1570
acelerógrafo 63
acelerograma 8564
acelerómetro 64
acerto 8661
acerto final 3643, 3664
acesso 72
acessórios 73
achatamento 3773
achatamento dos tubos de revestimento 1836
acidente 3553
acidificar 93
ácidos
  à prova de ~ 94
ácido húmico 4774
acinzentado 4462
aclividade 78
aço acimentado 1454
aço carbono 1433
aço de alta resistência 4685
aço doce 6182
aço duro 4590
ações atmosféricas 672
aço estrutural 5706
aço forjado 4002
aço inalterável 224
aço inoxidável 9302
aço macio 6182
acompanhar 3974
acoplamento 4126
acoplamento cónico 9860
acoplamento de baioneta 913
acoplamento de mangueiras 4756
acoplamento de varas 8209
acoplamento em T 9879
acoplamento em Y 10929
acoplamento mecânico 6080
acordo de operação unificada 6651
acordo do engenheiro chefe da obra 2005
acordo do outorgante 2005
aço resistente ao envelhecimento 224
aços para betão armado 9374
aços para concreto armado 9374

aço temperado 1454
acreção 80
actividade de tipo havaiano 4594
actividade sísmica 8554
actividade vulcânica 10610
activo 656
acto de retirar água 10879
acto ou efeito de ensaibrar 8373
actualismo paleontológico 139
actuar com macacos 5328
açude 10803
açude aligeirado 1550
açude auxiliar 9632
açude com lei de erogada linear 4724
açude de parede grossa 1264
açude de Poebing 7266
açude fixo 3735
açude livre 4102
açude parcialmente submerso 6863
açudes e tomadas secundárias 8511
açude submerso 3030
acuidade visual 10604
acumulação de água 788, 7264
acumulação de detritos 82
acumulação de lamas 83
acumulação de lodos 83
acumulação de petróleo 84
acumulação estacional 8495
acumulação petrolífera 84
acumulação sazonal 8495
acumulador 86
acumulador de ar comprimido 4891
acumulador de diafragma 2635
acumulador de êmbolo 7150
acumulador de energia elástica 9238
acumulador de membrana 2635
acumulador de pistão 7150
acumulador de pressão 7472
acumulador hidráulico 4784
acumulador pneumático 4891
acunhação da roda no eixo 8808
acunhagem 10791
acunhar 9413
acústica 112
acústico 101
adaptação no aparelho de restituição 5864
adaptador 142
adaptador da admissão 5118
aderência 384, 1118
aderência ao fuste 8695
aderir 147
adesão 149
adesivo de resina sintética 9800
adicional para riscos 8136

aditivo 146, 168
aditivo anticorrosivo 477
aditivo estabilizador 4585
aditivo para alta-pressão 3493
aditivos da lama de sondagem 2977
aditivos do fluido de perfuração 2977
adjacente 155
adjudante sondador 8103
adjudicação 158, 741
adjunto do director do projecto 659
adjuvante 168
adjuvante superplastificante 9664
administração dos recursos hídricos 10731
admissão de ar 266
adobe 169
adsorção 171
adubo 3597
aduções 1840
aduelas de entivação 5462
adulária 173
adularização 174
aeração 189
aerador 192
aeragem 189
aerodinâmica 199
aerofotografia planimétrica 5832
aerofotográfico 207
aerofotógrafo 1387
aerofotograma 272, 281
aerofotogrametria 194
aeronáutica 202
aeroplano 211
aerosite 7656
aerotopografia 213
aerotopográfico 212
afanite 493
afastamento das barras 1733
afastamento entre barrotes 1733
aferição do zero 10969
afiar 8727
afiar a barrena 8729
afilamento 9856
afloramento 6727
afloramento de falha 3563
afloramento do estrato 957
aflorar 2241
afluência de sedimentos 8528
afluente 10231
afluente da margem direita 8107
afluir 3866
afluxo súbito 5132
afroixar-se 10905
afrouxamento das componentes 5794
afrouxar-se 10905
afundar 8895

afunilamento 9857
agente antiescumante 481
agente antiexsicante 479
agente antiexsicativo 479
agente de refrigeração 2127
agente engrossador 9989
agente espessador 9989
agente explosivo 1072
agente floculento 3817
agente para tapagem 7242
agitação 237
agitador 238
aglomerado 225
aglomerante 1016
aglutinar 8900
agregado 6906
agregado cristalino 2292
agregado de resina 8012
agregado graúdo 1782
agregado miúdo 3653
agregados 228
agregados artificiais 2272
agregados britados 2272
agregados de origem marinha 5973
agregados finos 3653
agregados grossos 1782
agregados rolados 9517
agressividade da água freática 234
agressividade da água subterrânea 234
agressivo 233
agrimensor 5493
agrimensura 3622
agrimensura 9744
água ácida 99
água adsorvida 170
água agressiva 235
água arejada 188
água artesiana 612
água atmosférica 675
água branda 9082
água capilar 10470
água cársica 5410
aguaceiro 9651
água de amassadura 6237
água de compactação 10716
água de cristalização 10717
água de descarregamento 6761
água de formação 4014
água de fundo 1185
água de infiltração 6936
água de injecção 5115
água de jazida 7014
água de jusante 9836
água de lavagem a jacto 5351
água de lavagem de furo 10680
água de mistura 6237
água de origem 2002

água de origem magmática 5385
água de percolação 6936
água de perfuração 2996
água de sinclinal 9794
água de toalha artesiana 1992
água doce 4119
água do mar 8359
água excedentária 2770
água freática 7082
água freática 4489
água inata 2002
água intersticial 7326
água juvenil 5385
água livre 4101
água meteórica 6130
água não dura 9082
água natural 6433
água pelicular 6915
água residual 10684
água salina 8359
água salobra 1208, 1254
águas inferiores 862
águas subterrâneas 10363
água subterrânea 10362
água subterrânea aparente 6934
água subterrânea suspensa 6934
água termal 9980
aguçado 8728
aguçar 8727
aguçar a barrena 8729
agulha califórnia 1379
agulha californiana 1379
agulha imanizada 5887
agulha magnética 5887
agulha Próctor 7536
agulhas 2870
agulhas de gelo 6449
ajudante de perfurador 658
ajustamento 164
ajustamento coaxial 743
ajustamento de torção 10112
ajustamento isostático 5307
ajustamento no fecho 2259
ajustamento radial 7703
ajustamento tangencial 9850
ajustamento vertical 10548
ajustar 159, 160, 8642, 8656
ajustável 161
ala 2387
alabastrite 291
alabastro 289
alabastro oriental 290
ala da viga 920
alagamento 3841
alagamento dum poço 10814
alagar 3824
alanita 310
alargador 3288, 7804
alargador de cinco cones 3726
alargador de quatro cones 4048

alargador de quatro rodinhas
 dentadas 4048
alargador de três cones 10007
alargador oco 4712
alargador para poços 8223
alargador para poços de cinco
 cones 3726
alargador para poços de quatro
 cones 4048
alargamento 3760
alargamento do contraforte 1334
alargar um poço 10350
alarme acústico anti-furto 106
alarme acústico anti-roubo 106
alavanca de travão 1216
albertite 294
albite 295
albufeira 4990, 7971
albufeira com escorrências
 próprias 7991
albufeira de armazenamento 9455
albufeira de cabeceiras 4609
albufeira de fins múltiplos 6383
albufeira de regularização
 interanual 10937
albufeira de retenção 2102
albufeira enchida por bombagem
 7630
albufeira mais a montante 10431
albufeira para abastecimento
 directo 2715
albufeira para compensação da
 estiagem 7979
albufeira para controlo de cheias
 3830
albufeira para fins energéticos
 7980
albufeira regularizadora 7889
albufeira secundária e obra de
 ligação 8507
albufeiras em cascata 7987
alça-carros 1654
alcalino 306
alcance 7760
alcance de enfocação 79
alcance de medição 6058, 7766
alcance de medida de um
 instrumento 7766
alcance de tolerância 10082
alcance de um instrumento de
 medição 7766
alcance dum aparelho de medição
 7766
alças do descarregador 3761
alcatrão 9862
alcatrão de hulha 1780
alcatruzes 1278
aldeído fórmico 4006
alemontite 312
aleuritas 296

alexandrite 297
alfinete 832
algar 2821, 7366, 8897
algarismo 6550
algas 298
algas calcárias 1363
algodonite 300
alidada 301
alidade 301
alidade com óculo de alcance
 9893
alidade de pínula 8841
alimentador 3578
alinhamento recto 9472
alinhamentos 5660
alinhar 303
alisador 9031
alisamento com desempenadeira
 3799
alisamento com talocha 3799
aliviador de pilha 1663
aliviar 7938, 10407
alluviamento 8525
alma 2143
alma de contraforte 1336
alma de perfil 10782
almaldite 328
almandina 328
alóctone 315
alogénico 319
alojamento 679
alojamentos de canteiro 2090
alonga 827, 3467
alonga articulada 617
alonga corrediça 8960
alonga corrediça em consola 8966
alonga de aço 9367
alonga de aço de mola 9245
alonga de aço ondulado 2171
alonga de rótula 812
alonga em consola 1397
alonga frontal 4022
alongamento 3230
alongamento absoluto 23
alongamento de rotura 10327
alongamento plástico 7209
alongamento relativo 7914
alongâmetro 2469
alstonite 334
alta de preços 2176
alta montanha 4673
alterabilidade 335
alteração 336, 337
alteração hidrotérmica 4899
alteração mecânica 6087
alteração na velocidade de avanço
 2955
alteração química 1653
alternado 9300
alternância das camadas 340

alternativa de localização 344
altimetria 346
altímetro 345
altímetro absoluto 21
altímetro de laser 5503
altitude 3221
altitude absoluta 3221
alto mar 2436
altura 347
altura acima do leito 4628
altura cinética 10527
altura crítica 2229, 2232
altura da água 2535
altura da albufeira 9451
altura da barragem acima das fundações 4629
altura da barragem acima do ponto mais baixo das fundações 4629
altura da energia total 10120
altura da energia total disponível 10120
altura da extracção 9994
altura da frente 10904
altura da linha piezométrica 4812
altura das perdas hidráulicas 4821
altura de ascensão capilar 4634
altura de carga 7461
altura de descarga duma bomba 7628
altura de elevação efectiva 3138
altura de elevação geodésica do sistema de bombagem 4269
altura de elevação nominal 6496
altura de entrada 4636
altura de evaporação na tina 6824
altura de evaporação no tanque 6824
altura de precipitação 7407
altura de pressão 7461
altura de pressão manométrica 5944
altura do instrumento 5159
altura do pólo 7287
altura do rejeito 4637
altura livre 10421
altura máxima de construção 6023
altura máxima de edificação 6023
altura negativa do horizonte aparente 2699
altura piezométrica 4812, 7106
aluimento 1517, 9627, 9629
aluimento circular 3564
aluimento completo 4162
aluimento de taludes 9007
aluimento de tecto, en forma de abóbada 1506
aluimento diferencial 2662
aluimento do solo 5492

aluimento final 3646
aluimento local 5733
aluimento parcial 6867
aluimento periódico 6959
aluimento residual 8005
aluimento retardado 2486
aluimento secundário 8509
aluimento total 4162
aluimento útil duma estaca 6470
aluimento útil dum pilar 6470
aluir 8676
alumina 348
aluminite 350
alunite 352
aluvial 323
aluvião 325
alvenaria de pedra argamassada 9435
alvenaria de pedra arrumada 3241
alvenaria de pedra em seco 3044
alvenaria de pedra rústica 8325
alvenaria de pedra seca 643
alvenaria de tijolo 1251
alvo 8837
amadurecimento do betão 1962
amarelo de zinco 10978
amarração para guindar 8981
amassadura 897
amassamento 897
âmbar 353
ambiente 3297
ambiente diagenético 2617
ambiente marinho 5976
âmbito dos trabalhos 8435
amianto 636
amígdala 367
amolecimento 9074
amolecimento dos materiais 9075
amorfo 357
amortecedor 35, 2378, 6360
amortecedor de choques 8774
amortecedor de ondas 9733
amortecedor de pulsações 7622
amortecedor de vibraçoes 489, 8776
amortecedor hidráulico 4840
amortecedor óleo-pneumático 6613
amortecer 2376
amortecimento 2379
amortecimento da cheia 7978
amortecimento modal 6249
amortecimento por radiação 7718
amortização 358
amostra 2944
amostra de barrena 2954
amostra de ensaio 8361
amostra de entalhe 1630
amostra de formação 4012
amostra de perfuração 1154

amostra de sondagem 2944
amostrador 2146
amostrador com camisa de goma 8314
amostrador com tubo de goma 8314
amostrador de abrir 9213
amostrador de diamantes 2629
amostrador de êmbolo 7146
amostrador de fundo 8533
amostrador de material sólido 8865
amostrador de parede 5510
amostrador de pared fina 8759
amostrador de pequeno diâmetro 8980
amostrador de queda livre 4082
amostrador duplo 2838
amostrador exterior 6730
amostrador interior 5122
amostrador lateral 8829
amostrador para coroa de diamantes 2629
amostrador para perfuração com cabo 1351
amostrador Shelby 8759
amostrador simples 8882, 9222
amostrador tipo marinho 5981
amostragem 2160, 8365, 9997
amostragem com barrena 9996
amostragem com cabo 10877
amostragem com testemunho 2160
amostragem contínua 2073
amostragem de gás 4207
amostragem de parede 5511
amostragem descontínuo 9224
amostragem do fundo do mar 8471
amostragem eléctrica 3183
amostragem mecânica 6079
amostragem por esquema de sondagem 8366
amostragem por sondagem 8366
amostra geológica 4578
amostra impregnada de petróleo 7025
amostra indeformada 10374
amostra intacta 5176
amostra média 739
amostra orientada 6692
amostra recuperada na injecção 10679
amostra remexida 2802
amperímetro 355
ampliação 5899
amplificador 363
amplificador de pressão 7440
amplificador hidráulico 4813
amplitude 364, 7673, 7762

amplitude angular 437
amplitude de dispersão 7767
amplitude de enfocação 79
amplitude de variação da queda 7764
amplitude do abaixamento do nível da água 2908
anabergita 6486
anaclinal 368
análcime 369
análcite 369
analisador 8415
analisador de gás 4200
analisar 373
análise da disposição dos grãos 4414
análise das amostras 2945
análise de diluição isotópica 5315
análise de estabilidade 9274
análise densimétrica 4880
análise do óleo bruto 2266
análise do óleo pesado 2266
análise do risco 8137
análise dos gráficos 4426
análise dos resultados 376
análise estereométrica 9391
análise granulométrica 4412
análise gravimétrica 4437
análise numérica 6554
análise pelo espectro de resposta 8031
análise por casca 8760
análise por peneiração 8832
análise por sedimentação 8527
análise térmica 9966
análise térmica diferencial 2664
anauxite 380
ancoragem 382, 383, 393, 8239
ancoragem de dupla cunha 8975
ancoragem de rocha 8196
ancoragem por barra dobrada 389
ancorar 381
andaime 8399
andaime de perfuração 2985
andaime de sustimento do balancim 8368
andalusite 396
andamento das isocromáticas 5290
andar de extracção 6215
andar térreo 4473
andesina 397
andesite 398
andesite quartzífera 7680
anel corta-águas 8538
anel da braçadeira 1707
anel de ajuste 8771
anel de ancoragem 388
anel de bloqueio 9437
anel de comando do dispositivo

de desabamento 7925
anel de drenagem 8538
anel de encosto 787
anel de entivação 9697
anel de esferas 807
anel de fixação 1706
anel de limpeza 10876
anel de lubrificação 5842
anel de retenção 794
anel de travamento 5750, 9442
anel em "O" 6703
anel inferior 2223
anel redutor 7847
anel retentor 5371, 6801, 8483
anel vedante 6801
anfibolitização 362
anfibolito 361
anfiteatro morênico 6306
angledozer 402
anglesite 428
angular 401, 431
ângulo 400
ângulo agudo 140
ângulo ao centro 1579
ângulo azimutal 4732
ângulo central 1579, 9639
ângulo da inclinação da falha 412
ângulo da poligonal 7306
ângulo de abertura 433
ângulo de altura 409
ângulo de atrito 411
ângulo de atrito interno 417
ângulo de atrito interno aparente 404
ângulo de atrito interno efectivo 426
ângulo de atrito terra-muro 427
ângulo de convergência 406
ângulo de corte 417, 419
ângulo de deflexão 2448
ângulo de depressão 407
ângulo de deriva 2933
ângulo de desbaradamento 422
ângulo de desvio 2448
ângulo de divergência 408
ângulo de elevação 409
ângulo de incidência 414
ângulo de incidência com a capa 415
ângulo de incisão 419
ângulo de inclinação 2692
ângulo de inclinação da câmara 416
ângulo de inclinação sobre o horizonte 425
ângulo de ligação 403
ângulo de obliquidade 413
ângulo de obliqüidade 413
ângulo de refracção 7867
ângulo de repouso 423

ângulo de rotação 418
ângulo de rotura 405
ângulo de rumo 926
ângulo de talude natural 423
ângulo do talude 420
ângulo horizontal 4732
ângulo limite reduzido 7845
ângulo limite sob carga dinâmica 3067
ângulo marginal 5963
ângulo nadiral 424
ângulo obtuso 6582
ângulo paraláctico 6841
ângulo recto 8104
ângulo triedro 10237
ângulo vertical 10550
ângulo visual 410
ângulo zenital 10550, 10960
anião 444
anidrita 443
anidrite 442, 443
anilha 3768, 10672
anisotropia 449
anisotropia magnética 5880
anisótropo 445
ankerite 450
ano de conclusão 10936
ano de precipitação média 10935
ano húmido 10838
anomalia 462, 4260
anomalía de funcionamento 2799
anorogénico 463
anortite 464
anortoclase 465
ano seco 3046
antenas de drenagem 3662
antepara 792
anteparo de enchimento 8453, 9469
anteparo de entulhamento 8453, 9469
antepoço 2545
anteprojecto 7423
anteprojecto pormenorizado 9913
anteprojeto detalhado 9913
anticlinal 474
anticlinal assimétrico 666
anticlinal carenado 1436
anticlinal com falha 3559
anticlinal em forma de abanico 3541
anticlinal em forma de leque 3541
anticlinal em forma de sela 8326
anticlinal empertigado 3338
anticlinal fechado 1745
anticlinal inclinado 5015
anticlinal interrompido 605
anticlinal isoclinal 1436
anticlinal recto 3338
anticlinal simétrico 9789

anticlinal truncado 605
anticlinorium 475
anticongelante 482
antifloculante 2454
antigorite 483
antihalo 484
antimonite 485
antlerite 490
antofilito 467
antracite 469
anúncio 184
apanhar 3690
aparafusado 1116
aparafusamento das varas de perfuração 3001
aparafusamento das varas de sonda 3001
aparelhagem 498
aparelhagem de laboratório 5444
aparelhagem de medição 6062
aparelho 499, 5158
aparelho aerofotogramétrico automático 8624
aparelho amostrador de gás 4224
aparelho automático com placas 8625
aparelho automático duplo 2853
aparelho de ajustamento 162
aparelho de ar condicionado 246
aparelho de centragem de tubos de revestimento 1465
aparelho de corte circular 8119
aparelho de corte rotativo 10498
aparelho de fotogrametria 7059
aparelho de fundo de poço 1171
aparelho de iluminação 4952
aparelho de iluminação intermitente 1086
aparelho de levantamento 9746
aparelho de limite de liquidez de Casagrande 1448
aparelho de medição 1446, 4233, 6070
aparelho de medição das coordenadas 2136
aparelho de medição de abertura de juntas 5364
aparelho de medição de assentamentos 8679
aparelho de medição de deformações 9483
aparelho de medir carga de eixo 758
aparelho de regragem 162
aparelho de regulação 162
aparelho de resistência eléctrica 5162
aparelho de restituição 7230
aparelho do ensaio Próctor 7534
aparelho fotográfico 7068

aparelho fotográfico de mão 4574
aparelho fotográfico duplo 2837
aparelho fotográfico panorâmico 6828
aparelho fotográfico para vistas verticais 10565
aparelho fotogramétrico 1446, 9747
aparelho fotogramétrico com suporte 7056
aparelho fotogramétrico duplo 2845
aparelho fotogramétrico múltiplo 6379
aparelho hidrométrico 4885
aparelho medidor de neve 9046
aparelho para a fotogrametria terrestre 3605
aparelho para determinação do limite de liquidez 5687
aparelho para ensaio de adensamento 2019
aparelho para ensaios 9940
aparelho para fotografia aérea 208
aparelho para medir os comprimentos 5164
aparelho registrador de medição 7821
aparelho revólver 8078
aparelhos 3332
aparelhos de auscultação 6286
aparelhos de medição 6065
aparelhos de medição do fotograma 4959
aparelhos de observação 6286
aparelhos de perfuração 2963
aparelhos de restituição para fotografias síngolas 8888
aparelhos de restituição para vistas estereoscópicas 7231
aparelhos fotogramétricos 4959
aparelhos topográficos 9750
aparelho universal 10405
aparição de cavitação 5006
apatite 491
apertado 1757
  bem ~ 3917
apertar 1701, 8645, 8658, 10035
aperto dos esteios 5483
apetrecho pescador de varas de sonda 1198
apetrechos para limpar grades 8460
aplanar 5586
aplicabilidade 510
aplicação da carga 5720
aplicação de cunhas de madeira 10787
aplicar 8646, 8657
aplicar tratamento térmico 9898

aplítica 494
apofilito 496
apoiar-se em 963
apoio 41, 42, 8787
  com ~ de rótula 811
apoio retráctil 9424
apólice de seguro 5175
apomagmático 495
apontar 239, 302, 8842
apontar aproximativamente 7284
apontar com precisão 7282
apreciação das propostas 657
apreciar 3377
apresentação gráfica dos resultados 4427
aprovação de plantas 518
aprovação do projeto 518
aprovação dum projecto 7558
aproveitamento 2588, 2590
aproveitamento de bombagem 7631
aproveitamento de nascente 10463
aproveitamento de queda alta 4666
aproveitamento de queda baixa 5825
aproveitamento de queda média 6094
aproveitamento por bombeamento 7631
aproximar 1258, 3729
aproximar à data de vencimento 6020
aptidão 12
aptitude 12
aquecimento central a água quente 1589
aqueduto 524, 2306, 3914
aqueduto muito inclinado para o transporte de madeiras, flutuando 5766
aquífero 10688
aquífero 528, 537
aquífero anisótropo 446
aquífero artesiano 611
aquífero camada anisótropo 446
aquífero inferior 862
aquífero suspenso 6933
aragonite 546
arame farpado 830
arbitragem 547
arcada 549
arcada cega 1083
arcada cheia com alvenaria 1083
Arcaico 559
arco 548, 551
arco activo 118
arco articulado 616, 623
arco articulado retráctil 625

arco aviajado 7753
arco circular 1688
arco com dois elementos 10312
arco de curvatura variável 10508
arco de entivação 8167
arco de pressão 7441
arco de pressão do piso 3861
arco de pressão duma galeria 8174
arco de soleira 5263
arco de suporte 9270
arco de três articulações 575
arco de vários centros 6363
arco elíptico 3228
arco elíptico rebaixado 1500
arco em charneira 616
arco em ziguezague 6366
arco encastrado 3730
arco enviesado 6569
arco esconso 6569
arco escorregadiço 8974
arco firme no tecto 8250
arco inclinado 5016
arco independente 5038
arco levantado 9425
arco mourisco 6308
arco ogival 5413
arco ogival rebaixado 8547
arco ogival sobrelevado 5479
arco rebaixado 2526, 8546
arcose 597
arco subido 9425
arco trilobado 10206
arco triplo 10012
ardósia 8941
área 579
área controlada por ensecadeira 1815
área da albufeira 7973
área da bacia hidrográfica 1494
área de armazenamento da comporta ensecadeira 9339
área de armazenamento dos barrotes 9439
área de camping 1390
área de empréstimo 1160
área de escorregamento 8959
área de influência 5081
área de montagem 3341, 3342
área desmontada 580
área do lago 10746
área do reservatório 7973, 7988
área drenada 2522
área explorada 2230
área homogénea 4722
área para helicópteros 4640
área para lazer 7828
área para recreação 7828
área submersa 9619
área verde 4429

areeiro 8376
areia 8369
areia aluvial 326
areia argilosa 591
areia asfáltica 9864
areia betuminosa 1056
areia calcária 1365
areia com gás 4204
areia de grão médio 6096
areia do mar 5978
areia eólica 1099
areia fina 3655
areia grossa 1783
areia impregnada 4995
areia movediça 7691, 7692
areia organógena 6691
areia petrolífera 7016
areia produtiva 7016
areia saturada de petróleo 7027
areia vulcânica 10619
arejador 192
arejamento natural 6432
arenito 587, 7607, 8378
arenito argiloso 592
arenito asfáltico 653
arenito betuminoso 653
arenito calcário 1361, 1366
arenito calcário 1368
arenito carbonífero 1423, 1430
arenito concóide 1952
arenito feldspático 3586
arenito petrolífero 7008
arenito quartzífero 7681, 7687
arenito quartzoso 7687
arenoso 8382
aresta 607
argamassa 6312
argamassa arejada 259
argamassa de cimento 1565
argamassa de cimento e cal 896
argamassa de injecção 4518
argamassa de recobrimento da junta 950
argamassa de resina 8012
argamassa hidráulica natural 6428
argentite 588
argila 1716
argila apiloada 7617
argila bentonitica 999
argila caulínica 589
argila com manchas 6325
argila dispersiva 2761
argila esponjosa 9218
argila expansiva 9772
argila finamente acamada 3656
argila finamente estratificada 3656
argila fisurada 3716
argila floculada 3816
argila gorda 3546

argila lacustre 5467
argila magra 5557
argila margosa 5992
argila marinha 5974
argila marnosa 5992
argila metastável 7688
argila orgânica 6688
argila para lama 2959
argila refractária 3670
argila residual 7996
argila sensível 7688
argila variegada 6325
argila varvada 10517
argila xistosa 1723, 6358
argilito 594, 1724
argilito silicioso 8855
argilito xistoso 8708
argiloso 590, 1718
argiritrose 7656
argola da objectiva 6564
armação da objectiva 5574
armação de perfuração 2985
armadura de compressão 1933
armadura de distribuição 7905
armadura de flexão 986
armadura de fundo 1181
armadura de retracção 8806
armadura frouxa 8506
armadura inferior 1181
armadura para preesforço 7487
armadura passiva 8506
armaduras 7903
armaduras de alta aderência 4658, 4759
armaduras de ligação 2860
armaduras lisas 7165
armaduras longitudinais 5777
armaduras para betão armado 9374
armaduras para concreto armado 9374
armaduras principais 5909
armaduras secundárias 2797, 8506
armaduras transversais 10193
armário de comando das comportas 4229
armário embutido 1758
armazém 9458, 10666
armazenagem de gás 4226
armazenamento 9445, 9447
armazenamento correspondente à cheia 3832
armazenamento da queda de neve 9050
armazenamento de elementos nutritivos nas albufeiras 8046
armazenamento de energia térmica do aquífero 541
armazenamento de neve 9050

armazenamento de nutrientes nos
	reservatórios 8046
armazenamento de reserva 800
armazenamento inactivo 5003
armazenamento morto 2414
armazenamento útil 128
armazenamento utilizável 5701
armazenar 9457
ar ocluso 3292
aro de goma 8313
aro em "O" 6703
aromatização 601
Arqueozóico 559
arquétipo 560
arquitecto 564
arquitectura 567
arquitectura de paisagem 5486
arquitectura gótica 4384
arquitectura grega 4450
arquitectura romana 8228
arquitectura románica 8229
arquiteto 564
arquitetura grega 4450
arquitrave 568
arrancador 9331
arrancamento de estacas 3485
arrancar 5425
arrancar previamente 10895
arranha-céu 8932
arranjo paisagístico 5489
arranque 4326, 9333
arranque a frio 1830
arranque integral 1898
arranque, paragem e colocação
	fora de serviço 8663
arranque parcial 6860
arrasto do filme 4023
arrefecedor de ar 250
arrefecimento artificial 628
arrefecimento por tubagem
	embebida na massa 3240
arrelvamento 9145
arsenopirite 608
artesiano 610
articulaçao 626
articulação de Moll 6278
articulação esférica 810
árvore de falhas 3571
árvore de Natal 1669
asbesto 636
asfaltita 654
asfalto 644, 645
asfalto coado 6102
asfalto nativo 6417
aspiração 9644
aspirador de ar 261
assentador de tijolos 1250
assentadores de tubos 7138
assentamento 8678
assentar 8676

assimilação 5871
assimilação magmática 5871
assinalar 5982
assinatura do contrato 8847
assistente do chefe do projeto 659
associação 660
associação de empresas 5374
assoreamento 81, 226
assoreamento com areia 81
assoreamento com lodo 8864
assorear 8869
ataque
	com ~ frontal 6618
ataque do furo carregado 7751
aterradora de valas 770
aterrar 3623
aterro 629, 769, 772, 3236, 3625
aterro compensador 5722, 9285
aterro de cume 8093
aterro de enchimento do vale
	10473
aterro de encosta 4688
aterro de estrada 8158
aterro de material não selecionado
	7756
aterro de material selecionado
	8573
aterro de pedras secas 3042
aterro empilhado 7116
aterro experimental 10213
aterro hidráulico 4818
aterro transversal ao vale 2254
atestado de ensaio 1611
ático 8252
atingir o limite de curso 4383
atmosfera 671
atomizador 676
atração capilar 1407
atraso 2483, 2484
atravessar 10913
átrio 677
atrito 4123
atrito dinâmico 3071
atrito do fluido 3899
atrito estático 9344
atrito hidráulico 4806
atrito interno 5226, 5227, 10599
atrito lateral 8925
atrito negativo 6453
atrito superficial 8924
atrito terras-muro 10659
augite 696
augito 696
aumentar 3287
aumento da resistência com a
	deformação 9484
aumento da velocidade de
	perfuração 2955
aumento de tensões 1294
aumento do nível nutriente 6557

auréola 4567
auréola de alteração 338
autígeno 697, 698
auto-aperto 8589, 8637
autocaminhão basculante 7806
autocarro basculante
	posteriormente 7806
autocolimação 702
autocorrelação 703
autóctone 699
auto-estrada 6323
automação 721
automático 705
automatização 717, 721
automóvel 1418
autoportante 8594
auto-redutor 8593
autoregistrador 8592
autoridade responsável pelo
	controlo 4389
autorização 517
autorização de construção 1293
auto-sustimento 8596
avalancha 732
avalancha ardente 4368
avalancha de neve 9036
avalancha de neve seca 2934
avalancha incandescente 4368
avalanche 732
avalanche de gelo 4926
avalanche de neve 9036
avalanche incandescente 4368
avaliação 3379, 6203
avaliação das reservas de óleo
	bruto 3380
avaliação económica dum
	projecto 3119
avaliação especulativa das
	reservas 5070
avaliação possível das reservas
	5070
avançar 3007
avanço 179, 2938
avanço alternado 5560
avanço automático sucesivo 8620
avanço da barrena 1050
avanço da frente 3506, 3507
avanço da perfuração 2973
avanço da perfuração em pés
	3977
avanço do glaciar 4345
avanço independente 5037
avanço oscilante 4067
avanço paralelo 175
avaria 2366, 3523
avaria 1222
avariado 6744
avariar-se 9436
averiguação 1640
averiguar 1641

aves de caça 4182
aves de caça aquáticas 10851
avião 211
aviso de cheias 3850
avultamento 1305
azimute 760, 926
azimute do eixo do fotograma 761
azimute referido ao plano principal do fotograma 4481
azinhaga 10657
azulejo 762, 1608
azurita 763
azurite 763

bacia artesiana 613
bacia com soleira dentada 9006
bacia com soleira terminal 1275
bacia de aluimento tectónico 3554
bacia de amortecimento 7250, 8447
bacia de cabeceira 3992
bacia de compensação 219, 1886
bacia de decantação 8685
bacia de desamortecimento 7250
bacia de dissipação 9423
bacia de dissipação com blocos 4973
bacia deflectora 3792
bacia de maré 10026
bacia de medição graduada 6074
bacia de meia-maré 10026
bacia de ressalto hidráulico 4816
bacia de ressalto hidráulico com blocos dissipadores 4817
bacia de restituição 218
bacia de retenção dos sedimentos 8533
bacia de soleira côncava 1274
bacia fluvial 8139
bacia hidrográfica 1493
bacia petrolífera 7002
baddleyite 790
badelsite 790
bairro para o pessoal da exploração 6650
bairro para o pessoal do estaleiro 2031
bairro residencial 4765
baixa-mar 5839
baixar o nível da água 2902
baixo-relevo 895
balança dosadora 10796
balança para lama 6342
balanceamento 799
balanceamento corte-aterro 796
balanceiro 5611
balancim 5611
balanço precipitação-evaporação 7736

balão de vidro graduado 4354
balastro 804
balaustrada 816
balaustrada de balcão 802
balcão 801
baldes 1278
baldes de escombro 1278
baldinho 1273
baliza 918
balizar 4583, 5989
balsa 7726
bancada 8202
bancada superjacente 6779
banco 942, 8202
banco de areia 829
banco de calcário saturado de petróleo 7026
banco de ensaio de quadros 4068
banco de ensaio sobre modelos das turbomáquinas hidráulicas 9321
banco de escorregamento 5840
banco de gelo 6799
banco inferior 1165
banco inter-estratificado 5189
banco para ensaios de cavitação 9319
bancos entalhados 9492
bandear 10070
bandeirola 828, 7350, 7768, 7769
banheira 902
banheiro 901
banho de retardação 8044
banho fixador 3743
banho revelador 3743
banqueta 1001
banquisa 6799
banzo 3750
bar 826
barbacã 10794
barcaça 833
barco petroleiro 7031
baridade seca 2517, 10402
barita 859
baritina 859
baritite 859
barógrafo 840
barômetro 841
barômetro registrador 840
barra 829, 9999
barracas 2090
barra de direcção 9380
barra de ligação 10034
barra de muro em aço de mola 9244
barra de peso 8896
barra de peso com ranhuras em espiral 9207
barra de peso com ranhuras helicoidais 9207

barra de torção 10116
barragem 2364, 2365
barragem abóbada 557
barragem abóbada cilíndrica 2356
barragem abóbada de ângulo constante 2020
barragem abóbada de dupla curvatura 2839
barragem abóbada de espessura constante 2025
barragem abóbada de espessura variável 10514
barragem abóbada de espiral logarítmica 5760
barragem abóbada delgada 9998
barragem abóbada de raio constante 2022
barragem abóbada de raio variável 10513
barragem abóbada de simples curvatura 8883
barragem abóbada de vários centros 6364
barragem abóbada elíptica 3229
barragem abóbada espessa 9988
barragem abóbada parabólica 6833
barragem Ambursen 3732
barragem arco-gravidade 561
barragem com comportas cilíndricas 8226
barragem com fechadura abaixável 3530
barragem com vigilância 2388
barragem com vigilante 2388
barragem construída por método hidráulico 4801
barragem de abóbada de dupla curvatura 2311
barragem de abóbada espessa 561
barragem de abóbadas múltiplas 6374
barragem de abóbadas múltiplas de dupla curvatura 6377
barragem de alvenaria 4448, 5996
barragem de alvenaria rústica 8315
barragem de alvenaria tosca 8315
barragem de aterro hidráulico 4801
barragem de betão compactado com cilindro 8220
barragem de compensação 217
barragem de concreto compactado a rolo 8220
barragem de contrafortes 1332
barragem de contrafortes de abóbadas múltiplas 6373
barragem de contrafortes de cabeça alargada 6003

barragem de contrafortes de
    cabeça arredondada 8300
barragem de contrafortes de
    cabeça de diamante 2361
barragem de contrafortes de
    cabeça em forma de T 9880
barragem de contrafortes de
    cabeça grossa 2423
barragem de contrafortes de
    cabeça maciça 6003
barragem de contrafortes de lajes
    planas 3772
barragem de contrafortes de
    planta curva 554
barragem de derivação 2808
barragem de derivação aberta
    6645
barragem de elementos pré-
    fabricados 7401
barragem de enrocamento 3238,
    8186, 8189
barragem de enrocamento com
    cortina de concreto
    betuminoso 8187
barragem de enrocamento com
    cortina de impermeabilização
    de betão betuminoso 8187
barragem de enrocamento com
    cortina de montante de betão
    8188
barragem de enrocamento com
    núcleo de argila 8185
barragem de enrocamento com
    núcleo de argila vertical ou
    inclinado 8185
barragem de enrocamento com
    revestimento ou membrana de
    concreto a montante 8188
barragem de estacas 7122
barragem de estéreis 9828
barragem de estéreis mineiros
    6202
barragem de gabiões 893
barragem de gravidade 4443
barragem de gravidade aligeirada
    4710
barragem de gravidade aliviada
    4710
barragem de gravidade de
    concreto com paramento de
    montante revestido com
    alvenaria 1966
barragem de gravidade de planta
    curva 2323
barragem de lajes planas em
    consola 1399
barragem de madeira 10056
barragem de maré 3384
barragem de regularização 7093,
    7887
barragem de rejeitos 6202
barragem de residuos industriais
    5065
barragem descarregadora 6763
barragem descarregadora com
    soleira em forma de S 6766
barragem de sifão 8904
barragem de terra 3090, 3238
barragem de terra armada 7899
barragem de terra em seção
    homogênea 4718
barragem de terra homogénea
    4718
barragem de terra mista 1913
barragem de terra zonada 1910
barragem esgotadouro de
    derivação 1754
barragem fixa impermeável 4982
barragem impermeável 4984
barragem inchável 5077
barragem insuflável 5077
barragem mista 1909
barragem móvel 844
barragem não galgável 6510
barragem para abastecimento de
    água 2374
barragem para controle de cheias
    3829
barragem para correcção
    torrencial 1642
barragem para domínio das cheias
    3829
barragem para elevação do nível
    de água 9738
barragem para fins múltiplos
    6387
barragem para o controlo dos
    gelos 4931
barragem para produção de
    energia 4861
barragem para retenção de sólidos
    1642
barragem permeável 6978
barragem preesforçada 7485
barragem protendida 7485
barragem secundária 8328
barragem sela 8328
barragem sem vigilância 2389
barragem sem vigilante 2389
barragem vertedoura 6763
barragem vertedoura com soleira
    em forma de S 6766
barragens abóbada 556
barragens de betão 1964
barragens de concreto 1964
barragens de contrafortes 1332
barragens de gravidade 4443
barragens de terra e/ou
    enrocamento 3238
barramento contra a neve 9038
barranco 847, 4548
barra para ancoragem 385
barra para betão pré-esforçado
    7486
barras de montagem 1617
barreira de gelo 4937
barreira geográfica 4272
barrena 695, 1146, 3004
barrena ajustável 3425
barrena a lama 6343
barrena com rodinhas dentadas
    8273
barrena com rodinhas dentadas
    para circulação inversa 8068
barrena de lâminas a jacto 5341
barrena de percussão 6941
barrena de quatro cortantes 4051
barrena de quatro lâminas 4051
barrena de quatro rodinhas
    dentadas 7665
barrena de queda livre 4081
barrena de três cones 10006
barrena de três cones acionada
    por jacto 10233
barrena de turbina 10294
barrena em cruz 2250
barrena em forma de cauda de
    peixe 3712
barrena em forma de cauda de
    peixe a jacto 5345
barrena excêntrica 3112
barrena helicoidal 9205
barrena para circulação inversa
    8068
barrena para sondagem por
    percussão 1147
barrena regulável 3425
barrena rotary 8264
barreno 1069
barrilete 6945
barris diários 851
barris por ano 850
barris por dia 851
barris por dia de produção 853
barris por mês 852
barroco 843
barrote 1858
barrote chato 4564
barrote redondo 8301
barrotes 9438
barrotes de ensecadeira 9438
barulho 6493
basalto 864
basalto quartzífero 7682
basanite 5850
báscula 758, 10796
basculamento 6788
bascular 10042, 10070
base 873, 879, 1180, 6803, 8928,
    10347

base auxiliar 723
base de alicerce 869
base de coluna 878
base de esteio 7584
base de fixação 10230
base de madeira 8861
base de perfuração 2953
base de referência 874
basílica 890
bate-estacas 7111
bate-estacas ligeiro 7124
bate-estacas pesado 7123
bateria de varas de pesca 3703
bateria de varas de sonda 2988
batimetria 905
batímetro 904
batiscafo 906
batistério 825
batólito 899
batometria 905
bauxita 912
benefício 993, 7548
bental 995
bentónico 995
bentonite 996
bentonite potássica 5412
benzeno 1000
benzina natural 1474
benzol 1000
berço 1003, 1004, 2201
berilonite 1005
berma 1001
berma de estabilização de pé 10078
berma de estabilização de talude 10800
bertonita 1196
betão 1956
betão agro 5558
betão amassado em seco 3034
betão amassado em trânsito 10172
betão amassado na central de betonagem 7194
betão ao bário 860
betão apiloado 9848
betão arejado 186, 245, 258
betão armado 7897
betão armado com fibra 3600
betão armado com fibra de aço 9370
betão armado com fibra de vidro 4353
betão armado post-esforçado 7353
betão basáltico 865
betão betuminoso 647
betão betuminoso a frio 1828
betão capilar 1408
betão celular 1549

betão centrifugado 9256
betão ciclópico 2350
betão compactado a seco 3043
betão compactado com cilindros 8219
betão com polímeros 7311
betão com resina 8010
betão curado pelo vácuo 10465
betão de acabamento 3520
betão de alcatrão por aplicar a quente 4760
betão de alta resistência 4684
betão de alta resistência contra a fissuração 6505
betão de alta resistência inicial 4660
betão de amianto 637
betão de blocagem 5930
betão de cimento 1556
betão de cinzas volantes 3936
betão de consistência firme 10973
betão de enchimento 5930
betão de enchimento de cavidades da fundação 2520
betão de endurecimento lento 9008
betão de 1° fase 3688
betão de 2° fase 8513
betão de limonite 5650
betão de magnésio 5876
betão de magnetita 5893
betão de pega rápida 4660
betão de presa lenta 9012
betão de primeira fase 3688
betão de qualidade controlada 7669
betão de regularização 947
betão de resina vinílica 10593
betão descofrado 9565
betão em massa 6001
betão endurecido ao ar 252
betão estrutural 9575
betão expansivo 4663
betão fresco 4452
betão gasoso 186
betão gordo 8091
betão hidrófugo 10728
betão leve 258
betão moldado no local 5137
betão não armado 10413
betão ornamental 6705
betão para água de mar 8497
betão para água salgada 8497
betão para obras marítimas 8497
betão para trabalhos em água de mar 8497
betão para trabalhos em água salgada 8497
betão parcialmente préesforçado 6864

betão pesado 5715
betão plástico 7198
betão pobre 5558
betão pomes 1549, 7624
betão poroso 186
betão pré-esforçado 7484
betão pré-fabricado 7399
betão projectado 8792
betão pronto 7801
betão rico 8091
betão seco de enchimento 3039
betão Siporex 8905
betão vibrado 10569
betonagem contra a escavação 7159
betonagem em tempo frio 1833
betonar 1487
betoneira 1957, 1968
betoneira basculante 10047
betoneira contínua 6826
betoneira de eixo horizontal 4734
betoneira de eixo inclinado 5017
betoneira de eixo oblíquo 5017
betoneira de tambor 6826
betume 644
betume de cracking 644
betume de destilação direita 649
betume fluidificado 2333
biblioteca 1125
bicarbonato de sódio 9061
bico 6539
bico de esteio 5568
bicos 2870
bicromato de sódio 9065
biela 2004, 7149
bifurcação 1010, 1011, 4003
bifurcação de galeria 8171
binário de arranque 9336
binário de torção 9336
binocular 1021
binóculo 1022
binóculo de campo 3614
binóculo de prismas 3614
binóculo panorâmico 8282
binóculo prismático 7526
bioclástico 1023
bioestratigrafia 1037
biofácies 1027
biogénese 1028
biólito 1032
biólito zoogénico 10986
biombo corrediço 6330
biosfera 1035
biostroma 1038
biótico 1039
biotite 1040
biotitização 1041
biótopo 1042
bioturbação 1043
bipolar 1044

birrefringência 2850
bismalito 1343
bit 1045
bitownite 1344
blenda 9182
blindagem 10286
blindagem do rolamento 936
blindagem exterior 598
blindagem externa 598
blocagem 9414
blocagem da mesa 9815
bloco 1089, 1090, 3275, 6823
bloco celular 185
bloco de ancoragem 386
bloco de ancoragem na extremidade 386
bloco de base de pilha 1664
bloco de betão leve 5618
bloco de betão pomes 5618
bloco de cilindros 3275
bloco de comando 10482, 10483
bloco de falha 3556
bloco deflector 9214
bloco de impacto 793
bloco de queda 1682
bloco dissipador 793
bloco dissipador de queda 1682
bloco do grupo gerador 10389
bloco do motor 3275
bloco entre subníveis 8514
bloco erosivo 3353
bloco errático 3353
bloco para aeração 6411
bloco solto 2744
blondin 1093
bloquear 9413
bloqueio da barrena 1052
bloqueio da tubagem ascendente 8131
bobina 1824
bobina de campo 3607
bobina de filme 3636
bobina indutora 3607
bocal de entrada de ar 267
bocal de esteio 5568
bocal de jacto 5347
bocal injector 5347
bocal macho de mangueira 5933
bolbo de pressões 1295
bolha 1271
bolha de cavitação 1528
bolsa de água 7264
bolsa de gás 4222
bolso cársico 5408
bomba antincêndio 3674
bomba auxiliar 1129
bomba a vácuo 10467
bomba axial 748
bomba centrífuga 1602
bomba com canais laterais 8821

bomba com difusor de aletas 2665
bomba d'água quente 10667
bomba de accionamento 3018
bomba de água de refrigeração 2134
bomba de água fria 1832
bomba de alimentação de caldeira 1111
bomba de alimentação hídrica 10743
bomba de alta pressão 4677
bomba de alta velocidade específica 4682
bomba de anel de água 5688
bomba de anel líquido 5688
bomba de areia 9014
bomba de armazenamento 9454
bomba de bacia de querenagem 2820
bomba de baixa velocidade específica 5837
bomba de balanceiro 921
bomba de betão 1971
bomba de circulação 1693
bomba de circulação centrífuga 1599
bomba de circulação da lama 6356
bomba de combustível 4156
bomba de concreto 1971
bomba de depósito de querenagem 2820
bomba de descarga 2491
bomba de deslocamento 7347
bomba de diafragma 2637
bomba de dosagem 6133
bomba de drenagem 2885
bomba de engrenagem de dente angular 4646
bomba de engrenagem de espinha de peixe 4646
bomba de esgoto 2612
bomba de esgoto auxiliar 726
bomba de esgoto principal 5908
bomba de extracção de condensado 1975
bomba de hélice 7572
bomba de hélice com pás reversíveis 7573
bomba de injecção 4524
bomba de injecção de água 10709
bomba de lama de alta-pressão 4676
bomba de lodo 9014
bomba de mão 4577
bomba de mergulhador 2816
bomba de óleo 6606
bomba de recalque 3990
bomba de torção 10107

bomba de vácuo 10467
bomba diagonal 2620
bomba do fundo do poço 1174
bomba do reactor nuclear 6546
bomba dosadora 2833
bomba excêntrica espiral Mono 6338
bomba fixa 9355
bombagem profunda 2442
bomba helicoidal 4639
bomba hidráulica 4833
bomba hidrófora 4890
bomba horizontal 4748
bomba injectora de calda de cimento 1562
bomba injetora de mistura de cimento 1562
bomba monobloco 6294
bomba móvel 6246
bomba multi-êmbolos em disposição axial 6372
bomba para abastecimento de água 10734
bomba para ácidos 95
bomba para água de alta temperatura 4761
bomba para água potável 7647
bomba para água pura 7647
bomba para águas de esgoto 7633, 8687
bomba para águas servidas 8687
bomba para álcali 5851
bomba para celulosa 1651
bomba para dragagem 2928
bomba para irrigação 5282
bomba para lixívia 5851
bomba para lodo 9013
bomba para massas fibrosas 3601
bomba para materiais fibrosos 3601
bomba para óleo do regulador 4390
bomba para oleodutos 6605
bomba periférica 6963
bomba portátil 7335
bomba premente 3990
bomba relé 1129
bomba reversível 8075
bombar petróleo no poço iniciado 10673
bombas de bonificação de terras 5484
bombas de minas 6189
bombas mecânicas 6086
bomba solidária com a tubagem de produção 10267
bombas para a indústria química 1652
bombas para centrais hidráulicas e térmicas 7390

bombas para produtos
  alimentícios 3976
bombas para usos especiais 7643
bombas químicas 1652
bomba submergível 10364
bomba submersa 10364
bombas utilizadas em construções
  navais e também em
  navegação 8773
bombas utilizadas na indústria do
  papel e da celulosa 6831
bombas utilizadas na indústria
  petrolífera 6607
bombas utilizadas para
  construção civil 2088
bombas utilizadas para
  engenharia nuclear 7642
bombas utilizadas para
  instalações sanitárias 8388
bombas volumétricas 7348
bomba transportável 10183
bomba triplex 10241
bomba-turbina de rotação
  reversível 7644
bomba vertical 10563
bomba vulcânica 5525
bombear 7627
bombear petróleo no poço
  iniciado 10673
bombeiros 3677
bonificação de terras 5480
boracite 1130
borda cortante 1045
borda livre 4077
bordo cónico 10792
bordo da imagem 5971
bornite 1158
bosque 10891
botão 1328
boudinage 1186
bournonita 1196
braça 3547
braçadeira 1700, 10325
braçadeira de aperto 7590
braçadeira de guia 4540
braçadeira de tubos 7137
braço 1218
braço da barrena 1049
braço de alavanca 5599
braço de direcção 9379
braço de jumbo 5377
braço morto 6792
bradisismos 1210
braditelia 1209
branco de cerusa 1612
branco de zinco 10977
brando 6463, 9072
braquianticlinal 1205
braquisinclinal 1206
brasilite 790

brecha 1246
brecha de aluimento 2269
brecha de contacto 2045
brecha de explosão 3447
brecha de injecção 5109
brecha glacial 2935
brecha ossífera 1121
brecha plutónica 7252
brecha quartzífera 7684
brecha vulcânica 10612
brecha vulcânica de fricção 10615
brigada topográfica 9749
brita 2273
britadeira 2274
britadeira de maxilas 5336
britadeira giratória 8265
britadeira primária 7494
britador 2274
britador de mandíbulas 5336
britador giratório 8265
britador primário 7494
brita para macadame 8162
broca 691
broca de eixo oco 4713
broca de início de perfuração
  9254
broca de rolete 8218
broca endentada 9384
brocantite 1265
brocas 2870
bronze 1267
brotar 3866
bruma 4595
bueiro 2306
bujão 10485
buldozer 1310
buldozer de lâmina inclinável
  10046
buraco 7365
buraco de homem 5938
bússola 1200, 5882
bússola de espelho 6224
bússola de reflexão 6224
bússola giroscópica 4556
bússola giroscópica repetidora
  4557
bytownite 1344

cabeça 2346
cabeça da torre de perfuração
  6012
cabeça de cilindro 2353
cabeça de estaca 7110
cabeça de estaca prancha 7110
cabeça de furação 2342
cabeça de injecção 4513, 5112,
  8277
cabeça de parafuso de ancoragem
  8238
cabeça de rotação subáquea 5979

cabeça do amostrador 2147
cabeça do cilindro 2353
cabeça para tubos de revestimento
  1472
cabeça para tubos de revestimento
  com casquilho de empanque
  1475
cabeça rotativa de injecção 8277
cabeceiras 4608
cabina de comando 2107
cabine de comando das comportas
  4229
cabo 1345
cabo aéreo 1093
cabo agitador 5338
cabo de aço 1345
cabo de bateria 909
cabo de elevação 5614
cabo de guia 4542
cabo de ignição 1073
cabo de manobra 2957
cabo de perfuração 2957
cabo de sustentação 9690
cabo de terra 3088
cabo de tracção 6648
cabo de travão 1212
cabo ligador 1073
cabo portador 9690
cabos de protensão 9916
cabos para preesforço 9916
cabrestante de manobra 8268
cabrestante de perfuração 8268
cábria 4329
caça 4779, 8779
caça às aves aquáticas 10852
caçamba 8800, 8927
caçamba basculante 10051
caçamba para detritos 10197
caçambas 1278
cachoeira 7772, 10701
cadastro 1358
cadastro geométrico 2497
cadeia alimentar 3975
cadeia de centrais 8628
cadeia de roletes 8653
cadeia de segurança 8332
cadeia de triângulos 1615
cadeia rodável 5337
caderno de campo 3606
caderno de cláusulas e
  especificações gerais 1978
caderno de encargos 9162
caderno de encargos tipo 9318
caibro 7727
caixa 8927
caixa basculante 10051
caixa da mola 9232
caixa da válvula 10492
caixa de câmbio 4236
caixa de comando 2095

caixa de corte 8737
caixa de derivação 5380
caixa de engrenagem 4237
caixa de engrenagens 4237
caixa de escada 9304
caixa de ferramentas 10084
caixa de junções 5380
caixa de transmissão 4236
caixa do garfo 4004
caixão flutuante 1199
caixão pneumático 7258
caixa para testemunhos 2149
caixilho de porta de dois painéis 2830
cal 5631
calado 2868
calcantite 1618
calcário 1362, 5634
calcário alóctone 317
calcário arenoso 8383
calcário argiloso 595, 5991
calcário asfáltico 652
calcário betuminoso 652
calcário carbonífero 1428
calcário compacto 1878
calcário dolomítico 2825, 5877
calcário granular 4420
calcário impregnado de gás 4225
calcário lacustre 5454, 5469
calcário organógeno 6690
calcário petrolífero 7005
calcário rachado 4055
calcário saturado de gás 4225
calcário zoneado 817
calcedónia impura 1655
calcificação 1367, 6996
calcilutite 1368
calcinação 1554
calcite 1369
calço 5367
calço de madeira 2275
calço entre armadura e forma 7906
calco heliográfico 4641
calcopirite 1619
calços apertados 10885
calço terminal da tubagem de revestimento 3015
calculador portátil 7265
cálculo bidimensional 10311
cálculo da incidência económica dos factores ambientais 3120
cálculo da onda de inundação devida à ruptura da barragem 2371
cálculo das alturas 4630
cálculo das coordenadas 1944
cálculo de compensação 1885
cálculo de compensação dos erros 1943

cálculo de diedros 10786
cálculo de estabilidade 9274
cálculo de estabilidade pelo método das fatias 9275
cálculo dinâmico 3066
cálculo elasto-plástico 3180
cálculo em regime variável 10163
cálculo estático 9341
cálculo pseudo-estático 7610
cálculos 374
cálculo segundo um modelo de casca 8760
cálculos globais 4363
cálculo tridimensional 10009
cálculo visco-elástico 10597
calda 1560, 4505
calda betuminosa 1054
calda de base 6858
calda de betume 1054
calda de cimento 1560
calda de cimento-bentonite 997
calda de resina epoxida 3326
calda de silicato de sódio 1650
calda estável 9291
calda primária 6858
calda química 1650
caldeira 1110, 1373, 1573
caldeira de aliumento 1834
caldeira de calefação 1110
caldeira de colapso 1834
caldeira de eclusa 5743
caldeira freática 7079
caldeirão 1373
caleira 4551
calha 8246
calha correspondente ao perfil natural da lâmina 4091
calha do vertedouro 9196
calha medidora 6066
calhau 1187, 1792, 6903
calhau rolado grande 1187
calibrador 2931, 3288, 7804, 10868
calibrador de tubos 7139
calibragem 1375
calibre de profundidade 2530
calor 4611
calor de hidratação 4614
calor específico 9164
calorímetro 1383
calota glaciar 4941
camada 943, 5541, 8488
camada activa 123
camada-chave 5421
camada de argamassa 6313
camada de betonagem 1967
camada de concretagem 1967
camada de desgaste 9707
camada de fecho 8479
camada de filtragem 3638

camada de fundação 949
camada de gelo 4932, 4938
camada de impermeabilização 8480
camada de ligação 1019
camada de neve 9040
camada de proteção 520
camada de protecção 8491
camada de regularização 5592, 9687
camada de verniz a base epóxica 3327
camada drenante 2884, 3662
camada fotossensível 5624
camada inter-estratificada 5189
camada intermédia sem carvão 837
camada isolante 5168
camada limite 1190
camada limite laminar 5475
camada regularizadora de concreto 947
camada semipermeável 545
camadas interstratificadas 5188
camada superficial 9730
câmara 1620
câmara aerofotogramétrica 280
câmara aerofotogramétrica automática 8624
câmara aerofotogramétrica automática quádrupla 7666
câmara automática com placas 8625
câmara da comporta 4228
câmara das válvulas 4228
câmara de aspiração 9646
câmara de carga 3994
câmara de comando das comportas 4228, 4231
câmara de descompressão 2424
câmara de eclusa 5743
câmara de expansão 9734
câmara de expansão de jusante 2865
câmara de expansão de montante 10447
câmara de jusante 9824
câmara desmontada 3509
câmara do flutuador 3796
câmara do travão 1213
câmara em espiral 9674
câmara escura 2396
câmara estéreo 9403
câmara estereofotogramétrica 9392
câmara fotográfica de mão 4574
câmara fotográfica para vistas verticais 10565
câmara fotogramétrica 7059, 9747

câmara fotogramétrica com suporte 7056
câmara fotogramétrica dupla 2845
câmara fotogramétrica múltipla 6379
câmara húmida 4776
câmara magmática 5869
câmara multibanda 6375
câmara multilente 6368
câmara obscura 2396
câmara para fotografia aérea 208
câmara para levantamento fotográfico da costa 1787
câmbio 1625
câmbio de velocidade 1625
Câmbrico 1385
Câmbrico inferior 5808
camião 722
camião agitator 236
camião basculante 3053
camião betoneira 10173
camião misturador 236
caminhão leve 5626
caminho 10657
caminho crítico 2234
caminho de circulação 9865
caminho de pé posto 6436
caminho de percolação 6879, 8543
caminho de percolação preferencial 7418
caminho de rolamento do pórtico móvel 9830
caminho natural 6436
caminhos 10657
camioneta 5626
campana de guia 969
campanário 972
campo 3603
campo angular 437
campo angular útil 3134
campo da imagem 4958
campo de gás natural 6424
campo de gelo 4932
campo de minério 6193
campo de petróleo 7001
campo de tensões 9541
campo dipolar excêntrico 3113
campo geomagnético de referência internacional 5232
campo gravitacional 4444
campo heterogéneo 4649
campo homogéneo 4719
campo livre 4085
campo magnético terrestre 4289
campo petrolífero 7001
campo próximo 6445
campo visual 3616
campo visual objectivo 6565

campo visual subjetivo 9607
canal 1391, 1627, 1628, 6067
canal a céu aberto 6635
canal adutor 3992
canal cárstico 5400
canal com escoamento em superfície livre 6633
canal com ressalto hidráulico 9325
canal de adução 523, 4604, 4605
canal de adução da casa de força 7392
canal de alto mar 2437
canal de coleta das lamas 6347
canal de derivação provisória 2807
canal de descarga 2923, 9833
canal de desvio 2807
canal de dissolução 5400
canal de drenagem 2877
canal de eclusa 5744
canal de evacuação dos gelos 4934
canal de fornecimento à central 7392
canal de fuga 9824, 9833, 9834
canal de limpeza 3921, 9019
canal de maré 10028
canal de mar profundo 2437
canal de medição 6066
canal de medição de tipo Venturi 10015
canal de navegação 6442
canal de partida 9824
canal de vazamento 10928
canal de vidro 3913
canal do evacuador de cheia 9195
canal do vertedouro 9195
canal envidraçado 3913
canalização 7143
canal não revestido 10406
canal navegável 10758
canal navegável natural 6438
cancrinite 1392
cânhamo de Manila 2
cano de drenagem de plástica 2895
canteiro 2041, 10912
cantina 8907
cantina de estaleiro 8907
canto 607, 2163
cantoneira 401
cantoneira da sapata 403
cantoneira de aço 429
canyon submarino 9613
caos de blocos 1197
capacete da válvula 10484
capacete de cravação 3012, 7119
capacete de segurança 8340
capacidade 12

capacidade cupada pelo caudal sólido 2415
capacidade de absorção 37
capacidade de armazenamento 9449, 9450
capacidade de armazenamento das varas na torre de perfuração 7694
capacidade de bombagem 7634
capacidade de carga 66, 928, 1639, 5710, 5711
capacidade de carga dum pilar 9685
capacidade de carga nominal 6497
capacidade de elevação 7634
capacidade de evacuador 9194
capacidade de expanção 3426
capacidade de infiltração 5073
capacidade de mudança de base 870
capacidade de perfuração 2958
capacidade de produção dum poço 8696
capacidade de resistência ao vento 10863
capacidade de retenção 10707
capacidade de sobrecarga 6777
capacidade de subida 1742
capacidade de suporte 5711
capacidade de suporte do esteio 929
capacidade de suporte dum pilar 9685
capacidade de troca catiónica 1504
capacidade de troca de iões 5271
capacidade de visão estereoscópica 7385
capacidade dum poço 8696
capacidade energética do sistema hidráulico 3270
capacidade máxima do vertedouro 9194
capacidade total da albufeira 7975
capacidade útil 129
capa de escorregamento 8989
capa de gelo 8754
capa impermeável de toalha artesiana 1994
caparrosa azul 1618
capa selante 8479, 10776
capa sensível à luz 5624
capeamento 1417
capilar 1405
capilaridade 1406
capitel 1414
cápsula detonante 1074
cápsula de válvula 10486
cápsula explosiva 1074

cápsula manométrica 7444
captação de grisu 2471
captações em rio 8149
característica 1632
característica da entivação 9679
característica de construção 2029
característica de directividade duma fonte sonora 2710
característica de potência à queda constante e caudal regulado 7372
característica do esteio 5726
característica do sistema hidráulico 1638
característica duma máquina hidráulica 1637
carbonatito 1426
carbonato ácido de sódio 9061
carbonato de amônio 356
carbonato de amônio 356
carbonato de sódio 9062
Carbonífero 1429
Carbonífero inferior 5809
carbonização 1431, 1772
carbono fixo 3733
carbonoso 1420
cardan 1434
carga 932, 2535, 3451, 5699, 5704, 5705
de ~ rápida 3083
carga absorvida 69
carga admissível 8330
carga alternada 342
carga axial 747
carga central 1582
carga concentrada 1948, 7269
carga crítica 2233
carga crítica de bandeamento 5712
carga crítica de enfunamento 5712
carga de aperto 1705
carga de assentamento 6960, 8670
carga de cedência 10947
carga de cedência prevista 7436
carga de encurvadura 1283
carga de explosão 1076
carga de gelo 4940
carga de neve 9039
carga de ponta 7269
carga de projecto 2565
carga de rotura 1231, 3525
carga de sedimentos 8529
carga de sedimentos em suspensão 9758
carga detonante 1076
carga dinâmica 3074
carga distribuída 2796
carga do escorregamento 7504

carga explosiva 1076
carga hidráulica 2535
carga inicial 1705, 3689, 7427, 8665
carga invertida 8070
carga limite 2233
carga linear 5661
carga mínima sobre a roda 6210
carga na estaca 7120
carga normal 6525
carga oblíqua 6571
carga periódica 6960
carga periódica repetitiva 7960
carga permanente 2078, 2412, 8597, 9762
carga piezométrica 7104
carga pontual 7269
carga potencial 7363
carga resultante 8037
carga sobre a barrena 747
carga superficial 9713
carga tangencial 9852
carga total 10124
carga uniaxial 10382
carga unitária 5185
carga útil 5699
carote 2944, 9941
carpintaria 1439, 5356
carpinteiro 1438
carreamento 6784, 10020
carregação em plena luz 5723
carregadeira 5717
carregadeira de caçambas 1614
carregadeira de correia transportadora 975
carregador de baldes 1614
carregador de tapete 975
carregador elevador 3219
carregar 7501
carretel 7853
carreto de filme 3633
carril 6612
carrinho de mão 8945
carris deslisantes de avanço 8969
carro 1441
carro de rojo 8945
carro de teleférico 5709
carsificação devida ao degelo 9985
carso coberto 2193
carso despido 6405
carso em cone 5391
carso em labirinto 5448
carso profundo 2434
carso subterrâneo 9641
carso superficial 8715
carta 5951
carta aerofotográfica 209
carta aerofotogramétrica 204
carta com curvas de nível 2082

carta das fácies 3517
carta de intenção 5584
carta de isoietas 5295
carta de plasticidade 7201
carta isobárica 5285
carter de óleo 6610
cartografia 1447
cartografia com infravermelhos 5089
cartografia dos glaciares 4338
cartografia do solo 9107
cartógrafo 1445
cartucho de distribuição de cola 366
cartucho explosivo 1075
carvão 1767
carvão aderente 9415
carvão de coque 1827
carvão do tecto 8241
carvão nodoso 1122
carvão no tecto 10089
carvão piciforme 7155
carvão situado entre dois planos de escorregamento 1770
casa 4763
casa das máquinas 5859
casa de banho 901
casa de força 7190, 7388
casa de força a céu aberto 6728
casa de força coberta 15
casa de força de pé de barragem 7389
casa de força em forma de poço 8700
casa de força parcialmente a céu aberto 8602
casa de força subterrânea 1520
casa dupla 10313
casa monofamiliar 8885
casa para uma família 8885
casa rústica 2179
casca 2721
cascalheira 4434
cascalho 4431, 8162
cascalho de praia 916
cascalho misto 314
cascalhos 9517
cascalho vulcânico 10616
cascata 1450
cascata de gelo 4935
caso de convergência 1457
caso de divergência 1458
caso de eixos desviados 1459
caso de obliqüidade 1459
caso de urgência 3243
casões 2090
caso normal 6521
caso normal genérico 4252
caso normal geral 4252
casquilho de empanque 9588

casquilho de empanque em labirinto 5451
casquilho de torção 10117
cassiterite 1485
castelo 1489
cataclinal 1491
catagénese 5411
catarata 1492
catarata de gelo 4935
catedral 1503
categoria dos aparelhos de medição 1498
catraca 7773
caução definitiva 6947
cauda 1793, 2862
caudal 730, 2724, 2725, 5080
caudal afluente 5078, 5079
caudal anual 10934
caudal crítico de arrastamento 5636
caudal da toalha freática 4492
caudal da turbina 2731
caudal da turbina hidráulica 2731
caudal de água afluente 5078
caudal de cheia 3836
caudal de estiagem 6205
caudal de percolação 8536
caudal derivado 5192, 5194
caudal de segurança 8350
caudal diário 2359
caudal disponível 730
caudal do evacuador 9194
caudal dos drenos 2893
caudal efectivo 133
caudal efluente 6735
caudal equipado 2564
caudal específico 10941
caudal estabelecido 8677
caudal estabilizado 8677
caudal excedentário 8006
caudal expresso em módulo 3878
caudal garantido 3682
caudal influenciado 5084
caudal instantâneo 5149, 5152
caudal integral anual 453
caudal máximo 6026
caudal máximo do evacuador 9194
caudal máximo que pode ser derivado 6034
caudal medido 4235
caudal médio 6041
caudal natural 6421
caudal nominal 6494, 6495
caudal observado 6579
caudal óptimo 6673
caudal regularizado 7885
caudal reservado 1890
caudal sólido 8529
caudal sólido em suspensão 9758

caudal sólido por arrastamento 955
caudal sólido total 10129
caudal teórico 9958
caudal unitário 10390
caudal volumétrico 10631, 10636
caulino 5387
caustobiólito 1511
cava de areia 8376
cavalete de telhado 1863
cavalgamento 6784, 10019
caverna 1518, 1542
caverna de cavitação 1529
caverna de erosão 8442
caverna de falha 3557
caverna marinha 8472
cavernoso 1519
cavidade 1529, 1542, 6214
cavidade cársica 5390
cavidade devida à extracção 1543
cavidade do desmonte 3509
cavidade provocada por lixiviação 5548
cavidades de Weber 10783
cavilha 5984, 7237
cavilha de travagem 5746
cavilhão 4537
cavitação 1527
cavitação acústica 10582
cavitação controlada 2099
cavitação de esteira 1540
cavitação de vapor 10504
cavitação devida à vibrações dos elementos 10582
cavitação de vórtice 10641
cavitação gasosa 4213
cavitação hidrocinética 3870
cavitação local 5731
cavitação na camada-limite 1191
cavitação progressiva 10199
cavitação regulada 2099
cavitação vagante 10199
cavitação vaporosa 10504
CBR 1378
cedência 10942
cedência por saltos 5725
ceder 3864, 10939
ceder aos sacões 10940
celeridade 7771
celestina 1548
celestite 1548
célula de carga 5713
célula de fluência 2211
célula de medição de carga 5713
célula de medição de pressão 7444
célula de pressão 3098, 6802, 7444
célula de pressão total 10127
célula de tensão para solos 3098

célula de tensão total 10127
célula solar 9110
célula triaxial 10225
celulose alcalina 305
Cenozóico 1359
centragem 743, 1604
centragem da bolha 1272
centrais em cascata 7391
central 7190, 7382, 7388
central a fio de água 8323
central ao ar livre 6728
central comandada à distância 7942
central convencional 2112
central de açude 7387
central de albufeira 7393
central de baixa pressão 5824
central de barragem 846
central de base 876
central de bombagem 7636
central de britagem 2276
central de concreto 1970
central de concreto asfáltico 650
central de pé de barragem 7389
central de ponta 6898
central de queda baixa 5824
central de semi-base 8600
central de serviço 5734
central eléctrica 7388
central eléctrica de baixa pressão 5824
central eléctrica de queda baixa 5824
central eléctrica nuclear 6540
central em escavação 1318
central em forma de poço 8700
central exterior 15
central guardada 7943
central hidro-eléctrica 10721
central hidro-eléctrica com albufeira de retenção 9456
central hidro-eléctrica convencional 2112
central hidro-eléctrica de acumulação por bombagem 7629
central hidro-eléctrica de baixa potência 5806
central hidro-eléctrica de fins múltiplos 6380
central hidro-eléctrica de grande potência 4659
central hidro-eléctrica de média potência 6092
central hidro-eléctrica de queda alta 4667
central hidro-eléctrica de queda média 6095
central hidro-eléctrica instalada na barragem 2381

central hidro-eléctrica localizada na extremidade da conduta forçada 2382
central hidro-eléctrica subterrânea 1520
central hidro-eléctrica subterrânea alimentada por uma conduta de pressão 1521
central hidro-eléctrica subterrânea alimentada por uma galeria em carga 1522
central hidro-energética de baixa potência 5806
central hidro-energética de queda média 6095
central não guardada 10337
central nuclear 6540
central para mescla da lama 6352
central parcialmente ao ar livre 8602
central subterrânea 1520
central subterrânea alimentada por uma conduta de pressão 1521
central subterrânea alimentada por uma galeria em carga 1522
centrar 1590
centro 1577, 1592
centro da perspectiva 6988
centro da zona aluída 3952
centro de gravidade 1576, 1595, 2264
centro de gravidade da exploração 3953
centro de impulsão 1594
centro de lazer 7829
centro de recreação 7829
centro de rotação 1596
centro do esporte 9223
centro do quadro 7881
centro óptico do quadro 6662
centro urbano 1698
cera mineral 6793
cerargirita 1609
cerca 3592
cercar um terreno 3593
cerite 1610
cerrar 1701
cerusite 1612
cerussite 1612
chabazita 1613
chaminé 779, 1656
chaminé de equilíbrio 9737
chaminé de equilíbrio com câmara de expansão superior 9736
chaminé de fábrica 9293
chaminé de usina 9293
chaminé filtrante 1657, 5195

chão aberto 6637
chapa de carga 934
chapéu 7213
chapéu arqueado 1384
chapéu de atrito 4125
chapéu de madeira 5604, 10888
chapéu em consola para a retaguarda 766
chariot 5709, 10246
chariot para paletas 4005
charrua escarificadora 8125
chave automática 7395
chave de abóbada 555, 571
chave de aperto 4978
chave de cadeia 1616
chave de comando hidropneumática 7395
chave de desenroscar 1239
chave de desparafusagem 1239
chave de fenda 8464
chave de junta 8745
chave de retenção 5605
chave de reversão 1873
chave de tubos 7141
chave dinamométrica 10108
chave para tubos de revestimento 1483
chave para varas de sonda 2979
chave sextavada 4655
chefe da instalação de perfuração 8115
chefe de sonda 1152
chefe de sondagem 1152
chefe do projecto 7560
chefe do projeto 7565
chefe responsável da instalação de perfuração 8115
chegar à data do vencimento 6020
cheia 3823
cheia anual 451
cheia centenária 10931
cheia considerada para a segurança do estaleiro 661
cheia decamilenar 10933
cheia decenal 10930
cheia de desvio 2034
cheia de estaleiro 2034
cheia de projecto 2563
cheia estacional 8493
cheia instantânea 3762
cheia milenária 10932
cheia sazonal 8493
cheias consideradas durante a construção das obras 661
cheio de ar 286
cherte 1655, 3791
cherte biogeno 1029
cherte diatomáceo 2647
chessilita 763
chumaceira 931, 7161

chumbador 8195
chumbadouro embebido em cimento 1558
chumbamento 3742
chumbo-vermelho-da-sibéria 2238
chuva 7733
chuva torrencial 10110
cianosita 1618
cibernética 2347
ciclo cársico 5393
ciclo da água 4871
ciclo de carga e descarga 5721
ciclo de erosão 3352
ciclo de erosão glacial 4333
ciclo de erosão interrompido 5240
ciclo de erosão marinha 5975
ciclo de erosão periglacial 6955
ciclo de funcionamento 6948
ciclo de histerese 4925
ciclo de sedimentação 2348
ciclo de trabalho 6948
ciclo fluvial 3928
ciclo hidrológico 4871
ciclone 4853
ciclos de gelo-degelo 4106
ciclotema 2351
ciclo vulcânico 10613
ciência da resistência de materiais 9965
ciência do solo 9102
cilindro 2352, 3774, 8217
cilindro atrelado 10150
cilindro automotor 8584
cilindro de grelha 4457
cilindro de pás cónicas 8751
cilindro de pés de carneiro 8751
cilindro de pneus 7262
cilindro de rasto liso 3767, 9033
cilindro de rede 4457
cilindro de travão 1214
cilindro graduado 4405
cilindro-reboque 624
cilindro vibrador 10572
cimentação 1553
cimentação da sondagem 1166
cimentação de dois estágios 10315
cimentação do fundo do poço 1166
cimentação do poço 1166
cimentação numa fase 6620
cimentação por fases 6385
cimentação por secções múltiplas 6385
cimentação primária 7493
cimentado 1559
cimento 1551, 1552
cimento a granel 1296
cimento aluminoso 351

cimento ao bário 836
cimento básico 886
cimento branco 10843
cimento coloidal 4245
cimento composto 1082
cimento com presa controlada 7886
cimento de alto calor de hidratação 4669
cimento de baixo calor de hidratação 5827
cimento de escória 8936
cimento de escórias 1068, 7337
cimento de jorra 8936
cimento de pega controlada 7886
cimento de pega lenta 9011
cimento de pega rápida 7770
cimento de presa lenta 9011
cimento de presa normal 6529
cimento de presa rápida 7770
cimento de silicato 8852
cimento de tipo drusa 3033
cimento de tipo geode 3033
cimento de uma rocha 6015
cimento expansivo 3423, 4662
cimento extremamente fino 10328
cimento férrico 5441
cimento fracamente alcalino 5804
cimento fundido ou aluminoso 4657
cimento gelatinoso 4245
cimento hidráulico 4788
cimento hidrófugo 10722
cimento Lafarge 5458
cimento muito fino 10328
cimento para tamponamento 7244
cimento Portland 7338
cimento Portland de alta resistência inicial 4661
cimento Portland de escórias 7337
cimento Portland de pega rápida 4661
cimento Portland de presa rápida 4661
cimento Portland pozolânico 7339
cimento pozolânico 7397
cimento puro 6446
cimento resistente aos sulfatos 9653
cimento sobresulfatado 9654
cimento ultrafino 10328
cimofana 1505
cinábrio 1685
cinemática 5429
cinemática dos fluidos 5430
cinemático 5427
cinética do ponto material 5434

cinética dos sistemas materiais 5435
cinta 7648, 9428
cintilação 8432
cintura morênica 6307
cintura verde 4451
cinza muito fina de baixo teor em cal 5830
cinzas de fundo 1163
cinzas volantes 3935
cinzas volantes com alto teor de cal 4671
cinza volante de baixo teor em cal 5830
cinza vulcânica 10611
cinzel 695
cinzel consumido 3050
cinzel de centragem 1574
cinzel de cones 1982
cinzel de discos 2723
cinzel de lâminas 1060
cinzel desgastado 3050
cinzel quebra-amostras 1660
circo de erosão 1697
circuito aberto 6634
circuito de accionamento hidráulico 4837
circuito de lama 6344
circuito fechado 1746
circulação da lama de sondagem 1696
circulação directa 9476
circulação do fluido de perfuração 1696
circulação forçada 3983
circulação hidrotérmica 4900
circulação inversa 8066
círculo azimutal 4735
círculo de deformação 2462
círculo de escorregamento 8985
círculo de Mohr 6266
círculo horizontal 4735
círculo limite de rotura 1229
círculo polar 7288
Círculo Polar Antártico 466
Círculo Polar Árctico 577
círculo vertical 10552
cissómetro 10498
cisterna de balastro 806
cizel para sondagem de percussão a corda 1681
clamshell bucket crane 1709
claridade 1732
claro 1727
classe de carvão 1781
classe de precisão dum aparelho de medição 1714
classicismo 1711
classificação das máquinas 1712
classificação das rochas 8183

classificação do solo 9087
classificação do solo de Casagrande 1449
classificação litoestratigráfica 5693
clástico 4061
clima continental 2058
clima seco 3035
climatologia 1739
climatologia dinâmica 3068
clímax 1740
clímax alterado 2732
clinógrafo 1743
clinómetro 1744, 3785, 5023
clivagem 1734
clivagem distinta 2791
clivagem imperfeito 5050
cloreto de cálcio 1370
cloreto de polivinilo 7317
cloreto de sódio 9063
cloreto de zinco 10975
cloritização 1661
cobertura 1825, 2192
cobertura aérea 193
cobertura de protecção 1394
cobertura de tecto 8243
cobertura de telhado 8243
cobertura de vidro 4359
cobertura múltipla 6376
cobertura terreno de recobrimento 6780
código de segurança 8333
coeficiente 1795
coeficiente de absorção 38
coeficiente de actividade 132
coeficiente de adensamento 1801
coeficiente de aderência aço-betão 9368
coeficiente de aderência aço-concreto 9368
coeficiente de ampliação 1809
coeficiente de arranque 9334
coeficiente de atrito 1807
coeficiente de atrito dinâmico 3072
coeficiente de atrito em repouso 9345
coeficiente de carga parcial 6861
coeficiente de compactação 1798
coeficiente de compressibilidade 1799, 1925
coeficiente de condutibilidade térmica 9967
coeficiente de consistência 1800
coeficiente de consolidação 1801
coeficiente de correcção da tina 6825
coeficiente de correcção do tanque 6825

coeficiente de dilatação térmica 9970
coeficiente de efluxo 2880, 2888
coeficiente de elasticidade 6262
coeficiente de empolamento 1300, 1797, 1806
coeficiente de engrandecimento 1809
coeficiente de esbeltez 8951
coeficiente de escoamento 8322
coeficiente de fluência 1802
coeficiente de impulso activo das terras 1796
coeficiente de impulso de terras em repouso 1805
coeficiente de intensidade de tensão crítica 4059, 9536
coeficiente de permeabilidade 6972
coeficiente de Poisson 7286
coeficiente de reacção dinâmica ao corte 1804
coeficiente de reacção dinâmica do solo 1803
coeficiente de reacção estática do solo 1810
coeficiente de reacção horizontal do solo 1808
coeficiente de rentabilidade 2175
coeficiente de rigidez 9421
coeficiente de segurança 8335
coeficiente de segurança ao cisalhamento 8336
coeficiente de segurança ao corte 8336
coeficiente de segurança ao escorregamento 8337
coeficiente de superfície construída 8915
coeficiente de superfície edificada 8915
coeficiente de transmissibilidade do aquífero 543
coeficiente de uniformidade 313
coeficiente de uniformidade de Kramer 5439
coeficiente de utilização das afluências 10462
coeficiente de velocidade 9175
coesão 1819
coesão aparente 500
coesão efectiva 3135
coesão entre estratos 5919
cofragem 4019
cofragem com cimbro 1575
cofragem deslizante 8970
cofragem móvel 10202
coincidência 1825
coincidência estereoscópica 9405
cola 150

cola à base de resina 8008
colapso brusco das bolhas de cavitação 9649
colapso repentino das bolhas de cavitação 9649
colar de ancoragem 388
colector 5939
colector de óleo 6603
colector magnético 5881
coleta de dados 2397
coletor de fumaça 4168
colheita de amostra a profundidade determinada da albufeira 8578
colheita de amostra a profundidade determinada no reservatório 8578
colher 8800
colimação 1846
colimador 1849
colimar 8842
colmatação 7241, 8485
colmatagem 8485
colmatar com lama 6353
colmatar um poço 7238
colmatar um poço petrolífero 7238
colocação das placas de relva 10299
colocação de marcas 5987
colocação de referências 5987
colocação do betão 1959
colocação do revestimento 7160
colocação dos tubos de revestimento 5812
colocação fora de serviço 9841
colocador de tubo 7138
colocar 7751, 8646
colocar enchimento 9463
colocar marcas 8655
colocar referências 8655
colocar tábuas de tecto em consola 3998
coloidal 1851
colóide 1850
columbite 1857
coluna 1858, 9252
colunada vulcânica 5526
coluna de água 1862
coluna de produção 10261
coluna de tubos de injecção 4522
coluna de tubos de revestimento 1481
coluna de tubos sem perfuração 1063
coluna do poço 1179
coluna eruptiva 3373
coluna magmática 5872
coluna portante 930
colunar 1859

coluvião 1853
comando a distância por grupos de elementos 7941
comando automático pela distância percorrida 10198
comando automático pela pressão 7450
comando automático pelo tempo 10061
comando individual a partir do elemento precedente 5051
comando sequencial 8619
comando sequencial por grupos 821
combinação de acções 5714
combinação de carregamento 5714
comboio 10151
combustão espontânea 9219
combustão in situ 3675
combustão subterrânea 3675
com exposição insuficiente 10354
cominuição 4062
compacção 1875
compacção química 1647
compacção vadosa 10469
compacidade 1879
compacidade de enchimento 2478
compactação 1876
compactação a jacto de água 5349
compactação do aquífero 531
compactação do terreno 9089
compactação normalizada 9310
compactação por jacto 9020
compactação por vibro-flotação 10587
compactação por vibroflotação 10587
compactador 1880
compactador de placa vibratória 10571
compactador vibrador 10571
compactador vibratório 10571
compactar a maço 7747
comparador 1882, 2625
compartimento de injecção 4507
compasso 6805
compensação 1887
compensação dos erros 167
compensação escavação-aterro 796
compensação isostática 5308
compensado 7255
compensador 1884
compensador de tensões 9531
compensar 1883
completação de furo entubado 1453
completação de furo revestido 1453

completação dum poço 1901
completamente automático 4163
completar 1896
completar um poço 1897
complexidade da construção 1904
componente do deslocamento 1908
componentes do estado de tensão 9532
componentes do grupo-gerador 5863
comporta 4227, 10478
comporta basculante 4692
comporta borboleta 1327
comporta cilíndrica 2355
comporta de abaixamento 3021, 3022
comporta de barragem móvel 845
comporta de bomba 10480
comporta de charneira 4692
comporta de conduta forçada 10479
comporta de corrediça 9017
comporta de desassoreamento 8380
comporta de descarga 6740
comporta de descarregador 2214
comporta de eclusa 5745
comporta de emergência 3245, 10479, 10480, 10481
comporta de evacuador de cheia 9198
comporta de fundo 1170
comporta de jacto cheio 5346
comporta de jacto oco cilíndrico 4711
comporta de jacto oco divergente 4768
comporta de levantamento 5613
comporta de levantamento de corpo duplo 2844
comporta de levantamento vertical 10557
comporta de limpeza 10677
comporta de opérculo 8118
comporta de regulação 7888
comporta de rolo 8221
comporta de sector 3031
comporta de segmento 7710
comporta deslizante 4600, 9017, 10677
comporta deslizante de fundo 1183
comporta de socorro ou de segurança 3245
comporta de superfície 2214, 2215
comporta de tambor 8221
comporta de testa 4600
comporta de tomada 5178

comporta de turbina 10481
comporta de vão de fundo 1183
comporta de vertedouro 9198
comporta ensecadeira 1301, 1304, 9438
comporta equilibrada 797
comporta lagarta 1502
comportamento 964
comportamento a longo prazo 5786
comportamento da jazida 7985
comportamento das barragens 965
comportamento do maciço 8182
comportamento do terreno 8182
comporta múltipla 2844
comporta principal 5904
comporta Stoney 8222
comporta telhado 8245
comporta vagão 3741
composição das forças 1912
composição do betão 1960
composição do concreto 1960
composição granulométrica 4424
composição isotópica 5314
compressão 1930
compressão de refrigerante 7870
compressão simples 10341
compressibilidade 1922, 1923
compressor de ar 244
compressor de gás 4206
compressor de refrigeração 7870
comprimento 5570
comprimento adicional 3466
comprimento da albufeira 5572
comprimento da crista 2216
comprimento da frente 3510
comprimento da onda 10766
comprimento das varas de sondagem 3006
comprimento de cedência 10938
comprimento de recobrimento 5498
comprimento de traspasse 5498
comprimento do contraforte 5571
comprimento do reservatório 5572
comprimento duma vaga 10767
comprimento máximo 4165
comprimento mínimo 1750
comprimir 1919, 9269
compromissos do engenheiro consultor 9933
comutador 1872, 1873, 8579
comutador de limitação 5645
concavidade 10248
conceitos fundamentais da mecânica 887
concentração de agregado grosso 4725

concentração de tensões 85
concentricidade 1950
concêntrico 1949
concepção assistida por computador 1945
concessão mineira 9359
concha defletora 2453
concordância 10166
concordância curta 8731
concordância longa 4403
concorrência 5270
concorrência para elaboração de projeto 2558
concorrência pública 7612
concorrente 9915
concreção 1974
concretagem em tempo frio 1833
concretar 1487, 7368
concreto aparente 9565
concreto armado 7897
concreto asfáltico 647
concreto asfáltico a frio 1828
concreto a vácuo 10465
concreto betuminoso 647
concreto betuminoso a frio 1828
concreto centrifugado 9256
concreto ciclópico 2350
concreto compactado a rolo 8219
concreto compactado a seco 3043
concreto de acabamento 3520
concreto de alta resistência inicial 4660
concreto de blocagem 5930
concreto de cimento 1556
concreto de pega lenta 9012
concreto de preenchimento 2520
concreto de primeira fase 3688
concreto de regularização 947, 7159
concreto de resina 8010
concreto de resina vinílica 10593
concreto fresco 4452
concreto magro 5558
concreto massa 6001
concreto misturado a seco 3034
concreto misturado em trânsito 10172
concreto moldado no local 5137
concreto plástico 7198
concreto pobre 5558
concreto polimerizado 7311
concreto pré-fabricado 7399
concreto projectado 8792
concreto pronto 7801
concreto protendido 7484
concreto rico 8091
concreto seco 3039
concreto simples 10413
concreto vibrado 10569
concurso 5270

concurso para apresentação dum
   projecto 2558
concurso público 7612
condensador 1402, 1977
condição de radiação 7717
condição de ruína 3524
condição metastável 7689
condicionador 246
condições atmosféricas 247, 673
condições da sondagem 1138
condições de contorno 1189
condições de emergência 3244
condições de funcionamento
   normais 9315
condições de funcionamento
   normalizadas 9315
condições de jazida 4277
condições de serviço 8632
condições do poço 1138
condições gerais 1978
condições nos limites 1189
condições para a reparação 7956
condução dos trabalhos 2038
conductibilidade térmica 9968
conduta 5652
conduta cársica 5400
conduta cintada 818
conduta de ar comprimido 1920
conduta de arejamento 10537
conduta de aspiração 9647
conduta de limpeza 8446
conduta de pressão 6927
conduta de ventilação em galeria
   257
conduta do evacuador de cheia
   9197
conduta do vertedouro 9197
conduta forçada 6927
condutância 3190
condutibilidade 1979
condutibilidade hidrodinâmica
   4856
condutividade 1979
condutividade hidráulica 4790
condutividade hidrodinâmica
   4856
conduto a secção transversal
   parcialmente molhada 1981
conduto a secção transversal
   totalmente molhada 1980
conduto de água fria 1831
conduto de ar 273
conduto de fumo 1658
conduto de pressão 1747
conduto hidrometricamente liso
   4882
conduto hidrometricamente
   rugoso 4881
conduto livre 6635
cone adventício 182

cone adventivo 182
cone aluvial 324
cone cársico 1986
conector de mangueiras 4756
cone de avalancha 733
cone de avalancha 733
cone de dejecção 324, 9844
cone de depressão 1987
cone de guia 9271
cone de lapilli 5496
cone para ensaio de slump 9023
configuração da fundações 8722
configuração do terreno 4474
confim 1192
confinamento transversal 8035
confluência 5379
conforme 1996
confuso 5049
congelação 4107
congelação do solo 4032
congelação dos solos 4111
congelamento 4144
congelar 4104, 4105
conglomerado 1998
conglomerado de base 861
conicidade 1162, 9857
conjunto albufeira-barragem 7976
conjunto de desenhos conforme a
   execução 8650
conjunto de toros de madeira
   interligados, para desviar
   madeira flutuante 5761
conjunto do rotor 8296
conjunto flutuante de toros de
   madeira interligados, para
   desviar detritos flutuantes
   10196
conservação 7434
conservação da coesão entre
   estratos 5919
conservação da galeria 8172
conservação da pressão da jazida
   7465
conservação das máquinas 5918
conservação do meio-ambiente
   2009
conservar 1443, 2010, 5913
consistência 2012
consola 1396, 2141
   em ~ 1400, 6769
consolidação 1876, 2016
consolidação inicial 5096
consolidação par electrosmose
   2017
consolidação unidimensional
   6619
consolidómetro 2019
consórcio de empresas 5374
constância do zero 10970
constante capilar 1409

constante de deformação 1907
constante de multiplicação 6386
constante de tempo 10060
constantes elásticas 3168
constatação do estado inicial 9338
constrição 2027
construção 1288
   em ~ 10349
construção antisísmica 3104
construção a seco 2035
construção baixa 5807
construção civil 565
construção com estrutura de betão
   1965
construção da ensecadeira 1814
construção de máquinas 5857
construção de proteção contra as
   inundações 3833
construção de ruas 10456
construção de ruas urbanas 10456
construção de tijolos 1249
construção dum piso 5807
construção em estacas pranchas
   8758
construção para esporte 9223
construções civis 4764
construções hidráulicas 4836
construções mineiras 10361
construir 1287, 1442
construtor 5950
construtora 1289
construtor de equipamento pesado
   4622
consumo dos serviços auxiliares
   7191
contacto água-petróleo inclinado
   5021
contactor triângulo 2496
contacto tectónico 9876
contador de água 10714
contador de água de hélice 4638
contador de água de palhetas
   10500
contador de cintilações 8433
contador de tambor 8079
contador Geiger-Müller 4242
contador registrador 2181
contador totalizador 2181
contador Venturi 10538
conta final 3643
container 2053
contaminação 2055
contaminação do ambiente 3308
contaminação do aquífero 532
contentor 2053
contestação 2742
contestações 2771
continental 2056
continuação descendente 2867
contorno da albufeira 8786

contorno do reservatório 8786
contra-ataque 2182
contração longitudinal 5779
contração transversal 10194
contracção 8803
contracção de estratos por regressão 6592
contraforte 1331, 2183
contramestre 3997
contramestre da instalação de perfuração 2949
contramestre da instalação de sondagem 2949
contrapeso 2184
contrapeso normal da grua 8931
contraplacado 7255
contra-pressão 8659
contratado 2087
contrato 2084
contrato "à forfait" 5847
contrato a preço fixo 5847
contrato com concorrência 1893
contrato com despesas controladas 2178
contrato com despesas reembolsáveis 2178
contrato com lista de preços 6051
contrato con multa e prémio 1124
contrato de chave na mão 10302
contrato em concurso 1893
contrato negociado 6454
contrato para construção 2032
contrato para estudos 2559
contrato por preço unitário 6051
contraventamento 9587, 10858
contraventar 9586
controlador de esteios 7581
controlar 1641
controle 1640
controle automático do avanço 708
controle de avanço da perfuração 2960
controle de extensões 9481
controle de qualidade 7668
controle de tensões 9533
controle do ambiente 3309
controle do assoreamento dos reservatório 2105
controle do teto 8242
controlo 1640
controlo das cheias 3828
controlo de extensões 9481
controlo de funcionamento 6653
controlo de qualidade 7668
controlo de tensões 9533
controlo do ambiente 3309
controlo do assoreamento das albufeiras 2105
controlo do avanço da sondagem 2960
controlo do escoamento 3871
controlo do funcionamento duma cortina de impermeabilização 6293
controlo do funcionamento dum dispositivo de drenagem 6293
controlo do rio 8143
controlo do tecto 8242
controlo do teor de humidade 6272
controlo hidráulico do avanço 4800
controlo piezométrico 7107
controlo por ponto de fuga 10503
controlo remoto 7941
controlo teledirigido de grupos 7939
controvérsia 2742
conturbado 2801
convento 2109
convergência 1162, 2113, 2114, 2116, 9857
convergência à frente 2115
convergência inicial 5097
convergência parcial 5027
conversor de binário hidráulico 4843
conversor de medição 6077
conversor hidráulico 4791
coordenada no fotograma 4957
coordenada polar 7289
coordenadas 2137
coordenadas cartesianas 1444
coordenadas da placa 7216
coordenadas esféricas 9184
coordenadas geográficas 4273
coordenadas modais 6248
coordenadas no espaço 9146
coordenadas sobre o fotograma 4957
coordenadas planas 7170
coordenadas polares 7290
coordenadas retangulares 7831
coordinómetro 2135
copia 2140, 7966
copiar 2139, 7523
copo de lubrificação 5841
coque 1826
coque natural 6420
corda 1668
corda de cânhamo de manila 5940
corda de manila 5940
cordão de detonação 2580
cordão de solda 10806
cordão detonante 2580
corda vibrante 10574
de ~ 10575
cordel detonante 2580
cordierite 2142
cores complementares 1895
corindo 2172
corneana 4753
cornubianito 4753
coroa 1045, 1061, 1151, 2263
coroa com quatro rodinhas dentadas 7665
coroa com rodinhas dentadas 8273
coroa com rodinhas dentadas de Reed 7851
coroa com rodinhas dentadas para circulação inversa 8068
coroa de diamantes 2627
coroa de diamantes para tubo de amostragem de cabo 10878
coroa de diamantes para tubo de cabo 10878
coroa de três cones 10006
coroa de três cones acionada por jacto 10233
coroa de tungsténio 10275
coroa em degraus 9387
coroa em X 10921
coroa em Z 10958
coroa escalonada 9387
coroamento 2372
coroa para amostrador 2154
coroa para circulação inversa 8068
coroa para formações tenras 9076
coroas 8218
corpo concordante 1955
corpo da barragem 1108
corpo de bombeiros 3677
corpo de prova 8361
corpo elástico 3164
corpos extraterrestres 3492
corpos flutuantes 3802
correção 2166, 2167, 4998
correção de leito 8156
correcção 2166, 2167, 4998
correcção da zona de alteração 10780
correcção dinâmica 6526
correcção estática 9343
correcção por dispersão térmica 2129
correia accionadora 3017
correia de transmissão 3017
correia transmissora 3017
correia trapezoidal 10521
correlação das bancadas geológicas 2169
corrente alternada 341
corrente comprimível 1928
corrente contínua 2701
corrente contínua pulsatória 1871
corrente de densidade 2513
corrente de fundo 10356

corrente de Galle 9251
corrente de gelo 4942
corrente de Humbolt 6992
corrente de litoral 329
corrente de retorno 8058
corrente de turbidez 10288
corrente de turbidez constante 9365
corrente de vaga 329
corrente marinha 6586
corrente telúrica 9895
corrigir 2165, 8656
corrimão 4535
corrosivo 1510
corta-águas 2336
corta-águas de argila 1720
corta-águas parcial 6859
corta-águas total 10121
cortante da barrena 5676
cortar 8732
corta-tubos 1467, 10263
corta-tubos exterior 3479
corta-tubos interior 5135
corte 2329, 5245, 8516, 8719
corte de corrente 7374
corte de electricidade 7374
corte dos estratos 9499
corte em subida 7744
corte geológico 4280
corte longitudinal 5778
corte suave 9032
corte submarino por chama 10373
cortina 8454
cortina de drenagem 2879, 2889
cortina de estacas-pranchas 1302, 8756
cortina de estacas secantes 8499
cortina de estanqueidade 2336
cortina de injecções 4514
cortina espessa 2159
cortina estanque a montante 10445
cortina estreita 2632, 2633
cortina impermeável 10749
cortina montante 3518, 10445
cortina principal de injecção 5906
co-seno de direcção 2173
co-seno hiperbólico 4910
costa 2303
costa composta 1789
costa de dobra monoclinal 6295
costa de erosão marinha 1788
costa de escarpa de falha 3565
costa de monoclinal 6295
costa de tipo dálmata 2363
costa de tipo pacífico 6795
costa exposta 10781
costa longitudinal 6795
cota de boca da mina 7152
cota do coroamento 3222

cota do N.P.A. 8048
cota do plano de água 7982
cotangente hiperbólica 4911
cota normal de retenção 8048
cotovelo de admissão 9645
cotovelo de aspiração 9645
couraça ferralítica 5274
covelina 2191
covelite 2191
cozinha 5436
cratera 2204
cratera cone-em-cone 1984
cratera de bocas múltiplas 1984
cratera gémea 10305
cratera subterminal 9640
cravação de estacas 7112
cravação de estacas 3016
cravar 6404
crepitar 2200, 2206
crescimento do nível trófico 6557
Cretácico 2219
Cretácico inferior 5810
Cretácico superior 10429
criolite 2279
criólito 2279
criologia 2280
crionivelamento 2282
criopedologia 2281
crioturbação 2283
cripta 2284
criptogénico 2285
criptovulcanismo 2286
crisoberilo 1678
crisocola 1679
crista da barragem 2372
crista descarregadora da barragem 2217
crista do descarregador 8858
crista do talude 10093
crista do vertedouro 8858
crista isoclinal 4698
cristal 2287
cristal de rocha 7685
cristal hemimórfico 4642
cristalino 2291
cristalização 2296
cristalografia 2298
cristalografia óptica 6663
critério de atrito 4127
critério de cavitação 1536
critério de Coulomb 4127
critério de regime de escoamento 2227
critério de rotura 2226
critérios de projecto 2560
critérios de segurança 8334
crivo 8456, 8831
crivo oscilante 8705
crivo rotativo 3032
crivo vibrante 10573

crocoisa 2238
crocoíte 2238
crocoíto 2238
cromato de sódio 9064
cromatografia gasosa 4205
cromite 1673
crono 1674
cronoestratigrafia 1676
cronômetro 1675
cronozona 1677
croqui 2556, 8920
crosta continental 2059
crude 2265
crusta continental 2059
cruzamento 2245, 5245
cruzamento de galerias 8168
cruzar 5241
cumeada 1863
cumeeira 1863
cuneta 4551
cunha 9226
cunha adicional 2871, 10080
cunha de ajustamento 8674
cunha de ajuste 8674
cunha de armazenamento 822
cunha de montagem 8674
cunhas de arrastamento da haste motriz 5416
cunhas de bloqueio 8276
cunhas de madeira 10787
cúpola de água 10694
cuprita 2312
cuprite 2312
cúpula 2309
cura de betão 1962
cura de concreto 1962
cura pelo vapor 9366
cura por membrana 2315
curie 2313
curso 7791, 9569
curso de água 10693
curso de água consequente 2007
curso de água escavado 3294
curso de água intermitente 5221
curso de água intraglaciar 3285
curso de água perene 6943
curso de água permanente 6943
curso de água subglacial 9604
curso de água subglaciar 9604
curso de água superglaciar 9663
curso de água temporário 10652
curso do rio 8144
curso fronteiriço 7792
curso inferior 5816
curso médio 6175
curso principal 5903
curso superior 10435
curva 980, 2321
curva área-volume 586
curva característica 5726

curva característica da entivação 5726
curva característica de potência 7375
curva carga-assentamento 5724
curva chave 3891
curva cota-área 2529
curva cota-volume 2540
curva da convergência em função do tempo 2119
curva da produção 7542
curva das capacidades 2540
curva das superfícies inundadas 2529
curva de aferição 1376
curva de aferição dum aparelho de medição 1377
curva de aluimento 2593, 9628
curva de assentamentos 2592
curva de calibragem dum aparelho de medição 1377
curva de caudais acumulados 5998
curva de caudal 4599
curva de cavitação 1530
curva de compactação Próctor 7532
curva de consolidação 10059
curva de deslocamento 2765
curva de distorção 2324
curva de erro dum aparelho de medição 3356
curva de esfriamento 2130
curva de esvaziamento 2906
curva de fadiga 10881
curva de fluidez 3873
curva de nível 2080, 5296
curva densidade/teor em humidade 2515
curva de permanência de vazões 3877
curva de rebaixamento 2906
curva de recuperação 7809
curva de refrigeração 2130
curva de regolfo 789
curva de remanso 789
curva de rendimento 3151, 3152
curva de ressonância 8030
curva de saturação 8396, 10964
curva de utilização das afluências 5193
curva de vazão 9297
curva de vazão de estação de medição de caudais 3891
curva de vazões acumuladas 5998
curva de Wöhler 10881
curva do fluxo de caixa 1460
curva do momento de rotação 10106
curva dos caudais classificados 3877
curva dos erros 3355
curva geodésica nula 6549
curva granulométrica 4400
curva intrínseca de Mohr 6267
curva isocromática 5289
curva pressão-índice de vazios 7482
curva profundidade-tempo 2538
curvas das superfícies inundadas e das capacidades 586
curvas em colina 8762
curva standard 9311
curva tempo-assentamento 8684
curva tensão-deformação 9543
curvatura 2319
curvatura terrestre 2320
custo de construção 3414
custo de equilíbrio 1225
custo de realização 3414
custo global 6749
custo limite 1225
custos adicionais 5031
custos de combustível 4153
custos de desapropriação e indemnização 5481
custos de exploração 8319
custos de expropriação e indemnização 5481
custos de extracção 5612
custos de manutenção 5916
custos de operação 8319
custos proporcionais 5031
custo total actualizado 10126
cut-back 2333
cutoff 2336
cutoff parcial 6859
cutoff total 10121
cutoff wall 2339

dado entre armadura e cofragem 7906
dados de campo 3609
dados do guiamento externo 2399
dados do guiamento interior 2398
dados hidrológicos 4872
dados pluviométricos 7735
danos 2368
danos aportados as lavouras 2367
danos consequentes 2006
darcy 2391
datação 2401
datação C-14 1427
datação por carbono-14 1427
datação por urânio-234 10451
datação por urânio-238 10452
datação por urânio-chumbo 10454
data de aceitação 1870
data de recepção 1870
data de verificação e aprovação 1870
datum 2404
debandada 9776
débil
de ~ luminosidade 6602
debuxo 2556
decalcar 2139
decantação 2417, 3231
decapagem 1726, 9568
decapagem da junta a jacto de areia 8370
declinação magnética 5883
declive 2693, 8992, 8994
declive continental 2066
declive insular 5167
declividade 8994
declividade da superfície livre 10747
declividade do leito 962
decomposição das forças 8028
decoração 2425
defasagem 7039
defeito 1286, 2366
defeitos de funcionamento 5277
defeituoso 5026
déficit de escoamento 3874
deflagração 2581
deflectómetro 2451
deflectómetro mecânico 2625
deflector de jacto 5343
defletor 9214
deflexão 2603
defloculação 2455
defloculante 2454
deformabilidade 2459
deformação 2207, 2460, 9478
deformação da imagem 2467
deformação de cedência 10950
deformação de ruptura 2461, 9479
deformação elástica 3165, 3176
deformação elasto-plástica 3173
deformação longitudinal 5771
deformação permanente 6968
deformação por fluência 7199
deformação reversível 8074
deformação transversal 10187, 10188
deformação unitária 10397
deformação volumétrica 10638
deformado 5005
deformar 2458
deformar-se 2457
deformímetro 2469
degelo 2472, 9048, 9955
degrau 9383
degrau de bancada 976
degrau de falha 3555
degrau no tecto 8251

delegado técnico do empreiteiro
 2089
delinear 2900
delta 2494
delta arqueado 578
delta construtivo lobado 5730
delta de lava 5527
delta de maré 10029
delta de maré externa 10029
delta de maré interna 10029
delta pé-de-pássaro 5730
demarcação de terra 2497
demolição 2498
demolição da barragem 2383
demolidor de betão 1958
dendrite 2499
dendrocronologia 2500
dendrohidrologia 2501
densidade 2507, 2508, 2509
densidade absoluta 22
densidade aparente 501
densidade da entivação 9680
densidade da neve 9041
densidade de colocação de esteios
 7582
densidade de entulhamento 9465
densidade de fissuração 1756
densidade de massa 1297
densidade do explosivo 2510
densidade do sustimento 9680
densidade dum gás 2516
densidade relativa 7913
densidade saturada 10965
densidade volumétrica de Próctor
 7535
densímetro 200, 2504
densímetro de membrana 6103
densitômetro 2505
dente de dissipação 793
dente deflector 2452
dente de junta 8745
dente para arejamento 6411
departamento de perfuração 2986
departamento do cadastro 1358
departamento técnico 3283
deposição 226, 2524
deposição de estuário 3381
depositar 8676
depósito 8899, 9429, 9458, 10071
depósito alóctone 316
depósito autóctone 700
depósito calcário 1364
depósito carbonáceo 1421
depósito carbonífero 1421
depósito de cabeceira 3992
depósito de carbonatos 1425
depósito de erosão hídrica 10669
depósito de garantia 6947
depósito de maré 10030
depósito de minério 6120, 6684

depósito de sopé 9003, 9843
depósito de topo 4598
depósito de vertente 8451, 9845
depósito eólico 10857
depósito estratificado 9507
depósito fluvial 3929
depósito fluvioglacial 3931
depósito fluviomarinho 3934
depósito glacial 2936
depósito glaciolacustre 4349
depósito hidrotermal 4901
depósito hidrotérmico 4901
depósito marginal 5966
depósito parafínico 6837
depósito piroclástico 7659
depósito primário 7495
depósito regressivo 7884
depósitos abissais 50
depósitos batiais 903
depósitos de alto mar 2438
depósitos de encosta 9845
depósitos de mar profundo 2438
depósito secundário 8501
depósitos glaciais 4334
depósito sólido 8517
depósitos pelágicos 2438
depósito transgressivo 10162
depósito vulcânico piroclástico
 7659
depressão 8327
depressão cársica 5394
depressão dinâmica 3070
depressão do horizonte 2699
depressão glacial 5420
depressão glaciar 5420
depressão local 5733
depurador de água 10723
derivação entre bacias diferentes
 5187
derivação provisória 2810
deriva continental 2060
derivada 2542
deriva de praia 915
deriva dos continentes 2060
deriva litoral 5697
derrapado 9783
derrick 2546
derrubamento 6788
desabamento 1524, 3528, 4250
desabamento controlado 8043
desabamento do tecto 1525, 3534,
 3535
desabamento em grandes blocos
 1092
desabamento tectônico 8096
desabar 1221
desagregação 8939
desagregador 2340
desagregador de baldes 2340
desagregar-se 8937, 9153

desaguadouro 10928
desaparafusagem 783
desapertar 7922
desapertar-se 10905
desareador 8379
desarenador 2551, 2566, 8379
desaterro hidráulico 8440
desbaradamento 9776
descalcificação 2416
descamação 8413
descarga 2726, 6737, 9621,
 10409
descarga afunilada 6739
descarga automática 709
descarga de água 10727
descarga de fundo 1178
descarga de limpeza 3919
descarga de limpeza com o nível
 da água a cota baixa 8443
descarga para controlo de cheias
 3831
descarga pelo fundo 1168
descarregador 6695, 7923, 10292
descarregador afogado 3030
descarregador Cipolletti 1686
descarregador de jactos cruzados
 2246
descarregador de lâmina livre
 4084
descarregador de medição 6059
descarregador de nível médio
 6178
descarregador de portela 8329
descarregador de soleira delgada
 8724
descarregador de soleira espessa
 1264
descarregador em degrau 1917
descarregador lateral 8827
descarregador livre de lâmina
 aderente 6767
descarregador livre de lâmina não
 aderente 6762
descarregador seguido de canal
 inclinado 1683
descarregador triangular de
 parede delgada 10608
descarregamento 6764, 9189
descarregar 7922, 10407
descascar 838
descender as varas de sondagem
 5818
descender os tubos de
 revestimento 5134
descida das águas 3533
descida dos tubos de revestimento
 5812
descida piezométrica 2904
descoberto 3457
descobrimento de petróleo 7011

descofrar 9561
descompressão 2726, 7920
descomprimir 10407
desconformidade 2733
descongelação 2470
descontinuidade de camada 10676
descontinuidade de Gutenberg 10850
descrição dos trabalhos 2552
desegregado 4063
desempenadeira 3794
desempenadeira mecânica 10253
desempenadeira para arestas 1622
desengate 2747
desenhador 2899
desenhar 2900
desenhar um mapa 7228
desenhista 2899
desenho 2911
desenho "as built" 640
desenho das armaduras 7904
desenho de montagem 3344
desenho de revisão 8077
desenho dum mapa 2913
desenho revisto 8077
desenhos conforme a execução 640
desenhos das cofragens 8814
desenhos de construção 512
desenhos de detalhe 2570
desenhos de formas 8814
desenhos de pormenor 2570
desenhos finais conforme construído 640
desenhos gerais 6742
desenho técnico 9870
desenroscar 784
desentivar 2918
desenvolvimento do coroamento 2216
deserto rochoso 8207
desfasagem 7039
desferrar o sifão 2527
desfiladeiro 1401
desfiladeiro de captura 14
desfiladeiro submarino 9613
desflorestamento 2456
desformar 9561
desgaste 689, 10775
desigual 10378
desintegração mineral 6191
deslizador 8945
deslocação 2754
deslocamento 2764
deslocamento angular 436
deslocamento de pontos 2768
deslocamento de zero 10966
deslocamento do petróleo por meio de água 10718
deslocamento do terreno 9493
deslocamento nodal 6489
deslocamento paralelo 6851
deslocamento paralelo à estratificação 5513
deslocamento por fluência 360
deslocamento radial 7705
deslocamentos da torre de perfuração 6336
deslocamento tangencial 9851
deslocar 2763, 7993
deslocar-se 1238, 3865, 6331, 6335
deslocável 8957
desmantelamento do estaleiro e arranjo do local 1728
desmatagem 1730
desmatamento 1730
desmobilização do canteiro e arranjo do local 1728
desmoldar 9561
desmontagem 2720
desmontagem da torre de perfuração 2547
desmontar a fogo 1064
desmontar as varas de perfuração 5540
desmontar as varas de sondagem 5540
desmontar avançando numa única direcção 10908
desmontar uma torre de perfuração 8099
desmontar uma zona avançando numa única direcção 10908
desmonte 7675, 10897
desmonte à jacto 9021
desmonte controlado 2098
desmonte integral 1898
desmonte parcial 6860
desmonte por câmaras 3296
desmoronamento 3534
desmoronamento de rochas 8184
desmoronamento de terras 3089
desmoronamento do tecto 4624
desmoronar-se 1516
desnível 2654
desnível do rio 8154
desnível fluvial 8154
desnudação 2521, 3351
despejo de esgotos 8688
desprendimento de rocha 3534
dessalinização 2550
destacar 784
destacar-se 1238
destocador 8259
destorcer 2458
destruir uma parte dos tubos de revestimento 6184
desviador 2608
desviadores 2446
desviar 2444
desviar um poço 2445
desvio 1011, 1339, 2601, 2602, 2603, 8660
desvio angular 434
desvio característico 9312
desvio da barrena 1047
desvio da vertical 2605
desvio de zero 10966
desvio do poço 2606
desvio em várias fases 6391
desvio numa única fase 8891
desvío regulável 10292
desvio standard 9312
detecção de gás em testemunhos 2573
detecção de irregularidades em serviço 2574
detecção dos incidentes 5008
detector 2575
detector a raios do infra-rubro 5086
detector a raios infravermelhos 5086
detector de assoreamento com seixo 4433
detector de gás 4209
detector de incêndio 3672
detector de perdas 5555
detector de profundidade ultra-sónico 10332
detector dos raios gama 4186
deterioração das barragens 2578
determinação astronómica da posição 665
determinação astronômica da posição 665
determinação da altura 2579
determinação da posição 7342, 7344
determinação da pressão por métodos acústicos 7451
determinação das coordenadas ao laser 1946
determinação fotogramétrica da posição 7057
determinação topográfica da posição 10097
determinar 5241
determinar a posição 5738
determinar por intersecção em frente 5242
determinar por intersecção inversa 7968
detonação 1071, 2581, 8780
detonação a céu aberto 6636
detonação cuidadosa 9032
detonação de levante tipo coyote 2196

detonação em linha 8310
detonação experimental 10212
detonação rotativa 8294
detonação submersa 10371
detonação subterrânea 6361
detonações controladas 2098
detonador 1066, 2582
detonador instantâneo 5148
detonador retardador 2485, 10058
detrítico 2583, 4061
detrito 2585
detritos 6904
detritos de perfuração 2343
Devónico 2610
Devónico inferior 5811
Devónico médio 6171
diaclase 2614, 5358
diaclase de corte 8739
diaclase de tracção 3468
diaclase horizontal 900
diaclase longitudinal 9557
diaclases 780
diaclases secundárias 1326
dia de máxima ponta 2408
diafragma 2631, 2639
diafragma íris 5273
diafragma plastico 9026
diagénese 2615
diagénese ambiental 3298
diagénese freática 7080
diagénese por soterração 1317
diagénese por soterramento 1317
diagnose das perturbações em serviço 2618
diagnóstico das irregularidades em serviço 2618
diagrafia 5762, 10820
diagrafia da sondagem por raios gama 4189
diagrafia de eléctrodos de focalização 3957
diagrafia de inclinação 2697
diagrafia de neutres 6477
diagrafia de potencial espontâneo 9221
diagrafia de resistividade 8025
diagrafia de seção 1382
diagrafia de secção 1382
diagrafia de temperatura 9973
diagrafia dos sedimentos de perfuração 2344
diagrafia electromagnética da perfuração 3207
diagrafia gama 4189
diagrafia gama da sondagem 4189
diagrafia gama do furo 4189
diagrafia gama-gama 4184
diagrafia instantânea 5150
diagrafia lateral focalizada de sete eléctrodos 3945

diagrafia lateral focalizada de três eléctrodos 3946
diagrafia neutrão-neutrão por impulsos 4999
diagrafia néutron-gama 6476
diagrafia néutron-néutron 6478
diagrafia por fluorescência 3916
diagrafia por raios gama 4189
diagrafia radioactiva 7719
diagrafia selectiva e espectrométrica gama-gama 8576
diagrafia selectiva gama-gama 8575
diagrama 2622
diagrama acústico 109
diagrama das alturas 2623
diagrama das velocidades 9174
diagrama de densidade 4009
diagrama de neutres 6477
diagrama de permeabilidade 6973
diagrama de potencial espontâneo 9220
diagrama de resistência elétrica 3196
diagrama deslocamentos-tempo 10945
diagrama de temperatura 9973
diagrama de velocidades 10531
diagrama dos diâmetros 1381
diagrama dos erros 3358
diagrama duma sondagem 1142
diagrama eléctrico 3185
diagrama geofísico 4307
diagrama geotérmico 4319
diagrama nuclear 6543
diagrama polar 7291
diagrama por raios gama 4189
diagrama por ressonância magnética 6544
diagrama sónico 109
diagrama tensão-deformação 9543
diamante 2626
diamante industrial 5062
diâmetro característico da turbina de hélice 1635
diâmetro característico da turbina Francis 1633
diâmetro característico da turbina Pelton 1634
diâmetro da amostra 2946
diâmetro da barrena 1051
diâmetro da sondagem 1139
diâmetro do poço 1139
diâmetro efectivo 3137
diâmetro útil do diafragma 3136
diapir 2640
diapirismo 2642
diapositivo 2643

dias de chuva 7732
diastema 2644
diastrofismo 2646
diatomito 10244
diatrema 2648
dickita 2649
diferença angular 435
diferença de carga 4811
diferença de distorção 2657
diferença de escala 2655
diferença de nível 4597, 5610
diferença de potencial 7358
diferença de pressão 7452
diferença de pressão de fundo 2903
diferença de tempo 2653
diferenciação diagenética 2616
diferenciação magmática 5873
diferencial 2656
difusão de jacto 5344
difusão do ponto da imagem 2666
difusão dum ponto da imagem 7706
difusor 2667
dilatabilidade 2674
dilatação 2675
dilatação térmica 9969
dilatómetro 2676
diluir 2678
dimensão de partícula 6868
dimensão de uma grandeza 2682
dimensão máxima dos agregados 6022
dimensionamento 2680
dimensionamento económico das obras de adução 6676
dimensionamento económico das obras de derivação 6676
dimensões do terreno 8909
dimensões do terreno de construção 8909
dimensões óptimas da central 8919
dimensões ótimas da casa de força 8919
dimensões úteis da imagem 10458
diminuição da luminosidade, nitidez etc. 2428
diminuição da luz 2429
diminuição de espessura 9856
diminuir de largura 2427
diminuir de secção 5796
diminuir gradualmente 2650
diminuir progressivamente 2650
dimorfismo 2683
dinâmica 3077
dinâmica do maciço 4478
dinâmica dos fluidos 3896
dinamitação 1071

dínamo 3080
dinamômetro 3081
diopside 2686
dioptase 2687
dioptria 2688
dióptrica 2690
diorito 2691
diorito quartzífera 7683
dique 2671, 2672, 3064, 3237
dique de protecção 8157
dique de protecção contra as cheias 3835
dique de regularização 2672
dique de substituição 7962
dique frontal 4141
dique fusível 4176
dique lateral 8822
diquita 2649
direção de vôo 2707
direção do canteiro 8914
direção do eixo óptico 933
direção vertical 10554
direcção 421, 4398, 5668, 9554, 10210
  em ~ da camada 331
direcção da fissuração 3265
direcção da perfuração 2708, 2966
direcção de avanço 2709
direcção de voo 2707
direcção do desvio 2704
direcção do eixo óptico 933
direcção do estaleiro 8914
direcção vertical 10554
direcções principais da deformação 7509
direcções principais do estado de tensão 742
direcções ortogonais 6715
director da obra 3276
director das perfurações 2989
director do projecto 7565
direita
  à ~ 8082
direito de exploração de minas 6216
diretor das perfurações 2989
dirigibilidade 2097
dirigível 9378
disco 2752
disco da válvula 10488
discontinuidade 2734
discordância estratigráfica 2733
discordante 2736
discrepância 2741
disjuntor de excesso de corrente 6756
disjuntor limitador 5645
disparo 1222, 3678
disparo automático 720

disparo de sobrevelocidade 10242
dispersão 2759, 2760
dispersão de resultados 8420
dispersor 2454
disposição 602, 9801
disposição das perfurações 1143
disposição de eléctrodos 3198
disposição de levantamento 604
disposição dos esteios em alinhamento recto 5120
disposição dos esteios em linha 5120
disposição do sustimento 9693
disposição em capas 603
disposição em dente de serra 8398
disposição em dente de serra duplo 2851
disposição geral das obras 4249
disposição triangular 2621
disposições relativas à proposta 5156
dispositivo acústico de alerta anti-roubo 106
dispositivo altimétrico 4633
dispositivo antincêndio "sprinkler" 9246
dispositivo auxiliar de medição 725
dispositivo com disco rodante para a determinação dos prejuízos de cavitação 8285
dispositivo de alerta 3252
dispositivo de aviso 10668
dispositivo de bloqueio 1703
dispositivo de desenho 2914
dispositivo de dosagem 898
dispositivo de dosagem da água de amassadura 10687
dispositivo de dosagem de agregados 229
dispositivo de dosagem do cimento 1555
dispositivo de drenagem 2891
dispositivo de ensaio 9950
dispositivo de ensaio de esteios 9945
dispositivo de ensaios de fluência 9348
dispositivo de ensaio sobre modelos 8100
dispositivo de fluxo para a determinação dos prejuízos de cavitação 3875
dispositivo de homem morto 2413
dispositivo de leitura 7798
dispositivo de montagem 8662
dispositivo de parada 1703
dispositivo de pontaria 8836
dispositivo de projecção 7563

dispositivo de recuo 8059
dispositivo de retenção de seixo 4435
dispositivo de retracção 8052
dispositivo descarregador 727
dispositivo de suspenção 9761
dispositivo de suspensão para tubos de revestimento 1471
dispositivo de vedação 8484, 10739
dispositivo ejector com disco rodante para a determinação dos prejuízos de cavitação 3023
dispositivo magnetoestrictor 5896
dispositivo pulverizador antincêndio "sprinkler" 9246
dispositivo retificador 2168
dispositivo retificador em campo 3604
dispositivos técnicos 9869
dissipação de energia 2773, 3272
dissipador de energia 3271
distal 2777
distância 2778, 2779
distância ao longo do muro 4738
distância da imagem 7510
distância da imagem do levantamento 7511
distância de diaclases 5372
distância de intersecção 2786
distância de montagem 3342
distância de montagem e desmontagem 3341
distância do hipocentro 3942, 3943
distância do objecto 6560
distância do ponto de explosão 8796
distância dos furos 1144
distância entre apoios 9155
distância entre centros 1597
distância entre contrafortes 1333
distância entre esteios 7588
distância entre fissuras 5247
distância entre furos 1144
distância entre grupos 10389
distância entre os eixos 2780
distância entre poços 1144
distância focal 3947
distância focal constante 3736
distância focal da fotografia 3949
distância focal da objetiva de restituição 3948
distância interocular 5234
distância nadiral 6401
distância nadiral na direção do vôo 3991
distância nadiral na direcção do voo 3991

distância nadiral transversal à
   direcção do voo 5519
distância na horizontal 7167
distância zenital 10961
distanciómetro 7763
distanciômetro 7763
distanciómetro a laser 5506
distanciómetro electromagnético
   2789
distorção 2794, 8747
distorção duma lente 5576
distorção em forma de almofada
   2328
distorção em forma de barril 849
distorsor 2608
distribuição casual da
   amostragem 7758
distribuição das precipitações
   6299
distribuição de compressões 4897
distribuição de poros 7324
distribuição de pressões
   hidrostáticas 4897
distribuição de tensões 9534
distribuição dimensional de poros
   7324
distribuição estatística de
   tamanho de grão 4413
distribuição estatística de
   tamanho de grãos 4413
distribuição mensal das
   precipitações 6299
distribuição sistemática da
   amostragem 9803
distribuidor 4546
distribuidor hidráulico 4792
distrito de minério 6192
distrito minério 6192
divagação 10664
divisão de responsabilidade 2819
divisão do nônio 10543
divisão duma superfície 7163
divisão em dioptrias 2689
divisor de águas 10735
divisória de separação da água
   limpa 2634
DME 3212
dobra 1374, 3783, 3966, 8215,
   10449
dobra anticlinal 474
dobra assimétrica 667
dobra com escorregamento 9485
dobra composta 1903
dobra deitada 6787
dobra diapírica 2641
dobradiça 4691
dobradiço 3968
dobra-falha 1243, 3967
dobra flabeliforme 1281
dobra inclinada 5020

dobra isoclinal 1437
dobra marginal 5969
dobra menor 6219
dobramento 982, 3969, 10449
dobra monoclinal 6296
dobra oblíqua 5020
dobra principal 5905
dobrar-se 3970
dobras discordantes 2749
dobra sinclinal 9793
dobra tombada 6787
dobra transversal 2244
documentos de concorrência 9914
doença de origem hídrica 10689
dolina 2821, 8897
dolomite 450, 2823, 2824
dolomitização 2826
dolomito 2823
domínio de frequência 4114
domínio do maciço 9491
domo salífero 8356
dono da obra 6790
dormente 10656
dormitório 960
dosagem de água 10691
dosagem de cimento 1557
doseador 3580
doseador de água 10726
doseador por pesagem 10795
draga 2927
draga a rosário 3223
draga de balde de garras 1709
draga de colher de mandíbulas
   1709
dragagem 2929
dragar 2926
drenagem 1081, 2611, 2875, 8910
drenagem do metano 3671
drenar 2872
dreno 2873
dreno colector 1497, 2878, 10793
dreno coletor 1497
dreno de areia 8372
dreno de pé 10076
dreno francês 9434
dreno horizontal 2876
dreno inclinado 1657, 5195
dreno perfurado 2883
drenos 2896
drenos de alívio 7470
drenos de descompressão 7470
dreno vertical 1657, 5195
duble projetor 2849
ductil 3048, 10132
ductilidade 3049
duma determinada escala 10255
dumper 3053
duna 3054
duna alongada 8549
duna costeira 5698

duna em crescente 831
duna errante 10665
duna movediça 10665
duna subaquática 9596
dupla 1009
dupla frente corrida 2856
dupla interseção de pontos no
   espaço 2846
dupla intersecção de pontos no
   espaço 2846
dupla projeção 2848
dupla relação 2249
Duque de Alba 2827
durabilidade 3055, 8938
durabilidade de construção 3056
durabilidade de serviço 3057
duração 222, 10902
duração da exposição 3059
duração de amortização do capital
   6889
duração de erupção 3882
duração de fechamento dum poço
   1761
duração de início de presa 5105
duração de pesca 3704
duração de serviço 5609
duração dum poço 5607
duralumínio 3058
dureza 4587
dureza da água 4587
dureza Mohs 8450
dureza Rockwell 8205
dureza Shore 8784
dureza Vickers 10588
duto de ventilação em galeria 257

eclipse 2395
eclisse 3710, 3711
eclisse com orelhas 1704
eclusada 5742
eclusa de navegação 6443
eclusa para peixes 3708
ecologia 3118
ecologista 3117
ecologistas 3307
economia de construção 3123
economia energética 7376
economia hídrica 10698
economicidade de construção
   3123
ecossistema 3124
ecotipo 3127
ecótono 3126
edificação 1288
edificação baixa 5807
edifício da casa de força 7382
edifício da central 7382
edifício residencial standard
   10322
edómetro 2019

efeito de abóbada 562
efeito de bombagem 6882
efeito de compressão 7453
efeito de escala 8401
efeito de gaveta 2910
efeito de pressão 7453
efeito de refrigeração 2131
efeito dos erros 3148
efeito elástico secundário 3163
efeito espacial 9404
efeito estereoscópico 9404
efeito giroscópico 4559
efeito global 1299
efeito isotópico 5313
efeito luminoso 5617
efeito piezoeléctrico 7100
efeito plástico exagerado 3375
efeito retardado 8042
efeito volumétrico 1299
efeitos biocorrosivos do meio-ambiente 1025
efeitos directos 2702
efeitos indirectos 5044
efeitos induzidos 5058
efeitos provocados 2568
efeito útil 3146
efeito volumétrico 1299
eficácia da transmissão de potência hidráulica 3147
eficácia de funcionamento 3149
eficiência de funcionamento 3149
eficiência do sustimento 9689
eficiência hidráulica 4797
eficiência máxima 6892
eficiência total 6750
eflorescência 3155
eixo 1592, 8694, 9201
eixo da albufeira 751
eixo da barragem 2369
eixo da perspectiva 6987
eixo de accionamento 3019
eixo de colimação 753, 1848
eixo de flexão 983
eixo de manivelas 2203
eixo de revolução 752
eixo de rotação 752
eixo de válvula 10496
eixo de voo 3789
eixo de vôo 3789
eixo do curso de água 754
eixo do depósito 751
eixo do leito 755
eixo do poço 10810
eixo do reservatório 751
eixo horizontal 757, 4733
eixo motor 3019
eixo neutro 6472
eixo nuclear 3320
eixo principal 7492
eixo principal de inclinação 5921
eixos cardânicos 1435

eixos coordenados 9805
eixos coordenados no fotograma 1843
eixos de coordenadas 9805
eixos do quadro 1842
eixo sinclinal 756
eixos ortogonais 6714
eixos principais 7507
eixo vertical 10551
elaboração 3162
elasticidade 3166, 3167
elasticidade de encaixe 3169
elasticidade linear 5656
elastómero 3179
elaterite 3181
electrobomba 3188
electrobomba submersa 1393, 9625, 10830
electroforese 3217
electrohidrometria 3202
electro-íman de paragem 9443
electroíman pescador 3205
electrólito 3203
electro-osmose 3215
electrosmose 3215
elemento comandado 8943
elemento com comando sequencial 8944
elemento de base 883
elemento de betão pré-fabricado pré-esforçado 7404
elemento de betão pré-moldado 7403
elemento de betão pré-moldado pré-esforçado 7404
elemento de bomba 7632
elemento de carga 5707
elemento de comando 6011
elemento de construção 10392
elemento de entivação 9682, 9700
elemento de filtro 3637
elemento de retardo 2485
elemento de sustimento 9682, 9700
elemento do arrefecedor 2132
elemento do tensor de elasticidade 7578
elemento fluido 3897
elemento indicador 6876
elemento isoparamétrico 5304
elemento líquido 3897
elemento modular 6259
elemento piloto 6010
elemento pré-fabricado 7417
elemento resistente 5707
elementos de guiamento 3218
elementos para distanciar 2782
elemento superior de esteio 10434
electricista 3194
elevação do terreno 5494

elevação vertical 3220
elevador de varas 8211
elevador de varas de sonda 3003
elevador para peixes 3707
elevar 1287
eliminação da areia 10813
eliminação da areia do poço 10813
eliminação das anomalias de funcionamento 3224
eliminação dos detritos de perfuração por ar comprimido 7616
elipse das extensões 9482
elipse das tensões 3226
elipse de erro 3225
elipsoide das tensões 3227
elutriação 3231
elutriador 3232
eluviação 3234
eluvião 3235
ematite 7842
embasamento 877
embasamento lastrado 805
embebição 36, 4964
embebido 3239
embocadura 8152
emboço 1569
êmbolo 7748
embraiagem 4126
embude 4171
embutido 3259
emissário 6738
emissor 10180
emmadeiramento 10889
empanque 9588
empedrado construído 3241
empedrado de alvenaria aparelhada 9435
empedrado não argamassado 643
empenar 981
empilhadeira 4005
empobrecimento 4992
empolado 1309
empolamento 1305, 3858, 4616, 9770, 9771
empolamento do muro 1113
empolamento do piso 1113, 2212
empolar 2209, 9768
emporcalhar o testemunho com lama 4025
empreiteiro 1290, 2087
empresa de construção 1289
empresário 3254
empréstimo 5729
empréstimo a juro baixo 9078
empuxo activo de terras 120
empuxo de terras 3096
empuxo passivo de terras 6872
emulsão de óleo bruto 2267

emulsão de óleo em água 10738
emulsão de óleo pesado 2267
emulsão estável 9289
emulsão hidrófila 4888
emulsionador 2758
encabrestamento 230
encaixe da rótula 814
encaixe de alonga 3470
encaixe de válvula 10495
encaixe dum esteio 7584
encalho da barrena 1052
encanamento de água fria 1831
encargos de amortização 359
encargos fixos 3734
encargos gerais 6770
encarregado 2091, 3997
encastramento 1702
encharcado 10713
enchavetar 2859
enchente de desvio 2034
encher 3624, 7368, 9462
encher por trás da entivação 768
enchimento 769, 3627, 9461
enchimento argiloso duma falha 1717
enchimento controlado de um reservatório 3629
enchimento controlado duma albufeira 3629
enchimento de falha 3562, 8598
enchimento de fissura 3719
enchimento de poros 7322
enchimento dum poço 7243
enchimento dum poço petrolífero 7243
enchimento hidráulico 4841
enchimento manual 4575
enchimento mecânico 7394
enchimento parcial 6866
enchimento pelo material desabado 3920
enchimento pneumático 7261
enchimento por faixas 9564
enchimento por gravidade 3026
enchimento por vegetação 3628
enchimento total 9119
encomendar 6678
encontrar uma rocha dura 4325
encontro 42, 1253
encontro artificial 627
encontro de gravidade 4441
encontro firme 10898
encontro rochoso 8178
encosta 8993
encrostação 5033
encrostar a carote com lama 4025
encurvadura 1282
endireitamento do poço 4707
endireitar 7837
endireitar um poço 9474

endometamorfismo 3264
endoscópio 5253
endurecedor 62, 4585
endurecido 5061
endurecimento 4584
endurecimento por extensão 9484
energética hidráulica 4892
energia 3269
energia absorvida 5129
energia cinética 5432
energia cinética eruptiva 5433
energia de deformação 2463
energia de ponta 6893
energia de pressão 7454
energia elástica 3177
energia específica 9163
energia firme 3683
energia garantida 3683
energia geotérmica 4317
energia hidráulica 4798
energia nao garantida 8502
energia nuclear 6542
energia potencial 7361
energia potencial de deformação 2795
energia secundária 8502
energia sobrante 8502
energia total 10119
energia total disponível 10119
energia unitária 10388
enfardador para tubos de revestimento 1478
enfiar 3728
enfocação 165, 3958, 8666
enfocar 3955
enfoque 3958
enfoque à infinito 5075
enfraquecimento de camada 10676
enfunar 10070
enganchar 5483
engate hidráulico tipo pistola 8669
engates 5216
engenharia 3277
engenharia da saúde 8386
engenharia da segurança de sistema 9814
engenharia da segurança de sistemas 9814
engenharia das jazidas petrolíferas 7977
engenharia de minas 6213
engenharia do ambiente 3299
engenharia do projecto 2562
engenharia económica 3278
engenharia electrónica 3213
engenharia hidráulica 4799
engenharia hidroeléctrica 4892
engenharia mecânica 5856

engenharia sismológica 3100
engenheiro chefe da obra 3276
engenheiro-chefe de perfuração 2990
engenheiro consultor 2044
engenheiro consultor em construções anti-sísmicas 3101
engenheiro consultor em projectos anti-sísmicos 3101
engenheiro da lama de sondagem 2964
engenheiro de minas 6212
engenheiro de perfuração 2961
engenheiro do projecto 7561
engenheiro dos fluidos de perfuração 2964
engolimento máximo 6034
engrandecer 3287
engrandecimento 5899
engranzamento 230, 5214
engrenagem accionadora 3011
engrenagem cónica 1008
engrenagem de accionamento 3011
engrenagem de rosca sem-fim 10915
engrenagem de transmissão 10915
engrenagem helicoidal 10915, 10916
engrenagem louca 4946
engrenagem sem-fim 10915
engrossar 3287
enrocamento a granel 8127
enrocamento armado 7902
enrocamento arrumado 917
enrocamento arrumado a mão 4576
enrocamento clasificado ou seleccionado 8574
enrocamento de fundação 9432
enrocamento de grandes dimensões 599
enrocamento de material não selecionado 7757
enrocamento de proteção 8127
enrocamento lançado 1308
enrocamento lavado 10671
enrocamento não compactado 1308
enrocamentos arrumados 4576
enrocamentos compactados 1874
enrocamentos executados por camadas 2189
enrocamentos não compactados 10340
enrocamentos regados 10671
enrocamento "tout-venant" 7757
enrugamento 3966, 8216, 10449

enrugamento discordante 2748
enrugamentos discordantes 2749
ensaiado à compressão 7478
ensaiado sob pressão 7478
ensaiar 10257
ensaiar sob pressão 9951
ensaibrar 8381
ensaio 9942
ensaio acelerado 58
ensaio acelerado de intemperismo 59
ensaio à escala natural 4160
ensaio à flexão alternada 8065
ensaio brasileiro 1220, 2745, 9215
ensaio com cissómetro 10499
ensaio com macaco 5331
ensaio com macacos planos 3771
ensaio com penetrómetro dinâmico 3075
ensaio das máquinas hidráulicas 9943
ensaio de abaixamento 9024
ensaio de absorção de água 10719
ensaio de absorção de água Lugeon 5845
ensaio de agitação 8707
ensaio de bombagem 7640
ensaio de campo 5128, 5355
ensaio de capacidade de carga 938
ensaio de caracterização 1713
ensaio de carga 938, 9947
ensaio de carga da estaca 7121
ensaio de carga estática 9347
ensaio de cavitação 5268
ensaio de cisalhamento 8733, 8743
ensaio de compactação 1877
ensaio de compressão 1939
ensaio de compressão simples 10343
ensaio de corte 2714, 8743
ensaio de corte à torção 10114
ensaio de corte rápido 7693
ensaio de corte rotativo 10499
ensaio de corte simples 8733
ensaio de deformação com velocidade constante 2024
ensaio de descompressão em furos 1145
ensaio de diminuição de tensões em furos 1145
ensaio de dureza 4588
ensaio de dureza Rockwell 8206
ensaio de embebição-secagem 10829
ensaio de emulsão 3257
ensaio de envelhecimento acelerado 56

ensaio de estanqueidade 10039
ensaio de exploração 3435
ensaio de fadiga 3552, 5768
ensaio de flexão 991
ensaio de fluxo 3893
ensaio de fluxo aberto 6638
ensaio de fragilidade 1263
ensaio de funcionamento 9944
ensaio de garantia 4533
ensaio de identificação 1713
ensaio de imersão 4971
ensaio de incremento da carga com velocidade constante 2023
ensaio de laboratório 5445
ensaio de meteorização acelerada 59
ensaio de molinete 10499
ensaio de penetração 6924, 9317
ensaio de penetração de cone 9342
ensaio de penetração estático 9351
ensaio de perda d'água 10719
ensaio de perfuração 1156
ensaio de permeabilidade 6974
ensaio de permeabilidade de carga variável 3531
ensaio de permeabilidade Lugeon 5845
ensaio de placa 7214
ensaio de provetes anelares 8121
ensaio de slump 9024
ensaio de tracção 9923
ensaio de uma formação 4013
ensaio de umidificação e secagem 10829
ensaio do dilatómetro 2677
ensaio dos limites de Atterberg 682
ensaio drenado 2894
ensaio em câmara de pressão 7445
ensaio em centrifugador 1603
ensaio em laboratório 5446
ensaio em mesa sísmica 8706
ensaio em mesa vibratória 8706
ensaio em modelo 6257, 8405
ensaio fotoelástico 7050
ensaio fundamental 5920
ensaio lento 2894
ensaio não destrutivo 6506
ensaio por penetração de corantes 3063
ensaio principal 5920
ensaio Próctor de compactação 7533
ensaio radial de compressão 7711
ensaios de campo 1869
ensaios sobre modelos 6257

ensaio triaxial 10229
ensambladura 6329
ensecadeira 1304, 1813, 9328
ensecadeira contracorrente 10444
ensecadeiras incorporadas 1815
ensoleiramento 8714
ensoleiramento geral 520, 7728
entalhar 2335
entalhe 6535
enterrar 6922
entidade de neve caída por unidade de tempo 9043
entivação 9676
entivação com alongas deslizantes 8961
entivação com anéis deslizantes 10946
entivação com arcos 572
entivação com avanço oscilante 4067
entivação com blocos de concreto 7400
entivação com elementos em T 858
entivação com escudo 8764
entivação com esteios 8788
entivação com quadros 4069
entivação com quadros de madeira aparafusados 9267
entivação com quadros triangulares 10217
entivação convencional 9684
entivação de galeria 8175
entivação de madeira 10054, 10889
entivação deslizante 9188
entivação de um túnel 10286
entivação do poço 8704
entivação integral 2224
entivação metálica 9375
entivação mista 6235
entivação móvel 7377
entivação paralela à direcção 9692
entivação paralela ao pendor 9691
entivação perdida 8
entivação permanente 6969
entivação poligonal 7309
entivação temporária 9908
entivar 8657, 9677
entivar temporàriamente 9699
entivar uma galeria 10053
entrada de canal ou galeria 3993
entrada do sifão 8901
entrada livre 4090
entrecruzamento 5215
entrosamento 5214
entubar 1451
entulhamento 769, 9461
    do lado do ~ 4375

entulhamento com arrastilho 8449
entulhamento com estéril obtido em preparações 3052
entulhamento com máquina centrífuga 8983
entulhamento com material do exterior 4989
entulhamento hidráulico 4841
entulhamento manual 4575
entulhamento manual completo 9118
entulhamento mecânico 7394
entulhamento parcial 6866
entulhamento pneumático 7261
entulhamento por gravidade 3026
entulhamento total 9119
entulhar 9462, 9463
entulhar pneumáticamente 9471
entulhar por trás da entivação 5459
entupimento 9382
envelhecimento das barragens 223
envolvente de Mohr 6267
enxaguadura 8123
enxaguar 8122
Eoceno 3310
eólico 3311
epicentro 3313
epigénese 3315
epigenético 3316
epilimnio 3318
epimagma 3319
epirogénese 3312
época de polaridade 7292
época geomagnética 7292
época magnética 7292
equação da lente 5577
equação das ondas 10764
equação de condição 3330
equação de erros 6576
equação de Euler 3388
equação de movimento ondulatório 10764
equação de vorticidade 10647
equação diferencial hiperbólica 4912
equação entre unidades de medida 3329
equação hidrodinâmica 4855
equação normal 6522
equações de dimensão 2679
equações dimensionais 2679
equador geomagnético 4288
equidistância 2081
equidistância entre curvas de nível 2081
equilibração 799
equilíbrio 3331
equilíbrio estável 9290

equilíbrio isostático 5310
equilíbrio limite 5638
equilíbrio radioactivo 7720
equipa de arranque 10873
equipa de enchimento 9470
equipa de entivação 569
equipa de entivadores 569
equipa de entulhamento 9470
equipa de manutenção 5917
equipa de montagem de esteios 7587
equipa de recuperação da entivação 7571
equipamento 3333, 4621
equipamento alugado 4693
equipamento antincêndio 3673
equipamento à prova de explosão 3449
equipamento de aluguer 4693
equipamento de ancoragem 6304
equipamento de campo 3611
equipamento de conservação 4573
equipamento de controlo dum poço 10811
equipamento de elevação 4702
equipamento de escavação 3410
equipamento de içamento 4702
equipamento de imersão 2814
equipamento de injecção 4516
equipamento de manutenção 4573
equipamento de medição 6069
equipamento de medição de distância por raios do infra-rubro 5087
equipamento de movimentação 4573
equipamento de perfuração 2963, 10283
equipamento de perfuração sob-pressão 9055
equipamento de pesca 3698
equipamento de poços 8699
equipamento de terraplenagens 3093
equipamento de transporte 10184
equipamento eletro-ótico de medição de distância 2789
equipamento em segunda mão 8512
equipamento novo 6481
equipamento para desmontagens 2755
equipamento para montagens 3343
equipamento para orifício do poço 10818
equipamento para teste de palheta 10498
equipamento pesado 4621

equipamento sobre lagartas 10154
equipamento sobre rodas 6245
equipamento suplementar 724
equipa móvel 6242
equivalente em água 10700
era glacial 4332
ergonomia de construção 3346
erguer 1442
erodibilidade 3347
erodir 10351
erodível 3348
erosão 3350, 3351
erosão acelerada 57
erosão cársica 5402
erosão de cavitação 1532
erosão diferencial 2658
erosão do leito 2473
erosão do solo 9090
erosão eólica 10859
erosão glacial 4336
erosão hidráulica 8441
erosão interna 4810, 5223, 7144
erosão laminar 8753
erosão marinha 5972
erosão regressiva 8055
erosão superficial 8753
erro 3354
erro absoluto 24
erro aceitável 320
erro acidental 7755
erro admissível 320
erro aleatório 7755
erro casual 7755
erro de base dum aparelho de medição 5250
erro de colimação 1847
erro de compressibilidade 1926
erro de convergência 3362
erro de desbaradamento 9777
erro de direcção 3363
erro de distância 2783, 5657
erro de distorção da objectiva 3365
erro de distorção da objetiva 3365
erro de estrabismo 3357
erro de focalização 3359
erro de horizontalidade do eixo 3369
erro de inclinação 3370
erro de índice 5039
erro de interpolação 5237
erro de leitura 3360
erro de medição 3366
erro de nível 3364
erro de obliquidade 3361, 9782
erro de obliqüidade 3361, 9782
erro de paralaxe 6845
erro de pontaria 3368
erro de posição 7341
erro de precisão 5001

erro do método de medição 3367
erro em profundidade 2783
erro fortuito 7755
erro instrumental 5163
erro intrínseco dum aparelho de medição 5250
erro máximo 6027
erro médio 6040
erro provável 7528
erro relativo 7915
erro resíduo 7997
erro sistemático 9802
erupção 3372
erupção central 1580
erupção dum poço de petróleo 7033
erupção dum poço petrolífero 7033
erupção estromboliana 9571
erupção estrombólica 9571
erupção excêntrica 3114
erupção fisural 3718
erupção fora de controle 1096
erupção instantânea 6725
erupção lateral 3754
erupção pliniana 7226
erupção subaérea 9592
erupção subaquática 9594
erupção subglacial 9603
erupção submarina 9614
erupsão freática 7084
esboço 2556, 8920
esboço fotográfico 210
escada 9303
escada caracol 2162
escada de dos rampas 10314
escada de dos rampas com patamar 7221
escada de emergência 3250
escada em caracol 2162
escada para peixes 3706
escada recta de duas rampas com patamar intermédio 9477
escafandrista 2804
escafandro 2817
escala 8400, 8402
escala Baumé 911
escala cartográfica 8409
escala de Atterberg 681
escala de Beaufort 940
escala de dureza de Shore 8785
escala de enfoque 3963
escala de focalização 3963
escala de fotografia aérea 8406
escala de intensidade 5186
escala de medida de superfície 9265
escala de Mohs 6268
escala de redução 8410
escala de representação das deformações 2468
escala de representação dos movimentos 6334
escala de Shore 8785
escala do aparelho de restituição 8411
escala do desenho dum mapa 7236
escala do fotograma 4962
escala do levantamento 8412
escala do mapa 5959
escala dos comprimentos 8408
escala duma quantidade 8407
escala estereoscópica 4361
escala indefinida 10346
escala limnimétrica 9294
escala média 6045
escala original 6700
escala Richter 8092
escama 8709, 8934
escamação 8414
escamar 9152
escape 5552
escapolite 8416
escarear 7803
escarificador 8125, 8259
escarificar 8418
escarpa 2303
escarpa de falha 3558
escassez 8789
escavação 1542, 2329, 2938, 3404, 3444, 6214
escavação a céu aberto 3408
escavação a secção plena 4157
escavação com escoramento 9681
escavação com escudo 8765
escavação com protecção metálica 9681
escavação debaixo de água 10372
escavação de teste 9948
escavação de túnel em solo brando 9081
escavação e aterro 2331
escavação em degraus 977
escavação em frente larga 8791
escavação em trincheira 10208
escavação geral 3407
escavação na base 10352
escavação por debaixo 10353
escavadeira com caçamba frontal 3512
escavadeira com roda de caçambas 1277
escavadeira de alcatruzes 1277
escavadeira de roda de alcatruzes 1279
escavadeira elevadora 3219
escavadeira giratória 8263
escavadora 3411
escavadora de rodas 1279
escavar 3007, 3400
escavar ou transportar a jacto 9015
escavar uma trincheira 10207
esclerómetro 4589, 8434
escoamento 3867, 8321
escoamento anual 453
escoamento comprimível 1928
escoamento crítico 2231
escoamento das águas subterrâneas 4498
escoamento de água 3868
escoamento de líquido 5683
escoamento dum fluido 3898
escoamento elástico-viscoso 3178
escoamento em carga 7456
escoamento em pressão 7456
escoamento em superfície livre 4098
escoamento em tubagem fechada 1748
escoamento específico 9169
escoamento estratificado 9504
escoamento fluvial 9600
escoamento gradualmente variado 4402
escoamento impedido 3028
escoamento laminar 5476
escoamento livre 4086
escoamento não permanente 10418
escoamento permanente 9361
escoamento plástico 7209
escoamento sob pressão 7456
escoamento subcrítico 9600
escoamento subterrâneo 9637, 10358, 10360
escoamento supercrítico 9661
escoamento superficial 9711
escoamento torrencial 9661
escoamento transitório 10164
escoamento tridimensional 10010
escoamento turbulento 10298
escoamento uniforme 10385
escoamento variado 6517
escoamento variável 10418
escoar 3863
escoar-se 2208, 3865
escolha do local duma barragem 8916
escolha do tipo de barragem 1666
escombreira 9217
escombro 3403, 6339
escombros provenientes de escavação dum túnel 10285
escopo dos trabalhos 8435
escora 1335, 3511
escora 7580, 8781, 9546, 9584, 9585
escora de madeira 10887

escoramento 7579, 10286, 10367
escorar 8782, 9489, 9586
escorar uma galeria 10053
escória 8436, 8437
escória de alto forno 1067
escória metalúrgica usada na pavimentação de estradas 8162
escorregamento 1517, 5490, 8958, 8973
escorregamento de encosta 8995
escorregamento de taludes 8996
escorregamento regressivo 8056
escorregar 8984
escorrimento de lamas 6348
escorvamento 7502
escritório de obra 8911
escritório do estaleiro 8911
escudo 8763
escudo de entivação 9698
escudo de protecção 3922
escurecimento 2395
esfalerite 9182
esferulítico 9187
esfoliação 961, 3418, 8414
esfoliar 3417
esforço alternado 343
esforço de montagem 3345
esforço de torção 10113
esforço dum material 3156
esforço normal 6524
esforço principal 7509
esforço transversal 8738
esforço transverso 9853, 10021
esfriamento dinâmico 3069
esgotamento 2611
esgotar 10423
esgotar um poço por bombage 7641
esgotar um poço por bombeamento 7641
esgoto 2611
esgoto de um poço 10812
esgotos urbanos 10457
esguelho 10865
esguicho fotográfico 7070
"esker" 3376
esmagamento dos tubos de revestimento 1836
esmagar 2271
esmaltina 8930
esmeralda 3242
esmeralda-de-níquel 10956
esmigalhar-se 1323
espaçado 10846
espaçamento 9151
espaçamento das armaduras 7907
espaçamento das barras 857
espaçamento dos barrotes 857
espacial 9158

espaço anular 459
espaço-imagem 4963
espaço intersticial 7325
espaço morto 2411
espaçonave 9147
espaço objecto 6568
espalhadora 9225
espato da Islândia 1369
espátula 9225
especialista em sondagens desviadas 2240
espécie 9161
especificação 9162
especificação padrão 9318
especificações para construção 2042
especificações técnicas 9874
especificações técnicas detalhadas 2571
especificações técnicas pormenorizadas 2571
espectro 9172
espectro de absorção 39
espectro de emissão 3253
espectro de resposta 8032
espectro electromagnético 3210
espectrómetro 9171
espectrómetro de raios gama por cintilação 4188
espectrómetro diferencial 2663
espectrómetro integral 5181
espeleologia 9180
espelho de falha 8956
espelho de guia 621
espelho esférico-côncavo 1947
espelho esférico-convexo 2122
espelho parabólico 6835
espelho plano 7171
espessador 9989
espessura 9990
espessura da barragem 9992
espessura da extracção 9994
espessura da jazida 7989
espessura da lente 9993
espessura da neve 9042
espessura da toalha freática 4501
espessura de contraforte 9991
espessura do aquífero 542
espessura do filão 8490
espessura do lençol freático 4501
espessura na base 2370
espessura no coroamento 10103
espessura real 138
espigão 1313, 4527
espigão de rocha 8199
espigão de telhado 607
espinela 9202
espiral de alimentação 9674
espodumena 9216
espoleta 2582

espoleta de retardo 10058
espoleta instantânea 5148
esporão 1313, 4527, 9209
esporão rochoso 8199
espraiado 3999
espraiado da maré 10032
espuma de poliuretano rígido 7315
esquadrão de imersão 2818
esquema de montagem 3344
esquema de observação por métodos topográficos 6291
esquerda
  à ~ 5564
esqui aquático 10736
esquina 2163
esqui náutico 10736
estabilidade 1403, 9272
estabilidade absoluta 30
estabilidade a longo prazo 3268
estabilidade da regulação 9280
estabilidade da regulagem 9280
estabilidade das fundações 9279
estabilidade das margens do reservatório 9281
estabilidade das vertentes da albufeira 9281
estabilidade dinâmica 3078
estabilidade dos encontros 9278
estabilidade do talude 9001
estabilidade dum aparelho de medição 9273
estabilidade estática 9352
estabilização 9282
estabilização de solos 9103
estabilização dos solos 9103
estabilizador 9104
estabilizador de accionamento hidráulico 4794
estabilizador de comando hidráulico 4794
estabilizador de vara grave 2943
estabilizador do solo 9104
estabilizar 9283
estaca 6911, 7109
estaca de aço 9373
estaca de alicerce 4036
estaca de areia 8375
estaca de atrito 8926
estaca de fundação 4036
estaca de madeira 10055
estaca de parafuso 8467
estaca de ponta 3261
estaca de referência em madeira 10886
estaca flutuante 3809
estaca inclinada 908
estação 7190, 9353
estação automática 718
estação base 4487

estação central de registo 1586
estação central de registro 1586
estação da ferrovia 7731
estação de bombagem 7638
estação de compressores 1940
estação de emissão 10181
estação de medição de caudais 2730
estação de observação 9757
estação de piscicultura 3695
estação de recepção 2576
estação de transmissão 10181
estação do caminho de ferro 7731
estação ferroviária 7731
estação fotografica 1388
estação geradora hidro-eléctrica 10721
estação hidrométrica 4886
estação intermédia de bombeamento 7639
estação oposta 6658
estaca prancha 8755
estaca pré-moldada 7402
estacaria para sustentação do gelo 4927
estacas 7109
estacas secantes 8500
estaca trabalhando de ponta 3261
estacionário 8033
estádio de cavitação final 2567
estádio de cavitação incipiente 5009
estádio de cavitação inteiramente desenvolvida 4164
estádio de desenvolvimento da cavitação 9299
estádio de fumarolas 4167
estádio efusivo 3158
estado de deformação distorsional triplo 4254
estado de deformação plana 7179
estado de deformação triplo 10011
estado de equilíbrio 9339
estado de fluxo estacionário 9364
estado de fluxo permanente 9364
estado de regime 9363
estado de tensão 9340, 9542
estado de tensão plana 7178
estado de tensão triplo 4255
estado de vigília 967
estado elástico 3175
estado estacionário 9363
estado plano de tensão 7178
estalactite 9305
estalactite de lava 5534
estalagmite 9306
estalagmite de lava 5535
estalar 2200
estaleiro 2041, 8213, 10912

estandardização 9314
estanque 10748
estanque ao ar 283
estanque de clarificação 1710
estanque de madeira 10055
estanqueidade 10750
estanqueidade com invólucro flexível 8478
estanqueidade electromagnética 3209
estanqueidade em labirinto 5449
estanqueidade hidráulica 3911, 4827
estanqueidade por coesão 1821
estanqueidade por viscosidade 10601
estanqueidade sem contacto 2048
estar em contacto 966
estar em posição 9307
estática 9349
estática dos fluidos 9350
estatística de cheias 3848
estator 9356
estatoscópio 9357
estaurolite 9360
estável 9286, 9287
esteatite 9056
esteia de protecção 6019
esteio 1335, 3511, 7580
esteio aliviador 1233
esteio ancorado 392
esteio auxiliar 1496
esteio com ambos os extremos telescópicos 2854
esteio com chapéu 7589
esteio da base 5815
esteio de atrito 4131
esteio de auto-aperto 8640
esteio de grande resistência inicial 4967
esteio de linha de desabamento 1233
esteio de madeira 10887
esteio de parafuso 8465
esteio de reacção 4967
esteio de reforço 7909
esteio de reforço de linha de desabamento 1223
esteio dinamométrico 3082
esteio em arcobotante 8469
esteio hidráulico 4832
esteio hidráulico retráctil 2835
esteio intermédio 5125
esteio intermédio maciço 9120
esteio laminar 5472
esteio não recuperável 6514
esteio para desabamento 910
esteio portante 924
esteio provisório 1496, 9907
esteio que atingiu o limite de deformação 9117
esteio rígido extensível 8110
esteio simples 5053
esteio tubular 10269
esteira de protecção 6018
estepe 9386
estéreis 7874
estereocomparador 9388
estereofotografia 9398, 9399
estereofotogrametria 9397
estereofotogrametria espacial 9148
estereofotogramétrico 9395
estereograma 9389
estereograma normal 6530
estereomecânica 9390
estereometria 6068, 9393
estereoscopia 9411
estereoscópico 9158, 9401
estereoscópio 9400
estereoscópio com lentes 5579
estereoscópio de espelho 7860
estereoscópio de medida 6075
estereoscópio de reflexão 7860
estéril 2716, 4191, 9827
estéril misto com minério 1128
estética 215
estiagem 5839
esticador 9226, 10301
esticar 3463
estilbite 9422
estilo 9589
estilolite 9590
estimar 3377
estimativa 6203
estimativa das quantidades de serviços 1014
estimativa das quantidades de trabalho 1014
estimativa das reservas de óleo bruto 3380
estimativa de custo do projecto 7559
estimativa orçamental 2177, 7489
estimativa orçamentária 7489
estimulação dum poço 10825
estocagem de gás 4226
estocagem de petróleo 7030
estopim 4174
estrada de estaleiro 8913
estrada de interesse paisagístico 8421
estrada de serviço 8635, 8913
estradas de acesso 74
estrada sobre a barragem 8173
estrada turística 8421
estragos aparentemente devidos à exploração mineira 504
estragos devidos à exploração 6211

estrangulamento dum glaciar 4342
estratificação 9502, 9503
  com ~ entrecruzada 2316
estratificação anual 452
estratificação concordante 1954
estratificação cruzada em espinha-de-peixe 4645
estratificação deltaica 2495
estratificação de maré 10027
estratificação em superfície de separação de fácies 5212
estratificação escalonada 4394
estratificação irregular 5276
estratificação oblíqua 3537
estratificação primária 6701
estratificação rítmica 8087
estratificação térmica 9979
estratificações cruzadas 2253
estratificado 944
estratificado em camadas espessas 9505
estratigrafia 9512
estrato 5541, 8202, 9514
estrato activo 123
estrato de referência 5421
estrato de transição 10167
estrato discordante 2738
estrato formando ponte 9490
estrato impermeável 10751
estrato não explorado 10379
estrato permeável 6976
estrato petrolífero 7003
estrato produtivo 7544
estratos contíguos 157
estratoscópio 9498
estrato virgem 10379
estratovulcão 9513
estreitamento 6488
estreitamento de uma geleira 4342
estreito 5736
estria 9550
estrias glaciais 4341
estribo 1017, 9427, 9428
estromatólito 9570
estronca 4538
estronca elástica 9243
estroncamento 9587
estronca telescópica 9894
estrôncianite 9574
estrutura 3503, 9581, 9582
estrutura algácea 299
estrutura anticlinal 472
estrutura bioestratigráfica 1036
estrutura colunar 1860
estrutura cone-em-cone 1985
estrutura cone entre cone 1985
estrutura continental 2067
estrutura cristalina 2295
estrutura da tomada de água 5179
estrutura de bioerosão 1026
estrutura de deformação 2464
estrutura de entivação 7378
estrutura de entrada 4610
estrutura defletora 2452
estrutura de microestacas 6153
estrutura de separação da água limpa 2634
estrutura de suporte hidrostático sobre areia 4895
estrutura de terra armada 7900
estrutura do carvão 1779
estrutura do solo 9105
estrutura em aço 5706
estrutura em bandas azuis 1100
estrutura em favo 4726
estrutura floculada 3822
estrutura geológica 4281
estrutura geopetálica 4303
estrutura granofírica 4418
estrutura imbricada 4965
estrutura lamelar 3749
estrutura microgranítica 4418
estrutura monogranular 8890
estrutura para telhado de vidro 4358
estrutura resistente em aço 5706
estrutura reticulada de entivação 4070
estruturas de protecção contra as cheias 3833
estrutura sedimentar 8524
estrutura sedimentar primária 7499
estrutura sedimentar secundária 8508
estrutura treliçada de aço 5706
estrutura vermicular 10542
estrutura vesicular 10566
estuário 3383, 8152
estudo batimétrico 905
estudo da glaciologia 2280
estudo da rocha 8204
estudo das propostas 377
estudo de conjunto 1918
estudo de orientação 6694
estudo de viabilidade 3576
estudo do impacte ambiental 3306
estudo do projecto 8426
estudo dos deslocamentos 6320
estudo dos métodos de exploração 6143
estudo dum projecto 8426
estudo em modelo reduzido 8404
estudo fundado sobre modelo analógico 371
estudo geológico 4283
estudo piloto 6694
estudo preliminar 6694
estudo sobre modelo reduzido 8404
estudos preliminares 7425
estuque 7196
esvaziamento 3256
esvaziamento brusco 9650
esvaziamento para inspecção 2907
esvaziar 3255
esvaziar um poço por bombagem 7641
eudiómetro 3385
euédrico 3387
eugeosinclinal 3386
eutrofização 3390
evacuador auxiliar 728
evacuador com comporta 2101
evacuador com portadas a diversos níveis 6371
evacuador de cheia 9192
evacuador de cheia com canal de descarga recoberto de erva com resistência reforçada à erosão 7901
evacuador de jactos cruzados 2246
evacuador de meio fundo 6178
evacuador de segurança 3249
evacuador de superfície 9723
evacuador de superfície sem comporta 10345
evacuador do tipo Y 10321
evacuador em bico de pato 3047
evacuador em labirinto 5450
evacuador em leque 3542
evacuador em malmequer 2362
evacuador em poço 8703
evacuador em salto de esqui 8923
evacuador em sifão 8902
evacuador em tulipa 971
evacuador principal 5912
evaporação 3391
evaporímetro 3394
evaporito 3395
evapo-transpiração 3396
evapotranspiração 3396
evapotranspirómetro 3397
eventuais 2070
evolução 3398
evolução da pressão 2595
evolução magmática 5874
exactidão 87
exactidão dum aparelho de medição 4078
exame 9942
exame com raios X 10924
exame da precisão 5269
exame gamagráfico 4185
examinar 10257
exaustor 3490

excavação 1541
excavação de fundação 4043
excentricidade 3115
excentricidade dos raios 4636
excentricidade linear 5655
excêntrico 3111
excesso de exposição 6760
excesso de revelação 6758
execução de uma fase 4987
execução de um projecto 4987
execução dum protótipo 3415
exogeologia 3421
expanção 2675
expandir 2209, 3422
expansão devido ao
  congelamento 4148
expansão pelo gelo 4148
expansão por congelação 4148
expansão uniforme 10384
expansão urbana 10455
expansibilidade 3424
experimental 3433
experimentar 10257
experto em pesca 3691
experto em recuperação 3691
explorabilidade 10893
exploração 2591, 6652, 10897
exploração abaixo do nível de
  extracção 2700
exploração a céu aberto 2407
exploração a subir 8128
exploração circular 1690
exploração com entulhamento
  3489
exploração com frente oblíqua
  7655
exploração com máquina de abrir
  túneis com comando a
  distância 6277
exploração da albufeira 7984
exploração das jazidas
  petrolíferas 7012
exploração de aluvião fluvial
  8150
exploração de cobre por valas
  6630
exploração de pedreira 7675
exploração dos locais 8492
exploração dum aquífero 533
exploração em avanço 181, 10901
exploração em duplo sentido
  2857
exploração em retirada 767
exploração escalonada 978
exploração harmónica 4591
exploração linear 5672
exploração mineira 2932
exploração num só sentido 10383
exploração petrolífera em mar
  aberto 6600

exploração por andares 4730
exploração por câmaras 8258
exploração por câmaras de
  armazenamento 8807
exploração por câmaras e pilares
  8257
exploração por câmaras e pilares
  com desabamento 8256
exploração por câmaras e pilares
  com recuperação destes 7127
exploração por câmaras
  irregulares 1546
exploração por câmaras isoladas
  9460
exploração por desabamento 1524
exploração por desabamento com
  subníveis 9610
exploração por desabamento em
  grandes blocos 1092
exploração por fatias 8954
exploração por fatias transversais
  2256
exploração por frente corrida
  5788
exploração por frentes contínuas
  desabadas 5789
exploração por subníveis 1337
exploração por trincheiras 2939
exploração simultânea de vários
  filões 6389
exploração subterrânea 2435
exploração unidireccional 10383
explorador 8415
explorar uma jazida petrolífera
  7537
explorar um jazigo petrolífero
  7537
explosão 1071, 2581, 3678
explosão dum fornilho 2196
explosão freático-magmática
  7085
explosão subaquática 10371
explosão sub-aquática 10371
explosivo 3450
explosivo brisante 4664
explosivo de alta velocidade 4664
explosivo lento 5823
explosivo rápido 4664
explosor 1066
exponencial 3455
expor 3456
exposição 3458, 5619, 10063
exposição de tempo 10066
exposição insuficiente 10355
exposto 3457
expressão 3462
exsudação 1081
exsudar 6628
extenção de medição 6058
extensão 2460, 3230

extensão absoluta 23
extensão de cedência 10950
extensão de encurtamento 5378,
  10439
extensão de terreno 9549
extensão inserida num buraco
  furado na frente 176
extensão percorrida 1750
extensão relativa 7914
extensibilidade 3464
extensível 3465
extensómetro 3471
extensómetro com laser 5505
extensómetro corrector 6534
extensómetro de corda vibrante
  10576
extensómetro de grande base
  5767
extensómetro de precisão 7412
extensómetro deslizante 8968
extensómetro eléctrico de
  resistência 9486
extensómetro haste 4045
extensómetro lateral 5518
exterior 3473
extracção 10897
extracção contínua de
  amostragem 2073
extracção das amostras 2153
extracção das varas de sonda
  2980
extracção de amostragem com
  cabo 1352
extracção de amostragem com
  turbina 10295
extracção de amostras 8365
extracção de amostras de parede
  5511
extracção de amostras do poço
  10822
extracção de gás 4207
extracção do escombro 3404
extracção do petróleo 3486
extracção dos tubos de
  revestimento 1484, 7826
extracção final estimada 3378
extracção intermitente por gás
  5219
extracção por ar comprimido 270
extracção simultânea em várias
  camadas 8878
extractor 9211
extractor de amostra de neve
  9052
extractor de amostras 2150, 9211
extractor de tubos 10260
extradorso 3491, 10519
extrair 1768, 1867
extrair os utensílios de sondagem
  4703

extremidade da frente 3508
extremidade duma corrente de
   turbidez 9831
extremo água abaixo da face 1169
extremo água acima da face
   10090
extremo de jusante da face 1169
extremo inferior da face 1169
extremo superior da face 10090
extrudir 3495, 9268

fábrica nova 6480
fabricante de equipamento pesado
   4622
faca do buril 1046
face
   à ~ 3927
face inferior de viga 9071
fachada 4143
fachina 3545
fachina de proteção 6019
fácies 3516
fácies de cristal 2289
fácies fluvial 3930
fácies marginal 5967
fácies metamórfica 6125
fácies pelágica 6914
fácies petrolífera 7004
fácil de abater 4103
facolita 1613
factor crítico de amplificação da
   tensão 4059
factor da amplificação da tensão
   9536
factor de carga 5719
factor de carga da rede 9804
factor de carga duma central 7193
factor de compressibilidade 1799,
   1927
factor de entulhamento 9466
factor de estabilidade 9276
factor de forma 8720
factor de formação 4011
factor de qualidade 7670
factor de reflexão 7858
factor de uniformidade de Kramer
   5439
factor dimensão 8918
factor do ambiente 3301
factor granulométrico 4401
factor Q 7670
factor tempo 10064
factor volumétrico da jazida 7990
faculdade de visão estereoscópica
   7385
fadiga 3548
fadiga por vibração 10578
faixa 8953
falésia 1737
falha 1286, 2366

falha activa 121
falha antitética 488
falha composta 1902
falha curvilínea 2326
falha de abismamento 8986
falha de cavalgamento 6784
falha de compressão 1931, 8069
falha de distensão 9927
falha de dobramento 3967
falha de extensão 9927
falha de pequeno ângulo 5805
falha de rejeição direccional
   10161
falha de rejeito horizontal 3775,
   9558
falha de sobreposição 6773
falha de transformação 10161
falha de translação 10177
falha dextrorsa 2613
falha diagonal 6570
falha direccional 9556
falha em degraus 9385
falha encurvada 2322
falha fechada 1749
falha gravitacional 4440
falha horizontal 4740
falha inversa 8069
falha longitudinal 5772
falha maior 2828
falha marginal 5968
falha morta 2410
falha normal 6523
falha oblíqua 6570
falha ortogonal 2695
falha paralela ao plano de
   estratificação 953
falha paralela e convergente 5423
falha perpendicular 2695
falha principal 2828
falha radial 7707
falha reversa 8069
falha rotacional 8290
falha rotativa 8291
falha rotatória 8291
falha secundária 6218
falha segundo a direcção 9558
falhas em degraus 9385
falha sinclinal 9792
falha sinistrorsa 8894
falhas paralelas 9385
falha transcorrente 9867
falha transversal 2243, 10189
falha vertical 10555
falha vertical de deslocação
   10919
falsa pega 3538
falsa presa 3538
falso muro 3860
falso tecto 2925
falso-tecto desabado 7752

falta de distorção 4079
falta de estanqueidade do sistema
   hidráulico 10422
falta de nitidez 5453
família de fissuras 9807
famílias de diaclases 5369
fanglomerado 3539
farol 918
farol de nevoeiro 3965
fasces de retas 6920
fase 1677
   na ~ de anteprojecto 685
   na ~ de projecto 684
fase de construção 2039
fase eruptiva 3374
fase explosiva 3452
fase final 1793
fase vulcânica 10617
fatia 9448
fator água-cimento 10690
fator de capacidade 7192
fator de capacidade de uma usina
   7193
fator de carga do sistema 9804
fatores ambientais 3301
fauna 10854
fazer a média 9839
fazer avançar 3008
fazer coincidir 1257
fazer o enchimento sob pressão
   774
fazer uma encomenda a X 7156
fazer um concurso 1380
fazer um nivelamento 5587
fechamento de emergência 10242
fechamento do rio 8142
fecho 2258
fecho da válvula 1759
fecho de abóbada 555
fecho de arco 2257
fecho do poço 8816
fecho do rio 8142
feixe 819
feixe de barras 1314
feixe de laser 5504
feixe de raios 6919
feixe dos raios nucleares 3321
feldspatização 3587
feldspato 3585
felsico 3588
felsite 3589
fenda 2198
fenda de corte 8734
fenda de tracção 9925
fenómeno cársico 5406
fenómeno cársico 5406
fenómeno de cavitação 7041
fenómenos de rotura 1241
fenómenos explosivos 3453
fenómenos paravulcânicos 6855

fenómenos pós-vulcânicos 7354
fenótipo 7038
ferberite 3594
fergusonite 3595
ferramenta 10083
ferramenta de montagem 3725
ferramenta de pesca 3705
ferramenta de pesca magnética 5885
ferramenta para montagem 3725
ferramentas de corte para perfurar túneis 10085
ferro com ganchos 834
ferro de armação isolado 8881
ferro de montagem 7905
ferro dobrado 994
ferro para posicionamento 832
ferro único de armação 8881
ferrovia 7730
ferrovia de canteiro 8912
ferruginoso 3596
fertilizante 3597
fetch 3598, 3599
fiada de alongas 8305, 8306
fiada de alongas articuladas 8304
fiada de esteios 8307, 8308
fiada de esteios de desabamento 1224
fibra de aço 9369
fibra de amianto 638
fibra de vidro 4352
fibra neutra 6473
fibra sintética 9799
ficar em consola 5384, 7556
ficha 1347
fieira pescadora 8266
figura de interferência 4135, 5204, 5290
figura de rotura 4057
filádio 7086
filão 3064, 8488
filão de contacto 2052
filão de fissura 3720
filão escalonado 5457
filão hipotermal 4923
filão lenticular 5581
filão mesotérmico 6114
filão principal 5924, 6316
filão rico 1117
filão secundário 3025
filer 3626
filito 7086
filmador 3631
filme em rolos 8224
filogénese 7087
filogenia 7087
filtração 3641
filtragem 3641
filtro 3638, 3640
filtro centrífugo 1600

filtro de ar 262
filtro de cascalho 4432
filtro de cerámica 1607
filtro de gás 4216
filtro de líquido 5682
filtro de óleo 6604
filtro de polarização 7295
filtro de saibro 4432
filtro eléctrico 3199
filtro hidráulico 4802
filtro invertido 8072
filtro magnético 5884
filtro mecânico 6082
filtro para poços 10823
fim de pega 3648
fim de presa 3648
finamente estratificado 3657, 9506
finos 3660
finura 3658
fio de fundação 4045
fio de prumo 7247
fio de prumo directo 2713
fio de prumo invertido 5267
fiorde 3744
fiordes 3744
firme 41, 3679, 3680, 4379, 9287
firme rochoso 958
fisga 8981
fisiografia 7091
físsil 3713
fissilidade 3714
fissura 2198, 3715
fissuração 3721, 5366
fissuração devida à exploração 5057
fissura capilar 6152
fissura da falha 3561
fissura de dessecamento 6345
fissura de tracção 9917
fissuras 780
fissuras de compressão 7446
fissurômetro 2199
fita de aço 9371
fita métrica 6076
fixação dos esteios 7585
fixação por chavetas 8808
fixar 3727
flanco 8819
flange de acoplamento 2186
flange de redução 143
flange do motor 6321
flange terminal 3262
flecha 2447, 3781, 3784, 8351
flecha numa laje 2450
flexão 982, 3784, 6256
flexibilidade 3776
flisch 3940
floculação 3818
floculado 3821

flocular 3815
flóculo 3814
flogopite 7042
flora 3862
flotação 2288
flotação da areia 4617
flotação de areia 4617
fluctuação do nível da água 3894
fluência 2210
fluidez 3902
fluidificação 4810
fluidificante 2332
fluidímetro 3901
fluido 3895
fluido de circulação 2976
fluido de injecção 5110
fluido de perfuração 10798
fluido hidráulico 4803
fluido viscoso 10602
fluimento 3092, 9708
fluimento de terras 3091
fluir 2208, 3863
fluorite 3915
flutuabilidade 1316
flutuação 3795
flutuador 3793
flutuador hidrométrico 4884
flutuantes de proteção 1126
fluvio-glacial 526
fluxímetro 3887
fluxo 3867
fluxo de caixa cumulativo 2308
fluxo de caixa final 10326
fluxo descendente na direcção do subsolo 5085
fluxo em produção eruptiva 3926
fluxo laminar 5476
fluxo magnético 5886
fluxómetro 7776
fluxômetro 3887
fluxômetro de válvula 10489
fluxômetro electromagnético 3206
fluxômetro registrador 3892
fluxo na direcção do subsolo 5085
fluxo radial 7708
fluxo turbulento 10298
fluxo variável 10510
focalização 165, 8666
focalizar 3955
foco 3956
foco anterior 4142
foco de explosão 3448
folga 781, 4076, 4077
folga total 10123
folheado 10534
folhelho 8708
foliação 3973
fonte 9229

fonte da energia 9141
fonte de água 10702
fonte de erros 9142
fonte de falha 3566
fonte de lava 5531
fonte luminosa 5625
fora das condições normais 6744
fora de serviço 6745
fora do perfil 6751
força 3982
força activa 122
força antagonista 8034
força centrífuga 1601
força centrípeta 1606
força cortante 8738
força de gravidade 4445
força de inércia 5067
força de retorno 8034
força de rigidez 9418
força de subpressão 10427
força do relevo 7932
força do vento 10860
força excitadora 3413
força expansiva 3432
força externa 3475
força hidrodinâmica 3073, 4860
força hidrostática 9346
força interna 5225
força maior 3989
força mássica 5999
força mássica sísmica 8550
força normal 6524
força passiva 6873
força sísmica 8551
força sísmica distribuida no volume 8550
forças modais 6250
força volúmica 5999
forma 4019
forma cambota 1575
formação cársica 5401
formação de abóbada no solo 563
formação de carso 5396
formação de escamas 3747
formação de karst 5396
formação desmoronadiça 1523
formação de turfa 6902
formação de uma camada contínua de gelo 6799
formação dos continentes 2069
formação dos vales 10472
formação férrica 5324
formação geológica 4008
formação pouco permeável 527
formação produtiva 6890
formação sedimentar 8523
formações carboníferas 1778
formações hulhíferas 1778
forma da bacia hidrográfica 8721
forma de onda 10765

forma deslizante 8970
forma móvel 10202
formar 9638
formar um talude 4007
formas 6326
formas de cristal 2289
formato 8917
formato da película 3635
fórmula 3462
fórmula de cravação de estacas 7114
fórmula de Morkill 6309
fornecedor 9671
fornecimento de energia de emergência 3246
fornecimento e montagem 9672
fornilho 6188
forqueta de articulação 1736
forro 1547
fosfatização 7043
fossa 1003, 9657, 10248
fossa de aluimento 9630
fossa de amortecimento 7250
fossa de erosão 8439
fossa de falha 3572
fossa intercontinental 8097
fossa séptica 8617
fossa tectónica 4391, 8098
fóssil 4024
fóssil chave 4541
fóssil índice 4541
fotocartógrafo 7045
fotoclinómetro de Schlumberger 8431
fotoelasticidade 7048
fotoelástico 7046
foto-goniómetro binocular 7051
foto-goniômetro binocular 7051
fotografar 7065
fotografia 7066, 7073
fotografia aérea 195, 196
fotografia aérea colorida 1855
fotografia aérea de cores 1854, 1855
fotografia com eixo horizontal 7072
fotografia normal 6527
fotografia panorâmica 6829
fotografia por raios X 8232
fotografia por satélite 8392
fotografias da mesma inclinação 9790
fotografias de diferente inclinação 668
fotografias divergentes 2806
fotografias oblíquas à direita 8105
fotografias oblíquas à esquerda 5562
fotografias paralelas 6849

fotografias verticais e convergentes 5831
fotografia terrestre 9938
fotografia vertical 10549
fotográfico 7067
fotógrafo de vôo 1387
fotograma 7052
fotogrametria 7063
fotogrametria de duas imagens 9397
fotogrametria de transformação 7835
fotogrametria por imagens únicas 8887
fotogrametria por intersecções 7064, 7181
fotogrametria terrestre 9937
fotogramétrico 7054
fotogrametrista de campo 3619
fotomecânico 7074
fotómetro 3460, 7075
fotossensível 8609
fotossíntese 7076
fototeodolito de campo 3620
fototopografia 7078
foz 8152
fração 4053
fracção 4053
fracção coloidal dum solo 9088
fracção de dimensão silte 8866
fracção ligante dum solo 9084
fraccionamento isotópico 5317
fractura 3528, 4054
fracturação hidráulica 4804
fractura concoidal 1951
fracturado 4063
fractura instável 1261
fracturamento 4060
fractura por fadiga 2366
fracturar 1221
fracturarse 2197
fracturas 3856, 8240
frágil 1259
fragilidade 1262
fragmentação 1236, 4062, 9154
fragmentado 4063
fragmentos 4064
franja capilar 1410
franjas de interferência 4135
franklinite 4072
fratura 4054
fraturamento hidráulico 4804
frente 4601, 10281
frente ascendente 8129
frente contínua com comando a distância 7944
frente corrida 5787
frente corrida descendente 2694
frente corrida em avanço 10899
frente corrida parada 9323

frente corrida que avança para o terreno virgem 9555
frente curta transversal 2248
frente da via 8161
frente de ataque 10281
frente de desmonte 3505
frente de galeria 3996
frente detida 9354
frente duma corrente de turbidez 6533
frente dupla 2855
frente em avanço 10899
frente não entivada 3515, 7583
frente sem pessoal 5942
frequência 4113
frequência de diaclases 5363
frequência de montagem de esteios 137
frequência natural 6422
frequência própria 6422
frequência própria duma fundação 6423
frequencímetro 4115
fresa 6183
fresa cónica 9859
fresa de engrenagem 4238
fresco 4118
friável 2270, 4121
fronteira 1192
frontispício 4143
fuga 5551
fumarola 4166
fumeiro 1658
função de velocidade 10526
funcionamento contínuo 2076
funcionamento duma máquina 8320
funcionamento intermitente 5220
funcionário de segurança 8345
fundação 4040
fundação com diaclases 5361
fundação de caixa 1202
fundação de estrada 8159
fundação de grelha 4459
fundação diaclasada 5361
fundação em betão não armada 7162
fundação em pegões 7097
fundação em sapata contínua 9560
fundação flutuante 3804
fundação fraturada 5361
fundação individual 5297
fundação não armada 7162
fundação rígida 8111
fundação sobre estacas 7117
fundação sobre estacas flutuantes 3810
fundação superficial 8714
fundação tipo caixa 1202

fundações 4040
fundações da torre de perfuração 2549
fundamentos geométricos 4297
fundamentos mecânicos 6078
fundamentos ópticos 6660
fundar 4026
fundo 775
fundo da sondagem 1137
fundo de amortização 8898
fundo de bacia 892
fundo do leito 941
funil 4171
furação por injecção 10670
furador 16
furar 1132
furar novamente 7844
furgão 10497
furgoneta 10497
furo 1069
furo aberto com trado 693
furo auxiliar 7931
furo de controle 5142
furo de descarga 10794
furo de detonação 1069
furo de drenagem 2882, 10794
furo de grande diâmetro para fogo de levante 6188
furo de injeção 4510, 4515
furo de mina 8795
furo de rebaixamento 10821
furo de sonda ascendente 8134
furo de sondagem 1135
furo de sondagem para injecção 4510, 4515
furo limpo 4089
furo não revestido 10338
furo para amostragem 2151
furo para injecção 4510
furo perpendicular à frente 798
furo por percussão 1134, 6938
furo por rotação 2950
furo revestido 1452
furos de injecção intermedios 9212
fusão 6101
fusível 4173
fusível automático 710
fuste 8693
fuste da chaminé 1659

gabião 4178
gabro 4177
gaiola de segurança 8331
galaxita 4179
galena xistosa 8428
galeria 153, 154, 2305, 4180, 4596, 8166, 10277
galeria adutora em pressão 7396
galeria das comportas 10490

galeria das válvulas 10490
galeria de acesso 76
galeria de adução 525, 4604, 4606, 5834, 7396
galeria de adução em carga 7396
galeria de aquífero 534
galeria de base 1182
galeria de derivação 2810
galeria de descarga 2921, 2922
galeria de descompressão 7935
galeria de desmonte 2940, 4230
galeria de desvio 2810
galeria de drenagem 2881
galeria de evacuação 5718
galeria de expanção 3427
galeria de fuga 9835
galeria de injeção 4507
galeria de injecção 4517
galeria de inspeção 5143
galeria de limpeza 8438
galeria de reconhecimento 152
galeria de restituição 9835
galería de visita 5143
galeria do barramento 1324
galeria do evacuador de cheia 9200
galeria dos cabos 1354
galeria dos transformadores 10160
galeria do vertedouro 9200
galeria em carga 7481
galeria em direcção na rocha 5517
galeria na rocha 9433
galerias, canais ou condutas de adução numa albufeira 2811
galeria travessa 2242
galgamento 6764
galvanizado 4181
gama de plasticidade 7206
gama dinâmico 3076
gamagrafia 4185
gancho 835
gancho da cabeça de injecção 8278
gancho de levantamento para tubos de revestimento 1476
gancho de perfuração 2968
gancho de pesca 3699, 7092
gancho pescador 1048
garantia 4529
garantia de qualidade 7667
garantia dos parâmetros de funcionamento 4531
garfo 10954
garganta 4382
gás 4199
gás ácido 92
gás aprisionado 3293
gás de pântano 5995

gás de petróleo 1473
gás emulsionado na lama 4208
gases dissolvidos 2774
gas freático 7081
gás húmido 1865
gás livre 4088
gás natural 1473
gás natural ácido 9144
gás natural de combinação 1865
gás natural doce 9767
gás natural liquefeito 5680
gás natural não sulfuroso 9767
gás natural não tratado 7787
gás ocluso 3293
gasolina natural 1474
gás pobre 5559
gás rico 1865
gás soltado 5603
gastos 1462
gato em barra 832
geada 4697
geiser 4327
geiser de lama 6350
geiser de lodo 6350
geiserite 4328
gel 4243
geleira 4344, 8623
geleira continental 2062
gelificação 4244
gelivação 4145
gelividade 4246
gelo 4144
gelo de fundo 863
gelo flutuante 3806
gelo pastoso 4073
gelos permanentes 6964
gelo viscoso 4074
gema 4248
gémeos de interpenetração 5235
gemología 4247
génese do solo 9092
genótipo 4258
geocronologia 4264
geocronología isotópica 5318
geode 4265
geodesia 4267
geodésico 4268
geodético 4268
geodinâmica 4271, 4293
geoestatística 4309
geofísica 4308
geofísica aplicada 3282
geofísica de campo 3613
geofísica de canteiro 3613
geofísica de estaleiro 3613
geofísica de prospecção 3440
geofísica do ambiente 3304
geofísico 4305
geofone 4304, 8567
geografia 4275

geografia física 7091
geologia 4287
geologia aplicada 513
geologia de campo 3612
geologia de engenharia 3280
geologia de estradas 8160
geologia de exploração 3439
geologia de extracção 7543
Geologia de isótopos 5319
geologia de produção 7543
geologia do ambiente 3302
geologia dos isótopos estáveis 9292
geologia estratigráfica 9512
geologia estrutural 9576
geologia geral 7088
geologia glacial 4348
geologia histórica 4694
geologia mecânica 3280
geologia para abertura de túneis 10279
geologia para exploração das jazidas petrolíferas 7021
geologia relativa às minas 3439
geologia subterrânea 9636
geólogo 4286
geólogo de petróleo 7015
geólogo especialista em prospecção 3438
geomecânica 4293
geomembrana 4295
geómetra 5493, 9753
geômetra 5493
geometria 4300
geometria descritiva 2553
geométrico 4296
geomorfologia 4302
geomorfologia de engenharia 3281
geomorfologia do ambiente 3303
geomorfológico 4301
geoquímica 4263
geossinclinal 4310
geotécnica 4313
geotécnica do ambiente 3305
geotécnico 4311
geotermia 4320
geotérmico 4316
geotermometria 4284
geotermómetro 4321
geotextil 4315
geotextil tecido 10917
geotextil tricotado 5437
geoxtil não tecido 6518
gerador 4257
gerador de caudal 3880
gerador de comando hidráulico 7386
gerador de fluxo 3880
gerador de potência hidráulica

4831
gerador hidráulico 4807
gesso 4555
gesso anidro 443
gestão dos recursos hídricos 10731
gicleur 6539
ginásio 4553
giro de horizonte 6575
giroscópio 4558
glaciação 4343
glacial 4331
glaciar 4344
glaciar continental 2062
glaciar de Hubbard 4770
glaciar de Humbolt 4773
glaciar de montanha 6328
glaciar de planalto 7212
glaciar de sopé 7094
glaciar de sopé compósito 1911
glaciar de tipo alpino 333
glaciar de tipo Mustag 6398
glaciar de tipo Turkestan 10300
glaciar de vale 10474
glaciar de vale compósito 1911
glaciar entre montanhas 5222
glaciar suspensão 4580
glacio-fluvial 526
glaciologia 4350
glaciomarinho 4339
globular 4366
globulito 4367
gnaisse 4369
gneissóide 4370
goetite 4376
golfo 4547
golpe de ariete 10706
golpe de terreno 1311, 1312, 1771
golpe de vento 9257
goniometria 6053
goniométrico 4381
goniômetro 4380
goteira 8246, 10249
gótico 4384
gótico inicial 3084
gouge 3562, 8598
goussets de reforço 7908
"graben" 4391
grade 8462
grade de cristal 2290
grade de discos 2304
grade de protecção 4535
grade esboroadora 2304
grade fina 3661
grade grossa 1784
gradiente 4396
gradiente de carbonização 1773
gradiente de gravidade 4446
gradiente de humidade 6273

gradiente de potencial 7362
gradiente de pressão 7459
gradiente de resistividade 8023
gradiente de saída 3420
gradiente de temperatura 9900
gradiente de tensão 9535
gradiente geotérmico 4318
gradiente hidráulico 4809
graduação 4406
graduação centesimal 1578
graduação sexagesimal 8689
graduado
   bem ~ 10816
gráfico 4425, 8317
gráfico da produção 7542
gráfico das alturas 2623
gráfico de registos das chuvas 7734
gráfico dos erros 3358
grafite 4428
grampo 1700
grande barragem 5500
grande público 4253
grandeza 5901
grandeza derivada 2543
grandeza perturbadora 2800
grandezas básicas 881
grandeza sem dimensão 2681
grandezas fundamentais 881
granitização 4417
granito 4415
granulação
   de ~ fina 1755
granular 4419
granulometria 9108
   com ~ fina 3654
granulometria contínua 2074
   de ~ 10816
granulometria descontínua 4195
   de ~ 7318
granulométrico 4423
grão 4408
   de ~ 1755
grão duma capa fotográfica 4410
grau 2474
grau centesimal 4392
grau de articulação 3776
grau de carvão 1777
grau de cavitação 2475
grau de consolidação 2476
grau de curvatura 2477
grau de desgaste 2482
grau de equipamento da central 7192
grau de extracção 7577
grau de infiltração 5074
grau de intensidade 5183
grau de liberdade 2479
grau de saturação 2480, 8395
grau de viscosidade 2481

graúdo 5848
grau geotérmico 4318
grauvaque 4449, 10169
gravidade 4439
gravidade ao ar livre 4075
gravidade medida 6580
gravidade observada 6580
gravilha 6891
gravilhas preenvolvidas 1790
gravimetria 4438
gravímetro 4436
gravímetro astático 663
gravitação 4439, 4442
grelha 4430, 8462
grelha fina fina 3661
grelha grossa 1784
grés 8378
grés asfáltico 653
grés betuminoso 653
greta 2220
greta lateral 5964
greta marginal 5964
greve 9553
greve ilegal 10412
greve selvagem 10412
grid roller 4457
grimpar 1741
grisu 6187
grossulária 4469
grua 2202
grua auto-móvel 8591
grua autopropulsora 8591
grua com comando de rolamento circular 8117
grua de elevação 4700
grua de extracção 4700
grua flutuadora 3801
grua móvel 10201
grua "qualquer terreno" 8299
grua sobre lagartas 10145
grua sobre rodas 10840
grua todo o terreno 8299
grua-torre 10135
grua-torre sobre camião 5795
grupo bomba/turbina e motor/gerador com sentido de rotação invariável 5279
grupo compressor 1942
grupo de elementos de entivação com comando sequencial 8621
grupo de estacas 7118
grupo de poços 4503
grupo de três de Steinmann 9381
grupo em manutenção 10398
grupo em reparação 10399
grupo gerador funcionando em vazio 10394
grupo reversível bomba/turbina e motor/gerador 8076

grupos de reserva 9157
grupos turbogeradores 4862
grupo turbogerador hidro-eléctrico 4863
gruta 1512
guano 4528
guarda 2386
guarda-corpo 521, 4535
guarda de eclusa 5747
guardalamas 6351
guardrail 4535
guarnecimento 5462
guia 3592
guia da sapata 8778
guia da válvula 10491
guia de jacto 6539
guia de mola 9231
guia do cabo 1349
guiamento 6693
guiamento externo 6731
guiamento externo do fotograma 6732
guiamento interior 5124
guiamento por estroncas 4539
guiamento recíproco da máquina fotográfica múltipla 7813
guia no espaço 9149
guincho de extracção 4699
guincho de montagem 8675
guindaste 8117, 10861
guindaste autopropulsor 8591
guindaste de alcance variável 2546
guindaste de braço variável 2546
guindaste de elevação 4699
guindaste de pórtico 4192
guindaste de torre 10135
guindaste móvel 10201
guindaste "qualquer terreno" 8299
guindaste sobre caminhão 5795
guindaste sobre lagartas 10145
guindaste sobre rodas 10840
gunite 4549

habilidade 12
habitação de pessoal 679
habitat 4561
hadal 4562
halo 4563, 4567
halo de alteração 338
halo de escape 5556
halo em rocha encaixante 10661
haloisite 4714
hammer grab 4570
haste 8694
haste de perfuração 3004
haste de perfuração de junta interna lisa 5224
haste de suspensão 4016

haste de válvula 10496
haste-guia 9149
haste motriz 694, 5415, 9262
haste pesada 8896
haste pesada com ranhuras em espiral 9207
haste pesada pivotada 618
haste pesada quadrada 9262
hemimorfismo 4643
hemisfério 4644
hermeticidade 10038
hermético 283
heterogéneo 4648, 5095
heulandite 4652
hidratação 4782
hidratação do cimento 4783
hidratar 4781
hidrato 4780
hidráulica 4835
hidráulica fluvial 8147
hidrocarboneto 4848
hidrocarboneto a cadeia aberta 6632
hidrocarboneto aromático 600
hidrocarboneto asfáltico 651
hidrocarboneto gasoso 4214
hidrocarboneto líquido 5684
hidrocarboneto parafínico 6838
hidrocarboneto saturado 6632
hidrociclone 4853
hidrocinética 4859
hidrodinâmica 4859
hidrodinâmico 4854
hidroexplosão 4865
hidrofone 4889
hidrogénio 4866
hidrogeologia 4276, 4869
hidrogeologia cársica 5397
hidrogeoquímica 4868
hidrógrafa 4870
hidrografia cársica 5398
hidrógrafo de cheia 3840
hidrograma 4870
hidrograma de cheia 3840
hidrograma unitário 10391
hidrólise 4875
hidrologia 4874
hidrologia cársica 5399
hidromecânica 4877
hidrometeorologia 4879
hidrometria 4887
hidrómetro 10703
hidrómetro electromagnético 3211
hidrómetro fluvial 10703
hidromotores 4826
hidroquímico 4851
hidrostática 4898
hidrostático 4894
hidróxido de sódio 9066

higrometria 4907
higrómetro 4906
higrómetro eléctrico 3193
higroscopicidade 4908
hipérbole 4909
hiperciclotema 4917
hiperestereoscopia 4918
hipocentro 3956
hipogénico 4919
hipolimnio 4921
hipomagma 4922
hipótese 662
hipótese de cálculo 2557
hipótese de carga 2565
hipótese nebular 6447
hipóteses de construção 2028
histerese 4924
histerese de cavitação 1533
Holocénico 4715
homem da rua 5941
homem de Cro-Magnon 2239
homem de Heidelberg 4627
o ~ 4627
homogéneo 4717
homólogo 4723
horas a plena carga 6896
horas de insolação 4762
horas de ponta 6896
horas de vazio 6593
horas fora da ponta 6593
horizontal 100
horizontalidade 5596
horizontal principal da imagem 757
horizonte 4729, 9093
horizonte aparente 4274
horizonte aquífero inferior 5069
horizonte com gás 4202
horizonte da imagem 4752
horizonte de recorrência 7839
horizonte de referência 5986
horizonte de reflexão 7862
horizonte eluvial 3233
horizonte estratigráfico 4279
horizonte petrolífero 7003
horizonte produtivo 6884
horizonte sensível 4274
horizonte visual 4274
"horst" 4754
hubnerite 4771
hulha brilhante 5342
hum 4772
humidade 4775
humidade atmosférica 674
humidade do ar 674
humidade do solo 9096
humidade inerente 5093
humidade livre 4093
humidade superficial 9714
húmido 2377

húmus 4778

Ic 2013
icnologia 4944
idade 222
idade absoluta 20
idade concordante 1953
idade discordante 2737
idade urânio-urânio 10453
idiomórfico 3387
idocrase 10567
idrociclone 4853
ignimbrito 4950, 10808
igreja 1680
igreja maior 1503
ilha continental 2063
ilha de barreira 855
ilha oceânica 6587
ilha postiça 632
ilite 4951
illuviação 4955
ilmenite 4956
iluminação 5621
imagem de interferência 5204
imagem estereoscópica 9407
imagem não nítida 6537
imagem nítida 8730
imagem reflectida 6225
imagem simétrica 6225
íman de pesca 3700
imbibição 36
imbricação 4966
imergido 9617
imerso 4969
imiscível 5121
impedância acústica 105
impermeabilidade 4981, 10750
impermeabilização 4351
impermeável à luz 5622
implantação 7431, 8667
implantação de marcas 5988
implantação de pontos 5988
implosão das bolhas de cavitação 4988
imprecisão 5001
impreciso 5002
impregnado 4994
impregnar 4993
impressão de profundidade 4997
impressão fotográfica 7966
imprevistos 2070
impulsão axial do esforço cortante 750
impulsão de Arquimedes 1316
impulsão hidrodinâmica 4860
impulso activo das terras 120
impulso axial do esforço cortante 750
impulso das terras 3096
impulso de terras 120

impulso de terras em repouso 3097
impulso do gelo 4940
impulso duma força 5000
impulso passivo das terras 6872
imputrescível 2419
inauguração 5004
incerteza da medição 10339
inchamento 9770, 9771
incidência económica dos factores ambientais 3121
inclinação 78, 907, 2693, 4397, 5010, 8992, 8994, 10044
inclinação da câmara 5011
inclinação da falha 2698
inclinação da superfície livre 10747
inclinação de jusante 2864
inclinação do leito 962
inclinação do rasto 962
inclinação do talude 9000
inclinação inicial 6698
inclinação primária 6698
inclinado 5014, 9783
inclinar 5012
inclinar sobre o horizonte 10043
inclinável 10045
inclinómetro 5023
inclusão 5024
incluso 5211
incoerente 6503
incompetente 5025
incompleto 5026
incorporado 3259
incorporador de ar 260
incremento 5030
incremento de pressão 5029
incrustação 5033
incrustrações calcárias 9181
indemnização 1888
indemnização por ocupação temporária 1889
indemnizar 5034
indenização 1888
indentação 5036
indicador 5041
indicador da inclinação 5042
indicador das alturas 4632
indicador de bola 808
indicador de convergência 2117
indicador de deformações de superfície 9724
indicador de deformações do tecto 8253
indicador de deformações longitudinais dos furos de sonda 1136
indicador de deformações transversais dos furos de sonda 1140

indicador de desgaste da barrena 3051
indicador de deslocamento 2766
indicador de esfera 808
indicador de inclinação 10049
indicador de inclinação sobre o horizonte 10049
indicador de nível 3903, 7343
indicador de nível de tipo flutuante 3805
indicador de posição 7343
indicador de pressão 2971
indicador de profundidade 2530
indicador geobotânico 5043
indicador-registrador de nível 5589
índice 8839
índice de ajustamento 166
índice de compressão 1932
índice de consistência 2013
índice de densidade 2514
índice de dinamitação 1077
índice de empolamento 4099
índice de floculação 3820
índice de hidrogénio 4867
índice de liquidez 3881, 5685
índice de penetração Califórnia 1378
índice de plasticidade 7203
índice de produtividade específica 9165
índice de rebentamento 1077
índice de referência 3960
índice de remoldagem 7948
índice de resistividade 8024
índice de retracção 8804
índice de vazios 7323
indice de vazios com ar 287
índice de viscosidade 10600
índice do ocular 3500
índice do quadro 1844
índice estereoscópico 3808
índice iluminante 4953
índice óptico 6664
índice óptico móbil 3807
índice rotante 1687
índice RQD 8312
índice sobre o fundo do quadro 776
índice virtual 10595
indícios premonitores 7428
indistinto 5049
individuação de gás em testemunhos 2573
individuação de irregularidades em serviço 2574
indústria mecânica 5856
indutor 3607
inércia 5066
inertes 228

inexacto 5002
inexato 5002
infiltração 5072, 8537
infiltração de água 10733
infiltração de óleo bruto 7028
infiltração de petróleo bruto 7028
infiltração nos estratos permeáveis 5260
infiltrar 8535
inflexão 3784
influenciado por trabalhos a níveis inferiores 5083
influenciado por trabalhos a níveis superiores 5082
infra-son 5091
infravermelho distante 3544
infravermelho fotográfico 7069
infravermelho remoto 3544
íngreme 9376
iniciar a perfuração 9253
iniciar a produção 1256, 1866
início de cavitação 5006
início de pega 5103
início de pega do cimento 5104
início de presa 5103
início de presa do cimento 5104
injeção de ancoragem 387
injeção de contato 2046
injecção ascendente 10441
injecção com mastique betuminoso 648
injecção das juntas 5365
injecção de água num poço 10814
injecção de ar comprimido 256
injecção de cimento 1561
injecção de colagem 2046
injecção de consolidação 2018
injecção de impermeabilização 4985, 7460
injecção de preenchimento 1544
injecção de resina 8011
injecção descendente 9298
injecção de selagem 387
injecção forçada 3984
injecção por tubos com mangas 8948
injecção selectiva de água 8577
injecções 4511
injetabilidade 4506
injetabilidade da calda de cimento 3910
injetabilidade da mescla de cimento 3910
injectar 5108
injector 5116
injector de combustível 4154
injetabilidade 4506
injetabilidade da calda de cimento 3910

injetabilidade da mescla de
  cimento 3910
injetar 4504
inscrição 7882
inscrição do tempo 10067
insecto 5133
in situ 5136
insolação 3461
inspeção para controle 5141
inspecção exterior 3472
inspecção in situ 6625
inspecção interna 5123
inspecção no local 6625
inspecção visual 3472, 10605
instabilidade mecânica 26
instalação 7190
instalação da aparelhagem 5161
instalação da máquina in situ
  3339
instalação da máquina no local
  3339
instalação das máquinas 5145
instalação de agregados 231
instalação de alarme 292
instalação de ar comprimido 1921
instalação de ar condicionado de
  alta velocidade 4686
instalação de bombagem 7635
instalação de britagem 2276
instalação de dosagem de
  agregados 229
instalação de fabrico de betão
  1970
instalação de fabrico de betão
  asfáltico 650
instalação de instrumentação
  5161
instalação de mistura de solos
  9095
instalação de perfuração auto-
  sublevável 8586
instalação de perfuração auto-
  transportada 10149
instalação de perfuração móvel
  6244
instalação de perfuração por
  percussão 6940
instalação de piezómetros 7102
instalação de selecção 8459
instalação de sismómetros 8570
instalação de sondagem auto-
  sublevável 8586
instalação e equipamento de
  estaleiro 5354
instalação, equipamento e
  ferramental de canteiro 5354
instalação hidráulica 7246
instalação móvel de perfuração
  6244
instalação para agregados 231

instalação sismométrica 8570
instalações 3737
instalações à superfície 9721
instalações de abastecimento
  hídrico 10742
instalações eléctricas 3184
instalações permanentes 7278
instalar comporta ensecadeira
  5147
instantânea 5151
instrução de serviço 8633
instrução para a reparação 7956
instrução para o uso 8633
instruções de montagem 5155
instruções para a exploração 6647
instruções para a manobra das
  comportas 3839
instruções para operação 6647
instruções para operação das
  comportas 3839
instruções relativas à
  apresentação de proposta 5156
instrumentação 498, 3333, 5160
instrumento 5158
instrumento de medição 6070
instrumento de medição de
  abertura de juntas 5364
instrumento de medição de
  deformações 9483
instrumento de medida 6070
instrumento de nivelamento 5593
instrumento dióptrico 8835
instrumentos 3332
instrumentos de auscultação 6286
instrumentos de medição 6065
instrumentos de observação 6286
instrumento topográfico mineiro
  6200
insuflador 1095
intemperismo 10779
intensidade de cavitação 5184
intensidade do relevo 7932
intensidade do tráfico 2519
intensidade eléctrica 3191
intensidade sísmica 8552
intensificador hidráulico 4813
interacção entre poços 5205
interacção entre solo e estrutura
  9106
intercalação 5024, 5191, 6173
intercalação argilosa 8711
intercalação estéril 2717
intercalações de madeira 5543
intercalado 5211
intercambiável 5196
interesse económico dum projecto
  3122
interface 5201, 5202
interferência 5203
interferência de fundo 354

interferência entre poços 5205
interferometria 8430
interpenetração dos grãos 4409
interpolação 5236
interpolação dum ponto 7268
interpretação 5238
interpretação dos diagramas 5764
interpretação dos resultados 5239
interpretação quantitativa 7672
interromper a bombagem dum
  poço 4579
interruptor 9779
interruptor automático de nível
  mínimo 5829
interruptor com dispositivo de
  relojoaria 9780
interruptor de arranque 9332
interruptor de chave 5424
interruptor de nível 5598
interruptor de patilha 10079
interruptor de pressão 1330
interruptor de vácuo 10468
interruptor limitador 5645
intersecção 5244, 5245
intersecção à ré 7177
intersecção de falhas 5243
intersecção inversa 7177
intersecção inversa no espaço
  7969
interstício 7321
interstício capilar 1411
interstício de dissolução 9131
interstício por dissolução 9131
interstício subcapilar 9597
interstício supercapilar 9658
interstratificação 5190
intervalo das faixas das
  fotografias 5246
intervalo de tempo 10066
intervalo entre diaclases 5372
intervalo entre sismómetros 8569
intervalo livre entre quadros 1731
intradorso 5249
introduzir os tubos de
  revestimento 5134
intrusão 5259
intrusão de água 10710
intumescência 7911, 9732
inundação 3825, 3841
inundar 3824
invar 5258
invasão 5259
invasão das águas marginais 3132
invasão de água 10710
invasão de água marginal 3132
inventário dos recursos hídricos
  5261
inversão 6785
inversão de estratos 6786
inversão de relevo 7933

inversão do processo fotográfico 8064
inversão dos raios luminosos 8063
inversão por espelho 6226
inversor 5262
inversor hiperbólico 4913
invertido 5264
investigação da fundação 4030
investigação de cavitação 5268
investigação experimental 3434
invólucro 8363
irregularidades de funcionamento 5277
irrigação 5280
irrigação de superfície 9710
irrigação dos aterros 10708
irrigação por submersão 3842
irrigador por aspersão 9248
irrupção de água 5132
irrupção de areia 5131
isóbara 5284
isobárica 5284
isóclina 5292
isoclínica 5293
isócora 5287
isocromático 5288
isócrona 5291
isoieta 5294
isoipsa 5296
isolação 5169
isolamento 5169, 5170, 5461
isolamento de poliuretano 7316
isolamento de som 9136
isolamento entre camadas 5171
isolante em várias camadas 6367
isomorfismo 5302
isopáquica 5303
isossista 5305
iséstase 5306
isostasia 5306
isostática 5312
isostáticas 10153
isotropia 5323
isotrópico 5322
itinerário taqueométrico 9822

jacto 5339, 6539
jade 5334
jadeíte 5334
janela 151, 10864
janela abóbada 558
janela cársica 5395
janela de abóbada 558
janela de ângulo 2164
janela de batentes 1456
janela de roda 10842
janela em arco 558
janela-florão 8261
janela gótica 4387

janela paladiana 10535
janela projectante 5326
janela veneziana 10535
jangada 7726
jardim 4198
jardim pénsil 8244
jardim suspenso 8244
jazida 942, 1107, 7974
jazida anticlinal 471
jazida de condensado 1976
jazida de gás de condensado 1976
jazida de impregnação 4996
jazida de ouro 4377
jazida de pequena inclinação 8976
jazida de segregação 8548
jazida deslocada 2753
jazida disseminada 8419
jazida em forma de tábuas 9817
jazida estratificada 945
jazida inicial 5098
jazida interestratificada 946
jazida lenticular 5580
jazida limitada 5637
jazida maciça 6002
jazida maciça de minério 6683
jazida magmática 5875
jazida magmática de cristalização precoce 3085
jazida magmática de cristalização tardia 5509
jazida marginal 9566
jazida metassomática 6128
jazida mista 6234
jazida não explorável 10425
jazida não saturado 6515
jazida normal 6528
jazida petrolífera 7001
jazida petrolífera primária 7497
jazida petrolífera produtiva por empuxo de água 10697
jazida secundária 8503
jazida sedimentar 8520
jazida submarina de hidrocarbonetos 4850
jazida tabular 9818
jazigo 1107
jazigo anticlinal 471
jazigo com falha 3560
jazigo com falhas 3560
jazigo de condensado 1976
jazigo de gás de condensado 1976
jazigo de gás natural 6424
jazigo de leve inclinação 8976
jazigo de pouca produção 9566
jazigo em forma de tábuas 9817
jazigo esgotado 2523
jazigo não explorado 10380
jazigo petrolífero 7001
jazigo petrolífero em mar aberto 6601
jazigo petrolífero produtivo por pressão hidrostática 10697
jazigo produtivo por empuxo de água marginal 3131
jazigo submarino de hidrocarbonetos 4850
jazigo virgem 10380
jogo 781
jogo de ferramentas 10086
jogo de roletes 8653
jóia 4248
julgamento 547
jumbo 5376
junção 3724
junção com válvula de retenção 3797
junção de baioneta 913
junção de tubos 3724
junção de tubos de revestimento 1466
junção de vara de sonda 3002
junção para tubos de revestimento 1469
junções 5381
junta 4126, 5357, 6333
junta alargada 9905
junta articulada 619
junta cónica 1983
junta da haste motriz 5417
junta de argamassa 954
junta de cisalhamento 8739
junta de construção 2036, 2037, 6333
junta de construção horizontalizada 4741
junta de contração 2085
junta de controlo 2096
junta de desmontagem 8987
junta de dilatação 3428, 3429
junta de escorregamento 8989
junta de estratificação 948
junta de flange 3752
junta de fundação 4033
junta de isolamento 5300
junta de redução fêmea-fêmea 1204
junta de retracção 2085
junta de sobreposição 5497
junta de trabalho 4741
junta de trabalho de betonagem 1829, 2036
junta de tubos de revestimento 1466
junta entre estratos 951, 5359
junta esférica 810
junta fria 1829
junta integral 5180
junta longitudinal 5773
junta óptica cardânica 6661

junta óptica universal 6661
junta perimetral 6961
junta plana 3768
junta por anéis em "O" 6704
juntas 5381
junta seca 5300
junta sobreposta 5497
junta transversal 10190
junta universal 1434
Jurássico 5383
Jurássico médio 6172
Jurássico superior 10430
juros durante a construção 5199
juros intercalares 5199
juros sobre pagamentos em atraso 5200
jusante 2861

"kame" 5386
karst fóssil 2193
karst nu 6405
karst pouco profundo 8715

laboratório 5443
laboratório de análise 378
laboratório de diagrafia 5763
labradorite 5447
laço 5790
lacólito 5452
lacuna 4193
lacuna estratigráfica 4196
lacuna nos estratos 9494
ladrilho rústico 8324
ladrilho secado ao ar 169
lago 5466
lagoa cársica 5403
lagoa de lava 5532
lagoão 5466
lago artificial 7971
lago de cratera 2205
lago de glaciar 4337
lago de lava 5532
lago glacial 7550
lago natural 5466
lago para fins recreativos 5468
lago quase extinto 7929
lago relíquia 7929
lago resíduo 7929
lahar 5464
lahar de chuva 7741
laje 8933
laje da bacia 892
laje de xilólite 10927
lama 5728, 6341
lama à base de água 10685
lama à base de água com emulsão de óleo 10686
lama arejada 187
lama arenosa 8384
lama ativa 119

lama bentonítica 997, 998
lama cálcica 5632
lama com água do mar 8360
lama com algum gás 4208
lama com baixo teor de sólidos 5836
lama com elevado conteúdo de sólidos 4680
lama com elevado teor de de sólidos 4680
lama contaminada 2054
lama de água de mar 8498
lama de água doce 4120
lama de água salina 8360
lama de baixo teor de sólidos 5836
lama de bentonite 998
lama de circulação a base de silicato de sódio 9069
lama de circulação de água doce 4120
lama de elevado pH 4675
lama de perfuração 2343, 2976
lama de perfuração a base de silicato de sódio 9069
lama de perfuração pesada 10798
lama de sondagem 2343
lama em circulação 119
lama emulsionada 3258
lama emulsionada invertida 5266
lama gasosa 4208
lama inibida 5094
lama para perfuração por rotação 8270
lama pesada 4620, 5716
lama regenerada 7876
lama surfactante 9731
lamela 5474
lamelar 3748, 5471
lâmina 5474
lâmina aerada 585
lâmina angulável 402
lâmina arejada 585
lâmina "buldozer" 1310
laminação 5478
lâmina da barrena 1046
lâmina de estanqueidade 8484
lâmina deprimida 6408
laminado 5477, 10534
lâmina inclinável 10046
lâmina vertente 6410
lâmina vertente em queda livre 4083
lâmpada a vapor de sódio 9070
lâmpada de pré-aquecimento 7421
lâmpada de segurança 8342
lâmpada de sinalização 8846
lâmpada de sódio 9070
lança da grua 5353

lança de jumbo 5377
lançamento do concreto 1959
lance de concretagem 1967
largura da barragem 9992, 10848
largura da frente 3514
largura das faixas 10849
largura de passagem 10146
largura do coroamento 10104
largura na base 885
lascagem 9154
laser 5502
laser-altímetro 5503
lastro 9140
laterite 5520
laterização 5521
latitude 5522
latitude polar 7296
latossol 5523
laudo técnico 9871
lava 5524
lava basáltica 866
lavador 2349
lavagem 10674
lavagem com ácido 98
lavagem do betão 10675
lavagem do concreto 10675
lavagem do furo 1141
lavagem do poço 1141
lavagem indirecta 5045
lavar 8122
lazer 7827
lectotipo 5561
legalização 10541
legante hidráulico 4787
legislação de edificação 4766
lei da refracção 7868
lei da semelhança dinâmica 5539
lei da similaridade dinâmica 5539
lei de comportamento tensão-deformação 9544
lei de composição dos erros 5538
lei de Darcy 2394
lei de Darcy de resistência hidráulica 2392
lei de Hooke 4727
leigo 5544
léiquação 5677
leis de semelhança 8873
leitança 5465
leito 942, 1629
leito aproveitável 1769
leito característico 4544
leito de estrada 804
leito de fundo móvel 6240
leito de pedras 804
leito de referência 4544
leito do pavimento 9605
leito do rio 8140
leito encaixado 8141
leito estável 9288

leito fluvial 8140
leito maior 3845
leito menor 9516
leito rochoso 958
leito rodoviário 804
leitura 7794
leitura dos piezómetros 7800
leitura por espelho 7796
leitura por microscópio 7795
leiva 9057
lençol artesiano 1989
lençol freático 4489
lente 5573
lente convergente 2120
lente convexa 2120
lente de ampliação 5900
lente de areia 8374
lente de areia petrolífera 7007
lente de dispersão 2805
lente de enfoque 3959
lente de gelo 4939
lente de leitura 5900
lente divergente 2805
lente petrolífera 7007
lentícula 5573
lentícula de gelo 4939
lepidoblástico 5582
lepidolite 5583
leque de lava 5529
levantamento 4616
levantamento aéreo com tênue inclinação ao horizonte 4674
levantamento aéreo de leve inclinação com a horizontal 4674
levantamento aéreo de leve inclinação com a vertical 5832
levantamento aerofotográfico 195, 279
levantamento aerofotográfico em faixas 197
levantamento aerofotogramétrico 193, 206
levantamento anticlinal 473
levantamento batimétrico 905
levantamento cadastral 1357
levantamento da costa 1786
levantamento da ensecadeira 1816
levantamento das condições dos terrenos 9752
levantamento de estado dos terrenos 9752
levantamento do litoral 1786
levantamento do piso 1177
levantamento estereofotogramétrico 9396
levantamento florestal 4000
levantamento fotogramétrico 7061
levantamento geológico 4283
levantamento geomagnético 4291
levantamento planimétrico 7185
levantamento radioactivo 7721
levantamento taqueométrico 9821
levantamento terrestre 9938
levantamento topográfico 7431, 10098
levantar 1867, 4615, 9742
levantar as dimensões 6060
levantar e abaixar alternadamente os tubos de revestimento 7814
Lias 5602
Liássico 5602
libertação brusca de gás 6726
libertação de gás 4212
libertação de gás por uma manobra 10240
libertar 7938
libertar tensões por meio de furos cilíndricos concêntricos 6755
licença de construção 1293
lidito 5850
ligação 3724, 4018
ligações 5381
ligante 1016, 1563
ligar por samblagem 9210
lignita 5627
lignita A 5628
lignita B 5629
lignita C 5630
lignite 5627, 9073
lignite A 5628
lignite B 5629
lignite C 5630
lignite reluzente 5342
lignito 9073
limbo graduado 4404
limiar da porta 2831
limitador 3592
limitador de potência 7383
limitador de pressão 7464
limitador de sobre-velocidade 6782
limitador de velocidade 10528
limite 1188
limite água-petróleo 3133
limite coberto pelo seguro 5174
limite continental 2057
limite da bacia hidrográfica 1495
limite da neve persistente 9047
limite das estrias glaciais 5640
limite das neves 3685
limite das servidões 3110
limite de aderência 148, 9416
limite de cedência 10953
limite de contração 8805
limite de detecção 2572
limite de elasticidade 10952
limite de escoamento 10951
limite de exploração 6887
limite de fadiga 3550
limite de floculação 3819
limite de fluência 2213, 10951, 10953
limite de liquidez 683
limite de liquidez de Atterberg 683
limite de plasticidade 7205
limite de proporcionalidade 5641
limite de resistência 9525
limite de resistência à pressão interna 5231
limite de retracção 8805
limite de rotura 1228
limite de segurança 8343
limite do enchimento 3129
limite do entulhamento 3129
limite elástico 3170
limite inferior da cedência 5820
limite inferior da escavação 3409
limite inferior de plasticidade 5814
limite lucrativo 6887
limite plástico superior 10433
limite reológico de elasticidade 8083
limites de ampliação 7765
limites de aplicabilidade 5643
limites de Atterberg 680
limites de consistência 680, 2014
limites de consistência de Atterberg 680
limites de engrandecimento 7765
limites de funcionamento 5644
limites de plasticidade 7202
limites de utilização 5644
limite superior de cedência 10438
limite superior de plasticidade 10433
limnifone 9886
limnígrafo 10712
limnímetro 5646, 10704, 10711
limnologia 5647
limnoplâncton 5648
limonite 5649
limpa-grade 8460
limpa-grades 7746
limpa-neve 9037
limpar grades 1725
limpar um talude 1729
limpeza 1726, 8908
limpeza da junta com jato de areia 8370
linear 5653
língua de lava 5536
linha anticlinal 470
linha base 874
linha-base das argilas 8710
linha costeira 1785

linha da costa 1785
linha da margem 9488
linha das nascenças 9234
linha de andesito 399
linha de base 875
linha Decauville 6413
linha de corrente 3885
linha de desabamento 1227
linha de energia 3273
linha de esteios de desabamento 1224
linha de fluxo 8540
linha de fuga 10501
linha de intersecção 5663
linha de junção 2003
linha de leitura 4407
linha de maior declive 5662
linha de mira 2703, 5666
linha de nivelamento 5664
linha de pé de montante da barragem 4626
linha de percolação 8540
linha de praia 9488
linha de referência 4407, 8668
linha de ressurgências 5667
linha de rotura 1230
linha de saturação 8540
linha de separação das águas 10735
linha de separação das águas subterrâneas 4491
linha de visada 2703
linha de voo 3788
linha de vôo 3788
linha de vórtice 10644
linha do nível de água 4808
linha dos apoios 10023
linha elástica 3171
linha energética 3273
linha equipotencial 3334
linha limite 5635
linha perpendicular 6983
linha piezométrica 7105
linha recta 9475
linha reta 9475
linhas de força 5673
linhas de igual inclinação 5292
linhas de Wallner 10660
linha vertical 7248
linhite 5627
linhite A 5628
linhite B 5629
linhite C 5630
liquação 5678
liquefacção 5679
liquefacção do carvão 1774
líquido 5681
líquido hidráulico 4803
líquido transmissor de pressão 7457

liso 9029
lista das empresas consultadas 8580
lista de ferro 988
lista de preços 8423
lista dos ferros 988
lisura da superfície 9727
lisura da superfície da parede 9727
lítico 5689
litificação 5690
litígios 2771
litoestratigrafia 5694
litofácies 5691
litoral 5696
litosfera 5692
litotipo 5695
livel 5588
livelamento 2579
lixeira 8387
lixiviação 5547, 5703
lixiviado 5546
lixiviar 5545
local 2375
local antieconômico 10377
local considerado 2011
local de ensaio 9949
local do assentamento 8496
local interessante 688
localização 5739
localização da barragem 5741
localização da perfuração 2972
localização das fugas num poço 9203
localização da sondagem 2972
localização do poço 2972
local não rentável 10377
local possível 7357
local preliminarmente adequado 688
local previsto 7357
local rejeitado 2722
local rentável 10568
local viável 10568
locomotiva 5754
lodo 5728, 6341
lodo ativo 119
lodo fluido 6629
loesse 5757
logaritmo 5759
logradouro 9258
logradouro público 9258
longarina 8318, 9559
longarina de lagarta 1501
longarina de madeira 5781
longarina de rolamento 8318
longarina de tecto 2262
longarina inserida num furo aberto na frente 176
longitude 5770

loteamento 6856
lubrificação automática 712
lubrificação por nebulização 6230
lubrificador para cabos 8260
lubrificante para alta-pressão 3494
lucidar 2139
lucro 7548
lugar de ensambladura 7158
lugar de montagem 7158
lugar de reprodução 1247
lugar geométrico 5755
luminosidade
  de grande ~ 9572
luminosidade duma objetiva 9526
luminoso 9572
luneta 9888
lupa de focalização 3959
lupa de leitura 5900
lutitos 5849
luvas de asbesto 639
luz diurna 2406
luz intermitente 1085
luz natural 2406

maça 8946
macaco 5327
macaco de avanço 7750
macaco de duplo efeito 2836
macaco de montagem 8664
macaco de simples efeito 8880
macaco hidráulico de avanço 8952
macaco plano 3770
macadame 5852
maceração 5854
macerado 5853
macerado activo 124
macho-pescador 3701, 5932
macho-pescador para tubos de revestimento 1468
macho rosqueador 8281
maciço 3237, 4470, 6000, 10900
maciço abandonado 6
maciço de alvenaria 1252
maciço de ancoragem 386
maciço de ancoragem de extremidade 386
maciço de enchimento recente 4453
maciço de entulhamento 6800
maciço de entulhamento superior 4679
maciço de montante ou de jusante 8798
maciço de protecção do poço 8701
maciço descomprimido 7921
maciço de segurança do poço 8701

maciço explorado 8179
maciço frontal 4141
maciço incoerente 5793
maciço lateral 8822
maciço pouco coerente 5620
maciço rochoso 8191
maciço rochoso de fundação 4039
macio 9072
macla 10306
macla de contacto 2051
macla de interpenetração 5235
macrocristalino 5865
macroonda 6098
macroporo 5866
macrosismógrafo 9573
madeira 10883
madeira cortada 2121
madeira de vigamento 9580
madeira em esquadria 7832
madeira esquadrada 7832
madeira estrutural 9580
madeira fossil 10926
madeiramento 10052
madeira serrada 5846
madeira serrada aparelhada 5846
madre de telhado 7727
magazim 9458, 10666
magazine de chapas 7215
magazine de película 3633
magazine de placas 7215
magma 5868
magnesite 5878
magnetismo das rochas 8190
magnetismo terrestre 4292
magnetite 5892
magneto-estrição 1338
magneto-hidrodinâmica 5894
magnetómetro 5895
magnetómetro aerotransportado 242
magnetómetro astático 664
magnetômetro astático 664
magnetómetro de processão de protões 7595
magnetómetro horizontal 4742
magnetómetro nuclear 6545
magnetómetro vertical 10558
magnitude 5735
magnitude do relevo 7932
magnitudes físicas e unidades de medida 7090
maior sismo possível 6024
malaquite 5931
malaxador de cimento 1564
malha 6109
malha de referência 7855
malha do peneiro 8833
malho 8946
manancial cársico 5409
manancial hipogénico 4920

manar 3866
manar por intermitência 3869
mancal de roletes radial 7713
mancha de empréstimo 1160
mandril 5935
mandrilar 7803
mandril de centragem 1574
maneira de funcionar contínua 2076
maneira de funcionar intermitente 5220
manejo da máquina 8634
manga 1325
manga de guia 4540
manganite 5936
manganosite 5937
manga para cimentação simplex 8875
manga redutora 7848
manga terminal 3266
mangote de guia 4540
mangueira 4755
mangueira da lama 3778
mangueira de ar 265
mangueira de ar comprimido 7462
mangueira de perfuração 2969
mangueira flexível da lama 3778
mangueira intercambiável 10663
mangueira móvel 10663
manifold 5939
manivela 4572
manobrador de escavador 3094
manobrador de guindaste 7195
manobrar alternadamente os tubos de revestimento 7814
manómetro 5943, 7458, 7466
manómetro da pressão da lama 6349
manômetro de ar 275
manômetro de Bourdon 1195
manómetro de deformação elástica 3174
manómetro de diafragma 2636
manómetro de êmbolo 7147
manómetro de gás 4223
manómetro de membrana 2636
manómetro de pistão 7147
manómetro de tubo elástico de Bourdon 1195
manómetro diferencial 2660
manostato 5945
mansarda 686
manter a direcção certa 5414
manter aberto 5914
manto 5948
manto de carreamento 6409
manutenção 5915, 9872
manutenção corrente 8302
manutenção das máquinas 5918

manutenção preventiva 8303
mão de obra 5946
mapa 7166
mapa aeronáutico 201
mapa altimétrico 7934
mapa cadastral 1356
mapa com curvas de nível 2082
mapa de áreas inundáveis 5256
mapa de gravidade residual 7998
mapa florestal 5954
mapa geológico 4285
mapa geotécnico 3279
mapa gnomónico 4371
mapa gnomônico 4371
mapa isobárico 5285
mapa paleogeológico 6810
mapa-radar 7697
mapa tectónico 9577
mapeamento com infravermelhos 5089
mapeamento dos ecossistemas 3125
mapeamento dos glaciares 4338
mapeamento do solo 9107
maqueta de arquitecto 566
máquina 5855
máquina alisadora 10253
máquina calculadora 1371
máquina centrífuga de entulhamento 8982
máquina com suporte 1386
máquina com tripé 1386
máquina de abrir túneis 10278
máquina de abrir túneis para secção total 4158
maquina de ensaio de dureza 4589
máquina de extracção 2917
máquina de filmar 3631
máquina de peneirar 8834
máquina de perfuração térmica 9975
máquina de perfurar túneis 10278
máquina de perfurar túneis a seção plena 4158
máquina fotográfica 7068
máquina fotográfica automática dupla 2853
máquina fotográfica de mão 4574
máquina fotográfica dupla 2837
máquina fotográfica panorâmica 6828
máquina fotográfica simples 7055
máquina hidráulica 4822
máquina hidráulica a escala natural 4159
máquina pavimentadora 6883
máquinas 5862
máquinas de estaleiro 6624
mar 8470

marca 5983, 8843
marca altimétrica 979
marcação das curvas de nível 10143
marca de base 9113
marca de cheia 3843, 4665
marca de cheia grande 4665
marca de cristal de gelo 4933
marca de impacto 4975
marca de nível 5595
marca de nivelamento 9904
marca de nivelamento de rede geral 6681
marca de ondulação 8126
marca de ondulação por interferência 5206
marca de ondulação por oscilação 6722
marcadora digital 2668
marca iluminante 4953
marcar 5982
marcassite 5961
marco 1188
marco altimétrico fixo 979
marco cadastral 918
marco de nivelamento do sistema de referência 6681
marco divisório 918
mar de plataforma 3314
maremoto 10258
marga 5990, 5991
marga argilosa 1719
marga betuminosa 1055
marga calcária 5651
marga lacustre 5470
margarite 5962
margem 820, 8783
margem abaixado duma falha 3024
margem continental 2064
margem do leito maior 3827
margem para riscos 8136
margens da albufeira 7986
margens do reservatório 7986
marmita 7366
marmita de areia 8371
marmita de gigante 6327
mármore 5960
mármore de Carrara 1440
mármore decorativo 2426
mármore estatuário 9358
martelagem 7367
martelo 4568, 7749
martelo de perfuração 4569
martelo hidráulico 4571
martelo perfurador 4569
martelo perfurador pneumático 264
martelo pneumático 255
máscara deflectora 2453

masonita 10890
massa 5997
massa adicional 144
massa cimentícea 1563
massa de nuvens 1763
massa específica 2509
massa fluida 3905
massa líquida 3905
massa volúmica 2506, 2511
massa volúmica do solo saturado 2518
massa volúmica do solo seco 2517
mastro 4329
mastro de carga 2546, 4329
mata 10891
matacão 1187
matar um poço 5426
materiais de isolamento 5172
materiais residuais 7999
material 4621
material anti-acústico 103
material coerente 1822
material coesivo 1822
material de carga 803
material de cobertura 2194
material de construção 1292
material de empréstimo 1161
material de enchimento 9467
material de entulhamento 687, 9467
material de entulhamento do exterior 4989
material de pedreira 7676
material desabado 1513, 1515
material/equipamento novo 6481
material erodível 3349
material escavado 3403
material granular 4421
material isolante acústico 103
material não coesivo 1820
material não tecido 6519
material para revestimento exterior 3477
material para telhados 2194
material pesado 4621
material piroclástico 7661
material proveniente de escavação de um túnel 10285
material pulverulento 1820, 4421
material rodante 6245
material tecido 10918
material tricotado 5438
matérias dissolvidas 2776
matérias em suspenção 9760
matriz de acoplamento 2187
matriz de amortecimento 2380
matriz de interacção 2187
matriz de massa 6006
matriz de rigidez 9419

matriz rochosa 8192
mausoléu 6021
maxila de travão 1217
maxilas de aperto 1708
máxima cheia mensal 6300
máxima cheia provável 7529
máxima cheia registada 5501
máximo crítico de compressão 2228
máximo de pressão 7468
máximo de tensão 9538
meandro 6038
meandro abandonado 6792
meandro entalhado 5092
meandro gravado 5092
meandro inciso 10475
mecânica 6088
mecânica analítica 9959
mecânica aplicada 514
mecânica das rochas 4293, 4475, 8193, 8194
mecânica dos fluidos 3906
mecânica dos fluidos para engenharia civil 3907
mecânica dos meios contínuos 2079
mecânica do solo 9094
mecânica dos solos 9094
mecânica geral 4251
mecânica hidráulica 4799
mecânica racional 9959
mecânica teórica 9959
mecanismo da erupção 6089
mecanismo de ruptura 1835
mecanismo de transmissão 10178
média aritmética 596
média geométrica 4299
média ponderada 10801
medição 6061
medição a distância 7945
medição com mira 6064
medição da idade 2401
medição da imagem 7063
medição da neve 5929, 9053
medição da percolação 8541
medição da pressão dos fluidos 3909
medição da pressão no maciço 6055
medição da profundidade 2537
medição das deformações 2465
medição da velocidade angular por meio de taquímetro eléctrico 6057
medição da velocidade de propagação 10175
medição da velocidade de rotação por meio de frequencímetro eléctrico 6056

medição da velocidade por fotogrametria 7060
medição de abertura de juntas 5368
medição de ângulos 6053
medição de assentamentos 8680
medição de caudais 2728, 3879
medição de conexão 6063
medição de fotogramas com utilização de aparelhos múltiplos 6054
medição de tensões e pressões 9529
medição de vazões 2728, 3879
medição diferencial 2659
medição do caudal do poço 10815
medição do desvio 2449
medição do furo 2967
medição dos ângulos horizontais 6072
medição dos deslocamentos 2767
medição dum arco 576
medição e pagamento dos trabalhos 2086
medição estereoscópica 9406
medição inicial 5099
medição no espaço 6068
medição óptica das distâncias 6670
medição ótica de distâncias 6670
medição para pagamento 6888
medição por flutuador 3812
medição por poligonales 7308
medição por repetição 7958
medição química de caudais 1649
medição química de vazões 1649
medição remota 7945
medição selectiva e espectrométrica gama-gama 8576
medição selectiva gama-gama 8575
medição sobre uma só imagem 8887
medição trigonométrica de distâncias 10234
medições 136
medições sísmicas 3102
medida 6050, 6061
medida angular 438
medida de comprimento 5784
medida de precisão 7411
medida de superfície 9264
medidas de protecção 7593
medidas de segurança 8344
medidor 7674
medidor de caudal 7776
medidor de convergência 2117
medidor de densidade de membrana 6103

medidor de fendas 2199
medidor de fluidez 3901
medidor de fluxo electromagnético 3211
medidor de juntas 3583
medidor de perda de circulação 5800
medidor de perda de lama 5800
medidor de recalques 8679
medidor de vazão triangular 10608
medidores de volume 10635
medidor nuclear de densidade 6547
medidor Venturi 10538
médio 6036
medir 4234, 6049
medir distância 6060
megaciclotema 6097
meia-água 8750
meio-ambiente 3297
meio discontínuo 2735
meio-espaço 8601
meio fluido 3895
meio gasoso 4199
meio líquido 5681
meios químicos de controle 1648
meios químicos de controlo da vegetação 1648
melanite 6099
melanocrático 6100
melhoramento 4998
membrana 3518
membrana a montante 10445
membrana para cura 2315
memorial de campo 3606
mensurável 6048
mergulhador 2804
meridiano 6106
meridiano transversal 10191
mesa 6108
mesa de desenho 2916
mesa giratória 8279
mesa rotativa 8279
mescla 6239
mescla de injecção 1560
mesocrátco 6110
mesocristalino 6111
mesolimnio 6112
Mesolítico 6113
Mesozóico 6115
metaantracite 6116
metabentonite 6117
metais extraíveis 3484
metais pesados 4623
metálico 6119
metalimnio 6118
metamórfico 6124
metamorfismo 6127
metamorfismo de contacto 2049

metamorfismo hidrotérmico 4902
metamorfismo isoquímico 5286
metamorfismo orgânico 6689
metamorfismo progressivo 5278
metamorfismo retrógrado 8053
metamorfismo térmico 9974
metano 6134
metassomatismo 7961
metassomatose 6129
meteorito 6131
meteorização 10779
meteorologia 6132
método arcos-consolas 552
método austríaco moderno para escavação de túnel 6418
método austríaco para escavação de túnel 6611
método complexo de medição por séries fechadas 1905
método da pirâmide 6142
método da regulação 6138
método das diferenças finitas 3668
método das fatias 8955
método das linhas equipotenciais 3335
método das retículas 4455
método das tensões iniciais 5107
método de abatimento com explosivo 1078
método de alinhamentos 304
método de alinhamento topográfico 304
método de cálculo 375
método de conexão duma sucessão de imagens 6137
método de congelação 4109
método de construção por jusante 2863
método de construção por montante 10446
método de construção segundo o eixo 1593
método de descarga 7919
método de descompressão 7919
método de ensaio 6140
método de entulhamento 9468
método de escoamento para a determinação dos prejuízos de cavitação 3888
método de extracção 3487
método de iluminação intermitente 1087
método de intersecção de Rosiwall 8262
método de magnetoestricção 5897
método de medição 6071, 6136
método de perfuração 2974
método de perfuração com circulação inversa 2975

método de perfuração com
   turbina 10296
método de perfuração por
   percussão 6942
método de polarização induzida
   5059
método de potencial espontâneo
   8590
método de produção por injecção
   de gás 4211
método de reflexão 8558
método de refracção 8559
método de resistividade 8026
método de restituição 7235
método de trabalho 6654
método directo de medição 2712
método do disco rodante 8286
método dos ajustamentos ou
   10215
método dos elementos finitos
   3669
método dos incrementos 5032
método dos mínimos quadrados
   6141
método dos momentos nulos
   10967
método dos quatro pontos 4050
método do Trial Load 10215
método eléctrico 3189
método electrohidrométrico 3201
método electromagnético 3208
método hidrometeorológico 4878
método indirecto de medição
   5048
método inglês de escavação de
   túnel 3286
método italiano de escavação de
   galerias 5325
método magneto-telúrico 5898
método para trabalhos de inverno
   10875
método por substituição de areia
   8377
método probabilístico de
   dimensionamento 7527
método radial 7712
métodos geofísicos 4306
método sísmico 631, 8556
método sísmico de reflexão 8558
método sísmico de refracção 8559
método sísmico por reflexão 8558
método telúrico 9896
metro cúbico de material solto
   2301
metro cúbico de matéria sólida
   2302
metrologia 6144
metros de perfuração por barrena
   3978
mica 6145

mica calcária 5962
micáceo 6146
micaxisto 6147
microclínio 6149
microcristalino 6150
microdeformação 6168
microdureza 6154
microestaca 6164
micro-falha 6151
micro-fissura 6152
micrólito 6155
microlitotipo 6156
micrométrico 6161
micrómetro 6158
micrómetro deslizante 8972
micrómetro ocular 3501
micrômetro ocular 3501
micro-ondas 6170
micropaleontologia 6163
microrganismo 6162
microscópio 6165
microscópio com graduação 8403
microscópio das paralaxes 6846
microscópio de enfoque 3961
microscópio de focalização 3961
microscópio de iluminação
   intermitente 1088
microscópio de parafuso
   micrométrico 8466
microscópio micrométrico 6159
micrósporo 6167
microssismo 3108, 6166
microtectónica 6169
migmatite 6179
migmatização 6180
migração capilar 1412
migração de gás 6181
migração do petróleo 7020
milerite 6185
millerite 6185
milonitização 6400
milonito 6399
mina 1841
mina a céu aberto 6631
mina de chumbo e zinco 5549
mina de ouro 4377
minar 1064, 10366
mineiro 5455
mineral 6190, 6682, 6685
mineral característico 2619
mineral de argila 1722
mineral explorável 6885
mineral industrial 5063
mineralização 6194
mineralogia 6195
minério 6682
minério de ferro 5275
minério disseminado 2772
minério explorável 6885
minério maciço 6004

Mioceno 6222
miogeossinclinal 6223
mira 8837
mira de colimação 1845
mira de nivelar 5594
mira graduada 9756
mirar 239, 302
mispíquel 608
mistura 897, 6238
mistura betuminosa aberta 6639
mistura betuminosa fechada 2502
mistura de injecção 1560
mistura de líquidos 6239
misturadora de alta turbulência
   4681
misturador de calda 4523
mistura fria betuminosa 1053
mistura heterogénea 4650
mistura homogénea 4720
mísula 2141
modelação 6254
modelagem do fenómeno de
   cavitação 6255
modelo 6253
modelo analógico 370
modelo chuva/vazão 7408
modelo com escala distorcida
   2793
modelo da jazida 7983
modelo de fundo fixo 3731
modelo de fundo móvel 6241
modelo de
   precipitação/escoamento 7408
modelo de proposta 4017
modelo de um instrumento de
   medição 10320
modelo distorcido 2793
modelo do maciço 9495
modelo dum aparelho de medição
   10320
modelo equivalente 3337
modelo estereoscópico 9159
modelo físico 7089
modelo fotoelástico 7049
modelo geomecânico 4294
modelo hidráulico 4823
modelo matemático 6014
modelo mecânico 9578
modelo reduzido físico 7089
modelo teórico 4945
modelo virtual 10596
modernizar 6258
modificação 337
modificação do clima 1738
modificação do leito 8769
modificação na velocidade de
   avanço 2955
modificação topográfica 10096
modulação de frequência 4116
módule de rigidez 987

módulo de cisalhamento 6263, 8746
módulo de compressão 1306
módulo de compressibilidade 1306
modulo de deformação 2466, 6261
módulo de deformação volumétrica 1306
módulo de elasticidade 6262
módulo de elasticidade longitudinal 6264
módulo de elasticidade tangencial 6263
módulo de elasticidade transversal 6263, 8746
módulo de finura 3659
módulo de medição acústica 110
módulo de reacção 1811, 1812
módulo de rigidez 6263
módulo de rigidez ao cisalhamento 6263
módulo de Young 6262, 6264
módulo global de deformação 1306
módulo hidrostático 1306
moínho 4460
moínho de barras 839
moínho de bolas 813
moínho de esferas 813
moinho de martelos 4571
moinho glacial 4346
mola 9227
mola de compressão 1934
mola de travamento 5752
mola-estronca 9243
mola laminar 5550
molasso 6275
molde 1486
molde externo 3474
moldes 6326
molhabilidade 10833
molhagem 5280
molinete 7575, 10498
molinete hidrométrico 4883
momento de aperto 10036
momento de arranque 9336
momento de atrito 4134
momento de derrubamento 6789
momento de inércia 6280, 6281
momento de rotação sobre a roda da bomba 4980
momento de rotação sobre a roda da turbina 10293
momento de tombamento 6789
momento de torção 10105
momento de um binário 6279
momento flector 985
momento hidráulico 4824
momento resistente 6282

monazite 6283
monoclinal 3783
monta-cargas 3219
montagem 3340, 3723, 6329
montanha de dobras-falha 1269
montanha média 6232
montante 5566, 10442
  a ~ 10442
  de ~ 10442
montante do contrato 2092
montante dos investimentos 1415
montantes de entivação 9112
montar 8657
montar um esteio 8647
montar um piloco 8648
montículo 4777
montmorillonite de sódio 9067
monumento histórico 4695
monzonite 6303
monzonito 6303
moraina de fundo 4476
moraina frontal 3263
moraina lateral 5512
moreia 3376, 6305, 10041
moreia central 6090
moreia de fundo 4476
moreia frontal 3263
moreia interior 3284
moreia lateral 5512
moreia marginal 1131
moreia subglaciar 4476
moreia superficial 9715
morena 10041
morena de fundo 4476
morena frontal 3263
morena interior 3284
morena interna 4476
morena lateral 5512
morfologia 6310
morfologia cársica 1509
morfologia de erosão 791
morfologia dos cursos de água 9519
morfologia fluvial 8151, 9519
morfotectónica 6311
morganite 10639
mosaico 210, 6314
mosqueado 6324
mosquito 6315
moto niveladora 6322
motor 3274
motor auxiliar 8639
motor de ventoinha 3540
motor Diesel 2651
motores hidráulicos 4826
motor hidráulico 4825
móvel 5791
móvel para livros 1125
mover 7993
movimentação do terreno 4477

movimentação máxima do terreno 6895
movimento 6319, 6332
movimento angular 439
movimento circular 1689
movimento curvilíneo 2327
movimento de massas de água sobre o fundo 10370
movimento de remoinho dum fluido 8292
movimento do maciço 4478
movimento do terreno 4477
movimento dum fluido 3908
movimento electrosmótico 3216
movimento em campo libre 4085
movimento estacional 8494
movimento lento 9009
movimento máximo do terreno 6895
movimento micrométrico 9009
movimento no campo proximo 6445
movimento ondulatório 10769
movimento paraláctico 6843
movimento rectilíneo 7838
movimento retilíneo 7838
movimento sazonal 8494
movimentos do terreno 9496
movimento sísmico 8557
movimento uniforme 10387
mudança de curso 1623
mudança de leito 8769
mudança de velocidade 1625
mudança isotópica 5316
muito dobrado 141
multa 6918
muro 3853, 3854
muro antierosão 487
muro aproximação 10152
muro-cais 10839
muro corta-águas 2339, 9026, 10074, 10075
muro corta-águas de betão 1963
muro corta-águas de encosta 2338
muro de ala 10872
muro de carga 5708
muro de contenção 8041
muro de eclusa 5753
muro de encontro 45
muro de fundação 4044
muro de guarda 6853
muro de guarda contra as vagas 10773
muro de impacto 795
muro de proteção contra ondas 10773
muro de separação 9214
muro de suporte 8041
muro de suporte com tirantes 390

muro de suporte de gravidade 4447
muro de tranquilização 795
muro divisório 5213
muro em estacas pranchas 8757
muro guia 10152
muro longitudinal 5782
museu 6394
myriophyllum spicatum L. 10715

nadir 4479
nagiagite 6402
não aceitável 7871
não calcário 6502
não calcífero 6502
não consolidado 10415, 10416
não devido à exploração 6536
não drenado 10375
não estratificado 10420
não funcionar 9436
não metálico 6509
não meteorizado 10424
não tem equivalente em português 2225
nariz 7098
nascença 9228, 9237
nascença da abóbada 9230
nascença do extradorso 9235
nascença do intradorso 9236
nascença dum arco 9233
nascente 9229
nascente artesiana 614
nascente cársica 5409
nascente cársica suspensa 6935
nascente de degelo 1244
nascente de falha 3566
nascente hipogénica 4920
nascente mineral 6198
nascente petrolífera 7029
nascente termal 9978
nascente vauclusiana 10518
nata 5465
nativo 6416
natrolite 6419
nave central 6437
nave espacial 9147
navegação 6441
navegação a motor 7371
navegação à vela 8352
navegação de lazer 7222
navegação de recreio 7222
nave lateral 288
navio-cisterna 7031
navio de perfuração 2987
navio-tanque 7031
nebulosidade 1764
necessidades piscícolas 3693
nega 7872
negativo 6452
negativo duro 4586

negativo macio 9079
negativo opaco 2503
negativo sem contrastes 3527
negativo transparente 10000
Neobarroco 6455
neoclassicismo 6456
neodarwinismo 6457
neogótico 4385
neopreno 6458
neo-renascença 7952
neovulcanismo 6460
neptunismo 6461
nerítico 6462
nervura de reforço 7908
neve 9035
neve granulosa 4422
neve húmida 8124
neveira 9045
neve nova 3060
neve polvorosa 7369
neve prensada pelo vento 2937
neve seca 3040
neve úmida 8124
nicho 6483, 6484, 6485
ninho de abelha 4725
niobito 1857
niple de mangueira 5933
nitidez 8725
nitidez da imagem 2443
nitidez da imagem no bordo 5965
nítido 8723
nitrato de sódio 6993, 9060
nitrato do Chile 9060
níveis em cruz 2247
nivel 5588
nível 5585, 5588, 6052, 6215
nível absoluto de vôo 25
niveladora 4395
niveladora automóvel 6322
nivelamento 2579, 5591, 8673
nivelamento de base 2402
nivelamento de precisão 7410
nivelamento do instrumento 5590
nivelamento trigonométrico 10235
nível a montante 4607
nivelar 5586, 5587
nível das sumidades 9656
nível da toalha aquífera 4500
nível de agrimensor 9755
nível de água 4500, 10705, 10745
nível de água subterrânea 4493
nível de água subterrânea aparente 503
nível de base cársica 872
nível de fundo 1176
nível de jusante 9837
nível de máxima cheia 6035
nível de pleno armazenamento 8047

nível de retenção normal 8047
nível de voo 3937
nível de vôo 3937
nível do escorvamento 7505
nível do lençol freático 4500
nível do mar 6046, 8476
nível do reservatório 7982
nível do rio 8155
nível dos preços 7490
nível dum ponto do terreno 4635
nível esférico 1691
nível estático 9324
nível freático 7083
nível hidrostático 4757
nível inferior do aquífero 530
nível máximo de armazenamento 8047
nível mínimo das águas 5839
nível mínimo de exploração 6208
nível mínimo de operação 6208
nível normal de retenção 8048
nível normal de retenção 8047
nível piezométrico 7103
nível relativo de voo 3938
nível relativo de vôo 3938
nível superior de desnudação 10091
nivómetro 9046
N.M.C. 6035
nó de intersecção 6490
nodo 6491
nódulo 6492
nome da barragem 6406
nomenclatura dos ferros 988
nomes dos territórios cadastrales 6407
nônio 10544
norma de segurança 8333
normal 6984
normal à estratificação 6520
normalização 9314
normas de recepção 1794
normas de segurança minerária 8341
Norte magnético 5888
novaculite 6538
novo método austríaco para escavação de túnel 6418
N.P.A 8047
núcleo 2144, 2145
núcleo de argila pisoteada 7615
núcleo de campo 3608
núcleo de cavitação 1535
núcleo de lama argilosa 7615
núcleodensímetro 6547
núcleo do vórtice 10642
núcleo impermeável 2144
núcleo sinclinal 2157
numeração 6551
número 6550

número de carbonos 1432
número de cavitação 1536
número de estabilidade 9277
número de grupos 6553
número de Reynolds 8080
número de rotações 6552
número de semelhança de Reynolds 8081
número de semelhança de Weber 10784
número de similaridade de Reynolds 8081
número de similaridade de Weber 10784
nuvem 1762
nuvem de cavitação 1531
nuvem de cinza 641
nuvem em forma de couve-flor 1507
nuvem negra ardente 6548
nuvem vulcânica em forma de couve-flor 1507

obelisco 6558
objectiva 6561
objectiva aerofotogramétrica 203
objecto 6559
objetiva 6561
objetiva aerofotogramétrica 203
objetiva de restituição 7234
objetiva grande-angular 10845
objeto 6559
obliquidade 740
obliqüidade 740
obliquidade à direita 8106
obliquidade à esquerda 5563
obliquidade de um poço 2604
oblíquo em relação à estratificação 6573
obra
  em ~ 6623
obra de descarga 6741
obra de estanqueidade 8486
obra de impermeabilização 8486
obra de restituição 6741
obra em acabamentos 9634
obra para a passagem de peixes 3694
obras 10911
obras acessórias 394, 6991
obras anexas 395
obras complementares 6991
obras de adução 9675
obras de armazenamento 9452
obras definitivas 6970
obras de fuga 9832
obras de queda 7380
obras de restituição 9832
obras de retenção 9452
obras de retenção e de adução

numa albufeira 9453
obras de segurança e exploração 395
obras hidráulicas 4836
obras para aproveitamento de energia hidráulica 7380
obras principais 5925
obras provisórias 9910
obras públicas 7613
obra terminada 1900
obscurecimento 1059
observação 6285
observação absoluta 31
observação de assentamentos 8681
observação por métodos topográficos 6290
observação relativa 9743
observação vulcanológica 10628
observar uma poligonal fechada 5928
obsidiana 6581
obstrução dum tubo 7136
obstruir as tomadas de água 1667
obturação com lama 6346
obturador 3756, 3757, 3758, 6798, 7865, 10048
obturador a ar 5076
obturador automático 719
obturador central 1587
obturador da objetiva 1007
obturador de cimentação 4519
obturador de injecção 4519
obturador em conduta 1645
obturador esférico 9185
obturador inflável 5076
obturador instantâneo 5153
obturador mecânico 6085
obturador para tubagem de produção 10266
obturador para tubulação de produção 10266
obturador recuperável 7950
obturador superior 10101
obturar 6353
obturar um poço 7238
obturar um poço de petróleo 7238
oceano 6585
oceanografia 6588
oceanografia de estuário 3382
oceanografia geológica 5977
oceanologia 6589
ocular 3499
óculo de alcance basculante 10165
oficina de montagem 655
óleo bruto 2265, 5700, 6233
óleo bruto de concessão 3336
óleo bruto estabilizado 9284

óleo bruto não estabilizado 10417
óleo bruto pesado 4619
óleo bruto sulfuroso 9143
óleo cru 2265
oleoduto 7022
oleoduto de óleo bruto 2268
oleoduto de óleo pesado 2268
oleoduto submarino 8477
óleo pesado 2265
óleos antracênicos 468
olho-de-gato 1505
Oligoceno 6614
oligoclase 6615
olistostroma 6616
ombreiras do vertedouro 3761
ombrogénico 6617
onda 10762
onda acústica 115
onda de cheia 3851
onda de choque 1924, 8777
onda de cisalhamento 8749
onda de corte 8749
onda de Rayleigh 7789
onda de reflexão 7864
onda de submersão 3851
onda de superfície 9728
onda de Weber 10785
onda logitudinal 5783
onda reflectida 7859
onda "S" 8749
ondas de flexão 992
onda sísmica 8563
ondas médias 6093
onda solitária 9125
ondas superficiais 9729
ondas transversais de Love 5803
onda superficial 9728
onda transversal 10186
ondo de superfície 4485
ondulação 180, 9769
ondulação de aluimento 9631
ondulação de ripagem do transportador 2124
ónix 6627
ontogénese 6626
ontogenia 6626
oólito 3159
opaco 6017
operação 6652
  em ~ 5126
operação a carga parcial 6657
operação a plena carga 6656
operação de pôr a descoberto 3459
operação do reservatório 7984
operações de imersão 2815
operador 9754
operador de equipamento de terraplenagem 3094
operador de fotogrametria 7053

operador de fotogrametria de
    campo 3619
operador de máquina 7195
operário de manobra em
    plataforma 3859
óptica 6672
óptico 6659, 6671
ordem coríntia 2161
ordem das franjas 6679
ordem iónico 5272
ordem jónico 5272
ordem para o início das obras
    5157
ordem romana 8230
ordenada 6680
Ordoviciano 5817
Ordoviciano médio 6174
Ordovícico 5817
Ordovícico médio 6174
organização do canteiro 7567
organização do estaleiro 7567
orientação 7910
orientação das fissuras 2706
orifício 1838, 6696, 7336
orifício afunilado 970
orifício com arestas vivas 8726
orifício de limitação do curso
    1080
orifício do poço 10817
orifício tipo boca de sino 970
origem das coordenadas 6702
origem de erros 9142
origem do nónio 6508
origem do nônio 6508
original 6697
ornamento 3289
orogénese 6708
orogénese Apalachiana 311
orogenia 6708
orogenia Apalachiana 311
orto 6710
ortoclase 6712
ortocromático 6711
ortogeossinclinal 6713
ortoquartzito 6717
ortoscópico 6719
ortotropia 6720
oscilógrafo 6723
ótica 6672
ótico 6671
ouro-pigmento 6709
ouro-pimento 6709
outorgante 3254
overbreak 6751
óxido de arsénio 7802
ozocerita 6793

pá 8801
pá carregadora 5717
pá com equipamento frontal 3512
pá com equipamento rectro
    escavador 778
pacote de filão de mineral 9430
pá de baldes 1277
padrão de juntas 5369
pá frontal 8800
pagamento mensal 6301
pá giratória 8263
painel 5165, 6823
painel de comando 2093, 2106
painel de fibra de madeira 10890
painel de fusíveis 4175
painel de masonita 10890
painel de poliestireno expandido
    7313
painel de vidro 4356
paisagem cársico 5404
paisagem protegida 7591
paisagismo 5488
palanca 6269
palanco 1091
paleobotânica 6807
Paleocénico 6808
Paleoceno 6808
paleoclimatologia 6809
paleontologia 6811
paleosolo 6812
paleotemperatura 6817
paleovulcanismo 6813
Paleozóico 6814
paleozoologia 6815
paleta 6819
palingénese 6818
pallet 6819
pá mecânica 8801
pá mecânica frontal 8800
pancromático 6820
panela de erosão 6327, 7366
panorama 6827
pântano 3591
pântano salino 8357
pantógrafo 6830
papel de desenho 2915
papel para desenhos 2915
para 6832
paraclase 3561
para controlo 5141
parada duma máquina 9441
parada para revisão anual 9440
para evaporação 4001
parafina bruta 8935
parafuso 1115, 8195
parafuso de afinação 163
parafuso de ajustagem 163
parafuso de ancoragem 8236
parafuso de ancoragem de
    expansão 3430
parafuso de ancoragem de fenda e
    cunha 9005
parafuso de Arquimedes 10914

parafuso de bloqueio 8348
parafuso de cabeça oval 1329
parafuso de cabeça sextavada
    4654
parafuso de distância 2781
parafuso de enfocação 3502
parafuso de fixação de cabo 1346
parafuso de focalização 3502
parafuso de montagem 3722
parafuso de orelhas 10871
parafuso de parada 1020
parafuso de pressão 7473
parafuso de referência 5595
parafuso de retenção 1020
parafuso de travamento 8348
parafuso embebido em resina
    8009
parafuso espaçador 2788
parafuso inclinável sobre o
    horizonte 10050
parafuso micrométrico 6160,
    9010
parafuso regulador 163
parafuso sem fim 10914
parafuso tensor 9547
paragem para revisão anual 9440
paragénese 6839
paralaxe 6844
paralaxe de coordenadas 6847
paralaxe de observação 6577
paralaxe estereoscópica 9408
paralaxe horizontal 4743
paralaxe vertical 10559
paralelo à estratificação 6850
paralelo de latitude 6848
parálico 6840
paralizar 4
paramento 3504
paramento de montante inclinado
    9004
parâmetro 6852
parâmetro de construção 1636
parâmetro estrutural 1636
parâmetros de cavitação 1537
parâmetros de perfuração 2978
para-neve 9037
paraortoclase 465
parapeito 6853
para transporte sólido 4021
pára-vento 8455
par de pontos 6806
parecer sobre a qualidade dum
    local 8906
parecer sobre as condições de um
    local 8906
parecer sobre um projecto 7557
parede de apoio 939
parede de carga 939, 5708
parede de entulhamento 2673,
    6800, 8165, 9563, 9688

parede de entulhamento abaixo do nível de extracção 5835
parede de entulhamento para protecção de via de acesso 6797
parede de entulhamento recente 4453
parede de entulhamento superior 4679
parede de peitoril 521
parede diafragma 2639
parede divisória 6870
parede divisória autoportante 8595
parede divisória corrediça 6330
parede divisória de vidro 4357
parede exterior 6734
parede-mestra 5708
parede moldada 2639, 4508
par estereoscópico 9394
pá retro-carregadora 782
parqueamento de "trailer" 1419
parque automático de varas 713
parque automático para varas 713
parque de armazenamento de madeira flutuante 5765
parquê em espinha-de-peixe 4647
parque nacional 6435
parque natural 6435
parquet em espinha-de-peixe 4647
parte final duma corrente de turbidez 9831
par termoeléctrico 9982
partícula 5802
partilha de responsabilidade 2819
partirse 2197
passadiço 2170, 3979
passagem cársica 5392
passagem da frente 6871
passagem entre duas fiadas de esteios 10144
passagem para a evacuação de corpos flutuantes 3803
passagem para corpos flutuantes 3803
passagem para peixes 3709
passarela 2422
passo 7154
pasta de cimento 1566
pastilha 1045
pastoso 6875
patamar 4566
patamar tectónico 4754
pata telescópica 9892
pata vibratória 10570
patilha de cabo 1350
patim 570, 8921
patim de ripagem 8770
patins de apoio 4461

pátio 2190
pavilhões 2090
pavimentadora 6883
pavimento 6880
pavimento aligeirado 4708
pavimento flexível 3779
pavimento rígido 8112
pé 879, 6803, 10073
    ao ~ de obra 6623
peça de alongamento 3470
peça intercambiável 5197
peças de máquina 5863
peças fixas 8964
peças sobressalentes 9156
pectólite 6905
pé de coluna 878
pé de jusante da barragem 10077
pé de montante de barragem 4625
pedestal 6907
pedestal de fundação 5297
pedimento 6909
pé direito 5566
pedologia 6910
pedra 9431
pedra angular 2163
pedra aparelhada 642
pedra de cantaria 642
pedra de mão 6903
pedra-pomes 7626
pedra preciosa 4248
pedreira 7677
pedreiro 1250
pedrisco 2273
pega 8644
pega instantânea 3763
pegão 7096
pega rápida do cimento 3764
pegmatitização 6912
peitoril 521
peitoril interno 521
peitoril interno da janela 824
pelágico 6913
película 3630
película anódica 461
película com infravermelhos 5088
película de cores 1856
película em rolos 8224
película pancromática 6821
pelito 5849
pendente 2693
pendor 5010
pêndulo direto 2713
pêndulo invertido 5267
pêndulo ótico 6665
peneira 8456
peneiração por via húmida 10831
peneira giratória 3032
peneira oscilatória 8705
peneirar 8457
peneira vibratória 10573

peneiro 8831
peneplanície 6921
penetração da água 10699
penetração da barrena 1050
penetração da lama de perfuração 6354
penetrar o estrato petrolífero 2951
penetrómetro 6925
penetrómetro de cone 1988
península submarina 9615
penitentes 6926
pequeno apartamento 764
percentagem de armazenamento 6928
percentagem de consolidação 2476
percentagem de saturação 6930
percentagem de vazios 6929
percepção de relevo 6932
percolação 6937, 8537
percolação permanente 9362
percolação por debaixo 10369
percolar 8535
percurso de roçadoura 2341
perda 5551
perda ao fogo 5799
perda ao rubro 5799
perda de amostra 2156
perda de carga 4132
perda de carga por atrito 4128
perda de circulação 1695
perda de fluido 3904
perda de lama 1695
perda de luz 5797
perda de peso 5798
perda do aquífero 536
perda hidráulica 4819
perda por fuga 5553
perda por ignição 5799
perdas de água 5554
perdas de carga 4602
perdas hidráulicas 4820
perdas por atrito 4130
perdas por atrito exterior 3476
perdas por debaixo 10369
perdas por descarregamento 9190
perdas por evaporação 3392
perdas por percolação 8537
perder-se 9191
perfil 5758
perfil acústico 111
perfilado 8515
perfilado em U 10324
perfilar 4393
perfil da sondagem 7545
perfil de alma cheia 4330
perfil de aluimento 2593
perfil de carril 7729
perfil de equilíbrio 7546
perfil de indução 5060

perfil de pagamento 6888
perfil de permeabilidade 6973
perfil de resistividade ao longo dum poço 6157
perfil de sondagem 1142
perfil Differdingen 2652
perfil dos estratos 9497
perfil do solo 9098
perfil do terreno 4483
perfil em caixão 1203
perfil em forma de L 401
perfil espectral de raios gama 9170
perfil estratigráfico 4280
perfil gama 4190
perfil geológico 4280
perfil I 4769
perfil I de abas largas 4769
perfil longitudinal 5776
perfil metálico 8515
perfil pelo fecho 2252
perfil por raios gama 4190
perfil simétrico 5375
perfil sísmico pouco profundo 8716
perfil transversal 10192
perfil transversal no eixo do vale 6025
perfil U 1631
perfurabilidade 2941
perfuração a ar comprimido 263
perfuração a gás 4210
perfuração a jacto 5340
perfuração a jacto hidráulico 4814
perfuração a seco 3036
perfuração automática 707
perfuração canadense 1353
perfuração com barrena a jacto 5340
perfuração com barrena usada 10037
perfuração com cabo 1149
perfuração com circulação de produto espumoso 3941
perfuração com circulação inversa 8067
perfuração com circulação localizada 2998
perfuração com coroa de diamantes 2630
perfuração com explosivos 2997
perfuração com granalha 1150
perfuração com jacto hidráulico 4814
perfuração com produto espumoso 3941
perfuração com trado 692
perfuração com vara 8210
perfuração conforme 2952
perfuração correta 2952

perfuração da capa petrolífera 2970
perfuração de barreno de mina com ponta de diamante 1070
perfuração de desenvolvimento 2594
perfuração de diâmetro limitado 8978
perfuração de dupla direcção 2840
perfuração de extensão 2594
perfuração de grande diâmetro 1012, 1013
perfuração de pequeno diâmetro 8978
perfuração de rotação-percussão 8272
perfuração de sondagem de pesquisa de novos campos petrolíferos 6479
perfuração desviada 2600
perfuração do estrato produtivo 2970
perfuração do poço por cimentação 4521
perfuração dum poço de petróleo 7035
perfuração dum poço petrolífero 7035
perfuração eléctrica 3182
perfuração em alto mar 2439
perfuração em mar aberto 6594
perfuração em pântanos 9764
perfuração em terra-firme 6622
perfuração estratigráfica 9510
perfuração geológica de exploração 4278
perfuração hidráulica 10827
perfuração horizontal 4739
perfuração inclinada 5019, 8940
perfuração oblíqua 8940
perfuração para fundações 4028
perfuração por explosivos 2997
perfuração por injecção 4789
perfuração por percussão 1148, 6939
perfuração por rotação 2956
perfuração por rotação a jacto 5348
perfuração por via húmida 10827
perfuração por vibro-percussão 10583
perfuração por vibro-rotação 10584
perfuração profunda 2430, 2433
perfuração sem revestimento 10338
perfuração sem tubagem 10338
perfuração simultânea 8877
perfuração sónica 9132

perfuração térmica 9972
perfuração tradicional 2110
perfuração vertical 9473
perfuradora de coluna 1861
perfurar 1132
perfurar demasiado rapidamente 1320
perfurar de novo 7844
perfurar o estrato produtivo 2951
perfurar por rotação 1132
perfurar uma galeria 3401
perfurar uma rocha dura 4324
perfurar um poço 1133
periclase 6950
periclasite 6950
peridotite 6953
perídoto 6951
perídoto de Ceylon 6952
periglacial 6954
perigo de fogo 3676
perigo de incêndio 3676
perigo de sobreaquecimento 2390
perigo de superaquecimento 2390
perímetro das servidões 3110
perímetro molhado 10835
período de carência 3416
período de crescimento 4526
período de funcionamento 3436
período de garantia 4532
período de isenção de reembolso 3416
período de recorrência 7840
período de retorno 7840
período de vegetação 4526
período duma vaga 10770
período glacial 4335
período húmido 10832
período mais seco 2930
Período Pliocénico 7223
período seco 3041
permanentemente submerso 5255
permeabilidade 6971
permeabilidade à água 6975
permeabilidade absoluta 5252
permeabilidade Darcy 2393
permeabilidade efectiva 3140
permeabilidade horizontal 4744
permeabilidade inicial 5100
permeabilidade lateral 5515
permeabilidade magnética 5889
permeabilidade primária 7496
permeabilidade relativa 7916
permeabilidade secundária 8504
permeabilidade vertical 10560
permeâmetro 6979
permeâmetro de carga variável 3532
permeável ao ar 271
Permiano 6980
Permiano inferior 5813

Permiano superior 10432
Pérmico 6980
Pérmico inferior 5813
Pérmico superior 10432
permissividade 6981
permutador de calor 4612
pernas 9487
perno de travagem 5746
perovskite 6982
perpendicular 6983
perpendicular 6984, 10554
perpendicular à estratificação 6520
perspectiva 6985, 6989, 10589
perspectiva central 1583
perspectiva inversa 8071
perspético 6986
perturbação 2800
perturbação da amostragem 8367
perturbações de funcionamento 5277
perturbado 2801
pervibrador 4972
pesca 3696, 3697
pescador de testemunhos de petróleo 7032
pescador para barrena 1048
pescador por fricção 4133
pesca-varas de sonda 1198
pés de apoio 4461
peso 9140, 10797
peso do solo húmido 10837
peso duma medição 10802
peso morto 2412
peso próprio 8597
peso volúmico 9168, 10400, 10401
peso volúmico aparente seco 10402
peso volúmico do solo saturado 10403
peso volúmico do solo seco 10402
peso volúmico do solo submerso 10404
peso volúmico saturado 10403
peso volúmico submerso 9622
pesquisa geológica 4283
pessoal de exploração junto da barragem 2386
pessoal de exploração no local 6655
pessoal de operação no local 6655
pessoal local 5737
pessoal temporário 9909
pé telescópico 9892
petrificação 6996
petrogénese 6998
petrogénesis 6998
petrografia 6999

petrografia do carvão 1775
petrografia sedimentar 8521
petroleiro 7031
petróleo 7000
petróleo bruto asfáltico 646
petróleo bruto de base mista 6233
petróleo bruto doce 9766
petróleo bruto emulsionado 10828
petróleo bruto não sulfuroso 9766
petróleo bruto não tratado 7786
petróleo de base parafínica 6836
petróleo de gretas 2222
petróleo de infiltração 8542
petróleo de primeira qualidade 3687
petróleo ilegal 4758
petróleo in situ 7018
petróleo marinho 6599
petróleo não parafínico 6511
petróleo normal 737
petróleo parafínico 6836
petróleo primário 6317
petróleo recuperável 2874
petróleo sem gás 4217
petróleo soprado 1098
petróleo subsaturado 10368
petróleo sulfuroso 9652
petrologia 7036
petrologia das rochas metamórficas 7037
petrologia de minério 6686
petrologia estrutural 9579
petrologia sedimentar 8522
petroquímica 6997
phot 7044
picnómetro 2512
piezoeléctrico 7099
piezómetro 7101
piezómetro aberto 6644
piezómetro de ponta porosa 7331
piezómetro de tubo aberto 9326
piezómetro hidráulico 4828
piezómetro pneumático 7260
pilão 7749, 9847
pilar 1858, 7109, 7125, 7126, 7744, 8197, 9751
pilar abandonado 7, 8001
pilar de base 2403
pilar de betão moldado no local 1488
pilar de carvão 8089
pilar de fundação 4035
pilar de material desabado 10682
pilar de observação de base 9757
pilar de protecção 8346
pilar de referência 2403
pilar de sal 8358
pilar de separação 856
pilar do descarregador 9199

pilar do vertedouro 9199
pilares 7109
pilares de betão moldados no local 1488
pilar firme 856
pilar limite da zona de exploração 1193
pilar portante 924
pilastra de fundação 4035
pilha com auto-avanço 7379
pilha de estéril 2719
pilha de madeira 10884
pilha de madeira maciça 9121
pilha de material desabado 10682
pilha de rejeitos 7116
pilha de sustimento 1662
pilha-esteio 1662
pilha permanente 6966
pilha provisória 9906
pilha que atingiu o limite de deformação 9117
pilha solar 9110
pilha temporária 9906
piloco 4696
pilone de fundação 4036
pincel 1270
pino de pistão 4537
pino de travamento 5749
pintura anticorrosiva 486
pintura antiferrugem 486
pintura ao neopreno 6459
piping 4810, 7144
piquetar 5989
piquete de demarcação de talude 9002
pirâmide 7654
pirargirite 7656
pirite 7657
piritização 7658
piromagma 7662
pirómetro óptico 6669
piromorfite 7663
piroxeno ortorrômbico 6718
pirrotite 7664
piscina 9774
piso 3852, 3853, 3854, 6215, 6881, 9459
piso com aquecimento por radiação térmica 4613
piso de lajotas furadas 4708
piso do gerador 5859
pista 8929
pistacite 7145
pivô de fluxo 3886
placa
   em ~s 7218
placa de ancoragem 391
placa de apoio do tecto 8248
placa de assentamentos 8683
placa de base 4041

placa de carga 934
placa de empanque 8482
placa de fundação 4041, 7728
placa vibradora 10570
plâncton 7188
planejamento de urbanização 5495
planejar 2555
planetologia 7182
planície 3766
planície abissal 53
planície aluvial fluvioglacial 3932
planície cársica 5407
planície de erosão marinha 7164
planície de maré 10031
planificação anti-sísmica 3106
planificação de aprovação 9626
planificação urbanística 5495
planilha de preços 8423
planimetria 7186, 7187, 7340
planimétrico 7183
plano 7168
plano aerofotogramétrico 205
plano cadastral 3621
plano central 1584
plano da curva de nível 2083
plano da película 7174
plano de alerta 2071
plano de anteprojecto 6743
plano de base 888
plano de clivagem 1735
plano de corte 8740
plano de diaclase 5370
plano de disposição de furos 1143
plano de enfocação 3962
plano de escorregamento 1770, 8988
plano de filme 7174
plano de fundação 4037
plano de horizonte 4731
plano de mira 8840
plano de observação por métodos topográficos 6291
plano de projeção 7173
plano de referência 888, 2404
plano de rega por aspersão 9249
plano de vôo 7429
plano do mapa 5955
plano do meridiano 6107
plano do objecto 6566
plano dos pontos de referência 4687
plano do terreno 4480
plano especial de estática 9160
plano focal 3950
plano frontal de projeção 4138
plano frontal de projecção 4138
plano horizontal 4745
plano horizontal principal 4746
plano inclinado 5013

plano meridiano 6107
plano na fase de projecto 6743
plano nucleal 3322
plano principal da objectiva 7513
plano principal da objetiva 7513
plano vertical 10561
plano vertical principal 7512
plano visual 7176
planta 7186
planta das escavações 3406
planta de locação dos instrumentos de observação 5740
planta de situação dos aparelhos de observação 5740
planta parcelar 6857
planta parcial 6857
planta topográfica 7166
plantio de grama 9145
plantio de grama em placas 10299
plasticidade 7200
plástico 7197
plastificante 3900, 7204
plastómero 7210
plataforma 9301
plataforma auto-elevatória 8585
plataforma auto-sublevável 8585
plataforma continental 2065
plataforma da torre de perfuração 2548
plataforma de alojamento 7678
plataforma de avanço 8969
plataforma de ensaios das máquinas hidráulicas a escala natural 9320
plataforma de investigação científica das turbomáquinas hidráulicas 9322
plataforma de manobra 2548
plataforma de perfuração 2981
plataforma de perfuração com almofada de ar 253
plataforma de perfuração em mar aberto 6595
plataforma de perfuração flutuante 8473
plataforma de perfuração modular 6260
plataforma de perfuração móvel 6243
plataforma de perfuração semi-submergível 8603
plataforma de perfuração submergível 9624
plataforma de pesquisa científica sobre turbomáquinas hidráulicas 9322
plataforma de sondagem 2981
plataforma de trabalho 10903
plataforma dos transformadores

10159
plataforma em betão com parede perfurada 1969
plataforma fixa 3738
plataforma flutuante de cabos tensos 3811
plataforma flutuante sobre pernas de cabos tensos 3811
plataforma insular 5166
plataforma intermédia para quatro varas 4047
plataforma móvel de perfuração 6243
plataforma pivotada 622
plataforma superior 2260
platibanda 7211
Pleistoceno 7224
plexiglas 7225
plinto 7227
plinto de fundação 4038
Plioceno 7223
Plistoceno 7224
plug 1303
plutonismo 7254
pluviógrafo 7737
pluviograma 7734
pluviómetro 7739
pluviómetro teletransmissor 9885
pluviómetro totalizador 7409
pneu 10323
pneumático 10323
pneumatólise 7263
poço 823, 8692, 10809
poço activo 4550
poço artesiano 615
poço ascendente 7743
poço auxiliar 5333, 7931, 9329, 9330
poço comercial 1868
poço da chaminé de equilíbrio 9735
poço de acesso 75
poço de aeração 278
poço de alívio 7937
poço de alta pressão 4678
poço de arejamento 278
poço de delimitação 2487
poço de delimitação do jazigo 3610
poço de descompressão 7937
poço de desenvolvimento 2596
poço de dois horizontes 2847
poço de ensaio 516, 9948
poço de erupção intermitente 968
poço de exploração 3442
poço de exploração de jazidas mais profundas 2432
poço de extracção com injecção de gás 4219
poço de gás 6425

poço de gás natural 6425
poço de lava 5533
poço de observação 6578
poço de petróleo 7010
poço de petróleo activo 4550
poço de petróleo produtivo 7538
poço de prova 516
poço de recarga 7812
poço desviado 2600
poço de ventilação 278
poço em carga 7475
poço eruptivo 1097
poço estéril 3045
poço exploratório 2596
poço fechado 8812
poço filtrante 3639
poço improdutivo 3045
poço inclinado 2405
poço interior 5333, 9329, 9330
poço intermédio 5071
poço marginal 5970
poço não comercial 6504
poço não entubado 10338
poço não eruptivo 6507
poço petrolífero 7010
poço petrolífero comercial 1868
poço petrolífero produtivo 1868
poço por injecção de água 10695
poço pouco profundo 8717
poço principal 5911
poço produtivo 1868
poço produtivo de dois horizontes 2847
poço produtor de gás 6425
poço profundo 2433
poço provisóriamente abandonado 9902
poços de comando das comportas 4231
poços de drenagem 2892
poço seco 3045
poço sem rendimento 6504
poços gémeos 10307
poço transitóriamente abandonado 9902
poço vertical 9473
poder calorífico inferior 6465
poder calorífico superior 4466
poder de refração 7869
poder de refracção 7869
poder refletor 7384
poder umectante 10833
pó de sílica 8851
polarização 7293
polarização magnética 5251
polarizador 7294
polder 7297
polia de accionamento 3014
polia de cabeça 2261
polia de perfuração 2261

polia tensora 9928
polietileno 7303
poligonal aberta 10205
poligonal fechada 1753
polígono 7305
polímero 7310
polimorfismo 7312
política da edificação 4767
política de seguros 5175
poliuretano 7314
polje 7301
pólo 7298
pólo geomagnético 4290
poluição 7302
poluição do aquífero 532
poluição pelo mercúrio 6105
poluição térmica 9976
pomes 7623
pomice 7623
ponta 10072
ponta da cheia 3844
ponta de meia-cana 10264
ponta em forma de colher 10264
pontalete 7580
ponta meia-cana 10264
pontaria de precisão 3652
ponte-cais 7095
ponte-canal 3912
ponte canal 3912
ponte cársica 5389
ponte das distâncias 2787
ponte de acesso 71
ponte de diodos rotativa 8284
ponte de suspenção a grande vão 5785
ponte do vertedouro 9193
ponteira de cravação 3015
ponteiro 16
ponte levadiça 867
ponte rolante 6771
ponte sobre o descarregador 9193
ponte suspensa de grande vão 5785
pontilhão 2306
ponto 7267
ponto central 1577
ponto central da fotografia 1577
ponto da cota mais baixa da fundação 5821
ponto da imagem 4961
ponto de alquebramento 10951
ponto de aplicação 7270
ponto de apoio 2404
ponto de ataque 7270
ponto de cedência 9929
ponto de cedência à flexão 10948
ponto de colimação 6073
ponto de congelação 4110
ponto de controle 1643, 3739, 7277

ponto de controlo 1643, 3739, 7277
ponto de direcção 935
ponto de ebulição 1112
ponto de enturvação 1765
ponto de estação 1389
ponto de fuga 10502
ponto de inflexão 7271, 7272
ponto de início da fluência 10438
ponto de intersecção 7273, 7274, 10141
ponto de intersecção dos eixos do quadro 7275
ponto de mira 240
ponto de observação 6288
ponto de observação para altimetria 6289
ponto de referência 880, 2404, 3739, 7856
ponto de rotura 1232
ponto de velocidade nula 7281
ponto de vista 7279
ponto distante 2790
ponto do objecto 6567
ponto do terreno 4482
ponto fixo 3739
ponto focal 3951
ponto fotografico 1388
ponto fraco 10774
ponto longínquo 2790
ponto material livre 4096
ponto material vinculado 2026
ponto nadiral 4479
ponto nadiral da imagem 4960
ponto nadiral do mapa 5957
ponto nodal 6491
ponto nodal anterior 4137
ponto nodal posterior 7807
ponto novo 6482
ponto nuclear 3324
ponto ortoscópico 3328
ponto principal anterior 3478
ponto principal da imagem 7514
ponto principal de fuga 5923
ponto principal do horizonte 7276
ponto principal do quadro 7515
ponto principal posterior 5228
pontos a observar 7285
pontos a serem observados 7285
ponto terrestre 7280
ponto visado 6073
ponto zenital 10963
porca 6556
porca com colar 3759
porca com travamento 1644
porca da tampa 1416
porca da válvula 10493
porca de junção 3759
porca de orelhas 10870
porca de travamento 1644

porca para tubos 3759
porcelanito 7320
pórfido 7333
porfirite 7333
porfiroblástico 7332
pôr no seu lugar 5147
poro 7321
porosidade 7329, 9097
porosidade absoluta 28
porosidade aparente 505
porosidade da matriz 6016
porosidade devida à cavidades 10650
porosidade efectiva 3141
porosidade eficaz 4169
porosidade inicial 6221
porosidade in situ 5138
porosidade intergranular 5209
porosidade por fractura 4058
porosidade por interconexão 4169
porosidade primária 7498
porosidade real 3141
porosidade secundária 8505
porosidade sem cimento 6221
porosidade total 28
porosímetro 7328
poroso 7625
pôr-se em carga 9840
porta 2829
porta-amostra 2155
porta corrediça 8962
portada 6640, 6641
portada com comporta 9016
portada de entrada 5117
portada de fundo 1178
portada de limpeza 8445
portada para passagem do gelo 4930
porta de abaixamento 3022
porta de eclusa 5745
porta de entrada 4140
porta de inspeção 5938
porta de uma banda 8884
porta de um batente 8884
portador de doença 2746
porta-e-janela 1455
porta envidraçada corrediça 4360
porta-filme 3632
portal 7336
portal de entrada 3290
porta-lente 5578
porta levadiça 5613
porta mira 9285
porta-objectiva 5574, 6563
porta-película 3632, 3944
porta principal 4140
pórtico 10203
pórtico de manobra 4192
pórtico fixo 4603
pórtico móvel 9829

pórtico para a limpeza de grades 8458
portico sueco 9765
porto de segurança do poço 8338
posição 7340
posição do limbo azimutal 7345
posição no mapa 7346
posição oblíqua 6574
posição perspectiva 6990
posição planimétrica 7184
posição vertical 10556
posição zero 10971, 10972
posicionamento 8659
pós-praia 786
posto central de comando 6008
posto de carregamento petrolífero em mar aberto 6598
posto hidrométrico 4886
posto pluviométrico 2730, 7740
post-orogénico 7352
posto udométrico 7740
post-tectónico 7352
potamografia 7355
potamologia 7356
potência 7370
potência absorvida 7373
potência da turbina 10754
potência de ponta 6897
potência de ponta da rede 9813
potência de ponta do sistema 9813
potência de ponta garantida 3684
potência de reflexão 7384
potência do aquífero 542
potência do curso de água 10720
potência efectiva 3142
potência efectiva duma camada produtiva 3145
potência firme 3681
potência firme de ponta 3684
potência garantida 3681
potência hidráulica 4830, 10720
potência instalada 5146
potencial de contacto 5686
potencial de membrana 6104
potencial de velocidade 10530
potencial electrocinético 9518
potência máxima 6032, 6897
potência máxima absorvida 6029
potência máxima do sistema 9813
potência máxima possível 6032
potência máxima produzida 6033
potência nominal 7774
potência óptima 6677
potência útil 3142
potenciómetro 7364
potenciómetro hidráulico 4829
pouco nítido 1101
pozo de ensaio 3444

pozo de reconocimiento 9948
pozolana 7652
praça 9258
praia 914
praia baixa 3999
praia levantada 7742
prancha 1102
pranchão 9995
prancheta 2916, 7180
prato de capeamento 1417
prazo de entrega 2488
prazo de execução 10065
prazo de montagem previsto no programa 8422
pré-aquecedor 7420
pré-carregamento 7427
precauções 7405
precipitação 7406, 7733
precipitação de neve 9044
precipitação média 738
precisão 87
precisão alcançada 678
precisão da medição 90
precisão da medição dos ângulos 89
precisão de desenho 2912
precisão de leitura 91
precisão dum aparelho de medição 88
precisão em medir ângulos 89
precisão exigida 7967
precisão obtida 678
preço à saída da fábrica 3497
preço CIF 1684
preço contratado 2092
preço e prazos 2174
preço FOB 4094
pré-compressão 7413
preconsolidação 7414
preço posto fábrica 3497
pré-corte 7437
preços em vigor em 7491
preços unitários 10395
preencher sub-pressão 774
preenchimento 771
preenchimento de fractura 3562
pré-escavado 7398
pré-esforçar 7483
pré-filtro 7419
pré-fissuramento 7437
pregagem 8196
pregar 6404
prego 6403
prehnite 7422
prejuízo indirecto 5046
prejuízo máximo 6030
prejuízo resultante 2006
prejuízos 183, 2368
prémio 1123
preparação 5238

preparação da superfície da junta de construção 7430
preparação da superfície da junta de trabalho de betonagem 7430
preparação na camada 2598
preparação na rocha 2597
preparação no filão 2598
preparação para obtenção de estéril para entulhamento 269
preparação precedendo a frente 177
pré-qualificação 7432
preománico 609
presa 8644
presa do ar 266
presa final do cimento 3649
presa instantânea 3763
presa instantânea do cimento 3764
presença de gás 6583
presença de petróleo 6584
preservação do ambiente 7435
preservação do ambiente em engenharia de minas 3300
preservar 2010
pressão 7438
pressão absoluta 29
pressão adicional 9669
pressão à entrada da turbina 7442
pressão anisótropa 447
pressão à saída da turbina 7443
pressão atmosférica 842
pressão barométrica 842
pressão capilar 1413
pressão crítica 2235
pressão da bomba da lama 6357
pressão da jazida ao limite de esgoto 11
pressão da lama 6355
pressão da linha piezométrica 4812
pressão de abandono 11
pressão de confinamento 1993
pressão de contacto 2050
pressão de descarga 2490
pressão de devolução 7873
pressão de empolamento 1237
pressão de entrada na turbina 7442
pressão de expansão 9773
pressão de formação 1751
pressão de fundo 1173
pressão de fundo em poço fechado 8809
pressão de injecção 5113
pressão de nega 7873
pressão de percolação 1413
pressão de pré-adensamento 7415
pressão de rotura 1321

pressão de saída da turbina 7443
pressão diferencial de fundo 1167
pressão do ar 274
pressão do deflúvio no fundo do poço 1172
pressão do entulhamento 7455
pressão do fluxo 3883
pressão do fluxo no fundo da sondagem 1172
pressão do jacto 5350
pressão do tecto 8249
pressão do terreno 8198
pressão do terreno superjacente 7467
pressão efectiva 135, 5210
pressão estática de fundo 8810
pressão estática dum poço fechado 8811
pressão estática em poço fechado 8810
pressão externa 3480
pressão granular 4411
pressão hidrodinâmica 4857
pressão hidrostática 1995, 4896
pressão hidrostática em excesso 3412
pressão inicial 5101
pressão intergranular 5210
pressão intersticial 7327
pressão isostática 5311
pressão lateral 5516
pressão longitudinal 5775
pressão máxima 2235
pressão média 736
pressão mobilizável 3143
pressão na conduta 5670
pressão neutra 7327
pressão no apoio 44
pressão no apoio firme 43
pressão no apoio firme da frente 4136
pressão no apoio firme da retaguarda 7805
pressão no bordo 8820
pressão no encontro firme 3130
pressão no entulhamento 7439
pressão no fundo 1173
pressão no orifício do poço 10819
pressão normal do terreno 2195
pressão no suporte 9686
pressão orientada 7463
pressão perimetral 6962
pressão piezométrica 4812
pressão uniaxial 7463
pressão útil 3143
prestação contínua 2076
prestação intermitente 5220
prevenção 7488
prevenção de acidentes 77
previsão de cheias 3837, 3850

primeiro enchimento 7503
primeiro filete 3686
princípio da sobreposição 7522
princípio de construção 7518
princípio de equivalência 7520
princípio de equivalência de trabalho e energia cinética 7519
princípio de medição 7521
prisma angular 7525
prisma de desvio 2607
prisma de leitura 7799
prisma rodante 8287
prismático 7524
probabilidade das cheias 3847
problema de Lamé 5473
procedimento de ajustagem 6135
procedimento de cálculo 1372
procedimento de ensaio 9946
procedimento de medição 7531
procedimento de projecto 6139
processamento 3162
processamento centralizado de dados 1581
processamento de dados 2400
processo das telas finais 8650
processo de concurso 9914
processo de desenhos finais conforme construído 8650
processo de fracturação hidráulica 4805
processo de fraturamento hidráulico 4805
processo de magnetoestricção 5897
processo de medição 7531
processo de trabalho 6654
processo de tratamento do mineral 6196
processo do anteprojecto 7424
processo do mineral 6196
processo do minério 6196
processo dos trabalhos executados 640
processo hidrotérmico 4903
processo metassomático 7961
produção 6746
produção acumulada 6007
produção bruta 4467
produção de energia 7381
produção de energia hidroeléctrica 4864
produção de energia nuclear 6541
produção de gás natural 6426
produção de máquinas 5861
produção de pressão constante 2021
produção diária 2360
produção eruptiva 3925
produção forçada 3986

produção inicial do poço 5102
produção intermitente com gás 5219
produção intermitente por gás 5219
produção líquida 6469
produção marginal 9567
produção máxima 6899
produção por empuxo de água 10696
produção por pressão hidrostática 10696
produção total 2307, 10128
produndidade da perfuração 2534, 2947
produndidade do poço 2534
produndidade perfurada 2947
produtividade biológica 1033
produto de sublimação 9611
produto para cura 2314
profundidade 2528
profundidade abissal 51
profundidade acessível 2536
profundidade crítica 2229
profundidade da sapata dos tubos de revestimento 1477
profundidade das escavações 2532
profundidade das fundações 2532
profundidade da sondagem 2965
profundidade da toalha freática 2539
profundidade da trincheira de vedação 2531
profundidade de colocação 1479
profundidade de congelamento 4108
profundidade de fundação 4027
profundidade de imersão 2813
profundidade de penetração 2533
profundidade do corta-águas 2531
profundidade do furo de sonda 2965
profundidade do lençol freático 2539
profundidade final do poço 3644
profundidade média 6037
profundidade produtiva 7539
profundidade total 9863
proglacial 7549
programação de inspeção 5144
programa das visitas 5144
programa de construção 2040
programa de enchimento 4991
programa de perfuração 2982
programa de qualidade 7671
programa de voo aerofotogramétrico 7429
programador 7551
programa dos trabalhos 2040

projeção 7562
projeção central 1585
projeção gnomônica 4372
projeção gnomônica recíproca 4373
projeção horizontal 4747
projeção paralela ortogonal 6716
projecção 7562, 10018
projecção axonométrica 759
projecção central 1585
projecção do comprimento da frente em harmonia com a linha de maior declive da camada 7564
projecção do comprimento da frente segundo a direcção da camada 5608
projecção do comprimento da frente segundo a linha de maior declive da camada 7564
projecção gnomônica 4372
projecção gnomónica recíproca 4373
projecção horizontal 4747
projecção paralela ortogonal 6716
projecção vertical do comprimento da frente 10562
projecto 2554, 8425
projecto anti-sísmico 3106
projecto das máquinas 5858
projecto de execução 3645
projecto hidroenergético de fins múltiplos 6381
projecto sumário 7423
projetar 2555, 7555
projeto 2556
projeto definitivo 3645
projetor 7566, 7863, 10590
prolongar 3463
promontório 7568
promover uma concorrência 1380
propagação 7569
propagação da cheia 8146
propagação de ondas 7570
proposta 9912
proposta mais baixa 5822
propriedade do solo 9099
propriedade indicial 5040
propriedades da rocha 8200
proprietario da obra 6790
prorrogação de prazo 3469
prospecção acústica 107
prospecção biogeoquímica 1031
prospecção do aquífero 533
prospecção eléctrica em mar aberto 6596
prospecção em sedimentos de ribeiro 9520
prospecção geobotánica 4259
prospecção geoquímica 4262

prospecção geoquímica de solos 9101
prospecção geoquímica em rocha 8201
prospecção geoquímica por gases 10505
prospecção geotécnica 5355
prospecção hidroquímica 4852
prospecção por resistividadc 8027
proteção contra as inundações 3834
protecção 7592
protecção contra as cheias 3834
protecção contra material desabado 3922
protecção contra o desabamento 480
protecção de sobrecarga 6778
protecção de talude 8999
protecção parcial 6865
protecção total 1899
proteger um terreno com uma sebe ou vedação 3593
protensão 7487
protótipo 7596
proustite 7597
provar 10257
provete 8361
provete cúbico de betão 1972
provisão 7603
provisões para a depreciação 3651
proximal 7604
prumo óptico 6665, 6667
pseudoplástico 7609
pudingue 7614
pulverizador 676, 6539
puna 7645
purificação da água de alimentação 3581
purificação do aquífero 539
purificador de ar 243
putrefacção 7651
PVC 7317

quadrado 9259, 9260, 9261
quadrante 2624
quadro 8643, 9700
quadro circular 9697
quadro comandado 8944
quadro com os ângulos reforçados 5440
quadro de entivação 4161, 9683
quadro de sustimento 4065
quadro de terminais 9931
quadro duplo 2841
quadro isolado 5052
quadros gémeos 4070, 6804
quadro trapezoidal de madeira 4322

qualidade da água 10724
qualidade de construção 7670
qualidade do carvão 1776
quantia provisória 7603
quantidade 7673
quantidade de fluxo 10122
quarto de dormir 960
quartzito 7686
quartzo 7679
quartzo radiolário 7722
quebradiço 1259
quebra-gelos 4928
quebra-neve de turbina 9037
quebrarse 2197
que chegou ao fim do curso 4378
queda 4597
queda bruta 4465
queda bruta máxima 6028
queda bruta média 6042
queda bruta mínima 6206
queda de potencial 7359
queda de pressão 7449
queda de pressão nas varas de perfuração 7621
queda de pressão nas varas de sondagem 7621
queda de rocha 3534
queda disponível 731
queda líquida 6466
queda óptima 6675
queda útil 6466
queda útil máxima 6031
queda útil média 6044
queda útil mínima 6207
queda útil nominal 6498
queda útil ponderada 10799
quelação 1646
quernite 5418
quernito 5418
questões piscícolas 3692
química do solo 9086
quincôncio
    em ~ 5130

rabanada 9257
rachado 2221
radar 7695
radar com laser 5456
radar de abertura sintético 9798
radar lateral 8830
radartécnica 7696
radar-telescópio 7700
radartopografia 7699
radiação 7716
radiação infravermelha 5090
radiador intercalado 5198
radier 520
radiografia 10925
radiolarito 7722
raio 7788

raio da imagem 7790
raio de acção 7760, 7761
raio de alcance 7761
raio de colimação 4716
raio de curvatura 5756
raio de drenagem 2886, 2887
raio de giração 7723
raio de influência 7724
raio de Verão 9655
raio do coroamento 2218
raio hidráulico 4834
raio luminoso 5623
raio mudo 9655
raio nuclear 3323
raio vector 7725
raio visual 10606
raiz quadrada 9266
ramificação de filões 1219
ramificação de veios 1219
ramo descendente do sifão 2727
rampa 7754
rampa de aeração 190
rampa de arejamento 190
rampa de ventilação 190
ranhura 4463
ranhura de aeração 191
ranhura de arejamento 191
ranhura de injecção 4509
ranhuradora 4464
rapidez 7771
rasgo 606
raspador 7108
raspador de segurança 8339
rastilho 4174
ravina 4548
reabilitação 7895
reacção 7793
    de ~ 5508
reacção de apoio 8015, 9695
reacção de apoio da entivação 9696
reacção total 232
reactividade aos alcalis 308
reajustar 7992
realização da construção 2030
realização dum projecto por fases 9296
realojamento 7994
rearranjo estrutural 2757
reassentamento 7994
rebaixamento 823
rebaixamento do lençol freático 4494
rebaixamento do nível freático 4494, 4495
rebaixamento do nível freático com caudal constante 8054
rebaixar 2684, 2685, 7955
rebentação 9705
rebentamento 1071, 8780

rebentamento a céu aberto 6636
rebentamento em linha 8310
rebentamento profundo 6361
rebentamento rotativo 8294
rebitar 6404
reboco 1569, 7196
reboco de acabamento 9030
reboco fino 9030
reboque 10148
recalque 8678
recâmbio de partes deterioradas 7953
recarga artificial da toalha freática 630
recarga da toalha freática 4496
recarga de montante ou jusante 8798
recarga de pé 10078
recarga de talude 10800
recarga do acuífero 529
recarga do lençol freático 4496
recarregar 7811
receber uma carga 70
receita automática 1654
receitas 1461
recepção 65
recepção das máquinas 67
recepção definitiva 3642
recepção parcial 68
recepção provisória 7601
receptáculo para detritos 10197
receptor 7810
recife 7852
recife de barreira 854
reclamação de terceiros 10001
reclamações 1699
recobrimento 6780
recobrimento duma barra 1961
recobrimento estratigráfico aparente 508
recognição 7817
recolha de dados 2397
recolhedor de gotas 8246
recolocar a tubagem 8057
recolocar os tubos 8057
recompactação 7854
recompactar 7815
recompressão 7816
recondicionamento de fundação 10367
reconhecimento da fundação 4030
reconhecimento dum local 7818
reconhecimento geotécnico 9091, 9107
recreação 7827
recristalização 7830
recta 9475
rectificação 2167, 7833
rectificador 7834, 7836

rectificador com dispositivo de
    enfocação automática 8587
rectificador com focalização
    automática 8587
recuperação 7824
recuperação de terras 5480
recuperação elástica 3163
recuperação por combustão in situ
    7825
recuperador de esteios 9785
recuperar 2920, 3690
recursos de mineral 6197
recursos de minério 6197
recursos hidroenergéticos 4893
rede 6464, 8317
rede cársica 5405
rede da estrada 8164
rede de apoio 2103
rede de apoio altimétrica 10553
rede de apoio planimétrica 4736
rede de arame soldada 10807
rede de auscultação 6287
rede de aviso de cheias 3846
rede de drenagem dum terreno
    5482
rede de drenos 3662
rede de estradas 8164
rede de fluxo 3889, 8544
rede deformada 2792
rede de galerias 8176
rede de geofones 8568
rede de irrigação 5281
rede de Möbius 6247
rede de percolação 8544
rede de previsão de cheias 3846
rede de referência 4456
rede de rega 5281
rede de sismómetros 8568
rede destorcida 2792
rede de triangulação 10221
rede de Wulff 10920
rede do mapa 5953
rede dos pontos de referência
    3740
rede hidrográfica 8153
redeposição 7841
rede quadrada 9263
rede trigonométrica 6468
redistribuição das tensões 7843,
    9530
redução da carga da rede 6724
redução da secção 6414, 7850
redução macho-macho 7135
redutor 7893
redutor de água 10725
reescombrar 785
referência 5983, 5985
referência de nível 9904
referência de triangulação 10223
referência geodésica 4270

referencial geral 4364
referencial global 4364
referencial local 5732
referenciar 7133
referência topográfica 9748
reflectância 7858
reflector 7863
reflexão 7861
reflexão especular 9173
reflexão lateral 8824
reflexão múltipla 6384
reflorestação 216
reflorestamento 216
refluxo circulante 1694
reforçar 7896
reforço 5182, 9763
reforço da entivação 10211
reforço da fundação 10367
reforço de barragem 9524
reforço do sustimento 10211
refracção 7866
refrigeração a ar 251
refrigerador 2126
refrigerador combinado 1864
refrigerador intermediário 5198
refrigerador intermédio 5198
refúgio antiaéreo 276
rega 5280, 10708, 10836
rega de selagem 8480
rega por aspersão 9247
rega por escorrimento 9710
rega por submersão 3842
regeneração 7877
região abissal 49
região cársica 1509
região petrográfica sedimentar
    8531
região petrolífera 7019
regime 7879
regime de produção de um jazigo
    3013
regime permanente 9363
regime transitório 10164
regiões periglaciais 6956
registador 7820
registador de convergência 2118
registador digital 2669
registador multicanal 6365
registo acústico 102
registo analógico 372
registo automático 714
registo contínuo 2077
registo de área variável 10507
registo de cheias 3848
registo de densidade variável
    10509
registo digital 2670
registo dos jazigos 7822
registo gama-gama 4184
registos de queda de neve 9051

registo selectivo gama-gama 8575
registos hidrológicos 4873
registo sonar 102
registo sónico 102
registos pluviométricos 7738
registo teletransmitido 9884
registrador contínuo do peso da
    lama 2075
registrador da velocidade de
    avanço 2983
registrador de assentamento em
    função da carga 5727
registrador de avanço do trépano
    2983
registrador de perfiles 7547
registrador fotográfico de dois
    canais 10310
registro cadastral 5485
registro imobiliário 5485
rególito 7883
regragem 164
regras de exploração 6649
regras de operação 6649
régua de mira para nivelamento
    5594
régua limnimétrica 9294
regulação 164, 7891
regulação das máquinas
    hidráulicas 2104
regulação do fluxo 3871
regulador de avanço da barrena
    3577
regulador de tensão 10629
regulador de velocidade 9178
regulador do tempo 10068
regulagem 8661
regulagem da distância focal 8666
regulamentação 7892
regulamento 7892
regulamento de segurança 8347
regulamento dos litígios 8682
regularização dum talude 10239
regularização fluvial 8156
regularizar um talude 10239
regulável 161
reiteração 7910
reivindicações 4458
rejeição 7871
rejeição horizontal 4737
rejeito 3569, 10017
rejeito a descer 2866
rejeito aparente 502
rejeito a subir 10448
rejeito estratigráfico 9511
rejeito horizontal 4737, 8766
rejeito horizontal transversal 4749
rejeito inclinado aparente 507
rejeitos a meia encosta 4688
rejeitos cruzando vale 2254
rejeitos fechando vale 10473

rejeitos na cumeeira 8093
rejeito vertical aparente 509
relação água-cimento 10690
relação de curvatura 7784
relação de demultiplicação 4240
relação de empresas consultadas 8580
relação de perfuração 1153
relação de Poisson 7286
relação de transmissão 4240
relação entre a área explorada e a área crítica 7783
relação entre as componentes horizontais e verticais da compressão em terreno virgem 7782
relação entre causa e efeito 1508
relação exploração-descobrimento 9643
relação gás-petróleo 4215
relação isotópica 5320
relação tensões-deformações 9544
relatório de actividade 7553
relatório definitivo 3647
relatório de viabilidade 3575
relatório preliminar 2869, 5007, 7424
relatório provisório 7602
relaxamento das componentes 5794
relevo 7930
relevo alpino 332
relevo Apalachiano 497
relevo a ravinas 791
relevo de escorregamento 5491
relevo jurássico 5382
relocação de estradas 8163
remoção de ensecadeira 1816
remoção de entulhos 10681
remoção do estéril 2718
remoção subterrânea de entulhos 10357
remoinho potencial 1692
remoldar 7946
remover escombro 6340
Renascença 7951
rendimento 3150, 6946, 7540
rendimento da bomba 3153
rendimento de extracção 7577
rendimento do aquífero 538
rendimento do levantamento 6949
rendimento do trabalho cartográfico 6747
rendimento dum obturador 3154
rendimento dum poço 10826
rendimento hidráulico 4796
rendimento máximo 6892
rendimento mecânico 6081
rendimento óptico 6668
rendimento óptico do telescópio 6666
rendimento óptimo 6674
rendimento telescópico 6666
rendimento total 6750
rendimento volumétrico 10637
renovação 7912, 7954
reologia 8084
reóstato 8085
reóstato de arranque 9335
reparação 7954
reparação corrente 2317
reparação de emergência 3247
reparação geral 5927
reparação periódica 6958
reparo 7954
repetibilidade duma medição 7957
repleno por vegetação 3628
réplica 221
repouso em ~ 8033
representação conforme 1997
representação do terreno 7963
representação gráfica das alturas 2623
representação topográfica 7963
representante do contratado 2089
representante técnico do contratado 2091
reprodução 2140, 7966
reprodutibilidade das medições 7965
reproduzir 7523
reproduzir fotográficamente 7964
rescisão 9932
rés-do-chão 4473
resedimentação 7970
reserva 9446
reserva de caça 4183
reserva oculta 822
reservas de gás natural 6427
reservas de gás recuperáveis acertadas 7599
reservas de petróleo 7024
reservas de petróleo recuperáveis acertadas 7600
reservas de petróleo recuperáveis possíveis 7349
reservas recuperáveis 7823
reservatório 891, 4990, 7971, 7972, 9455
reservatório com alimentação bombeada 7630
reservatório com alimentação natural 7991
reservatório de água 10729
reservatório de alimentação 2715
reservatório de cabeceiras 4609
reservatório de compensação 219, 1886
reservatorio de fins múltiplos 6383
reservatório de lama ativa 125
reservatório de regularização 7889
reservatório de regularização interanual 10937
reservatório de restituição 218
reservatório estabelecido no topo duma elevação 4689
reservatório e tomadas secundárias 8511
reservatório mais a montante 10431
reservatório múltiplo com evacuador 1915
reservatório múltiplo com vertedor 1915
reservatório para compensação da estiagem 7979
reservatório para controle de cheias 3830
reservatório para fins energéticos 7980
reservatório secundário e obra de ligação 8507
reservatórios em cascata 7987
reservatório subterrâneo 10359
reservatório superior 10436
resfriamento artificial 628
resíduos industriais 5064
resina acrílica 116
resina de cloreto de vinilo 10592
resina epoxida 3325
resina natural 6430
resistência 6873, 8014, 9522, 9523
resistência à aderência 1119
resistência à carga explosiva 1077
resistência à cedência 8021
resistência à compressão 1938
resistência à compressão confinada 1990
resistência à compressão em flexão 984
resistência à compressão limitada 1990
resistência à compressão simples 10342
resistência à compressão triaxial 10226
resistência à compressão uniaxial 10381
resistência à congelação 4149
resistência à derrapagem 8922
resistência a disgregação 8938
resistência à encurvadura 1284
resistência à fadiga 3267, 3550, 3551

resistência à flexão 3786
resistência à flexão brusca 8775
resistência à força de tracção 9920
resistência ao choque em entalhes 4977
resistência ao cisalhamento 8741
resistência ao corte 8741
resistência ao deslizamento 8922
resistência ao deslocamento violento 1322
resistência ao efeito de galgamento 8018
resistência ao envelhecimento 8016
resistência ao esmagamento 2277
resistência ao esmagamento dos tubos de revestimento 1837
resistência ao galgamento 8018
resistência ao puncionamento 7646
resistência ao punçoamento 7646
resistência ao rasgamento 9868
resistência ao rebentamento 1322
resistência aos sismos 3105
resistência aos terremotos 3105
resistência à penetração 6923, 8019
resistência à penetração da estaca 7115
resistência à penetração normalizada 9316
resistência à pressão radial 9527
resistência à ruptura por compressão 1937
resistência às solicitações alternadas 8017
resistência à torção 8020
resistência à tracção 9920
resistência à tracção do maciço 9921
resistência à tracção por compressão diametral 9215
resistência da rocha 8203
resistência de atrito 4124
resistência de corpos de prova cilíndricos 2354
resistência de corpos de prova cúbicos 2300
resistência de ponta 7283
resistência de rotura 1234
resistência do ar 277
resistência do maciço 1120
resistência dos materiais 9390
resistência eléctrica 3195
resistência em provetes cilíndricos 2354
resistência em provetes cúbicos 2300
resistência inicial 5106

resistência magnética 5890
resistência residual 8003
resistência térmica 9981
resistente 927
resistente à flexão 8022
resistente aos ácidos 94
resistente às vibrações 10580
resistir 8013, 9307
resistividade 3197
resistividade aparente 506
resistividade da água de origem 4015
resistividade da água inata 4015
resistividade duma formação 4010
resistividade verdadeira duma formação 10254
respirador 1245
responsabilidade 5600
responsabilidade civil 9551
responsabilidade legal 5567
resposta de amplitude 365
resposta de fase 7040
resposta de frequência 4117
resposta do terreno 4484
resposta hidrodinâmica 4858
resposta modal 6251
ressaca 9705
ressalto hidráulico 4815
ressonância 8029
ressonância ondulatória 10771
ressudação 1081
ressurgência 8039
restabelecer 7995
restabelecimento das comunicações 8163
restauração 337
restaurar 7995
restauro 337
restinga 9209
restituição 1894, 6737, 7833
restituição de aerofotogramas 7232
restituição de vazões agrícolas 5283
restituição de vazões reservadas 1891
restituição dos caudais agrícolas 5283
restituição dos caudais reservados 1891
restituição dum fotograma 7233
restituição mecânica 5860
restituívelj 7229
resultado duma medição 8038
resultados concordantes 2015
resultados conseguidos em campo 3618
reta 9475
reta de fuga 10501

retardador de pega 8045
retardador de pega do cimento 1571
retardador de presa 8045
retardador de presa do cimento 1571
retardo 5460
retenção 3291, 9444
retenção específica 9166
retenção superficial 9722
retentor 8040
retentor da válvula 10494
retentor do pino 7134
retentor toroidal em "O" 6703
retículo 8049
retículo cristalino 2290
retículo paraláctico 6842
retificação 2167, 7833
retificação do poço 4707
retificação isostática 5309
retificador de tubos 1482
retificar 7837, 8656
retirada do glaciar 4347
retirada glacial 4347
retirar água 40, 2919
retirar as ferramentas de perfuração 4703
retocar 10131
retoma do escombro 8061
retoque 10130
retração de pega 3038
retracção 3038, 8802, 8803
retracção térmica 9977
retráctil 8051, 9890, 10943
retráctil e articulado 10944
retractilidade 1404
retransmitir o sinal 8845
retro carregadeira 782
retro escavadeira 778
reutilização de material escavado 8061
revelação 2587, 2589
revelação de gás em testemunhos 2573
revelador automático de gás 711
revelador de incêndio 3672
revelador dos raios gama 4186
revelador-registrador automático de gás 715
revelar 2586
reverberação 8062
reversível 8073
revestimento 1464, 3518, 3519, 3857, 5462, 5675
revestimento a montante 10445
revestimento anticorrosivo 476
revestimento antiderrapante 6516
revestimento betuminoso a frio 1053
revestimento circular 10259

revestimento com rede por trás da entivação 9372
revestimento da abóbada com alvenaria 574
revestimento de acabamento 3666
revestimento de atrito 4129
revestimento de duas camadas 2843
revestimento de madeira 10054, 10889
revestimento de parede 10658
revestimento de pequeno diâmetro 8979
revestimento de piso 3857
revestimento de rodapé 1103
revestimento de sondagem 1463, 1464
revestimento de túnel 10284
revestimento do poço 8704
revestimento duma galeria 10284
revestimento duma única camada 8886
revestimento interior do poço 1360
revestimento metálico 10286
revestimento para cura 2315
revestimento permanente 6965
revestimento soldado em espiral 9208
revestir 1451
revestir com alvenaria por trás da entivação 773
revestir com betão projectado 8793
revestir com leiva 9058
revestir com tijolo 5674
revisão 8303
revisão geral 5927
revisão interna 5123
revisão periódica 6957
ria 9134
riacho 1268
ribeiro 9515
rift 8096
rigidez 9417, 9421, 9480
rigidez à flexão das lajes 3782
rigidez de encaixe 9420
rígido 8109
rigolito 6752
rigorosamente horizontal 27
rim 4593
rio 8138
rio competente 1892
rio consequente 2007
rio de gelo 8148
riolito 8086
rio navegável 6439
ripar 178, 7649, 8127
risco 8135
risco próprio 6791

riscos de falhas 3571
riscos dos terceiros 10003
risco sísmico 8560
ritmo de aluimento 8686
rocha 8177
rocha adjacente 156
rocha alóctone 318
rocha alterada 10778
rocha alterada 339
rocha argilosa rica em ferro 1721
rocha autóctone 701
rocha básica 889
rocha betuminosa 1058
rocha bioclástica 1024
rocha carbonífera 1422
rocha cataclástica 1490
rocha circundante 9739
rocha com gás 4203
rocha compacta 1881, 6005
rocha cristalina 2293, 2294
rocha da crusta terrestre 2278
rocha de base 959
rocha decomposta 10778
rocha de contacto 2047
rocha de crosta terrestre 2278
rocha de dinamitação 1065
rocha de embasamento 877
rocha de encaixe 2185
rocha de explosão 1065
rocha de formação 2185
rocha de fundação 4039
rocha desmontada a fogo 8797
rocha efusiva 3157
rocha em cogumelo 6908
rocha em forma de cogumelo 6908
rocha encaixante 9739
rocha estratificada 5542, 9508
rocha extrusiva 3496
rocha finamente estratificada 3745
rocha foliada 8752
rocha fracturada 3717
rocha friável 4122
rocha heterogénea 4651
rocha hipoabissal 3065
rocha homogénea 4721
rocha ignea 4949
rocha impermeável 4983
rocha insolúvel 5140
rocha intrusiva 5254
rocha mãe petrolífera 6318
rocha magmática 4949
rocha metamórfica 6126
rocha móvel 5791
rocha neutra 5218
rocha permeável 6977
rocha petrolífera 7006
rocha piroclástica 7660
rocha plutónica 7253

rocha porosa 7330
rocha produtiva 6890
rocha sã 10336
rochas abissais 54
rochas ácidas 96
rochas biogênicas 1030
rochas de transição 10169
rochas disjuntivas 2751
rocha sedimentar 8523, 9508
rocha sedimentária 5542
rocha sedimentar rica em ferro 5275
rochas maciças 6005
rocha sólida 959
rocha solta 10344
rocha solúvel 9127
rochas plutônicas 2440
rocha tenra 9080
rocha vulcânica 10618
rocha vulcanoclástica 10623
rocha zoogenética 10986
rocha zoogénica 10986
roço 1226, 2330
Rococó 8208
roda da Pelton 6916
roda de fluxo axial 745
roda dentada 4241
roda de transmissão 3020
roda de turbina de hélice com pás pivotantes 10512
roda de turbina de hélice com pás reguláveis 10512
roda motriz 3020
roda pequena 7853
rodar 9775
rodas hidráulicas 10760
roentgen 8214
rolamento axial de esferas 10022
rolamento de agulhas 6448
rolamento de base 1164
rolamento de esferas 807
rolamento de esferas radial 7704
rolamento de roletes axial 10024
rolamento de roletes cilíndricos 2357
rolamento de roletes cónicos 9858
rolamento de roletes radial 7713
rolamento de rolos 8225
rolamento de rolos cilíndricos 2357
rolamento flutuante 3800
rolamento Michell 6148
rolamento oscilante 3800
rolamento portante 1164
roldana de cabeça 2261
rolete 2822
roletes 8218
rolhão 1303
rolo auto-propulsor 8584
rolo compressor 8217

rolo de agulha 4457
rolo de filme 3634
rolo de pé de carneiro 8751
rolo de película 3634
rolo de pneus 7262
rolo de rodas maciças 3774
rolo de tambor liso 3767
rolo hidráulico 8227
rolo rebocável 10150
rolo tandem 624
rolo vibratório 10572
romanticismo 8231
romantismo 8231
rompedor de concreto 1958
romper 1221
rosácea 10842
rosalgar 7802
rosca de tubo 7140
rosca macho 7131
rosca sem-fim 10914
rota 2188
rotação 8288, 8289
rotação angular 440
rota de voo 2707
rota de vôo 2707
roteiro de vôo 6878
rotor 8295
rotor fêmea 3590
rotor macho 5934
rotura 3522, 3528
rotura do gelo 4929
rotura em cunha 10789
rotura frágil 1261
rotura por cisalhamento 8736
rotura por corte 8735, 8736
rotura por deformação 4056
rotura por deslocamento 8971
rotura por dilatação 9918
rotura por escorregamento 10309
rotura por expanção 9918
rotura por fadiga 3549
rotura por fissuração 8616
rotura por percolação 8539
rotura por tracção 9918, 9926
rotura progressiva 7552
rugosidade 8298
rugosidade das paredes 10662
rugosidade superficial 10662
rugoso 8297
ruído 6493
ruído ambiente 354
ruído de cavitação 1534
ruído de fundo 354
ruído do sismo 3107
ruído do tiro 8794
ruído sísmico 6166
ruir 1516, 3521
rumo 925, 2188
rumo efectivo de voo 2707
ruptura de barragens 2373

sã 3680
sacão 9034
sacaróide 494
saibro 4431
saibro misto 314
saída de canal ou de galeria 9825
saída de esgotos 8688
saída de força 3142
saída de potência 3142
saimel 568
sala 5702
sala das máquinas 5859
sala de espera 10655
sala de montagem 655
sala dos transformadores 10160
sala exterior 6729
salbanda 8598
salgado 8353
salinidade 8355
salino 8354
salitre do Perú 6993
salmoura 1254
samblagem 8417
saneamento geral 3407
sanja 3446
sapata 1155, 3980, 5367, 8713
sapata corrida 9560
sapata de fundação 4031
sapata de tubo 3015
sapata do amostrador 2148
sapata flutuadora 1470
sapata flutuante 1470
sapata guia 4545
sapata-guia 3981
sapata-guia da tubagem de produção 10265
sapata isolada 5297
sapata para cabo de perfuração inicial 9255
sapata para tubos com válvula 1470
sapata para tubos de revestimento 1480
sapata rasa 8714
sapata rotativa dentada 8275
saprólito 8389
sapropel 8390
sapropelito 8391
saque de amostras por barrena 9996
sarrafo de madeira 7727
satélite artificial 634
saturação 8395
saturação cromática 1670
saturação em água 10732
saturação em hidrocarbonetos 4849
saturação excedentária em água 8007

saturação excedentária em petróleo 8000
saturado 8393
scheelite 8424
scraper 8448
seca 3027
secador 3037
secante hiperbólica 4914
seção da abertura 9018
seção transversal no fecho 2252
seção transversal pelo eixo do vale 6025
seção vertedoura 6765
secção cónica 2000
secção da escavação 3402
secção da portada 9018
secção de aerofotografia 282
secção descarregadora 6765
secção final 3663
secção geológica 4280
secção longitudinal 5778
secção longitudinal da sondagem 7545
secção molhada 10834
secção recta 8719
secção recta côncava 10250
secção recta do poço 8697
secção sísmica 8561
secção transversal 2251
secção vertical 10564
seco ao ar 254
secundário 9662
sede de mola 9241
sedimentação 8525, 8526
sedimentação rítmica 8088
sedimentar 227, 8518
sedimento 8519
sedimento clástico 1715
sedimento detrítico 2584
sedimentologia 8530
sedimentos abissais 50
sedimentos de perfuração 2343
sedimento silicioso 8854
segmento 7148
segregação 9133
segundo a inclinação 330
segundo a linha de maior declive 330
segurança da exploração 7928
segurança das barragens 2384
segurança de leitura dum aparelho de medição 7797
segurança pública 7611
seguro 5173, 10002
seguro contra todos os riscos 322
seguro de responsabilidade 5601
seguro próprio 8588
seixeira 4434
seixo 4431
seixo achatado 8772

seixo de praia 916
seixos 9517
sela 8327
selagem 3742
selar no betão 8487
seleccionador hidráulico 2349
semelhança 8872
semi-automático 8599
semi-espaço 4565
semi-reboque 620
sem vibrações 4087
seno hiperbólico 4915
sensação de profundidade 4997, 6932
sensibilidade 8606
sensibilidade à luz 8608
sensibilidade ao entalhe 8612
sensibilidade à remoldagem 7949
sensibilidade cromática 1672
sensibilidade da regulação 8611
sensibilidade da regulagem 8611
sensibilidade do nível 8607
sensibilidade dum aparelho de medição 8610
sensitometria 8614
sensitómetro 8613
sensível 8605
sensível à pressão anular 460
sensor 8615
sensor de nível 5597
sensor de nível de combustível 4155
sensor de pressão 7474, 7477
sensor de proximidade 7605, 7606
sensor de temperatura 9901
sentido de rotação 8604
separação de bancadas 961
separação de leitos 961
separador 9226
separador de água 6274
separador de humidade 6274
separador hidráulico 2349
septo de retenção de seixo 4435
sequência 8618
sequência das operações 8622
sequência de avanço 9678
sequência de regeneração 7878
sequência estratigráfica 8618
sércia de regulação 9002
sericita 8626
sericitização 8627
série 6796
série atlântica 670
série de camadas 8629
série de estratos 9500
série de lentes 8651
série de objetivas 8652
série de quatro varas 4046
série de tipos 8309

série interligada de madeiras flutuantes para proteção contra corpos flutuantes 1126
série mediterránea 6091
série pacífica 6794
séries geradas 4256
séries reconstituídas 4256
serpentina 8630
serpentina de arrefecimento 2128
serpentina de resfriamento 2128
serviço
  em ~ 5126
serviço da máquina 8634
serviço de geologia 4282
servo-circuito hidráulico 4837
servo-freio 8638
servomotor 8639
servomotores hidráulicos 4838
servo-motor tórico 8274
servo-sistemas hidráulicos 4839
servo-válvula 4792, 8641
shield 8763
SI 5233
siderite 8825
sienito 9784
sienito alcalino 309
sifão do escorvamento 7506
sigilar 8475
signo 8843
silenciador 1094, 6360
silenciador de admissão 5119
sílica 8849
silicato básico de magnésio 483
silicato de magnésio 5879
silicato de sódio para injecções 9068
silicificação 8856
silicioso 8853
silo de cimento 1572
silos para agregados 8862
silte 296
silte fino e médio 8863
siltito 8867
siltoso 8870
Siluriano 8871
Silúrico 8871
simbiose 9786
símbolo 9787
símbolo da unidade de medida 9788
similitude 8872
similitude geométrica 4298
simplicidade de construção 8876
sinagoga 9791
sinais de cavitação 8848
sinais de ondulação 8126
sinal 8843, 8844
sinal acústica 113
sinal sísmico 8562
sincelos 4936

sincinemático 6854
sinclinal 9793
sinclinal assimétrico 669
sinclinal fechado 1752
sinclinorio 9795
sincronizador de velocidade de rotação 9179
singénese 9796
sino de guia 969
sino de imersão 2812
sino de mergulho 2812
sino pescador 6781
sino pescador com mola 9242
sino pesca-varas 8267
sino rosqueador de pesca 8266
síntese hidrotérmica 4905
sintético 9797
sirena de alarme de cheia 3826
sismicidade 8554
sismicidade do local 8555
sismo 3099
sismo de funcionamento 6646
sismo de profundidade média 3103
sismo de projecto 2561
sismógrafo 8565
sismógrafo de medição das velocidades 10532
sismógrafo de medição de acelerações 61
sismógrafo de medição de deslocamentos 2769
sismógrafo de quadro móvel 6337
sismograma 7819, 8564
sismograma de registração de acelerações 60
sismo induzido pela formação da albufeira 7981
sismo induzido por reservatório 7981
sismo intermédio 3103
sismologia 8566
sismologia aplicada 515
sismo máximo espectável 6024
sismometria 8571
sismómetro 8567
sismo profundo 2431
sismoscópio 8572
sismo submarino 8474
sismo superficial 8712
sismo tectónico 9877
sismo vulcânico 10614
sistema acoplado reservatório-barragem 7976
sistema activo 126
sistema aquífero 540
sistema aquífero em estratos sobrepostos 4499
sistema aquífero em vários estratos 4499

sistema automático de observação
704
sistema coerente de unidades de medida 1817
sistema cristalino 2299
sistema de accionamento electrohidráulico 3200
sistema de accionamento hidráulico 4795
sistema de accionamento hidromecânico 4876
sistema de alarme 292
sistema de alerta 3252
sistema de auscultação 6292
sistema de circulação hidráulica 4789
sistema de coleta dum campo petrolífero 7013
sistema de computação remoto 7940
sistema de controle automático 706
sistema de controlo automático 706
sistema de coordenadas 9805, 9806
sistema de coordenadas do aparelho de restituição 2138
sistema de coordenadas do mapa 5952
sistema de coordenadas no fotograma 1843
sistema de cor Munsell 6393
sistema de diaclases 5373
sistema de diaclases conjugadas 2001
sistema de distribuição da amostragem 8364
sistema de dobras 3971
sistema de drenagem 2891
sistema de entivação 9694
sistema de falhas 3567
sistema de forças 9808
sistema de fusão da neve 9049
sistema de galerias 8176
sistema de grandezas 9810
sistema de injecção a bombas individuais 5054
sistema de levantamento 5330
sistema de localização acústica 108
sistema de observação 6287, 6292
sistema de perfuração 2974
sistema de perfuração com circulação inversa 2975
sistema de perfuração por rotação 8269
sistema de piezómetros 7102
sistema de piezómetros portátil e deslizante tipo Piezodex 7334

sistema de previsão de cheias 3838
sistema de projeção cartográfica 5958
sistema de projecção 5958
sistema de referência 7857
sistema de referência planimétrico 7189
sistema de rega por aspersão 9250
sistema de solevamento 5330
sistema de telecomunicação 9881
sistema de um instrumento de medição 9809
sistema de unidades de medida 9812
sistema dos eixos principais 9811
sistema dum aparelho de medição 9809
sistema fotogramétrico de coordenadas 7062
sistema geotérmico magmático 5870
sistema hidráulico 4842
sistema hidroenergético de fins múltiplos 6382
Sistema Internacional de Unidades 5233
sistema métrico decimal 2420
sistema monoclínico 6297
sistema multibanda 6362
sistema multifaixa 6362
sistema natural ou artificial de adução de água 10759
sistema pancrático de lentes 6822
sistema passivo 6874
sistema sextavado 4653
sistema solar 9111
sistema triclínico 10232
sítio 2575
situação de emergência 3248
situação mensal 6302
situação planimétrica 7184
sky-horse 8931
slurry trench 9026
smithsonite 9028
soalho 3525
soalho de parquete em espinha-de-peixe 4647
sobrado 6013
sobrecarga 5699, 6775, 9704
sobrecarregar 6776
sobreconsolidação 6754
sobrecusto 3483
sobre custo ou custos extras 3483
sobreelevação 1395
sobreelevação de barragem 4631
sobreelevação devida à cheia 3849
sobreescavação 6757
sobre-exposto 6759

sobreposição 6774, 9665
sobreposição dos estados de tensão 9666
sobreposição fotográfica 6772
sobreposição fotográfica lateral 5514
sobreposição modal 6252
sobrepressão tectónica 9878
sobre-velocidade da máquina 6783
sobrevoar 3939
soco 7227
soda cáustica 9066
sodalite 9059
sofá 2180
sófito 1547
sofrer encurvadura 1280
sofrer escamação 3746
sofrer esfoliação 3746
sol 9109
solapamento 8441
solapamento de taludes 9007
soldadura sobreposta 5499
soldar 10804
soleira 5367, 8857, 8947, 10803
soleira afogada 8859
soleira correspondente ao perfil natural da lâmina 4091
soleira da porta 2831
soleira de bacia 892
soleira de eclusa 5751
soleira de entrada do sifão 8901
soleira de evacuador 9196
soleira fixa 3735
soleira onde se apoia uma comporta 8860
solevar 1867
solho 2422
solicitação 5705
solicitação alternada 343
solicitação brusca 4974
solicitação composta 1914
solicitação de compressão 1935
solicitação de corte 8742
solicitação de flexão 990
solicitação de torção 10113
solicitação de tracção 9919
solicitação limite 9537
solicitação triaxial 10227
sólido semi-indefinido 8601
sólidos em suspensão 9760
solifluxão 9122, 9708
soligénico 9123
solinhar 9054
solo 9083
solo anisótropo 448
solo brando 9077
solo-cimento 9085
solo com granulometria uniforme 10386

solo compressível 1929
solo congelado 4152
solo de cobertura 6752
solo de fundação 8159, 871
solo do poço 1137
solo geladiço 4146
solo inorgânico 5127
solo não saturado 10414
solo poligonal 7307
solo poroso 5867
solo preto do algodão 7894
solo remoldado 7947
solo residual 7999, 8002
solo saturado 8394
solos dispersiveis 2762
solos dispersivos 2762
solo superficial 10102
solo suscetível a ação de congelamento 4146
soltar as varas de perfuração 1240
soltar as varas de sondagem 1240
solto 2743
solubilidade 9126
solução 9130
solução analítica 379
solução aproximada 519
solução hidrotérmica 4904
solução por pressão 7476
solução rigorosa 8114
solução salina 1254
solum 9128
soluto 9129
solúvel em água 10737
sombra das nuvens 1766
sombra de radar 7698
som propagado por transmissão 9137
sonar 1127
sonar activo 127
sonar lateral 8826
sonda 7530
sonda acústica 3116
sonda a rotação 8271
sonda de diagrafia eléctrica 3186
sonda de diagrafia elétrica 3186
sonda de profundidade 2984
sonda de raios gama 4187
sondador 2948, 8103
sondador não-qualificado 1114
sondador sem experiência 1114
sondagem 9138
sondagem acústica submarina 104
sondagem a jacto de água 10670
sondagem ascendente 8134
sondagem a seco 3036
sondagem com coroa de diamantes 2628
sondagem com extracção de testemunho 2152
sondagem com extracção de testemunho 2153
sondagem com revestimento 1452
sondagem de controlo 2094, 5142
sondagem de exploração geológica 4278
sondagem de exploração profunda 2441
sondagem de reconhecimento 3442, 3445, 10214
sondagem desviada 2600
sondagem entubada 1452
sondagem estratigráfica 9510
sondagem geotécnica 4312
sondagem isotópica 5321
sondagem não revestido 10338
sondagem neutrão-gama 6476
sondagem neutrão-neutrão 6478
sondagem para estudos geológicos 3437
sondagem plena de água 4706
sondagem plena de óleo 4705
sondagem plena de petróleo 4705
sondagem por lavagem 10670
sondagem por percussão 1148, 6938
sondagem por rotação 2956, 3443
sondagem rotativa 2956
sondagem sísmica 10824
sondagem ultra-sónica 10332
sonda para extracção de amostragem 8362
sonda para extracção de testemunho 9100
sonda rotativa 2984
sondar o terreno 3584
sonda ultra-sónica 10332
sopradores 1095
SPT 9317
"stop log" 1301, 1304, 9438
subaéreo 9591
sub-base 9687
subconsolidado 10348
subcontratado 9598
subdivisão de pilar 1242
subdivisão em dioptrias 2689
subempreiteiro 9598
subescavação 10353
subestação 9781
subglacial 9601
subgrauvaque 9606
sub-horizontal 3765
subida do nível da toalha freática 4497, 5028
subida do nível do lençol freático 4497, 5028
subir 1741
subjacente 10365
sublimado 9611
submarino sem mergulhador 10411
submergência mínima para o rotor 6210
submersão 9623
submerso 9618
submetido a grande pressão 9608
subpressão 10426
subsidência 9627
subsidência devida a minas 6217
subsidência do terreno 5492
subsidência por geada 4147
subsolo 9633
substituição 7961
substituição de partes deterioradas 7953
substituição de peças deterioradas 7953
substituível 5196
substrato 877, 9635
subvulcão 9642
sucessão de imagens 9562
sujar o testemunho com lama 4025
sujeito a golpes de terreno 9609
sulco 847
sulco subglaciar 9602
sulfatara 9115
sulfato de bário 859
sumidouro 9657
super-cavitação 9659
superestrutura 9667
superfície activa de escorregamento 130
superfície da junta 5362
superfície da película 9720
superfície de água 10744
superfície de água da albufeira 7988
superfície de apoio 937
superfície de cisalhamento 8748
superfície de contacto 9716
superfície de desabamento 868
superfície de descontinuidade 5202, 8553
superfície de deslizamento 8990
superfície de diaclasamento 8748
superfície de drenagem 2890
superfície de escorregamento 7175, 8963, 9718
superfície de estratificação 952
superfície de projeção 9717
superfície de rotura 7172
superfície de ruptura 3526
superfície de separação gás-petróleo 4221
superfície desmontada na unidade de tempo 581
superfície do filme 9720
superfície do terreno 9706
superfície encoberta estereoscópicamente 9402

superfície escavada 868
superfície exterior 6733
superfície habitável mínima 6204
superfície lateral 6733
superfície limite 5642
superfície terrestre 9719
superfície útil do piso 3855
supergénico 9662
superior 10428
superpetroleiro 10329
superplastificante 9664
superposição fotográfica 6772
superposição modal 6252
supervisão 9668
supervisão da construção 2043
supervisão dos trabalhos 2043
supervisor da instalação de perfuração 8115
suplemento de lança-jib 5353
suporte 1441, 5329, 9308
suporte de compressor 1941
supressão 9701
suprimento de energia de emergência 3246
surgência 8039
susceptível à congelação 4150
suspender 3
suspender a bombagem dum poço 4579
suspensão coloidal 1852
suspensão de argila 9025
sustentação 8787
suster 4704, 8657, 9677
suster temporàriamente 9699
sustimento 9676
sustimento ao longo do encontro firme 10683
sustimento com arcos 572
sustimento com arcos circulares 8120
sustimento com esteios 8788
sustimento com pilhas 1665
sustimento com quadros 4066
sustimento com quadros triangulares 10217
sustimento consituído por esteios e longarinas 5665
sustimento de auto-avanço 7650
sustimento de frente corrida 3513
sustimento de galeria 8175
sustimento de suspensão das varas 8212
sustimento mecânico 7377
sustimento misto 6235
sustimento paralelo à direcção 9692
sustimento permanente 6969
sustimento provisório 9908
sustimento suspenso 8239
sustimento temporário 9908

tabique de ventilação 1103
tábua 1102
tábua de entivação 7299
tábua de guarnecimento 5463
tábua de logaritmos 9816
tábua de revestimento 5463
tábua giratória 8279
tábula dos erros 3371
tabuleiro 2421
taco 7237
talco 9056, 9842
talha 1091
talhadeira 4464
talocha 3794
talocha para arestas 1622
talude 8991
talude continental 2066
talude de aterro 8997
talude de corte 2345
talude do enchimento 8998
talude do entulhamento 8998
talude insular 5167
talvegue 9846
tamanho de partícula 6868
tamanho do filme 3635
tamanho natural 6431
tamanho útil da imagem 10458
tambor 7853
tambor de guincho 10856
tambor de sarilho de manobra 4701
tambor de sarilho de perfuração 4701
tambor de travão 1215
tambor do cabrestante de manobra 4701
tambor do cabrestante de perfuração 4701
tampa da objectiva 5575
tampa da válvula 10487
tampa de cimento 1568
tampão 1303
tamponado e abandonado 7239
tamponado e interrompido 7240
tamponamento dum poço 7243
tamponamento dum poço petrolífero 7243
tangente hiperbólica 4916
tanque 7972
tanque de balastro 806
tanque de recalque 2492
tanque evaporimétrico 3393
tanques para treinamento de remo 1105
tanques para treino de remo 1105
tantalite 9855
tapete 974, 1062
tapete de injecção 4512
tapete de montante 10443

tapete de protecção 520
tapete drenante 2876
tapume 3592
taqueometria 9823
taqueométrico 9820
taqueómetro 9819
taqueómetro radar 7701
taqueômetro radar 7701
tarefa de arranque 9426
tarolo 9941
tarolo de sondagem 2158
taxa de actualização 2740
taxa de aluimento 6931
taxa de decantação 10195
taxa de rentabilidade 3086, 7778
taxa média de injecção por dia 734
taxa média de injecção por um dia 734
taxonomia 9866
técnica das construções das obras hidráulicas e obras públicas 2033
técnica das construções das obras públicas 2033
técnica das fundações 4029
técnica de abastecimento e distribuição de água potável 10741
técnica de cravação de estacas 7113
técnica de perfuração de túneleis 10280
técnica de produção petrolífera 7023
técnica de utilização do estéril 7875
técnica do levantamento 9873
técnica para abertura de túneis 10280
técnica para poços 8698
técnicas de perfuração 2962
técnico de paisagem 5487
tecto 765, 1547, 4581, 8233, 8234
tecto artificial 633
tecto de um estrato 10092
tecto dum estrato 8247
tecto em ardósia 8942
tecto em telhas 10040
tectofácies 9875
tecto imediato 4968, 6467
tectónica 4314
tectónica das dobras 3972
tectônica das dobras 3972
tectónica de dobramento 3972
tectónica de escorregamento por gravidade 4362
tectónica de falhas 3568
tectónica de mantos de carreamento 6412

tectónica de placas 7219
tectónica do granito 4416
tectónica por gravidade 4362
tecto propriamente dito 5910
tefra 7659
telecoordinómetro 9882
teleférico 1355
telelimnímetro 9886
telemagmático 9883
telemetria 2784, 9884
telémetro 7763
telêmetro 7763
telémetro à dupla imagem 2842
telémetro à imagem invertida 5265
telêmetro à imagem invertida 5265
telémetro com estação única 8892
telémetro de coincidência 2334
telémetro estereoscópico 9409
teleobjetiva 9887
telescópico 8051, 9890
telescópio de mira 9888
teletransmissão 9884
telhado de alpendre 8750
telhado de mansarda 5947
telhado de tábuas 1104
telhado em ardósia 8942
telha holandesa 3061
telha holandêsa 3061
telheiro para inertes 8862
telurómetro 9897
têmpera 4584
temperatura crítica 2236
temperatura máxima 2236
temperatura no fundo da sondagem 1175
temperatura no fundo do poço 1175
tempestade com trovoada ou relâmpagos 10025
tempestade magnética 5891
tempo 10057, 10777
tempo de amassadura 6236
tempo de amassamento 6236
tempo de descida e subida 10245
tempo de espera de presa do cimento 10654
tempo de fim de pega 3650
tempo de fim de presa 3650
tempo de interrupção 4948
tempo de manobra 10245
tempo de manobra para subir as varas de sondagem 7619
tempo de mistura 6236
tempo de montagem da torre de perfuração 8102
tempo de paralisação 4948
tempo de pega 8671
tempo de percurso 10174

tempo de perfuração 2991, 8101
tempo de presa 8671
tempo de presa do cimento 8672
tempo de sondagem 8101
temporariamente inundado 9903
tempo real de perfuração 134
tenaz 9911
tendência a umectação 10833
tenro 9072
tensão 7358, 9528
tensão admissível 321
tensão axial 749
tensão circular 4728
tensão de cisalhamento 8742
tensão de corte 8742
tensão de desvio 2609
tensão de encurvadura 1285
tensão de flexão 989
tensão de rotura 1235
tensão de superfície interfacial 9725
tensão de torção 10115
tensão de tracção 9922
tensão distorcional 2609
tensão efectiva 3144
tensão limite 5639, 9537
tensão limite de cedência à compressão 10949
tensão na entivação 6043
tensão neutra 6474
tensão normal 6531
tensão normal efectiva 3139
tensão normal na superfície de escorregamento 6532
tensão no sustimento 6043
tensão principal 7517
tensão principal intermédia 5217
tensão principal máxima 5926
tensão principal mínima 6220
tensão radial 7714
tensão residual 8004
tensão secundária 8510
tensão superficial 9725
tensão tangencial 9854
tensão triaxial 10228
tensão tripla 10228
tensiómetro 9924
tensões internas 5229
tensómetro 9539
tensor 9930
teodolito 9956
teodolito com bússola 9957
teodolito com laser 5507
teodolito fotogramétrico 3605, 7077
teodolito giroscópico 4560
teodolito para a medição de distâncias 2785
teodolito repetidor 7959
teor de água 10691

teor de ar 248
teor de cimento 1557
teor de humidade 6271
teor de oxigénio 2775
teor de umidade 6270
teor de vazios 286
teor do ar 249
teorema de Bernoulli 1002
teorema dos senos 8879
teor em água 6270, 10692
teor em água de colocação 7157
teor em água natural 6434
teor em cal 5633
teor em humidade 10692
teoria da consolidação por Terzaghi 9939
teoria da cunha 10790
teoria da deriva dos continentes 2061
teoria da elasticidade 9960
teoria da fissuração devida à exploração 9963
teoria da fossa de Lehmann 5569
teoria da plasticidade 9964
teoria da resistência de materiais 9965
teoria das estruturas hidráulicas 9962
teoria das placas 9961
teoria de aluimento das camadas 9501
teoria de comportamento dos tectos como vigas ou placas 922
teoria do aluimento plástico 7208
teoria dos arcos 573
teoria dos modelos hidráulicos 9962
ter lugar 9838
terminal de cabo 1348
terminologia comum as barragens 2385
termoalino 9984
termocarso 9985
termodinâmica 9983
termómetro de temperatura 9899
termostato 9986
terra 3087
terra armada 7898
terraço aluvial 327
terraço aluvionar 9521
terraço continental 2068
terraço de deposição 2525
terraço diastrófico 2645
terraço fluvial 9521
terraço fluvioglacial 3933
terraço marinho 5980
terraplenagem 3109
terrapleno 3095

terrapleno com materiais
    seleccionados 8573
terrapleno de pedras secas 3042
terrapleno de "tout-venant" 7756
"terra rossa" 9934
terra vegetal 10102
terremoto 3099
terreno 4470, 4471
terreno acidentado 1266, 4777
terreno ácido 97
terreno circundante 9739
terreno de campismo 1390
terreno de campismo para
    caravanas 1419
terreno de cobertura 6752, 6753
terreno de coesão 1823
terreno de construção 1291
terreno de fundação da barragem
    4034
terreno impermeável 4986
terreno incoerente 5793
terreno montanhoso 4690
terreno móvel 5792
terreno não consolidado 5793
terreno natural 6699
terreno ondulado 10376
terreno permeável 6994
terreno plano 3769
terreno plástico 7207
terreno que tende a plano 3769
terrenos alcalinos 307
terreno solto 5792
terrenos sedimentários imersos
    4970
terrestre 9935
tesoura 8254
teste 9942
teste centrífugo 1603
teste de dureza de Brinell 1255
teste de raios X 10924
testemunho 9941
testemunho de sondagem 2158
Tétis 9952
teto 1547
tetraedrite 9953
textura 9954
textura superficial 9726
tifão 2640
tijolo 1248
tijolo de arco 555
tijolo de cunha 553
tijolo furado de cimento 4709
tijolo refratário poroso 349
tijolo secado ao ar 169
tijolo silicioso 8850
till 10041
tímpano 10318
tina evaporimétrica 3393
tinta ao neopreno 6459
tipo 10319

tipo de carvão 1781
tiragem do ocular 3498
tirante 4472, 8180, 9583, 10033
tirante d'água 2868
tirante de ancoragem 4472, 8180
tiro de ensaio 10212
tixotropia 10004
toalha aquífera 4489
toalha artesiana 1989
toalha freática 4489
toalha freática no aquífero 535
todos os tamanhos 7757
tolerância 10081
tomada alta 4670
tomada a meia altura 6177
tomada à superfície 9712
tomada a vários níveis 6370
tomada baixa 5828
tomada controlada 2100
tomada de água 5177
tomada de ar 10536
tomada de derivação 2809
tomada de níveis múltiplos 6370
tomada de nível médio 6177
tomada de pressão 9861
tomada lateral 8823
tomada submersa 9620
tombamento 6788
tomografia acústica 114
tomografia por radar 7702
topázio 10087
topo das injeções 4513
topogénico 10094
topografia 9745, 10099
topografia mineira 6199
topográfico 10095
topógrafo 9753
topógrafo das minas 6201
topotipo 10100
torção 10111
torianite 10005
tornar a apertar 8050
torneira com flutuador 809
torneira de paragem 5298
torneira de purga 2898
toro 9487
torque 10105
torre de decantação 2418
torre de esfriamento 2133
torre de perfuração 1157
torre de perfuração com espias
    4552
torre de perfuração dobrável 5332
torre de perfuração dum poço
    petrolífero 7034
torre de perfuração telescópica
    9891
torre de refrigeração 2133
torre de tomada a vários níveis
    6369

torre de tomada de água 2924
torrente 10109
torrente de lava 5530
torrente de lava subterrâneo 5207
torrente intraglaciar 3285
torrente superglaciar 9663
tortuosidade 10118
totalizador 2181
totalmente automático 4163
"tout-venant" 7757
trabalhabilidade 10892
trabalhar com as diaclases a
    mergulhar 10906, 10907
trabalhar com as diaclases em
    subida 10906, 10907
trabalhar em descida 2696
trabalho a carga parcial 6657
trabalho a plena carga 6656
trabalho de campo 3617
trabalho de deformação 2463
trabalho de gabinete 6591
trabalho em avanço 181, 10901
trabalho em descida 2705
trabalho em subida 7745, 8130
trabalhos 10912
trabalhos abandonados 4374
trabalhos adicionais 145
trabalhos apertados 6415
trabalhos definitivos 5925
trabalhos de levantamento em
    mar aberto 6597
trabalhos de prospecção no local
    5355
trabalhos fluviais 8145
trabalhos preliminares 7426
trabalhos preparatórios 7426
trabalhos suplementares 145
trabalhos velhos 4374
traça 10139
traça de gás 4218
traça de petróleo 7017
traçador 10142
traçadora digital 2668
traçagem na camada 2598
traçagens 3295
traçar 2900
traçar uma linha 2901
tracção 7618
traço 10140
tractor 10147
tractor sobre pneus 10841
trado com haste oca 4713
trado de balde 1273
trado de parafuso 8463
trado helicoidal 691, 9204
trado para implantação de postes
    7351
trajectória das tensões 9540
trajectória de percolação 6879
trajectória de voo 3790

trajectória de vôo 3790
trajectória dum elemento de fluido 6877
trajectórias das tensões 9545
transdutor 3582, 10179
transdutor de acelerações 64
transdutor de medição 6077
transdutor de pressão 7479
transdutor de vibrações 10579
transdutor electroacústico 10155
transferência da carga 10156
transferidor 4380
transformação de coordenadas 10157
transformação de Fourier 4049
transformação em gesso 4554
transformação linear 5658
transformador 10158
transformador de corrente 2318
transição 10166
transição curta 8731
transição gradual 4403
translação 10176
transmissão hidráulica 4844
transmissão individual da mesa giratória 5056
transmissão individual da mesa rotativa 5056
transmissão individual da tábua giratória 5056
transmissão por correias em V 10522
transmissão por correias trapezoidais 10522
transmissão por engrenagens 4239
transmissor 10180
transmissor de doença 2746
transmitir-se a 8767
transparência 10603
transparente 10182
transportador 2123
transportador de baldes 1276
transportador de correia 974
transportador de correias 974
transportador de tapete 974
transportar-se sobre 4592
transporte sólido 8532
transporte sólido por arrastamento 956
transporte sólido por suspensão 9759
transvaporização 10185
tratamento biológico de esgotos 1034
tratamento da junta a jacto de areia 8370
tratamento das fundações 4042
tratamento dos dados 2400
tratamento por adsorção 172

tratar com ácido 93
trator de lâmina sobre pneus 10841
trator de reaterro de valas "backfiller" 770
travamento com chaveta 8808
travão 1211
travão de auto-reforço 8638
trave do soalho 7648
trave-mestra 7648
travessa 1207, 2242, 7648, 9585
travessão 1315
travões pneumáticos 7257
trecho 7791
trecho de curso d'água 9548
trecho de rio 9548
treliça duma plataforma 7220
trem 10151
tremonha 1015
tremor de terra 3108
trépano 4570
trépano de garras 4570
trepar 1741
triangulação 10218
triangulação a cadeia 1615
triangulação aérea 214
triangulação aérea espacial 10008
triangulação aérea tridimensional 10008
triangulação de detalhe 5833
triangulação nadiral 7249
triangulação por centros das fotografias 1598
triangulação por imagens 10220
triangulação por modelos independentes 10219
triangulação por pontos principais 7516
triangulação por satélite 4365
triangulação principal 7500
triangulação radial 7715
triangulação spacial 9150
triangulação terrestre 4488
triangulação tridimensional 9150
triângulo 10216
Triásico 10224
Triásico médio 6176
Triásico superior 10437
Trias inferior 5819
Triássico inferior 5819
tributo 8311
tridimensional 9158
trigonometria 10236
trigonometria esférica 9186
trilateração 10238
trilha 10657
trilhos para o pórtico 9830
trincheira 3441, 3446
trincheira corta-águas 2337, 10074

trincheira de argila 1720
trincheira de concreto 1963
trincheira de fundação 4043
trincheira de lamas 9026
trincheira de vedação 2336, 2337, 10074
trincheira de vedação total 10121
trincheira parcial 6859
trindade de Steinmann 9381
tripé 9308, 10243
tripeça 9308
tripoli 10244
troca isotópica 5316
troço 7791
troço de rio 9548
troço internacional 7792
trolley 10246
trómel 3032
tronco de cone de Abrams 9023
trovoada 10025
truck adicional 2822
tsunami 10258
tubagem 1463, 5652
tubagem de derivação 1340
tubagem de descarga 2489
tubagem de injecção 5111
tubagem de pesca 3703
tubagem de revestimento final 10740
tubagem de revestimento sem costura 8489
tubagem do by-pass 1341
tubagem em carga 1747
tubagem livre 6635
tubagem para revestimento livre 4097
tubagem perdida 5671
tubagem premente 2489
tubagem principal de gás 4220
tubagem sem perfuração 1063
tubo amostrador interior 5122
tubo camisa 1463
tubo colector 8060
tubo com colar 1839
tubo com luva 1839
tubo com mangas 8949
tubo de aeração 10537
tubo de aspiração cónico 1999
tubo de bombagem 10261
tubo de cimento 1567
tubo de derivação 1341
tubo de descarga 2729
tubo de drenagem 2895
tubo de escapamento 3419
tubo de escape 3419
tubo de filtro 6945
tubo de flange 3753
tubo de injecção 4520, 10678
tubo de lama de sondagem 894
tubo de lavagem 10678

tubo de montante do teodolito
 9552
tubo de protecção 4536
tubo de remoinho 10645
tubo de remoinho de diâmetro
 infinitesimal 10643
tubo de retorno 8060
tubo de revestimento 1464
tubo de revestimento bloqueado
 4151
tubo de revestimento de junta lisa
 3923
tubo de revestimento soldado
 10805
tubo de revestimento soldado em
 espiral 9208
tubo de sedimentos 894
tubo de tiragem cónico 1999
tubo de transmissão de pressão
 7480
tubo de ventilação 268
tubo dreno 2896
tubo elástico 3172
tubo em Y 10955
tubo fenestrado 8461
tubo-filtro 8461
tubo flexível 3780
tubo hidrométrico de impulsão
 4976
tubo livre 8949
tubo para extracção de amostra de
 neve 9052
tubo perfurado 6945
tubo piezómetrico 9327
tubo PVC 7653
tubo rígido 8113
tubo roscado 8468
tubos de drenagem 2896
tubos de produção 7541
tubos de revestimento de filete
 curto 8790
tubos de revestimento perfurados
 6944
tubos de revestimento sem
 soldadura 8489
tubos de revestimento soldados
 em espiral 9208
tubo Venturi 10538
tubo vertical 8132
tubulação by-pass 1341
tubulação de produção 10268
tufo 8899, 10271
tufo calcário 10270
tufo palagonítico 6816
tufo vulcânico 10271
tundra 10272
túnel 10276
tunelador 10278
túnel de barramento 1324
túnel de base 882

túnel de cavitação 1539
túnel de lava 5537
túnel de limpeza 8444
tungsténio 10274
turbidez 10287
turbidímetro 10289
turbidisonda 8865
turbilhão 3128
turbilhão confinado 1991
turbilhão livre 4080
turbilhão potencial 1692
turbilhão superficial 9709
turbina 10290
turbina axial 746
turbina de água Kaplan 5388
turbina de alta pressão 4668
turbina de alta velocidade
 específica 4683
turbina de baixa pressão 5826
turbina de baixa velocidade
 específica 5838
turbina de Francis 4071
turbina de hélice 7574
turbina de Pelton 6917
turbina de perfuração 2993
turbina hidráulica 4847
turbina hidráulica com afluxo
 frontal 4139
turbina hidráulica de alta pressão
 4668
turbina hidráulica de alta
 velocidade específica 4683
turbina hidráulica de baixa
 pressão 5826
turbina hidráulica de baixa
 velocidade específica 5838
turbina hidráulica de eixo
 inclinado 5022
turbina hidráulica de fluxo axial
 746
turbina hidráulica de fluxo axial-
 centrífugo 6748
turbina hidráulica de fluxo
 centrípeto-axial 1605
turbina hidráulica de fluxo radial
 7709
turbina hidráulica de Francis 4071
turbina hidráulica de Pelton 6917
turbina hidráulica de uma roda
 8889
turbina hidráulica em câmara
 aberta 10753
turbina hidráulica em câmara
 espiral 9206
turbina hidráulica em câmara
 fechada 10752
turbina hidráulica em câmara
 forçada 10755
turbina hidráulica em sifão 8903
turbina hidráulica horizontal 4751

turbina hidráulica múltiple 6388
turbina hidráulica tubular 7142
turbina hidráulica vertical 4750
turbina Kaplan 5388
turbinar 10291
turbina radial 7709
turbina reversível de Dériaz 2541
turbobomba 4979
turbomáquina hidráulica 4845
turbomáquina hidrodinâmica
 4845
turbulência de compressibilidade
 1924
turbulento 10297
turfa 6901
turfa de tundra 10273
turfa de turfeira alta 4672
turfa fibrosa 3602
turfa terrestre 9936
turfeira 1109
turma de topografia 9749
turmalina 10133
turmalinização 10134
turma noturna 6487
turno 8768
turno diurno 2409
turquesa 10304

udógrafo 7737
udograma 7734
udómetro 7739
udómetro teletransmissor 9885
udómetro totalizador 7409
ulexite 1159
ultimação dum poço 1901
ultrametamorfismo 10330
ultramilonito 10331
ultra-som 10333
umbral da porta 2831
união 3710
união de flanges 3751
união rápida 7690
unidade básica de medida 884
unidade coerente de medida 1818
unidade de alarme 293
unidade de carvão fóssil 9309
unidade de medida 10393
unidade de perfuração 2994
unidade de perfuração rotary
 8271
unidade derivada de medida 2544
unidade de sustimento 9700
unidade funcionando como
 descarregador 10394
unidade individual de bombagem
 5055
unidade individual de
 bombeamento 5055
unidade Lugeon 5844
unidade modular 6259

unidade múltipla ou submúltipla de medida 6378
unidades estratigráficas 9509
untuosidade 5843
uraninite 10450
urbanismo 10138
urbanista 10137
usina a fio d'água 7387, 8323
usina-barragem 846
usina/central nova 6480
usina/central usada 8512
usina com acumulação annual 7393
usina comandada à distância 7942
usina com comando local 5734
usina de base 876
usina de ponta 6898
usina hidroelétrica 10721
usina não vigiada 10337
usinas em cascata 7391
usinas em série 8628
usina vigiada 7943
uso 10775
utensílios 10085
utensílios de desvio 2446
utensílios de fresar 6186
utensílios de perfuração 2992
utilidade 10460
utilidade dum projecto 10461
utilização 511, 2591, 10459
utilização das máquinas hidráulicas 3454
utilização dos recursos hídricos 10730
uvala 10464

vacuómetro 10466
vaga 10761
vaga de vento 10867
vagão 10653
vago 5049
vagoneta 10653
vala de fundação 4043
vale 10471
vale antigo 1319
vale cego 1084, 7301
vale consequente 2008
vale de dois ciclos 10316
vale de suspensão 4582
vale encaixado 9377
vale fóssil 1319
vale interrompido 1006
vale pequeno 9027
vale submerso 3029
valeta de drenagem 4551
valeteadeira 10209
vale tectónico 8098
vale truncado 1006
valor 7673, 10460
valor absoluto do erro 32

valor actual 7433
valor ao câmbio actual 6284
valor convencionalmente verdadeiro de uma grandeza 2111
valor de pico 6900
valores actualizados 2739
valor limiar 10014
valor limite 10014
valor numérico de uma grandeza 6555
valor predeterminado 8649
valor próprio 3160
valor real duma grandeza 10256
valor verdadeiro de uma grandeza 10256
válvula 241, 10477, 10788
válvula angular 430
válvula anti retorno 6512, 6513
válvula anular 456
válvula a sino 973
válvula a solevamento 5616
válvula automática 8581, 8582
válvula auto-reguladora 716
válvula auxiliar 729
válvula borboleta 1327
válvula borboleta de estrangulamento 10016
válvula comandada com a mão 5949
válvula comandada directamente 2711
válvula comandada indirectamente 5047
válvula comandada mecânicamente 6084
válvula com comando eléctrico 3187
válvula cónica 6396
válvula corrediça 4232
válvula de accionamento eléctrico 3187
válvula de accionamento hidráulico 4786
válvula de accionamento pneumático 7256
válvula de admissão 9648
válvula de agulha 6450, 6451
válvula de alívio 10408
válvula de alívio de pressão 7471
válvula de arranque 9337
válvula de aspiração 9648
válvula de bóia 3813
válvula de by-pass 1342
válvula de camisa 8950
válvula de cedência 7471
válvula de charneira 3758
válvula de cogumelo 6395
válvula de cogumelo de sede cónica 6396

válvula de cogumelo de sede plana 6397
válvula de compensação hidráulica 4785
válvula de compensação mecânica 6083
válvula de corrediça 4232, 8965
válvula de corrediça cilíndrica 2358
válvula de corrediça de tipo Venturi 10539
válvula de derivação 1342
válvula de descarga 2493, 2897, 7926, 7927
válvula de deslocamento linear 8965
válvula de desvio angular 9778
válvula de diafragma 2638
válvula de disco flexível 3777
válvula de distribuição 2798, 3876
válvula de distribuição de três vias 8817
válvula de drenagem 2898
válvula de duas vias 10317
válvula de emergência 3251
válvula de entrada 9648
válvula de esfera 815
válvula de estrangulamento 10016
válvula de estrangulamento não regulável 6500
válvula de excesso 6768
válvula de expansão 3431
válvula de expansão térmica 9971
válvula de fechar 5299
válvula de fecho 1760, 5299
válvula de fecho automático 8583
válvula de fluxo desviado 9778
válvula de fundo 1184
válvula de gatilho 7319
válvula de injecção 5114
válvula de jacto cheio 5346
válvula de jata oco 4711
válvula de lançadeira 8817
válvula de limpeza 8380, 8868
válvula de marcha a vazio 4947
válvula de marcha livre 4947
válvula de membrana 2638
válvula de mola 9240
válvula de paragem 5299
válvula de paragem e estrangulamento 8813
válvula de pistão 7151
válvula de pressão 7447
válvula de pressão mínima 6209
válvula de protecção 4534
válvula de purga de ar 284
válvula de purga para a tubagem de produção 10262

válvula de quatro vias 4052
válvula de ramificação 1342
válvula de redução 7849, 10016
válvula de redução constante de pressão 2661
válvula de redução de pressão 7469
válvula de regulação 7890
válvula de regulação automática 716
válvula de regulação da pressão 7447
válvula de regulação de escoamento variável 10511
válvula de regulação do fluxo 3872
válvula de reguladora 10410
válvula de restrição de óleo 6608
válvula de retorno com contrapeso 4092
válvula de retorno de mola 9239
válvula de sede dupla 2852
válvula de segurança 8349
válvula de segurança por rotura dum tubo 8581
válvula de serviço 8636
válvula de sino 973
válvula de sobrepressão 7936
válvula de solenóide 9114
válvula de tambor corrediça 8967
válvula de tecto 8245
válvula de três vias 10013
válvula de várias vias 6392
válvula de ventilação 10540
válvula difusora 4768
válvula distribuidora 2798
válvula duma única via 6621
válvula dupla 2858
válvula electromagnética 9114
válvula esférica 815, 9183
válvula flutuante para varas de sonda 3005
válvula limitadora de fluxo 3884
válvula não-equilibrada 6501
válvula parcialmente equilibrada 6862
válvula piloto 7129, 7130
válvula principal 5922
válvula principal de controlo 6009
válvula redutora de pressão 7469
válvula reguladora 2108, 7890
válvula restrictora 8036
válvula retentora 5299
válvula retentora de óleo 6609
válvula rotativa 8283
válvulas de controlo da pressão 7448
válvula sem retorno 6513
válvula simples 8893

válvula termostática 9987
válvula totalmente equilibrada 10125
válvula tubular 7319, 8950
válvula unidirecional 1645
válvula unidirecional borboleta 6512
vane test 10499
vão 6641, 9155, 10847
vão de entrada 5117
vão livre entre quadros 1731
vapor 4595
vapor de água 10756
vara de perfuração com rosca à esquerda 5565
vara de pesca 3702
vara de sonda 3004
vara de sonda a recalcamento interno 5230
vara de sonda com filete à esquerda 5565
vara de sonda com filete dextrorso 8108
vara de sonda de diâmetro interno constante 5224
vara de sonda de recalcamento externo 3481
vara de sondagem 9139
vara motriz octogonal 6590
varanda 6729
vara octogonal 6590
varão guia 4543
vara quadrada 5415
varas de perfuração de junta lisa 3924
varas de sonda de junta lisa 3924
varas de sondagem de junta lisa 3924
vara telescópica 9889
variação das precipitações 10515
variação diurna 2803
variações de volume 1624
variante de local 344
variável 10506
variável de perfuração 2995
varve 10516
vasa 6629
vaso de vidro calibrado 4355
vaso de vidro graduado 4355
vazamento 5554
vazante da maré 3536
vazão 2725, 5080, 6495
vazão afluente 5078, 5079
vazão anual 10934
vazão crítica de arrastamento 5636
vazão de água afluente 5078
vazão de cheia 3836
vazão de desvio 2034
vazão de estiagem 6205

vazão de projeto 2564
vazão derivada 5192, 5194
vazão diária 2359
vazão do lençol freático 4492
vazão dos drenos 2893
vazão efluente 6735
vazão específica 10941
vazão excedente 8006
vazão expressa em módulo 3878
vazão influenciada 5084
vazão instantânea 5149
vazão máxima derivada 6034
vazão média 6041
vazão medida 4235
vazão natural 6421
vazão nominal garantida 3682
vazão observada 6579
vazão regularizada 7885
vazão reservada 1890
vazão sólida 8529
vazão sólida afluente 8528
vazão sólida em suspensão 9758
vazão sólida por arrastamento 955
vazão sólida total 10129
vazar 10069
vazio 286, 1542, 7321, 10649
vazio estratigráfico 4196
vazio no enchimento 1545
vazio no entulhamento 1545, 10419
vazio originado pela abertura duma galeria 8169
vazios 4197
vector 10523
vector próprio 3161
vedação de esteios 7586
vedação electromagnética 3209
vedação por coesão 1821
vedação por viscosidade 10601
veia contraída 10533
veia de água freática 4490
veia de fissura 3720
veículo espacial 9147
veículos de canteiro 6624
veiculos sobre esteiras 10154
veio 8488, 8694
veio de água 5132
veio de areia 5131
veio rico 1117
velocidade absoluta 33
velocidade absoluta 4486
velocidade angular 441
velocidade anular 458
velocidade crítica 2237
velocidade da mesa giratória 8280
velocidade da mesa rotativa 8280
velocidade da onda 10772
velocidade das partículas 6869
velocidade da tábua giratória 8280

velocidade de abatimento 3488
velocidade de água 10757
velocidade de alimentação 3579
velocidade de aluimento 8686
velocidade de avanço 7781
velocidade de avanço da escavação 7775
velocidade de bombeamento 7637
velocidade de carga 7777, 7779
velocidade de circulação da lama 455
velocidade de crescimento da tensão 7777
velocidade de deformação 7780
velocidade de efluxo 6736
velocidade de elevação dum guindaste grua 5615
velocidade de entrada 10529
velocidade de exploração 3488
velocidade de extracção 10862
velocidade de fluxo 3890
velocidade de intervalo 5248
velocidade de manobra para subir as varas de sondagem 7620
velocidade de mineração 3488
velocidade de percolação 8545
velocidade de propagação duma onda 9177
velocidade de retorno da lama 455
velocidade de rotação 7846
velocidade de rotação garantida 4530
velocidade de rotação nominal 6499
velocidade de rotação unitária 10396
velocidade de saída 10525
velocidade do desenho duma carta 5956
velocidade do desenho dum mapa 5956
velocidade do fluxo 7540
velocidade do jacto 5352
velocidade do obturador 8815
velocidade do som 9176
velocidade do vento 10866
velocidade específica de cavitação 1538
velocidade instantânea 5154
velocidade linear 5659
velocidade média 6047
velocidade média de perfuração 735
velocidade relativa 7917
velocidade relativa ao solo 4486
velocidade verdadeira 4486
ventilação 189, 6187
ventilação natural 6429, 6432
ventilador 1095

ventilador aspirante 3490
ventilador axial 744
ventosa 285
verificação duma máquina em marcia 9944
verificação dum aparelho de medição 3399
verificação e aprovação 65
verificação e aprovação definitiva 3642
verificação e aprovação parcial 68
verificação e aprovação provisória 7601
verificar 1641
verificar com o fio de prumo 7245
vernier 10544
verniz ao neopreno 6459
verniz fotoelástico 7047
verniz frágil 1260
ver nota na margem 8534
verruma 690
verruma de coroa 454
verruma de meia-cana 4388
verruma em espiral 690, 9204
verruma meia-cana 8761
vertedouro 9723
vertedouro afogado 3030
vertedouro auxiliar 728
vertedouro bico de pato 3047
vertedouro Cipolletti 1686
vertedouro com aberturas a diversos níveis 6371
vertedouro com comporta 2101
vertedouro de calha 1683
vertedouro de cheia 9192
vertedouro de lâmina livre 4084
vertedouro de medição 6059
vertedouro de segurança 3249
vertedouro de soleira delgada 8724
vertedouro de soleira espessa 1264
vertedouro do tipo Y 10321
vertedouro em degrau 1917
vertedouro em leque 3542
vertedouro em poço 8703
vertedouro em salto de esqui 8923
vertedouro em sifão 8902
vertedouro fusível 4176
vertedouro labirinto 5450
vertedouro lateral 8827
vertedouro livre 10345
vertedouro livre de lâmina aderente 6767
vertedouro livre de lâmina não aderente 6762
vertedouro margarida 2362
vertedouro principal 5912

vertedouro recoberto com grama 7901
vertedouro triangular 10608
vertedouro tulipa 971
vertente 10545
vertical 10546, 10547
verticalidade 10556
vertical principal da imagem 5907
vértice da rede 4454
vértice de triangulação 10222
vestiário 1626
vestígio fóssil 4943
vesuvianite 10567
véu 3964
véu marginal 10524
véu no bordo 10524
via 8166, 10144
  em ~s de acabamento 6444
via artificial de adução de água 524
viabilidade técnico-económica 3576
via central 1591
via com o tecto ancorado 8237
via com transportador 2125
via Decauville 6413
via de circulação 10200, 10204
via de rolagem 10204
via de transporte 5718
via de transporte do material 9673
via durante a recuperação de entivação 8170
via férrea 7730
via férrea do estaleiro 8912
via navegável 10758, 10759
via precedendo a frente 177
via sem esteios permitindo o movimento do transportador 7576
vias navegáveis 6440
via superior 9826
viatura automóvel 1418
vibração 10577
vibração aleatória 7759
vibração artificial 635
vibração de compactação 10585
vibração errática 7759
vibração forçada 3987
vibrações forçadas 3985
vibrações livres 4095
vibrações longitudinais 5774
vibrador 10581
vibrador de betão 1973
vibrador de cofragem 4020
vibrador de forma 4020
vibrador de imersão 4972
vibrador hidráulico 4846
vibroflutuação 10586
vida dum poço 5607
vida útil 5609, 10902

vidro anti-deslumbrante 478
viga 919
viga-caixão 1201
viga composta 5422
viga constituída por bancada do tecto 8181
viga contínua 2072
viga de aço longitudinal 5780
viga de contrapeso 5611
viga de cumeeira 8094
viga de fachada principal 10088
viga de madeira 5769
viga Differdingen 2652
viga em U 10324
viga encastrada nas duas extremidades 923
viga encastrada nos dois extremos 923
viga encastrada numa extremidade 1398
viga encastrada num extremo 1398
viga I de abas largas 4656
viga-mestra 7648
viga-mestra de soalho 1018
viga-mestre 5902
viga parabólica 6834
viga principal 5902
viga rectangular 1201
viga suporte de tecto 8235
viga tipo caixa 1201
viga "Z" 10957
viga Z 10957
vigiar um poço 8654
vigilância 9668
vigilância da obra 9741
vigorite 1079
vila 10591
vila de operadores 6650
vila para o pessoal do canteiro 2031
vilemite 10855
virgem 4379, 10844
virtual 10594
visada 6575, 8835, 8838
viscosidade 10599
viscosidade absoluta 34
viscosidade cinemática 5428, 5431
viscosidade dinâmica 3079
viscosidade relativa 7918
viscosímetro 10598
viscosímetro da lama 6359
viscosímetro de embude 4172
viscosímetro de funil 4172
viscosímetro de Marsh 5994
viscosímetro de queda de bola 3529
viscosímetro oscilante 6721
viscosímetro rotativo 8293

viscosímetro standard para terreno 9313
visibilidade 10603
visita 5141
visor 8835, 8836
vista 6827, 10589
vista aérea 198
vista aérea vertical 10549
vista com eixo óptico pouco inclinado ao horizonte 7071
vista de lado 8828
vista estereoscópica 9410
vista lateral 8828
vista oblíqua 6572
vista posterior 7808
vistas de superfície 583
vista traseira 7808
vista vertical 10549
vista zenital 10962
vistoria 65
visual 5666, 5669
vitríolo azul 1618
vivianite 10607
vizinho 155
volcão poligenético 7304
volcão subaéreo 9593
volcão subaquático 9595
volfrâmio 10274
voltagem 7358
voltímetro 10630
voltímetro electrónico 3214
volume 9444, 9446, 9448
volume anual 453
volume ativo 128
volume ativo do reservatório 129
volume bruto da jazida 4468
volume com empolamento 1298
volume correspondente ao asorreamento 2415
volume da barragem 10632
volume de cheia 3832
volume de fluxo transcorrido 10122
volume de negócios 10303
volume de reserva 800
volume de vazios 10634
volume do reservatório 7975, 9450
volume escoado 10633
volume específico 9167
volume inativo 5003
volume "in situ" dos materiais 5139
volume morto 2414
volume total da jazida 1307
volume útil 129, 5701
voo 3787
vôo 3787
vôo fotogramétrico 7058
vórtice 10640

vórtice forçado 3988
vórtice livre 4100
vórtice potencial 1692
vorticidade 10646
vorticidade da velocidade 10648
vulcânico 10609
vulcanismo 10620
vulcanismo epigenético 3317
vulcanismo orogénico 6707
vulcanoclástico 10622
vulcanogenético 10624
vulcanologia 10627
vulcanológico 10625
vulcanólogo 10626
vulcão 10621
vulcão activo 131
vulcão a escudo 5528
vulcão com cratera central 1588
vulcão composto 1916
vulcão em estado inactivo 2832
vulcão extinto 3482
vulcão gémeo 10308
vulcão inactivo 2832
vulcão misto 9513
vulcão monogenético 6298
vulcão simplex 8874
vulcão solitário 9124
vulcão submarino 9616
vulcão superficial 9703

wadi 10652
waterstop 10739
wavellite 10768
witerita 10880
wollastonite 10882

xenólito 10922
xenomórfico 10923
xilólite 10926
xisto 8427
xisto arenoso 8385
xisto argiloso 593, 6358, 8708
xisto argiloso ligeiramente gresoso 8977
xisto betuminoso 1057
xisto carbonoso 1424
xisto gresoso 8385
xisto intumescênte 4618
xisto margoso 5993
xistosidade 8429
xistoso 8718
xixto argiloso 8941

zênite 10959
zero 10968
zincato 4181
zincite 10976
zinco 10974
zona 10979
zona abissal 52

zona abissal marinha 52
zona acertada 7598, 10982
zona afectada pelo abaixamento
    do nível da água 2909
zona contraída 10440
zona controlada por ensecadeira
    1815
zona correspondente ao
    abaixamento do nível d'água
    2909
zona crítica 2230
zona de alteração 10985
zona de apoio firme 46
zona de caça às aves aquáticas
    10853
zona de compressão 1936
zona de congelação 4112
zona de corte 8744
zona de desabamento 1526
zona de desenvolvimento 2599
zona de desmonte 3405
zona de dispersão 7767
zona de enchimento 7153
zona de entulhamento
    parcialmente compactado
    10983
zona de espera da eclusa 5748
zona de extracção 10874
zona de falha 3574
zona de fluxo plástico do solo
    10984
zona de injecção 584
zona de invasão das águas
    marginais 3260
zona de meandros 6039
zona de meteorização 10985
zona de perda de circulação 5801
zona de perda de lama 5801
zona de protecção 7594
zona de protecção à superfície
    7128
zona desabada 1514
zona de saturação 8397
zona descomprimida 10247
zona desmontada 10894
zona de sobrecarga 9670
zona de sobrecarga interior 9670
zona de sombra 8691
zona de terreno 4502
zona de tolerância 10082
zona de transição 10168, 10170,
    10171
zona de Trompeter 10247
zona do tecto prestes a cair 2569
zona entulhada 9464
zona eulitoral 3389
zona explorada 2230
zona homogénea 4722
zona injectada da fundação 4512
zona interdita 7554

zona invadida 5257
zona lavada 3918
zona marginal 8818
zona neutra 6475
zona para além da frente 10980
zona periférica 1194
zona permeável 6995
zona petrolífera 7009
zona produtiva 6886
zona residencial 4765
zona subcrítica 9599
zona sublitoral 9612
zona supercrítica 9660
zona supralitoral 9702
zona vadosa 10981
zooxantelas 10987

ISBN 0-444-51467-8

DISCARD

Hartness Library
Vermont Technical College
One Main St.
Randolph Center, VT 05061